Physique des Tokamaks

Jean-Marcel Rax

LES ÉDITIONS DE L'ÉCOLE POLYTECHNIQUE

A mon père

Avant-Propos

Ce cours de *Physique des tokamaks* s'adresse d'abord aux futurs physiciens et ingénieurs, étudiants des facultés et élèves des écoles, il pourra aussi être consulté avec profit par les chercheurs confrontés aux problèmes de la production d'énergie thermonucléaire.

C'est le choix de la continuité entre : (*i*) les programmes de physique fondamentale et de physique appliquée aux niveaux L3-M1 et (*ii*) les connaissances nécessaires à la compréhension du fonctionnement d'une machine apte à confiner un plasma à cent millions de degrés, qui constitue le fil directeur de l'organisation et de la présentation de cet ouvrage.

Il s'agit donc d'un enseignement général où nous avons repris l'exposé des notions les plus importantes relatives à la dynamique des systèmes de particules chargées, et écarté les développements relevants de la mécanique des milieux continus et de la thermique.

Nous proposons deux niveaux de lecture.

(*i*) Pour ceux, aux niveaux L3-M1, qui en resteront là avec les tokamaks et qui s'orienteront sur d'autres voies, la lecture des six chapitres : 1, 2, 3, 4, 6 et 8 est amplement suffisante pour comprendre les principes du confinement magnétique des plasmas thermonucléaires.

(*ii*) Pour ceux, aux niveaux M2-D, qui souhaitent approfondir les problématiques du confinement, du chauffage et du contrôle d'un plasma thermonucléaire, l'ensemble des chapitres 1 à 14 offre une solide formation sur ces sujets.

Barribas, Décembre 2010

Table des matières

Chapitre 1

Stabilité et Réactivité Nucléaire

Les expériences, maintes fois répétées, montraient chaque fois que les déflexions subies par les particules chargées en interaction avec les noyaux ne correspondaient toujours pas à ce que prévoyait la théorie. Vies et Destin, V. Grossman.

1.1 Energie, énergie thermonucléaire

L'existence d'une qualité universelle caractérisant la matière et les champs, indestructible par delà leurs évolutions et transformations, définissant ainsi l'identité du réel à travers un principe de permanence, constitue une intuition récurrente tout au long du développement de la physique, de l'antiquité à la première révolution industrielle.

Les physiciens contemporains connaissent ce principe essentiel, non directement accessible aux sens, *l'énergie*, et l'identification derrière ses formes multiples, puis la quantification de cette qualité sont désormais nécessaires pour aborder et comprendre tout problème de physique.

Le principe de conservation de l'énergie mécanique déjà présent dans l'œuvre de Galilée mais non formulé comme tel prit la forme que nous lui connaissons dans les travaux de Leibniz en 1695 : le produit de la force par le chemin parcouru est égal à l'accroissement de la *vis viva*. Au-delà de la mécanique du point, Johann Bernouilli identifia la nécessité de considérer lors la disparition de la force vive (*vis viva*) la conservation d'une capacité de travail (*conservation virium vivarum)* qui prend seulement une forme différente.

Le terme *énergie* fut introduit en lieu et place du concept de *vis viva* par Thomas Young en 1807 et celui de *travail* par Jean-Victor Poncelet en 1826.

Le principe de conservation de l'énergie étendu aux formes incohérentes, telles que la chaleur, fut pressenti par Benjamin Thomson (Comte de Rumford) puis formulé pour la première fois par Sadi Carnot ; mais l'universalité du concept d'énergie ne fut pleinement développée que dans le mémoire de mai 1842 de Julius-Robert von Mayer. Dans ce mémoire Mayer applique les principes *Ex nihilo nihil fit* et *Nihil fit ad nihilium* aux différents mouvements de la mécanique classique et à la chaleur. Dans un deuxième mémoire il étend son analyse aux phénomènes électriques et biologiques, établissant ainsi définitivement le principe d'universalité et de conservation de l'énergie entrevu un demi siècle plus tôt par Laplace et Lavoisier. Dans un troisième mémoire daté de 1848 il pose la question de l'origine de la chaleur solaire, question qui ne trouvera sa réponse que quatre-vingt-dix ans plus tard.

A la même époque en 1843 James-Prescott Joule approfondit l'étude des effets thermiques et chimiques des courants électriques et dès 1845 publie ses célèbres mesures de l'équivalent mécanique de la chaleur.

L'ensemble des travaux sur la conservation de l'énergie trouve sa formulation la plus aboutie dans les œuvres de William Thomson (Lord Kelvin of Largs) et Hermann von Helmholtz ; ce dernier sut donner au principe de conservation sa signification universelle en introduisant les concepts d'*énergie potentielle* en mécanique et *d'énergie libre* en thermodynamique sous les formes que nous utilisons encore aujourd'hui.

S'intéressant au problème de l'origine de l'énergie solaire, Helmholtz construisit un modèle décrivant la contraction gravitationnelle d'un nuage diffus froid engendrant, par conservation de l'énergie, c'est-à-dire par conversion de l'énergie d'attraction gravitationnelle en chaleur, une sphère dense et chaude ; un tel modèle indiquait un âge de l'ordre de 20 millions d'années pour le soleil. De façon similaire, Kelvin considérant que la chaleur du globe terrestre était d'origine fossile estima que, compte tenu des données typiques de capacités calorifiques et de conductions thermiques, l'âge de la terre était compris entre 20 et 40 millions d'années. Ainsi à la fin du dix-neuvième siècle, les visions classiques qu'offraient Helmholtz du ciel et Kelvin de la terre étaient cohérentes et convergentes.

La découverte de la radioactivité par Henri Becquerel en février 1896 marque le début de la physique nucléaire. Les progrès de la spectroscopie de masse au début du vingtième siècle permirent à Aston d'identifier le défaut de masse de l'hélium au regard de la masse de quatre nucléons. Sur la base de ces résultats Eddington proposa alors une alternative au monde classique de Helmholtz et Kelvin pour expliquer l'origine de l'énergie rayonnée par les étoiles en général et par le soleil en particulier, la fusion de l'hydrogène en hélium.

A cette époque le noyau était encore supposé être constitué de protons et d'électrons et il fallut attendre 1932 pour que les découvertes du deutérium et du neutron permettent de développer pleinement la physique nucléaire et la théorie des réactions nucléaires, élucidant ainsi définitivement la question soulevée par Mayer, et hâtivement conclue par Helmholtz et Kelvin : l'origine de l'énergie solaire est de nature thermonucléaire.

Entre 1936 et 1939 la construction par Atkinson, Bethe et Houtermans d'un modèle cohérent des réactions de fusion des éléments légers offrit une description convaincante de l'ensemble des processus de conversion d'énergie de liaison nucléaire en chaleur au sein des étoiles.

Dès les années cinquante, les études sur la possibilité de contrôler une combustion thermonucléaire d'isotopes légers de l'hydrogène se constituèrent en discipline autonome, la *physique des plasmas thermonucléaires*, tout en partageant certains outils théoriques avec la physique des plasmas astrophysiques.

1.2 Energies de liaison et de réaction

La matière constituant notre environnement proche est formée d'un assemblage d'atomes. Ces atomes sont eux mêmes constitués d'un cortège électronique en interaction électromagnétique avec un noyau.

La taille du nuage électronique est de l'ordre de l'Angström $\left(1\text{Å} = 10^{-10}\ \text{m}\right)$, la taille du noyau de l'ordre du Fermi ($1\text{F} = 10^{-15}$ m) ; malgré cette taille, plus que modeste au regard des dimensions atomiques, l'essentiel de la masse au sein de l'atome, c'est-à-dire l'essentiel de l'énergie, est concentré dans le noyau.

Les noyaux sont constitués d'un ensemble de nucléons : protons et neutrons. L'usage est de noter A le nombre de nucléons, Z le nombre de protons et N le nombre de neutrons ; ainsi $A = Z + N$.

Tout ensemble de A nucléons en interaction nucléaire ne constitue pas nécessairement un noyau stable, seuls 282 noyaux stables ont été recensés à la surface de la terre ; ils proviennent des processus de nucléosynthèse au sein des étoiles. Les éléments légers résultent de la combustion lente au cœur des étoiles et les éléments lourds proviennent d'événements plus énergétiques tels que les explosions de supernovæ.

Les éléments légers sont stables pour $N \sim Z$ et les éléments plus lourds pour $N \sim 1.5 \times Z$.

Soit $M(A, Z)$ la masse d'un noyau possédant A nucléons dont Z protons (et N neutrons), notons m_p la masse du proton et m_n celle du neutron ; l'expérience révèle que pour l'ensemble des noyaux présents dans notre environnement : $M(A, Z) < Zm_p + Nm_n$. Ce défaut de masse est à l'origine de la stabilité des noyaux usuels. En effet, définissons l'énergie de liaison d'un noyau $B(A, Z)$ par la relation (1.1).

$$\textit{Energie de liaison nucléaire} : \ B(A, Z) \equiv Zm_pc^2 + Nm_nc^2 - Mc^2 \qquad (1.1)$$

$B(A, Z)$ mesure l'énergie libérée lors de la formation d'un noyau à partir de A nucléons indépendants ; lorsqu'elle est positive la configuration nucléaire ainsi obtenue est donc plus stable que l'ensemble des A nucléons dispersés. Pour $A > 12$, l'énergie de liaison est en première approximation proportionnelle au nombre de nucléons : B [MeV] $\approx 8\times A$.

Malgré une simplicité apparente, ce comportement demeure surprenant, car un modèle d'interactions binaires entre nucléons devrait faire apparaître une proportionnalité au nombre de paires de nucléons : $A(A-1)/2 \rightarrow B \sim A^2$; les forces nucléaires présentent donc un phénomène dit de saturation. L'énergie de liaison nucléaire $B(A, Z)$, pour les noyaux usuels, est bien représentée par une formule semi-empirique attribuée à Bethe et Weizsäcker.

$$B(A, Z)\ \ [\text{MeV}] \approx 15 \times A - 18 \times A^{\frac{2}{3}} - 0.7 \times \frac{Z(Z-1)}{A^{\frac{1}{3}}} - 23 \times \frac{(A-2Z)^2}{A}$$

Cette formule décrit un modèle construit à partir de l'analyse de différentes contributions. Les forces nucléaires étant à courte portée, deux termes, de volume et de surface, prennent en compte la cohésion et les tensions associées à la stabilité d'une sphère de matière nucléaire ; le terme de répulsion coulombienne est aussi calculé dans le cadre d'un modèle sphérique de goutte liquide chargée et des corrections quantiques complètent ces trois contributions majeures.

Les quatre termes de cette formule représentent respectivement : l'énergie de volume, l'énergie de surface, l'énergie d'interaction coulombienne et l'énergie d'asymétrie. Nous avons négligé deux termes complémentaires mineurs : l'énergie d'appariement et l'énergie de couche. L'énergie d'asymétrie tend à favoriser les configurations équilibrées en neutrons et protons et l'énergie d'appariement, comme son nom l'indique, les configurations où les fermions peuvent s'apparier. Pour les noyaux naturels l'énergie de liaison est donc une fonction croissante du nombre de nucléons, plus précisément, *l'énergie de liaison par nucléon* : $B(A,Z)/A$ est en première approximation indépendante de A et est de l'ordre de 8 MeV. Ceci n'est qu'une valeur moyenne correcte pour les noyaux moyens et lourds ; B/A, qui vaut zéro pour l'hydrogène $A=1$, croit en fonction de A à partir du deutérium jusqu'à un maximum de l'ordre de 8.7 MeV pour $A=56$, puis décroît lentement pour $A>56$. La courbe $B(A)/A$, parfois appelée courbe de *Dempster* ou courbe d'*Aston*, est représentée sur la figure (1.1) ; elle présente des oscillations importantes pour $A<15$ et une croissance très rapide pour $1<A\leq 4$.

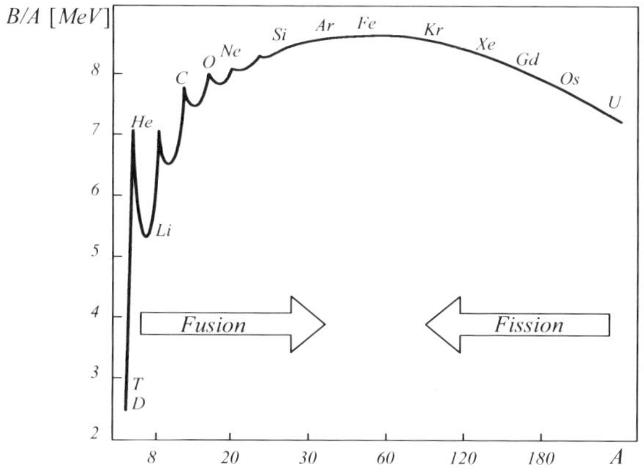

Fig. 1.1 : *Energie de liaison par nucléon* $B(A,Z)/A$.

Une réaction nucléaire du type ${}^{A_1}_{Z_1}X_1 + {}^{A_2}_{Z_2}X_2 \rightarrow {}^{A_3}_{Z_3}X_3 + {}^{A_4}_{Z_4}X_4$ libère, ou nécessite, une énergie de réaction Q :

$$\text{Energie de réaction} : \quad Q \equiv B(A_4,Z_4) + B(A_3,Z_3) - B(A_2,Z_2) - B(A_1,Z_1)$$

Si Q est positif la réaction est dite exoénergétique, si Q est négatif, elle est endoénergétique. La croissance, puis la décroissance, de la courbe de Dempster-Aston indiquent la possibilité de réaliser des réactions exoénergétiques par fusion de noyaux légers ou par fission de noyaux lourds. Cette deuxième possibilité est mise en oeuvre, depuis plus de soixante ans, dans les réacteurs à fission nucléaire ; quant à la fusion de noyaux légers, sa mise en oeuvre et son contrôle constituent les objectifs des programmes de recherches sur le confinement et le chauffage des plasmas thermonucléaires.

Soient deux noyaux, X_1 et X_2, de masses m_1 et m_2, décrits par leurs positions, $[\mathbf{r}_1,\mathbf{r}_2]$, leurs vitesses, $[\mathbf{v}_1,\mathbf{v}_2]$, et leurs quantités de mouvement, $\mathbf{p}_1 = m_1\mathbf{v}_1$ et $\mathbf{p}_2 = m_2\mathbf{v}_2$. L'énergie de ce système de deux noyaux est donnée par : $\mathbf{p}_1^2/2m_1 + \mathbf{p}_2^2/2m_2 + U(\mathbf{r}_1 - \mathbf{r}_2)$ où U est l'énergie potentielle d'interaction entre les particules. Ce problème d'interaction noyaux-noyaux est considérablement simplifié si nous introduisons la masse totale $M \equiv m_1 + m_2$ et la masse réduite

$1/\mu \equiv 1/m_1 + 1/m_2$ décrivant, non pas les deux noyaux, mais deux particules fictives associées respectivement au mouvement de leur centre de masse et au mouvement relatif des noyaux ; ces mouvements relatif et du centre de masse sont décrits par les variables $[\mathbf{r}, \mathbf{R}]$ et $[\mathbf{v}, \mathbf{V}]$.

$$\textit{Mouvement relatif} \quad : \quad \mathbf{r} \equiv \mathbf{r}_1 - \mathbf{r}_2 \rightarrow \mathbf{v} \equiv \mathbf{v}_1 - \mathbf{v}_2$$

$$\textit{Mouvement barycentrique} \quad : \quad \mathbf{R} \equiv \frac{m_1 \mathbf{r}_1 + m_2 \mathbf{r}_2}{M} \rightarrow \mathbf{V} \equiv \frac{m_1 \mathbf{v}_1 + m_2 \mathbf{v}_2}{M}$$

L'énergie de ce système de deux noyaux X_1 et X_2 se décompose alors en la somme de deux contributions découplées correspondant à la particule fictive de masse μ soumise au potentiel d'interaction $U(\mathbf{r})$ et au centre de masse M effectuant un mouvement de translation uniforme, les quantités de mouvements associées à ces degrés de liberté sont définies par les relations $\mathbf{p} \equiv \mu \mathbf{v}$ et $\mathbf{P} \equiv M\mathbf{V}$.

$$\frac{\mathbf{p}_1^2}{2m_1} + \frac{\mathbf{p}_2^2}{2m_2} + U(\mathbf{r}_1 - \mathbf{r}_2) = \frac{\mathbf{P}^2}{2M} + \frac{\mathbf{p}^2}{2\mu} + U(\mathbf{r}) \tag{1.2}$$

L'étude de l'aspect énergétique des réactions de fusion (et de fission) permet d'énoncer une condition nécessaire pour l'obtention d'une réaction : $Q + \mathbf{p}^2/2\mu \geq 0$. En effet, l'énergie cinétique associée au mouvement barycentrique n'est pas disponible au niveau de la dynamique de la réaction et la condition $Q + \mathbf{p}^2/2\mu \geq 0$ indique simplement que l'énergie cinétique des produits de réaction est positive ; cette condition nécessaire ne constitue en rien une condition suffisante. Pour prédire la réactivité d'un mélange nucléaire, l'aspect statistique des réactions, relevant d'une description quantique, doit être pris en compte. La section efficace de réaction $\sigma(\mathbf{v}_1 - \mathbf{v}_2)$ est l'outil pour décrire la loi de probabilité associée à la réaction.

1.3 Sections efficaces, taux de réactions

Considérons sur la figure (1.2-a) un couple de noyaux fusibles X_1 et X_2, une cible au repos constituée de noyaux X_2 de densité n_2 est soumise à un flux $n_1 v_1$ de noyaux X_1 de vitesse v_1 et densité n_1.

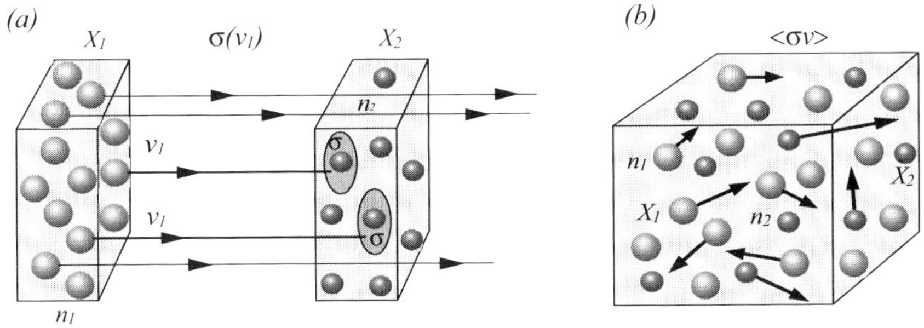

Fig. 1.2 : *(a) Sections efficaces, (b) Taux de réactions.*

Le nombre de réactions de fusion N par unité de temps et unité de volume, $dN/dxdydzdt = -dn_1/dt$ (le signe moins signifie que toute réaction est comptabilisée comme une perte de l'espèce réactive incidente X_1) dans une telle configuration projectile $X_1 \rightarrow$ cible X_2 permet de définir la section efficace de réaction σ comme le coefficient de proportionnalité entre ce nombre de réactions par unité de temps et de volume $dN/dxdydzdt$ et la densité de l'espèce cible n_2 que multiplie le flux d'espèce projectile $n_1 v_1$; le nombre de réactions dN étant nécessairement proportionnel aux deux quantités n_2 et $n_1 v_1$. Ainsi, le nombre de réactions par unité de volume présente la forme fonctionnelle :

$$\frac{dN}{dxdydz} = -dn_1 \equiv n_1 n_2 \sigma v_1 dt$$

et le coefficient de proportionnalité $\sigma(v_1)$ peut donc s'interpréter comme la surface effective d'interaction entre X_1 et X_2 suivant l'illustration de la figure (1.2-a).

La section efficace de la réaction nucléaire $X_1 + X_2 \rightarrow X_3 + X_4$ est définie par le rapport d'un nombre de particules réagissant sur un flux incident lorsque la densité de particules cibles est prise égale à l'unité, la vitesse v étant la vitesse relative du système $[X_1, X_2]$.

$$\textit{Section efficace} \ : \ \sigma(v_1) \equiv \frac{\left[\dfrac{\text{Nombre de noyaux } X_1 \text{ tels que } X_1 + X_2 \rightarrow X_3 + X_4}{\text{par unité de temps } dt}\right]}{\left[\dfrac{\text{Nombre de noyaux } X_1 \text{ incidents}}{\text{par unité de surface } dS \text{ et unité de temps } dt}\right]}$$

Plus de 80 réactions de fusions de noyaux légers ont été identifiées et étudiées, mais la valeur des sections efficaces de réactions contraint fortement la taille et la température d'un réacteur permettant d'assurer une combustion thermonucléaire associée à ces réactions. Aussi, une seule réaction peut être envisagée à des fins de production d'énergie dans un avenir proche, la réaction de fusion du deutérium D ($Z = 1$, $N = 1$) avec le tritium T ($Z = 1$, $N = 2$), les deux isotopes de l'hydrogène.

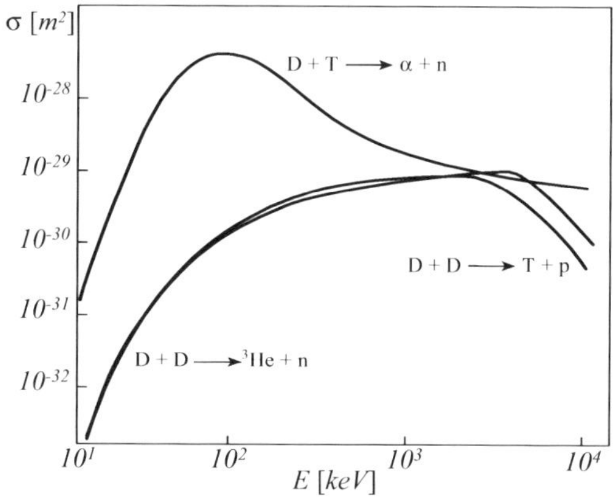

Fig. 1.3 : *Sections efficaces des réactions de fusion D-T et D-D.*

Les deux produits de cette réaction sont une particule alpha et un neutron :

$$\text{D} + \text{T} \rightarrow \alpha \ \ (3.52\text{MeV}) + \text{n} \ \ (14.06\text{MeV}) \rightarrow Q_{DT} = 17.58 \text{ MeV} \qquad (1.3)$$

La particule alpha étant chargée, elle peut être confinée dans un piège électromagnétique afin de déposer son énergie au sein du mélange réactif d'ions deutérium tritium entretenant ainsi un régime de combustion stationnaire. La section efficace de cette réaction présente un maximum au voisinage d'une centaine de kiloélectronvolts et la valeur de la section efficace pour ce maximum est beaucoup plus importante que les sections efficaces usuelles des réactions nucléaires basse énergie (figure 1.3). Cette valeur anormale est due à l'existence d'un état nucléaire résonnant intermédiaire.

La répartition de l'énergie cinétique des produits de fusion suit le rapport des masses respectives des particules alpha et des neutrons : $Q_{DT} m_n \,/\, (m_\alpha + m_n) = 3.5$ MeV et $Q_{DT} m_\alpha / \, (m_\alpha + m_n) = 14.1$ MeV. Au sein d'un mélange combustible d'ions deutérium et tritium cette réaction de fusion est accompagnée par plusieurs réactions satellites, les trois principales étant :

$$\begin{aligned} \mathrm{D+D} &\rightarrow \mathrm{T\,(1.01MeV) + p\ \ (3.03MeV)} \rightarrow Q_{DD_p} = 4.04\mathrm{MeV} \\ \mathrm{D+D} &\rightarrow {}^3\mathrm{He\,(0.82MeV) + n\,(2.45MeV)} \rightarrow Q_{DD_n} = 3.27\mathrm{MeV} \\ \mathrm{D+{}^3\,He} &\rightarrow \alpha\,(3.67\mathrm{MeV}) + \mathrm{p\,(14.67MeV)} \rightarrow Q_{D^3He} = 18.34\mathrm{MeV} \end{aligned}$$

Les deux réactions DD sont équiprobables ; notons aussi l'existence des deux réactions : D + D $\rightarrow \alpha + \gamma$ et T + T$\rightarrow \alpha$ + 2n. Les sections efficaces de ces réactions sont beaucoup plus petites que la section de la réaction D + T$\rightarrow \alpha$ + n, aussi elles seront négligées dans la suite. Pour la réaction D + T $\rightarrow \alpha$ + n, compte tenu de la simplicité structurelle des noyaux mis en jeu, il est possible de développer des modèles analytiques décrivant la répulsion coulombienne, l'attraction nucléaire et l'effet tunnel associé à cet antagonisme. La formule de Gamow (1.4) ainsi obtenue :

$$\textit{Formule de Gamow:}\quad \frac{\sigma_{DT}(E)}{10^{-24}\,[\mathrm{m}^2]} \approx \frac{1.60}{E\,[\mathrm{keV}]} \exp\left(-\frac{44.4}{\sqrt{E\,[\mathrm{keV}]}}\right) \tag{1.4}$$

où $E = \mathbf{p}^2/2\mu M$, permet d'interpréter le comportement, à basse énergie, de la section efficace de la réaction D + T $\rightarrow \alpha$ + n.

Dans le contexte des études sur la combustion thermonucléaire il est plus usuel d'utiliser des tables ou des approximations analytiques basées sur une argumentation autour de la formule de Gamow et un paramètrage de la courbe expérimentale $\sigma_{DT}(E)$. Plusieurs formules sont disponibles dans la littérature spécialisée, citons les formules de *Duane*, de *Peres* et de *Bosch et Hale*. Ces derniers auteurs ont construit une représentation de Padé de $\sigma_{DT}(E)$ qui offre une précision remarquable au regard de sa simplicité.

$$\sigma_{DT}(E)\,[\mathrm{m}^2] \approx 10^{-31}\frac{A_1{+}E\,(A_2{+}E\,(A_3{+}E\,(A_4+EA_5)))}{E{+}E^2\,(B_1{+}E\,(B_2+E\,(B_3+EB_4)))}\exp\left(-\frac{C}{\sqrt{E}}\right)$$

où E est exprimée en keV. Les coefficients A, B, et C sont donnés par :

A_1/B_1	A_2/B_2	A_3/B_3	A_4/B_4	A_5/C
6.927×10^4	7.454×10^8	2.050×10^6	5.2002×10^4	0.0
6.38×10^1	-9.95×10^{-1}	6.981×10^{-5}	1.728×10^{-4}	34.3827

Un mélange réactif d'ions deutérium et tritium, de densités n_D et n_T, présente nécessairement une distribution de vitesses et la quantification de sa réactivité conduit à introduire le taux de réactions par unité de volume et unité de temps illustré sur la figure (1.2-b) et défini par la relation :

$$\textit{Taux de réactions}: \quad n_D n_T \langle \sigma v \rangle_{DT} \equiv \frac{[\text{Nombre de réactions D + T} \rightarrow \alpha + \text{n}]}{[\text{par unité de volume et unité de temps}]}$$

où ce que l'on nomme communément le *sigmavé* $\langle \sigma v \rangle_{DT}$ (figure 1.4) est la moyenne de $\sigma_{DT}(v) \times v$ sur les distributions de vitesses des noyaux deutérium et tritium $f_D(\mathbf{v}_D)$ et $f_T(\mathbf{v}_T)$: $\langle \sigma v \rangle_{DT} \equiv \int (|\mathbf{v}_D - \mathbf{v}_T|) \, \sigma_{DT}(|\mathbf{v}_D - \mathbf{v}_T|) \, f_D(\mathbf{v}_D)$ $f_T(\mathbf{v}_T) \, d\mathbf{v}_D d\mathbf{v}_T$. Au sein d'un plasma thermonucléaire les distributions des vitesses des noyaux D et T sont maxwelliennes ; la section efficace de fusion doit être sommée sur ces distributions d'équilibre pour évaluer la réactivité du mélange de combustibles de densités n_D et n_T.

Considérons deux distributions de vitesses maxwelliennes $f_D(\mathbf{v}_D)$ et $f_T(\mathbf{v}_T)$ de température T, l'énergie des deux noyaux apparaissant dans l'argument de l'exponentielle peut être exprimée en fonction de la vitesse du centre de masse $\mathbf{V}$ et de la vitesse relative $\mathbf{v}$ et les masses peuvent être exprimées en fonction de la masse totale M du système des deux noyaux réactifs et de sa masse réduite μ.

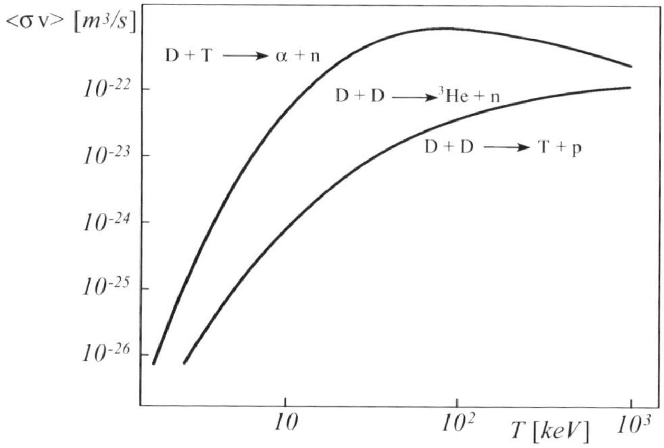

Fig.1.4 : *Réactivités du mélange* D-T.

Compte tenu de l'identité $(M/2\pi k_B T)^{\frac{3}{2}} \int \exp\left(MV^2/2k_B T\right) d\mathbf{V} = 1$, le résultat final s'exprime simplement suivant la formule :

$$\langle \sigma v \rangle_{DT} = \left(\frac{\mu}{2\pi k T}\right)^{\frac{3}{2}} \int v \sigma_{DT}(v) \exp\left(\frac{\mu v^2}{2k_B T}\right) 4\pi v^2 dv \tag{1.5}$$

A basse énergie, la formule de Gamow (1.4) est pertinente et sa moyenne permet d'évaluer la réactivité d'un mélange thermonucléaire suivant la formule simple :

$$\textit{Formule de Gamow}: \quad \frac{\langle \sigma v \rangle_{DT}(T)}{10^{-12}\left[\frac{\text{cm}^3}{\text{s}}\right]} \approx \frac{2.54}{T^{\frac{2}{3}}\,[\text{keV}]} \exp\left(-\frac{19.96}{T^{\frac{1}{3}}\,[\text{keV}]}\right) \tag{1.6}$$

Une précision supérieure est obtenue en considérant les courbes expérimentales obtenues à partir de la mesure de la section efficace sommée sur une distribution d'équilibre, les représentations proposées par *Bosch et Hale* constituent, à ce jour, les meilleures approximations pour la modélisation de la réactivité thermonucléaire d'un mélange DT. Cette représentation, basée sur cinq coefficients, est de la forme :

$$\langle \sigma v \rangle_{DT}\left[\mathrm{cm}^3\mathrm{s}^{-1}\right] \approx \frac{C_1}{B^{\frac{5}{6}}}\frac{C_0^2}{T^{\frac{2}{3}}}\exp\left(-3\frac{C_0 B^{\frac{1}{3}}}{T^{\frac{1}{3}}}\right) \tag{1.7}$$

où T est exprimée en keV. Les coefficients $B = 1-$ $(C_2T + C_4T^2 + C_6T^3/1 + C_3T + C_5T^2 + C_7T^3)$ et C sont donnés par :

C_0/C_4	C_1/C_5	C_2/C_6	C_3/C_7
6.6610	643.41×10^{-16}	15.136×10^{-3}	75.189×10^{-3}
4.6064×10^{-3}	13.500×10^{-3}	-106.75×10^{-6}	13.66×10^{-6}

Ainsi, connaissant l'énergie Q libérée par la réaction D + T→ α + n et son taux de réactions $n_D n_T \langle \sigma v \rangle_{DT}$, il est possible de calculer le terme source de puissance $Q n_D n_T \langle \sigma v \rangle_{DT}$ au sein d'un réacteur thermonucléaire en fonction de la température T et des densités de combustible n_D et n_T. En régime de combustion stationnaire ce terme source doit être égal à un terme de pertes prenant en compte les phénomènes de conduction de chaleur et de rayonnement que nous allons maintenant étudier.

Chapitre 2

Fusion et Combustion

Le nombre est la parodie la plus ridicule de l'idée : en additionnant, on entre dans un monde absurde où additionner équivaut à soustraire. Mais bien entendu, bestialement, le nombre a le pouvoir... De même qu'on ne peut supporter un travail sans répit, qu'on aura besoin de divertissement, de même le nombre nous divertit, nous soulage, nous rassure. L'erreur est d'avoir fait du divertissement le sérieux. Journal, S. Kierkegaard.

2.1 Formule de Larmor

Dans le cadre de la théorie des réactions nucléaires nous avons exprimé la densité volumique de puissance $n_D n_T Q_{DT} \langle \sigma v \rangle_{DT}$ résultant de la combustion d'un plasma thermonucléaire de température T. Compte tenu du caractère exponentiel des sections efficaces et de la réactivité en fonction de la température, cette source de puissance ne devient significative que pour des températures de l'ordre d'une centaine de millions de degrés. Pour ces températures le rayonnement électronique est important, aussi est-il nécessaire d'évaluer l'impact des pertes radiatives sur le bilan énergétique de la combustion.

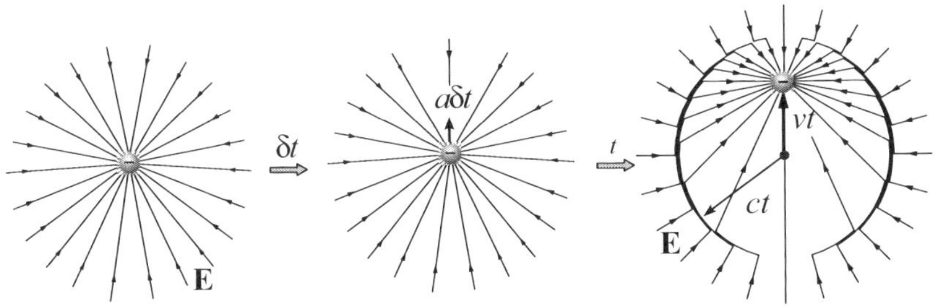

Fig. 2.1 : *Rayonnement et génération de champ transverse.*

Le fait qu'une particule chargée, de charge e, en translation uniforme dans le vide ne rayonne pas est une conséquence directe du principe d'équivalence des repères inertiels. En effet, dans le repère où cette particule est au repos le champ est purement électrique et décroît comme l'inverse du carré de la distance entre la charge et l'observateur : $\mathbf{E} = e\mathbf{r}/4\pi\varepsilon_0 r^3$; le flux d'énergie électromagnétique s'éloignant de la charge est donc nul dans ce repère, et il le reste donc dans tous les autres repères inertiels. Par contre, si une charge est accélérée une partie du champ devient autonome par rapport à la charge et est *rayonnée*.

Considérons la figure (2.1), soit une charge e initialement au repos, à l'instant $t = 0$ cette charge subit une accélération $\mathbf{a}$ durant un temps δt. A l'issue de cette courte phase d'accélération elle présente une vitesse $\mathbf{v}$ et son mouvement est alors une translation rectiligne uniforme. Durant la phase de repos et la phase de translation uniforme les lignes de champ électrique sont radiales et centrées sur la charge. Le raccord entre ces deux jeux de lignes radiales présente une section orthoradiale générée lors de la phase d'accélération suivant le schéma de la figure (2.1).

Cette perturbation orthoradiale du champ se propage à la vitesse de la lumière ; en effet, l'élimination du champ magnétique $\mathbf{H}$ entre les équations de Maxwell-Faraday et Maxwell-Ampère dans le vide conduit à l'écriture d'une équation d'onde pour le champ électrique $\mathbf{E}$ dont la vitesse caractéristique est $1/\sqrt{\varepsilon_0\mu_0} = c$, la vitesse de la lumière dans le vide.

$$\frac{\partial \mathbf{E}}{\partial t} = \frac{\nabla \times \mathbf{H}}{\varepsilon_0}, \frac{\partial \mathbf{H}}{\partial t} = -\frac{\nabla \times \mathbf{E}}{\mu_0} \rightarrow \Delta \mathbf{E} - \varepsilon_0\mu_0 \frac{\partial^2 \mathbf{E}}{\partial t^2} = \mathbf{0}$$

Soit une ligne de champ électrique issue de la charge à l'instant $t \gg \delta t$ et dirigée suivant une direction d'angle θ par rapport à $\mathbf{v}$, figure (2.2). Au-delà d'une distance $r = \sqrt{\varepsilon_0\mu_0}t = ct$ cette ligne est radiale et centrée sur la position au repos de la charge. En deçà d'une distance $ct - vt\cos\theta = \left(c - v_{\parallel}\right)t$ cette ligne est radiale et centrée sur la position de la charge à l'instant t. Entre les distances ct et $\left(c - v_{\parallel}\right)t$ le champ électrique est principalement orthoradial, c'est-à-dire transverse par rapport à la direction de propagation de la perturbation.

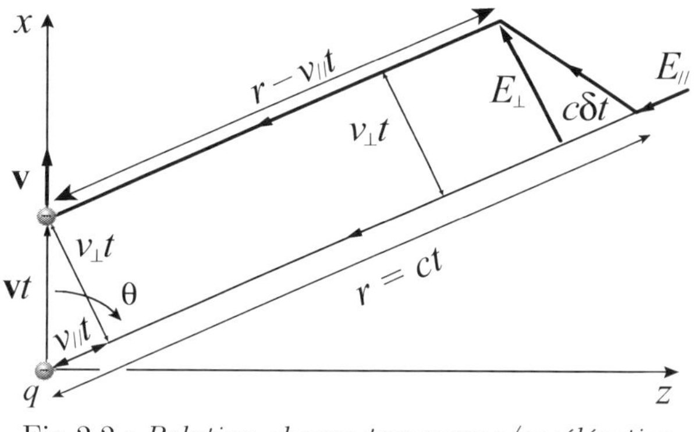

Fig 2.2 : *Relation champ transverse/accélération.*

En $r \approx c(t + \delta t/2)$, à l'instant t, le rapport du champ transverse $E_{\perp}$ sur la composante radiale $E_{\parallel}$ est donné par $vt\sin\theta/c\delta t$ conformément à la figure (2.2) :

$$\frac{E_{\perp}(r,t)}{E_{\parallel}(r,t)} = \frac{v_{\perp}t}{c\delta t} = \frac{a_{\perp}\delta t r/c}{c\delta t} = \frac{a_{\perp}}{c^2}r \tag{2.1}$$

où nous avons défini $v_{\perp} = v\sin\theta$ et $a_{\perp} = a\sin\theta$. Au-delà de la distance $r = ct$ le champ radial est quasi-statique et suit la loi de Coulomb.

$$\textit{Champ électrostatique :}\ \mathbf{E}_{\parallel}(\mathbf{r},t) = \frac{e}{4\pi\varepsilon_0}\frac{\mathbf{r}}{r^3} \tag{2.2}$$

La composante transverse $E_\perp(r,t)$ présente donc une décroissance en $1/r$ différente d'un champ quasi-statique décroissant en $1/r^2$.

$$\textit{Champ de rayonnement :}\quad \mathbf{E}_\perp(\mathbf{r},t) = \frac{e}{4\pi\varepsilon_0 c^2}\frac{\mathbf{a}_\perp\left(t-\frac{r}{c}\right)}{r}$$

C'est cette décroissance en $1/r$ qui entretient le rayonnement d'un flux de puissance à l'infini. Notons que le champ $\mathbf{E}_\perp$ est observé à l'instant t alors que la phase d'accélération le générant se déroule à l'instant $t - r/c$. Le champ $E_\perp$ n'étant pas de nature électrostatique il présente nécessairement un caractère inductif et il est donc associé à un champ magnétique $\mathbf{H}$. L'équation de Maxwell-Faraday permet de calculer ce champ magnétique.

$$\boldsymbol{\nabla}\times\mathbf{E}_\perp = -\mu_0\frac{\partial\mathbf{H}_\perp}{\partial t}\ ,\ \mathbf{E}_\perp = \frac{e}{4\pi\varepsilon_0 c^2}\frac{\mathbf{a}_\perp\left(t-\frac{r}{c}\right)}{r} \rightarrow \mu_0\mathbf{H}_\perp = \frac{\mathbf{r}}{r}\times\frac{\mathbf{E}_\perp}{c}$$

La connaissance du champ électrique et du champ magnétique conduit à l'expression du vecteur de Poynting, $\mathbf{S} = \mathbf{E}\times\mathbf{H}$, décrivant le flux de puissance transportée par ces champs.

$$\textit{Flux de Puissance :}\quad |\mathbf{S}|\left[\frac{\mathrm{W}}{\mathrm{m}^2}\right] = \frac{e^2}{16\pi^2\varepsilon_0 c^3}\frac{|\mathbf{a}_\perp|^2}{r^2} = \frac{e^2a^2}{16\pi^2\varepsilon_0 c^3}\frac{\sin^2\theta}{r^2}$$

Ce flux de puissance décroissant comme l'inverse du carré de la distance, la puissance sortant d'une sphère de grand rayon est constante quelque soit le rayon de cette sphère, c'est le phénomène de rayonnement électromagnétique. L'intégration de ce flux à travers une surface sphérique de grand rayon centrée sur la position de la particule à l'instant t détermine la perte d'énergie P_L résultant de la phase d'accélération.

$$P_L\,[\mathrm{W}] = \iint |\mathbf{S}|\,(r,\theta)\,d\Sigma = \frac{e^2a^2}{16\pi^2\varepsilon_0 c^3}\iint \sin^2\theta\sin\theta d\theta d\varphi \tag{2.3}$$

Le résultat final (2.4) constitue la formule classique, dites *de Larmor*,

$$\textit{Relation de Larmor :}\quad P_L = \frac{e^2a^2}{6\pi\varepsilon_0 c^3} \tag{2.4}$$

exprimant la puissance rayonnée par une particule chargée de charge e durant une phase d'accélération de valeur a.

2.2 Pertes radiatives

Si un plasma thermonucléaire rayonnait comme un corps noir, le flux de puissance, P_{SB}, serait donné par la loi de Stefan-Boltzmann.

$$\textit{Relation de Stefan-Boltzmann :}\quad P_{SB} = \frac{\pi^2}{60}\frac{k_B^4}{\hbar^3c^2}T^4 \approx 10^{25}\left[\frac{\mathrm{W}}{\mathrm{m}^2}\right]\times\left[\frac{T}{10\mathrm{keV}}\right]^4$$

Compte tenu de la surface typique d'un plasma de tokamak, une telle perte de puissance n'autoriserait pas un accès à la combustion thermonucléaire. Heureusement, le bilan des pertes radiatives d'un tokamak ne relève pas de la thermodynamique de l'équilibre mais de la thermodynamique du non-équilibre, les plasmas de tokamak sont optiquement minces pour les fréquences supérieures à une centaine de gigahertz et le bilan de la puissance rayonnée n'est pas donné par P_{SB} mais par la somme des différentes puissances associées aux processus d'émissions électronique : $P_b + P_c + P_l + P_r$; où nous distinguerons successivement P_b les pertes dues aux collisions électron-ion, P_c le rayonnement cyclotron des électrons et $P_l + P_r$ les processus de rayonnement de raies et de recombinaisons.

Au sein d'un plasma thermonucléaire, un électron subit deux types de forces :

• la force de Coulomb résultant des collisions avec les autres particules chargées,

• la force de Laplace engendrée par le champ magnétique assurant le confinement.

Chacune de ces forces est la source d'une accélération $\mathbf{a}(t)$ conformément à la loi de Newton ; accélération périodique pour la force de Laplace et accélération présentant les caractéristiques d'une fonction aléatoire pour les collisions coulombiennes. Ainsi, deux types de pertes radiatives associées aux trajectoires électroniques doivent être considérées dans un tokamak :

• les pertes bremsstrahlung P_b induites par les collisions coulombiennes des électrons sur les ions.

• les pertes cyclotron P_c associées au mouvement de rotation cyclotronique autour des lignes du champ magnétique assurant le confinement.

Pour un plasma où les ions sont Z fois ionisés et où la densité électronique vaut n_e et la densité ionique $n_i = Zn_e$, la densité volumique de pertes radiatives $P_b\left[\mathrm{W/m^3}\right]$ est obtenue en considérant le transfert d'impulsion (l'accélération) associé à une collision, puis en sommant sur tous les transferts.

Considérons un électron passant au voisinage d'un ion à une distance b, l'accélération associée à l'interaction coulombienne entre les deux particules est donnée par la loi de Coulomb pour deux charges distantes d'une distance b ; le temps d'interaction δt est de l'ordre de b que divise la vitesse de l'électron v_0.

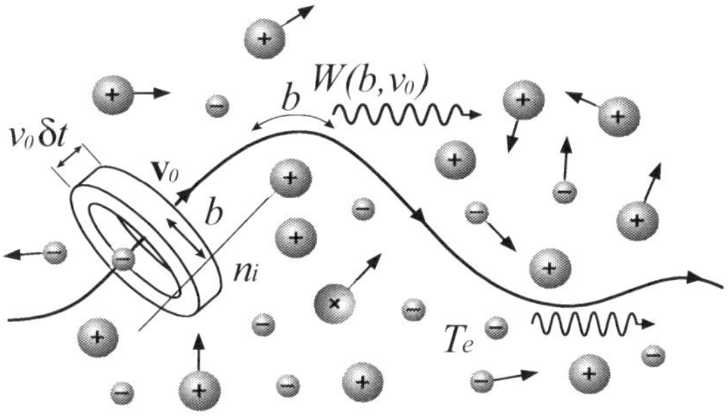

Fig. 2.3 : *Rayonnement de freinage coulombien.*

L'énergie rayonnée lors d'une collision coulombienne, $W(b, v_0)$, est donc égale à la puissance rayonnée suivant la formule de Larmor (2.4) que multiplie le temps d'interaction δt :

$$a_b \approx \frac{Ze^2}{4\pi\varepsilon_0 m_e b^2}, \ \delta t \approx \frac{b}{v_0} \rightarrow W(b, v_0) \approx \frac{Z^2 e^6}{96\pi^3 \varepsilon_0^3 m_e^2 c^3 b^3 v_0}$$

Pour obtenir l'énergie totale $P_b \delta t$ rayonnée durant δt cette énergie $W(b, v_0)$ doit être sommée, suivant b et v_0, (i) sur l'ensemble des ions se situant dans le voisinage de l'électron durant δt, voisinage de volume élémentaire $2\pi b v_0 \delta t db$ et

(ii) sur la fonction de distribution des vitesses électroniques v_0 (figure 2.3).

$$P_b \delta t = \int_{\lambda_c}^{+\infty} n_i 2\pi b v_0 \delta t db \int_0^{+\infty} 4\pi v_0^2 dv_0 n_e \frac{\exp\left(\frac{m_e v_0^2}{2k_B T}\right)}{\left(\frac{2\pi k_B T}{m_e}\right)^{\frac{3}{2}}} W(b, v_0)$$

où λ_c est la distance minimale d'approche entre électrons et ions. Dans un plasma de température électronique T_e cette longueur est de l'ordre de la longueur d'onde de Broglie $\lambda_c \sim \hbar/m_e v_0$ pour une vitesse de l'ordre de la vitesse thermique $v_0 \sim \sqrt{kT_e/m_e}$. La conservation de la charge se traduit par la relation $n_e \approx Z n_i$, ainsi la formule finale P_b est donnée par :

$$\textit{Pertes bremsstrahlung:}\quad P_b \approx \frac{n_i^2 Z^3 e^6}{96\pi\varepsilon_0^3 m_e^2 c^3 \lambda_c} \tag{2.5}$$

Les valeurs numériques de la masse de l'électron, de la vitesse de la lumière et de la permittivité diélectrique du vide permettent d'évaluer la densité volumique de puissance P_b $\left[\mathrm{W/m^3}\right]$ rayonnée à travers le processus de bremsstrahlung au sein d'un plasma thermonucléaire.

$$\textit{Bremsstrahlung:}\quad P_b \left[\frac{\mathrm{W}}{\mathrm{m^3}}\right] \approx 5 \times 10^{-37} Z^3 n_i^2 \left[\mathrm{m^{-6}}\right] T_e^{\frac{1}{2}} \left[\mathrm{keV}\right]$$

Pour un champ d'amplitude B, confinant des électrons de vitesse v_0, la densité volumique de puissance cyclotronique P_c $\left[\mathrm{W/m^3}\right]$ est donnée par la formule de Larmor où l'accélération est prise égale à $ev_0 B/m_e$.

$$\textit{Pertes cyclotron:}\quad P_c \approx \frac{n_e e^4 B^2 v_0^2}{6\pi\varepsilon_0 m_e^2 c^3} \tag{2.6}$$

Les vitesses cyclotroniques étant distribuées suivant une distribution d'équilibre de température T_e, $v_0 \sim \sqrt{k_B T_e/m_e}$, l'ordre de grandeur des pertes cyclotroniques P_c vaut :

$$\textit{Cyclotron:}\quad P_c \left[\frac{\mathrm{W}}{\mathrm{m^3}}\right] \approx 6 \times 10^{-17} n_e \left[\mathrm{m^{-3}}\right] B^2 \left[\mathrm{T^2}\right] T_e \left[\mathrm{keV}\right]$$

Cette formule prédit une densité volumique de pertes radiatives de l'ordre de quelques $\mathrm{MW/m^3}$. En fait la réabsorption, qui n'est pas prise en compte dans le cadre de ce modèle simple qui suppose le plasma thermonucléaire optiquement mince, conduit à des pertes inférieures à $10^{-2}\mathrm{MW/m^3}$; aussi, dans la suite de l'analyse de l'allumage et de la combustion les pertes cyclotroniques seront négligées devant les pertes bremsstrahlung $P_c \ll P_b$. Nous allons voir que ces dernières déterminent la température minimum d'allumage d'une combustion thermonucléaire.

La présence d'éléments différents des combustibles (D,T) et des cendres (α), appelés impuretés, augmente le niveau des pertes radiatives à travers l'augmentation de P_b résultant de la dépendance en Z^3, mais aussi à travers le rayonnement de raies des électrons liés pour les espèces de Z élevé non totalement ionisées. La prise en compte du rayonnement de raies, P_l, associé aux impuretés nécessite l'étude de l'équilibre d'ionisation en fonction de la température c'est-à-dire en fonction de la position radiale et impose de sévères contraintes sur la pureté des plasmas thermonucléaires. Ce terme de perte P_l peut être analysé de façon similaire à l'étude de la réactivité thermonucléaire : en introduisant une représentation paramètrique simple ajustée aux formules théoriques. Les pertes par rayonnement de raies résultant de l'excitation par impact électronique et de la relaxation radiative sont nécessairement proportionnelles à la densité électronique n_e, à la densité d'imputés n_Z et à un facteur $L(T_e)$ dépendant de la dynamique de l'excitation électronique et de la désexcitation radiative.

$$\textit{Rayonnement de raies :}\ P_l \left[\frac{\mathrm{W}}{\mathrm{m}^3}\right] \approx n_e n_Z L(T_e) \tag{2.7}$$

Les valeurs typiques de $L(T_e)$ sont de l'ordre de $10^{-33} - 10^{-32}$ $\left[\mathrm{W} \cdot \mathrm{m}^3\right]$ pour les principales impuretés telles que le carbone ou l'oxygène et la représentation introduite par Tokar :

$$L(T_e)\left[\frac{\mathrm{eV} \cdot \mathrm{m}^3}{\mathrm{s}}\right] \approx \frac{A_1\sqrt{T_e}}{1 + A_2\sqrt{T_e} + A_3 T_e} \exp - \frac{E}{T_e} \tag{2.8}$$

permet de modéliser simplement ce processus multiparamétrique. Par exemple, pour le carbone à un faible niveau d'ionisation :

	E[eV]	A_1 $\left[\mathrm{eV}^{0.5}\mathrm{m}^3\mathrm{s}^{-1}\right]$	A_2 $\left[\mathrm{eV}^{-0.5}\right]$	A_3 $\left[\mathrm{eV}^{-1}\right]$
C^+	7.76	5.6×10^{-13}	0.213	0.0143
C^{++}	7.59	7.27×10^{-13}	0.265	0.023

et pour l'oxygène à un faible niveau d'ionisation :

	E[eV]	A_1 $\left[\mathrm{eV}^{0.5}\mathrm{m}^3\mathrm{s}^{-1}\right]$	A_3 $\left[\mathrm{eV}^{-1}\right]$
O^+	6.23	1.04×10^{-13}	0.025
O^{++}	7.94	1.59×10^{-13}	0.028

et A_2 $\left[\mathrm{eV}^{-0.5}\right] \approx 0$. Les coefficients de cette représentation permettent de prendre en compte l'impact de la contamination du plasma par ces impuretés.

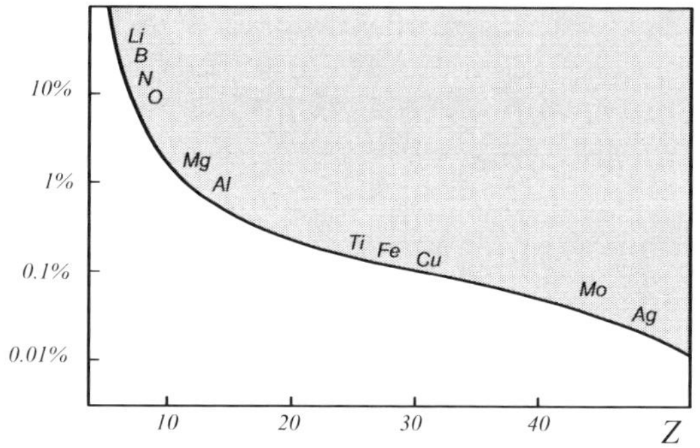

Fig. 2.4 : *Pourcentage critique d'impuretés en fonction du numéro atomique.*

En particulier, il est important de calculer le niveau de contamination critique tel que l'allumage devienne impossible. La figure (2.4) présente, pour un élément de Z donné, le pourcentage d'imputés dans un mélange thermonucléaire qui conduit à des pertes radiatives additionnelles égales à 10% de la puissance thermonucléaire produite par la combustion de ce mélange. Un tel niveau de 10% correspond à la moitié de la puissance déposée par les particules alpha au sein du plasma $(1/10 = (1/5)/2)$ et est rédhibitoire pour un réacteur.

2.3 Critère de Lawson

Deux formes d'énergie sont mises en jeux dans un plasma chaud de deutérium et tritium.

• L'énergie cinétique d'agitation thermique, qui, ramenée à l'unité de volume pour une température T, vaut $2 \times 3nk_BT/2$, le facteur deux provenant de la prise en compte de deux populations, électrons et ions.

Il est plus instructif de ramener ce contenu énergétique à l'unité de masse en considérant la masse moyenne $(m_D + m_T)/2$ et de définir ainsi une densité massique d'énergie thermique associée au mélange réactif thermonucléaire.

$$\textit{Contenu énergétique thermique} \;:\; \frac{6k_BT}{m_D + m_T} \rightarrow E \;\text{[J/kg]} \approx 1.8 \times 10^{11} T \;\text{[keV]}$$

• L'énergie potentielle interne de réactivité nucléaire Q_{DT} associée aux réactions de fusion, qui, ramenée à la masse des noyaux, définit la densité massique d'énergie nucléaire du mélange réactif.

$$\textit{Contenu énergétique nucléaire} \;:\; \frac{Q_{DT}}{m_D + m_T} \rightarrow E \;\text{[J/kg]} \approx 3.3 \times 10^{14}$$

La comparaison de ces deux contenus énergétiques, cinétique et potentiel, pour une température de l'ordre de 10 keV permet d'identifier un facteur de l'ordre de $Q_{DT}/6kT \approx 300$ qui constitue le gain idéal d'une combustion thermonucléaire. Ce gain est significatif et augure favorablement de la mise en œuvre de systèmes de production d'énergie par combustion thermonucléaire d'un mélange DT. Afin de positionner ces deux quantités au regard des systèmes énergétiques actuels, notons que le contenu énergétique thermonucléaire est de plusieurs ordres de grandeur plus élevé que le contenu énergétique associé aux technologies classiques de l'énergie. Par exemple, pour le cas des essences de pétrole, la réaction de combustion complète : $2C_8H_{18} + 25O_2 \rightarrow 16CO_2 + 18H_2O + 94\text{eV} \rightarrow E$ [J/kg] $\approx 4 \times 10^7$ reste bien en deçà, 7 ordres de grandeur, des performances d'une combustion thermonucléaire.

Nous allons maintenant établir le bilan de puissance et identifier la température minimum d'allumage. Pour un mélange stoechiométrique de deutérium et tritium occupant un volume V la puissance dégagée par les réactions de fusion W_{fus} l'est principalement sous forme d'un flux de neutrons rapides ; seulement un cinquième de cette puissance W_α peut être utilisée pour chauffer le plasma thermonucléaire à travers les collisions coulombiennes des particules alpha.

$$W_{fus} \equiv \frac{n^2}{4} \langle \sigma v \rangle Q_{DT} V \;= 5W_\alpha \rightarrow \frac{W_\alpha}{V} \equiv \frac{n^2}{20} \langle \sigma v \rangle Q_{DT} \tag{2.9}$$

Pour un réacteur idéal de volume V où les pertes sont seulement de nature radiative, dans le cadre d'un modèle global, la condition d'entretien d'une combustion thermonucléaire se résume à l'égalité des valeurs absolues du gain W_{fus}/V et des pertes P_b. Cette identité dépendant seulement de la température, nous identifions ainsi une température minimum d'auto-entretien de la réaction ou température de Post T_p.

$$\textit{Température de Post} : \; P_b(T_P) = \frac{n^2}{20} \langle \sigma v (T_P) \rangle Q_{DT} \rightarrow \underline{\underline{T_P \equiv 4.3\text{keV}}} \tag{2.10}$$

Il est impossible d'entretenir une combustion thermonucléaire en dessous de la température de Post. Le modèle conduisant à l'identification de cette température ne prend pas en compte les pertes par conduction et convection, la température de combustion sera donc supérieure à la température de Post.

La température optimale de combustion dans un réacteur tokamak est dictée par une contrainte de stabilité. En effet, définissons le paramètre bêta qui mesure le rapport de l'énergie thermique du plasma sur son énergie magnétique :

$$\beta \equiv \frac{[\text{Pression cinétique du plasma}]}{[\text{Pression magnétique du champ}]} \sim 4 \times 10^{-16} \frac{n\left[\text{cm}^{-3}\right] T\,[\text{keV}]}{B^2\,[\text{T}]} \tag{2.11}$$

Rappelons l'origine physique de la densité volumique d'énergie magnétique ou pression magnétique $P_M \equiv B^2/2\mu_0$; la génération d'un champ magnétique $\mathbf{B}(t)$ par un courant nécessite un apport d'énergie sous forme de travail, car, bien que la force de Laplace ne produise aucun travail ($\mathbf{V} \cdot \mathbf{V} \times \mathbf{B} = \mathbf{0}$), le champ électromoteur d'induction engendré par la variation temporelle du champ $\mathbf{B}$ s'oppose au passage du courant. Ainsi, pour établir un champ de valeur B partant d'une valeur nulle, on démontre aisément que ce travail ne dépend que des valeurs initiale ($B(0) = 0$) et finale ($B(t)$) du champ et est indépendant de la nature du développement temporel des courants. On introduit alors la densité volumique d'énergie magnétique $B^2/2\mu_0$ qui possède aussi la dimension d'une pression et peut être considérée comme telle au regard de ses effets mécaniques.

Afin que le plasma ne présente pas certaines instabilités, et que le confinement soit ainsi assuré, il est nécessaire de maintenir le paramètre β à des valeurs de l'ordre de quelques %, seuil que nous noterons β^*. Pour un champ magnétique donné, dont la valeur est contrainte par des limites technologiques à quelques Teslas, la puissance fusion W_{fus} s'exprime uniquement en fonction de β et de la température.

$$\beta = 2n_e k_B T \frac{2\mu_0}{B^2} \rightarrow W_{fus} = \beta^2 \frac{B^4 \langle \sigma v \rangle Q_{DT}}{64\mu_0^2 k_B^2 T^2} \rightarrow W_{fus}^* = \beta^{*2} \frac{B^4 \langle \sigma v \rangle Q_{DT}}{64\mu_0^2 k_B^2 T^2}$$

Pour $\beta = \beta^*$ nous obtenons W_{fus}^* qui est uniquement fonction de la température et présente un maximum pour une température de l'ordre de $T \sim 10$ keV, cette température constitue la température de combustion de référence dans les réacteurs tokamak. Pour élaborer un modèle décrivant l'allumage il est nécessaire d'introduire les caractéristiques du chauffage permettant d'atteindre cette température de l'ordre de 10 keV. Pour construire un modèle de combustion réaliste nous devons aussi prendre en compte les pertes d'énergie par diffusion associées à la conductivité thermique finie du plasma thermonucléaire. Introduisons donc W_{aux} [W] la puissance *auxiliaire* injectée dans le plasma pour atteindre la température d'allumage et W_{dif} [W] la puissance perdue par conduction thermique. L'usage est de définir le facteur Q du système de chauffage comme le rapport de la puissance fusion sur la puissance auxiliaire :

$$\textit{Facteur d'amplification} : \; Q \equiv \frac{W_{fus}}{W_{aux}} = 5\frac{W_\alpha}{W_{aux}} \tag{2.12}$$

Définissons ensuite le temps de confinement de l'énergie au sein du plasma thermonucléaire τ_E comme le rapport du contenu énergétique thermique sur la somme des pertes radiatives et conductives.

$$\textit{Temps de confinement de l'énergie}: \ \tau_E \equiv \frac{3nk_BTV}{W_{dif} + P_bV} \tag{2.13}$$

En régime stationnaire les gains doivent compenser les pertes : $W_{dif} + P_bV = W_{aux} + W_\alpha$ où seule la puissance portée par les alpha peut être déposée dans le plasma car les neutrons ne sont pas confinés ; ainsi, $3k_BT/\tau_E = n\langle\sigma v\rangle Q_{DT}$ $(1 + 5/Q)/20$. Le temps de confinement de l'énergie que multiplie la densité du plasma apparaît comme une fonction totalement déterminée de la température. Sous cette forme finale l'identité entre gains et pertes constitue le critère de Lawson.

$$\textit{Critère de Lawson}: \ n\tau_E(T) = \frac{60k_BT}{\langle\sigma v\rangle Q_{DT}\left(1 + \frac{5}{Q}\right)} \tag{2.14}$$

Introduisons le concept de *breakeven* si la production d'énergie du plasma est égale à l'apport des systèmes de chauffage, c'est-à-dire si $Q = 1$. Pour une température $T = 10$ keV et une densité $n = 10^{20}\mathrm{m}^{-3}$ nous obtenons un temps de confinement de l'ordre de $\tau_E \approx 2s - 3s$.

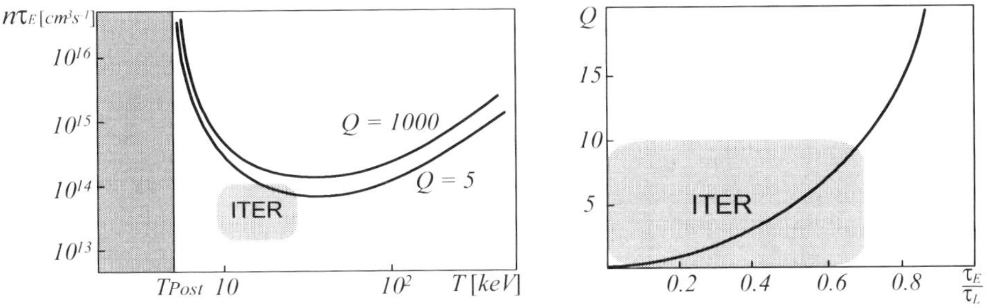

Fig. 2.5 : *Critère de Lawson.*

La limite $Q = \infty$ définit le régime de l'ignition car la combustion s'auto-entretient sans apport extérieur d'énergie. Entre les valeurs $Q = 1$ et $Q = \infty$ le réacteur fonctionne en amplificateur d'énergie de gain Q. Définissons le temps de Lawson τ_L.

$$\textit{Temps de Lawson}: \ \tau_L(n, T) \equiv \frac{60k_BT}{n\langle\sigma v\rangle Q_{DT}} \tag{2.15}$$

Le critère précédent peut être formulé comme une relation entre le facteur d'amplification et le rapport du temps de confinement de l'énergie que divise ce temps caractéristique, figure (2.5).

$$\textit{Facteur d'amplification}: \ Q(\tau_E) = \frac{5}{\frac{\tau_L}{\tau_E} - 1} \tag{2.16}$$

Le paramètre $n\tau_E$ constitue donc une mesure de la qualité globale du confinement ; les pertes radiatives P_b ne pouvant être contrôlées, la qualité de la configuration magnétique assurant le confinement est quant à elle mesurée par le temps de confinement τ_{E^*} défini comme : $\tau_{E^*} \equiv 3nk_BTV/W_{dif}$.

$$\textit{Critère de Lawson}: \ n\tau_{E^*}(T, n) = \frac{60k_BT}{\langle\sigma v\rangle Q_{DT}\frac{Q+5}{Q} - \frac{P_b}{n^2}} \tag{2.17}$$

La valeur du paramètre $n\tau_{E^*}$ en fonction de la température est représentée sur la figure (2.5), on notera une asymptote à la température de Post et un minimum autour de $T = 20$ keV.

Un système de conversion d'énergie basé sur une combustion thermonucléaire de deutérium et tritium génère des déchets radioactifs de faible activité et ne présente aucun risque d'emballement. Le deutérium se trouve en quantité abondante dans l'eau, dans une proportion de 1/6700 par rapport à l'hydrogène ; la masse des océans étant de l'ordre de 10^{21}kg les réserves énergétiques potentielles de deutérium terrestre sont donc de l'ordre de 10^{11} années sur la base de la consommation actuelle d'énergie.

Cette estimation trop optimiste doit être révisée car le tritium est instable et sa demi-vie est de 12.3 années, il n'existe donc pas à l'état naturel et doit être produit dans la couverture du réacteur en utilisant le flux neutronique de la réaction de combustion D + T $\rightarrow \alpha$ + n suivant les réactions : n + ^{6}Li $\rightarrow \alpha$ + T + 4,80 MeV et n + ^{7}Li $\rightarrow \alpha$ + T + n$-$ 2,47MeV.

Le lithium (Li) se trouve aussi en quantité abondante dans la croûte terrestre ; les abondances naturelles des isotopes léger et lourd sont respectivement 7.4% de ^{6}Li pour 92.6% de ^{7}Li. L'isotope léger est principalement consommé dans la couverture tritigène car la section efficace de réaction est beaucoup plus importante pour cet isotope léger dans la gamme d'énergie des neutrons thermiques. Les neutrons seront donc modérés et utilisés dans la couverture pour assurer la régénération du tritium. La réaction endothermique de l'isotope lourd est favorable au bilan de neutrons mais elle devra néanmoins être complétée par l'apport d'un multiplicateur de neutrons.

Des études théoriques de neutronique conduisent à évaluer à 95% la fraction de l'énergie des neutrons qui pourra être déposée dans une couverture tritigène dont l'épaisseur serait de l'ordre du mètre. Pour l'abondance naturelle du Lithium les réserves énergétiques potentielles se situent entre 10^4 ans et 10^7 ans, l'estimation basse étant restreinte aux ressources continentales et l'estimation haute prenant en compte l'exploitation des réserves océaniques.

Chapitre 3

Confinement Thermonucléaire

Die mathematische Naturwissenschaft ist eine wundervolle Technik, um Induktionen von einer Leistungsfähigkeit, von einer Wahrscheinlichkeit, Genauigkeit, Berechenbarkeit zu machen, die früher nicht einmal geahnt werden konnten. Die Krisis des Europäischen Menschentums und die Philosophie, E. Husserl.

3.1 Principes et caractéristiques

Le mouvement d'une particule chargée dans un champ magnétique étant, en première approximation, la combinaison d'une rotation autour des lignes de champ et d'une translation le long des lignes de champ, différentes configurations magnétiques ont été étudiées pour confiner et contrôler les plasmas chauds et, en l'état actuel des connaissances scientifiques et réalisations techniques, les plasmas confinés et contrôlés au sein des configurations Tokamak sont les plus proches des conditions définies par le critère de Lawson.

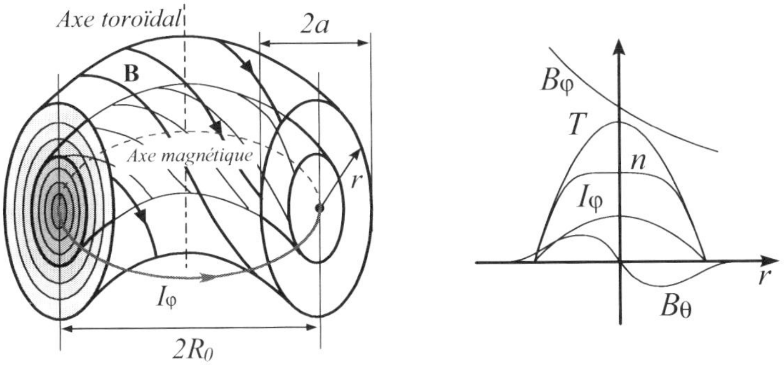

Fig. 3.1 : *Principales caractéristiques d'un plasma de tokamak.*

Un plasma de tokamak est un tore d'hydrogène (D et T) totalement ionisé et magnétisé, illustré sur la figure (3.1), de grand rayon R_0 et de petit rayon a. Les lignes du champ magnétique sont des hélices tangentes à un ensemble de tores emboîtés appelés surfaces magnétiques. Les deux axes communs à cet ensemble de tores sont appelés *axe magnétique* et *axe toroïdal*. En première approximation les électrons et les ions suivent les lignes de champ et sont donc confinés sur les surfaces magnétiques.

Le champ magnétique principal B_φ, dit toroïdal, est dirigé suivant la direction de l'axe magnétique, ce champ est généré par des bobines supraconductrices extérieures au plasma et décroît comme l'inverse du grand rayon à partir de l'axe toroïdal. Un deuxième champ magnétique B_θ, dit poloïdal, est généré au sein du plasma par un courant toroïdal I_φ. La génération du courant toroïdal I_φ, source du champ poloïdal B_θ, constitue un problème important car actuellement l'essentiel de ce courant est généré de façon inductive, suivant le schéma de fonctionnement d'un transformateur dont le secondaire est le tore de plasma ; mais, un tel mode de fonctionnement ne peut être envisagé en régime continu et il est nécessaire d'identifier des mécanismes d'entraînement stationnaire des électrons soit par interaction avec un faisceau de particules, soit à travers l'absorption d'une onde.

Les profils de densité $n(r)$ et de température $T(r)$ sont en général monotone décroissant de l'axe magnétique $r = 0$ vers le bord $r = a$ (figure (3.1)). Les valeurs typiques des principaux paramètres des plasmas de tokamak sont présentés dans la table ci-dessous.

Volume $2\pi^2 R_0 a^2$	$10 - 1000$ [m^3]
Densité centrale n	$10^{18} - 10^{20}$ [m^{-3}]
Température centrale T	$1 - 20$ [keV]
Courant toroïdal I_φ	$0.1 - 20$ [MA]
Vitesse électronique	$10^3 - 10^5$ [km/s]
Vitesse ionique	$10^2 - 10^3$ [km/s]
Champ magnétique toroïdal B_φ	$1 - 10$ [T]

Le champ poloïdal B_θ est de l'ordre de dix fois plus faible que le champ toroïdal B_φ et un troisième champ, vertical, de l'ordre de dix fois plus faible que le poloïdal, est nécessaire pour assurer l'équilibre magnétohydrodynamique. Les profils radiaux de densité $n(r)$ et de température $T(r)$ du plasma résultent de la compétition, ou de la coopération, de la multiplicité des processus de confinement, transport et chauffage à l'œuvre au sein d'une décharge. La compréhension et la maîtrise de ces processus de confinement, transport et chauffage constituent les enjeux principaux des programmes de recherches en physique des tokamaks.

Un tokamak n'est pas un piège parfait et il ne doit pas être un piège parfait car l'extraction de la puissance thermonucléaire déposée au sein du plasma ainsi que celle des cendres d'hélium doivent être possibles pour assurer un fonctionnement en régime continu. Ainsi, les composants face au plasma de la première paroi devraient supporter un flux d'énergie sortant du plasma de l'ordre d'une dizaine de MW/m^2 et seuls les matériaux présentant un point de fusion (sublimation) élevé et une grande conductivité thermique peuvent être utilisés pour réaliser le système d'extraction de puissance. Le tungstène (W) et les composés CFC (*Carbone Fiber Composite*) du graphite offrent les performances requises, mais chacun présente une série d'avantages et d'inconvénients qui ne permet pas de trancher définitivement en faveur de l'un ou de l'autre pour la génération actuelle de machines. En particulier, l'érosion par sputtering chimique des

CFC et la production d'impuretés par W constituent les deux problèmes majeurs associés à ces matériaux. Le graphite (C) a été beaucoup utilisé dans les expériences et permet l'obtention d'excellentes performances de confinement de par son faible impact sur le plasma en terme de production d'impuretés, sa tenue thermique en régime continu et en régime transitoire a aussi été démontrée avec succès, mais le problème de l'érosion par bombardement ionique combiné à la redéposition et à la rétention de tritium n'a toujours pas été résolu. Le tungstène présente aussi de très bonnes performances de tenue thermique, mais la production d'impuretés dégradant le confinement de l'énergie du plasma et la richesse des interactions avec l'hélium et le tritium constituent des points majeurs d'interrogations quant à sa pertinence au sein d'un réacteur en régime continu. A ce jour, depuis 1960, une centaine de machines toriques présentant une combinaison de champs poloïdal et toroïdal ont été construites à travers le monde. La table ci-dessous présente la localisation ainsi que les ordres de grandeurs des caractéristiques de grand rayon (R), petit rayon moyen ($\langle a \rangle$), champ toroïdal (B) et courant toroïdal (I) d'une cinquantaine de ces machines.

Tokamak	Pays	Lieu	R [m]	<a> [m]	B [T]	I [MA]	Tokamak	Pays	Lieu	R [m]	<a> [m]	B [T]	I [MA]
COMPASS	*UK*	*Culham*	*0.56*	*0.21*	*2.1*	*0.32*	**ATC**	*USA*	*Princeton*	*0.88*	*0.11*	*2*	*0.05*
CSTN-IV	*Japon*	*Nagoya*	*0.40*	*0.10*	*0.15*	*0.001*	**CASTOR**	*Tchec.*	*Prague*	*0.40*	*0.09*	*1.5*	*0.025*
D III-D	*USA*	*San Diego.*	*1.66*	*0.67*	*2.2*	*3*	**CT6-B**	*Chine*	*Pékin*	*0.45*	*0.13*	*0.75*	*0.04*
EAST	*Chine*	*Hefei*	*1.75*	*0.43*	*5*	*0.5*	**DITE**	*UK*	*Culham*	*1.17*	*0.26*	*2.8*	*0.28*
ALCATOR C	*USA*	*Cambridge*	*0.67*	*0.22*	*8*	*2*	**HL-1M**	*Chine*	*Chengdu*	*1.02*	*0.26*	*3*	*0.32*
ASDEX U	*RFA*	*Garching*	*1.65*	*0.65*	*3.9*	*1.4*	**HL-2A**	*Chine*	*Chengdu*	*1.64*	*0.40*	*2.8*	*0.48*
HT-7	*Chine*	*Hefei*	*1.22*	*0.35*	*3*	*0.4*	**JET**	*UK*	*Culham*	*2.96*	*0.96*	*3.5*	*4*
JFT-2M	*Japon*	*Tokai*	*1.30*	*0.35*	*2.2*	*0.5*	**JIPP-TIIU**	*Japon*	*Nagoya*	*0.93*	*0.23*	*3*	*0.3*
JT-60U	*Japon*	*Naka*	*3.40*	*1.00*	*4.2*	*5*	**J-TEXT**	*Chine*	*Wuhan*	*1.05*	*0.26*	*3*	*0.4*
MTX	*USA*	*Livermore*	*0.64*	*0.16*	*12*	*0.9*	**ORMAK**	*USA*	*Oak Ridge*	*0.80*	*0.23*	*2.5*	*0.34*
PBX-M	*USA*	*Princeton*	*1.65*	*0.30*	*2*	*0.6*	**PETULA**	*France*	*Grenoble*	*0.72*	*0.16*	*2.5*	*0.23*
Phaedrus	*USA*	*Madison*	*0.93*	*0.25*	*1*	*0.1*	**PLT**	*USA*	*Princeton*	*1.32*	*0.40*	*3.5*	*0.7*
Pulsator	*RFA*	*Garching*	*0.70*	*0.11*	*3*	*0.125*	**SST-1**	*Inde*	*Gandhinagar*	*1.10*	*0.20*	*3*	*0.22*
ST	*USA*	*Princeton*	*1.09*	*0.13*	*5*	*0.13*	**T-1**	*URSS*	*Moscou*	*0.63*	*0.13*	*1*	*0.04*
T-2	*URSS*	*Moscou*	*0.63*	*0.13*	*1*	*0.03*	**T-6**	*URSS*	*Moscou*	*0.70*	*0.25*	*1.5*	*0.27*
T-3	*URSS*	*Moscou*	*1.00*	*0.12*	*2.5*	*0.06*	**T-7**	*URSS*	*Moscou*	*1.20*	*0.31*	*3*	*0.3*
T-10	*URSS*	*Moscou*	*1.50*	*0.36*	*4*	*0.6*	**T-15**	*URSS*	*Moscou*	*2.43*	*0.42*	*3.5*	*1*
TCA	*Suisse*	*Lausanne*	*0.61*	*0.18*	*1.5*	*0.17*	**TCABR**	*Brésil*	*Sao Paulo*	*0.61*	*0.18*	*1.1*	*0.11*
TCV	*Suisse*	*Lausanne*	*0.88*	*0.50*	*1.4*	*1.2*	**TdeV**	*Canada*	*Montreal*	*0.84*	*0.23*	*2.1*	*0.25*
TEXT	*USA*	*Austin*	*1.00*	*0.27*	*2.8*	*0.34*	**TEXTOR**	*RFA*	*Juelich*	*1.75*	*0.47*	*2.8*	*0.8*
TFR	*France*	*Fontenay*	*1.00*	*0.20*	*6*	*0.49*	**TFTR**	*USA*	*Princeton*	*2.40*	*0.80*	*5*	*3*
TS	*France*	*Cadarache*	*2.25*	*0.75*	*4.5*	*2*	**TRIAM**	*Japon*	*Kyushu*	*0.80*	*0.15*	*8*	*0.42*
TUMAN-3	*URSS*	*Leningrad*	*0.55*	*0.24*	*1.2*	*0.16*	**Versator II**	*USA*	*Cambridge*	*0.41*	*0.13*	*1*	*0.06*

Table des caractéristiques de quelques tokamaks.

La multiplicité et la diversité de ces expériences ont permis d'accumuler une base de données reproductibles sur laquelle un certain nombre d'extrapolations ont conduit au dimensionnement du projet ITER.

Les programmes de recherches en physique et technologie des tokamaks se heurtent actuellement à quatre grands problèmes qui conditionnent la mise au point d'un réacteur techniquement fiable et économiquement viable ; ces quatre questions-clés sont : (i) le contrôle de l'interaction plasma-paroi, (ii) la compréhension et le contrôle de la turbulence, (iii) la génération et le contrôle du courant en régime continu et (*iv*) la maîtrise de la dynamique des populations suprathermiques en régime thermonucléaire. En effet, dans un réacteur tokamak en régime de combustion continue : (*i*) l'injection/extraction de puissance à la périphérie du plasma doit s'effectuer en respectant de sévères contraintes technologiques de tenue des matériaux aux flux intenses de rayonnements et particules, (*ii*) la turbulence et le transport doivent être diagnostiqués et contrôlés en temps réel et maintenus à un niveau compatible avec l'entretien de la combustion thermonucléaire, (*iii*) quelques dizaines de millions d'ampères doivent être entretenus en régime continu afin d'assurer le confinement orbital et l'accès à des profils de courants optimaux et (*iv*) la population de particules alpha d'origine thermonucléaire et les ions suprathermiques doivent être confinés, diagnostiqués et contrôlés afin d'assurer une combustion et un pilotage efficaces. La conception d'un réacteur thermonucléaire, techniquement fiable et économiquement viable, passe donc par l'étude approfondie des processus d'interaction plasma-paroi et des mécanismes d'instabilités et de turbulence, ainsi que par l'identification de nouveaux procédés de diagnostic et de contrôle du courant et des populations suprathermiques à l'origine de la réactivité thermonucléaire, c'est l'achèvement de ce vaste programme qui constitue l'objectif du projet international (Europe, USA, Chine, Russie, Inde, Japon, Corée du Sud) ITER.

La construction d'un réacteur thermonucléaire par confinement magnétique nécessite donc l'assemblage et l'intégration des éléments suivants, illustrés sur la figure (3.2) :

• Un plasma en régime de combustion thermonucléaire (1) satisfaisant au critère de Lawson.

• Une première paroi (2) de l'enceinte de confinement supportant les contraintes thermiques directes du plasma.

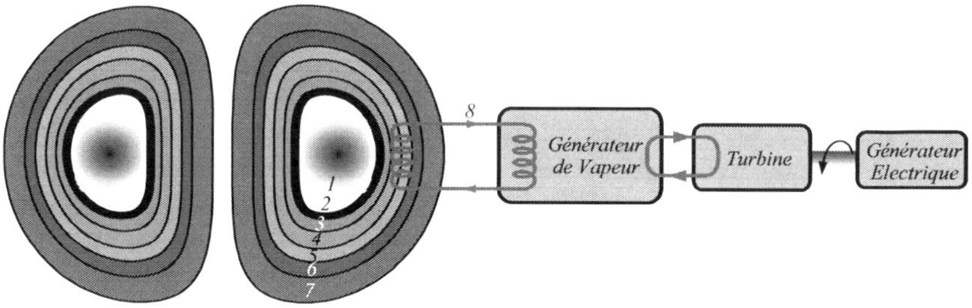

Fig. 3.2 : *Système énergétique thermonucléaire.*

• Un système multiplicateur de neutrons (3) pour assurer efficacement la régénération du tritium.

• Un modérateur (4) pour thermaliser les neutrons utilisés pour la régénération.

• Une couverture tritigène (5).

• Un écran (6) pour protéger les systèmes cryogéniques assurant le refroidissement des supraconducteurs constituant les bobines et les systèmes de contrôle et diagnostic.

• Un ensemble de bobines toroïdales supraconductrices (7) générant le champ principal assurant le confinement.

• Un échangeur de chaleur (8), étape ultime de l'extraction de puissance.

L'échangeur de chaleur extrait la chaleur à l'aide d'un fluide caloporteur afin de générer de la vapeur d'eau au sein d'un générateur de vapeur ; vapeur d'eau qui par détente dans une turbine entraîne un générateur électrique.

La technologie de la plupart de ces éléments (2-8) ne pose pas de problème scientifique majeur mais nécessite la mise en place de vastes programmes de recherches et développements. Par contre, les réactions de fusion deutérium/tritium ne pouvant s'auto-entretenir en régime de combustion exothermique qu'à partir d'une température de l'ordre de 100 millions de degrés, la problématique de la production d'énergie par fusion nucléaire pose le problème scientifique complexe du chauffage et du confinement d'un plasma chaud (1).

3.2 Phénoménologie des tokamaks

L'image d'une décharge stationnaire dont les paramètres caractéristiques demeurent indépendants du temps est malheureusement hautement idéalisée. Le caractère essentiellement non-linéaire et dissipatif d'une décharge tokamak conduit à des phénomènes complexes de couplages d'instabilités et de bifurcation d'équilibres réduisant fortement la zone de stabilité stationnaire dans l'espace des paramètres de contrôle. Néanmoins, il est possible d'identifier des zones, dites *de stabilité*, où le confinement magnétique est à l'œuvre malgré une intense activité turbulente.

Les outils classiques de la physique permettent de clarifier les chaînes de causalités entre les différents processus ; mais, une pratique plus proche de l'art de l'ingénieur est souvent nécessaire pour identifier les conditions de reproductibilité d'un plasma présentant un confinement significatif. Ainsi, un vaste domaine phénoménologique coexiste avec des développements plus théoriques au sein de la physique des tokamaks. Par exemple, le diagramme de Hugill , représenté sur la figure (3.3), où deux combinaisons des caractéristiques telles que grand (R) et petit (a) rayons, densité moyenne (n), champs toroïdal (B_φ) et poloïdal (B_θ), sont choisis comme paramètres de contrôle, présente une zone opérationnelle bien documentée du point de vue expérimental et dont les limites peuvent être interprétées aux regard de différentes contraintes physiques.

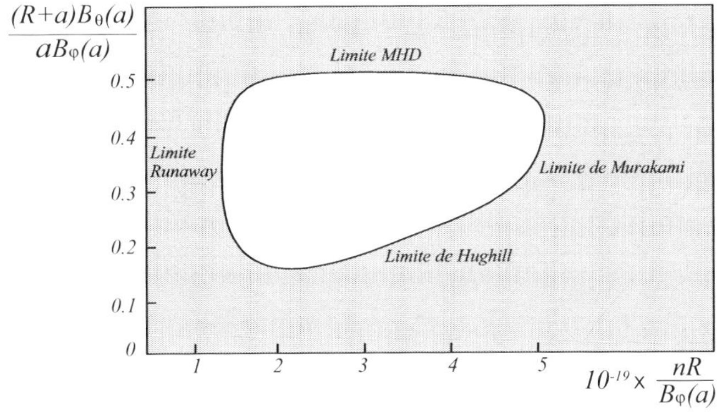

Figure 3.3 : *Diagramme de Hughill et zone opérationnelle typique.*

A basse densité, nous établirons l'existence d'une population d'électrons rapides, dits runaways, tels que le ralentissement collisionnel proportionnel à la densité est insuffisant pour compenser l'accélération électrique ; ces électrons peuvent atteindre des énergies importantes et ils sont difficilement contrôlables, il est donc nécessaire d'éviter la zone de paramètres où la production d'électrons runaway est significative, ainsi s'explique la limite basse densité de la figure (3.3).

Les disruptions majeures du plasma sont aussi l'un des phénomènes limitant la zone opérationnelle des tokamaks ; les disruptions majeures sont des pertes de confinement par destruction rapide du plasma précédé de signaux précurseurs caractéristiques. Elles apparaissent suivant plusieurs scénarios, par exemple lorsque le rayonnement du plasma, dans les zones froides et contaminées par des impuretés, induit une contraction du courant entraînant une modification du profil de champ poloïdal conduisant à une forte activité magnétohydrodynamique des modes de torsion. Une telle activité MHD est associée à des valeurs significatives du facteur $(R+a)\, B_\theta\,(a)\,/aB_\varphi\,(a)$, ainsi, ce paramètre et le paramètre de Murakami $nR/B_\varphi\,(a)$, ne peuvent-ils prendre des valeurs élevées sans risquer de déclencher une disruption majeure du plasma. La zone de paramètres où les disruptions peuvent être évitées est donc constituée par les régions sous la limite MHD et basses densités du diagramme de Hugill. Des choix de paramètres de contrôle différents permettent d'établir expérimentalement et d'interpréter théoriquement les conditions d'obtention d'un plasma thermonucléaire, certes actif et turbulent, mais suffisamment stable pour autoriser l'allumage des réactions de fusion et le confinement des particules alpha.

La physique des plasmas de tokamaks offre un vaste champ d'applications aux outils et méthodes de la physique non-linéaire, car si les profils radiaux de densités, températures et champ magnétique sont en moyenne stables, des fluctuations et structures oscillantes de natures variées et diverses, illustrées sur la figure (3.1), se superposent à ces valeurs moyennes. L'activité hors équilibre ainsi observée, dans le cadre des expériences où à l'issue de simulations numériques, présente une richesse de structures qui ont reçues des noms imagés tels que : *fishbones, streamer, sawtooth (dents de scie), ELM...* illustrés sur la figure (3.4) ; la classification phénoménologique et la modélisation théorique des ces phénomènes constituent l'une des branches les plus actives de la physique des tokamaks.

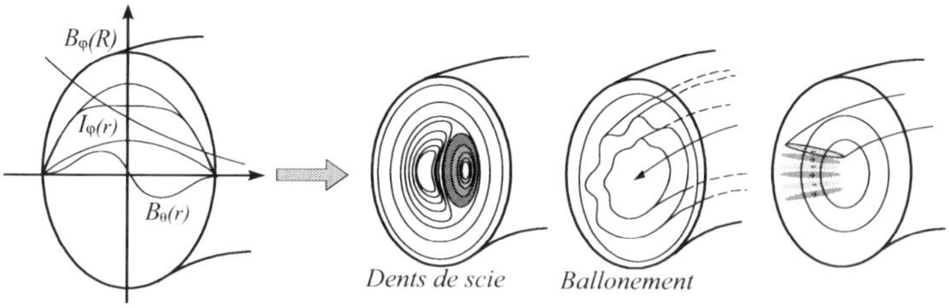

Fig. 3.4 : *Fluctuations, instabilités et structures dans les tokamaks.*

Parmi ce vaste ensemble de phénomènes nous allons brièvement considérer la transition L-H, les *ELM* (*Edge Localized Modes*) et les *ITB* (*Barrières Internes de Transport*), renvoyant le lecteur aux références bibliographiques beaucoup plus orientées vers la description phénoménologique que la présente monographie pour la description des autres phénomènes complexes majeurs tels que *MARFE*, dents de scie...

Deux modes de confinement peuvent être observés au sein des tokamaks, le mode dit L (*low*) et le mode H (*high*), le deuxième présentant un temps de confinement typiquement deux fois plus élevé que le premier. Le paramètre de contrôle induisant la transition du mode L vers le mode H est constitué par la combinaison de la valeur de la puissance du chauffage additionnel ramenée aux conditions de contact entre le plasma et les composants solides permettant l'extraction de puissance. Pour une décharge donnée en mode classique L, lorsque la puissance de chauffage additionnel augmente et franchit un seuil, une transition vers un mode de confinement amélioré H peut apparaître. Elle a été observée pour la première fois sur le tokamak ASDEX et est caractérisée par différents signaux du plasma de bord révélant une augmentation du gradient de pression illustrée sur la figure (3.5) représentant la pression en fonction du petit rayon ; la transition L-H nécessite un contact plasma-surface solide de type divertor.

La description complète de cette transition constitue un problème ouvert et il est communément admis que l'existence d'un champ électrique radial et d'un écoulement associé permettant de cisailler les structures turbulentes constituent les éléments dominants de sa dynamique. Le mode H apporte aussi de nouvelles instabilités, en effet un gradient de pression plus raide au bord constitue une source d'énergie libre propre à trouver des canaux de relaxation instables ; ce sont les *ELM* ; lorsque la pression de bord franchit un seuil, un burst d'ELM est alors excité, la corrélation entre les mesures de densité et les signaux optiques permet de classifier plusieurs catégories de modes *ELM*. La compréhension et la prédiction de l'activité *ELM* dans les tokamaks constitue un sujet de recherches actif dont le résultat est crucial pour identifier le meilleur régime d'opération d'un réacteur tokamak.

Restant dans le domaine des découvertes essentiellement expérimentales où l'effort théorique a suivi et non précédé l'observation, mentionnons les *ITB*. Une barrière de transport interne *ITB* est une région interne d'une décharge, assez proche du bord, où la conductivité thermique ionique diminue à un niveau se rapprochant de la conductivité néo-classique que nous étudierons dans le chapitre consacré au transport.

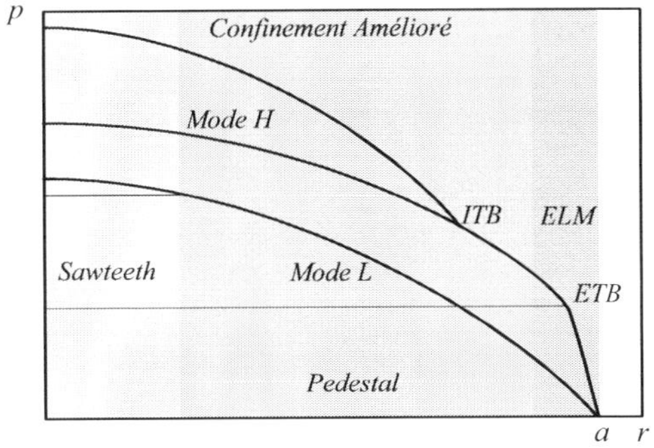

Fig 3.5 : *Modes L et H.*

Il résulte de cette modification de la conductivité thermique un raidissement du profil de température (figure (3.5)) et une amélioration du confinement, ce mode amélioré est associé à une *ITB* par opposition au mode H associé à une *ETB* (*External Transport Barrier*). Les signatures d'une *ITB* sont multiples, les éléments les plus caractéristiques étant la présence d'un profil de courant légèrement creux et d'un cisaillement de vitesses ; les conditions d'obtention d'une *ITB* peuvent être réunies soit à travers le contrôle du profil de courant, soit par injection de glaçons modifiant les profils de densité et température. *ELM*, *ETB*, *ITB*, *Fishbone*, *Sawtooth*, *MARFE*... constituent des chapitres avancés de physique des tokamaks ils ne seront donc pas traités dans le cadre du chapitre consacré aux instabilités où nous nous somme attaché à établir les principes fondamentaux d'une classification des différentes sources d'énergie libre disponible pour une relaxation instable et à construire une description en régime linéaire de cette relaxation, restreignant ainsi la présentation au fondement de la physique des tokamaks.

Les performances des grands tokamaks les placent loin devant tous les autres types de machines et de procédés qui ont été proposés jusqu'à présent pour amorcer et entretenir une combustion thermonucléaire. Ce succès fait des tokamaks un sujet de recherche particulièrement actif et de grands tokamaks dédiés aux études de physique des plasmas thermonucléaires ont été construits. Afin de comparer les performances obtenues au sein de ces différents tokamaks au regard du critère de Lawson, l'usage est d'introduire le paramètre $n\tau_E T$ qui doit atteindre une valeur de $60k_B T^2 / \left\langle \sigma v \right\rangle Q_{DT} \approx 3 \times 10^{15}$ $\left[\text{cm}^{-3}\text{s keV}\right]$ pour assurer l'ignition ; la comparaison des performances des différentes machines construites depuis plus de quarante ans est présentée sur le diagramme de la figure (3.6-a).

La convergence des performances obtenues dans ces grands Tokamaks désigne ainsi clairement le prochain objectif du programme de recherches sur la fusion contrôlée : l'ignition d'un mélange D-T, cet objectif a trouvé sa concrétisation à travers le projet international ITER qui devrait permettre l'accès à une combustion thermonucléaire ($5 < Q < 10$) quasi-continue pour la prochaine décennie sur le site de Cadarache, ouvrant ainsi un vaste champ de recherches sur ce régime encore inexploré.

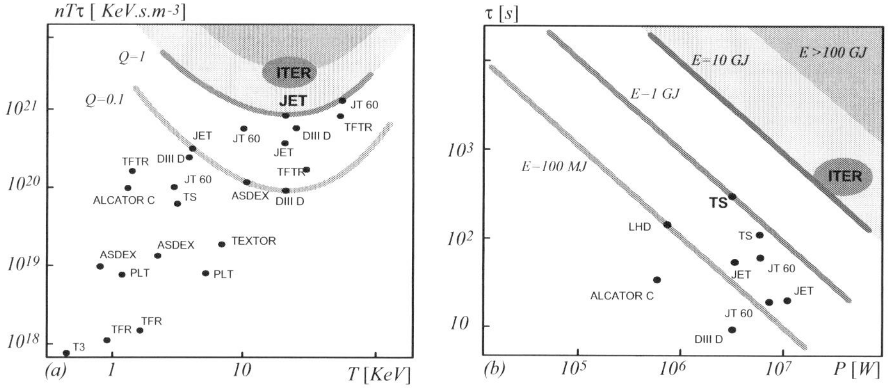

Fig. 3.6 : *Convergence des performances des tokamaks : (a) critère de confinement, (b) injection/extraction de puissance.*

En effet, l'ignition atteinte, la vaste problématique de l'extraction de puissance et de matière en régime quasi-continu, déjà abordée par de nombreuses machines, devra être maîtrisée pour des niveaux de puissances extraits de l'ordre de quelques centaines de mégawatts. Dans ce domaine aussi la convergence de performances de contrôle et d'extraction de la puissance permet d'extrapoler le cas ITER dans la continuité des réalisations actuelles illustrées sur le diagramme de la figure (3.6-b). Le tokamak Tore-Supra (TS) du CEA possède à cet égard un record de durée avec une décharge de 6 minutes associée à une énergie injectée de 1.07 GJ.

3.3 Le Projet international ITER

L'identification théorique des remarquables propriétés de confinement d'une configuration tokamak remonte aux travaux fondateurs d'Igor Tamm et André Sakharov au milieu des années cinquante en Union Soviétique.

Suivant ce travail, un vaste programme de recherches expérimentales fut mis sur pied à l'*Institut Kurchatov* de Moscou par L. Artsimovich, accompagné d'un programme théorique sous l'autorité de M. Leontovitch.

Les premières expériences se heurtèrent aux problèmes des impuretés et de la stabilité MHD. Après la conférence *IAEA* de Genève en 1958 Shafranov formula les conditions nécessaires de stabilité et les expériences T2, T3, TM2 confirmèrent le bien fondé de la stabilité relative de la configuration tokamak. En 1968, l'annonce des performances de la machine T3 de l'Institut Kurchatov, confirmées par une équipe internationale, orienta définitivement les efforts de recherches de nombreux pays sur la voie des tokamaks.

A la fin des années soixante dix les tokamaks T10 à Moscou et PLT à Princeton confirmèrent les propriétés de confinement des configurations de type tokamak. Le chauffage additionnel s'avéra alors nécessaire et de nombreuses études expérimentales et théoriques sur l'injection de neutres et l'injection d'ondes permirent d'atteindre des température de l'ordre de plusieurs KeV. En particulier, au début des années quatre-vingt le tokamak TFR du CEA permit de valider avec succès les schémas de chauffages cyclotroniques ioniques. L'objectif principal des programmes de recherches actuels en physique des Tokamaks est :

- d'identifier et d'étudier les différents mécanismes (instabilités, chaos, turbulence, auto-organisation...) qui déterminent la valeur du temps de confinement de l'énergie τ_E,
- de mettre en oeuvre les moyens (génération de courant, barrières de transport, divertor...) de l'améliorer à un niveau satisfaisant le critère de Lawson.

La signature, le 21 novembre 2006 à Paris, de l'accord international ITER, structurant les efforts de recherche de l'Europe, des Etats-Unis, de la Chine, de l'Inde, de la Russie, de la Corée du Sud et du Japon, marque l'aboutissement de cinquante années de recherches sur la fusion thermonucléaire dans les tokamaks et le lancement du premier projet de coopération scientifique à l'échelle mondiale.

Les paramètres typiques, géométriques et physiques, d'un plasma d'ITER sont résumés dans le tableau ci-dessous.

Grand rayon	R_0	6.2 m
Petit rayon	a	2.0 m
Courant toroïdal	I_φ	16 MA
Facteur q au bord	q_a	3
Champ toroïdal sur l'axe	B_φ	5.3 T
Volume du plasma	V_p	830 m^3
Surface du plasma	S_p	680 m^2
Surface de section	S	22 m^2

Le facteur de sécurité q exprime le rapport du nombre de tours toroïdaux sur le nombre de tours poloïdaux pour une ligne de champ donnée. Le tokamak ITER doit permettre l'accès à la combustion thermonucléaire durant la prochaine décennie sur le site de Cadarache. Le réacteur ITER est constitué d'un ensemble de dispositifs de confinement, chauffage et contrôle d'un plasma thermonucléaire de densité de l'ordre de 10^{14} particules par centimètre cube et de température de l'ordre de 10^8 degrés Kelvin. Le confinement est assuré par un champ magnétique principal toroïdal, généré par un ensemble de bobines supraconductrices complété par un champ magnétique secondaire, dit poloïdal, généré par un courant toroïdal circulant dans le tore de plasma thermonucléaire.

L'analyse des trajectoires des particules chargées indique que cet ensemble de champs est nécessaire et suffisant pour assurer le confinement orbital, mais la prise en compte des champs autogénérés par les particules, dans le cadre d'une analyse de l'équilibre magnétohydrodynamique, démontre la nécessité d'un champ complémentaire, vertical, généré par des bobines horizontales.

Au delà de ces trois champs (toroïdal, poloïdal et vertical), un ensemble de capteurs et de bobines assurera, à travers des protocoles de contrôle-commande, la stabilité dynamique du tore de plasma. Un système de chauffage utilisant en début de décharge un champ inductif quasi-stationnaire généré par un circuit magnétique central, puis des champs radiofréquence ou/et micro-onde excités par des antennes et structures de couplages périphériques assure l'injection de puissance. L'extraction de matière et de puissance est quant à elle assurée par un dispositif appelé divertor constitué de lignes de champs périphériques interceptant sous un angle faible un ensemble de cibles refroidies.

Une batterie de diagnostics allant de la bolométrie aux rayons X en passant par les émissions optiques et micro-onde et la diffusion laser assure l'acquisition de donnés pour les études physiques (instabilités, chaos, turbulence, auto-organisation...) et le pilotage.

L'objectif d'ITER est de démontrer la faisabilité scientifique et technique d'un réacteur thermonucléaire basé sur la fusion des isotopes de l'hydrogène. L'objectif quantitatif est la production d'une puissance de 500 MW *thermonucléaire et l'entretien d'un régime d'amplification présentant un facteur Q de l'ordre de* 10 *sur une durée de l'ordre de* 300 *à* 500 *secondes. Un deuxième objectif, moins ambitieux en terme de puissance mais plus contraignant en terme de contrôle, est l'obtention d'un facteur Q de l'ordre de* 5 *en régime quasi-stationnaire.*

Les performances attendues sont résumées dans le tableau ci-dessous.

Puissance thermonucléaire	W_α	~ 500 MW
Chauffages additionels	W_{aux}	~ 100 MW
Facteur d'amplification Q (stationnaire)	Q	≥ 5
Facteur d'amplification Q (400s)	Q	≥ 10

Des études technologiques de composants, centrées sur leurs performances et leurs intégrations, en particulier au niveau de la régénération du tritium et de l'extraction de puissance, constituent aussi des objectifs majeurs du programme ITER. L'ensemble des interrogations quant à la faisabilité scientifique et technique d'un réacteur thermonucléaire seront étudiées durant les vingt années d'exploitation et une réponse devra être apportée à ces questions clés pour envisager la construction d'un prototype pré-industriel de démonstration DEMO.

Nous avons vu que la problématique centrale de la maîtrise des flux de matière et d'énergie s'articule autour du concept de temps de confinement de l'énergie. L'extrapolation des bases de données accumulées ces dernières années sur les grands tokamaks a conduit à l'établissement de formules empiriques ;

par exemple, si nous introduisons le jeu minimal de paramètres sans dimension constitué de : ρ_* le rayon de Larmor ionique ramené à la dimension transverse du plasma, ν_* la fréquence de collision coulombienne normalisée à la fréquence de transit toroïdal et β le rapport de la pression cinétique sur la pression magnétique, alors la relation dite *ITER98* : $\tau_E \sim \rho_*^{-2.7}\nu_*^{0.0}\beta^{-0.9}$ offre une loi d'échelle minimale en accord avec nombre d'expériences. Le choix d'un paramétrage plus exhaustif a conduit à l'établissement de la loi dite *IPB98(y,2)* qui permet d'envisager avec confiance l'accès à l'ignition et l'entretien d'une combustion thermonucléaire : $\tau_E\,[\mathrm{s}] = 0.05621 \times I_\varphi^{0.93}\,[\mathrm{MA}]\; B_\varphi^{0.15}\,[\mathrm{T}]\; (W_{aux} + W_\alpha)^{-0.69}$ $[\mathrm{MW}]\; n_e^{0.41}\,\left[10^{19}\mathrm{m}^{-3}\right]\; M^{0.19}\,[\mathrm{AMU}]\; R^{1.97}\,[\mathrm{m}]\; (a/R)^{0.58}\, \left(S/\pi a^2\right)^{0.78}$ où M est le nombre de masse moyen, n_e la densité électronique et S la surface de section poloïdale du plasma. Les paramètres d'ITER conduisent ainsi à une évaluation du temps de confinement de l'ordre de 3.7 secondes.

Ce cours constitue une introduction à la physique des tokamaks ; le point de vue présenté et développé ici est celui du physicien identifiant les différentes échelles de description (cinétique, fluide, globale...) et analysant les différents processus à l'œuvre dans un plasma thermonucléaire (collectifs, dissipatifs, radiatifs...) afin de dégager les principes de base du confinement magnétique, du chauffage thermonucléaire et du contrôle des flux dans les configurations de type tokamak.

Chapitre 4

Cohérence et Dissipation

Il éprouvait maintenant pour les mathématiques un soudain respect : d'aride matière à mémorisation, elles étaient devenues d'un coup pour lui problème vivant. Die Verwirrungen des Zöglings Törless, R. Musil.

La physique des tokamaks est constituée d'une somme de résultats expérimentaux et d'un ensemble de méthodes et modèles théoriques permettant de comprendre les déclinaisons variées des problèmes de l'interaction champs/ particules et particules/particules au sein d'un champ magnétique toroïdal quasi-statique ; offrant ainsi un cadre phénoménologique et méthodologique pour dimensionner un réacteur. Ce chapitre est consacré à l'identification des échelles de temps, longueurs et vitesses caractérisant l'interaction champ/ particule et l'interaction particules/particules et le comportement collectif des plasmas thermonucléaires. Ce comportement collectif présente une extrême diversité de régimes et résulte du couplage rétroactif entre champs électromagnétiques et particules chargées.

Les champs électrique et magnétique engendrent les mouvements ionique et électronique à travers les forces de Coulomb et Laplace. Ces mouvements ionique et électronique s'organisent en charges d'espace et courants électriques et ces courants et charges sont les termes sources des équations de Maxwell ; puis les champs électromagnétiques solutions de ces équations de Maxwell engendrent les mouvements ionique et électronique ..., cette boucle de rétroaction, source de la richesse de comportement des plasmas thermonucléaires, est illustrée sur la figure (4.1).

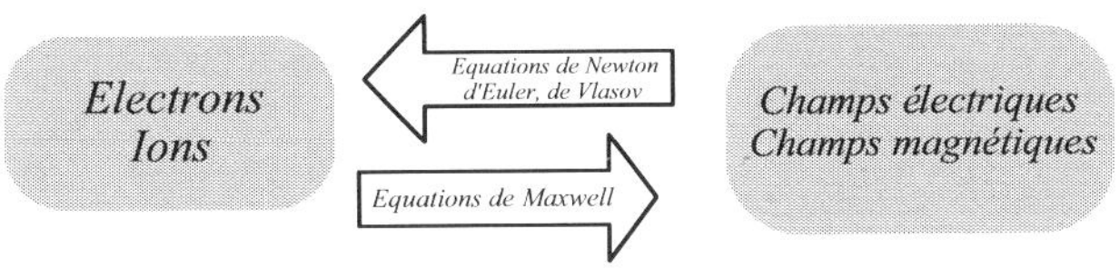

Fig. 4.1 : *Rétroaction champs-particules.*

La description du champ sera essentiellement classique et basée sur les équations de Maxwell. Différents modèles seront construits pour décrire le comportement du plasma thermonucléaire :

• les équations de Newton si l'étude du comportement d'une particule est suffisante pour comprendre le processus considéré,

• l'équation d'Euler en régime fluide,

• et les équations de Vlasov et Landau si un modèle cinétique s'avère nécessaire.

Le choix du modèle passe par l'identification des différentes échelles de temps, longueurs, énergies et vitesses du problème permettant la construction d'un ordering justifiant la distinction entre processus dominant et effets correcteurs.

L'état d'un plasma thermonucléaire se situe en général au voisinage de l'équilibre thermodynamique ; ainsi les distributions des vitesses ioniques et électroniques seront modélisées par une distribution de Maxwell $f_0(v)$, souvent modifiées par un facteur correctif pour prendre en compte les flux radiaux et résonances cinétiques. Toute la complexité du comportement des plasmas thermonucléaires est résumée dans l'expression *voisinage de l'équilibre thermodynamique ;* en effet, un plasma à l'équilibre thermodynamique présente un comportement trivial car aucune source d'énergie libre ne peut conduire à l'entretien d'un flux ou au déclenchement d'une d'instabilité. Par contre, au *voisinage de l'équilibre thermodynamique,* l'écart à l'équilibre constitue une source d'énergie libre disponible pour la génération des instabilités et flux.

Définissons les deux vitesses qui permettent de caractériser une (fonction de) distribution de Maxwell, $f_0(v) \equiv 4\pi v^2 \left(\pi v_T^2\right)^{-3/2} \exp - \left(v^2/v_T^2\right)$, la vitesse thermique v_T et la vitesse moyenne $\langle v \rangle$:

$$\textit{Vitesses Thermique} \ : \ v_T \equiv \sqrt{\frac{2k_B T}{m}}, \ \textit{Moyenne} \ : \ \bar{v} \ \equiv \sqrt{\frac{8k_B T}{\pi m}} \tag{4.1}$$

Pour les électrons et les ions, les ordres de grandeurs des vitesses thermiques sont données dans le tableau suivant :

Electrons	$v_{Te}^2 = \frac{2k_B T_e}{m_e}$	1.9×10^7 [m/s] $\times \sqrt{T_e\,[\text{keV}]}$
Deutérons	$v_{Td}^2 = \frac{2k_B T_d}{m_d}$	3.1×10^5 [m/s] $\times \sqrt{T_d\,[\text{keV}]}$
Tritons	$v_{Tt}^2 = \frac{2k_B T_t}{m_t}$	2.5×10^5 [m/s] $\times \sqrt{T_t\,[\text{keV}]}$

ainsi, aux températures thermonucléaires la vitesse électronique approche une fraction significative de la vitesse de la lumière et il n'est pas rare en physique des tokamaks de devoir considérer les corrections relativistes à la dynamique classique électronique.

Les champs électromagnétiques dans un tokamak peuvent être classés en trois grandes catégories.

• Les champs basses fréquences, dont les pulsations sont plus petites que la pulsation cyclotronique ionique et dont l'échelle caractéristique de longueur se situe entre le grand rayon du plasma et le rayon de Larmor ionique ; ce domaine est celui des instabilités et de la turbulence.

• Les ondes radio-fréquence et micro-onde, utilisées pour le chauffage et la génération du courant toroïdal, dont les pulsations se situent entre la pulsation cyclotronique ionique et la pulsation cyclotronique électronique.

• Les rayonnements micro-onde, infra-rouge, ultraviolet et X dont la mesure et la caractérisation sont utilisées pour diagnostiquer l'état du plasma thermonucléaire.

Les échelles caractéristiques que nous allons identifier et étudier dans ce chapitre permettent de comprendre la dynamique des champs qui relèvent des deux premières catégories lorsque l'*écrantage*, la *quasi-neutralité* et l'*ambipolarité* contraignent l'évolution des champs électriques et magnétiques. En effet, si un champ, électrique ou magnétique, basse fréquence, est appliqué à un plasma thermonucléaire, les forces de Coulomb et Laplace engendrent un déplacement et un réarrangement des électrons et des ions. Ce déplacement est la source d'un courant et le repositionnement résulte en une charge d'espace. Ces densités volumiques de courant et de charge génèrent des champs magnétique et électrique. Ces champs, à basse fréquence, présentent un sens opposé aux champs appliqués. Ce sont les phénomènes d'écrantages magnétique et électrique.

4.1 Diamagnétisme

4.1.1 Interaction magnétique

Le confinement des plasmas thermonucléaires par un champ magnétique repose en première instance, au niveau microscopique, sur la spécificité des orbites des particules chargées dans un champ magnétique : *le mouvement d'une particule chargée dans un champ magnétique uniforme et statique est composé d'une translation uniforme le long des lignes de champ et d'une rotation uniforme autour des lignes de champ* ; cette rotation est caractérisée par la pulsation cyclotronique. Pour établir ce résultat considérons une particule, de masse m et de charge q, plongée dans un champ magnétique statique uniforme $\mathbf{B} = B\mathbf{b}$, où $\mathbf{b}$ est un vecteur unitaire. L'écriture de l'équation du mouvement de la particule se réduit à la prise en compte de la force de Laplace :

$$m\frac{d\mathbf{v}}{dt} = q\mathbf{v}\times\mathbf{B} \rightarrow \frac{d\mathbf{v}_\perp}{dt} = \frac{q}{m}\mathbf{v}_\perp\times\mathbf{B} \ , \ \frac{d\mathbf{v}_\parallel}{dt} = \mathbf{0} \qquad (4.2)$$

où le vecteur vitesse $\mathbf{v}$ a été décomposé en une composante parallèle au champ magnétique, $\mathbf{v}_\parallel = (\mathbf{v}\cdot\mathbf{b})\,\mathbf{b}$, plus une composante perpendiculaire au champ magnétique, $\mathbf{v}_\perp = \mathbf{b}\times(\mathbf{v}\times\mathbf{b})$.

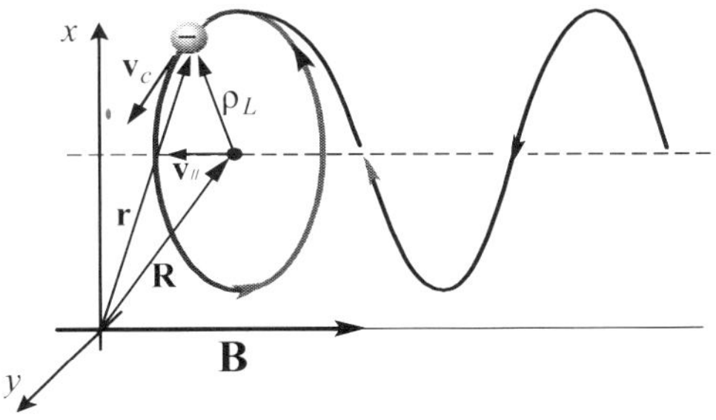

Fig. 4.2 : *Mouvement cyclotronique, centre guide et rayon de Larmor.*

Le mouvement le long des lignes de champ est donc une translation uniforme. Afin d'étudier l'orbite décrite par cette particule dans le plan perpendiculaire au champ magnétique, introduisons la variable complexe : $\mathcal{Z} = v_x + jv_y$ où x et y constituent un système de coordonnées cartésiennes dans le plan perpendiculaire à $\mathbf{b}$: $\mathbf{v}_\perp = v_x\mathbf{e}_x + v_y\mathbf{e}_y$; système de coordonnées associé à la base orthonormée directe $[\mathbf{e}_x, \mathbf{e}_y, \mathbf{b}]$. Définissons la pulsation cyclotron ω_c par la relation (4.3).

$$\textit{Pulsation cyclotron} \; : \; \boxed{\omega_c \equiv \frac{qB}{m}} \tag{4.3}$$

La variable $\mathcal{Z}$ vérifie l'équation différentielle linéaire du premier ordre $d\mathcal{Z}/dt + j\omega_c\mathcal{Z} = 0$ dont la solution décrit un mouvement de rotation uniforme $\mathcal{Z} = \mathcal{Z}_0 \exp(-j\omega_c t)$. Le mouvement de rotation uniforme autour des lignes de champ, appelé mouvement cyclotronique, est illustré sur la figure (4.2), la vitesse le long de l'orbite cyclotronique est appelée vitesse cyclotronique $\mathcal{Z}_0 \exp(-j\omega_c t)$ $\rightarrow \mathbf{v}_c(t) = v_c \cos\omega_c t\mathbf{e}_x - v_c \sin\omega_c t\mathbf{e}_y$; l'orbite est donc une hélice (4.4) et (4.5).

$$\mathbf{v}(t) = \underset{\text{rotation}}{\mathbf{v}_c(t)} + \underset{\text{translation}}{v_\parallel \mathbf{b}} = v_c(\cos\omega_c t\mathbf{e}_x - \sin\omega_c t\mathbf{e}_y) + v_\parallel \mathbf{b} \tag{4.4}$$

Pour les électrons et les protons ces deux pulsations cyclotrons (par abus de langage *fréquences cyclotrons* ou *fréquences de Larmor*) sont respectivement dans les domaines micro-onde et radio-fréquence.

Le sens des rotations cyclotroniques est tel que le courant créé par la charge génère un champ opposé à celui appliqué, des charges libres présentent donc un comportement diamagnétique. Une intégration par rapport au temps de la relation (4.4) permet d'exprimer la position $\mathbf{r}(t)$ de la particule.

$$\mathbf{r}(t) = \underset{\text{centre guide}}{\mathbf{R}} + \boldsymbol{\rho}_L(t) = \mathbf{R}_\perp + \underset{\text{translation}}{v_\parallel t\mathbf{b}} + \underset{\text{rotation}}{\boldsymbol{\rho}_L(t)} \tag{4.5}$$

Le vecteur position $\mathbf{r}(t)$ a été décomposé en la somme de la position du centre de rotation, le *centre guide* $\mathbf{R}$, et du rayon tournant de l'orbite cyclotronique qui définit le rayon de Larmor de la particule : $\boldsymbol{\rho}_L(t) = \rho_L \sin\omega_c t\mathbf{e}_x + \rho_L \cos\omega_c t\mathbf{e}_y$ illustré sur la figure (4.2).

$$\textit{Rayon de Larmor} \; : \; \boxed{\rho_L \equiv \left|\frac{v_c}{\omega_c}\right|} \tag{4.6}$$

Notons que ρ_L définit le rayon de Larmor pour une vitesse cyclotronique donnée et il est courant de nommer *rayon de Larmor* sa valeur pour une vitesse égale à la vitesse thermique.

4.1.2 Moment magnétique

Il est d'usage, et cet usage est particulièrement pertinent pour analyser et résoudre de nombreux problèmes en physique des tokamaks, d'introduire le moment magnétique orbital d'une particule $\boldsymbol{\mu} = -\mu\mathbf{b}$.

$$\boldsymbol{\mu} \equiv \int \frac{\mathbf{r} \times \mathbf{j}(\mathbf{r})}{2} d^3\mathbf{r} \rightarrow \boldsymbol{\mu} = q\frac{\boldsymbol{\rho}_L(t) \times \mathbf{v}_c(t)}{2} = -\mu\mathbf{b} \tag{4.7}$$

Le moment magnétique, illustré sur la figure (4.3), est donc le rapport du contenu énergétique cyclotronique $mv_c^2/2$ divisé par la valeur du champ B.

$$\textit{Moment magnétique} \; : \; \boxed{\mu \equiv \frac{|q|\rho_L v_c}{2} = \frac{|q\omega_c|\rho_L^2}{2} = \frac{mv_c^2}{2B}} \tag{4.8}$$

Ce concept est particulièrement important pour l'étude des plasmas thermonucléaires magnétisés ; en effet, le moment magnétique d'une particule chargée plongée dans un champ magnétique permet d'analyser le comportement des plasmas de tokamak dans le cadre d'une description fluide ainsi que dans le cadre d'une analyse du mouvement des particules. Nous démontrerons que le moment magnétique est un invariant adiabatique, simplifiant ainsi l'analyse des orbites des particules chargées, et au niveau fluide l'introduction du moment magnétique orbital permet de définir la densité volumique de moments magnétiques ou *vecteur magnétisation* **M**.

$$\textit{Vecteur Magnétisation} : \boxed{\mathbf{M} \equiv -\langle n_e \mu_e \rangle \mathbf{b} - \langle n_i \mu_i \rangle \mathbf{b}} \tag{4.9}$$

où la densité ionique est notée n_i et de densité électronique $n_e = Zn_i$, les crochets $\langle\rangle$ exprimant une moyenne sur la distribution des vitesses cyclotroniques v_c, le signe moins étant une conséquence du caractère diamagnétique des mouvements cyclotroniques.

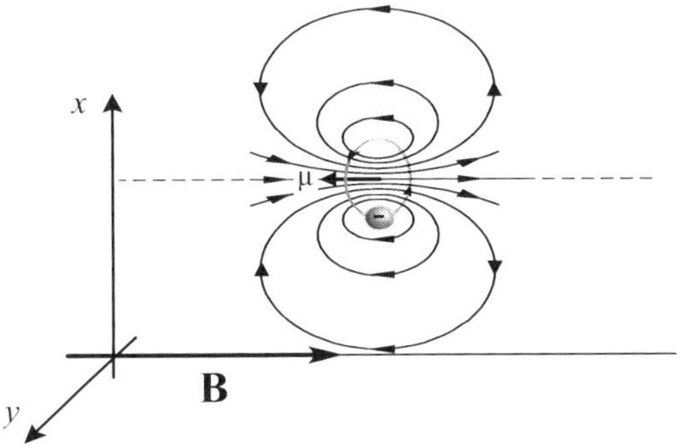

Fig. 4.3 : *Moment magnétique orbital d'une particule chargée.*

Soit $\mathbf{J}(\mathbf{r} \leftarrow \mathbf{R}_\perp, t)$ la densité volumique de courant, à l'instant t, générée en $\mathbf{r}$ par une particule de centre guide $\mathbf{R}_\perp$, de vitesse cyclotronique $\mathbf{v}_c(t)$ et de rayon de Larmor $\boldsymbol{\rho}_L(t)$.

$$\begin{aligned}\mathbf{J}(\mathbf{r} \leftarrow \mathbf{R}_\perp, t) &\equiv q\mathbf{v}_c(t)\,\delta\left[\mathbf{r} - (\mathbf{R}_\perp + \boldsymbol{\rho}_L(t))\right] \\ &\approx q\mathbf{v}_c(t)\,\delta(\mathbf{r} - \mathbf{R}_\perp) - q\mathbf{v}_c(t)\,\boldsymbol{\rho}_L(t) \cdot \boldsymbol{\nabla}_\mathbf{r}\delta(\mathbf{r} - \mathbf{R}_\perp) + ...\end{aligned}$$

où nous avons pris en compte l'ordering $\rho_L \ll |\mathbf{r} - \mathbf{R}_\perp|$. Dans le contexte d'un modèle fluide, tel que la magnétohydrodynamique, la composante haute fréquence (ω_c) de ce courant doit être filtrée aussi nous considérerons la moyenne temporelle $\langle \mathbf{J}(\mathbf{r} \leftarrow \mathbf{R}_\perp)\rangle$, $\langle \mathbf{v}_c(t)\rangle = \mathbf{0}$ mais le tenseur $\langle \mathbf{v}_c(t)\,\boldsymbol{\rho}_L(t)\rangle \neq \mathbf{0}$, ainsi : $\langle \mathbf{J}(\mathbf{r} \leftarrow \mathbf{R}_\perp)\rangle = -q\langle \mathbf{v}_c(t)\,\boldsymbol{\rho}_L(t)\rangle \cdot \boldsymbol{\nabla}_\mathbf{r}\delta(\mathbf{r} - \mathbf{R}_\perp)$. Pour obtenir le courant de magnétisation $\mathbf{J}_M(\mathbf{r})$ associé à une distribution de densité $n(\mathbf{R})$ nous devons sommer l'expression de $\langle \mathbf{J}(\mathbf{r} \leftarrow \mathbf{R}_\perp)\rangle$ pondérée suivant les différentes contributions $n(\mathbf{R}_\perp)\,d\mathbf{R}_\perp$. Compte tenu de l'identité $\boldsymbol{\nabla}_\mathbf{r}\delta(\mathbf{r} - \mathbf{R}_\perp) = -\boldsymbol{\nabla}_{\mathbf{R}_\perp}\delta(\mathbf{r} - \mathbf{R}_\perp)$ et après intégration par partie,

$$\mathbf{J}_M(\mathbf{r}) = -q\int \langle \mathbf{v}_c(t)\,\boldsymbol{\rho}_L(t)\rangle \cdot \boldsymbol{\nabla}_\mathbf{r}\delta(\mathbf{r} - \mathbf{R}_\perp)\,n(\mathbf{R}_\perp)\,d\mathbf{R}_\perp \tag{4.10}$$

$$= -\mu\boldsymbol{\nabla}_\mathbf{r}\times n(\mathbf{r})\,\mathbf{b} \tag{4.11}$$

nous obtenons ainsi l'expression classique des courants, dits ampèriens, de magnétisation en fonction du vecteur magnétisation :

$$\textit{Courant de Magnétisation} : \boxed{\mathbf{J}_M \equiv \boldsymbol{\nabla} \times \mathbf{M}} \quad (4.12)$$

Ce résultat sera mis à profit lors de l'analyse des courants diamagnétiques au sein d'un plasma thermonucléaire.

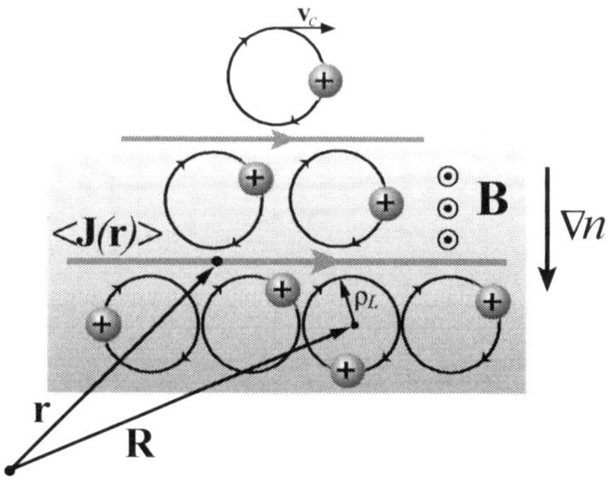

Fig 4.4 : *Courant de magnétisation.*

L'origine des courants de magnétisation est illustrée sur la figure (4.4), pour une particule isolée la valeur moyenne de la vitesse est nulle ; mais en un point donné de l'espace la valeur moyenne de la vitesse est non nulle si la distribution de particules présente un gradient de densité ; le même résultat peut être obtenu avec un gradient de température.

4.1.3 Pression magnétique

La génération d'un champ magnétique **B** par un courant nécessite un apport d'énergie sous forme de travail ; car, bien que la force de Laplace ne produise aucun travail ($\mathbf{V} \cdot \mathbf{V} \times \mathbf{B} = \mathbf{0}$), le champ électro-moteur d'induction engendré par la variation temporelle du champ magnétique s'oppose au passage du courant. On démontre aisément que ce travail ne dépend que des valeurs initiale et finale du champ et est indépendant de la nature du développement temporel des courants ; ainsi on introduit la densité volumique d'énergie magnétique $B^2/2\mu_0$ qui possède aussi la dimension d'une pression et peut être considérée comme telle au regard de ses effets mécaniques.

$$\textit{Pression magnétique :} \quad \boxed{P_M \equiv \frac{B^2}{2\mu_0}} \quad (4.13)$$

Afin de comprendre comment cette pression magnétique peut équilibrer une pression cinétique, c'est-à-dire présenter des propriétés de confinement d'un fluide chaud, considérons l'interaction entre un flux de plasma et un champ magnétique. Soit un flux de particules chargées (électrons), de charge q et de masse m, interagissant avec un champ magnétique. Les orbites des particules chargées génèrent un champ (dia)magnétique et la force de Laplace associée au champ modifie les orbites. Cette population mobile est neutralisée par un fond continu de particules chargées (ions) de charge $-q$ et de masse $M = +\infty$. Soit un système de coordonnées cartésiennes $[x, y, z]$ associé à une base orthonormée directe $[\mathbf{u}_x, \mathbf{u}_y, \mathbf{u}_z]$.

Le plasma est situé dans la région des $x \sim 0$ et le champ confinant de part et d'autre du plasma $x \lessgtr 0$, cette configuration confinante est illustrée par la figure (4.5) ; pour simplifier l'analyse nous considérerons que loin de l'interface où le champ et les électrons interagissent, le champ magnétique $b(x)$ $\mathbf{u}_z$ est nul et que ce problème est équivalent au problème d'un plasma occupant le demi-espace x négatif interagissant au voisinage de $x \geq 0$ avec un champ occupant le demi-espace x positif. Le champ magnétique présente une valeur constante dans la zone des x positifs grands où la densité devient nulle. Appelons $n(x)$ et $u(x)$ la densité et la vitesse suivant x des particules se dirigeant vers l'interface champ-particules. En $x = -\infty$ l'écoulement vers l'interface présente une vitesse : $u(x = -\infty)\mathbf{u}_x = u_0\mathbf{u}_x$. Notons $v(x)$ la vitesse suivant l'axe des y ; en $x = -\infty$ (i) cette vitesse $v(x = -\infty) = 0$, (ii) la densité $n(x = -\infty) = n_0$ et (iii) le champ magnétique $b(x = -\infty) = 0$. En $x = +\infty$ la densité est nulle $n(x = +\infty) = 0$ et le champ magnétique atteint une valeur de référence $b(x = +\infty) = B_0$. Le champ magnétique $b(x)\mathbf{u}_z$ dérive d'un potentiel vecteur $a(x)$ $\mathbf{u}_y$ $(b(x) = da/dx$ et $a(x = -\infty) = 0)$. Définissons le paramètre β qui constituera l'unique paramètre de contrôle de ce problème lorsque les variables seront normalisées.

$$\beta \equiv \frac{[\text{Pression cinétique du plasma}]}{[\text{Pression magnétique du champ}]} = \frac{n_0 m u_0^2}{B_0^2/2\mu_0} \tag{4.14}$$

Un courant $\mathbf{J}$, illustré sur la figure (4.5), apparaît au voisinage de l'interface champ-particules, ce courant permet le confinement du plasma à travers la force de Laplace à l'échelle fluide ; nous allons démontrer que l'équilibre entre pression magnétique et pression cinétique constitue la condition de confinement $\beta \sim 1$ de cette configuration simplifiée.

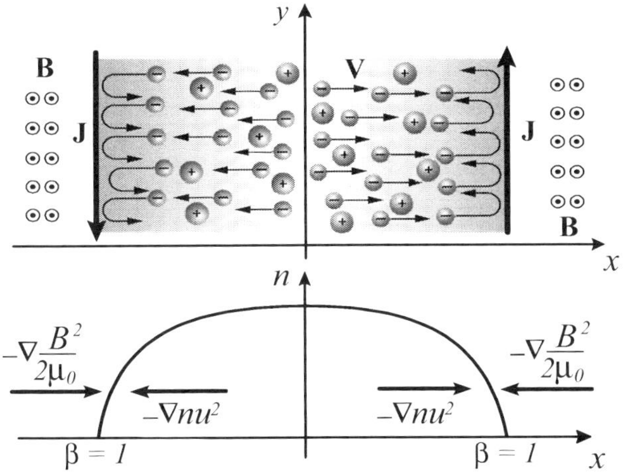

Fig. 4.5 : *Confinement, courants diamagnétiques et pression magnétique.*

Les quatre inconnues décrivant le fluide et le champ, $[n(x), u(x), v(x), b(x)]$, sont solutions de l'équation d'Euler et de l'équation de continuité complétée par l'équation de Maxwell-Ampère décrivant la génération de champ magnétique par les courants diamagnétiques au niveau de l'interface plasma-champ :

$$mu\frac{du}{dx} = qvb,\ mu\frac{dv}{dx} = -qub,\ \frac{dnu}{dx} = 0,\ \frac{db}{dx} = -q\mu_0 nv \tag{4.15}$$

Pour résoudre ce système de quatre équations à quatre inconnues introduisons un nouveau système de variables et d'inconnues : $[N(R), U(R), V(R), B(R)]$ et $A(R)$, où la variable de position normalisée R et les densité, vitesses et champs normalisés sont définis par : $N \equiv n/n_0$, $U \equiv u/u_0$, $V \equiv v/u_0$, $B \equiv b/B_0$, $A \equiv qa/mu_0$ et $R \equiv qB_0x/mu_0 \equiv x/\rho_{L0}$, ρ_{L0} est le rayon de Larmor associé à la vitesse u_0 dans le champ de référence B_0. Le système des quatre équations différentielles vérifiées par $[N(R), U(R), V(R), B(R)]$ et $A(R)$, complété par la relation entre induction magnétique et potentiel vecteur ($\mathbf{B} = \boldsymbol{\nabla} \times \mathbf{A}$) est donc donné par la transformation du système (4.15) pour obtenir le système (4.16).

$$U\frac{dU}{dR} = VB,\ U\frac{dV}{dR} = -UB,\ \frac{dNU}{dR} = 0,\ \frac{dB}{dR} = -\frac{\beta}{2}NV,\ B = \frac{dA}{dR} \qquad (4.16)$$

A partir du système (4.16) trois invariants peuvent être identifiés, traduisant respectivement la conservation de l'énergie, la conservation du nombre de particules et la conservation du moment canonique suivant la direction des y.

$$U^2 + A^2 = 1\ ,\ NU = 1\ ,\ V + A = 0 \qquad (4.17)$$

La substitution de ces relations algébriques (4.17) dans les équations différentielles (4.16) permet de découpler la dynamique du potentiel vecteur A.

$$\frac{d^2A}{dR^2} = \frac{\beta}{2}A\left(1 - A^2\right)^{-\frac{1}{2}} \rightarrow dA\left[1 - \left(1 - A^2\right)^{\frac{1}{2}}\right]^{-\frac{1}{2}} = \sqrt{\beta}dR \qquad (4.18)$$

Dans la zone d'interface champ/particules posons : $A = \sin\theta \ \rightarrow B = \sqrt{2\beta}\sin\theta/2$ où $0 \leq \theta \leq \pi/2$. La relation de Maxwell-Ampère peut être intégrée pour exprimer R en fonction de θ et le profil du champ normalisé B établi en fonction de R : $\sqrt{\beta/2}R(\theta/2) = \log|\tan\theta| + 2\cos(\theta/2)$, où nous avons utilisé $\int^x du/\sin u$ $= \ln(\tan|x/2|)$. Le point d'arrêt du plasma est défini par $U = 0 \rightarrow A = 1$ (4.17) et $B = 1$ par définition, ce point d'arrêt est donc donné par $\theta = \pi/2 \rightarrow B = \sqrt{\beta} \rightarrow \beta = 1$. La relation $\beta = 1$ exprime la condition d'équilibre mécanique entre la pression cinétique et la pression magnétique, sous cette condition d'équilibre de l'interface champ-particules, le confinement du plasma est donc possible pour la configuration représentée sur la figure (4.5) et valide l'interprétation de la densité volumique d'énergie magnétique en terme de pression.

4.2 Longueurs, Vitesses et Temps Collectifs

4.2.1 Fréquences propres

Au sein d'un plasma thermonucléaire, le long des lignes de champ magnétique, les processus rapides peuvent briser la quasi-neutralité et induire une séparation de charges ; les processus lents laissent au plasma le temps de se réorganiser afin de neutraliser la perturbation. La transition entre ces deux régimes définit la fréquence de Langmuir ou fréquence plasma ω_p.

Soit un plasma thermonucléaire magnétisé constitué d'ions, supposés au repos, et d'électrons non collisionnels, de charge $-q$ et de masse m. La densité ionique d'équilibre et la densité électronique d'équilibre sont égales à n et homogènes. Considérons une perturbation unidimensionnelle, le long des lignes du champ magnétique dirigées par l'axe des z, telle que tous les électrons appartenant à l'équilibre au plan $z = z_0$ soient déplacés vers le plan $z = z_0 + \xi(z_0, t)$ à l'instant t, figure (4.6-a). La densité devient donc inhomogène car les différentes tranches ne sont pas déplacées du même incrément, ξ étant une fonction de la position initiale z_0. Les déplacements des tranches électroniques génèrent des zones de compression et des zones de raréfaction de charges. Cette séparation de charges positives et négatives engendre un champ électrique E suivant la direction des z qui peut être évalué en considérant l'équation de Maxwell-Ampère en régime électrostatique : $\boldsymbol{\nabla} \times \mathbf{B} = \mathbf{0} = \mu_0 \mathbf{J} + \mu_0 \varepsilon_0 \partial \mathbf{E} / \partial t$, le déplacement ξ étant quant à lui solution de l'équation de Newton ; ces deux variables mécanique et électrique, ξ et E, sont donc couplées.

$$\textit{Newton/Coulomb} \quad : \quad m \frac{\partial^2 \xi}{\partial t^2} = -qE \tag{4.19}$$

$$\textit{Maxwell-Ampère} \quad : \quad \varepsilon_0 \frac{\partial E}{\partial t} = nq \frac{\partial \xi}{\partial t} \tag{4.20}$$

L'élimination du champ électrique entre ces deux équations permet d'obtenir l'équation dynamique du déplacement lagrangien ξ : $\partial^2 \xi / \partial t^2 + nq^2 \xi / \varepsilon_0 m = 0$.

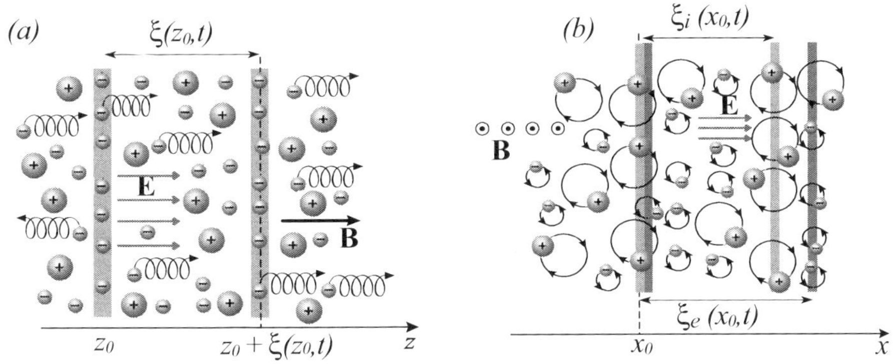

Fig. 4.6 : *(a) Fréquence plasma, (b) Fréquences hybrides.*

La solution de cette équation décrit un mouvement d'oscillations harmoniques. L'échelle de temps associée à la réponse électronique est donc l'inverse de la pulsation plasma ou pulsation (fréquence par abus de langage) Langmuir ω_p.

$$\textit{Pulsation plasma} \quad : \quad \omega_p \equiv \sqrt{\frac{nq^2}{\varepsilon_0 m}} \tag{4.21}$$

La fréquence de Langmuir est la fréquence associée à la réponse des électrons le long des lignes de champ ; ω_p^{-1} est l'échelle de temps caractéristique du réarrangement des charges électroniques sous l'effet d'une perturbation électrique, c'est-à-dire le temps caractéristique d'écrantage des champs électriques. Nous avons étudié la rotation cyclotronique des particules chargées à la pulsation ω_c ; puis nous avons analysé l'oscillation de Langmuir, ou oscillation plasma, de pulsation ω_p ; les quatre fréquences ainsi identifiées sont rappelées et évaluées dans la table ci-dessous.

Cyclotron électronique	$\omega_{ce} = \frac{\lvert q_e \rvert B}{m_e}$	28 [GHz] $\times B$ [T]
Cyclotron ionique	$\omega_{ci} = \frac{\lvert q_i \rvert B}{m_i}$	15 [MHz] $\times B$ [T] $\cdot A^{-1}$
Plasma électronique	$\omega_{pe}^2 = \frac{n_e q_e^2}{\varepsilon_0 m_e}$	8.98 [kHz] $\times \sqrt{n_e\,[\mathrm{cm}^{-3}]}$
Plasma ionique	$\omega_{pi}^2 = \frac{n_i q_i^2}{\varepsilon_0 m_i}$	210 [Hz] $\times \sqrt{n_i\,[\mathrm{cm}^{-3}]} \cdot A^{-\frac{1}{2}}$

Nous allons maintenant analyser les *résonances hybrides*, combinaisons de ces quatre pulsations, qui caractérisent la réponse d'un plasma magnétisé perpendiculairement au champ magnétique. Considérons un plasma constitué d'électrons et d'ions hydrogénoïdes, figure (4.6-b) plongés dans un champ magnétique statique homogène $\mathbf{B}$. Les pulsations (i) plasma électronique ω_{pe}, (ii) plasma ionique ω_{pi}, (iii)cyclotron électronique ω_{ce} et (vi) cyclotron ionique ω_{ci} vérifient l'ordering $\omega_{pe}^2 >> \omega_{pi}^2$ et $\omega_{ce} >> \omega_{ci}$, et pour un plasma typique de tokamak : $\omega_{ce} \sim \omega_{pe}$ et $\omega_{pi} > \omega_{ci}$. Au voisinage de l'équilibre les ions et les électrons développent une vitesse $\mathbf{v}_{ie} = d\boldsymbol{\xi}_{ie}/dt$ et une accélération $d\mathbf{v}_{ie}/dt = d^2\boldsymbol{\xi}_{ie}/dt^2$ en réponse à un champ électrique $\mathbf{E}$ et ce champ électrique trouve son origine dans la séparation de charges résultant des déplacements $\boldsymbol{\xi}_{ie}$. Ainsi, en régime linéaire, un plasma thermonucléaire présente des modes propres d'oscillations, *les résonances hybrides*. Afin d'identifier ces modes propres reprenons le schéma d'analyse de la pulsation plasma, mais étendu ici aux électrons et ions et à leur dynamique perpendiculairement au champ magnétique.

$$\textit{Newton/Coulomb/Laplace} \quad : \quad m_e \frac{d\mathbf{v}_e}{dt} = -q\mathbf{E} - q\mathbf{v}_e \times \mathbf{B} \tag{4.22}$$

$$\textit{Newton/Coulomb/Laplace} \quad : \quad m_i \frac{d\mathbf{v}_i}{dt} = q\mathbf{E} + q\mathbf{v}_i \times \mathbf{B} \tag{4.23}$$

$$\textit{Maxwell-Ampère} \quad : \quad \varepsilon_0 \frac{\partial \mathbf{E}}{\partial t} = -nq\left(\mathbf{v}_i - \mathbf{v}_e\right) \tag{4.24}$$

Projetons ces équations suivant la direction du champ électrique $\mathbf{E}$, perpendiculairement au champ magnétique $\mathbf{B}$; nous obtenons un système de trois équations à trois inconnues : v_e la composante de la vitesse électronique le long du champ électrique, v_i la composante de la vitesse ionique le long du champ électrique et E le champ électrique.

$$\textit{Newton/Coulomb/Laplace} \quad : \quad \frac{d^2 v_e}{dt^2} = -\omega_{ce}^2 v_e - \frac{q}{m_e}\frac{\partial E}{\partial t} \tag{4.25}$$

$$\textit{Newton/Coulomb/Laplace} \quad : \quad \frac{d^2 v_i}{dt^2} = -\omega_{ci}^2 v_i + \frac{q}{m_i}\frac{\partial E}{\partial t} \tag{4.26}$$

$$\textit{Maxwell-Ampère} \quad : \quad \frac{\partial E}{\partial t} = \frac{nq}{\varepsilon_0}\left(v_e - v_i\right) \tag{4.27}$$

L'élimination du champ électrique E entre ces trois équations conduit aux équations régissant les déplacements électronique ξ_e et ionique ξ_i perpendiculaires au champ magnétique.

$$\textit{Electrons} \quad : \quad \frac{d^2\xi_e}{dt^2} = -\omega_{ce}^2\xi_e - \omega_{pe}^2\left(\xi_e - \xi_i\right) \tag{4.28}$$

$$\textit{Ions} \quad : \quad \frac{d^2\xi_i}{dt^2} = -\omega_{ci}^2\xi_i - \omega_{pi}^2\left(\xi_i - \xi_e\right) \tag{4.29}$$

Perpendiculairement au champ magnétique les dynamiques des perturbations de densités ionique et électronique sont couplées car leurs mouvements relatifs sont la source du déplacement électrique $\partial E/\partial t$. Au-delà de la solution d'équilibre $\xi_e = \xi_i = 0$ il existe deux modes propres. En régime harmonique $\xi_{ie} \sim \xi_0 \exp j\omega t$ les déplacements ionique et électronique obéissent à un système linéaire homogène dont les solutions sont des combinaisons linéaires des deux modes propres d'oscillations obtenus en annulant le déterminant caractéristique D du système.

$$D = \begin{vmatrix} \omega_{ce}^2 + \omega_{pe}^2 - \omega^2 & -\omega_{pe}^2 \\ -\omega_{pi}^2 & \omega_{ci}^2 + \omega_{pi}^2 - \omega^2 \end{vmatrix} = 0 \qquad (4.30)$$

Nous allons successivement considérer les cas haute et basse fréquences et identifier ainsi les résonances hybrides dites haute et basse ω_{uh} et ω_{lh}. Notons la relation :

$$\omega_{uh}^2 \omega_{lh}^2 = \left(\omega_{ce}^2 + \omega_{pe}^2\right)\left(\omega_{ci}^2 + \omega_{pi}^2\right) - \omega_{pe}^2 \omega_{pi}^2 \qquad (4.31)$$

Commençons par le cas haute fréquence, soit ω_{uh} la racine haute fréquence de l'équation caractéristique $D = 0$ telle que $\omega_{uh} \gg \omega_{pi}$, $\omega_{uh} \gg \omega_{ci} \to D \approx \omega_{uh}^2 \left(\omega_{ce}^2 + \omega_{pe}^2 - \omega_{uh}^2\right)$. La pulsation caractéristique de réponse d'un plasma pour les perturbations hautes fréquences perpendiculaires au champ magnétique est donc :

$$\textit{Fréquence hybride haute} \ : \ \omega_{uh} \equiv \sqrt{\omega_{ce}^2 + \omega_{pe}^2} \qquad (4.32)$$

Soit ω_{lh} la racine basse fréquence de l'équation caractéristique $D = 0$ telle que $\omega_{lh} \ll \omega_{pe}$, $\omega_{lh} \ll \omega_{ce} \to D \approx \left(\omega_{ci}^2 + \omega_{pi}^2 - \omega_{lh}^2\right)\omega_{uh}^2 - \omega_{pe}^2\omega_{pi}^2$. Compte tenu des ordering : $\omega_{ci}^2\omega_{pe}^2 \ll \omega_{ce}^2\omega_{pi}^2$ et $\omega_{ce}\omega_{ci} \ll \omega_{pe}^2$ la racine basse fréquence est donnée par :

$$\textit{Fréquence hybride basse} \ : \ \frac{1}{\omega_{lh}^2} \equiv \frac{1}{|\omega_{ce}\omega_{ci}|} + \frac{1}{\omega_{ci}^2 + \omega_{pi}^2} \qquad (4.33)$$

Dans la direction perpendiculaire aux lignes de champ un plasma thermonucléaire présente donc deux fréquences propres, les résonances hybrides haute et basse. La résonance hybride haute correspond à une oscillation purement électronique qui est la version magnétisée de l'oscillation plasma. Au centre d'un plasma de tokamak la fréquence cyclotronique électronique est du même ordre de grandeur (légèrement supérieure) que la fréquence plasma électronique et la fréquence cyclotronique ionique est plus petite que la fréquence plasma ionique ; on peut donc considérer l'approximation $\omega_{lh}\sqrt{1 + \omega_{pe}^2/\omega_{ce}^2} \approx \omega_{pi}$.

Au sein d'un plasma thermonucléaire coexistent trois types d'ions : les ions deutérium et tritium (le combustible) et les particules alpha (les cendres). Soit un tel mélange au sein duquel nous négligerons l'impact des cendres, la proportion de deutérium est α_D et la proportion de tritium α_T $(\alpha_D + \alpha_T = 1)$; le courant ionique prend alors la forme $\mathbf{J} = nq\left[\alpha_D \mathbf{v}_D + \alpha_T \mathbf{v}_T\right]$. La dynamique électronique n'est pas pertinente dans cette dernière étude car nous cherchons à identifier une fréquence de l'ordre de grandeur des fréquences de Larmor ioniques, la fréquence hybride ion-ion $\omega_{ih} \ll \omega_{lh} \ll \omega_{pe}$. Suivant le schéma d'analyse précédent, les déplacements perpendiculaires au champ, ξ_D et ξ_D, présentent les caractéristiques d'un oscillateur à deux degrés de liberté.

$$\textit{Deutérium} \quad : \quad \frac{d^2\xi_D}{dt^2} = -\omega_{cD}^2\xi_D - \omega_{pD}^2\left(\alpha_D\xi_D + \alpha_T\xi_T\right) \tag{4.34}$$

$$\textit{Tritium} \quad : \quad \frac{d^2\xi_T}{dt^2} = -\omega_{cT}^2\xi_T - \omega_{pT}^2\left(\alpha_D\xi_D + \alpha_T\xi_T\right) \tag{4.35}$$

où $\omega_{pD}^2 = nq^2/\varepsilon_0 m_D$, $\omega_{pT}^2 = nq^2/\varepsilon_0 m_T$, $\omega_{cD} = qB/m_D$ et $\omega_{cT} = qB/m_T$. Les modes propres ion-ion sont obtenus en annulant le déterminant caractéristique.

$$\begin{vmatrix} \omega_{cD}^2 + \alpha_D\omega_{pD}^2 - \omega^2 & \alpha_T\omega_{pD}^2 \\ \alpha_D\omega_{pT}^2 & \omega_{cT}^2 + \alpha_T\omega_{pT}^2 - \omega^2 \end{vmatrix} = 0 \rightarrow \frac{\alpha_D\omega_{pD}^2}{\omega_{ih}^2 - \omega_{cD}^2} + \frac{\alpha_T\omega_{pT}^2}{\omega_{ih}^2 - \omega_{cT}^2} \approx 0$$

Bien que cette nouvelle fréquence caractéristique soit de nature collective et décrive une oscillation électrostatique, son expression est indépendante de la densité totale et ne fait intervenir que les fréquences cyclotrons et les proportions ioniques. Nous venons d'identifier la résonance de Buchsbaum caractérisée par la fréquence hybride ion-ion.

$$\textit{Fréquence hybride ion-ion} \ : \ \omega_{ih} \equiv \sqrt{\omega_{cT}\omega_{cD}}\sqrt{\frac{\alpha_D m_D + \alpha_T m_T}{\alpha_D m_T + \alpha_T m_D}} \tag{4.36}$$

Le tableau ci-dessous résume l'ensemble des fréquences hybrides caractéristiques d'un plasma thermonucléaire. Cet ensemble d'échelles de temps caractéristiques permet de délimiter des régimes de comportement dynamique collectif perpendiculairement au champ magnétique dans un tokamak.

Hybride ion-ion	$\omega_{ih} \approx \sqrt{\omega_{cT}\omega_{cD}}$	~ 30 [MHz]
Hybride basse	$\omega_{lh} \approx \sqrt{\omega_{ce}\omega_{ci}} \approx \omega_{pi}$	~ 3 [GHz]
Hybride haute	$\omega_{uh} \approx \omega_{pe} \approx \omega_{ce}$	~ 150 [GHz]

Le phénomène de résonance collective, identifié et étudié dans ce paragraphe, sera utile pour comprendre les mécanismes de chauffage ; en effet, les modes propres harmoniques peuvent être mis à profit pour stocker de la puissance réactive au voisinage des résonances dissipatives de nature cinétique que nous étudierons dans le chapitre suivant.

4.2.2 Longueurs d'écrantage

La réponse d'un plasma à une perturbation électrique ou magnétique est aussi caractérisée par un ensemble d'échelles de longueurs, les deux principales, la longueur de Debye et la longueur de London, analysées dans ce paragraphe, étant associées aux phénomènes d'écrantages électrique et magnétique.

Considérons un plasma de tokamak à l'équilibre thermodynamique à une température T de densités électronique $n_e(z)$ et ionique $n_i(z)$ et à l'équilibre quasi-neutre $n_e = n_i = n$. La charge de l'électron est notée $-q$. Ce plasma est supposé infini suivant la direction z le long des lignes de champ magnétique.

Perturbons cet équilibre, en $z = 0$ introduisons une électrode plane, parallèle au plan yOx et polarisée au potentiel ϕ_0 conformément à la figure (4.7-a). La perturbation de potentiel $\phi(z)$ induite par cette électrode en un point de coordonnée z vérifie l'équation de Poisson et les conditions aux limites $\phi(-\infty)$

$= \phi(+\infty) = 0 = d\phi(-\infty)/dz = d\phi(+\infty)/dz = 0$ le long des lignes de champ magnétique. Le champ électrique associé au potentiel $\phi(z)$ sépare les charges électroniques et ioniques et cette séparation est brouillée par l'agitation thermique. Ces deux tendances opposées : (i) la minimalisation de l'énergie et (ii) la croissance de l'entropie, trouvent un compromis décrit par la distribution de Boltzmann : $n_i = n \exp(-q\phi/k_B T)$, $n_e = n \exp(q\phi/k_B T)$; potentiel et densités vérifient donc un système de deux équations couplées :

$$\textit{Boltzmann} \quad : \quad n_i(z) - n_e(z) = 2n \sinh\left(-\frac{q\phi(z)}{k_B T}\right) \tag{4.37}$$

$$\textit{Poisson} \quad : \quad \frac{d^2\phi}{dz^2} = -\frac{q}{\varepsilon_0}\left[n_i(z) - n_e(z)\right] \tag{4.38}$$

La recherche de la solution de l'équation de Poisson est facilitée par l'introduction des variables normalisées de position et le potentiel : $\phi(z) \to \varphi(\xi)$, $\phi_0 \to \varphi_0$ où $\varphi/\phi \equiv q/k_B T$, et $\xi/z \equiv \sqrt{2nq^2/\varepsilon_0 k_B T}$, ainsi $\varphi_0/\phi_0 = q/k_B T$.

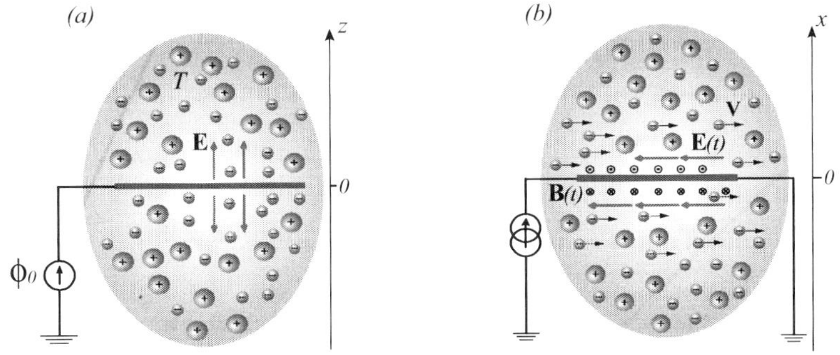

Fig. 4.7 : *(a) Longueur de Debye, (b) Longueur de London.*

L'équation non-linéaire de Poisson-Boltzmann normalisée, $d^2\varphi/d\xi^2 = \sinh\varphi$, admet une intégrale première qui présente la forme d'une équation différentielle à variables séparables : $(d\varphi/d\xi)^2 = 2[\cosh\varphi - 1] \to \xi = \pm\log|\tanh\varphi/4/\tanh\varphi_0/4|$. La contrainte de croissance ou de décroissance à partir de $\xi = 0$ selon le signe de ϕ_0 impose la signe de la racine et le résultat final est donné par :

$$\frac{\tanh\left|\frac{q\phi}{4k_B T}\right|}{\tanh\left|\frac{q\phi_0}{4k_B T}\right|} = \exp\left(-\frac{|z|}{\sqrt{\varepsilon_0 k_B T/2nq^2}}\right) \to \frac{\phi}{\phi_0} \approx \exp\left(-\sqrt{2}\frac{|z|}{\lambda_D}\right)$$

L'analyse de ce résultat démontre que pour des distances supérieures à la longueur de Debye, $z > \lambda_D \equiv \sqrt{\varepsilon_0 k_B T/nq^2}$, le potentiel électrostatique $\phi(z)$ est écranté par la réorganisation des charges et décroît exponentiellement vers zéro.

$$\textit{Longueur de Debye} \; : \; \boxed{\lambda_D \equiv \frac{v_{Te}/\sqrt{2}}{\omega_{pe}}} \tag{4.39}$$

Cette écrantage résulte du compromis entre : (i) la polarisation induite par les électrons et les ions au voisinage de l'électrode sous l'effet du champ électrique appliqué afin de créer un champ opposé à ce champ appliqué, et (ii) l'agitation thermique. La longueur de Debye est l'échelle de longueur caractéristique en dessous de laquelle une séparation quasi-statique de charges, donc une polarisation quasi-statique, peut être observée au sein d'un plasma. A une échelle microscopique, en géométrie sphérique au voisinage de chaque particule chargée, nous devons considérer une *sphère de Debye* à l'extérieur de laquelle le potentiel coulombien est exponentiellement faible conformément à la solution précédente.

Une contrainte évidente garantissant la validité de l'extension du modèle précédent à l'échelle microscopique est la présence d'un grand nombre de particules dans la sphère de Debye, c'est-à-dire : $n\lambda_D^3 \gg 1$; cette condition constitue la définition des *plasmas idéaux*.

Etudions maintenant le comportement d'un plasma thermonucléaire en réponse à une perturbation magnétique imposée, non plus par une électrode polarisante, mais par une nappe de courants inductive conformément à la figure (4.7-b). Un comportement diamagnétique est attendu : sous l'influence d'un champ magnétique appliqué les charges génèrent des courants créant des champs opposés au champ appliqué. Soit un plasma de densité n excité par une nappe de courants surfaciques s'écoulant dans le plan $x = 0$ suivant y ; cette nappe de courants génère un champ magnétique $\mathbf{B}(x,t) = B(x,t)\ \mathbf{e}_z$ où $[\mathbf{e}_x, \mathbf{e}_y, \mathbf{e}_z]$ est une base cartésienne orthonormée directe. La charge et la masse de l'électron sont notées $-q$ et m. Les variations temporelles de ce champ $\mathbf{B}(x,t)$ induisent un champ électrique d'induction $\mathbf{E}(x,t) = E(x,t)\ \mathbf{e}_y$, ce champ engendre un mouvement électronique de vitesse $\mathbf{v}(x,t) = v(x,t)\ \mathbf{e}_y$, c'est-à-dire un courant électrique source d'un champ magnétique. Cette chaîne de processus obéit aux équations de Maxwell-Faraday, Maxwell-Ampère et Newton et les variables $v(x,t)$, $B(x,t)$ et $E(x,t)$ sont donc solutions du système :

$$\begin{aligned} \textit{Newton/Coulomb} \quad &: \quad \frac{\partial v}{\partial t} = -\frac{q}{m} E \\ \textit{Maxwell-Ampère-Faraday} \quad &: \quad \frac{\partial B}{\partial x} = \mu_0 n q v, \ \frac{\partial E}{\partial x} = -\frac{\partial B}{\partial t} \end{aligned}$$

L'élimination du champ magnétique et de la vitesse entre ces trois équations permet de découpler le champ électrique E.

$$\frac{\partial^2 E}{\partial x^2} = \frac{\mu_0 n q^2}{m} E \rightarrow B(x,t) = B(x=0,t) \exp\left(-\frac{|x|}{\lambda_p}\right)$$

Nous venons d'identifier le phénomène d'écrantage magnétique ainsi que la longueur de London $\lambda_p \equiv \sqrt{m/\mu_0 n q^2}$ qui est égale au rapport de la vitesse de la lumière c sur la pulsation plasma.

$$\textit{Longueur de London} : \boxed{\lambda_p \equiv \frac{c}{\omega_{pe}}} \qquad (4.40)$$

La longueur de pénétration d'un champ magnétique dans un plasma thermonucléaire, la longueur de London λ_p, est aussi appelée épaisseur de peau inertielle, *inertial skin depth*.

Cette étude achève le programme d'identification des principales longueurs caractéristiques associées à la dynamique et à la statique d'un plasma thermonucléaire. Le tableau ci-dessous résume et évalue les quatre principales longueurs caractéristiques ainsi identifiées.

Larmor électronique	$\rho_{Le} = \frac{v_{Te}}{\omega_{ce}}$	0.10 [mm] $\times \frac{\sqrt{T_e[\text{keV}]}}{B[\text{T}]}$
Larmor ionique	$\rho_{Li} = \frac{v_{Ti}}{\omega_{ci}}$	4.5 [mm] $\times \frac{\sqrt{T_i[\text{keV}]}}{B[\text{T}]}\sqrt{A}$
Debye	$\lambda_D^2 = \frac{\varepsilon_0 k_B T_e}{n q_e^2}$	7.4 [m] $\times \sqrt{\frac{T[\text{eV}]}{n[\text{cm}^{-3}]}}$
London	$\lambda_p^2 = \frac{m_e}{\mu_0 n q_e^2}$	5.3×10^3 [m] $\times \frac{1}{\sqrt{n[\text{cm}^{-3}]}}$

Mais, un plasma thermonucléaire n'est pas uniquement caractérisé par les fréquences plasmas, ω_{pe} et ω_{pi}, cyclotrons, ω_{ce} et ω_{ci}, et hybrides, ω_{lh} et ω_{uh}, et par les longueurs de Debye λ_D et London λ_p, il est aussi caractérisé par trois vitesses : la vitesse acoustique ionique C_S, la vitesse diamagnétique V^* et la vitesse d'Alfvén V_A.

La vitesse acoustique ionique décrit la propagation des perturbations basses fréquences le long des lignes de champ magnétique, la vitesse diamagnétique perpendiculairement aux lignes de champ et les ondes d'Alfvén se propagent indifféremment le long et transversalement aux lignes du champ magnétique.

4.2.3 Vitesses collectives

Abordons l'étude de ces trois vitesses caractéristiques de la dynamique collective basse fréquence d'un plasma thermonucléaire par l'identification et l'analyse des ondes acoustiques ioniques. L'origine du mode acoustique est à rechercher dans la compressibilité basse fréquence d'un plasma, cette compressibilité modifiant aussi les ondes plasma électroniques associées à la fréquence de Langmuir ω_{pe}, élargissons l'étude aux deux branches longitudinales le long des lignes de champ, la branche électronique et la branche ionique.

Soit une population de particules de masse m et de charge e ; le long des lignes de champ (coordonnée z) la densité $n_0 + n$, la vitesse v et les pression et température p et T de cette population vérifient les relations de conservation de la masse (charge), de l'impulsion (équation d'Euler) et de l'entropie (équation d'état isentropique).

$$\textit{Euler} \quad : \quad m\left(\frac{\partial v}{\partial t} + v\frac{\partial v}{\partial z}\right) = -\frac{1}{n}\frac{\partial p}{\partial z} + eE \tag{4.41}$$

$$\textit{Continuité} \quad : \quad \frac{\partial n}{\partial t} = -\frac{\partial nv}{\partial z} \ , \ \textit{Isentropique} : \left.\frac{\partial p}{\partial n}\right|_S = \gamma k_B T \tag{4.42}$$

où k_B est la constante de Boltzmann (que l'on ne confondra pas avec le vecteur d'onde $k_\parallel$) et γ le rapport de la capacité calorifique à pression constante sur la capacité calorifique à volume constant.

Ce système une fois linéarisé admet des solutions sommes d'une solution d'équilibre statique plus une perturbation harmonique dans le temps et l'espace $\exp j\left(\omega t - k_\parallel z\right)$. La linéarisation de l'équation d'Euler, de l'équation de continuité et de l'équation d'état conduit ainsi au système de trois équations algébriques : (i) $j\omega J = \omega_p^2 \varepsilon_0 E + jek_\parallel p/m$, (ii) $e\omega n = k_\parallel J$ et (iii) $p = n\gamma k_B T$, où J représente la densité volumique de courant linéarisée $J = en_0 v$. La pression p et la vitesse v sont éliminées dans ce système pour exprimer le courant J en fonction du champ E, ainsi pour les populations électronique et ionique nous obtenons les réponses en courant J à une perturbation électrique $E \exp j\left(\omega t - k_{\parallel} z\right)$:

$$\text{Courant électronique} \quad : \quad J_e = -j\omega \frac{\omega_{pe}^2}{\omega^2 - \gamma k_{\parallel}^2 \lambda_{De}^2 \omega_{pe}^2} \varepsilon_0 E \tag{4.43}$$

$$\text{Courant ionique} \quad : \quad J_i = -j\omega \frac{\omega_{p_i}^2}{\omega^2 - \gamma k_{\parallel}^2 \lambda_{Di}^2 \omega_{pi}^2} \varepsilon_0 E \tag{4.44}$$

où nous avons utilisé la définition (4.39). Deux régimes de réponses en courant peuvent être ainsi identifiés :

• le régime adiabatique lorsque les effets de compressibilité $\left(\gamma k_B T k_{\parallel}^2 / m\right)$ sont dominants par rapport aux effets d'inertie $\left(\omega^2\right)$,

• le régime inertiel dans le cas contraire (complémentaire) lorsque les effets de compressibilité $\left(\gamma k_B T k_{\parallel}^2 / m\right)$ sont négligeables devant les effets d'inertie $\left(\omega^2\right)$.

Considérons la population électronique excitée au voisinage de la fréquence de Langmuir ; l'équation de dispersion des modes électrostatiques peut être établie en exprimant la relation de Maxwell-Ampère : $\mathbf{B} = \mathbf{0} \rightarrow j\omega\varepsilon_0 E + J_e = 0$, la réponse inertielle $J_e = -j\omega_{pe}^2 \varepsilon_0 E / \omega$ conduit à la relation $\omega = \omega_{pe}$ et la prise en compte des corrections de compressibilité finie permet l'identification du mode plasma électronique dont la relation de dispersion est illustrée sur la figure (4.8-b).

$$\text{Ondes plasma électroniques} : \ \omega^2 = \omega_{pe}^2 \left(1 + \gamma k_{\parallel}^2 \lambda_D^2\right) \tag{4.45}$$

A basse température, pour une fréquence donnée, ou à basse fréquence, pour une température donnée, cette branche électrostatique dite de Böhm et Gross, se confond avec les oscillations de Langmuir.

A basse fréquence, en dessous de la fréquence de Langmuir électronique, la prise en compte de la dynamique ionique révèle l'existence d'un nouveau mode. Les électrons participent à ce mode ionique non pas de manière inertielle mais à travers une réponse adiabatique décrivant l'écrantage du champ électrique. La traduction de l'hypothèse adiabatique consiste donc à négliger le terme d'inertie ($k_{\parallel}^2 k_B T_e > \omega^2 m_e$) devant le terme de compressibilité pour obtenir le courant électronique J_e. Le courant ionique J_i est, quant à lui, purement inertiel sous l'hypothèse d'ions froids ($k_{\parallel}^2 k_B T_i < \omega^2 m_i$). La partie très basse fréquence de ce mode est de nature quasi-neutre, il n'est donc pas nécessaire d'utiliser les équations de Maxwell pour établir la dispersion très basse fréquence de ce nouveau mode électrostatique. L'hypothèse de quasi-neutralité $J_e + J_i = 0 \rightarrow \omega = k_{\parallel} C_S$ est suffisante, nous venons ainsi d'identifier le son ionique le long des lignes de champ où nous avons introduit la vitesse acoustique ionique $C_S \equiv \sqrt{\gamma k_B T_e / m_i}$; il est d'usage de définir aussi la vitesse de Böhm C_B.

$$\text{Vitesses acoustique ionique} \ : \ \boxed{C_S \equiv \sqrt{\frac{\gamma k_B T_e}{m_i}}} \ , \ \text{de Böhm} : \ \boxed{C_B \equiv \sqrt{\frac{k_B T_e}{m_i}}}$$

L'énergie de ce mode ionique se propage à travers l'échange périodique potentiel/cinétique entre l'inertie ionique et la compressibilité électronique. Cette relation de dispersion linéaire n'est plus valable à haute fréquence et la prise en compte de l'inertie électronique dans l'équation de Maxwell-Ampère, $J_e + J_i + j\omega\varepsilon_0 E = 0$, permet d'établir la relation de dispersion complète des ondes acoustiques ioniques illustrée sur la figure (4.8-a).

$$\textit{Onde Acoustique Ionique} \;:\; \omega = k_{\parallel} C_S \frac{\omega_{pi}}{\sqrt{\omega_{pi}^2 + k_{\parallel}^2 C_s^2}} \tag{4.46}$$

La relation de dispersion des ondes acoustiques ioniques devient $\omega \approx \omega_{pi}$ lorsque le vecteur d'onde tend vers l'infini, c'est-à-dire pour les petites longueurs d'onde. Malgré ce comportement, il n'existe pas d'oscillation plasma ionique semblable à l'oscillation plasma électronique $\omega \approx \omega_{pe}$ le long des lignes de champ magnétique ; en effet, lorsque $k_{\parallel}\sqrt{k_B T/m} \ll \omega$ le modèle fluide tombe en défaut et une description cinétique est nécessaire (8.29), dans le cadre de cette description le mode acoustique ionique apparaît fortement amorti aux petites longueurs d'onde.

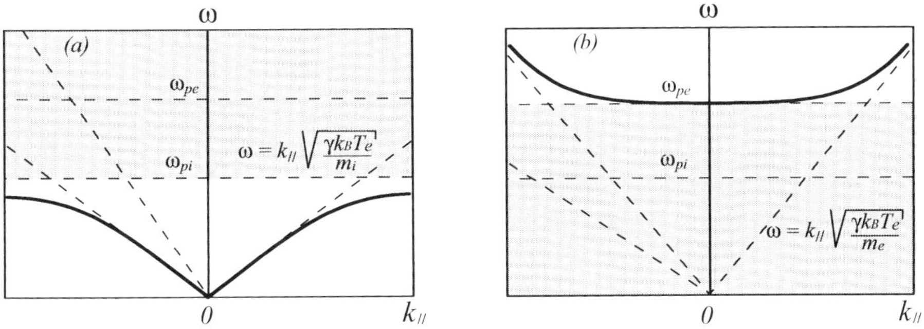

Fig. 4.8 : *(a) Mode acoustique ionique, (b) Mode plasma électronique.*

Les effets d'inertie et de séparation de charges n'entraîne pas la création d'un plasmon ionique mais une courbure de la dispersion linéaire du son ionique. Les conclusions que nous venons d'énoncer sur la non pertinence du modèle fluide aux petites longueurs d'ondes sont aussi recevables pour le mode de Böhm-Gross.

Plasma électronique	$\omega \approx \omega_p \left(1 + \frac{\gamma}{2} k_{\parallel}^2 \lambda_D^2 + ...\right)$
Acoustique ionique	$\omega \approx k_{\parallel} C_S \left(1 - \frac{\gamma}{2} k_{\parallel}^2 \lambda_D^2 + ...\right)$

La vitesse caractéristique des perturbations de densités quasi-neutres le long des lignes de champ est donc la vitesse acoustique ionique. Perpendiculairement aux lignes de champ, en présence d'un gradient de pression, c'est-à-dire d'un gradient de densité ou de température, la vitesse de propagation des perturbations de densités quasi-neutres est donnée par la vitesse dite diamagnétique qui constitue la vitesse des modes dits de dérives que nous analyserons plus en détail dans le chapitre consacré aux instabilités. Dans ce paragraphe nous allons simplement identifier cette vitesse dans le cadre d'un modèle quasi-neutre de perturbations très basses fréquences.

Soit un plasma d'hydrogène de densité $n_0(x)$, plongé dans un champ magnétique $B_0 \mathbf{e}_z$. Perturbons localement cette équilibre suivant la direction de l'axe des y où $[x, y, z]$ constitue un système de coordonnées cartésiennes. Du point de vue électromagnétique cette perturbation est décrite par le potentiel $\phi(y, t)$

et du point de vue mécanique par le champ de vitesse ionique $v_i(y,t)\,\mathbf{e}_x$, cette configuration est illustrée sur la figure (4.9-a).

Compte tenu de leur faibles inerties les électrons se distribuent suivant une loi de Boltzmann, les ions sont soumis aux forces de Coulomb et Laplace et nous supposerons qu'à chaque instant ces deux forces s'équilibrent ; en effet, nous étudions une perturbation basse fréquence et qui peut être considérée comme une suite continue de quasi-équilibres.

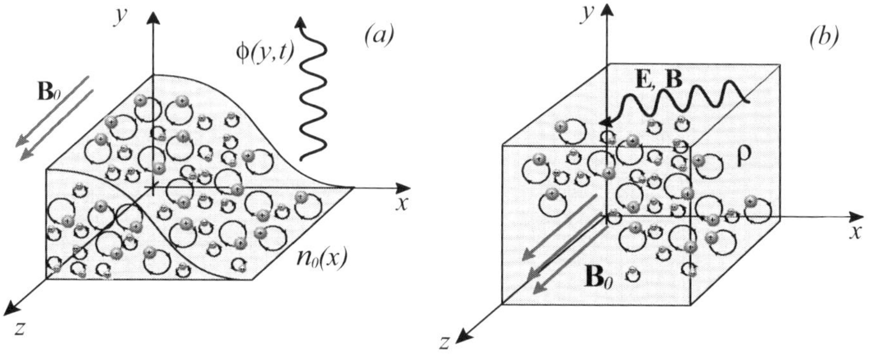

Fig. 4.9 : *(a) Modes de dérives, (b) Modes d'Alfvén.*

Enfin, la conservation du nombre d'ions permet de compléter l'écriture d'un système de trois équations décrivant les trois inconnues : ϕ, v_i et n_i la densité perturbée.

$$\text{Equilibre de Boltzmann} \quad : \quad n_e = n_0 \exp\left(\frac{q\phi}{k_B T_e}\right) \tag{4.47}$$

$$\text{Equilibre Coulomb/Laplace} \quad : \quad q v_i B_0 + q\frac{\partial \phi}{\partial y} = 0 \tag{4.48}$$

$$\text{Conservation de la charge ionique} \quad : \quad \frac{\partial n_i}{\partial t} + \frac{\partial n_i v_i}{\partial x} + \frac{\partial n_i v_i}{\partial y} = 0 \tag{4.49}$$

L'hypothèse de quasi-neutralité $q(n_e - n_i)/\varepsilon_0 = \partial^2\phi/\partial y^2 \approx 0$ permet d'éliminer le terme $\partial v_i/\partial y \sim \partial^2\phi/\partial y^2$.

$$\text{Adiabaticité électronique} \quad : \quad \frac{\partial n_e}{\partial t} = \frac{q n_0}{k_B T_e}\frac{\partial \phi}{\partial t} \tag{4.50}$$

$$\text{Dérives ioniques} \quad : \quad \frac{\partial n_i}{\partial t} = \frac{1}{B_0}\frac{\partial \phi}{\partial y}\frac{\partial n_0}{\partial x} = 0 \tag{4.51}$$

Ainsi, le potentiel obéit à une équation de convection, qui en régime harmonique n'est autre que la branche électronique des modes de dérive que nous étudierons dans le chapitre consacré aux instabilités.

$$\text{Onde de dérives} \quad : \quad \frac{\partial \phi}{\partial y} - \left(\frac{q n_0 B_0}{k_B T_e \left|d n_0/dx\right|}\right)\frac{\partial \phi}{\partial t} = 0 \tag{4.52}$$

La vitesse de convection/propagation ainsi identifiée, V^*, définit la *vitesse diamagnétique* que nous analyserons plus en détails dans les chapitres suivants.

$$\textit{Vitesse diamagnétique} \;:\; \boxed{V^* \equiv \frac{k_B T_e}{q B_0} \frac{1}{n_0} \left| \frac{dn_0}{dx} \right|} \sim v_T \frac{\rho_L}{a} \tag{4.53}$$

Cette vitesse est de l'ordre de quelques kilomètres par seconde dans les plasmas de tokamak et est beaucoup plus petite que les autres vitesses collectives. Introduisons la longueur de gradient a telle que $a^{-1} \equiv |dn_0/dx|/n_0$: $V^* \sim v_T \rho_L/a \ll v_T$ où v_T est la vitesse thermique.

Dans un plasma de tokamak quatre types de perturbations doivent être considérés,

• les perturbations de densités électronique et ionique qui viennent d'être étudiées et dont les échelles caractéristiques de temps et de longueur ont été identifiées,

• et les perturbations des champs électriques et magnétiques.

Compte tenu de l'équation de Maxwell-Ampère et de la relation de Gauss, les perturbations des champs ne sont pas indépendantes des perturbations des densités de particules chargées ; aussi il peut paraître difficile de décider de la nature réelle d'un processus collectif : *électronique, ionique, électrique* ou *magnétique*? Cette question peut être tranchée en comparant ce qui est comparable, c'est-à-dire les contenus énergétiques des différentes perturbations ; on parlera de perturbation magnétique lorsque l'essentiel de l'énergie contenue dans la perturbation sera sous forme magnétique bien que ce champ soit nécessairement accompagné par un courant électronique ou ionique.

Les perturbations basses fréquences de nature magnétique constituent les ondes d'Alfvén. La vitesse caractéristique des perturbations magnétiques est la *vitesse d'Alfvén* V_A, que nous allons construire dans le cadre du modèle suivant. Soit un plasma d'hydrogène de densité volumique de masse ρ, confiné par un champ magnétique statique homogène $\mathbf{B}_0 = B_0 \mathbf{b}$ (figure (4.9-b)). Considérons une perturbation électromagnétique harmonique de champs électrique $\mathbf{E}(\mathbf{r}) \exp j\omega t$ et magnétique $\mathbf{B}(\mathbf{r}) \exp j\omega t$. Sous l'effet de ces champs les particules chargées du plasma, supposées initialement au repos, développent une accélération résultant de la force de Coulomb et de la force de Laplace. Cette dernière force sera restreinte au champ statique B_0 en accord avec l'ordering de linéarisation. Ainsi, une population de particules (électrons ou ions) de charge q et de masse m génère un courant harmonique $\mathbf{J}(\mathbf{r}) \exp j\omega t$ solution de l'équation algébrique :

$$\frac{d\mathbf{v}}{dt} = \frac{q}{m} \mathbf{E} \exp j\omega t + \frac{q}{m} \mathbf{v} \times \mathbf{B}_0 \rightarrow j\omega \mathbf{J} = \omega_p^2 \varepsilon_0 \mathbf{E} + \omega_c \mathbf{J} \times \mathbf{b} \tag{4.54}$$

L'équation (4.54) d'inconnue $\mathbf{J}$ peut être résolue en considérant la solution de l'équation algébrique linéaire d'inconnue $\mathbf{x}$ suivante :

$$\mathbf{x} + \alpha \mathbf{x} \times \mathbf{b} = \mathbf{c} \rightarrow \mathbf{x} = \frac{1}{1+\alpha^2} \mathbf{c} + \frac{\alpha}{1+\alpha^2} \mathbf{b} \times \mathbf{c} + \frac{\alpha^2}{1+\alpha^2} \mathbf{b} (\mathbf{b} \cdot \mathbf{c})$$

cette solution peut être obtenue en formant les produits scalaire et vectoriel de $\mathbf{x}$ avec $\mathbf{b}$ afin de substituer dans l'équation l'expression du produit vectoriel $\mathbf{x} \times \mathbf{b}$ en fonction du vecteur $\mathbf{c}$. La forme asymptotique à basse fréquence ($\omega \ll \omega_c$) du courant $\mathbf{J}$ solution de l'équation (4.54) est alors donnée par la relation :

$$\omega \ll \omega_c \rightarrow \frac{\mathbf{J}_\perp}{\varepsilon_0} \approx \frac{\omega_p^2}{\omega_c} \left[(\mathbf{E}_\perp \times \mathbf{b}) + j \left(\frac{\omega}{\omega_c} \right) \mathbf{E}_\perp + O\left(\frac{\omega}{\omega_c} \right)^2 \right] \tag{4.55}$$

où nous ne nous intéressons qu'aux champ et courant électriques perpendiculaires au champ magnétique statique, car le long des lignes de champ magnétique l'écrantage ($\omega \ll \omega_p$, $L \gg \lambda_D$) garantit la nullité de toute composante électrique $E_{\|}$.

Les contributions électronique et ionique associées au terme $\omega_p^2 \varepsilon_0 \mathbf{E}_\perp \times \mathbf{b}/\omega_c$ se compensent et le courant dominant au sein d'un plasma thermonucléaire, à basse fréquence, est donné par la contribution ionique associée au deuxième terme ($\omega_{pe}/\omega_{ce} \ll \omega_{pi}/\omega_{ci}$). Nous verrons dans le chapitre consacré à la théorie des orbites que ce courant résulte de la *dérive de polarisation* (6.13) et le premier terme de la *dérive de champs croisés.* Les champs électromagnétiques sont donc couplés par ce courant plasma basse fréquence qui est beaucoup plus intense que le courant de déplacement $\varepsilon_0 \partial \mathbf{E}/\partial t$ que nous négligerons.

$$\textit{Equation de Maxwell-Faraday} \quad : \quad \nabla \times \mathbf{E}_\perp = -j\omega \mathbf{B} \tag{4.56}$$

$$\textit{Equation de Maxwell-Ampère} \quad : \quad \nabla \times \mathbf{B} = j\frac{\omega}{c^2}\frac{\omega_{pi}^2}{\omega_{ci}^2}\mathbf{E}_\perp \tag{4.57}$$

L'élimination du champ électrique entre les équation (4.56) et (4.57) conduit à l'équation des perturbations électromagnétiques harmoniques basse fréquence :

$$\textit{Ondes d'Alfvén} \ : \ \nabla \times \nabla \times \mathbf{B} - \frac{\omega^2}{c^2}\frac{\omega_{pi}^2}{\omega_{ci}^2}\mathbf{B} = \mathbf{0} \tag{4.58}$$

C'est une équation d'ondes et ces ondes, dites ondes d'Alfvén, sont non dispersives ; leur vitesse caractéristique indépendante de la fréquence définit la vitesse d'Alfvén.

$$\textit{Vitesse d'Alfvén} \ : \ \boxed{V_A \equiv \frac{B_0}{\sqrt{\mu_0 \rho}}} = \lambda_p \sqrt{\omega_{ce}\omega_{ci}} = \frac{\omega_{ci}}{\omega_{pi}}c \tag{4.59}$$

Nous avons ainsi identifié un ensemble d'échelles caractéristiques associées au comportement collectif d'un plasma thermonucléaire en réponse à des perturbations électronique, ionique et électromagnétique. Dans un tokamak ces trois vitesses caractéristiques vérifient un ordering fort.

$$V^* \sim \frac{\rho_{Li}}{L} v_{Ti} \ , \ C_B \sim v_{Ti}, \ V_A \sim \frac{v_{Ti}}{\sqrt{\beta}} \rightarrow \boxed{V^* < C_B < V_A} \tag{4.60}$$

Les ordres de grandeur sont donnés par : $V_A/C_B/V^* \sim 10^7$ [m/s] / 10^6 [m/s] / 10^3 [m/s]. Cet ensemble de résultats est résumé dans le tableau ci-dessous.

Vitesse Diamagnétique	$V^* = \frac{k_B T_e}{q B_0}\left\lvert\frac{d \ln n_0}{dx}\right\rvert$	$1 \left[\frac{\mathrm{m}}{\mathrm{s}}\right] \times \frac{T_e[\mathrm{eV}]}{B_0[\mathrm{T}]\ L[\mathrm{m}]}$
Vitesse de Böhm	$C_B^2 = \frac{k_B T_e}{m_i}$	$9789 \left[\frac{\mathrm{m}}{\mathrm{s}}\right] \times \sqrt{T_e\,[\mathrm{eV}]}$
Vitesse d'Alfvén	$V_A^2 = \frac{B_0^2}{\mu_0 n_i m_i}$	$2180 \left[\frac{\mathrm{km}}{\mathrm{s}}\right] \times \frac{B_0[\mathrm{T}]A^{-\frac{1}{2}}}{\sqrt{n_i[10^{20}\ \mathrm{m}^{-3}]}}$

Ces trois vitesses constitueront les trois échelles caractéristiques des relations de dispersion des instabilités basses fréquences.

4.3 Collisions et Diffusion Landau

La description de la dynamique d'un plasma thermonucléaire s'articule autour de l'analyse de deux classes de processus :

• les phénomènes collectifs, en particulier dans le cadre de l'étude des ondes, des instabilités et de la turbulence,

• les processus collisionnels ou interactions particules-particules, en particulier dans le cadre de l'analyse du transport et des études de la réactivité et du chauffage thermonucléaire.

Trois types d'interactions particules-particules sont à l'œuvre dans les plasmas thermonucléaires :

• l'interaction coulombienne, ou diffusion Rutherford-Landau, à l'origine d'une perte de confinement à travers le transport de particules et de chaleur perpendiculairement aux lignes de champ,

• les réactions de fusion entre ions rapides, source du chauffage thermonucléaire,

• les réactions entre espèces chargées, électrons et ions, et les espèces neutres à la périphérie du plasma, en particulier les réactions d'ionisation par impact électronique et d'échange de charge.

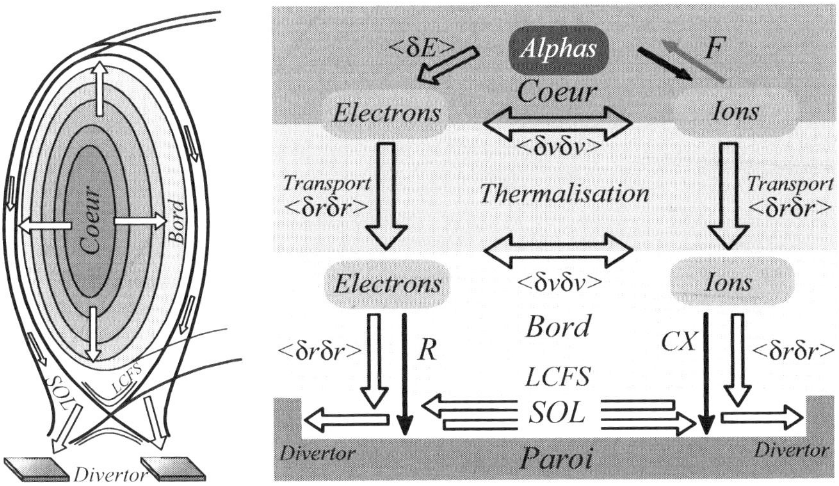

Fig. 4.10 : *Transport (r) et Relaxation (v) dans un tokamak.*

Dans ce paragraphe nous allons étudier les principales caractéristiques des processus associés aux collisions coulombiennes. La nécessité de cette analyse est illustrée par la figure (4.10). Au sein d'un plasma de tokamak il est d'usage de distinguer plusieurs régions :

• le cœur, zone de faibles gradients de températures et densités, siège des réactions de fusion,

• le bord, qui termine les zones de gradients de températures et densités et qui est délimité par la dernière surface magnétique fermée (LCFS, *Last Closed Flux Surface*),

• au-delà de cette surface s'étend un ensemble de lignes de champs qui interceptent les cibles du *divertor* : la SOL (*Scrape-Off Layer*). Ainsi la chaleur et la matière transportées par diffusion du cœur vers le bord, puis du bord vers la SOL, s'écoulent vers un système de plaques cibles activement refroidies.

Les particules alpha déposent leur énergie (δE) principalement sur la population électronique. Les populations électronique et ionique sont le siège :

• de processus de transport dans l'espace réel (δr) à travers la diffusion radiale de matière et de chaleur du cœur vers le bord,

• de processus de relaxation dans l'espace des vitesses (δv) à travers la thermalisation électrons-ions et le chauffage thermonucléaire des électrons et des ions par les particules alpha.

Le rayonnement (R) et l'échange de charges (CX) complètent cet inventaire des processus de relaxation et de transport.

Dans ce chapitre nous allons construire les outils pour étudier ces différents processus dissipatifs à l'œuvre au sein d'un plasma de tokamak. Les collisions coulombiennes sont à l'origine de plusieurs phénomènes de diffusion (vitesses et positions des particules et position du champ magnétique) ; ces processus peuvent être modélisés dans le cadre d'une équation de type Fokker-Planck présentée dans ce paragraphe.

4.3.1 Equations de Fokker-Planck

Soit $P(\mathbf{x}_0, t_0 \rightarrow \mathbf{x}, t)$ la densité de probabilité de présence de particules dans un espace d'états $[\mathbf{x}]$ quelconques (vitesse, position, énergie, moment cinétique...) ; $P(\mathbf{x}_0, t_0 \rightarrow \mathbf{x}, t)\, d\mathbf{x}$ mesure la probabilité d'observer une particule au voisinage du point $\mathbf{x}$ dans l'élément de volume $d\mathbf{x}$ à un instant $t > t_0$, sachant qu'elle a été observée en $\mathbf{x}_0$ à l'instant $t_0 < t$.

L'interprétation qui vient d'être donnée de cette densité de probabilité, ou propagateur, est dites de Fokker-Planck, mais nous pouvons aussi considérer le point de vue de Kolmogorof où $P(\mathbf{x}_0, t_0 \rightarrow \mathbf{x}, t)\, d\mathbf{x}_0$ mesure la probabilité que la particule, observée en $\mathbf{x}$ à l'instant $t > t_0$, provienne du voisinage du point $\mathbf{x}_0$ dans l'élément de volume $d\mathbf{x}_0$, à un instant $t_0 < t$.

La même fonction $P(\mathbf{x}_0, t_0 \rightarrow \mathbf{x}, t)$, répond aux problématiques de ces deux situations illustrées sur la figure (4.11).

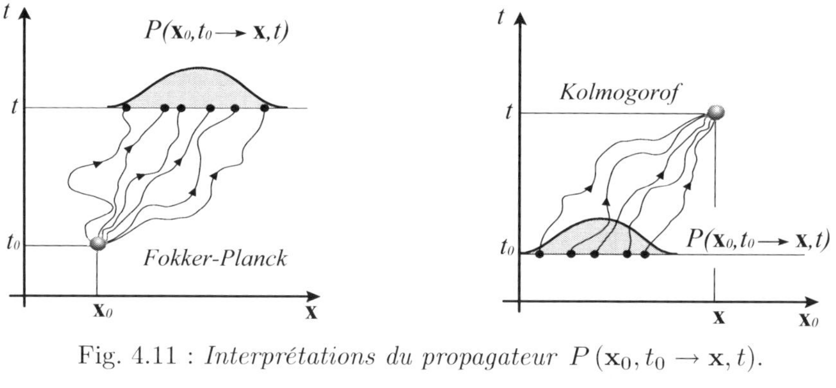

Fig. 4.11 : *Interprétations du propagateur* $P(\mathbf{x}_0, t_0 \rightarrow \mathbf{x}, t)$.

Trois types d'espaces d'états seront considérés lors de l'étude des plasmas thermonucléaires.

• L'espace des états de vitesses (ou d'impulsion) des électrons et ions ; $P(\mathbf{p}, t)$ est alors la fonction de distribution des vitesses $f(\mathbf{v}, t)$ et son évolution dynamique décrit les processus cinétiques de relaxation vers l'équilibre.

• L'espace des états de positions des électrons et ions ; $P(\mathbf{r}, t)$ est alors la densité volumique de particules $n(\mathbf{r}, t)$, au point $\mathbf{r}$ à un instant t, étudiée dans le cadre de l'analyse du transport.

• L'espace des états des angles et actions, $P(\mathbf{J}, \boldsymbol{\theta}, t)$ est alors la densité volumique de particules dans l'espace des phases et les angles étant des variables rapides prenant leurs valeurs sur le cercle $[0, 2\pi]$ une approximation classique et pertinente dans de nombreuses situations nous amènera à construire l'approximation des phases aléatoires (RPA pour *random phases approximation*) et à ne considérer que la valeur moyenne sur $[0, 2\pi]^3$: $F(\mathbf{J}, t)$; l'analyse du problème du chauffage dans un champ magnétique nous conduira à étudier en détail cette densité de probabilité.

Considérons l'un quelconque de ces espaces d'états, ou leur réunion, notons $[\mathbf{x}]$ la variable d'état, figure (4.12), et construisons l'équation décrivant l'évolution dynamique de la densité de probabilité de présence d'une particule : $P(\mathbf{x}_0, t_0 \rightarrow \mathbf{x}, t)$. Soit τ un temps infinitésimal, une particule en $\mathbf{x}$ à l'instant t est déplacée en $\mathbf{x} + \boldsymbol{\xi}(\mathbf{x},\tau)$ à l'instant $t+ \tau$ et une particule en $\mathbf{x}$ à l'instant t provient de la position $\mathbf{y} = \mathbf{x} - \boldsymbol{\xi}(\mathbf{y},\tau)$ à l'instant $t- \tau$. Le déplacement infinitésimal $\boldsymbol{\xi}(\mathbf{x},\tau)$ peut être étudié sur la base d'une modélisation microscopique de la dynamique des particules. Au niveau macroscopique, les déplacements microscopiques $\boldsymbol{\xi}(\mathbf{x},\tau)$ sont des variables aléatoires dont nous supposerons les deux premiers moments connus : $\langle \boldsymbol{\xi}(\mathbf{x}, \tau) \rangle$ et $\langle \boldsymbol{\xi}(\mathbf{x}, \tau)\boldsymbol{\xi}(\mathbf{x}, \tau) \rangle$; les moyennes $\langle \rangle$ sont associées au caractère stochastique des processus de collisions ou d'interactions avec les champs électriques et magnétiques fluctuants.

Le problème de la construction d'un formalisme de description de l'évolution de $P(\mathbf{x},t)$ est le suivant : connaissant la densité de probabilité de présence $P(\mathbf{x},t)$, à l'instant t en tout point de l'espace des $\mathbf{x}$, comment calculer la nouvelle densité $P(\mathbf{x},t \pm \tau)$ en tout point de l'espace des $\mathbf{x}$ à l'instant $t \pm \tau$, $P(\mathbf{x},t \pm \tau)$ résultant des déplacements microscopiques $\boldsymbol{\xi}(\mathbf{x},\tau)$ de chaque particule durant la durée infinitésimale τ ?

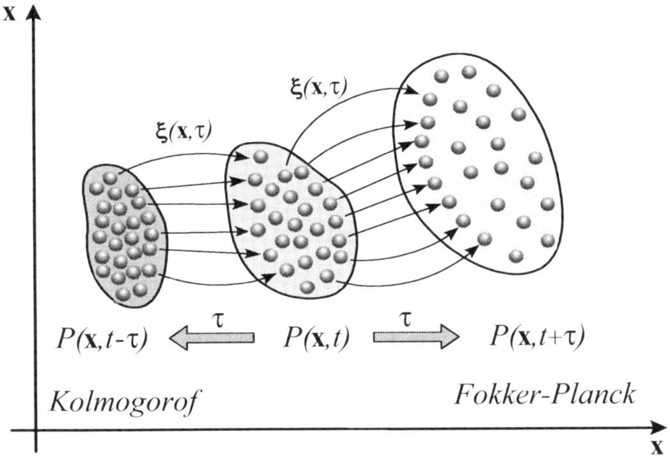

Fig. 4.12 : *Evolution de la densité de probabilité sur une durée infinitésimale.*

• La probabillité qu'une particule initialement en $\mathbf{s}$ à l'instant t soit en $\mathbf{x}$ à l'instant $t + \tau$ est donnée par $\langle \delta [\mathbf{x} - (\mathbf{s} + \boldsymbol{\xi}(\mathbf{s},\tau))] \rangle$.

• La probabilité qu'une particule en $\mathbf{s}$ à l'instant t provienne du point $\mathbf{x}$ à l'instant $t - \tau$ est donnée par $\langle \delta [\mathbf{s} - (\mathbf{x} + \boldsymbol{\xi}(\mathbf{x},\tau))] \rangle$.

$\delta []$ représente la distribution de Dirac, ainsi, les probabilités $P(\mathbf{x},t \pm \tau)$ sont obtenues en sommant sur toutes les positions $\mathbf{s}$ à l'instant t.

$$P(\mathbf{x},t) \underset{\tau}{\longrightarrow} P(\mathbf{x},t+\tau) = \int \langle \delta\left[\mathbf{x} - (\mathbf{s} + \boldsymbol{\xi}(\mathbf{s},\tau))\right]\rangle P(\mathbf{s},t)\, d\mathbf{s} \quad (4.61)$$

$$P(\mathbf{x},t) \underset{\tau}{\longleftarrow} P(\mathbf{x},t-\tau) = \int \langle \delta\left[\mathbf{s} - (\mathbf{x} + \boldsymbol{\xi}(\mathbf{x},\tau))\right]\rangle P(\mathbf{s},t)\, d\mathbf{s} \quad (4.62)$$

La variation $P(\mathbf{x},t \pm \tau) - P(\mathbf{x},t)$ et les déplacements microscopiques $\boldsymbol{\xi}$ sont supposés suffisamment petits pour permettre un développement de Taylor des *propagateurs* direct, $\langle \delta\left[\mathbf{x} - (\mathbf{s} + \boldsymbol{\xi}(\mathbf{s},\tau))\right]\rangle$, et inverse, $\langle \delta\left[\mathbf{s} - (\mathbf{x} + \boldsymbol{\xi}(\mathbf{x},\tau))\right]\rangle$.

$$\langle \delta\left[(\mathbf{s} + \boldsymbol{\xi}(\mathbf{s})) - \mathbf{x}\right]\rangle = \delta(\mathbf{x}-\mathbf{s}) - \langle \boldsymbol{\xi}(\mathbf{s})\rangle \cdot \frac{\partial}{\partial \mathbf{x}}\delta(\mathbf{x}-\mathbf{s}) + \frac{1}{2}\langle \boldsymbol{\xi}(\mathbf{s})\boldsymbol{\xi}(\mathbf{s})\rangle \cdot \frac{\partial\partial}{\partial\mathbf{x}\partial\mathbf{x}}\delta(\mathbf{x}-\mathbf{s}) + \ldots \quad (4.63)$$

$$\langle \delta\left[\mathbf{s} - (\mathbf{x} + \boldsymbol{\xi}(\mathbf{x}))\right]\rangle = \delta(\mathbf{x}-\mathbf{s}) + \langle \boldsymbol{\xi}(\mathbf{x})\rangle \cdot \frac{\partial}{\partial \mathbf{x}}\delta(\mathbf{x}-\mathbf{s}) + \frac{1}{2}\langle \boldsymbol{\xi}(\mathbf{x})\boldsymbol{\xi}(\mathbf{x})\rangle \cdot \frac{\partial\partial}{\partial\mathbf{x}\partial\mathbf{x}}\delta(\mathbf{x}-\mathbf{s}) + \ldots \quad (4.64)$$

Compte tenu des propriétés de la distribution de Dirac, les dérivées par rapport à la position $\mathbf{x}$ peuvent être prises par rapport à la position générique $\mathbf{s}$.

$$\langle \delta\left[\mathbf{x} - (\mathbf{s} + \boldsymbol{\xi}(\mathbf{s}))\right]\rangle = \delta(\mathbf{x}-\mathbf{s}) + \langle \boldsymbol{\xi}(\mathbf{s})\rangle \cdot \frac{\partial}{\partial \mathbf{s}}\delta(\mathbf{x}-\mathbf{s}) + \frac{1}{2}\langle \boldsymbol{\xi}(\mathbf{s})\boldsymbol{\xi}(\mathbf{s})\rangle \cdot \frac{\partial\partial}{\partial\mathbf{s}\partial\mathbf{s}}\delta(\mathbf{x}-\mathbf{s}) + \ldots \quad (4.65)$$

$$\langle \delta\left[\mathbf{s} - (\mathbf{x} + \boldsymbol{\xi}(\mathbf{x}))\right]\rangle = \delta(\mathbf{x}-\mathbf{s}) - \langle \boldsymbol{\xi}(\mathbf{x})\rangle \cdot \frac{\partial}{\partial \mathbf{s}}\delta(\mathbf{x}-\mathbf{s}) + \frac{1}{2}\langle \boldsymbol{\xi}(\mathbf{x})\boldsymbol{\xi}(\mathbf{x})\rangle \cdot \frac{\partial\partial}{\partial\mathbf{s}\partial\mathbf{s}}\delta(\mathbf{x}-\mathbf{s}) + \ldots \quad (4.66)$$

La fonction de distribution $P(\mathbf{x},t \pm \tau)$, à l'issue de la déformation décrite par le champ de déplacements aléatoires $\boldsymbol{\xi}(\mathbf{x},\tau)$, est donc donnée par :

$$P(\mathbf{x},t+\tau) = \int \left[\delta(\mathbf{x}-\mathbf{s}) + \langle \boldsymbol{\xi}(\mathbf{s})\rangle \cdot \frac{\partial}{\partial \mathbf{s}}\delta(\mathbf{x}-\mathbf{s}) + \frac{1}{2}\langle \boldsymbol{\xi}(\mathbf{s})\boldsymbol{\xi}(\mathbf{s})\rangle\right] P(\mathbf{s},t) d\mathbf{s}$$

$$P(\mathbf{x},t-\tau) = \int \left[\delta(\mathbf{x}-\mathbf{s}) - \langle \boldsymbol{\xi}(\mathbf{x})\rangle \cdot \frac{\partial}{\partial \mathbf{s}}\delta(\mathbf{x}-\mathbf{s}) + \frac{1}{2}\langle \boldsymbol{\xi}(\mathbf{x})\boldsymbol{\xi}(\mathbf{x})\rangle\right] P(\mathbf{s},t)\, d\mathbf{s}$$

Le théorème d'intégration par partie est ensuite utilisé sur chaque terme pour éliminer toutes les dérivées de distributions de Dirac, permettant ainsi d'intégrer les sommes et d'obtenir le résultat final, le taux de variation temporelle de la distribution $\left[P(\mathbf{x},t \pm \tau) - P(\mathbf{x},t)\right]/\tau$. Ainsi nous obtenons l'équation de Fokker Planck pour prédire l'avenir :

Fokker-Planck : $$\frac{\partial}{\partial t}P(\mathbf{x}_0, t_0 \rightarrow \mathbf{x}, t) = -\frac{\partial}{\partial \mathbf{x}} \cdot \frac{\langle \boldsymbol{\xi}(\mathbf{x})\rangle}{\tau}P + \frac{\partial\partial}{\partial\mathbf{x}\partial\mathbf{x}} \cdot \frac{\langle \boldsymbol{\xi}(\mathbf{x})\boldsymbol{\xi}(\mathbf{x})\rangle}{2\tau}P$$

et l'équation de Kolmogorov pour reconstruire le passé :

$$\textit{Kolmogorov}: \quad \frac{\partial}{\partial t_0} P(\mathbf{x}_0, t_0 \to \mathbf{x}, t) = -\frac{\langle \boldsymbol{\xi}(\mathbf{x}_0) \rangle}{\tau} \cdot \frac{\partial P}{\partial \mathbf{x}_0} - \frac{\langle \boldsymbol{\xi}(\mathbf{x}_0) \boldsymbol{\xi}(\mathbf{x}_0) \rangle}{2\tau} \cdot \frac{\partial \partial P}{\partial \mathbf{x}_0 \partial \mathbf{x}_0}$$

où les conditions initiales communes aux deux équations expriment le fait que la particule est en $\mathbf{x} = \mathbf{x}_0$ lorsque $t = t_0$:

$$P(\mathbf{x}_0, t_0 \to \mathbf{x}, t = t_0) = P(\mathbf{x}_0, t_0 = t \to \mathbf{x}, t) = \delta(\mathbf{x} - \mathbf{x}_0) \tag{4.67}$$

La situation la plus répandue dans le domaine de l'étude de la dynamique des plasmas thermonucléaires est celle de l'étude de l'évolution future à partir de conditions initiales données, ainsi nous ferons un usage récurrent de l'équation de Fokker-Planck décrivant cette évolution comme la divergence d'un flux local $(\langle \boldsymbol{\xi}(\mathbf{x}) \rangle / \tau) P + \partial / \partial \mathbf{x} \cdot (\langle \boldsymbol{\xi}(\mathbf{x}) \boldsymbol{\xi}(\mathbf{x}) \rangle / 2\tau) P$ présentant deux termes, un terme de convection et un terme de diffusion.

Dans ce chapitre, nous étudierons successivement les deux équations de Fokker-Planck associées à l'évolution des densités de probabilités $f(\mathbf{v}, t)$ et $n(\mathbf{r}, t)$ dans les espaces des vitesses et positions et nous exprimerons :

• les coefficients de friction et de diffusion coulombiennes dans l'espace des impulsions, ou vitesses, appelés coefficients de *Chandrasekhar*. Ces coefficients permettent de construire l'équation cinétique décrivant la dynamique de la fonction de distribution des vitesses $f(\mathbf{v}, t)$,

$$\textit{Chauffage} \to \textit{Equation cinétique}: \quad \frac{\partial f}{\partial t} + \frac{\partial}{\partial \mathbf{v}} \cdot \left(\frac{\langle \delta \mathbf{v} \rangle}{\delta t} f + \frac{\partial}{\partial \mathbf{v}} \cdot \frac{\langle \delta \mathbf{v} \delta \mathbf{v} \rangle}{2 \delta t} f \right) = 0$$

• les coefficients de mobilité et de diffusion dans l'espace des positions. Ces coefficients permettent de construire l'équation de transport décrivant l'évolution de la densité $n(\mathbf{r}, t)$ en fonction de la position et du temps.

$$\textit{Confinement} \to \textit{Equation de transport}: \quad \frac{\partial n}{\partial t} + \frac{\partial}{\partial \mathbf{r}} \cdot \left(\frac{\langle \delta \mathbf{r} \rangle}{\delta t} n + \frac{\partial}{\partial \mathbf{r}} \cdot \frac{\langle \delta \mathbf{r} \delta \mathbf{r} \rangle}{2 \delta t} n \right) = 0$$

Les deux problématiques centrales de la combustion thermonucléaire étant le confinement et le chauffage, on comprend aisément que l'évolution dans l'espace des impulsions (vitesses), c'est-à-dire le chauffage (ou le refroidissement) d'une population, et son évolution dans l'espace des positions, constituent les formulations dynamiques adéquates pour aborder ces problématiques.

4.3.2 Diffusion et marche aléatoire

Les deux termes associés au membre de droite d'une équation de type Fokker-Planck décrivent respectivement un processus de convection, c'est-à-dire un écoulement, et un processus de diffusion, c'est-à-dire microscopiquement une marche aléatoire.

Analysons séparément la nature de ces deux termes et considérons en premier lieu un processus de convection pure dans un espace d'états $\mathbf{x}$. L'équation d'évolution de la densité de probabilité $P(\mathbf{x}, t)$ peut être présentée sous une forme conservative où la somme du taux de variation temporelle de la densité plus la divergence du flux est égale au terme source, qui, dans le contexte d'un problème dont la condition initiale est $P(\mathbf{x}, t = t_0) = \delta(\mathbf{x} - \mathbf{x}_0)$, peut être représenté par une impulsion initiale $\delta(\mathbf{x} - \mathbf{x}_0)\,\delta(t - t_0)$. Ainsi nous devons résoudre l'équation aux dérivées partielles :

$$\textit{Convection}: \quad \underbrace{\frac{\partial P}{\partial t}}_{\text{évolution}} + \boldsymbol{\nabla}_{\mathbf{x}} \cdot \underbrace{\left(\frac{\langle \delta \mathbf{x} \rangle}{\delta t} P\right)}_{\text{flux}} = \underbrace{\delta(\mathbf{x} - \mathbf{x}_0)\,\delta(t - t_0)}_{\text{source}} \tag{4.68}$$

La solution de cette équation est donnée par la fonction de Green ou propagateur : $P(\mathbf{x}_0, t_0 \to \mathbf{x}, t) = \delta\left[\mathbf{x} - (\mathbf{x}_0 + (\langle \delta \mathbf{x} \rangle / \delta t)(t - t_0))\right]$ où nous avons supposé que la vitesse de convection $\langle \delta \mathbf{x} \rangle / \delta t$ était indépendante de l'instant t et de l'état $\mathbf{x}$; une généralisation au cas où ces dépendances sont prises en compte ne présente aucune difficulté car ce problème d'évolution peut être traité dans un contexte Lagrangien et se ramène à la résolution d'une équation différentielle ordinaire du premier ordre (figure (4.13-a)) : $d\mathbf{X}/dt = \langle \delta \mathbf{x} \rangle / \delta t \to \mathbf{X}(t, \mathbf{x}_0, t_0)$ $\to P(\mathbf{x}_0, t_0 \to \mathbf{x}, t) = \delta\left[\mathbf{x} - \mathbf{X}(t, \mathbf{x}_0, t_0)\right]$. L'analyse d'un processus de diffusion est moins directe car au niveau microscopique la dynamique dans l'espace des états $\mathbf{x}$ relève de la théorie des marches aléatoires. Pour établir cette correspondance entre (i) équations de diffusion et (ii) marches aléatoires, considérons un processus de diffusion pure dans un espace d'états $\mathbf{x}$ dont le coefficient de diffusion $\langle \delta \mathbf{x} \delta \mathbf{x} \rangle / 2\delta t$ est indépendant de l'instant t et de l'état $\mathbf{x}$. La condition initiale étant donnée par : $P(\mathbf{x}, t = 0) = \delta(\mathbf{x})$, la densité de probabilité P est solution d'une équation de diffusion présentée sous forme conservative comme la somme d'un taux de variation temporelle plus la divergence d'un flux.

$$\textit{Diffusion}: \quad \underbrace{\frac{\partial P}{\partial t}}_{\text{évolution}} - \boldsymbol{\nabla}_{\mathbf{x}} \cdot \underbrace{\left(\frac{\langle \delta \mathbf{x} \delta \mathbf{x} \rangle}{2\delta t} \cdot \boldsymbol{\nabla}_{\mathbf{x}} P\right)}_{\text{flux}} = \underbrace{\delta(\mathbf{x})\,\delta(t)}_{\text{source}} \tag{4.69}$$

Afin de simplifier l'analyse, nous supposerons que le processus de diffusion est isotrope dans l'espace des états, le tenseur de diffusion est donc proportionnel à la matrice identité $\mathbf{I}$, $\langle \delta \mathbf{x} \delta \mathbf{x} \rangle = \langle \delta \mathbf{x} \cdot \delta \mathbf{x} \rangle \mathbf{I}/3$.

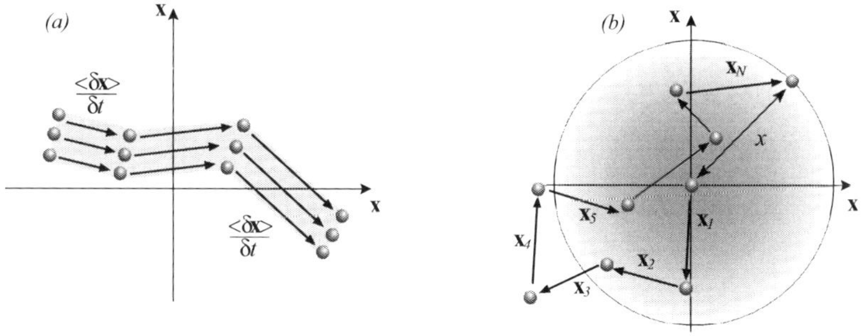

Fig. 4.13 : *(a) Convection, (b) Diffusion.*

L'analyse de la dynamique peut être restreinte à l'étude de l'évolution de la fonction de distribution radiale $P(x, t)$ où $x = |\mathbf{x}|$.

$$\frac{\partial P}{\partial t} - \frac{1}{x^2} \frac{\partial}{\partial x} x^2 \left(\frac{\langle \delta \mathbf{x} \cdot \delta \mathbf{x} \rangle}{6\delta t} \frac{\partial P}{\partial x}\right) = \frac{\delta(x)}{4\pi x^2} \delta(t) \tag{4.70}$$

Cette équation aux dérivées partielles peut être résolue par transformée de Fourier et l'équation algébrique ainsi obtenue permet une transformée inverse, le résultat final est constitué par l'évolution d'une distribution Gaussienne dont la largeur radiale croit proportionnellement à la racine carrée du temps.

$$P(x,t) = \left(4\pi \frac{\langle \delta\mathbf{x}\cdot\delta\mathbf{x}\rangle}{6\delta t} t\right)^{-\frac{3}{2}} \exp\left(-\frac{x^2}{4\frac{\langle \delta\mathbf{x}\cdot\delta\mathbf{x}\rangle}{6\delta t} t}\right) \tag{4.71}$$

Ce résultat classique, qui peut être vérifié par substitution directe de cette solution dans l'équation (4.70), est interprété en terme de marche aléatoire, illustrée sur la figure (4.13-b), comme suit. Considérons une particule initialement en $\mathbf{x} = \mathbf{0}$ à l'instant $t = 0$. Cette particule suit une marche aléatoire dont la dynamique est prescrite par la règle suivante : *aux instants multiples entiers de δt la particule effectue un pas de longueur a et de direction aléatoire*, la distribution des directions des pas est donc isotrope et celle des longueurs de pas impérative. Le temps de suivi de l'évolution à l'issue de N pas, $t \equiv N\delta t$, est comptabilisé par N fois la durée δt associée à un pas et le coefficient de diffusion est égal au carré de la longueur d'un pas que divise le double de ce temps de récurrence δt : $\langle \delta\mathbf{x}\cdot\delta\mathbf{x}\rangle / 2\delta t \equiv a^2/2\delta t$.

Etudions la probabilité de présence $P_N(\mathbf{0} \to \mathbf{x})$ en $\mathbf{x}$ à l'instant $t = N\delta t$; lorsque une particule est observée en $\mathbf{x}$, à l'issue de N pas, plusieurs trajets doivent être envisagés et la probabilité $P_N(\mathbf{0} \to \mathbf{x})$ est égale à la somme des probabilités de ces différentes marches, les différents pas étant indépendants. Soit $\mathbf{x}_1$ le point d'arrivée du premier pas, ce point constitue aussi le point de départ du deuxième pas, soit $\mathbf{x}_2$ le point d'arrivé du deuxième pas.... $P_N(\mathbf{0} \to \mathbf{x})$ est alors donné par la somme :

$$P_N(\mathbf{0} \to \mathbf{x}) = \int d\mathbf{x}_1 P_1(\mathbf{0} \to \mathbf{x}_1) \int P_1(\mathbf{x}_1 \to \mathbf{x}_2) d\mathbf{x}_2 \ldots \int d\mathbf{x}_{N-1} P_1(\mathbf{x}_{N-1} \to \mathbf{x})$$

où la distribution d'arrivée à l'issue d'un pas unique, P_1, partant de l'état $\mathbf{x}_{i-1}$ est égale à :

$$P_1\left(\mathbf{x}_{i-1} \underset{\delta t}{\to} \mathbf{x}_i\right) = \frac{1}{4\pi a^2} \delta\left(|\mathbf{x}_{i-1} - \mathbf{x}_i| - a\right) \tag{4.72}$$

conformément à l'hypothèse d'isotropie. La somme précédente peut être réduite en considérant le changement de variables : $\mathbf{x}_1\mathbf{x}_2 \ldots \mathbf{x}_{N-1}\mathbf{x} \to \mathbf{X}_1\mathbf{X}_2 \ldots \mathbf{X}_{N-1}\mathbf{X}_N$:

$$\begin{pmatrix} \mathbf{X}_1 \\ \mathbf{X}_2 \\ \vdots \\ \mathbf{X}_{N-1} \\ \mathbf{X}_N \end{pmatrix} = \begin{pmatrix} \mathbf{x}_1 \\ \mathbf{x}_2 - \mathbf{x}_1 \\ \vdots \\ \mathbf{x}_{N-1} - \mathbf{x}_{N-2} \\ \mathbf{x} - \mathbf{x}_{N-1} \end{pmatrix} \to \begin{array}{c} \frac{d\mathbf{x}_1 d\mathbf{x}_2 \ldots d\mathbf{x}_{N-2} d\mathbf{x}_{N-1} d\mathbf{x}}{d\mathbf{X}_1 d\mathbf{X}_2 \ldots d\mathbf{X}_{N-2} d\mathbf{X}_{N-1} d\mathbf{X}_N} = 1 \\ \mathbf{X}_1 + \mathbf{X}_2 \ldots \mathbf{X}_{N-1} + \mathbf{X}_N = \mathbf{x} \end{array}$$

La transformée de Fourier $P_N(\mathbf{k}) (\equiv \int d\mathbf{x} P_N(\mathbf{x}) \exp j\mathbf{k}\cdot\mathbf{x})$ de la densité de probabilité $P_N(\mathbf{0} \to \mathbf{x})$, que nous noterons dans la suite $P_N(\mathbf{x})$, est factorisable en un produit de N facteurs identiques.

$$\begin{aligned} P_N(\mathbf{k}) &= \int d\mathbf{X}_1..d\mathbf{X}_N \frac{\delta(|\mathbf{X}_1| - a)}{4\pi a^2} \exp j\mathbf{k}\cdot\mathbf{X}_1 .. \frac{\delta(|\mathbf{X}_N| - a)}{4\pi a^2} \exp j\mathbf{k}\cdot\mathbf{X}_N \\ &= \left[\int d\mathbf{x} \frac{\delta(|\mathbf{x}| - a)}{4\pi a^2} \exp j\mathbf{k}\cdot\mathbf{x}\right] .. \left[\int d\mathbf{x} \frac{\delta(|\mathbf{x}| - a)}{4\pi a^2} \exp j\mathbf{k}\cdot\mathbf{x}\right] \end{aligned}$$

Le facteur commun à ce produit peut être aisément évalué en coordonnées sphériques dans l'espace des états $\mathbf{x}$ pour obtenir la relation :

$$\int d\mathbf{x}\delta\left(|\mathbf{x}|-a\right)\exp j\mathbf{k}\cdot\mathbf{x}=4\pi a^2\frac{\sin ka}{ka}\approx 4\pi a^2-4\pi a^2\frac{k^2a^2}{6}+...$$

Le résultat final est développé au voisinage de $k\approx 0$ dans l'espace dual de l'espace des états ; un tel développement de Taylor dans l'espace des $\mathbf{k}$ correspond à un développement asymptotique dans l'espace des $\mathbf{x}$ pour $x\to+\infty$. C'est précisément cette limite macroscopique que décrit l'équation de diffusion, aussi nous restreindrons l'analyse de $P_N\left(\mathbf{0}\to\mathbf{x}\right)$ à ce cas limite.

$$\begin{aligned}P_N\left(\mathbf{x}\right) &\equiv \int\frac{d\mathbf{k}}{\left(2\pi\right)^3}P_N\left(\mathbf{k}\right)\exp -j\mathbf{k}\cdot\mathbf{x}\approx\int\frac{d\mathbf{k}}{\left(2\pi\right)^3}\left(1-\frac{a^2}{6}k^2\right)^N\exp -j\mathbf{k}\cdot\mathbf{x}\\ &\approx \left[\int\frac{dk}{2\pi}\exp\left(-jkx-k^2\frac{Na^2}{6}\right)\right]^3=\left(\frac{3}{2\pi Na^2}\right)^{\frac{3}{2}}\exp -\frac{3x^2}{2Na^2}\end{aligned}$$

La modélisation en terme d'équation de Fokker-Planck de la marche aléatoire que nous venons d'étudier conduit à prendre un coefficient de diffusion égal à $\left\langle\delta\mathbf{x}\cdot\delta\mathbf{x}\right\rangle/2\delta t\equiv a^2/2\delta t$ et un temps $t\equiv N\delta t$; lorsque $N\to+\infty$ nous obtenons donc une densité de probabilité :

$$P_{N=t/\delta t}\left(\mathbf{x}\right)=P\left(x,t\right)=\left(4\pi\frac{\left\langle\delta\mathbf{x}\cdot\delta\mathbf{x}\right\rangle}{6\delta t}t\right)^{\frac{3}{2}}\exp\left(-\frac{3x^2}{4\frac{\left\langle\delta\mathbf{x}\cdot\delta\mathbf{x}\right\rangle}{2\delta t}t}\right)\tag{4.73}$$

égale à (4.71), l'équivalence ainsi démontrée entre (i) marche aléatoire et (ii) équation de diffusion peut être étendu au cas d'une diffusion inhomogène et anisotrope et au cas des marches browniennes en temps continu et présentant une distribution continue de longueur de pas ; dans la suite nous considérerons cette équivalence comme universelle.

4.3.3 Diffusions Rutherford et Landau

Considérons une particule chargée, de masse m et de charge q, interagissant avec un centre diffuseur constitué par une charge fixe Q (figure (4.14)). Initialement ($t=-\infty$), bien avant l'interaction ($t\approx 0$), cette particule possède une impulsion (quantité de mouvement) $\mathbf{p}$, puis, bien après ($t=+\infty$) l'interaction coulombienne avec la charge Q, une impulsion $\mathbf{p}+\delta\mathbf{p}$.

Entre ces deux états asymptotiques la particule décrit une trajectoire hyperbolique. Notons $\mathbf{n}$ le vecteur unitaire dirigeant l'axe de symétrie de cette hyperbole, $\mathbf{b}$ le vecteur paramètre d'impact et θ l'angle de déflexion entre les états asymptotiques $\mathbf{p}$ et $\mathbf{p}+\delta\mathbf{p}$. Le vecteur position de la charge mobile par rapport à la charge fixe est noté $\mathbf{r}\left(t\right)$ et l'angle entre $\mathbf{r}$ et $\mathbf{n}$ est repéré par $\varphi\left(t\right)$.

L'incrément total d'impulsion $\delta\mathbf{p}$ est égal à la somme des incréments infinitésimaux entre $t=+\infty$ et $t=-\infty$.

$$\delta\mathbf{p}\equiv\int_{-\infty}^{+\infty}\frac{d\mathbf{p}}{dt}dt=\int_{-\infty}^{+\infty}\frac{qQ\mathbf{r}(t)}{4\pi\varepsilon_0 r^3(t)}dt=\delta p\mathbf{n}\tag{4.74}$$

La trajectoire hyperbolique étant symétrique par rapport à $\mathbf{n}$ le transfert total d'impulsion perpendiculairement à $\mathbf{n}$ est nul. En effet, la projection de la force de

Coulomb perpendiculairement à $\mathbf{n}$ est alternativement positive (négative) puis négative (positive) sur les deux demi-hyperboles. Ainsi le transfert total est dirigé suivant $\mathbf{n}$. La valeur de cette variation d'impulsion δp peut être exprimée en fonction de l'angle de déflexion θ en considérant la relation $\mathbf{r}\cdot\mathbf{n} = r\cos\varphi$.

$$\delta p = 2\int_{-\infty}^{0} \frac{qQ\cos\varphi(t)}{4\pi\varepsilon_0 r^2(t)}dt = \frac{qQ}{2\pi\varepsilon_0}\int_0^{\frac{\pi-\theta}{2}} \frac{\cos\varphi}{r^2\left|\frac{d\varphi}{dt}\right|}d\varphi \tag{4.75}$$

L'interaction coulombienne étant une force centrale, le moment cinétique est conservé : $|m\mathbf{v}(t)\times\mathbf{r}(t)| = mr^2|d\varphi/dt| = |\mathbf{p}\times\mathbf{b}| = pb$ où $b = |\mathbf{b}|$.

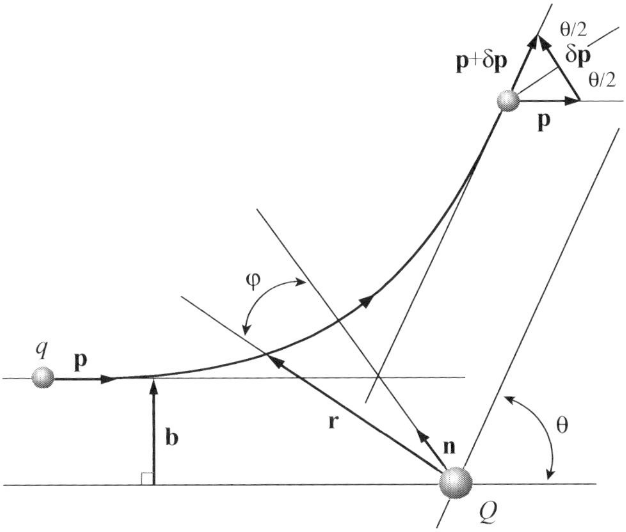

Fig. 4.14 : *Diffusion Rutherford lors d'une collision coulombienne.*

Substituons la valeur de $r^2|d\varphi/dt|$ ainsi obtenue dans l'identité (4.75), la variation totale d'impulsion s'exprime alors comme : $\delta p/p = qQm\cos(\theta/2)/2\pi\varepsilon_0 b$, ainsi $\delta p/p = (\lambda_L/b)\cos\theta/2$ où pour une impulsion incidente p donnée nous avons défini la distance minimum d'approche, correspondant au choc frontal, $b = 0 \to \theta = \pi$ aussi appelée longueur de Landau λ_L.

$$\textit{Longueur de Landau :}\quad \boxed{\lambda_L(p) \equiv \frac{qQm}{2\pi\varepsilon_0 p^2}} \tag{4.76}$$

Le problème que nous étudions est conservatif car le potentiel coulombien est indépendant du temps, l'énergie cinétique initiale à $t = -\infty$ est donc égale à l'énergie cinétique finale à $t = +\infty$. L'énergie potentielle est nulle pour ces deux états asymptotiques ($r = \pm\infty$) ainsi $|\mathbf{p}| = |\mathbf{p}+\delta\mathbf{p}|$. Le triangle $[\mathbf{p}, \mathbf{p}+\delta\mathbf{p}, \delta\mathbf{p}]$ illustré sur la figure (4.14) est donc isocèle, la hauteur et la médiane abaissée sur $\delta\mathbf{p}$ sont confondues et δp s'exprime simplement en fonction de l'angle de déflexion θ : $\delta p/p = 2\sin\theta/2$. Eliminons l'angle de déflexion θ entre les identités $\delta p = p\lambda_L\cos(\theta/2)/b$ et $\delta p = 2p\sin(\theta/2)$ et exprimons la variation d'impulsion δp, résultant de la diffusion Rutherford sur un centre coulombien fixe, en fonction de l'impulsion initiale p et du paramètre d'impact b.

$$\frac{\delta p}{p} = \frac{2\frac{\lambda_L}{b}}{\sqrt{4+\left(\frac{\lambda_L}{b}\right)^2}} \tag{4.77}$$

Compte tenu de la relation : $\mathbf{n} \equiv \cos(\theta/2)\,\mathbf{b}/b - \sin(\theta/2)\,\mathbf{p}/p$ la variation totale d'impulsion $\delta p\mathbf{n}$ peut aussi s'exprimer comme :

$$\textit{Diffusion Rutherford:} \quad \frac{\delta \mathbf{p}}{p} = \left(\frac{\delta p}{p}\right)^2 \frac{\mathbf{b}}{\lambda_L} - \left(\frac{\delta p}{p}\right)^2 \frac{\mathbf{p}}{2p} \tag{4.78}$$

La force de Coulomb décroissant comme le carré de la distance entre les charges, l'essentiel de la variation d'impulsion s'effectue dans la partie courbe de la trajectoire hyperbolique, les deux branches asymptotiques pouvant être assimilées à des mouvements de translation uniforme :

$$\mathbf{p}(t) = \mathbf{p}(-\infty) + \frac{qQ}{4\pi\varepsilon_0}\int_{-\infty}^{t} \frac{\mathbf{r}(u)}{r^3(u)}du \rightarrow \mathbf{p}(t) \approx \mathbf{p}(-\infty) + \; H(t)\,\delta\mathbf{p}$$

où $H(t)$ est une distribution de Heaviside, centrée sur l'instant $t = 0$ ($H(t<0) = 0$, $H(t>0) = +1$), primitive de la distribution de Dirac δ ($dH/dt = \delta(t)$). Cette approximation est illustrée sur la figure (4.15). Dans un plasma, une particule n'interagit pas avec une autre particule unique, mais avec un ensemble de centres diffuseurs. Pendant une durée infinitésimale δt il faut donc sommer les effets de l'ensemble des collisions avec ces centres diffuseurs sur le trajet $v\delta t$ où $v = p/m$ (figure (4.15)). La densité volumique de centres diffuseurs n est supposée uniforme, pendant une durée infinitésimale δt le nombre d'interactions δN avec les centres situés entre une distance b et une distance $b + \delta b$ est égal à $\delta N = nv\delta t 2\pi b\delta b$.

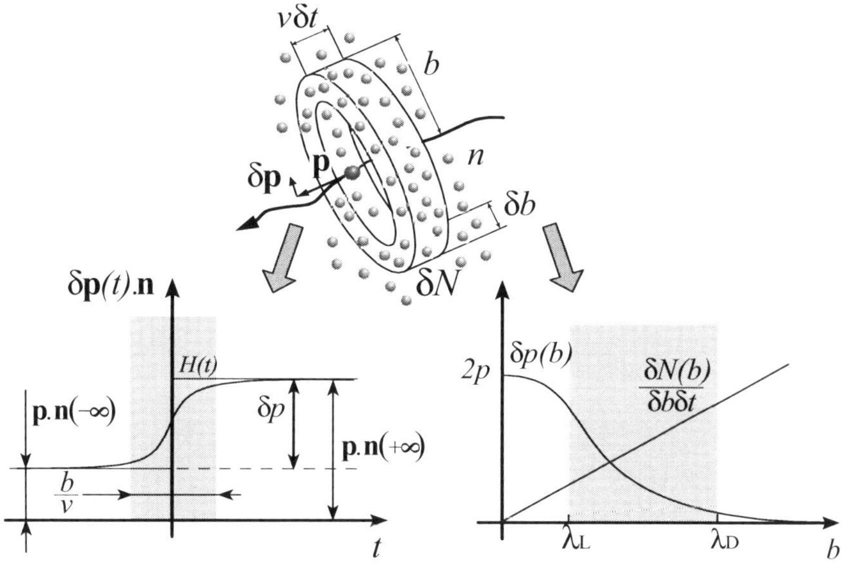

Fig. 4.15 : *Somme sur le paramètre d'impact b.*

Le taux de variation temporelle de l'impulsion est proportionnel à la somme suivant b du produit du transfert par un centre unique $\delta p(b)$ par le nombre de centres diffuseurs $\delta N(b) = nv\delta t 2\pi b\delta b$ dans la couronne cylindrique de rayons b et $b + \delta b$ et d'épaisseur $v\delta t$. La fonction $\delta p(b)$ est une fonction décroissante avec b qui présente un maximum $\delta p = 2p$ en $b = 0$. Par contre, la fonction $\delta N(b)/\delta b\delta t$ est une fonction croissante qui est nulle en $b = 0$ et devient infinie lorsque b tend vers l'infini. Ce comportement à l'infini ne présente pas de signification physique car nous savons que l'interaction coulombienne dans un plasma est exponentiellement faible au-delà de la longueur de Debye λ_D. Il est donc inutile de sommer le produit $\delta p(b)\, \delta N(b)/\delta b \delta t$ au-delà de $b = \lambda_D$; il est tout aussi inutile de prendre en compte les petites valeurs de b entre 0 et λ_L car le facteur $\delta N(b)/\delta b \delta t$ est négligeable pour cette gamme de paramètres d'impacts. Physiquement cette dernière approximation traduit le fait suivant : les collisions présentant un petit paramètre d'impact ($b \approx 0$) sont certes violentes ($\delta p \approx p$), mais elles sont extrêmement rares ($\delta N(b)/\delta b \delta t \approx 0$). Le facteur géométrique $\delta N(b)/\delta b \delta t$ est dominant par rapport au facteur dynamique $\delta p(b)$ il est donc légitime de négliger les collisions aux petits paramètres d'impacts ($b < \lambda_L$) et de considérer l'approximation des petits transferts d'impulsion : $\lambda_L/b < 1 \rightarrow \delta p/p < 1$ ou approximation de Landau.

$$\textit{Diffusion Landau :} \quad \frac{\delta \mathbf{p}}{p} = \frac{\lambda_L}{b}\frac{\mathbf{b}}{b} - \frac{\lambda_L^2}{2b^2}\frac{\mathbf{p}}{p} + O\left[\frac{\lambda_L^3}{b^3}\right] ... \tag{4.79}$$

Pour certaines conditions de température, la description classique tombe en défaut pour les petits paramètres d'impacts, lorsque la longueur de de Broglie de la particule $\lambda_B = \hbar/p$ est plus grande que la longueur de Landau $\lambda_L = qQm2\pi\varepsilon_0 p^2$; les collisions aux petits paramètres d'impacts doivent alors être décrites dans un cadre quantique. Mais, l'argument justifiant la dominance des collisions aux grands b reste valable, aussi la somme sur b doit alors être restreinte à l'intervalle $\lambda_B < b < \lambda_D$. Définissons la longueur de coupure λ_C :

$$\lambda_C \equiv \max\left[\lambda_L = \frac{qQm}{2\pi\varepsilon_0 p^2} \approx \frac{10^{-9}\,[\mathrm{m}]}{T\,[\mathrm{eV}]},\ \lambda_B = \frac{\hbar}{p} \approx \frac{10^{-10}\,[\mathrm{m}]}{\sqrt{T\,[\mathrm{eV}]}}\right] \tag{4.80}$$

où T désigne la température. Dans la suite de cette étude nous considérerons uniquement les collisions aux grands paramètres d'impact : $\lambda_C < b < \lambda_D$, indépendamment de la nature classique ou quantique de la longueur de coupure λ_C.

Afin d'évaluer la friction coulombienne $\langle \delta \mathbf{p} \rangle / \delta t$ et le tenseur de diffusion coulombienne $\langle \delta \mathbf{p} \delta \mathbf{p} \rangle / 2\delta t$, il est nécessaire de sommer pendant une durée infinitésimale δt l'effet total de l'ensemble des collisions se déroulant sur le trajet $v\delta t$. Il faut donc intégrer les effets de tous les centres diffuseurs se trouvant dans une couronne cylindrique d'épaisseur $v\delta t$, de rayon maximum égal à la longueur de Debye λ_D et de rayon minimum égal à la longueur de coupure λ_C ; cette somme est notée $\langle\rangle$. Une telle intégrale sur le vecteur $p\lambda_L \mathbf{b}/b^2$ donne un résultat nul car les probabilités de déflexion vers le haut, vers le bas, vers la gauche et vers la droite sont égales : considérons la représentation polaire $(\cos\alpha, \sin\alpha)$ du vecteur unitaire $\mathbf{b}/b$ dans le plan perpendiculaire au vecteur $\mathbf{p}$; la moyenne sur l'angle α donne $\langle \mathbf{b}/b \rangle = \mathbf{0}$. Ainsi le terme de friction coulombienne $\langle \delta \mathbf{p} \rangle / \delta t$ se réduit à une composante unique suivant $\mathbf{p}$.

$$\frac{\langle \delta \mathbf{p} \rangle}{\delta t} = -\int_{\lambda_C}^{\lambda_D} \frac{\delta N}{\delta b \delta t}\frac{\lambda_L^2}{2b^2}\mathbf{p}\,db = -\mathbf{p}\frac{\pi n p \lambda_L^2}{m}\int_{\lambda_C}^{\lambda_D}\frac{db}{b} = -\frac{nmq^2Q^2\Lambda}{4\pi\varepsilon_0^2 p^3}\mathbf{p}$$

Nous avons introduit le logarithme coulombien $\Lambda \equiv \log[\lambda_D/\lambda_C]$, typiquement $10 < \Lambda < 20$ pour un plasma de tokamak. Pour le calcul du tenseur de diffusion

$\langle \delta\mathbf{p}\delta\mathbf{p}\rangle / 2\delta t$, à l'ordre le plus bas en $\lambda_L / b < 1$, nous considérerons uniquement les termes suivant $\mathbf{bb}/b^2$, les termes en $\mathbf{bp}$ et $\mathbf{pp}$ étant d'ordres supérieurs en λ_L / b. La représentation polaire du vecteur unitaire $\mathbf{b}/b$ dans le plan perpendiculaire au vecteur $\mathbf{p}$ permet d'établir :

$$\frac{\mathbf{b}}{b} = (\cos\alpha, \sin\alpha, 0) \rightarrow \frac{\mathbf{bb}}{b^2} = \begin{pmatrix} \cos^2\alpha & \frac{\sin 2\alpha}{2} & 0 \\ \frac{\sin 2\alpha}{2} & \sin^2\alpha & 0 \\ 0 & 0 & 0 \end{pmatrix} \rightarrow \left\langle \frac{\mathbf{bb}}{b^2} \right\rangle = \frac{\mathbf{I}p^2 - \mathbf{pp}}{2p^2}$$

où $\mathbf{I}$ est l'opérateur identité. L'expression du coefficient de diffusion se réduit donc à :

$$\frac{\langle \delta\mathbf{p}\delta\mathbf{p}\rangle}{2\delta t} = \int_{\lambda_C}^{\lambda_D} \frac{\delta N}{2\delta b \delta t} \left(p \frac{\lambda_L}{b} \right)^2 \left\langle \frac{\mathbf{bb}}{b^2} \right\rangle db = \frac{nmq^2Q^2\Lambda}{8\pi\varepsilon_0^2 p^3} \left(\mathbf{I}p^2 - \mathbf{pp} \right)$$

La forme fonctionnelle des coefficients de friction et de diffusion nous amène à définir la *fréquence de collision* ν.

$$\textit{Fréquence de collision :} \quad \nu(v) \equiv \frac{nq^2Q^2\Lambda}{4\pi\varepsilon_0^2 m^2 v^3} \rightarrow \nu \approx \left[\frac{10^{-5}}{\mathrm{Hz}}\right] \left[\frac{n}{\mathrm{cm}^{-3}}\right] \left[\frac{\mathrm{eV}}{mv^2}\right]^{\frac{3}{2}}$$

Ainsi les deux coefficients, appelés coefficients de Chandrasekhar, s'expriment comme une simple friction et un tenseur isotrope dans le plan perpendiculaire à $\mathbf{p}$.

$$\textit{Friction} \quad : \quad \frac{\langle \delta\mathbf{p}\rangle}{\delta t} = -\nu(p)\,\mathbf{p} \tag{4.81}$$

$$\textit{Diffusion} \quad : \quad \frac{\langle \delta\mathbf{p}\delta\mathbf{p}\rangle}{2\delta t} = \nu(p)\,\frac{p^2\mathbf{I} - \mathbf{pp}}{2} \tag{4.82}$$

Ce résultat classique appelle plusieurs remarques.

• Notons d'abord une relation remarquable entre le coefficient de diffusion et le coefficient de friction :

$$\frac{\partial}{\partial \mathbf{p}} \cdot \left[\frac{\mathbf{I}p^2 - \mathbf{pp}}{2p^3} \right] = -\frac{\mathbf{p}}{p^3} \rightarrow \frac{\partial}{\partial \mathbf{p}} \cdot \frac{\langle \delta\mathbf{p}\delta\mathbf{p}\rangle}{2\delta t} = \frac{\langle \delta\mathbf{p}\rangle}{\delta t} \tag{4.83}$$

cette relation sera mise à profit lors de la construction et de l'étude de l'équation cinétique de Landau.

• Nous venons de traiter le cas de la diffusion Rutherford sur un centre fixe, or dans un plasma thermonucléaire toutes les particules sont en mouvement, aussi le modèle précédent doit être complété pour décrire la dynamique des populations chargées cibles. Une telle étude complète est présentée dans le chapitre consacré aux relaxations cinétiques. Néanmoins, compte tenu de la différence de masses entre électrons et ions et de la différence de vitesses moyennes résultante, les résultats précédents sont pertinents pour décrire la cinétique des électrons dans les tokamaks.

• Le logarithme coulombien pour les transferts d'impulsion électron-ion, dans la gamme des températures caractéristiques du bord et du centre d'un plasma de tokamak est donné par : dans la SOL : $\Lambda \approx 23.4 - 1,15 \times \ln n \left[\mathrm{cm}^{-3}\right] + 3.45 \times \ln T \left[\mathrm{eV}\right]$ et au centre : $\Lambda \approx 25.3 - 1,15 \times \ln n \left[\mathrm{cm}^{-3}\right] + 2.30 \times \ln T \left[\mathrm{eV}\right]$.

• au-delà de la longueur de Debye λ_D, les interactions collisionnelles sont négligeables mais les interactions collectives doivent être prises en compte. Ces interactions se manifestent, entre autres, par l'émission spontanée d'ondes plasmas. Pour une particule se déplaçant à vitesse constante cette émission Cerenkov induit un ralentissement supplémentaire dont la dépendance fonctionnelle en les différents paramètres est similaire au cas collisionnel. Ce terme supplémentaire se traduit donc uniquement par une faible modification du logarithme coulombien Λ.

• Il existe, non pas une fréquence de collision coulombienne dans un plasma thermonucléaire, mais un ensemble de fréquences de collisions correspondant aux interactions : ion-ion, électron-électron, électron-ion et aux processus tels que : le ralentissement, l'isotropisation et la thermalisation. La fréquence ν identifiée dans ce paragraphe est la fréquence d'isotropisation électrons-ions pour une vitesse donnée. La moyenne de cette fréquence sur une distribution de Maxwell :

$$\nu_{e\to i} \equiv \frac{Zn_e e^4 \Lambda}{3\varepsilon_0^2 m_e^2}\left(\frac{2\pi k_B T_e}{m_e}\right)^{-\frac{3}{2}} \approx 1.6\times 10^{-15}\,[\mathrm{Hz}]\times\frac{n\,[\mathrm{m}^{-3}]}{T\,[\mathrm{keV}]^{\frac{3}{2}}} \tag{4.84}$$

et son adaptation au cas ionique permettent de définir les fréquences de collisions électronique et ionique standards : $\nu_{e\to e}\approx\nu_{e\to i}$, $\sqrt{m_i}\nu_{i\to i}\approx\sqrt{m_e}\nu_{e\to i}$, $m_i\nu_{i\to e}=m_e\nu_{e\to i}$ où le facteur $\sqrt{m_e/m_i}$ résulte du rapport des vitesses thermiques qui déterminent le flux incident donc le taux de collisions.

La fréquence ν_{ei} est extrêmement importante en physique des plasmas thermonucléaires car elle détermine les conductivités électrique et thermique électronique (en l'absence de turbulence). Le fait que cette fréquence diminue avec T peut paraître contre intuitif en première analyse, mais une réflexion sur la nature des transferts lors d'une collision permet de préciser ce point : le transfert d'impulsion dans une collision est proportionnel au temps d'interaction, or plus un électron est rapide plus ce temps est court, la quantité de mouvement échangé diminue donc avec la vitesse.

4.4 Relaxation et Transport

4.4.1 Ions rapides

Le ralentissement des ions rapides au sein d'un plasma thermonucléaire constitue un problème important dans le contexte du chauffage ; que ce soit (i) les ions hydrogène présentant une énergie de l'ordre de la centaine de KeV, injectés dans les tokamaks pour déposer leur énergie afin d'atteindre la température d'allumage, ou, après allumage, (ii) les particules alpha présentant une énergie de 3.5 MeV résultant des réactions de fusion. Le ralentissement de ces ions suprathermiques et l'étude du transfert d'énergie cinétique vers le plasma relève de la théorie du ralentissement que nous allons développer dans ce paragraphe. L'équation du ralentissement d'un ion rapide interagissant avec une population ionique et une population électronique, illustrée sur la figure (4.16), peut être établie à partir des coefficients de friction et de diffusion, (4.81) et (4.82), comme suit :

$$\frac{d\left\langle V^2\right\rangle}{dt} \equiv \frac{\left\langle\left[\mathbf{V}+\delta\mathbf{V}\,(\delta t)\right]^2-\mathbf{V}^2\right\rangle}{\delta t\to 0} = 2\mathbf{V}\cdot\frac{\langle\delta\mathbf{V}\rangle}{\delta t}+\frac{\langle\delta\mathbf{V}\cdot\delta\mathbf{V}\rangle}{\delta t} \tag{4.85}$$

Dans la suite de ce paragraphe nous assimilerons dV^2/dt à sa valeur moyenne $d\langle V^2\rangle/dt$; la décélération collisionnelle est alors décrite par l'équation :

$$\frac{dV}{dt} = \frac{\mathbf{V}}{V} \cdot \frac{\langle \delta \mathbf{V} \rangle}{\delta t} + \frac{1}{V} \mathrm{Tr}\ \frac{\langle \delta \mathbf{V} \delta \mathbf{V} \rangle}{2\delta t} \tag{4.86}$$

où Tr désigne la trace de la matrice $\langle \delta \mathbf{V} \delta \mathbf{V} \rangle / 2\delta t$. Nous avons étudié l'expression du taux de destruction de l'impulsion d'une particule de vitesse $\mathbf{V}$ de masse M et de charge q par une population au repos de charge Q et de densité n, $\langle \delta \mathbf{V} \rangle / \delta t = -\nu(v)\mathbf{V}$.

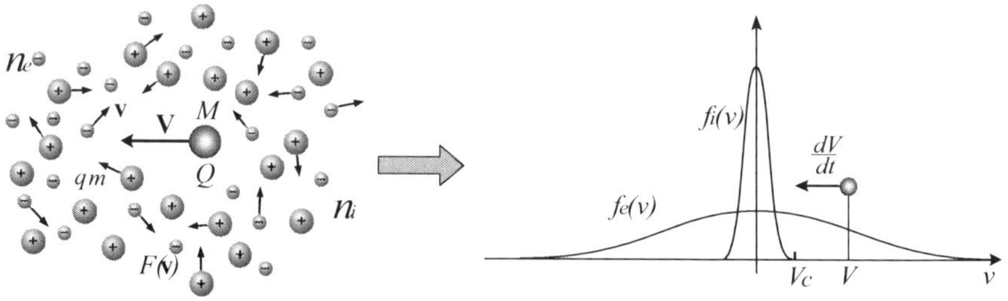

Fig. 4.16 : *Ralentissement coulombien des ions suprathermiques.*

Au sein d'un plasma thermonucléaire les vitesses des électrons et des ions sont réparties suivant une distribution de Maxwell et il est donc nécessaire d'adapter cette relation (4.81) $\langle \delta \mathbf{V} \rangle / \delta t = -nq^2Q^2\Lambda \mathbf{V}/4\pi\varepsilon_0^2 M^2 V^3$ au cas d'une collision sur une cible mobile de vitesse $\mathbf{v}$ pour évaluer le ralentissement des ions rapides sur un plasma thermonucléaire chaud.

Le problème de l'interaction entre deux particules, couplées par un potentiel $U(\mathbf{r})$, de masses respectives M et m et de vitesses respectives $\mathbf{V}$ et $\mathbf{v}$, peut être résolu en considérant la vitesse du centre de masse $\mathbf{v}_B$ et la vitesse relative $\mathbf{v}_R$: $\mathbf{v}_B \equiv (M\mathbf{V} + m\mathbf{v}) / (M+m)$, $\mathbf{v}_R \equiv \mathbf{V} - \mathbf{v}$. Suivant cette décomposition classique (i) le centre de masse effectue un mouvement de translation uniforme et (ii) la vitesse relative effectue un mouvement varié dans le potentiel d'interaction $U(\mathbf{r})$. La masse associée à ce mouvement relatif étant la masse effective ou fictive $\mu \equiv mM/(M+m)$. Ainsi, considérant les deux états asymptotiques, bien avant la collision et bien après la collision, les variations de vitesses associées à la collision peuvent être déduites des variations de vitesses du problème décomposé : $\delta \mathbf{v}_B = \mathbf{0}$ et $\delta \mathbf{v}_R \neq \mathbf{0}$: $\mathbf{V} = \mathbf{v}_B + \mu \mathbf{v}_R / M \rightarrow \delta \mathbf{V} = \mu \delta \mathbf{v}_R / M$. Les relations explicitant la friction et la diffusion sont donc aisément adaptables au problème de la collision coulombienne de deux particules en mouvement, un ion rapide de vitesse $\mathbf{V}$ et une particule (thermique) de vitesse $\mathbf{v}$.

$$\frac{\langle \delta \mathbf{v}_R \rangle}{\delta t} = -\frac{nq^2Q^2\Lambda}{4\pi\varepsilon_0^2\mu^2}\frac{\mathbf{v}_R}{v_R^3} \rightarrow \frac{\langle \delta \mathbf{V} \rangle}{\delta t} = -\frac{nq^2Q^2\Lambda}{4\pi\varepsilon_0^2\mu M}\frac{\mathbf{V}-\mathbf{v}}{|\mathbf{V}-\mathbf{v}|^3}$$

$$\frac{\langle \delta \mathbf{v}_R \delta \mathbf{v}_R \rangle}{2\delta t} = \frac{nq^2Q^2\Lambda}{4\pi\varepsilon_0^2\mu^2}\frac{\mathbf{I}v_R^2 - \mathbf{v}_R\mathbf{v}_R}{2v_R^3} \rightarrow \mathrm{Tr}\ \frac{\langle \delta \mathbf{V} \delta \mathbf{V} \rangle}{2\delta t} = \frac{nq^2Q^2\Lambda}{4\pi\varepsilon_0^2 M^2}\frac{1}{|\mathbf{V}-\mathbf{v}|}$$

Ces deux relations sont ensuite sommées sur la fonction de distribution des vitesses des particules thermiques : $F(v) = \left(\pi v_T^2\right)^{-\frac{3}{2}} \exp\left(-v^2/v_T^2\right)$.

$$\frac{\langle \delta \mathbf{V} \rangle}{\delta t} = -\left(\frac{nq^2Q^2\Lambda}{4\pi\varepsilon_0^2\mu M}\right)\int \frac{\exp\left(-\frac{v^2}{v_T^2}\right)}{\left(\pi v_T^2\right)^{\frac{3}{2}}}\frac{\mathbf{V}-\mathbf{v}}{|\mathbf{V}-\mathbf{v}|^3}d\mathbf{v} \tag{4.87}$$

$$\mathrm{Tr}\ \frac{\langle\delta\mathbf{V}\delta\mathbf{V}\rangle}{2\delta t} = \left(\frac{nq^2Q^2\Lambda}{4\pi\varepsilon_0^2M^2}\right)\int\frac{\exp\left(-\frac{v^2}{v_T^2}\right)}{\left(\pi v_T^2\right)^{\frac{3}{2}}}\frac{1}{|\mathbf{V}-\mathbf{v}|}d\mathbf{v} \tag{4.88}$$

L'intégrale (4.87) sur les vitesses électroniques apparaissant dans l'évaluation de la friction peut être interprétée dans un cadre électrostatique, figure (4.17). En effet, considérons les vitesses comme des positions, alors l'intégrant décrit une force centrale proportionnelle au carré de l'inverse de la distance, et l'intégrale la somme de telles forces pour une distribution isotrope. Nous pouvons donc appliquer le théorème de Gauss avec comme surface de Gauss une sphère centrée à l'origine $\mathbf{v}=\mathbf{0}$.

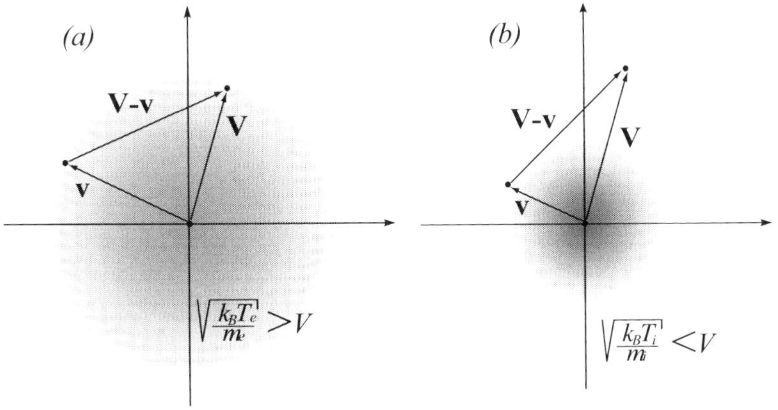

Fig. 4.17 : *(a) Potentiel quasi-coulombien à l'intérieur de la sphère chargée (électrons), (b) Potentiel quasi-coulombien à l'extérieur de la sphère chargée (ions).*

Ainsi, le calcul du coefficient de friction, illustré sur la figure (4.17), est simplifié pour les cas des ions suprathermiques $V > v_T$ et subthermiques $V < v_T$ car il se réduit à l'évaluation du champ électrique loin d'une sphère chargée et à l'intérieur d'une sphère de charge isotrope et homogène.

$$V > v_T : \int\frac{\mathbf{V}-\mathbf{v}}{|\mathbf{V}-\mathbf{v}|^3}\exp-\frac{v^2}{v_T^2}d\mathbf{v} \approx \frac{\mathbf{V}}{V^3}\int_0^{+\infty}4\pi v^2\exp-\frac{v^2}{v_T^2}dv = \pi^{\frac{3}{2}}\frac{v_T^3}{V^3}\mathbf{V}$$

$$V < v_T : \int\frac{\mathbf{V}-\mathbf{v}}{|\mathbf{V}-\mathbf{v}|^3}\exp-\frac{v^2}{v_T^2}d\mathbf{v} \approx \frac{\mathbf{V}}{V^3}\int_0^{V}4\pi v^2dv = \frac{4}{3}\pi\mathbf{V}$$

Le cas de la diffusion peut être traité en remarquant que l'analogie électrostatique est aussi recevable, mais en considérant une intégrale de potentiel électrostatique. Le coefficient de friction est analogue à une intégrale de champ en vertu de la relation : $-\partial|\mathbf{V}-\mathbf{v}|^{-1}/\partial\mathbf{V} = \mathbf{V}-\mathbf{v}/|\mathbf{V}-\mathbf{v}|^3$; les deux formes asymptotiques, haute et basse vitesses, sont donc données par :

$$V > v_T : \int\frac{\exp\left(-\frac{v^2}{v_T^2}\right)}{|\mathbf{V}-\mathbf{v}|}d\mathbf{v} \approx \pi^{\frac{3}{2}}\frac{v_T^3}{V} \tag{4.89}$$

$$V < v_T : \int\frac{\exp\left(-\frac{v^2}{v_T^2}\right)}{|\mathbf{V}-\mathbf{v}|}d\mathbf{v} \approx 2\pi\left(v_T^2-\frac{V^2}{3}\right) \tag{4.90}$$

Les deux asymptotiques $V > v_T$ et $V < v_T$ peuvent être raccordées par une simple représentation sous forme de fraction rationnelle.

$$\int \exp\left(-\frac{v^2}{v_T^2}\right) \frac{\mathbf{V}-\mathbf{v}}{|\mathbf{V}-\mathbf{v}|^3} d\mathbf{v} \approx \frac{\pi^{\frac{3}{2}}}{\frac{V^3}{v_T^3}+\frac{3\sqrt{\pi}}{4}} \mathbf{V} \tag{4.91}$$

$$\int \frac{\exp\left(-\frac{v^2}{v_T^2}\right)}{|\mathbf{V}-\mathbf{v}|} d\mathbf{v} \approx \frac{\pi^{\frac{3}{2}} v_T^2}{\frac{V}{v_T}+\frac{\sqrt{\pi}}{2}} \tag{4.92}$$

Le cas des ions rapides dans les tokamaks est particulièrement simple car la vitesse caractéristique de ces ions est intermédiaire entre les vitesses thermiques ionique et électronique : $\sqrt{2k_BT_e/m_e} > V > \sqrt{2k_BT_i/m_i}$; aussi il est d'usage de considérer les deux limites, haute et basse vitesses, pour étudier le ralentissement et le dépôt de l'énergie thermonucléaire.

$$\textit{Ions} \quad : \quad V > \sqrt{\frac{2k_BT_i}{m_i}} : \left.\frac{\langle \delta \mathbf{V}\rangle}{\delta t}\right|_{i/i} = -\frac{n_i Q^2 Z^2 e^2 \Lambda}{4\pi\varepsilon_0^2 \mu_i M} \frac{\mathbf{V}}{V^3}$$

$$\textit{Electrons} \quad : \quad V < \sqrt{\frac{2k_BT_e}{m_e}} : \left.\frac{\langle \delta \mathbf{V}\rangle}{\delta t}\right|_{i/e} = -\frac{n_e Q^2 e^2 \Lambda}{3\varepsilon_0^2 \mu_e M} \left(\frac{m_e}{2\pi k_B T}\right)^{\frac{3}{2}} \mathbf{V}$$

où les masses effectives électronique et ionique sont notées $\mu_i = Mm_i/(M+m_i)$ et $\mu_e = Mm_e/(M+m_e) \sim m_e$. L'ordering des masses : $M \sim m_i \gg m_e$ et les hypothèses : $\sqrt{2k_BT_e/m_e} > V > \sqrt{2k_BT_i/m_i}$ impliquent $MV^2 \sim m_iV^2 \gg k_BT \sim m_e v_T^2$, ainsi le terme de diffusion électronique est donc négligeable devant le terme de friction électronique. La loi de ralentissement, prenant en compte les populations ionique et électronique, est donc donnée par :

$$\frac{dV}{dt} = -\underbrace{\frac{n_i Z^2 e^2 Q^2 \Lambda}{4\pi\varepsilon_0^2 m_i M} V^{-2}}_{\text{ions}} - \underbrace{\frac{n_e e^2 Q^2 \Lambda}{3\varepsilon_0^2 m_e M} \left(\frac{m_e}{2\pi k_B T}\right)^{\frac{3}{2}} V}_{\text{électrons}} \tag{4.93}$$

L'équation différentielle décrivant le ralentissement présente deux termes, le terme électronique dominant à haute vitesse, et le terme ionique dominant à basse vitesse. La transition entre ces deux régimes définit la vitesse critique V_c et le temps caractéristique de décélération définit le temps de ralentissement τ_S.

$$\textit{Vitesse critique} \quad : \quad V_c^3 \equiv \frac{3Z\sqrt{\pi}}{2} \frac{k_BT}{m_i} \sqrt{\frac{2k_BT}{m_e}} \tag{4.94}$$

$$\textit{Temps de ralentissement} \quad : \quad \tau_S \equiv \frac{6\pi^{\frac{3}{2}} \varepsilon_0^2 m_i M}{n_e e^2 Q^2 \Lambda} \frac{k_BT}{m_i} \sqrt{\frac{2k_BT}{m_e}} \tag{4.95}$$

Sur la base de ces deux définitions l'équation du ralentissement prend la forme simple,

$$\frac{dV}{dt} = -\left(\frac{V_c^3 + V^3}{V^3}\right) \frac{V}{\tau_S} \tag{4.96}$$

et peut être intégrée à partir d'une vitesse initiale $V(t=0) = V_0$.

$$V(t) = \left[V_0^3 \exp -\frac{3t}{\tau_S} + V_c^3 \left(\exp -\frac{3t}{\tau_S} - 1\right)\right]^{\frac{1}{3}} \tag{4.97}$$

Les ions suprathermiques piégés à travers l'échange de charges des neutres rapides injectés au sein du plasma, ainsi que les particules alpha, suivent cette loi de ralentissement ; dans le paragraphe consacré à la théorie cinétique nous analyserons, sur la base de ce résultat la nature du dépôt d'énergie sur les différentes populations thermiques. Pour les alpha thermonucléaires les temps caractéristiques de transfert d'impulsion-énergie au plasma thermique et l'ordre de grandeur de la vitesse critique sont donnés par :

Alphas Rapides	$\xrightarrow{\text{électrons}}$	Alphas Suprathermiques	$\xrightarrow{\text{ions}}$	Alphas Thermiques
$MV^2/2 = 3.5$ MeV	$\sim 0.18s$	$MV^2/2 = MV_c^2/2 \approx 500$ KeV	$\sim 0.07s$	

Considérons à présent la population d'électrons rapides et le problème du découplage des électrons runaway.

4.4.2 Electrons Runaway

La décroissance du terme de friction collisionnelle avec la vitesse est à l'origine du phénomène de production d'électrons dit *runaway* car l'accélération électrique peut, à partir d'une certaine vitesse critique, être plus importante que la décélération collisionelle.

Ces particules apparaissent dans les décharges basse densité lorsque le champ électrique inductif toroïdal $\mathbf{E}$ engendre une force de Coulomb supérieure à la force de friction collisionnelle $-\nu\mathbf{v}$; les disruptions majeures du plasma génèrent aussi des runaway. La prise en compte de la force de Coulomb et de la relation (4.81) permettent d'établir la loi de Newton pour un électron rapide soumis à l'influence d'un champ électrique toroïdal.

$$\frac{d\langle\mathbf{v}\rangle}{dt} \equiv \left.\frac{\langle\mathbf{v}+\delta\mathbf{v}(\delta t)-\mathbf{v}\rangle}{\delta t\to 0}\right|_{e/i} - \frac{e\mathbf{E}}{m} = -\underbrace{\frac{n_i Z^2 e^4 \Lambda}{4\pi\varepsilon_0^2 m^2}\frac{\mathbf{v}}{v^3}}_{\text{collisions}} - \underbrace{\frac{e\mathbf{E}}{m}}_{\text{accélération}}$$

La force de friction $-\nu(v)\mathbf{v}$ décroissant avec la vitesse, il existe pour un champ électrique $\mathbf{E}$ donné, un seuil de vitesse tel que l'accélération coulombienne $e\mathbf{E}/m$ domine la friction. Au-delà de ce seuil l'électron est accéléré : sa vitesse augmente et la friction diminue comme le cube de cette vitesse, on est donc en présence d'une instabilité où les effets amplifient les causes qui leurs donnent naissance. L'équation de Newton traduisant la dynamique associée à ces deux forces, projetée sur une base cylindrique représentée sur les figures (4.18-a) et (4.19), permet d'identifier le seuil de vitesse critique au-delà duquel les électrons énergétiques se découplent ainsi de la population thermique basse énergie.

$$\frac{dv}{dt} = -\frac{n_i Z^2 e^4 \Lambda}{4\pi\varepsilon_0^2 m^2 v^2} + \frac{eE}{m}\cos\theta \tag{4.98}$$

$$\frac{d\theta}{dt} = -\frac{eE}{m}\frac{\sin\theta}{v} \tag{4.99}$$

Ce système de deux équations à deux inconnues admet un invariant du mouvement $C(\theta, v)$ tel que $dC/dt = 0$.

$$C = v^2\sin^2\theta - 2\frac{n_i Z^2 e^3 \Lambda}{4\pi\varepsilon_0^2 Em}(1-\cos\theta) = v_c^2\sqrt{v_\parallel^2+v_c^2} - \frac{n_i Z^2 e^3 \Lambda}{2\pi\varepsilon_0^2 Em}\left(\sqrt{v_\parallel^2+v_c^2}-v_\parallel\right)$$

Cet invariant permet de distinguer deux régimes dynamiques : (i) l'ensemble d'orbites runaway $C > 0$ où le découplage et l'accélération par le champ électrique entraînent les particules vers $v_{\|} \to +\infty$ et (ii) les orbites couplées $C < 0$ où la friction maintient les électrons dans la zone thermique. La transition entre les deux classes d'orbites $C \gtrless 0$ est constituée par une séparatrice d'équation $C = 0$.

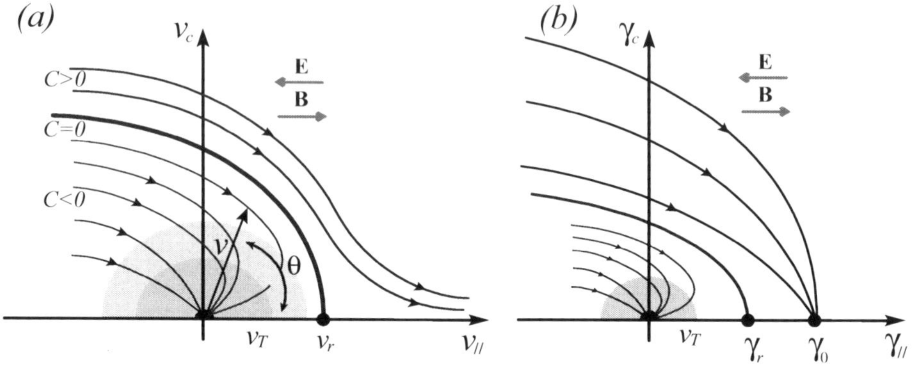

Fig. 4.18 : *(a) Limite Dreicer, (b) Limite synchrotron.*

Plutôt qu'un seuil de vitesse v_r pour un champ donné, il est d'usage de définir un seuil de champ, ou champ critique, pour une vitesse donnée prise égale à la vitesse thermique. L'intersection de la séparatrice avec l'axe des vitesse parallèles $C(\theta = 0, v_r) = 0$ définit ce champ critique E_D aussi appelé champ critique de Dreicer.

$$\textit{Champ de Dreicer} \ : v_r^2 = \frac{n_i Z^2 e^3 \Lambda}{4\pi\varepsilon_0^2 E m} \to \boxed{E_D \equiv \frac{n_i Z^2 e^3 \Lambda}{4\pi\varepsilon_0^2 k_B T_e}} \tag{4.100}$$

Les conclusions de cette analyse pourraient laisser croire qu'une fraction significative des électrons dans un tokamak peut atteindre de très hautes énergies sans qu'aucun processus ne vienne limiter la croissance de cette énergie au cours du temps. Cette conclusion est erronée car nous avons négligé les processus de rayonnement, en particulier le rayonnement synchrotron résultant de la courbure de la trajectoire le long des lignes de champ qui présente une dépendance en la puissance quatre de l'énergie offre un mécanisme de freinage haute vitesse suffisamment efficace pour arrêter les runaway.

Introduisons l'énergie relativiste $mc^2\gamma$ d'un électron runaway et négligeons la friction ; l'évolution de l'énergie est alors contrainte par deux tendances antagonistes, (i) l'accélération inductive et (ii) le ralentissement radiatif.

$$mc\frac{d\gamma}{dt} = -\underbrace{\frac{e^2}{6\pi\varepsilon_0 R_0^2}\gamma^4}_{\text{rayonnement}} + \underbrace{eE}_{\text{accélération}} \tag{4.101}$$

où R_0 est le grand rayon du tokamak. Cette équation différentielle ordinaire décrivant l'évolution des runaway haute énergie peut être intégrée ; pour ce faire introduisons le temps caractéristique $\tau_0 \equiv mc/eE$ ainsi que la limite synchrotron γ_0 (figure (4.18-b)), qui détermine l'énergie maximum $mc^2\gamma_0$ d'un électron dans un tokamak ($d\gamma/dt = 0$).

$$\textit{Limite synchrotron} : \gamma_0 \equiv \left(\frac{6\pi\varepsilon_0 R_0^2 E}{e} \right)^{\frac{1}{4}} \tag{4.102}$$

Cette limite est de l'ordre de quelques dizaines à quelques centaines de MeV. La séparation des variables d'énergie et de temps, puis une quadrature sur l'énergie, conduisent à la loi implicite :

$$\frac{t}{\tau_0} = \frac{\gamma_0}{2} \left[\tanh^{-1}\left(\frac{\gamma}{\gamma_0}\right) + \arctan\left(\frac{\gamma}{\gamma_0}\right) - \tanh^{-1}\left(\frac{1}{\gamma_0}\right) - \arctan\left(\frac{1}{\gamma_0}\right) \right]$$

d'évolution de l'énergie $t(\gamma)$. Notons que les résonances cyclotron avec les modulations du champ toroïdal, le *ripple*, offrent un mécanisme de blocage des runaway à plus basse énergie.

4.4.3 Coefficients de Braginsky et Spitzer

Nous allons maintenant étudier les processus de transport le long et perpendiculairement aux lignes du champ magnétique. Pour établir les expressions des flux collisionnels nous simplifierons la dynamique et nous considérerons les collisions comme un processus de Poisson. L'isotropisation des vitesses des particules, en particulier des électrons, est décrite par le terme de diffusion dans l'espace des vitesses (4.82) ; c'est ce processus d'isotropisation qui engendre le transport dans l'espace des positions.

Soit une population d'ions, de charge Ze et de densité n, supposés infiniment lourds ; ces ions sont au repos et interagissent avec un électron, de masse m et de vitesse initiale $\mathbf{v}_0$, décrit par la fonction de distribution $f(\mathbf{v}_0 \rightarrow \mathbf{v}, t)$ à l'instant t. Les ions étant supposés infiniment lourds il ne peut y avoir de transfert d'énergie et la norme de la vitesse électronique $|\mathbf{v}| = |\mathbf{v}_0|$ reste invariante. A l'instant initial $t = 0$ cette fonction est représentée par une distribution de Dirac dirigée $\delta(\mathbf{v} - \mathbf{v}_0)$, et, à l'issue du processus d'isotropisation par une distribution de Dirac isotrope $\delta(v - v_0)/4\pi v_0^2$.

$$f(\mathbf{v}_0 \rightarrow \mathbf{v}, t = 0) = \delta(\mathbf{v} - \mathbf{v}_0) \underset{\text{collisions}}{\rightarrow} f(\mathbf{v}_0 \rightarrow \mathbf{v}, t = +\infty) = \frac{\delta(v - v_0)}{4\pi v_0^2}$$

L'effet cumulatif des collisions induit une diffusion de la distribution angulaire, c'est-à-dire une *isotropisation*. La fonction de distribution $f(\mathbf{v}_0 \rightarrow \mathbf{v}, t)$ est donnée par la solution de l'équation de Fokker-Planck :

$$\frac{\partial f}{\partial t} = \frac{\partial}{\partial \mathbf{v}} \cdot \left[\nu \mathbf{v} f + \frac{\partial}{\partial \mathbf{v}} \cdot \nu \frac{\mathbf{I}v^2 - \mathbf{vv}}{2} f \right] = \nu \frac{\partial}{\partial \mathbf{v}} \cdot \frac{\mathbf{I}v^2 - \mathbf{vv}}{2} \cdot \frac{\partial}{\partial \mathbf{v}} f$$

où $\nu(v) = nZ^2q^4\Lambda/4\pi\varepsilon_0^2 m^2 v^3$ est la fréquence de collision définissant les coefficients (4.81) et (4.82) et où nous avons utilisé l'identité (4.83).

Considérons un repérage sphérique de l'espace des vitesses d'axe de référence $\mathbf{u}_z$ parallèle au champ magnétique ; $v = |\mathbf{v}|$ et $\cos\theta = \mathbf{u}_z \cdot \mathbf{v}/v$ constituent avec φ un système de coordonnées illustré sur la figure (4.19). L'opérateur de collisions décrivant l'isotropisation, dont l'expression en coordonnées sphériques est donnée par :

$$\frac{\partial}{\partial \mathbf{v}} \cdot \left[\mathbf{I}v^2 - \mathbf{vv}\right] \cdot \frac{\partial}{\partial \mathbf{v}} = \frac{1}{\sin\theta}\frac{\partial}{\partial\theta}\sin\theta\frac{\partial}{\partial\theta} + \frac{1}{\sin^2\theta}\frac{\partial^2}{\partial\varphi^2} \tag{4.103}$$

est équivalent au Laplacien qui décrit une marche aléatoire sur un plan mais ici nous avons à faire à une marche aléatoire sur une sphère et donc à la partie sphérique du Laplacien. L'opérateur (4.103) est égal au carré de l'opérateur moment cinétique orbital en mécanique quantique ; la rotation cyclotronique rapide rendant la distribution suivant l'angle φ homogène, cette variable n'est pas pertinente pour cette étude et nous obtenons le modèle dit de Lorentz des collisions.

$$\textit{Modèle de Lorentz :} \quad \frac{\partial f}{\partial t} = \frac{\nu}{2}\left[\frac{1}{\sin\theta}\frac{\partial}{\partial\theta}\sin\theta\frac{\partial}{\partial\theta}\right] f \tag{4.104}$$

L'opérateur moment cinétique en mécanique quantique admet les polynômes de Legendre $P_l(\cos\theta)$ comme fonctions propres :

$$\frac{1}{\sin\theta}\left[\frac{\partial}{\partial\theta}\sin\theta\frac{\partial}{\partial\theta}\right] P_l(\cos\theta) = -l\,(l+1)\,P_l(\cos\theta) \tag{4.105}$$

La famille des polynômes de Legendre $P_l(\alpha)$ ($l = 0,\,1,\,2,\,3,\,4,\,5...$) est une base orthogonale complète pour l'ensemble des fonctions sur le cercle :

$$\textit{Orthogonalité} \quad : \quad \int_{-1}^{+1} \frac{2l+1}{2} P_l(\alpha)\, P_m(\alpha)\, d\alpha = \delta_l^m \tag{4.106}$$

$$\textit{Complétude} \quad : \quad \sum_{l=0}^{l=+\infty} \frac{2l+1}{2} P_l(\alpha) P_l(\alpha') = \delta(\alpha - \alpha') \tag{4.107}$$

Cette dernière relation, dite de complétude, permet de représenter les conditions initiales du problème à $t = 0$: $\delta(\mathbf{v} - \mathbf{v}_0) = \delta(v - v_0)\,\delta(\cos\theta_0 - \cos\theta)\,/2\pi v_0^2$, sur la base des polynômes de Legendre suivant une somme pondérée par les coefficients $(2l+1)/2$.

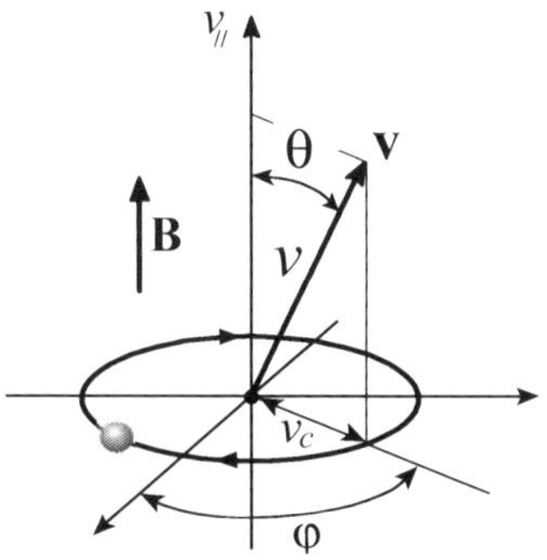

Fig. 4.19 : *Coordonnées sphériques dans l'espace des vitesses.*

Recherchons la solution de l'équation d'évolution (4.104) sous la forme d'une décomposition sur la base ainsi identifiée des polynômes de Legendre.

$$f\left(\mathbf{v}_0 \rightarrow \mathbf{v}, t\right)=\frac{\delta\left(v-v_0\right)}{2 \pi v_0^2} \sum_l a_l(v, t) P_l(\cos \theta_0) P_l(\cos \theta) \rightarrow \frac{d a_l}{d t}=-\frac{l(l+1)}{2} \nu a_l$$

Ainsi, chaque coefficient a_l de ce développement vérifie une équation de relaxation linéaire et décroît donc exponentiellement en fonction du temps ; le résultat final est donné par :

$$f=\frac{\delta\left(v-v_0\right)}{2 \pi v_0^2} \sum_{l=0}^{l=+\infty} \frac{2 l+1}{2} \exp \left(-\frac{l(l+1)}{2} \nu t\right) P_l(\cos \theta_0) P_l(\cos \theta) \qquad (4.108)$$

Cette expression offre un cadre adéquat pour étudier la relaxation (i) de la vitesse le long du champ magnétique $v_{\|}$ et (ii) de la vitesse cyclotronique v_c autour des lignes du champ magnétique, ainsi que l'évolution des différents moments de ces variables, évolutions qui participent à des phénomènes importants dans les tokamaks, tels que le piégeage ou la production d'électrons découplés.

Afin de construire un modèle stochastique plus simple que la relaxation des vitesses sur une base de polynômes de Legendre, considérons la relaxation de la vitesse $v_{\|}$. La représentation $\cos\theta = P_1(\cos\theta)$ permet de construire la loi de décroissance exponentielle de la vitesse parallèle moyenne $\left\langle v_{\|}(t)\right\rangle$: $\mathbf{v}_0 = v_0 \mathbf{u}_z \rightarrow \left\langle v_{\|}(t)\right\rangle = \int v_0 \cos\theta f\left(\mathbf{v}_0 \rightarrow \mathbf{v}, t\right) d\mathbf{v} = v_0 \exp -\nu t$. Cette loi de décroissance peut aussi être obtenue dans le cadre d'une modélisation de marche aléatoire comme suit. Soit $P_0(t)$ la loi temporelle décrivant la probabilité pour qu'un électron effectue un libre parcours de durée t, sans modification significative de sa vitesse. Sur une durée infinitésimale δt la probabilité de collision est proportionnelle à δt et la probabilité de libre parcours correspondant à l'événement complémentaire est donnée par $1 - \nu\delta t$ où ν sera identifiée ultérieurement. $P_0(t)$ vérifie donc les deux relations suivantes : $P_0(0) = 1$ et $P_0(\delta t) = 1 - \nu\delta t$. Nous pouvons élargir la perspective et considérer la loi $P_N(t)$ décrivant la probabilité pour qu'un électron subisse N collisions durant l'intervalle de temps t. Plusieurs propriétés de cette distribution peuvent être établies : $P_0(0) = 1$, $P_1(\delta t) = \nu\delta t$, $P_0(\delta t) = 1 - \nu\delta t$ et $P_N(\delta t) = 0$ si $N > 1$; en effet, sur une durée infinitésimale δt il ne peut pas se produire plus d'une collision. Supposons que la probabilité de collision durant un intervalle de temps donné soit indépendante de l'histoire de la particule, c'est-à-dire indépendante du fait que la particule ait ou n'ait pas subi de collision dans un passé récent, une telle hypothèse est dite *Markovienne* et permet d'établir : $P_0(t + \delta t) = P_0(t) P_0(\delta t)$. Le développement de Taylor du premier membre conduit à l'équation différentielle du premier ordre : $dP_0(t)/dt = -\nu P_0(t) \rightarrow P_0(t) = \exp(-\nu t)$. Nous obtenons ainsi une loi de décroissance exponentielle, illustrée sur la figure (4.20), similaire à la loi de décroissance de la vitesse associée aux collisions coulombiennes décrites dans le cadre du modèle de Lorentz.

$$\textit{Probabilité de libre parcours de durée } t : P_0(t) = \exp(-\nu t) \qquad (4.109)$$

Nous identifions donc $\nu = nq^2 Q^2 \Lambda / 4\pi\varepsilon_0^2 m^2 v^3$ pour les électrons.

Considérons ensuite la loi $P_N(t)$; un électron subit N collisions durant une période $t+\delta t$ si : (i) il subit $N-1$ collisions durant la période t et 1 durant δt ou (*ii*) N durant t et 0 durant δt. Ainsi nous obtenons la relation : $P_N(t+\delta t) = P_{N-1}(t)\,P_1(\delta t) + P_N(t)\,P_0(\delta t)$; les expressions de $P_1(t)$ et $P_0(t)$ sont ensuite utilisées pour construire l'équation différentielle vérifiée par $P_N(t)$ et établir la forme finale de la loi de Poisson comme solution de cette équation.

$$\frac{dP_N(t)}{dt} + \nu P_N(t) = \nu P_{N-1}(t) \rightarrow P_N(t) = \nu \exp(-\nu t) \int_0^t \exp(\nu\tau)\, P_{N-1}(\tau)\, d\tau$$

La *loi de Poisson* décrivant la probabilité d'observer N collisions, pour un électron donné, durant un intervalle de temps de durée t est donc donnée par l'expression :

$$\textit{Loi de Poisson} : \; P_N(t) = \frac{(\nu t)^N}{N!} \exp(-\nu t) \qquad (4.110)$$

Le temps moyen entre deux collisions s'exprime à partir de la loi de la probabilité $P_0(t)$ comme la moyenne et la dispersion des temps de libres parcours est donnée par la valeur moyenne du carré du temps de libre parcours : $\langle t \rangle \equiv \int_0^{+\infty} tP_0(t)\,dt$ / $\int_0^{+\infty} P_0(t)\,dt = \nu^{-1}$ et $\langle t^2 \rangle \equiv \int_0^{+\infty} t^2 P_0(t)\,dt$ / $\int_0^{+\infty} P_0(t)\,dt = 2\nu^{-2}$ où une intégration par partie classique permet d'établir le premier résultat et deux intégrations par partie successives le deuxième.

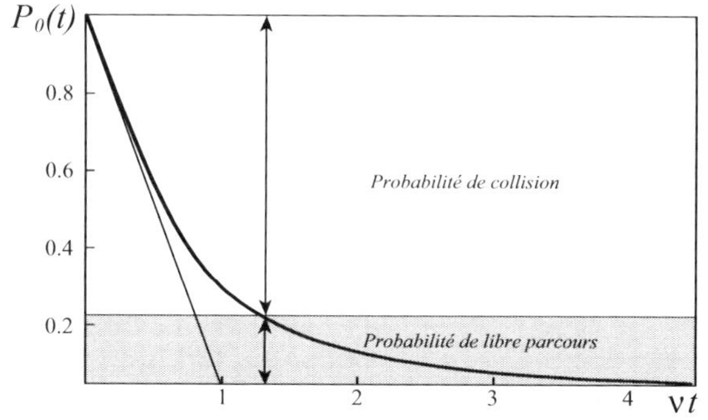

Fig. 4.20 : *Loi de Poisson $P_0(t)$ pour un libre parcours sans collision.*

Poursuivant l'analyse de l'impact des interactions coulombiennes sur la dynamique d'un plasma thermonucléaire, nous allons étudier la nature des flux électronique et ionique le long des lignes de champ magnétique et perpendiculairement au champ magnétique.

En régime collisionnel la dynamique le long des lignes de champ est de nature aléatoire et peut être modélisée par une marche aléatoire. Sur la base de la loi de probabilité décrivant la probabilité pour qu'une particule effectue un libre parcours de durée t sans modification significative du module de sa vitesse $P_0(t) = \exp(-\nu t)$, il est aisé d'établir le comportement macroscopique d'une population d'électrons ou d'ions.

Considérons l'histoire d'une particule chargée, de masse m et de charge q, comme une suite de libres parcours interrompus par les collisions ; entre deux collisions le mouvement est de nature inertielle, ainsi la loi de Newton décrivant l'évolution de la vitesse est donnée par : $dv_{\parallel}/dt = \sum_n \delta(t-\tau_n)\,\delta v_{\parallel n}$ où, conformément à la figure (4.21), τ_n repère les instants successifs des différentes collisions assurant un transfert d'impulsion $m\delta v_{\parallel n}$.

L'histoire d'une particule est ainsi décrite par une série de temps aléatoires, $t_1/t_2/t_3/t_4/.../t_n/...$, correspondant à la durée du $n$ième libre parcours : $t_n = \tau_{n+1} - \tau_n$, chaque libre parcours n étant constitué par une translation uniforme de vitesse $v_{\|n} = v_{\|n-1} + \delta v_{\|n}$. Les collisions à l'origine des transferts d'impulsions $m\delta v_{\|n}$ étant considérées comme des évènements beaucoup plus courts que les libres parcours, cet ordering justifiant la modélisation de l'interaction en terme de distribution de Dirac $\delta(t-\tau_n)\,\delta v_{\|n}$. Ces différents temps de libres parcours $t_1/t_2/t_3/t_4/.../t_i/...$ sont des variables aléatoires dont nous avons établi la loi de probabilité précédemment (4.109). En particulier, la moyenne $\langle t_i\rangle$ et la dispersion quadratique $\langle t_i^2\rangle$ de ces temps sont égales à : $\langle t_i\rangle = \nu^{-1}$, $\langle t_i^2\rangle = 2\nu^{-2}$. Chaque libre parcours le long des lignes de champ magnétique, entre deux collisions, est décrit par une vitesse, elle aussi aléatoire. La série des vitesses correspondant à l'histoire d'une particule est donc une série aléatoire : $v_{\|1}/v_{\|2}/v_{\|3}\ .../v_{\|i}...$ dont nous connaissons la loi de probabilité : une distribution d'équilibre Maxwellienne. Compte tenu du caractère isotrope du problème la valeur moyenne de la vitesse entre deux collisions est nécessairement nulle $\langle v_{\|i}\rangle = 0$, et si la population de particules est décrite par une température T la valeur quadratique moyenne de la vitesse vaut $\langle v_{\|i}\cdot v_{\|i}\rangle = k_BT/m$.

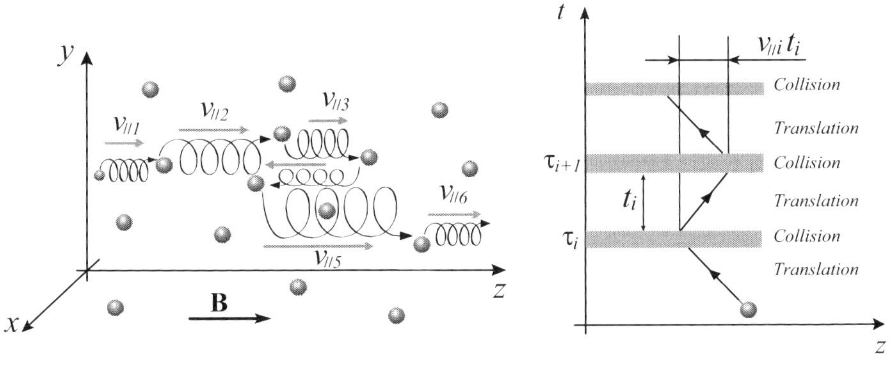

Fig. 4.21 : *Diffusion collisionnelle le long des lignes de champ.*

L'hypothèse de décorrélation des collisions se traduit par la relation $\langle v_{\|i}.v_{\|j}\rangle_{i\neq j} = 0$. L'expression de chaque libre parcours z_i de la marche aléatoire le long des lignes de champ, est donnée par $z_i = v_{\|i}t_i$. L'ensemble des libres parcours est donc une série aléatoire : $z_1/z_2/z_3/z_4/.../z_i...$, et, compte tenu des résultats précédents, nous pouvons construire la loi de répartition de ces libres parcours. En effet, les temps $t_1/t_2/t_3/t_4/.../t_i/...$ sont distribués suivant une loi de Poisson simple $P_0(t_i) = \exp -\nu t_i$, les vitesses $v_{\|1}/v_{\|2}/v_{\|3}\ .../v_{\|i}...$ suivant une loi de Maxwell $f_0(v_{\|i}) = \exp -\left(v_{\|i}^2/v_T^2\right)/v_T\sqrt{\pi}$, ces deux lois étant sans corrélation mutuelle, la valeur moyenne de leur produit est égale au produit des valeurs moyennes. Ainsi, le coefficient de friction $\langle\delta z(\delta t)\rangle / \langle\delta t\rangle$ est nul :

$$z_i = v_{\|i}t_i \rightarrow \frac{\langle\delta z\rangle}{\langle\delta t\rangle} = \frac{\int_{-\infty}^{+\infty} v_{\|0}f(v_\|)dv_\| \times \int_0^{+\infty} tP_0(t)\,dt}{\int tP_0(t)\,dt} = \frac{\langle v_\|\rangle\langle t\rangle}{\langle t\rangle} = 0 \tag{4.111}$$

car $\langle v_\|\rangle = 0$; mais le coefficient de diffusion le long des lignes de champ

$\left\langle \delta z^2 (\delta t) \right\rangle / 2 \langle \delta t \rangle$ présente une valeur finie :

$$z_i = v_{\parallel i} t_i \rightarrow \frac{\langle \delta z^2 \rangle}{2 \langle \delta t \rangle} = \frac{\left\langle v_\parallel^2 \right\rangle}{2} \frac{\langle t^2 \rangle}{\langle t \rangle} = \frac{k_B T}{m\nu} \tag{4.112}$$

L'expression (4.112) définit le coefficient de diffusion $D_\parallel$ le long des lignes de champ magnétique.

$$\textit{Coefficient de diffusion parallèle} \ : \ D_\parallel \equiv \frac{\langle \delta z^2 \rangle}{2 \langle \delta t \rangle} = \frac{k_B T}{m\nu} \tag{4.113}$$

En présence d'un champ électrique quasi-statique $E_\parallel$ cette analyse en terme de translations uniformes interrompues par des collisions doit être modifiée, car entre deux collisions le mouvement n'est pas uniforme mais uniformément accéléré sous l'action de la force de coulomb $qE_\parallel$ (figure (4.22)). Considérons alors l'histoire d'une particule comme une suite de phases accélérées interrompues par des collisions de durées nulles : $dv_\parallel / dt = qE_\parallel / m + \sum_n \delta (t - \tau_n) \delta v_{\parallel n}$. La série des temps, $t_1 / t_2 / t_3 / t_4 / ... / t_i / ...$, décrivant la durée de ces phases d'accélération est donc de nature aléatoire, mais ses propriétés statistiques sont connues. La série des déplacements le long des lignes de champ entre deux collisions : $z_1 / z_2 / z_3 / z_4 / ... / z_i ....$ est modifiée par le champ électrique, le mouvement entre deux collisions est uniformément accéléré : $z_i = v_{\parallel i} t_i + qE_\parallel t_i^2 / 2m$.

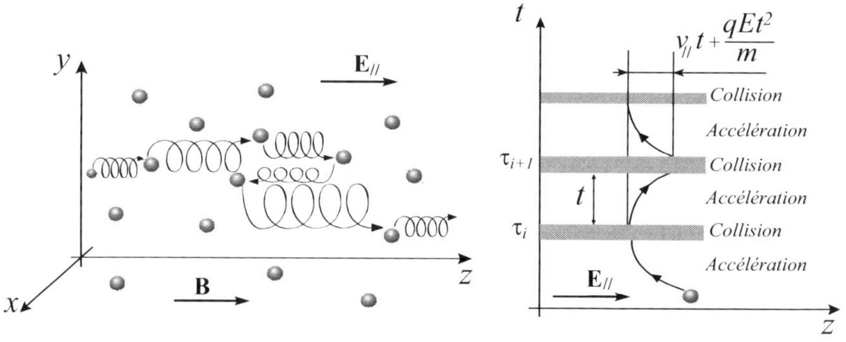

Fig. 4.22 : *Mobilité collisionnelle le long des lignes de champ.*

Cette modification de la nature du mouvement entre deux collisions se traduit par un déplacement moyen non nul.

$$z_i = v_{\parallel i} t_i + \frac{1}{2} \frac{qE_\parallel}{m} t_i^2 \rightarrow \frac{\langle \delta z \rangle}{\langle \delta t \rangle} = \frac{qE_\parallel}{2m} \frac{\langle t^2 \rangle}{\langle t \rangle} = \frac{q}{m\nu} E_\parallel$$

Ce dernier résultat permet ainsi d'exprimer la vitesse moyenne des électrons ainsi que son rapport au champ électrique qui définit la mobilité électrique $\mu_\parallel$ le long des lignes de champ magnétique.

$$\textit{Coefficient de mobilité parallèle} \ : \ \mu_\parallel \equiv \frac{1}{E_\parallel} \frac{\langle \delta z \rangle}{\langle \delta t \rangle} = \frac{q}{m\nu} \tag{4.114}$$

Ainsi, en régime collisionnel la succession des phases d'accélérations et des collisions engendre un mouvement moyen de translation de vitesse moyenne $\mu_\parallel E_\parallel$.

Ce mouvement électronique est la source d'une densité volumique de courant électrique $J_{\|} = nq\mu_{\|} E_{\|}$; définissons la conductivité η_S, de *Spitzer*, par la relation $\eta_S \equiv J_{\|}/E_{\|}$.

$$\textit{Conductivité de Spitzer:} \quad \eta_S \equiv \frac{J_{\|}}{E_{\|}} = \frac{nq^2}{m\nu} \to \eta \left[\frac{\text{S}}{\text{m}}\right] \approx 10^4 \times \left[\frac{T}{\text{eV}}\right]^{\frac{3}{2}} \tag{4.115}$$

Pour un plasma d'hydrogène à 100 eV (SOL) cette conductivité est de l'ordre de grandeur de celle de l'acier, pour une température de quelques keV (centre) elle devient comparable à la conductivité de l'argent. Ainsi les plasmas thermonucléaires sont de très bons conducteurs. En première analyse, la formule de Spitzer peut sembler contraire à l'intuition physique car la conductivité est indépendante de la densité de porteurs de charge et croît avec la température. L'origine de ce comportement est à rechercher dans la formule exprimant la fréquence de collision, cette fréquence ν est proportionnelle à la densité, ainsi le facteur densité associé au courant se trouve simplifié dans $\eta = nq^2/m\nu$; cette fréquence décroît avec la température, la conductivité augmente donc avec la température. Pour les métaux on notera le scaling inverse car il faut prendre en compte les collisions électrons/phonons et une élévation de température augmente la population de phonons, et diminue donc la conductivité. La faible conductivité à basse température permet d'envisager un mécanisme fort simple de chauffage des plasmas thermonucléaires dans un tokamak, le chauffage dit Ohmique qui consiste à induire un champ électrique toroïdal $\mathbf{E}(t)$ à travers la variation du flux magnétique poloïdal $\Phi(t)$ conformément à la figure (4.23). Ce moyen de contrôle présente un avantage et un inconvénient, l'avantage est qu'il permet dans le même temps un chauffage et la génération du courant toroïdal I :

$$\mathbf{J} = \eta_S \mathbf{E} \ , \ \nabla \times \mathbf{E} = -\frac{\partial \mathbf{B}}{\partial t} \to I\,[\text{MA}] \approx 10^{-2} \times \frac{a^2\,[\text{m}]\, T^{\frac{3}{2}}\,[\text{eV}]}{2R\,[\text{m}]} \frac{d\Phi}{dt}\,[\text{V}] \tag{4.116}$$

nécessaire à la génération du champ poloïdal $\mathbf{B}_p$, l'inconvénient est qu'à haute température le plasma étant un bon conducteur le chauffage devient inefficace. Qui plus est ce système de contrôle est intrinsèquement impulsionnel et ne peut pas être considéré pour un régime stationnaire car $d\Phi/dt = C^{te} \to \Phi(t) \sim t$.

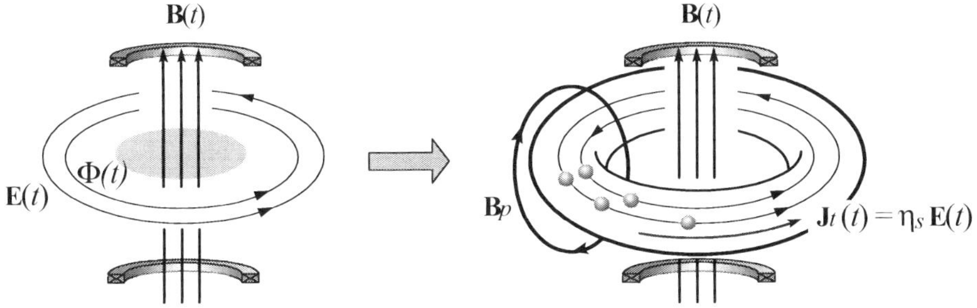

Fig. 4.23 : *Chauffage Ohmique et Génération de courant inductive dans un tokamak.*

Le long des lignes de champ le flux électronique $\Gamma_{\|}$ est la somme d'un flux convectif et d'un flux diffusif.

$$\textit{Flux parallèle:} \quad \Gamma_{\|} = \mu_{\|} E_{\|} n - D_{\|} \frac{dn}{dz} \tag{4.117}$$

Deux relations classiques peuvent être établies à partir du comportement de ces composantes convectives et diffusives : la relation d'Einstein qui prédit l'universalité du rapport du coefficient de diffusion sur le coefficient de mobilité et la relation de Boltzmann qui décrit la condition d'équilibre d'une population de particules chargées interagissant avec un potentiel électrostatique ϕ lorsque le flux $\Gamma_{\|}$ (4.117) s'annule.

$$\text{Relation d'Einstein} \quad : \quad \mu_{\|} = \frac{q}{m\nu}\ ,\ D_{\|} = \frac{k_B T}{m\nu} \rightarrow \boxed{\frac{D_{\|}}{\mu_{\|}} = \frac{k_B T}{q}}$$

$$\text{Relation de Boltzmann} \quad : \quad n\mu_{\|}\frac{d\phi}{dz} + D_{\|}\frac{dn}{dz} = 0 \rightarrow \boxed{\frac{n_1}{n_2} = \exp - \frac{q\left(\phi_1 - \phi_2\right)}{k_B T}}$$

Les définitions qui viennent d'être données et les relations qui viennent d'être établies concernent l'étude du flux de matière le long de la direction du champ magnétique. Perpendiculairement à ce champ, il nous faut considérer le couplage entre le terme de Laplace $q\mathbf{v} \times \mathbf{B}$ et les collisions et évaluer les coefficients de diffusion et de mobilité du centre guide $\mathbf{R}_{\perp}$ des orbites cyclotroniques. Soit une particule chargée, de masse m et de charge q, plongée dans un champ magnétique statique uniforme $\mathbf{B} = B\mathbf{b}$. Considérons alors l'histoire de cette particule comme une suite de rotations interrompues par des collisions de durées nulles conformément au schéma de la figure (4.24) : $d\mathbf{v}/dt = q\mathbf{v} \times \mathbf{B}/m + \sum_n \delta\left(t - \tau_n\right)\delta\mathbf{v}_n$ où τ_n sont les instants des collisions.

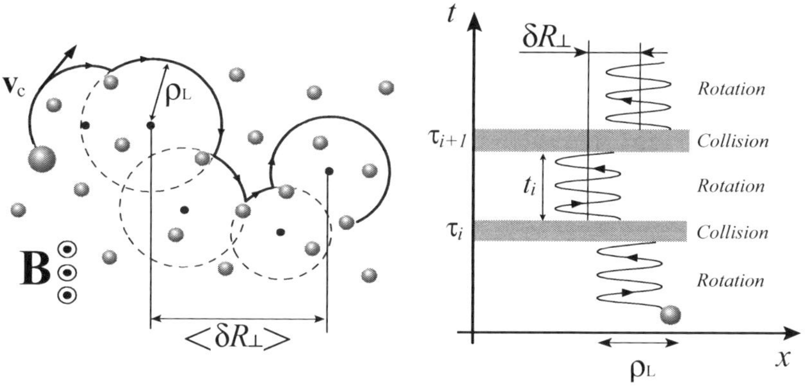

Fig. 4.24 : *Diffusion collisionnelle perpendiculairement au champ.*

Etudions la dynamique de la composante de $\mathbf{v}$ perpendiculaire au champ magnétique, la vitesse cyclotronique : $\mathbf{v}_c = \mathbf{b} \times (\mathbf{v} \times \mathbf{b})$, pour ce faire introduisons la variable complexe : $\mathcal{V} = v_x + jv_y$ où x et y constituent un système de coordonnées cartésiennes dans le plan perpendiculaire à $\mathbf{b}$, $\mathbf{v}_c = v_x\mathbf{u}_x + v_y\mathbf{u}_y$, système de coordonnées associé à la base orthonormée directe $[\mathbf{u}_x, \mathbf{u}_y, \mathbf{b}]$. La variable $\mathcal{V}$ vérifie l'équation différentielle linéaire du premier ordre : $d\mathcal{V}/dt + j\omega_c\mathcal{V} = +\sum_n \delta\left(t - \tau_n\right)\delta\mathcal{V}_n$ où les $\delta\mathcal{V}_n = \delta v_{xn} + j\delta v_{yn}$ décrivent les transferts aléatoires de vitesse cyclotronique dûs aux collisions. Entre deux collisions la solution est constituée par le mouvement de rotation cyclotronique : $\mathcal{V}(t) = \mathcal{V}_0 \exp\left(-j\omega_c t\right)$. La position instantanée de la particule est définie comme la somme de la position du centre guide $\mathbf{R}_{\perp}$ plus le rayon de Larmor $\boldsymbol{\rho}_L(t)$, les relations (4.4) et (4.5). Le rayon de Larmor $\boldsymbol{\rho}_L(t)$ et la vitesse cyclotronique $\mathbf{v}_c(t)$ vérifient la relation :

$\mathbf{v}_c = \omega_c \boldsymbol{\rho}_L \times \mathbf{b}$. A l'issue d'une collision la variation de vitesse cyclotronique $\delta \mathbf{v}_c$ est accompagnée par un changement de position du centre guide $\delta \mathbf{R}_\perp$; en effet, $\omega_c \boldsymbol{\rho}_L = \mathbf{b} \times \mathbf{v}_c \rightarrow \mathbf{R}_\perp = \mathbf{r} - \mathbf{b} \times \mathbf{v}_c / \omega_c$. La collision étant supposée provoquer une variation d'impulsion instantanée au regard de l'échelle cyclotronique ω_c^{-1}, la position de la particule ne varie pas lors d'une collision et la variation de la position $\mathbf{r}$ de cette particule est nulle : $\delta \mathbf{r} = \mathbf{0}$, ainsi les variations de vitesse $\delta \mathbf{v}_c$ et de position du centre guide $\delta \mathbf{R}_\perp$ sont couplées.

$$\delta \mathbf{R}_\perp = \frac{\delta \mathbf{v}_c \times \mathbf{b}}{\omega_c} \rightarrow \left\langle \delta \mathbf{R}_\perp^2 \right\rangle = \frac{\left\langle \delta v_x^2 \right\rangle + \left\langle \delta v_y^2 \right\rangle}{\omega_c^2} \tag{4.118}$$

Une particule chargée qui vient juste de subir une collision à l'instant t_0 possède, avant cette collision, la vitesse $v_{c0} \exp\left(-j\omega_c t_0\right)$; en l'absence de collision la vitesse à un instant ultérieur $t > t_0$ est donnée par $\mathcal{V}(t) = v_{c0} \exp\left(-j\omega_c t\right)$ et la variation de vitesse est égale à $\delta \mathcal{V} = v_{c0} \exp\left(-j\omega_c t\right)$ - $v_{c0} \exp\left(-j\omega_c t_0\right)$. Introduisons $\tau = t - t_0$ la durée d'une libre rotation (figure (4.24)), et exprimons le carré de l'incrément de vitesse cyclotronique et de l'incrément de position du centre guide à l'issue d'une libre rotation de durée τ : $\delta v_x \delta v_x + \delta v_y \delta v_y = \delta \mathcal{V} \delta \mathcal{V}^*$: $\delta \mathcal{V} \delta \mathcal{V}^* = 4 v_{c0}^2 \sin^2 \omega_c \left(t - t_0\right)/2 \rightarrow \delta \mathbf{R}_\perp^2 = 4 v_{c0}^2 \sin^2\left(\omega_c \tau / 2\right)/\omega_c^2$. Le résultat ainsi obtenu est fonction uniquement de la variable aléatoire τ et cette variable est distribuée suivant la loi $dP_0/d\tau$, il est donc nécessaire de moyenner ce résultat pour exprimer le coefficient de diffusion. La probabilité que la particule ne subisse aucune collision durant un temps τ puis subisse une collision à l'issue de ce temps τ durant l'intervalle $d\tau$ est donnée par $dP_0\left(\tau\right) = \nu \exp\left(-\nu\tau\right) d\tau$.

$$\frac{\left\langle \delta \mathbf{R}_\perp^2 \right\rangle}{\left\langle \delta t \right\rangle} = 4 \frac{v_{c0}^2}{\omega_c^2} \frac{\int_0^{+\infty} P_0\left(\tau\right) \sin^2\left(\omega_c \tau/2\right) d\tau}{\int_0^{+\infty} P_0\left(\tau\right) \tau d\tau} = 2 v_c^2 \frac{\nu}{\nu^2 + \omega_c^2} \tag{4.119}$$

Compte tenu de l'isotropie du problème autour des lignes de champ $\left\langle \delta \mathbf{R}_\perp^2 \right\rangle = 2\left\langle \delta R_x^2 \right\rangle = 2\left\langle \delta R_y^2 \right\rangle$. Pour une distribution des vitesses maxwelienne $\left\langle v_{c0}^2 \right\rangle = 2 k_B T/m$; le résultat final est donc donné par :

$$\textit{Coefficient de Braginsky} \ : \ D_\perp \equiv \frac{\left\langle \delta R_x^2 \right\rangle}{2\left\langle \delta t \right\rangle} = \frac{\left\langle \delta R_y^2 \right\rangle}{2 \delta t} = \frac{D_\parallel}{1 + \frac{\omega_c^2}{\nu^2}} \tag{4.120}$$

Le modèle qui vient d'être développé permet aussi d'identifier l'existence d'un flux dit de Hall : en présence d'un champ magnétique et d'un gradient de densité, un flux perpendiculaire à ce champ et au gradient se développe car le coefficient de diffusion est de nature tensorielle et non diagonal.

$$\delta \mathbf{R}_\perp = \frac{\delta \mathbf{v}_c \times \mathbf{b}}{\omega_c} \rightarrow \begin{pmatrix} \delta R_x \delta R_x & \delta R_x \delta R_y \\ \delta R_x \delta R_y & \delta R_y \delta R_y \end{pmatrix} = \frac{1}{\omega_c^2} \begin{pmatrix} \delta v_y \delta v_y & -\delta v_x \delta v_y \\ -\delta v_x \delta v_y & \delta v_x \delta v_x \end{pmatrix}$$

L'analyse précédente restreinte à l'étude des termes de flux croisés $\delta v_x \delta v_y$ et $\delta v_y \delta v_c$ conduit à la valeur suivante du coefficient de diffusion de Hall :

$$\textit{Coefficient croisé de Hall} \ : \ D_{\mathsf{H}} \equiv \frac{\left\langle \delta R_x \delta R_y \right\rangle}{2\left\langle \delta t \right\rangle} = \frac{D_\parallel}{\frac{\nu}{\omega_c} + \frac{\omega_c}{\nu}} \tag{4.121}$$

Ainsi, le flux diffusif $\mathbf{\Gamma}_\perp$ perpendiculaire au champ, résultant d'un gradient de densité au sein d'un plasma magnétisé, présente deux composantes. De façon similaire, en présence d'un champ électrique $\mathbf{E}_\perp$, les coefficients de mobilité transverse et croisée (de Hall) peuvent aussi être évalués suivant la méthode précédente et le résultat final est donné par :

$$\textit{Flux diffusif} \quad : \quad \mathbf{\Gamma}_\perp = -D_\perp \mathbf{\nabla}_\perp n - D_\mathsf{H} \mathbf{\nabla}_\perp n \times \mathbf{b} \tag{4.122}$$

$$\textit{Flux conductif} \quad : \quad \mathbf{\Gamma}_\perp = n\mu_\perp \mathbf{E}_\perp + n\mu_\mathsf{H} \mathbf{E}_\perp \times \mathbf{b} \tag{4.123}$$

où les coefficients de mobilité sont donnés par les relations :

$$\textit{Mobilité de Braginsky} \quad : \quad \mu_\perp \equiv \frac{\langle \delta R_x \rangle}{\langle \delta t \rangle E_x} = \frac{\mu_\|}{1 + \frac{\omega_c^2}{\nu^2}} \tag{4.124}$$

$$\textit{Mobilité de Hall} \quad : \quad \mu_\mathsf{H} \equiv \frac{\langle \delta R_x \rangle}{\langle \delta t \rangle E_y} = \frac{\mu_\|}{\frac{\nu}{\omega_c} + \frac{\omega_c}{\nu}} \tag{4.125}$$

Les termes de mobilité de Hall, $\mu_\mathsf{H}\mathbf{E}_\perp \times \mathbf{b}$, et de diffusion de Hall, $D_\mathsf{H}\mathbf{\nabla}_\perp n \times \mathbf{b}$, ne sont pas des phénomènes de nature collisionnelle mais des processus de dérive de champs croisés et diamagnétique fondamentaux en physique des plasmas thermonucléaires magnétisés, leur identification dans le cadre de l'étude des flux collisionnels résulte du fait que la faible collisionnalité du plasma les modifie. En effet, dans la suite de cette monographie nous identifierons deux vitesses, les relations (6.13) et (7.9), (*i*) la vitesse de dérive de champ croisée $\mathbf{v}_E$ et (*ii*) la vitesse diamagnétique $\mathbf{V}^*$.

$$\textit{Vitesse de champs croisés} \quad : \quad \mathbf{v}_E \equiv \frac{\mathbf{E} \times \mathbf{B}}{B^2} = \frac{1}{B}\mathbf{E}_\perp \times \mathbf{b}$$

$$\textit{Vitesse diamagnétique} \quad : \quad \mathbf{V}^* \equiv \frac{\mathbf{b} \times \mathbf{\nabla} P}{neB} = -\frac{k_B T}{eB}\mathbf{\nabla}_\perp n \times \mathbf{b}$$

Compte tenu de ces deux définitions, la somme des trois relations (4.117), (4.122) et (4.123) conduit à la forme générale du flux de particule, $\mathbf{\Gamma}_B = \mathbf{\Gamma}_\| + \mathbf{\Gamma}_\perp$, au sein d'un plasma magnétisé en régime collisionnel, cette formule, appelée flux de Braginski, peut être écrite en fonction du gradient de potentiel électrostatique ϕ comme suit :

$$\begin{aligned} \mathbf{\Gamma}_\| &= -n\mu_\| \mathbf{\nabla}_\| \phi - D_\| \mathbf{\nabla}_\| n \\ \mathbf{\Gamma}_\perp &= -n\frac{\mu_\|}{1 + \omega_c^2/\nu^2}\mathbf{\nabla}_\perp \phi - \frac{D_\|}{1 + \omega_c^2/\nu^2}\mathbf{\nabla}_\perp n + n\frac{\mathbf{v}_E + \mathbf{V}^*}{1 + \nu^2/\omega_c^2} \end{aligned}$$

On notera que le transport constitue une réponse au gradient de potentiel électrochimique $e\phi + k_B T \log n$, le potentiel électrochimique $e\phi + k_B T \log n$ étant thermodynamiquement conjugué au nombre de particules. Pour les plasma de tokamak $\omega_c \gg \nu$, et l'ensemble des coefficients de transport en régime collisionnel est résumé dans le tableau (4.126).

Spitzer	$\mu_\| = \frac{q}{m\nu}$	$D_\| = \frac{k_B T}{m\nu}$	
Hall	$\mu_\mathsf{H} = \mu_\| \frac{\nu}{\omega_c} = \frac{q}{m\omega_c}$	$D_\mathsf{H} = D_\| \frac{\nu}{\omega_c} = \frac{k_B T}{m\omega_c}$	(4.126)
Braginsky	$\mu_\perp = \mu_\| \frac{\nu^2}{\omega_c^2} = \frac{q\nu}{m\omega_c^2}$	$D_\perp = D_\| \frac{\nu^2}{\omega_c^2} = \frac{k_B T \nu}{m\omega_c^2}$	

Le transport diffusif perpendiculairement aux lignes de champ résulte uniquement des collisions entre espèces différentes ; en effet, si deux particules, 1 et 2, de même espèce, échangent une impulsion $m\delta\mathbf{v}_c$ à travers une collision : $\delta\mathbf{R}_{1\perp} = \delta\mathbf{v}_c \times \mathbf{b}/\omega_c$, $\delta\mathbf{R}_{2\perp} = -\delta\mathbf{v}_c \times \mathbf{b}/\omega_c \rightarrow \delta\mathbf{R}_{1\perp} + \delta\mathbf{R}_{2\perp} = \mathbf{0}$, ainsi aucun transport de matière n'est mis en jeu. Le transport perpendiculairement aux lignes de champ dans un tokamak est profondément modifié par la géométrie de la configuration et par la turbulence de la décharge et sera analysé dans le chapitre consacré au transport et à la relaxation.

Perpendiculairement aux lignes de champ les collisions électrons-ions génèrent un flux de matière qui est de nature ambipolaire, c'est-à-dire égal pour les ions et les électrons : $D_\perp = m\nu k_B T/q^2B^2 \rightarrow D_{\perp i}/D_{\perp e} \sim m_i\nu_{i\rightarrow e}/m_e\nu_{e\rightarrow i} \sim 1$. En effet, le pas de la marche aléatoire sous jacente au processus de diffusion est égal au rayon de Larmor et la différence de rayons de Larmor est compensée par la différence de fréquences de collisions, les ions présentent un rayon de Larmor supérieur à celui des électrons ($m_e\rho_i = m_i\rho_e$) mais une fréquence de collision inférieure dans la proportion inverse ($m_i\nu_{i\rightarrow e} = m_e\nu_{e\rightarrow i}$).

Le long des lignes de champ, en l'absence de champ électrique, le transport de matière est diffusif ; et, compte tenu de la grande différence de masses entre les électrons et les ions le flux électronique est beaucoup plus important que le flux ionique ($\nu_{e\rightarrow e} \approx \nu_{e\rightarrow i}$, $\sqrt{m_i}\nu_{i\rightarrow i} \approx \sqrt{m_e}\nu_{e\rightarrow i}$) : $D_\parallel \approx k_BT/m\nu \rightarrow D_{\parallel i}/D_{\parallel e} \sim m_e\nu_{e\rightarrow e}/m_i\nu_{i\rightarrow i} \sim \sqrt{m_e/m_i} < 1$. Cette différence crée une charge d'espace qui génère un champ électrique $E_\parallel$, ce champ électrique freine les électrons et à accélère les ions pour assurer la quasi-neutralité du plasma. L'hypothèse de quasi-neutralité $n_e = n_i = n$ permet de simplifier le problème, sous cette hypothèse les flux ionique et électronique, en présence d'un champ électrique parallèle $E_\parallel$, sont donnés par :

$$\textit{Flux électronique parallèle} \quad : \quad \Gamma_{\parallel e}\left(E_\parallel\right) = -n\mu_{\parallel e}E_\parallel - D_{\parallel e}\frac{dn}{dz} \tag{4.127}$$

$$\textit{Flux ionique parallèle} \quad : \quad \Gamma_{\parallel i}\left(E_\parallel\right) = n\mu_{\parallel i}E_\parallel - D_{\parallel i}\frac{dn}{dz} \tag{4.128}$$

En l'absence de champ électrique appliqué le flux électronique $\Gamma_{\parallel e}$ est beaucoup plus intense que le flux ionique $\Gamma_{\parallel i}$: $\Gamma_{\parallel e}\left(E_\parallel = 0\right) \gg \Gamma_{\parallel e}\left(E_\parallel = 0\right)$; cette différence de flux crée une séparation de charges qui génère un champ *ambipolaire* $E_{\parallel a}$. Ce champ assure la régulation des flux en permettant l'ajustement $\Gamma_{\parallel e}\left(E_{\parallel a}\right) = \Gamma_{\parallel i}\left(E_{\parallel a}\right)$, les relations (4.127) et (4.128) conduisent alors à la valeur : $\left(\mu_{\parallel i} + \mu_{\parallel e}\right)E_{\parallel a} = \left(D_{\parallel i} - D_{\parallel e}\right)d\ln n/dz$. Le champ ambipolaire $E_{\parallel a}$ étant proportionnel au gradient de densité, le transport en régime collisionnel ambipolaire le long des lignes de champ est donc purement diffusif, $\Gamma_{\parallel e} = \Gamma_{\parallel i} = \Gamma_{\parallel a} \sim dn/dz$.

$$\textit{Flux ambipolaire parallèle} : \ \Gamma_{\parallel a} = -\frac{\mu_{\parallel e}D_{\parallel i} + \mu_{\parallel i}D_{\parallel e}}{\mu_{\parallel i} + \mu_{\parallel e}}\frac{dn}{dz} \tag{4.129}$$

Le coefficient de diffusion *ambipolaire* $D_{\parallel a}$ ainsi identifiée :

$$\textit{Diffusion ambipolaire} : \ D_{\parallel a} \equiv \frac{\mu_{\parallel i}D_{\parallel e} + \mu_{\parallel e}D_{\parallel i}}{\mu_{\parallel i} + \mu_{\parallel e}} \approx 2D_{\parallel i} \tag{4.130}$$

permet de décrire le transport macroscopique lent d'un plasma quasi-neutre le long des lignes de champ, $D_{\parallel a}$ résulte d'un transfert d'inertie entre électrons et ions à travers le champ ambipolaire $E_{\|a}$ qui assure un couplage fort entre les deux populations, seuls des processus plus rapides que l'échelle de temps associée à la fréquence de Langmuir, ou sur une échelle de longueur plus courte que la longueur de Debye, peuvent briser ce couplage. Dans un tokamak, les températures électronique et ionique étant du même ordre de grandeur, compte tenu de la relation d'Einstein, le coefficient ambipolaire est égal à deux fois le coefficient ionique et la chute de potentiel ambipolaire $q\phi_a$ est de l'ordre de grandeur de l'énergie thermique $q\phi_a \sim k_B T_e \sim k_B T_i$.

Chapitre 5

Adiabaticité et Chaos

Or, pour faire du neuf, il faut d'abord s'instruire. L'Etrange Défaite, M. Bloch.

La physique des tokamaks est une discipline où l'usage des outils et méthodes des mécaniques lagrangienne et hamiltonienne est particulièrement utile. En effet, dans un tokamak, trois types d'objets relèvent d'une description hamiltonienne : (*i*) les ondes, (*ii*) les particules et (*iii*) la configuration magnétique d'équilibre.

Ces trois entités dynamiques sont en interactions, ondes et particules échangent de l'énergie dans le contexte des mécanismes de chauffage et de déclenchement d'instabilités et le champ statique assure le confinement des particules via l'adiabaticité de l'interaction, tout en étant perturbé par le comportement diamagnétique des particules. La figure (5.1) illustre ces couplages entre champ magnétique, particules et ondes.

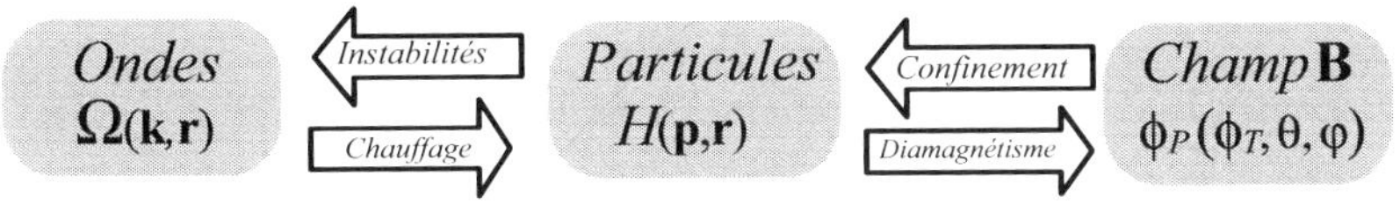

Fig. 5.1 : *Description et couplages hamiltonien dans un tokamak.*

• Les orbites des particules chargées au sein de la structure de confinement magnétique obéissent aux équations de Hamilton associées à la configuration magnétique quasi-statique et aux champs hautes fréquences de chauffage et contrôle :

$$\textit{Equations de Hamilton des particules} \ : \ H(\mathbf{p}, \mathbf{r}, t) \rightarrow \ \frac{d\mathbf{p}}{dt} = -\frac{\partial H}{\partial \mathbf{r}}, \ \frac{d\mathbf{r}}{dt} = \frac{\partial H}{\partial \mathbf{p}}$$

où $\mathbf{p}$ et $\mathbf{r}$ sont les variables canoniquement conjuguées d'impulsion et de position repérant la particule chargée au sein de l'espace des phases. La théorie des régimes adiabatique (confinement) et chaotique (chauffage) constituent les outils de référence pour étudier ces orbites.

• Les lignes du champ magnétique statique assurant le confinement obéissent aussi à un système d'équations de Hamilton, (7.33) et (7.34), que nous établirons et étudierons dans le chapitre consacré à l'équilibre magnétohydrodynamique.

$$\textit{Equations de Hamilton du champ} : \phi_P\left(\phi_T, \theta, \varphi\right) \rightarrow \frac{d\phi_T}{d\varphi} = -\frac{\partial \phi_P}{\partial \theta}, \frac{d\theta}{d\varphi} = \frac{\partial \phi_P}{\partial \phi_T}$$

où ϕ_T, θ et φ sont respectivement les coordonnées de repérage radial, poloïdal et toroïdal d'une ligne et ϕ_P le flux magnétique poloïdal.

• Enfin, les rayons décrivant les ondes électromagnétiques utilisées pour le contrôle et le chauffage du plasma relèvent aussi d'une description hamiltonienne, (12.10).

$$\textit{Equations de Hamilton des ondes} : \Omega\left(\mathbf{k}, \mathbf{r}\right) \rightarrow \frac{d\mathbf{k}}{dt} = -\frac{\partial \Omega}{\partial \mathbf{r}}, \frac{d\mathbf{r}}{dt} = \frac{\partial \Omega}{\partial \mathbf{k}}$$

où $\mathbf{k}$ et $\mathbf{r}$ sont le vecteur d'onde et la position du rayon considéré, Ω est la fréquence du mode étudié. Nous établirons ce système d'équations décrivant l'évolution d'un rayon dans le chapitre consacré au chauffage.

Ainsi, que ce soient les électrons, les ions, le champ magnétique statique ou les champs électromagnétiques oscillants, la mécanique hamiltonienne constitue un formalisme de référence pour aborder l'étude des tokamaks. Pour les lignes de champ le hamiltonien est le flux poloïdal $\phi_P\left(\phi_T, \theta, \varphi\right)$, pour les rayons décrivant les ondes électromagnétiques le hamiltonien est la relation de dispersion locale $\Omega\left(\mathbf{k}, \mathbf{r}\right)$ et pour une particule de charge e et de masse m la somme de l'énergie cinétique plus l'énergie potentielle H.

5.1 Centre Guide et Adiabaticité

5.1.1 Lagrangien adiabatique

Rappelons brièvement l'architecture logique de la construction du formalisme hamiltonien pour une particule chargée. Dans le cadre de la mécanique lagrangienne l'usage est d'introduire les coordonnées lagrangiennes $\mathbf{r}$ et $\dot{\mathbf{r}}$; pour une particule chargée de charge e et de masse m plongée dans un champ électrique $\mathbf{E} = - \boldsymbol{\nabla}\phi - \partial\mathbf{A}/\partial t$ et un champ magnétique $\mathbf{B} = \boldsymbol{\nabla} \times \mathbf{A}$ où $\mathbf{A}\left(\mathbf{r}, t\right)$ et $\phi\left(\mathbf{r}, t\right)$ représentent le potentiel vecteur et le potentiel scalaire décrivant ces champs électrique et magnétique, le lagrangien classique L est défini par :

$$\textit{Lagrangien} \quad : \quad L\left(\dot{\mathbf{r}}, \mathbf{r}, t\right) \equiv \frac{m}{2}\dot{\mathbf{r}}^2 + e\,\dot{\mathbf{r}} \cdot \mathbf{A}\left(\mathbf{r}, t\right) - e\phi\left(\mathbf{r}, t\right)$$

$$\textit{Equations de Lagrange} \quad : \quad \frac{d}{dt}\left(\frac{\partial L}{\partial \dot{\mathbf{r}}}\right) = \frac{\partial L}{\partial \mathbf{r}}$$

Le moment $\mathbf{p}$, canoniquement conjugué à la position $\mathbf{r}$, est défini comme la dérivée de L par rapport à la vitesse : $\mathbf{p} \equiv \partial L / \partial\, \dot{\mathbf{r}} = m\,\dot{\mathbf{r}} + e\mathbf{A}$. Les deux variables $\mathbf{p}$ et $\mathbf{r}$ sont indépendantes et leurs évolutions dynamiques engendrent une orbite $\mathbf{p}\left(t\right)$ et $\mathbf{r}\left(t\right)$ dans l'espace des phases $\left[\mathbf{p}, \mathbf{r}\right]$; le hamiltonien est défini par la *transformée de Legendre* du lagrangien : $H\left(\mathbf{p}, \mathbf{r}\right) \equiv \mathbf{p} \cdot \mathbf{v} - L$.

$$\textit{Hamiltonien} : \; H\left(\mathbf{p}, \mathbf{r}, t\right) = \frac{\left[\mathbf{p} - e\mathbf{A}\left(\mathbf{r}, t\right)\right]^2}{2m} + e\phi\left(\mathbf{r}, t\right) \tag{5.1}$$

Considérons le mouvement d'une particule chargée de charge e et de masse m interagissant avec un champ magnétique inhomogène statique $\mathbf{B}\left(\mathbf{r}\right)$ dérivant du potentiel vecteur $\mathbf{A}(\mathbf{r})$. Définissons $\mathbf{b}(\mathbf{r}) \equiv \mathbf{B}/B$ le champ de vecteurs unitaires dirigeant ce champ magnétique et introduisons un repérage cartésien local $[x, y, z]$ sur la base locale $[\mathbf{e}_x, \mathbf{e}_y, \mathbf{b}]$ (figure (5.2)). Le lagrangien décrivant l'interaction magnétique est donné par $L(\mathbf{r}, \dot{\mathbf{r}}) \equiv m\, \dot{\mathbf{r}}^2/2 + e\, \dot{\mathbf{r}} \cdot \mathbf{A}(\mathbf{r})$. Nous allons construire une description simplifiée de l'orbite sous l'hypothèse d'adiabaticité des variations du champ : l'échelle de longueur des variations spatiales du champ est supposée beaucoup plus grande que les rayons de Larmor v_c/ω_c et $v_\parallel/\omega_c$ où $\omega_c \equiv qB(\mathbf{r})/m$ est la pulsation cyclotron local.

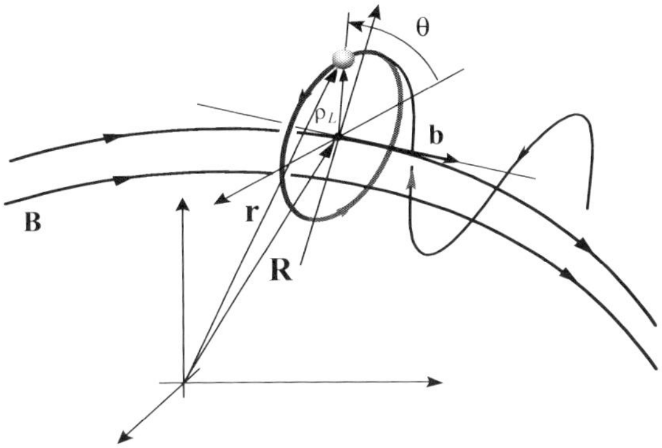

Fig. 5.2 : *Coordonnées du centre guide dans un champ inhomogène.*

Sous cette hypothèse d'adiabaticité le mouvement de la particule chargée restreint à une analyse locale est semblable au mouvement dans un champ homogène. Pour étudier l'influence des inhomogénéités effectuons un changement de variable faisant apparaître le centre guide $\mathbf{R}$, le rayon de Larmor local ρ_L et l'angle de rotation cyclotronique local θ : $[\mathbf{r}, \dot{\mathbf{r}}] \to [\mathbf{R}, \rho_L, \theta, \dot{\mathbf{R}}, \dot{\rho}_L, \dot{\theta}]$ conformément à la figure (5.2). La correspondance entre anciennes et nouvelles variables s'établit donc comme suit :

$$\mathbf{r} \equiv \underbrace{\mathbf{R}}_{\text{centre guide}} + \underbrace{(\rho_L \cos\theta)\, \mathbf{e}_x + (\rho_L \sin\theta)\, \mathbf{e}_y}_{\text{rayon de Larmor}} \tag{5.2}$$

Le mouvement suivant θ étant périodique à l'ordre le plus bas (champ homogène) et les équations d'Euler-Lagrange dérivant d'un principe variationnel, il est légitime de prendre la valeur moyenne du lagrangien sur cette coordonnée périodique et de considérer les équations d'Euler-Lagrange associées à cette valeur moyenne. Ainsi l'énergie cinétique, à l'ordre le plus bas, s'exprime comme : $\left\langle \dot{\mathbf{r}}^2 \right\rangle_\theta = v_\parallel^2 + v_c^2 = \left(\mathbf{b} \cdot \dot{\mathbf{R}}\right)^2 + \left(\rho_L\, \dot{\theta}\right)^2$; l'expression du couplage magnétique moyennée nécessite un développement autour du centre guide :

$$\dot{\mathbf{r}} \cdot \mathbf{A} = \left(\dot{\mathbf{R}} - \rho_L\, \dot{\theta} \sin\theta \mathbf{e}_x + \rho_L\, \dot{\theta} \cos\theta \mathbf{e}_y\right) \cdot \left(\mathbf{A}(\mathbf{R}) + \rho_L \cos\theta \frac{\partial \mathbf{A}}{\partial x} + \rho_L \sin\theta \frac{\partial \mathbf{A}}{\partial y}\right)$$

et conduit à l'expression moyenne : $\langle \dot{\mathbf{r}} \cdot \mathbf{A} \rangle_\theta = \mathbf{A}(\mathbf{R}) \cdot \dot{\mathbf{R}} + \rho_L^2\, \dot{\theta}\, B(\mathbf{R})/2$. Ainsi, le lagrangien moyen $\mathcal{L}$ est la somme de quatre termes : (*i*) l'énergie cinétique le long des lignes de champ, (*ii*) l'énergie cinétique cyclotronique, (*iii*) l'énergie d'interaction entre le dipôle magnétique associé à l'orbite cyclotronique et le champ et (*iv*) le couplage magnétique ramené au centre guide.

$$\mathcal{L} \equiv \langle L \rangle_\theta = \frac{m}{2}\left[\mathbf{b}(\mathbf{R}) \cdot \dot{\mathbf{R}}\right]^2 + \frac{m}{2}\rho_L^2\, \dot{\theta}^2 + e\frac{\rho_L^2\, \dot{\theta}}{2} B(\mathbf{R}) + e\mathbf{A}(\mathbf{R}) \cdot \dot{\mathbf{R}} \tag{5.3}$$

Les équations d'Euler-Lagrange pour les variables $(\dot{\rho_L}, \rho_L)$ et $(\dot{\theta}, \theta)$:

$$\begin{aligned}\frac{\partial \mathcal{L}}{\partial \rho_L} &= 0 \rightarrow \dot{\theta} = -B(\mathbf{R}) \rightarrow \theta = -\omega_c(\mathbf{R})\, t + \theta_0 \\ \frac{\partial \mathcal{L}}{\partial \theta} &= 0 \rightarrow \frac{d}{dt}\left[m\rho_L^2\, \dot{\theta} + \frac{e}{2}\rho_L^2 B(\mathbf{R})\right] = 0 \rightarrow \mu \equiv \frac{e}{2m}\rho_L^2 \omega_c(\mathbf{R}) = C^{te}\end{aligned}$$

confirment la cohérence de cette approximation, la première identité décrit le mouvement de rotation cyclotronique local de pulsation cyclotronique locale $\omega_c(\mathbf{R})$ et le deuxième prédit l'existence d'un invariant, le moment magnétique μ, prédiction confirmée dans le cadre de la théorie adiabatique (relation (6.4)). Les parties du lagrangien relatives au centre guide $\mathbf{R}$ étant autonomes nous pouvons considérer un deuxième changement de variables $\left[\mathbf{R}, \rho_L, \theta, \dot{\mathbf{R}}, \dot{\rho_L}, \dot{\theta}\right] \rightarrow \left[\mathbf{R}, \dot{\mathbf{R}}\right]$ consistant à s'intéresser uniquement aux variables du centre guide, ainsi définit-on le lagrangien du centre guide :

$$\textit{Lagrangien CG:} \quad \mathcal{L}\left(\mathbf{R}, \dot{\mathbf{R}}\right) = m\frac{\left[\mathbf{b}(\mathbf{R}) \cdot \dot{\mathbf{R}}\right]^2}{2} + e\mathbf{A}(\mathbf{R}) \cdot \dot{\mathbf{R}} - \mu B(\mathbf{R}) \qquad (5.4)$$

La particule apparaît dès lors caractérisée par sa charge e, sa masse m, mais aussi par son moment magnétique μ. Les équations d'Euler-Lagrange associées à ce lagrangien du centre guide prédisent l'existence de deux vitesses de dérive perpendiculairement aux lignes de champ, prédiction qui sera confirmée par une autre méthode de moyennisation (6.20).

$$\frac{d}{dt}\left(\frac{\partial \mathcal{L}}{\partial \dot{\mathbf{R}}}\right) = \frac{\partial \mathcal{L}}{\partial \mathbf{R}} \rightarrow \frac{d\mathbf{R}_\perp}{dt} = \frac{v_c^2}{2\omega_c}\mathbf{b} \times \frac{\boldsymbol{\nabla} B}{B} + \frac{v_\parallel^2}{\omega_c}\mathbf{b} \times \frac{\mathbf{n}}{R}$$

où R est le rayon de courbure des lignes du champ magnétique. Nous utiliserons ce lagrangien du centre guide pour établir l'existence d'une précession des orbites dites piégées et calculer la valeur de cette précession. Considérons maintenant, dans un cadre hamiltonien l'impact des résonances sur le mouvement des particules chargées, c'est-à-dire étudions les mécanisme de brisure d'adiabaticité.

5.1.2 Actions et angles dans les tokamaks

Le cadre lagrangien est adapté à l'étude du régime adiabatique et le cadre hamiltonien à l'analyse de la brisure d'adiabaticité, en particulier l'ordering entre variables lentes et variables rapides offert par les variable angles et actions constitue le cadre naturel pour identifier les résonances à l'origine de la brisure d'adiabaticité. Le formalisme hamiltonien est bien adapté à l'étude des mouvements présentant plusieurs échelles de temps, et la séparation de variables lentes et de variables rapides est souvent possible à travers l'usage de transformations canoniques appropriées. On appelle *transformation canonique* tout changement de variables dans la description de l'espace des phases : $[\mathbf{p}, \mathbf{r}] \rightarrow [\mathbf{P}(\mathbf{p}, \mathbf{r}), \mathbf{R}(\mathbf{p}, \mathbf{r})]$ préservant la structure hamiltonienne de la dynamique, c'est-à-dire, tel qu'il existe pour ces nouvelles variables de position $\mathbf{R}$ et moment $\mathbf{P}$ un hamiltonien $H'(\mathbf{P}, \mathbf{R})$; l'évolution dynamique des nouvelles variables $[\mathbf{P}, \mathbf{R}]$ étant donnée par les équations de Hamilton par rapport à ce nouveau hamiltonien : $d\mathbf{P}/dt = -\partial H'/\partial \mathbf{R}$, $d\mathbf{R}/dt = \partial H'/\partial \mathbf{P}$. On notera que les transformations canoniques considèrent sur un pied d'égalité position et moment. La définition des transformations canoniques ainsi énoncée peut paraître formelle et dénuée de vertu pratique. Il n'en est rien, car il existe un procédé de construction systématique de transformations canoniques : les *fonctions génératrices* W. Rappelons les relations de génération associées aux différents types de fonctions génératrices W_i indépendantes du temps.

$$\begin{array}{c} W_1(\mathbf{r},\mathbf{R},t) \rightarrow \mathbf{p} = \partial W_1/\partial \mathbf{r} \ , \ \mathbf{P} = -\,\partial W_1/\partial \mathbf{R} \\ W_2(\mathbf{r},\mathbf{P},t) \rightarrow \mathbf{p} = \partial W_2/\partial \mathbf{r} \ , \ \mathbf{R} = \partial W_2/\partial \mathbf{P} \\ W_3(\mathbf{p},\mathbf{R},t) \rightarrow \mathbf{r} = -\partial W_3/\partial \mathbf{p} \ , \ \mathbf{P} = -\partial W_3/\partial \mathbf{R} \\ W_4(\mathbf{p},\mathbf{P},t) \rightarrow \mathbf{r} = -\partial W_4/\partial \mathbf{p} \ , \ \mathbf{R} = \partial W_4/\partial \mathbf{P} \end{array} \tag{5.5}$$

Il est parfois possible de construire un système de variables canoniques, dit système angles-actions, tel que les nouveaux moments, les actions $\mathbf{J}$, restent constants au cours du mouvement et les nouvelles positions, les angles $\boldsymbol{\theta}$, varient linéairement en fonction du temps : $[\mathbf{p},\mathbf{r},H(\mathbf{p},\mathbf{r})] \rightarrow [\mathbf{J},\boldsymbol{\theta},H_0(\mathbf{J})] \rightarrow \mathbf{J}(t) = \mathbf{J}_0, \boldsymbol{\theta}(t) = \boldsymbol{\Omega}(\mathbf{J}_0)\,t + \boldsymbol{\theta}_0$, où $\boldsymbol{\Omega}(\mathbf{J}) \equiv \partial H_0/\partial \mathbf{J}$ sont appelées les pulsations propres du système.

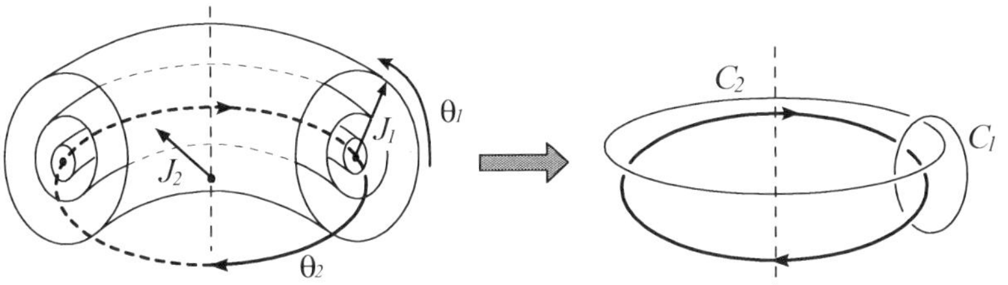

Fig. 5.3 : *Tores de KAM dans l'espace des phases.*

Lorsqu'il est possible de construire un tel système de variables angles-actions dans tout l'espace des phases, le système est dit *intégrable au sens de Poincaré*.

$$\textit{Angles-Actions :} \quad \frac{d\mathbf{J}}{dt} = -\frac{\partial H_0(\mathbf{J})}{\partial \boldsymbol{\theta}} = \mathbf{0} \ , \ \frac{d\boldsymbol{\theta}}{dt} = \frac{\partial H_0(\mathbf{J})}{\partial \mathbf{J}} \equiv \boldsymbol{\Omega}(\mathbf{J}) \tag{5.6}$$

Le hamiltonien H_0 associé à ce système de variables canoniques est donc nécessairement indépendant des angles $\boldsymbol{\theta}$ et il est possibles de considérer un double ordering : (i) les angles $\boldsymbol{\theta}$ sont des variables rapides au regard des actions $\mathbf{J}$ et (ii) au sein de l'ensemble des angles $\boldsymbol{\theta}$, si les pulsations propres $\boldsymbol{\Omega}(\mathbf{J}) = [\omega_1(J_1,J_2,J_3), \omega_2(J_1,J_2,J_3), \omega_3(J_1,J_2,J_3)]$ sont différentes, les angles peuvent être classés en angles rapides et lents : $\omega_1 > \omega_2 > \omega_3$. Au-delà de cet ordering temporel, les variables angles-actions permettent de paramètrer les tores associés à la structure topologique découlant de l'intégrabilité. Les orbites dans l'espace des phases d'un mouvement multiplement périodique et intégrable au sens de Poincaré sont des hélices s'appuyant sur des tores emboîtés, les *tores de Kolmogorov-Arnold-Moser* (KAM) illustrés sur la figure (5.3), l'action repère le tore et les angles constituent un système de repérage sur la surface de ce tore, cette structure topologiquement ordonnée n'est représentable que dans le cas de deux degrés de liberté autonomes, actions $[J_1, J_2]$ et angles $[\theta_1, \theta_2]$, pour une énergie $H(J_1, J_2)$ donnée, figure (5.3).

Trois stratégies peuvent être mises en œuvre pour construire une variable d'action :

• la construction d'une fonction génératrice W_i appropriée,

• la recherche d'un circuit $\mathcal{C}$ dans l'espace des phases tel que si nous considérons l'intégrale $\oint_{\mathcal{C}} \mathbf{p} \cdot d\mathbf{r}$ pour ce circuit, son enlacement avec les éléments cardinaux des tores de Kolmogorov-Arnold-Moser permet de l'identifier sans ambiguïté avec l'intégrale $\oint_{\mathcal{C}} \mathbf{p} \cdot d\mathbf{r} = \oint_{\mathcal{C}} J d\theta = 2\pi J$,

• l'identification de coordonnées lagrangiennes dites cycliques, $\left(r_i, \dot{r}_i\right)$ telles que $\partial L / \partial r_i = 0 \rightarrow d\left(\partial L / \partial \dot{r}_i\right) / dt = 0$; ainsi, $\partial L / \partial \dot{r}_i$ est un invariant lagrangien.

$$\textit{Invariant lagrangien} \quad : \quad I \equiv \frac{\partial L}{\partial \dot{r}_i} \leftarrow \frac{\partial L}{\partial r_i} = 0 \tag{5.7}$$

$$\textit{Action hamiltonienne} \quad : \quad J \equiv \frac{1}{2\pi} \oint (m\mathbf{v}+e\mathbf{A}) \cdot d\mathbf{r} \tag{5.8}$$

L'existence de N circuits topologiquement indépendants, $\mathcal{C}_i$ sur la figure (5.3), garanti l'existence de N actions pour un mouvement multiplement périodique régulier. Au sein d'un tokamak les deux dernières stratégies sont utilisées pour construire le moment magnétique J et le moment angulaire toroïdal M.

Considérons une particule de masse m et de charge e en interaction avec un champ magnétique $\mathbf{B}$ dérivant du potentiel vecteur $\mathbf{A} = A_R \mathbf{e}_R + A_\varphi \mathbf{e}_\varphi + A_z \mathbf{e}_z$. La dynamique de cette particule chargée est décrite par l'évolution des vecteurs position $\mathbf{r} = R\mathbf{e}_R + z\mathbf{e}_z$ et vitesse $\mathbf{v} = dR/dt\mathbf{e}_R + Rd\varphi/dt\mathbf{e}_\varphi + dz/dt\mathbf{e}_z$ au cours du temps, où $[\mathbf{e}_R, \mathbf{e}_\varphi, \mathbf{e}_z]$ est une base cylindrique orthonormée directe et $[R, \varphi, z]$ un système de coordonnées cylindriques. Le moment canoniquement conjugué à la position $\mathbf{r}$ est défini par :

$$\mathbf{p} \equiv \frac{\partial L}{\partial \mathbf{v}} = \left(m\frac{dR}{dt} + eA_R\right)\mathbf{e}_R + \left(mR^2\frac{d\varphi}{dt} + eRA_\varphi\right)\mathbf{e}_\varphi + \left(m\frac{dz}{dt} + eA_z\right)\mathbf{e}_z$$

Dans le cas d'un tokamak la composante orthoradiale A_φ du potentiel vecteur peut s'exprimer en fonction du flux poloïdal Ψ_P (nous présenterons le détail de ces représentations du potentiel et du champ dans le chapitre consacré à la magnétohydrodynamique) qui est indépendant de l'angle toroïdal φ, le champ magnétique étant indépendant de cet angle toroïdal. Le lagrangien est donc aussi indépendant de l'angle toroïdal φ et le moment canoniquement conjugué à cette angle est une constante du mouvement $(dp_\varphi/dt = \partial L/\partial\varphi = 0)$. Cette constante du mouvement définit le moment angulaire ou cinétique $M \equiv p_\varphi$. Cet invariant est associé à une symétrie (invariant de Nœther) ; il existe un deuxième type d'invariants résultant non pas d'une symétrie, mais d'un ordering fort entre deux échelles de temps, les *invariants adiabatiques* qui sont associés aux actions d'un système présentant un ordering adiabatique. Le moment magnétique cyclotronique constitue un tel invariant et il peut être considéré comme l'action canoniquement conjugué à l'angle cyclotronique à un facteur m/e près.

$$\textit{Moment cinétique} \quad : \quad M \equiv \frac{\partial L}{\partial \dot{\varphi}} = \left(mR^2\frac{d\varphi}{dt} + qRA_\varphi\right) \tag{5.9}$$

$$\textit{Moment magnétique} \quad : \quad J \equiv \frac{e}{2\pi} \oint \left(\mathbf{v}_c + \frac{\omega_c}{2}\mathbf{b} \times \boldsymbol{\rho}_L\right) \cdot d\mathbf{r} \tag{5.10}$$

Un troisième invariant de flux peut aussi être construit pour une topologie magnétique de type tokamak.

Les mouvements des électrons et des ions au sein d'une configuration simple de type tokamak sont intégrables au sens de Poincaré et deux classes d'orbites seront identifiées au chapitre suivant : les orbites circulantes et les orbites piégées.

Le mouvement des particules circulantes peut être décomposé en trois rotations :

• une rotation *autour des lignes de champ*, le mouvement cyclotronique d'angle α,

• une rotation toroïdale *autour de l'axe toroïdal*, suivant l'angle toroïdal φ,

• une rotation poloïdale *autour de l'axe magnétique* suivant l'angle poloïdal θ.

Le mouvement des particules piégées peut être décomposé en une rotation, une oscillation et une précession :

• une rotation autour des lignes de champ, le mouvement cyclotronique d'angle α,

• une oscillation poloïdale de *part et d'autre du plan horizontal* suivant l'angle θ, associée à une oscillation radiale du côté bas champ.

• une précession toroïdale *autour de l'axe toroïdal*, suivant l'angle φ.

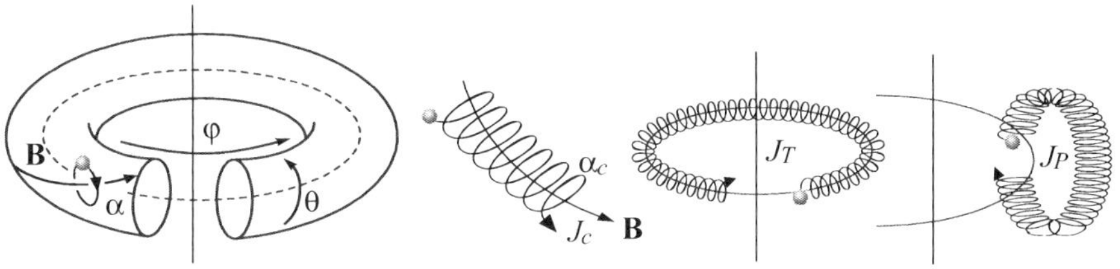

Fig. 5.4 : *Ordering adiabatique des oscillations et rotations.*

Cette combinaison de mouvements périodiques garantit le confinement des orbites représentées sur la figure (5.4), les expressions des pulsations de ces différentes oscillations et rotations seront établies dans le chapitre suivant et sont données dans le tableau ci-dessous.

Mouvements Périodiques	Particules circulantes	Particules piégées
Rotations	$\omega_1 = \omega_c = \frac{eB}{m}$	$\omega_1 = \omega_c = \frac{eB}{m}$
Rotation / Oscillation	$\omega_2 = \omega_\varphi \sim \omega_c \frac{\rho_L}{R}$	$\omega_2 = \omega_b \sim \omega_c \frac{\rho_L}{qR} \sqrt{\frac{r}{2R}}$
Rotation / Précession	$\omega_3 = \omega_\theta \sim \omega_e \frac{\rho_L}{qR}$	$\omega_3 = \omega_d \sim \omega_c \frac{q\rho_L^2}{4R^2}$

où nous avons supposé $\langle v_\parallel \rangle \sim \langle v_c \rangle$ pour les particules circulantes et $\langle v_\parallel \rangle \sim \langle v_c \rangle \sqrt{2r/R}$ pour les particules piégées, R est le grand rayon du tore, r le petit rayon et $q = rB_\varphi/RB_\theta$ le facteur de sécurité défini en première approximation comme le produit des rapports des champs poloïdaux et toroïdaux et des grand et petit rayons. Pour les particules piégées l'ordering adiabatique $\omega_c \gg \omega_b \gg \omega_d$ garantit la stabilité du mouvement et pour les particules circulantes l'ordering est plus faible compte tenu des valeur du facteurs de sécurité $q \geq 1$: $\omega_c \gg \omega_\varphi > \omega_\theta$. Pour ces deux classes d'orbites il est possible de construire des variables actions $[J_c, J_T, J_P]$ et angles conjugués $[\alpha, \varphi, \theta]$.

5.1.3 Actions et angles cyclotroniques

Dans ce chapitre nous nous contenterons d'analyser en détail le mouvement cyclotronique et de construire sa description canonique angle-action. Cette description hamiltonienne sera ensuite mise à profit pour calculer le tenseur diélectrique gyro-cinétique et l'opérateur de diffusion quasi-linéaire.

Considérons une particule de masse m et de charge e interagissant avec un champ magnétique $\mathbf{B}$ homogène et stationnaire, cette particule chargée est décrite par sa position $\mathbf{r} = x\ \mathbf{e}_x + y\ \mathbf{e}_y + z\ \mathbf{e}_z$ et sa vitesse $\mathbf{v} = v_x\ \mathbf{e}_x + v_y\ \mathbf{e}_y + v_z\ \mathbf{e}_z$ où $[\mathbf{e}_x, \mathbf{e}_y, \mathbf{e}_z]$ est une base cartésienne orthonormée directe. Le champ magnétique $\mathbf{B} = B_0\ \mathbf{e}_z$ dérive du potentiel vecteur $\mathbf{A}_0(\mathbf{r}) = -B_0 y\ \mathbf{e}_x$. Le moment $\mathbf{p}$ canoniquement conjugué à la position $\mathbf{r}$ est égal à $\mathbf{p} = m\mathbf{v}+e\mathbf{A}_0 = p_x\ \mathbf{e}_x + p_y\ \mathbf{e}_y + P\ \mathbf{e}_z$.

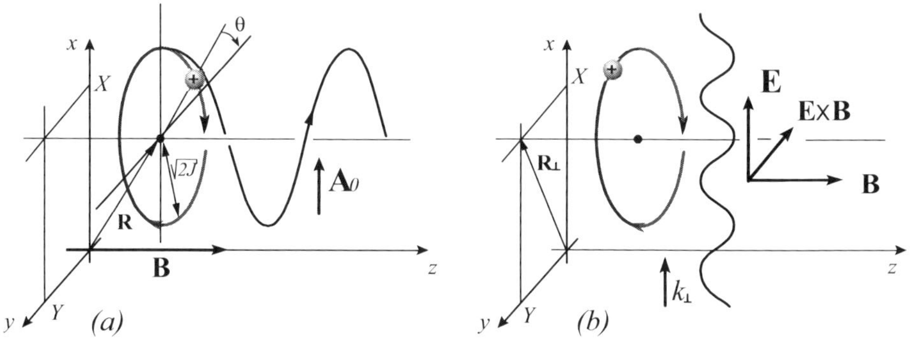

Fig. 5.5 : *(a) Orbite cyclotronique, (b) Dérive électrique.*

Le hamiltonien $H(\mathbf{p}, \mathbf{r})$ est donc de nature purement cinétique en l'absence de potentiel scalaire.

$$\textit{Hamiltonien position-vitesse}: \ H(\mathbf{p}, \mathbf{r}) = \frac{[\mathbf{p}-e\mathbf{A}_0(\mathbf{r})]^2}{2m} \tag{5.11}$$

L'utilisation d'un système d'unités adapté au problème simplifie l'étude de ce mouvement intégrable : [kilogramme, seconde, ampère]$\rightarrow [m, m/eB_0, e^2B_0/m]$. Au-delà du changement d'unités, nous allons construire une transformation canonique afin d'identifier et d'exprimer les variables angles-actions $[(J,\ X,\ P),\ (\theta,\ Y,\ z)]$ séparant les parties lente et rapide du mouvement. Considérons le changement de variables $[(p_x, p_y), (x, y)] \rightarrow [(J,\ X),\ (\theta,\ Y)]$ généré par la fonction génératrice de première espèce $W_1(x, y, \theta, Y) = -(y-Y)^2 \tan\theta/2 - xY$. Les anciens et nouveaux moments sont donnés par les règles de génération canonique (5.5) : $p_x = -Y$, $p_y = -(y-Y)\tan\theta$, $J = (y-Y)^2/2\cos^2\theta$, $X = x - (y-Y)\tan\theta$. L'expression de la position est obtenue par élimination : $x = X + \sqrt{2J}\sin\theta$, $y = Y + \sqrt{2J}\cos\theta$ où X et Y sont les positions du centre guide identifiables sur la figure (5.5-a). La vitesse s'exprime aussi en fonction de J et de θ l'angle cyclotronique : $\mathbf{v} = \mathbf{p} - \mathbf{A}_0 = \sqrt{2J}\cos\theta\mathbf{e}_x - \sqrt{2J}\sin\theta\mathbf{e}_y + P\mathbf{e}_z \rightarrow v^2 = 2J + P^2$. Enfin, la substitution de ces variables permet d'exprimer le hamiltonien $H = (\mathbf{p}-\mathbf{A}_0)^2/2$ comme la somme d'une forme quadratique et d'une forme linéaire.

$$\textit{Hamiltonien angles-actions}: \ H(J, X, P, \theta, Y, z) = J + \frac{P^2}{2} \tag{5.12}$$

Pour illustrer l'efficacité du formalisme hamiltonien nous allons établir la correction *gyro-cinétique* associée aux effets de rayons de Larmor finis dans le cadre du problème de l'interaction entre un champ électrique périodique et une particule chargée, figure (5.5-b). Soit un champ électrique $\mathbf{E}(\mathbf{r}) = E\cos(k_\perp x)\,\mathbf{e}_x$ dérivant du potentiel scalaire $-E\sin(k_\perp x)/k_\perp$, le hamiltonien associé à cette configuration de champ est donné par :

$$H = \frac{[\mathbf{p}-\mathbf{A}_0]^2}{2} - \frac{E}{k_\perp}\sin k_\perp x = J + \frac{P^2}{2} - \frac{E}{k_\perp}\sin\left(k_\perp X + k_\perp\sqrt{2J}\sin\theta\right)$$

Cette dernière expression peut être développée sur la base de l'identité de Jacobi : $\sin[u + b\sin\alpha] = \sum J_n(b)\sin[u+n\alpha]$ où n décrit l'ensemble des entiers et où $J_n(b)$ sont les fonctions de Bessel de première espèce d'ordre entier. Les équations de Hamilton associées au hamiltonien ainsi développé expriment l'évolution du centre guide,

$$\frac{dX}{dt} = 0\ ,\ \frac{dY}{dt} = -E\sum_{n=-\infty}^{n=+\infty} J_n\left(k_\perp\sqrt{2J}\right)\cos(k_\perp X + n\theta) \tag{5.13}$$

et permettent de calculer la valeur moyenne, $\langle\rangle_\theta = \int d\theta/2\pi$, de la vitesse du centre guide $\mathbf{R}_\perp \equiv X\mathbf{e}_x + Y\mathbf{e}_y = \langle x\rangle_\theta\,\mathbf{e}_x + \langle y\rangle_\theta\,\mathbf{e}_y \to \langle dX/dt\rangle_\theta\,\mathbf{e}_x + \langle dY/dt\rangle_\theta\,\mathbf{e}_y$ $= E\cos(k_\perp X)\,J_0\left(k_\perp\sqrt{2J}\right)\mathbf{e}_y$, ainsi nous établissons le résultat classique :

Dérive électrique gyro-cinétique : $$\frac{d\mathbf{R}_\perp}{dt} = J_0(k_\perp\rho_L)\,\frac{\mathbf{E}(\mathbf{R}_\perp)\times\mathbf{B}}{B^2} \tag{5.14}$$

que nous utiliserons lors de l'étude des instabilités basses fréquences. Nous établirons au chapitre suivant, dans le cadre d'un formalisme newtonien, l'expression de la vitesse dite de dérive de champ croisé : $\mathbf{E}\times\mathbf{B}/B^2$ mais les corrections de rayons de Larmor finis, ou gyro-cinétiques, identifiées ici trouvent leur cadre approprié d'étude au sein du formalisme hamiltonien.

Sans élever cette remarque au rang de règle, notons que le formalisme hamiltonien est plus adapté à l'étude du chauffage (en régime chaotique) alors que le formalisme lagrangien permet d'étudier le confinement (en régime adiabatique) ; le formalisme newtonien étant restreint à une approche initiale des problèmes et devenant rapidement inutilisable pour les problèmes complexes tels que ceux rencontrés en physique des tokamaks.

5.1.4 Relations d'Einstein et Liouville

Les relations d'Einstein et Liouville sont deux relations utiles pour la construction de la théorie cinétique des plasmas thermonucléaires, aussi nous les démontrerons brièvement ici et nous les utiliserons ultérieurement.

Soit un système hamiltonien de variables canoniques $(\mathbf{I},\boldsymbol{\theta})$, décrit par le hamiltonien $H(\mathbf{I},\boldsymbol{\theta}) = H_0(\mathbf{I}) + V(\mathbf{I},\boldsymbol{\theta})$ tel que $V \ll H_0$ et $\langle V\rangle_{\boldsymbol{\theta}} = 0$; la relation d'Einstein est une identité entre : (i) la variation de l'action $\mathbf{I}$ calculée au deuxième ordre en V/H_0 puis prise en moyenne sur l'angle initial $\boldsymbol{\theta}_0$ et (ii) le carré de la variation d'action calculée au premier ordre V/H_0 puis prise en moyenne sur l'angle initial $\boldsymbol{\theta}_0$.

Une moyenne sur la variable d'angle $\boldsymbol{\theta}_0$ est souvent nécessaire en physique de l'interaction onde-particule car la phase relative entre une onde et une particule ne peut pas être contrôlée, il en est de même lors de l'interaction particule/particule où le paramètre d'impact b ne peut pas être contrôlé. De telles quantités physiques (phase relative, paramètre d'impact...) ne sont donc pas observables à l'échelle macroscopique et doivent donc être sommées sur toutes leurs valeurs possibles pondérées par leurs probabilités d'occurrence. Cette méthode a reçu le non de Random Phase Approximation (RPA) et la relation d'Einstein est fort utile pour évaluer les coefficients cinétiques sous l'hypothèse RPA.

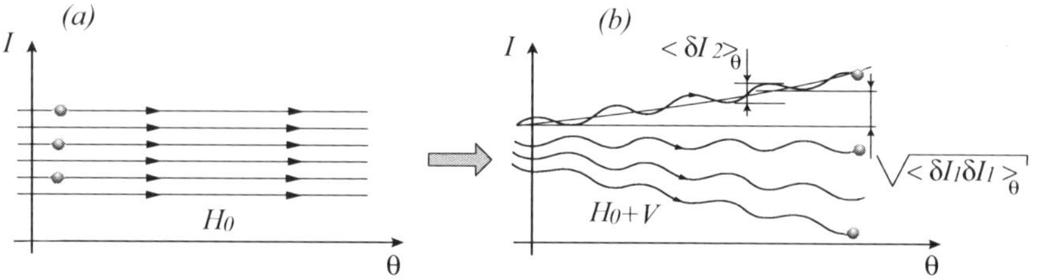

Fig. 5.6 : *Relation d'Einstein : (a) problème intégrable* $H_0(I)$, *(b) problème perturbé* $H_0(I) + V(I, \theta, t)$.

Restreignons l'analyse à une action et à un angle représentés sur la figure (5.6) et considérons $H = H_0(I) + V(I, \theta, t)$, soit $I(t = 0) = I_0$, $\theta(t = 0) = \theta_0$ les conditions initiales d'une orbite dans l'espace des phases. Nous allons résoudre les équations de Hamilton sur la base d'un développement perturbatif en une série $O(1) + O(V/H_0) + O(V/H_0)^2 + ...$

$$\textit{Action} \quad : \quad I(t) = \underbrace{I_0}_{O[V^0]} + \underbrace{I_1(I_0, \theta_0, t)}_{O[V^1]} + \underbrace{I_2(I_0, \theta_0, t)}_{O[V^2]} + ... \tag{5.15}$$

$$\textit{Angle} \quad : \quad \theta(t) = \underbrace{\theta_0 + \Omega(I_0)t}_{O[V^0]} + \underbrace{\theta_1(I_0, \theta_0, t)}_{O[V^1]} + \underbrace{\theta_2(I_0, \theta_0, t)}_{O[V^2]} + ... \tag{5.16}$$

Nous avons introduit Ω la pulsation du mouvement non perturbé et définissons Π la courbure du hamiltonien non perturbé qui est l'inverse de la masse effective de la particule considérée.

$$\Omega(I_0) \equiv \left.\frac{\partial H_0(I)}{\partial I}\right|_{I_0}, \ \Pi(I_0) \equiv \left.\frac{\partial^2 H_0(I)}{\partial I \partial I}\right|_{I_0} \tag{5.17}$$

Les équations vérifiées par les variations au premier ordre sont données par :

$$\frac{dI_1}{dt} = -\left.\frac{\partial V(I, \theta, t)}{\partial \theta}\right|_{I_0, \theta_0 + \Omega t} \tag{5.18}$$

$$\frac{d\theta_1}{dt} = \left.\frac{\partial V(I, \theta, t)}{\partial I}\right|_{I_0, \theta_0 + \Omega t} + \left.\frac{\partial^2 H_0(I)}{\partial I \partial I}\right|_{I_0} I_1(I_0, \theta_0, t) \tag{5.19}$$

et au deuxième ordre par :

$$\frac{dI_2}{dt} = -\theta_1(I_0, \theta_0, t) \left.\frac{\partial^2 V(I, \theta, t)}{\partial \theta \partial \theta}\right|_{I_0, \theta_0 + \Omega t} - I_1(I_0, \theta_0, t) \left.\frac{\partial^2 V(I, \theta, t)}{\partial \theta \partial I}\right|_{I_0, \theta_0 + \Omega t}$$

Exprimons les équations d'évolutions des variations au premier ordre en fonction des coordonnées initiales $I(t=0)=I_0$ et $\theta(t=0)=\theta_0$.

$$\begin{aligned}\frac{dI_1}{dt} &= -\frac{\partial V[I_0,\theta_0+\Omega(I_0)t,t]}{\partial\theta_0}\\ \frac{d\theta_1}{dt} &= \frac{\partial V[I_0,\theta_0+\Omega(I_0)t,t]}{\partial I_0}-\frac{\partial V[I_0,\theta_0+\Omega(I_0)t,t]}{\partial\theta_0}\Pi t+I_1(I_0,\theta_0,t)\Pi\end{aligned}$$

Notons que l'évolution de l'angle s'exprime alors comme :

$$\frac{d\theta_1}{dt}=\frac{\partial V[I_0,\theta_0+\Omega(I_0)t,t]}{\partial I_0}+\Pi\frac{d(I_1t)}{dt} \tag{5.20}$$

Exprimons les équations d'évolution des variations au deuxième ordre en fonction des coordonnées initiales $I(t=0)=I_0$ et $\theta(t=0)=\theta_0$.

$$\begin{aligned}\frac{dI_2}{dt} &= -\theta_1(I_0,\theta_0,t)\frac{\partial^2 V[I_0,\theta_0+\Omega(I_0)t,t]}{\partial\theta_0\partial\theta_0}-I_1(I_0,\theta_0,t)\\ &\quad\times\frac{\partial^2 V[I_0,\theta_0+\Omega(I_0)t,t]}{\partial\theta_0\partial I_0}+I_1(I_0,\theta_0,t)\frac{\partial^2 V[I_0,\theta_0+\Omega(I_0)t,t]}{\partial\theta_0\partial\theta_0}\Pi t\end{aligned}$$

Intégrons les équations de l'action $I_1(I_0,\theta_0,t)$ et de l'angle $\theta_1(I_0,\theta_0,t)$ au premier ordre :

$$I_1(I_0,\theta_0,t) = -\frac{\partial}{\partial\theta_0}\int_0^t V[I_0,\theta_0+\Omega(I_0)u,u]\,du \tag{5.21}$$

$$\theta_1(I_0,\theta_0,t) = \frac{\partial}{\partial I_0}\int_0^t V[I_0,\theta_0+\Omega(I_0)u,u]\,du+\Pi I_1(I_0,\theta_0,t)\,t \tag{5.22}$$

Ainsi l'évolution du terme du deuxième I_2 ordre s'exprime suivant la relation :

$$\begin{aligned}\frac{dI_2}{dt} &= +\frac{\partial}{\partial I_0}\left[\frac{dI_1(I_0,\theta_0,t)}{dt}I_1(I_0,\theta_0,t)\right]\\ &\quad-\frac{\partial}{\partial\theta_0}\left[\frac{\partial V[I_0,\theta_0+\Omega(I_0)t,t]}{\partial\theta_0}\frac{\partial}{\partial I_0}\int_0^t V[I_0,\theta_0+\Omega(I_0)u,u]\,du\right]\end{aligned}$$

L'angle initial θ_0 étant uniformément réparti entre 0 et 2π, le deuxième terme présente une moyenne $\langle\rangle_{\theta_0}$ nulle ; ainsi, nous avons établi la relation d'Einstein pour un système présentant un degré de liberté : $2\langle I_2(I_0,t)\rangle_{\theta_0}=\partial\left\langle I_1^2(I_0,t)\right\rangle_{\theta_0}/\partial I_0$ et ce résultat peut être étendu sans difficulté aux cas de dimensions plus élevées : $\langle\delta\mathbf{I}_1(\mathbf{I}_0,\boldsymbol{\theta}_0,t)\rangle_{\boldsymbol{\theta}_0}=\mathbf{0}$,

Relation d'Einstein : $\langle\delta\mathbf{I}_2(\mathbf{I}_0,\boldsymbol{\theta}_0,t)\rangle_{\boldsymbol{\theta}_0}=\frac{1}{2}\frac{\partial}{\partial\mathbf{I}_0}\cdot\langle\delta\mathbf{I}_1(\mathbf{I}_0,\boldsymbol{\theta}_0,t)\,\delta\mathbf{I}_1(\mathbf{I}_0,\boldsymbol{\theta}_0,t)\rangle_{\boldsymbol{\theta}_0}$

Considérons maintenant la relation de Liouville, où théorème de Liouville. Soit le même système décrit par le hamiltonien $H(\mathbf{I},\boldsymbol{\theta})=H_0(\mathbf{I})+V(\mathbf{I},\boldsymbol{\theta})$, considérons un élément de volume $d\mathbf{I}_0d\boldsymbol{\theta}_0$ décrivant, à un instant donné, un ensemble (continu) de systèmes dans l'espace des phases illustré sur la figure (5.7). Si le système est intégrable $H=H_0(\mathbf{I})$ (5.7-a) et il est aisé d'établir qu'un élément de volume infinitésimal est simplement étiré suivant les directions des angles à actions constantes et que son volume est conservé : $\mathbf{I}_0d\boldsymbol{\theta}_0=d\mathbf{I}(\mathbf{I}_0,\boldsymbol{\theta}_0,t)\,d\boldsymbol{\theta}(\mathbf{I}_0,\boldsymbol{\theta}_0,t)$;

cette propriété est en fait indépendante de l'intégrabilité ou de la non intégrabilité et est liée à la nature hamiltonienne du système.

Considérons, à présent, un système non intégrable, $H = H_0(\mathbf{I}) + V(\mathbf{I}, \boldsymbol{\theta})$, et évaluons l'évolution temporelle d'un élément de volume $\mathbf{I}_0 d\boldsymbol{\theta}_0$.

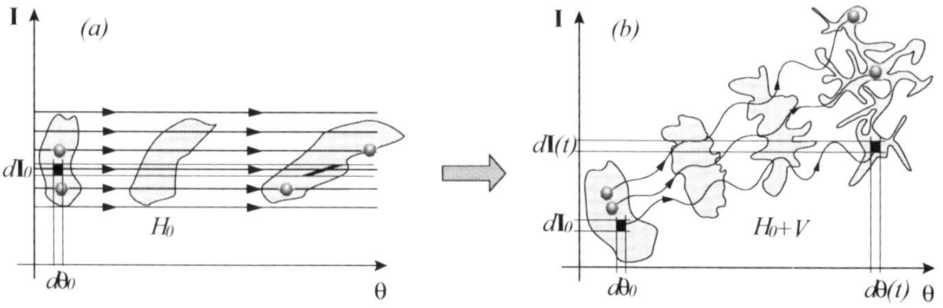

Fig. 5.7 : *Théorème de Liouville : (a) problème intégrable, (b) problème non intégrable.*

A l'issue d'une durée infinitésimale δt les variables canoniques ont évolué conformément aux équations de Hamilton.

$$\boldsymbol{\theta}_1 = \boldsymbol{\theta}_0 + \delta t \left.\frac{\partial H}{\partial \mathbf{I}}\right|_0 + O\left(\delta t^2\right), \qquad \mathbf{I}_1 = \mathbf{I}_0 - \delta t \left.\frac{\partial H}{\partial \boldsymbol{\theta}}\right|_0 + O\left(\delta t^2\right)$$

Le rapport du volume final sur le volume initial est donné par le déterminant jacobien associé aux fonctions $[\boldsymbol{\theta}_1(\boldsymbol{\theta}_0, \mathbf{J}_0), \mathbf{J}_1(\boldsymbol{\theta}_0, \mathbf{J}_0)]$. Ce rapport de volumes après un instant δt est du deuxième ordre en δt.

$$\left|\frac{\partial(\boldsymbol{\theta}_1, \mathbf{I}_1)}{\partial(\boldsymbol{\theta}_0, \mathbf{I}_0)}\right| = \mathrm{Det}\begin{pmatrix} 1 + \delta t \left.\frac{\partial^2 H}{\partial \mathbf{I} \partial \boldsymbol{\theta}}\right|_0 & -\delta t \left.\frac{\partial^2 H}{\partial \boldsymbol{\theta}^2}\right|_0 \\ \delta t \left.\frac{\partial^2 H}{\partial \mathbf{I}^2}\right|_0 & 1 - \delta t \left.\frac{\partial^2 H}{\partial \mathbf{I} \partial \boldsymbol{\theta}}\right|_0 \end{pmatrix} = 1 + O\left[\delta t^2\right]$$

Considérons maintenant l'évolution de cet ensemble de systèmes sur une durée finie t et découpons cet intervalle de temps en N courts instants $\delta t = t/N|_{N \to +\infty}$. Le rapport du volume initial au volume final est donné par le déterminant du produit des matrices jacobiennes décrivant chaque évolution infinitésimale et le déterminant d'un produit est égal au produit des déterminants : $\partial[\mathbf{I}(\boldsymbol{\theta}_0, \mathbf{I}_0, t), \boldsymbol{\theta}(\boldsymbol{\theta}_0, \mathbf{I}_0, t)] \;/\; \partial[\mathbf{I}_0, \boldsymbol{\theta}_0] = \left[1 + O(t/N)^2\right]^N \to 1$ si $N \to +\infty$; ainsi nous obtenons le théorème de Liouville énonçant la conservation du volume d'espace des phases au cours de l'évolution canonique illustrée sur la figure (5.7).

$$\textit{Théorème de Liouville :}\quad d\mathbf{I}_0 d\boldsymbol{\theta}_0 = d\mathbf{I}(\mathbf{I}_0, \boldsymbol{\theta}_0, t)\, d\boldsymbol{\theta}(\mathbf{I}_0, \boldsymbol{\theta}_0, t) \tag{5.23}$$

Notons que la démonstration de cette relation fait uniquement usage des équations de Hamilton et ne fait pas intervenir les propriétés spécifiques des variables angles et action, aussi la relation de Liouville est vérifiée pour toute description de l'espace des phases construite sur un ensemble de variables canoniques.

5.2 Résonances dans les Tokamaks

5.2.1 Perturbations résonnantes

Il est possible de construire les trois angles et les trois actions $(\mathbf{J}, \boldsymbol{\theta})$ associés à la dynamique adiabatique d'une particule chargée interagissant avec une configuration magnétique de type tokamak (relation (5.34)). Avant d'entreprendre cette tâche, considérons le problème central des résonances au voisinage de l'intégrabilité. En présence d'ondes électromagnétiques de pulsation ω, (i) soit appliquées à dessein dans le contexte d'un procédé de chauffage, (ii) soit générées par les mécanismes de turbulence malgré les efforts pour stabiliser les instabilités, le hamiltonien $H_0(\mathbf{J})$ doit être complété pour prendre en compte l'interaction onde-particule. L'interaction onde-particule est décrite par un hamiltonien que nous nommerons perturbateur $V(\mathbf{J}, \boldsymbol{\theta}, t)$ tel que $|V| \ll |H_0|$ où $\mathbf{J}$ et $\boldsymbol{\theta}$ sont respectivement les actions et angles de la partie intégrable H_0. Le deuxième terme $V(\mathbf{J}, \boldsymbol{\theta}, t)$ est fonction des angles $\boldsymbol{\theta}$ et des actions $\mathbf{J}$ du terme dominant $H_0(\mathbf{J})$, il peut donc être analysé comme une série de Fourier sur les angles $\boldsymbol{\theta}$ dont les coefficients $V_{\mathbf{N}}$ sont fonctions des actions $\mathbf{J}$. La forme générique du hamiltonien d'interaction dans un tokamak est donc donnée par :

$$H = H_0(\mathbf{J}) + V(\mathbf{J}, \boldsymbol{\theta}, t) = H_0(\mathbf{J}) + \sum_{\mathbf{N}} V_{\mathbf{N}}(\mathbf{J}) \cos(\mathbf{N} \cdot \boldsymbol{\theta} - \omega t + \phi_{\mathbf{N}})$$

où $\mathbf{N} = (N_1, N_2, N_3)$ décrit un triplet d'entiers. Considérons les équations de Hamilton associées au terme $V_{\mathbf{N}}(\mathbf{J})$ du développement de la perturbation $V(\mathbf{J}, \boldsymbol{\theta}, t)$.

$$\textit{Actions} \quad : \quad \frac{d\mathbf{J}}{dt} = -\mathbf{N} V_{\mathbf{N}}(\mathbf{J}) \sin(\mathbf{N} \cdot \boldsymbol{\theta} - \omega t + \phi_{\mathbf{N}}) \tag{5.24}$$

$$\textit{Angles} \quad : \quad \frac{d\boldsymbol{\theta}}{dt} = \boldsymbol{\Omega}(\mathbf{J}) + \frac{\partial V_{\mathbf{N}}(\mathbf{J})}{\partial \mathbf{J}} \cos(\mathbf{N} \cdot \boldsymbol{\theta} - \omega t + \phi_{\mathbf{N}}) \tag{5.25}$$

où $\boldsymbol{\Omega}(\mathbf{J}) \equiv \partial H_0 / \partial \mathbf{J} = [\omega_1(J_1, J_2, J_3), \omega_2(J_1, J_2, J_3), \omega_3(J_1, J_2, J_3)]$ sont les pulsations de la composante intégrable du mouvement. Une intégration sur les temps courts à partir du point $[\mathbf{J}_0, \boldsymbol{\theta}_0]$ à l'instant $t = 0$ conduit à l'évolution de l'action $\mathbf{J}(t)$ suivante :

$$\mathbf{J} = \mathbf{J}_0 + \mathbf{N} V_{\mathbf{N}}(\mathbf{J}_0) \frac{\cos[\mathbf{N} \cdot \boldsymbol{\Omega}(\mathbf{J}_0) t - \omega t + \mathbf{N} \cdot \boldsymbol{\theta}_0 + \phi_{\mathbf{N}}] - \cos[\mathbf{N} \cdot \boldsymbol{\theta}_0 + \phi_{\mathbf{N}}]}{\mathbf{N} \cdot \boldsymbol{\Omega}(\mathbf{J}_0) - \omega}$$

qui met en lumière l'impact de la résonance : $\mathbf{N} \cdot \boldsymbol{\Omega}(\mathbf{J}_0) \sim \omega$ sur le mouvement. En effet, au voisinage de ces résonances, $N_1\omega_1 + N_2\omega_2 + N_3\omega_3 = \omega$, bien que l'amplitude $V_{\mathbf{N}}$ reste *a priori* faible, $|V_{\mathbf{N}}(\mathbf{J}_0)| \ll |H_0(\mathbf{J}_0)|$, $V_{\mathbf{N}}$ apparaît comme un petit numérateur au-dessus d'un dénominateur tendant vers zéro ; ainsi l'ordering de départ n'est plus recevable, il est donc nécessaire d'analyser en détail la nature du mouvement au voisinage d'une résonance isolée. Dans les tokamaks cette situation apparaît lorsque l'on considère l'interaction entre : (i) le mouvement cyclotronique et le mouvement le long des lignes de champ de vitesse $v_{\|}$ et (ii) une perturbation électromagnétique de pulsation ω et de vecteur d'onde le long des lignes de champ $k_{\|}$ dont la fréquence est voisine de la fréquence cyclotron ω_c (corrigée de l'effet Doppler) ou de ses harmoniques $n\omega_c$ où n est un entier.

$$\textit{Résonance Landau} \quad : \quad \omega = k_{\|} v_{\|} \tag{5.26}$$

$$\textit{Résonance cyclotron} \quad : \quad \omega - k_{\|} v_{\|} = n\omega_c \tag{5.27}$$

De manière plus générale d'autres résonances associées aux particules piégées et circulantes sont aussi à l'œuvre dans un tokamak ; en particulier dans le contexte du transfert irréversible d'énergie libre associé au déclenchement et à l'entretient des instabilités.

$$\begin{aligned} \textit{Particules circulantes} &\quad : \quad N_1\omega_c + N_2\omega_\theta + N_3\omega_\varphi = \omega \\ \textit{Particules piégées} &\quad : \quad N_1\omega_c + N_2\omega_b + N_3\omega_d = \omega \end{aligned}$$

où (N_1, N_2, N_3) est un triplet d'entiers. Notons qu'il n'est pas nécessaire de considérer un champ dépendant du temps pour identifier des résonances au sein d'un tokamak, la structure magnétique adiabatique, lorsque l'on prend en compte le nombre fini de bobines (N), présente une modulation (*ripple*) de champ magnétique qui offre la possibilité d'un certain nombre de résonances entre le mouvement de précession et le mouvement de bounce pour les ions rapides piégés et entre le mouvement cyclotronique et le mouvement toroïdal pour les électrons relativistes.

$$\textit{Electrons rapides circulants} \quad : \quad \omega_c - N\omega_\varphi = 0 \tag{5.28}$$

$$\textit{Ions rapides piégés} \quad : \quad \omega_b - N\omega_d = 0 \tag{5.29}$$

Afin de faciliter l'étude des résonances au sein d'un tokamak nous considérerons un système présentant deux degrés de liberté couplés à travers une résonance, c'est en fait le cas générique des résonances dans les tokamaks où des résonances du type $N_1\omega_1 + N_2\omega_2 = \omega$ sont la règle, et $N_1\omega_1 + N_2\omega_2 + N_3\omega_3 = \omega$ constituent l'exception.

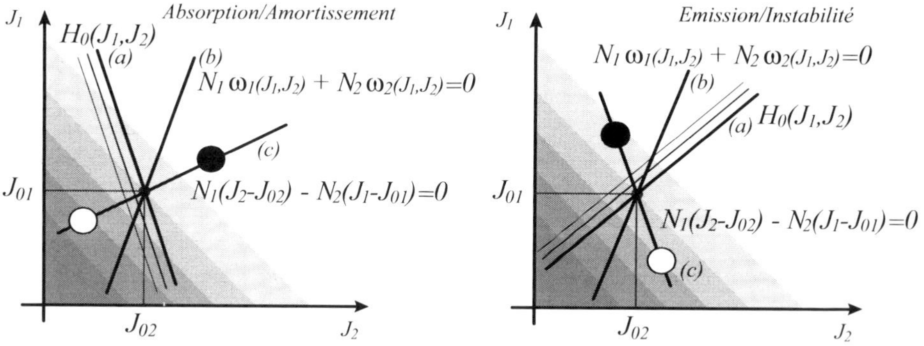

Fig. 5.8 : *(a) Courbes isoénergies, (b) Courbes de résonance, (c) Lignes de diffusion.*

Sur la figure (5.8), dans le plan des deux actions (J_1, J_2) décrivant les deux degrés de liberté considérés nous pouvons tracer trois familles de courbes :

• Les *courbes isoénergies (a)* : $H_0(J_1, J_2) = C^{te}$, associées au hamiltonien non perturbé,

• les *courbes de résonance (b)* : $N_1\omega_1(J_1, J_2) + N_2\omega_2(J_1, J_2) = \omega$, aux voisinages desquelles la perturbation V_{N_1,N_2} devient dominante à travers l'annulation du dénominateur résonnant,

• les *lignes de diffusion locales (c) :* $\mathbf{J} = \mathbf{J}_0 + a\,(t)\,\mathbf{N} \rightarrow N_1\,(J_2 - J_{20}) = N_2\,(J_1 - J_{10})$, qui conformément à la solution précédente, $\mathbf{J}\,(t)$ - $\mathbf{J}_0 \sim a\,(t)\,\mathbf{N}$, indiquent la direction d'évolution de l'action à partir d'un état non perturbé $\mathbf{J}_0$ sous l'effet de la perturbation V_{N_1,N_2}. Dans le cadre de la théorie quasi-linéaire, le régime chaotique de l'interaction ondes-particules sera décrit par une diffusion le long de ces *lignes de diffusion.* Ainsi se dégage l'image de l'effet d'une résonance isolée (N_1, N_2). Un état non perturbé (J_{01}, J_{02}) d'actions indépendantes du temps, au voisinage d'une courbe de résonance $\mathbf{N} \cdot \mathbf{\Omega}\,(\mathbf{J}_0) = N_1\omega_1\,(J_{01}, J_{02}) + N_2\omega_2\,(J_{01}, J_{02}) \sim \omega$, développe une oscillation dans la direction des lignes de diffusion $\mathbf{N}$ en présence d'une perturbation harmonique $V_{\mathbf{N}}\,(\mathbf{J}) \cos(\mathbf{N} \cdot \boldsymbol{\theta} - \omega t + \phi_{\mathbf{N}}) \sim V_{\mathbf{N}}\,(\mathbf{J}_0)\cos(\mathbf{N} \cdot \mathbf{\Omega} t$ - $\omega t + \phi_{\mathbf{N}})$. Cette oscillation de l'action, $\mathbf{J}\,(t) = \mathbf{J}_0 + a\,(t)\,\mathbf{N}$, qui n'est donc plus une variable de type action, devient singulière si la relation de résonance est satisfaite exactement $\mathbf{N} \cdot \mathbf{\Omega}\,(\mathbf{J}_0)$ $= \omega$.

Nous régulariserons cette divergence dans le cadre du paragraphe suivant et l'extension de l'excursion en action associée à la perturbation $V_{\mathbf{N}}\,(\mathbf{J})\cos(\mathbf{N} \cdot \boldsymbol{\theta}$ - $\omega t + \phi_{\mathbf{N}})$ le long d'une ligne de diffusion, la largeur de résonance ΔJ, sera calculée. L'effet d'une perturbation sur l'ensemble des orbites, c'est-à-dire sur les tores de KAM dans l'espace des phases, est plus complexe à représenter. Les sections de Poincaré, que nous ne présenterons pas ici, constituent une méthode d'exploration et de représentation de la dynamique dans l'espace des phases ; nous restreindrons encore l'analyse aux cas des systèmes présentant deux degrés de liberté, les tores de KAM sont alors des tores de dimension deux plongés dans un espace de dimension trois pour une énergie fixée. Ces tores sont emboîtés et il existe un ensemble discrets de tores, dit résonnants, vérifiant la relation $N_1\omega_1\,(J_1, J_2) + N_2\omega_2\,(J_1, J_2) = \omega$ pour un couple d'entiers (N_1, N_2). Anticipant les résultats qui vont suivre, nous pouvons identifier l'origine de l'émission et de l'absorption lors de l'interaction résonnante onde/particule sur la base du schéma (5.8). En régime chaotique, lorsque plusieurs résonances voisines perturbent la résonance principale que nous venons de considérer, le mouvement est fortement perturbé et présente un caractère aléatoire pouvant être modélisé comme une marche aléatoire, c'est-à-dire une diffusion le long des lignes de diffusion. Le long d'une telle ligne la population dans l'espace des actions est homogénéisée par diffusion quasi-linéaire.

Ce processus de transport diffusif peut donner lieu à deux types de transfert d'énergie-impulsion entre l'onde et les particules : (i) sur le schéma de gauche de la figure (5.8) les niveaux de gris repèrent la densité de population à l'équilibre et l'on voit que l'onde amène beaucoup de particules à faible énergie vers les zones hautes énergies et entraîne peu de particules à haute énergie vers les zones basses énergies, ainsi, globalement, l'onde donne de l'énergie au plasma à travers le processus de diffusion le long des lignes de diffusion, c'est le phénomène d'*absorption résonnante* ; (ii) sur le schéma de droite l'onde diffuse beaucoup de particules des zones hautes énergies vers les zones basses énergies et peu en sens inverse, l'onde reçoit de l'énergie du plasma et nous sommes en présence d'un phénomène d'émission.

Dans les deux cas, émission et absorption, nous avons figuré sur les schémas différentes courbes $H_0\,(J_1, J_2) = C^{te}$ indiquant la croissance de la fonction $H_0\,(J_1, J_2)$ à travers l'épaisseur du trait.

5.2.2 Largeur des résonances

Etudions maintenant deux hamiltoniens permettant de comprendre l'impact des résonances sur un mouvement intégrable et analysons successivement :

• une résonance isolée au sein d'un système présentant plusieurs degrés de liberté : $H^*(\mathbf{I}, \boldsymbol{\theta}) = H_0(\mathbf{I}) - V_{\mathbf{N}}(\mathbf{I}) \cos(\mathbf{N} \cdot \boldsymbol{\theta})$, que nous ramènerons au cas

• d'une résonance à un degré de liberté : $\mathrm{H}(p, \varphi) = p^2/2 - \Omega^2 \cos\varphi$, aussi appelé hamiltonien du pendule non-linéaire.

Soit l'évolution dynamique d'une particule soumise à l'influence du champ magnétique statique d'un tokamak décrite par le hamiltonien $H_0(\mathbf{I})$, cette particule interagit aussi avec une onde électromagnétique associée à un mécanisme de chauffage ou à un phénomène d'instabilité ; au voisinage d'une résonance nous devons considérer le hamiltonien $H^*(\mathbf{I}, \boldsymbol{\theta})$.

$$H^*(\mathbf{I}, \boldsymbol{\theta}) = H_0(\mathbf{I}) - V_{\mathbf{N}}(\mathbf{I}) \cos(\mathbf{N} \cdot \boldsymbol{\theta})$$

Définissons les pulsations du mouvement non perturbé $\boldsymbol{\Omega}$ ainsi que le tenseur de masse $\boldsymbol{\Pi}^{-1}$ associés à la partie intégrable du mouvement : $\boldsymbol{\Omega}(\mathbf{I}) \equiv \partial H_0/\partial \mathbf{I}$ et $\boldsymbol{\Pi}(\mathbf{I}) \equiv \partial^2 H_0/\partial \mathbf{I}\partial \mathbf{I}$. Considérons une valeur de l'action $\mathbf{I}_0$ à l'intersection (i) d'une courbe isoénergie $H_0(\mathbf{I}) = H_0(\mathbf{I}_0)$ et (ii) de la courbe de résonance $\mathbf{N} \cdot \boldsymbol{\Omega}(\mathbf{I}) = 0$. Comme $d\mathbf{I}/dt \sim \mathbf{N}$ suivant les équations de Hamilton pour une résonance isolée $\mathbf{N}$, $\mathbf{N} \times \mathbf{I}$ est donc un invariant du mouvement perturbé. La variation d'action induite par la perturbation $V_{\mathbf{N}}(\mathbf{I})$ sur l'état non perturbé $\mathbf{I}_0$ s'effectue suivant des chemins de diffusion de direction $\mathbf{N}$ dans l'espace des actions, l'étude du mouvement dans l'espace des actions peut donc être réduite à la description d'une unique variable scalaire p définie par $\mathbf{I}(t) \equiv \mathbf{I}_0 + \mathbf{N}p(t)$ et illustrée sur la figure (5.9).

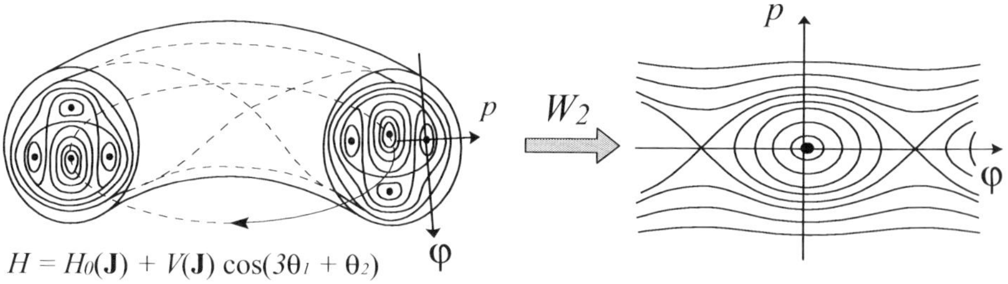

Fig. 5.9 : *Réduction locale d'une résonance multidimentionelle à un hamiltonien de pendule non-linéaire.*

Au voisinage de $\mathbf{I}_0$ le hamiltonien perturbé peut être approché suivant le développement : $H^* = H_0(\mathbf{I}_0) + \boldsymbol{\Omega}(\mathbf{I}_0) \cdot (\mathbf{I} - \mathbf{I}_0) + (\mathbf{I} - \mathbf{I}_0) \,.\, \boldsymbol{\Pi}(\mathbf{I}_0) \,.\, (\mathbf{I} - \mathbf{I}_0)$ - $V_{\mathbf{N}}(\mathbf{I}_0) \cos(\mathbf{N} \cdot \boldsymbol{\theta})/2$. La matrice $\boldsymbol{\Pi}$ est supposée non singulière et non dégénérée, nous pouvons donc faire le choix de trois directions indépendantes $(\mathbf{L}, \mathbf{M}, \mathbf{N})$ dans l'espace des actions : (i) $\mathbf{N}$, (ii) $\mathbf{M} \equiv [\boldsymbol{\Pi} \cdot \mathbf{N}] \times \mathbf{N}$ et (iii) $\mathbf{L} \equiv [\boldsymbol{\Pi} \cdot \mathbf{N}] \times \mathbf{M}$. Introduisons un nouveau système de variables canoniques, $[\mathbf{I}, \boldsymbol{\theta}] \to [(p, M, L), (\varphi, \varphi_M, \varphi_L)]$, engendrées par la fonction génératrice linéaire de deuxième espèce $W_2(\theta_1, \theta_2, \theta_3, p, M, L) = \mathbf{I}_0 \cdot \boldsymbol{\theta} + (\mathbf{N} \cdot \boldsymbol{\theta}) p + (\mathbf{M} \cdot \boldsymbol{\theta}) M + (\mathbf{L} \cdot \boldsymbol{\theta}) L$. Les formules de génération (5.5) associées à une fonction génératrice de deuxième espèce du type W_2 permettent alors d'exprimer : $\mathbf{I} = \partial W_2/\partial \boldsymbol{\theta} \to \mathbf{I} = \mathbf{I}_0 + p\mathbf{N} + M\mathbf{M} + L\mathbf{L}$,

$\varphi = \partial W_2 / \partial R = \mathbf{N} \cdot \boldsymbol{\theta}$ et le hamiltonien H^* est ainsi réduit (i) à sa projection suivant les lignes de diffusion p et (ii) à la variable d'angle φ canoniquement conjuguée.

$$H^* = K(M, L, \mathbf{I}_0) + [\mathbf{N} \cdot \mathbf{\Pi}(\mathbf{I}_0) \cdot \mathbf{N}] \frac{p^2}{2} - V_{\mathbf{N}}(\mathbf{I}_0) \cos \varphi \qquad (5.30)$$

Ainsi, au voisinage d'une résonance un développement au deuxième ordre permet de rendre le hamiltonien localement séparable, la partie résonnante présentant les caractéristiques d'un hamiltonien de *pendule non-linéaire* H.

$$\textit{Pendule non-linéaire} : \quad \mathrm{H}(p, \varphi) \equiv \frac{p^2}{2} - \Omega^2 \cos \varphi \qquad (5.31)$$

Les résultats que nous allons établir pour le système décrit par le hamiltonien (5.31) restent valables pour le hamiltonien (5.30) sur la base de l'identification $\sqrt{|V_{\mathbf{N}}(\mathbf{I}_0) / \mathbf{N} \cdot \mathbf{\Pi}(\mathbf{I}_0) \cdot \mathbf{N}|} \rightarrow \Omega$. Le portrait de phase du hamiltonien (5.31) est représenté sur la figure (5.10). Deux classes d'orbites peuvent être identifiées : (i) les orbites circulantes telles que $\mathrm{H} > \Omega^2$, l'angle φ peut alors prendre toutes les valeurs sans que le signe de $p^2/2 = \mathrm{H} + \Omega^2 \cos\varphi$ ne varie, $-\infty \leq \varphi \leq +\infty$, (ii) les orbites piégées telles que $-\Omega^2 < \mathrm{H} < +\Omega^2$, les valeurs de l'angle φ sont alors restreintes car la quantité $\mathrm{H} + \Omega^2 \cos\varphi$ ne peut demeurer positive que si $(2n-1)\pi < \varphi < (2n+1)\pi$. Ces deux classes sont séparées par la *séparatrice* S.

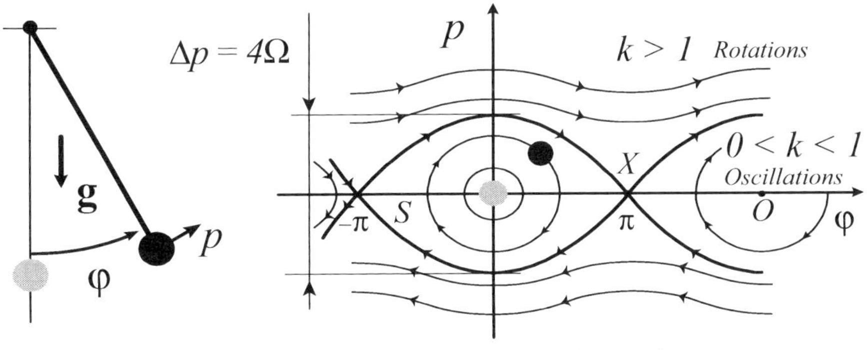

Fig. 5.10 : *Portrait de phase du pendule non-linéaire.*

Deux éléments géométriques caractéristiques structurent le portrait de phase : (i) les points fixes O tels que $\mathrm{H} = -\Omega^2$ sont associés à un équilibre statique au fond des cuvettes de potentiel $\varphi = 2n\pi$, où n est un entier, (ii) les points X à l'intersection des deux séparatrices S correspondant à $\mathrm{H} = +\Omega^2$. Les orbites circulantes correspondent aux mouvements de rotation du pendule et les orbites piégées aux oscillations. Il est souvent utile d'évaluer la largeur de la zone piégée suivant la direction p dans l'espace des phases. Cette largeur peut être obtenue en considérant les équations des séparatrices S : $p_S(\varphi) \rightarrow \mathrm{H} = +\Omega^2 \rightarrow p^2/2 - \Omega^2 \cos\varphi = \Omega^2 \rightarrow p_S(\varphi) = \pm 2\Omega \cos(\varphi/2)$, ainsi la largeur de l'extension du domaine piégé représenté sur la figure (5.10) est donnée par :

$$\textit{Largeur de résonance} : \quad \Delta p \equiv 4\Omega \qquad (5.32)$$

Le mouvement du pendule non-linéaire est intégrable au sens de Poincaré et les variables angle (θ) et action $(J = \oint_{\mathcal{C}} p d\varphi / 2\pi = \oint_{\mathcal{C}} J d\theta / 2\pi)$ peuvent être explicitées en fonction de la position φ et de l'impulsion p : $[p,\varphi] \rightarrow [J,\theta]$. Introduisons pour ce faire un paramètre k discriminant les deux classes d'orbites : $k^2(\mathrm{H}) \equiv (\Omega^2 + \mathrm{H})/2\Omega^2$, $k > 1$ correspond aux orbites circulantes et $k < 1$ aux orbites piégées. Rappelons les définitions des *intégrales elliptiques incomplètes* E et F : $E(\varphi, k^2) \equiv \int_0^\varphi du\, \sqrt{1 - k^2 \sin u}$ et $F(\varphi, k^2) \equiv \int_0^\varphi du\, / \sqrt{1 - k^2 \sin u}$, ainsi que les définitions des *fonctions elliptiques jacobiennes* : $\mathrm{sn}(F,k) \equiv \sin\varphi$, $\mathrm{cn}(F,k) \equiv \cos\varphi$, $\mathrm{am}(F,k) \equiv \varphi$ et $\mathrm{dn}(F,k) \equiv d\varphi/dF$. Sur la base de ces définitions la pulsation $\omega_0(J)$ du pendule non linéaire s'exprime comme :

Circulantes	$\omega_0(J) = \omega_0(\mathrm{H}) = \Omega \frac{\pi k}{F\left(\frac{\pi}{2}, k^{-2}\right)}$
Piégées	$\omega_0(J) = \omega_0(\mathrm{H}) = \Omega \frac{\pi}{2F\left(\frac{\pi}{2}, k^{2}\right)}$

Nous allons maintenant exprimer explicitement les transformations canoniques $[p,\varphi] \rightarrow [J,\theta]$ et $[J,\theta] \rightarrow [p,\varphi]$. L'action J n'est fonction que de l'énergie H comme pour tout système à un degré de liberté.

Circulantes	$J = \frac{4}{\pi}\Omega k\ E\left(\frac{\pi}{2}, k^{-2}\right)$
Piégées	$J = \frac{8}{\pi}\ \Omega \left[E\left(\frac{\pi}{2}, k^2\right) + \left(k^2 - 1\right) F\left(\frac{\pi}{2}, k^2\right)\right]$

L'angle θ est fonction de l'énergie H et de l'angle φ.

Circulantes	$\theta = \pi F\left(\frac{\varphi}{2}, k^{-2}\right) / F\left(\frac{\pi}{2}, k^{-2}\right)$
Piégées	$\theta = \pi F\left[\arcsin\left(k^{-1} \sin\frac{\varphi}{2}\right), k^2\right] / 2F\left(\frac{\pi}{2}, k^2\right)$

Le changement de variables des nouvelles variables vers les anciennes peut aussi être explicité pour l'impulsion p et pour la position φ.

$p = \pm 2k\Omega\ \mathrm{dn}\left[F\left(\frac{\pi}{2}, k^{-2}\right)\frac{\theta}{\pi}, k^{-1}\right]$, $\varphi = 2\ \mathrm{am}\left[F\left(\frac{\pi}{2}, k^{-2}\right)\frac{\theta}{\pi}, k^{-1}\right]$
$p = \pm 2k\Omega\ \mathrm{cn}\left[2F\left(\frac{\pi}{2}, k^{2}\right)\frac{\theta}{\pi}, k\right]$, $\varphi = 2\ \arcsin\left[k\mathrm{sn}\left(F\left(\frac{\pi}{2}, k^{2}\right)\frac{\theta}{\pi}, k\right)\right]$

La lourdeur de ces formules les rend peu utilisables dans le contexte de développements analytiques, mais cela n'est pas préjudiciable à l'analyse des problèmes d'interaction ondes-particules dans les tokamaks car il est extrêmement rare d'observer une seule résonance à l'œuvre dans ces problèmes et le brouillage mutuel des différentes résonances conduit souvent au régime chaotique qui permet de justifier une hypothèse RPA, simplifiant ainsi grandement le problème des orbites au voisinage des résonances et offrant un processus de transfert irréversible d'énergie de l'onde vers les particules, ou des particules vers l'onde.

5.2.3 Hamiltonien adiabatique

Nous avons établi la forme du lagrangien du centre guide (5.4), $\mathcal{L} = m[\mathbf{b}(\mathbf{R}) \cdot \dot{\mathbf{R}}]^2 / 2 - \mu B(\mathbf{R}) + e\mathbf{A}(\mathbf{R}) \cdot \dot{\mathbf{R}}$, qui nous a permi d'exprimer les dérives magnétiques, mais le cadre adapté à l'analyse des mouvements multiplement périodiques, tels que ceux des électrons et ions dans une configuration tokamak, est constitué par le formalisme hamiltonien. Les variables angles-actions du type (5.9), (5.10) offrent une représentation pertinente pour l'analyse de l'adiabaticité et l'identification des résonances, nous allons donc développer une théorie hamiltonienne des orbites dans les tokamaks sur cette base. Dans un tokamak l'expression du hamiltonien $\mathcal{H}$ en l'absence de potentiel électrostatique est simplement donnée par l'énergie cinétique.

$$\mathcal{H} = \frac{m}{2}v_{\parallel}^2 + \frac{m}{2}v_c^2 = \frac{m}{2}v_{\parallel}^2 + \mu B_0 \left(1 - \frac{r}{R_0}\cos\theta\right) \tag{5.33}$$

Cette relation ne devient opérationnelle que si nous l'exprimons en fonction des actions associées au mouvement intégrable des particules. Ces actions peuvent être identifiées à travers les relations (5.9) et (5.10) qui nécessitent la construction d'une représentation potentielle du champ magnétique. Dans un tokamak il est d'usage de représenter le champ à travers deux fonctions de flux conformément aux relations (7.26), (7.27) et (7.28), ainsi le champ $\mathbf{B} = \boldsymbol{\nabla} \times \mathbf{A}$ et le potentiel $\mathbf{A}$ sont donnés par (figure (5.11)) :

$$\begin{aligned}
\textit{Champ} \quad &: \quad \mathbf{B} = \mathbf{B}_T + \mathbf{B}_P = \frac{\boldsymbol{\nabla}\Psi_T}{2\pi} \times \frac{\mathbf{e}_\theta}{r} - \frac{\boldsymbol{\nabla}\Psi_P}{2\pi} \times \frac{\mathbf{e}_\varphi}{R} \\
\textit{Potentiel} \quad &: \quad \mathbf{A} = \frac{\Psi_T(r)}{2\pi r}\mathbf{e}_\theta - \frac{\Psi_P(r)}{2\pi R}\mathbf{e}_\varphi
\end{aligned}$$

En première approximation, pour une configuration présentant des surfaces magnétiques de sections circulaires, ces flux sont proportionnels au volume délimité par la surface magnétique considérée, $2\pi R_0 \pi r^2$, nous considérerons donc les formes approchées suivantes : *flux poloïdal* $\rightarrow \Psi_P \approx \frac{\pi B_0}{q} r^2$, *flux toroïdal* $\rightarrow \Psi_T \approx \pi B_0 r^2$ où $q \equiv d\Psi_T / d\Psi_P$ est le facteur de sécurité de la configuration magnétique.

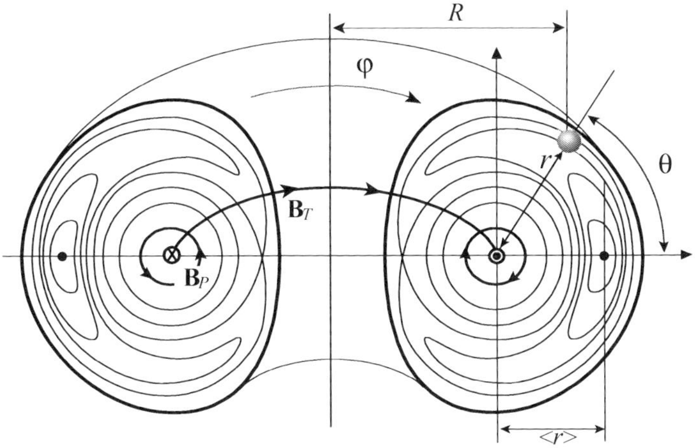

Fig. 5.11 : *Orbites circulantes et piégées.*

Le mouvement des particules passantes est la combinaison de trois rotations : (i) la rotation cyclotronique autour des lignes de champ, (ii) la rotation toroïdale autour de l'axe toroïdal et (iii) la rotation poloïdale autour de l'axe magnétique ; pour les particules piégées la rotation poloïdale se réduit à une oscillation côté bas champ. Considérons les trois intégrales d'actions suivantes associées aux degrés de liberté cyclotronique (c), toroïdal (T) et poloïdal (P) :

$$J_c \equiv \frac{m}{2\pi} \oint \left(\mathbf{v}_c + \frac{\omega_c}{2}\mathbf{b} \times \boldsymbol{\rho}_L\right) \cdot \mathbf{v}_c dt \approx \frac{m}{e}\mu$$

$$J_T \equiv \frac{1}{2\pi}\oint (mv_\varphi + eA_\varphi)\,Rd\varphi = mR^2\frac{d\varphi}{dt} - e\frac{\Psi_P}{2\pi} \approx mR_0 v_\parallel - \frac{eB_0}{2q}r^2$$
$$J_p \equiv \frac{1}{2\pi}\oint (mv_\theta + eA_\theta)\,rd\theta \approx \oint m\frac{v_\parallel}{q}\frac{r^2}{R_0}\frac{d\theta}{2\pi} + \frac{e}{2\pi}\Psi_T \approx \frac{eB_0}{2}r^2$$

J_c qui décrit le contenu énergétique de la rotation cyclotronique est égale à m/e fois le moment magnétique μ. La variable d'action J_T n'est autre que le moment M (5.9) et la composante cinétique de l'action J_P peut être négligée devant la composante de flux car les rayons de Larmor thermiques sont plus petits que le grand rayon R_0. L'élimination des vitesses parallèle et cyclotronique, puis du petit rayon, dans la définition (5.33) conduit à l'expression du hamiltonien adiabatique $\mathcal{H}(\mathbf{J}, \theta)$.

$$\mathcal{H}(\mathbf{J}, \theta) = \frac{eB_0}{m}J_c + \frac{(qJ_T + J_P)^2}{2mq^2R_0^2} - \frac{\sqrt{2eB_0}}{mR_0}J_c\sqrt{J_P}\cos\theta \tag{5.34}$$

dont le portrait de phase, pour (J_c, J_T) fixées, est représenté sur la figure (5.11) dans le plan $\left(r = \sqrt{2J_P/eB_0}, \theta\right)$ du tokamak.

$$\frac{(qJ_T + J_P)^2}{2mq^2R_0^2} - \frac{\sqrt{2eB_0}}{mR_0}J_c\sqrt{J_P}\cos\theta = \mathcal{H} - \frac{eB_0}{m}J_c \tag{5.35}$$

L'introduction des fonctions elliptiques permettrait de réduire $\mathcal{H}(\mathbf{J}, \theta)$ à une forme $\mathcal{H}(\mathbf{I})$ sans pour cela simplifier significativement le problème. Deux types d'orbites sont ainsi identifiées : les trajectoires circulantes et piégées ; notons que l'action J_T permet de calculer le centre de la famille des trajectoires piégées : $\langle r\rangle \approx \sqrt{2qJ_T/eB_0}$. Comme J_c est fixée, l'augmentation de $\mathcal{H}$ correspond donc à une augmentation de $v_\parallel$ à v_c fixé, c'est-à-dire à une transition piégée/circulante.

5.2.4 Hamiltonien gyro-cinétique

Considérons l'interaction locale entre : (i) une particule chargée de masse et de charge unité ($e = m = 1$), (ii) un champ magnétique homogène statique d'amplitude unité ($B = 1$) dirigé suivant l'axe des z, (iii) une onde électromagnétique de champ électrique $\mathbf{E}\exp j(\mathbf{k}\cdot\mathbf{r} - \omega t)$ et de champ magnétique $\mathbf{k}\times\mathbf{E}\exp j(\mathbf{k}\cdot\mathbf{r} - \omega t)/\omega$, dérivant du potentiel vecteur $\mathbf{a} = \mathbf{E}\exp j\ (k_\perp x + k_\parallel z - \omega t)\ /\ j\omega$ où $\mathbf{k} = k_\perp\mathbf{e}_x + k_\parallel\mathbf{e}_z$ et (iv) une onde électrostatique de potentiel $\Phi = \phi\ \exp\ j(k_\perp x + k_\parallel z - \omega t)$; la géométrie de cette configuration d'interaction est illustrée sur la figure (5.12). Le potentiel vecteur $\mathbf{A}$ de cette combinaison d'un champ statique et d'un champ oscillant est la somme du potentiel décrivant le champ statique $\mathbf{A}_0 = -y\ \mathbf{e}_x$ et du potentiel associé à l'onde $\mathbf{a}$: $\mathbf{A} = \mathbf{A}_0 + \mathbf{a} = -y\ \mathbf{e}_x - j\mathbf{E}\exp j\left(k_\perp x + k_\parallel z - \omega t\right)/\omega$. Le hamiltonien de la particule interagissant avec cette superposition de trois champs peut être développé pour faire apparaître les différents couplages.

$$H = \frac{(\mathbf{p} - \mathbf{A}_0 - \mathbf{a})^2}{2} + \Phi = \underbrace{\frac{(\mathbf{p} - \mathbf{A}_0)^2}{2}}_{H_0 = J + P^2/2} - \underbrace{(\mathbf{p} - \mathbf{A}_0)\cdot\mathbf{a} + \Phi}_{V} + \frac{\mathbf{a}^2}{2}$$

où nous avons séparé une partie intégrable décrivant le confinement adiabatique $H_0 = (\mathbf{p} - \mathbf{A}_0)^2/2 = J + P^2/2$ et une perturbation V associée aux ondes. Cette perturbation est composée de deux termes, un terme linéaire en **a** appelé couplage dipolaire, et un terme quadratique en **a**, le couplage pondéromoteur. La théorie de l'interaction onde-particule est centrée sur l'étude du terme dipolaire, le terme pondéromoteur est en général négligeable devant les effets dipolaires résonnants dans les expériences d'interaction ondes-particules dans les tokamaks. Notons que le terme pondéromoteur peut être dominant pour les processus d'interaction laser/plasma et au voisinage des antennes. Afin d'analyser la brisure de l'adiabaticité associée aux ondes et la possibilité de transferts résonnants d'impulsion-énergie des champs vers les particules, il est nécessaire d'identifier les résonances du terme dipolaire.

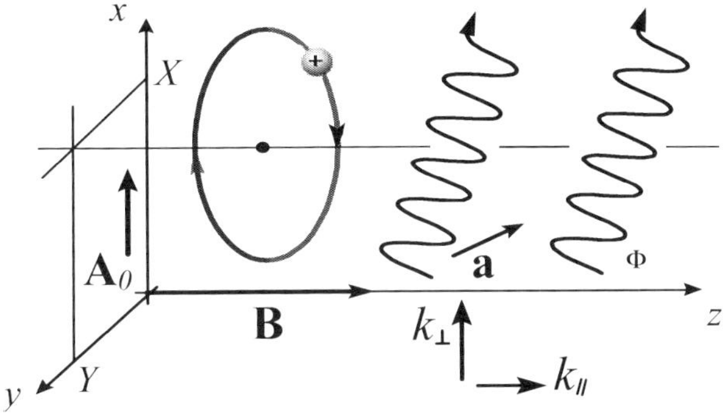

Fig. 5.12 : *Couplages gyrocinétiques.*

L'utilisation des variables angles-actions précédentes s'avère nécessaire pour cette identification. Les variables angles et actions du hamiltonien H_0 ont été étudiées précédemment, figure (5.5-a), et sont résumées dans le tableau ci-dessous.

Actions $\mathbf{J}$	Angles $\boldsymbol{\theta}$		Positions $\mathbf{r}$	Vitesses $\mathbf{v}$
J	θ		$x = X + \sqrt{2J}\sin\theta$	$v_x = \sqrt{2J}\cos\theta$
X	Y	$\longleftrightarrow$	$y = Y + \sqrt{2J}\cos\theta$	$v_y = -\sqrt{2J}\sin\theta$
P	z		z	$v_z = P$

Ainsi les deux couplages, transverse dipolaire électromagnétique (EM) et longitudinal électrostatique (ES), peuvent être exprimés en fonction de ces variables actions-angles.

$$\textit{Couplage EM} \quad : \quad (\mathbf{p} - \mathbf{A}_0) \cdot \mathbf{a} = \frac{\mathbf{E}}{j\omega} \cdot \left(\sqrt{2J}\cos\theta \mathbf{e}_x - \sqrt{2J}\sin\theta \mathbf{e}_y + P\mathbf{e}_z\right)$$
$$\times \exp j\left[k_\perp \left(X + \sqrt{2J}\sin\theta\right) + k_\| z - \omega t\right]$$
$$\textit{Couplage ES} \quad : \quad \Phi = \phi \exp j\left[k_\perp \left(X + \sqrt{2J}\sin\theta\right) + k_\| z - \omega t\right]$$

Ces deux expressions sont ensuite développées en utilisant l'identité de Jacobi $\exp(ja\sin\alpha) = \sum J_N(a)\exp(jN\alpha)$.

$$\exp j\left[k_\perp \left(X + \sqrt{2J}\sin\theta\right)\right] = \sum_{N=-\infty}^{N=+\infty} J_N\left(k_\perp\sqrt{2J}\right)\exp j\left(k_\perp X + N\theta\right) \quad (5.36)$$

Les relations : $2J'_N(u) = J_{N-1}(u) - J_{N+1}(u)$ et $2NJ_N(u)/u = J_{N-1}(u) + J_{N+1}(u)$ (où le prime dénote la dérivée par rapport à l'argument u) permettent de regrouper deux à deux les résonances $N-1$ et $N+1$ pour obtenir : $j\sin(\alpha)\exp(ja\sin\alpha) = \sum J'_N(a)\exp(jN\alpha)$ et $\cos(\alpha)\exp(ja\sin\alpha) = \sum NJ_N(a)\exp(jN\alpha)/a$; le résultat final s'exprime ainsi comme une somme suivant N pondérée par les couplages $\mathbf{V}_N$ et U_N.

$$EM \quad : \quad (\mathbf{p}-\mathbf{A}_0)\cdot\mathbf{a} = \frac{\mathbf{E}}{j\omega}\cdot\sum_N \mathbf{V}_N \exp j\left(k_\perp X + k_\parallel z + N\theta - \omega t\right) \tag{5.37}$$

$$ES \quad : \quad \Phi = \phi\sum_N U_N \exp j\left(k_\perp X + k_\parallel z + N\theta - \omega t\right) \tag{5.38}$$

où nous avons introduit : (i) l'amplitude de couplage électrostatique U_N définie par la relation $U_N \equiv J_N\left(k_\perp\sqrt{2J}\right) = J_N(k_\perp v_c/\omega_c)$ et (ii) le vecteur $\mathbf{V}_N(J,P,k_\perp)$.

$$\mathbf{V}_N(J,P,k_\perp) \equiv \frac{N}{k_\perp}J_N\left(k_\perp\sqrt{2J}\right)\mathbf{e}_x + j\sqrt{2J}J'_N\left(k_\perp\sqrt{2J}\right)\mathbf{e}_y + PJ_N\left(k_\perp\sqrt{2J}\right)\mathbf{e}_z$$

Ce vecteur mesure l'amplitude du couplage de la résonance cyclotronique d'ordre N, son expression $\mathbf{V}_N(\mathbf{k},\mathbf{v})$ dans le système d'unité international ([m, m/eB_0, e^2B_0/m] $\rightarrow$ [kilogramme, seconde, ampère]) nous sera utile à de multiples reprises pour analyser la dynamique des ondes et des instabilités dans les tokamaks, elle est donnée par la formule :

$$\boxed{\frac{N\omega_c}{k_\perp^2}J_N\left(\frac{k_\perp v_c}{\omega_c}\right)(\mathbf{b}\times\mathbf{k})\times\mathbf{b} + j\frac{v_c}{k_\perp}J'_N\left(\frac{k_\perp v_c}{\omega_c}\right)\mathbf{b}\times\mathbf{k} + v_\parallel J_N\left(\frac{k_\perp v_c}{\omega_c}\right)\mathbf{b}}$$

où nous avons utilisé les relations : $\mathbf{b}\times\mathbf{k}/k_\perp = \mathbf{e}_y$ et $(\mathbf{b}\times\mathbf{k})\times\mathbf{b}/k_\perp = \mathbf{e}_x$. La série de Fourier décrivant le terme d'interaction dipolaire (EM + ES) du hamiltonien présente la forme canonique classique : $V = j\frac{e}{\omega}\sum_N \mathbf{E}\cdot\mathbf{V}_N \exp j(k_\perp X + k_\parallel z + N\theta - \omega t) + e\phi\sum_N U_N \exp j(k_\perp X + k_\parallel z + N\theta - \omega t)$. Le terme $\exp j(k_\perp X + k_\parallel z + N\theta - \omega t)$ correspond à la résonance cyclotron d'ordre N. Si $N = 0$ c'est une résonance Landau. Ce développement nous permettra de calculer le tenseur diélectrique gyro-cinétique et d'établir l'équation cinétique quasi-linéaire. Il est instructif d'interpréter physiquement la structure de ces couplages. Pour une résonance N unique les variations de la vitesse le long des lignes de champ $\delta v_\parallel$ et les variations de la vitesse cyclotronique δv_c induites par l'onde ne sont pas indépendantes. En effet, d'une part, les équations de Hamilton relatives aux actions conduisent à la relation :

$$\frac{dJ/dt}{dP/dt} \sim \frac{v_c\frac{dv_c}{dt}}{\frac{dv_\parallel}{dt}} = \frac{\frac{\partial\exp j\left(k_\perp X + k_\parallel z + N\theta - \omega t\right)}{\partial\theta}}{\frac{\partial\exp j\left(k_\perp X + k_\parallel z + N\theta - \omega t\right)}{\partial z}} = \frac{N\omega_c}{k_\parallel} \rightarrow \frac{\delta v_c}{\delta v_\parallel} = \frac{N\omega_c}{k_\parallel v_c}$$

D'autre part, le couplage est de nature résonnante c'est-à-dire significatif si et seulement si $k_\parallel z(t) + N\theta(t) - \omega t$ reste constant $\rightarrow N\omega_c + k_\parallel v_\parallel = \omega$. Cette condition de résonance permet d'éliminer $N\omega_c$ dans la relation précédente.

$$\frac{\delta v_c}{\delta v_\parallel} = \frac{N\omega_c}{k_\parallel v_c},\ N\omega_c + k_\parallel v_\parallel = \omega \rightarrow \frac{\delta v_c}{\delta v_\parallel} = \frac{\omega - k_\parallel v_\parallel}{k_\parallel v_c} = -\frac{v_\parallel - \frac{\omega}{k_\parallel}}{v_c}$$

Ainsi les variations de la vitesse parallèle et de la vitesse cyclotronique au voisinage des courbes de résonance $N\omega_c + k_\parallel v_\parallel = \omega$ suivent des courbes, les lignes de diffusion, $v_c dv_c = -\left(v_\parallel - \omega/k_\parallel\right) dv_\parallel$ qui sont des cercles $v_c^2 + \left(v_\parallel - \omega/k_\parallel\right)^2 = C^{te} \equiv v^{*2}$ centrés sur le point $(v_c = 0,\ v_\parallel = \omega/k_\parallel)$.

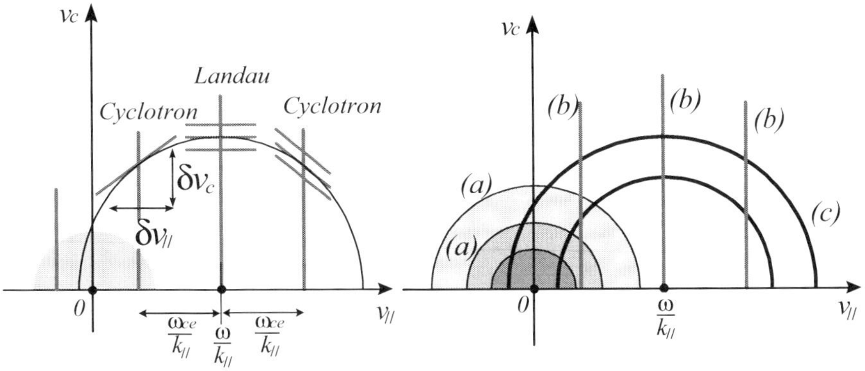

Fig. 5.13 : *(a) Courbes isoénergies, (b) Courbes de résonance, (c) Lignes de diffusion.*

La figure (5.13) illustre ces différents lieux géométriques pour $N = 0, \pm 1$, nous avons complété la structuration de l'espace des vitesses par les courbes isoénergies H_0 en l'absence de la perturbation V.

$$\textit{Courbes de résonance (b)} \quad : \quad \omega = N\omega_c + k_\parallel v_\parallel \tag{5.39}$$

$$\textit{Courbes isoénergies (a)} \quad : \quad H_0 = \frac{m}{2}v_c^2 + \frac{m}{2}v_\parallel^2 \tag{5.40}$$

$$\textit{Lignes de diffusion (c)} \quad : \quad v^{*2} = v_c^2 + \left(v_\parallel - \frac{\omega}{k_\parallel}\right)^2 \tag{5.41}$$

Le fait que les lignes de diffusion soient des cercles centrés sur le point $(v_c = 0,\ k_\parallel v_\parallel = \omega)$ est aisément compréhensible si nous considérons un changement de repère de vitesse égal à la vitesse de phase de l'onde $\omega/k_\parallel$; alors le champ électrique devient statique : $\mathbf{E} \exp j\ \left(k_\perp x + k_\parallel z - \omega t\right) \to \mathbf{E} \exp j\ \left(k_\perp x + k_\parallel z'\right)$ pour un observateur $z' = z - \omega t/k_\parallel$, il est donc indépendant du temps et ne peut pas modifier l'énergie totale d'une particule, les mouvements des particules sont donc contraints sur les isoénergies dans le repère de l'onde : les cercles centrés sur le point $v_c = 0$ et $k_\parallel v_\parallel = \omega$. Notons que la généralisation de l'ensemble des résultats que nous venons d'établir au régime relativiste ne pose pas de problème, dans ce régime les lignes de diffusion sont des coniques.

5.3 Théories Linéaire et Quasi-linéaire

5.3.1 Tenseur diélectrique gyro-cinétique

Sur la base des relations (5.37) et (5.38) nous allons maintenant calculer, au premier ordre en V/H_0, l'oscillation de densité engendrée par une onde électrostatique $\phi \exp j\left(k_\perp x + k_\parallel z - \omega t\right)$ appliquée à un plasma inhomogène et le courant harmonique créé par un champ électrique transverse $\mathbf{E} \exp j\left(k_\perp x + k_\parallel z - \omega t\right)$au sein d'un plasma homogène. Ces deux résultats seront ensuite mis à profit dans les chapitres consacrés aux ondes, aux instabilité et au chauffage. Les deux champs $\phi \exp j\left(k_\perp x + k_\| z - \omega t\right)$ et $\mathbf{E} \exp j\left(k_\perp x + k_\| z - \omega t\right)$ sont couplés aux particules à travers l'interaction électromagnétique décrite par le couplage dipolaire V.

$$H = H_0 + V \rightarrow V = \sum_{N=-\infty}^{N=+\infty} \left[j\frac{q}{\omega}\mathbf{E}\cdot\mathbf{V}_N + q\phi U_N\right] \exp j\left(k_\perp X + k_\| z + N\theta - \omega t\right)$$

Considérant l'ensemble des variables angles $\boldsymbol{\theta}$, actions $\mathbf{J}$ et le vecteur $\mathbf{N}$ repérant la périodicité de la perturbation :

Actions $\mathbf{J}$	Variables $(\mathbf{p}, \mathbf{r})$	Angles $\boldsymbol{\theta}$	$\mathbf{N}$
J	$mv_c^2/2$	θ	$N\omega_c$
$-Y$	$\langle y \rangle_\theta$	X	$k_\perp/\omega_c$
P	$mv_\|$	z	$k_\|$

nous utiliserons la forme générique du couplage dipolaire $V = \sum V_\mathbf{N}(\mathbf{J}) \exp j$ $(\mathbf{N}\cdot\boldsymbol{\theta}$ - $\omega t)$ où $V_\mathbf{N} = q\phi U_N$ pour le cas longitudinal et $V_\mathbf{N} = jq\mathbf{E}\cdot\mathbf{V}_N/\omega$ pour le cas transverse.

Soit $F(\mathbf{J}, \boldsymbol{\theta}, t)\, d\mathbf{J}d\boldsymbol{\theta}$ la probabilité de trouver une particule dans le volume $d\mathbf{J}d\boldsymbol{\theta}$ au voisinage de $(\mathbf{J}, \boldsymbol{\theta})$ à un instant t. L'équation d'évolution dynamique de cette fonction de distribution F peut être établie en construisant une équation de Fokker-Planck dans l'espace des phases.

$$\frac{\partial F}{\partial t} + \frac{\partial}{\partial \mathbf{J}} \cdot \left\langle \frac{\delta \mathbf{J}}{\delta t} \right\rangle F + \frac{\partial}{\partial \boldsymbol{\theta}} \cdot \left\langle \frac{\delta \boldsymbol{\theta}}{\delta t} \right\rangle F = 0 \tag{5.42}$$

où $\delta\mathbf{J}(\mathbf{J}, \boldsymbol{\theta}, \delta t)$ et $\delta\boldsymbol{\theta}(\mathbf{J}, \boldsymbol{\theta}, \delta t)$ sont les incréments d'actions et angles durant le temps δt : $\delta\mathbf{J} = \mathbf{J}(t+\delta t) - \mathbf{J}(t)$, $\delta\boldsymbol{\theta} = \boldsymbol{\theta}(t+\delta t) - \boldsymbol{\theta}(t)$. Ces incréments sont simplement donnés par les équations de Hamilton (5.6) qui garantissent aussi la nullité des coefficients de diffusion, $\langle \delta\mathbf{J}\delta\mathbf{J}\rangle/\delta t$ et $\langle \delta\boldsymbol{\theta}\delta\boldsymbol{\theta}\rangle/\delta t$, de l'équation de Fokker-Planck. Ainsi, nous obtenons l'équation de Vlasov décrivant la réponse rapide, au premier ordre en V/H_0, de la population de particules chargées à une excitation électromagnétique. La réponse séculaire, lente, au deuxième ordre en V/H_0, étant décrite par l'équation quasi-linéaire dérivée dans le dernier paragraphe de ce chapitre.

$$\textit{Equation de Vlasov} : \frac{\partial F}{\partial t} + \frac{\partial H}{\partial \mathbf{J}} \cdot \frac{\partial F}{\partial \boldsymbol{\theta}} - \frac{\partial H}{\partial \boldsymbol{\theta}} \cdot \frac{\partial F}{\partial \mathbf{J}} = 0 \tag{5.43}$$

Pour obtenir la réponse au premier ordre en V/H_0 à partir de l'équation de Vlasov il est nécessaire de développer la fonction de distribution $F(\mathbf{J}, \boldsymbol{\theta}, t)$ au voisinage de sa forme stationnaire non perturbée $F_0(\mathbf{J})$suivant l'ordering $H_0 \gg V \rightarrow F_0 \gg f$.

$$H(\mathbf{J}, \boldsymbol{\theta}, t) = \underbrace{H_0(\mathbf{J})}_{O(1)} + \underbrace{V(\mathbf{J}, \boldsymbol{\theta}, t)}_{O(V/H_0)} \rightarrow F(\mathbf{J}, \boldsymbol{\theta}, t) = \underbrace{F_0(\mathbf{J})}_{O(1)} + \underbrace{f(\mathbf{J}, \boldsymbol{\theta}, t)}_{O(V/H_0)}$$

La solution d'équilibre F_0 et la perturbation f vérifient donc respectivement les relations (5.44) et (5.45).

$$O(1) \quad \rightarrow \quad \mathbf{\Omega}(\mathbf{J}) \cdot \frac{\partial F_0}{\partial \boldsymbol{\theta}} = \frac{\partial H_0}{\partial \boldsymbol{\theta}} \cdot \frac{\partial F_0}{\partial \mathbf{J}} = 0 \tag{5.44}$$

$$O(V/H_0) \quad \rightarrow \quad \frac{\partial f}{\partial t} + \mathbf{\Omega}(\mathbf{J}) \cdot \frac{\partial f}{\partial \boldsymbol{\theta}} = \frac{\partial V}{\partial \boldsymbol{\theta}} \cdot \frac{\partial F_0}{\partial \mathbf{J}} \tag{5.45}$$

où $\mathbf{\Omega}(\mathbf{J}) = \partial H_0 / \partial \mathbf{J}$. Nous avons donc procédé à une linéarisation de l'équation de Vlasov, les termes d'ordres supérieurs en V/H_0 ayant été négligés. L'équation (5.44) est trivialement satisfaite car le terme de droite et celui de gauche sont identiquement nuls ; l'équation (5.45) peut être résolue en considérant un développement de Fourier de f de forme identique au développement de Fourier de V : $V = \sum V_{\mathbf{N}}(\mathbf{J}) \exp j(\mathbf{N} \cdot \boldsymbol{\theta} - \omega t) \rightarrow f = \sum f_{\mathbf{N}}(\mathbf{J}) \exp j(\mathbf{N} \cdot \boldsymbol{\theta} - \omega t)$. Les coefficients de Fourier $f_{\mathbf{N}}(\mathbf{J})$ de ce développement de la fonction de distribution f sont alors obtenus par substitution des développements de Fourier de f et V dans la relation (5.45).

$$\frac{f_{\mathbf{N}}}{V_{\mathbf{N}}} = \frac{\mathbf{N} \cdot \frac{\partial F_0}{\partial \mathbf{J}}}{\mathbf{N} \cdot \mathbf{\Omega} - (\omega + j\eta)} = \frac{\mathbf{N} \cdot \frac{\partial F_0}{\partial \mathbf{J}}}{\mathbf{N} \cdot \mathbf{\Omega} - \omega} + j\pi\delta(\mathbf{N} \cdot \mathbf{\Omega} - \omega)\, \mathbf{N} \cdot \frac{\partial F_0}{\partial \mathbf{J}}$$

La modification du facteur harmonique $\exp j[\mathbf{N} \cdot \boldsymbol{\theta} - (\omega + j\eta)t]$ par le terme $i\eta$ permet de traduire l'hypothèse de causalité à travers la croissance adiabatique de la perturbation $V_{\mathbf{N}}$ depuis $t = -\infty$. Ainsi, à la fin du calcul, la limite $\eta \rightarrow 0^+$ doit être prise pour établir la solution associée à une perturbation causale. La relation : $(x \pm j\eta)^{-1} \rightarrow \mathcal{P}(x^{-1}) \mp j\pi\delta(x)$ lorsque $\eta \rightarrow 0^+$ permettra d'établir la forme finale des réponses en densité et en courant.

Abordons, dans un premier temps, le problème de la réponse en densité à une onde longitudinale électrostatique.

$$\textit{Potentiel :} \quad \phi \exp j\left(k_\perp x + k_\parallel z - \omega t\right) \rightarrow \textit{Densité :} \quad N_0 + n \exp j\left(k_\perp x + k_\parallel z - \omega t\right)$$

La formule générique exprimant $f_{\mathbf{N}}/V_{\mathbf{N}}$ est aisément adaptée à ce problème spécifique : (i) pour la résonance $\mathbf{N} \cdot \mathbf{\Omega} = N\omega_c + k_\parallel v_\parallel$, (ii) pour le couplage $V = q\phi \sum J_N(k_\perp v_c/\omega_c) \exp j\left(k_\perp X + k_\parallel z + N\theta - \omega t\right)$ et (iii) pour l'opérateur $\mathbf{N} \cdot \partial/\partial \mathbf{J}$:

$$\mathbf{N} \cdot \frac{\partial}{\partial \mathbf{J}} = \frac{N\omega_c}{mv_c} \frac{\partial}{\partial v_c} + \frac{k_\parallel}{m} \frac{\partial}{\partial v_\parallel} - \frac{k_\perp}{m\omega_c} \frac{\partial}{\partial Y} \tag{5.46}$$

La distribution d'équilibre F_0 pertinente, en particulier pour l'étude des instabilités de dérives dans un tokamak, est donnée par un plasma de densité inhomogène suivant la direction y et présentant une distribution de Maxwell des vitesses : $F_0(J, Y, P) = N_0(Y)(2\pi k_B T/m)^{-\frac{3}{2}} \exp -H_0(J, P)/2k_B T$. Définissons la fréquence diamagnétique ω^*(9.15) :

$$\textit{Fréquence diamagnétique :} \quad \omega^* \equiv -k_\perp \frac{k_B T}{m\omega_c} \frac{d \ln N_0}{dY} \tag{5.47}$$

le terme $\mathbf{N} \cdot \partial F_0/\partial \mathbf{J}$ prend alors la forme simple $-\left(N\omega_c + k_\parallel v_\parallel - \omega^*\right) F_0/k_B T$ qui permet d'obtenir l'expression des coefficients $f_{\mathbf{N}}/V_{\mathbf{N}}$.

$$\frac{f_{\mathbf{N}}}{V_{\mathbf{N}}} = -\left(1 + \frac{\omega - \omega^*}{N\omega_c + k_\parallel v_\parallel - (\omega + j\eta)}\right) J_N\left(\frac{k_\perp v_c}{\omega_c}\right) \frac{F_0}{k_B T} \tag{5.48}$$

Afin de calculer la perturbation de densité $n \exp j\left(k_{\perp} x+k_{\|} z-\omega t\right)=\int f d J d P d \theta$, la propriété de parité des fonctions de Bessel $J_{-N}(a)=J_{N}(-a)$ est utilisée pour établir la relation : $\exp -j\left(k_{\perp} x\right)=\exp -j\left(k_{\perp} X\right) \sum_{N^{\prime}} J_{N^{\prime}}\left(k_{\perp} \sqrt{2 J}\right)$ $\exp j\left(-N^{\prime} \theta\right)$ ainsi que la relation d'orthogonalité $\int \exp j\left(N \theta-N^{\prime} \theta\right) d \theta=2 \pi \delta_{N}^{N^{\prime}}$ et la valeur de la somme des carrés de fonctions de Bessel $\sum J_{N}^{2}=1$.

$$\frac{n}{N_{0}}=-\frac{q \phi}{k_{B} T}\left[1+\left(\omega-\omega^{*}\right) \sum_{N} \int 2 \pi v_{c} d v_{c} d v_{\|} \frac{J_{N}^{2}\left(k_{\perp} v_{c} / \omega_{c}\right)}{N \omega_{c}+k_{\|} v_{\|}-(\omega+j \eta)} \frac{F_{0}}{N_{0}}\right] \tag{5.49}$$

Le facteur $q \phi / k_{B} T$ n'est autre que la réponse adiabatique et les facteurs supplémentaires décrivent les effets cinétiques responsables de la brisure de l'adiabaticité qui correspond au régime fluide quasi-statique.

Considérons, dans un deuxième temps, le problème de la réponse en courant à une onde transverse électromagnétique, négligeons l'inhomogèneité de la densité suivant Y, levons l'hypothèse d'une distribution maxwellienne des vitesses et définissons l'opérateur différentiel $\mathrm{L}_{N}(\mathbf{k}, \mathbf{v})=\mathbf{N} \cdot \partial / \partial \mathbf{J}$.

$$\mathrm{L}_{N}(\mathbf{k}, \mathbf{v}) \equiv \frac{N \omega_{c}}{v_{c}} \frac{\partial}{\partial v_{c}}+k_{\|} \frac{\partial}{\partial v_{\|}} \tag{5.50}$$

La perturbation de la fonction de distribution F sous l'effet d'un champ transverse harmonique engendre un courant. Compte tenu de la linéarisation de l'équation de Vlasov ce courant présente la même pulsation que le champ électromagnétique perturbateur.

Onde : $\mathbf{E} \exp j\left(k_{\perp} x+k_{\|} z-\omega t\right) \rightarrow$ *Courant :* $q N_{0}\langle\mathbf{v}\rangle \exp j\left(k_{\perp} x+k_{\|} z-\omega t\right)$

L'usage est de décrire la densité volumique de courant $q N_{0}\langle\mathbf{v}\rangle$ à travers le tenseur diélectrique $\boldsymbol{\varepsilon}$ où la susceptibilité $\boldsymbol{\varepsilon}-\mathbf{I}$ définie comme la matrice de proportionnalité entre champ et courant (5.51).

$$q N_{0}\langle\mathbf{v}\rangle \equiv-j \omega \varepsilon_{0}[\boldsymbol{\varepsilon}-\mathbf{I}] \cdot \mathbf{E} \exp j\left(k_{\perp} x+k_{\|} z-\omega t\right) \tag{5.51}$$

où la réponse en vitesse $\langle\mathbf{v}\rangle$ est définie comme la moyenne sur la population $\left(F_{0}+f\right)$ de la vitesse $\left(\mathbf{p}-\mathbf{A}_{0}-\mathbf{a}\right)$ de chaque particule.

$$\langle\mathbf{v}\rangle \equiv \int\left(\mathbf{p}-\mathbf{A}_{0}-\mathbf{a}\right)\left(F_{0}+f\right) d J d P d \theta \tag{5.52}$$

$$\approx \int\left(\mathbf{p}-\mathbf{A}_{0}\right) f d J d P d \theta-\int \mathbf{a} F_{0} d J d P d \theta \tag{5.53}$$

Le potentiel vecteur perturbateur $\mathbf{a}$ est relié au champ à travers la relation $j \omega \mathbf{a}=\mathbf{E} \exp \left(j k_{\perp} x+k_{\|} z-\omega t\right)$et $\mathbf{p}-\mathbf{A}_{0}=\sqrt{2 J} \cos \theta \mathbf{e}_{x}-\sqrt{2 J} \sin \theta \mathbf{e}_{y}+P \mathbf{e}_{z}$. L'équation (5.45) peut être résolue en considérant un développement de Fourier de f de forme identique au développement de Fourier de V : $V=\sum V_{\mathbf{N}}(\mathbf{J})$ $\exp j(\mathbf{N} \cdot \boldsymbol{\theta}-\omega t) \rightarrow f=\sum f_{\mathbf{N}}(\mathbf{J}) \exp j(\mathbf{N} \cdot \boldsymbol{\theta}-\omega t)$. Les coefficients de Fourier de ce développement de la fonction de distribution f sont alors donnés par la relation (5.45).

$$\frac{f_{\mathbf{N}}}{V_{\mathbf{N}}}=\frac{\mathrm{L}_{N} \cdot F_{0} / m}{N \omega_{c}+k_{\|} v_{\|}-(\omega+j \eta)} \tag{5.54}$$

Afin d'évaluer la première les deux quadratures définissant $\langle \mathbf{v} \rangle$ utilisons à nouveau l'identité $\exp -j\left(k_{\perp}x\right) = \exp -j\left(k_{\perp}X\right)\sum_{N'} J_{N'}\left(k_{\perp}\sqrt{2J}\right)\exp j\left(-N'\theta\right)$ ainsi que la relation d'orthogonalité $\int \exp j\left(N\theta - N'\theta\right)d\theta = 2\pi\delta_N^{N'}$ et la valeur de la somme des carrés de fonctions de Bessel $\sum_{N=-\infty}^{N=+\infty} J_N^2 = 1$ qui permettent d'obtenir la forme finale classique du tenseur diélectrique $\boldsymbol{\varepsilon}$ d'un plasma magnétisé de fonction de distribution stationnaire F_0.

$$\boldsymbol{\varepsilon} = \left(1 - \frac{\omega_p^2}{\omega^2}\right)\mathbf{I} - \frac{\omega_p^2}{\omega^2}\sum_{N=-\infty}^{N=+\infty}\int \frac{\mathbf{V}_N^*\mathbf{V}_N}{N\omega_c + k_{\|}v_{\|} - (\omega + j\eta)}\mathrm{L}_N\left(\mathbf{k},\mathbf{v}\right)\cdot\frac{F_0\left(\mathbf{v}\right)}{N_0}d\mathbf{v}$$

Le premier terme de cette expression décrit la réponse fluide d'un plasma non magnétisé, et la forme classique du tenseur diélectrique chaud en champ magnétique fini peut être retrouvée en explicitant le produit tensoriel $\mathbf{V}_N^*\mathbf{V}_N$.

$$\mathbf{V}_N^*\left(\mathbf{k},\mathbf{v}\right)\mathbf{V}_N\left(\mathbf{k},\mathbf{v}\right) = \begin{pmatrix} \frac{N^2\omega_c^2}{k_\perp^2}J_N^2 & j\frac{N\omega_c}{k_\perp}v_cJ_NJ_N' & \frac{N\omega_c}{k_\perp}v_{\|}J_N^2 \\ -j\frac{N\omega_c}{k_\perp}v_cJ_NJ_N' & v_c^2J_N'^2 & -jv_cv_{\|}J_NJ_N' \\ \frac{N\omega_c}{k_\perp}v_{\|}J_N^2 & jv_cv_{\|}J_NJ_N' & v_{\|}^2J_N^2 \end{pmatrix} \tag{5.55}$$

Le développement aux petits rayons de Larmor des fonctions de Bessel ainsi que la restriction aux premiers ordres $N = 0$ et $N = 1$ pour un plasma froid dont la fonction de distribution est modélisée par une distribution de Dirac, conduit à une expression similaire à celle obtenue dans le chapitre consacré aux ondes, les relations (8.10) chapitre 8, les ordres de développement supérieurs et les cas $N = \pm 2$ seront considérés dans le cadre de l'analyse du chauffage au chapitre 12.

5.3.2 Chaos et critère de Chirikov

Le fait qu'un plasma perturbé par une onde soit le siège d'un courant n'est pas surprenant compte tenu du couplage champ/particule résultant des forces de Laplace et Coulomb ; que ce courant soit de nature purement réactive, c'est-à-dire en quadrature avec le champ (le facteur j de la relation (5.51)), est aussi conforme à notre attente car le modèle qui vient d'être développé est non dissipatif en l'absence de collision. Seuls des effets réactifs, réfractifs, sont attendus et aucun effet actif, irréversible, d'émission ou d'absorption, ne peut se produire *à priori*.

Or, une analyse du résultat précédent conduit à considérer l'existence d'un courant en phase, ou en opposition de phase, avec le champ électrique. Ce courant est associé à la partie antihermitique du tenseur $\boldsymbol{\varepsilon} = \boldsymbol{\varepsilon}' - j\boldsymbol{\varepsilon}''$.

$$\boldsymbol{\varepsilon}'' = \pi\frac{\omega_p^2}{\omega^2}\sum_N\int \mathbf{V}_N^*\mathbf{V}_N\delta\left[N\omega_c + k_{\|}v_{\|} - \omega\right]\mathrm{L}_N\cdot\frac{F_0}{N_0}d\mathbf{v} \tag{5.56}$$

Le courant actif ainsi identifié est la source d'un échange irréversible de puissance w entre l'onde et les particules : $w\left[\mathrm{W/m^3}\right] \equiv -\mathrm{Re}\left(qN_0\left\langle\mathbf{v}\right\rangle\cdot\mathbf{E}^*\right)/2 = -\varepsilon_0\omega\mathbf{E}\cdot\boldsymbol{\varepsilon}''\cdot\mathbf{E}^*/2$. Ainsi, avons-nous découvert un paradoxe au sein de ce qui nous apparaissait comme une simple linéarisation d'un problème du type *excitation → réponse*. Pour lever ce paradoxe il est nécessaire d'admettre l'existence d'un processus de production d'entropie assurant l'irréversibilité des échanges de puissance en l'absence de collision. Ce processus, qui valide le modèle précédent, est connu : il s'agit du *chaos hamiltonien*. Sous certaines conditions, peu restrictives au regard des paramètres d'un plasma de tokamak, en l'absence de collision, un phénomène de décorrélation, c'est-à-dire de production d'entropie, est à l'œuvre au sein d'un système hamiltonien non dissipatif. La présence de plusieurs résonances est nécessaire pour induire cette transition d'un régime intégrable, ou quasi-intégrable, vers un régime chaotique. Déjà, en présence d'une résonance unique l'orbite $[p_S(t),\ \varphi_S(t)]$ de la séparatrice du hamoltonien $H = p^2/2$ - $\Omega^2 \cos\varphi$: $p_S(t) = \pm 2\Omega/\cosh \Omega t$, $\varphi_S(t) = 4$ arctan $\exp(\pm\Omega t)$ - π, présente une instabilité sous l'effet de très faibles perturbations.

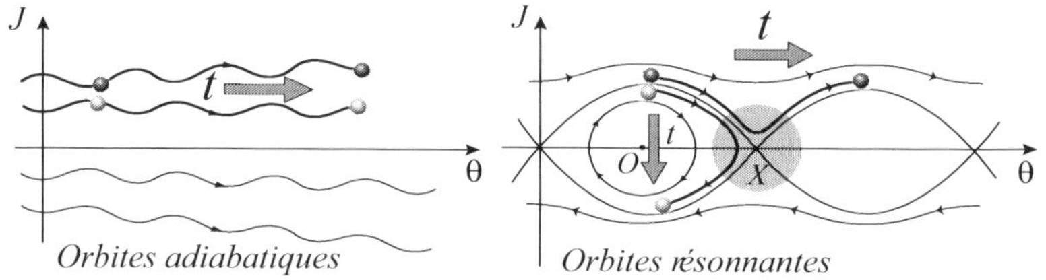

Fig. 5.14 : *Orbites adiabatiques et séparatrice.*

Comme nous l'avons illustré sur la figure (5.14), le point X est atteint au bout d'un temps infini et une perturbation infinitésimale peut transformer cette orbite lente et instable en orbite circulante ou piégée, ces deux classe différentes présentant des destins très différents. En fait, l'image au niveau d'un point X est beaucoup plus complexe et la présence d'une instabilité orbitale locale peut être quantifiée par *l'intégrale de Melnikov*. Dans le contexte de la physique des tokamaks, la transition vers le régime chaotique est en général abordée par la méthode du critère de Chirikov.

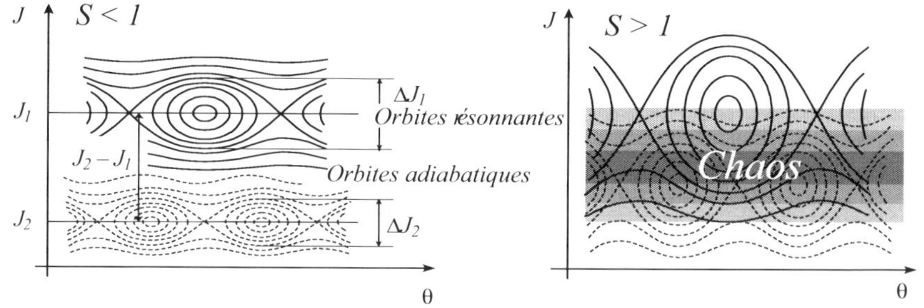

Fig. 5.15 : *Critère de Chirikov.*

Considérons un hamiltonien $H(\mathbf{J}, \boldsymbol{\theta}) = H_0(\mathbf{J}) + V_1 \cos[\mathbf{N}\cdot\boldsymbol{\theta}] + V_2 \cos[\mathbf{M}\cdot\boldsymbol{\theta}]$ présentant deux résonances voisines : $\mathbf{N}\cdot\boldsymbol{\Omega}(\mathbf{J}_1) = 0$ et $\mathbf{M}\cdot\boldsymbol{\Omega}(\mathbf{J}_2) = 0$. Dans le voisinage des courbes de résonance le domaine de piégeage, ou la largeur d'îlot, a été calculé dans les paragraphes précédents, relation (5.32), pour le hamiltonien $H = p^2/2 - \Omega^2 \cos\varphi$. Ainsi, $\Delta J_1 \approx \left|4\mathbf{N}\sqrt{V_1/\mathbf{N}\cdot\mathbf{\Pi}\cdot\mathbf{N}}\right|$ et $\Delta J_2 \approx \left|4\mathbf{M}\sqrt{V_2/\mathbf{M}\cdot\mathbf{\Pi}\cdot\mathbf{M}}\right|$. Sur la base de ces résultats introduisons le paramètre de Chirikov S mesurant le rapport de la somme des deux demi-largeurs $(\Delta J_1 + \Delta J_2)$

/ 2 de piégeage sur la distance entre les résonances $|J_1 - J_2|$ sur une section de Poincaré.

$$\textit{Critère de Chirikov}: \; S \equiv \frac{[\Sigma\text{demi-largeurs des zones piégées}]}{[\Delta\text{entre les points O des résonances}]} \gtrsim 1 \qquad (5.57)$$

Lorsque $S \ll 1$, on conçoit aisément que les domaines piégés au voisinage de chaque résonance n'interagissent pas, les résonances sont découplées et le mouvement présente les caractéristiques de pendules non-linéaires pour chaque résonance ; mais, si $S \sim 1$, alors une orbite située entre deux résonances est sollicitée par le domaine piégé de la première et par le domaine piégé de la seconde, ce conflit de résonances résulte en un comportement chaotique de l'orbite, figure (5.15). Le critère de Chirikov de transition vers le chaos dans un système hamiltononien présentant plusieurs résonances s'énonce donc simplement : $S \gtrsim 1$. La validité de ce critère a été testée numériquement et l'évaluation de S en fonction des paramètres de contrôle d'un problème constitue un moyen de discriminer le régime chaotique du régime régulier.

Le paradoxe de l'irréversibilité au sein d'un milieu non dissipatif est levé, le transfert irréversible d'énergie et d'impulsion du champ vers les particules, prédit par le tenseur $\boldsymbol{\varepsilon}''$, se trouve justifié par une analyse hamiltonienne de la dynamique en présence de plusieurs résonances. Dans les expériences de chauffage des tokamaks, la largeur du spectre en vecteur d'onde de l'onde et la complexité des orbites adiabatiques des particules se conjuguent pour offrir un régime chaotique, $S \gtrsim 1$, d'interaction ondes/particules même à de faibles niveaux de puissances. Il est donc possible de chauffer un plasma thermonucléaire qui, de par sa température élevée, ne présente à priori pas de dissipation significative.

5.3.3 Opérateur quasi-linéaire

Lorsque l'interaction ondes/particules décrite par le hamiltonien $H(\mathbf{I}, \boldsymbol{\theta}, t) = H_0(\mathbf{I}) + V(\mathbf{I}, \boldsymbol{\theta}, t)$ est en régime chaotique, il est légitime de s'interroger sur la nature des décorrélations et de la production d'entropie. En particulier, parmi les variables $(\mathbf{I}, \boldsymbol{\theta})$ lesquelles sont robustes et lesquelles sont fragiles, les variables lentes (actions $\mathbf{I}$) ou les variables rapides (angles $\boldsymbol{\theta}$) ? La recherche de la réponse à cette question conduit à identifier les variables rapides comme les plus fragiles et l'hypothèse d'une forte décorrélation des angles, traduite par l'approximation RPA, est recevable. Une description réduite, où les quantités étudiées seront prises en moyenne sur les angles $\boldsymbol{\theta}$, est pertinente en régime chaotique. Les actions quant à elles sont aussi décorrélées en régime chaotique et une description cinétique, sur la base de l'étude de la fonction de distribution $F(\mathbf{I}, t)$, peut être construite ; $F(\mathbf{I}, t)\, d\mathbf{I}$ mesure la probabilité de trouver une particule dans le volume $d\mathbf{I}$ au voisinage de $\mathbf{I}$ à un instant t indépendamment de la valeur des angles $\boldsymbol{\theta}$, c'est-à-dire en moyenne sur les angles $\boldsymbol{\theta}$. L'équation d'évolution dynamique de cette fonction de distribution F peut être établie en construisant une équation de Fokker-Planck où les quantités dynamiques seront prises en moyenne sur les angles initiaux $\boldsymbol{\theta}_0$.

$$\textit{Fokker-Planck} \; : \; \frac{\partial F}{\partial t} = -\frac{\partial}{\partial \mathbf{I}} \cdot \frac{\langle \delta \mathbf{I} \rangle_{\boldsymbol{\theta}_0}}{\delta t} F + \frac{\partial}{\partial \mathbf{I}} \cdot \frac{\partial}{\partial \mathbf{I}} \cdot \frac{\langle \delta \mathbf{I} \delta \mathbf{I} \rangle_{\boldsymbol{\theta}_0}}{2 \delta t} F$$

Le système onde/particule étant hamiltonien l'équation de Fokker-Planck peut être simplifiée par l'usage de la relation d'Einstein. Sur la base de cette relation, nous obtenons l'équation quasi-linéaire (5.58) décrivant l'évolution cinétique lente de la fonction de distribution dans l'espace des actions du hamiltonien non perturbé H_0, le qualificatif lent doit être pris par comparaison aux échelles de temps que sont ω, la pulsation de l'onde, et les pulsations $\partial H_0/\partial \mathbf{I}$ du système non perturbé par l'onde.

$$\langle \delta \mathbf{I} \rangle_{\boldsymbol{\theta}_0} = \frac{\partial}{\partial \mathbf{I}} \cdot \frac{\langle \delta \mathbf{I} \delta \mathbf{I} \rangle_{\boldsymbol{\theta}_0}}{2} \rightarrow \frac{\partial F}{\partial t} = Q \cdot F = \frac{\partial}{\partial \mathbf{I}} \cdot \frac{\langle \delta \mathbf{I} \delta \mathbf{I} \rangle_{\boldsymbol{\theta}_0}}{2\delta t} \cdot \frac{\partial}{\partial \mathbf{I}} F \tag{5.58}$$

Considérons le cas des résonances Landau et cyclotron entre une onde transverse $\mathbf{E} \exp j\left(k_\perp x + k_\| z - \omega t\right)$ et une population F. Les actions $\mathbf{I}$, angles $\boldsymbol{\theta}$ et paramètres de couplage $\mathbf{N}$, sont donnés par le tableau ci-dessous.

Actions $\mathbf{I}$	Angles $\boldsymbol{\theta}$	$\mathbf{N}$
J	θ	N
$-Y$	X	$k_\perp$
P	z	$k_\|$

Le hamiltonien normalisé ([kilogramme, seconde, ampère] $\rightarrow$ [m, m/eB, $e^2 B/m$]) est donné par le développement de Fourier classique :

$$H = J + \frac{P^2}{2} + j\frac{q}{\omega} \sum_N \mathbf{E} \cdot \mathbf{V}_N \exp j\left(k_\perp X + k_\| z + N\theta - \omega t\right)$$

Restreignons l'analyse à une résonance $\mathbf{N}$ et intégrons les équations de Hamilton relatives aux actions $\mathbf{I}$ sur un petit temps δt, au premier ordre en V/H_0, pour calculer l'incrément d'action associé à la présence de l'onde : $\delta \mathbf{I}\left(\delta t, \mathbf{I}_0, \boldsymbol{\theta}_0\right) = \mathbf{I}\left(\delta t\right) - \mathbf{I}_0$:

$$\begin{aligned} \delta \mathbf{I}\left(\delta t\right) &= j\frac{q}{\omega} \mathbf{N} \mathbf{E} \cdot \mathbf{V}_N \frac{\exp j\left[\left(k_\| P_0 + N - \omega\right)\delta t + k_\perp X_0 + k_\| z_0 + N\theta_0\right]}{k_\| P_0 + N - \omega} \\ & \qquad - \frac{\exp j\left[k_\perp X_0 + k_\| z_0 + N\theta_0\right]}{k_\| P_0 + N - \omega} \end{aligned}$$

où, pour obtenir le premier ordre en V/H_0, nous avons substitué l'évolution incrémentale de l'angle $\theta = \theta_0 + \delta t$ résultant de l'intégration de l'équation de Hamilton relative à l'angle cyclotronique θ à l'ordre zéro en V/H_0 : $d\theta/dt = \partial H_0/\partial J = 1$. Le coefficient de diffusion de l'équation quasi-linéaire peut alors être évalué par le calcul de la moyenne sur l'angle initial θ_0 (RPA) du tenseur $\delta \mathbf{I} \delta \mathbf{I}$.

$$\langle \delta \mathbf{I} \delta \mathbf{I} \rangle_{\theta_0} = \frac{1}{2} \operatorname{Re}\left(\delta \mathbf{I} \delta \mathbf{I}^*\right) = 2\frac{q^2}{\omega^2} \mathbf{N}\mathbf{N} \left|\mathbf{E} \cdot \mathbf{V}_N\right|^2 \frac{\sin^2\left(\frac{k_\| P_0 + N - \omega}{2} \delta t\right)}{\left(k_\| P_0 + N - \omega\right)^2}$$

Le temps δt est petit à l'échelle de l'évolution macroscopique, mais grand à l'échelle de l'évolution microscopique, il est donc légitime de considérer la forme asymptotique du sinus cardinal suivant la relation classique $\varepsilon \sin^2\left(x/2\varepsilon\right)/x^2 \approx$

$\pi\delta(x)/2$. Ainsi, le tenseur de diffusion se présente comme une somme de termes résonnants associés aux courbes de résonance $k_{\|}P + N = \omega$ et induisant une diffusion suivant les lignes de diffusion dirigées par $\mathbf{N}$. En régime chaotique les différentes résonances sont incohérentes, il est donc valide de sommer les contributions associées aux entiers $\mathbf{N}$.

$$\frac{\langle \delta\mathbf{I}\delta\mathbf{I}\rangle_{\theta_0}}{2\delta t} = \sum_N \frac{\pi}{2}\frac{q^2}{\omega^2}\mathbf{NN}\left|\mathbf{E}\cdot\mathbf{V}_N\right|^2 \delta\left[k_{\|}P + N - \omega\right] \tag{5.59}$$

Pour établir la forme finale de l'équation quasi-linéaire considérons le système international d'unités : $([m,\, m/eB,\, e^2B_0/m] \to$ [kilogramme, seconde, ampère]) et introduisons l'opérateur L_N défini par la relation (5.50) en lieu et place de l'opérateur $\mathbf{N}\cdot\partial/\partial\mathbf{I}$.

$$\frac{\partial F}{\partial t} = \frac{\pi}{2}\frac{q^2}{m^2\omega^2}\sum_{N=-\infty}^{N=+\infty} \mathrm{L}_N\cdot\left|\mathbf{V}_N\cdot\mathbf{E}\right|^2\delta\left[N\omega_c + k_{\|}v_{\|} - \omega\right]\mathrm{L}_N\cdot F$$

L'équation quasi-linéaire étant une équation de diffusion dans l'espace des actions, la croissance de l'entropie est assurée $(-\partial[\int F_0(\mathbf{I},t)\,\log F_0(\mathbf{I},t)\; d\mathbf{I}]/\partial t > 0)$, c'est-à-dire l'irréversibilité des processus de transfert d'impulsion-énergie du champ vers les particules (chauffage et génération de courant) ou des particules vers le champ (instabilités et extraction d'énergie libre).

La puissance w_{QL} reçue par les particules peut être évaluée sur la base de l'équation quasi-linéaire comme :

$$\begin{aligned} w_{QL}\left[\frac{\mathrm{W}}{\mathrm{m}^3}\right] &\equiv \frac{m}{2}n\frac{d}{dt}\left\langle v^2\right\rangle \\ &= \frac{m}{2}\left[\int v^2\frac{\partial F(\mathbf{v},t)}{\partial t}d\mathbf{v}\right] \\ &= \frac{\pi}{4}\frac{q^2}{m\omega^2}\sum_N\int d\mathbf{v}v^2\mathrm{L}_N\cdot\left|\mathbf{V}_N\cdot\mathbf{E}\right|^2\delta\left[N\omega_c + k_{\|}v_{\|} - \omega\right]\mathrm{L}_N\cdot F \end{aligned}$$

cette même puissance w_V perdue (reçue) par l'onde lors d'un processus d'absorption (émission) est donnée par :

$$\begin{aligned} w_V\left[\frac{\mathrm{W}}{\mathrm{m}^3}\right] &\equiv -\frac{q}{2}n\,\mathrm{Re}\left[\langle\mathbf{v}\rangle\cdot\mathbf{E}^*\right] \\ &= -\frac{\varepsilon_0}{2}\omega\mathbf{E}\cdot\varepsilon''\cdot\mathbf{E}^* \\ &= -\omega\pi\frac{\varepsilon_0}{2}\frac{\omega_p^2}{\omega^2}\sum_N\int d\mathbf{v}\left|\mathbf{V}_N\cdot\mathbf{E}\right|^2\delta\left[N\omega_c + k_{\|}v_{\|} - \omega\right]\mathrm{L}_N\cdot\frac{F}{n} \end{aligned}$$

où n est la densité d'équilibre. La validité de l'ensemble des approximations utilisées pour construire : (i) l'équation de Vlasov, (ii) le tenseur diélectrique et (iii) l'équation quasi-linéaire, serait mise en doute si ces deux expressions, issues d'un même modèle sous les mêmes hypothèses, ne donnaient pas le même résultat. L'intégration par partie de la quadrature exprimant w_{QL} conduit à l'identité

$w_{QL} = w_V$ car $\mathrm{L}_N \cdot v^2 = L_N \cdot \left(v_c^2 + v_\|^2\right) = 2\left(N\omega_c + k_\| v_\|\right) = 2\omega$; ce résultat final démontre la cohérence de l'approximation RPA avec la théorie linéaire du tenseur diélectrique et achève la construction des outils hamiltoniens nécessaires pour décrire la dynamique des ondes et instabilités dans les tokamaks.

Chapitre 6

Confinement Orbital

Noli turbare ciculos meos

Deux stratégies peuvent être mises en œuvre pour étudier la dynamique des particules chargées interagissant avec un champ électromagnétique :

• la résolution des équations de Newton (Hamilton) permettant d'exprimer, à chaque instant, la position et la vitesse de chaque particule,

• la construction d'invariants, c'est-à-dire de combinaisons algébriques de la position et de la vitesse telles que les variations temporelles de l'une et de l'autre se compensent afin d'assurer l'indépendance de cette combinaison par rapport au temps.

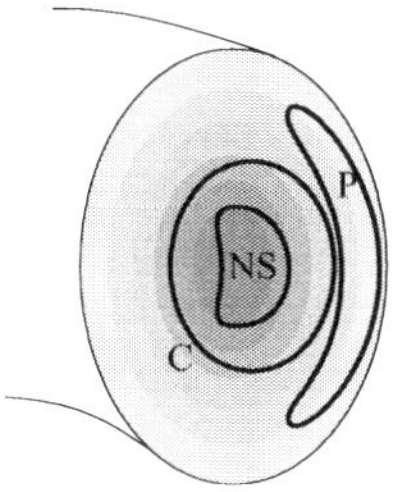

Fig. 6.1 : *Orbites du centre guide dans un tokamak.*

La théorie des orbites dans les tokamaks fait usage de ces deux stratégies, la deuxième étant justifiée par l'existence d'un ordering entre (*i*) le rayon de Larmor et la période cyclotronique, qui constituent des échelles de longueur et de temps caractéristiques du mouvement autour des lignes de champ, et (*ii*) les échelles caractéristiques de longueur et temps associées au champ magnétique confinant ; ainsi des méthodes d'approximation remarquablement efficaces peuvent être construites. Comme dans le cadre de l'analyse du transport, la variable d'intérêt est ici aussi la position du centre guide autour duquel s'effectue la rotation cyclotronique.

Dans une configuration tokamak trois types d'orbites du centre guide coexistent : les orbites circulantes (C), les orbites piégées du côté bas champ (P) et les orbites non standards à haute énergie au voisinage du centre (NS), la section poloïdale de ces orbites est illustrée sur la figure (6.1). Nous allons les identifier et les analyser dans ce chapitre.

6.1 Invariance Adiabatique et Dérives

6.1.1 Invariance du moment magnétique

Pour un champ magnétique homogène dans l'espace et variable dans le temps, la prise en compte du champ électrique d'induction s'avère nécessaire pour étudier la dynamique d'une particule chargée. Soit donc un champ magnétique homogène instationnaire $\mathbf{B}(t)$; la solution de l'équation de Maxwell-Faraday permet d'exprimer le champ d'induction $\mathbf{E}(\mathbf{r}, t)$ en chaque point $\mathbf{r}$ à chaque instant t :

$$\textit{Maxwell-Faraday}: \ \boldsymbol{\nabla} \times \mathbf{E} = -\frac{\partial \mathbf{B}}{\partial t} \rightarrow \mathbf{E}(\mathbf{r}, t) = \frac{\mathbf{r}}{2} \times \frac{d\mathbf{B}}{dt}$$

L'équation du mouvement de la particule prenant en compte la force de Coulomb et la force de Laplace est donc donnée par :

$$\textit{Newton/Coulomb/Lapalace} \ : \ \frac{d^2\mathbf{r}}{dt^2} = \frac{q}{2m}\mathbf{r} \times \frac{d\mathbf{B}}{dt} + \frac{q}{m}\frac{d\mathbf{r}}{dt} \times \mathbf{B}$$

Définissons $\Omega(t) \equiv qB(t)/m$ et considérons un système orthonormé direct cartésien (x, y, z) tel que l'axe des z soit orienté suivant la direction du champ magnétique $\mathbf{B}$. Afin de simplifier la discussion nous supposerons $dz/dt = 0$. Considérons le changement de variable complexe $(x, y) \rightarrow \mathcal{Z}$: $\mathcal{Z}(t) \equiv [x(t) + jy(t)]$ $\exp j \int_0^t \Omega(s)/2ds$. La variable complexe $\mathcal{Z}(t)$ ainsi définie permet de réécrire l'équation du mouvement :

$$\frac{d^2\mathcal{Z}}{dt^2} + \frac{\Omega^2(t)}{4}\mathcal{Z} = 0 \tag{6.1}$$

Nous reconnaissons l'équation d'un oscillateur linéaire de fréquence variable. Nous allons résoudre cette équation et décrire le mouvement de la particule chargée sous l'hypothèse d'une variation temporelle du champ magnétique lente à l'échelle d'une rotation cyclotronique Ω^{-1}. Pour ce faire considérons la fonction complexe $\mathcal{Z}_{WKB}(t)$.

$$\mathcal{Z}_{WKB}(t) \equiv \mathcal{Z}_0\sqrt{\frac{2}{\Omega(t)}} \exp \pm \left[j\int_0^t \frac{\Omega(s)}{2} ds \right] \tag{6.2}$$

Cette fonction $\mathcal{Z}_{WKB}(t)$ est solution de l'équation différentielle linéaire :

$$\frac{d^2\mathcal{Z}_{WKB}}{dt^2} + \frac{\Omega^2(t)}{4}\mathcal{Z}_{WKB} = \frac{3\Omega'^2 - 2\Omega\Omega''}{4\Omega^2}\mathcal{Z}_{WKB} \tag{6.3}$$

Si l'échelle caractéristique de la variation temporelle du champ magnétique est beaucoup plus longue que la période cyclotron, c'est-à-dire si $\Omega' \ll \Omega^2$ et $\Omega'' \ll \Omega^3$, alors $\Omega^2 \gg \Omega''/2\Omega - 3\Omega'^2/4\Omega^2$ et l'équation (6.3) vérifiée par $\mathcal{Z}_{WKB}(t)$ peut être approchée par l'équation (6.1) vérifiée par $\mathcal{Z}(t)$. Ainsi $\mathcal{Z}_{WKB}(t)$ constitue une solution approchée des équations du mouvement (6.1) sous l'hypothèse $d\ln\Omega/dt \ll \Omega$. Sous cette hypothèse de variations dites adiabatiques, la solution de l'équation du mouvement peut être analysée en terme d'*invariance adiabatique*. En effet, d'une part (i) $d(\Omega(t)\mathcal{Z}_{WKB}\mathcal{Z}^*_{WKB})/dt = 0$, $\mathcal{Z}_{WKB} \approx \mathcal{Z} \rightarrow d(\Omega\mathcal{Z}\mathcal{Z}^*)/dt \approx 0$, et (ii) d'autre part : $\Omega\mathcal{Z}\mathcal{Z}^* = qB\rho_L^2/m$;

$\mu = q^2 B \rho_L^2 / 2m$, définie par la relation (4.8), est donc un invariant adiabatique, c'est-à-dire une constante du mouvement dont l'invariance est garantie par un ordering de temps caractéristiques, en l'occurrence $d \ln \Omega / dt \ll \Omega$.

$$\textit{Invariance adiabatique du moment magnétique} : \quad \frac{d\mu}{dt} = 0 \tag{6.4}$$

La variation temporelle du champ magnétique est compensée par un ajustement du mouvement cyclotronique, à travers une accélération, ou une décélération, produite par le champ électrique d'induction $\mathbf{E}$, telle que μ reste à peu près constant, figure (6.2-a).

6.1.2 Force diamagnétique

Considérons à présent le cas d'un champ inhomogène et stationnaire possédant une symétrie de rotation autour de l'axe des z, $\mathbf{B}(r,z) = B_r(r,z)\,\mathbf{e}_r + B_z(r,z)\,\mathbf{e}_z$, et étudions le mouvement d'une particule, de masse m et de charge q, au voisinage de cet axe de symétrie. Afin de simplifier l'étude de ce mouvement, introduisons $[\mathbf{e}_r, \mathbf{e}_\theta, \mathbf{e}_z]$ une base de repérage cylindrique orthonormée directe d'axe $\mathbf{e}_z$ et effectuons un développement de Taylor du champ à partir d'un point de référence sur l'axe des z. L'équation de Maxwell $\boldsymbol{\nabla} \cdot \mathbf{B} = 0$ permet d'exprimer les dérivées du champ suivant z en fonction des dérivées suivant r.

$$\frac{1}{r}\frac{\partial}{\partial r} r B_r + \frac{\partial}{\partial z} B_z = 0 \rightarrow \frac{1}{r}\frac{\partial r B_r}{\partial r} \approx - \left.\frac{\partial B_z}{\partial z}\right|_{r=0} \tag{6.5}$$

La forme générale au voisinage de l'axe des z d'un champ possédant une symétrie de révolution est donc donnée par : $\mathbf{B}(r,z) \approx B_z(0,z)\,\mathbf{e}_z$ - $r\left.\partial B_z/\partial z\right|_{r=0}/2\mathbf{e}_r$ + $O\left[r^2\right]$.

Les expressions de la position, de la vitesse et de l'accélération d'une particule sur la base cylindrique sont respectivement :

$$\begin{aligned} \mathbf{r} &= r\mathbf{e}_r + z\mathbf{e}_z \rightarrow \mathbf{v} = \frac{dr}{dt}\mathbf{e}_r + r\frac{d\theta}{dt}\mathbf{e}_\theta + \frac{dz}{dt}\mathbf{e}_z \rightarrow \frac{d\mathbf{v}}{dt} \\ \frac{d\mathbf{v}}{dt} &= \left[\frac{d^2 r}{dt^2} - r\left(\frac{d\theta}{dt}\right)^2\right]\mathbf{e}_r + \left[2\frac{dr}{dt}\frac{d\theta}{dt} + r\frac{d^2\theta}{dt^2}\right]\mathbf{e}_\theta + \frac{d^2 z}{dt^2}\mathbf{e}_z \end{aligned}$$

et permettent d'exprimer les projections cylindriques de l'équation de Newton prenant en compte la force de Laplace.

$$\frac{d^2 r}{dt^2} - r\left(\frac{d\theta}{dt}\right)^2 = \frac{q}{m} r \frac{d\theta}{dt} B_z(z) \tag{6.6}$$

$$\frac{d^2 z}{dt^2} = \frac{q}{m} r \frac{d\theta}{dt} \frac{r}{2} \frac{\partial B_z}{\partial z} \tag{6.7}$$

$$2\frac{dr}{dt}\frac{d\theta}{dt} + r\frac{d^2\theta}{dt^2} = -\frac{q}{m}\frac{dr}{dt} B_z(z) - \frac{q}{m}\frac{dz}{dt}\frac{r}{2}\frac{\partial B_z}{\partial z} \tag{6.8}$$

La troisième équation de ce système peut être réécrite afin de faire apparaître l'invariance du moment angulaire canonique $d\left(r^2 d\theta/dt\right)/dt = -qd\left(r^2 B_z\right)/dt2m$ $\rightarrow r^2 d\theta/dt = -qr^2 B_z/2m$ où le choix d'une constante d'intégration nulle correspond à la classe d'orbites passant par le point $r = 0$. La prise en compte de cette relation, qui traduit l'invariance par rotation autour de l'axe des z, conduit à l'identification d'une accélération (décélération) le long de l'axe des z.

$$\text{Force diamagnétique} \quad : \quad \frac{d^2 z}{dt^2} = -\frac{q^2}{4m^2} r^2 B_z \frac{\partial B_z}{\partial z} \tag{6.9}$$

$$\text{Rotation cyclotronique} \quad : \quad \frac{d\theta}{dt} = -\frac{qB_z}{2m} \tag{6.10}$$

Le coefficient de proportionnalité entre l'accélération et le gradient du champ n'est autre que le moment magnétique μ, défini par la relation (4.8), que multiplie la masse m ; cette force est appelée force diamagnétique ou force -μgrad$B$.

$$\text{Force diamagnétique} \; : \; m\frac{d^2 z}{dt^2} = m\frac{dv_\parallel}{dt} = \frac{q}{2}\frac{d\theta}{dt} r^2 \frac{\partial B_z}{\partial z} = -\mu \frac{\partial B_z}{\partial z} = -\boldsymbol{\mu} \cdot \boldsymbol{\nabla} B$$

L'angle θ est égal à deux fois l'angle cyclotronique qui doit être repéré autour du centre de l'orbite et non autour du point $r = 0$ conformément à la figure (6.2-b). La présence d'une convergence, ou d'une divergence, des lignes de champ induit donc une force le long de la direction du champ, force proportionnelle au moment magnétique $\mu = q^2 B \rho_L^2 / 2m$ et au gradient de l'amplitude du champ. Le problème de son origine physique est élucidé sur la figure (6.2-b).

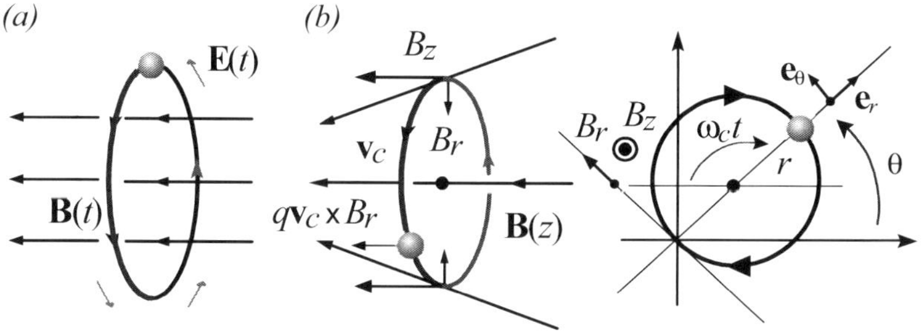

Fig 6.2 : *(a) Mouvement dans un champ non stationnaire, (b) Mouvement dans un champ non homogène.*

Considérons un champ inhomogène présentant des lignes de champ convergentes, figure (6.2-b), le champ est la somme du champ axial B_z dominant et du champ radial B_r perturbateur. A l'ordre zéro une particule effectue un mouvement de rotation cyclotronique $\mathbf{v}_c\,(B_z, t)$ autour de la direction de B_z ; ce faisant cette particule intercepte le champ B_r et la force de Laplace engendrée par B_r, $qv_c\,(B_z, t)\, B_r$, est dirigée suivant B_z et garde un signe constant sur une rotation, c'est la force diamagnétique $-\boldsymbol{\mu}\cdot\boldsymbol{\nabla}B$. Considérons à nouveau le problème de l'invariance adiabatique du moment magnétique μ, mais dans un champ magnétique inhomogène stationnaire. La conservation de l'énergie cinétique $m\left(v_\parallel^2 + v_c^2\right)/2$ conjuguée avec l'accélération diamagnétique $mdv_\parallel/dt = -\mu\partial B/\partial z$ conduisent à la conservation du moment magnétique μ.

$$\begin{array}{l} \text{Invariance de l'énergie} : \frac{dv_c^2}{dt} = -\frac{dv_\parallel^2}{dt} \\ \text{Force diamagnétique} : \frac{dv_\parallel}{dt} = -\frac{\mu}{m}\frac{\partial B}{\partial z} \end{array} \rightarrow \frac{dv_c^2}{dt} = v_\parallel \frac{v_c^2}{B}\frac{\partial B}{\partial z} = \frac{v_c^2}{B}\frac{dB}{dt}$$

où z est l'abscisse curviligne le long de la ligne de champ et $v_\parallel = dz/dt$. Le moment magnétique μ est donc un invariant adiabatique quelle que soit la nature de la variation du champ, spatiale ou temporelle, si les hypothèses d'adiabaticité sont vérifiées : (i) $B(\mathbf{r}, t)$ lentement variable à l'échelle d'une rotation cyclotronique ω_c^{-1} et (ii) faiblement inhomogène à l'échelle d'un rayon de Larmor ρ_L.

6.1.3 Dérives électriques et magnétiques

Dans un tokamak il existe un faible champ électrique radial et la dynamique du tore de plasma est altérée par ce champ qui engendre une rotation, ce champ radial est quasi-statique, mais il existe aussi des champs basses fréquences associés aux ondes d'Alfven, aux modes de dérives, aux modes d'interchange... il est donc important d'analyser les orbites dans des configurations dites de champs croisés, composées d'un champ électrique basse fréquence, $\mathbf{E}(t)$ et d'un champ magnétique homogène et stationnaire $\mathbf{B} = B\mathbf{e}_z$. $[\mathbf{e}_x, \mathbf{e}_y, \mathbf{e}_z]$ est une base cartésienne orthonormée directe et x et y constituent un système de coordonnées cartésiennes dans le plan perpendiculaire au champ $\mathbf{B}$.

L'équation du mouvement d'une particule de charge q et de masse m est donnée par :

$$\textit{Newton/Coulomb/Laplace}: \quad \frac{d\mathbf{v}}{dt} = \frac{q}{m}\mathbf{E}(t) + \frac{q}{m}\mathbf{v} \times \mathbf{B} \tag{6.11}$$

La vitesse $\mathbf{v}$ et le champ électrique $\mathbf{E}$ sont ensuite décomposés en la somme de deux composantes parallèle et perpendiculaire au champ magnétique. La projection de l'équation (6.11) suivant $\mathbf{e}_z$, $\mathbf{E}_\| = (\mathbf{E} \cdot \mathbf{e}_z)\,\mathbf{e}_z$, $\mathbf{v}_\| = (\mathbf{v} \cdot \mathbf{e}_z)\,\mathbf{e}_z$, conduit donc à la quadrature triviale $\mathbf{v}_\|(t) - \mathbf{v}_\|(t_0) = \int_{t_0}^{t} du q \mathbf{E}_\|(u)/m$ décrivant une translation variée. Dans le plan $[\mathbf{e}_x, \mathbf{e}_y]$ définissons les variables complexes $\mathcal{V}$ et $\mathcal{F}$: $v_x\mathbf{e}_x + v_y\mathbf{e}_y \rightarrow \mathcal{V} \equiv v_x + jv_y$ et $E_x\mathbf{e}_x + E_y\mathbf{e}_y \rightarrow m\mathcal{F} \equiv qE_x + jqE_y$; ce changement de variables conduit à l'équation différentielle ordinaire linéaire avec second membre :

$$\textit{Newton/Coulomb/Laplace}: \quad \frac{d\mathcal{V}(t)}{dt} = \mathcal{F}(t) - j\omega_c\mathcal{V}(t) \tag{6.12}$$

La solution générale d'une équation différentielle ordinaire linéaire avec second membre est la somme d'une solution de l'équation sans second membre et d'une solution particulière de l'équation avec second membre.

$$\mathcal{V}(t) = \mathcal{V}(t_0)\exp\left[-j\omega_c\left(t - t_0\right)\right] + \int_{t_0}^{t} \exp\left[-j\omega_c\left(t - s\right)\right]\mathcal{F}(s)ds$$

Nous reconnaissons dans le membre de droite le mouvement cyclotronique, $\mathcal{V}(t_0)\exp\left[-j\omega_c\left(t - t_0\right)\right]$, non perturbé par le champ électrique $\mathcal{F}(t)$ et l'effet du champ électrique, $\int_{t_0}^{t} \exp\left[-j\omega_c\left(t - s\right)\right]\mathcal{F}(s)ds$. Considérons un champ électrique adiabatique, c'est-à-dire variant peu sur une échelle de temps de l'ordre de la période cyclotron : $d^n\mathcal{F}/dt^n \ll \omega_c^n\mathcal{F}$. L'intégrale peut alors être sommée par partie pour faire apparaître un développement en $d^n\mathcal{F}/dt^n\mathcal{F}\omega_c^n$ qui constitue un petit paramètre pertinent pour un développement perturbatif, sachant que les conditions initiales sont données par $\mathcal{F}(t = -\infty) = 0$ et $d^n\mathcal{F}(t = -\infty)/dt^n = 0$. Cette hypothèse d'adiabaticité $d^n\mathcal{F}/dt^n \ll \omega_c^n\mathcal{F}$ conduit donc à l'expression approchée de l'intégrale d'interaction électrique dans un champ magnétique statique homogène :

$$\int_{-\infty}^{t} \exp\left[-j\omega_c (t-s)\right] \mathcal{F}(s) ds \approx \underbrace{\frac{\mathcal{F}(t)}{j\omega_c}}_{\mathbf{v}_E} + \underbrace{\frac{1}{\omega_c^2}\frac{d\mathcal{F}(t)}{dt}}_{\mathbf{v}_P} + O\left[\frac{d^2\mathcal{F}(t)}{\omega_c^3 dt^2}\right]$$

Ainsi avons nous identifié : (i) la dérive électrique de champs croisés $\mathbf{v}_E$ et la dérive de polarisation $\mathbf{v}_P$; électrons et ions présentent une dérive $\mathbf{v}_E$ identique, par contre pour la vitesse $\mathbf{v}_P$ des espèces de charges différentes développent des vitesses différentes induisant une polarisation du plasma de nature diélectrique conformément à la figure (6.3-a).

$$\mathbf{v}_E \equiv \frac{\mathbf{E}\times\mathbf{B}}{B^2}, \ \mathbf{v}_P \equiv \frac{1}{B\omega_c}\frac{d\mathbf{E}}{dt} \rightarrow \boxed{\mathbf{v} = \mathbf{v}_\parallel + \mathbf{v}_c(t) + \mathbf{v}_E + \mathbf{v}_P + ...} \tag{6.13}$$

Ces deux dérives électriques, champs croisés, $\mathbf{v}_E$, et polarisation, $\mathbf{v}_P$:

Dérive de Champs croisés	$\mathbf{v}_E = \mathbf{E}\times\frac{\mathbf{B}}{B^2}$
Dérive de Polarisation	$\mathbf{v}_P = \frac{1}{B\omega_c}\frac{d\mathbf{E}}{dt}$

se superposent au mouvement cyclotronique, $\mathbf{v}_c$ et les orbites sont des cycloïdes hélicoïdales étirées par la dérive de polarisation et par la vitesse parallèle, figure (6.3-a).

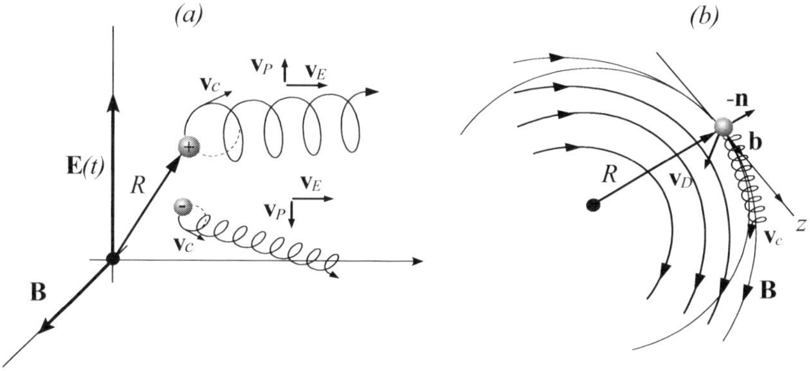

Fig. 6.3 : *(a) Dérives de champs croisés et de polarisation, (b) dérives magnétiques.*

L'expression (4.55) du courant en régime harmonique basse fréquence peut être interprétée comme suit :

$$\omega \approx 0 \rightarrow \frac{\mathbf{J}_\perp}{\varepsilon_0\omega_p^2} = \underbrace{\frac{\mathbf{E}_\perp\times\mathbf{b}}{\omega_c}}_{\mathbf{v}_E} + \underbrace{j\frac{\omega}{\omega_c^2}\mathbf{E}_\perp}_{\mathbf{v}_P} + O\left(\omega^2\right)... \tag{6.14}$$

La dérive de polarisation est proportionnelle à la masse, $\mathbf{v}_P \sim \omega_c^{-1}$, les courants de polarisation au sein d'un plasma thermonucléaire sont donc de nature ionique, $\mathbf{v}_{Pi} \gg \mathbf{v}_{Pe}$, et il n'y a pas de courant de champs croisés car $\mathbf{J}_{Ei} = -\mathbf{J}_{Ee}$.

Intéressons nous maintenant au cas d'une variation spatiale du champ magnétique $\mathbf{B}(\mathbf{r})$ et établissons un ordering dynamique à travers la décomposition de la vitesse perpendiculaire au champ en la somme de la rotation cyclotronique $\mathbf{v}_c(t)$ plus une vitesse de dérive inconnue $\mathbf{v}_D$: $\mathbf{v}_c(t)+\mathbf{v}_D$; puis décomposons la position en la somme de la position du centre guide $\mathbf{R}$ plus le rayon de Larmor tournant $\boldsymbol{\rho}_L(t)$: $\mathbf{r} = \mathbf{R} + \boldsymbol{\rho}_L(t) = \mathbf{v}_{\|}t + \mathbf{R}_{\perp} + \boldsymbol{\rho}_L$.

Cette décomposition sépare le mouvement en mouvements lent, $\mathbf{v}_D = d\mathbf{R}_{\perp}/dt$, et rapide, $\mathbf{v}_c = d\boldsymbol{\rho}_L/dt$ et $\boldsymbol{\rho}_L$, et cette séparation conduit à définir $\mathbf{v}_D$ comme la moyenne temporelle sur une période cyclotronique de la vitesse perpendiculaire. Afin d'exprimer $\mathbf{v}_D$ nous supposerons que les échelles de variations spatiales du champ vérifient un ordering adiabatique : le rayon de Larmor sera supposé plus petit que les longueurs de gradient dans le plan perpendiculaire au champ, et le rapport de la vitesse parallèle au champ sur la fréquence cyclotron plus petit que la longueur de gradient parallèle. Le champ sera représenté par $\mathbf{B}(x,y,z) = B(x,y,z)\mathbf{b}(x,y,z)$ où $\mathbf{b}$ est un vecteur unitaire, conformément à la figure (6.3-b), dans un système de coordonnées cartésiennes $[x,y,z]$ associé à une base orthonormée directe $[\mathbf{e}_x = -\mathbf{n}, \mathbf{e}_y, \mathbf{e}_z = \mathbf{b}]$.

L'axe des z est pris tangent à la ligne de champ à l'origine : $\mathbf{b}(x = 0, y = 0, z = 0) = \mathbf{e}_z$. Les hypothèses d'adiabaticité sont donc : $\rho_L \partial B/\partial x \ll B$, $\rho_L \partial B/\partial y \ll B$, $V_{\|}\partial B/\partial z \ll \omega_c B$ où la fréquence cyclotron ω_c et le rayon de Larmor ρ_L sont calculés au point de référence $(0,0,0)$. La position de la particule est égale la somme de la position du centre guide $\mathbf{R}(t)$ et du rayon vecteur de l'orbite cyclotronique locale $\boldsymbol{\rho}(t)$:

$$\mathbf{r}(t) = \mathbf{R}(t) + \boldsymbol{\rho}_L(t) = \mathbf{R}(t) + \rho_L\left[\cos(\omega_c t)\,\mathbf{e}_x - \sin(\omega_c t)\,\mathbf{e}_y\right] \tag{6.15}$$

Cette décomposition de la position entraîne une décomposition de la vitesse en la somme de la vitesse cyclotronique, de la vitesse le long de la ligne de champ, et d'une dérive lente perpendiculairement aux lignes de champ :

$$\mathbf{v}(t) = \mathbf{v}_{\|}(t) + \mathbf{v}_c(t) + \mathbf{v}_D = v_{\|}\mathbf{b} + \mathbf{v}_D + \omega_c\left[\boldsymbol{\rho}_L(t) \times \mathbf{b}\right] \tag{6.16}$$

Les inconnues de cette décomposition en mouvements lent et rapide sont les composantes du mouvement lent, c'est-à-dire la variation temporelle de la vitesse parallèle $dv_{\|}/dt$ et la valeur de la vitesse de dérive $\mathbf{v}_D$. A l'ordre un en les petits paramètres $\rho_L \partial \ln B/\partial x$ et $\rho_L \partial \ln B/\partial y$ nous effectuons un développement limité du champ au voisinage du centre guide.

$$\mathbf{B}(\mathbf{r} = \mathbf{R} + \boldsymbol{\rho}_L) = \mathbf{B}(\mathbf{R}) + \left. \boldsymbol{\rho}_L \cdot \boldsymbol{\nabla}\, \mathbf{B}\right|_{\mathbf{R}} \tag{6.17}$$

A l'ordre zéro en les petits paramètres $\rho_L \partial \ln B/\partial x$, $\rho_L \partial \ln B/\partial y$ et $v_{\|}\partial \ln B/\partial z \omega_c$ l'orbite est décrite par les variables de position et vitesse obtenues dans un champ homogène : $\boldsymbol{\rho}_L = \rho_{Lx}\mathbf{e}_x - \rho_{Ly}\mathbf{e}_y = \rho_L[\cos(\omega_c t)\,\mathbf{e}_x$ - $\sin(\omega_c t)\,\mathbf{e}_y]$.

$$\textit{Ordre } O(0) : \quad \mathbf{v}_{\|} = v_{\|}\mathbf{b}\ ,\ \mathbf{v}_c(t) = \omega_c \boldsymbol{\rho}_L(t) \times \mathbf{b}\ ,\ \mathbf{v}_D = \mathbf{0} \tag{6.18}$$

où $\omega_c = qB(R)/m$. Afin de calculer l'ordre suivant, compte tenu : (i) de la décomposition de la vitesse (6.16) et (ii) du développement du champ (6.17), l'équation du mouvement peut être écrite :

$$\frac{d}{dt}\left(\mathbf{v}_{\|} + \mathbf{v}_c + \mathbf{v}_D\right) = \frac{q}{m}\left(\mathbf{v}_{\|} + \mathbf{v}_c + \mathbf{v}_D\right) \times \left[\mathbf{B}(\mathbf{R}) + \left(\boldsymbol{\rho}_L \cdot \boldsymbol{\nabla}\right) \mathbf{B}|_{\mathbf{R}}\right]$$

Afin d'extraire la partie lente de la trajectoire nous utilisons l'expression de la trajectoire à l'ordre zéro (6.18) et nous prenons la moyenne $\langle\ \rangle$ de cette équation sur une période cyclotronique. Seuls subsistent alors les termes lents et les carrés des termes rapides.

$$\frac{d\mathbf{v}_{\|}}{dt} = \frac{q}{m}\mathbf{v}_D \times \mathbf{B}(\mathbf{R}) + \frac{q}{m}\omega_c \left\langle (\boldsymbol{\rho}_L \times \mathbf{b}) \times (\boldsymbol{\rho}_L \cdot \boldsymbol{\nabla}) \right\rangle \mathbf{B}|_{\mathbf{R}}$$

Le double produit vectoriel $\langle (\boldsymbol{\rho}_L \times \mathbf{b}) \times (\boldsymbol{\rho}_L \cdot \boldsymbol{\nabla}) \rangle \mathbf{B}$ peut être évalué par projection sur la base cartésienne locale $[\mathbf{e}_x, \mathbf{e}_y, \mathbf{e}_z = \mathbf{b}]$:

$$\begin{aligned} \langle (\boldsymbol{\rho}_L \times \mathbf{b}) \times (\boldsymbol{\rho}_L \cdot \boldsymbol{\nabla}) \rangle \mathbf{B} \; = \; & -\langle \rho_{Lx} (\boldsymbol{\rho}_L \cdot \boldsymbol{\nabla}) \rangle B_z \mathbf{e}_x - \left\langle \rho_{Ly} (\boldsymbol{\rho}_L \cdot \boldsymbol{\nabla}) \right\rangle B_z \mathbf{e}_y \\ & + \left\langle \rho_{Ly} (\boldsymbol{\rho}_L \cdot \boldsymbol{\nabla}) \right\rangle B_y \mathbf{e}_z + \langle \rho_{Lx} (\boldsymbol{\rho}_L \cdot \boldsymbol{\nabla}) \rangle B_x \mathbf{e}_z \end{aligned}$$

Compte tenu (i) de l'identité $2\langle \rho_{Li}\rho_{Lj} \rangle = \delta_{ij}$, (ii) de l'équation de la divergence du champ $\partial B_x/\partial x + \partial B_y/\partial y + \partial B_z/\partial z = 0$ et (iii) de l'expression $(\boldsymbol{\rho}_L \cdot \boldsymbol{\nabla}) = \rho_{Lx}\partial/\partial x + \rho_{Ly}\partial/\partial y$, l'équation de la force de Laplace moyennée sur une période cyclotron se réduit à :

$$\textit{Ordre } O(1) : \; m\frac{d\mathbf{v}_{\|}}{dt} = q\mathbf{v}_D \times \mathbf{B}(\mathbf{R}) - \boldsymbol{\mu}\cdot \boldsymbol{\nabla} B|_{\mathbf{R}} \tag{6.19}$$

La relation (6.19) est ensuite projetée parallèlement à $\mathbf{b}$ et perpendiculairement à $\mathbf{b}$. Pour ce faire introduisons $\mathbf{n}$ le vecteur normal à une ligne de champ magnétique, R son rayon de courbure et s l'abscisse curviligne le long de cette ligne, figure (6.3-b). La relation classique de géométrie différentielle des courbes : $d\mathbf{b}/ds = \mathbf{n}/R$ conduit à l'expression :

$$\frac{d\mathbf{v}_{\|}}{dt} = \frac{d\left(v_{\|}\mathbf{b}\right)}{dt} = \frac{dv_{\|}}{dt}\mathbf{b} + v_{\|}^2 (\mathbf{b} \cdot \boldsymbol{\nabla}\mathbf{b}) = \frac{dv_{\|}}{dt}\mathbf{b} + \frac{v_{\|}^2}{R}\mathbf{n}$$

Le produit scalaire de cette équation avec $\mathbf{b}$ permet d'exprimer le terme de force diamagnétique : $mdv_{\|}/dt = -\mu\mathbf{b} \cdot \boldsymbol{\nabla} B$ et de retrouver ainsi un résultat déjà établi ; le produit vectoriel avec $\mathbf{b}$ permet d'exprimer les termes de vitesses de dérives de gradient et de courbure : $m\mathbf{b} \times v_{\|}^2\mathbf{n}/R = q\mathbf{b} \times (\mathbf{v}_D \times \mathbf{B})$ - $\mu\mathbf{b} \times \boldsymbol{\nabla} B$; la solution de cette équation algébrique, d'inconnue $\mathbf{v}_D$, est :

$$\mathbf{v}_D = \frac{\mu}{qB}\mathbf{b} \times \boldsymbol{\nabla} B + \frac{mv_{\|}^2}{qB}\mathbf{b} \times \frac{\mathbf{n}}{R} \equiv \mathbf{v}_{DG} + \mathbf{v}_{DC} \tag{6.20}$$

L'origine physique de la dérive de gradient $\mathbf{v}_{DG}$ est une lente accumulation de faibles déviations, non compensées, du rayon de Larmor entre les zones de champ fort et de champ faible illustré sur la figure (6.4-a) où le champ indexé 1 est plus intense que le champ 2, le rayon de Larmor ρ_1 est donc plus petit que ρ_2 et une dérive est nécessaire pour ajuster ces deux demi-cercles en un mouvement continu.

$$\mathbf{v}_{DG} \equiv \frac{v_c^2}{2\omega_c}\frac{\mathbf{b} \times \boldsymbol{\nabla} B}{B}, \; \mathbf{v}_{DC} \equiv \frac{v_{\|}^2}{\omega_c}\frac{\mathbf{b} \times \mathbf{n}}{R} \rightarrow \; \boxed{\mathbf{v} = \mathbf{v}_{\|} + \mathbf{v}_c(t) + \mathbf{v}_{DG} + \mathbf{v}_{DC} + ...}$$

L'origine physique de la dérive de courbure $\mathbf{v}_{DC}$ est simplement la force centrifuge $\mathbf{F}_c$ conformément à la figure (6.4-b) ; en effet, la dérive de champs croisés

$\mathbf{F}_c \times \mathbf{B}/qB^2$ générée par cette force centrifuge n'est autre que la dérive de courbure $\mathbf{v}_{DC}$. Le mouvement d'une particule chargée dans un champ magnétique statique présentant une courbure et un gradient est donc la superposition du mouvement cyclotronique et du mouvement parallèle ainsi que de deux mouvements de dérives, les dérives de gradient et de courbure.

Dérive de Gradient	$\mathbf{v}_{DG} = \frac{v_c^2}{\omega_c}\mathbf{b}\times\frac{\boldsymbol{\nabla} B}{2B}$
Dérive de Courbure	$\mathbf{v}_{DC} = \frac{v_\parallel^2}{\omega_c}\mathbf{b}\times\frac{\mathbf{n}}{R}$

Ces dérives créent des courants et des séparations de charges, donc des champs électriques et magnétiques car le sens de ces deux dérives est fonction du signe de la charge de la particule. Ces courants de dérives s'écoulent dans la direction perpendiculaire au champ. L'essentiel de l'énergie cinétique est contenue dans le mouvement cyclotronique et le mouvement parallèle, le mouvement de dérive ne contenant qu'une faible fraction de l'énergie totale.

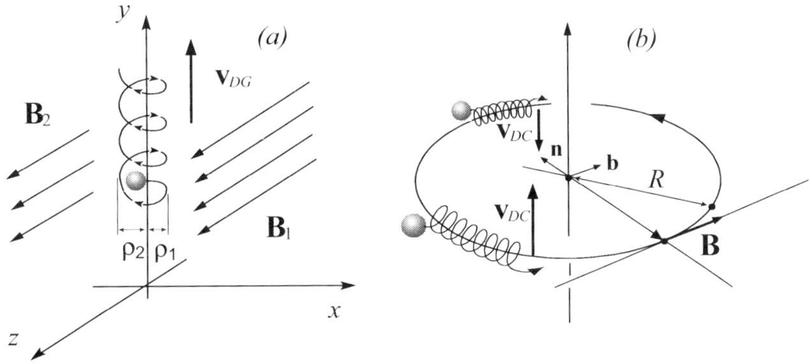

Fig. 6.4 : *Dérives magnétiques : (a) de gradient, (b) de courbure.*

Dans un tokamak le champ $\mathbf{B}$ est en première approximation irrotationnel, c'est-à-dire : $\boldsymbol{\nabla} \times \mathbf{B} \approx \mathbf{0} \rightarrow \boldsymbol{\nabla} \times (B\mathbf{b}) \approx \mathbf{0} = B\boldsymbol{\nabla} \times \mathbf{b} - \mathbf{b} \times \boldsymbol{\nabla} B$, et $\boldsymbol{\nabla}\mathbf{b}^2/2 = (\mathbf{b} \cdot \boldsymbol{\nabla})\,\mathbf{b} + \mathbf{b} \times (\boldsymbol{\nabla} \times \mathbf{b}) = 0 \rightarrow \mathbf{b} \times \boldsymbol{\nabla} B/B = \mathbf{b} \times (\mathbf{b} \cdot \boldsymbol{\nabla})\,\mathbf{b} = \mathbf{b} \times \mathbf{n}/R$; la somme de la dérive de gradient et de la dérive de courbure dans un tokamak est donc égale à :

$$\textit{Dérive Magnétique :} \quad \mathbf{v}_D \equiv \mathbf{v}_{DG} + \mathbf{v}_{DC} = \frac{v_\parallel^2 + \frac{v_c^2}{2}}{R\omega_c}\mathbf{b} \times \mathbf{n}$$

où R mesure le rayon de la ligne de champ, c'est-à-dire approximativement le grand rayon du tore ; l'ordre de grandeur de $\mathbf{v}_D$ en mètre par seconde est donné par la formule : $T\,[\text{eV}]\,/R\,[\text{m}]\,B\,[\text{T}]$. Sur la base de la décomposition de la vitesse d'une particule chargée en la somme (i) d'une translation le long des lignes de champ plus (ii) une rotation cyclotronique autour des lignes de champ (iii) plus une dérive lente perpendiculairement aux lignes de champ, analysons à présent les propriétés de confinement d'un champ purement toroïdal.

6.2 Orbites Circulantes et Piégées

6.2.1 Champs toroïdal et poloïdal

Décrivons un champ magnétique toroïdal sur une base cylindrique $[\mathbf{e}_R, \mathbf{e}_\varphi, \mathbf{e}_z]$, la position d'un point étant repérée par $[R, \varphi, z]$ les coordonnées radiales, angulaire et axiale conformément à la figure (6.5).

$$\textit{Champ toroïdal:} \quad \mathbf{B} = B_\varphi(R)\,\mathbf{e}_\varphi = B_0 \frac{R_0}{R}\mathbf{e}_\varphi \tag{6.21}$$

Le mouvement d'une particule chargée est la combinaison d'une translation le long des lignes de champ et d'une rotation autour des lignes de champ, et d'un mouvement de dérives perpendiculairement au champ : $\mathbf{v} = \mathbf{v}_\parallel + \mathbf{v}_c(t) + \mathbf{v}_D$, où la vitesse de dérive $\mathbf{v}_D$ a pour expression :

$$\mathbf{v}_D = \frac{v_\parallel^2 + \frac{v_c^2}{2}}{R_0\omega_{c0}}\mathbf{e}_z \rightarrow \frac{\langle \mathbf{v}_D \rangle}{v_T} \approx \frac{\rho_L}{R_0}\mathbf{e}_z \tag{6.22}$$

Notons que le théorème d'Ampère implique l'invariance du produit : $R_0\omega_{c0} = R\omega_c$. Compte tenu du signe de leurs charges respectives les électrons dérivent vers le bas et les ions vers le haut $(B_\varphi > 0)$; ce mouvement lent de séparation des charges engendre un champ électrique $\mathbf{E}$ solution de l'équation de Maxwell-Ampère en régime quasi-électrostatique : $\boldsymbol{\nabla} \times \mathbf{B} = \mathbf{0} = \mu_0\mathbf{J} + \mu_0\varepsilon_0\partial\mathbf{E}/\partial t$.

$$\varepsilon_0 \frac{\partial \mathbf{E}}{\partial t} = -n\left(q_i \langle \mathbf{v}_{Di} \rangle + q_e \langle \mathbf{v}_{De} \rangle\right) \tag{6.23}$$

Les populations électronique et ionique étant à l'équilibre thermodynamique à la température T la valeur moyenne des vitesses parallèle et cyclotronique sont données par $\left\langle m v_\parallel^2 \right\rangle = \left\langle m v_c^2/2 \right\rangle = k_B T$.

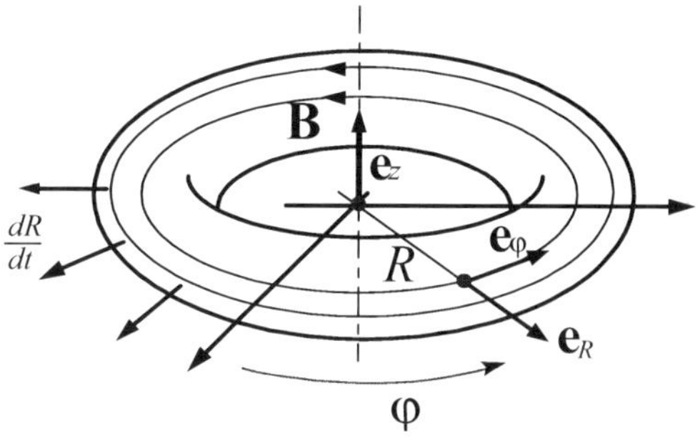

Fig. 6.5 : *Champ magnétique toroïdal.*

Le champ électrique axial résultant de la polarisation du plasma croît donc linéairement avec le temps et engendre une dérive de champs croisés radiale $\mathbf{v}_{out}$.

$$q\mathbf{E} = -\frac{4k_BT}{R_0}\frac{\omega_{p0}^2}{\omega_{c0}}t\mathbf{e}_z \rightarrow \mathbf{v}_{out} = \frac{\mathbf{E}\times\mathbf{B}}{B^2} = \frac{4k_BT}{qR_0B}\frac{\omega_{p0}^2 t}{\omega_{c0}}\mathbf{e}_\varphi \times \mathbf{e}_z$$

La vitesse d'éjection radiale du plasma est donc une fonction linéaire du temps.

$$\textit{Ejection radiale :} \quad \frac{dR}{dt} = \frac{4k_BT}{qBR_0}\frac{\omega_{p0}^2}{\omega_{c0}}t \rightarrow \frac{R^2 - R_0^2}{2} \sim \frac{\omega_{p0}^2}{\omega_{c0}^2}v_T^2t^2 \sim v_T^2t^2$$

Dans un plasma de tokamak la fréquence cyclotronique électronique est de l'ordre de grandeur de la fréquence de Langmuir, $\omega_{c0} \sim \omega_{p0}$, le temps caractéristique d'éjection radiale est donc bien en deçà du temps de confinement nécessaire pour satisfaire le critère de Lawson.

Bien que les lignes de champ soient fermées et que les particules présentent une tendance à suivre les lignes de champ, un champ purement toroïdal ne permet pas de confiner un plasma car la vitesse de dérive axiale engendre un champ électrique axial qui génère une dérive radiale éjectant le plasma en un temps de l'ordre du temps de transit toroïdal à la vitesse thermique. Il est donc nécessaire de compléter ce champ par une composante supplémentaire inhibant la séparation de charges. Un tel mécanisme de court-circuit, permettant d'annuler le courant de polarisation $nq \langle \mathbf{v}_D \rangle$, peut être mis en œuvre en complétant le champ toroïdal $B_\varphi \mathbf{e}_\varphi$ par un champ poloïdal $B_\theta \mathbf{e}_\theta$. Les lignes de champ seront des hélices s'enroulant sur des tores emboîtés et le courant de polarisation sera court-circuité à travers la connexion haut-bas ainsi réalisée. Ce principe de confinement des orbites des particules chargées dans un tokamak doit être validé par une analyse détaillée de la nature des trajectoires dans une configuration du type :

$$\textit{Champ toroïdal et poloïdal :}\ \mathbf{B} = B_\theta \mathbf{e}_\theta + B_\varphi \mathbf{e}_\varphi = B_\theta (R, r)\, \mathbf{e}_\theta + B_0 \frac{R_0}{R} \mathbf{e}_\varphi$$

Pour mener à bien cette analyse les coordonnés cylindriques précédentes [R, φ, z] associées à la base orthonormée directe [$\mathbf{e}_R, \mathbf{e}_\varphi, \mathbf{e}_z$] ne sont pas adaptées ; nous utiliserons les coordonnées toroïdales cartésiennes [$r = \sqrt{(R - R_0)^2 + z^2}$, $\theta = \arctan z/(R - R_0)$, φ] où R_0 est le grand rayon du tore conformément à la figure (6.6).

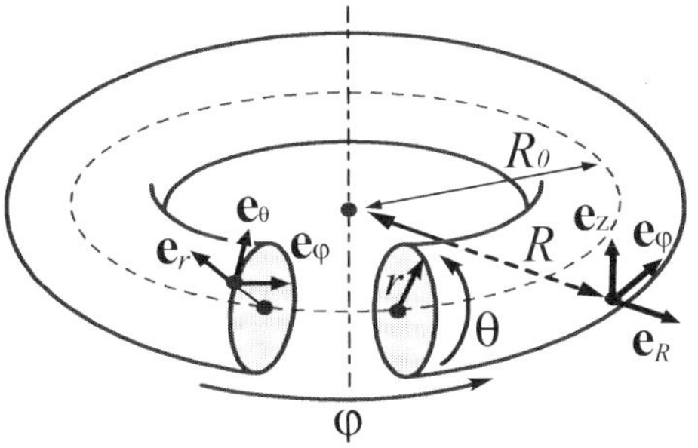

Fig. 6.6 : *Coordonnées toroïdales.*

Afin de simplifier l'analyse nous supposerons que les surfaces magnétiques sur lesquelles s'appuient les lignes de champ sont des tores concentriques de sections circulaires. Considérons un modèle simple où la composante poloïdale et la composante toroïdale sont données par :

$$B_\varphi (R) \equiv B_0 \frac{R_0}{R} \approx B_0 \left(1 - \frac{r}{R_0} \cos\theta\right) \ , \ B_\theta (R, r) \equiv \frac{r}{q(r) R} B_\varphi (R)$$

où nous avons introduit le facteur de sécurité q qui mesure le rapport du nombre de tours autour de l'axe magnétique au nombre de tours autour de l'axe toroïdal pour une ligne de champ donnée.

$$\textit{Facteur de sécurité :}\ \boxed{q \equiv \frac{r}{R}\frac{B_\varphi}{B_\theta}} \tag{6.24}$$

L'équation des lignes de champ $B_\theta/rd\theta = B_\varphi/Rd\varphi \rightarrow \varphi = q\theta$ décrit un ensemble d'hélices dessinées sur ces tores emboîtés. Le mouvement le long d'une ligne de champ s'effectue à la vitesse $v_\| = ds/dt$ où s représente l'abscisse curviligne le long de la ligne considérée. Pour les configurations tokamak le petit rayon d'une surface magnétique et le grand rayon de l'axe magnétique suivent l'ordering dit du *petit rapport d'aspect* $R_0 > r$. Ainsi, comme le facteur q est de l'ordre de un à quelques unités, l'élément de longueur peut être approché suivant $ds = \sqrt{R^2 d\varphi^2 + r^2 d\theta^2} \approx Rd\varphi \approx Rqd\theta \approx R_0 qd\theta\ (1 + r\cos\theta/R_0)$. Sur une surface magnétique $r =$ *constante* l'amplitude du champ magnétique varie en fonction de l'angle θ et il est d'usage de distinguer le côté dit *fort champ* du côté de l'axe toroïdal et le côté dit *faible champ* vers l'extérieur. Cette variation de l'amplitude du champ engendre une force diamagnétique qui peut arrêter certaines particules à travers l'existence de points mirroirs. Sur une surface magnétique donnée la variation du champ le long des lignes de champ est égale à :

$$\left.\frac{\partial B}{\partial s}\right|_r \approx \left.\frac{\partial B_\varphi}{\partial \theta}\right|_r \frac{d\theta}{ds} \approx \frac{B_0}{R_0}\frac{r}{qR_0}\sin\theta \tag{6.25}$$

où nous avons négligé les termes d'ordre supérieur en le *petit rapport d'aspect* r/R_0. Nous utiliserons systématiquement ce type de développement perturbatif dans la suite de l'analyse des orbites.

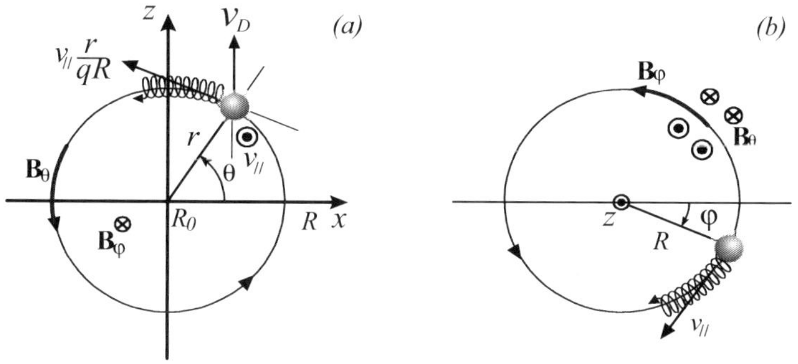

Fig. 6.7 : *Paramètres de l'orbite du centre guide : (a) plan vertical, (b) plan horizontal.*

La vitesse le long des lignes de champ peut être projetée sur les directions toroïdale et poloïdale ; compte tenu de la relation $v_\| \approx Rd\varphi/dt \approx Rqd\theta/dt$ nous obtenons l'expression :

$$\textit{Vitesse du centre guide} \quad : \quad v_\|\frac{\mathbf{B}}{B} + v_D\mathbf{e}_z \approx v_\|\mathbf{e}_\varphi + \frac{rv_\|}{qR}\mathbf{e}_\theta + \frac{v_\|^2 + \frac{v_c^2}{2}}{R_0\omega_{c_0}}\mathbf{e}_z$$

$$\textit{Accélération du centre guide} \quad : \quad m\frac{dv_\|}{dt} = -\mu\frac{\mathbf{B}}{B}\cdot\nabla B = -\mu\left.\frac{\partial B}{\partial s}\right|_r$$

La trajectoire du centre guide d'une particule chargée est décrite par trois variables, l'angle toroïdal φ, l'angle poloïdal θ et le petit rayon r, représentées sur la figure (6.7). La vitesse cyclotronique v_c est déterminée par l'invariance du moment magnétique $\mu = mv_c^2/2B(r,\theta) \rightarrow v_c(\mu, r, \theta)$ et la vitesse parallèle $v_\|$ par l'invariance de l'énergie cinétique ; enfin, l'angle cyclotronique effectue une rotation à la pulsation cyclotronique correspondant à la position du centre guide. La vitesse parallèle $v_\parallel$ est soumise à la force diamagnétique, la particule est donc accélérée du côté bas champ et décélérée du côté fort champ. La projection de la vitesse de dérive $v_D \mathbf{e}_z$ suivant les directions poloïdale et toroïdale permet d'établir les équations du centre guide pour une configuration tokamak.

$$\textit{Petit rayon} \quad : \quad \frac{dr}{dt} = v_D \sin\theta \tag{6.26}$$

$$\textit{Angle poloïdal} \quad : \quad \frac{d\theta}{dt} = \frac{v_\parallel}{qR_0} + v_D \frac{\cos\theta}{r} \tag{6.27}$$

$$\textit{Vitesse parallèle} \quad : \quad \frac{dv_\parallel}{dt} = -\frac{\mu B_0}{mqR_0^2} r \sin\theta \tag{6.28}$$

Nous avons utilisé la relation $\mathbf{e}_z = \sin\theta \mathbf{e}_r + \cos\theta \mathbf{e}_\theta$. La solution générale de ce système d'équations conduit à distinguer deux classes de trajectoires : (i) les trajectoires circulantes où l'énergie cinétique le long des lignes de champs domine l'énergie cinétique cyclotronique $v_\parallel^2 \gg v_c^2$ et (ii) les trajectoires piégées correspondant à l'ordering inverse $v_c^2 \gg v_\parallel^2$.

6.2.2 Orbites circulantes

Dans le premier cas la force diamagnétique, décrite par l'équation (6.28), est faible et l'on peut considérer que $v_\parallel$ reste à peu près constante, l'énergie cinétique totale étant conservée v_c reste donc aussi approximativement constante ainsi que v_D. Considérons le repérage cartésien du plan poloïdal figure (6.7-a) : $x = R - R_0 = r\cos\theta$, $z = r\sin\theta$. Les deux premières équations, (6.26) et (6.27), décrivant le mouvement du centre guide dans ce plan sont données par :

$$\frac{dx}{dt} = -\frac{v_\parallel}{qR_0} z \ , \ \frac{dz}{dt} = \frac{v_\parallel}{qR_0} x + v_D \tag{6.29}$$

Introduisons la variable complexe $\mathcal{Z}(t) \equiv x(t) + qv_D R_0 / v_\parallel + jz(t)$, cette variable complexe vérifie l'équation :

$$\frac{d\mathcal{Z}}{dt} = j\frac{v_\parallel}{qR_0}\mathcal{Z} \rightarrow \mathcal{Z} = \mathcal{Z}_0 \exp\left(j\frac{v_\parallel}{qR_0}t\right) \tag{6.30}$$

Les orbites des particules passantes sont donc des hélices dont les projections poloïdales sont des cercles excentrés représentés sur la figure (6.8). Le décentrement de ces cercles a pour valeur δ_c.

$$\delta_c = -\frac{qv_D R_0}{v_\parallel} \approx -\frac{qv_\parallel}{\omega_c} \approx -q\rho_L \times \text{signe}\left[\omega_c v_\parallel\right] \tag{6.31}$$

Les surfaces de dérive sont donc décalées par rapport aux surfaces magnétiques d'une longueur de l'ordre de grandeur de quelques rayons de Larmor. Ce décentrement peut être vers le côté fort champ pour les ions co-passants ($v_\parallel > 0$) et les électrons contre-passants ($v_\parallel < 0$) ou vers le côté faible champ pour les ions contre-passants ($v_\parallel < 0$) et les électrons co-passants ($v_\parallel > 0$). Sous l'hypothèse $v_\parallel \gg v_c$ les trajectoires sont donc confinées et le champ poloïdal joue bien le rôle qui lui a été imparti, à savoir, induire une rotation poloïdale pour inhiber la séparation de charge verticale générée par la vitesse de dérive v_D. Les orbites circulantes sont donc des hélices s'appuyant sur des tores emboîtés et décalés par rapport à l'axe magnétique : $\varphi \approx \varphi_0 + v_{\|}t/R_0$, $\theta \approx \theta_0 + v_{\|}t/qR_0$, $r \approx r_0 - qv_{\|} \cos\left(v_{\|}t/qR_0\right)/\omega_{c_0}$.

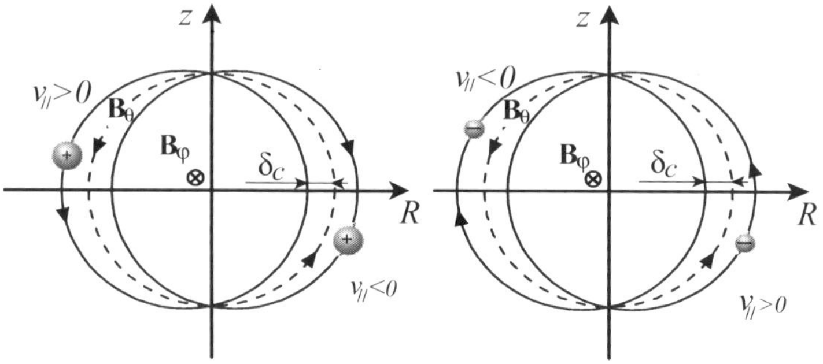

Fig. 6.8 : *Orbites circulantes.*

Les trois pulsations caractéristiques de ces hélices décentrées sont résumées dans le tableau ci-dessous.

Pulsation cyclotron	$\omega_c = \frac{eB}{m}$
Pulsation toroïdale	$\omega_\varphi = \frac{v_{\|}}{R_0} \sim \omega_c \frac{\rho_L}{R_0}$
Pulsation poloïdale	$\omega_\theta = \frac{v_{\|}}{qR_0} \sim \omega_c \frac{\rho_L}{qR_0}$

Le cas des orbites piégées nécessite la compréhension de l'impact de la force diamagnétique ; soit une particule suivant en première approximation une ligne de champ localisée sur une surface magnétique de petit rayon r et de facteur de sécurité q, définissons $v_{\|0}$ la vitesse parallèle en $\theta = 0$ et v_{c0} la vitesse cyclotronique en $\theta = 0$.

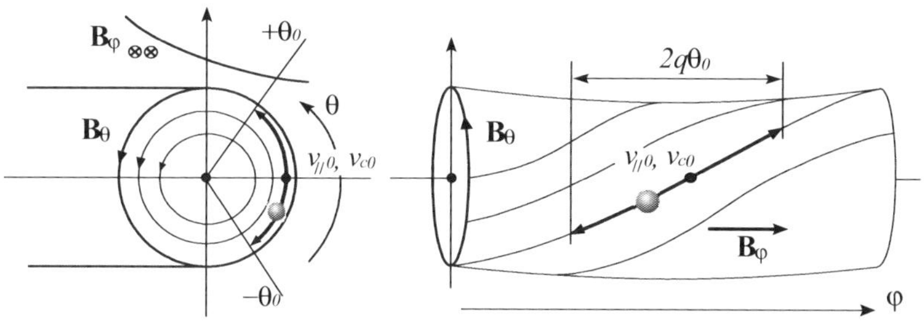

Fig. 6.9 : *Orbites piégées du côté bas champ.*

La conservation de l'énergie cinétique $m\left(v_{\|}^2 + v_c^2\right)/2$ et l'invariance adiabatique du moment magnétique μ, définie par la relation (4.8), permettent d'exprimer l'angle poloïdal θ_0 où la vitesse parallèle s'annule sous l'effet de la décélération induite par la force diamagnétique : $vm_{\|0}^2/2 + \mu B_0 (1 - r/R_0)$ $= \mu B_0 (1 - r\cos\theta_0/R_0) \rightarrow v_{\|0}^2 \approx v_{c0}^2 r (1 - \cos\theta_0)/R_0$.

$$\frac{R_0}{r}\frac{v_{\|0}^2}{v_{c0}^2} = 1 - \cos\theta_0 \rightarrow \sin\frac{\theta_0}{2} = \frac{v_{\|0}}{v_{c0}}\sqrt{\frac{R_0}{2r}}$$

Ainsi, si $v_{c0} \gg v_{\|0}$, les orbites restent piégées du côté bas champ et leurs excursions sont réduites à un arc poloïdal et un arc toroïdal inférieurs à un tour complet conformément à la figure (6.9).

6.2.3 Orbites piégées

Considérons donc le système (6.28) et (6.27) sous l'hypothèse $v_c \gg v_\parallel$, négligeons dans un premier temps la vitesse de dérive v_D, en effet $v_D/v_c \sim \rho_L/R_0 \ll 1$. Nous complèterons cette première analyse en considérant l'effet du mouvement de dérive à la fin de cette étude. Sous ces hypothèses les équations de la trajectoire du centre guide s'établissent ainsi :

$$\frac{d\theta}{dt} = \frac{v_\parallel}{qR_0}, \quad \frac{dv_\parallel}{dt} = -\frac{\mu B_0 r}{mqR_0^2} \sin\theta \tag{6.32}$$

Eliminons la vitesse parallèle $v_\parallel$ entre ces deux équations pour obtenir l'équation vérifiée par l'angle θ qui est similaire à celle du pendule non-linéaire.

$$\frac{d^2\theta}{dt^2} + \frac{\mu B_0 r}{mq^2 R_0^3} \sin\theta = 0 \tag{6.33}$$

Introduisons la fréquence de bounce ω_b qui caractérise cette oscillation non linéaire.

$$\textit{Fréquence de bounce :} \quad \omega_b \equiv \sqrt{\frac{\mu B_0 r}{mq^2 R_0^3}} \approx \omega_c \frac{\rho_L}{qR_0} \sqrt{\frac{r}{2R_0}}$$

Cette oscillation entre deux valeurs extrêmes ($\pm\theta_0$) résulte de l'existence de deux points miroirs dans la zone de champ fort où la particule rebrousse chemin le long d'une ligne de champ. Partant de l'angle $\theta = 0$, côté champ faible, le gradient de champ convertit la vitesse parallèle en vitesse cyclotronique à travers la force diamagnétique, cette conversion est achevée aux points miroirs en $\pm\theta_0$ et la particule repart vers la zone de champ faible.

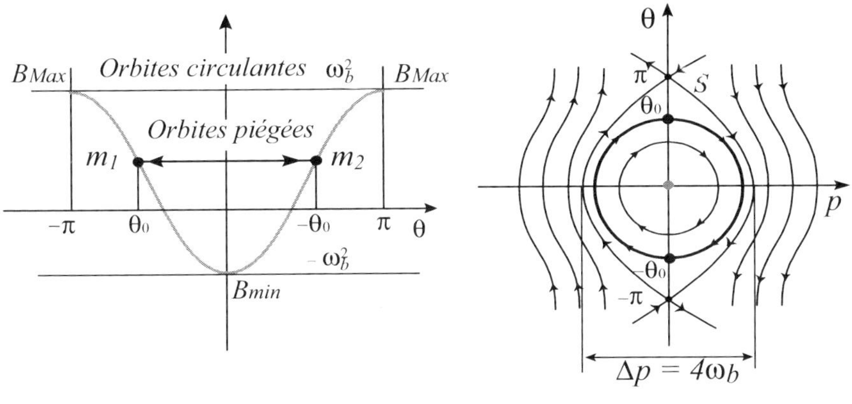

Fig. 6.10 : *Portrait de phase des orbites piégées.*

Sur le trajet de retour la conversion inverse, du mouvement cyclotronique vers le mouvement parallèle, prend place etc... ainsi nous obtenons le schéma de la figure (6.9). L'équation du pendule non-linéaire (6.33) peut être résolue et la solution s'exprime en termes de fonctions elliptiques. Il est plus instructif de présenter une analyse qualitative du mouvement en considérant la forme hamiltonienne de cette équation et en introduisant le hamiltonien H du pendule non-linéaire (5.31) : $p = v_\parallel/qR_0 \to \mathrm{H}(p,\theta) = \frac{1}{2}p^2 - \omega_b^2\cos\theta$, où p est le moment canoniquement conjugué à l'angle θ. Nous allons analyser les caractéristiques du mouvement du pendule non-linéaire en identifiant d'abord les deux classes topologiques de trajectoires, puis en étudiant séparément les caractéristiques de chacune de ces deux classes. Le carré p^2 étant toujours positif la quantité H + $\omega_b^2 \cos\theta$ est aussi toujours positive, mais deux cas doivent être distingués : (i) si l'énergie H est plus grande que le carré de la pulsation ω_b^2, alors, l'angle θ peut prendre toutes les valeurs sans que le signe de H + $\omega_b^2 \cos\theta$ varie : H $> \omega_b^2 \rightarrow -\infty \leq \theta \leq +\infty$, ces orbites correspondent aux particules circulantes étudiées précédemment ; (ii) si l'énergie H est plus petite que le carré de la pulsation ω_b^2 : $-\omega_b^2 <$ H $< +\omega_b^2$, les valeurs admissibles pour l'angle θ sont restreintes afin de préserver la valeur positive de H + $\omega_b^2 \cos\theta$: $-\omega_b^2 <$ H $< +\omega_b^2 \rightarrow (2n-1)\,\pi < \theta < (2n+1)\,\pi$, ces orbites sont piégées côté bas champ, la particule effectue un mouvement d'oscillation entre deux points miroirs $m1$ et $m2$ sur la figure (6.10). Dans l'espace des phases (p, θ), représenté sur la figure (6.10), ces deux classes d'orbites sont séparées par deux orbites critiques d'énergie H $= +\omega_b^2$, les séparatrices S. La définition de ces séparatrices, $p^2/2$ - $\omega_b^2 \cos\theta = \omega_b^2$, permet d'exprimer leurs équations cartésiennes $p_S(\theta)$ et de calculer l'extension en moment Δp_S de la zone piégée : $p_S(\theta) = \pm 2\omega_b \cos(\theta/2) \rightarrow \Delta p_S = 4\omega_b$ qui n'est autre que la relation (5.32). La lenteur du mouvement au voisinage de la séparatrice rend cet ensemble d'orbites extrêmement sensible aux perturbations et donc structurellement fragile. Dans un scénario de transition vers le chaos par croissance d'une perturbation appropriée cet ensemble d'orbites est le premier à présenter un comportement chaotique.

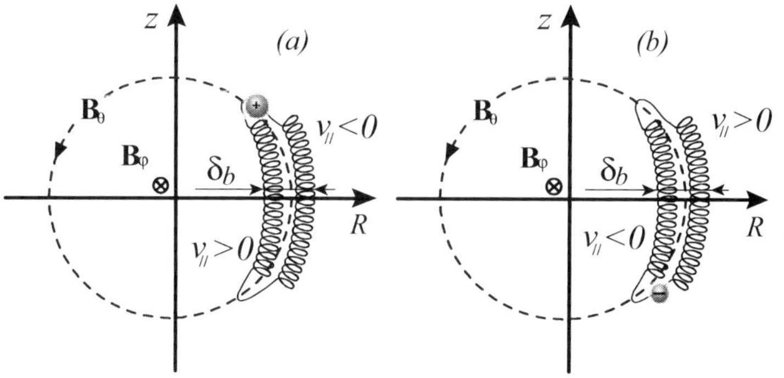

Fig. 6.11 : *Orbites piégées : (a) ions, (b) électrons.*

Le point O correspond à la position de plus basse énergie du système : H $= -\omega_b^2$, c'est une orbite dite stagnante ; au voisinage de ce point O le hamiltonien peut être développé suivant H $= p^2/2 - \omega_b^2\theta^2/2 + ...$; lorsque ce développement est restreint à sa partie quadratique le potentiel est celui d'un oscillateur linéaire et les orbites au voisinage du point O sont donc des oscillations harmoniques, cette classe d'orbites est dite *profondément piégée* : $v_\parallel \approx v_{\parallel 0} \cos[\omega_b(t-t_0)]$ et $\theta \approx \theta_0 \sin[\omega_b(t-t_0)]$. La condition (5.32) $|p| \leq 2\omega_b$ où $p = v_\parallel / qR_0$ permet de confirmer le critère de piégeage.

$$\textit{Condition de piégeage :} \quad \boxed{\frac{v_{\parallel 0}}{v_{c0}} < \sqrt{\frac{2r}{R_0}}} \tag{6.34}$$

Sur une surface magnétique donnée la fraction de particules piégées est obtenue en sommant la fonction de distribution des vitesse à l'intérieur du domaine piégé.

$$f_p \equiv (2\pi m k_B T)^{-\frac{3}{2}} \int_0^{+\infty} 2\pi v_c dv_c \int_{-v_c\sqrt{2r/R_0}}^{v_c\sqrt{2r/R_0}} \exp - \frac{mv_\parallel^2 + mv_c^2}{2k_B T} dv_\parallel$$

Ainsi la fraction de particules piégées sur une surface magnétique de rayon r vaut :

$$\textit{Fraction de particules piégées :} \quad f_p \underset{r/R_0 \to 0}{\longrightarrow} \sqrt{\frac{2r}{R_0}} \tag{6.35}$$

Les effets de la population piégée seront donc significatifs vers l'extérieur du tore de plasma, côté bas champ. Pour évaluer l'effet de la vitesse de dérive sur les résultats qui viennent d'être établis considérons les équations du centre guide (6.28) et (6.26) relatives au rayon r et à la vitesse parallèle $v_\parallel$.

$$\frac{dr}{dt} = \frac{v_c^2}{2R_0\omega_{c_0}} \sin\theta \ , \ \frac{dv_\parallel}{dt} = -\frac{v_c^2 r}{2qR_0^2} \sin\theta \tag{6.36}$$

Nous avons pris en compte l'ordering $v_{c0} > v_{\parallel 0}\sqrt{R_0/2r}$. Les orbites piégées, aussi appelées trajectoires *bananes*, ne se réduisent pas à de simples arcs de cercles, mais présentent une largeur δ_b, illustrée sur la figure (6.11), induite par les effets de dérives. L'élimination du temps entre les deux équations du centre guide (6.36) permet d'exprimer la variation du rayon en fonction de la variation de la vitesse parallèle, cette dernière évoluant entre zéro aux points miroirs $\pm\theta_0$ ($m1$ et $m2$) et $v_{\parallel 0}$ en $\theta = 0$, l'estimation de la largeur dite *banane* conduit à une valeur de l'ordre de $q\rho_L\sqrt{R_0/r}$.

$$\textit{Largeur de banane :} \quad \frac{dr^2}{dv_\parallel} = -2\frac{qR_0}{\omega_{c0}} \rightarrow \boxed{\delta_b = 2q\frac{R_0}{r}\frac{v_{\parallel 0}}{\omega_{c_0}}} \approx 2q\rho_L\sqrt{\frac{2R_0}{r}}$$

Pour établir l'expression de l'ordre de grandeur de cette largeur nous avons pris en compte l'ordering de définition de la population piégée $v_{\parallel 0} \leq v_{c0}\sqrt{2r/R_0} \rightarrow v_{\parallel 0}/\omega_{c_0} \sim \rho_L \ \sqrt{2r/R_0}$.

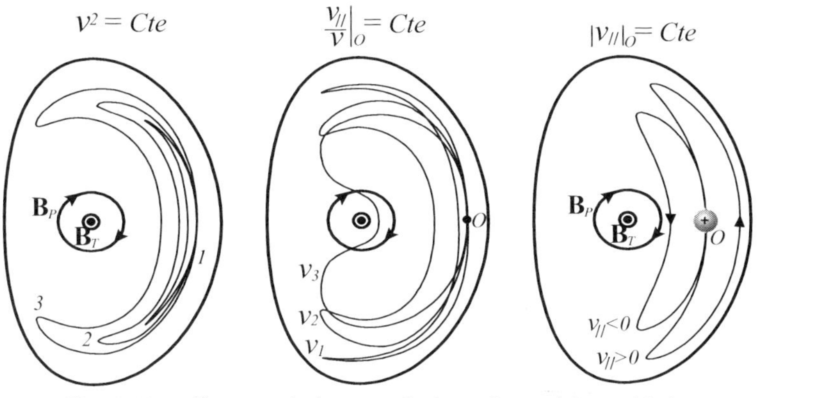

Fig 6.12 : *Caractéristiques relatives des orbites piégées.*

A énergie cinétique donnée $E = mv^2/2$, sur une surface magnétique de référence, les particules exploreront plus profondément la zone de champ fort si l'énergie cinétique $mv^2/2$ est contenue principalement dans le mouvement le long des lignes de champ. La figure (6.12) présente trois orbites de même énergie, de même point de départ, pour trois paramètres $v_{\|1}/v < v_{\|2}/v < v_{\|3}/v$ différents. Si plusieurs particules, initialisées au même point, possèdent le même paramètre $v_{\|}/v$ leurs orbites présentent le même point miroir, par contre leur largeur est une fonction croissante de l'énergie cinétique : $mv^2/2 = mv_c^2/2 + mv_{\|}^2/2$; la figure (6.12) représente ce comportement pour trois orbites telles que $v_1 < v_2 < v_3$.

La partition entre particules circulantes et piégées n'est pas de nature statique mais dynamique, un flux constant de particules circulantes est piégé à chaque instant et un flux égal est dépiégé à chaque instant, les collisions sont le principal mécanisme alimentant ces deux flux dans l'espace des vitesses associé à une surface magnétique. Nous allons calculer la fréquence caractéristique de dépiégeage ν_d. Considérons le dépiégeage des particules piégées dans la zone de champ faible d'un tokamak sur une surface magnétique de rayon r ; une particule de vitesses $v_{\|}$ et v_c telles que $v_{\|}^2/v_c^2 < 2r/R_0$, dont la vitesse est donc principalement cyclotronique, reste piégée sur des orbites localisées dans la zone bas champ. Mais, les collisions induisent une redistribution de l'énergie cinétique entre la vitesse le long des lignes de champ $v_{\|}$ et la vitesse cyclotronique autour des lignes de champ v_c suivant la loi d'évolution $f\left(v_{\|0}, v_{c0} \to v_{\|}, v_c, t\right)$ donnée par la relation (4.108), loi qui exprime la probabilité qu'une particule initialement en $\left(v_{\|0}, v_{c0}\right)$ à $t = 0$ soit en $\left(v_{\|}, v_c\right)$ à l'instant t, figure (6.13).

$$f\left(v_{\|0}, v_{c0} \to v_{\|}, v_c, t\right) = \frac{\delta\left(v - v_0\right)}{2\pi v_0^2} \sum_l \frac{2l+1}{2} P_l\left(\frac{v_{\|}}{v}\right) P_l\left(\frac{v_{\|0}}{v_0}\right) \exp -\frac{l(l+1)}{2}\nu t$$

où $v^2 = v_{\|}^2 + v_c^2$, $\nu = nZ^2e^4\Lambda/4\pi\varepsilon_0^2 m^2 v^3$ est la fréquence de collisions électrons/ions et P_l est le polynôme de Legendre de degré l. Ainsi une particule piégée ne le reste que momentanément et participe à une dynamique aléatoire qui peut être considérée comme une marche aléatoire dans l'espace des vitesses de part et d'autre du cône de piégeage : Piégeage / Dépiégeage / Piégeage / Dépiégeage / Piégeage / Dépiégeage / Piégeage / Dépiégeage... Nous allons calculer la fréquence caractéristique de ce processus stochastique que nous décrirons sous une hypothèse markovienne.

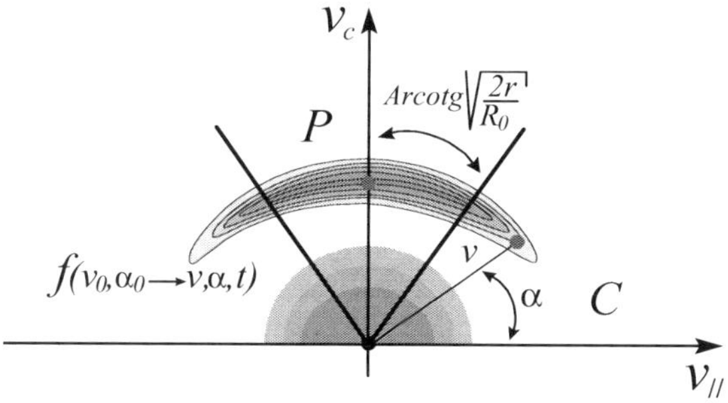

Fig. 6.13 : *Cinétique de dépiégeage dans l'espace des vitesses.*

Considérons une particule telle que $v_{\|}^2/v_c^2 = 0$ à $t = 0$; à un instant $t > 0$ le rapport $v_{\|}^2/v_c^2$ est égal au rapport $\cos^2\alpha/\sin^2\alpha$ où $\cos\alpha \equiv v_{\|}/v$; $\cos\alpha$ et $\sin\alpha$ peuvent être exprimés sur la base des polynômes de Legendre en utilisant la représentation : $3\cos^2\alpha = P_0(\cos\alpha) + 2P_2(\cos\alpha)$. Compte tenu des relations d'orthogonalité et de complétude (4.106) et (4.106), et de la relation (4.108), les valeurs moyennes $\left\langle \cos^2\alpha \right\rangle$ et $\left\langle \sin^2\alpha \right\rangle$ évoluent suivant des processus de relaxations exponentielles.

$$\frac{\left\langle v_{\parallel}^{2}(t)\right\rangle}{\left\langle v_{c}^{2}(t)\right\rangle}=\frac{\int f\left(\frac{\pi}{2}\rightarrow\alpha,t\right)\cos^{2}\alpha d\mathbf{v}}{\int f\left(\frac{\pi}{2}\rightarrow\alpha,t\right)\sin^{2}\alpha d\mathbf{v}}=\frac{1-\exp\left(-3\nu t\right)}{2+\exp\left(-3\nu t\right)} \tag{6.37}$$

Considérons la condition de piégeage initial à l'instant $t = 0$, $v_{\parallel}^2/v_c^2 = 0 < 2r/R_0$, puis l'évolution du rapport $\left\langle v_{\parallel}^{2}\right\rangle / \left\langle v_{c}^{2}\right\rangle$ au bout d'un temps τ où la particule, initialement piégée, est dépiégée sous l'effet cumulatif des collisions : $\left\langle v_{\parallel}^{2}(\tau)\right\rangle / \left\langle v_{c}^{2}(\tau)\right\rangle \equiv 2r/R_0$.

$$\textit{Dépiégeage :}\quad \frac{1-\exp\left(-3\nu\tau\right)}{2+\exp\left(-3\nu\tau\right)}=\frac{2r}{R_0}\rightarrow\tau=\nu^{-1}\log\left(\frac{1+\frac{2r}{R_0}}{1-\frac{4r}{R_0}}\right)^{\frac{1}{3}}\approx\frac{2}{\nu}\frac{r}{R_0}$$

L'usage est de définir la fréquence de dépiégeage ν_d comme l'inverse du temps caractéristique de dépiégeage τ :

$$\textit{Fréquence de dépiégeage :}\quad \nu_d\approx\nu\frac{R_0}{2r} \tag{6.38}$$

Les particules piégées constituent donc une population dont la modélisation dynamique nécessite un cadre cinétique. Les quatre principales caractéristiques associées à la population piégée sont résumées dans le tableau ci-dessous.

Condition de piégeage	$\left.\frac{v_{\parallel}}{v_c}\right\vert_{\theta=0}<\sqrt{\frac{2r}{R_0}}$
Fraction de particules piégées	$f_p=\sqrt{\frac{2r}{R_0}}$
Fréquence de dépiégeage	$\nu_d=\nu\frac{R_0}{2r}$
Largeur radiale	$\delta_b=2q\rho_L\sqrt{\frac{2R_0}{r}}$

Le résultat du piégeage entre les points miroirs $m1$ et $m2$ est une oscillation le long des lignes de champ où μB joue le rôle d'un potentiel confinant. On peut alors se poser la question de l'existence d'un invariant adiabatique associé à cette oscillation.

6.2.4 Précession toroïdale

La réponse à la question précédente est obtenue en appliquant la formule générale exprimant l'action d'un oscillateur. Cette formule permet de définir l'invariant longitudinal d'une particule piégée : $J_b \equiv m \oint v_{\parallel} ds$ ainsi que la pulsation de bounce : $2\pi/\omega_b \equiv \oint ds/v_{\parallel}$, où s est l'abscisse curviligne le long de la ligne de champ. L'invariance du moment magnétique est associée au mouvement de rotation cyclotronique, celle de l'invariant J_b au mouvement le long des lignes de champ. Malgré l'existence de l'invariant J_b les orbites piégées, ou trajectoires bananes, ne se referment pas sur elles mêmes et présentent suivant la direction toroïdale une lente dérive de précession illustrée sur la figure (6.14). Nous allons évaluer la pulsation ω_d de ce mouvement de précession toroïdale se superposant à la rotation cyclotronique rapide et à l'oscillation poloïdale lente, l'échelle de temps de cette troisième composante du mouvement étant la plus longue des trois échelles caractéristiques : $\omega_c \gg \omega_b \gg \omega_d$.

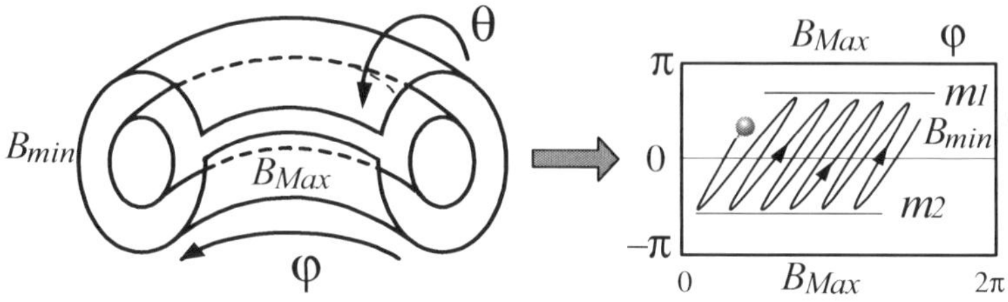

Fig. 6.14 : *Précession toroïdale des orbites bananes.*

Considérons un repérage du centre guide d'une particule, sur et à travers les surfaces magnétiques, constitué : (i) de l'angle de rotation hélicoïdal $\alpha = \varphi - q\theta$, (ii) du flux magnétique poloïdal $\phi = \Psi_P/2\pi$ et (iii) de l'abscisse curviligne le long d'une ligne de champ s, ces variables sont illustrées sur la figure (6.15). Ce système de coordonnées curvilignes permet d'exprimer le potentiel vecteur $\mathbf{A}(s,\alpha,\phi) = \alpha\boldsymbol{\nabla}\phi$ et le champ magnétique $\mathbf{B}(s,\alpha,\phi) = \boldsymbol{\nabla}\alpha \times \boldsymbol{\nabla}\phi$; nous anticipons ici la construction de cette représentation du champ, (7.25) et (7.39) qui sera présentée dans le prochain chapitre. Dans le cadre du chapitre précédent nous avons construit le lagrangien du centre guide en considérant une réduction de la description basée sur les changements de variables $\left[\mathbf{r}, \dot{\mathbf{r}}\right] \rightarrow \left[\mathbf{R}, \rho_L, \theta, \dot{\mathbf{R}}, \dot{\rho_L}, \dot{\theta}\right] \rightarrow \left[\mathbf{R}, \dot{\mathbf{R}}\right]$; dans le contexte de l'étude de la précession toroïdale les coordonnées et vitesses du centre guide sont données par $\left[\mathbf{R}, \dot{\mathbf{R}}\right] = \left[s, \alpha, \phi, \dot{s}, \dot{\alpha}, \dot{\phi}\right]$ et le lagrangien du centre guide $\mathcal{L}$ par la somme de l'énergie cinétique du mouvement le long des lignes de champ plus le couplage dipolaire entre vitesse et potentiel vecteur minoré de l'interaction diamagnétique : $\mathcal{L} \equiv m\left[\mathbf{b}\cdot \dot{\mathbf{R}}\right]^2/2 + e\mathbf{A}\cdot \dot{\mathbf{R}} - \mu B = m\,\dot{s}^2/2 + e\alpha\,\dot{\phi} - \mu B(s,\alpha,\phi)$, où nous avons utilisé l'identité $\mathbf{A}\cdot \dot{\mathbf{R}} = \alpha\,\dot{\mathbf{R}}\cdot\boldsymbol{\nabla}\phi = \alpha\,\dot{\phi}$ et l'approximation $\dot{\mathbf{R}} = \mathbf{b}\,\dot{s} + \dot{\alpha}\,\partial\mathbf{R}/\partial\alpha + \dot{\phi}\,\partial\mathbf{R}/\partial\phi \approx \mathbf{b}\,\dot{s}$ conforme à l'ordering adiabatique.

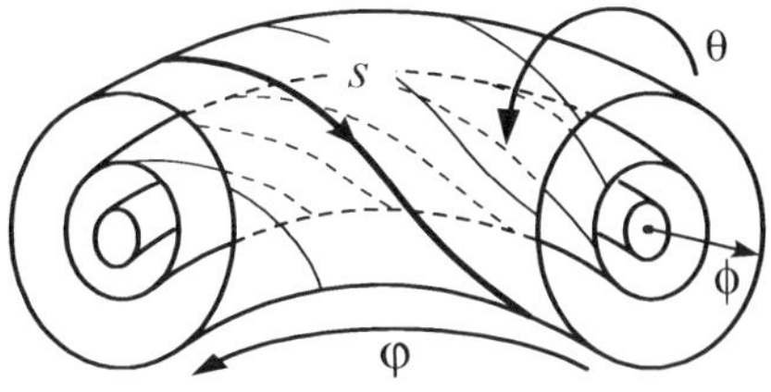

Fig. 6.15 : *Coordonnées du centre guide.*

Les trois moments (p_α, p_s, p_ϕ) canoniquement conjugués : (i) à l'angle hélicoïdal α, (ii) à l'abscisse curviligne s et (iii) au flux ϕ, permettent de réduire la description hamiltonienne à un problème bidimensionnel $\left[s, \alpha, \phi, \dot{s}, \dot{\alpha}, \dot{\phi}\right] \rightarrow [s, \phi, p_s, p_\phi]$ car p_α est nulle et p_ϕ identique à $e\alpha$.

$$p_s = \frac{\partial\mathcal{L}}{\partial\,\dot{s}} = m\,\dot{s}\ ,\ p_\alpha = \frac{\partial\mathcal{L}}{\partial\,\dot{\alpha}} = 0\ ,\ p_\phi = \frac{\partial\mathcal{L}}{\partial\,\dot{\phi}} = e\alpha \tag{6.39}$$

Ainsi, le hamiltonien $\mathcal{H}$ du centre guide se réduit donc à la somme de l'énergie cinétique le long des lignes de champ et de l'énergie cinétique cyclotronique : $\mathcal{H}(p_s, s, p_\phi, \phi) = m\left(v_\parallel^2 + v_c^2\right)/2 = p_s^2/2m + \mu\, B(s, e\alpha = p_\phi, \phi)$. Le mouvement d'une particule piégée est composé d'une rotation rapide autour des lignes de champ et d'une oscillation lente entre les deux points miroir $m1$ et $m2$, il est donc possible d'identifier un couple de variables angle/action tel que le hamiltonien ne soit pas fonction des angles décrivant cette rotation et cette oscillation. L'élimination de l'angle de rotation cyclotronique a déjà été effectué à travers la procédure de construction du hamiltonien du centre guide $\mathcal{H}$. L'invariant de bounce J_b constitue une variable d'action recevable pour décrire l'oscillation. Considérons le changement de variables canoniques $[s, \phi, p_s, p_\phi] \to [J_b, \theta_b, p_\phi, \phi]$ $\to \mathcal{H}(J_b, p_\phi, \phi)$, la pulsation ω_b est égale à $\omega_b = \partial\mathcal{H}/\partial J_b$ et le rapport de la pulsation de précession ω_d sur la pulsation de bounce s'exprime comme : $e\omega_d/\omega_b = \partial J_b/\partial\phi|_{\mathcal{H},\mu}$; en effet, l'équation de Hamilton $\dot{p_\phi} = e\dot{\alpha} = -\partial\mathcal{H}/\partial\phi$ $\to \omega_d = -\partial\mathcal{H}/e\partial\phi$ car la moyenne de l'angle poloïdal θ est identiquement nulle sur une période de rebond. Notons l'homogénéité de la formule ainsi obtenue : une action que divise un flux magnétique possède la dimension d'une charge car flux et charge sont deux variables canoniquement conjuguées dans le cadre de l'électrodynamique hamiltonienne ($\delta e\delta\phi \sim \hbar$). La formule ainsi obtenue peut être appliquée dans le cadre de l'approximation du petit rapport d'aspect ($J_b(\mathcal{H}, \mu, \phi) = \oint r d\theta\sqrt{2m(\mathcal{H} - \mu B(\theta, \phi))}$ où $B \sim B_0(1 - r\cos\theta/R_0)$ et $\phi \sim r^2 B_0/2q \to B(\theta, \phi) \sim B_0\left(1 - \sqrt{2q\phi/B_0}\cos\theta/R_0\right)$). Le résultat final achève l'identification des trois échelles de temps associées au mouvement des particules piégées.

$$\textit{Fréquence de précession toroïdale :}\quad \boxed{\omega_d \approx \frac{q v_{\parallel 0}^2}{\omega_{c0} r_0 R_0}} \sim \frac{q v_{c0}^2}{4\omega_{c0} R_0^2} \sim q\omega_{c0}\frac{\rho_L^2}{4R_0^2}$$

où nous avons considéré une particule piégée typique telle que : $v_{\parallel 0}/v_{c0} \sim \sqrt{r_0/R_0}/2 \to v_{\parallel 0}/v_{c0} < \sqrt{2r_0/R_0}$. Conformément à l'ordering adiabatique qui constituait l'hypothèse de départ, $\omega_c \gg \omega_b \gg \omega_d$, nous avons obtenu les trois pulsations du mouvement des particules piégées résumés dans le tableau ci-dessous.

Pulsation cyclotron	$\omega_c = \frac{eB}{m}$
Pulsation de rebond	$\omega_b = \omega_c \frac{\rho_L}{qR}\sqrt{\frac{r}{2R_0}}$
Pulsation de précession	$\omega_d = \omega_c q \frac{\rho_L^2}{4R_0^2}$

L'ordre de grandeur de la vitesse de précession toroïdale peut aussi être identifié dans le cadre de l'approximation de dérive comme suit. Soit l'équation déterminant la vitesse poloïdale du centre guide (6.27) :

$$\textit{Vitesse poloïdale}\ :\ r\frac{d\theta}{dt} = \frac{r}{qR_0}v_\parallel + v_D\cos\theta \tag{6.40}$$

Pour les particules piégées la moyenne de l'angle poloïdal sur un parcourt de durée $2\pi/\omega_b$ est égal à zéro : $r\langle d\theta/dt\rangle_{\omega_b} = 0 \to \langle v_\parallel\rangle = -\langle v_D\cos\theta\rangle_{\omega_d} qR_0/r$, l'expression de la vitesse de dérive (6.22) n'est fonction que de l'énergie $\mathcal{H}$ et de l'énergie cyclotronique μB :

$$\langle v_\| \rangle = -\frac{q}{r\omega_{c0}} \left\langle \left[\frac{2}{m}\mathcal{H} - \mu B_0 \left(1 - \frac{r}{R_0}\cos\theta \right) \right] \cos\theta \right\rangle_\theta \tag{6.41}$$

Les valeurs classiques $\langle \cos\theta \rangle_\theta = 0$ et $\langle \cos^2\theta \rangle_\theta = 1/2$ conduisent à l'évaluation $\langle v_\| \rangle = q\mu B_0 / 2R_0\omega_{c0} \rightarrow \omega_d = qv_{c0}^2/4\omega_{c0}R_0^2$ qui est semblable au résultat précédent.

6.3 Confinement des Particules Alpha

6.3.1 Invariants et orbites

Le rayon de Larmor ρ_L des particules alpha énergétiques (3.5 MeV - 0.5 MeV) est de l'ordre de quelques centimètres.

$$\textit{Rayon de Larmor des alpha :} \quad \rho_{L\alpha}\,[\text{cm}] \approx 15 \times \frac{\sqrt{E\ [\text{MeV}]}}{B\ [\text{T}]} \tag{6.42}$$

Nous avons établi l'expression de la largeur d'une orbite de type banane, $\delta_b = 2q\rho_L\sqrt{2R_0/r}$, en supposant implicitement que cette largeur était plus petite que r le rayon de la surface magnétique de référence ; or, les particules alpha sont principalement produites au voisinage du centre du plasma $r \sim 0$ car la réactivité est proportionnelle au carré de la densité que multiplie une fonction rapidement croissante de la température, ainsi la largeur δ_b des orbites des particules alpha énergétiques est de l'ordre de grandeur du rayon r de la surface magnétique sur laquelle elles orbitent. L'inversion d'ordering entre δ_b et r implique de revisiter le problème des orbites pour les particules alpha. Il est donc nécessaire de développer une théorie spécifique des orbites pour les alphas énergétiques, en particulier au voisinage de l'axe magnétique où le taux de production thermonucléaire est maximum. Le problème du confinement orbital des alphas rapides et de la stabilité des orbites est particulièrement crucial dans un tokamak et les différents canaux de pertes doivent être identifiés. Les pertes directes par dérive hors du tore de plasma peuvent être quantifiées à travers le critère de confinement :

$$\textit{Courant de confinement des alphas :} \quad I_T\ [\text{MA}] \approx 5.5 \times \sqrt{\frac{a}{R_0}} \tag{6.43}$$

où I_T est le courant toroïdal minimum nécessaire pour que les alphas thermonucléaires produits au voisinage de $r \sim 0$ présentent une orbite de dérive entièrement contenue dans le plasma de rayon a. Une fois ce critère vérifié, un deuxième canal de pertes doit être considéré, les pertes induites par la modulation du champ toroïdal résultant du nombre fini de bobines, le *ripple*. La modulation du champ magnétique est la source de minimum et maximum locaux du champ de périodicité toroïdale $2\pi/N$ où N est le nombre de bobines. Ces miroirs toroïdaux locaux introduisent une nouvelle classe d'orbites, dites super-bananes, qui explorent de façon asymétrique un angle poloïdal restreint à $2\pi/Nq$ et un angle toroïdal réduit à $2\pi/N$. Pour ces orbites le confinement par compensation des dérives n'est plus assuré par la transformée rotationelle et les particules sont perdues. La configuration magnétique de base doit être calculée pour minimiser ces pertes dites *ripple*. Lorsque les pertes directes et celles dues au ripple sont négligeables la densité de particules alpha n_α ramenée à la densité du plasma n est déterminée par l'égalité : $n_\alpha/\tau_S = n^2 \langle\sigma v\rangle_{DT}/4$, ainsi, compte tenu de la loi de ralentissement (4.96) et du scaling du taux de réaction (1.6) $n_\alpha/n \sim T^{7/2}$, la fraction du contenu énergétique thermonucléaire sur thermique est significative et en régime de combustion les particules alpha constitueront une source d'énergie libre tout aussi importante que les écarts à l'équilibre thermodynamique du plasma combustible ; par exemple pour une température $T \sim 10$ KeV$\rightarrow n_\alpha/n \sim 7 \times 10^{-4}$ et pour une température $T \sim 30$ KeV$\rightarrow n_\alpha/n \sim 2 \times 10^{-2}$. L'étude et la classification des orbites des alphas présentées ici sont basées sur l'analyse des trois invariants (5.9, 5.10) associés aux mouvements au sein d'une configuration magnétique de type tokamak :

- l'énergie cinétique $\mathcal{H}$, invariant exact résultant de la stationnarité de la configuration magnétique,
- le moment magnétique μ, invariant adiabatique résultant de l'ordering entre mouvement cyclotronique et configuration magnétique,
- le moment cinétique toroïdal M, invariant exact associé à l'invariance par rotation toroïdale.

$$\textit{Energie cinétique} \quad : \quad \mathcal{H} = \frac{m}{2}\left(v_\parallel^2 + v_c^2\right) \tag{6.44}$$

$$\textit{Moment magnétique} \quad : \quad \mu = \frac{m}{2}\frac{v_c^2}{B} \tag{6.45}$$

$$\textit{Moment toroïdal} \quad : \quad M = mR\frac{B_\varphi}{B}v_\parallel - \frac{e}{2\pi}\Psi_P \tag{6.46}$$

Notons que la charge e est ici égale à deux fois la charge du proton.

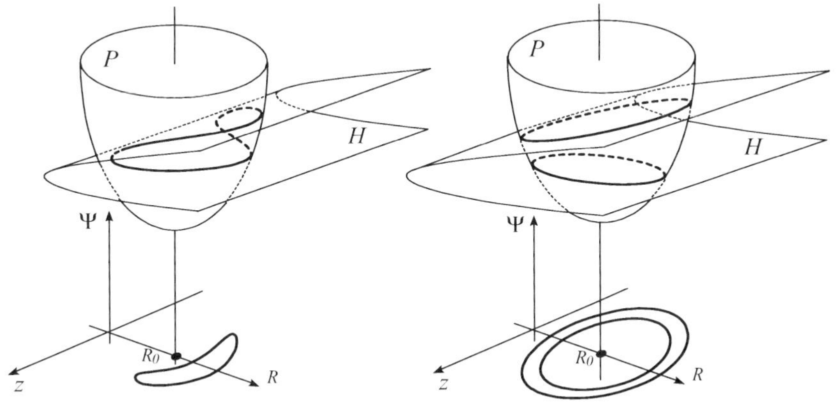

Fig. 6.16 : *Orbites piégées et circulantes dans l'espace* $[R, \Psi, z]$.

Nous prendrons comme cadre d'étude des orbites des particules alpha le développement en petit rapport d'aspect $B_\varphi \sim B_0(1 - r\cos\theta/R_0) \sim B$, nous supposerons que les surfaces magnétiques présentent une section circulaire au voisinage de l'axe magnétique et le flux poloïdal au voisinage de cet axe sera représenté par le premier terme non nul de son développement de Taylor qui est quadratique en le petit rayon r : $B_\theta(r) = B_0 r/qR_0 = \mu_0 I_\varphi r/2\pi a^2 \rightarrow \Psi_P = 2\pi R_0 \int_0^r B_\theta(u)\,du$. Ainsi trois expressions équivalentes du flux peuvent être considérées :

$$\textit{Flux poloïdal} \ : \ \Psi_P = \frac{\pi B_0}{q} r^2 = \frac{\mu_0 R_0 I_\varphi}{2a^2} r^2 = \Psi_a \frac{r^2}{a^2} \tag{6.47}$$

où I_φ est le courant toroïdal total et Ψ_a le flux en bordure de plasma $r \sim a$. L'orbite d'une particule alpha confinée en régime adiabatique par une configuration tokamak est entièrement caractérisée par les trois invariants : $[\mathcal{H}, \mu, M]$, l'étude de la nature de cette orbite est plus aisée si nous introduisons les trois paramètres : α, β et γ suivant la transformation $[\mathcal{H}, \mu, M] \to [\alpha, \beta, \gamma]$:

$$\alpha \equiv \frac{\mu B_0}{\mathcal{H}}, \ \beta \equiv -\frac{M}{\sqrt{2m\mathcal{H}}}, \ \gamma \equiv \frac{e\Psi_a}{2\pi\sqrt{2m\mathcal{H}}} \frac{R_0^2}{a^2} \tag{6.48}$$

$\alpha(\mu, \mathcal{H})$est sans dimension et $\beta(M, \mathcal{H})$ et $\gamma(\mathcal{H})$ présentent la dimension d'une longueur. Définissons aussi les deux variables de vitesse et de flux normalisées :

$$V^2 \equiv \frac{mv_\parallel^2}{2\mathcal{H}} = \frac{v_\parallel^2}{v_\parallel^2 + v_c^2} < 1 \ , \ \Psi \equiv \frac{\Psi_P}{\Psi_a} \frac{a^2}{R_0^2} = \frac{r^2}{R_0^2} < 1 \tag{6.49}$$

Sur la base de ces définitions, les relations (6.45) et (6.46) s'expriment : $1 - V^2 = \alpha R_0 / R$ et $RV - \gamma\Psi = -\beta$. La vitesse normalisée V peut ensuite être éliminée entre ces deux relations pour obtenir une relation entre R et Ψ que nous noterons H car c'est une branche d'hyperbole dans le plan $[R, \Psi]$ et une nappe hyperbolique dans l'espace $[R, \Psi, z]$ représentée sur la figure (6.16).

$$H \quad : \quad \left(R - \frac{\alpha}{2} R_0\right)^2 - (\gamma\Psi - \beta)^2 = \frac{\alpha^2}{4} R_0^2 \tag{6.50}$$

$$P \quad : \quad \Psi(R, z) = \left(1 - \frac{R}{R_0}\right)^2 + \left(\frac{z}{R_0}\right)^2 \tag{6.51}$$

Dans cet espace des positions $[R, \Psi, z]$ le flux est donné par la relation (6.47), c'est donc un paraboloïde de révolution noté P et représentée sur la figure (6.16).

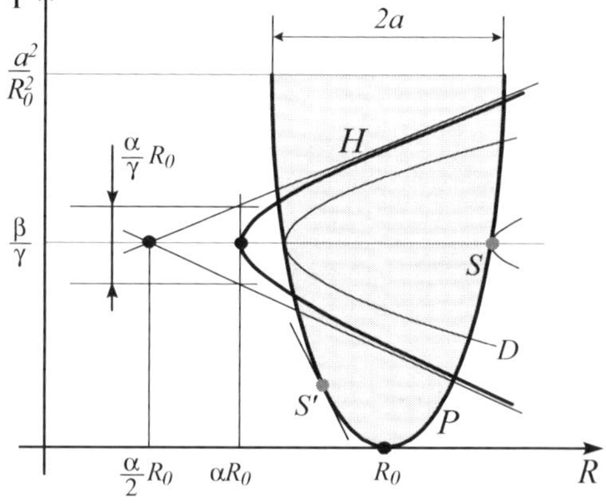

Fig. 6.17 : *Orbites dans le plan* $[R, \Psi, z = 0]$.

Dans le plan de section poloïdale $[R, z]$ les orbites sont donc obtenues par la projection de l'intersection du paraboloïde P avec la nappe hyperbolique H conformément à la figure (6.17).

$$\left(\frac{R}{R_0}-\frac{\alpha}{2}\right)^2-\frac{\gamma^2}{R_0^2}\left[\left(1-\frac{R}{R_0}\right)^2+\frac{z^2}{R_0^2}-\frac{\beta}{\gamma}\right]^2=\frac{\alpha^2}{4}$$

Cette représentation, figures (6.16) et (6.17), offre un outil efficace pour identifier et discuter les différentes classes d'orbites ; en particulier la figure (6.17) permet de visualiser dans le plan $[R, \Psi, z=0]$ deux classes d'orbites, circulantes et piégées, séparées par une orbite dite pincée correspondant à la courbe D qui est associée à la séparatrice du pendule non-linéaire. On notera aussi l'existence d'orbites stagnantes S côté bas champ et $S^{'}$ côté champ fort. La condition (6.43) peut être aisément établie en considérant les orbites telles que la courbe H passe par le point $[R=R_0, \Psi=0]$, une telle configuration H∩P décrivant les alphas issus du centre de la décharge.

L'analyse qui vient d'être développée pourrait laisser croire que les orbites des alphas énergétiques s'ordonnent suivant la classification piégée/circulante sans présenter de spécificité particulière, il n'en est rien, une étude des configurations telles que H passe par le point $[R=R_0, \Psi=0]$ révèle que l'image classique doit être reconsidérée ; pour mener à bien cette étude il est nécessaire d'utiliser un paramètrage des orbites adapté au cas du voisinage du point où nous allons identifier les orbites dites non-standards ou *patates*.

6.3.2 Orbites non-standards

Considérons à nouveau les trois constantes du mouvement et introduisons le paramètre sans dimension λ, $[\mathcal{H}, \mu, M] \rightarrow [\mathcal{H}, \lambda, M]$:

$$\lambda(\mu, \mathcal{H}) \equiv \frac{\mathcal{H}-\mu B_0}{\mu B_0}=\frac{1-\alpha}{\alpha} \tag{6.52}$$

Exprimons la vitesse parallèle $v_{\|}(r,\theta)$ et l'équation de l'orbite poloïdale de la particule $r(\theta)$ en fonction de ces trois invariants $\mathcal{H}$, λ, M.

$$\textit{Vitesse parallèle} \quad : \quad m v_{\|}^2=\frac{2\mathcal{H}}{\lambda+1}\left(\lambda+\frac{r}{R_0}\cos\theta\right)$$

$$\textit{Position poloïdale} \quad : \quad \frac{B_0}{2q}r^2=-\frac{M}{e}\pm\frac{R_0}{e}\sqrt{\frac{2m\mathcal{H}}{\lambda+1}\left(\lambda+\frac{r}{R_0}\cos\theta\right)}$$

Une orbite particulière illustre le caractère non-standard du mouvement du centre guide à haute énergie au voisinage de l'axe magnétique : l'orbite présentant une vitesse parallèle nulle sur l'axe magnétique $v_{\|}(r=0)=0$, c'est-à-dire telle que $\lambda=0$ et $M=0$ ($\alpha=1$ et $\beta=0$). L'équation de cette orbite dite *patate* est donnée par la relation :

$$\textit{Orbite patate :} \ r^{\frac{3}{2}}=\frac{2q}{e}\sqrt{\frac{2m\mu R_0}{B_0}}\sqrt{\cos\theta} \tag{6.53}$$

Au sens de la classification piégée/circulante, c'est une orbite piégée dont le point miroir est sur l'axe et dont la largeur δ_p est obtenue en considérant les points $\cos\theta=\pm 1$.

$$\textit{Largeur des orbites patates} \ : \ \boxed{\frac{\delta_p}{R_0}=\left(\frac{2q}{eR_0}\right)^{\frac{2}{3}}\left(\frac{2m\mu}{B_0}\right)^{\frac{1}{3}}\sim\left(2q\frac{\rho_L}{R_0}\right)^{\frac{2}{3}}}$$

La largeur caractéristique des orbites *patates*, $\delta_p \sim R_0 \left(q\rho_L/R_0\right)^{\frac{2}{3}}$, est radicalement différente de celle des orbites *bananes*, $\delta_b \sim q\rho_L \left(R_0/r\right)^{\frac{1}{2}}$, cette différence confirme la nécessité d'une étude spécifique des orbites énergétiques au voisinage de l'axe magnétique où la majorité des particules alpha sont générées. La largeur δ_p définit l'échelle caractéristique de longueur de cette nouvelle classe d'orbites. Normalisons le rayon $\rho \equiv r/\delta_p = r\left(e^2B_0/8q^2m\mu R_0\right)^{\frac{1}{3}}$ ainsi que les invariants du mouvement du centre guide en la considérant comme l'unité de longueur : $[\mathcal{H}, \lambda, M] \rightarrow [\mathcal{H}, \chi, J]$.

$$\chi(\mu, \mathcal{H}) \equiv \lambda\frac{R_0}{\delta_p} = \frac{\mathcal{H} - \mu B_0}{\mu}\left(\frac{e^2R_0^2}{8q^2m\mu B_0^2}\right)^{\frac{1}{3}} \tag{6.54}$$

$$J(\mu, M) \equiv -M\frac{2q}{eB_0\delta_p^2} = -\frac{M}{\mu^{\frac{2}{3}}}\left(\frac{eq^2}{8m^2R_0^2B_0}\right)^{\frac{1}{3}} \tag{6.55}$$

L'équation de la trajectoire du centre guide dans le plan poloïdal $[\rho, \theta]$ prend alors une forme simple : $\chi + \rho\cos\theta = \left(\rho^2 - J\right)^2$; mais la construction d'une classification nécessite tout d'abord l'introduction d'une signature σ permettant de discriminer les particules co-passantes présentant une vitesse parallèle positive du côté bas champ : $\sigma \equiv +1 \rightarrow v_\parallel > 0 \rightarrow \rho^2 > J$, des particules contre-passantes présentant une vitesse parallèle négative du côté bas champ : $\sigma \equiv -1 \rightarrow v_\parallel < 0 \rightarrow \rho^2 < J$. Sachant que $mv_\parallel^2 = 2\mathcal{H}\left(\chi + \rho\cos\theta\right)/\left(\chi + R_0/\delta_p\right)$ le rayon poloïdal ρ normalisé en fonction de l'angle poloïdal θ s'exprime suivant la relation :

$$\textit{Position poloïdale} \ : \boxed{\rho^2 = J + \sigma\sqrt{\chi + \rho\cos\theta}} \tag{6.56}$$

Malgré une apparente simplicité cette équation décrit une familles d'ovales de Descartes, paramètrée par J, σ et χ, présentant plusieurs classes topologiques d'orbites que nous allons maintenant identifier et classer.

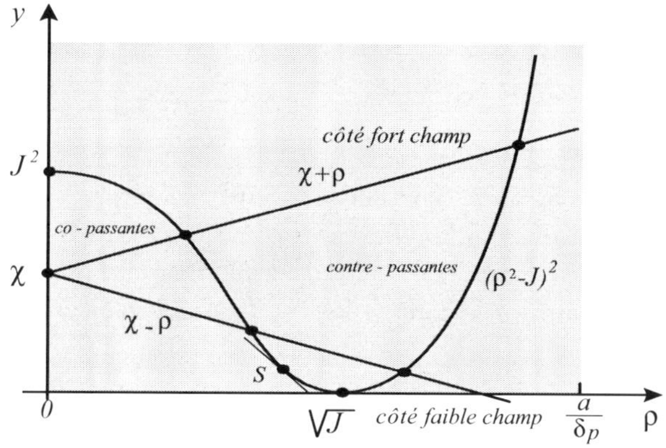

Fig. 6.18 : *Classification des orbites non standard.*

Considérons l'intersection de ces orbites avec les demi-plans $\cos\theta = \pm 1$; les points d'intersection vérifient une équation algébrique de degré quatre, $\cos\theta = \pm 1 \rightarrow G(\rho) = \left(\rho^2 - J\right)^2 - \chi \pm \rho = 0$, dont les transitions entre les différents régimes de solutions peuvent être étudiées en considérant cette équation comme la recherche des points d'intersection entre les deux droites $y(\rho) = \chi \pm \rho$ et la quartique $y(\rho) = \left(\rho^2 - J\right)^2$dans le plan $[y, \rho]$ représenté sur la figure (6.18).

Pour un couple (J, χ) donné le nombre de points d'intersection est au maximum égal à quatre (deux orbites) et au minimum égal à zéro (aucune orbite) ; entre ces deux bornes le nombre de points d'intersection peut être égal à un (orbite stagnante S), deux (une orbite) ou trois (orbite pincée D).

Les orbites stagnantes se réduisent à un point par projection dans un plan poloïdal et résultent de l'existence de deux points $S+$ et $S-$ dans le plan équatorial de la configuration magnétique où la vitesse de dérive verticale équilibre la vitesse poloïdale, ces orbites sont illustrées sur la figure (6.19). Dans le cadre de l'analyse des équations de dérives (6.26) et (6.27) les orbites stagnantes vérifient les relations :

$$\textit{Angle poloïdal de stagnation} \quad : \quad \frac{dr}{dt} = v_D \sin\theta_S = 0 \rightarrow \theta_{S\pm} = 0\ ,\ \pi$$

$$\textit{Petit rayon de stagnation} \quad : \quad \frac{d\theta}{dt} = \frac{v_\parallel}{qR_0} + v_D \frac{\cos\theta_S}{r_S} = 0 \rightarrow \frac{r_{S\pm}}{R_0} = q\frac{v_D}{|v_\parallel|}$$

Ces deux points sont aussi associés aux cas où la quartique $y = \left(\rho^2 - J\right)^2$ présente un point de tangence avec l'une des deux droites $y = \chi \pm \rho$: $G'(\rho) = 0 \rightarrow \rho^2 - J = \pm 1/4\rho$.

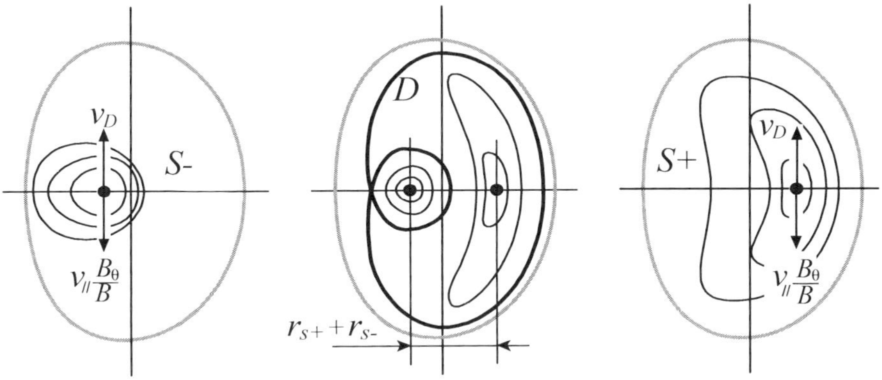

Fig. 6.19 : *Transition entre les orbites au voisinage des deux points de stagnation à travers l'orbite pincée.*

Les deux relations $G = 0$ et $G' = 0$ déterminent les équations paramètriques de trois courbes dans l'espace (J, χ). Ces trois courbes sont associées : (i) à l'ensemble des orbites stagnantes côté champ fort $S-$, (ii) à l'ensemble des orbites stagnantes côté champ faible $S+$ et (iii) aux orbites pincée D.

$$S+ \quad : \quad G = G' = 0, \sigma = +1 \rightarrow \chi = \frac{1}{16\rho^2} - \rho\ ,\ J = \rho^2 - \frac{1}{4\rho}$$

$$S- \quad : \quad G = G' = 0, \sigma = -1 \rightarrow \chi = \frac{1}{16\rho^2} + \rho\ ,\ J = \rho^2 + \frac{1}{4\rho}$$

$$D \quad : \quad G = G' = 0, \sigma = -1 \rightarrow \chi = \frac{1}{16\rho^2} + \rho\ ,\ J = \rho^2 + \frac{1}{4\rho}$$

Ces trois courbes délimitent une première partition $[A, B, C]$ de l'espace (J, χ) : (A) où quelque soit le couple (J, χ) aucune orbite n'est possible, (B) où un couple (J, χ) définit une orbite unique et (C) où un couple (J, χ) est associé à deux orbites.

Un deuxième niveau d'analyse permet d'affiner cette classification en considérant les orbites passant par l'axe magnétique : $\rho = 0 \rightarrow \chi = J^2$ et les orbites profondément piégées : $v_{\|}(\rho, \cos\theta = 0) = 0 \rightarrow J = \chi^2$. Ces deux classes spécifique d'orbites dessinent deux paraboles, horizontale et verticale, dans le plan (J, χ).

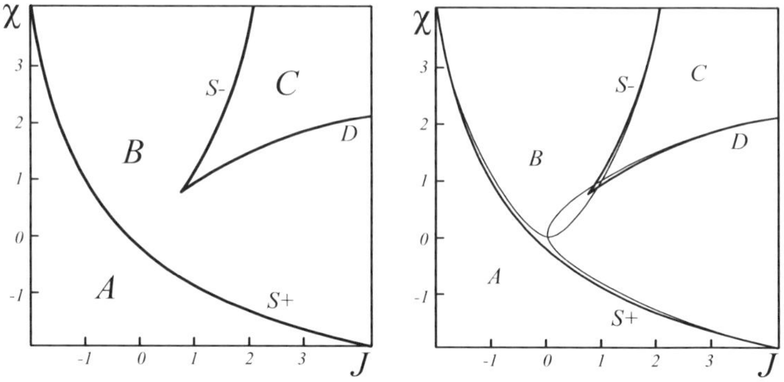

Fig. 6.20 : *Classification des orbites non standard.*

Ces deux paraboles se raccordent asymptotiquement aux frontières $S+, S-$ et D précédentes.

$$
\begin{array}{rcl}
\textit{Orbites stagnantes co-passantes} & : & \rho \rightarrow 0 : J = -\sqrt{\chi} \rightarrow -\infty \\
\textit{Orbites stagnantes co-passantes} & : & \rho \rightarrow +\infty : \chi = -\sqrt{J} \rightarrow -\infty \\
\textit{Orbites stagnantes contre-passantes} & : & \rho \rightarrow 0 : \chi = J^2 \rightarrow +\infty > J \\
\textit{Orbites pincées contre-passantes} & : & \rho \rightarrow +\infty : \chi = \sqrt{J} \rightarrow +\infty < J
\end{array}
$$

Les sous-domaines ainsi délimités sont au nombre de neuf, nous ne détaillerons pas cette classification ultime et nous nous restreindrons aux trois classes A, B et C. L'ensemble de ces résultats sont illustrés sur la figure (6.20).

Chapitre 7

Equilibres Magnétohydrodynamiques

Et la complication croissante exige des signes de signes... La Pesanteur et la Grâce, S. Weil

Deux niveaux d'analyse sont nécessaires pour comprendre le confinement des plasmas thermonucléaires : (*i*) l'échelle microscopique associée aux orbites des électrons et ions et (*ii*) l'échelle macroscopique associée à une description fluide du plasma thermonucléaire. Nous venons d'établir les conditions de confinement des trajectoires des différentes populations d'un plasma thermonucléaire à travers l'étude des orbites et de leurs topologies ; mais un ensemble de charges en mouvement génère un champ magnétique et il est nécessaire d'inclure ce champ autogénéré dans l'analyse du confinement. Le modèle fluide magnétohydrodynamique permet de prendre en compte ce champ et d'établir les conditions d'équilibre et de stabilité d'un tore de plasma magnétisé. La notion d'équilibre magnétohydrodynamique est introduite et analysée dans ce chapitre.

Un équilibre magnétohydrodynamique est une configuration statique composée de trois champs : (*i*) la pression cinétique du plasma P, (*ii*) le courant du plasma $\mathbf{J}$ et (*iii*) le champ magnétique $\mathbf{B}$, tels qu'en tout point le gradient de pression ∇P équilibre la force de Laplace $\mathbf{J} \times \mathbf{B}$; malgré la simplicité apparente de cette définition l'étude des équilibres magnétohydrodynamiques au sein des tokamaks relève de la physique non-linéaire et présente de nombreuses difficultés. Pour aborder ce problème complexe nous allons présenter dans un premier temps une analyse des différents courants pouvant se développer au sein d'un plasma thermonucléaire.

7.1 Courants Diamagnétiques et Résistifs

L'hydrodynamique offre deux équations pour décrire le comportement dynamique d'un milieu fluide : (*i*) l'équation d'Euler ($nmd\mathbf{V}/dt = -\boldsymbol{\nabla} P + ne\mathbf{E} + ne\mathbf{V} \times \mathbf{B}$) qui traduit la conservation de l'impulsion compte tenu de l'existence d'une densité volumique de forces associée au gradient de pression, cette description ne prend pas en compte l'existence de processus dissipatif résultant des collisions, la prise en compte de ces processus qui déterminent la production d'entropie associée aux mouvements fluides nécessite une modélisation plus complète dans le cadre de (*ii*) l'équation de Navier Stoke ($nmd\mathbf{V}/dt = -\boldsymbol{\nabla}P + ne\mathbf{E} + ne\mathbf{V}\times\mathbf{B} + \eta\Delta\mathbf{V} + (\xi+\eta/3)\,\boldsymbol{\nabla}(\boldsymbol{\nabla}\cdot\mathbf{V})$) où les transferts d'impulsions entre couches de fluides contiguës lentes et rapides est décrite par les termes de viscosité $(\xi+\eta/3)\,\boldsymbol{\nabla}(\boldsymbol{\nabla}\cdot\mathbf{V})$ où ξ et η sont les deux coefficients de viscosité. L'opérateur $d/dt \equiv \partial/\partial t + (\mathbf{V}\cdot\boldsymbol{\nabla})\,\mathbf{V}$ est égal à la somme de la dérivée locale et de la dérivée convective.

L'équation de Navier Stoke permet de décrire la décélération des zones d'écoulements rapides par les zones d'écoulements lents et l'accélération des zones lentes par les zones rapides ; ces deux processus résultant de transferts d'impulsions, à l'échelle microscopique, dûs aux collisions. Pour les plasmas thermonucléaires un terme supplémentaire, le transfert d'impulsion entre électrons et ions, décrit par une modélisation en terme de friction électrons-ions (10.12) est plus important que les transferts d'impulsions dûs à la viscosité. Bien entendu, si les deux populations évoluent à la même vitesse, $\mathbf{V}_e = \mathbf{V}_i$, alors la friction électron-ion disparaît et la viscosité devient le processus collisionnel dominant.

$$\frac{\partial\mathbf{V}_e}{\partial t} + \mathbf{V}_e\cdot\boldsymbol{\nabla}\mathbf{V}_e = -\frac{P_e}{n_e m_e} - \frac{e}{m_e}\left(\mathbf{E}+\mathbf{V}_e\times\mathbf{B}\right) - \frac{\mathbf{V}_e-\mathbf{V}_i}{\tau_{fei}} \quad (7.1)$$

$$\frac{\partial\mathbf{V}_i}{\partial t} + \mathbf{V}_i\cdot\boldsymbol{\nabla}\mathbf{V}_i = -\frac{\boldsymbol{\nabla}P_i}{n_i m_i} + \frac{Z_i e}{m_i}\left(\mathbf{E}+\mathbf{V}_i\times\mathbf{B}\right) - \frac{\mathbf{V}_i-\mathbf{V}_e}{\tau_{fie}} \quad (7.2)$$

Les temps caractéristiques de transfert d'impulsion entre électrons et ions, τ_{fei} et τ_{fie}, sont donnés par les relations (10.13).

$$\textit{Friction électrons/ions} \quad : \quad \tau_{fei} = \sqrt{\frac{m_e}{m_i}}\sqrt{\frac{m_e+m_i}{2}}\,\frac{12\varepsilon_0^2\,(\pi k_B T)^{\frac{3}{2}}}{Z_i^2 e^4 \Lambda n_i} \quad (7.3)$$

$$\textit{Friction ions/électrons} \quad : \quad \tau_{fie} = \sqrt{\frac{m_i}{m_e}}\sqrt{\frac{m_e+m_i}{2}}\,\frac{12\varepsilon_0^2\,(\pi k_B T)^{\frac{3}{2}}}{Z_i^2 e^4 \Lambda n_e} \quad (7.4)$$

Ainsi, l'analyse de la dynamique d'un plasma thermonucléaire dans le cadre d'un modèle fluide nécessite la prise en compte de cinq termes : (*i*) l'inertie, (*ii*) les forces de pression cinétique, (*iii*) la force de Coulomb, (*iv*) la force de Laplace et (*v*) la friction électrons-ions. Lorsque l'écart à l'équilibre thermodynamique local et l'écart à la quasi-neutralité ($n_e = Z_i n_i$) sont faibles le fluide ionique et le fluide électronique sont fortement couplés. Sur les échelles de temps longues et sur de grandes échelles de longueurs la densité électronique suit l'évolution de la densité ionique. L'évolution d'un plasma dans un tel régime MHD peut être décrite par la dynamique d'un fluide unique dont l'inertie est principalement ionique et la mobilité électronique.

Le modèle MHD des plasmas thermonucléaires considère un jeu de variables réduites : (*i*) la densité volumique de masse du fluide MHD : $\rho \equiv n_e m_e + n_i m_i$, (*ii*) la vitesse moyenne du fluide MHD : $\mathbf{V} \equiv (n_e m_e \mathbf{V}_e + n_i m_i \mathbf{V}_i) / (n_e m_e + n_i m_i)$, (*iii*) la pression totale du fluide MHD : $P \equiv P_e + P_i$ et la densité volumique de courant : $\mathbf{J} \equiv n_i Z_i e \mathbf{V}_i - n_e e \mathbf{V}_e$. Les valeurs des variables mécaniques, densité et vitesse, sont dominées par les ions. Au niveau microscopique le principe de l'action et de la réaction implique la conservation de l'impulsion globale lors des collisions électrons-ions, ainsi au niveau macroscopique l'impulsion transférée des électrons vers les ions est égale à l'opposée de l'impulsion transférée des ions vers les électrons : $n_e m_e / \tau_{fei} = n_i m_i / \tau_{fie}$ (10.13). La production d'entropie traduisant la perte d'impulsion dans les degrés de liberté autres que les moments fluides (vitesses, densités, pressions) et l'augmentation de l'agitation thermique, sont décrites par les termes de viscosité qui ne sont pas considérés dans le cadre MHD construit et présenté ici.

Effectuons la somme, pondérée par les densités volumiques de masses, des deux équations d'Euler électronique et ionique (7.1) et (7.2). Compte tenu de la quasi-neutralité ($n_e = Z_i n_i$) et de l'identité $n_e m_e / \tau_{fei} = n_i m_i / \tau_{fie}$ pour les termes de frictions ions-électrons et électrons-ions, nous obtenons l'équation d'Euler du mouvement pour le fluide MHD.

$$\textit{Equation d'Euler MHD} \ : \ \frac{\partial \mathbf{V}}{\partial t} + (\mathbf{V} \cdot \boldsymbol{\nabla}) \, \mathbf{V} = -\frac{\boldsymbol{\nabla} P}{\rho} + \frac{\mathbf{J} \times \mathbf{B}}{\rho} \qquad (7.5)$$

Nous avons simplifié la description mais nous avons introduit une inconnue supplémentaire le vecteur densité de courant $\mathbf{J}$. Il est possible d'établir une équation reliant cette nouvelle inconnue aux variables électromagnétiques et mécaniques en prenant la différence des deux équations d'Euler électronique et ionique puis en discutant l'ordering des différents termes ainsi obtenus. Il est plus simple de considérer le plasma comme un milieu conducteur et d'utiliser la loi de conduction d'Ohm établie dans le chapitre consacré aux processus dissipatifs. Le champ électrique qui engendre la mobilité des électrons est ici le champ dans le repère au repos, local et instantané, du fluide MHD. Dans ce repère en mouvement à la vitesse $\mathbf{V}$ le champ électrique a pour valeur $\mathbf{E} + \mathbf{V} \times \mathbf{B}$ où $\mathbf{E}$ et $\mathbf{B}$ sont les valeurs des champs dans le repère d'étude du fluide. Ainsi la loi d'Ohm pour un plasma thermonucléaire au repos est généralisée au cas d'un fluide en mouvement par la relation (7.6).

$$\textit{Courants de conduction} \ : \ \frac{\mathbf{J}_\Omega}{\eta_S} = \mathbf{E}_\parallel + \frac{\nu_{ei}^2}{\nu_{ei}^2 + \omega_c^2} \left(\mathbf{E}_\perp + \mathbf{V} \times \mathbf{B} \right) \qquad (7.6)$$

où la conductivité η_S est donnée par la relation (4.115) et où nous avons utilisé la relation (4.126).

7.1.1 Courants diamagnétiques

La loi d'Ohm, formulée par la relation (7.6), ne décrit que les courants de conduction $\mathbf{J}_\Omega$ de nature dissipative et l'analyse de l'équilibre MHD nécessite la prise en compte de tous les courants dans le terme de force de Laplace, en particulier les courants de magnétisation et de dérives. Un plasma thermonucléaire magnétisé de densité ionique n_i et de densité électronique $n_e = Z_i n_i$ se comporte comme un milieu magnétique présentant une magnétisation décrite par le vecteur magnétisation (4.9) $\mathbf{M} \equiv -n_e \langle \mu_e \rangle \mathbf{b} - n_i \langle \mu_i \rangle \mathbf{b}$ où $\langle \mu_e \rangle$ et $\langle \mu_i \rangle$ sont respectivement les valeurs moyennes des moment magnétiques (4.8) électroniques et ioniques. La moyenne $\langle \mu_{e,i} \rangle$ est prise sur la distribution des vitesses cyclotroniques l'énergie cinétique cyclotronique moyenne étant reliée à la pression par la relation $P_e + P_i = n_e m_e \langle v_{ce}^2 \rangle + n_i m_i \langle v_{ci}^2 \rangle$. La relation générale entre pression P, champ

B, et magnétisation **M** (4.9) s'établit donc comme suit :

$$\textit{Vecteur magnétisation :} \quad \mathbf{M} = -\frac{P}{B^2}\mathbf{B} \tag{7.7}$$

Le courant de magnétisation, $\mathbf{J}_M = \boldsymbol{\nabla} \times \mathbf{M} = -\boldsymbol{\nabla} \times (P\mathbf{b}/B)$, au sein d'un plasma thermonucléaire de faible β est donc égal à (4.12) :

$$\textit{Courant de magnétisation} \ : \ \mathbf{J}_M = -\frac{\boldsymbol{\nabla} P}{B} \times \mathbf{b} - \frac{P}{B^2}\mathbf{b} \times \boldsymbol{\nabla} B - \frac{P}{B}\frac{\mathbf{b} \times \mathbf{n}}{R}$$

où le vecteur unitaire $\mathbf{b} = \mathbf{B}/B$ ($\boldsymbol{\nabla}\mathbf{b}^2/2 = (\mathbf{b} \cdot \boldsymbol{\nabla})\,\mathbf{b} + \mathbf{b} \times (\boldsymbol{\nabla} \times \mathbf{b}) = 0$) et où nous avons considéré que $\mathbf{B} \cdot \boldsymbol{\nabla} \times \mathbf{b} = \mathbf{b} \cdot \boldsymbol{\nabla} \times \mathbf{B} \approx \mathbf{0}$ sous l'hypothèse d'une configuration présentant un très faible β. Notons que les inhomogénéités sources du courant de magnétisation sont dues soit au gradient de densité, soit au gradient de température, c'est-à-dire au gradient de pression, figure (7.1).

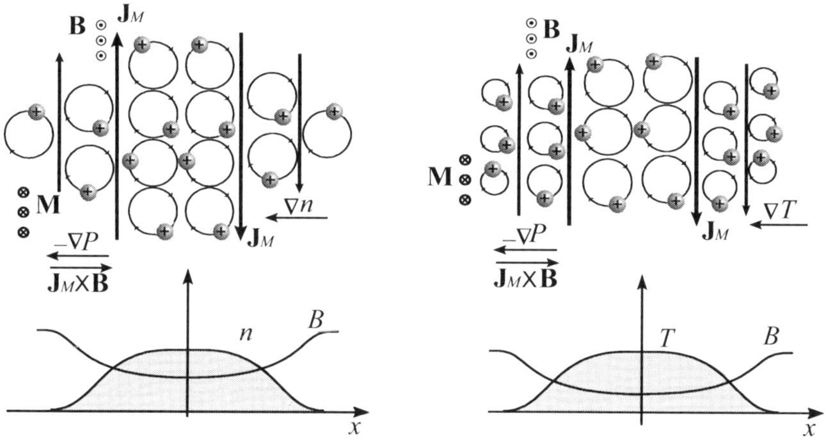

Fig. 7.1 : *Courants diamagnétiques et confinement fluide.*

Les dérives de gradient $\mathbf{v}_{DG} = \left\langle v_c^2 \right\rangle \mathbf{b} \times \boldsymbol{\nabla} B / 2\omega_c B$ et courbure $\mathbf{v}_{DC} = \langle v_\parallel^2 \rangle \mathbf{b} \times \mathbf{n}/\omega_c R$ (6.20) sont aussi la source d'un courant électrique. La moyenne de la vitesse parallèle est reliée à la pression par la relation $P_e + P_i = 2n_e m_e \langle v_{\parallel e}^2 \rangle + 2n_i m_i \langle v_{\parallel i}^2 \rangle$, ainsi les courants de dérives s'expriment suivant la relation :

$$\textit{Courants de dérive} \ : \ \mathbf{J}_{DG} + \mathbf{J}_{DC} = \frac{P}{B^2}\mathbf{b} \times \boldsymbol{\nabla} B + \frac{P}{B}\frac{\mathbf{b} \times \mathbf{n}}{R}$$

La somme totale des courants de magnétisation et de dérive, appelé courant diamagnétique, $\mathbf{J}^* \equiv \mathbf{J}_{DG} + \mathbf{J}_{DC} + \mathbf{J}_M$, présente donc une expression simple.

$$\textit{Courant diamagnétique} \ : \ \mathbf{J}^* \equiv \frac{\mathbf{b} \times \boldsymbol{\nabla} P}{B} \tag{7.8}$$

$$\textit{Vitesse diamagnétique} \ : \ \mathbf{V}^* \equiv \frac{\mathbf{b} \times \boldsymbol{\nabla} P}{neB} \tag{7.9}$$

Nous avons introduit la définition de la vitesse diamagnétique $\mathbf{V}^* = \mathbf{J}^*/ne$ pour une espèce de charge e et de densité n identique à l'expression (4.53). Si le champ magnétique confinant $\mathbf{B}$ peut être assimilé à un champ homogène, alors le flux diamagnétique $n\mathbf{V}^*$ associé à l'écoulement diamagnétique $\mathbf{V}^*$ présente une divergence nulle, c'est-à-dire n'assure pas de transport de matière : $\boldsymbol{\nabla} \cdot (n\mathbf{V}^*) = \boldsymbol{\nabla} \cdot (\mathbf{b} \times \boldsymbol{\nabla} P)/eB = (-\mathbf{b} \cdot \boldsymbol{\nabla} \times \boldsymbol{\nabla} P + \boldsymbol{\nabla} P \cdot \boldsymbol{\nabla} \times \mathbf{b})/eB = 0$. Si le champ confinant $\mathbf{B}$ est inhomogène, alors $e\boldsymbol{\nabla} \cdot (n\mathbf{V}^*) = \mathbf{b} \times \boldsymbol{\nabla} P \cdot \boldsymbol{\nabla} B^{-1}$ et le transport de matière est assuré par les courants de dérives et de conduction puisque les courants de magnétisation ne sont pas associés à un transport de charge/masse, figure (7.1).

7.1.2 Courants de Pfirsch-Schlüter

Au sein d'une configuration toroïdale présentant un simple champ toroïdal la relation (7.9) conduit à considérer un écoulement poloïdal de nature diamagnétique.

$$\textit{Vitesse diamagnétique poloïdale :}\ \mathbf{V}^* = \frac{1 + \frac{r}{R_0}\cos\theta}{neB_0}\frac{\partial P}{\partial r}\mathbf{e}_\theta$$

Ce flux produit une accumulation de charges qui induit une polarisation du plasma par une séparation verticale des ions et électrons que nous avons identifiée lors de l'étude des dérives (6.23).

$$\frac{\partial n}{\partial t} = -\nabla \cdot n\mathbf{V}^* \rightarrow \frac{\partial n_i}{\partial t} = \frac{\sin\theta}{Z_i e B_0 R_0}\frac{\partial P}{\partial r}, \quad \frac{\partial n_e}{\partial t} = -\frac{\sin\theta}{eB_0R_0}\frac{\partial P}{\partial r}$$

Si le champ toroïdal est pris dans le sens direct les ions s'accumulent en haut et les électrons en bas de la décharge. Le rôle de la transformée rotationelle induite par le champ poloïdal, est de court-circuiter ce courant diamagnétique conformément à la figure (7.2). Nous avons analysé ce phénomène de compensation dans le cadre de l'étude des orbites en l'absence de collision ; la modélisation fluide permet l'analyse en régime collisionnel.

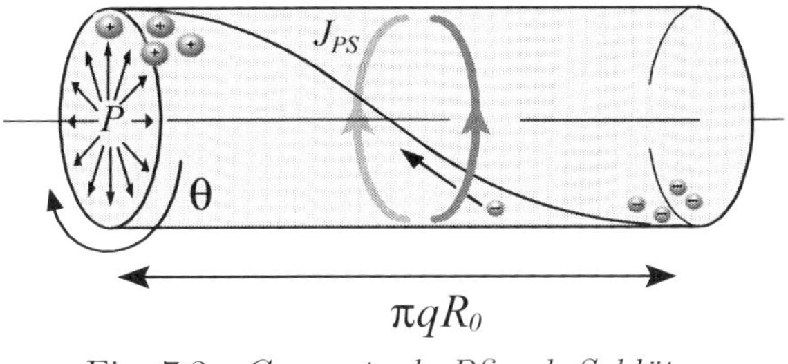

Fig. 7.2 : *Courants de Pfirsch-Schlüter.*

En présence de collisions un flux diffusif $J_{PS} \sim -D_\parallel \partial n/\partial s$ s'établit le long des lignes de champ hélicoïdales et le régime stationnaire est atteint lorsque ce flux diffusif compense le flux diamagnétique.

$$\frac{\partial n}{\partial t} = 0 \rightarrow \frac{\sin\theta}{eB_0R_0}\frac{\partial P}{\partial r} - \frac{1}{qR_0}\frac{\partial}{\partial\theta}D_\parallel\frac{1}{qR_0}\frac{\partial n}{\partial\theta} \sim 0 \tag{7.10}$$

où s est l'abscisse curviligne le long d'une ligne de champ et où nous avons considéré $ds = R_0 q d\theta$, $D_\parallel$ est donné par la relation (4.113).

$$\textit{Courant de Pfirsch-Schlüter}\ :\ J_{PS} \equiv e\frac{D_\parallel}{qR_0}\frac{\partial n}{\partial\theta} \sim \frac{q\cos\theta}{B_0}\frac{\partial P}{\partial r}$$

Une analyse plus poussée révélerait la nécessité de considérer un flux de nature diffusive et conductive le long des lignes de champ, c'est-à-dire l'existence d'un champ électrique $E_{\parallel} \sim \cos\theta$ le long des lignes de champ. La composante poloïdale de ce champ électrique combinée avec la composante toroïdale du champ magnétique engendre une dérive de champ croisé proportionnelle au gradient radial de densité, le flux radial de particules ainsi identifié n'est autre que le flux diffusif de Pfirsch-Schlüter (11.79) que nous étudierons dans le chapitre consacré au transport néo-classique.

7.1.3 Courants Ohmiques

Nous venons d'étudier l'impact des collisions en conjonction avec la géométrie toroïdale dans le cas d'un état stationnaire, les collisions jouent aussi un rôle dans les phases instationnaires de l'évolution d'un plasma thermonucléaire. En particulier les collisions sont responsables du phénomène de *diffusion magnétique*. Considérons l'évolution du champ magnétique au sein d'un plasma thermonucléaire donné de conductivité η.

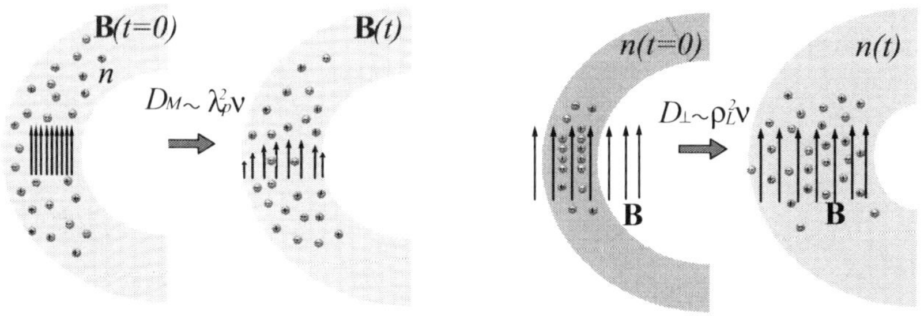

Fig. 7.3 : *(a) Diffusion magnétique, (b) Diffusion du plasma.*

L'évolution dynamique des trois champs : (i) le champ électrique $\mathbf{E}$, (ii) le champ magnétique $\mathbf{B}$ et la (iii) densité de courant $\mathbf{J}$, est décrite par les trois équations : (i) l'équation de Maxwell-Faraday associée au phénomène d'induction, (ii) l'équation de Maxwell-Ampère et (iii) la loi d'Ohm.

Equations de Maxwell-Faraday-Ampère : $\nabla \times \mathbf{E} = -\dfrac{\partial \mathbf{B}}{\partial t}, \ \nabla \times \mathbf{B} = \mu_0 \mathbf{J}$

Loi d'Ohm pour un milieu au repos : $\mathbf{J} = \eta \mathbf{E}$

L'élimination du courant $\mathbf{J}$ dans ce système de trois équations à trois inconnues, puis l'élimination du champ électrique $\mathbf{E}$ entre les deux équations restantes, conduisent à une équation de diffusion pour le champ magnétique.

Equation de diffusion magnétique : $$\frac{\partial \mathbf{B}}{\partial t} - \frac{1}{\mu_0 \eta} \Delta \mathbf{B} = \mathbf{0} \qquad (7.11)$$

La dynamique du champ magnétique est donc caractérisée par D_M le coefficient de diffusion magnétique.

Coefficient de diffusion magnétique : $$D_M \equiv \frac{1}{\mu_0 \eta} \sim \lambda_p^2 \nu_{ei} \qquad (7.12)$$

Nous avons vu qu'un plasma thermonucléaire diffusait à travers un champ magnétique confinant donné (4.120), figure (7.3-b). Nous venons d'identifier le phénomène de diffusion du champ au sein d'un plasma donné, figure (7.3-a). Lorsque le champ et le plasma peuvent évoluer de concert, quel est alors le processus dominant, la diffusion du plasma dans le champ ou la diffusion du champ dans le plasma ? La réponse à cette question est donnée par l'étude du rapport des deux coefficients de diffusion (4.120) et (7.12) c'est-à-dire par la valeur du rayon de Larmor sur la longueur de London. Notons que nous avons considéré la conductivité de Spitzer sans prendre en compte la conductivité de Braginski (4.126) : $D_\perp / D_M \approx \rho_L^2 / \lambda_p^2 \approx \beta$. Ainsi dans un tokamak ($\beta < 1$) le champ diffuse plus vite dans le plasma que le plasma dans le champ, cet ordering fort permet de controler la phase Ohmique des décharges.

7.1.4 Nombres de Reynolds et Lundquist

La dynamique du champ magnétique ne se restreint pas à un processus de diffusion, lorsque le plasma est en mouvement le couplage champ-matière, à travers les courants d'induction et la force de Laplace, autorise un entraînement du champ par le plasma et du plasma par le champ. Pour étudier ce phénomène considérons le modèle précédent en présence d'un écoulement fluide de vitesse $\mathbf{V}$ où la loi d'Ohm est modifiée pour prendre en compte le fait qu'elle s'applique dans le repère au repos du plasma où le champ électrique doit être complété par le terme électromoteur de Lorentz $\mathbf{V} \times \mathbf{B}$.

Equations de Maxwell-Faraday-Ampère : $\nabla \times \mathbf{E} = -\dfrac{\partial \mathbf{B}}{\partial t}$, $\nabla \times \mathbf{B} = \mu_0 \mathbf{J}$

Loi d'Ohm pour un milieu en mouvement : $\mathbf{J} = \eta \left(\mathbf{E} + \mathbf{V} \times \mathbf{B} \right)$

Eliminons le courant et le champ électrique entre ces trois équations pour obtenir l'équation dite de convection-diffusion du champ magnétique.

$$\textit{Equation de convection-diffusion :} \quad \frac{\partial \mathbf{B}}{\partial t} - D_M \Delta \mathbf{B} - \nabla \times \left(\mathbf{V} \times \mathbf{B} \right) = \mathbf{0} \quad (7.13)$$

Le transport du champ apparaît comme la combinaison d'un terme convectif $\nabla \times (\mathbf{V} \times \mathbf{B})$, que nous allons analyser plus en détail à l'aide du théorème d'Alfvén, et du terme de diffusion magnétique $D_M \Delta \mathbf{B}$ identifié précédemment.

Un plasma thermonucléaire présentant une température de l'ordre de 10 KeV est un excellent conducteur ; il est donc légitime de formuler l'hypothèse dite de la *MHD idéale* où la conductivité est supposée infinie.

$$\textit{MHD idéale :} \quad \eta = +\infty \leftrightarrow D_M = 0 \quad (7.14)$$

Ainsi, à chaque instant, en chaque point : $\mathbf{E} + \mathbf{V} \times \mathbf{B} = \mathbf{0}$ et le transport du champ par le fluide relève uniquement du terme de convection $\nabla \times (\mathbf{V} \times \mathbf{B})$. Sous l'hypothèse de la MHD idéale nous allons démontrer le théorème d'Alfvén. Soit une courbe fermée $\mathcal{C}(t)$ attachée à un fluide MHD présentant un écoulement de vitesse $\mathbf{V}(\mathbf{r}, t)$, c'est-à-dire une courbe convectée et déformée par cet écoulement conformément à la figure (7.4). Soit $\mathcal{S}(t)$ une surface orientée s'appuyant sur $\mathcal{C}(t)$, nous allons démontrer que le flux $\Psi(t)$ du champ magnétique $\mathbf{B}(\mathbf{r}, t)$ à travers la surface $\mathcal{S}(t)$ reste constant. Pour démontrer ce théorème étudions la variation $d\Psi$ du flux Ψ durant un temps dt, temps durant lequel la courbe a été entraînée et s'est déformée, figure (7.4) ; dt étant de nature infinitésimale la variation temporelle du champ magnétique peut être développée suivant $\mathbf{B}(\mathbf{r}, t+dt) = \mathbf{B}(\mathbf{r}, t) + dt\partial\mathbf{B}(\mathbf{r}, t)/\partial t$.

$$d\Psi = \iint_{\mathcal{S}(t+dt)} \mathbf{B}(\mathbf{r}, t) \cdot d\mathbf{S} - \iint_{\mathcal{S}(t)} \mathbf{B}(\mathbf{r}, t) \cdot d\mathbf{S} + \iint_{\mathcal{S}(t+dt)} \frac{\partial \mathbf{B}(\mathbf{r}, t)}{\partial t} dt \cdot d\mathbf{S}$$

Le flux du champ magnétique à travers toute surface fermée étant nul, la somme des deux premiers termes du membre de droite est égale aux flux latéral à travers la surface balayée par $\mathcal{C}$ durant le temps infinitésimal dt.

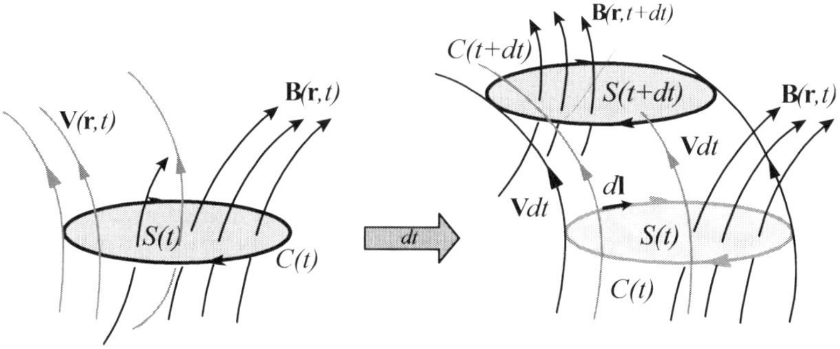

Fig. 7.4 : Théorème d'Alfvén.

L'élément de surface de cette surface latérale balayée est égal à $d\mathbf{S} = d\mathbf{l} \times \mathbf{V}dt$ où $d\mathbf{l}$ est un élément infinitésimal le long de la courbe orientée $\mathcal{C}$; $\mathbf{B} \cdot (d\mathbf{l} \times \mathbf{V}) = d\mathbf{l} \cdot (\mathbf{V} \times \mathbf{B})$ le flux latéral est donc égal à la circulation du vecteur $\mathbf{V} \times \mathbf{B}$ le long de $\mathcal{C}$.

$$\frac{d\Psi}{dt} = -\oint_{\mathcal{C}(t)} \mathbf{B} \cdot (d\mathbf{l} \times \mathbf{V}) + \iint_{\mathcal{S}(t)} \frac{\partial \mathbf{B}(\mathbf{r}, t)}{\partial t} \cdot d\mathbf{S} \qquad (7.15)$$

L'équation de Maxwell-Faraday : $\boldsymbol{\nabla} \times \mathbf{E} = -\partial\mathbf{B}(\mathbf{r}, t)/\partial t$ et le théorème de Stokes conduisent à la nullité de $d\Psi/dt$ car l'hypothèse de la MHD idéale implique $\mathbf{E} + \mathbf{V} \times \mathbf{B} = \mathbf{0}$.

Théorème d'Alfvén : $\Psi\left[\mathbf{B}(\mathbf{r}, t), \mathcal{C}_{\mathbf{V}}\left[\mathbf{r}, t\right]\right] = \Psi\left[\mathbf{B}(\mathbf{r}, t_0), \mathcal{C}_{\mathbf{V}}\left[\mathbf{r}, t_0\right]\right]$

Cette propriété, vraie pour un circuit quelconque, permet de dégager une image physique où le fluide et le champ sont *attachés* dans une évolution commune. Cet attachement idéal conduisant à une convection commune est perturbé par le terme de diffusion. L'ordre de grandeur du rapport du terme de convection magnétique $\boldsymbol{\nabla}\times (\mathbf{V} \times \mathbf{B})$ sur le terme de diffusion magnétique $D_M \Delta\mathbf{B}$ permet d'introduire le nombre de Reynolds magnétique. Considérons la relation (7.13) en régime stationnaire et normalisons les vitesses à une vitesse caractéristique V et les longueurs à une longueur caractéristique L, $\mathbf{v} = \mathbf{V}/V$ et $\mathbf{X} = \mathbf{x}/L$, l'équation de transport magnétique en régime stationnaire se réécrit sous forme normalisée : $\triangle\mathbf{B} + \mathcal{R}\boldsymbol{\nabla}\times (\mathbf{v} \times \mathbf{B}) = \mathbf{0}$ où nous avons fait apparaître le nombre de Reynolds magnétique $\mathcal{R}_{\mathcal{M}} = \mu_0 \eta V L$ comme paramètre de contrôle de cette équation du transport magnétique stationnaire.

$$\textit{Nombre de Reynolds magnétique :} \quad \mathcal{R} \equiv \frac{[\text{Convection du champ}]}{[\text{Diffusion du champ}]} \approx \frac{VL}{D_M} \approx \frac{VL}{\lambda_p^2 \nu_{ei}}$$

Pour une longueur caractéristique, dans le contexte du confinement des plasmas thermonucléaires, il est important de distinguer deux temps MHD, le temps résistif et le temps collectif définis comme suit :

$$\textit{Temps résistif} \;:\; \tau_R \equiv \frac{L^2}{D_M} \sim \frac{L^2}{\lambda_p^2 \nu_{ei}}\;, \; \textit{collectif} \;:\; \tau_A \equiv \frac{L}{V_A} \sim \frac{L}{\lambda_p \sqrt{\omega_{ce}\omega_{ci}}} \tag{7.16}$$

Leur rapport constitue le nombre de Lundquist S : $S \equiv$ [Temps résistif] / [Temps collectif] $= \tau_R/\tau_A$, qui pour les conditions typiques des instabilités de déchirement dans les tokamaks présente une valeur de l'ordre du million à plusieurs millions. Le tableau ci-dessous résume les définitions et valeurs typiques des deux nombres sans dimensions caractérisant le régime MHD des plasmas thermonucléaires.

Bêta	$\beta \equiv \frac{[\text{Pression cinétique du plasma}]}{[\text{Pression magnétique du champ}]} \sim 10^{-2} - 10^{-1}$
Lundquist	$S \equiv \frac{[\text{Temps résistif}]}{[\text{Temps collectif}]} \sim 10^{6} - 10^{8}$

L'analyse des conditions d'équilibre et de stabilité au sein d'un tokamak révèlera d'autres paramètres de contrôle, certains de nature géométrique tel que le facteur de sécurité ou le cisaillement et d'autres de nature dynamique.

7.1.5 Equilibre magnétohydrodynamique

Les études sur l'équilibre MHD concernent le régime statique de la MHD, $\partial/\partial t = 0$, $\mathbf{V} = \mathbf{0}$, $\mathbf{E} = \mathbf{0}$, dans ce régime l'équilibre entre les forces de pression $\boldsymbol{\nabla} P$ et les forces de Laplace $\mathbf{J} \times \mathbf{B}$, complété par l'équation de Maxwell-Ampère déterminent les configurations d'équilibre d'un fluide conducteur magnétisé.

$$\textit{Equilibre MHD} \;:\; \begin{array}{c} \mathbf{J} \times \mathbf{B} = \boldsymbol{\nabla} P \\ \boldsymbol{\nabla} \times \mathbf{B} = \mu_0 \mathbf{J} \end{array} \;\rightarrow\; \begin{array}{c} \mathbf{J} \cdot \boldsymbol{\nabla} P = 0 \\ \mathbf{B} \cdot \boldsymbol{\nabla} P = 0 \end{array} \tag{7.17}$$

Les surfaces isobares jouent un rôle particulier car l'on voit que : (i) les lignes de courant sont tangentes en tout point aux surfaces isobares, $\mathbf{J} \cdot \boldsymbol{\nabla} P = 0$, et (ii) les lignes de champ sont tangentes en tout point aux surfaces isobares, $\mathbf{B} \cdot \boldsymbol{\nabla} P = 0$. Mais, les lignes de courant et les lignes de champ ne sont pas identiques, leur orientation relative est liée au paramètre β du plasma, figure (7.5). L'angle entre une ligne de champ et une ligne de courant en un point donné est égal à $\arcsin \left(|\mathbf{J} \times \mathbf{B}| / |\mathbf{J}| |\mathbf{B}| \right) = \arcsin \left(\mu_0 |\boldsymbol{\nabla} P| / |\boldsymbol{\nabla} \times \mathbf{B}| B \right) \approx \arcsin \beta \approx \beta$, si l'échelle de longueur de la variation de pression est du même ordre de grandeur que l'échelle de la variation du champ. Les surfaces isobares sont donc des surfaces magnétiques, mais l'existence de ces familles de surfaces n'est pas garantie par les équations de la MHD (7.17) et les analyses du confinement et de l'équilibre MHD doivent s'attacher à déterminer les conditions d'existence de surfaces isobares présentant des caractéristiques de confinement, c'est-à-dire *connexes*, *fermées et emboîtées* semblables à celles représentées sur la figure (7.5). Il serait faux de croire que l'équation d'équilibre $\mathbf{J} \times \mathbf{B} = \boldsymbol{\nabla} P$ s'intègre simplement suivant $\mathbf{J} = \mathbf{B} \times \boldsymbol{\nabla} P / B^2 = \mathbf{J}^*$, le long des lignes de champ un courant déterminé par la géométrie et la pression est aussi nécessaire à l'équilibre.

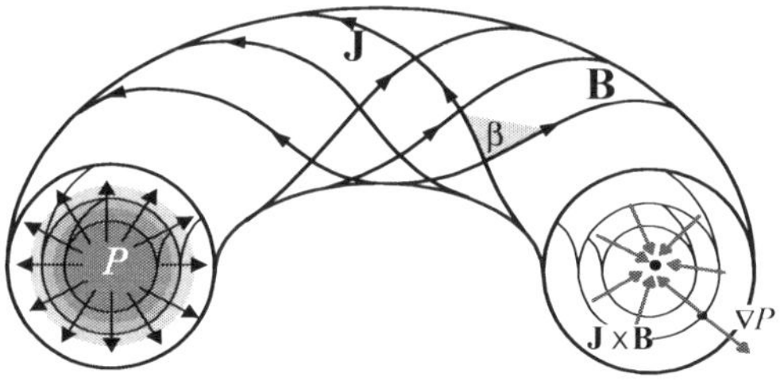

Fig. 7.5 : *Surfaces isobares, lignes de courant et lignes de champ.*

Considérons la solution générale de l'équation d'équilibre magnétohydrodynamique $\mathbf{J} \times \mathbf{B} = \boldsymbol{\nabla} P$ sous l'hypothèse d'une topologie de lignes de champ donnée.

$$\mathbf{J} \times \mathbf{B} = \boldsymbol{\nabla} P \rightarrow \mathbf{J}(\mathbf{r}) = \frac{\mathbf{B}(\mathbf{r}) \times \boldsymbol{\nabla} P}{B^2} + \lambda(\mathbf{r})\, \mathbf{B}(\mathbf{r}) \tag{7.18}$$

La relation $\boldsymbol{\nabla} \cdot (\mathbf{B} \times \boldsymbol{\nabla} P) = \boldsymbol{\nabla} P \cdot (\boldsymbol{\nabla} \times \mathbf{B}) - \mathbf{B} \cdot (\boldsymbol{\nabla} \times \boldsymbol{\nabla} P) = 0$ permet d'exprimer le paramètre scalaire λ ; en effet, $\mathbf{B} \cdot \boldsymbol{\nabla} \lambda = B \partial\lambda/\partial s = -\boldsymbol{\nabla} \cdot \left(\mathbf{B} \times \boldsymbol{\nabla} P / B^2\right)$, ainsi $\partial\lambda/\partial s = 2\left(\mathbf{B} \times \boldsymbol{\nabla} P \cdot \boldsymbol{\nabla} B\right)/B^4$ et par intégration suivant l'abscisse curviligne s :

$$\textit{Equilibre MHD:} \quad \mathbf{J}(P, \mathbf{B}) = \mathbf{J}^* + 2\mathbf{B} \int^s \frac{\mathbf{B} \times \boldsymbol{\nabla} P \cdot \boldsymbol{\nabla} B}{B^4} du$$

Pour les configurations telles que le déterminant $|\mathbf{B}, \boldsymbol{\nabla} P, \boldsymbol{\nabla} B| = 0$ l'équilibre est entierement assuré par les courants diamagnétiques $\mathbf{J}^*$. Notons que les courants le long des lignes de champ ne participent pas à l'équilibre MHD directement à travers la force de Laplace, mais indirectement en relaxant la contrainte $\boldsymbol{\nabla} \cdot \mathbf{J}^* = 0$ qui serait trop contraignante pour certaines géométries, la conservation de la charge étant assurée à travers la contrainte $\boldsymbol{\nabla} \cdot \mathbf{J}^* = 2\mathbf{B} \cdot \boldsymbol{\nabla} \int^s \left(\boldsymbol{\nabla} P \times \mathbf{B} \cdot \boldsymbol{\nabla} B\right) B^{-4} du$.

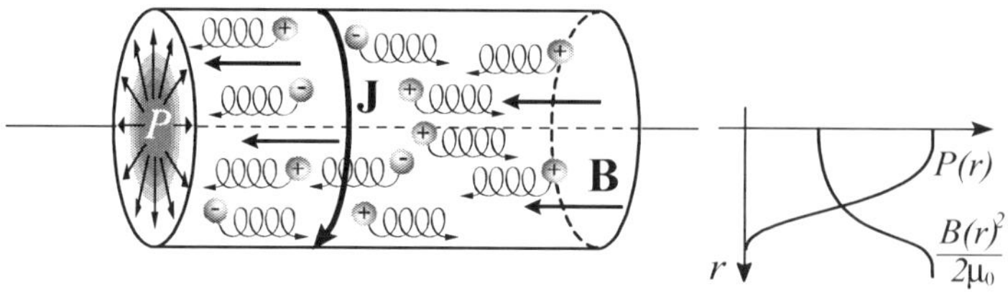

Fig. 7.6 : *Equilibre* cylindrique.

Un exemple simple de solution des équations de l'équilibre MHD telle que $|\mathbf{B}, \boldsymbol{\nabla} P, \boldsymbol{\nabla} B| = 0$ est offert par la configuration θ-pinch illustrée sur la figure (7.6). Soit un champ magnétique droit, la direction de ce champ magnétique est choisie comme l'axe du système de coordonnées cylindriques $[r, \theta, z]$ et $[\mathbf{e}_r, \mathbf{e}_\theta, \mathbf{e}_z]$ est une base cylindrique. Les composantes axiale et orthoradiale du champ et du courant sont notées $B(r)$ et $J(r)$: $\mathbf{B} = B(r)\mathbf{e}_z$, $\mathbf{J} = J(r)\mathbf{e}_\theta$. La projection radiale de l'équilibre entre force de pression et force de Laplace conduit à la relation :

$$\mathbf{J}^* \times \mathbf{B} = \boldsymbol{\nabla} P \rightarrow \quad \frac{d}{dr}[\underbrace{P(r)}_{\text{pression cinétique}} + \underbrace{P_M(r)}_{\text{pression magnétique}}] = 0$$

L'interprétation de cette relation est directe, mais dans le cas des tokamaks un simple compromis d'équilibre entre pression cinétique P et pression magnétique P_M ne conduit pas à une solution d'équilibre et il est nécessaire de développer des outils spécifiques au cas de la MHD toroïdale. Avant de développer ces outils et méthodes nécessaires à l'étude des équilibres MHD toroïdaux, établissons d'abord une propriété générale des équilibres MHD toroïdaux. Soit une configuration de champ $\mathbf{B}(\mathbf{r})$ assurant l'équilibre d'un plasma thermonucléaire présentant une distribution de pression $P(\mathbf{r})$. Le champ magnétique peut être décomposé en la somme d'une composante poloïdale B_p et d'une composante toroïdale B_t, ainsi les lignes de champ sont des hélices s'appuyant sur des tores emboîtés illustrés sur la figure (7.7). Introduisons le champ de vecteurs unitaires $\mathbf{b} = \mathbf{B}/B$ et s l'abscisse curviligne le long d'une ligne de champ. Le vecteur normal à la ligne de champ $\mathbf{n}$ est défini par $d\mathbf{b}/ds \equiv \mathbf{n}/R$ où R est le rayon de courbure de la ligne de champ.

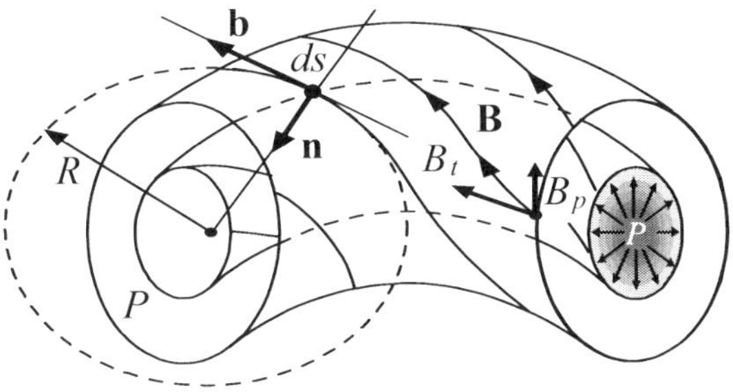

Fig. 7.7 : *Equilibre toroïdal.*

Tout champ de vecteur unitaire $\mathbf{b}$ satisfait l'identité $\mathbf{b} \cdot \boldsymbol{\nabla}\mathbf{b} + \mathbf{b} \times (\boldsymbol{\nabla} \times \mathbf{b}) = \mathbf{0}$, ainsi la courbure magnétique peut s'exprimer en fonction du courant.

$$\frac{\mathbf{n}}{R} = \left[\frac{\boldsymbol{\nabla} \times \mathbf{B}}{B} - \mathbf{B} \times \boldsymbol{\nabla}\frac{1}{B}\right] \times \mathbf{b} = \mu_0 \frac{\mathbf{J} \times \mathbf{B}}{B^2} + \frac{\boldsymbol{\nabla}_\perp B^2}{2B^2} \tag{7.19}$$

Trois termes assurent donc l'équilibre MHD : (i) la pression magnétique , (ii) la pression cinétique et (iii) la *tension magnétique* $2P_M/R$.

$$\mathbf{J} \times \mathbf{B} = \boldsymbol{\nabla} P \rightarrow \quad \underbrace{\boldsymbol{\nabla} P}_{\text{pression cinétique}} + \underbrace{\boldsymbol{\nabla}_\perp P_M}_{\text{pression magnétique}} = \underbrace{2\frac{P_M}{R}\mathbf{n}}_{\text{tension magnétique}}$$

Le terme de tension magnétique est particulièrement important dans le contexte de l'analyse des différentes composantes assurant les équilibres toroïdaux et dans le cadre de l'étude des instabilités liées à l'échange des tubes de flux induit par le gradient de la pression, c'est-à-dire la détente du plasma. En particulier, un tore de plasma magnétisé par un champ toroïdal d'origine externe et un champ poloïdal d'origine interne présente une tendance naturelle d'expansion de son grand rayon ; cette tendance devra être compensée par un champ vertical comme nous le verrons en étudiant les solutions de l'équation de Grad-Shafranov.

La figure (7.8) présente une illustration de l'origine de cette situation de non-équilibre MHD pour un tore simplement magnétisé toroïdalement et poloïdalement. Considérons le côté bas champ à l'extérieur du tore, il présente une surface S_e plus importante que la surface correspondante S_i côté fort champ, ainsi la pression sur une surface magnétique de section circulaire ne s'équilibre pas car $pS_e > pS_i$. Une deuxième cause de déséquilibre radial est aussi présente de par la présence du courant poloïdal. Le courant J_1 généré en un point 1 crée un champ B_1 en un point 2 diamétralement opposé et ce champ, croisé avec le courant J_2, engendre une force de Laplace $J_2 B_1$ radiale dirigée vers l'extérieur du tore.

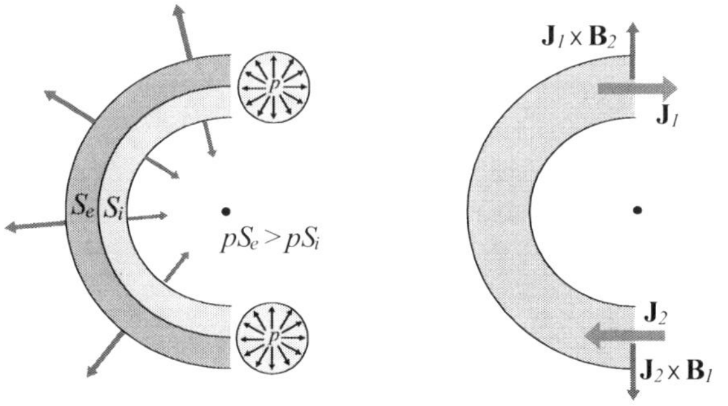

Fig. 7.8 : *Tendance à l'expansion d'un tore de plasma magnétisé.*

Les courants de même sens s'attirent et ceux de sens opposés se repoussent, les courants toroïdaux pris deux à deux diamétralement opposés relèvent de la deuxième situation. Un analyse plus formelle de l'équilibre MHD des tores de plasma confirmera l'existence de cette tendance à l'expansion radiale que pourront compenser la pression cinétique, à travers un décentrement des surfaces isobares, et le circuit extérieur par l'application d'un champ magnétique vertical.

7.2 Lignes, Surfaces et Flux

7.2.1 Lignes et surfaces magnétiques

L'analyse des orbites des particules chargées dans le cadre de la théorie des dérives nous a sensibilisé à l'importance du concept de lignes de champ. En effet, la partie rapide du mouvement s'effectue autour et le long des lignes de champ, la partie lente du mouvement, correspondant aux effets séculaires induits par les inhomogénéités étant décrite par les dérives. Au-delà de cette analyse au niveau des particules, dans le cadre complémentaire de l'analyse fluide développée ici, un autre objet géométrique s'avère important : les surfaces magnétiques. A l'équilibre les surfaces isobares sont identiques aux surfaces magnétiques, relation (7.17). Ainsi le problème du confinement magnétique, à l'échelle particulaire et à l'échelle fluide, nécessite une analyse des propriétés géométriques de la configuration magnétique. C'est cette analyse que nous développons dans ce paragraphe.

Précisons les définitions de quelques notions introduites dans le paragraphe précédent, une ligne de champ $\mathbf{r}(s)$ est *une courbe tangente en tout point au champ magnétique* $\mathbf{B}(\mathbf{r})$, une ligne de courant $\mathbf{r}(s)$ est *une courbe tangente en tout point au vecteur densité de courant* $\mathbf{J}(\mathbf{r})$.

$$\begin{aligned} &\textit{Ligne de champ } \mathbf{r}(s) &:& \quad \frac{d\mathbf{r}}{ds} \times \mathbf{B}(\mathbf{r}) \equiv \mathbf{0} \rightarrow \frac{dx}{B_x} = \frac{dy}{B_y} = \frac{dz}{B_z} \\ &\textit{Ligne de courant } \mathbf{r}(s) &:& \quad \frac{d\mathbf{r}}{ds} \times \mathbf{J}(\mathbf{r}) \equiv \mathbf{0} \rightarrow \frac{dx}{J_x} = \frac{dy}{J_y} = \frac{dz}{J_z} \end{aligned}$$

Les coordonnées cartésiennes ne constituent pas le système de description le plus adapté à l'étude des équilibres MHD toroïdaux. Si nous repérons un point de l'espace par trois coordonnées curvilignes (ψ, θ, ζ), telles que le changement de coordonnées soit donné par $\psi(x,y,z)$, $\theta(x,y,z)$, $\zeta(x,y,z)$, l'équation des lignes de champ est alors :

$$\textit{Ligne de champ}: \boxed{\frac{d\psi}{\mathbf{B}\cdot\boldsymbol{\nabla}\psi} = \frac{d\theta}{\mathbf{B}\cdot\boldsymbol{\nabla}\theta} = \frac{d\zeta}{\mathbf{B}\cdot\boldsymbol{\nabla}\zeta}} \tag{7.20}$$

Une ligne de champ peut être : (i) soit de longueur finie, (ii) soit de longueur infinie tout en occupant une surface ou un volume fini, on parle alors de ligne ergodique, (iii) soit de longueur infinie et partant à l'infini. Une surface magnétique est une surface $\mathbf{r}(s,t)$ telle que le champ magnétique $\mathbf{B}(\mathbf{r})$ soit tangent en tout point à cette surface.

$$\textit{Surface magnétique } \mathbf{r}(s,t): \quad \frac{\partial\mathbf{r}}{\partial s} \times \frac{\partial\mathbf{r}}{\partial t} \cdot \mathbf{B} \equiv 0 \tag{7.21}$$

Quelque soit un système de coordonnées curvilignes $[\psi(x,\ y,\ z),\ \theta(x,\ y,\ z),\ \zeta(x,\ y,\ z)]$ illustré sur la figure (7.9), une surface d'équation $f(\psi,\theta,\zeta) = C^{te}$ est une surface magnétique si et seulement si :

$$\textit{Surface magnétique}: \boxed{\mathbf{B}\cdot\boldsymbol{\nabla} f = 0} \tag{7.22}$$

Les lignes de champ existent quelque soit le degré de complexité du champ. En revanche les surfaces magnétiques n'existent que pour les champs présentant un certain degré de régularité.

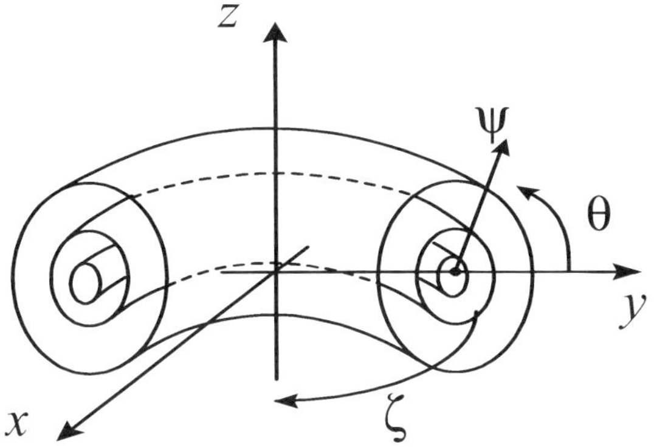

Fig. 7.9 : *Coordonnées curvilignes toroïdales.*

Ce problème de l'existence de surfaces magnétiques est techniquement équivalent au problème de l'intégrabilité d'un système hamiltonien de dimension

$1\frac{1}{2}$. L'intégrabilité d'un tel système n'est pas une propriété générique et nécessite des hypothèses supplémentaires. L'existence d'équilibres magnétohydrodynamiques présentant des surfaces magnétiques est l'un des problèmes centraux des programmes de recherches sur le confinement magnétique des plasmas thermonucléaires. De tels équilibres MHD existent et possèdent un certain nombre de propriétés que nous allons étudier ici.

Afin de mettre en forme et de résoudre les équations de l'équilibre magnétohydrodynamique il est évident que les coordonnées cartésiennes $[x, y, z]$ ne sont pas adaptées à la prise en compte des symétries du système. Par contre les coordonnées cylindriques $[R^2 = x^2 + y^2,\ \varphi = \arctan y/x,\ Z = z]$ associées à une base orthonormée directe $[\mathbf{e}_R, \mathbf{e}_\varphi, \mathbf{e}_Z]$ semblent plus adaptées, figure (7.10). Par exemple l'équation des axes magnétique et toroïdal s'exprime simplement comme : *axe toroïdal :* $R = 0$, *axe magnétique* : $R = R_0$.

Dans le cadre du développement de méthodes perturbatives où le petit rayon du tore de plasma est considéré beaucoup plus petit que R_0 il est opportun d'utiliser les coordonnées toroïdales cartésiennes $[r_0^2 = (R - R_0)^2 + Z^2,\ \theta_0 = \arctan Z/R - R_0,\ \zeta_0 = -\varphi]$.

Lorsque les surfaces magnétiques ne sont pas des tores emboîtés de sections poloïdales circulaires centrées sur l'axe magnétique, ce système de coordonnées perd de son intérêt et il est alors judicieux d'utiliser un système de coordonnées toroïdales généralisées $[\psi(x, y, z),\ \theta(x, y, z),\ \zeta(x, y, z)]$. ζ décrit la position angulaire autour de l'axe toroïdal et θ autour de l'axe magnétique et les surfaces $\psi = C^{te}$ forment un ensemble de tores emboîtés autour de l'axe magnétique, figure (7.9).

Rappelons qu'un angle n'est pas un nombre, mais une classe d'équivalence de nombres ; le système de coordonnées toroïdales généralisées $[\psi(r_0, \theta_0, \zeta_0),\ \theta(r_0, \theta_0, \zeta_0),\ \zeta(r_0, \theta_0, \zeta_0)]$ ne doit pas être multivalué pour décrire un point unique si l'on considère des rotations multiples autour de l'axe magnétique ou autour de l'axe toroïdal, aussi doit-il vérifier les propriétés suivantes : $\theta(r_0, \theta_0 + 2m\pi, \zeta_0 + 2n\pi) = \theta(r_0, \theta_0, \zeta_0) + 2m\pi$, $\zeta(r_0, \theta_0 + 2m\pi, \zeta_0 + 2n\pi) = \zeta(r_0, \theta_0, \zeta_0) + 2n\pi$, $\psi(r_0, \theta_0 + 2m\pi, \zeta_0 + 2n\pi) = \psi(r_0, \theta_0, \zeta_0)$.

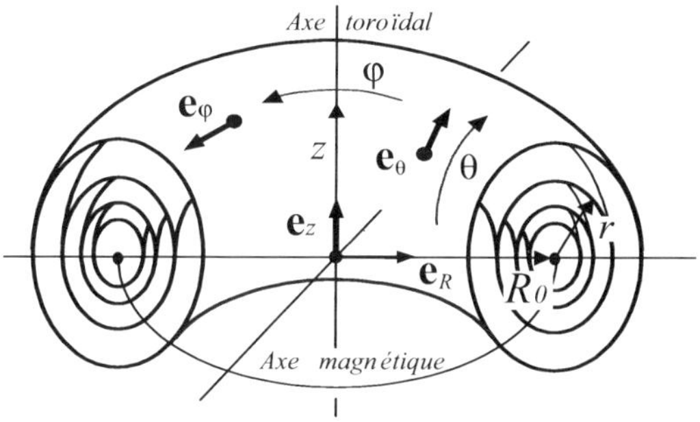

Fig. 7.10 : *Coordonnées cylindriques pour un tokamak.*

Le jacobien J de ce changement de variable est égal à l'inverse du produit mixte des trois gradients : $J^{-1} = \boldsymbol{\nabla}\psi \cdot \boldsymbol{\nabla}\theta \times \boldsymbol{\nabla}\zeta > 0$. Ces trois gradients $[\boldsymbol{\nabla}\psi, \boldsymbol{\nabla}\theta, \boldsymbol{\nabla}\zeta]$ forment une base (contravariante) particulièrement appropriée pour exprimer les conditions d'équilibre d'un plasma toroïdal dont les isobares sont identiques aux surfaces $\psi = C^{te}$. Par exemple le gradient d'une fonction $F(\psi, \theta, \zeta)$ s'exprime sur cette base comme $\boldsymbol{\nabla}F = \partial F/\partial\psi \boldsymbol{\nabla}\psi + \partial F/\partial\theta \boldsymbol{\nabla}\theta + \partial F/\partial\zeta \boldsymbol{\nabla}\zeta$.

Considérons la représentation suivante du potentiel vecteur $\mathbf{A}(\psi, \theta, \zeta)$ décrivant le champ magnétique d'une configuration toroïdale $\mathbf{B}$: $\mathbf{A}(\psi, \theta, \zeta) = A_\psi \boldsymbol{\nabla}\psi + A_\theta \boldsymbol{\nabla}\theta + A_\zeta \boldsymbol{\nabla}\zeta$, et introduisons la fonction G telle que : $G(\psi, \theta, \zeta) \equiv \int^\psi A_\psi(u, \theta, \zeta)\, du$. Le potentiel vecteur peut alors être exprimé en fonction du gradient de G comme :

$$\mathbf{A} = \boldsymbol{\nabla} G + \left(A_\theta - \frac{\partial G}{\partial \theta}\right) \boldsymbol{\nabla}\theta + \left(A_\zeta - \frac{\partial G}{\partial \zeta}\right) \boldsymbol{\nabla}\zeta \tag{7.23}$$

Cette représentation constitue le point de départ de l'analyse de la structure d'un champ toroïdal.

7.2.2 Flux poloïdaux et toroïdaux

La forme (7.23) permet de définir les fonctions dites de flux toroïdal ϕ_T et de flux poloïdal ϕ_P.

$$\phi_T(\psi, \theta, \zeta) \equiv A_\theta - \frac{\partial G}{\partial \theta}\ , \ \phi_P(\psi, \theta, \zeta) \equiv \frac{\partial G}{\partial \zeta} - A_\zeta \tag{7.24}$$

La représentation du champ magnétique $\mathbf{B} = \boldsymbol{\nabla} \times \mathbf{A}$ présente alors une forme générale adaptée au développement de l'étude de la topologie et de la géométrie des lignes et surfaces magnétiques toroïdales.

$$\textit{Représentation en flux :} \quad \boxed{\mathbf{B} = \boldsymbol{\nabla}\phi_T \times \boldsymbol{\nabla}\theta - \boldsymbol{\nabla}\phi_P \times \boldsymbol{\nabla}\zeta} \tag{7.25}$$

Notons que cette représentation est tout à fait générale et ne préjuge en rien de l'existence de surfaces magnétiques associées au champ $\mathbf{B}$; $\phi_T(\psi, \theta, \zeta)$ et $\phi_P(\psi, \theta, \zeta)$ étant fonctions de la même variable ψ nous pouvons aussi considérer les représentions équivalentes : $\phi_T(\phi_P, \theta, \zeta)$ et $\phi_P(\phi_T, \theta, \zeta)$.

La représentation d'un champ magnétique $\mathbf{B}$ en termes de fonctions de flux ϕ_T et ϕ_P est adaptée à l'étude des champs toroïdaux lorsque ce champ, ou un champ voisin, présente des surfaces magnétiques dont les équations sont données par $\phi_T = C^{te}$ ou $\phi_P = C^{te}$. Cette propriété peut être reformulée comme $\partial\phi_T/\partial\theta = 0$ ou $\partial\phi_P/\partial\zeta = 0$.

$$\textit{Surface magnétique } \phi_T \ : \quad \mathbf{B} \cdot \boldsymbol{\nabla}\phi_T \equiv 0 \rightarrow \boldsymbol{\nabla}\phi_P \times \boldsymbol{\nabla}\zeta \cdot \boldsymbol{\nabla}\theta \frac{\partial \phi_T}{\partial \theta} = 0$$

$$\textit{Surface magnétique } \phi_P \ : \quad \mathbf{B} \cdot \boldsymbol{\nabla}\phi_P \equiv 0 \rightarrow \boldsymbol{\nabla}\phi_T \times \boldsymbol{\nabla}\theta \cdot \boldsymbol{\nabla}\zeta \frac{\partial \phi_P}{\partial \zeta} = 0$$

Soit une configuration magnétique axisymétrique telle que le champ magnétique soit indépendant de l'angle toroïdal ζ alors $\partial\phi_P/\partial\zeta = 0 \rightarrow \phi_P(\phi_T, \theta) = C^{te}$ représente donc les surfaces magnétiques de la configuration. Compte tenu des propriétés importantes des flux poloïdaux ϕ_P et toroïdaux ϕ_T il est nécessaire d'en dégager la signification physique.

Plaçons-nous sous l'hypothèse de l'existence de surfaces magnétiques. Sur la figure (7.11) nous avons représenté une surface magnétique toroïdale repérée par $\psi = C^{te}$ telle que $\mathbf{B} \cdot \boldsymbol{\nabla}\psi = 0$; le volume intérieur à cette surface magnétique est noté $\mathcal{V}$. Considérons trois types de surfaces orientées associées à cette surface magnétique : (i) la section $\zeta = C^{te}$ qui détermine la surface toroïdale $S_T(\psi, \zeta)$, (ii) la section $\theta = Cte$ qui détermine les surfaces poloïdales $S_{Pe}(\psi, \theta)$ et (iii)

$S_{Pi}(\psi,\theta)$, les indices i et e se référant à la position interne ou externe à la surface magnétique $\psi = C^{te}$. Définissons les flux poloïdaux et toroïdaux du champ magnétique $\mathbf{B}$ à travers ces surfaces.

$$\textit{Flux poloïdal interne} \quad : \quad \Psi_{Pi}(\psi) = \int_{S_{Pi}(\psi,\theta)} \mathbf{B}\cdot\mathbf{n}dS \tag{7.26}$$

$$\textit{Flux poloïdal externe} \quad : \quad \Psi_{Pe}(\psi) = \int_{S_{Pe}(\psi,\theta)} \mathbf{B}\cdot\mathbf{n}dS \tag{7.27}$$

$$\textit{Flux toroïdal interne} \quad : \quad \Psi_{T}(\psi) = \int_{S_{T}(\psi,\zeta)} \mathbf{B}\cdot\mathbf{n}dS \tag{7.28}$$

Nous avons utilisé la propriété $\boldsymbol{\nabla}\cdot\mathbf{B}=0$ pour établir $\partial\Psi_{Pi}/\partial\theta = \partial\Psi_{Pe}/\partial\theta = \partial\Psi_T/\partial\zeta = 0$. Dans la suite nous ne considérerons que le flux poloïdal interne et les propriétés établies pour cette quantité peuvent être aisément généralisées au cas externe car $d(\Psi_{Pi}+\Psi_{Pe})/d\psi = 0$, ψ est pris nul sur l'axe magnétique. Le volume toroïdal $\mathcal{V}$ limité par la surface magnétique ψ peut être vu comme légèrement ouvert par deux surfaces toroïdales voisines $S_T(\psi,\zeta)$ et $S_T(\psi,\zeta+2\pi-\varepsilon)|_{\varepsilon\to 0}$.

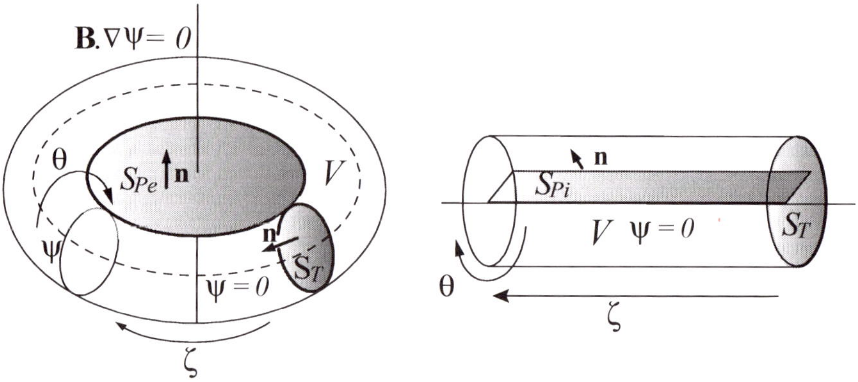

Fig. 7.11 : *Flux toroïdal et poloïdaux interne et externe.*

La propriété $\boldsymbol{\nabla}\cdot\mathbf{B}=0$ permet d'établir $\mathbf{B}\cdot\boldsymbol{\nabla}\zeta = \boldsymbol{\nabla}\cdot(\mathbf{B}\zeta)$ puis la relation de Green-Ostrogradsky d'exprimer :

$$\int_{\mathcal{V}} \mathbf{B}\cdot\boldsymbol{\nabla}\zeta dV = \left[\int_{S_T(\psi,\zeta)} + \int_{S_T(\psi,\zeta+2\pi-\varepsilon)|_{\varepsilon\to 0}}\right]\zeta\mathbf{B}\cdot\mathbf{n}dS = 2\pi\int_{S_T(\psi,\zeta)}\mathbf{B}\cdot\mathbf{n}dS$$

Un raisonnement similaire conduit à la même identité pour le flux poloïdal. Ainsi :

$$\textit{Poloïdal} \quad : \quad 2\pi\Psi_P = \int_{\mathcal{V}} \frac{\mathbf{B}\cdot\boldsymbol{\nabla}\theta d\psi d\theta d\zeta}{\boldsymbol{\nabla}\psi\cdot\boldsymbol{\nabla}\theta\times\boldsymbol{\nabla}\zeta} = -\int_{\mathcal{V}} \frac{\boldsymbol{\nabla}\phi_P\times\boldsymbol{\nabla}\zeta\cdot\boldsymbol{\nabla}\theta}{\boldsymbol{\nabla}\psi\cdot\boldsymbol{\nabla}\theta\times\boldsymbol{\nabla}\zeta}d\psi d\theta d\zeta$$

$$\textit{Toroïdal} \quad : \quad 2\pi\Psi_T = \int_{\mathcal{V}} \frac{\mathbf{B}\cdot\boldsymbol{\nabla}\zeta d\psi d\theta d\zeta}{\boldsymbol{\nabla}\psi\cdot\boldsymbol{\nabla}\theta\times\boldsymbol{\nabla}\zeta} = \int_{\mathcal{V}} \frac{\boldsymbol{\nabla}\phi_T\times\boldsymbol{\nabla}\theta\cdot\boldsymbol{\nabla}\zeta}{\boldsymbol{\nabla}\psi\cdot\boldsymbol{\nabla}\theta\times\boldsymbol{\nabla}\zeta}d\psi d\theta d\zeta$$

où nous avons utilisé la représentation en flux $\mathbf{B} = \boldsymbol{\nabla}\phi_T\times\boldsymbol{\nabla}\theta$ - $\boldsymbol{\nabla}\phi_P\times\boldsymbol{\nabla}\zeta$. L'intégration sur les variables d'angle θ et ζ se réduit à un facteur multiplicatif $4\pi^2$ et le résultat final est une quadrature sur ψ qui conduit aux identités :

$$\textit{Flux et fonctions de flux}: \quad \Psi_P = 2\pi\phi_P \ , \ \Psi_T = 2\pi\phi_T \tag{7.29}$$

Les fonction de flux ϕ_P et ϕ_T sont donc identiques, à un facteur 2π près, aux flux poloïdaux et toroïdaux du champ magnétique lorsque la configuration magnétique toroïdale possède des surfaces magnétiques. Notons que lorsque la configuration ne présente pas de surface magnétique la représentation en flux $\mathbf{B} = \boldsymbol{\nabla}\phi_T \times \boldsymbol{\nabla}\theta - \boldsymbol{\nabla}\phi_P \times \boldsymbol{\nabla}\zeta$ (7.25) reste néanmoins valable.

7.2.3 Hamiltonien magnétique

Au delà de cette interprétation physique, la représentation en flux est adaptée à l'étude des lignes de champ. En effet, indépendamment de l'existence de surfaces magnétiques, l'équation des lignes de champ (7.20) s'établit comme suit :

$$\frac{d\theta}{d\zeta} = \frac{\mathbf{B}\cdot\boldsymbol{\nabla}\theta}{\mathbf{B}\cdot\boldsymbol{\nabla}\zeta}, \ \frac{d\phi_T}{d\zeta} = \frac{\mathbf{B}\cdot\boldsymbol{\nabla}\phi_T}{\mathbf{B}\cdot\boldsymbol{\nabla}\zeta}, \ \frac{d\phi_P}{d\theta} = \frac{\mathbf{B}\cdot\boldsymbol{\nabla}\phi_P}{\mathbf{B}\cdot\boldsymbol{\nabla}\theta}$$

et la représentation en flux (7.25) permet de réécrire :

$$\frac{d\theta}{d\zeta} = -\frac{\boldsymbol{\nabla}\phi_P \times \boldsymbol{\nabla}\zeta\cdot\boldsymbol{\nabla}\theta}{\boldsymbol{\nabla}\phi_T \times \boldsymbol{\nabla}\theta\cdot\boldsymbol{\nabla}\zeta} \tag{7.30}$$

$$\frac{d\phi_T}{d\zeta} = -\frac{\boldsymbol{\nabla}\phi_P \times \boldsymbol{\nabla}\zeta\cdot\boldsymbol{\nabla}\phi_T}{\boldsymbol{\nabla}\phi_T \times \boldsymbol{\nabla}\theta\cdot\boldsymbol{\nabla}\zeta} \tag{7.31}$$

$$\frac{d\phi_P}{d\theta} = -\frac{\boldsymbol{\nabla}\phi_T \times \boldsymbol{\nabla}\theta\cdot\boldsymbol{\nabla}\phi_P}{\boldsymbol{\nabla}\phi_P \times \boldsymbol{\nabla}\zeta\cdot\boldsymbol{\nabla}\theta} \tag{7.32}$$

Les équations des lignes de champs présentent donc une structure hamiltonienne où le hamiltonien H n'est autre que l'un des deux flux et le moment l'autre flux, le temps l'un des angles et la variable de configuration l'autre angle.

$$H = \phi_P(\phi_T, \theta, \zeta) \rightarrow \frac{d\phi_T}{d\zeta} = -\frac{\partial\phi_P}{\partial\theta}, \ \frac{d\theta}{d\zeta} = \frac{\partial\phi_P}{\partial\phi_T} \tag{7.33}$$

$$H = \phi_T(\phi_P, \zeta, \theta) \rightarrow \frac{d\phi_P}{d\theta} = -\frac{\partial\phi_T}{\partial\zeta}, \ \frac{d\zeta}{d\theta} = \frac{\partial\phi_T}{\partial\phi_P} \tag{7.34}$$

Nous avons utilisé l'identité $\boldsymbol{\nabla}F = \partial F/\partial\phi\boldsymbol{\nabla}\phi + \partial F/\partial\theta\boldsymbol{\nabla}\theta + \partial F/\partial\zeta\boldsymbol{\nabla}\zeta$ pour établir ces résultats. Cette formulation hamiltonienne offre un cadre adéquat pour mener à bien l'étude de la destruction de la topologie des surfaces magnétiques par des perturbations magnétiques. Soit une configuration magnétique toroïdale axisymétrique dont les surfaces magnétiques sont constituées par un ensemble de tores emboîtés autour de l'axe magnétique ; une telle configuration est caractérisée par la paramétrisation de ces surfaces en termes de flux poloïdal $\phi_P(\phi_T)$ ou de flux toroïdal $\phi_T(\phi_P)$ indépendants de l'angle poloïdal θ et de l'angle toroïdal ζ. Suivant la relation (6.24) définissons le facteur de sécurité q et la transformée rotationelle $\iota \equiv 2\pi d\Psi_P/d\Psi_T = 2\pi d\theta/d\zeta$ sur chaque surface.

$$\textit{Facteur de sécurité}: \quad q \equiv \frac{d\Psi_T}{d\Psi_P} = \frac{d\phi_T}{d\phi_P} = \frac{d\zeta}{d\theta} \tag{7.35}$$

Ainsi le facteur de sécurité mesure le rapport du nombre de tours d'une ligne de champ autour de l'axe toroïdal sur le nombre de tours autour de l'axe magnétique pour une surface donnée. Le facteur de sécurité dans un tokamak est de l'ordre de l'unité au centre et augmente vers l'extérieur jusqu'à des valeurs de l'ordre de quelques unités.

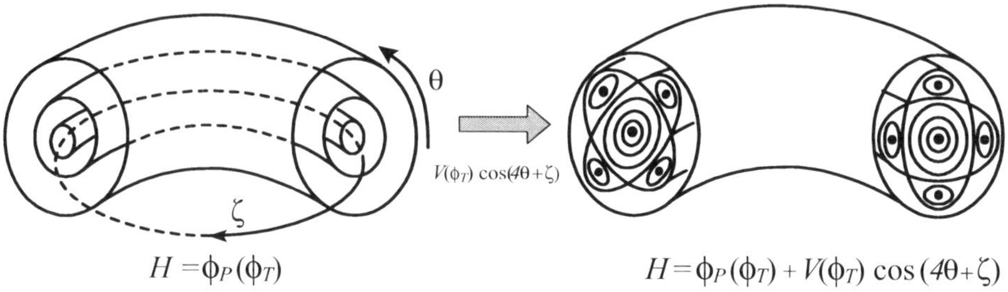

Fig. 7.12 : *Déformations des surfaces magnétiques emboîtées par une résonance.*

Le hamiltonien dont les trajectoires sont les lignes de champ est donc donné par $H_0(\phi_P) = \phi_T(\phi_P)$ ou $H_0(\phi_T) = \phi_P(\phi_T)$. Si cette structure idéale est perturbée par les imperfections des bobines, une instabilité ou un système de bobines externes, les surfaces magnétiques sont aussi perturbées et le nouvel hamiltonien, voisin du cas précédent, peut être analysé comme la somme de H_0 plus une perturbation qui peut être développée en série de Fourier sur les angles θ et ζ : $H_0(\phi) \rightarrow H(\phi,\theta,\zeta) = H_0(\phi) + \sum_{n,m} V_{nm}(\phi)\cos(m\theta + n\zeta)$. Le facteur de sécurité $q(\phi_P)$, ou son inverse $q^{-1}(\phi_T)$ suivant la représentation, n'est autre que la pulsation du hamiltonien non perturbé. L'usage, dans le contexte de l'analyse de la stabilité, est de définir aussi le cisaillement s d'une configuration toroïdale :

$$\textit{Cisaillement}: \quad s \equiv \frac{dq}{d\Psi_p} = \frac{d^2\Psi_T}{d\Psi_P^2} = \frac{d^2\phi_T}{d\phi_P^2} \tag{7.36}$$

qui est donc l'inverse de la masse effective associée au hamiltonien non perturbé, le facteur Π de la relation (5.30). La forme génerale du hamiltonien magnétique est donnée par la relation :

$$\begin{aligned} H &= H_0(\phi_T) + V(\theta,\zeta) = \int^{\phi_T} \frac{du}{q(u)} + \sum_{n,m} V_{nm}(\phi_T)\exp j(m\theta + n\zeta) \\ H &= H_0(\phi_P) + V(\zeta,\theta) = \int^{\phi_P} q(u)\,du + \sum_{n,m} V_{nm}(\phi_P)\exp j(m\theta + n\zeta) \end{aligned}$$

Ainsi le problème de l'étude de la topologie magnétique est ramené au problème classique de la théorie des perturbations en dynamique hamiltonienne. Trois régimes doivent être distingués.

• Le régime adiabatique où la perturbation n'induit pas de résonance. Dans ce régime la topologie en tores emboîtés n'est pas détruite et les surfaces sont faiblement déformées. On introduit alors le concept de surface magnétique moyenne définie par le hamiltonien : $H_0(\phi) + V_{00}(\phi) \sim s\phi^2/2 + V_{00}(\phi)$.

• Le régime résonnant, illustré sur la figure (7.12), où l'impact des termes $V_{nm}(\phi)\cos(m\theta - n\zeta)$ ne peut pas être négligé au voisinage des surfaces magnétiques résonnantes telles que pour deux entiers n et m :

$$\textit{Surfaces magnétiques résonnantes} : \boxed{q = \frac{d\zeta}{d\theta} = \frac{m}{n}} \tag{7.37}$$

La topologie des surfaces magnétiques est alors radicalement modifiée par l'apparition de tores s'appuyant sur les surfaces non perturbées. Ces tores secondaires au voisinage des surfaces résonnantes sont emboîtés autour d'axes magnétiques secondaires dont les intersections avec les plans poloïdaux définissent les points O, les points X et les séparatrices S illustrés sur la figure (7.12).

• Le régime chaotique : lorsqu'en un point de l'espace plusieurs résonances font sentir leurs influences une transition vers le chaos est observée et les surfaces magnétiques sont détruites et les lignes de champ sont stochastiques.

Pour illustrer ce dernier régime, extrêmement dangereux quant au confinement, considérons le *hamiltonien de Chirikov-Taylor* associé au couple de variables canoniques flux-angle (ϕ, θ) obtenu en considérant une infinité de résonances équidistantes et de mêmes amplitudes S : $q(\phi) = q_0 + s\phi \rightarrow H(\phi, \theta, \zeta) = \phi^2/2 + S\sum_n \cos(\theta - n\zeta)$. Les formules sommatoires de Poisson : $\sum_{n=-\infty}^{n=+\infty} \cos n\zeta = \sum_{n=-\infty}^{n=+\infty} \delta(n - \zeta/2\pi)$ et $\sum_{n=-\infty}^{n=+\infty} \sin n\zeta = 0$ permettent de construire une récurrence équivalente aux sections de Poincaré localisées en $\zeta = 2\pi n$ comme les actions restent constantes entre les angles $\zeta = 2\pi n$ et $\zeta = 2\pi(n+1)$.

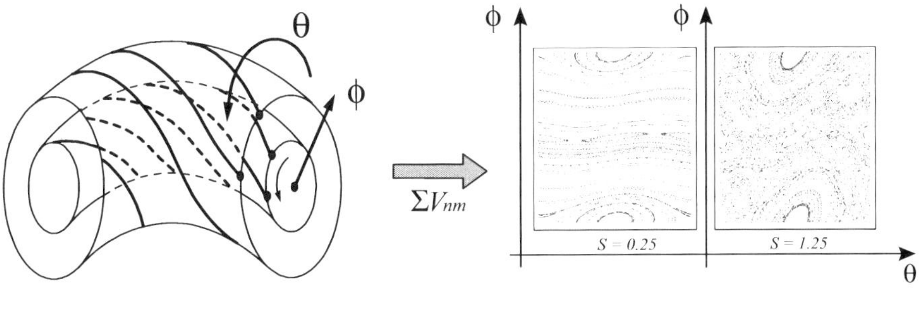

Fig. 7.13 : *Section de Poincaré des lignes de champ magnétique.*

Les équations du mouvement peuvent donc être remplacées par la récurrence $\phi_n = \phi(\zeta = 2\pi n)$ et $\theta_n = \theta(\zeta = 2\pi n)$ où le saut $n \rightarrow n+1$ est calculé par intégration des équations dynamiques de part et d'autre de la discontinuité de Dirac : $d\phi/dt = S\sin\theta\sum_{n=-\infty}^{n=+\infty} \delta(n - \zeta/2\pi)$ et $d\theta/dt = \phi$. Ainsi, $\theta_n = \theta_{n-1} + \phi_n \rightarrow \phi_{n+1} = \phi_n + S\sin\theta_n \rightarrow \theta_{n+1} = \theta_n + \phi_{n+1} \rightarrow \phi_{n+2} = \phi_{n+1} \cdots$ Nous venons de construire la *récurrence de Chirikov-Taylor*. Il est aisé de voir que le paramètre S est précisément le paramètre de Chirikov (5.57) ; l'on s'attend donc à une transition vers le chaos lorsque $S \sim 1$, c'est effectivement ce qui est observé numériquement sur la figure (7.13).

La régularité des lignes de champ est une condition critique de confinement d'un plasma thermonucléaire et le recouvrement de résonances, générées par exemple par des instabilités MHD, doit être évité sauf dans les situations, dites de divertor ergodique, où un déconfinement du bord est obtenu par franchissement du critère de Chirikov en ajustant un champ périodique à l'aide d'un système de bobines extérieures au plasma.

7.3 Equation de Grad-Shafranov

7.3.1 Equation de Grad-Shafranov

Plaçons-nous à nouveau sous l'hypothèse de l'existence de surfaces magnétiques. Considérons trois types de surfaces orientées associées aux surfaces magnétiques $\psi = C^{te}$: la section $\zeta = C^{te}$ qui détermine la surface toroïdale $S_T(\psi, \zeta)$, la section $\theta = C^{te}$ qui détermine les surfaces poloïdales $S_{Pe}(\psi, \theta)$ et $S_{Pi}(\psi, \theta)$, les indices i et e se référant à la position interne ou externe à la surface magnétique $\psi = C^{te}$, figure (7.11). Définissons les courants poloïdaux I_P et toroïdaux I_T associés à la densité de courant $\mathbf{J}$ assurant la génération du champ magnétique $\mathbf{B}$.

$$\textit{Courant poloïdal interne} \quad : \quad I_{Pi}(\psi) = \int_{S_{Pi}(\psi,\theta)} \mathbf{J} \cdot \mathbf{n} dS$$

$$\textit{Courant poloïdal externe} \quad : \quad I_{Pe}(\psi) = \int_{S_{Pe}(\psi,\theta)} \mathbf{J} \cdot \mathbf{n} dS$$

$$\textit{Courant toroïdal interne} \quad : \quad I_T(\psi) = \int_{S_T(\psi,\zeta)} \mathbf{J} \cdot \mathbf{n} dS$$

où nous avons utilisé la propriété $\boldsymbol{\nabla} \cdot \mathbf{J} = 0$ pour établir $\partial I_{Pi}/\partial\theta = \partial I_{Pe}/\partial\theta = \partial I_T/\partial\zeta = 0$. Dans la suite nous ne considérerons que le courant poloïdal externe et les propriétés établies pour cette quantité peuvent être aisément généralisées au cas externe car $d(I_{Pi} + I_{Pe})/d\psi = 0$.

Récapitulons l'ensemble des résultats obtenus au paragraphe précédent. L'équilibre entre la densité volumique de force de Laplace et la densité volumique de force de pression implique l'identité des surfaces isobares et des surfaces magnétiques.

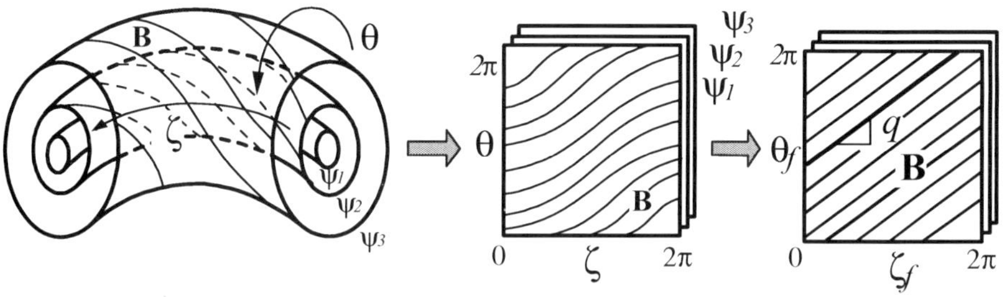

Fig. 7.14 : *Coordonnées de flux.*

L'existence de surfaces magnétiques n'est pas une propriété générique des configurations magnétiques toroïdales, mais si l'axisymétrie est retenue comme une hypothèse supplémentaire, alors elle est garantie. Lorsque les surfaces magnétiques existent elles déterminent l'une des trois composantes, ψ, d'un système de coordonnés curvilignes dites coordonnées toroïdales généralisées $[\psi(x, y, z), \theta(x, y, z), \zeta(x, y, z)]$; ψ est une étiquette des différentes surfaces magnétiques et ζ et θ paramètrent le repérage d'un point sur chaque surface magnétique toroïdale.

Parmi ces coordonnées toroïdales généralisées $[\psi(x, y, z), \theta(x, y, z), \zeta(x, y, z)]$ les coordonnées de flux $[\Psi(x, y, z), \theta_f(x, y, z), \zeta_f(x, y, z)]$, illustrées sur la figure (7.14), telles que :

$$\mathbf{B} = \boldsymbol{\nabla}\Psi_T \times \frac{\boldsymbol{\nabla}\theta}{2\pi} - \boldsymbol{\nabla}\Psi_P \times \frac{\boldsymbol{\nabla}\zeta}{2\pi} \tag{7.38}$$

sont adaptées à l'étude de la topologie de cette structure magnétique car les lignes de champ sur chaque surface Ψ_T sont des droites telles que : $q^{-1} = d\theta/d\zeta = \partial\Psi_P/\partial\Psi_T$. L'introduction du facteur de sécurité q dans la représentation de flux $2\pi\mathbf{B} = \boldsymbol{\nabla}\Psi_T \times \boldsymbol{\nabla}\theta - \boldsymbol{\nabla}\Psi_P \times \boldsymbol{\nabla}\zeta$ permet d'obtenir une forme similaire aux représentations dites de Clebsh ou d'Euler des champs vectoriels.

$$\mathbf{B}\left(\Psi_P, \theta, \zeta\right) = \boldsymbol{\nabla}\Psi_P \times \frac{\boldsymbol{\nabla}\left(q\theta - \zeta\right)}{2\pi} \tag{7.39}$$

Restreignons maintenant le problème au cas des champs et plasmas axisymétriques, c'est-à-dire tels que $\partial\mathbf{B}/\partial\varphi = \mathbf{0}$ où φ est la coordonnée angulaire d'un système de repérage cylindrique $[R^2 = x^2 + y^2, \varphi = \arctan y/x, Z = z]$ associé à une base orthonormée directe $[\mathbf{e}_R, \mathbf{e}_\varphi, \mathbf{e}_Z]$ d'axe Z confondu avec l'axe toroïdal de la configuration. Soit $\mathbf{e}_\varphi$ le vecteur unitaire associé à l'angle polaire, ainsi $\boldsymbol{\nabla}\varphi = \mathbf{e}_\varphi/R$ et quelque-soit f une fonction axisymétrique : $\boldsymbol{\nabla}f \cdot \mathbf{e}_\varphi = 0$ où $\boldsymbol{\nabla}f = (\partial f/\partial\psi)\boldsymbol{\nabla}\psi + (\partial f/\partial\theta)\boldsymbol{\nabla}\theta = (\partial f/\partial R)\boldsymbol{\nabla}R + (\partial f/\partial Z)\boldsymbol{\nabla}Z$, $[\psi, \theta, -\varphi]$ et $[R, \varphi, Z]$ sont des systèmes de coordonnées curvilignes toroïdales et cylindriques et ces systèmes sont partiellement orthogonaux : $\boldsymbol{\nabla}\psi \cdot \mathbf{e}_\varphi = 0$, $\boldsymbol{\nabla}\theta \cdot \mathbf{e}_\varphi = 0$ et $\boldsymbol{\nabla}R \cdot \mathbf{e}_\varphi = 0$, $\boldsymbol{\nabla}Z \cdot \mathbf{e}_\varphi = 0$, mais seul le système cylindrique est totalement orthogonal : $\boldsymbol{\nabla}R \cdot \boldsymbol{\nabla}Z = 0$.

Considérons une surface orientée associée à la surface magnétique $\psi = C^{te}$ définie par la section $\theta = C^{te}$ qui détermine ainsi la surface poloïdale $S_{Pe}(\psi, \theta)$, l'indice e se référant à la position externe à la surface magnétique $\psi = C^{te}$, et calculons le courant poloïdal I_P qui n'est fonction que de ψ. Appliquons le théorème de Stokes et transformons cette intégrale de flux en une intégrale de circulation suivant φ, entre 0 et 2π, le long d'un circuit $C(\psi, \theta)$: $\theta = C^{te} \cap \psi = C^{te}$.

$$\int_{S_{Pe}(\psi,\theta)} \mu_0 \mathbf{J} \cdot \mathbf{n} dS = \int_{C(\psi,\theta)} \mathbf{B} \cdot \mathbf{e}_\varphi R d\varphi \rightarrow 2\pi R\mathbf{B} \cdot \mathbf{e}_\varphi = \mu_0 I_P(\psi)$$

Cette relation permet d'exprimer un champ magnétique axisymétrique en fonction des courants et flux poloïdaux.

$$\textit{Champ axisymétrique :}\quad \boxed{\mathbf{B} = \mu_0 I_P\left(\Psi_P\right)\frac{\boldsymbol{\nabla}\varphi}{2\pi} - \boldsymbol{\nabla}\Psi_P \times \frac{\boldsymbol{\nabla}\varphi}{2\pi}} \tag{7.40}$$

C'est cette représentation mixte, covariante et contravariante, qui nous servira de point de départ pour établir l'équation d'équilibre vérifiée par Ψ_P, l'*équation de Grad-Shafranov.* Afin de simplifier les notations introduisons $\Psi \equiv \Psi_P/2\pi$ et $I(\Psi) \equiv \mu_0 I_P(\Psi_P)/2\pi$. Le champ magnétique et la densité de courant $\mu_0\mathbf{J} = \boldsymbol{\nabla} \times \mathbf{B}$ peuvent être exprimés à l'aide de ces deux fonctions.

$$\mathbf{B} = \underbrace{I\boldsymbol{\nabla}\varphi}_{\mathbf{B}_T} - \underbrace{\boldsymbol{\nabla}\Psi \times \boldsymbol{\nabla}\varphi}_{\mathbf{B}_P} \rightarrow \mu_0\mathbf{J} = \underbrace{\boldsymbol{\nabla}I \times \boldsymbol{\nabla}\varphi}_{\mu_0\mathbf{J}_P} + \underbrace{\triangle\Psi\boldsymbol{\nabla}\varphi + \left(\boldsymbol{\nabla}\Psi \cdot \boldsymbol{\nabla}\right)\boldsymbol{\nabla}\varphi}_{\mu_0\mathbf{J}_T}$$

Sur la base de ces deux représentations exprimons la condition d'équilibre magnétohydrostatique et multiplions-la scalairement par $\boldsymbol{\nabla}\Psi$.

$$\mathbf{J} \times \mathbf{B} \;=\; \boldsymbol{\nabla}P \rightarrow \left[I\mathbf{J} \times \boldsymbol{\nabla}\varphi - \left(\mathbf{J} \cdot \boldsymbol{\nabla}\varphi\right)\boldsymbol{\nabla}\Psi\right] \cdot \boldsymbol{\nabla}\Psi = \boldsymbol{\nabla}P \cdot \boldsymbol{\nabla}\Psi$$

$$\rightarrow \quad (\nabla\Psi\cdot\nabla\Psi)\,\mathbf{J}\cdot\nabla\varphi = -\nabla P\cdot\nabla\Psi - \left(I\nabla\varphi\times\frac{\nabla I\times\nabla\varphi}{\mu_0}\right)\cdot\nabla\Psi$$

Compte tenu de la relation d'orthogonalité $\nabla\Psi\cdot\nabla\varphi = 0$ et des expressions des gradients de pression $\nabla P = dP/d\Psi\nabla\Psi$ et de courant poloïdal $\nabla I = dI/d\Psi\nabla\Psi$ la composante toroïdale de la densité de courant est donc entièrement déterminée par la distribution radiale de pression et de courant poloïdal.

$$\textit{Courant toroïdal}: \ \mathbf{J}\cdot\nabla\varphi = -\frac{dP}{d\Psi} - \frac{I}{\mu_0 R^2}\frac{dI}{d\Psi} \tag{7.41}$$

Pour obtenir l'équation déterminant le flux poloïdal Ψ en fonction du courant poloïdal $I(\Psi)$ et de la pression $P(\Psi)$ considérons la projection toroïdale de l'équation de Maxwell-Ampère $\nabla\varphi\cdot(\nabla\times\mathbf{B}) = \mu_0\mathbf{J}\cdot\nabla\varphi$ et utilisons l'identité $\nabla\cdot(\mathbf{U}\times\mathbf{V}) = \mathbf{V}\cdot(\nabla\times\mathbf{U}) - \mathbf{U}\cdot(\nabla\times\mathbf{V})$ pour exprimer $\nabla\cdot(\mathbf{B}\times\nabla\varphi)$ en fonction du flux poloïdal comme $\nabla\cdot R^{-2}\nabla\Psi$; le résultat final constitue l'équation de Grad-Shafranov :

$$\textit{Equation de Grad-Shafranov}: \ \boxed{R^2\nabla\cdot R^{-2}\nabla\Psi = -\mu_0 R^2\frac{dP}{d\Psi} - I\frac{dI}{d\Psi}}$$

$dP/d\Psi = 0$ définit les *champs sans forces*, mais de telles configurations sont nécessairement d'extension infinie. Ainsi, sous l'hypothèse d'axisymétrie, les données du courant poloïdal $I(\Psi)$ et de la pression $P(\Psi)$ déterminent la structure des surfaces d'équilibre Ψ. Pour le système de coordonnées cylindriques $[R,\varphi,Z]$ le pseudo-laplacien $R^2\nabla\cdot R^{-2}\nabla$ est donné par :

$$R^2\nabla\cdot R^{-2}\nabla = R\frac{\partial}{\partial R}\frac{1}{R}\frac{\partial}{\partial R} + \frac{\partial^2}{\partial Z^2} \neq \Delta = \frac{1}{R}\frac{\partial}{\partial R}R\frac{\partial}{\partial R} + \frac{\partial^2}{\partial Z^2}$$

Le courant poloïdal $I(\Psi)$ et la pression $P(\Psi)$ étant des fonctions non nécessairement linéaires, l'équation de Grad-Shafranov est génériquement non-linéaire, aussi l'essentiel de l'effort porté à sa résolution est de nature numérique. Néanmoins, un certain nombre de solutions analytiques permettent de décrire et de comprendre les caractéristiques essentielles de l'équilibre MHD des tokamaks.

7.3.2 Solution de Solovev

Deux approches sont mises en œuvre pour résoudre l'équation de Grad-Shafranov : (i) soit en spécifiant des formes particulières du courant $I(\Psi)$ et de la pression $P(\Psi)$ autorisant l'intégration de l'équation, (ii) soit en identifiant un petit paramètre (souvent le rapport d'aspect a/R_0 où a est le petit rayon du tore) et en développant un schéma perturbatif au voisinage d'une solution de référence. Dans le cadre d'un développement des fonctions $I(\Psi)$ et $P(\Psi)$, une solution, dite de Solovev, permet de comprendre les caractéristiques principales de l'équilibre MHD des tokamaks. C'est cette solution classique que nous présentons ici.

Considérons le flux poloïdal normalisé $\Psi(R,Z)$ décrivant l'équilibre MHD axisymétrique d'un tore de plasma où les distributions de pression normalisée P et de courant poloïdal normalisé I sont des fonctions linéaires du flux poloïdal Ψ qui est pris nul sur l'axe magnétique $\Psi(R_0,0) = 0$.

$$\textit{Modèle de Solovev}: \ \frac{P(\Psi)}{P_0} = 1 - \frac{\Psi}{\Psi_0}\,, \ \frac{I^2(\Psi)}{I_0^2} = 1 + 2\mu_0\frac{R_X^2}{1+\alpha^2}\frac{P_0}{I_0^2}\frac{\Psi}{\Psi_0}$$

où P_0 est la pression au niveau de l'axe magnétique et $\mu_0 I_0/2\pi$ le courant poloïdal entre l'axe magnétique et l'axe toroïdal.

$$R\frac{\partial}{\partial R}\frac{1}{R}\frac{\partial \Psi}{\partial R}+\frac{\partial^2 \Psi}{\partial Z^2}=\mu_0\frac{P_0}{\Psi_0}\left(R^2-\frac{R_X^2}{1+\alpha^2}\right) \tag{7.42}$$

La solution de l'équation de Grad-Shafranov dans le cadre du modèle de Solovev peut alors être aisément dérivée compte tenu des identités suivantes : $R^2\nabla\cdot R^{-2}\nabla R^2=0$, $R^2\nabla\cdot R^{-2}\nabla Z^2=2$, $R^2\nabla\cdot R^{-2}\nabla R^2Z^2=2R^2$, $R^2\nabla\cdot R^{-2}\nabla R^4 = 8R^2$. Ainsi, il est possible d'ordonner les premières puissances de Z et R pour satisfaire l'équation de Grad-Shafranov dans le cadre du modèle de Solovev.

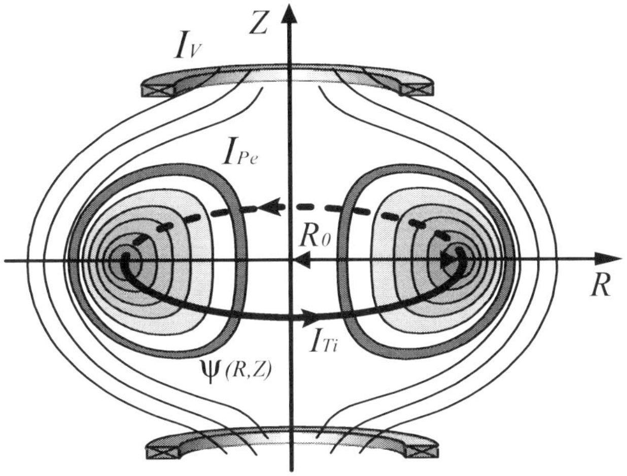

Fig. 7.15 : *Solution de Solovev.*

Le résultat final, *l'équilibre de Solovev,* est donné par :

$$\Psi(R,Z)=\frac{\mu_0 P_0}{2\Psi_0\left(1+\alpha^2\right)}\left[Z^2\left(R^2-R_X^2\right)+\frac{\alpha^2}{4}\left(R^2-R_0^2\right)^2\right] \tag{7.43}$$

et illustré sur la figure (7.15). La figure (7.15) représente la configuration magnétique de Solovev semblable au modèle hydrodynamique du vortex de Hill ; cette configuration d'équilibre entre un champ et un anneau de plasma inhomogène peut être construite à partir : (i) d'un courant circulant dans le plasma parallèlement à l'axe magnétique I_{Ti}, (ii) d'un champ magnétique toroïdal généré par un ensemble de bobines conduisant un courant poloïdal externe au plasma I_{Pe}, (iii) et d'un champ vertical dont la fonction est de s'opposer à l'éclatement radial suivant le grand rayon du tore. Un anneau de courant présente une tendance naturelle à l'éclatement conformément à la règle du flux maximum et la surface extérieure d'un tore étant supérieure à sa surface intérieure (vers l'axe toroïdal), pour une surface magnétique donnée, qui est aussi une surface isobare, il est nécessaire de compenser le déséquilibre de forces résultant. C'est le rôle du champ vertical. Ce déséquilibre de forces sur une surface isobare est aussi la cause d'un décentrement des surfaces magnétiques vers l'intérieur que nous allons évaluer.

Introduisons ε la mesure de l'écart à l'axe magnétique, $R = R_0(1+\varepsilon)$ et normalisons $Z = R_0 z$ puis développons $\Psi(\varepsilon, z)$ au voisinage de l'axe magnétique $\varepsilon = 0$, $z = 0$: $\Psi(\varepsilon \to 0, z \to 0) \sim (\varepsilon + \delta)^2 + Ez^2$. Les sections poloïdales des surfaces magnétiques sont donc de nature elliptique et le paramètre $E = R_0^2 - R_X^2/\alpha^2 R_0^2$ mesure l'ellipcité. Les sections poloïdales des surfaces magnétiques sont circulaires si $\alpha^2 = 1 - R_X^2/R_0^2$. Dans ce dernier cas les surfaces magnétiques sont des tores de sections poloïdales circulaires, emboîtés autour de l'axe magnétique, dont les centres sont décalés vers l'intérieur, ce décalage est appelé décalage de *Shafranov* $\delta(\varepsilon, z) = \varepsilon^2/2 + z^2/\alpha^2$. Enfin, notons que dans la zone libre de plasma le champ est solution de l'équation de Grad-Shafranov dans le vide $R^2 \boldsymbol{\nabla} \cdot R^{-2} \boldsymbol{\nabla} \Psi = 0$ et que la solution ainsi obtenue doit être raccordée à la solution précédente en assurant la continuité du flux et de sa dérivée normale, car une discontinuité signifierait l'existence de courant surfacique.

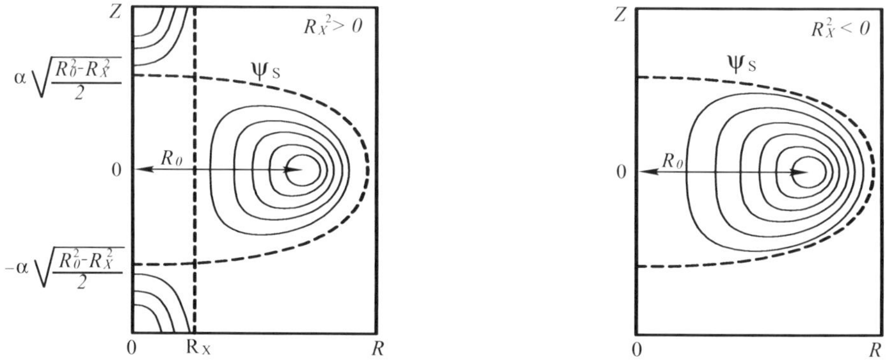

Fig. 7.16 : *Bifurcation de l'équilibre de Solovev.*

La solution de Solovev décrit deux types de topologies illustrées sur la figure (7.16). Si $R_X^2 > 0$ deux points X, tels que la composante poloïdale du champ magnétique s'annule, caractérisent la séparatrice entre des surfaces ouvertes et des surfaces fermées. Les coordonnées de ces deux point X sont données par : $\partial\Psi/\partial R = \partial\Psi/\partial Z = 0 \rightarrow R = R_X$ et $Z^2 = \alpha^2 \left(R_0^2 - R_X^2\right)/2$. En revanche, si $R_X^2 < 0$ la séparatrice ne présente pas de point X et sa branche verticale disparaît.

La nécessité d'un champ vertical et la présence d'un décalage dans l'emboîtement des surfaces magnétiques toriques constituent deux propriétés génériques des équilibres MHD toroïdaux axisymétriques. La tendance naturelle à l'éclatement d'un tore de plasma au sein duquel circule un courant, conformément à la règle du flux maximum, est à l'origine de ces propriétés que nous allons retrouver dans le contexte du développement de Shafranov.

7.3.3 Développement de Shafranov

Recherchons une solution de l'équation de Grad-Shafranov sous la forme d'un développement perturbatif où le paramètre de développement est le rapport d'aspect du plasma et la solution non perturbée un équilibre quasi-cylindrique dont les surfaces magnétiques possèdent un axe commun.

$$\textit{Modèle de Shafranov :}\quad \Psi(r,\theta) = \underbrace{\Psi_0(r)}_{\text{équilibre cylindrique}} + \underbrace{\Psi_1(r,\theta)}_{\text{correction toroïdale}}$$

Le flux quasi-cylindrique $\Psi_0(r)$ décrivant la composante non perturbée de la solution étant indépendant de l'angle poloïdal θ nous pouvons établir une première relation :

$$\Psi_0(r) = \Psi_0(R, Z) = \Psi_0(R_0 + r\cos\theta, r\sin\theta) \to \frac{\partial \Psi_0}{\partial \theta} = 0 \to \cos\theta \frac{d\Psi_0}{dr} = \frac{\partial \Psi_0}{\partial R}$$

qui permet de mettre en forme le terme perturbateur sous l'hypothèse d'un décentrement inhomogène $\Delta(r)$ du jeux de surfaces magnétiques associé à l'équilibre cylindrique, figure (7.17).

$$\begin{aligned}
\Psi(R, Z) &= \Psi_0(R - \Delta + r\cos\theta, r\sin\theta) \\
\Psi(r, \theta) &= \Psi_0 - \Delta \frac{\partial \Psi_0}{\partial R} = \underbrace{\Psi_0(r)}_{\text{cylindrique}} - \underbrace{\Delta \frac{d\Psi_0}{dr}\cos\theta}_{\text{toroïdale}}
\end{aligned}$$

De façon similaire, l'équation de Grad-Shafranov peut être séparée en une composante quasi-cylindrique plus une correction toroïdale.

$$\begin{aligned}
&\underbrace{\frac{1}{r}\frac{\partial}{\partial r} r \frac{\partial \Psi}{\partial r} + \frac{1}{r^2}\frac{\partial^2 \Psi}{\partial \theta^2}}_{\text{équilibre cylindrique}} - \underbrace{\frac{1}{R_0 + r\cos\theta}\left(\cos\theta \frac{\partial \Psi}{\partial r} - \frac{\sin\theta}{r}\frac{\partial \Psi}{\partial \theta}\right)}_{\text{correction toroïdale}} \\
&= -\mu_0 (R_0 + r\cos\theta)^2 \frac{dp}{d\Psi} - \mu_0^2 i \frac{di}{d\Psi}
\end{aligned}$$

où nous avons considéré séparément l'opérateur différentiel et le terme source constitué par les gradients de pression et de courant. La solution et l'équation ainsi mises en formes, les composantes dominante et pertubatrice Ψ_0 et Ψ_1 vérifient donc un système de deux équations conformément à l'ordering entre équilibre quasi-cylindrique et correction toroïdale.

$$\begin{aligned}
\textit{Cylindrique} \quad &: \quad \frac{1}{r}\frac{d}{dr} r \frac{d\Psi_0}{dr} = -\mu_0 R_0^2 \frac{dp}{d\Psi_0} - \mu_0^2 i \frac{di}{d\Psi_0} \\
\textit{Toroïdale} \quad &: \quad \frac{1}{r}\frac{\partial}{\partial r} r \frac{\partial \Psi_1}{\partial r} + \frac{1}{r^2}\frac{\partial^2 \Psi_1}{\partial \theta^2} - \frac{\cos\theta}{R_0}\frac{d\Psi_0}{dr} \\
&= -\frac{d}{dr}\left(\mu_0 R_0^2 \frac{dp}{d\Psi_0} + \mu_0^2 i \frac{di}{d\Psi_0}\right)\frac{dr}{d\Psi_0}\ \Psi_1 - 2\mu_0 R_0 r \cos\theta \frac{dp}{d\Psi_0}
\end{aligned}$$

Considérant ensuite la forme $\Psi_1 = \Delta\cos\theta d\Psi_0/dr$ établie précédemment, la seule inconnue du problème est donc le décalage Δ.

$$\begin{aligned}
&-\Delta \frac{d}{dr}\left(\frac{1}{r}\frac{d}{dr} r \frac{d\Psi_0}{dr}\right) + \frac{1}{r}\frac{dr}{d\Psi_0}\frac{d}{dr}\left(r\left(\frac{d\Psi_0}{dr}\right)^2 \frac{d\Delta}{dr}\right) - \frac{1}{R_0}\frac{d\Psi_0}{dr} \\
&= \Delta \frac{d}{dr}\left(\mu_0 R_0^2 \frac{dp}{d\Psi_0} + \mu_0^2 i \frac{di}{d\Psi_0}\right) - 2\mu_0 R_0 r \frac{dp}{dr}\frac{dr}{d\Psi_0}
\end{aligned}$$

Les dérivées du flux quasi-cylindrique Ψ_0 s'exprime en fonction du champ poloïdal non perturbé B_{P0} qui est considéré comme une donnée du problème.

$$\begin{aligned}
\mathbf{B} &= \underbrace{\mu_0 i \boldsymbol{\nabla}\varphi}_{\mathbf{B}_T} - \underbrace{\boldsymbol{\nabla}\Psi \times \boldsymbol{\nabla}\varphi}_{\mathbf{B}_P} \\
\frac{d\Psi_0}{dr} &= R_0 B_{P0} \to \frac{d}{dr}\left(r B_{P0}^2 \frac{d\Delta}{dr}\right) = \frac{r}{R_0}\left(2\mu_0 r \frac{dp_0}{dr} - B_{P0}^2\right)
\end{aligned}$$

Une intégration par parties et la prise en compte de la condition aux limites $\Delta'(0) = 0$ permet ensuite d'abaisser l'ordre de l'équation sur Δ pour obtenir la relation : $rR_0B_{P0}^2\Delta' = 2\mu_0 r^2 p_0$ - $4\mu_0\int_0^r rp_0 dr$ - $\int_0^r rB_{P0}^2 dr$.

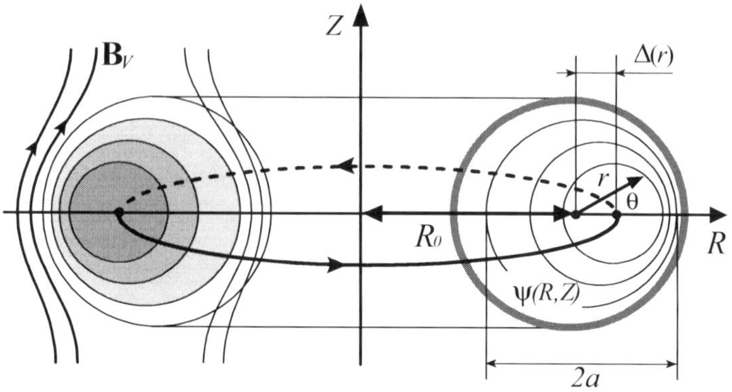

Fig. 7.17 : *Solution de Shafranov.*

Il est d'usage d'introduire deux paramètres physiques : (i) le bêta poloïdal β_P égal au rapport de la pression cinétique sur la pression magnétique associée au champ poloïdal et (ii) l'inductance interne du tore de plasma L_i qui mesure la capacité du tore à stocker du flux magnétique pour un courant donné (l'inductance au sens usuel de la magnétostatique est donnée par $\mu_0 R_0 L_i/2$)

$$\textit{Bêta poloïdal} \quad : \quad \beta_P \equiv \frac{4\mu_0\int_0^a rpdr}{a^2B_P^2(a)} \tag{7.44}$$

$$\textit{Inductance interne} \quad : \quad L_i \equiv \frac{2\int_0^a rB_P^2 dr}{a^2B_P^2(a)} \tag{7.45}$$

Ces deux paramètres, dynamique et géométrique, de la décharge sont accessibles à l'expérience et $p_0(a) = 0$, ainsi, le résultat final constitue la formule classique du décalage de Shafranov :

$$\textit{Décalage de Shafranov} \; : \; \boxed{\Delta'(a) = -\frac{a}{R_0}\left(\beta_P + \frac{L_i}{2}\right)} \tag{7.46}$$

dont la solution élémentaire, compte tenu des deux conditions aux limites $\Delta(a) = \Delta'(0) = 0$, décrit un décalage quadratique : $\Delta(r) \approx \left(a^2 - r^2\right)\left(\beta_P + L_i/2\right)/2R_0$ $\rightarrow \beta_P < R_0/a$. Le courant toroïdal I est relié au champ poloïdal au bord du plasma $B_P(a)$ par la relation de Maxwell-Ampère $\mu_0 I = -2\pi a B_{P0}(a)$. Définissons le paramètre $\Lambda \equiv \beta_P + (L_i/2) - 1$ et raccordons la solution de l'équation de Grad-Shafranov dans le plasma à la solution dans le vide, le résultat final est conforme à l'ordering de départ :

$$\boxed{\frac{2\pi}{\mu_0}\frac{\Psi}{I} = R_0\left(\ln\frac{8R_0}{r} - 2\right) - \frac{r}{2}\left[\ln\frac{r}{a} + \left(\Lambda + \frac{1}{2}\right)\left(1 - \frac{a^2}{r^2}\right)\right]\cos\theta} \tag{7.47}$$

Le champ vertical permettant d'empêcher l'éclatement du tore peut être ainsi calculé :

$$\textit{Champ vertical} : \; B_V = -\frac{\mu_0 I}{4\pi R_0}\left(\ln\frac{8R_0}{a} + \Lambda - \frac{1}{2}\right) \tag{7.48}$$

pour permettre l'asservissement de l'équilibre lorsque I, β_P et L_i varient. Les développements plus avancés que les solutions classiques (7.43) et (7.47) nécessitent des outils numériques où les solutions de Solovev et Shafranov constituent deux repères asymptotiques.

Chapitre 8

Ondes, Dispersion et Absorption

Mais il faut que nous cessions de prendre de simples combinaisons conceptuelles pour la réalité ; ... L'Evolution Pédagogique en France, E. Durkheim.

Le problème du chauffage des plasmas thermonucléaires peut sembler en première analyse insoluble. En effet, pour allumer un plasma thermonucléaire il est nécessaire de le porter à une température de l'ordre de cent millions de degrés. Or, l'usage pour chauffer un milieu est de le mettre en contact avec une source d'enthalpie plus chaude, ce qui est impossible pour les plasmas thermonucléaires car les meilleures sources d'enthalpie ne dépassent pas quelques dizaines de milliers de degrés.

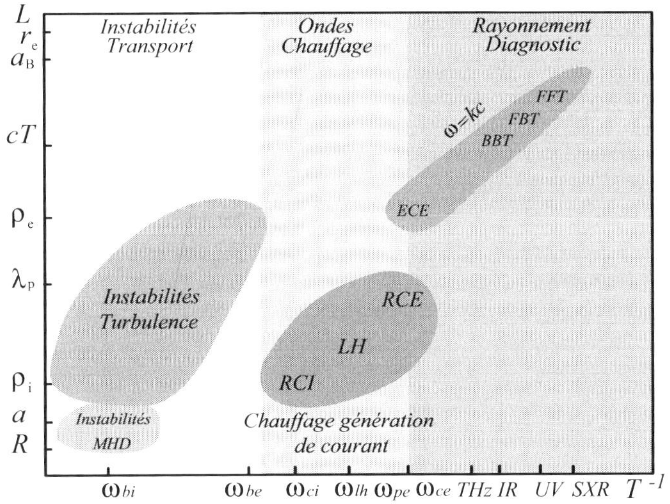

Fig. 8.1 : *Ordering des temps et longueurs des champs électromagnétiques dans un tokamak.*

On peut alors se tourner vers la conversion (dégradation) de travail en chaleur (transformation de Joule-Rumford), mais un plasma thermonucléaire est très faiblement dissipatif, et à une température de l'ordre de cent millions de degrés les collisions sont inopérantes pour assurer une production significative d'entropie associée à la dégradation d'un travail par friction collisionnelle entre le mouvement d'oscillation d'une population au sein d'une autre population. Néanmoins, il est possible de transférer irréversiblement l'énergie d'un champ électromagnétique vers un plasma thermonucléaire en utilisant l'existence du régime chaotique (5.57) de l'interaction ondes-particules. En effet, dans ce régime d'interaction la complexité de la réponse du plasma à un champ électrique induit une décorrélation qui assure l'irréversibilité du transfert d'énergie, c'est-à-dire une production significative d'entropie associée à un chauffage efficace.

La figure (8.1) illustre l'ordering des ondes et instabilités dans un tokamak, les ondes utilisées pour le chauffage appartiennent à une bande de fréquences dont la borne inférieure se situe au voisinage de la fréquence cyclotronique ionique ω_{ci} et la borne supérieure au voisinage des harmoniques de la fréquence cyclotronique électronique ω_{ce}. Les acronymes ECE et RCE désignent respectivement l'émission cyclotronique électronique et la résonance cyclotronique électronique, BBT les transitions entre états liés au sein des atomes (bound-bound, 2.7), FBT les transitions libre-lié (free-bound) et FFT les transitions libre-libre, c'est-à-dire le rayonnement de freinage coulombien (2.5). Nous étudierons le procédé de chauffage par injection de particules neutres dans le chapitre consacré au contrôle.

Dans un plasma thermonucléaire les courants hautes fréquences sont essentiellement des courants de polarisation. Lorsque un plasma est excité par une onde électromagnétique il est utile de définir : (i) le vecteur polarisation $\mathbf{P} \equiv \sum_{ie} q\delta\mathbf{r}/V$, (ii) le courant de polarisation $\mathbf{J} \equiv \sum_{ie} q\mathbf{v}/V$ et (iii) le déplacement électrique $\mathcal{D}$, où V est un élément de volume infinitésimal contenant les charges q de position et vitesse $\mathbf{r}$ et $\mathbf{v} = \delta\mathbf{r}/\delta t$:

$$\begin{aligned}
&\textit{Polarisation électrique} &:\quad& \mathbf{P}\left[\frac{\mathrm{C}}{\mathrm{m}^2}\right] \equiv \langle qn\delta\mathbf{r}\rangle \\
&\textit{Courant électrique} &:\quad& \mathbf{J}\left[\frac{\mathrm{A}}{\mathrm{m}^2}\right] \equiv q\langle n\mathbf{v}\rangle = q\frac{\langle n\delta\mathbf{r}\rangle}{\delta t} = \frac{\partial \mathbf{P}}{\partial t} \\
&\textit{Déplacement électrique} &:\quad& \mathcal{D}\left[\frac{\mathrm{C}}{\mathrm{m}^2}\right] \equiv \varepsilon_0\mathbf{E} + \mathbf{P} \rightarrow \frac{\partial \mathcal{D}}{\partial t} = \varepsilon_0\frac{\partial \mathbf{E}}{\partial t} + \mathbf{J}
\end{aligned}$$

$\mathcal{D}$ ainsi défini ne doit pas être confondu avec le tenseur de dispersion $\mathbf{D}$ et la relation de dispersion D associés à une onde. Deux représentations des courants ionique et électronique sont possibles, (i) soit en terme de conductivité σ, (ii) soit en terme de permittivité ε. Sous l'hypothèse de réponses linéaires, la forme générale des réponses ionique et électronique à un champ électrique $\mathbf{E}$ est donnée par une convolution spatio-temporelle.

$$\textit{Conductivité}\left[\frac{\mathrm{S}}{\mathrm{m}}\right] \quad : \quad \mathbf{J}(\mathbf{r},t) \equiv \int \boldsymbol{\sigma}(\mathbf{r},t \leftarrow \mathbf{r}',t') \cdot \mathbf{E}(\mathbf{r}',t')\, d\mathbf{r}'dt' \tag{8.1}$$

$$\textit{Permittivité}\left[\frac{\mathrm{F}}{\mathrm{m}}\right] \quad : \quad \mathcal{D}(\mathbf{r},t) \equiv \int \varepsilon_0\boldsymbol{\varepsilon}(\mathbf{r},t \leftarrow \mathbf{r}',t') \cdot \mathbf{E}(\mathbf{r}',t')\, d\mathbf{r}'dt' \tag{8.2}$$

Ces relations définissent la conductivité $\boldsymbol{\sigma}$ et la permittivité $\boldsymbol{\varepsilon}$ et traduisent le caractère spatialement dispersif (non-local) et temporellement dispersif (noninstantané) de la réponse d'un plasma thermonucléaire. Une hypothèse supplémentaire simplifie grandement la description, celle de l'invariance par translation dans le temps et dans l'espace, c'est-à-dire d'homogénéité et stationnarité ; cette hypothèse est recevable si la longueur d'onde locale et la fréquence instantanée apparaissent respectivement plus petite que les longueurs de gradients du plasma et plus grande que les pulsations caractéristiques du plasma, ainsi sous ces hypothèses raisonnables d'invariances :

$$\textit{Conductivité} \quad : \quad \mathbf{J}(\mathbf{r},t) = \int d\mathbf{r}'dt'\boldsymbol{\sigma}(\mathbf{r}-\mathbf{r}',t-t')\cdot\mathbf{E}(\mathbf{r}',t') \tag{8.3}$$

$$\textit{Permittivité} \quad : \quad \mathcal{D}(\mathbf{r},t) = \varepsilon_0 \int d\mathbf{r}'dt'\boldsymbol{\varepsilon}(\mathbf{r}-\mathbf{r}',t-t')\cdot\mathbf{E}(\mathbf{r}',t') \tag{8.4}$$

L'un des aspects fondamentaux de l'analyse harmonique qui permet d'appréhender intuitivement la transformée de Fourier est constitué par la dualité classique suivante : *ce qui est global dans l'espace réel devient local dans l'espace de Fourier et vice versa* ; ainsi est-il pertinent de définir les permittivité et conductivité complexes $\widetilde{\boldsymbol{\sigma}}$ et $\widetilde{\boldsymbol{\varepsilon}}$.

$$\textit{Conductivité} \quad : \quad \boldsymbol{\sigma}(\mathbf{r},t) \equiv \int \frac{d\omega d\mathbf{k}}{(2\pi)^4}\,\widetilde{\boldsymbol{\sigma}}(\omega,\mathbf{k})\exp j(\omega t - \mathbf{k}\cdot\mathbf{r})$$

$$\textit{Permittivité} \quad : \quad \boldsymbol{\varepsilon}(\mathbf{r},t) \equiv \int \frac{d\omega d\mathbf{k}}{(2\pi)^4}\,\widetilde{\boldsymbol{\varepsilon}}(\omega,\mathbf{k})\exp j(\omega t - \mathbf{k}\cdot\mathbf{r})$$

Pour le cas d'un plasma thermonucléaire de fonction de distribution des vitesses $f(\mathbf{v})$, uniformément magnétisé et sans collision, nous avons établi la relation (5.55) :

$$\frac{\widetilde{\boldsymbol{\sigma}}}{j\omega\varepsilon_0} = \widetilde{\boldsymbol{\varepsilon}} - \mathbf{I} = -\frac{\omega_p^2}{\omega^2}\left[\mathbf{I} + \sum_{n=-\infty}^{n=+\infty}\int d\mathbf{v}\frac{\mathbf{V}_n^*\left(\frac{n\omega_c}{v_c}\frac{\partial f}{\partial v_c} + k_\parallel\frac{\partial f}{\partial v_\parallel}\right)\mathbf{V}_n}{n\omega_c + k_\parallel v_\parallel - (\omega + j\eta)}\right] \tag{8.5}$$

Lorsque un champ électrique harmonique $\mathbf{E}\cos(\omega t - \mathbf{k}\cdot\mathbf{r})$ est appliqué à un plasma thermonucléaire, la réponse du plasma présente un déphasage par rapport au champ.

$$\textit{Courant} \quad : \quad \mathbf{J} = \sigma''\cdot\mathbf{E}\cos(\omega t - \mathbf{k}\cdot\mathbf{r}) + \sigma'\cdot\mathbf{E}\sin(\omega t - \mathbf{k}\cdot\mathbf{r})$$

$$\textit{Polarisation} \quad : \quad \mathcal{D} = \varepsilon_0\varepsilon'\cdot\mathbf{E}\cos(\omega t - \mathbf{k}\cdot\mathbf{r}) + \varepsilon_0\varepsilon''\cdot\mathbf{E}\sin(\omega t - \mathbf{k}\cdot\mathbf{r})$$

où $\boldsymbol{\sigma}'(\omega,\mathbf{k})$, $\boldsymbol{\varepsilon}'(\omega,\mathbf{k})$ et $\boldsymbol{\sigma}''(\omega,\mathbf{k})$, $\boldsymbol{\varepsilon}''(\omega,\mathbf{k})$ sont des coefficients réels. Considérons un champ harmonique $\mathbf{A}(\mathbf{r},t) = \mathbf{A}\cos(\omega t - \mathbf{k}\cdot\mathbf{r} + \varphi)$ ainsi que sa représentation complexe $\widetilde{\mathbf{A}}\exp j(\omega t - \mathbf{k}\cdot\mathbf{r})$ telle que $\mathbf{A}(\mathbf{r},t) \equiv \mathrm{Re}\,[\widetilde{\mathbf{A}}\,\exp j(\omega t$ - $\mathbf{k}\cdot\mathbf{r})]$; cette convention de représentation complexe définit *l'amplitude complexe* $\widetilde{\mathbf{A}} = \mathbf{A}\exp j\varphi$. Il est alors d'usage, et cet usage rend l'analyse de la réponse du plasma particulièrement simple, de définir la permittivité complexe $\widetilde{\boldsymbol{\varepsilon}}$ et la conductivité complexe $\widetilde{\boldsymbol{\sigma}}$ suivant les conventions :

$$\textit{Conductivité} \quad : \quad \widetilde{\boldsymbol{\sigma}}(\omega,\mathbf{k}) \equiv \boldsymbol{\sigma}'(\omega,\mathbf{k}) - j\boldsymbol{\sigma}''(\omega,\mathbf{k}) \rightarrow \widetilde{\mathbf{J}} \equiv \widetilde{\boldsymbol{\sigma}}\cdot\widetilde{\mathbf{E}} \tag{8.6}$$

$$\textit{Permittivité} \quad : \quad \widetilde{\boldsymbol{\varepsilon}}(\omega,\mathbf{k}) \equiv \boldsymbol{\varepsilon}'(\omega,\mathbf{k}) - j\boldsymbol{\varepsilon}''(\omega,\mathbf{k}) \rightarrow \widetilde{\mathcal{D}} \equiv \widetilde{\boldsymbol{\varepsilon}}\cdot\widetilde{\mathbf{E}} \tag{8.7}$$

$\varepsilon'(\omega, \mathbf{k})$ et $\boldsymbol{\sigma}'(\omega, \mathbf{k})$ décrivent les phénomènes de stockage et propagation de la puissance réactive et $\varepsilon''(\omega, \mathbf{k})$ et $\boldsymbol{\sigma}''(\omega, \mathbf{k})$ les processus de dissipation de la puissance active, les deux étant d'intérêt pour le chauffage des tokamaks. Le lien entre les relations (8.1), (8.2) et (8.6), (8.7) est aisément établi sur la base du théorème classique : *la transformée de Fourier d'un produit de convolution de deux fonctions est égale au produit des transformées de Fourier de ces deux fonctions.*

La présentation des modes électromagnétiques permettant le contrôle des tokamaks s'effectue en deux temps. Dans une première analyse la propagation des modes est étudiée sur la base de la forme asymptotique de l'expression (8.5) lorsque la fonction de distribution des vitesse $f(\mathbf{v})$ est réduite à une maxwellienne de température nulle, c'est-à-dire à une distribution de Dirac. Une telle approximation peut sembler surprenante pour un milieu présentant une température de cent millions de degrés, mais l'ordering qui justifie cette approche n'est pas entre la température ordinaire et la température du plasma, mais entre la vitesse thermique des particules et la vitesse de phase de l'onde. Si la vitesse de phase de l'onde est supérieure à la vitesse thermique des particules et si la fréquence de l'onde est différente des fréquences de résonances hybrides et cyclotrons, alors il est pertinent de considérer le plasma comme froid et d'utiliser une forme asymptotique du tenseur $\widetilde{\varepsilon}(\omega, \mathbf{k})$. Cette approximation correspond à un régime d'interaction adiabatique entre champs et particules. Dans un deuxième temps, au voisinage des résonances cyclotrons et Landau, qui sont spatialement localisées dans un tokamak, les corrections thermiques au tenseur adiabatique doivent être prises en compte pour comprendre la dynamique de l'onde et son couplage résonnant au plasma. Dans le paragraphe suivant nous allons identifier les modes adiabatiques puis évaluer les effets cinétiques (résonnants). Dans la suite de l'ouvrage, afin d'alléger l'écriture, nous n'utiliserons plus le symbole $\widetilde{}$ pour indiquer une représentation complexe.

8.1 Dispersions Fluide et Cinétique

Ce paragraphe est consacré au développement de la théorie des ondes électromagnétiques hautes fréquences (10MHz − 100GHz) en régime adiabatique dans les plasmas magnétisés tels que ceux utilisés dans les tokamaks. Les trois équations de base du modèle fluide des ondes sont les équations de (i) Maxwell-Ampère et (ii) Maxwell-Faraday ainsi que (iii) l'équation de Newton linéarisée qui est équivalente à l'équation d'Euler linéarisée si nous négligeons les effets de la compressibilité.

$$\begin{aligned}
\textit{Maxwell-Faraday} \quad &: \quad \mu_0 \frac{\partial \mathbf{H}}{\partial t} = -\boldsymbol{\nabla} \times \mathbf{E} \\
\textit{Maxwell-Ampère} \quad &: \quad \varepsilon_0 \frac{\partial \mathbf{E}}{\partial t} = \boldsymbol{\nabla} \times \mathbf{H} - \mathbf{J}_e - \mathbf{J}_i \\
\textit{Newton} \quad &: \quad m_{e,i} \frac{d\mathbf{v}_{e,i}}{dt} = q\mathbf{E} + q_{ei} \mathbf{v}_{e,i} \times \mathbf{B}_0
\end{aligned}$$

où $\mathbf{B}_0$ est le champ magnétique statique confinant et $\mathbf{J} \equiv nq\mathbf{v}$ le courant haute fréquence associé à l'onde. Ce système linéarisé admet des solutions harmoniques suivant le temps et l'espace $\sim \exp j(\omega t - \mathbf{k} \cdot \mathbf{r})$ pour les champs $\mathbf{E} \exp j[\omega t$

- $\mathbf{k}\cdot\mathbf{r}]$et $\mathbf{H}$ $\exp j\left(\omega t-\mathbf{k}\cdot\mathbf{r}\right)$ et pour les courants $\mathbf{J}_e$ $\exp j\left(\omega t-\mathbf{k}\cdot\mathbf{r}\right)$ et $\mathbf{J}_i$ $\exp j\left(\omega t-\mathbf{k}\cdot\mathbf{r}\right)$. Ainsi, l'ensemble des équations régissant les comportements du champ et des populations ionique et électronique se réduit à un système algébrique linéaire homogène.

$$\begin{aligned} \textit{Faraday} &: \omega\mu_0\mathbf{H}=\mathbf{k}\times\mathbf{E},\ \textit{Ampère} : \omega\varepsilon_0\mathbf{E}=-\mathbf{k}\times\mathbf{H}+j\mathbf{J}_e+j\mathbf{J}_i \\ \textit{Newton} &: \mathbf{J}_e=\frac{\omega_{pe}^2}{j\omega}\varepsilon_0\mathbf{E}+\frac{\omega_{ce}}{j\omega}\mathbf{J}_e\times\mathbf{b},\ \mathbf{J}_i=\frac{\omega_{pi}^2}{j\omega}\varepsilon_0\mathbf{E}+\frac{\omega_{ci}}{j\omega}\mathbf{J}_i\times\mathbf{b} \end{aligned} \tag{8.8}$$

où $\mathbf{b}=\mathbf{B}_0/B_0$. Les équations (8.8) d'inconnues $\mathbf{J}_e$ et $\mathbf{J}_e$ peuvent être résolues en considérant la solution de l'équation algébrique linéaire d'inconnue $\mathbf{x}$ suivante :

$$\mathbf{x}+\alpha\mathbf{x}\times\mathbf{b}=\mathbf{c}\rightarrow\mathbf{x}=\frac{\mathbf{c}}{1+\alpha^2}+\frac{\alpha}{1+\alpha^2}\mathbf{b}\times\mathbf{c}+\frac{\alpha^2}{1+\alpha^2}\mathbf{b}\left(\mathbf{b}\cdot\mathbf{c}\right)$$

c'est-à-dire $\mathbf{x}+\alpha\mathbf{x}\times\mathbf{b}=\mathbf{c}\rightarrow\mathbf{x}=1\left[\mathbf{I}+\alpha\mathbf{b}\times+\alpha^2\mathbf{bb}\cdot\right]\mathbf{c}/\left(1+\alpha^2\right)$ puis en appliquant ce résultat général au cas des courants électronique et ionique (8.8).

$$\mathbf{J}=-j\omega\frac{\omega_p^2}{\omega^2-\omega_c^2}\left[\mathbf{I}+j\frac{\omega_c}{\omega}\mathbf{b}\times-\frac{\omega_c^2}{\omega^2}\mathbf{bb}\cdot\right]\varepsilon_0\mathbf{E} \tag{8.9}$$

La permittivité diélectrique $\boldsymbol{\varepsilon}$ en régime adiabatique est donc indépendante de $\mathbf{k}$ mais présente une dispersion temporelle.

$$\boldsymbol{\varepsilon}\left(\omega\right)\equiv\mathbf{I}-\sum_{s=e,i}\frac{\omega_{ps}^2}{\omega^2-\omega_{cs}^2}\left(\mathbf{I}+j\frac{\omega_{cs}}{\omega}\mathbf{b}\times-\frac{\omega_{cs}^2}{\omega^2}\mathbf{bb}\cdot\right)=\begin{pmatrix}\varepsilon_\perp & -j\varepsilon_\times & 0\\ j\varepsilon_\times & \varepsilon_\perp & 0\\ 0 & 0 & \varepsilon_\parallel\end{pmatrix}$$

où nous avons utilisé la relation de définition de la permittivité : $\mathbf{J}\equiv-j\omega\left[\mathbf{I}-\boldsymbol{\varepsilon}\right]$ $\varepsilon_0\mathbf{E}$; notons que cette relation peut aussi être dérivée de la formule (8.5) où la fonction de distribution est prise identique à une distribution de Dirac $f\left(\mathbf{v}\right)=\delta\left(\mathbf{v}\right)$.

8.1.1 Dispersion adiabatique fluide

Dans un premier temps restreignons l'analyse aux modes hautes fréquences et aux propagations strictement perpendiculaire et strictement parallèle au champ confinant $\mathbf{B}_0$ où seule la population électronique est mise en mouvement par le champ électrique $\mathbf{E}$, les ions de par leur inertie seront supposés rester au repos. L'axe des z étant aligné suivant la direction du champ magnétique $\mathbf{b}$ les éléments du tenseur diélectrique $\boldsymbol{\varepsilon}\left(\omega\right)$ sont donnés par :

$$\varepsilon_{\parallel e}=1-\frac{\omega_{pe}^2}{\omega^2},\qquad \varepsilon_{\perp e}=1-\frac{\omega_{pe}^2}{\omega^2-\omega_{ce}^2},\qquad \varepsilon_{\times e}=\frac{\omega_{ce}}{\omega}\frac{\omega_{pe}^2}{\omega^2-\omega_{ce}^2} \tag{8.10}$$

Dans un tokamak l'usage est de définir et d'utiliser l'indice de l'onde $\mathbf{N}$.

$$\textit{Indice} : \mathbf{N}\equiv\frac{c}{\omega}\mathbf{k}\rightarrow N_\parallel=\mathbf{N}\cdot\mathbf{b},\ N_\perp=\left|\mathbf{N}-\left(\mathbf{N}\cdot\mathbf{b}\right)\mathbf{b}\right| \tag{8.11}$$

Lorsque l'indice N s'annule pour une fréquence non nulle, $N(\omega) = 0$, on introduit la dénomination de fréquence (pulsation) de coupure $\omega = \omega_{coupure}$. Lorsque l'indice N devient infini pour une fréquence finie, $N(\omega) \to \infty$, on introduit la dénomination de fréquence (pulsation) de résonance $\omega = \omega_{résonance}$. Les processus physiques associés à ces deux singularités seront discutés dans le prochain paragraphe.

L'élimination du champ magnétique $\mathbf{H}$ et du courant $\mathbf{J}$ entre les équations de Maxwell-Faraday et Maxwell-Ampère permet d'exprimer le champ électrique comme solution de l'équation linéaire homogène :

$$\mathbf{D} \cdot \mathbf{E} \equiv \frac{\omega^2}{c^2} \left[\mathbf{N} \times (\mathbf{N} \times \mathbf{E}) + \boldsymbol{\varepsilon}(\omega) \cdot \mathbf{E} \right] = \mathbf{0} \to D \equiv \det \left(\frac{c^2}{\omega^2} \mathbf{D} \right) = 0$$

où nous avons défini le tenseur de dispersion $\mathbf{D}(\mathbf{N}, \omega)$ et l'équation de dispersion $D(\mathbf{N}, \omega) = 0$. Distinguons la propagation perpendiculaire au champ statique et la propagation parallèle à ce champ et commençons par l'étude du premier cas.

Considérons le tenseur de dispersion $\mathbf{D}$ sur une base orthonormée directe $[\mathbf{e}_x, \mathbf{e}_y, \mathbf{e}_z]$ telle que $\mathbf{b} = \mathbf{B}_0 / B_0 = [0, 0, 1]$ et $\mathbf{N} = [N_\perp, 0, 0]$, les conditions de propagation dans la direction perpendiculaire au champ s'établissent alors simplement comme l'annulation du déterminant D.

$$D = \begin{vmatrix} \varepsilon_{\perp e} & -j\varepsilon_{\times e} & 0 \\ j\varepsilon_{\times e} & \varepsilon_{\perp e} - N_\perp^2 & 0 \\ 0 & 0 & \varepsilon_{\parallel e} - N_\perp^2 \end{vmatrix} = 0 \to \begin{matrix} \varepsilon_{\perp e} N_\perp^2 = \varepsilon_{\perp e}^2 - \varepsilon_{\times e}^2 \\ N_\perp^2 = \varepsilon_{\parallel e} \end{matrix}$$

L'étude des racines de cette équation conduit à l'identification de deux modes : le mode ordinaire (O) et le mode extraordinaire (X).

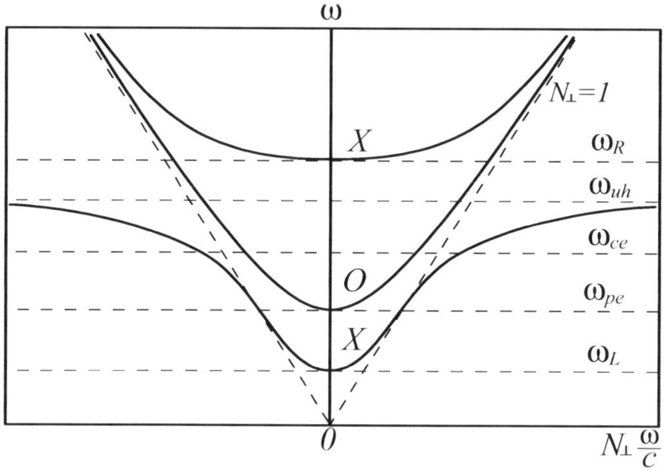

Fig. 8.2 : *Modes fluides haute fréquence ordinaire et extraordinaire.*

La solution de l'équation réduite : $\varepsilon_{\parallel e} - N_\perp^2 = 0$ constitue le mode O qui possède une polarisation droite parallèle au champ magnétique statique $\mathbf{B}_0$: $\mathbf{E} = [0, 0, E_z \neq 0]$. La dispersion du mode O est similaire à la dispersion des ondes transverses au sein d'un plasma isotrope, elle présente une coupure pour $\omega = \omega_p$, figure (8.2).

$$O : \quad N_\perp = \sqrt{1 - \frac{\omega_{pe}^2}{\omega^2}} \tag{8.12}$$

Le mode X, solution de $\varepsilon_{\perp e} N_\perp^2 = \varepsilon_{\perp e}^2 - \varepsilon_{\times e}^2$, présente une polarisation elliptique : $\mathbf{E} = [E_x \neq 0, E_y \neq 0, 0]$. La dispersion du mode X possède deux coupures en dessous desquelles il est évanescent, la coupure droite ω_R et la coupure gauche ω_L.

Coupure plasma :	$\varepsilon_{\parallel e} = 0$	$\omega_P = \omega_{pe}$
Coupure droite :	$\varepsilon_{\perp e} = -\varepsilon_{\times e}$	$\omega_R \equiv \sqrt{\omega_{pe}^2 + \frac{\omega_{ce}^2}{4}} + \frac{\omega_{ce}}{2}$
Coupure gauche :	$\varepsilon_{\perp e} = \varepsilon_{\times e}$	$\omega_L \equiv \sqrt{\omega_{pe}^2 + \frac{\omega_{ce}^2}{4}} - \frac{\omega_{ce}}{2}$

On notera la relation : $\omega_L \omega_R = \omega_{pe}^2$. La relation de dispersion du mode X est représentée sur la figure (8.2), elle s'exprime en fonction des fréquences de coupure et résonance comme :

$$X : \; N_\perp = \sqrt{\frac{\left(\omega^2 - \omega_R^2\right)\left(\omega^2 - \omega_L^2\right)}{\omega^2\left(\omega^2 - \omega_{uh}^2\right)}} \tag{8.13}$$

Considérons la propagation parallèlement au champ magnétique statique et projetons le tenseur de dispersion sur une base orthonormée directe $[\mathbf{e}_x, \mathbf{e}_y, \mathbf{e}_z]$ telle que : $\mathbf{b} = [0, 0, 1]$ et $\mathbf{N} = \left[0, 0, N_\parallel\right]$.

$$D = \begin{vmatrix} \varepsilon_{\perp e} - N_\parallel^2 & -j\varepsilon_{\times e} & 0 \\ j\varepsilon_{\times e} & \varepsilon_{\perp e} - N_\parallel^2 & 0 \\ 0 & 0 & \varepsilon_{\parallel e} \end{vmatrix} = 0 \rightarrow \begin{array}{l} N_\parallel^2 = \varepsilon_{\perp e} \pm \varepsilon_{\times e} \\ \varepsilon_{\parallel e} = 0 \end{array}$$

Trois branches de propagations sont racines de cette équation. La première branche $\varepsilon_{\parallel e}(\omega) = 0 \rightarrow \omega = \omega_p$ et $\mathbf{E} = [0, 0, E_z \neq 0]$ n'est autre que les oscillations plasma de Langmuir déjà étudiées et dont la relation (4.45) prend en compte les corrections de compressibilité.

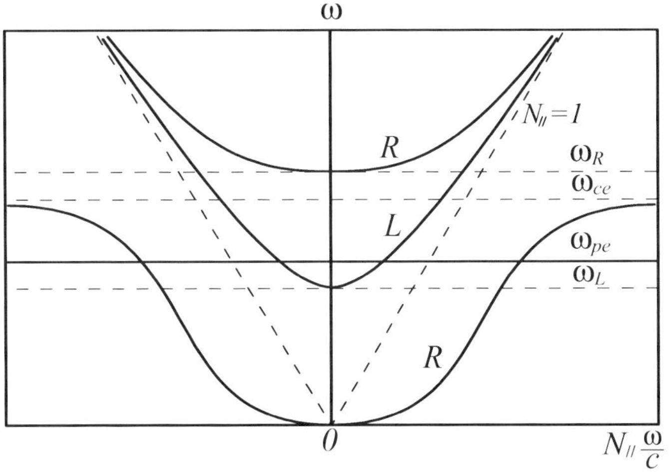

Fig. 8.3 : *Modes fluides haute fréquence droit et gauche.*

Les deux modes transverses solutions de $N_\parallel^2 = \varepsilon_{\perp e} \pm \varepsilon_{\times e}$ sont le mode gauche ou L (pour left) et le mode droit ou R (pour right) ; ils présentent tous deux une polarisation circulaire. Les modes R et L présentent deux coupures en dessous desquelles ils sont évanescents, la coupure droite ω_R et la coupure gauche ω_L.

Les dispersions des modes L et R sont représentées sur la figure (8.3) et sont données par les relations :

$$L \ : \ \ N_{\|} = \sqrt{\frac{(\omega - \omega_L)(\omega + \omega_R)}{\omega(\omega + \omega_{ce})}}, \ R : \ \ N_{\|} = \sqrt{\frac{(\omega + \omega_L)(\omega - \omega_R)}{\omega(\omega - \omega_{ce})}}$$

Le mode R présente une résonance car il tourne dans le sens des orbites cyclotroniques électroniques illustrées sur la figure (8.4), $E_x/E_y = j$, et le mode L tourne dans le sens indirect, $E_x/E_y = -j$, associé aux orbites ioniques ; la résonance ionique n'apparaît pas ici car nous n'avons pas pris en compte la réponse ionique dans l'écriture du tenseur diélectrique ε.

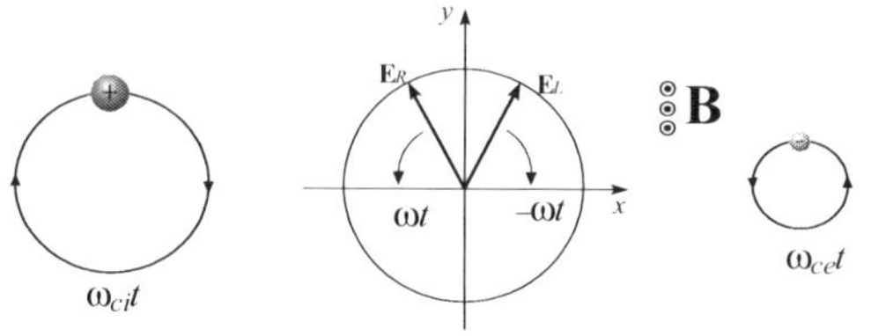

Fig. 8.4 : *Résonances cyclotron ionique et électronique des modes L et R.*

Les conclusions qui viennent d'être établies ne sont pas valables à basse fréquence car le mouvement des ions doit être pris en compte, cette prise en compte peut sembler surprenante car l'ordering de masse n'est pas fonction de la fréquence, mais dans un champ magnétique la dynamique est plus subtile qu'un simple ordering de masses, en particulier nous avons vu que la dérive de polarisation des ions (6.13) est plus importante que celle des électrons, aussi est-il nécessaire d'inclure la dynamique ionique pour valider les conclusions précédentes ou les corriger. Les éléments du tenseur diélectrique modifiés pour prendre en compte la polarisation ionique sont :

$$\varepsilon_{\perp} = 1 - \frac{\omega_{pe}^2}{\omega^2 - \omega_{ce}^2} - \frac{\omega_{pi}^2}{\omega^2 - \omega_{ci}^2}, \ \varepsilon_{\times} = \frac{\omega_{ce}}{\omega}\frac{\omega_{pe}^2}{\omega^2 - \omega_{ce}^2} - \frac{\omega_{ci}}{\omega}\frac{\omega_{pi}^2}{\omega^2 - \omega_{ci}^2} \tag{8.14}$$

En propagation parallèle aux lignes de champ ($\mathbf{b} = [0, 0, 1]$ et $\mathbf{N} = [0, 0, N_{\|}]$) les relations de dispersion des modes L et R sont obtenues en annulant le déterminant du système linéaire $D = 0$: $N_{\|}^2 = \varepsilon_{\perp} \pm \varepsilon_{\times}$. Ainsi, les fréquences de coupures droite et gauche sont faiblement modifiée : $\omega_{R/L} = \sqrt{\omega_{pe}^2 + \omega_{ce}^2/4 + \omega_{ce}\omega_{ci}} \pm \omega_{ce}/2$. Les relations de dispersions présentent une nouvelle résonance ionique pour le mode L comme le sens de rotation cyclotronique des ions est indirect (sens des aiguilles d'une montre). La forme finale des dispersions parallèles prenant en compte les deux populations, $D = 0 \rightarrow N_{\|}^2 = \varepsilon_{\perp} \pm \varepsilon_{\times}$, est représentée sur la figure (8.5) et est donnée par les relations explicites :

$$L \quad : \quad N_{\|} = \sqrt{\frac{(\omega - \omega_L)(\omega + \omega_R)}{(\omega + \omega_{ce})(\omega - \omega_{ci})}} \tag{8.15}$$

$$R \quad : \quad N_{\|} = \sqrt{\frac{(\omega + \omega_L)(\omega - \omega_R)}{(\omega - \omega_{ce})(\omega + \omega_{ci})}} \tag{8.16}$$

Une nouvelle branche L apparaît donc à basse fréquence et se confond avec la branche R lorsque $\omega \rightarrow 0$, les deux branches convergent vers le mode dit d'*Alfvén torsionnel*. L'inertie ionique, $O\left[\omega_{ci}^{-1}\right] \sim O\left[m_i\right]$, lève la dégénérescence entre les polarisations L et R de ce mode d'Alfvén : $\omega \rightarrow 0 \rightarrow N_{\| L}/N_{\| R} = \sqrt{1+\omega/\omega_{ci}}/\sqrt{1-\omega/\omega_{ci}}$.

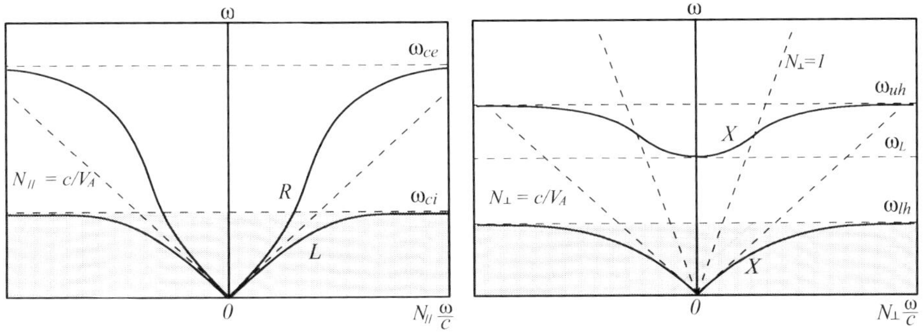

Fig. 8.5 : *Modes fluides basses fréquences droit, gauche et extraordinaire.*

Le régime basse fréquence des modes se propageant perpendiculairement au champ magnétique ($\mathbf{b} = [0,0,1]$, $\mathbf{N} = [N_\perp, 0, 0]$) présente la même relation de dispersion, le mode O n'est pas modifié et pour le mode X : $D = 0 \rightarrow \varepsilon_\perp N_\perp^2 = \varepsilon_\perp^2 - \varepsilon_\times^2$; une nouvelle résonance apparaît et est representée sur la figure (8.5), la résonance hybride basse ω_{lh}.

$$X : N_\perp = \sqrt{\frac{\left(\omega^2-\omega_R^2\right)\left(\omega^2-\omega_L^2\right)}{\left(\omega^2-\omega_{lh}^2\right)\left(\omega^2-\omega_{uh}^2\right)}} \tag{8.17}$$

Dans le paragraphe consacré à l'identification des résonances hybrides nous avions noté la relation (4.31) $\omega_{uh}^2\omega_{lh}^2 = \omega_{ce}^2\omega_{ci}^2 + \omega_{pe}^2\omega_{ci}^2 + \omega_{ce}^2\omega_{pi}^2 \approx \omega_{ce}^2\omega_{pi}^2$ et nous venons de voir que $\omega_L\omega_R = \omega_{pe}^2$; ainsi, si nous considérons la limite asymptotique $\omega \rightarrow 0$ les trois relations de dispersions des modes L, R et X (8.15), (8.16) et (8.17) se confondent avec la branche MHD associée au mode d'Alfvén $N = c/V_A$.

Torsionnel L	$N_\|^2 = \frac{(\omega-\omega_L)(\omega+\omega_R)}{(\omega+\omega_{ce})(\omega-\omega_{ci})} \underset{\omega\rightarrow 0}{=} \frac{\omega_L\omega_R}{\omega_{ce}\omega_{ci}} \approx \frac{\omega_{pe}^2}{\omega_{ce}\omega_{ci}} = \frac{\omega_{pi}^2}{\omega_{ci}^2} = \frac{c^2}{V_A^2}$
Torsionnel R	$N_\|^2 = \frac{(\omega+\omega_L)(\omega-\omega_R)}{(\omega-\omega_{ce})(\omega+\omega_{ci})} \underset{\omega\rightarrow 0}{=} \frac{\omega_L\omega_R}{\omega_{ce}\omega_{ci}} \approx \frac{\omega_{pe}^2}{\omega_{ce}\omega_{ci}} = \frac{\omega_{pi}^2}{\omega_{ci}^2} = \frac{c^2}{V_A^2}$
Compressionnel	$N_\perp^2 = \frac{\left(\omega^2-\omega_R^2\right)\left(\omega^2-\omega_L^2\right)}{\left(\omega^2-\omega_{lh}^2\right)\left(\omega^2-\omega_{uh}^2\right)} \underset{\omega\rightarrow 0}{=} \frac{\omega_L^2\omega_R^2}{\omega_{uh}^2\omega_{lh}^2} \approx \frac{\omega_{pe}^4}{\omega_{ce}^2\omega_{pi}^2} = \frac{\omega_{pi}^2}{\omega_{ci}^2} = \frac{c^2}{V_A^2}$

Jusqu'à présent, nous avons étudié et analysé les modes électroniques et ioniques se propageant le long et perpendiculairement au champ magnétique statique $\mathbf{B}_0$. L'étude des ondes dans les plasmas magnétisés sous incidence quelconque par rapport à la direction de référence du champ magnétique se conduit de façon similaire à travers l'identification des différentes branches solutions de l'équation de dispersion $D\left(N_\perp, N_\|, \omega\right) = 0$.

8.1.2 Résonances et coupures

Pour une onde d'indice $\mathbf{N} = \left[N_\perp, 0, N_\|\right] = [N\sin\theta, 0, N\cos\theta]$ la recherche des solutions du système linéarisé décrivant la dynamique des champs et des particules se réduit à la recherche des racines de l'équation algébrique $D = 0$.

$$D = \begin{vmatrix} \varepsilon_\perp - N_\parallel^2 & -j\varepsilon_\times & N_\perp N_\parallel \\ j\varepsilon_\times & \varepsilon_\perp - N_\parallel^2 - N_\perp^2 & 0 \\ N_\perp N_\parallel & 0 & \varepsilon_\parallel - N_\perp^2 \end{vmatrix} = 0 \tag{8.18}$$

Ce problème de dispersion présente trois inconnues $N_\perp$, $N_\parallel$ et ω et l'équation de dispersion $D\left(N_\perp, N_\parallel, \omega\right) = 0$ est de nature scalaire, aussi il est seulement possible d'exprimer l'une des trois inconnues en fonction des deux autres et des paramètres du plasma. Dans le contexte de l'étude des ondes dans les plasmas thermonucléaires la pulsation ω constitue une donnée fixée par le générateur radiofréquence (ou micro-onde) et l'équation de dispersion est de nature quadratique quelque soit le choix de l'inconnue associée à l'indice $N_\perp$, $N_\parallel$ où $N = \sqrt{N_\perp^2 + N_\parallel^2}$. Introduisons trois jeux de trois coefficients a, b et c ; alors la relation de dispersion $D = 0$ conduit à l'étude de trois équations bicarrées :

$$\begin{aligned} D\left(N_\perp, N_\parallel, \omega\right) &= 0 \rightarrow aN^4 - bN^2 + c = 0 \rightarrow N(\theta, \omega) \\ D\left(N_\perp, N_\parallel, \omega\right) &= 0 \rightarrow aN_\parallel^4 - bN_\parallel^2 + c = 0 \rightarrow N_\parallel\left(N_\perp, \omega\right) \\ D\left(N_\perp, N_\parallel, \omega\right) &= 0 \rightarrow aN_\perp^4 - bN_\perp^2 + c = 0 \rightarrow N_\perp\left(N_\parallel, \omega\right) \end{aligned}$$

Pour les deux premiers cas les coefficients a, b et c sont donnés dans le tableau ci-dessous.

D	$aN^4 - bN^2 + c = 0$	$aN_\parallel^4 - bN_\parallel^2 + c = 0$
a	$\varepsilon_\perp \sin^2\theta + \varepsilon_\parallel \cos^2\theta$	$\varepsilon_\parallel$
b	$\varepsilon_\perp\varepsilon_\parallel\left(1 + \cos^2\theta\right) + \left(\varepsilon_\perp^2 - \varepsilon_\times^2\right)\sin^2\theta$	$2\varepsilon_\parallel\varepsilon_\perp - N_\perp^2\left(\varepsilon_\perp + \varepsilon_\parallel\right)$
c	$\varepsilon_\parallel\left(\varepsilon_\perp^2 - \varepsilon_\times^2\right)$	$\left(\varepsilon_\perp N_\perp^2 - \varepsilon_\perp^2 + \varepsilon_\times^2\right)\left(N_\perp^2 - \varepsilon_\parallel\right)$

Dans un tokamak les ondes destinées au chauffage sont lancées depuis la périphérie du plasma (i) à une fréquence $\omega/2\pi$ fixée par le générateur et (ii) suivant un vecteur d'onde partiellement fixé par la géométrie de la structure de couplage. La direction toroïdale étant sensiblement identique à la direction parallèle au champ la composante $N_\parallel$ évolue peu au cours de la propagation vers le centre du plasma car les variations des densités et du champ magnétique statique, qui déterminent les variations d'indice, sont principalement radiale et poloïdale ($\varepsilon_\parallel$, $\varepsilon_\perp$ et $\varepsilon_\times$ sont fonctions de r et θ mais ne dépendent pas de φ). La loi de Descartes implique la constance de $N_\parallel$. Nous établirons ce résultat dans le chapitre consacré aux chauffages (12.11). L'analyse de la propagation des ondes électromagnétiques dans un tokamak nécessite donc l'étude de la relation de dispersion $D\left(N_\perp, N_\parallel, \omega\right) = 0$ considérée comme une équation d'inconnue $N_\perp$.

D	$aN_\perp^4 - bN_\perp^2 + c = 0$
a	$\varepsilon_\perp$
b	$\left(\varepsilon_\perp + \varepsilon_\parallel\right)\left(\varepsilon_\perp - N_\parallel^2\right) - \varepsilon_\times^2$
c	$\varepsilon_\parallel\left(\varepsilon_\perp - N_\parallel^2\right)^2 - \varepsilon_\parallel\varepsilon_\times^2$

(8.19)

Suivons la trajectoire d'un paquet d'ondes dans le plan de section poloïdale, le vecteur d'onde perpendiculaire, c'est-à-dire l'indice perpendiculaire $N_\perp$, évolue car la densité et le champ magnétique ne sont pas uniformes. Soit (r, θ)

un parametrage de la trajectoire de ce paquet d'ondes dans le plan poloïdal, pour un couple $\left(\omega, N_{\|}\right)$ fixé par le générateur et l'antenne, l'indice perpendiculaire est donc fonction de la position $N_{\perp}\left(\omega, N_{\|}, r, \theta\right)$. Les points où l'indice $N_{\perp}(r, \theta)$ s'annule définissent les *coupures* et des points où il devient infini les *résonances*. Au voisinage d'une coupure l'onde devient évanescente et est réfléchie, au voisinage d'une résonance l'onde est quasi-électrostatique et est absorbée ou convertie.

Coupures : $c = 0 \rightarrow N_{\perp} = 0$	*Résonances :* $a = 0 \rightarrow N_{\perp} = \infty$
Evanescence et Réflexion	*Absorption et Conversion*
Localisation de puissance réactive	*Conversion de puissance active*

Ainsi, pour une fréquence fixée par le générateur et un indice parallèle imposée par la structure de couplage, tout l'art du chauffage des plasmas thermonucléaires consiste à identifier les résonances $N_{\perp} = \infty$ et les coupures $N_{\perp} = 0$ pour évaluer la possibilité d'atteindre une zone centrale où une forte absorption est attendue, on qualifie cette analyse d'étude de *l'accessibilité* de l'onde.

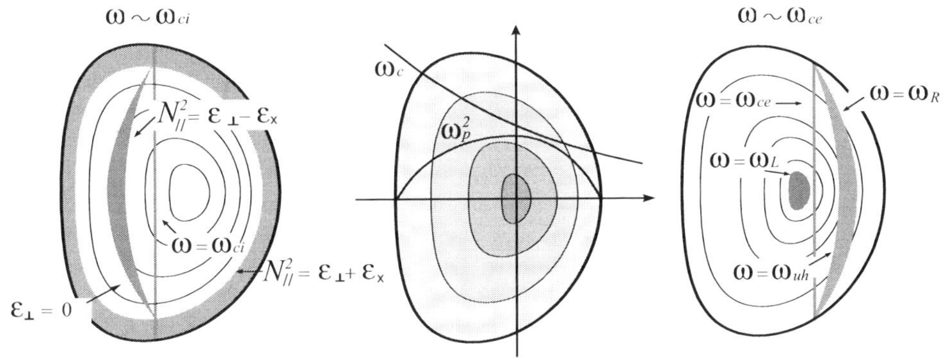

Fig. 8.6 : *Coupures et résonance haute et basse fréquences dans un tokamak.*

Le modèle le plus simple permettant d'évaluer l'accessibilité d'une onde consiste à négliger les variations poloïdales de l'amplitude du champ magnétique statique et à considérer des profils paraboliques de densités électronique et ionique : $\omega_p^2(r) \approx \omega_{p0}^2\left(1 - r^2/a^2\right)$, $\omega_c(R) \approx \omega_{c0} R_0/R$. Les lieux géométriques associés aux coupures droite et gauche, ainsi qu'aux résonances cyclotroniques électronique, ionique et hybrides sont représentées sur la figure (8.6).

$$\textit{Coupure gauche} \quad : \quad \omega = \omega_L = \sqrt{\omega_{pe}^2(r) + \frac{\omega_{ce}^2(R)}{4}} - \frac{\omega_{ce}(R)}{2} \tag{8.20}$$

$$\textit{Coupure droite} \quad : \quad \omega = \omega_R = \sqrt{\omega_{pe}^2(r) + \frac{\omega_{ce}^2(R)}{4}} + \frac{\omega_{ce}(R)}{2} \tag{8.21}$$

A basse fréquence, lorsque la propagation n'est pas strictement perpendiculaire au champ statique, $N_{\|} \neq 0$, les coupures droite et gauche deviennent les coupures haute et basse densité.

$$\textit{Coupure basse densité} \quad : \quad N_{\|}^2 = \varepsilon_{\perp}(\omega) + \varepsilon_{\times}(\omega) \tag{8.22}$$

$$\textit{Coupure haute densité} \quad : \quad N_{\|}^2 = \varepsilon_{\perp}(\omega) - \varepsilon_{\times}(\omega) \tag{8.23}$$

Si une quantité physique, dans le cadre d'un modèle donné, tend vers l'infini pour des valeurs finies des différents paramètres du modèle, il est nécessaire de considérer des corrections, c'est-à-dire la prise en compte de phénomènes physiques jusqu'alors négligés, pour régulariser ce comportement singulier et comprendre la nature réelle du phénomène ainsi identifié dans le cadre d'un modèle trop contraint. Les résonances étudiées dans le cadre du modèle de la dispersion fluide relèvent de ce principe et la prise en compte des effets thermique ou cinétique, décrits par le tenseur diélectrique gyro-cinétique (5.55) :

$$\varepsilon'(\omega, \mathbf{k}) = \left(1 - \frac{\omega_p^2}{\omega^2}\right)\mathbf{I} - \frac{\omega_p^2}{\omega^2}\sum_n \int d\mathbf{v} \frac{\mathbf{V}_n^* \left[\mathrm{L}_n \cdot f(\mathbf{v})\right] \mathbf{V}_n}{n\omega_c + k_\parallel v_\parallel - \omega} \tag{8.24}$$

$$\varepsilon''(\omega, \mathbf{k}) = \pi \frac{\omega_p^2}{\omega^2}\sum_n \int d\mathbf{v} \mathbf{V}_n^* \left[\mathrm{L}_n \cdot f(\mathbf{v})\right] \mathbf{V}_n \delta\left(n\omega_c + k_\parallel v_\parallel - \omega\right) \tag{8.25}$$

où l'opérateur $\mathrm{L}_n(\mathbf{k}, \mathbf{v})$ est donné par la relation (5.50), s'avère nécessaire pour révéler le comportement du champ électromagnétique au voisinage d'une résonance fluide associée au tenseur diélectrique froid :

$$\varepsilon'(\omega) = \mathbf{I} - \frac{\omega_p^2}{\omega^2 - \omega_c^2}\left(\mathbf{I} - \frac{\omega_c^2}{\omega^2}\mathbf{bb}\cdot + j\frac{\omega_c}{\omega}\mathbf{b}\times\right), \ \varepsilon''(\omega) = \mathbf{0} \tag{8.26}$$

Une telle analyse des effets cinétiques présente différents niveaux d'approximations et de régularisations.

• Une première approche consiste à ne considérer que la partie réactive $\varepsilon'(\omega, \mathbf{k})$ du tenseur diélectrique, c'est-à-dire à négliger la dissipation décrite par $\varepsilon''(\omega, \mathbf{k})$, et à restreindre l'analyse aux terme $n = 0$ sur la base d'un développement à l'ordre le plus bas par rapport au petit paramètre $k_\perp v_c/\omega_c$, appelé *développement aux petits rayons de Larmor*. Cette approche conduit à des corrections, qualifiées de *thermiques*, qui augmentent le degré algébrique de la relation de dispersion et introduisent donc un mode (au moins) supplémentaire qui en général coalesce avec le mode froid au niveau de la résonance.

• Une modélisation plus élaborée consiste à prendre en compte un certain nombre de termes résonnants du tenseur diélectrique gyro-cinétique, $n = \pm 1$, $n = \pm 2$..., tout en négligeant la dissipation, c'est-à-dire la parie active du tenseur diélectrique $\varepsilon''(\omega, \mathbf{k})$. Cette approche augmente le degré de la relation de dispersion qui en général n'est plus une relation algébrique mais une équation transcendante, et introduit une infinité de nouveaux modes, dits *cinétiques*. Le phénomène de conversion de mode dans un plasma inhomogène permet de comprendre le mécanisme de couplage de ces modes cinétiques avec le mode fluide, et en assurant un transfert de puissance réactive du mode froid vers les modes cinétiques régularise le comportement singulier issu de la relation de dispersion froide.

• Si un certain nombre d'ordres en les petits rayons de Larmor sont pris en compte dans la partie réactive du tenseur diélectrique $\varepsilon'(\omega, \mathbf{k})$, il est nécessaire, au regard de la cohérence du modèle, de prendre en compte ces ordres au sein de la partie dissipative du tenseur diélectrique $\varepsilon''(\omega, \mathbf{k})$. Ainsi, une troisième étape dans la compréhension du comportement de l'énergie électromagnétique au voisinage d'une résonance fluide se doit d'envisager le phénomène d'absorption, c'est-à-dire du couplage résonnant ondes-particules. La partie dissipative du tenseur diélectrique $\varepsilon''(\omega, \mathbf{k})$ décrit un transfert irréversible d'énergie impulsion entre ondes et plasma et régularise ainsi le comportement fluide du plasma.

Nous allons étudier successivement ces trois niveaux de description prenant en compte la valeur finie non nulle de la température, c'est-à-dire la dispersion des vitesses des particules à l'origine de la dispersion spatiale du tenseur diélectrique. Nous considérerons : (*i*) la régularisation thermique, puis (*ii*) l'existence d'une infinité de modes cinétiques perpendiculairement aux lignes de champ, les modes de Bernstein, enfin, (*iii*) nous construirons des modèles d'absorption résonnante mettant en lumière les mécanismes physiques microscopiques responsables de la dissipation quasi-linéaire d'un plasma non collisionnel.

Soit un plasma analysé en première approche dans le cadre d'un modèle froid présentant deux branches de dispersion pour une fréquence donnée : $aN_\perp^4 - bN_\perp^2 + c = 0$; une résonance $\omega = \omega_r$ associée à l'équation $a = 0$ peut être régularisée en prenant en compte la première correction thermique non nulle obtenue en considérant la partie réactive du tenseur diélectrique $\varepsilon'(\omega, \mathbf{k})$, puis en restreignant la série des résonances harmoniques au terme adiabatique $n = 0$ et en limitant le développement de la fonction de Bessel d'ordre zéro au terme quadratique $(k_\perp v_c/\omega_c)^2$.

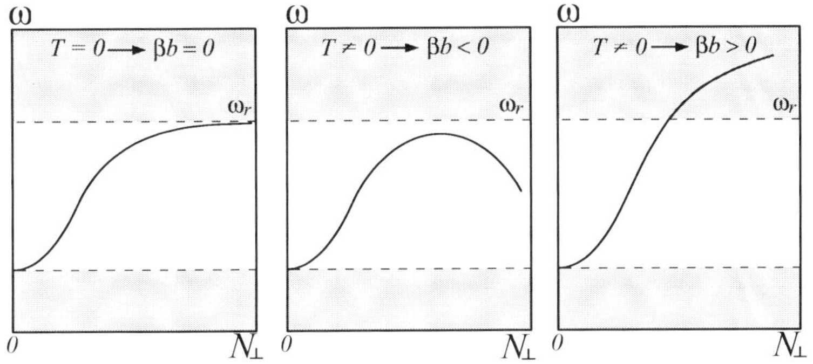

Fig. 8.7 : *Régularisations des résonances fluides.*

Cet ensemble d'approximations conduit nécessairement à une correction du coefficient $a = \alpha(\omega - \omega_r)$ du type $\beta(N_\perp v_c/c)^2$; ainsi l'équation de dispersion au voisinage de la résonance ω_r se présente sous la forme :

$$\alpha(\omega - \omega_r) N_\perp^4 - bN_\perp^2 + c = 0 \rightarrow \left[\alpha(\omega - \omega_r) + \beta\left(N_\perp \frac{v_c}{c}\right)^2\right] N_\perp^4 - bN_\perp^2 + c = 0$$

La branche froide singulière au voisinage de la résonance ne présente plus de singularité si la correction thermique est prise en compte.

$$N_\perp^2 = \frac{b}{\alpha(\omega - \omega_r)} \rightarrow \omega - \omega_r = \frac{b}{\alpha N_\perp^2} - \frac{\beta}{\alpha} N_\perp^2 \left(\frac{v_c}{c}\right)^2 \tag{8.27}$$

Deux situations sont alors envisageables : (*i*) si $\beta b > 0$ alors la nouvelle courbe de dispersion ne présente plus de résonance et intercepte l'ancienne fréquence de résonance pour l'indice : $N_\perp = (b/\beta)^{\frac{1}{4}} (c/v_c)^{\frac{1}{2}}$, (*ii*) si $\beta b < 0$ alors la courbe de dispersion s'éloigne de la résonance qui ne constitue donc plus une singularité. Ces deux topologies associées à la régularisation thermique de la résonance ω_r sont représentées sur la figure (8.7).

8.1.3 Modes cinétiques de Bernstein

Nous avons étudié la relation de dispersion associée au tenseur diélectrique (8.26) et avons ainsi été amenés à résoudre une équation algébrique bicarrée, la même analyse pour le tenseur (8.24) conduit à une équation transcendante dont il est difficile de tirer des branches de propagation ; mais si nous restreignons l'analyse au cas des propagations parallèle et perpendiculaire au champ magnétique statique et aux modes électrostatiques, alors il est possible d'identifier clairement une nouvelle famille de modes particulièrement importants en physique des tokamaks, les modes de Bernstein.

Les modes électrostatiques sont des modes purement électrique pouvant être décrits par un potentiel scalaire $\phi \exp j\left(\omega t - \mathbf{k}\cdot\mathbf{r}\right)$, ils n'existent ni dans le vide, ni dans la plus-part des phases condensées, par contre la présence de charges libres autorise souvent leur propagation. L'équation de l'électrostatique des milieux continus étant donnée par $\boldsymbol{\nabla}\cdot\mathcal{D} = 0$ nous pouvons établir la relation de dispersion des modes électrostatiques comme suit :

$$\textit{Modes électrostatiques} \;:\; \boldsymbol{\nabla}\cdot\mathcal{D} = 0 \rightarrow \boldsymbol{\nabla}\cdot\boldsymbol{\varepsilon}\cdot\boldsymbol{\nabla}\phi = 0 \rightarrow \boxed{\varepsilon \equiv \frac{\mathbf{k}\cdot\boldsymbol{\varepsilon}\left(\omega,\mathbf{k}\right)\cdot\mathbf{k}}{\mathbf{k}\cdot\mathbf{k}} = 0}$$

où ε est appelée la *constante diélectrique.* L'expression du vecteur de couplage dipolaire $\mathbf{V}_n$ (5.55) qui permet d'exprimer le tenseur diélectrique (8.24) conduit à la relation $\mathbf{V}_n\cdot\mathbf{k} = \left(n\omega_c + k_\parallel v_\parallel\right) J_n\left(k_\perp v_c/\omega_c\right)$. La constante diélectrique ε d'un plasma thermonucléaire peut donc être exprimée par la somme :

$$\varepsilon = \left(1 - \frac{\omega_p^2}{\omega^2}\right) - \frac{\omega_p^2}{k^2\omega^2}\sum_{n=-\infty}^{n=+\infty}\int d\mathbf{v}\frac{\left(n\omega_c + k_\parallel v_\parallel\right)^2 J_n^2}{n\omega_c + k_\parallel v_\parallel - \omega}\left(n\omega_c\frac{\partial F_0}{v_c\partial v_c} + k_\parallel\frac{\partial F_0}{\partial v_\parallel}\right)$$

où la fonction de distribution des vitesses F_0 vérifie la convention $\int F_0 d\mathbf{v} = 1$. Le facteur $\left(n\omega_c + k_\parallel v_\parallel\right)^2 / \left(n\omega_c + k_\parallel v_\parallel - \omega\right)$ est ensuite décomposé suivant la relation : $n\omega_c + k_\parallel v_\parallel + \omega + \left(\omega^2/n\omega_c + k_\parallel v_\parallel - \omega\right)$, puis la somme sur les fonctions de Bessel est simplifiée en utilisant les identités : $\sum_n J_n^2 = 1$, $\sum_n nJ_n^2 = 0$ et $\sum_n n^2 J_n^2(a) = a^2/2$. Le résultat final constitue la relation dites de *Harris :*

$$\varepsilon\left(k_\perp, k_\parallel, \omega\right) = 1 - \frac{\omega_p^2}{k_\perp^2 + k_\parallel^2}\sum_{n=-\infty}^{n=+\infty}\int d\mathbf{v}\frac{J_n^2\left(\frac{k_\perp v_c}{\omega_c}\right)}{n\omega_c + k_\parallel v_\parallel - \omega}\left(n\omega_c\frac{\partial F_0}{v_c\partial v_c} + k_\parallel\frac{\partial F_0}{\partial v_\parallel}\right)$$

La relation de dispersion des modes électrostatiques $\varepsilon = 0$ est donnée par une équation transcendante.

$$k_\perp^2 + k_\parallel^2 = \omega_p^2\sum_{n=-\infty}^{n=+\infty}\int 2\pi v_c dv_c dv_\parallel\frac{J_n^2\left(\frac{k_\perp v_c}{\omega_c}\right)\left(n\omega_c\frac{\partial F_0}{v_c\partial v_c} + k_\parallel\frac{\partial F_0}{\partial v_\parallel}\right)}{n\omega_c + k_\parallel v_\parallel - \omega} \tag{8.28}$$

Notons que cette relation peut être obtenue en partant de l'équation de Poisson $\boldsymbol{\Delta}\phi = -\rho/\varepsilon_0 \rightarrow k_\perp^2\phi + k_\parallel^2\phi = \rho/\varepsilon_0$, puis en exprimant la densité volumique de charges ρ sur la base de l'équation (5.48) évaluée pour $\omega^* = 0$. La relation de dispersion (8.28) peut être analysée sous deux hypothèses simplificatrices :

(i) la propagation parallèle aux lignes de champ $k_\perp = 0$, et (ii) la propagation perpendiculaire aux lignes de champ $k_\| = 0$.

$$\begin{aligned} k_\perp &= 0 \rightarrow \varepsilon\left(k_\|, \omega\right) = 1 - \frac{\omega_p^2}{k_\|^2} \int_{-\infty}^{+\infty} \frac{k_\|}{k_\| v_\| - \omega} \frac{\partial F_0}{\partial v_\|} dv_\| \\ k_\| &= 0 \rightarrow \varepsilon\left(k_\perp, \omega\right) = 1 - \frac{\omega_p^2}{k_\perp^2} \sum_{n=-\infty}^{n=+\infty} \frac{n\omega_c}{n\omega_c - \omega} \int_0^{+\infty} J_n^2\left(\frac{k_\perp v_c}{\omega_c}\right) \frac{\partial F_0}{\partial v_c} 2\pi dv_c \end{aligned}$$

L'étude du premier cas nous conduira à redécouvrir le mode plasma électronique (4.45) et le mode acoustique ionique (4.46), et l'analyse du deuxième à identifier les *modes de Bernstein*. Pour une population de particules donnée considérons une distribution thermique des vitesses le long des lignes de champ : $F_0 = \exp\left(-v_\|^2 / v_T^2\right) / \sqrt{\pi} v_T$. La constante diélectrique $\varepsilon\left(k_\|, \omega\right)$ de cette population est alors exprimée par la relation :

$$\varepsilon\left(k_\|, \omega\right) = 1 + 2\frac{\omega_p^2}{k_\|^2 v_T^2}\left[1 + \frac{\omega}{k_\| v_T} Z\left(\frac{\omega}{k_\| v_T}\right)\right] \tag{8.29}$$

où nous avons introduit la fonction de Fried et Conte, ou plus simplement *la fonction Z*.

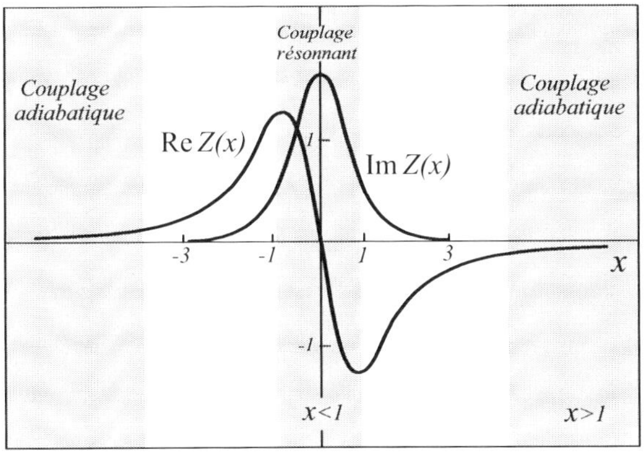

Fig. 8.8 : *Fonction de dispersion plasma Z.*

Z n'est autre que la transformée de Hilbert d'une distribution gaussienne.

$$\begin{aligned} Z(x) &\equiv \frac{1}{\sqrt{\pi}} \int_{-\infty}^{+\infty} \frac{\exp -u^2}{u - (x + j\eta)} du \\ &= \frac{\mathcal{P}}{\sqrt{\pi}} \int_{-\infty}^{+\infty} \frac{\exp -u^2}{u - x} du + j\sqrt{\pi} \exp\left(-x^2\right) \end{aligned} \tag{8.30}$$

$\mathcal{P}$ dénote la partie principale de Cauchy : $1/(x \pm j\eta) \rightarrow \mathcal{P}(1/x) \mp j\pi\delta(x)$. La fonction Z peut être approchée par des approximants de Padé et du point de vue de la physique des plasmas thermonucléaires son développement de Taylor au voisinage de l'origine et son développement asymptotique à l'infini correspondent respectivement au régime résonnant (piégé) et au régime adiabatique (circulant) de l'interaction onde-particule.

$$\begin{array}{lll} \textit{Adiabaticité} & : & x>1\rightarrow Z\approx -\frac{1}{x}\left[1+\frac{1}{2x^2}+\ldots\right]+j\sqrt{\pi}\exp\left(-x^2\right)[1+...] \\ \textit{Résonance} & : & x<1\rightarrow Z\approx -2x\left[1+\frac{2}{3}x^2+\ldots\right]+j\sqrt{\pi}\left[1+x^2+\ldots\right] \end{array}$$

La figure (8.8) représente les parties réelle et imaginaire de la fonction Z. Sur la base de l'expression de la constante diélectrique (8.29) il est possible de rechercher les modes électrostatiques cinétiques et la relation de dispersion $\varepsilon=0$ conduit à l'identification de deux branches :

• $\varepsilon_e\left(k_\|,\omega\right)=0$ qui n'est autre que le mode plasma électronique (4.45) modifié par les effets cinétiques.

• $\varepsilon_e\left(k_\|,\omega\right)+\varepsilon_i\left(k_\|,\omega\right)=0$ qui n'est autre que le mode acoustique ionique (4.46) modifié par les effets cinétiques.

Cette brève analyse pourrait laisser croire que la prise en compte des effets cinétiques ne révèle pas de nouveaux modes, c'est effectivement le cas en propagation strictement parallèle ; mais, dans le cas de la propagation strictement perpendiculaire au champ statique une nouvelle famille de modes purement cinétiques apparaît, les modes de Bernstein.

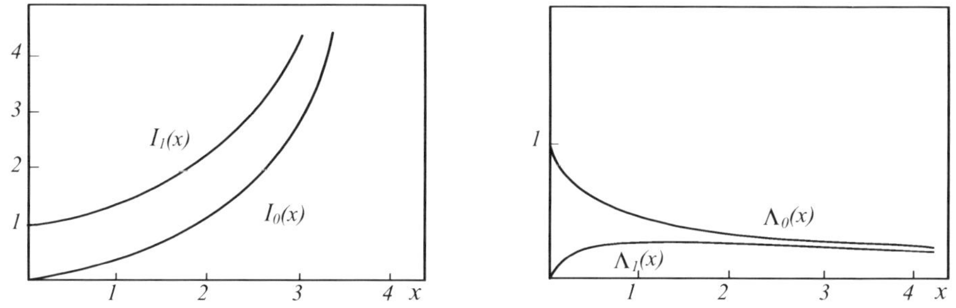

Fig. 8.9 : *Fonctions de Bessel modifiées et fonction* Λ.

Considérons une distribution thermique des vitesses cyclotroniques $F_0=\exp\left(-v_c^2/v_T^2\right)/\pi v_T^2$ et restreignons l'expression de $\varepsilon\left(k_\perp,k_\|,\omega\right)$au cas $k_\|=0$.

$$\varepsilon\left(k_\perp,\omega\right)=1-\frac{4}{v_T^2}\frac{\omega_p^2}{k_\perp^2v_T^2}\sum_{n=-\infty}^{n=+\infty}\frac{n\omega_c}{n\omega_c-\omega}\int_0^{+\infty}J_n^2\left(\frac{k_\perp v_c}{\omega_c}\right)\exp-\frac{v_c^2}{v_T^2}v_cdv_c$$

Introduisons les fonctions de Bessel modifiées *de première espèce* I_n représentées sur la figure (8.9) pour les cas $n=0$ et $n=1$,

$$I_n\left(\frac{y^2}{x^2}\right)\equiv x^2\exp\left(\frac{y^2}{x^2}\right)\int_0^{+\infty}u\exp\left(-\frac{x^2u^2}{2}\right)J_n^2\left(yu\right)du \qquad (8.31)$$

et définissons les fonctions Λ_n plus appropriées à l'étude des modes de Bernstein :

$$\Lambda_n\left(\frac{k_\perp^2v_T^2}{2\omega_c^2}\right)\equiv\int_0^{+\infty}2v_cdv_cJ_n^2\left(\frac{k_\perp v_c}{\omega_c}\right)\frac{\exp-\frac{v_c^2}{v_T^2}}{v_T^2}=\exp\left(-\frac{k_\perp^2v_T^2}{2\omega_c^2}\right)I_n\left(\frac{k_\perp^2v_T^2}{2\omega_c^2}\right)$$

Les fonction Λ_n sont représentées sur la figure (8.9) et possèdent un certain nombre de propriétés que révèle une étude spécifique, nous nous contenterons d'énumérer les principales : (*i*) $0 < \Lambda_n(a) < 1$ quel que soit a, (*ii*) $\Lambda_0(a)$ est une fonction monotone décroissante à partir $\Lambda_0(0) = 1$, (*iii*) $\Lambda_{-n}(a) = \Lambda_n(a)$, (*iv*) $\Lambda_n(a)$ est une fonction croissante à partir de $\Lambda_n(0) = 0$, atteint un maximum pour $a \sim n^2$ puis est monotone décroissante, la valeur de ce maximum décroît comme $1/|n|$ et (*v*) $\Lambda_n(a) \to (2\pi a)^{-\frac{1}{2}} \exp(-n^2/2a)$ lorsque a tend vers l'infini. Comme dans le cas de la propagation parallèle, deux types de modes électrostatiques peuvent être considérés, les modes de Bernstein électroniques $\varepsilon_e(k_\perp, \omega) = 0$ et les modes de Bernstein ioniques $\varepsilon_e(k_\perp, \omega) + \varepsilon_i(k_\perp, \omega) = 0$.

$$\textit{Bernstein} \ : \quad \varepsilon(k_\perp, \omega) = 1 - 2\frac{\omega_c^2}{k_\perp^2 \lambda_D^2} \sum_{n=1}^{n=+\infty} \frac{n^2}{n^2\omega_c^2 - \omega^2} \Lambda_n \left(\frac{\omega_p^2}{\omega_c^2} k_\perp^2 \lambda_D^2 \right) = 0$$

Les branches associées à la dispersion $\varepsilon'(k_\perp, \omega) = 0$ se développent sans amortissement au voisinage des harmoniques de la fréquence cyclotronique $n\omega_c$. La figure (8.10) représente la relation de dispersion $\varepsilon(k_\perp, \omega) = 0$ au voisinage des premières harmoniques et du fondamental dans les limites asymptotiques dense et diluée $\omega_p \gg \omega_c$ et $\omega_c \gg \omega_p$. Dans la limite d'un champ magnétique nul les modes de Bernstein dégénèrent en deux branches : les ondes de Langmuir à haute fréquence et les ondes acoustiques ioniques à basse fréquence.

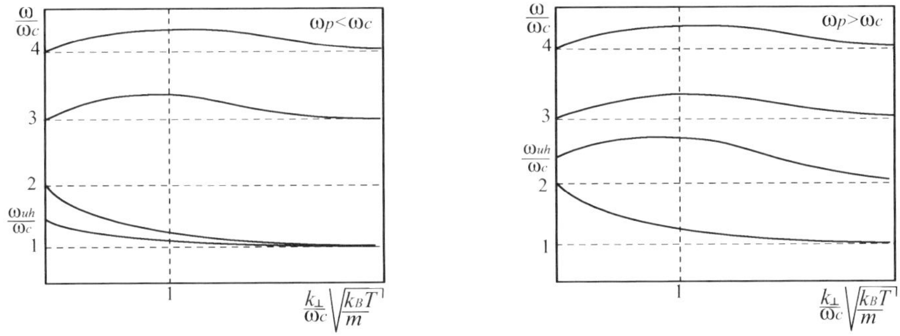

Fig. 8.10 : *Dispersion des modes de Bernstein dans les plasmas dense et dilué.*

Les modes de Bernstein électroniques et ioniques seront invoqués pour régulariser le comportement de la dispersion froide et comprendre les mécanismes de conversion de l'énergie électromagnétique pour les trois bandes de fréquences utilisées pour le chauffage et le contrôle des tokamaks :

• le chauffage avec des ondes dans la bande radio-fréquence 30 - 150 MHz excitées suivant le mode *magnétosonique rapide*,

• le contrôle avec des ondes au voisinage de quelques GHz suivant la branche dite *hybride basse*,

• le chauffage avec des ondes dans la bande micro-onde 100 - 150 GHz excitées suivant les polarisations *ordinaire ou extraordinaire*.

Dans le cadre des trois études qui viennent d'être menées nous n'avons pas considéré l'absorption décrite par le tenseur ε'' (8.25), nous allons analyser dans les paragraphes suivants la nature physique des phénomènes d'absorption Landau et cyclotrons associés à ce tenseur ε'' (8.25) mais avant cela nous allons identifier et définir la force pondéromotrice.

8.1.4 Force pondéromotrice

L'échange de puissance entre une onde et un plasma thermonucléaire ne se réduit pas uniquement aux échanges résonnants Landau et cyclotron qui seront analysés dans le paragraphe suivant ; un effet séculaire, la force pondéromotrice, peut aussi être mis en œuvre pour contrôler les caractéristiques d'un plasma thermonucléaire. La force pondéromotrice peut être utilisée dans les tokamaks pour générer du courant, engendrer une rotation poloïdale et elle pose problème au niveau des antennes où elle diminue le couplage au plasma.

L'effet de transfert de puissance résonnant est décrit par l'équation quasi-linéaire dont le coefficient de diffusion est une fonction quadratique du champ électrique ; la force pondéromotrice constitue un deuxième effet quadratique en l'amplitude du champ, mais cet effet est de nature adiabatique et non résonnante. Cet effet séculaire est transverse à tous les domaines de l'interaction champs-matière, il est par exemple dénommé *force dipolaire* dans le contexte de l'interaction laser-atome.

Soit une onde électromagnétique dont les champs électrique et magnétique sont : (i) de nature périodique harmonique dans le temps t, de période $2\pi/\omega$, et (ii) inhomogènes dans l'espace $\mathbf{r}$.

$$\mathbf{E}(\mathbf{r}) \exp j\omega t \ , \ \mathbf{B}(\mathbf{r}) = \frac{\boldsymbol{\nabla} \times \mathbf{E}(\mathbf{r})}{-j\omega} \exp j\omega t \tag{8.32}$$

Considérons une particule chargée de masse m et de charge e. L'équation de Newton décrivant son interaction avec les champs précédents est non-linéaire ; pour la résoudre effectuons un développement de Taylor des amplitudes complexes des champs oscillants au voisinage d'un point de référence $\mathbf{r} = \mathbf{0}$: $\mathbf{E}(\mathbf{r}) = \mathbf{E}(\mathbf{r} = \mathbf{0}) + (\mathbf{r} \cdot \boldsymbol{\nabla}) \mathbf{E}|_{\mathbf{r}=\mathbf{0}} + ...$, $\omega \mathbf{B}(\mathbf{r}) = j \ \boldsymbol{\nabla} \times \mathbf{E}(\mathbf{r})|_{\mathbf{r}=\mathbf{0}} + ...$ L'équation de Newton présente alors deux termes, (i) un premier identique aux équations du mouvement dans un champ oscillant spatialement homogène, et (ii) un deuxième décrivant des effets séculaires et des termes d'harmoniques supérieures, car croisant des termes oscillants.

$$\frac{d\mathbf{v}}{dt} = \underbrace{\frac{e}{m}\mathbf{E} \exp j\omega t + \omega_c \mathbf{v} \times \mathbf{b}}_{\text{oscillation rapide}} \tag{8.33}$$

$$+ \underbrace{\frac{e}{m} (\mathbf{r} \cdot \boldsymbol{\nabla}) \mathbf{E} \exp j\omega t + \frac{e}{m} \mathbf{v} \times \mathbf{B} \exp j\omega t}_{\text{effets séculaires et harmoniques}} \tag{8.34}$$

$\mathbf{b}$ est un vecteur unitaire dans la direction du champ magnétique statique et ω_c la fréquence cyclotron associée à ce champ magnétique statique. Ces deux termes peuvent être ordonnés suivant un ordering temporel, le premier décrit des oscillations rapides et le deuxième, pris en valeur moyenne sur la période du mouvement rapide ($\langle\rangle$), représente une force séculaire *pondéromotrice*.

Si nous considérons la solution linéaire associée au premier terme (8.33) sous la forme $\widetilde{\mathbf{v}} \exp j\omega t$ pour la vitesse et sous la forme $\widetilde{\mathbf{r}} = \widetilde{\mathbf{v}} (\exp j\omega t) / j\omega$ pour la position, nous obtenons la relation algébrique :

$$\textit{Oscillation rapide} \ : \ j\omega\widetilde{\mathbf{v}} = \frac{e}{m}\mathbf{E} + \omega_c \widetilde{\mathbf{v}} \times \mathbf{b} \tag{8.35}$$

L'équation algébrique (8.35) est résolue en considérant la solution de l'équation algébrique linéaire d'inconnue $\mathbf{x}$ suivante : $\mathbf{x} + \alpha\mathbf{x} \times \mathbf{b} = \mathbf{c} \to \mathbf{x} = [\mathbf{c} + \alpha\mathbf{b}\times + +\alpha^2\mathbf{b}(\mathbf{b}\cdot\mathbf{c})] / \left(1+\alpha^2\right)$, pour obtenir :

$$\textit{Vitesse oscillante} \ : \ \widetilde{\mathbf{v}} = j\frac{e}{m}\frac{\omega}{\omega_c^2 - \omega^2}\left[\mathbf{E} + j\frac{\omega_c}{\omega}\mathbf{b}\times\mathbf{E} - \frac{\omega_c^2}{\omega^2}\mathbf{E}\cdot\mathbf{bb}\right]$$

La force pondéromotrice est constituée par la valeur moyenne du deuxième terme (8.34).

$$\textit{Force séculaire} \ : \ \mathbf{F}_P \equiv \left\langle m\frac{d\mathbf{v}}{dt}\right\rangle = \frac{e}{2}\,\mathrm{Re}\left[\widetilde{\mathbf{r}}\cdot\boldsymbol{\nabla}\mathbf{E}^* + \widetilde{\mathbf{v}}\times\mathbf{B}^*\right] \tag{8.36}$$

Cette expression peut être évaluée, soit par projection sur une base appropriée, soit en utilisant les identités : $\mathrm{Re}\left[\widetilde{\mathbf{r}}\cdot\boldsymbol{\nabla}\mathbf{E}^* + \widetilde{\mathbf{v}}\times\mathbf{B}^*\right] = \mathrm{Im}[\widetilde{\mathbf{v}}\cdot\boldsymbol{\nabla}\mathbf{E}^* + \widetilde{\mathbf{v}}\times\boldsymbol{\nabla}\times\mathbf{E}^*]/\omega$ et $(\widetilde{\mathbf{v}}\cdot\boldsymbol{\nabla})\,\mathbf{E}^* + \widetilde{\mathbf{v}}\times(\boldsymbol{\nabla}\times\mathbf{E}^*) = \boldsymbol{\nabla}(\widetilde{\mathbf{v}}\cdot\mathbf{E}^*)/2$. La force pondéromotrice est donc de nature potentielle et il est d'usage d'introduire le potentiel pondéromoteur Φ_P tel que $\mathbf{F}_P = -\boldsymbol{\nabla}\Phi_P$.

$$\textit{Potentiel pondéromoteur :} \quad \Phi_P(\mathbf{r}) = -\frac{e^2}{4m\omega}\frac{\omega}{\omega_c^2-\omega^2}\left[\mathbf{E}\cdot\mathbf{E}^* - \frac{\omega_c^2}{\omega^2}(\mathbf{b}\cdot\mathbf{EE}^*\cdot\mathbf{b})\right]$$

Dans le cadre d'une description fluide le concept de pression pondéromotrice P_P peut aussi être introduit.

$$\textit{Pression pondéromotrice :} \quad \boxed{P_P(\mathbf{r}) = \frac{\omega_p^2}{\omega_c^2-\omega^2}\frac{\varepsilon_0}{2}\left[\frac{|\mathbf{E}|^2}{2} - \frac{\omega_c^2}{\omega^2}\frac{\left|\mathbf{E}_\parallel\right|^2}{2}\right]} \tag{8.37}$$

La force pondéromotrice est particulièrement importante dans le domaine de l'interaction laser-plasma, dans le domaine des tokamaks elle a été proposée pour générer le courant toroïdal ou la rotation globale du plasma mais aucune expérience n'a, à l'heure actuelle, exploré son efficacité.

8.2 Dissipation Quasi-linéaire

8.2.1 Absorptions Landau et cyclotron

La dissipation ultime du contenu énergétique des champs hautes fréquences à l'issue de la propagation au sein d'un plasma de tokamak peut être décrite dans le cadre de deux modèles dont nous avons établi l'équivalence : (i) la résolution de l'équation de Vlasov linéarisée nous a conduit à identifier la partie active du tenseur diélectrique (8.25) :

$$\varepsilon'' = \pi\frac{\omega_p^2}{\omega^2}\sum_n \int \mathbf{V}_n^*\mathbf{V}_n\delta\left[n\omega_c + k_\parallel v_\parallel - \omega\right]\mathrm{L}_n\cdot\frac{F_0}{N_0}d\mathbf{v} \tag{8.38}$$

ce tenseur décrit des courants en phase, ou en opposition de phase, avec le champ électrique, c'est-à-dire des phénomènes d'instabilité ou d'absorption de l'onde considérée ; (*ii*) une analyse des équations cinétiques au deuxième ordre nous a permi de construire l'équation quasi-linéaire (5.58) :

$$\frac{\partial F_0}{\partial t} = \pi \frac{\omega_p^2}{\omega^2} \sum_n \mathrm{L}_n \cdot \varepsilon_0 \frac{|\mathbf{V}_n \cdot \mathbf{E}|^2}{2m} \delta\left[n\omega_c + k_\| v_\| - \omega\right] \mathrm{L}_n \cdot \frac{F_0}{N_0} \tag{8.39}$$

cette équation décrit l'évolution séculaire (basse fréquence) de la fonction de distribution des vitesses $F_0(\mathbf{v}, t)$ d'un plasma thermonucléaire soumis à une onde. Ces deux approches offrent deux méthodes pour calculer la puissance transférée du champ vers les particules, ces deux méthodes conduisent à la même valeur de la puissance active ainsi échangée.

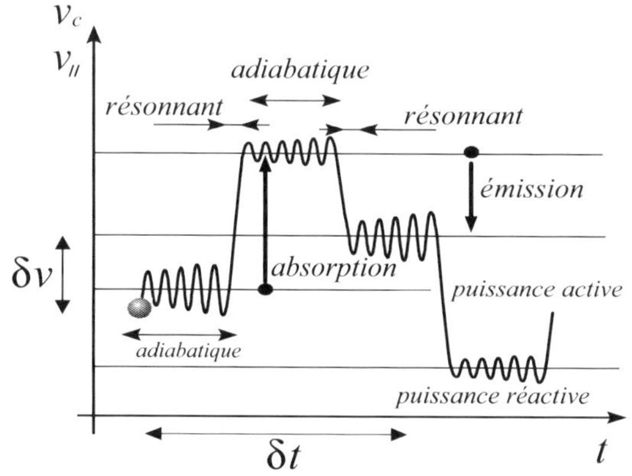

Fig. 8.11 : *Emission et absorption résonnantes en régime classique.*

Dans ce paragraphe nous allons considérer la deuxième approche pour étudier les deux principaux mécanismes d'absorption à l'œuvre dans les plasmas thermonucléaires : (*i*) la résonance Landau, (*ii*) les résonances cyclotron. L'hypothèse des phases aléatoires, qui a été utilisée pour construire l'équation (8.39), conduit à considérer l'évolution dans l'espace des vitesses comme un processus de diffusion, l'interaction onde-particule peut être vue comme une marche aléatoire dans l'espace des vitesses $v_\|$ et v_c. Lorsqu'une particule cède une partie de son énergie cinétique à un champ oscillant le phénomène est un processus d'émission ; lorsqu'une particule gagne de l'énergie au détriment d'un champ oscillant c'est un processus d'absorption. Ainsi la théorie quasi-linéaire doit être comprise comme le bilan macroscopique et basse fréquence, d'une dynamique microscopique markovienne haute fréquence du type marche aléatoire dans l'espace des vitesses illustrée par la figure (8.11) : *Emission / Absorption / Emission /Emission / Absorption / Emission....* Cette vision est confortée par les simulations numériques représentées sur la figure (8.11) ; sous l'effet d'un spectre d'ondes une particule alterne des phases adiabatiques d'oscillations sans échange significatif d'énergie (puissance réactive) et des phases résonnantes (piégées) où l'échange est significatif (puissance active), la multiplicité des résonances et leurs proximités fait que le piégeage est transitoire.

Dans le deuxième chapitre nous avons présenté l'équation de Fokker-Planck comme l'outil d'analyse des marches aléatoires. L'image de l'interaction onde-particule que nous avions construite dans le paragraphe *Hamiltonien gyrocinétique* peut ainsi être précisée dans le contexte de ce modèle d'émission/

absorption. L'énergie d'un photon associé à une onde $\exp j\left(\omega t - k_{\|} z - k_{\perp} x\right)$ étant donnée par $\hbar\omega$ et son l'impulsion par $\hbar k_{\|}$, la conservation de l'énergie-impulsion pour le système photon-particule en régime d'interaction cyclotronique harmonique d'ordre n conduit aux relations : $m\delta\left(v_c^2 + v_{\|}^2\right)/2 = \hbar\omega$, $m\delta\left(v_{\|}\right) = \hbar k_{\|}$, $m\delta\left(v_c^2\right)/2 = n\hbar\omega_c$; ces trois relations, complétées par la condition de résonance $\omega = n\omega_c + k_{\|} v_{\|}$, permettent d'établir que la diffusion quasi-linéaire opère suivant des chemins ou lignes de diffusion : $v_c^2 + \left(v_{\|} - \omega/k_{\|}\right)^2 = v_{0c}^2 + \left(v_{0\|} - \omega/k_{\|}\right)^2$. L'amplitude de diffusion suivant ces lignes au voisinage des résonances doit être prise en compte pour compléter l'image, elle est donnée par un produit de fonctions de Bessel d'ordre n pondéré par la polarisation du champ électrique : $e\mathbf{V}_n \cdot \mathbf{E}\,[\mathrm{W}] = en\omega_c J_n\left(k_{\perp} v_c/\omega_c\right) E_x/k_{\perp} + jev_c J_n'\left(k_{\perp} v_c/\omega_c\right) E_y + ev_{\|} J_n\left(k_{\perp} v_c/\omega_c\right) E_z$, en mécanique quantique ce facteur n'est autre que l'élément de matrice du hamiltonien haute fréquence apparaissant dans l'expression de la *règle d'or de Fermi*.

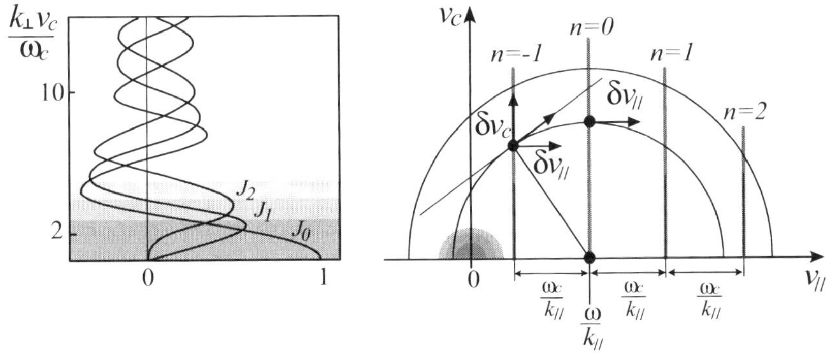

Fig. 8.12 : *Courbes de résonance, lignes de diffusion et amplitudes de diffusion.*

La figure (8.12) présente ces différents éléments physiques associés aux interactions résonnantes Landau et cyclotron. Nous allons étudier l'absorption sur la base de cette modélisation cinétique et considérer successivement les processus Landau et cyclotron.

$$\textit{Quasi-linéaire} \quad : \quad \frac{\partial f(\mathbf{v},t)}{\partial t} = \frac{\partial}{\partial \mathbf{v}} \cdot \frac{\langle \delta\mathbf{v}\delta\mathbf{v}\rangle_{\mathbf{x}_0}}{2\delta t} \cdot \frac{\partial f}{\partial \mathbf{v}} \tag{8.40}$$

$$\textit{Landau} \quad : \quad \frac{\partial f\left(v_{\|},t\right)}{\partial t} = \frac{\partial}{\partial v_{\|}} \frac{\left\langle \delta v_{\|}\delta v_{\|}\right\rangle}{2\delta t} \frac{\partial f}{\partial v_{\|}} \tag{8.41}$$

$$\textit{Cyclotron} \quad : \quad \frac{\partial f\left(v_c,t\right)}{\partial t} = \frac{1}{v_c}\frac{\partial}{\partial v_c} v_c \frac{\langle \delta v_c \delta v_c\rangle}{2\delta t}\frac{\partial f}{\partial v_c} \tag{8.42}$$

Soit une onde électrostatique longitudinale $E_{\|}\cos\left(k_{\|} z - \omega t\right)$, décrite par le potentiel électrostatique $-\phi\sin\left(k_{\|} z - \omega t\right)$, en interaction avec une particule chargée de masse m et de charge e. L'équation de Newton pour chaque particule se réduit à la prise en compte de la force de Coulomb, $v_{\|} = dz/dt$ et :

$$\textit{Newton/Coulomb} \quad : \quad \frac{dv_{\|}}{dt} = \frac{e}{m} E_{\|}\cos\left(k_{\|} z - \omega t\right) \tag{8.43}$$

La phase relative initiale entre l'onde et la particule $\varphi \equiv \left(k_{\|} z_0 - \omega t_0\right)$ n'est pas un paramètre de contrôle du problème : à un instant donné, dans un plasma thermonucléaire, certaines particules se trouvent dans les zones de champ fort, d'autres dans les zones de champ faible, nous supposerons donc que cette phase initiale φ entre l'onde et la particule est uniformément distribuée entre 0 et 2π et nous prendrons la moyenne des quantités physiques sur φ, c'est-à-dire sur toutes les positions initiales accessibles z_0. La puissance transférée de l'onde vers la particule, par unité de volume, est définie par la relation :

$$w_L \left[\frac{\mathrm{W}}{\mathrm{m}^3}\right] = n\frac{\partial}{\partial t}\int_{-\infty}^{+\infty}\frac{m}{2}v_\parallel^2 f dv_\parallel \rightarrow w_L = -nm\int_{-\infty}^{+\infty} v_\parallel \frac{\left\langle \delta v_\parallel \delta v_\parallel \right\rangle_\varphi}{2\delta t}\frac{\partial f}{\partial v_\parallel} dv_\parallel$$

où nous avons intégré par partie pour faire apparaître le coefficient de diffusion et introduit n la densité volumique de particules. Conformément à l'hypothèse des phases aléatoires (RPA), calculons l'effet du champ électrique $E_\parallel$ sur une particule de vitesse non perturbée $v_{\parallel 0}$ et se trouvant en z_0 à l'instant $t_0 = 0$ lorsque l'interaction champ-particule débute. Pour un petit temps δt l'orbite de la particule peut être représentée comme un développement en puissance de l'amplitude du champ : $v_\parallel = v_{\parallel 0} + \delta v_{\parallel 1} + \delta v_{\parallel 2} + ...$ et $z = z_0 + v_{\parallel 0} t + \delta z_1 + ...$

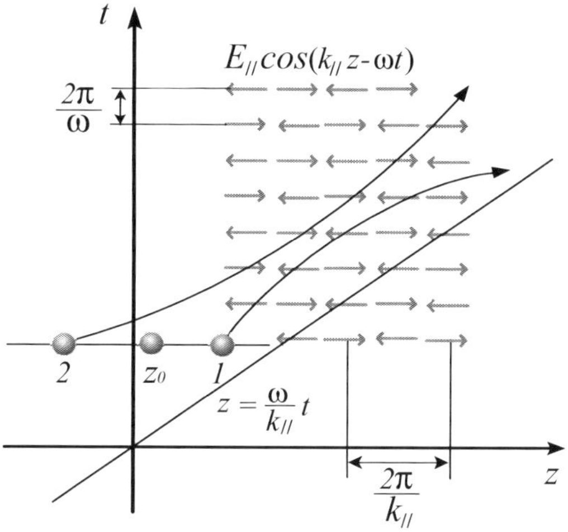

Fig. 8.13 : *Synchronisme Landau.*

Le premier ordre est solution de l'équation :

$$\frac{d\delta v_{\parallel 1}}{dt} = \frac{e}{m}E_\parallel \cos\left(k_\parallel z - \omega t\right)\Big|_{z=z_0+v_{\parallel 0}t}, \quad \frac{d\delta z_1}{dt} = \delta v_{\parallel 1} \qquad (8.44)$$

La solution de cette équation linéaire est donc la superposition de la translation uniforme initiale $v_{\parallel 0}$ et d'une oscillation linéaire entretenue par le champ $\delta v_{\parallel 1}$:

$$\delta v_{\parallel 1}(v_{\parallel 0}, \delta t) = \frac{e}{m}\frac{E_\parallel}{k_\parallel v_{\parallel 0} - \omega}\left[\sin\left[\left(k_\parallel v_{\parallel 0} - \omega\right)\delta t + \varphi\right] - \sin\varphi\right]$$

Cette solution met en évidence l'existence du phénomène de résonance de Landau, lorsque $k_\parallel v_{\parallel 0} - \omega = 0$ la perturbation induite par l'onde devient très grande et la méthode perturbative utilisée ici n'est plus valable. L'existence de cette résonance, qui traduit le fait que la particule subit un champ statique dans le repère propre de l'onde, est une des conditions d'apparition du chaos donc du caractère aléatoire des phases. Appliquons l'hypothèse des phases aléatoires

(RPA) et considérons la moyenne de l'expression précédente sur la phase φ dont la probabilité est supposée uniformément distribuée entre 0 et 2π. Le résultat est évidemment nul : $\left\langle \delta v_{\|1}(v_{\|0}, \delta t) \right\rangle_{\varphi} = 0$. Ce résultat est conforme à l'image physique de l'interaction onde-particule : un transfert cohérent d'impulsion dans une direction ne peut résulter (au premier ordre) de la superposition d'oscillations incohérentes. A l'ordre deux la variation de vitesse $\delta v_{\|2}$ est une conséquence du déplacement à l'ordre un δz_1.

$$\frac{d\delta v_{\|2}}{dt} = -\frac{e}{m} E_{\|} \delta z_1 k_{\|} \sin\left[\left(k_{\|} v_{\|0} - \omega\right) t + \varphi\right] \tag{8.45}$$

Le déplacement à l'ordre un δz_1 est obtenu par intégration de la vitesse au même ordre.

$$\begin{aligned} \delta z_1(v_{\|0}, \delta t) &= \frac{-eE_{\|}}{m\left(k_{\|} v_{\|0} - \omega\right)^2}\left[\cos\left[\left(k_{\|} v_{\|0} - \omega\right)\delta t + \varphi\right] + \cos\varphi\right] \\ &\quad - \frac{eE_{\|}}{m\left(k_{\|} v_{\|0} - \omega\right)} \delta t \sin\varphi \end{aligned}$$

Compte tenu des résultats précédents, il est aisé de vérifier l'identité (relation d'Einstein) :

$$\left\langle \frac{d\delta v_{\|2}}{d\delta t}(v_{\|0}, \delta t) \right\rangle_{\varphi} = \frac{\partial}{\partial v_{\|0}} \cdot \left\langle \delta v_{\|1}(v_{\|0}, \delta t) \frac{d}{d\delta t}\left[\delta v_{\|1}(v_{\|0}, \delta t)\right] \right\rangle_{\varphi} \tag{8.46}$$

où la moyenne porte sur la phase aléatoire φ. Ce dernier résultat peut être symétrisé et intégré par rapport au temps pour établir la relation $\left\langle \delta v_{\|2} \right\rangle_{\varphi} = \partial \left\langle \delta v_{\|1} \delta v_{\|1} \right\rangle_{\varphi} / 2\partial v_{\|0}$; cette relation entre la friction et la diffusion n'est autre que la relation d'Einstein qui valide l'équation (8.41). Evaluons à présent le coefficient $\left\langle \delta v_{\|1} \delta v_{\|1} \right\rangle_{\varphi}$.

$$\left\langle \delta v_{\|1}(v_{\|0}, \delta t) \delta v_{\|1}(v_{\|0}, \delta t) \right\rangle_{\varphi} = \frac{2e^2}{m^2} E_{\|}^2 \frac{\sin^2\left(\frac{k_{\|} v_{\|0} - \omega}{2} \delta t\right)}{\left(k_{\|} v_{\|0} - \omega\right)^2}$$

Cette expression peut être simplifiée dans la limite où δt est petit devant l'échelle de temps de l'évolution cinétique et grand devant la période de l'onde ω^{-1}, la limite $\varepsilon \sin^2(x/\varepsilon)/x^2\big|_{\varepsilon \to 0} \to \pi\delta(x)$ est alors légitime.

$$\frac{\left\langle \delta v_{\|} \delta v_{\|} \right\rangle_{\varphi}}{2\delta t} = \frac{\pi}{2} \frac{e^2 E_{\|}^2}{m^2} \delta\left(k_{\|} v_{\|0} - \omega\right) \tag{8.47}$$

Le résultat final est donc donné par la formule classique due à Landau.

$$\textit{Absorption Landau :}\quad \boxed{w_L \left[\frac{\mathrm{W}}{\mathrm{m}^3}\right] = -\pi \omega_p^2 \frac{\omega}{k_{\|}} \frac{\partial f}{k_{\|} \partial v_{\|}}\bigg|_{\omega = k_{\|} v_{\|}} \frac{\varepsilon_0 E_{\|}^2}{2}} \tag{8.48}$$

Sur le diagramme d'espace-temps représenté par la figure (8.13) nous avons tracé les trajectoires de particules de même vitesse initiale $v_{\|0}$, seules les positions initiales z_0, c'est-à-dire les phases φ, diffèrent pour ces particules. Si

$k_\parallel v_\parallel - \omega \ll 0$ ou $k_\parallel v_\parallel - \omega \gg 0$, les particules sont en régime adiabatique et l'alternance d'accélération et de décélération se traduit par une oscillation de faible amplitude. Si $k_\parallel v_\parallel - \omega \approx 0$, alors les particules et l'onde sont en synchronisme, l'effet de l'onde sur la particule est une accélération ou une décélération transitoirement synchronisées, particules 1 et 2 sur la figure (8.13). La vitesse évolue de façon significative pour ces particules résonnantes, le signe du transfert d'impulsion peut être positif ou négatif suivant les conditions initiales.

L'existence d'un transfert séculaire d'énergie-impulsion d'un champ de forces vers des particules lorsque ce champ est en moyenne, dans le temps et/ou l'espace, nul ($\langle F(x,t)\rangle = 0$) peut paraître surprenant. Un modèle de forces en dents de scie $F_A - F_B - F_A - F_B - F_A - F_B - ...$ permet d'éclairer ce paradoxe apparent. Considérons une population de particules de densité n, initialement homogène. Cette population est soumise à l'influence d'une force périodique dans le temps et l'espace, se propageant à la vitesse $\omega/k_\parallel$, dont le potentiel ϕ est représenté sur la figure (8.14). Dans le repère au repos de cette onde en dents de scie la périodicité spatiale est mesuré par la longueur $\lambda = 2\pi/k_\parallel$ et les particules situées dans les zone A et B effectuent les déplacements $\delta x_A = v\delta t + F_A \delta t^2/2m$, $\delta x_B = v\delta t + F_B \delta t^2/2m$ durant un temps δt.

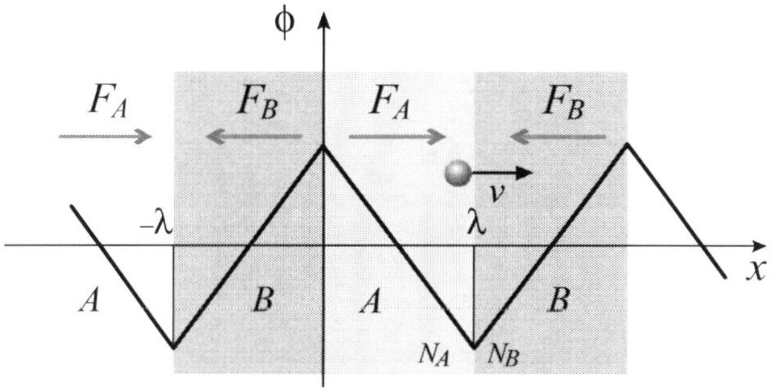

Fig. 8.14 : *Absorption Landau d'une onde en dents de scie.*

La densité est modifié par ces déplacements, elle augmente dans les zones attractives et diminue dans les zones répulsives et le bilan dans les zones A et B (figure (8.14)) est donné par :

$$\frac{N_A(\delta t)}{n} = \frac{\lambda - |\delta x_A| + |\delta x_B|}{\lambda} = 1 + \frac{F_B - F_A}{2m\lambda}\delta t^2 = 1 - \frac{F_A}{m\lambda}\delta t^2 \quad (8.49)$$

$$\frac{N_B(\delta t)}{n} = \frac{\lambda + |\delta x_A| - |\delta x_B|}{\lambda} = 1 + \frac{F_A - F_B}{2m\lambda}\delta t^2 = 1 + \frac{F_A}{m\lambda}\delta t^2 \quad (8.50)$$

Ce bilan a été effectué dans le repère au repos de l'onde mais il est indépendant du repère, par contre le bilan de puissance dépend du repère. Dans le repère du laboratoire les forces A et B développent une puissance w_{AB}.

$$\langle w_{AB}\rangle = \left[N_A F_A \cdot \left(\frac{\omega}{k_\parallel} + v\right) + N_B F_B \cdot \left(\frac{\omega}{k_\parallel} + v\right)\right] \approx -2n\frac{F_A^2}{m}\frac{\omega}{k_\parallel}\delta t^2$$

Ainsi, bien que la force moyenne soit nulle, $\langle \mathbf{F}(x,t)\rangle = \mathbf{0}$, la puissance moyenne $\langle w_{AB}\rangle$ échangée entre le champ et les particules est non nulle $\langle \mathbf{F}\cdot\mathbf{v}\rangle = \langle w\rangle \neq 0$.

Considérons le cas des résonances cyclotron, soit une particule de masse m et de charge e plongée dans un champ magnétique statique uniforme $\mathbf{B} = B\mathbf{b}$, où $\mathbf{b}$ est un vecteur unitaire. Cette particule interagit avec un champ électrique

$E_\perp \cos(\omega t)\,\mathbf{e}_x$ - $E_\perp \sin(\omega t)\,\mathbf{e}_y$ où x et y constituent un système de coordonnées cartésiennes dans le plan perpendiculaire à $\mathbf{b}$, système de coordonnées associé à la base orthonormée directe $[\mathbf{e}_x, \mathbf{e}_y, \mathbf{b}]$. L'écriture de l'équation du mouvement de la particule se réduit à la prise en compte des forces électrique et magnétique. Afin d'étudier le phénomène de résonance cyclotronique introduisons la variable complexe $\mathcal{V}$: $\mathbf{v}_c = v_x \mathbf{e}_x + v_y \mathbf{e}_y \rightarrow \mathcal{V} = v_x + jv_y$. La variable $\mathcal{V}$ vérifie l'équation différentielle linéaire du premier ordre :

$$\textit{Newton/Laplace/Coulomb} \;:\; \frac{d\mathcal{V}}{dt} + j\omega_c \mathcal{V} = \frac{eE_\perp}{m} \exp -j\omega t \tag{8.51}$$

Soit une population, électronique ou ionique, décrite par sa fonction de distribution du module de la vitesse cyclotronique $f(v_c,t)$, cette distribution étant normalisée à l'unité : $\int f(v_c,t) 2\pi v_c dv_c = 1$. Cette population interagit avec un champ électrique de fréquence de l'ordre de grandeur de la fréquence cyclotronique, l'interaction onde-particules peut être vue comme une série : *émission / absorption / émission / absorption / émission /...* Cette série de processus peut être considérée comme une marche aléatoire dans l'espace des vitesses cyclotroniques et nous modélisons donc l'évolution de la distribution par une équation de Fokker-Planck. L'observation d'une émission ou d'une absorption est déterminée par la phase initiale entre la rotation cyclotronique et la rotation du champ électrique, ces deux situations sont représentées sur la figure (8.15) (particules 1 et 2).

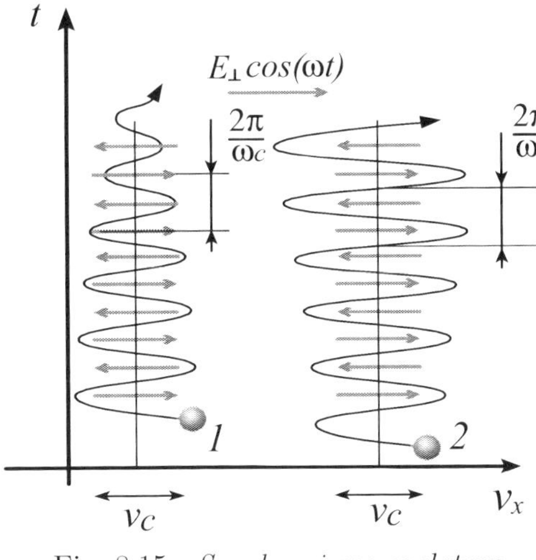

Fig. 8.15 : *Synchronisme cyclotron.*

Introduisons n la densité de particules et w_c la densité de puissance déposée sur la population considérée.

$$w_c \left[\frac{\mathrm{W}}{\mathrm{m}^3}\right] = n\frac{\partial}{\partial t}\int_0^{+\infty} 2\pi v_c \frac{mv_c^2}{2} f dv_c \rightarrow w_c = -n\int_0^{+\infty} 2\pi m v_c^2 \frac{\langle \delta v_c \delta v_c \rangle}{2\delta t}\frac{\partial f}{\partial v_c} dv_c$$

L'évaluation du bilan de puissance se ramène donc au calcul du coefficient de diffusion $\langle \delta v_c \delta v_c \rangle / 2\delta t$. La solution de l'équation différentielle linéaire avec second membre (8.51) est la somme de la solution générale de l'équation sans second membre et d'une solution particulière de l'équation avec second membre.

$$\mathcal{V}(t) = v_c \exp\left(-j\omega_c t\right) + \frac{eE_\perp}{m}\exp\left(-j\omega_c t\right)\int_0^t \exp\left(j\omega_c u\right)\exp\left(-j\omega u\right)du \quad (8.52)$$

L'incrément de vitesse cyclotronique durant un temps δt peut être calculé suivant la variation du carré du module de la variable $\mathcal{V}$: $\delta\left[v_c^2\left(v_c, \delta t\right)\right] = \mathrm{Re}[\mathcal{V}\left(\delta t\right)$ $\mathcal{V}^*\left(\delta t\right)$ - $\mathcal{V}\left(0\right)$ $\mathcal{V}^*\left(0\right)]/2$.

$$\frac{\langle \delta v_c \delta v_c\rangle}{\delta t} = \frac{e^2E_\perp^2}{4m^2}\frac{\sin^2\left[\left(\omega_c-\omega\right)\delta t\right]}{\delta t\left(\omega_c-\omega\right)^2} \to \frac{\pi}{4}\frac{e^2E_\perp^2}{m^2}\delta\left(\omega_c-\omega\right)$$

Nous avons négligé les termes quadratiques en $E_\perp^2$ puis considéré le carré des termes linéaires. Pour les temps longs devant l'échelle caractéristique de l'onde (ω^{-1}), la limite $\varepsilon\sin^2\left(x/\varepsilon\right)/x^2\big|_{\varepsilon\to 0} \to \pi\delta\left(x\right)$ est légitime. Remarquons que, ici aussi, nous supposons l'existence d'une échelle de temps mésoscopique grande à l'échelle microscopique mais petite à l'échelle de l'évolution de $f(v_c, t)$.

$$w_c = -n\int_0^{+\infty} 2\pi m v_c^2 \frac{\pi}{4}\frac{e^2E_\perp^2}{m^2}\delta\left(\omega_c-\omega\right)\frac{\partial f}{\partial v_c}dv_c = -n\frac{\pi}{2}\frac{e^2E_\perp^2}{m}\delta\left(\omega_c-\omega\right)$$

Dans un tokamak le champ magnétique B n'est pas homogène et la résonance cyclotronique $\omega = \omega_c$ apparaît de façon transitoire lorsque le mouvement du centre guide traverse la surface résonnante en $\pm\theta_0$ et r_0 conformément à la figure (8.16) ; ainsi nous devons moyenner le coefficient de diffusion précédent sur le mouvement périodique du centre guide.

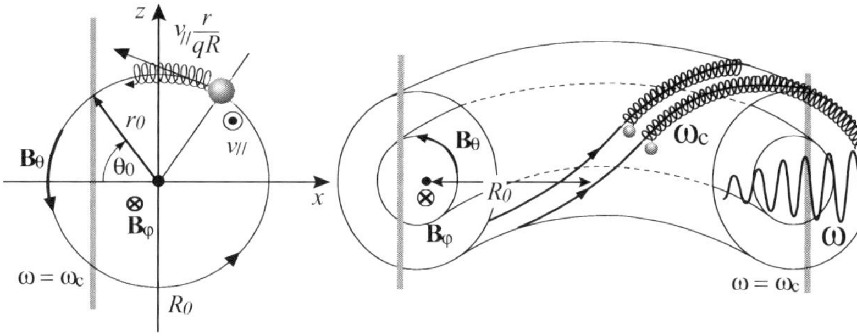

Fig. 8.16 : *Couplage cyclotronique en configuration tokamak.*

Nous sommes donc amenés à calculer $\langle\delta\left(\omega-\omega_c\right)\rangle \equiv \oint\delta\left[\omega_c\left(\theta\right)-\omega\right]d\theta\big|_{r_0}$ / $\oint d\theta$ où la moyenne doit être prise sur une rotation poloïdale, rotation suivant laquelle la fréquence cyclotronique présente la variation périodique : $\omega_c\left(\theta\right) = \omega_{c0}/\left(1+r_0\cos\theta/R_0\right)$.

$$\delta\left[\frac{\omega_{c0}}{1+\frac{r_0}{R_0}\cos\pm\theta_0} - \frac{\omega_{c0}}{1+\frac{r_0}{R_0}\cos\theta}\right] \underset{\frac{r_0}{R_0}\to 0}{=} \frac{R_0}{2\pi\omega_{c_0}r_0}\sum_{m=-\infty}^{m=+\infty}\frac{2^mT_m\left(\cos\theta_0\right)}{\sqrt{1-\cos^2\theta_0}}\cos m\theta$$

où T_m sont les polynômes de Tchebichev : $T_n\left(x\right) \equiv 2^{1-n}\cos\left(n\cos^{-1}x\right)$. Ainsi nous pouvons évaluer la puissance déposée à travers la résonance cyclotron sur chaque surface magnétique.

$$\textit{Absorption cyclotron :} \quad w_c\left[\frac{\mathrm{W}}{\mathrm{m}^3}\right] = -\frac{\omega_p^2}{\omega_c}\frac{R_0}{r_0}\left|\sin\theta_0\right|^{-1}_{\omega=\omega_c}\frac{\varepsilon_0E_\perp^2}{2} \quad (8.53)$$

Si la fréquence plasma est calculée à l'aide de la densité surfacique de particules, le dépôt de puissance (8.53) est alors une puissance par unité de surface sur chaque surface magnétique.

8.2.2 Puissances active et réactive

Nous venons d'analyser le transfert de puissance d'une onde vers une population de particules, il est donc nécessaire de préciser la nature du contenu énergétique d'une onde dans un plasma thermonucléaire, et au-delà de sa nature son mode de transport, c'est-à-dire identifier le flux de puissance associé à une onde dans un plasma. Le contenu énergétique d'un tokamak peut être analysé du point de vue des particules, c'est-à-dire des charges ρ et des courants $\mathbf{J}$, mais aussi du point de vue des champs hautes fréquences $\mathbf{E} \sim \exp j\omega t$ et $\mathbf{H} \sim \exp j\omega t$ (figure (8.17)) et nous devons donc construire une densité volumique d'énergie $U\left[\mathrm{J/m^3}\right]$ et un flux de puissance $\mathbf{S}\left[\mathrm{W/m^2}\right]$.

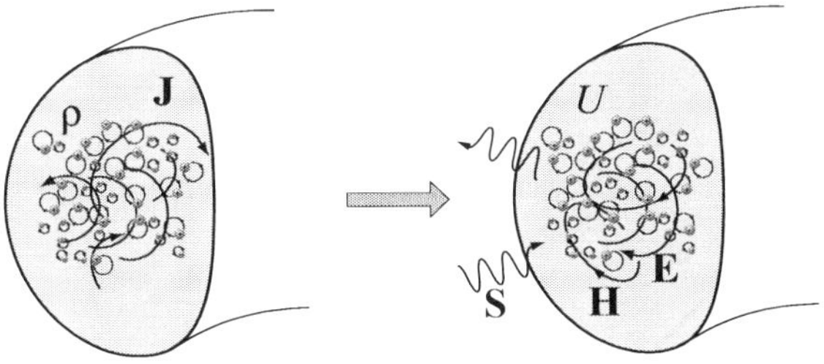

Fig. 8.17 : *Champs et flux de puissance.*

Le champ électrique $\mathbf{E}$ travaille et échange de la puissance avec les courants de déplacement et de polarisation décrits par le vecteur $\partial\mathcal{D}/\partial t$. Le champ d'induction $\sim \partial\mathbf{B}/\partial t$ travaille et échange de la puissance avec les courants ; ainsi l'énergie nécessaire pour construire une configuration de champs, partant des valeurs $\mathcal{D} = \mathbf{E} = \mathbf{B} = \mathbf{H} = \mathbf{0}$, est donnée par la relation classique :

$$U\left[\frac{\mathrm{J}}{\mathrm{m}^3}\right] \equiv \frac{1}{2}\mathrm{Re}\left[\int_{-\infty}^{t}\frac{\partial\mathcal{D}}{\partial u}\cdot\mathbf{E}^*du\right] + \frac{1}{2}\mathrm{Re}\left[\int_{-\infty}^{t}\frac{\partial\mathbf{B}}{\partial u}\cdot\mathbf{H}^*du\right] \tag{8.54}$$

où nous avons supposé que la configuration du vide $\mathcal{D} = \mathbf{E} = \mathbf{B} = \mathbf{H} = \mathbf{0}$ se situait dans un passé lointain $t = -\infty$. Notons que la valeur de ces intégrales est indépendante du chemin temporel de construction des champs et ne dépend que des valeurs initiale et finale, c'est cette propriété qui permet de parler d'énergie associée à un travail. Nous pouvons exprimer la densité volumique d'énergie si nous connaissons la relation fonctionnelle entre $\mathcal{D}$ et $\mathbf{E}$, pour $\mathbf{H}$ et $\mathbf{B}$ dans un plasma thermonucléaire $\mathbf{B} = \mu_0\mathbf{H}$. Pour établir la relation entre $\mathcal{D}$ et $\mathbf{E}$ dans un plasma thermonucléaire dispersif et absorbant considérons un champ quasi-harmonique $A(t) = A_0(t)\exp j\omega t$ où $\partial A_0/\partial t \ll \omega A_0$, ce champ est une excitation physique cause d'une réponse linéaire non instantanée V : $V(t) = \int dt' \ R(t-t')A(t')$, c'est-à-dire $\widetilde{V}(\omega) = \widetilde{R}(\omega)\widetilde{A}(\omega)$ où nous avons introduit les représentations de Fourier : $2\pi A(t) \equiv \int \widetilde{A}(\omega)\exp(j\omega t)\,d\omega$, $2\pi V(t) \equiv \int \widetilde{V}(\omega)\exp(j\omega t)\,d\omega$ et $2\pi R(t) \equiv \int \widetilde{R}(\omega)\exp(j\omega t)\,d\omega$. Effectuons un développement de Taylor de l'enveloppe de la vibration $A_0(t')$ au voisinage de t : $V(t) \approx A_0(t)\exp j\omega t \int R(t-t')\exp[-j\omega(t-t')]\,dt' - j(\partial A_0/\partial t)\exp j\omega t\ \partial\int$

$R(t-t')\exp[-j\omega\,(t - t')]dt'/\partial\omega$ ce développement conduit à la relation $V(t) = R(\omega)\,A_0(t)\exp j\omega t - j\,(\partial R(\omega)/\partial\omega)\,(\partial A_0/\partial t)\exp j\omega t$. Appliquée au cas de l'excitation électrique d'un plasma thermonucléaire cette dernière relation permet d'établir la relation entre le déplacement électrique $\mathcal{D}(t)$ et le champ électrique $\mathbf{E}(t)\exp j\omega t$ en régime quasi-monochromatique.

$$\frac{\mathcal{D}}{\varepsilon_0} = \underbrace{\varepsilon'(\omega)\cdot\mathbf{E}\exp j\omega t}_{\text{polarisation et déplacement}} \underbrace{- j\frac{\partial\varepsilon'(\omega)}{\partial\omega}\cdot\frac{\partial\mathbf{E}}{\partial t}\exp j\omega t}_{\text{dispersion temporelle}} \underbrace{- j\varepsilon''(\omega)\,\mathbf{E}\exp j\omega t}_{\text{absorption}}$$

de façon similaire les courants de déplacement et de polarisation s'expriment comme :

$$\frac{1}{\varepsilon_0}\frac{\partial\mathcal{D}}{\partial t} = \underbrace{j\omega\varepsilon'\cdot\mathbf{E}\exp j\omega t}_{\text{polarisation et déplacement}} \underbrace{- \frac{\partial\omega\varepsilon'}{\partial\omega}\cdot\frac{\partial\mathbf{E}}{\partial t}\exp j\omega t}_{\text{dispersion temporelle}} \underbrace{- \omega\varepsilon''(\omega)\,\mathbf{E}\exp j\omega t}_{\text{absorption}}$$

La relation (8.54) peut alors être intégrée et la densité volumique d'énergie exprimée : $U = \varepsilon_0\mathbf{E}\cdot\partial\omega\varepsilon'/\partial\omega\cdot\mathbf{E}^*/4 + \mu_0\mathbf{H}\cdot\mathbf{H}^*/4$. Dans cette formule sont comptabilisées toutes les formes d'énergie associées à l'oscillation ; non seulement le travail de construction des champs mais aussi les oscillations adiabatiques du plasma thermonucléaire.

Il est d'usage d'exprimer la densité volumique d'énergie en régime (quasi) harmonique en introduisant : (i) le tenseur de dispersion $\mathbf{D} \equiv \mathbf{k}\times\mathbf{k}\times + \omega^2\varepsilon'/c^2$, (ii) l'équation de Maxwell-Faraday $\mu_0\mathbf{H}\cdot\mathbf{H}^* = -\varepsilon_0 c^2\,(\mathbf{k}\times\mathbf{E})\cdot(\mathbf{k}\times\mathbf{E}^*)\,/\omega^2$ et (iii) la relation de dispersion conjuguée $\mathbf{D}\cdot\mathbf{E}^* = \left(\mathbf{k}\times\mathbf{k}\times + \omega^2\varepsilon'/c^2\right)\cdot\mathbf{E}^* = \mathbf{0}$; l'élimination du champ magnétique conduit à la formule classique :

$$\textit{Energie stockée :}\quad U\left[\frac{\mathrm{J}}{\mathrm{m}^3}\right] \equiv \frac{1}{2\omega\mu_0}\mathbf{E}\cdot\frac{\partial\mathbf{D}}{\partial\omega}\cdot\mathbf{E}^* \tag{8.55}$$

Cette formule (8.55) décrit un stockage de puissance réactive, c'est-à-dire un processus réversible ; un plasma thermonucléaire peut aussi échanger de l'énergie de façon irréversible avec le champ, le terme décrivant la densité volumique de puissance électrique dissipée w est donné par : $w = -\operatorname{Re}[\mathbf{J}\cdot\mathbf{E}^*]/2 = -\omega\varepsilon_0\mathbf{E}\cdot\varepsilon''\cdot\mathbf{E}^*/2$. La densité de puissance moyenne w transférée irréversiblement du champ vers le plasma est donc donc égale à :

$$\textit{Puissance absorbée :}\quad w\left[\frac{\mathrm{W}}{\mathrm{m}^3}\right] \equiv -\frac{\varepsilon_0}{2}\omega\mathbf{E}\cdot\varepsilon''\cdot\mathbf{E}^* \tag{8.56}$$

où ε'' est donné par la relation (8.25). Considérons l'identité : $\boldsymbol{\nabla}\cdot(\mathbf{E}\times\mathbf{H}^*) = \mathbf{H}^*\cdot(\boldsymbol{\nabla}\times\mathbf{E}) - \mathbf{E}\cdot(\boldsymbol{\nabla}\times\mathbf{H}^*) = -\mathbf{H}^*\cdot\partial\mathbf{B}/\partial t - \mathbf{E}\cdot\partial\mathcal{D}^*/\partial t$; la valeur moyenne sur une période de cette expression est obtenue en prenant la moitié de la partie réelle après substitution de l'expression exprimant $\partial\mathcal{D}^*/\partial t$ en fonction du champ électrique, les densités d'énergie et de puissance apparaissent alors et l'équation de transport de l'énergie prend la forme classique :

$$\boldsymbol{\nabla}\cdot\operatorname{Re}\mathbf{E}\times\mathbf{H}^* = -\frac{\varepsilon_0}{2}\frac{\partial}{\partial t}\left(\mathbf{E}\cdot\frac{\partial\omega\varepsilon'}{\partial\omega}\cdot\mathbf{E}^*\right) - \frac{\mu_0}{2}\frac{\partial}{\partial t}(\mathbf{H}\cdot\mathbf{H}^*) - \frac{\varepsilon_0}{2}\omega\mathbf{E}\cdot\varepsilon''\cdot\mathbf{E}^*$$

La définition du flux d'énergie électromagnétique moyen comme la partie réelle du vecteur de Poynting $\mathbf{E}\times\mathbf{H}^*/2$: $\mathbf{S}\left[\mathrm{W/m}^2\right] \equiv \operatorname{Re}\mathbf{E}\times\mathbf{H}^*/2$, conduit à l'équation de transport de l'énergie électromagnétique au sein d'un plasma thermonucléaire, le théorème de Poynting : $\partial U/\partial t + \boldsymbol{\nabla}\cdot\mathbf{S} = w$.

8.2.3 Générations de courant et de rotation

L'interaction d'ondes électromagnétiques avec un plasma de tokamak permet : (i) de modifier la température T à travers la thermalisation de l'énergie absorbée, (ii) de générer le courant toroïdal J_φ à travers une absorption anisotrope, et (iii) de concevoir des procédés de génération de rotation Ω du plasma.

$$\begin{aligned}
\textit{Chauffage} &: \quad w(r)\left[\frac{\mathrm{W}}{\mathrm{m}^3}\right] \rightarrow [w_c\ ,\ w_L] \rightarrow T(r)\,[\mathrm{K}] \\
\textit{Confinement} &: \quad w(r)\left[\frac{\mathrm{W}}{\mathrm{m}^3}\right] \rightarrow J_\varphi\left[\frac{\mathrm{A}}{\mathrm{m}^2}\right] \rightarrow B_\theta(r)\,[\mathrm{T}] \\
\textit{Contrôle} &: \quad w(r)\left[\frac{\mathrm{W}}{\mathrm{m}^3}\right] \rightarrow E_r\left[\frac{\mathrm{V}}{\mathrm{m}}\right] \rightarrow \Omega(r)\left[\mathrm{s}^{-1}\right]
\end{aligned}$$

Les différentes méthodes de chauffage seront étudiées dans un chapitre spécifique, dans ce paragraphe nous allons exposer les principes de base des générations de courant et de rotation.

Nous avons analysé dans le chapitre consacré à l'étude des orbites les conditions de confinement d'une particule chargée au sein d'un piège toroïdal. La nécessité d'un champ poloïdal constituait la principale conclusion de cette analyse. La création d'un champ poloïdal implique l'entretien d'un courant toroïdal ; pour la génération actuelle de grands tokamaks ce courant est de l'ordre de quelques méga-ampères, pour la génération future, initialisée par ITER, l'ordre de grandeur de ce courant sera de quelques dizaines de méga-ampères. L'utilisation d'un champ électrique d'induction n'est pas envisageable en régime stationnaire car un tel champ est induit par une variation temporelle de flux magnétique et les contraintes électrotechniques et énergétiques limitent la valeur maximum d'un flux magnétique.

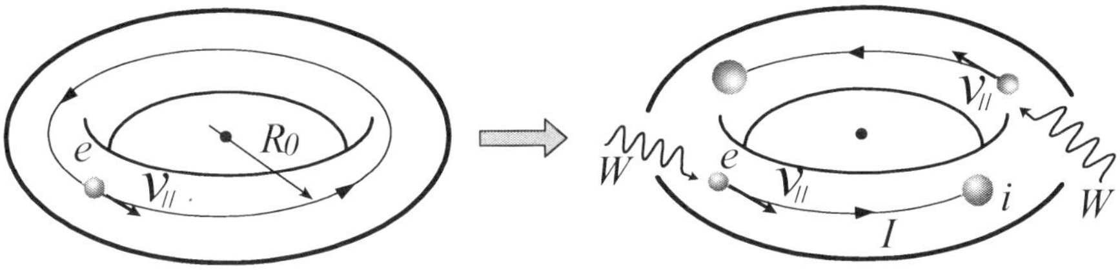

Fig. 8.18 : *Génération non-inductive de courant dans un tokamak.*

Il est donc impératif d'identifier des procédés de génération de courants dits *non-inductifs* ; l'affaire peut sembler difficile en première analyse car nous sommes habitués, au quotidien, à l'usage de courants essentiellement ohmiques issus de chutes de potentiels ou de variations de flux ; mais, en deuxième analyse, la génération de courant en l'absence de champ électrique potentiel ou inductif constitue un problème physique remarquablement bien posé de transfert d'impulsion-énergie. Notons d'abord qu'il n'est pas nécessaire de transférer de l'impulsion à un plasma pour générer un courant, il suffit d'entretenir une différence de vitesses moyennes entre électrons et ions, cette différence n'impliquant pas l'absorption d'impulsion mais simplement l'absorption de puissance compensant la friction entre les deux populations.

Compte tenu de l'ordering de masse entre électrons et ions le procédé de génération le plus direct consiste à transférer de l'impulsion, unidirectionnellement, aux électrons et à considérer que les ions ne participent qu'au processus de dissipation de cette impulsion sans développer une vitesse significative.

Un électron de vitesse $v_\parallel$ le long des lignes de champ porte un courant égal au taux de transfert de charges par unité de temps de part et d'autre d'une surface de section poloïdale, figure (8.18). Le temps de transit toroïdal de cet électron étant égal à $2\pi R_0/v_\parallel$, le courant toroïdal porté est donné par la charge de l'électron que divise ce temps de récurrence du passage de l'électron au point de mesure considéré.

$$\textit{Courant toroïdal:}\ I\,[\mathrm{A}] \equiv \frac{[\text{Charge}]}{[\text{par unité de temps}]} = \frac{e\,[\mathrm{C}]\,v_\parallel\,[\mathrm{m/s}]}{2\pi R_0\,[\mathrm{m}]} \rightarrow I = \frac{e\left\langle v_\parallel\right\rangle}{2\pi R_0}$$

L'entretien d'une vitesse électronique moyenne non nulle $\left\langle v_\parallel\right\rangle$ nécessite l'apport continu d'énergie-impulsion pour compenser les pertes dues à la friction électrons-ions, c'est-à-dire pour compenser la destruction continue d'impulsion principalement à travers les collisions électrons-ions. L'ordering des masses entre électrons et ions garantit que l'impulsion transférée des électrons vers les ions par les collisions engendre un courant ionique négligeable. L'impulsion et l'énergie peuvent être injectées dans la configuration et couplées sur la population électronique sous deux formes : (i) un faisceau de particules rapides, (ii) une onde unidirectionnelle dont le contenu en impulsion est significatif.

Le rapport du contenu énergétique d'une onde sur son contenu en impulsion est égal au rapport de sa pulsation sur son vecteur d'onde $\omega/k_\parallel$; cette relation découle directement de la relation impulsion-énergie pour un photon et peut être confirmée dans un contexte classique par l'analyse du couplage onde-particule. Les ondes présentant un potentiel significatif pour la génération non inductive de courant sont donc les ondes de faibles vitesses de phases le long des lignes de champ.

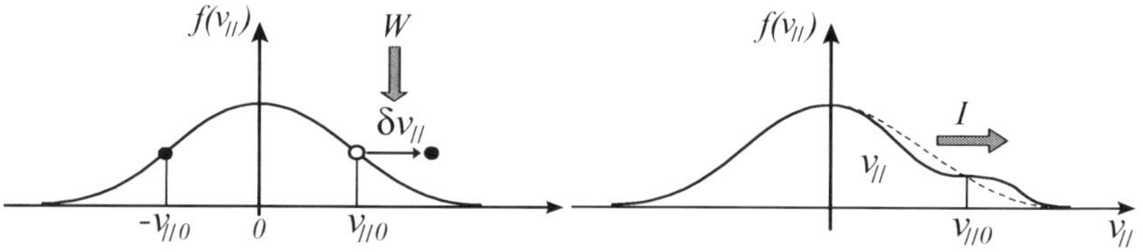

Fig. 8.19 : *Principe de la génération non-inductive de courant.*

Si la vitesse de phase $\omega/k_\parallel$ d'une onde le long des lignes de champ est plus petite que la vitesse de la lumière, cette onde est susceptible d'être absorbée par les électrons présentant une résonance Landau $k_\parallel v_{\parallel 0} = \omega$.

$$v_{\parallel 0} = \frac{\omega}{k_\parallel} \rightarrow W = -\pi\omega\frac{\omega_p^2}{k_\parallel^2}\left.\frac{\partial f}{\partial v_\parallel}\right|_{v_{\parallel 0}} \varepsilon_0 \frac{E_\parallel^2}{2} \tag{8.57}$$

Ce couplage offre un mécanisme efficace de transfert d'impulsion des ondes vers les particules et permet donc la génération d'un courant si le spectre de l'onde présente une asymétrie toroïdale. Une telle asymétrie peut être aisément contrôlée à travers un système d'antennes adéquat. Ainsi le problème de la génération de courant se ramène au problème de la propagation et de l'absorption d'une onde dont la vitesse de phase le long des lignes de champ est de l'ordre de grandeur des vitesses électroniques. Cette absorption doit conduire à un transfert dont l'efficacité énergétique n'est pas rédhibitoire au regard de la puissance disponible pour contrôler la combustion thermonucléaire. Pour un réacteur produisant une puissance thermique de l'ordre de 3 GW et une puissance électrique de l'ordre de 1 GW, seule une fraction faible de cette puissance (<100MW) doit être ponctionnée pour générer les ondes aptes à entretenir le courant toroïdal.

Nous devons donc évaluer l'efficacité d'un tel procédé de génération de courant et construire un modèle indépendant de la nature de l'onde pour quantifier le rapport du courant généré I [A] sur la puissance consommée W [W].

Soit un mécanisme d'absorption de photons par des électrons libres tel qu'un électron de vitesse initiale $v_{\|0}$ transite par absorption vers un état de vitesse $v_{\|0} + \delta v_{\|}$, puis relaxe après cette excitation vers son état initial $v_{\|0}$, cette désexcitation étant de nature collisionnelle : $v_{\|0} \underset{t=0}{\rightarrow} v_{\|0} + \delta v_{\|} \underset{t}{\rightarrow} v_{\|}(t) \underset{t=+\infty}{\rightarrow} v_{\|0}$. Un tel processus, illustré sur la figure (8.19), entraîne la création d'une vitesse moyenne de la population $\langle v_{\|}(t)\rangle$, transitoire et non nulle, car durant toute la durée de la désexcitation collisionnelle l'électron de vitesse $-v_{\|0}$ n'a pas été affecté et une asymétrie de la fonction de distribution des vitesses le long des lignes du champ a ainsi été créée transitoirement. Cette série dynamique *Excitation/ Relaxation/ Excitation/ Relaxation/ Excitation/ ...* peut être modélisée par une équation de Fokker-Planck ou étudiée sur la base d'un simple modèle de relaxation.

$$\begin{aligned}
\frac{dv_{\|}}{dt} &= -\nu\left(v_{\|} - v_{\|0}\right) + \delta v_{\|}\delta(t) \rightarrow v_{\|}(t) = v_{\|0} + H(t)\,\delta v_{\|}\exp(-\nu t) \\
v_{\|}(t) &= v_{\|0} + H(t)\,\delta v_{\|}\exp(-\nu t) \rightarrow \langle v_{\|}(t)\rangle = H(t)\,\delta v_{\|}\exp(-\nu t)
\end{aligned}$$

$\delta(t)$ et $H(t)$ désignent respectivement la distribution de Dirac et la distribution de Heaviside ($H(t<0) = 0$, $H(t>0) = +1$) primitive de la distribution de Dirac δ, ($dH/dt = \delta(t)$) et ν la fréquence de collisions électrons-ions. Les bilans de puissance et de courant de ce processus élémentaire s'établissent comme suit. Une puissance $\mathcal{W}(t)$ absorbée par les électrons engendre un courant $\mathcal{I}(t)$:

$$\begin{aligned}
\textit{Puissance} &: \quad \mathcal{W}(t)\,[\mathrm{W}] = m_e v_{\|0}\delta v_{\|}\delta(t) \\
\textit{Courant} &: \quad \mathcal{I}(t)\,[\mathrm{A}] = \frac{e\langle v_{\|}\rangle}{2\pi R_0} = \frac{eH(t)}{2\pi R_0}\delta v_{\|}\exp -\nu t
\end{aligned}$$

L'évaluation de l'absorption continue de la puissance W d'une onde est obtenue par sommation sur le temps de la puissance impulsionnelle $\mathcal{W}(t)$, et l'évaluation du courant continu I par sommation du courant transitoire $\mathcal{I}(t)$; l'efficacité de génération de courant est définie comme le rapport de ces deux sommes.

$$\textit{Efficacité} : \frac{\int \mathcal{I}(t)\,dt}{\int \mathcal{W}(t)\,dt} \equiv \boxed{\frac{I}{W}\left[\frac{\mathrm{A}}{\mathrm{W}}\right] = \frac{e}{2\pi R_0 m_e v_{\|0}\nu}} \tag{8.58}$$

Cette formule générale indique l'existence de deux régimes de génération de courant par absorption Landau asymétrique : (i) par couplage sur les électrons thermiques ou lents, alors la fréquence de collisions est fonction de la température et l'efficacité décroît avec $v_{\|0}$, (ii) par couplage sur les électrons rapides, alors la fréquence de collisions est fonction de la vitesse et l'efficacité croît avec la vitesse.

$$\textit{Thermique} \quad : \quad \frac{n_e Z e^4 \Lambda}{3(2\pi)^{\frac{3}{2}}\varepsilon_0^2 m_e^{\frac{1}{2}}(k_B T_e)^{\frac{3}{2}}} \rightarrow \frac{I}{W}\left[\frac{\mathrm{A}}{\mathrm{W}}\right] = \frac{3\pi^{\frac{1}{2}}\varepsilon_0^2 m_e}{2R_0 e^3 Z\Lambda n_e}\frac{v_T^3}{v_{\|0}}$$

$$\textit{Suprathermique} \quad : \quad \frac{n_e Z e^4 \Lambda}{4\pi\varepsilon_0^2 m_e^2 v_{\parallel 0}^3} \rightarrow \frac{I}{W}\left[\frac{\mathrm{A}}{\mathrm{W}}\right] = \frac{2\varepsilon_0^2 m_e}{R_0 e^3 Z \Lambda n_e} v_{\parallel 0}^2$$

Ce deuxième régime présente un ordre de grandeur de l'efficacité de quelques watts pour un ampère, il est donc recevable comme processus potentiel de génération de courant dans un réacteur tokamak.

Comme il est d'usage en physique des tokamaks, toute solution à un problème engendre un problème connexe ; en effet, si nous générons le courant par absorption Landau sur des électrons rapides, il est nécessaire de nous assurer que ces électrons peu collisionnels sont bien confinés, en particulier de tels électrons sont très sensibles à la turbulence magnétique et présentent des propriétés de confinement différentes des électrons thermiques. Pour étudier ce problème construisons un modèle de génération de courant décrivant *(i)* la dynamique dans l'espace des vitesses $v_{\parallel}$ et *(ii)* la dynamique dans l'espace des positions x. Considérons un modèle simple d'*excitation/relaxation* d'électrons résonnants de vitesses initiales $v_{\parallel 0}$ et de positions radiales initiales $x = 0$.

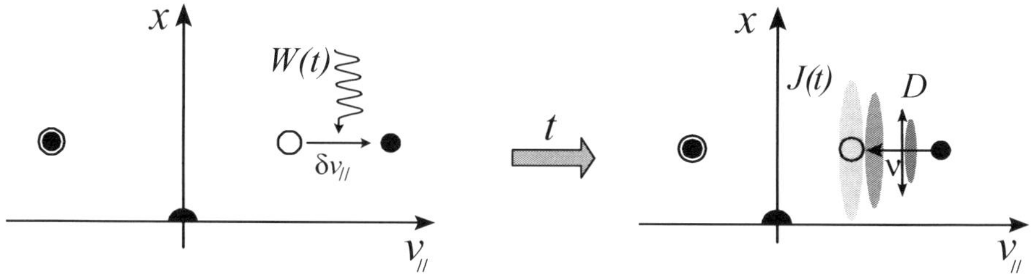

Fig. 8.20 : *Dépôt de puissance et réponse en courant non-locale.*

A l'instant $t = 0$, au point $x = 0$, N_0 électrons, de charge e et de masse m, absorbent une puissance $\mathcal{W}(t)\,[\mathrm{W}] = N_0 m v_{\parallel 0} \delta v_{\parallel} \delta(t)$, il absorbent donc une impulsion $N_0 m \delta v_{\parallel}$ puis relaxent vers leurs vitesses initiales $v_{\parallel 0}$. La densité d'électrons résonnants $n(x,t)$ au point x à l'instant t suit une loi de diffusion de coefficient de diffusion D.

$$\textit{Excitation} \quad : \quad \frac{dv_{\parallel}}{dt} + \nu\left(v_{\parallel} - v_{\parallel 0}\right) = \delta v_{\parallel} \delta(t) \tag{8.59}$$

$$\textit{Diffusion} \quad : \quad \frac{\partial n}{\partial t} - D\frac{\partial^2 n}{\partial x^2} = N_0 \delta(x)\,\delta(t) \tag{8.60}$$

Les solutions de cette équation de relaxation temporelle et de cette équation de diffusion spatiale instationnaire sont :

$$\textit{Relaxation} \quad : \quad \left\langle v_{\parallel}(t)\right\rangle = H(t)\,\delta v_{\parallel} \exp(-\nu t) \tag{8.61}$$

$$\textit{Délocalisation} \quad : \quad n(x,t) = H(t)\,\frac{N_0}{2\sqrt{\pi D t}} \exp\left(-\frac{x^2}{4Dt}\right) \tag{8.62}$$

Le courant $J(x,t)$ en un point x à l'instant t est égal à $en(x)\left\langle v_{\parallel}(t)\right\rangle$.

$$J(x,t) = H(t)\,\delta v_{\parallel} \frac{N_0 e}{2\sqrt{\pi D t}} \exp\left(-\frac{x^2}{4Dt} - \nu t\right) \tag{8.63}$$

Le régime stationnaire du processus de génération de courant est obtenu par sommation sur le temps t.

$$\frac{J(x)}{W(x=0)} = \frac{\int J(x,t)\,dt}{\int \mathcal{W}(t)\,dt} = \frac{e}{mv_{\parallel 0}(D\nu)^{\frac{1}{4}}}\sqrt{\frac{|x|}{2\pi D}}\mathrm{K}_{\frac{1}{2}}\left(2\sqrt{\frac{\nu}{4D}}\,|x|\right)$$

où $\mathrm{K}_{\frac{1}{2}}$ est la fonction de Bessel modifiée de deuxième espèce d'ordre un demi. Un dépôt de puissance continu en $x = 0$ engendre un courant qui ne reste pas localisé en $x = 0$ mais diffuse dans l'ensemble du plasma, conformément à la figure (8.20), sa demi-largeur est de l'ordre de $\sqrt{D/\nu}$ et le flux sortant qui détermine l'efficacité globale, prenant en compte les collisions et le déconfinement, peut être évalué à partir de la dérivée de la solution précédente.

Une analyse de l'ordre de grandeur des pertes supplémentaires liées à ce déconfinement révèle que l'ordre de grandeur de quelques watts par ampère est préservé en présence de diffusion radiale des électrons rapides.

Considérons à présent la possibilité de générer une rotation à travers un dépôt de puissance $W(r)$ au sein du plasma. Ce problème se réduit à l'étude de la possibilité de maintenir un champ électrique radial par un dépôt de puissance $W(r)$, le champ électrique ainsi maintenu assurant la rotation à travers la dérive de champs croisés (6.13).

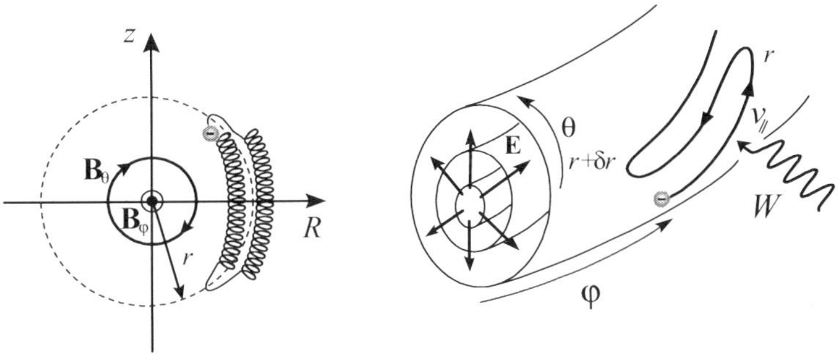

Fig. 8.21 : *Génération de rotation et résonance Landau avec la population piégée.*

Le mécanisme est moins direct que la génération de courant, l'onde est utilisée pour engendrer un courant électrique radial qui est compensé par un courant de retour ohmique entretenu par le champ électrique associé à la polarisation induite par le courant primaire radial, et ce champ électrique est la source d'une rotation à travers la dérive de champ croisés (6.13), figure (8.21).

Un courant radial peut être porté efficacement par une population de particules piégées suprathermiques, en effet le rapport des équations du centre guide relatives à la vitesse $v_\parallel$ et à la position radiale r est une constante, cette constante est associée à l'invariance du moment angulaire $J_T = M = mR_0v_\parallel \pm eB_0r^2/2q$ (6.46). En présence d'une onde de pulsation ω le hamiltonien adiabatique (5.34) doit être complété par un terme de couplage électrostatique du type $V_n(J_P)\cos(n\varphi - \omega t)$.

$$\mathcal{H}(\mathbf{J},\varphi,\theta) = \frac{eB_0}{m}J_c + \frac{(qJ_T + J_P)^2}{2mq^2R_0^2} - \frac{\sqrt{2eB_0}}{mR_0}J_c\sqrt{J_P}\cos\theta + V_n(J_P)\cos(n\varphi - \omega t)$$

et l'équation de Hamilton relative à J_T conduit à la relation $\delta J_T/\delta\mathcal{H} = n/\omega = k_\parallel R_0/\omega = R_0/v_\parallel$. Pour une résonance Landau la variation d'énergie est donnée par $\delta\mathcal{H} = mv_{\|}\delta v_{\|}$ et $\delta J_T = mR_0\delta v_{\|}$. Ainsi, sachant que la position moyenne d'une trajectoire piégée est $\langle r\rangle^2 = 2qJ_T/eB_0$, une variation de l'impulsion $m\delta v_{\|}$ conduit donc à un déplacement radial moyen $\langle\delta r\rangle$. Un courant radial est ainsi entretenu par une absorption continue d'impulsion unidirectionnelle $m\left\langle\delta v_{\|}/\delta t\right\rangle$: $\langle\delta r/\delta t\rangle = m\left\langle\delta v_{\|}/\delta t\right\rangle/eB_\theta$. Le transfert d'impulsion est lié à la puissance absorbée suivant les relations établies pour la génération de courant : *puissance* $\delta\mathcal{H}\delta(t) = mv_{\|}\delta v_{\|}\delta(t) \rightarrow$ *impulsion* $m\delta v_{\|}\delta(t) \rightarrow$ *vitesse radiale* : $\delta r\delta(t)$ et la somme continue des incréments de puissance $\delta\mathcal{H}\delta(t)$ conduit à la génération stationnaire d'un courant radial.

$$\left\langle\frac{\delta r}{\delta t}\right\rangle\left[\frac{\mathrm{m}}{\mathrm{s}}\right] = \frac{\mathcal{W}\ [\mathrm{W}]}{mv_{\|0}\omega_\theta\ [\mathrm{N}]} \tag{8.64}$$

où ω_θ est la pulsation cyclotron dans le champ poloïdal B_θ et $\mathcal{W}$ la puissance absorbée en watt. Simplifions l'analyse et plaçons nous dans le cadre d'un modèle cartésien $x \sim r$; un profil de dépôt de puissance $W(x)$ $\left[\mathrm{W/m^3}\right]$ sous l'hypothèse d'une absorption Landau asymétrique engendre donc une perturbation de la densité $n(x)$ et une polarisation radiale du plasma par un champ électrique $E(x)$ à travers la séparation de charge associée au courant radial primaire $\langle\delta x/\delta t\rangle \sim \mathcal{W}$. En régime stationnaire les deux équations de l'électrodynamique régissant cette situation de non-équilibre sont l'équation de Maxwell-Gauss et l'équation de conservation de la charge :

$$\textit{Conservation de la charge} \quad : \quad \boldsymbol{\nabla}\cdot\mathbf{J} = 0 \tag{8.65}$$

$$\textit{Maxwell-Gauss} \quad : \quad \boldsymbol{\nabla}\cdot\mathcal{D} = \rho \tag{8.66}$$

où $\mathbf{J}$ est le courant radial total dans le plasma et $\mathcal{D}$ le déplacement électrique. Nous devons donc évaluer (i) l'ensemble des courants et prendre en compte (ii) la polarisation $\mathcal{D}$. Pour les courants le bilan fait apparaître trois contributions : (i) le courant de retour qui est de nature ohmique $\sigma_\perp E(x)$, (ii) les courants de diffusion dus à l'inhomogénéité de la densité $eD_\perp dn/dx$, et (iii) le courant radial primaire généré par l'onde (8.64). Pour compléter la construction du modèle, audelà de la conductivité du plasma $\sigma_\perp$ et de sa diffusivité $D_\perp$, nous introduisons sa permittivité $\varepsilon_\perp$ pour exprimer le déplacement électrique $\mathcal{D}$ en fonction du champ électrique E. Les équations de l'électrodynamique se réduisent alors à un système de deux équations à deux inconnues n et E.

$$\begin{aligned}\boldsymbol{\nabla}\cdot\mathbf{J} &= 0 \rightarrow \frac{d}{dx}\left(\sigma_\perp E + eD_\perp\frac{dn}{dx} - e\frac{W(x)}{mv_{\|0}\omega_\theta}\right) = 0 \\ \boldsymbol{\nabla}\cdot\mathcal{D} &= \rho \rightarrow \frac{d}{dx}(\varepsilon_\perp E) = -en\end{aligned}$$

Eliminons le champ électrique E entre ces deux équations.

$$\frac{d^2n}{dx^2} - \frac{\sigma_\perp}{D_\perp\varepsilon_\perp}n = \frac{1}{mv_{\|0}\omega_{\theta e}D_\perp}\frac{dW}{dx} \tag{8.67}$$

La perturbation de densité engendrée par la mise en mouvement radial résultant de l'absorption Landau asymétrique sur la population piégée se presente sous la forme d'une convolution du dépôt de puissance volumique W.

$$n(x) = \int \exp - \frac{|x - x'|}{\sqrt{\frac{D_\perp \varepsilon_\perp}{\sigma_\perp}}} \frac{\sqrt{\frac{\varepsilon_\perp}{\sigma_\perp D_\perp}}}{2mv_{\parallel 0}\omega_{\theta e}} \frac{dW}{dx'} dx' \tag{8.68}$$

Compte tenu de la relation $\varepsilon_\perp dE/dx = -en$ le champ électrique E suit aussi une loi de convolution spatiale par rapport au dépôt de puissance.

$$\frac{dE}{dx} = \frac{e}{2mv_{\parallel 0}\omega_{\theta e}} \int \frac{W(x')}{\sqrt{\sigma_\perp \varepsilon_\perp D_\perp}} \frac{d}{dx'} \left(\exp - \frac{|x - x'|}{\sqrt{\frac{D_\perp \varepsilon_\perp}{\sigma_\perp}}} \right) dx' \tag{8.69}$$

Le noyau intégral étant invariant sous la permutation x donne x', le champ $E(x)$ s'exprime donc simplement par la relation générale :

$$E(x) \left[\frac{\mathrm{V}}{\mathrm{m}} \right] = - \frac{e}{mv_{\parallel 0}\omega_{\theta e}} \int \frac{\exp - \sqrt{\frac{\sigma_\perp}{D_\perp \varepsilon_\perp}} |x - x'|}{2\sqrt{\sigma_\perp D_\perp \varepsilon_\perp}} W(x') \left[\frac{\mathrm{W}}{\mathrm{m}^3} \right] dx'$$

Nous avons ainsi identifié la longueur caractéristique de la réponse du plasma, $L_\perp^2 = \sigma_\perp / D_\perp \varepsilon_\perp$, pour évaluer son ordre de grandeur nous devons préciser un certain nombre de paramètres du modèle. La population interagissant avec l'onde est la population électronique, les fonctions de réponse dissipative $\sigma_\perp$ et $D_\perp$ sont de nature électronique ; ainsi si nous considérons le régime piégé néo-classique les ordres de grandeurs sont donnés par : $\sigma_{\perp e} = q^2 (R_0/r)^{\frac{3}{2}} ne^2\nu / m\omega_c^2$, $D_{\perp e} = q^2 (R_0/r)^{\frac{3}{2}} k_B T \nu / m\omega_c^2$. Le cas de la permittivité $\varepsilon_\perp$ est plus subtil car à basse fréquence nous avons établi, dans le cadre de la théorie des dérives, que la dérive de polarisation ionique est dominante par rapport à la dérive de polarisation électronique, aussi la permittivité basse fréquence est-elle de nature ionique $\varepsilon_{\perp i} = nm/B^2$; mais il faut aussi prendre en compte les effets néo-classiques qui augmentent cette permittivité par un facteur multiplicatif $q^2 (R/r)^2$(11.68). Sur la base de cette ensemble de coefficients la longueur caractéristique $L_\perp = \sqrt{\sigma_\perp / D_\perp \varepsilon_\perp}$ apparaît plus petite que les autres longueurs du modèle et une approximation locale $\exp - |x - x'| / L_\perp \to 2L_\perp \delta(x - x')$ est légitime.

$$\frac{E(x)}{W(x)} \left[\frac{\mathrm{m}^2}{\mathrm{A}} \right] \approx - \frac{e}{mv_\parallel \omega_{\theta e} \sigma_\perp} \tag{8.70}$$

Cette relation traduit simplement l'égalité entre le courant de retour ohmique $\sigma_\perp E$ et le courant primaire $eW/mv_\parallel \omega_{\theta e}$. Les principes de la théorie de la génération de courant que nous venons d'exposer ont été validés expérimentalement, par contre, la théorie de la génération de rotation que nous venons de développer ne constitue en l'état actuel de nos connaissances qu'un modèle en attente de validation ou d'invalidation expérimentale.

Chapitre 9

Instabilités, Dérives, Echange et Torsion

J'ai parlé, tout à l'heure, d'équilibre. Le rassurant de l'équilibre, c'est que rien ne bouge. Le vrai de l'équilibre, c'est qu'il suffit d'un souffle pour faire tout bouger.
Le Rivage des Syrtes, J. Gracq.

9.1 Energie Libre et Stabilité

9.1.1 Relaxation thermodynamique

L'énergie et l'entropie offrent le cadre conceptuel adéquat pour formuler les deux principes de la thermodynamique ; le premier principe est associé à la conservation de l'énergie et sa formulation est directe ; par contre la formulation du second principe nécessite quelques remarques. En effet, lorsque nous énonçons que l'entropie d'un système à l'équilibre est *maximum*, il est nécessaire de spécifier au sein de quel ensemble d'états, l'état d'équilibre se distingue par cette propriété d'optimum.

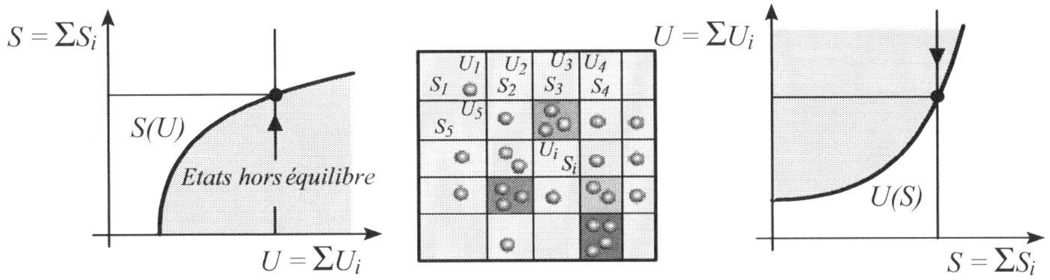

Fig. 9.1 : *Formulations des principes d'équilibre de maximum de l'entropie à énergie donnée et de minimum de l'énergie à entropie donnée.*

Cette spécification du maximum est délicate car nous ne connaissons la représentation entropique $S(U, V, N, X_i ...)$ que pour la classe des états d'équilibres et le maximum d'entropie se réfère à une comparaison avec les états de non-équilibre, voisins de l'état d'équilibre considéré, dont nous ne connaissons pas l'équation entropique. Pour le gaz parfait classique, auquel s'apparente un plasma thermonucléaire, la représentation entropique $S(U, V, N)$ est donnée par la relation :

$$S = Nk_B \log \frac{U^{\frac{3}{2}}V}{N^{\frac{5}{2}}} + \frac{k_B N}{2}\left[5 + \log\left(\frac{4\pi m}{3h^2}\right)^3\right] \tag{9.1}$$

Pour lever la difficulté de formulation du principe d'*extremum* il est pertinent de construire un ensemble d'états de non-équilibre, voisin d'un état d'équilibre donné, en partitionnant spatialement le système puis en le considérant comme la réunion de ses parties conformément à la figure (9.1). Ainsi, l'entropie est égale à la somme des entropies des parties, chacune étant à l'équilibre : $S = \sum S_i$, et l'énergie à la somme des énergies des parties : $U = \sum U_i$. Si certaines variables intensives d'une partie sont supposées différentes des variables intensives d'autres parties il est aisé de démontrer que l'entropie n'est pas optimum et que l'entropie de l'ensemble des états de non-équilibre ainsi obtenus par partition occupe la partie basse entropie dans le diagramme de représentation de la fonction $S(U)$ sur la figure (9.1) ; c'est dans le cadre de ce modèle et de cette représentation que le principe du maximum d'entropie à l'équilibre, à énergie constante, doit être formulé.

Notons sur la figure (9.1) qu'il est alors équivalent de formuler un principe de *minimum* d'énergie interne à entropie donnée, cette formulation ne constitue pas l'usage car il est difficile de construire un système de contraintes assurant la constance de l'entropie lorsque l'on varie l'énergie d'un système alors qu'il est aisé d'assurer la constance de l'énergie, d'autant plus aisé que cette contrainte n'est autre que le premier principe. Cette dualité U/S est similaire à la dualité cercle/disque : le cercle est la courbe fermée présentant le plus petit périmètre à aire donnée et le disque circulaire est la surface présentant la plus grande aire à périmètre donné.

Nous avons vu dans le chapitre consacré au transport qu'un plasma thermonucléaire confiné est un système s'écartant significativement de l'équilibre thermodynamique de part l'existence de gradients de températures, de courants, et de densités, mais aussi, de part l'existence de queues de fonctions de distributions d'ions et d'électrons rapides notablement non Maxwelliens.

En présence de collisions ces écarts à l'équilibre thermodynamique tendent à relaxer à travers les processus de transport, friction et thermalisation. Un deuxième type de processus tend à relaxer l'énergie libre ainsi disponible au niveau fluide ou au niveau cinétique : les *instabilités*. Les instabilités dans les plasmas thermonucléaires, au même titre que les ondes, constituent un sujet vaste et d'une diversité phénoménologique dont l'exploration nécessiterait une monographie dédiée. Plusieurs schémas de classification peuvent être construits pour offrir une présentation synthétique. La source d'énergie libre, c'est-à-dire l'identification de l'écart à l'équilibre thermodynamique et sa nature, fluide ou cinétique, est un paramètre important pour classer les instabilités. La nature du mécanisme de déstabilisation, réactif ou dissipatif, constitue un deuxième paramètre de classification.

Dans ce paragraphe nous allons étudier les principales instabilités associées à la configuration d'un plasma de tokamak, nous ne proposerons pas de classification exhaustive et définitive, il n'en existe d'ailleurs à ce jour aucune ; mais le choix de présentation suivra la différenciation entre les termes sources d'énergie libre : (i) gradients de densités et températures $\rightarrow$ modes de dérives et de gradients de températures, (ii) gradients de champ magnétique et de pression → modes d'interchange ou d'échange, (*iii*) gradient de courant → modes de torsion, et s'attachera à identifier les couplages et mécanismes déclenchant l'instabilité.

Plusieurs outils théoriques permettent d'analyser les instabilités et de proposer des critères de stabilité : (*i*) le principe variationnel de la MHD idéale constitue un formalisme remarquablement efficace pour identifier des conditions suffisantes d'instabilité à l'échelle macroscopique, mais il ne permet pas de comprendre les mécanismes de déstabilisation à l'échelle microscopique, (*ii*) la résolution des équations des dynamiques électronique et ionique, fluides ou cinétiques, et l'analyse de la relation de dispersion $D\left(\omega, k_{\|}, k_{\perp}\right) = 0$ des modes propres électromagnétiques associés à la réponse linéarisée sera utilisée ici pour comprendre l'origine des principales instabilités présentes dans un plasma de tokamak.

La linéarisation et la recherche de perturbations harmoniques du type $\exp j(\omega t - k_{\|} z - k_{\perp} y)$ conduira au calcul de la relation de dispersion $\omega\left(k_{\|}, k_{\perp}\right)$ et s'attachera plus à l'évaluation des perturbations de densités de charges $n\left(\omega, k_{\|}, k_{\perp}\right)$ et densités de courants $\mathbf{J}\left(\omega, k_{\|}, k_{\perp}\right)$ qu'à la résolution des équations de Maxwell, car nous ferons souvent usage des hypothèses de quasi-neutralité de la distribution de charges n et de stationnarité des courants $\mathbf{J}$.

$$\begin{aligned} \textit{Quasi-neutralité} &: \quad n_e\left(\omega, k_{\|}, k_{\perp}\right) - n_i\left(\omega, k_{\|}, k_{\perp}\right) = 0 \\ \textit{Stationnarité} &: \quad \boldsymbol{\nabla} \cdot \left[\mathbf{J}_e\left(\omega, k_{\|}, k_{\perp}\right) + \mathbf{J}_i\left(\omega, k_{\|}, k_{\perp}\right)\right] = 0 \end{aligned}$$

Ces deux approximations étant justifiées par l'ordering des temps caractéristiques : les fréquences des principales instabilités sont dans le domaine basse fréquence et l'évolution du plasma peut être considérée comme une suite de quasi-équilibres, les échelles de temps associées à l'écrantage et à la neutralisation étant rapides au regard des perturbations basses fréquences.

Considérons un écart à l'équilibre sous la forme d'un simple gradient de pression, retenu par un champs magnétique, illustré sur la figure (9.2).

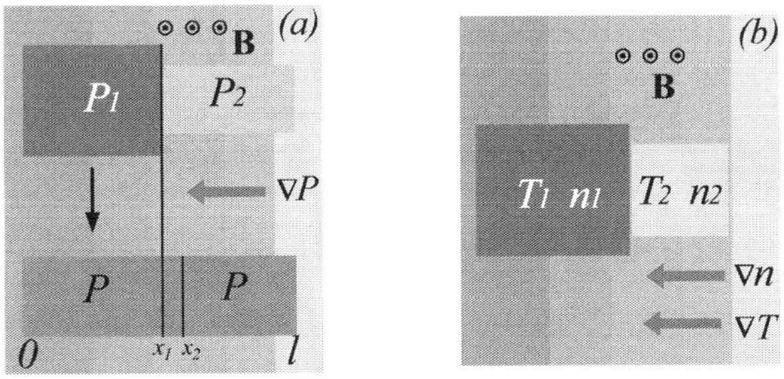

Fig. 9.2 : *Relaxations spontanées : (a) d'un gradient de pression, (b) de deux gradients : densité et température.*

Démontrons que la relaxation de deux zones, haute pression P_1, et basse pression P_2, vers une pression commune d'équilibre P n'est pas spontanée. En effet, le travail mécanique W nécessaire pour une telle transformation est égal à : $W\left[\mathrm{J/m^3}\right] = \int_{x_1}^{x_2} (P_1 - P_2)\, dx/l$, où les différents paramètres se réfèrent à la figure (9.2). Dans la limite des variations infinitésimales $P_1 \sim P_2$ et $x_1 \sim x_2$:

$$P = P_1 \left(\frac{x_1}{x_2}\right)^{\gamma} = P_2 \left(\frac{l - x_1}{l - x_2}\right)^{\gamma} \rightarrow \frac{\delta x}{l} \sim \frac{\delta P}{\gamma P} \rightarrow \delta W \sim \frac{\delta P^2}{\gamma P}$$

Le travail est donc un infiniment petit du deuxième ordre en la différence de pression, un simple gradient de pression maintenu par un champ magnétique ne peut donc relaxer spontanément, il faut un deuxième degré de liberté fluide pour envisager une instabilité, par exemple lorsqu'un gradient de pression est retenu par la pesanteur c'est le gradient de température qui permet le seuil de convection de Schwarzchild. Considérons alors les deux cas suivants : (i) la conjonction d'un gradient de densité et d'un gradient de température qui est instable au-delà d'un seuil que nous allons identifier et (ii) la conjonction d'un gradient de pression et d'un gradient de champ magnétique qui peut relaxer spontanément par échange de tubes de flux. Le premier cas est illustré sur la figure (9.2) ; la relation (9.1) exprime l'entropie $S(U, V, N)$ pour un gaz parfait et l'énergie interne U est fonction de la température suivant la relation $U = 3Nk_BT/2$, ainsi des variations de densité δn et de température δT engendrent une variation d'entropie $\delta S\left[\mathrm{J/K \cdot m^3}\right] = nk_B\left(3\delta T/2T - \delta n/n\right)$. Considérons une transformation du système illustrée sur la figure (9.2) égalisant les températures et les pressions sans apport de travail et de chaleur de l'extérieur. Le premier et le second principe conduisent à la relation :

$$\textit{Energie interne} \ : W + \int_{T_1}^{T_2} TdS = 0 \rightarrow \delta W \sim nk_BT\left(\frac{3}{2}\frac{\delta T}{T} - \frac{\delta n}{n}\right)$$

et le travail de détente est donc disponible pour déclencher une instabilité au-delà d'un seuil associé au rapport des gradients de densité et température.

$$\textit{Gradients stables} : \ \frac{3\left|\nabla \log T\right|}{2\left|\nabla \log n\right|} < 1 \tag{9.2}$$

Nous établirons la pertinence de ce critère de stabilité dans le cadre de l'analyse des modes de gradients de températures. Pour compléter cette présentation des mécanismes de relaxation des gradients considérons à nouveau le cas d'un gradient de pression et autorisons le champ à évoluer dans le cadre de la MHD idéale, c'est-à-dire conformément au théorème d'Alfvén.

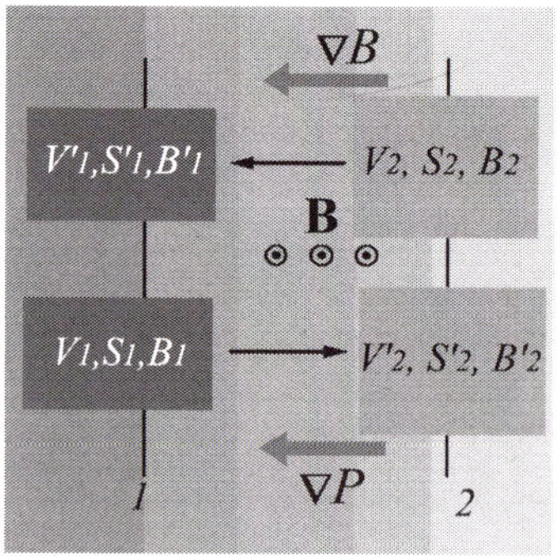

Fig. 9.3 : *Instabilité d'interchange ou échange.*

La figure (9.3) illustre l'échange de deux tubes de flux magnétique 1 et 2 sans modification de l'environnement : $V_1, S_1 \rightarrow V_2, S_2$, $V_2, S_2 \rightarrow V_1, S_1$. Les deux volumes des deux tubes de flux étant différents l'un des tubes subit une compression et l'autre une détente, l'échange étant adiabatique. Ainsi : $P_1 \rightarrow P_2' = P_1\left(V_1/V_2\right)^\gamma$ et $P_2 \rightarrow P_1' = P_1\left(V_2/V_1\right)^\gamma$. Le théorème d'Alfvén, sous l'hypothèse de la MHD idéale, impose la contrainte du transport de flux magnétique par la matière, le champ magnétique varie donc au cours de l'échange : $B_1 \to B_2' = B_1 S_1/S_2 = \Phi_1/S_2$ et $B_2 \to B_1' = B_2 S_2/S_1 = \Phi_2/S_1$. Ce protocole d'échange adiabatique et idéal étant explicité, il est alors possible d'évaluer les variations d'énergie interne et d'énergie magnétique du milieu ainsi modifié.

$$\begin{array}{lcl} \textit{Energie interne} & : & \frac{3}{2}\left[(P_1'V_1 + P_2'V_2) - (P_1V_1 + P_2V_2)\right] \\ \textit{Energie magnétique} & : & \oint_1 \frac{B_1'^2}{2\mu_0} S_1 dl + \oint_2 \frac{B_2'^2}{2\mu_0} S_2 dl - \oint_1 \frac{B_1^2}{2\mu_0} S_1 dl - \oint_2 \frac{B_2^2}{2\mu_0} S_2 dl \end{array}$$

Restreignant l'analyse à un échange de quantités infinitésimales, $\delta P \equiv P_2 - P_1$ et $\delta V \equiv V_2 - V_1$, nous obtenons les bilans d'énergie *interne*: $\delta P \delta V + 5P\delta V^2/3V$ et d'énergie magnétique : $\Phi\delta\Phi\delta\left(\oint Bdl/\Phi\right)$. Une condition suffisante de stabilité est obtenue en considérant l'échange de deux tubes de même flux tels que $\delta\Phi = 0$, pour les plasmas de tokamak $\beta \ll 1$ et le champ magnétique s'exprime en fonction du courant à travers le théorème d'Ampère : $B = \mu_0 I/2\pi R$, la variation de volume associée à l'échange est définie par $\delta V = \delta \oint Sdl$ et peut s'exprimer en fonction du flux $\delta \oint \Phi dl/B$ ainsi $\delta V = 2\pi\Phi\delta\left(\oint Rdl\right)/\mu_0 I$; l'échange est donc stable si $\delta P \delta \oint Rdl > 0$ c'est-à-dire :

$$\textit{Gradients stables} : \ \nabla B \cdot \nabla P < 0 \tag{9.3}$$

Nous établirons la pertinence de ce critère de stabilité dans le cadre de l'analyse des modes d'interchange. Au-delà de l'identification de sources d'énergies libres disponibles pour une instabilité il est nécessaire de préciser la nature dissipative ou réactive de l'instabilité. Pour établir cette dernière distinction nous allons l'illustrer sur le cas le plus simple, celui de l'instabilité au sein d'un plasma portant un courant.

9.1.2 Couplages réactif et dissipatif

Considérons la dynamique d'un plasma thermonucléaire le long des lignes de champ magnétique où la distance est paramétrée par l'abscisse curviligne z ; un faisceau beaucoup moins dense que le plasma et de vitesse V s'écoule le long de la direction z. Le plasma présente une pulsation plasma ω_p et le faisceau une pulsation plasma ω_b. Les perturbations électrostatiques de densité, champ et vitesse peuvent être analysées en linéarisant l'équation de conservation de la charge et l'équation d'Euler pour des dépendances fonctionnelles périodiques dans le temps et l'espace de la forme $\exp j\left(k_{\parallel} z - \omega t\right)$.

La densité volumique de courant linéarisé est notée $J = qn_0 v + qnV$ où n_0 est la densité non perturbée et n la densité perturbée. Commençons par identifier séparément les modes propres électrostatiques d'un plasma et d'un faisceau en annulant la somme du courant électronique J_p (ou J_b) et du courant de déplacement J_d : $J_p + J_d = 0$ et $J_b + J_d = 0$. En effet, compte tenu de l'absence de champ magnétique perturbateur : $\nabla \times H|_z = 0 = J_p + J_d$ pour le plasma et $\nabla \times H|_z = 0 = J_b + J_d$ pour le faisceau.

$$\begin{array}{lcl} \textit{Déplacement} & : & J_d = -j\omega\varepsilon_0 E \\ \textit{Plasma réactif} & : & J_p = j\frac{\omega_p^2}{\omega}\varepsilon_0 E \ \to \omega_p^2 = \omega^2 \end{array}$$

$$\textit{Faisceau} \quad : \quad J_b = j\frac{\omega_b^2\omega}{\left(\omega - k_{\|}V\right)^2}\varepsilon_0 E \ \rightarrow \omega_b^2 = \left(\omega - k_{\|}V\right)^2$$

Nous venons ainsi d'établir les relations de dispersion des ondes de Langmuir au sein d'un plasma et des modes rapide (F) et lent (S) au sein d'un faisceau, ces deux relations de dispersion se ramènent l'une à l'autre par un simple changement de référentiel de vitesse V.

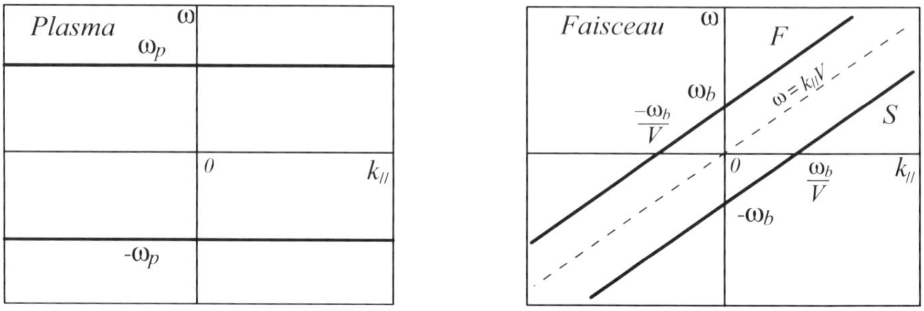

Fig. 9.4 : *Relations de dispersion des plasmons pour un plasma froid et un faisceau froid.*

Les deux relations de dispersion ainsi obtenues sont représentées sur la figure (9.4). Considérons à présent un système faisceau-plasma, les modes précédents sont alors couplés.

$$J_b + J_p + J_d = 0 \rightarrow \frac{\omega_b^2}{\left(\omega - k_{\|}V\right)^2} + \frac{\omega_p^2}{\omega^2} = 1 \tag{9.4}$$

La relation de dispersion du milieu faisceau-plasma est donnée par l'équation du quatrième degré :

$$\textit{Couplage réactif} \ : \ \left(\omega^2 - \omega_p^2\right)\left(\omega - k_{\|}V\right)^2 = \omega^2\omega_b^2$$

Sous cette forme il est aisé de distinguer la nature des asymptotiques :

• à haute fréquence $\omega^2 \gg \omega_p^2$ nous retrouvons la dispersion des modes S et F du faisceau : $\left(\omega - k_{\|}V\right)^2 - \omega_b^2 \approx 0$,

• à basse fréquence $\omega^2 < \omega_p^2$ la dispersion $\omega_p^2\left(\omega - k_{\|}V\right)^2 + \omega^2\omega_b^2 = 0$ révèle l'existence d'une partie imaginaire $\gamma\left(k_{\|}\right)$ de la pulsation $\omega = \omega\left(k_{\|}\right) - j\gamma\left(k_{\|}\right)$ lorsque le vecteur d'onde $k_{\|}$ est réel.

Ainsi ces modes basses fréquences présentent une croissance exponentielle $\exp\gamma\left(k_{\|}\right)t$ pour certaines valeurs des paramètres.

Ce type de déstabilisation est qualifié de *réactive* car le déphasage qui permet aux fluctuations du champ et de la densité d'être amplifiées, par conversion de l'énergie cinétique du faisceau obtenue en mettant en phase vitesse et force, est de nature réactive, par opposition aux mécanismes de déphasage trouvant leurs origines dans un processus dissipatif de nature collisionnelle ou collective.

Les parties réelles et imaginaires $\omega + j\gamma$ sont représentées sur le diagramme (9.5) sous l'hypothèse $\omega_b \ll \omega_p$. Une déstabilisation réactive modifie en géneral significativement la structure du mode.

Le deuxième mécanisme de déstabilisation des modes propres longitudinaux le long des lignes de champ dans un plasma thermonucléaire est caractérisé par la présence d'un couplage dissipatif. Considérons les modes F et S d'un faisceau et plongeons ce faisceau dans un plasma résistif de conductivité $\omega^* \varepsilon_0$. Deux courants sont alors présents : (i) les courants dûs à l'inertie et à la séparation de charge J_b et (ii) le courant résistif J_r.

$$\textit{Plasma dissipatif} \quad : \quad J_r = \omega^* \varepsilon_0 E \tag{9.5}$$

$$\textit{Faisceau} \quad : \quad J_b = j \frac{\omega_b^2 \omega}{\left(\omega - k_\| V\right)^2} \varepsilon_0 E \tag{9.6}$$

La relation de dispersion est une équation algébrique du troisième degré en la pulsation si nous fixons le vecteur d'onde $k_\|$.

$$\textit{Couplage dissipatif:} \quad (\omega + j\omega^*) \left(\omega - k_\| V\right)^2 - \omega \omega_b^2 = 0$$

Sous l'hypothèse d'un faible couplage ($\omega^* \ll \omega_b$) la partie imaginaire peut être évaluée et est représentée sur la figure (9.5). La discussion sur les différences et analogies entre déstabilisation réactive et dissipative mériterait d'être développée en détail, mais nous nous contenterons d'explorer la nature dynamique de la déstabilisation du mode lent S.

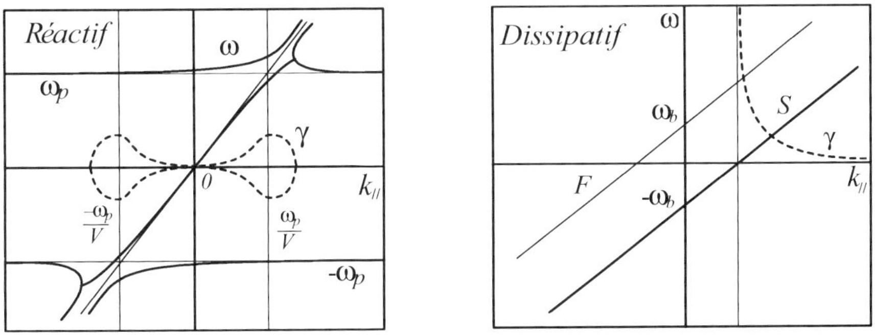

Fig. 9.5 : *Couplages réactif et dissipatif faisceau-plasma.*

L'onde F passive est une onde d'énergie positive tandis que l'onde S active est une onde d'énergie négative ; cette différence fondamentale peut être illustrée si nous considérons les phases relatives des perturbations de densité et de vitesse sur un diagramme d'espace-temps représenté sur la figure (9.6). Le champ électrique E est relié au potentiel ϕ par la relation classique : $E = -jk_\| \phi$, la perturbation de densité n à la perturbation de potentiel ϕ par la relation de Poisson : $qn = \varepsilon_0 k_\|^2 \phi$ et le courant $n_0 qv$ au champ E par : $n_0 qv = j\omega\varepsilon_0 E$. L'élimination du champ E et du potentiel ϕ entre ces trois relations permet d'exprimer la perturbation relative de densité n/n_0 en fonction de la perturbation de vitesse v.

$$F: \ n = n_0 \frac{k_\|}{\omega_p} v \ , \ S: \ n = -n_0 \frac{k_\|}{\omega_p} v \tag{9.7}$$

• Pour le mode rapide la densité et la vitesse sont en phase, ainsi une accumulation de charges est accompagnée d'une augmentation de vitesse, une déplétion de densité d'un ralentissement ; l'état perturbé présente une énergie supérieure à l'état d'équilibre, il faut donc fournir de l'énergie pour exciter le mode rapide F.

• Au contraire, pour le mode lent S, une déplétion de densité est accompagnée par une augmentation de vitesse car densité et vitesse sont en opposition de phase, l'état perturbé représenté par le mode lent présente donc une énergie inférieure à l'état d'équilibre et l'on parle d'*onde d'énergie négative* ; ce mode se développe en fournissant de l'énergie au milieu qui le supporte, il n'est donc pas étonnant qu'il soit déstabilisé par un déphasage, soit de nature dissipative car les frictions induisent des déphasages, soit de nature réactive qui correspond au cas d'un couplage avec un autre oscillateur et nous savons que les couplages entre oscillateurs induisent des déphasages.

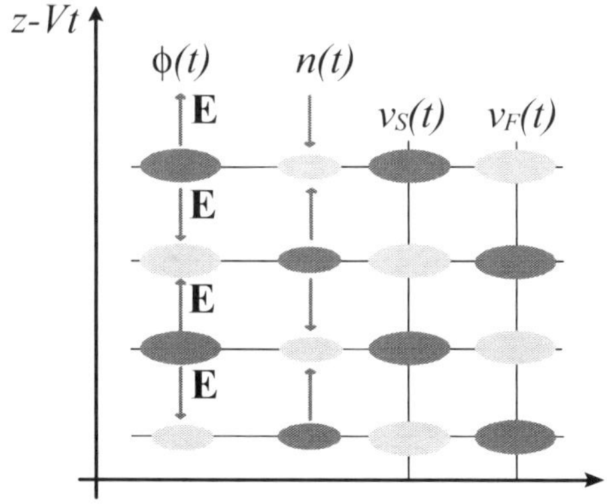

Fig. 9.6 : *Phases relatives de la densité et de la vitesse pour les modes lent et rapide.*

Cette analyse de l'origine dynamique de l'instabilité du mode lent est illustrée sur le diagramme d'espace-temps (9.6), l'exemple classique des instabilités faisceau-plasma qui vient d'être brièvement étudié offre le schéma de la structure d'analyse des instabilités dans les tokamaks. Dans un premier temps nous devons identifier une source d'énergie libre ; en l'occurrence, dans ce contexte ce seront les gradients de champ magnétique $\nabla \mathbf{B}$, de densité ∇n, de température ∇T et de courant $\nabla \mathbf{J}$. Puis nous devons établir les équations d'évolution et de couplage des variables dynamiques et linéariser ces équations pour ramener l'étude à la recherche des solutions d'une équation algébrique dont la partie imaginaire des racines fournira le taux de croissance γ de l'instabilité.

Cette analyse doit être complétée par une compréhension des mécanismes de couplage des variables dynamiques conduisant à une évolution exponentielle en fonction du temps, les diagrammes d'espace-temps, tels que celui proposé figure (9.6) et les diagrammes de dispersion tels que la figure (9.5), offrent à cet égard le cadre de représentation adéquat pour l'étude des mécanismes d'instabilités.

Au sein d'un gaz, un gradient de pression engendre une accélération $\nabla P \rightarrow d\mathbf{V}/dt$ et le compromis entre l'inertie et l'élasticité associée à la compressibilité est la source des ondes sonores ; dans un plasma de tokamak, un gradient de pression est directement associé à une vitesse, la vitesse diamagnétique $\nabla P \rightarrow \mathbf{V}^*$. Un deuxième type d'excitations élementaires peut se propager si la pression magnétique est mise a contribution $\nabla \mathbf{B}^2/2\mu_0 \rightarrow d\mathbf{V}/dt$; cette diversité d'excitations élementaires nous a conduit à identifier trois vitesses caractéristiques au sein d'un plasma thermonucléaire magnétisé : les vitesses diamagnétique, de Böhm et d'Alfvén..

$$\textit{Vitesse Diamagnétique} \quad : \quad V^* \equiv \frac{\nabla P}{neB} \tag{9.8}$$

$$\textit{Vitesse de Böhm} \quad : \quad C_B \equiv \sqrt{\frac{P_e}{nm_i}} \tag{9.9}$$

$$\textit{Vitesse d'Alfvén} \quad : \quad V_A \equiv \sqrt{\frac{B^2}{\mu_0 n m_i}} \tag{9.10}$$

Leur ordering typique dans un tokamak est : $V_A/C_B/V^* \sim 10^7$ [m/s] / 10^6 [m/s] / 10^3 [m/s]. On notera, dans les relations de dispersion impliquant le couplage des branches acoustique et alfvénique, le rôle du paramètre bêta $\beta = 4C_B^2/V_A^2$ où $\beta = 2C_B^2/V_A^2$ si nous incluons la pression ionique dans la vitesse de Böhm. Ces trois vitesses entrerons dans les relations de dispersion des principaux modes instables dans les configurations de type tokamak. La figure (9.7) illustre le positionnement relatif des instabilités dans les tokamaks, l'abscisse indique la pulsation caractéristique du mode et son ordonnée l'échelle spatiale caractéristique.

Les modes les plus communs sont : (i) les modes de dérives résultant de la présence simultanée d'un gradient de densité $n(r)$ et d'un champ magnétique homogène, (ii) les modes dits de gradient de température où le gradient relatif de la densité $n(r)$ et de la température $T(r)$ doit être considéré, (iii) les modes dits d'interchange ou d'échange où gradients de pression $P(r)$ et de champ magnétique $B(r)$ constituent la source d'énergie libre, les effets toroïdaux couplant dérives et interchange, enfin, (iv) les modes de torsion (*kink*) où le gradient de courant $J(r)$ doit être pris en considération ; le déchirement (*tearing*), les modes d'Alfvén toroïdaux et les *fishbones...* ne seront pas étudiés dans cet ouvrage.

Nous étudierons les modes de dérives, d'interchange et de torsion dans le cadre de modèles permettant de les discriminer, c'est-à-dire dans le contexte de géométries simplifiées assurant un découplage des différentes branches. Compte tenu de la géométrie toroïdale, les champs électromagnétiques au sein d'un tokamak peuvent être analysés en termes d'harmoniques poloïdales et toroïdales $\sum_{m,n} \phi_{mn}(r) \exp j(\omega t - m\theta + n\varphi)$ repérées par les nombres d'ondes poloïdaux m et toroïdaux n et décrits par la structure radiale du mode $\phi_{mn}(r)$, notons que pour une décharge tokamak les harmoniques m et $m \pm 1$ sont nécessairement couplées par les inhomogénéités poloïdales.

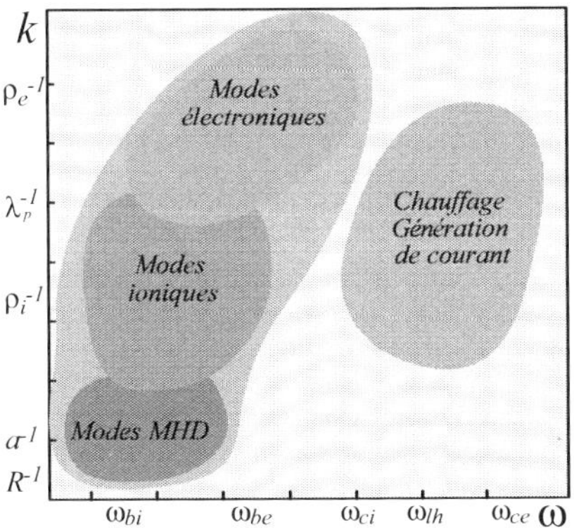

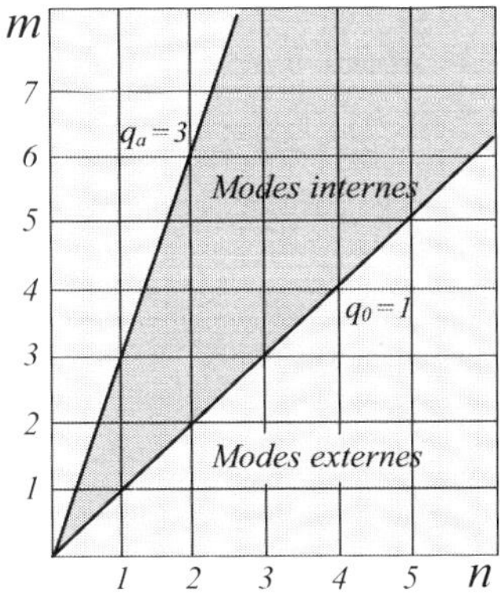

Fig. 9.7 : *Modes instables et surfaces résonnantes dans un tokamak.*

Nous simplifierons l'analyse des effets de la géométrie toroïdale en considérant que cette structure présente une longueur caractéristique plus petite que le petit rayon du tokamak qui mesure l'échelle caractéristique des gradients, ainsi nous pouvons établir une étude suivant une structure harmonique du type $\phi \exp j(\omega t - m\theta + n\varphi - k_r r)$, ce déploiement de la topologie toroïdale conduit à l'étude d'un mode $\phi \exp j\ (\omega t$ - $k_{\parallel} z$ - $k_{\perp} y)$ en géométrie cartésienne ; la correspondance entre les vecteurs d'onde le long des lignes de champ $k_{\|}$ et perpendiculairement aux lignes de champ $k_{\perp}$ et les nombres poloïdaux et toroïdaux m et n s'établit alors comme suit (6.24) : $n\varphi - m\theta = (n - m/q)\,\varphi$ et $dz \sim Rd\varphi \rightarrow k_{\|} = (nq - m)\,/qR$ et $k_r = k_{\perp}$. Le cisaillement des lignes de champ, conséquence de la superposition d'un champ poloïdal radialement inhomogène sur un champ toroïdal, conduit donc à l'existence de surfaces résonnantes où le vecteur d'onde parallèle $k_{\|}$ du mode (m, n) s'annule.

$$\textit{Surface résonnante :}\ \ q(r) = \frac{m}{n} \rightarrow k_{\|}(r) = 0 \qquad (9.11)$$

La finitude de $k_{\|}$ autorisant souvent l'existence d'un couplage dissipatif à travers l'absorption Landau $\omega = k_{\|} v_T$, les modes présenteront donc une tendance à s'organiser autour de ces surfaces où q est rationnel car l'énergie libre des gradients est accessible au voisinage de ces surfaces rationnelles à travers l'étalement spectral du vecteur d'onde $k_{\|}$, la figure (9.7) illustre les possibilités de surfaces rationnelles compte tenu des valeurs caractéristiques du facteur de sécurité, $q \sim 1 - 3$, les modes MHD instables présentant des nombres poloïdaux et toroïdaux de faibles valeurs et peuvent être internes (déchirement, tearing) ou externes (torsion, kink).

9.2 Instabilités de Dérives

9.2.1 Modes de dérives

Les modes de dérives sont des perturbations de densité n et de potentiel ϕ se propagcant perpendiculairement aux lignes de champ magnétique, mais pouvant aussi présenter une périodicité le long de ces lignes de champ. Dans leur version la plus simple ces modes seront supposés électrostatiques et de nature fluide ; puis nous évaluerons les corrections à la relation de dispersion fluide $\omega\left(k_{\|}, k_{\perp}\right)$ introduites par les couplages magnétiques alfvéniques et les effets cinétiques.

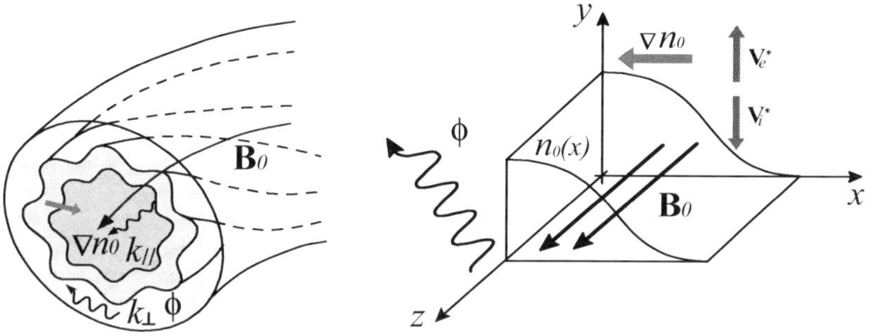

Fig. 9.8 : *Configurations toroïdale et cartésienne des modes de dérives.*

Pour ces modes, densité et potentiel sont en phase et tout déphasage entre ces variables entraîne une déstabilisation ou un amortissement ; nous étudierons donc la déstabilisation et l'amortissement résultant d'un déphasage collectif associé aux résonances Landau électronique et ionique. Dans un tokamak les modes de dérives présentent une structure globale $\phi(r) \exp j(\omega t$ - $m\theta + n\varphi)$ et conformément aux principes de décomposition et d'analyse précédent nous développerons une analyse locale dans le cadre d'une géométrie cartésienne $\phi \exp j$

(ωt - $k_{\|}z$ - $k_{\perp}y$), puis nous adapterons le résultat cartésien à la structure toroïdale. Nous utiliserons un repérage cartésien $[x, y, z]$ sur une base orthonormée directe cartésienne $[\mathbf{e}_x, \mathbf{e}_y, \mathbf{e}_z]$.

Soit un champ magnétique homogène $\mathbf{B} = B_0\mathbf{e}_z$ confinant un plasma de densité d'équilibre $n_0(x)$ et de températures électronique et ionique T_e et T_i telles que $T_e = T_i$, cette configuration est représentée sur la figure (9.8). La présence simultanée (i) d'un champ magnétique et (ii) d'un gradient de densité permet de définir les vitesses diamagnétiques électronique $\mathbf{V}_e^*$ et ionique $\mathbf{V}_i^*$ dont les significations ont été analysées précédemment (7.9) .

$$\textit{Vitesses diamagnétiques} \ : \ \mathbf{V}_e^* \equiv \frac{k_B T_e}{|e| B_0}\left|\frac{d\ln n_0}{dx}\right|\mathbf{e}_y \ , \ \mathbf{V}_i^* \equiv -\frac{k_B T_i}{|e| B_0}\left|\frac{d\ln n_0}{dx}\right|\mathbf{e}_y$$

Recherchons les perturbations harmoniques de potentiel susceptibles de se propager dans un tel milieu. Ces perturbations de potentiel seront nécessairement accompagnées par des perturbations de vitesse et de densité.

$$\begin{aligned} \textit{Potentiel} \ &: \ \phi \exp j\left[\omega t - k_{\|}z - k_{\perp}y\right] \\ \textit{Vitesse} \ &: \ (v_x\mathbf{e}_x + v_y\mathbf{e}_y + v_z\mathbf{e}_z)\exp j\left[\omega t - k_{\|}z - k_{\perp}y\right] \\ \textit{Densité} \ &: \ n_0(x) + n\exp j\left[\omega t - k_{\|}z - k_{\perp}y\right] \ , \end{aligned}$$

La vitesse est ici la vitesse ionique, car à basse fréquence la réponse électronique est de nature adiabatique, les électrons se distribuent au sein de la perturbation de potentiel ϕ suivant une distribution de Boltzmann. Considérons les équations de la dynamique basse fréquence d'un plasma et construisons une analyse suivant le schéma :

$$\phi \underset{\textit{dérives}}{\longrightarrow} \mathbf{v}_i \underset{\textit{continuité}}{\longrightarrow} n_i \underset{\textit{quasi-neutralité}}{\longrightarrow} n_i = n_e \underset{\textit{quasi-neutralité}}{\longleftarrow} n_e \underset{\textit{adiabaticité}}{\longleftarrow} \phi$$

La première étape consiste à exprimer les composantes de la vitesse ionique en fonction du potentiel ϕ. Le long des lignes de champ la réponse ionique est de nature inertielle et s'établit en considérant l'équation de Newton et la force de Coulomb. Perpendiculairement aux lignes de champ l'analyse de la réponse ionique relève de la théorie des dérives à basse fréquence ($\omega \ll \omega_{ci}$). Ainsi, suivant x la dérive de champs croisés (6.13) doit être prise en compte, et suivant y la dérive de polarisation (6.13) détermine la dynamique car le champ électrique est dirigé suivant l'axe des y.

$$\textit{Dérive de champs croisés} \ : \ v_{ix} = j\frac{k_{\perp}}{\omega_{ci}}\frac{e\phi}{m_i} \tag{9.12}$$

$$\textit{Dérive de polarisation} \ : \ v_{iy} = -\frac{k_{\perp}\omega}{\omega_{ci}^2}\frac{e\phi}{m_i} \tag{9.13}$$

$$\textit{Forces de Coulomb} \ : \ v_{iz} = \frac{k_{\|}}{\omega}\frac{e\phi}{m_i} \tag{9.14}$$

Linéarisons à présent l'équation de conservation de la charge/masse ionique, $\partial n_i/\partial t + \boldsymbol{\nabla}\cdot n_0\mathbf{v}_i = 0$, afin d'exprimer la perturbation de densité ionique n_i en fonction de la vitesse $\mathbf{v}_i$.

$$\textit{Conservation de la masse} : \ j\omega\frac{n_i}{n_0} = -\frac{d\ln n_0}{dx}v_{ix} + jk_{\perp}v_{iy} + jk_{\|}v_{iz}$$

Par élimination de la vitesse nous obtenons une relation entre densité ionique perturbée n_i et potentiel électrostatique ϕ; la densité électronique perturbée n_e étant quant à elle obtenue en linéarisant la relation d'adiabaticité de Boltzmann : $n_e = n_0 \exp(e\phi/k_B T_e) - n_0$. Définissons les fréquences diamagnétiques électronique et ionique :

$$\textit{Fréquences diamagnétiques :}\ \omega_e^* \equiv k_\perp V_e^*\ ,\ \omega_i^* \equiv k_\perp V_i^* \tag{9.15}$$

Le modèle que nous venons de développer permet donc d'établir les expressions suivantes des perturbations de densités électronique n_e et ionique n_i associées à une perturbation de potentiel ϕ au sein d'un plasma magnétisé présentant un gradient de densité.

$$\textit{Réponse ionique} \quad : \quad \frac{n_i}{n_0} = \underbrace{\frac{\omega_e^*}{\omega}\frac{e\phi}{k_B T_e}}_{\text{champs croisés}} \underbrace{- k_\perp^2 \rho_i^2 \frac{e\phi}{k_B T_e}}_{\text{polarisation}} + \underbrace{\frac{k_\parallel^2 C_B^2}{\omega^2}\frac{e\phi}{k_B T_e}}_{\text{inertie}}$$

$$\textit{Réponse électronique} \quad : \quad \frac{n_e}{n_0} = \underbrace{\frac{e\phi}{k_B T_e}}_{\text{adiabaticité}}$$

Le problème, à ce stade, nous offre deux équations pour trois inconnues n_e, n_i et ϕ, aussi l'équation de Poisson doit être considérée, mais à basse fréquence le plasma reste quasi-neutre et nous pouvons donc établir l'expression de la relation de dispersion en égalant les deux perturbations de densité : $n_i(\phi) = n_e(\phi)$ puis en éliminant ainsi le potentiel ϕ.

$$\textit{Ondes de dérive :}\ \boxed{\omega^2 \left(1 + k_\perp^2 \rho_i^2\right) - \omega\omega_e^* - k_\parallel^2 C_B^2 = 0}$$

Les modes de dérives présentent donc deux branches représentées figure (9.9), la branche électronique et la branche ionique.

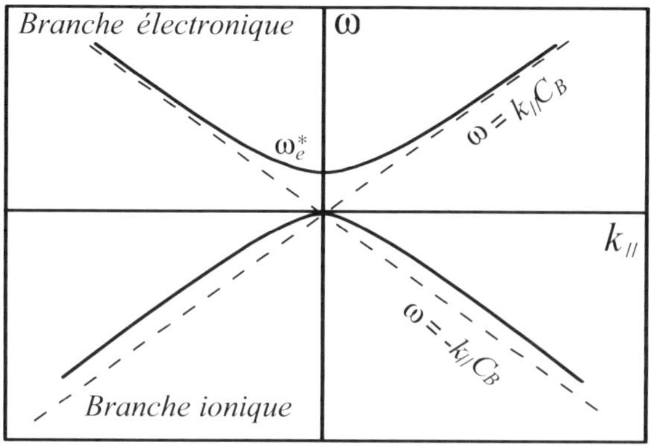

Fig. 9.9 : *Branches ionique et électronique de la dispersion des modes de dérives.*

La branche électronique $\omega > 0$ se propage dans la direction $\mathbf{V}_e^*$ et la branche ionique $\omega < 0$ se propage dans la direction $\mathbf{V}_i^*$. L'usage est de considérer deux asymptotiques : (i) le *mode de dérives* : $k_\parallel^2 C_B^2 \ll \omega^2 \to \omega = \omega_e^*$ et (ii) le *son ionique* : $k_\parallel^2 C_B^2 \gg \omega^2 \to \omega = k_\parallel C_B$; le terme $k_\perp^2 \rho_i^2$, en général petit, représente une correction en rayon de Larmor fini. L'effet d'un gradient de densité sur les branches acoustiques ioniques $\omega = \pm k_{\parallel} C_B$ est de lever la dégénérescence en accélérant la branche électronique et en décélérant la branche ionique.

Pour conclure cette analyse des modes de dérives fluides, identifions à présent l'origine dynamique de ce mode. Supposons l'existence à un instant t, au sein d'un plasma magnétisé, d'une perturbation de potentiel $\phi(y,t)$ périodique suivant y. La relation $n_e/n_0 = e\phi/k_B T_e$ indique que les maximums du potentiel et les maximums de la perturbation de densité électronique sont identiques, ainsi que les minimums. Si la densité d'équilibre n_0 présente un gradient suivant x, perpendiculaire (i) au champ magnétique et (ii) à la direction de périodicité du potentiel y, la dérive de champs croisés $\mathbf{E} \times \mathbf{B} = \mathbf{B} \times \boldsymbol{\nabla}\phi$ suivant x propage la perturbation de densité en établissant (i) un flux de charges des zones denses vers les zones diluées à l'avant des maximums de densité et (ii) un flux de charges des zones dilués vers les zones denses à l'arrière des maximums de densité, une telle dynamique entraîne donc la propagation de la perturbation de densité suivant y et par couplage adiabatique la propagation de la perturbation de potentiel ϕ. Le schéma de la figure (9.10) illustre ce mécanisme de propagation.

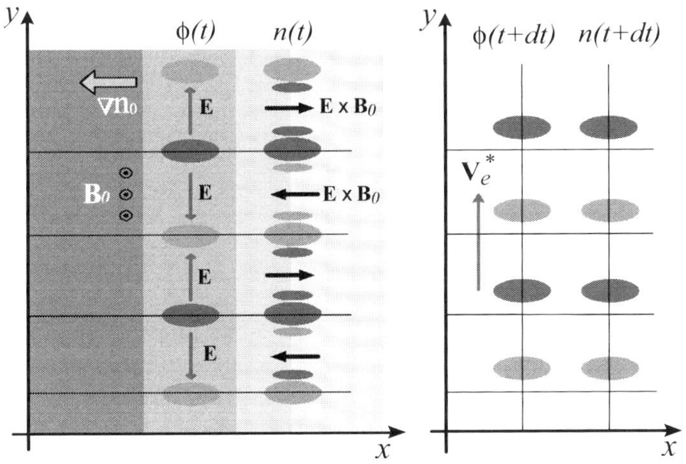

Fig. 9.10 : *Mécanisme de propagation des modes de dérives.*

Aux basses fréquences les perturbations électromagnétiques sont de natures : (i) diamagnétique (9.8), (ii) acoustique ionique (9.9) ou (iii) alfvénique (9.10), ces trois types d'excitations sont fortement couplées en présence d'inhomogénéités, nous venons de voir que les modes de dérives et les modes acoustiques sont couplés à travers la propagation parallèle, les modes de dérives et les modes d'Alfvén sont aussi couplés en règle générale dans un tokamak.

Considérons le couplage alfvénique des modes de dérives ; pour ce faire ouvrons la possibilité d'une composante magnétique en introduisant un champ électrique de nature potentielle et inductive : $\mathbf{E} = -\boldsymbol{\nabla}\phi - \partial \mathbf{A}/\partial t$. Un champ magnétique $B_\perp$ accompagne alors nécessairement le mode de dérives.

$$\textit{Champ électrique} \quad : \quad \mathbf{E} = \left(E_\perp \mathbf{e}_y + E_\parallel \mathbf{e}_z\right) \exp j\left[\omega t - k_\parallel z - k_\perp y\right]$$
$$\textit{Champ magnétique} \quad : \quad \mathbf{B} = B_0 \mathbf{e}_z + B_\perp \mathbf{e}_x \exp j\left[\omega t - k_\parallel z - k_\perp y\right]$$

Les composantes de la vitesse ionique résultent principalement des dérives de champs croisés et de polarisation où nous prendrons en compte les corrections de rayon de Larmor finis (5.14). La force le long des lignes de champ doit être complétée par la force de Laplace $en_i \mathbf{V}_i^* \times B_\perp \mathbf{e}_x$ associée au courant diamagnétique.

$$\begin{aligned}
\textit{Dérive de champs croisés} &: \quad v_{ix} = \frac{e}{m_i \omega_{ci}} J_0 \left(k_\perp \rho_i\right) E_\perp && (9.16) \\
\textit{Dérive de polarisation} &: \quad v_{iy} = j \frac{\omega e}{m_i \omega_{ci}^2} J_0 \left(k_\perp \rho_i\right) E_\perp && (9.17) \\
\textit{Forces de Coulomb et Laplace} &: \quad v_{iz} = -j \frac{e}{m_i \omega} E_\parallel + j \frac{e V_i^*}{m_i \omega} B_\perp && (9.18)
\end{aligned}$$

Pour les électrons l'hypothèse d'adiabaticité, $\nabla P = en_e \nabla \phi$ reste recevable mais sa formulation implique la prise en compte de la force de Laplace $-en_e \mathbf{V}_e^* \times B_\perp \mathbf{e}_x$ associée au courant diamagnétique : $\nabla P = -en_e \mathbf{E} - en_e \mathbf{V}_e^* \times B_\perp \mathbf{e}_x$. Linéarisons l'équation de conservation de la charge/masse ionique, $\partial n_i / \partial t + \nabla \cdot n_0 \mathbf{v}_i = 0$, afin d'exprimer la perturbation de densité ionique n_i en fonction des composantes de la vitesse $\mathbf{v}_i$:

$$\begin{aligned}
j\omega \frac{n_i}{n_0} &= \underbrace{\frac{e\omega_e^* J_0}{k_\perp k_B T_e} E_\perp}_{\text{champs croisés}} - \underbrace{\frac{e\omega k_\perp \rho_i^2 J_0}{k_B T_e} E_\perp}_{\text{polarisation}} + \underbrace{\frac{e k_\parallel C_B^2}{\omega k_B T_e} E_\parallel}_{\text{Coulomb}} + \underbrace{\frac{e \left|\omega_i^*\right| k_\parallel}{m_i \omega k_\perp} B_\perp}_{\text{Laplace}} \\
jk_\parallel \frac{n_e}{n_0} &= \underbrace{\frac{e}{k_B T_e} E_\parallel}_{\text{Coulomb}} - \underbrace{\frac{e V_e^*}{k_B T_e} B_\perp}_{\text{Laplace}}
\end{aligned}$$

L'application de l'hypothèse de quasi-neutralité nécessite d'exprimer les perturbations électromagnétiques en fonction d'une composante unique pour permettre l'élimination qui conduit à la dispersion $\omega \left(k_\parallel, k_\perp\right)$, choisissons la composante $E_\perp$ et exprimons les composantes $B_\perp$ et $E_\parallel$ ainsi que le courant le long des lignes de champ $J_\parallel$ en fonction de $E_\perp$. Les équations de Maxwell-Faraday et Maxwell-Ampère, complétées par l'hypothèse de stationnarité du courant $\nabla \cdot \mathbf{J} = 0$ qui assure la quasi-neutralité, fournissent trois relations entre ces quatre inconnues.

$$\begin{aligned}
\textit{Faraday} &: \quad \omega B_\perp = k_\perp E_\parallel - k_\parallel E_\perp, \ \textit{Ampére} \ : B_\perp = \frac{\mu_0}{jk_\perp} J_\parallel \\
\textit{Stationnarité} &: \quad v_{ix} \frac{J_0 \left(k_\perp \rho_i\right) - 1}{J_0 \left(k_\perp \rho_i\right)} \frac{\partial n_0}{\partial x} - jk_\perp v_{iy} n_0 - jk_\parallel \frac{J_\parallel}{e} = 0
\end{aligned}$$

A l'ordre le plus bas le courant de dérive de champs croisés ionique est compensé par le courant de champs croisés électronique, ainsi seule la fraction $\left[J_0 \left(k_\perp \rho_i\right) - 1\right] / J_0 \left(k_\perp \rho_i\right)$ doit être prise en compte dans le bilan de courant $\nabla \cdot \mathbf{J} = 0$; la substitution des expressions des perturbations de vitesse ionique dans la relation explicitant la stationnarité des courants conduit à la valeur du courant parallèle : $jk_\parallel \mu_0 J_\parallel V_A^2 = \left(\left|\omega_i^*\right| + \omega\right) k_\perp E_\perp$, où nous avons considéré $k_\perp^2 \rho_i^2 \ll 1$ et $C_B^2 \ll V_A^2$. La composante magnétique $B_\perp$ et la composante électrique $E_\parallel$ peuvent être exprimées en fonction de $E_\perp$. Si le champ électrique était de nature purement potentielle, ses composantes vérifieraient $E_\parallel / E_\perp = k_\parallel / k_\perp$ nous devons donc identifier un terme supplémentaire dans le cadre d'un couplage magnétique. Si le plasma était homogène, l'équation de Maxwell-Ampère $\nabla \times \mathbf{B} = \mu_0 \mathbf{J}$ relative au courant associé à la vitesse de dérive de polarisation ionique s'exprimerait $k_\parallel B_\perp = -\, \omega E_\perp / V_A^2$ c'est effectivement ce terme qui est dominant pour un mode tel que $\omega > |\omega_i^*|$ et les couplage alfvénique entre composantes potentielle et inductive s'expriment suivant les deux relations :

$$\frac{E_\parallel}{E_\perp} = \frac{k_\parallel}{k_\perp} - \frac{\omega}{k_\perp} \frac{|\omega_i^*| + \omega}{k_\parallel V_A^2}, \quad \frac{B_\perp}{E_\perp} = -\frac{|\omega_i^*| + \omega}{k_\parallel V_A^2} \tag{9.19}$$

L'analyse des perturbations des densités ionique et électronique peut être restreinte au premier terme assurant un couplage entre la dynamique de dérives électriques et la dynamique alfvénique.

$$\begin{aligned} jk_\perp \frac{n_i}{n_0} &= \underbrace{\frac{\omega_e^*}{\omega} \frac{eE_\perp}{k_B T_e}}_{\text{champs croisés}} + \underbrace{\frac{k_\parallel^2 C_B^2}{\omega^2} \frac{eE_\perp}{k_B T_e}}_{\text{Coulomb}} + \underbrace{O\left(\frac{C_B^2}{V_A^2}, k_\perp^2 \rho_i^2\right)}_{\text{EM et FLR}} \\ jk_\perp \frac{n_e}{n_0} &= \underbrace{\frac{eE_\perp}{k_B T_e}}_{\text{adiabaticité}} + \underbrace{\frac{(\omega_e^* - \omega)\left(|\omega_i^*| + \omega\right)}{k_\parallel^2 V_A^2} \frac{eE_\perp}{k_B T_e}}_{\text{EM}} \end{aligned}$$

L'hypothèse de quasi-neutralité $n_i = n_e$ reste valable car elle procède d'un ordering de temps caractéristiques et de longueurs caractéristiques qui est indépendant de la nature potentielle ou inductive du champ électrique considéré.

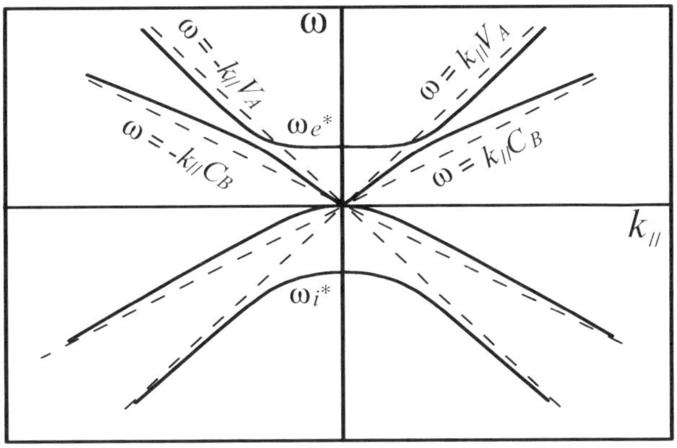

Fig. 9.11 : *Couplages alfvéniques des modes de dérives.*

Ainsi la relation de dispersion approchée prenant en compte le premier ordre non nul décrivant le couplage magnétique est donnée par :

$$\textit{Ondes de dérives-alfvéniques :} \quad \omega^2 - \omega\omega_e^* - k_\parallel^2 C_B^2 = \frac{\omega^2}{k_\parallel^2 V_A^2} (\omega - \omega_e^*)(\omega + |\omega_i^*|)$$

Plusieurs asymptotiques confirment la validité de ce résultat, en particulier les trois branches basses fréquences peuvent être retrouvées.

$$\begin{aligned} \textit{Ondes de dérives} &: \; k_\parallel \sim 0,\, V_A \sim +\infty \to \omega = \omega_e^* \\ \textit{Ondes acoustiques} &: \; \omega_e^{*2} \ll \omega^2 \ll k_\parallel^2 V_A^2 \to \omega = \pm k_\parallel C_B \\ \textit{Ondes d'Alfvén} &: \; \omega^2 \gg k_\parallel^2 C_B^2,\, \omega^2 \gg \omega_e^{*2} \to \omega = \pm k_\parallel V_A \end{aligned}$$

La relation de dispersion complète $\omega\left(k_{\|}, k_{\perp}\right)$ des branches basses fréquences dans un plasma inhomogène est représentée sur la figure (9.11), la dépendance en $k_{\perp}$ de cette relation $\omega\left(k_{\|}, k_{\perp}\right)$est contenue dans les définitions $\omega_e^* = k_{\perp} V_e^*$ et $\omega_i^* = k_{\perp} V_i^*$. Nous étudierons dans la suite le mode d'interchange résultant de la présence simultanée (i) d'un gradient de champs magnétique de longueur caractéristique L_B et (ii) d'un gradient de densité de longueur caractéristique L_n ; ce mode présente la relation de dispersion $\omega^2 = -\left(C_B^2/L_B L_n\right) + k_{\|}^2 V_A^2$, un couplage alfvénique entre dérives et interchanges est donc à l'œuvre dans une géométrie de type tokamak et nécessite une étude approfondie que nous ne développerons pas ici. Notons pour conclure que pour les modes de dérives, de part leur mécanisme de propagation qui s'appuie sur l'échange de vorticité entre les zones dense et diluée, le seuil du régime non linéaire est très bas.

9.2.2 Couplages cinétiques

Le schéma présenté sur la figure (9.12) permet de comprendre la déstabilisation du mode de dérives, c'est-à-dire l'origine des instabilités de dérives. Supposons que le potentiel ϕ et la densité électronique n_e ne soient plus en phase et que la phase relative entre ces deux variables dynamiques soit θ, la densité ionique et le potentiel évoluant en phase.

$$\textit{Réponse ionique} \quad : \quad \frac{n_i(\phi)}{n_0} = \frac{\omega_e^*}{\omega} \frac{e\phi}{k_B T_e} \tag{9.20}$$

$$\textit{Réponse électronique} \quad : \quad \frac{n_e(\phi)}{n_0} = \frac{e\phi}{k_B T_e}(1 + j\theta) \tag{9.21}$$

Un tel déphasage étant la conséquence d'une friction collisionnelle des électrons ou d'une résonance Landau.

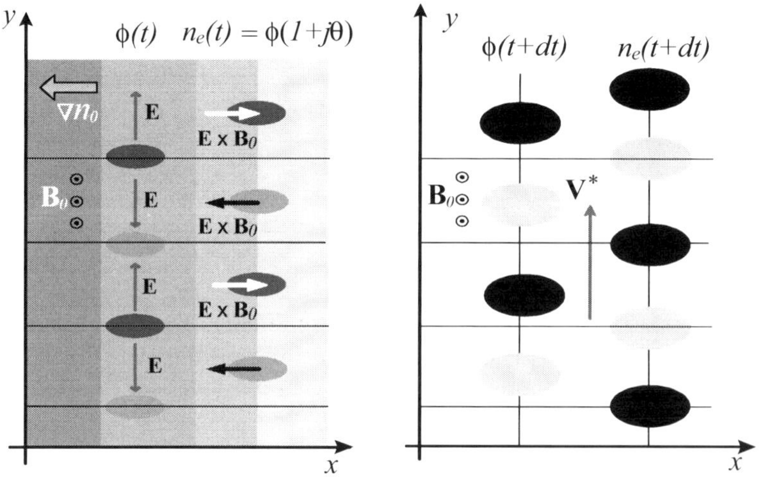

Fig. 9.12 : *Mécanisme de déstabilisation des modes de dérives.*

Sur le schéma de la figure (9.12) nous voyons que la modulation de densité sera alors en avance (ou en retard) sur la modulation de potentiel, ce positionnement déphasé permet à la dérive de champs croisés $\mathbf{E} \times \mathbf{B}/B^2 = \mathbf{B} \times \boldsymbol{\nabla}\phi/B^2$ d'alimenter les zones haute densité et de dépeupler les zones basse densité de la perturbation, amplifiant ainsi la modulation initiale de densité. Cette amplification se traduit par l'apparition d'une partie imaginaire dans la relation de dispersion du mode comme le confirme l'évaluation analytique.

$$\textit{Quasi-neutralité}: \quad n_i = n_e \rightarrow \omega\,(1 + j\theta) = \omega_e^* \rightarrow \omega \approx \omega_e^*\,(1 - j\theta)$$

Le taux de croissance de l'instabilité de dérives est égal à $\gamma = \theta\omega_e^*$, le mode se propage en s'amplifiant : $\exp(\gamma t)\, \exp j[\omega_e^* t - k_\parallel z - k_\perp y]$, le mécanisme de déstabilisation est de nature dissipative car la structure réactive du mode est peu modifiée. Notons que le mécanisme d'amplification qui vient d'être décrit peut aussi se présenter comme un mécanisme d'amortissement si le signe du déphasage est inversé. Dans le contexte des équilibres de type tokamak nous verrons que les modes de dérives, localisés par le cisaillement du champ, sont en général excités (déstabilisés) par les résonances Landau électroniques et amortis (stabilisés) par les résonances Landau ioniques.

Pour comprendre l'origine de ce couplage cinétique considérons la réponse cinétique d'une population de particules chargées de charge e à une perturbation de potentiel $\phi\, \exp j[k_\parallel z + k_\perp y - \omega t]$; nous avons déjà résolu l'équation de Vlasov dans le cadre du chapitre consacré au formalisme hamiltonien et calculé la réponse cinétique en densité à un potentiel $\phi \exp j[k_\parallel z + k_\perp y - \omega t]$, la formule (5.49) rappelée ci-dessous,

$$\frac{n}{n_0} = -\frac{e\phi}{k_B T}\left[1 + (\omega - \omega^*) \sum_N \int d\mathbf{v} \frac{J_N^2\,(k_\perp v_c/\omega_c)}{N\omega_c + k_\parallel v_\parallel - \omega} \frac{F_0}{n_0}\right]$$

où $F_0\,(v_\parallel, v_c)$ est la fonction de distribution des vitesses de la population considérée et $n_0\,(x)$ sa densité d'équilibre (on notera le changement de convention du signe de la phase entre le paragraphe précédent : $j(\omega t - k_\parallel z - k_\perp y)$ et l'analyse conduisant à (5.49) : $j(k_\parallel z + k_\perp y - \omega t)$). Pour les modes de dérives considérés ici la fréquence de dérive ω^* est beaucoup plus petite que les fréquences cyclotroniques et la somme sur les harmoniques cyclotroniques peut être restreinte au terme Landau $N = 0$, la distribution des vitesses $F_0\,(v_\parallel, v_c)$est Maxwellienne et la réponse en densité est donc donnée par la relation :

$$\frac{n}{n_0} = -\frac{e\phi}{k_B T}\left[1 + (\omega - \omega^*) \int \frac{2 v_c dv_c dv_\parallel}{\pi^{\frac{1}{2}} v_T^3} \frac{J_0^2\left(\frac{k_\perp v_c}{\omega_c}\right) \exp - \frac{v^2}{v_T^2}}{k_\parallel v_\parallel - \omega}\right] \tag{9.22}$$

où $v^2 = v_c^2 + v_\parallel^2$. Les limites (i) électronique fluide, $k_\perp v_{ce} \ll \omega_{ce} \rightarrow J_0^2 \sim 1$ et $k_\parallel v_{\parallel e} \gg \omega$, et (ii) ionique fluide, $k_\perp v_{ci} \ll \omega_c \rightarrow J_0^2 \sim 1$ et $k_\parallel v_{\parallel i} \ll \omega$, conduisent aux relations précédentes et offrent le cadre de développements adéquats pour évaluer les effets de rayons de Larmor finis.

$$\textit{Adiabaticité électronique} \quad : \quad k_\perp v_c \ll \omega_c \;,\; k_\parallel v_\parallel \gg \omega \;\rightarrow \frac{n_e}{n_0} \sim \frac{e\phi}{k_B T_e} + \ldots$$

$$\textit{Dérives ioniques} \quad : \quad k_\perp v_c \ll \omega_c \;,\; k_\parallel v_\parallel \ll \omega \;\rightarrow \frac{n_i}{n_0} \sim -\frac{\omega_i^*}{\omega} \frac{e\phi}{k_B T_i} + \ldots$$

Dans le cadre des paragraphes précédents nous avons étudié les modes cinétiques de Bernstein et introduit dans ce contexte les fonctions : (i) $\sqrt{\pi} Z\,(x)$

$= \int_{-\infty}^{+\infty} du \ \exp -u^2 / \ [u \text{ - } (x + j\eta)]$ (8.30) et (ii) $I_0\left(y^2/x^2\right) x^{-2} \ \exp\left(y^2/x^2\right)$ $= \int_0^{+\infty} u \exp -(x^2 u^2/\ 2)\ J_0^2\left(yu\right)\ du$ (8.31). Sur la base de ces définitions la perturbation de densité (9.22) peut s'exprimer comme : $e\phi[1 + (1 - \omega^*/\omega)$ $a \exp\left(-b\right)\ Z\left(a\right) I_0\left(b\right)]\ /k_B T$ où nous avons introduit les paramètres sans dimension : $a \equiv \omega / k_\| v_T \sim v_{\varphi_\|}/v_T$ et $b \equiv k_\perp^2 v_T^2 / 2\omega_c^2 \sim \rho_L^2/\lambda_\perp^2$. La contrainte de quasi- neutralité $n_e = n_i$, propre aux modes basses fréquences, permet d'exprimer la relation de dispersion cinétique des modes de dérives électrostatiques sous forme d'une équation transcendante que nous allons analyser.

$$\textit{Dispersion}: \quad \sum_{s=i,e} 1 + \left(1 - \frac{\omega_s^*}{\omega}\right) a_s Z\left(a_s\right) \exp\left(-b_s\right) I_0\left(b_s\right) = 0 \tag{9.23}$$

Considérons, dans un premier temps, l'impact de la résonance Landau électronique sur la relation de dispersion des modes de dérives et négligeons le couplage avec les ions que nous supposons en régime fluide. La vitesse de phase le long des lignes de champ de l'onde de dérives est de l'ordre de grandeur ou inférieur à la vitesse thermique électronique et beaucoup plus grande que la vitesse thermique ionique, ce régime correspond à l'ordering $a_e \ll 1$ et $a_i \gg 1$.

Pour des pulsations typiques de quelques centaines de kilohertz, des longueurs d'onde perpendiculaires de quelques centimètres et une température de l'ordre de 1 KeV, cet ordering est valide pour des longueurs d'ondes parallèles de quelques dizaines de mètres. Ce régime de couplages résonnant avec les électrons et adiabatique avec les ions est donc réaliste et les fonctions Z et I_0 peuvent être approchées par les développements suivants : $a_e Z\left(a_e\right) \approx j a_e \sqrt{\pi}$, $a_i Z\left(a_i\right) \approx -1$, $\exp\left(-b_e\right) I_0\left(b_e\right) \approx 1$ et $\exp\left(-b_i\right) I_0\left(b_i\right) \approx 1 - b_i$. La relation générale (9.23) se simplifie alors considérablement et se réduit à une équation algébrique du deuxième degré.

$$\underbrace{\omega + j\sqrt{\pi}\left(\omega - \omega_e^*\right) \frac{\omega}{k_\| v_{Te}}}_{\text{électrons résonnants}} + \underbrace{\omega_i^* + \left(\omega - \omega_i^*\right) \frac{k_\perp^2 v_{Ti}^2}{2\omega_{ci}^2}}_{\text{ions adiabatiques}} = 0 \tag{9.24}$$

La racine associée au modes de dérives présente une partie imaginaire décrivant le taux de croissance du mode instable ainsi identifié : $\omega \approx \omega_e^* \left(1 - k_\perp^2 v_{Ti}^2/\omega_{ci}^2\right)$ $+ \ j\sqrt{\pi} k_\perp^2 v_{Ti}^2 \omega_e^{*2} /\ k_\| v_{Te} \omega_{ci}^2$. Considérons, dans un deuxième temps, le régime où une fraction significative d'ions entrent en résonance avec le mode, c'est-à-dire lorsque la vitesse de phase de l'onde est de l'ordre de grandeur de la vitesse thermique ionique, $a_i \approx 1$; les fonctions Z et I_0 peuvent être approchées par les développements suivants : $a_e Z\left(a_e\right) \approx j a_e \sqrt{\pi}$, $a_i Z\left(a_i\right) \approx -1 + j a_i \sqrt{\pi} \exp\left(-a_i^2\right)$, $\exp\left(-b_e\right) I_0\left(b_e\right) \approx 1$, $\exp\left(-b_i\right) I_0\left(b_i\right) \approx 1 - b_i$. La partie imaginaire de la relation de dispersion ainsi obtenue, $\operatorname{Im} \omega = \gamma_e + \gamma_i$, apparaît comme la somme d'une contribution électronique γ_e positive plus une contribution ionique γ_i négative.

$$\textit{Emission électronique} \quad : \quad \frac{\gamma_e}{\omega_e^*} \approx \sqrt{\pi} \frac{\omega_e^* - \omega}{k_\| v_{Te}}$$

$$\textit{Absorption ionique} \quad : \quad \frac{\gamma_i}{\omega_i^*} \approx \sqrt{\pi} \frac{\omega - \omega_i^*}{k_\| v_{Ti}} \exp - \frac{\omega^2}{k_\|^2 v_{Ti}^2}$$

La résonance Landau électronique convertit donc l'énergie libre du gradient de densité en énergie électromagnétique et la résonance Landau ionique absorbe cette énergie électromagnétique, la déstabilisation cinétique des modes de dérives suivant ce schéma a reçu le nom d'*instabilité universelle*.

Afin de comprendre comment une onde de caractéristiques $(k_\perp, k_\parallel, \omega)$ peut être amplifiée par une population et amortie par une autre, toutes choses égales par ailleurs, construisons le hamiltonien normalisé d'interaction onde/particule : $H = J + P^2/2 + \phi \exp j(k_\perp Y + k_\parallel z - \omega t)$, puis étudions les équations de Hamilton associées au moment normalisé P et à la position du centre guide X : $dP/dt = -\partial H/\partial z = jk_\parallel \phi \exp j(k_\perp Y + k_\parallel z - \omega t)$, $dX/dt = -\partial H/\partial Y = jk_\perp \phi \exp j(k_\perp Y + k_\parallel z - \omega t)$. Le rapport de ces deux équations est indépendant de la valeur du potentiel et définit les lignes de diffusion ; un retour aux unités du système international permet d'exprimer :

$$\textit{Lignes de diffusion :} \quad \frac{dP}{dX} = \frac{k_\parallel}{k_\perp} \underset{\text{SI}}{\rightarrow} \frac{dv_\parallel}{dx} = \omega_c \frac{k_\parallel}{k_\perp} \tag{9.25}$$

Ainsi, pour $(k_\perp, k_\parallel, \omega)$ fixés, le signe de ω_c détermine le signe du rapport d'un incrément de vitesse $\delta v_\parallel$ sur un incrément de position δx et cette propriété permet d'interpréter le résultat relatif à l'émission électronique et l'absorption ionique.

Considérons sur la figure (9.13) la représentation des fonctions de distribution ionique $F_i(v_\parallel, x)$ et électronique $F_i(v_\parallel, x)$ par des courbes isodensités dans l'espace des phases réduit $(x, v_\parallel)$, sur cette représentation les courbes des résonances Landau sont des droites $\omega = k_\parallel v_\parallel$ et les courbes de diffusion des droites $dv_\parallel/dx = \omega_c k_\parallel/k_\perp$. Dans le cas électronique l'onde de dérives diffuse les électrons de a vers b et de b vers a (5.58), or la zone a est plus peuplée que la zone b et, qui plus est, elle est à plus haute énergie, l'interaction onde/électrons induit donc une perte d'énergie pour les électrons, c'est-à-dire un gain de puissance en régime continu pour l'onde de dérives.

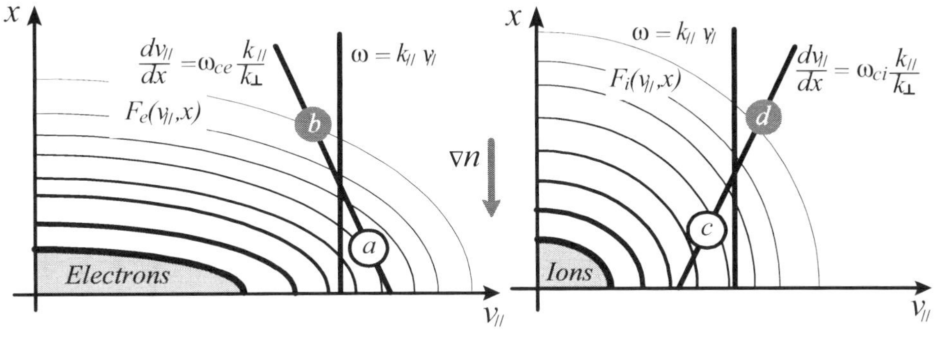

Fig. 9.13 : *Déstabilisation électronique et stabilisation ionique des modes de dérives.*

Dans le cas ionique l'onde de dérives diffuse les ions de c vers d et de d vers c (5.58), or la zone c est plus peuplée que la zone d, par contre, elle est à plus basse énergie, l'interaction onde/ions induit donc un gain d'énergie pour les ions, c'est-à-dire une perte de puissance en régime continu pour l'onde de dérives.

Dans un tokamak l'émission électronique et l'absorption ionique ne se produisent pas aux mêmes endroits ; en effet les modes de dérives doivent être analysés en termes de nombres poloïdaux m et toroïdaux n et le vecteur d'onde parallèle $k_{\|}$ est donc fonction du petit rayon r.

$$\exp j\left(\omega t-m\theta+n\varphi\right)\rightarrow k_{\|}\left(r\right)\equiv\frac{\mathbf{k}\cdot\mathbf{B}_0}{B_0}=\frac{1}{R}\left(\frac{m}{q\left(r\right)}-n\right) \tag{9.26}$$

Cette dépendance spatiale peut présenter des résonances géométriques lorsque q est égal au rapport d'entiers m/n, le vecteur d'onde $k_{\|}$ s'annule et dans le voisinage de cette surface rationnelle $k_{\|}$ peut être considéré comme une fonction linéaire du petit rayon r ramené au rayon de résonance r_{mn}.

$$\textit{Surface rationnelle:}\quad q\left(r\right)\big|_{r=r_{mn}}=\frac{m}{n}\underset{x=r_{mn}-r}{\longrightarrow}k_{\|}\left(x\right)=\left(\frac{n^2}{Rm}\left.\frac{dq}{dr}\right|_{r_{mn}}\right)x$$

Le paramètre a que nous avons introduit pour sommer la réponse cinétique de densité est alors fonction de la position $x=r_{mn}-r$: $a\left(x\right)\equiv a\left(q^2R\omega/mv_Tsx\right)$ où $s=dq/dr$ est le cisaillement défini suivant la relation (7.36) et illustré sur la figure (9.14). La relation de Poisson $\Delta\phi=e\left(n_e-n_i\right)/\varepsilon_0$ permet alors d'analyser le phénomène de *localisation de la puissance réactive* des modes de dérives en présence d'un cisaillement des lignes de champ magnétique, pour ce faire introduisons le potentiel complexe $U\left(x\right)$:

$$U\left(x\right)\equiv\left(1-\frac{\omega_e^*}{\omega}\right)a_eZ\left(a_e\right)\exp\left(-b_e\right)I_0\left(b_e\right)+\left(1-\frac{\omega_i^*}{\omega}\right)a_iZ\left(a_i\right)\exp\left(-b_i\right)I_0\left(b_i\right)$$

et construisons l'équation de Poisson des modes cinétiques de dérives, $d^2\phi/dx^2=e\left(n_e-n_i\right)/\varepsilon_0$ en champ faiblement cisaillé (9.27) :

$$\textit{Localisation:}\quad\frac{d^2\phi}{dx^2}-\lambda_D^{-2}\left[2+k_\perp^2\lambda_D^2+U\left(x\right)\right]\phi\left(x\right)=0 \tag{9.27}$$

complétée par les conditions aux limites d'annulation rapide à l'infini.

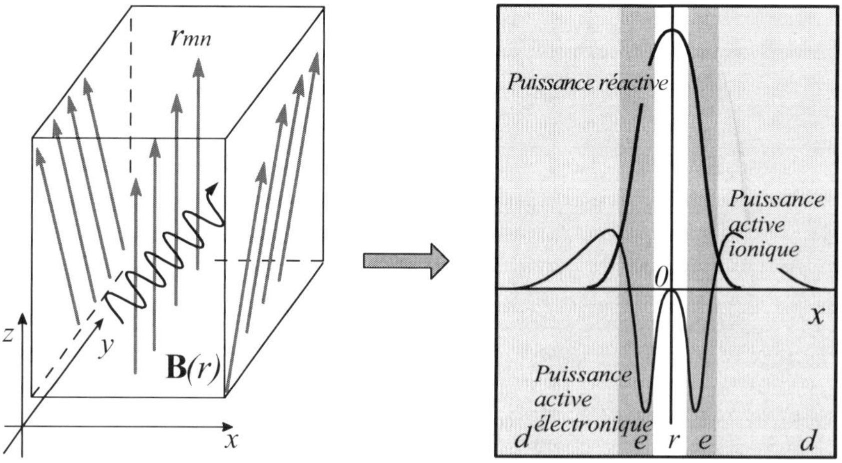

Fig. 9.14 : *Localisation des modes de dérives au voisinage d'une surface résonnante.*

L'analyse détaillée du spectre de ce problème classique de *Sturm-Liouville* confirme l'existence des mécanismes d'émission électronique et d'absorption ionique séparés dans l'espace. Trois régions, e, d et r doivent être distinguées et sont associées respectivement à la génération électronique de puissance active (*émission*), à la consommation ionique de puissance active (*dissipation*) et à l'accumulation capacitive (partiellement inductive en couplage alfvénique) de puissance *réactive*. Ces trois régions sont représentées sur la figure (9.14) : (r) se situe au voisinage de $x \sim 0$, c'est-à-dire $a_e > 1$ et $a_i \gg 1$, (e) la zone de dominance de l'effet Landau électronique qui permet de convertir l'énergie libre du gradient de densité en puissance active du mode de dérives où les paramètres a prennent les valeurs $a_e < 1$ et $a_i \gg 1$, cette zone présente une dimension de l'ordre de quelques rayons de Larmor ioniques, enfin (d) $a_i \ll 1$ où l'effet Landau ionique devient dominant et assure le régime stationnaire en absorbant l'énergie émise par les électrons dans la régions e. Ainsi la construction d'une image complète de la localisation des modes de dérives instables au voisinage des surfaces rationnelles doit prendre en compte la structure de l'espace des phases $(v_\|, x)$ au sein duquel les résonances Landau ne sont plus des droites $\omega = k_\| v_\|$ mais des hyperboles $\omega(x, v_\|) = (m/Rq^2)(dq/dr)\, x v_\|$ et les chemins de diffusion des arcs de paraboles $dv_\|/dx = (m\omega_c/k_\perp Rq^2)(dq/dr)\, x$.

9.2.3 Modes de gradient de température

Les modes de dérives peuvent être déstabilisés par des résonances Landau ou par la dissipation collisionnelle ; ils appartiennent donc à la classe des instabilités dissipatives. Il existe aussi des modes se rattachant au modes de dérives qui peuvent présenter les caractéristiques des instabilités réactives, les modes de gradient de température. Nous allons brièvement les étudier dans ce paragraphe.

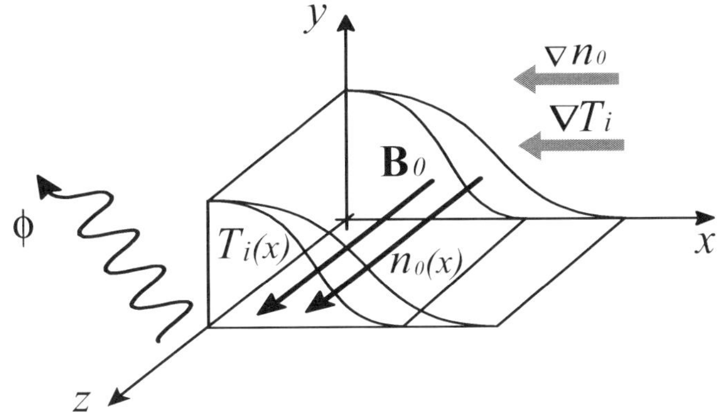

Fig. 9.15 : *Géométrie des modes de gradient de température.*

Considérons la configuration illustrée sur la figure (9.15) représentant un plasma de densité et température ionique inhomogènes $n_0(x)$, $T_i(x)$ plongé dans un champ magnétique homogène $\mathbf{B} = B_0 \mathbf{e}_z$. Cette configuration est caractérisée par le rapport des longueurs de gradient des profils de température et densité ioniques.

$$\textit{Paramètre } \eta : \quad \boxed{\eta_i \equiv \frac{|d \ln T_i / dx|}{|d \ln n_0 / dx|}} \tag{9.28}$$

Soit une perturbation fluide harmonique de densité n, potentiel ϕ et pression p :

$$\begin{aligned} &\textit{Densité} &:& \quad n_0(x) + n \exp j\left[\omega t - k_\parallel z - k_\perp y\right] &(9.29)\\ &\textit{Pression} &:& \quad P_0(x) + p \exp j\left[\omega t - k_\parallel z - k_\perp y\right] &(9.30)\\ &\textit{Potentiel} &:& \quad \phi \exp j\left[\omega t - k_\parallel z - k_\perp y\right] &(9.31)\end{aligned}$$

dont la pulsation ω est supposée suffisamment grande devant le taux de thermalisation par conduction pour garantir l'évolution adiabatique du fluide ionique : $\partial \ln\left(p_i n_i^{-5/3}\right)/\partial t + \mathbf{v}\cdot\boldsymbol{\nabla}\ln\left(p_i n_i^{-5/3}\right) = 0$, cette pulsation ω est aussi supposée suffisamment petite devant la fréquence cyclotronique ionique pour assurer la validité de la théorie des dérives. La réponse ionique associée à cette perturbation de potentiel et pression est donc donnée par les relations :

$$\begin{aligned} &\textit{Dérive ionique} &:& \quad v_{ix} = j\frac{k_\perp}{B_0}\phi \\ &\textit{Inertie ionique} &:& \quad m_i\omega v_{iz} = k_\parallel e\phi + k_\parallel\frac{p_i}{n_0} \\ &\textit{Adiabaticité ionique} &:& \quad \omega\left(\frac{p_i}{P_0} - \frac{5}{3}\frac{n_i}{n_0}\right) = -\frac{k_\perp}{B_0}\left(\frac{dT_i/dx}{T_i} - \frac{2}{3}\frac{dn_0/dx}{n_0}\right)\phi \end{aligned}$$

où nous avons utilisé l'équation d'état $p_i = n_i k_B T_i$. Les deux densités ionique n_i et électronique n_e, la pression ionique p_i et le potentiel électrostatique ϕ vérifient donc quatre équations linéaires homogènes dont la condition de compatibilité détermine la relation de dispersion du mode de gradient de température ionique.

$$\begin{aligned} &\textit{Adiabaticité électronique} &:& \quad \frac{n_e}{n_0} = \frac{e\phi}{k_B T_e} \\ &\textit{Adiabaticité ionique} &:& \quad \frac{p_i}{P_0} = \frac{5}{3}\frac{n_i}{n_0} + \frac{\omega_e^*}{\omega}\left(\eta_i - \frac{2}{3}\right)\frac{e\phi}{k_B T_e} \\ &\textit{Dynamique ionique} &:& \quad \frac{n_i}{n_0} = \underbrace{\frac{\omega_e^*}{\omega}\frac{e\phi}{k_B T_e}}_{\text{champs croisés}} + \underbrace{\frac{k_\parallel^2 C_B^2}{\omega^2}\frac{e\phi}{k_B T_e}}_{\text{Coulomb}} + \underbrace{\frac{k_\parallel^2}{\omega^2}\frac{p_i}{m_i n_0}}_{\text{pression}} \end{aligned}$$

La quatrième relation, la quasi-neutralité $n_e = n_i$, conduit directement à la dispersion des modes dits η_i.

$$\textit{Modes } \eta_i : \quad \omega^2 - \omega\omega_e^* - k_\parallel^2 C_B^2 \approx k_\parallel^2 v_{Ti}^2\left[\frac{5}{3} + \frac{\omega_e^*}{\omega}\left(\eta_i - \frac{2}{3}\right)\right]$$

Les modes basses fréquences tels que $\omega \ll \omega_e^*$ présentent alors une pulsation dont le carré est négatif $\omega^2 = -k_\parallel^2 v_{Ti}^2(\eta_i - 2/3)$ indiquant l'apparition d'une instabilité réactive si $\eta_i - 2/3 > 0$, notons que nous avions déjà identifié ce critère (9.2) dans le contexte d'une analyse thermodynamique de la stabilité de deux gradients.

Les modes de gradient de température nécessiteraient les mêmes développements que les modes de dérives, en particulier l'étude de la dispersion cinétique et de l'impact du cisaillement de champ magnétique révèlerait une parenté avec ces derniers. Nous n'explorerons pas les effets de la géométrie sur les modes de gradient de température, aussi appelés ITG (Ions Température Gradient) mais noterons que deux branches doivent être considérées : (i) une branche cylindrique dont la source d'énergie libre et la dynamique sont semblables au modèle cartésien précédent et rattacherait les ITG aux modes de dérives, (*ii*) une branche toroïdale, où les effets de courbure du champ sont à l'œuvre ce qui indique une parenté plus affirmée avec les modes de ballonnement d'interchange que nous allons étudier dans le prochain paragraphe. Notons enfin que les modes ETG (Electrons Température Gradients) sont similaires aux modes ITG au rapport de masse $\sqrt{m_i/m_e} \sim 60$ près qui intervient pour diminuer la longueur d'onde et augmenter le taux de croissance au regard des valeurs correspondantes pour les ITG. La théorie des ETG est moins développée que celle des autres modes, mais dans un réacteur le chauffage résultant du ralentissement des alphas sera préférentiellement électronique et les effets du gradient de température électronique domineront probablement le spectre basses fréquences des microinstabilités ; et les effets de particules rapides le spectre basses fréquences des macroinstabilités. Nous allons maintenant considérer et analyser les modes d'interchange, ou d'échange, qui dans leur version la plus simple appartiennent à la classe des instabilités réactives.

9.3 Instabilités d'Interchange

9.3.1 Modes d'interchange

Dans le paragraphe précédent nous avons identifié les modes de dérives associés au gradient de densité et analysé leurs déstabilisations à travers les résonances Landau électroniques ; puis nous avons étudié succinctement l'instabilité réactive résultant de la présence simultanée d'un gradient de densité et d'un gradient de température. Une autre instabilité réactive majeure est à l'œuvre dans les tokamaks, l'instabilité d'interchange, ou d'échange, qui est de nature magnétohydrodynamique et est (*i*) stabilisée par le cisaillement des lignes de champ et (*ii*) localisée par la courbure côté bas champ.

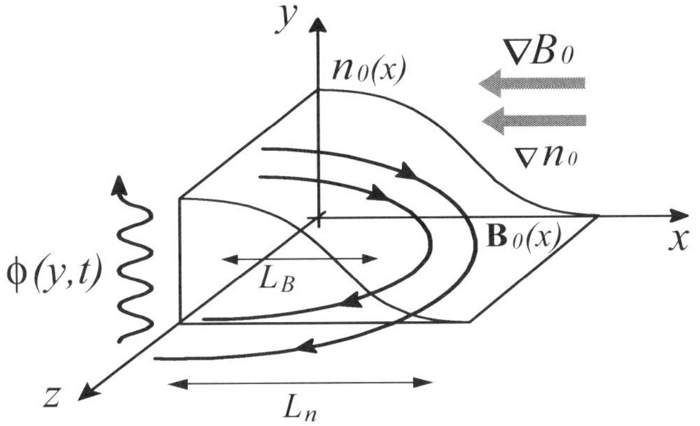

Fig. 9.16 : *Géométrie de l'interchange.*

Considérons la configuration d'équilibre représentée sur la figure (9.16), les deux sources d'énergie libre associées à cette configuration sont : (*i*) le gradient de champ magnétique et (*ii*) le gradient de densité, afin de quantifier ces sources introduisons les longueurs de gradient L_n et L_B.

$$\mathbf{B}_0\left(x\right) = B_0\left(x\right)\mathbf{e}_z \rightarrow L_B^{-1} = \left|\frac{d\ln B_0}{dx}\right| \;,\; n_0\left(x\right) \;\; \rightarrow L_n^{-1} = \left|\frac{d\ln n_0}{dx}\right|$$

Pour les plasmas présentant un faible β le gradient de champ $\mathbf{\nabla} B$ et le rayon de courbure des lignes de champ R sont liés par la relation $\mathbf{b} \times \mathbf{\nabla} B = \mathbf{B} \times \mathbf{n}/R$; ainsi pour un tokamak de grand rayon R et de petit rayon a : $L_B \sim R$ et $L_n \sim a$.

Cette configuration d'équilibre est perturbée par des fluctuations de densité n et potentiel ϕ harmoniques.

$$\textit{Potentiel} \ : \phi \exp j\left(\omega t - k_\perp y\right) \ , \ \textit{Densité} \ : \ n_i \exp j\left(\omega t - k_\perp y\right) \tag{9.32}$$

Les ions répondent au potentiel ϕ à travers une dérive de champs croisés suivant x et une dérive de polarisation suivant y, puis l'équation de conservation des ions permet d'exprimer la variation de densité ionique n_i en fonction de la fluctuation de potentiel ϕ.

$$\textit{Dérive de champs croisés} \ : \ v_{ix} = j\frac{k_\perp}{B_0}\phi \tag{9.33}$$

$$\textit{Conservation du nombre d'ions} \ : \ n_i = -\frac{k_\perp}{\omega B_0}\frac{dn_0}{dx}\phi \tag{9.34}$$

L'expression de la quasi-neutralité prend la forme de la relation de stationnarité des courants, $\mathbf{\nabla} \cdot \mathbf{J} = 0$, et nécessite donc l'évaluation du courant de polarisation ionique J_{py} et du courant diamagnétique (7.8) $\mathbf{J}^* = \mathbf{b} \times k_B T \mathbf{\nabla} n_i / B = jk_B\left(T_e + T_i\right)k_\perp n_i / B_0 \mathbf{e}_x$. Pour un plasma de tokamak $T_e = T_i$ et le courant harmonique diamagnétique J_x^* est donc d'origines électronique et ionique, par contre le courant de polarisation est uniquement ionique.

$$\textit{Courant diamagnétique} \ : \ J_x^* = j\frac{k_B\left(T_e + T_i\right)}{B_0}k_\perp n_i$$

$$\textit{Courant de polarisation} \ : \ J_{py} = \varepsilon_0\frac{\omega^2 c^2}{V_A^2 \frac{dn_0}{dx}}B_0 n_i$$

L'élimination de la densité n_i entre ces deux relations par l'expression de la quasi-neutralité conduit à la dispersion des modes d'interchange :

$$\frac{\partial J_{py}}{\partial y} + \frac{\partial J_x^*}{\partial x} = 0 \rightarrow \omega^2\phi + \frac{k_B\left(T_e + T_i\right)\mu_0 V_A^2}{B_0^3}\frac{dB_0}{dx}\frac{dn_0}{dx}\phi = 0$$

Définissons le taux de croissance de l'interchange γ_0 suivant la relation :

$$\boxed{\gamma_0^2 \equiv \frac{C_B^2}{L_B L_n}\frac{\mathbf{\nabla} B_0 \cdot \mathbf{\nabla} n_0}{\left|\mathbf{\nabla} B_0 \cdot \mathbf{\nabla} n_0\right|} \approx \beta\frac{V_A^2}{L_B L_n}\frac{\mathbf{\nabla} B_0 \cdot \mathbf{\nabla} n_0}{\left|\mathbf{\nabla} B_0 \cdot \mathbf{\nabla} n_0\right|}} \rightarrow \omega^2\phi + \gamma_0^2\phi = 0$$

où nous avons utilisé la définition $C_B^2 = k_B\left(T_e + T_i\right)/m_i$. L'équation d'évolution de la fluctuation de potentiel ϕ prend alors une forme simple traduisant la présence d'une instabilité réactive. Sous la condition $\mathbf{\nabla} \ln B_0 \cdot \mathbf{\nabla} \ln n_0 > 0$ les fluctuations croissent exponentiellement. L'instabilité d'échange, ou interchange, provient de la relaxation de l'énergie libre des gradients à travers l'échange de tubes de flux et est parfois dénommée *instabilité de flûtes* pour les géométries de confinement de type miroir où elle est stabilisée par la modification de la courbure induite par les *barres de Ioffe*. Pour la géométrie de confinement de type tokamak les gradients de pression et champ sont dirigés dans le même sens côté bas champ et en sens opposé côté fort champ, l'échange est donc localisé du côté bas champ et induit un *ballonnement* des surface magnétiques, figure (9.18).

L'origine de cette instabilité peut être identifiée en analysant les mouvements du plasma représentés sur la figure (9.17). Soit, à l'instant t, une fluctuation de potentiel ϕ périodique suivant la direction y. L'adiabaticité électronique et la quasi-neutralité implique l'identité des maxima de potentiel et des maxima de densité. La dérive électrique $\mathbf{V}_E$ associée au champ $\mathbf{E} = -\boldsymbol{\nabla}\phi$ alimente en particules le front des maxima de densité et appauvrie l'arrière de ces maxima. Une telle dynamique donnait lieu à la propagation des modes de dérives, mais ici il nous faut considérer l'impact du gradient et de la courbure du champ magnétique à travers les flux engendrés par les dérives magnétiques $\mathbf{V}_D$.

$$\textit{Vitesse de dérive électrique} \quad : \quad \mathbf{V}_E = \frac{\mathbf{E}\times\mathbf{B}_0}{B^2} = \frac{\mathbf{B}_0\times\boldsymbol{\nabla}\phi}{B^2} \tag{9.35}$$

$$\textit{Vitesse de dérive magnétique} \quad : \quad \mathbf{V}_D = \left(mv_\parallel^2 + \frac{mv_c^2}{2}\right)\frac{\mathbf{B}_0\times\boldsymbol{\nabla}B_0}{eB_0^3} \tag{9.36}$$

$$\textit{Vitesse diamagnétique} \quad : \quad \mathbf{V}^* = \frac{\mathbf{B}_0\times\boldsymbol{\nabla}P}{neB_0^2} \tag{9.37}$$

Le flux associé à $\mathbf{V}_E$ est ambipolaire, mais comme le montre la figure (9.17) les dérives magnétiques $\mathbf{V}_D$ sont polarisantes et séparent un flux ionique vers les maxima et un flux électronique vers les minima. Ainsi (i) les maxima et minima de potentiel se trouvent renforcés et (ii) la propagation des perturbations à la vitesse diamagnétique $\mathbf{V}^*$ est inhibée.

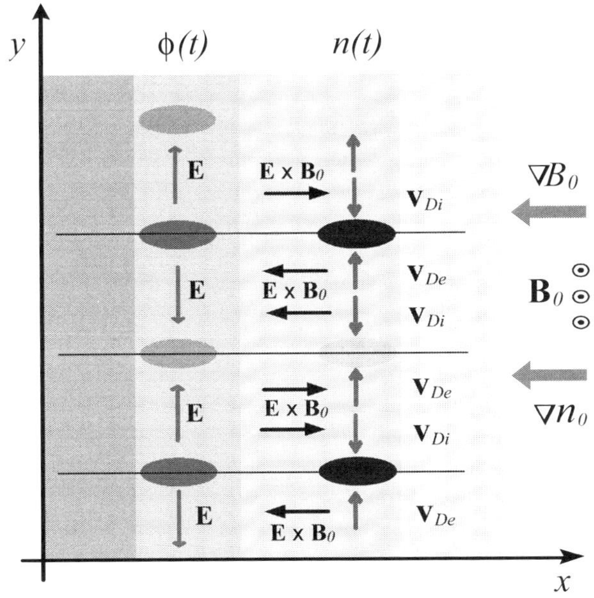

Fig. 9.17 : *Mécanisme de déstabilisation de l'interchange.*

Nous retrouvons donc l'image d'une instabilité réactive $\omega = j\gamma_0$. Cette image de l'amplification d'une perturbation initiale par les dérives magnétiques permet de formuler un critère d'instabilité confirmant les résultats déjà établis.

$$\textit{Instabilité d'interchange} \ : \ \mathbf{V}_{De}\cdot\mathbf{V}_e^* > 0 \longleftrightarrow \mathbf{V}_{Di}\cdot\mathbf{V}_i^* > 0 \longleftrightarrow \boldsymbol{\nabla}B_0\cdot\boldsymbol{\nabla}P > 0$$

Notons que nous avions déjà établi ce critère (9.3) dans le contexte d'une analyse thermodynamique de la stabilité de deux gradients .

9.3.2 Couplages alfvéniques

L'existence d'un vecteur d'onde $k_{\|}$ fini le long des lignes de champ stabilise l'interchange, en particulier la génération de cette composante à travers le cisaillement des lignes de champ constitue un procédé efficace de stabilisation de l'interchange. Pour explorer ce mécanisme de stabilisation il est nécessaire d'ouvrir la possibilité d'une composante magnétique associée à un champ inductif le long des lignes de champ, aussi nous considérerons une perturbation électromagnétique de potentiel scalaire ϕ et de potentiel vecteur $A_{\|}$.

$$\text{Potentiel scalaire} \quad : \quad \phi \exp j\left[\omega t - k_{\|} z - k_{\perp} y\right] \tag{9.38}$$

$$\text{Potentiel vecteur} \quad : \quad A_{\|} \exp j\left[\omega t - k_{\|} z - k_{\perp} y\right] \tag{9.39}$$

La réponse du plasma à cette perturbation électromagnétique est constituée par un courant dont les composantes perpendiculairement aux lignes de champ sont semblables au cas précédent.

$$\text{Courant diamagnétique} \quad : \quad J_x^* = -j\frac{k_B\left(T_e + T_i\right)}{B_0^2}\frac{k_{\perp}^2}{\omega}\frac{dn_0}{dx}\phi$$

$$\text{Courant de polarisation ionique} \quad : \quad J_{py} = -\omega\varepsilon_0\frac{c^2}{V_A^2}k_{\perp}\phi$$

La composante du courant d'interchange le long des lignes de champ est donnée par la relation d'Ampère et la composante inductive de la perturbation est reliée à la composante capacitive par la relation d'écrantage du champ électrique $E_{\|}$ le long des lignes de champ magnétique $E_{\|} = -\partial\phi/\partial z$ - $\partial A_{\|}/\partial t = 0$.

$$\text{Ampère} \,:\, \mu_0 J_{\|} = k_{\perp}^2 A_{\|} \ , \ \text{Ecrantage} :\, k_{\|}\phi = \omega A_{\|} \tag{9.40}$$

La condition de quasi-neutralité, exprimée par la stationnarité du courant :

$$\frac{\partial J_{py}}{\partial y} + \frac{\partial J_x^*}{\partial x} + \frac{\partial J_{\|}}{\partial z} = 0$$

conduit à l'équation linéaire homogène : $\varepsilon_0\omega^2 c^2\phi/V_A^2 + B_0^{-3}\, k_B\left(T_e + T_i\right)\left(dB_0/dx\right)\left(dn_0/ dx\right)\phi$ - $k_{\|}^2\phi/\mu_0 = 0$ et la condition garantissant l'existence de solutions autres que $\phi = 0$ constitue la relation de dispersion du mode électromagnétique d'interchange.

$$\omega^2 = -\frac{C_B^2}{L_B L_n} + k_{\|}^2 V_A^2 = -\gamma_0^2 + k_{\|}^2 V_A^2 \tag{9.41}$$

Le couplage entre l'instabilité d'interchange de dispersion $\omega = -j\gamma_0$ et les ondes d'Alfvén de dispersion $\omega = \pm k_{\|} V_A$ engendre donc une stabilisation de l'instabilité. L'origine de cette stabilisation est aisée à appréhender, en effet le processus de rayonnement d'ondes d'Alfvén est un processus irréversible dissipatif qui disperse le long des lignes de champ l'énergie collectée perpendiculairement au champ par les dérives électriques et magnétiques conformément à la figure

(9.17). L'aspect dissipatif du rayonnement est responsable de l'impédance radiative des antennes dans le cadre de la théorie des antennes, un processus est dissipatif lorsqu'il correspond à la dispersion d'une énergie localisée sur un petit nombre de degrés de liberté vers un grand nombre, c'est-à-dire à une production d'entropie, le grand nombre de degrés de liberté est l'ensemble des modes propres de l'espace pour une antenne et l'ensemble des modes d'Alfvén pour un plasma.

L'analyse qui vient d'être développée est restreinte au cas d'une géométrie cartésienne et les effets qui ont été mis en évidence pointent vers l'importance de la géométrie magnétique qui détermine la structure globale des modes propres, aussi il est nécessaire de généraliser cette étude au cas d'une géométrie quelconque pour valider les conditions d'apparition de l'instabilité d'interchange.

9.3.3 Ballonnement

Considérons sur la figure (9.18) les lignes de champ d'une configuration magnétique de type tokamak, choisissons localement une ligne de champ et un point sur cette ligne, construisons un repère orthonormé direct $[\mathbf{n}, \mathbf{e}_y, \mathbf{b}]$ où $\mathbf{b}$ est le vecteur tangent à cette ligne de champ et $\mathbf{n}$ le vecteur normal, ce repère est associé à un système de coordonnées $[x, y, s]$ où s est l'abscisse curviligne le long de la ligne de champ. Soit une perturbation électromagnétique du champ couplée à une perturbation de la pression du plasma dont les dépendances spatiales sont paramétrées sur le système $[x, y, s]$.

$$\begin{aligned} &\textit{Champ électrique} &:& \quad E_\perp(s)\exp j\left[\omega t - k_\perp y\right]\mathbf{e}_y \\ &\textit{Champ magnétique} &:& \quad B_0(x,s)\,\mathbf{b} + B_\perp(s)\exp j\left[\omega t - k_\perp y\right]\mathbf{n} \\ &\textit{Pression cinétique} &:& \quad P(x) + p(s)\exp j\left[\omega t - k_\perp y\right] \end{aligned}$$

A l'équilibre les forces de pression cinétique résultant de la distribution $P(x)$ compensent la pression magnétique imposée par $B_0(x, s)$.

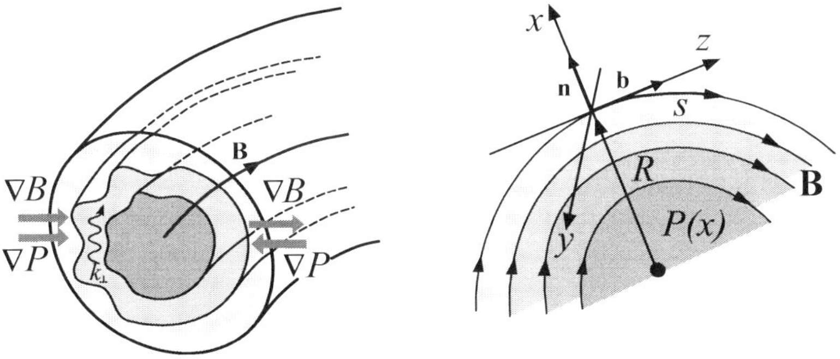

Fig. 9.18 : *Ballonnement côté bas champ dans un tokamak.*

La dynamique basse fréquence est essentiellement ionique et les électrons accompagnent adiabatiquement les ions en se distribuant suivant une loi de Boltzmann dans le potentiel électrostatique. La réponse ionique locale est semblable aux cas précédents :

$$\textit{Dérive de champs croisés} \quad : \quad v_{ix} = \frac{e}{m_i \omega_{ci}} E_\perp \tag{9.42}$$

$$\textit{Dérive de polarisation} \quad : \quad v_{iy} = j\frac{\omega e}{m_i \omega_{ci}^2} E_\perp \tag{9.43}$$

Les relations de Maxwell-Faraday et Maxwell-Ampère permettent de relier les champs harmoniques entre eux et d'exprimer le courant $J_{\parallel}\mathbf{b}$ parallèle aux lignes du champ statique :

$$\textit{Maxwell-Faraday} \quad : \quad \frac{dE_\perp}{ds} = j\omega B_\perp \tag{9.44}$$

$$\textit{Maxwell-Ampère} \quad : \quad jk_\perp B_\perp = \mu_0 J_\parallel \tag{9.45}$$

$$\textit{Incompressibilité} \quad : \quad v_{ix}\frac{dP}{dx} = -j\omega p \tag{9.46}$$

où l'équation d'incompressibilité est équivalente à la relation de conservation du nombre d'ions dans les études précédentes.

Nous allons mettre en place une stratégie de substitution et d'élimination pour construire l'équation relative à l'inconnue $E_\perp(s)$. La quasi-neutralité du courant basse fréquence $\nabla \cdot \mathbf{J}^* + \nabla \cdot \mathbf{J}_P + \nabla \cdot \mathbf{J}_{\parallel} = 0$ permet d'établir cette équation. Notons que le courant diamagnétique $\mathbf{J}^*(7.8)$ présente deux termes : (i) l'un associé à la variation de $\mathbf{b}$ et (ii) l'autre à la variation de pression, mais la divergence du premier terme est nulle, nous n'évaluerons donc que le deuxième terme.

$$\mathbf{J}^* = -jk_\perp p\frac{\mathbf{b}}{B_0} \times \mathbf{e}_y + ... \rightarrow \nabla \cdot \mathbf{J}^* = jk_\perp p\left(\nabla \times \frac{\mathbf{b}}{B_0}\right) \cdot \mathbf{e}_y \tag{9.47}$$

$$\mathbf{J}_P = nev_{iy}\mathbf{e}_y \rightarrow \nabla \cdot \mathbf{J}_P = \frac{\omega k_\perp}{\mu_0 V_A^2} E_\perp \tag{9.48}$$

$$\mathbf{J}_{\parallel} = j\frac{k_\perp}{\mu_0} B_\perp \mathbf{b} \rightarrow \nabla \cdot \mathbf{J}_{\parallel} = \frac{k_\perp}{\mu_0 \omega} B_0 \frac{d}{ds}\frac{1}{B_0}\frac{dE_\perp}{ds} \tag{9.49}$$

L'expression $\nabla \times (\mathbf{b}/B_0)$ est transformée en prenant en compte la relation de définition du rayon de courbure R des lignes de champ : $d\mathbf{b}/ds = (\mathbf{b} \cdot \nabla)\mathbf{b} = -\mathbf{n}/R$, ensuite la relation $\nabla \mathbf{b}^2/2 = (\mathbf{b} \cdot \nabla)\mathbf{b} + \mathbf{b} \times (\nabla \times \mathbf{b}) = 0$ nous offre une deuxième définition de la courbure : $\mathbf{b} \times (\nabla \times \mathbf{b}) = \mathbf{n}/R$, enfin l'expression initiale peut être développée suivant $\nabla \times (\mathbf{b}/B_0) = (\nabla \times \mathbf{b})/B_0 - \mathbf{b} \times \nabla B_0^{-1}$ et le produit vectoriel $\mathbf{b} \times \nabla \times (\mathbf{b}/B_0) = \mathbf{b} \times (\nabla \times \mathbf{b})/B_0 - \mathbf{b} \times (\mathbf{b} \times \nabla B_0^{-1})$ permet d'obtenir $R^{-1}B_0^{-1} = (\nabla \times \mathbf{b}/B_0) \cdot \mathbf{e}_y$. Ce dernier résultat conduit à l'équation décrivant le ballonnement des surfaces magnétiques résultant de l'instabilité d'interchange qui constitue un problème de Sturm-Liouville.

$$\textit{Ballonnement :} \quad B_0 \frac{d}{ds} B_0^{-1} \frac{d}{ds} E_\perp + \left(\frac{\omega^2}{V_A^2} - \frac{\beta}{2R}\mathbf{n}(s) \cdot \nabla \ln P\right) E_\perp = 0$$

Sous une hypothèse de variation lente le long des lignes de champ nous retrouvons la relation de dispersion (9.3) où le gradient de pression et non de densité est une source d'énergie libre et où la courbure des lignes de champ et non le gradient du champ permet la relaxation de cette énergie libre, on notera que le vecteur $\mathbf{n}$ est la normale orientée vers l'extérieur et donc dans le sens opposé au gradient de champ.

$$\omega^2 - k_\parallel^2(s) V_A^2 - \beta(s)\frac{V_A^2}{2R(s)}\mathbf{n}(s) \cdot \nabla \ln P = 0 \tag{9.50}$$

Dans un tokamak le vecteur d'onde parallèle $k_\parallel$ doit être considéré comme une fonction du petit rayon : $\exp j(\omega t - m\theta - n\varphi) \rightarrow k_\parallel(r) = (n + m/q(r))/R$. En première analyse il serait tentant de construire et d'énoncer un critère de stabilité globale : $\omega^2 > 0 \rightarrow k_\parallel^2 > \beta\nabla \ln P/2R = \beta/Ra \rightarrow \beta < a/Rq^2$, mais comme dans le cas des modes de dérives, le cisaillement joue un rôle très important dans la dynamique de l'interchange. Il ne s'agit pas d'un simple phénomène de localisation, mais d'une stabilisation. En effet, soit une fluctuation instable présentant un $k_\parallel$ nul en un point, alors au voisinage du point considéré le cisaillement induit un $k_\parallel$ fini stabilisant à travers le terme alfvénique $k_\parallel V_A^2$.

Une analyse de la dynamique de l'interchange pour un plasma cylindrique permet d'établir le critère de Suydam : $(d\ln q/d\ln r)^2 + 4rd\beta/dr > 0$ et dans le cas d'une géométrie de type tokamak le *critère de Mercier* :

$$\textit{Critère toroïdal de Mercier} \ : \quad \left(\frac{d\ln q}{d\ln r}\right)^2 + 4r\frac{d\beta}{dr}\left(1 - q^2\right) > 0$$

qui conclue le problème de la stabilité linéaire de l'interchange dans les géométries tokamak. L'interchange est intrinsèquement couplé aux modes précédents en géométrie toroïdale et les branches toroïdales des modes basses fréquences instables dans un tokamak ne peuvent être analysées en termes de dérives et d'interchanges que dans les limites asymptotiques cylindrique et cartésienne ; enfin l'analyse cinétique qui a été présentée dans le cadre des modes de dérives a été restreinte aux particules circulantes, les particules piégées constituent une source d'énergie libre apte à déstabiliser les modes basses fréquences, nous retrouvons ici aussi un effet de géométrie toroïdale, mais indirecte.

9.4 Instabilités de Torsion

9.4.1 Torsion hélicoïdale

L'instabilité de torsion (*kink*) est une instabilité MHD dont l'origine physique n'est pas à rechercher dans les mouvements de dérives (électriques et magnétiques) comme pour les modes précédents, mais dans la tendance que présente un courant donné à offrir une surface de captation du flux magnétique maximum lorsque il est plongé dans un champ fixe. La *règle du flux maximum* énonce que la position d'équilibre d'une boucle de courant plongée dans un champ magnétique est atteinte lorsque le flux à travers cette boucle est maximum par rapport aux positions voisines. Cette règle n'est pas restreinte aux topologies en boucles mais est générale : un fil souple parcouru par un courant I_0, plongé dans un champ magnétique B_0, présentera une tendance naturelle à rechercher des formes et positions telles que le flux magnétique à travers son circuit soit maximum.

Appliquée aux cas d'un fil rectiligne initialement parallèle aux lignes de champ d'un champ homogène, cette règle conduit à l'instabilité de torsion. Considérons la figure (9.19) où nous avons représenté un fil souple parcouru par un courant I_0 parallèle à un champ homogène $B_0\mathbf{e}_z$, les mouvements du fil sont repérés sur une base cartésienne $[\mathbf{e}_x, \mathbf{e}_y, \mathbf{e}_z]$. Si ce fil est initialement déplacé perpendiculairement au champ $B_0\mathbf{e}_z$ suivant la loi : $\boldsymbol{\xi}(z,t) = \xi(t)[\cos k_\parallel z \ \mathbf{e}_x + \sin k_\parallel z \ \mathbf{e}_y] = \xi(t)\,\mathbf{n}(z)$, alors la projection $\mathbf{d} = d\boldsymbol{\xi}/dz$ de ce déplacement dans le plan $[x, y]$ est donnée par la relation $\mathbf{d} = k_{\parallel}\xi(t)[-\sin k_{\parallel}z\ \mathbf{e}_x + \cos k_{\parallel}z\ \mathbf{e}_y]$. Ainsi apparaît un courant $I_0\mathbf{d}$ dans le plan $[x, y]$ et la force de Laplace sur le fil, initialement nulle, présente une densité linéique $d\mathbf{F}/dz$ non nulle.

$$\frac{d\mathbf{F}}{dz} = I_0(\mathbf{d} + \mathbf{e}_z) \times B_0\mathbf{e}_z = I_0B_0k_{\parallel}\xi\left[-\sin k_{\parallel}z\ \mathbf{e}_x + \cos k_{\parallel}z\ \mathbf{e}_y\right] \times \mathbf{e}_z$$

Le fil présente une tendance à l'enroulement autour du champ $B_0\mathbf{e}_z$ pour la recherche du flux maximum ; l'évolution temporelle de cette tendance est quantifiée par la loi de Newton appliquée à un élément de longueur dz.

$$\frac{d\mathbf{F}}{dz} \cdot \mathbf{n} = \frac{dm}{dz}\frac{d^2\xi}{dt^2} = I_0B_0k_{\parallel}\xi \to \gamma^2 = \frac{I_0B_0k_{\parallel}}{dm/dz} \tag{9.51}$$

Nous somme donc en présence d'une croissance exponentielle $\exp \gamma t$ du déplacement $\boldsymbol{\xi}$, c'est-à-dire d'une instabilité d'enroulement ou instabilité de torsion.

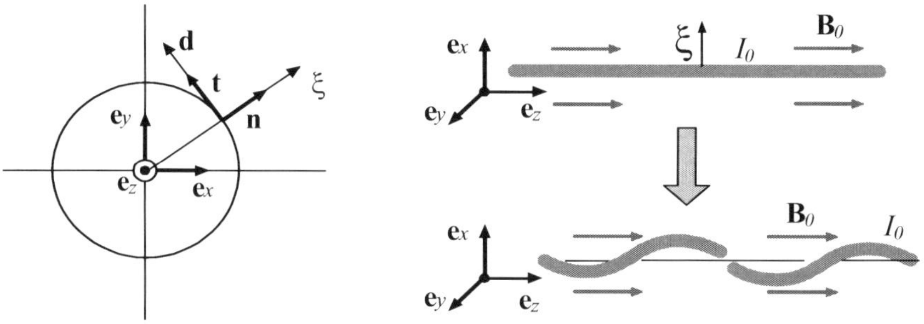

Fig. 9.19 : *Instabilité de torsion d'un fil.*

La densité linéique de masse dm/dz peut être ramenée à la densité de masse n_0m_i à travers les relations : $I_0dz/dm = dI/dydx\,(n_0m_i) \to \gamma^2 = B_0k_{\parallel}J/n_0m_i$, c'est cette dernière forme que nous retrouverons comme taux de croissance de l'instabilité de torsion dans un plasma plongé dans un champ magnétique et présentant un gradient de densité volumique de courant.

9.4.2 Mode de torsion

Considérons la configuration représentée sur la figure (9.20) : un plasma confiné par un champ magnétique inhomogène $\mathbf{B}_0(x) = B_0(x)\,\mathbf{e}_z$ et supportant un courant $\mathbf{J}_0(x) = J_0(x)\,\mathbf{e}_z$. Caractérisons cette configuration par les trois longueurs de gradients L_B, L_n et L_J :

$$\textit{Champ} \quad : \quad \mathbf{B}_0(x) = B_0(x)\,\mathbf{e}_z \to L_B^{-1} = \left|\frac{d\ln B_0}{dx}\right| \tag{9.52}$$

$$\textit{Courant} \quad : \quad \mathbf{J}_0(x) = J_0(x)\,\mathbf{e}_z \to L_J^{-1} = \left|\frac{d\ln J_0}{dx}\right| \tag{9.53}$$

$$\textit{Densité} \quad : \quad n_0(x) \quad \to L_n^{-1} = \left|\frac{d\ln n_0}{dx}\right| \tag{9.54}$$

et recherchons la dispersion des fluctuations électromagnétiques harmoniques se propageant perpendiculairement au champ. Ces fluctuations sont décrites par le potentiel scalaire ϕ et le potentiel vecteur $A_{\parallel}$.

$$\textit{Potentiel scalaire} \quad : \quad \phi \exp j \left[k_{\perp} y + k_{\parallel} z - \omega t\right]$$
$$\textit{Potentiel vecteur} \quad : \quad A_{\parallel} \exp j \left[k_{\perp} y + k_{\parallel} z - \omega t\right] \mathbf{e}_z \rightarrow \mathbf{B}_{\perp} = jk_{\perp} A_{\parallel} \mathbf{e}_x$$

Le bilan de courant établi lors de l'étude de l'interchange doit être complété ici par un courant $\mathbf{J}_{\perp}$ associé au fait que la perturbation magnétique $\mathbf{B}_{\perp}$ modifie la forme des lignes de champ et ainsi une fraction du courant $\mathbf{J}_0(x)$, qui s'écoule le long des lignes de champ, s'écoule perpendiculairement à la direction initiale $\mathbf{e}_z$, nous dénommerons ce courant le *courant de torsion.*

$$\textit{Courant diamagnétique} \quad : \quad J_x^* = j\frac{k_B(T_e + T_i)}{B_0^2}\frac{k_{\perp}^2}{\omega}\frac{dn_0}{dx}\phi$$
$$\textit{Courant de polarisation} \quad : \quad J_{py} = -\varepsilon_0 \frac{c^2}{V_A^2} k_{\perp} \omega \phi$$
$$\textit{Courant de torsion} \quad : \quad \frac{J_{\perp}}{J_0} = \frac{B_{\perp}}{B_0} \rightarrow \mathbf{J}_{\perp} = j\frac{J_0}{B_0} k_{\perp} A_{\parallel} \mathbf{e}_x$$

D'une part, le potentiel scalaire ϕ et le potentiel vecteur $A_{\parallel}$ ne sont pas indépendants car à basse fréquence le champ électrique le long des lignes de champ est nul : $k_{\parallel}\phi$ - $\omega A_{\parallel} = 0$, d'autre part, l'équation de Maxwell-Ampère relie courant et potentiel vecteur : $k_{\perp}^2 A_{\parallel} = \mu_0 J_{\parallel}$.

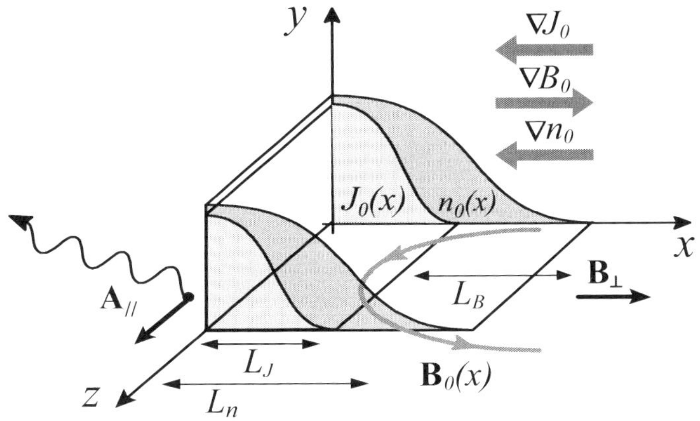

Fig. 9.20 : *Géométrie de l'instabilité de torsion.*

Ainsi, le courant de torsion $J_{\perp}$ et le courant de neutralisation le long des lignes de champ $J_{\parallel}$ peuvent être exprimés en fonction du potentiel ϕ.

$$\textit{Courant de neutralisation} \quad : \quad J_{\parallel} = \frac{k_{\perp}^2 k_{\parallel}}{\mu_0 \omega}\phi$$
$$\textit{Courant de torsion} \quad : \quad J_{\perp} = j\frac{J_0}{B_0}\frac{k_{\perp} k_{\parallel}}{\omega}\phi$$

La quasi-neutralité, sous la forme de la stationnarité des courants, permet ensuite d'établir la dispersion des modes prenant en compte la torsion des lignes de champ.

$$\textit{Quasi-neutralité :} \quad \frac{\partial J_{py}}{\partial y} + \frac{\partial J_x^*}{\partial x} + \frac{\partial J_{\parallel}}{\partial z} + \frac{\partial J_{\perp}}{\partial x} = 0$$

Nous reconnaissons le terme d'interchange stabilisé par la propagation alfvénique mais complété ici par un terme stabilisant, ou déstabilisant suivant les signes de ses facteurs, le terme magnétique de kink. Ce terme, lorsque il est déstabilisant, puise sont énergie libre dans le gradient de courant dJ_0/dx.

$$-\varepsilon_0 \frac{\omega^2 c^2}{V_A^2}\phi - \frac{k_B (T_e + T_i)}{B_0^3}\frac{dB_0}{dx}\frac{dn_0}{dx}\phi + \frac{k_\|^2}{\mu_0}\phi + \frac{k_\|}{k_\perp}\frac{dJ_0}{dx}\frac{\phi}{B_0} = 0$$

Cette dispersion des modes de torsion fait apparaître un terme similaire au facteur identifié lors de l'étude de l'enroulement d'un fil autour d'un champ, $B_0 k_\| J/n_0 m_i$, confirmant ainsi l'origine physique de la déstabilisation associée à la règle du flux maximum.

$$\omega^2 = -\frac{C_B^2}{L_n L_B} + \frac{k_\|}{k_\perp}\frac{B_0 J_0}{n_0 m_i L_J} + k_\|^2 V_A^2 \tag{9.55}$$

Comme dans le cas des modes de dérives et d'interchange nous allons adapter cette formule cartésienne au cas de la géométrie tokamak puis développer une étude prenant en compte les effets de géométrie de façon plus satisfaisante qu'une simple transcription par analogie. Dans une géométrie tokamak le vecteur d'onde $k_\|$ est fonction du petit rayon r car nous devons considérer des modes périodiques poloïdalement et toroïdalement.

$$\exp j(\omega t - m\theta - n\varphi) \rightarrow k_\|(r) \equiv \mathbf{k}\cdot\mathbf{B}_0/B_0 = \frac{1}{R}\left(\frac{m}{q(r)} - n\right)$$

Supposons que le terme de torsion soit dominant devant les termes d'interchange et alfvénique et considérons les ordres de grandeur approchés : $B_0/q_a R \sim \mu_0 J_0$ et $k_\|/k_\perp \sim -a/q_a R$, où q_a est le facteur de sécurité en périphérie du tore de plasma.

$$\mu_0 \frac{V_A^2}{B_0}\frac{k_\|}{k_\perp}\frac{dJ_0}{dx} \underset{B_0/q_a R\sim\mu_0 J_0}{\longrightarrow} \frac{V_A^2}{q_a R a}\frac{k_\|}{k_\perp} \underset{k_\|/k_\perp\sim a/R}{\longrightarrow} \frac{V_A^2}{q_a^2 R^2} \tag{9.56}$$

Sous ces hypothèses nous obtenons l'ordre de grandeur suivant du taux de croissance γ d'un mode de torsion dans un tokamak : $\gamma \approx V_A/q_a R$. Malgré la rudesse des approximations, cet ordre de grandeur est recevable et nous allons voir que la relation de dispersion des modes de torsion le long d'une colonne cylindrique est en fait donnée par : $\omega^2 = V_A^2(m - nq_a)(m - nq_a - 1)/q_a^2 R^2$.

Les ordres de grandeur comparés des taux de croissances ($\exp \gamma t$) du ballonnement d'interchange et de la torsion magnétique obtenus dans le cadre des modèles cartésiens précédents sont rappelés dans le tableau suivant :

Instabilité	Echelle du taux de croissance
Ballonnement	$\gamma \sim C_B/\sqrt{Ra}$
Torsion	$\gamma \sim V_A/q_a R$

qui montre clairement que la torsion est plus violente que l'interchange, mais comme pour les modes de dérives localisés par le cisaillement et les modes d'interchange stabilisés par le cisaillement, la géométrie tokamak ne se déduit pas simplement de la géométrie cartésienne par interprétation des longueurs de gradients ; de nouveaux phénomènes sont présents et modifient radicalement les conclusions sur les taux de croissances, le prochain paragraphe est consacré à l'étude de ces modifications.

9.4.3 Modes de torsion externes

La prise en compte d'une géométrie cylindrique ou torique présentant des interfaces entre le plasma et le vide modifie profondément l'analyse des modes de torsion. En effet pour les instabilités de torsion les déplacements du plasma, et du champ magnétique sous l'hypothèse de la MHD idéale conformément au théorème d'Alfvén, peuvent être de deux types : (*i*) si l'interface plasma/vide n'est pas modifié lors du développement de l'instabilité, le mode est dit *interne* ou à conditions aux limites fixes, (*ii*) si le mouvement associé à la torsion présente un caractère global, l'interface plasma/vide est modifié et le mode est dit *externe*.

Les modes de torsion externes constituent, en théorie, la classe des instabilités MHD dominantes pour les tokamaks, les modes de torsion internes sont aussi instables et le mode le plus instable est le mode $m = 1$. Dans le cadre de l'analyse MHD idéale (non résistive) le mode interne $m = 1$ présente une faible instabilité qui peut être évitée si le facteur q au centre est plus grand que un ($q_0 > 1$). Mais une analyse non-linéaire de son déclenchement et de son évolution, prenant en compte les aspects thermique, résistif et topologique de la dynamique, est nécessaire car le phénomène de *dents de scies* observé expérimentalement ne peut être modélisé dans le cadre restreint de la MHD idéale linéaire.

Les modes de torsion externes présentent des taux de croissances théoriques supérieurs aux modes internes, un mode externe de type (m, n) est instable si $0 < n/m < 1/q_a$. Le mode exerne $m = 1$, $n = -1$ est stable si $q_a > 1$, ce critère de *Kruskal-Shafranov* conduit à l'existence d'un courant toroïdal maximum I_{KS} conséquence des instabilités de torsion.

$$\textit{Courant de Kruskal-Shafranov} \;:\; I_{KS} \equiv 2\pi \frac{a^2 B_0}{\mu_0 R_0} \sim 5\,[\mathrm{MA}] \times \frac{a^2\,[\mathrm{m}^2]\, B_0\,[\mathrm{T}]}{R_0\,[\mathrm{m}]}$$

Le courant de Kruskal-Shafranov I_{KS} constitue avec le courant critique I_T (6.43) associé au confinement des particules alpha les deux bornes intangibles pour la conception d'un tokamak.

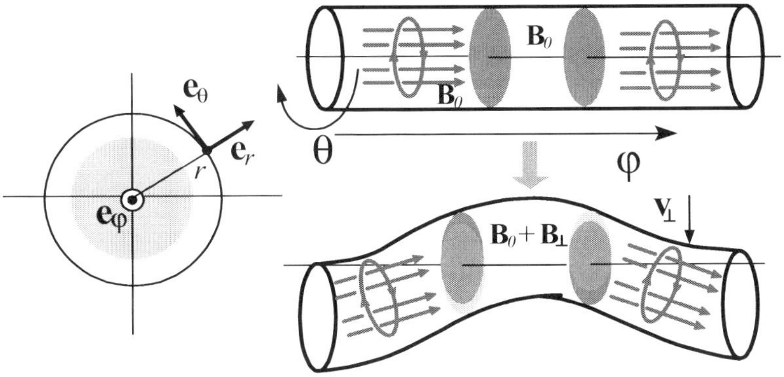

Fig. 9.21 : *Torsion $m = 1$ d'un plasma cylindrique.*

Nous allons analyser le taux de croissance des modes de torsion externes d'une colonne cylindrique droite, c'est-à-dire les perturbations de l'équilibre MHD de structure $\exp -j\,(\omega t - m\theta + n\varphi)$ telles que la surface rationnelle $q = m/n$ soit à l'extérieur de la colonne de plasma et que l'ensemble du volume du plasma se déforme pour établir une torsion telle que celle représentée sur la figure (9.21).

Soit une colonne cylindrique de plasma de rayon a, confinée par un champ magnétique $\mathbf{B}_0 = B_\theta \mathbf{e}_\theta + B_\varphi \mathbf{e}_\varphi$; le facteur de sécurité $q = rB_\varphi / RB_\theta$ est supposé homogène, ainsi le profil de courant est plat ($dJ_0/dr = 0$) et $q = q_a$ où $r = a$ est le rayon de la colonne. L'équilibre MHD de cette colonne de plasma est perturbé : $\mathbf{B}_0 \rightarrow \mathbf{B} = \mathbf{B}_0 + \mathbf{B}_\perp$ où $B_0 \gg B_\perp$ et $\mathbf{v} = \mathbf{0} \rightarrow \mathbf{v} = \mathbf{v}_\perp$ et le plasma sera supposé incompressible. Le champ magnétique perturbateur $\mathbf{B}_\perp$ et le champ de vitesses $\mathbf{v}_\perp$ associés à la perturbation présentent des divergences nulles et peuvent être représentés par des potentiels ψ et χ.

$$\nabla \cdot \mathbf{B}_\perp = 0 \rightarrow \mathbf{B}_\perp = \mathbf{e}_z \times \nabla_\perp \psi \rightarrow (\nabla \times \mathbf{B}_\perp) \cdot \mathbf{e}_z = \Delta_\perp \psi \tag{9.57}$$

$$\nabla \cdot \mathbf{v}_\perp = 0 \rightarrow \mathbf{v}_\perp = \mathbf{e}_z \times \nabla_\perp \chi \rightarrow (\nabla \times \mathbf{v}_\perp) \cdot \mathbf{e}_z = \Delta_\perp \chi \tag{9.58}$$

Les conditions d'incompressibilité ($\nabla \cdot \mathbf{v}_\perp = 0$) et de quasi-neutralité ($\nabla \cdot \mathbf{J} = 0$) permettent de formuler l'équation d'Euler et la relation de Maxwell-Faraday sous les formes antisymétriques :

$$\textit{Euler} \quad : \quad m_i n_0 \frac{d}{dt} \nabla \times \mathbf{v}_\perp = (\mathbf{B} \cdot \nabla) \mathbf{J} - (\mathbf{J} \cdot \nabla) \mathbf{B}$$

$$\textit{Maxwell-Faraday} \quad : \quad \frac{\partial}{\partial t} \mathbf{B}_\perp = (\mathbf{B} \cdot \nabla) \mathbf{v}_\perp - (\mathbf{v}_\perp \cdot \nabla) \mathbf{B}$$

dont les projections le long de l'axe du cylindre, puis les linéarisations, conduisent à deux équations scalaires couplées relatives aux potentiels ψ et χ.

$$\textit{Euler} \quad : \quad \frac{\partial}{\partial t} \Delta_\perp \chi = \frac{(\mathbf{B}_0 \cdot \nabla)}{\mu_0 m_i n_0} \Delta_\perp \psi \tag{9.59}$$

$$\textit{Maxwell-Faraday} \quad : \quad \frac{\partial}{\partial t} \nabla_\perp \psi = (\mathbf{B}_0 \cdot \nabla) \nabla_\perp \chi \tag{9.60}$$

Nous considérerons des potentiels d'écoulement et magnétique de la forme : (i) *potentiel d'écoulement* : $\chi = \chi(r) \exp -j(\omega t - m\theta + n\varphi)$ et (ii) *potentiel magnétique* : $\psi = \psi(r) \exp -j(\omega t - m\theta + n\varphi)$. Les opérateurs différentiels $\mathbf{B}_0 \cdot \nabla$ et $\Delta_\perp$ sont alors donnés par les expressions : (i) $r\mathbf{B}_0 \cdot \nabla = B_\theta (q\partial/\partial\varphi + \partial/\partial\theta)$ $= -jB_\theta (nq - m)$ et $\Delta_\perp = r^{-1}\partial/\partial r r \partial/\partial r$ - $m^2 r^{-2}$ et les équations d'Euler et Maxwell :

$$\textit{Euler} \quad : \quad \omega \Delta_\perp \chi = \frac{B_\theta}{\mu_0 r} \frac{nq - m}{m_i n_0} \Delta_\perp \psi \tag{9.61}$$

$$\textit{Maxwell-Faraday} \quad : \quad \omega \psi = \frac{B_\theta}{r} (nq - m) \chi \tag{9.62}$$

Le découplage de ces deux équations conduit à la relation :

$$\left[\omega^2 - (nq - m)^2 \frac{V_A^2}{q_a^2 R^2} \right] \Delta_\perp \psi = 0$$

où nous avons introduit la vitesse d'Alfvén $V_A^2 \equiv B_\varphi^2 / m_i n_0 \mu_0$. Cette relation admet deux types de solutions : (i) les ondes d'Alfvén et (ii) les modes de torsion.

$$\textit{Modes d'Alfvén} \quad : \quad \omega = \pm \frac{nq - m}{q_a R} V_A \ , \ \Delta_\perp \psi \neq 0 \ , \ \Delta_\perp \chi \neq 0$$

$$\textit{Modes de torsion} \quad : \quad \omega \neq \pm \frac{nq - m}{q_a R} V_A \ , \ \Delta_\perp \psi = 0 \ , \ \Delta_\perp \chi = 0$$

Les solutions décrivant les modes de torsion sont aisément identifiées et leurs dérivées présentent une discontinuité en $r = a$.

$$\psi = \psi_a \left[\left(\frac{r}{a}\right)^m H(a-r) + \left(\frac{a}{r}\right)^m H(r-a) \right] \rightarrow \left. \frac{d\psi}{dr} \right|_{r=a+\varepsilon}^{r=a-\varepsilon} = -\frac{2m}{a}\psi_a$$

$$\chi = \chi_a \left[\left(\frac{r}{a}\right)^m H(a-r) + \left(\frac{a}{r}\right)^m H(r-a) \right] \rightarrow \left. \frac{d\chi}{dr} \right|_{r=a+\varepsilon}^{r=a-\varepsilon} = -\frac{2m}{a}\chi_a$$

où $H(x)$ est une distribution de Heaviside ($H(x<0) = 0$, $H(x>0) = +1$) primitive de la distribution de Dirac δ, ($dH/dx = \delta(x)$). Ce résultat permet ensuite d'exprimer : $\int_{a-\varepsilon}^{a+\varepsilon} r\Delta_\perp \chi dr = -2m\chi_a$ et $\int_{a-\varepsilon}^{a+\varepsilon} r\Delta_\perp \psi dr = -2m\psi_a$. Pour décrire correctement l'interface vide/plasma la relation (9.61) doit être complété par un terme de dérivée de courant localisé du type $\delta(r-a)$:

$$Euler \; : \omega \Delta_\perp \chi = \frac{B_\theta}{\mu_0} \frac{nq - m}{m_i n_0 r} \Delta_\perp \psi + \frac{m}{m_i n_0 r} \frac{dJ_0}{dr} \psi \tag{9.63}$$

dont l'intégrale $\int_{a-\varepsilon}^{a+\varepsilon} dJ_0 = -2B_\theta(a)/\mu_0 a$ conformément au théorème d'Ampère. La relation de dispersion est ensuite obtenue à partir de l'équation (9.61) ainsi complétée (9.63), intégrée de $a - \varepsilon$ à $a + \varepsilon$, le résultat final révèle la dispersion des modes de torsion externes pour un profil de courant plat :

$$\textit{Torsion externe cylindrique} : \quad \boxed{\omega^2 \equiv \frac{V_A^2}{q_a^2 R^2} (m - nq_a)(m - nq_a - 1)}$$

La figure (9.22) illustre cette dispersion et où le taux de croissance γ^2 est tracé en fonction de nq_a pour différents nombres poloïdaux m.

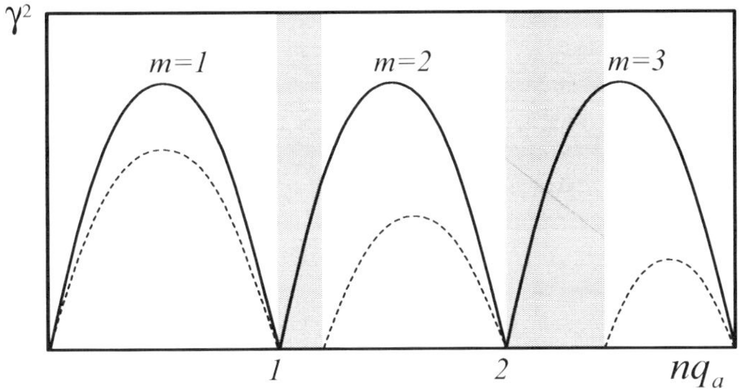

Fig. 9.22 : *Diagramme de stabilité des modes de torsion.*

Nous sommes donc conduits à conclure que les modes de torsion externes sont instables ; si tel était le cas pour un tokamak les principes de confinement seraient donc caduques, en fait l'hypothèse d'un profil de courant plat $dJ_0/dr = 0 \rightarrow q = q_a$ constitue la situation la plus défavorable et si nous reprenions cette étude en considérant un profil régulier, monotone décroissant du centre vers le bord, nous obtiendrions une dispersion, représentée en pointillé sur la figure (9.22), qui offre des fenêtres de stabilité représentées en gris sur la figure (9.22) en particulier si $q_a > 1$.

Les modes de torsion externes sont donc dangereux pour le confinement mais il existe des zones de stabilité accessibles à l'expérience à travers un contrôle des champs poloïdaux et toroïdaux, cette conclusion n'est pas remise en cause par la prise en compte des effets toroïdaux qui induisent simplement un couplage entre harmoniques poloïdales m et $m \pm 1$. Les modes de torsion internes ne seront pas abordés dans cette étude car ils nécessitent la prise en compte de la résistivité du plasma ainsi que l'étude détaillée de la topologie des lignes de champ au voisinage de la surface résonnante interne, dans le cas du mode $m = 1$ interne, le déchirement (*tearing*) resistif accompagne l'évolution dont certains aspects sont encore l'objet de recherches actives.

Chapitre 10

Collisions et Relaxations

Lucien aimait avec passion les hautes mathématiques. Il passa désormais des soirées entières à discuter avec Gauthier, ou les idées de Fourier sur la chaleur de la terre, ou la réalité des découvertes d'Ampère... Lucien Leuwen, Stendhal.

Les mécanismes de production et thermalisation de l'énergie de fusion au sein d'un plasma thermonucléaire sont illustrés sur la figure (10.1). Les particules alpha issues des réactions de fusion entre le deutérium et le tritium (F) naissent avec une énergie $m_\alpha v_0^2/2 \approx 3.5$ MeV. Puis elles subissent un processus de ralentissement sur les électrons (C) et d'isotropisation et ralentissement sur les ions (C). Les électrons ainsi chauffés préférentiellement se thermalisent avec les ions (T). Enfin, la partie rapide (100 KeV) de la distribution ionique, à travers les réactions de fusion (F), produit les particules alpha énergétiques, entretenant ainsi le cycle de combustion. Les particules alphas froides doivent être extraites pour ne pas étouffer la combustion.

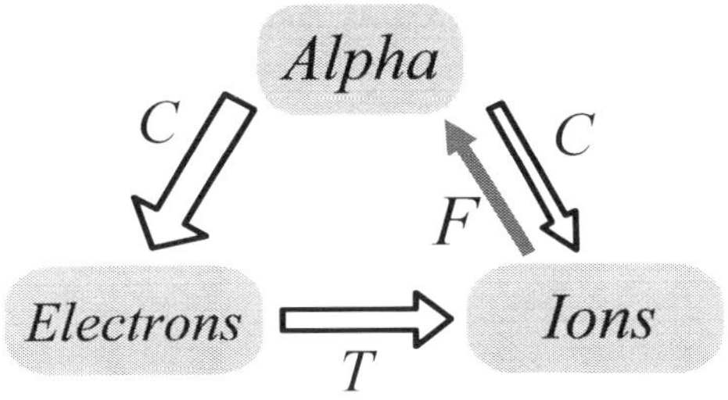

Fig. 10.1 : *Cycle de combustion, fusion, ralentissement et thermalisation.*

Nous avons déjà ébauché la théorie de la relaxation et du transport collisionnel dans le cadre du chapitre consacré aux phénomènes dissipatifs. Nous allons reprendre et conclure cette étude dans ce chapitre. Nous établirons tout d'abord l'équation générale de Landau décrivant la dynamique de la fonction de distribution des vitesses dans un plasma thermonucléaire. Nous considèrons ensuite, sur la base de cette équation, le transfert d'énergie et d'impulsion entre deux populations, ainsi nous développerons les théories de la *friction* et de la *thermalisation*. Puis, nous construirons les outils pour la description cinétique des particules alphas rapides et des électrons relativistes, ces deux populations nécessitant une modélisation cinétique compte tenu de leurs rôles dans les processus de combustion et de génération du courant toroïdal.

10.1 Equation de Landau

10.1.1 Forme de Landau

L'étude des collisions s'articule autour de deux analyses : (i) l'analyse cinématique, indépendamment de la spécificité de l'interaction, qui permet d'identifier les inconnues et les invariants (impulsion totale, énergie totale) associés à la collision et (ii) l'analyse dynamique qui complète l'identification des invariants à travers une description probabiliste en terme de section efficace, le nombre de relations établies dans le cadre (i) n'étant pas suffisant pour déterminer complètement la valeur des transferts d'énergie et d'impulsion.

Nous allons d'abord nous intéresser à l'aspect cinématique d'une collision. Soient, au sein d'un plasma thermonucléaire, deux particules de masses m_1 et m_2 décrites par leur positions, $\mathbf{r}_1$ et $\mathbf{r}_2$, leurs vitesses, $\mathbf{v}_1$ et $\mathbf{v}_2$, et leurs quantités de mouvement, $m_1\mathbf{v}_1$ et $m_2\mathbf{v}_2$, figure (10.2).

$$\textit{Newton/Coulomb :} \quad m_1\frac{d\mathbf{v}_1}{dt} = -m_2\frac{d\mathbf{v}_2}{dt} = \frac{q_1 q_2}{4\pi\varepsilon_0}\frac{\mathbf{r}_1-\mathbf{r}_2}{|\mathbf{r}_1-\mathbf{r}_2|^3}$$

L'énergie de ce système de deux particules est donnée par : $m_1\mathbf{v}_1^2/2 + m_2\mathbf{v}_2^2/2 + q_1q_2/4\pi\varepsilon_0\,|\mathbf{r}_1-\mathbf{r}_2|$.

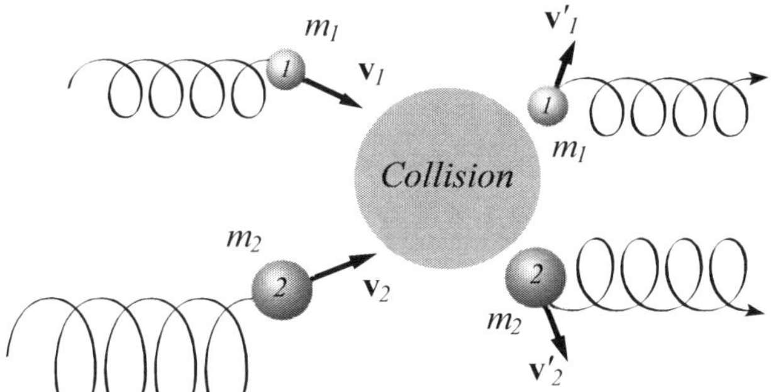

Fig. 10.2 : *Collision et transfert d'impulsion.*

Le problème de l'interaction particule-particule est considérablement simplifié si nous introduisons le changement de variables : $[\mathbf{r}_1,\mathbf{r}_2] \to [\mathbf{r},\mathbf{R}]$, $[\mathbf{v}_1,\mathbf{v}_2] \to [\mathbf{v},\mathbf{V}]$ et $[m_1,m_2] \to [M,\mu]$.

$$\textit{Centre de masse} \quad : \quad \mathbf{R} \equiv \frac{m_1\mathbf{r}_1+m_2\mathbf{r}_2}{m_1+m_2},\ \mathbf{V} \equiv \frac{m_1\mathbf{v}_1+m_2\mathbf{v}_2}{m_1+m_2},\ M \equiv m_1+m_2$$

$$\textit{Mouvement relatif} \quad : \quad \mathbf{r} \equiv \mathbf{r}_1-\mathbf{r}_2,\ \mathbf{v} \equiv \mathbf{v}_1-\mathbf{v}_2,\ \mu \equiv \frac{m_1m_2}{m_1+m_2}$$

Les variables relatives $\mathbf{r}$ et $\mathbf{v}$ sont associées à une particule fictive de masse μ la *masse effective*, et de quantité de mouvement $\mu\mathbf{v}$. Les variables du centre de masse $\mathbf{R}$ et $\mathbf{V}$ décrivent la position et la vitesse du centre de masse auquel nous associons la masse totale M. Les équations de Newton relatives aux nouvelles variables sont découplées et le problème est alors ramené au problème de l'interaction avec un centre coulombien fixe.

$$\text{Centre de masse} \quad : \quad M\frac{d\mathbf{V}}{dt} = \mathbf{0} \tag{10.1}$$

$$\text{Mouvement relatif} \quad : \quad \mu\frac{d\mathbf{v}}{dt} = \frac{q_1 q_2}{4\pi\varepsilon_0}\frac{\mathbf{r}}{|\mathbf{r}|^3} \tag{10.2}$$

L'énergie de ce système se décompose alors en deux parties découplées correspondant (i) à la particule fictive de masse μ soumise au potentiel $q_1 q_2/4\pi\varepsilon_0 |\mathbf{r}|$ et (ii) au centre de masse M effectuant une translation uniforme. Les mouvements décrits par $\mathbf{R}(t)$ et $\mathbf{r}(t)$ sont donc intégrables et permettent d'exprimer les solutions du problème de l'interaction coulombienne de deux particules : $\mathbf{r}_1 = \mathbf{R} + \mu\mathbf{r}/m_1$, $\mathbf{r}_2 = \mathbf{R} - \mu\mathbf{r}/m_2$ et $\mathbf{v}_1 = \mathbf{V} + \mu\mathbf{v}/m_1$, $\mathbf{v}_2 = \mathbf{V} - \mu\mathbf{v}/m_2$. L'énergie mécanique de la particule fictive de masse μ associée au mouvement relatif est conservée, elle est sous forme purement cinétique bien avant $(t \to -\infty)$ et bien après $(t \to +\infty)$ la collision.

Nous noterons δ les variations des quantités entre ces deux états asymptotiques $(t \to \pm\infty)$. Les problèmes associés au mouvement relatif $(\mathbf{r}, \mathbf{v})$ et au mouvement du centre de masse $(\mathbf{R}, \mathbf{V})$ sont découplés et conservatifs, les invariants sont donc la vitesse du centre de masse $\mathbf{V}$ et la norme de la vitesse relative $|\mathbf{v}|$ avant et après la collision : $\delta\mathbf{V} = \mathbf{0}$, $\delta|\mathbf{v}| = 0$.

Les variations d'impulsion subies par les particules lors de la collision s'expriment comme : $m_1\delta\mathbf{v}_1 = -m_2\delta\mathbf{v}_2 = \mu\delta\mathbf{v}$. Cet échange d'impulsion entre les deux particules est associé à un échange d'énergie cinétique $\delta E_1 = -\delta E_2 = m_1(\mathbf{v}_1 + \delta\mathbf{v}_1)^2/2 - m_1\mathbf{v}_1^2/2 = m_1\mathbf{V}\cdot\delta\mathbf{v}_1 + \mu\mathbf{v}\cdot\delta\mathbf{v}_1 + m_1\delta\mathbf{v}_1^2/2$ où nous avons utilisé $\mathbf{v}_1 = \mathbf{V} + \mu\mathbf{v}/m_1$. Les relations précédentes permettent d'exprimer les deux derniers termes de cette relation en fonction de la vitesse relative initiale et de sa variation $\delta\mathbf{v}$: $\mu\mathbf{v}\cdot\delta\mathbf{v}_1 + m_1\delta\mathbf{v}_1^2/2 = \mu^2\mathbf{v}\cdot\delta\mathbf{v}/m_1 + \mu^2\delta\mathbf{v}^2/2m_1$.

Compte tenu de l'invariance de la norme de la vitesse relative $|\mathbf{v}| = |\mathbf{v} + \delta\mathbf{v}|$, les trois vecteurs $(\mathbf{v}, \mathbf{v}+\delta\mathbf{v}, \delta\mathbf{v})$ forment un triangle isocèle de base $\delta\mathbf{v}$. La vitesse relative et sa variation vérifient donc l'identité $(\mathbf{v} + \delta\mathbf{v}/2)\cdot\delta\mathbf{v} = 0$ et l'échange d'énergie se réduit à : $\delta E_1 = -\delta E_2 = \mu\mathbf{V}\cdot\delta\mathbf{v}$.

Ces rappels sur le problème à deux corps permettent d'aborder la construction de l'équation cinétique décrivant l'interaction coulombienne de deux populations de particules chargées.

L'équation cinétique décrivant l'évolution de la fonction de distribution des impulsions d'une population de particules chargées a été dérivée par Landau et étudiée par Chandrasekhar, Trubnikov et Rosenbluth.

Soit une population de particules chargées de densité n_1, de masse m_1 et de charge q_1, dont l'impulsion est distribuée suivant la fonction de distribution $f(\mathbf{p}_1, t)$, telle que $\int f_1(\mathbf{p}_1)d\mathbf{p}_1 = 1$.

Cette population 1 interagit avec une population de particules chargées de masse m_2, de charge q_2 et de densité égale à n_2, dont l'impulsion est distribuée suivant la fonction de distribution $f_2(\mathbf{p}_2)$, telle que $\int f_2(\mathbf{p}_2)d\mathbf{p}_2 = 1$. Chaque particule de type 1 subit des collisions avec les particules de type 2. Le problème ainsi posé consiste à transcrire la dynamique microscopique de deux particules, telle que nous l'avons étudiée précédemment, en termes d'évolution de la fonction de distribution $f_1(\mathbf{p}_1, t)$, la fonction de distribution $f_2(\mathbf{p}_2)$ étant donnée et stationnaire. Lors de l'étude introductive des phénomènes dissipatifs nous avons établi la forme générale des équations d'évolution du type Fokker-Planck ainsi que la formule des coefficients cinétiques coulombiens (4.81) et (4.82) relatifs à une cible froide et massive. Dans le contexte de la description de la fonction de distribution des vitesses cette équation, dite de Landau, prend la forme suivante :

$$\textit{Landau :}\quad \frac{\partial f_1}{\partial t} = C \cdot f_1 \equiv -\frac{\partial}{\partial \mathbf{p}_1} \cdot \frac{\langle \delta \mathbf{p}_1 \rangle}{\delta t} f_1 + \frac{\partial}{\partial \mathbf{p}_1} \cdot \frac{\partial}{\partial \mathbf{p}_1} \cdot \frac{\langle \delta \mathbf{p}_1 \delta \mathbf{p}_1 \rangle}{2\delta t} f_1$$

Nous devons évaluer les coefficients de friction $\langle \delta \mathbf{p}_1 \rangle / \delta t$ et de diffusion $\langle \delta \mathbf{p}_1 \delta \mathbf{p}_1 \rangle$ / $2\delta t$. Dans le paragraphe consacré à l'étude de la diffusion Rutherford nous avons établi les expressions de ces coefficients de diffusion et de friction pour une particule interagissant avec une population de centres diffuseurs fixes. Ces résultats, (4.81, 4.82), nous donnent donc des expressions associées au mouvement relatif de la particule fictive de masse μ et la relation $\delta \mathbf{p}_1 = \mu \delta \mathbf{v}$ permet de construire l'expression de ces coefficients pour les particules de type 1.

Considérons l'expression (4.81) pour la collision sur un centre fixe $\langle \delta \mathbf{v} \rangle / \delta t = -nq^2 \, Q^2 \Lambda \mathbf{v} \, / \, 4\pi\varepsilon_0^2 \, \mu^2 v^3$, son extension au cas de l'interaction entre une particule de type 1 et une particule de type 2 mobile à la vitesse $\mathbf{v}_2$ conduit à la relation :

$$\frac{\langle \delta \mathbf{p}_1 \rangle}{\delta t} = -n_2 \frac{q_1^2 q_2^2 \Lambda}{4\pi\varepsilon_0^2 \mu} \frac{\mathbf{v}_1 - \mathbf{v}_2}{|\mathbf{v}_1 - \mathbf{v}_2|^3} \tag{10.3}$$

Le cas de l'interaction avec une population dont les impulsions sont distribuées suivant $f_2(\mathbf{p}_2)$ est ensuite obtenu par sommation sur $\mathbf{p}_2$.

$$\frac{\langle \delta \mathbf{p}_1 \rangle}{\delta t} = -n_2 \frac{m_1 + m_2}{m_1 m_2} \frac{q_1^2 q_2^2 \Lambda}{4\pi\varepsilon_0^2} \int \frac{\mathbf{v}_1 - \mathbf{v}_2}{|\mathbf{v}_1 - \mathbf{v}_2|^3} f_2(\mathbf{p}_2) d\mathbf{p}_2$$

De façon similaire, la relation $\delta \mathbf{p}_1 \delta \mathbf{p}_1 = \mu^2 \delta \mathbf{v} \delta \mathbf{v}$ permet de construire l'expression du coefficient de diffusion pour les particules de type 1. Considérons l'expression (4.82) : $\langle \delta \mathbf{v} \delta \mathbf{v} \rangle / 2\delta t = nq^2 Q^2 \Lambda \left(\mathbf{I} v^2 - \mathbf{v}\mathbf{v} \right) / 8\pi\varepsilon_0^2 \mu^2 v^3$, son extension au cas de l'interaction entre une particule de type 1 et une population de type 2 conduit à l'expression :

$$\frac{\langle \delta \mathbf{p}_1 \delta \mathbf{p}_1 \rangle}{2\delta t} = n_2 \frac{q_1^2 q_2^2 \Lambda}{8\pi\varepsilon_0^2} \frac{\mathbf{I} |\mathbf{v}_1 - \mathbf{v}_2|^2 - (\mathbf{v}_1 - \mathbf{v}_2)(\mathbf{v}_1 - \mathbf{v}_2)}{|\mathbf{v}_1 - \mathbf{v}_2|^3} \tag{10.4}$$

et le cas de l'interaction avec une population dont les impulsions sont distribuées suivant $f_2(\mathbf{p}_2)$ est obtenu par sommation sur $\mathbf{p}_2$.

$$\frac{\langle \delta \mathbf{p}_1 \delta \mathbf{p}_1 \rangle}{2\delta t} = n_2 \frac{q_1^2 q_2^2 \Lambda}{8\pi\varepsilon_0^2} \int \frac{\mathbf{I} |\mathbf{v}_1 - \mathbf{v}_2|^2 - (\mathbf{v}_1 - \mathbf{v}_2)(\mathbf{v}_1 - \mathbf{v}_2)}{|\mathbf{v}_1 - \mathbf{v}_2|^3} f_2(\mathbf{p}_2) d\mathbf{p}_2$$

Ces coefficients sont parfois appelés *coefficients de Spitzer-Chandrasekhar* de l'équation de *Landau*. Diverses formes de cette équation peuvent être obtenues, en particulier la forme dite de Boltzmann qui permet de recadrer l'équation de Landau dans le contexte classique de la théorie cinétique des gaz.

Dans la suite de ce paragraphe, ainsi que dans le suivant, la variable d'état cinétique sera la vitesse $\mathbf{v}$ et non l'impulsion $\mathbf{p}$ et les distributions des vitesses

$f(\mathbf{v})$ seront normalisées à la densité n : $\int f(\mathbf{v})\, d\mathbf{v} = n$. Nous allons présenter la forme dite de Boltzmann de l'équation de Landau, cette forme intégrale permet d'aborder les problèmes de friction et de thermalisation entre deux distributions en mettant en lumière la symétrie par permutation entre ces deux distributions.

10.1.2 Forme de Boltzmann, moments fluides

L'opérateur $C_{1\to 2}$ décrivant l'évolution temporelle d'une fonction de distribution associée à une population 1, sous l'effet de l'interaction avec une population 2,

$$\textit{Landau} \; : \; C_{1\to 2}\cdot f_1 \equiv -\frac{\partial}{\partial \mathbf{v}_1}\cdot\frac{\langle \delta\mathbf{v}_1\rangle}{\delta t}f_1 + \frac{\partial}{\partial \mathbf{v}_1}\cdot\frac{\partial}{\partial \mathbf{v}_1}\cdot\frac{\langle \delta\mathbf{v}_1\delta\mathbf{v}_1\rangle}{2\delta t}f_1$$

peut être exprimé en faisant apparaître le noyau tensoriel $\mathbf{U}$.

$$\mathbf{U}(\mathbf{v}_1-\mathbf{v}_2) \equiv \frac{q_1^2 q_2^2\Lambda}{8\pi\varepsilon_0^2}\frac{\mathbf{I}\left|\mathbf{v}_1-\mathbf{v}_2\right|^2-(\mathbf{v}_1-\mathbf{v}_2)(\mathbf{v}_1-\mathbf{v}_2)}{\left|\mathbf{v}_1-\mathbf{v}_2\right|^3} \tag{10.5}$$

En effet, les coefficients de friction et de diffusion se présentent sous les formes explicites :

$$\textit{Friction} \; : \; \frac{\langle \delta\mathbf{v}_1\rangle}{\delta t} = \frac{1}{m_1}\frac{1}{\mu}\frac{\partial}{\partial \mathbf{v}_1}\cdot\int f_2(\mathbf{v}_2)\mathbf{U}d\mathbf{v}_2 \tag{10.6}$$

$$\textit{Diffusion} \; : \; \frac{\langle \delta\mathbf{v}_1\delta\mathbf{v}_1\rangle}{2\delta t} = \frac{1}{m_1^2}\int f_2(\mathbf{v}_2)\mathbf{U}d\mathbf{v}_2 \tag{10.7}$$

où nous avons utilisé la relation : $\partial\mathbf{U}/\partial\mathbf{v}_1 = -2q_1^2q_2^2\Lambda\,(\mathbf{v}_1-\mathbf{v}_2)/|\mathbf{v}_1-\mathbf{v}_2|^3\,8\pi\varepsilon_0^2$. L'opérateur $C_{1\to 2}$ peut alors être réécrit sous la forme :

$$C_{1\to 2}\cdot f_1 = \frac{1}{m_1}\frac{\partial}{\partial \mathbf{v}_1}\cdot\int\left[\frac{1}{m_1}f_2\frac{\partial}{\partial \mathbf{v}_1}\cdot\mathbf{U}f_1 - \frac{1}{\mu}f_2f_1\frac{\partial}{\partial \mathbf{v}_1}\cdot\mathbf{U}\right]d\mathbf{v}_2$$

Compte tenu de l'identité : $\partial\mathbf{U}/\partial\mathbf{v}_1 = -\partial\mathbf{U}/\partial\mathbf{v}_2$ nous pouvons intégrer par parties les dérivées par rapport à la vitesse $\mathbf{v}_1$ et faire apparaître la dérivée de la fonction de distribution de la population cible 2 ; ainsi, la forme finale de Boltzmann de l'opérateur $C_{1\to 2}$ s'exprime comme une somme sur un noyau intégral symétrique par rapport aux deux fonctions de distribution f_1 et f_2.

$$\textit{Boltzmann} \; : \; C_{1\to 2}\cdot f_1 \equiv -\frac{1}{m_1}\frac{\partial}{\partial \mathbf{v}_1}\cdot\int\mathbf{U}\cdot\left(\frac{f_1}{m_2}\frac{\partial f_2}{\partial \mathbf{v}_2}-\frac{f_2}{m_1}\frac{\partial f_1}{\partial \mathbf{v}_1}\right)d\mathbf{v}_2$$

$$\textit{Boltzmann} \; : \; C_{2\to 1}\cdot f_2 \equiv -\frac{1}{m_2}\frac{\partial}{\partial \mathbf{v}_2}\cdot\int\mathbf{U}\cdot\left(\frac{f_2}{m_1}\frac{\partial f_1}{\partial \mathbf{v}_1}-\frac{f_1}{m_2}\frac{\partial f_2}{\partial \mathbf{v}_2}\right)d\mathbf{v}_1$$

L'équation de Landau possède un certain nombre de propriétés générales. En particulier lorsque la fonction de distribution de la population 2 est une maxwellienne, alors au bout d'un certain temps, la fonction de distribution de la population 1 tend asymptotiquement vers une maxwellienne qui constitue une solution stationnaire. L'échelle de temps d'un tel processus de thermalisation est différente selon les populations. Le processus le plus rapide est constitué par la thermalisation d'une population d'électrons due aux collisions électrons-électrons. Un processus plus lent est ensuite la thermalisation de la population ionique due aux collisions ions-ions. Enfin, l'étape finale de l'approche vers l'équilibre thermodynamique, la thermalisation électrons-ions, est beaucoup plus lente.

La forme de Boltzmann est aussi particulièrement appropriée pour discuter les conservations des moments d'une fonction de distribution. Définissons le moment hydrodynamique $\langle \mathbf{M}_1 \rangle$ d'une population 1 où $\mathbf{M}(\mathbf{v}_1)$ est une fonction de nature scalaire, vectorielle ou tensorielle $\langle \mathbf{M}_1 \rangle \equiv \int \mathbf{M}(\mathbf{v}_1) f_1(\mathbf{v}_1) d\mathbf{v}_1$, le taux de variation temporelle $d\langle \mathbf{M}_1 \rangle / dt$ est alors donné par :

$$\frac{d\langle \mathbf{M}_1 \rangle}{dt} = -\int \mathbf{M}(\mathbf{v}_1) \frac{\partial}{\partial \mathbf{p}_1} \cdot \mathbf{U} \cdot \left(f_1 \frac{\partial f_2}{\partial \mathbf{p}_2} - f_2 \frac{\partial f_1}{\partial \mathbf{p}_1} \right) d\mathbf{v}_1 d\mathbf{v}_2 \tag{10.8}$$

Les choix du nombre de particules, $\mathbf{M}(\mathbf{v}_1) = 1$, de l'impulsion totale de la population, $\mathbf{M}(\mathbf{v}_1) = m_1 \mathbf{v}_1$ et de l'énergie portée par la distribution, $\mathbf{M}(\mathbf{v}_1) = m_1 v_1^2/2$, conduisent à trois relations de conservation :

$$\begin{aligned}
&\textit{Particules} &:& \quad \int C_{1\to 2} \cdot f_1(\mathbf{v}_1) d\mathbf{v}_1 = \int C_{2\to 1} \cdot f_2(\mathbf{v}_2) d\mathbf{v}_2 = 0 \\
&\textit{Impulsion} &:& \quad \int \mathbf{p}_1 C_{1\to 2} \cdot f_1(\mathbf{v}_1) d\mathbf{v}_1 + \int \mathbf{p}_2 C_{2\to 1} \cdot f_2(\mathbf{v}_2) d\mathbf{v}_2 = \mathbf{0} \\
&\textit{Energie} &:& \quad \frac{m_1}{2} \int v_1^2 C_{1\to 2} \cdot f_1(\mathbf{v}_1) d\mathbf{v}_1 + \frac{m_2}{2} \int v_2^2 C_{2\to 1} \cdot f_2(\mathbf{v}_2) d\mathbf{v}_2 = 0
\end{aligned}$$

qui traduisent les conservations de la masse (charge), de la quantité de mouvement et de l'énergie lors de l'interaction entre les deux populations.

10.2 Relaxations Cinétiques Internes

Une distribution de Maxwell des vitesses f_{M1} n'évolue pas sous l'effet des collisions entre particules de même espèce : $C_{1\to 1} \cdot f_{M1}(\mathbf{v}_1) = 0$.

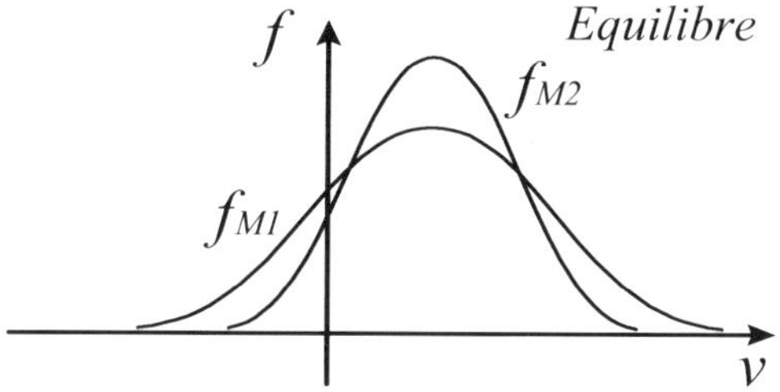

Fig. 10.3 : *Equilibre thermique de deux populations.*

Il en est de même pour deux populations en équilibre local, en tout point de position $\mathbf{r}$, présentant une distribution du type :

$$f_{M1}(\mathbf{r}, \mathbf{v}_1) = n_1(\mathbf{r}) \left[\frac{m_1}{2\pi k_B T_1(\mathbf{r})} \right]^{\frac{3}{2}} \exp - \frac{m_1 [\mathbf{v}_1 - \mathbf{V}_1(\mathbf{r})]^2}{2 k_B T_1(\mathbf{r})}$$

où $\mathbf{V}_1(\mathbf{r})$ est la vitesse du repère dans lequel la population présente les caractéristique d'une distribution de Maxwell. Cette distribution satisfait aussi la relation $C_{1\to 1} \cdot f_{M1}(\mathbf{v}_1) = 0$, et si nous considérons deux distribution de ce type tels que $T_1 = T_2$ et $\mathbf{V}_1 = \mathbf{V}_2 \rightarrow C_{1\rightarrow 2} \cdot f_{M1}(\mathbf{v}_1) = C_{2\rightarrow 1} \cdot f_{M2}(\mathbf{v}_2) = 0$, figure (10.3), par contre si $T_1 \neq T_2$ ou $\mathbf{V}_1 \neq \mathbf{V}_2 \rightarrow C_{1\rightarrow 2} \cdot f_{M1}(\mathbf{v}_1) \neq C_{2\rightarrow 1} \cdot f_{M2}(\mathbf{v}_2) \neq 0$.

Nous allons étudier le transfert d'impulsion et d'énergie pour une telle situation de non-équilibre : $T_1 \neq T_2$ ou $\mathbf{V}_1 \neq \mathbf{V}_2$.

10.2.1 Friction et transfert d'impulsion

Deux situations de faible écart à l'équilibre thermodynamique sont couramment observées en physique des plasmas thermonucléaires.

• Lorsque deux populations présentent des vitesses distribuées suivant une distribution maxwellienne, ou quasi-maxwelienne, mais le référentiel où l'impulsion totale stockée dans l'une est nulle est différent du référentiel où l'impulsion totale stockée dans l'autre est aussi nulle. Cette écart à l'équilibre engendre un processus dynamique où la population rapide aura tendance à accélérer la population lente et la population lente à décélérer la population rapide. La description du processus de transfert d'impulsion nécessaire au retour à l'équilibre global $\mathbf{V}_1 = \mathbf{V}_2$ est construite autour du concept de friction $\mathbf{R}$ $\left[\mathrm{N/m^3}\right]$ entre populations, figure (10.4).

• Lorsque deux populations présentent des vitesses distribuées suivant une distribution maxwellienne, ou quasi-maxwelienne, mais possèdent des températures différentes ; alors la population chaude chauffera la population froide et la population froide refroidira la population chaude. Nous allons établir que ce transfert de chaleur est décrit une loi de thermalisation dont le taux W $\left[\mathrm{W/m^3}\right]$ est proportionnel à la différence des températures, figure (10.4).

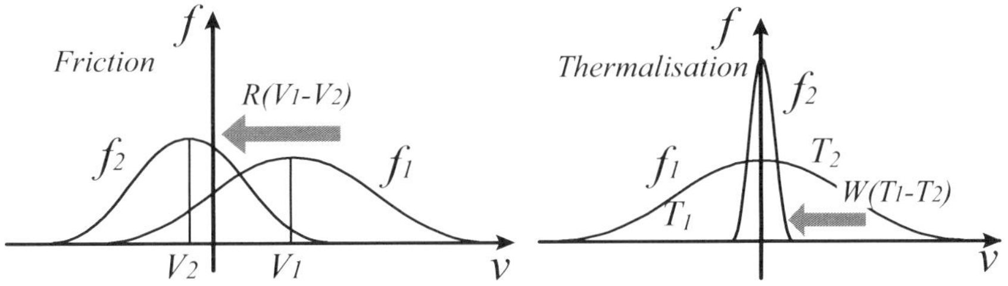

Fig. 10.4 : *Retour à l'équilibre par friction et thermalisation.*

Le taux de transfert de la densité volumique d'impulsion $\int m_1 \mathbf{v}_1 f_1 d\mathbf{v}_1$ d'une population de particules de type 1 vers une population de particules de type 2 présente la dimension d'une densité volumique de force. Cette densité volumique de force exercée par la population 1 sur la population 2 est appelée *friction* et notée usuellement $\mathbf{R}$.

$$\textit{Friction} \ : \mathbf{R}\left[\frac{\mathrm{N}}{\mathrm{m}^3}\right] \equiv \frac{d}{dt}\left[\int m_1 \mathbf{v}_1 f_1 d\mathbf{v}_1\right] = \int m_1 \mathbf{v}_1 C_{1\rightarrow 2} \cdot f_1 d\mathbf{v}_1 \qquad (10.9)$$

La conservation globale de l'impulsion totale contenue dans les deux populations implique que la friction exercée par la population 1 sur la population 2 soit égale à l'opposée de la friction exercée par la population 2 sur la population 1 ; c'est effectivement le cas au regard de la forme (anti)symétrique de l'intégrale de l'opérateur de Boltzmann après intégration par partie des facteurs $\mathbf{p}_1$ et $\mathbf{p}_2$.

$$\int d\mathbf{p}_1 d\mathbf{p}_2 \mathbf{p}_1 \frac{\partial}{\partial \mathbf{p}_1} \cdot \mathbf{U} \cdot \left(f_2 \frac{\partial f_1}{\partial \mathbf{p}_1} - f_1 \frac{\partial f_2}{\partial \mathbf{p}_2} \right) = \int d\mathbf{p}_1 d\mathbf{p}_2 \mathbf{p}_2 \frac{\partial}{\partial \mathbf{p}_2} \cdot \mathbf{U} \cdot \left(f_1 \frac{\partial f_2}{\partial \mathbf{p}_2} - f_2 \frac{\partial f_1}{\partial \mathbf{p}_1} \right)$$

Deux intégrations par parties supplémentaires permettent de simplifier cette dernière forme pour établir le résultat final et général :

$$\mathbf{R} = -\frac{q_1^2 q_2^2 \Lambda}{4\pi\varepsilon_0^2}\frac{m_1+m_2}{m_2 m_1}\int \frac{\mathbf{v}_1-\mathbf{v}_2}{\left|\mathbf{v}_1-\mathbf{v}_2\right|^3} f_2\left(\mathbf{v}_2\right) f_1\left(\mathbf{v}_1\right) d\mathbf{v}_1 d\mathbf{v}_2 \tag{10.10}$$

L'interprétation de ce résultat est aisée car nous reconnaissons la valeur moyenne du coefficient de friction dynamique $\left\langle \delta \mathbf{p}_1\right\rangle/\delta t$: $\mathbf{R} = \int d\mathbf{v}_1 f_1\left(\mathbf{v}_1\right)\left\langle \delta \mathbf{p}_1\right\rangle/\delta t$. Appliquons ce résultat géneral au cas de l'interaction entre deux distributions maxwelliennes dont l'une est en translation à la vitesse $\mathbf{V}$ par rapport à l'autre

$$f_1(\mathbf{v}_1) = n_1 \frac{\exp -\frac{m_1(\mathbf{v}_1-\mathbf{V})^2}{2k_B T}}{\left(2\pi k_B T/m_1\right)^{\frac{3}{2}}} \rightarrow f_2(\mathbf{v}_2) = n_2 \frac{\exp -\frac{m_2 v_2^2}{2k_B T}}{\left(2\pi k_B T/m_2\right)^{\frac{3}{2}}} \tag{10.11}$$

Le développement de Taylor : $\exp\left[-m_1\left(\mathbf{v}_1-\mathbf{V}\right)^2/2k_B T\right] \approx \exp(-m_1 \mathbf{v}_1^2/2k_B T)$ $[1+m_1\mathbf{v}_1\cdot\mathbf{V}/k_B T + \ldots]$ est pertinent car la vitesse d'entrainement des populations est la plupart du temps beaucoup plus petite que la vitesse thermique ; la sommation de la formule générale met alors en jeux la fonction erreur et le résultat final est donné par :

$$\textit{Friction} \ : \ \mathbf{R}\left[\frac{\mathrm{N}}{\mathrm{m}^3}\right] \equiv m_1 n_1 \left.\frac{d\mathbf{V}}{dt}\right|_{1\rightarrow 2} = -n_1 m_1 \frac{\mathbf{V}}{\tau_f} \tag{10.12}$$

où le temps de transfert de l'impulsion entre les deux populations est égal à :

$$\tau_f \equiv \sqrt{\frac{m_1}{m_2}\frac{m_1+m_2}{2}}\frac{12\varepsilon_0^2\left(\pi k_B T\right)^{\frac{3}{2}}}{q_1^2 q_2^2 \Lambda n_2} \tag{10.13}$$

On notera que la conservation de l'impulsion est vérifiée car : $n_1 m_1/\tau_{f12} = n_2 m_{21}/\tau_{f21} = \sqrt{2m_2 m_1/\left(m_1+m_2\right)} q_1^2 q_2^2 \Lambda n_1 n_2/12\varepsilon_0^2\left(\pi k_B T\right)^{\frac{3}{2}}$.

10.2.2 Thermalisation et transfert d'énergie

Le processus de thermalisation entre deux populations présentant deux températures différentes peut être étudié dans le même cadre cinétique ; définissons W le taux de transfert de chaleur par unité de temps d'une population 1 vers une population 2. Ce taux possède la dimension d'une densité volumique de puissance.

$$\textit{Thermalisation} \ : \ W\left[\frac{\mathrm{W}}{\mathrm{m}^3}\right] \equiv \frac{d}{dt}\frac{m_1}{2}\int v_1^2 f_1 d\mathbf{v}_1 = \frac{m_1}{2}\int v_1^2 C_{1\rightarrow 2}\cdot f_1 d\mathbf{v}_1 \tag{10.14}$$

L'utilisation des propriétés du noyau $\mathbf{U}$ et plusieurs intégrations par parties permettent d'établir la forme générale :

$$W = -\frac{q_1^2 q_2^2 \Lambda}{4\pi\varepsilon_0^2}\int \frac{m_1\mathbf{v}_1+m_2\mathbf{v}_2}{m_2 m_1}\cdot\frac{\mathbf{v}_1-\mathbf{v}_2}{\left|\mathbf{v}_1-\mathbf{v}_2\right|^3} f_2\left(\mathbf{v}_2\right) f_1\left(\mathbf{v}_1\right) d\mathbf{v}_1 d\mathbf{v}_2$$

Ce résultat peut être interprété au regard de la formule exprimant le transfert d'énergie lors d'une collision, $\delta E_1 = \mu \mathbf{V} \cdot \delta \mathbf{v}$, comme la moyenne $W = \int d\mathbf{v}_1 f_1 (\mathbf{v}_1) \mathbf{V} \cdot \langle \delta \mathbf{p}_1 \rangle / \delta t$.

De manière similaire au cas du transfert d'impulsion par friction, il est possible de définir un temps caractéristique de thermalisation pour de faibles écarts de températures entre deux populations. Dans le cas d'un plasma thermonucléaire, la différence de températures la plus courante est celle entre électrons et ions.

Le fonctionnement optimal d'un réacteur thermonucléaire nécessite un fort couplage thermique entre ces deux populations ; en effet les particules alpha déposent leur énergie principalement sur les électrons en début de relaxation et cette énergie n'est utile à l'entretien de la combustion que si elle assure le chauffage des ions qui constituent le combustible. Le temps de thermalisation τ_T doit donc être plus petit que le temps de confinement de l'énergie électronique. Pour explorer plus en détail la nature de cet ordering, considérons un modèle unidimentionel décrivant le couplage par thermalisation d'une population électronique et d'une population ionique, ces deux populations évacuant leurs énergies par conduction thermique, les coefficients de diffusion de la température étant notés $\chi_{e\perp}$ et $\chi_{i\perp}$ et le terme source résultant de la combustion thermonucléaire étant uniquement couplé aux électrons. Ce modèle est illustré sur la figure (10.5). Le système des deux équations de transport associées à ce modèle et décrivant les profils stationnaires des températures ionique et électronique est donné par :

$$\chi_{e\perp} \frac{d^2 T_e}{dx^2} = \frac{T_e - T_i}{\tau_T} - \frac{n}{20} \frac{\langle \sigma v \rangle Q_{DT}}{k_B} , \chi_{i\perp} \frac{d^2 T_i}{dx^2} = -\frac{T_e - T_i}{\tau_T} \tag{10.15}$$

Nous considérerons les solutions positives et les conditions aux limites $T_e (x = \pm a) = T_i (x = \pm a) = 0$.

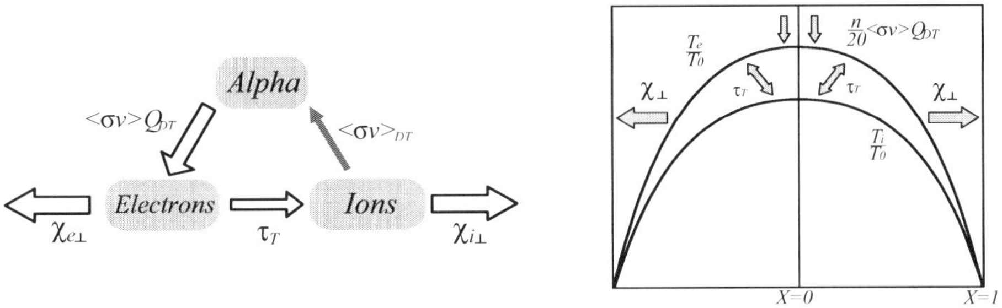

Fig. 10.5 : *Thermalisation alphas/électrons/ions et déconfinement dans un tokamak.*

L'énergie perdue par une population par thermalisation est reçue par l'autre population, aussi la somme des deux équations permet d'éliminer le terme de thermalisation.

$$\frac{d^2}{dx^2} (\chi_{e\perp} T_e + \chi_{i\perp} T_i) = -\frac{n}{20} \frac{\langle \sigma v \rangle Q_{DT}}{k_B} \equiv -2S \tag{10.16}$$

Cette équation peut être aisément intégrée : $\chi_{e\perp} T_e + \chi_{i\perp} T_i = S \left(a^2 - x^2 \right)$ et ce premier résultat permet de découpler les équations des deux températures ;

la solution finale est alors établie après normalisation des variables.

$$X \equiv \frac{x}{a}\ ,\ T_0 \equiv \frac{Sa^2}{\chi_{e\perp} + \chi_{i\perp}}\ ,\ \beta_i \equiv \frac{T_i}{T_0}\ ,\ \beta_e \equiv \frac{T_e}{T_0},\ \alpha^2 \equiv \frac{a^2}{\tau_T}\frac{\chi_{e\perp} + \chi_{i\perp}}{\chi_{e\perp}\chi_{i\perp}}$$

L'équation normalisée : $d^2\beta_i/dX^2 - \alpha^2\beta_i = -\alpha^2(1 - X^2)$ s'intègre comme la somme d'une solution particulière de l'équation avec second membre et de la solution générale de l'équation sans second membre.

$$\beta_i = 1 - X^2 - \frac{2}{\alpha^2}\left(1 - \frac{\cosh(\alpha X)}{\cosh(\alpha)}\right),\ \beta_e = 1 - X^2 + \frac{2}{\alpha^2}\frac{\chi_{i\perp}}{\chi_{e\perp}}\left(1 - \frac{\cosh(\alpha X)}{\cosh(\alpha)}\right)$$

Le critère final indiquant un transfert de l'énergie des électrons vers les ions plus important qu'une perte par diffusion, $T_e(0) - T_i(0) \ll T_e(0) + T_i(0)$, conduit à une condition simple entre le temps de confinement de l'énergie et le temps de thermalisation : $\chi_{i\perp}\tau_T \ll a^2 \rightarrow \sqrt{m_i/m_e} \ll a^2/\rho_{Li}^2$ où la dernière inégalité est associée aux expressions classiques collisionnelles des temps de confinement et temps de thermalisation, ce critère est largement satisfait dans les tokamaks.

10.3 Fonctions de Green Suprathermiques

L'usage de l'équation de Landau ne se restreint pas à l'étude de la friction et de la thermalisation, la dynamique des populations rapides au sein d'un plasma thermonucléaire relève aussi de la théorie cinétique ; en particulier les particules alpha et les électrons relativistes dont les vitesses sont de l'ordre de grandeur de la vitesse de phase $\omega/k_\parallel \sim c/2$ des ondes hybrides nécessitent l'utilisation d'un formalisme cinétique (figure (10.6)). L'outil de référence pour aborder la problématique de la cinétique des particules rapides est la *fonction de Green* de l'opérateur de Landau ; nous allons étudier et construire cette fonction de Green pour les particules alpha thermonucléaires, $g_\alpha(\mathbf{v}_0 \rightarrow \mathbf{v}, t)$, et pour les électrons suprathermiques relativistes, $g_r(\mathbf{p}_0 \rightarrow \mathbf{p}, t)$. Comme nous l'avons représenté sur la figure (10.6), les queues des fonctions de distributions sont intrinsèquement cinétiques et les parties thermiques peuvent être réduites à des modèles fluides.

La fonction de Green d'une population suprathermique, $g(\mathbf{v}_0 \rightarrow \mathbf{v}, t)$, mesure la probabilité qu'une particule présentant une vitesse $\mathbf{v}_0$ à l'instant $t = 0$ soit observée avec la vitesse $\mathbf{v}$ à l'instant $t > 0$ dans un petit volume $d\mathbf{v}$ autour de $\mathbf{v}$.

Considérons l'expérience fictive associée à cette définition : à l'instant $t = 0$ nous créons, ou déposons, une particule dans l'espace des vitesses au point de vitesse $\mathbf{v}_0$, cet action se traduit par la prise en compte dans l'équation cinétique d'un terme source $\delta(\mathbf{v} - \mathbf{v}_0)\delta(t)$ où δ est la distribution de Dirac. La somme du taux de variation temporelle de la densité de probabilité g, plus la divergence du flux dans l'espace des vitesses, c'est-à-dire l'opérateur de Landau, est donc égal à ce terme source qui présente un caractère impulsionnel dans le temps et dans l'espace des vitesses. Les fonctions de Green thermonucléaires et relativistes sont ainsi solutions des équations avec seconds membres :

$$\mathit{Alpha} \quad : \quad \underbrace{\frac{\partial g_\alpha}{\partial t}}_{\text{évolution}} + \underbrace{\frac{\partial}{\partial \mathbf{v}}\cdot\left(\frac{\langle\delta\mathbf{v}\rangle}{\delta t}g_\alpha - \frac{\partial}{\partial \mathbf{v}}\cdot\frac{\langle\delta\mathbf{v}\delta\mathbf{v}\rangle}{2\delta t}g_\alpha\right)}_{\text{flux}} = \underbrace{\delta(\mathbf{v} - \mathbf{v}_0)\,\delta(t)}_{\text{source}}$$

$$\textit{Electrons} \quad : \quad \underbrace{\frac{\partial g_r}{\partial t}}_{\text{évolution}} + \frac{\partial}{\partial \mathbf{p}} \cdot \underbrace{\left(\frac{\langle \delta \mathbf{p} \rangle}{\delta t} g_r - \frac{\partial}{\partial \mathbf{p}} \cdot \frac{\langle \delta \mathbf{p} \delta \mathbf{p} \rangle}{2 \delta t} g_r \right)}_{\text{flux}} = \underbrace{\delta (\mathbf{p} - \mathbf{p}_0) \, \delta (t)}_{\text{source}}$$

On évitera la confusion entre les incréments infinitésimaux δt et la distribution de Dirac $\delta(t)$.

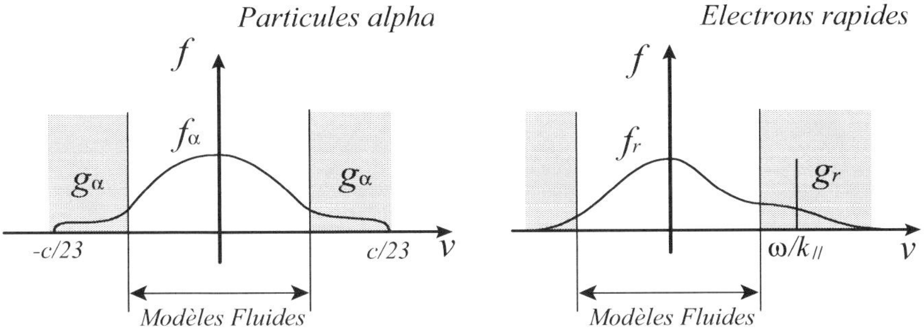

Fig. 10.6 : *Particules suprathermiques dans un tokamak.*

La construction de ces fonctions de Green g_α et g_r nécessitera la représentation du terme source $\delta(\mathbf{v} - \mathbf{v}_0)$ sur une base de fonctions propres de l'opérateur de Landau ; les lignes trigonométriques, qui constituent une base sur la droite, et les polynômes de Legendre, qui constituent une base sur le cercle, seront utilisés à travers les relations de complétudes classiques (4.107) :

$$\delta(p - p_0) = \frac{|du/dp|_{p_0}}{2\pi} \int_{-\infty}^{+\infty} dk \frac{\exp jku(p)}{\exp jku(p_0)} \quad (10.17)$$

$$\delta(\cos\theta - \cos\theta_0) = \sum_{l=0}^{l=+\infty} \frac{2l+1}{2} P_l(\cos\theta) P_l(\cos\theta_0) \quad (10.18)$$

Comme pour tout modèle physique l'usage d'un système d'unités appropriées facilite à la fois : (i) la résolution des équations algébriques et différentielles et (ii) le développement d'une intuition nécessaire à la compréhension. La vitesse critique V_c définie par la relation (4.94) : $V_c^3 \equiv 3Z_i \sqrt{\pi} v_{Te} v_{Ti}^2 / 4$ ($m_\alpha V_c^2 \approx 30$ T_e) constitue l'unité de vitesse appropriée pour construire un modèle de thermalisation des alphas ; le temps de ralentissement des alphas thermonucléaires τ_α (4.95) sera utilisé comme unité de temps et pour les électrons relativistes nous définissons τ_e le temps de collisions électrons/ions à la vitesse de la lumière.

$$\boxed{\tau_\alpha \equiv \frac{3\pi^{\frac{3}{2}}}{\Lambda} \varepsilon_0^2 \frac{m_\alpha m_i v_{Te} v_{Ti}^2}{Z_i Z_\alpha^2 e^4 n_i} \, , \, \tau_e \equiv \frac{4\pi}{\Lambda} \varepsilon_0^2 \frac{m_e^2 c^3}{e^4 n_e}} \quad (10.19)$$

Les ordres de grandeur de ces deux temps cinétiques sont respectivement : $\tau_\alpha \approx 10^{-2}$ [s] $\times T^{\frac{3}{2}}$ [keV] / n $\left[10^{20} \cdot \text{m}^{-3}\right]$ et $\tau_e \approx 0.6$ [s] $\times$ ω_p^{-2} [100.GHz]. Nous utiliserons donc les systèmes d'unités suivants pour la construction des fonctions de Green g_α et g_r :

Alpha : [mètre, kilogramme, seconde, ampère] $\rightarrow$ $[V_c\tau_\alpha, \, m_\alpha, \, \tau_\alpha, \, Z_\alpha e/\tau_\alpha]$
Electrons : [mètre, kilogramme, seconde, ampère] $\rightarrow$ $[c\tau_e, \, m_e, \, \tau_e, \, e/\tau_e]$

tout en exprimant parfois les coefficients de friction et diffusion sur le système SI.

10.3.1 Fonction de Green des alphas

La compréhension du processus de ralentissement des alphas nécessite la construction et la résolution de l'équation cinétique :

$$\frac{\partial g_{\alpha}}{\partial t}+\frac{\partial}{\partial \mathbf{v}}\cdot\left(\sum_{e,i}\frac{\langle\delta\mathbf{v}\rangle}{\delta t}\right)g_{\alpha}-\frac{\partial}{\partial \mathbf{v}}\cdot\frac{\partial}{\partial \mathbf{v}}\cdot\left(\sum_{e,i}\frac{\langle\delta\mathbf{v}\delta\mathbf{v}\rangle}{2\delta t}\right)g_{\alpha}=\delta\left(\mathbf{v}-\mathbf{v}_{0}\right)\delta\left(t\right)$$

Rappelons les ordering du problème du ralentissement et de l'isotropisation des alphas thermonucléaires : $m_{\alpha}\geq m_{i}\gg m_{e}$ et $k_{B}T_{e}/m_{e}>v_{\alpha}^{2}>k_{B}T_{i}/m_{i}$; sur la base de cet ordering nous avons déjà sommé les expressions intégrales (4.87) des coefficients de friction et diffusion dynamiques sur des distributions ionique et électronique thermiques, nous avons obtenu les relations :

$$\alpha/Ions \quad : \quad \left.\frac{\langle\delta\mathbf{v}\rangle}{\delta t}\right|_{\alpha/i}=-\left(\frac{nq^{2}Q^{2}\Lambda}{4\pi\varepsilon_{0}^{2}\mu M}\right)\frac{\mathbf{v}}{v^{3}}=-\frac{Z_{i}^{2}Z_{\alpha}^{2}e^{4}n_{i}\left(m_{i}+m_{\alpha}\right)\Lambda\mathbf{v}}{4\pi\varepsilon_{0}^{2}m_{\alpha}^{2}m_{i}v^{3}}$$

$$\alpha/\acute{e}lectrons \quad : \quad \left.\frac{\langle\delta\mathbf{v}\rangle}{\delta t}\right|_{\alpha/e}=-\left(\frac{nq^{2}Q^{2}\Lambda}{4\pi\varepsilon_{0}^{2}\mu M}\right)\frac{4}{3\pi^{\frac{1}{2}}}\frac{\mathbf{v}}{v_{T}^{3}}=-\frac{Z_{\alpha}^{2}e^{4}n_{e}\Lambda\mathbf{v}}{3\pi^{\frac{3}{2}}\varepsilon_{0}^{2}m_{\alpha}m_{e}v_{Te}^{3}}$$

$$\alpha/Ions \quad : \quad \left.\frac{\langle\delta\mathbf{v}\delta\mathbf{v}\rangle}{2\delta t}\right|_{\alpha/i}=\left(\frac{nq^{2}Q^{2}\Lambda}{4\pi\varepsilon_{0}^{2}M^{2}}\right)\frac{\mathbf{I}v^{2}-\mathbf{vv}}{2v^{3}}=\frac{Z_{i}^{2}Z_{\alpha}^{2}e^{4}n_{i}\Lambda}{4\pi\varepsilon_{0}^{2}m_{\alpha}^{2}}\frac{\mathbf{I}v^{2}-\mathbf{vv}}{2v^{3}}$$

Les deux coefficients de l'équation de Landau se réduisent donc simplement à :

$$Friction \quad : \quad \sum_{e,i}\frac{\langle\delta\mathbf{v}\rangle}{\delta t}=-\left[1+\left(1+\frac{m_{i}}{m_{\alpha}}\right)\frac{V_{c}^{3}}{v^{3}}\right]\frac{\mathbf{v}}{\tau_{\alpha}} \tag{10.20}$$

$$Diffusion \quad : \quad \sum_{e,i}\frac{\langle\delta\mathbf{v}\delta\mathbf{v}\rangle}{2\delta t}=\frac{m_{i}}{2m_{\alpha}}\frac{V_{c}^{3}}{\tau_{\alpha}}\frac{\mathbf{I}v^{2}-\mathbf{vv}}{v^{3}} \tag{10.21}$$

L'identité (4.83) : $\partial\cdot\left(\langle\delta\mathbf{v}\delta\mathbf{v}\rangle/2\delta t\right)/\partial\mathbf{v}=-m_{i}V_{c}^{3}\mathbf{v}/m_{\alpha}v^{3}\tau_{\alpha}$ offre une simplification supplémentaire et l'utilisation du système d'unités [mètre, kilogramme, seconde, ampère] $\rightarrow$[$V_{c}\tau_{\alpha}$, m_{α}, τ_{α}, $Z_{\alpha}e/\tau_{\alpha}$] conduit à l'expression de l'opérateur de Landau des alphas thermonucléaires $C_{\alpha}\left(\mathbf{v}\right)$ en coordonées sphériques dans l'espace des vitesses représentées sur la figure (4.19).

$$C_{\alpha}\left(\mathbf{v}\right)=\frac{1}{v^{2}}\frac{\partial}{\partial v}\left(1+v^{3}\right)+\frac{m_{i}}{2m_{\alpha}}\frac{1}{v^{3}}\frac{1}{\sin\theta}\left(\frac{\partial}{\partial\theta}\sin\theta\frac{\partial}{\partial\theta}\right) \tag{10.22}$$

où $v=\sqrt{\mathbf{v}^{2}}$, $\cos\theta=\mathbf{v}\cdot\mathbf{B}/Bv$, et le deuxième angle sphérique φ n'est pas pris en compte car la rotation cyclotronique $\varphi=\omega_{c}t+\varphi_{0}$ rend sa distribution homogène sur $[0,2\pi]$. La solution formelle de l'équation de la fonction de Green est donnée par :

$$\frac{\partial g_{\alpha}}{\partial t}-C_{\alpha}\cdot g_{\alpha}=\delta\left(\mathbf{v}-\mathbf{v}_{0}\right)\delta\left(t\right)\rightarrow g_{\alpha}=H\left(t\right)\exp\left[C_{\alpha}\left(\mathbf{v}\right)t\right]\cdot\delta\left(\mathbf{v}-\mathbf{v}_{0}\right)$$

où $H\left(t\right)$ est une distribution de Heaviside ($H\left(t<0\right)=0$, $H\left(t>0\right)=+1$) primitive de la distribution de Dirac δ, ($dH/dt=\delta\left(t\right)$) et l'exponentielle de l'opérateur linéaire $C_{\alpha}\left(\mathbf{v}\right)t$ est défini par la formule classique : $\exp C_{\alpha}t\equiv1+$

$C_\alpha t + C_\alpha t \cdot C_\alpha t/2! + C_\alpha t \cdot C_\alpha t \cdot C_\alpha t/3! + ...$, les produits de l'opérateur C_α devant être entendus comme de simples itérations de leurs actions sur la fonction $\delta(\mathbf{v} - \mathbf{v}_0)$. Nous avons donc ramené le problème physique du ralentissement des alphas au problème mathématique de notre capacité à exprimer l'exponentielle de l'opérateur de Landau C_α. L'identification du spectre des vecteurs et valeurs propres de l'opérateur C_α permet de résoudre ce dernier problème ; en effet, les fonctions $\Psi_\lambda(v, \theta)$ telles que $C_\alpha \cdot \Psi_\lambda = \lambda \Psi_\lambda$ vérifient :

$$C_\alpha \cdot \Psi_\lambda = \lambda \Psi_\lambda \rightarrow \exp C_\alpha(\mathbf{v})\, t \cdot \Psi_\lambda(\mathbf{v}) = \exp \lambda t \times \Psi_\lambda(\mathbf{v})$$

Nous venons de ramener le problème du ralentissement et de l'isotropisation à un problème classique de physique mathématique : la diagonalisation d'un opérateur d'évolution linéaire C_α.

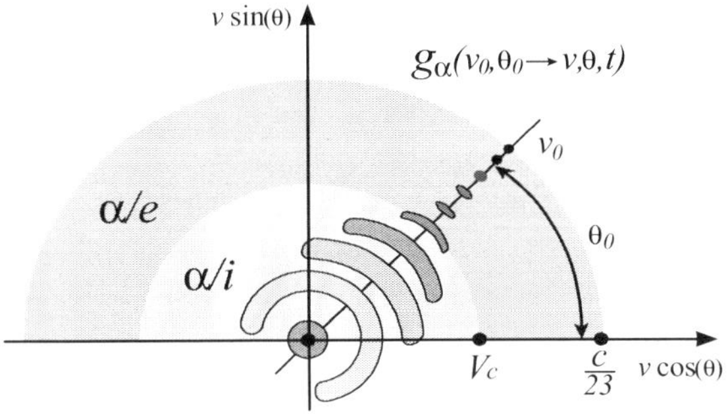

Fig. 10.7 : *Fonction de Green des particules alpha haute énergie.*

Le deuxième terme du deuxième membre de la relation (10.22) n'est autre que l'opérateur carré du moment cinétique (angulaire) en mécanique quantique, il admet les polynômes de Legendre $P_l(\cos\theta)$ (4.106, 4.107) comme fonctions propres ; le premier terme du deuxième membre décrit le ralentissement sans diffusion angulaire que nous avons déjà étudié et résolu, sur la base de la solution (4.97) nous pouvons anticiper la relation (10.17) et considérer comme famille de fonctions propres les $\Psi_\lambda(\mathbf{v})$ suivants.

$$\Psi_\lambda(\mathbf{v}) \equiv \left(1 + v^3\right)^{\frac{\lambda - 3}{3}} \left(1 + v^{-3}\right)^{-\frac{m_i}{m_\alpha}\frac{l(l+1)}{6}} P_l(\cos\theta) \rightarrow C_\alpha \cdot \Psi_\lambda = \lambda \Psi_\lambda \quad (10.23)$$

où λ est un nombre complexe. Les fonctions propres $\Psi_\lambda(v, \theta)$ constituent un ensemble de fonctions de distributions dont l'évolution temporelle est une simple relaxation exponentielle. Si cet ensemble présente la propriété de complétude une fonction de distribution quelconque peut être représentée suivant une somme pondérée sur cette base ainsi identifiée : $g_\alpha \approx \sum_\lambda a_\lambda \Psi_\lambda \exp \lambda t/\tau_\alpha$. La propriété de complétude d'un ensemble de fonctions, dans le cadre de l'analyse en vecteurs propres d'un opérateur linéaire, est relativement longue à établir, ici nous remarquons simplement que la condition initiale de la fonction de distribution des alphas à $t = 0$, $\delta(\mathbf{v} - \mathbf{v}_0)$, peut être représentées, (10.17) (10.18), sur cet ensemble $\Psi_\lambda(v, \theta)$.

$$\begin{aligned}\delta(\mathbf{v} - \mathbf{v}_0) &= \frac{1}{1+v^3} \int_{-\infty}^{+\infty} \frac{dk}{2\pi} \frac{\exp jk\frac{1}{3}\log\left(1+v_0^3\right)}{\exp jk\frac{1}{3}\log\left(1+v^3\right)} \\ &\times \sum_{l=0}^{l=+\infty} \frac{2l+1}{2} \left[\frac{1+\frac{1}{v_0^3}}{1+\frac{1}{v^3}}\right]^{\frac{m_i}{m_\alpha}\frac{l(l+1)}{6}} P_l(\cos\theta)\, P_l(\cos\theta_0)\end{aligned}$$

Cette représentation de la distribution initiale $g_\alpha (t = 0)$ permet d'identifier les coefficients de pondération des différents $\Psi_\lambda (v, \theta)$ à $t = 0$. Ces coefficients doivent ensuite être multipliés par la loi de relaxation de chaque mode cinétique Ψ_λ, $\exp \lambda t$, pour obtenir la solution g_α lorsque t est supérieur à 0. Le résultat final, après sommation des relaxations exponentielles $\int dk \exp jkt$, est donné par :

$$g_\alpha(\mathbf{v}_0 \quad \rightarrow \quad \mathbf{v}, t) = H (t) \frac{\delta \left[t - \frac{1}{3} \log \left(\frac{1+v_0^3}{1+v^3} \right) \right]}{1 + v^3}$$
$$\times \sum_{l=0}^{l=+\infty} \frac{2l+1}{4\pi} \left[\frac{1 + \frac{1}{v_0^3}}{1 + \frac{1}{v^3}} \right]^{\frac{m_i}{m_\alpha} \frac{l(l+1)}{6}} P_l (\cos \theta) P_l (\cos \theta_0)$$

L'interprétation physique de ce résultat illustré sur la figure (10.7) conduit à distinguer deux phases : (i) entre $c/23$ et quelques centaines de KeV le terme dominant est celui de l'interaction alpha-électrons sans diffusion angulaire, puis, à partir de quelques centaines de KeV la diffusion angulaire sur les ions et le ralentissement sur les ions entrent en jeux ; à partir de quelques dizaines de KeV ce modèle n'est plus valable mais la particule alpha décrite par la fonction de Green g_α a déjà déposé plus de 90% de son énergie au sein du plasma.

10.3.2 Fonction de Green des électrons

Au delà des particules alphas, une deuxième population suprathermique relève d'une étude cinétique spécifique dans le cadre de la dynamique des tokamaks, les électrons relativistes dont les énergies se situent dans la bande [100 KeV - 50 MeV]. Les électrons de quelques centaines de keV sont utilisés pour porter le courant non-inductif à travers un mécanisme d'absorption Landau et les électrons de quelques dizaines de MeV apparaissent lors de la production de runaways. Le calcul de la fonction de Green de cette population sera mis à profit pour développer la théorie de l'efficacité de génération non-inductive de courant. La construction et la résolution de l'équation cinétique :

$$\frac{\partial g_r}{\partial t} + \frac{\partial}{\partial \mathbf{p}} \cdot \left(\sum_{e,i} \frac{\langle \delta \mathbf{p} \rangle}{\delta t} \right) g_r - \frac{\partial}{\partial \mathbf{p}} \cdot \frac{\partial}{\partial \mathbf{p}} \cdot \left(\sum_{e,i} \frac{\langle \delta \mathbf{p} \delta \mathbf{p} \rangle}{2 \delta t} \right) g_r = \delta (\mathbf{p} - \mathbf{p}_0) \delta (t)$$

nécessite d'abord l'évaluation des corrections relativistes aux coefficients de diffusion $\langle \delta \mathbf{p} \delta \mathbf{p} \rangle / 2\delta t$ et friction $\langle \delta \mathbf{p} \rangle / \delta t$. Reprenons les calculs des déflexions pour un électron de masse m_e et charge e en interaction avec un ensemble de centres diffuseurs coulombiens au repos. Deux quantités doivent être corrigées des effets relativistes : (i) la déflexion pour un centre diffuseur unique $\delta \mathbf{p}$, et (ii) le nombre de déflexions δN par unité de temps et unité de paramètre d'impact b.

$$\textit{Déflexion Landau relativiste} \quad : \quad \delta \mathbf{p} \equiv \delta p_\perp \frac{\mathbf{b}}{b} + \delta p_\| \frac{\mathbf{p}}{p} \tag{10.24}$$

$$\textit{Taux de déflexion relativiste} \quad : \quad \frac{\delta N}{\delta b \delta t} \equiv n 2 \pi b \frac{p}{\gamma} \tag{10.25}$$

L'expression du taux de déflexion calculé dans le cadre du paragraphe *Diffusions Rutherford et Landau* doit être modifiée pour prendre en compte le fait que la vitesse est égale à p/γ où $\gamma = \sqrt{p^2 c^2 + m_e^2 c^4}$ est le facteur relativiste.

Pour établir l'expression de $\delta p_\perp$ en régime relativiste reprenons l'intégrale classique (4.75) dont l'expression est aussi valide dans le régime relativiste si l'élimination du terme $m_e r^2 \left| d\varphi / dt \right|$ à l'aide du moment angulaire est menée en introduisant le moment cinétique angulaire relativiste :

$$\left| m_e \mathbf{v}(t) \times \mathbf{r}(t) \right| = m_e r^2 \left| \frac{d\varphi}{dt} \right| = pb \rightarrow \left| \mathbf{p}(t) \times \mathbf{r}(t) \right| = m_e \gamma r^2 \left| \frac{d\varphi}{dt} \right| = pb$$

Le résultat final est alors donné par la formule relativiste : $\delta p_\perp / p = \gamma q Q m_e \ / \ 2\pi\varepsilon_0 p^2 b$; ce premier résultat permet d'établir la formule relativiste du coefficient de diffusion dynamique.

$$\textit{Diffusion} \ : \sum_{e,i} \frac{\langle \delta \mathbf{p} \delta \mathbf{p} \rangle}{2\delta t} = \sum_{e,i} \int_{\lambda_C}^{\lambda_D} \frac{\delta N_r}{2\delta b \delta t} \delta p_\perp^2 \left\langle \frac{\mathbf{bb}}{b^2} \right\rangle db = \gamma \frac{Z+1}{2} \frac{\mathbf{I}p^2 - \mathbf{pp}}{p^3}$$

Nous avons utilisé le système d'unités [mètre, kilogramme, seconde, ampère] $\rightarrow$ [$c\tau_e$, m_e, τ_e, e/τ_e] pour exprimer le résultat final. Le calcul du transfert longitudinal $\delta p_\parallel$ est moins direct et se mène comme suit. Considérons la collision entre une particule projectile, un électron relativiste, d'énergie initiale $\gamma m_e c^2$ et une particule cible, électron ou ion au repos, d'énergie initiale $\zeta M c^2 = M c^2$. A l'issue de la collision $\gamma \rightarrow \gamma'$ et $\zeta \rightarrow \zeta'$ et sous l'hypothèse $\delta p_\parallel \ll \delta p_\perp \ll p$ les variations d'énergies sont données par les relations :

$$\begin{aligned}
\gamma^2 &= 1 + \frac{p^2}{m_e^2 c^2} \rightarrow \gamma' - \gamma \approx \frac{p \delta p_\parallel}{\gamma m_e^2 c^2} + \frac{\delta p_\perp^2}{2\gamma m_e^2 c^2} + \ldots \\
\zeta^2 &= 1 \rightarrow \zeta' - \zeta \approx \frac{\delta p_\perp^2}{2\zeta^2 M^2 c^2} + \ldots
\end{aligned}$$

où nous avons utilisé la relation de conservation de l'impulsion. La relation de conservation de l'énergie, $\gamma m_e + \zeta M = \gamma' m_e + \zeta' M$, permet alors d'exprimer $\delta p_\parallel$ en fonction de $\delta p_\perp / p = \gamma \left(q Q m_e \ / \ 2\pi\varepsilon_0 p^2 b \right)$ et la formule de déflexion relativiste est donc :

$$\textit{Collision} \ \left(e, m_e \rightarrow M, Ze \right) : \ \delta p_\parallel = - \left(1 + \frac{m_e^2}{M^2} \gamma \right) \frac{\delta p_\perp^2}{2p} \ , \ \frac{\delta p_\perp}{p} = \gamma Z \frac{e^2 m_e}{2\pi\varepsilon_0 p^2 b}$$

La correction relativiste ainsi obtenue constitue essentiellement un effet de recul relativiste associé à la finitude de la masse M de la particule cible ; pour une population cible donnée la friction dynamique des électrons résulte de la prise en compte de l'ensemble des collisions durant un incrément infinitésimal de temps δt lorsque le paramètre d'impact b est varié entre les deux coupures λ_C et λ_D.

$$\frac{\langle \delta \mathbf{p} \rangle}{\delta t} = - \int_{\lambda_C}^{\lambda_D} \frac{\delta N_r}{\delta b \delta t} \delta p_\parallel \frac{\mathbf{p}}{p} db = -Z \left(\gamma + \frac{m_e^2}{M^2} \gamma^2 \right) \frac{\mathbf{p}}{p^3} \tag{10.26}$$

Les électrons relativistes qui interagissant avec une population électronique au repos et une population ionique au repos subissent donc une force de friction relativiste :

$$\textit{Friction} \ : \sum_{e,i} \frac{\langle \delta \mathbf{p} \rangle}{\delta t} = - \left[\left(Z+1 \right) \gamma + \gamma^2 \right] \frac{\mathbf{p}}{p^3} \tag{10.27}$$

Mais l'identité (4.83) : $\partial \cdot \left(\langle \delta \mathbf{p} \delta \mathbf{p} \rangle / 2\delta t \right) / \partial \mathbf{p} = -\gamma \left(Z+1 \right) \mathbf{p} / p^3$ offre une simplification supplémentaire en compensant le terme $\left(Z+1 \right) \gamma$ de la relation (10.27) et conduit à l'expression finale de l'opérateur de Landau aussi dénommé en régime relativiste opérateur de *Belaiev-Budker* :

$$\boxed{C_r(\mathbf{p}) = \frac{1}{p^2}\frac{\partial}{\partial p}\gamma^2 + \frac{Z+1}{2}\frac{\gamma}{p^3}\frac{1}{\sin\theta}\left(\frac{\partial}{\partial\theta}\sin\theta\frac{\partial}{\partial\theta}\right)} \tag{10.28}$$

où $\cos\theta = \mathbf{p}\cdot\mathbf{B}/Bp$. Comme dans le cas des particules alpha, la solution formelle de l'équation de la fonction de Green est donnée par :

$$\frac{\partial g_r}{\partial t} - C_r \cdot g_r = \delta(\mathbf{p}-\mathbf{p}_0)\,\delta(t) \rightarrow g_r = H(t)\exp C_r(\mathbf{p})\,t\cdot\delta(\mathbf{p}-\mathbf{p}_0)$$

où H est la fonction de Heaviside et l'exponentielle de l'opérateur linéaire et $C_r(\mathbf{p})\,t$ est défini par la formule classique : $\exp C_r t \equiv 1 + C_r t + C_r t\cdot C_r t/2! + C_r t\cdot C_r t\cdot C_r t/3! + \ldots$, les produits de l'opérateur C_r devant être entendu comme de simple itérations de leur action sur la fonction $\delta(\mathbf{p}-\mathbf{p}_0)$. L'identification du spectre des vecteurs et valeurs propres de l'opérateur C_r offre une forme analytique explicite de l'opérateur $\exp C_r(\mathbf{p})\,t$. Les fonctions $\Phi_\lambda(v,\theta)$ telles que $C_r\cdot\Phi_\lambda = \lambda\Phi_\lambda$ vérifiant :

$$C_r\cdot\Phi_\lambda = \lambda\Phi_\lambda \rightarrow \exp C_r(\mathbf{p})\,t\cdot\Phi_\lambda(\mathbf{p}) = \exp\lambda t\times\Phi_\lambda(\mathbf{p}) \tag{10.29}$$

nous venons de ramener le problème de la dynamique des électrons relativistes dans un tokamak à un problème classique de physique mathématique : la diagonalisation d'un opérateur d'évolution linéaire. Le deuxième terme du deuxième membre de la relation (10.28) n'est autre que l'opérateur carré du moment cinétique en mécanique quantique qui admet les polynômes de Legendre $P_l(\cos\theta)$ (4.106, 4.107) comme fonctions propres, le premier terme décrit le ralentissement relativiste résultant des collisions sur les électrons froids. Il est aisé de vérifier que les fonction $\Phi_\lambda(\mathbf{p})$:

$$\Phi_\lambda(\mathbf{p}) \equiv \gamma^{-2}\exp\left[-\lambda(\arctan p - p)\right]\left[\frac{p}{\gamma+1}\right]^{\frac{(Z+1)l(l+1)}{2}} P_l(\cos\theta) \rightarrow C_r\cdot\Phi_\lambda = \lambda\Phi_\lambda$$

constituent une famille de fonctions propres de l'opérateur (10.28), où λ est un nombre complexe, $d(\arctan p)/dp = \gamma^{-2}$ et $\gamma d\gamma = pdp$. Les fonctions propres $\Phi_\lambda(p,\theta)$ ainsi identifiées suivent une évolution temporelle qui est une simple relaxation exponentielle. Si cet ensemble présente la propriété de complétude une fonction de distribution quelconque peut être représentée comme une somme pondérée sur cette base : $g_r \approx \sum_\lambda b_\lambda\Phi_\lambda\exp\lambda t/\tau_e$; la condition initiale de la fonction de distribution à $t=0$, $\delta(\mathbf{p}-\mathbf{p}_0)$, peut être représentée sur cet ensemble $\Phi_\lambda(p,\theta)$ comme une somme suivant les relations (10.17) et (10.18).

$$\begin{aligned}\delta(\mathbf{p}-\mathbf{p}_0) &= \int_{-\infty}^{+\infty} dk\frac{\exp jk(\arctan p - p)}{\exp jk(\arctan p_0 - p_0)} \\ &\times\sum_{l=0}^{l=+\infty}\frac{2l+1}{8\pi^2\gamma^2}\left[\frac{p(\gamma_0+1)}{p_0(\gamma+1)}\right]^{\frac{(Z+1)l(l+1)}{2}} P_l(\cos\theta)\,P_l(\cos\theta_0)\end{aligned}$$

Cette représentation de la distribution initiale $g_r(t=0)$ permet d'identifier les coefficients de pondération des différents $\Phi_\lambda(p,\theta)$ à $t=0$. Ces coefficients doivent ensuite être multipliés par la loi de relaxation de chaque mode cinétique

Φ_λ, $\exp \lambda t$, pour obtenir la solution g_r $(t > 0)$. Une sommation des relaxations exponentielles $\int dk \exp jkt$ conduit au résultat final :

$$\begin{aligned} g_r(\mathbf{p}_0 \quad \rightarrow \quad & \mathbf{p}, t) = H(t)\,\delta\left[\arctan(p) - p - \arctan(p_0) + p_0 - t\right] \qquad (10.30) \\ & \times \sum_{l=0}^{l=+\infty} \frac{2l+1}{4\pi\gamma^2} \left[\frac{p(\gamma_0+1)}{p_0(\gamma+1)}\right]^{\frac{(Z+1)l(l+1)}{2}} P_l(\cos\theta)\, P_l(\cos\theta_0) \end{aligned}$$

qui décrit la combinaison d'un ralentissement et d'une diffusion. Cette solution sera particulièrement utile pour établir la théorie de la génération de courant car son analyse permet d'étudier et de comprendre le mécanisme de destruction du courant suprathermique qui contraint l'efficacité.

Chapitre 11

Transports Néo-classique et Turbulent

L'orgueil et l'analyse mathématique s'étaient si étroitement unis en lui qu'il se flattait de voir les astres obéir à ses calculs ; et de fait, il semblait en être ainsi.
Il Gattopardo, G.T. Di Lampedusa.

11.1 Production d'Entropie

11.1.1 Transports de matière et chaleur

Dans le cadre du chapitre précédent nous avons établi l'équation cinétique décrivant la dynamique dans l'espace des vitesses d'un ensemble de particules chargées, l'équation de Landau. Cette équation permet d'étudier la relaxation d'une fonction de distribution des vitesses présentant un écart à l'équilibre thermodynamique vers la distribution d'équilibre de Maxwell, $f_0(v) = 4\pi v^2 \left(m/2\pi k_B T\right)^{\frac{3}{2}} \exp -mv^2/2k_B T$; que ce soit lors de l'interaction de deux populations thermiques, ou lors de l'interaction des particules supra-thermiques avec un plasma thermique.

L'écart à la distribution de Maxwell n'est pas le seul type de situations de non-équilibre thermodynamique, les inhomogénéités et instationnarités des distributions de densité et température en fonction de la position et du temps : $n\left(\mathbf{r},t\right)$, $T\left(\mathbf{r},t\right)$ constituent la deuxième grande classe d'écarts à l'équilibre thermodynamique c'est-à-dire la deuxième grande classe de sources d'énergie libre au sein d'un plasma thermonucléaire.

L'évolution de cette deuxième classe de situations de non-équilibre peut être décrite dans le cadre de la théorie du transport. Dans le cadre de cette théorie les gradients de densité et de température sont les sources du flux de particules et du flux de chaleur. Ces flux s'écoulant des zones denses et chaudes vers les régions diluées et froides, ils tendent donc à lisser les gradients et à ramener le système vers une situation d'équilibre où densité et température sont uniformes.

Nous adapterons ensuite la théorie du transport au cas de la géométrie toroïdale, puis nous conclurons en évaluant le transport généré par les fluctuations électrique et magnétique. Compte tenu du niveau de l'amplitude des fluctuations observées dans les tokamaks, ce dernier mécanisme est actuellement dominant par rapport aux processus collisionnels.

La hiérarchie, dite *de Bogolioubov* entre les échelles de temps des processus de transport, de nature hydrodynamique, et les processus de relaxation, d'essence cinétique, indique un ordering fort : $\partial \ln n/\partial t \sim \nu (\lambda/L)^2 \ll \partial \ln f/\partial t \sim \nu$, où ν est la fréquence de collision, λ le libre parcours moyen et L la longueur de gradient des quantités hydrodynamiques (pression, température, densité...) et c'est cet ordering fort entre les processus hydrodynamiques dans l'espace réel et les processus cinétiques dans l'espace des vitesses qui justifie l'étude séparée de la relaxation des fonctions de distribution d'une part et du transport d'autre part.

Si le temps d'évolution, ainsi que les longueurs de variations, des distributions de densité et de température, $n(\mathbf{r}, t)$ et $T(\mathbf{r}, t)$, sont plus petits que la fréquence de collisions et le libre parcours des particules ($\partial/\partial t \ll \nu$, $v_T \partial/\partial x \ll \nu$), alors les flux peuvent être considérés proportionnels aux gradients et l'on peut construire un modèle de *transport linéaire et local.* Les équations décrivant le bilan de matière et le bilan d'énergie, en présence d'une source de particules $S\left[\mathrm{m}^{-3} \cdot \mathrm{s}^{-1}\right]$ et d'une source de chaleur $W\left[\mathrm{W} \cdot \mathrm{m}^{-3}\right]$, se présentent sous la forme classique reliant le taux de variation temporel de la densité de particules $n\left[\mathrm{m}^{-3}\right]$ et de la densité d'énergie $3nk_BT/2\left[\mathrm{J} \cdot \mathrm{m}^{-3}\right]$ à l'opposé de la divergence des flux de matière $\mathbf{\Gamma}$ et de chaleur $\mathbf{q}$, plus les termes sources de particules et de chaleur.

$$\begin{aligned}
\textit{Equation de transport} &: \quad \frac{\partial}{\partial t}[\text{Densité}] + \boldsymbol{\nabla} \cdot [\text{Flux}] = [\text{Source}] \\
\textit{Transport de particules} &: \quad \frac{\partial n}{\partial t} + \boldsymbol{\nabla} \cdot \mathbf{\Gamma}\left[\mathrm{m}^{-2} \cdot \mathrm{s}^{-1}\right] = S\left[\mathrm{m}^{-3} \cdot \mathrm{s}^{-1}\right] \\
\textit{Transport de chaleur} &: \quad \frac{3nk_B}{2}\frac{\partial T}{\partial t} + \boldsymbol{\nabla} \cdot \mathbf{q}\left[\mathrm{W} \cdot \mathrm{m}^{-2}\right] = W\left[\mathrm{W} \cdot \mathrm{m}^{-3}\right]
\end{aligned}$$

Compte tenu du théorème de Green-Ostrogradski, les termes de divergence d'un flux traduisent le bilan gain-perte induit par le transport à travers la surface délimitant un volume autour du point d'étude considéré. Sous les hypothèses de linéarité et de localité ($\partial/\partial t \ll \nu$, $\partial/\partial x \ll \lambda^{-1}$), les flux sont reliés aux gradients par des relations de proportionnalité :

$$\textit{Loi linéaire locale} : \quad [\text{Flux}] \sim -\boldsymbol{\nabla}[\text{Densité}] \tag{11.1}$$

$$\textit{Loi de Fick} : \quad \mathbf{\Gamma}\left[\mathrm{m}^{-2} \cdot \mathrm{s}^{-1}\right] = -D\boldsymbol{\nabla} n \tag{11.2}$$

$$\textit{Loi de Fourier} : \quad \mathbf{q}\left[\mathrm{W} \cdot \mathrm{m}^{-2}\right] = -n\chi\boldsymbol{\nabla}\frac{3k_BT}{2} \tag{11.3}$$

qui définissent les coefficients de diffusion de la densité $D\left[\mathrm{m}^2 \cdot \mathrm{s}^{-1}\right]$ et de la température $\chi\left[\mathrm{m}^2 \cdot \mathrm{s}^{-1}\right]$.

Le souci du physicien des tokamaks étant essentiellement de réunir les conditions d'un confinement de matière et de chaleur, c'est-à-dire de contrôler les flux $\mathbf{\Gamma}$ et $\mathbf{q}$, on comprendra aisément que l'étude approfondie des coefficients D et χ occupe une place centrale en physique des plasmas thermonucléaires.

Les relations linéaires et locales entre flux et gradients ne se réduisent pas aux couples de variables intensives/extensives conjuguées, mais relient chaque flux de variables extensives à l'ensemble des gradients des variables intensives définissant ainsi les forces thermodynamiques décrivant la situation de non-équilibre.

Ces phénomènes de flux conjugués et de flux couplés ont d'abord été découverts expérimentalement au dix-neuvième siècle dans le cadre de l'étude des propriétés de la matière ordinaire, puis analysés dans le contexte de la thermodynamique des processus irréversibles au vingtième siècle. Considérons, pour un mélange de populations de particules au voisinage de l'équilibre, le potentiel électrique ϕ, le potentiel chimique μ, la pression P et la température T. A l'équilibre thermodynamique ces variables intensives sont uniformes dans l'espace et les flux sont nuls ; en présence de gradients, des flux de charges $\mathbf{I}$, d'espèces minoritaires $\mathbf{\Gamma}$, d'espèce majoritaire $\mathbf{J}$ et de chaleur $\mathbf{q}$ apparaissent. Ces flux sont proportionnels aux gradients suivant une matrice de couplages dont les différents éléments décrivent des phénomènes de transports conjugués (Lois de Fourier, Fick, Ohm, Darcy...) où de transports croisés (élements non diagonaux, effets Pelletier, Seebeck, Soret...).

	∇T	∇P	$\nabla \phi$	$\nabla \mu$
$\mathbf{q}$	Loi de Fourier	Effet Joule-Thomson	Effet Peltier	Effet Dufour
$\mathbf{J}$	Thermo-osmose	Loi de Darcy	Electro-osmose	Osmose
$\mathbf{I}$	Effet Seebeck	Courant d'écoulement	Loi d'Ohm	Electrodiffusion
$\mathbf{\Gamma}$	Effet Soret	Osmose inverse	Electrophorèse	Loi de Fick

La complétude de ces quatre flux étant garantie par la relation $dU = TdS - PdV + \mu dN + qd\phi$. Le tableau ci-dessous présente la date de la découverte de ces phénomènes de couplages et l'auteur crédité de cette découverte dans le contexte d'étude expérimentale de physique des solutions et des solides.

	∇T	∇P	$\nabla \phi$	$\nabla \mu$
$\mathbf{q}$	Fourier 1822	Joule 1852	Peletier 1834	Dufour 1873
$\mathbf{J}$	Reynolds 1879	Darcy 1846,	Reuss 1808	Nollet 1748
$\mathbf{I}$	Seebeck 1822	Quinke 1859	Ohm 1826	Dorn 1878
$\mathbf{\Gamma}$	Soret 1880	Knudsen 1907	Reuss 1808	Fick 1855

Les tableaux ci-dessus présentent la nomenclature des 16 principaux phénomènes de couplage entre les 4 principaux types de flux et les 4 principaux types de forces thermodynamiques associées aux propriétés thermiques, chimiques, thermoélectriques... électrocinétique et colligatives de la matière usuelle constituant notre environnement. Ces 16 couplages sont *a priori* recevables pour un plasma thermonucléaire et le nombre d'éléments de matrice de couplage est en fait supérieur à 30 car nous devons considérer les flux parallèles, perpendiculaires et croisés compte tenu du champ magnétique. Ainsi, les flux classiques et néoclassiques couplés, que nous identifierons et étudierons dans la suite, ne constituent pas une spécificité propre à la dynamique des plasmas de tokamak, mais une propriété classique de la matière dont l'origine est à rechercher dans le simple fait qu'une particule transporte à la fois, une charge, une masse et une énergie cinétique, indépendamment de la nature de la force qui détermine sa dynamique. Dans le contexte des plasmas thermonucléaires, une étude approfondie révélera l'existence de flux couplés où le flux de particules est engendré, pour partie, par le gradient de température et le flux de chaleur, pour partie, par le gradient de densité ; qui-plus-est, les relations entre gradients et flux présenterons un caractère anisotrope :

$$\begin{pmatrix} \mathbf{\Gamma} \\ \mathbf{q} \end{pmatrix} = -\begin{pmatrix} \mathbf{D} & \mathbf{D}_S \\ \mathbf{D}_D & \boldsymbol{\chi} \end{pmatrix} \cdot \begin{pmatrix} \boldsymbol{\nabla} n \\ \boldsymbol{\nabla} T \end{pmatrix}, \mathbf{D} = \begin{pmatrix} D_{\|} & D_{\times} \\ D_{\times} & D_{\perp} \end{pmatrix}, \boldsymbol{\chi} = \begin{pmatrix} \chi_{\|} & \chi_{\times} \\ \chi_{\times} & \chi_{\perp} \end{pmatrix}$$

L'objectif de la théorie cinétique du transport est d'établir les expressions des coefficients $D_{\|}$, $\chi_{\perp}$, $\chi_{\times}$ ... en fonction des paramètres physiques du problème considéré. Différentes méthodes d'approximation (perturbatives, variationnelles, spectrales...) peuvent être mise en œuvre pour construire ces expressions. Le point de départ de toutes ces méthodes est l'équation cinétique dans l'espace des vitesses en présence d'un gradient dans l'espace des positions ; les flux étant ensuite évalués comme moments de solutions approchées exprimant la fonction de distribution dans l'espace des vitesses et positions en présence de ce gradient donné.

Au delà de la multiplicité des méthodes d'approximation utilisées pour résoudre l'équation cinétique en présence de gradients spatiaux, trois modèles théoriques, c'est-à-dire trois types d'équations cinétiques, ont été construites pour étudier le transport dans un tokamak :

- la théorie de Braginsky qui opère dans le cadre d'un modèle où le champ magnétique est supposé homogène,
- la théorie néo-classique qui prend en compte la géométrie toroïdale du champ magnétique et dont l'étude approfondie révèle la nécessité de distinguer trois régimes appelés respectivement : Pfirsch-Schlüter, banane et plateau,
- la théorie du transport turbulent où l'équation cinétique n'est plus construite autour de l'opérateur de Landau, mais sur la base de la description statistique des fluctuations turbulentes de champ électrique et de champ magnétique ; en particulier la fonction d'autocorrélation dans le temps et dans l'espace des champs électrique et magnétique constitue la donnée de base de ces derniers modèles.

11.1.2 Flux et forces thermodynamiques

Afin d'offrir une description cohérente et opérationnelle des tokamaks nous devons nous attacher à décrire et analyser la double dynamique à l'œuvre au sein de toutes les évolutions naturelles : *la conversion de l'énergie et la production d'entropie.*

Rappelons la définition de l'énergie interne d'un système : l'énergie interne d'un objet, U, mesure le travail qui a été nécessaire à l'assemblage de cet objet à partir de ses constituants élémentaires (molécules, atomes, électrons et noyaux, ...) supposés dispersés à l'infini, donc sans interaction mutuelle ; une telle définition ne permet pas de construire une échelle absolue d'énergie car la notion de composants élementaires relève d'un choix d'échelle. Ainsi, l'énergie associée au travail d'assemblage des composants élementaires à partir de composants plus élementaires, U', peut être aussi considérée et l'énergie interne est donc définie à une constante additive près. Le zéro d'énergie étant défini arbitrairement la convention de signe consiste à comptabiliser positivement l'énergie lorsque le travail fourni par l'opérateur effectuant l'assemblage est moteur (positif).

Une vision strictement mécaniste de la matière pourrait laisser croire que la spécification d'un ensemble de variables macroscopiques mécaniques (pression, volume, tension, surface...) et électriques (champs électrique et magnétique, polarisation...) détermine de façon unique l'état d'un échantillon macroscopique de matière. L'expérience démontre qu'il n'en est rien ; mais il existe un ensemble d'états, appelés états d'équilibres, obtenus asymptotiquement à l'issue d'une période de relaxation, plus ou moins longue selon le système, et de tels états d'équilibres sont entièrement déterminés par un ensemble de variables mécaniques et électriques auxquelles il faut adjoindre systématiquement la température. La nécessité de la prise en compte d'un paramètre autre que les variables macroscopiques mécaniques, électriques ou chimiques s'interprète en considérant la structure microscopique de l'état d'équilibre, la température offre une mesure du niveau d'excitation des multiples degrés de liberté microscopiques qui n'apparaissent pas dans la description macroscopique, cette multiplicité, illustrée sur la figure (11.1), est dénombrée par l'exponentielle de l'entropie.

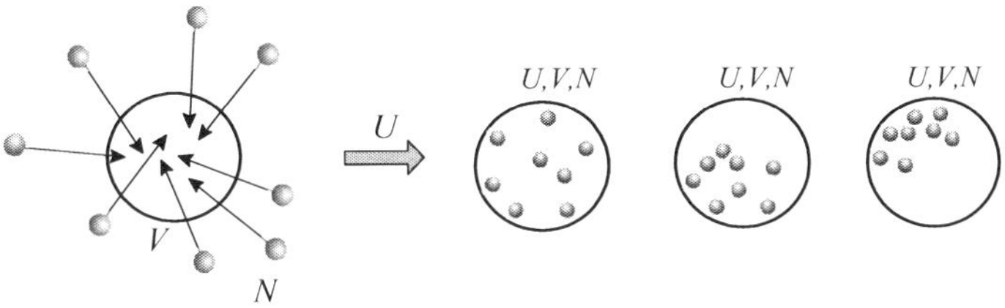

Fig. 11.1 : *Multiplicité des états microscopiques pour un contenu énergétique donné.*

La température est une variable intensive qui permet de construire une approche phénoménologique de la thermodynamique de l'équilibre ; une présentation de nature déductive, issue d'un long processus inductif étalé tout au long du dix-neuvième siècle, consiste à postuler l'existence d'une variable extensive associée à tout système macroscopique à l'équilibre, conjugée à la température : *l'entropie* S. Cette nouvelle variable est proportionnelle au logarithme du nombre d'états microscopiques différents qui, à l'échelle macroscopique, présentent les même variables macroscopiques d'équilibre. Par exemple, pour un ensemble de N particules, neutres et non réactives, un état d'équilibre macroscopique peut être atteint à l'issue d'un temps de relaxation finie si l'énergie interne U est spécifiée à travers la construction du système et si le volume est contraint par une enceinte à une valeur V. Un tel ensemble de variables extensives $[U, V, N]$ peut être observé pour différentes configurations microscopiques et l'entropie S du système nous renseigne sur la multiplicité des états microscopiques présentant les même paramètres macrocopiques d'équilibre $[U, V, N]$ (figure (11.1)).

Nous somme ainsi conduits à définir la représentation énergétique d'un système à l'équilibre comme la donnée de la fonction $U(S, V, N, X_i...)$ exprimant l'énergie interne en fonction des paramètres extensifs mécaniques, électriques et chimiques et de l'entropie. Cette représentation entropique doit être considérée comme une fonction génératrice car les variables intensives, les coefficients thermodynamique et les équations d'états peuvent être exprimés à partir de cette représentation.

$$\textit{Représentation énergétique} \quad : \quad U(S, V, N, X_i...)\,[\mathrm{J}] \tag{11.4}$$

$$\textit{Représentation entropique} \quad : \quad S(U, V, N, X_i...)\left[\frac{\mathrm{J}}{\mathrm{K}}\right] \tag{11.5}$$

La même information est contenue dans la représentation entropique $S(U\,,V,N,$ $X_i...)$ exprimant l'entropie en fonction de l'ensemble des paramètres extensifs, énergie interne comprise. Par exemple, pour le modèle du plasma thermonucléaire idéal décrivant un ensemble de particules chargées libres de masse m, la représentation entropique des propriétés thermoélastiques est donnée par la formule de Sackur-Tetrode (9.1) : $S\left(U,V,N\right)\equiv k_BN\log\left(U^{\frac{3}{2}}VN^{-\frac{5}{2}}\right)+\frac{k_BN}{2}[5$ $+\log\left(4\pi m/3h^2\right)^3]$.

Il serait inapproprié de considérer toutes les variables extensives $U,S,V,N,X_i...$ sur un pied d'égalité ; en effet, s'il fallait restreindre l'ensemble des quantités décrivant un système à deux nombres, le choix des deux nombres offrant l'information la plus pertinente consisterait en une quantification du contenu et de la structure du système et conduirait à sélectionner l'énergie U [J] et l'entropie S [J/K], *le fond et la forme* du système.

L'énergie, de par son caractère universel, permet de comparer le contenu de tous les systèmes et l'entropie mesure le degré d'organisation et de complexité de ce contenu ainsi quantifié en terme d'énergie. Ces deux nombres sont donc deux quantités essentielles et primaires, communes à tous les systèmes quelques soient leurs natures, décrivant le travail de construction et le degré d'organisation d'un système et, qui plus est, ces deux quantités gardent une signification même pour les situations hors-équilibre. Les représentations volumique $V\left(U,S,N,X_i...\right)$ ou molaire $N\left(U,S,V,X_i...\right)$ d'un système ne sont donc jamais considérées dans le contexte de la thermodynamique malgré leur équivalence formelle aux représentations énergétiques et entropiques en terme de fonction génératrice.

Ces deux représentations des propriétés d'un système thermodynamique à l'équilibre, $U\left(S,X_i...\right)$ et $S\left(U,X_i...\right)$, permettent de définir les paramètres extensifs décrivant l'équilibre thermodynamique. Ainsi, deux classes de paramètres intensifs peuvent être construites, les intensités énergétiques Y_i et les intensités entropiques Z_i.

$$\textit{Paramètres intensifs énergétique} \quad : \quad U\left(S,X_i...\right)\rightarrow Y_i\equiv\left.\frac{\partial U}{\partial X_i}\right|_{S,V,X_j}=-TZ_i$$

$$\textit{Paramètres intensifs entropiques} \quad : \quad S\left(U,X_i...\right)\rightarrow Z_i\equiv\left.\frac{\partial S}{\partial X_i}\right|_{U,V,X_j}=-\frac{Y_i}{T}$$

Une simple différentiation permet d'exprimer les variations infinitésimales d'énergie et d'entropie pour un système, nous reviendrons plus tard sur la nature de ces bilans infinitésimaux car, malgré une simplicité apparente, il est nécessaire d'identifier la nature de ces variations ; en effet ces variations peuvent selon le contexte être associées à des échanges réversibles ou irréversibles si l'on considère deux systèmes couplés en équilibre ou hors-équilibre : $dU=TdS$ - $PdV+\mu dN+\sum_i Y_idX_i$, $TdS=dU+PdV$ - $\mu dN+\sum_i TZ_idX_i$. Avant de clore ces rappels de thermodynamique, rappelons une conséquence directe du caractère extensifs des descriptions entropique et énergétique, les identités d'Euler vérifiées par ces représentations. L'énergie étant une fonction extensive des variables extensives, la propriété d'extensivité se traduit par l'identité : $U\left(\lambda X_i...\right)=\lambda U\left(X_i...\right)$, ainsi : $\partial U\left(\lambda X_i...\right)/\partial\lambda=\sum_i X_iY_i\left(\lambda X_i...\right)=U\left(X_i...\right)$ et $\partial U\left(\lambda X_i...\right)/\partial X_i=\lambda Y_i\left(\lambda X_i...\right)=\lambda Y_i\left(X_i...\right)$. L'entropie étant une fonction extensive des variables extensives, la propriété d'extensivité se traduit par l'identité : $S(\lambda X_i...) = \lambda S(X_i...)$, ainsi : $\partial S(\lambda X_i...)/\partial\lambda = \sum_i X_i Z_i(\lambda X_i...) = S(X_i...)$ et $\partial S(\lambda X_i...)/\partial X_i = \lambda Z_i(\lambda X_i...) = \lambda Z_i(X_i...)$. Deux *identités d'Euler* découlent donc directement des propriétés d'homogénéité associées aux dépendances fonctionnelles des variables extensives et intensives : $U = \sum_i Y_i X_i$ et $S = \sum_i Z_i X_i$. D'un point de vue physique il est d'usage de considérer une formulation différentielle de ces propriétés d'homogénéité, conséquence directe des identités d'Euler, exprimant l'interdépendance de l'ensemble des variables intensives ; ce sont les relations de Gibbs-Duhem : $\sum_i X_i dY_i = 0$ et $\sum_i X_i dZ_i = 0$; cette interdépendance peut aussi être exprimée à travers les équations d'états. L'élimination de l'entropie entre deux variables intensives énergétiques permet d'établir les équations d'état de la thermodynamique phénoménologique : $Y_1(S, X_i...) = \partial U/\partial X_1$, $Y_2(S, X_i...) = \partial U/\partial X_2 \rightarrow f(Y_1, Y_2, X_i...) = 0$. Par exemple, l'équation d'état thermoélastique d'un plasma themonucléaire, $f(P, V, N, T) = 0$, est obtenue à partir des définitions de la pression $P(S, V, N) = -\partial U/\partial V$ et de la température $T(S, V, N) = \partial U/\partial S$, par élimination de l'entropie. La formulation des principes de la thermodynamique la plus adaptée au cadre de l'analyse des systèmes énergétique tels que les tokamaks nécessite de distinguer trois types de systèmes thermodynamiques : (i) Les *systèmes isolés*, figure (11.2-a), n'échangeant ni matière, ni énergie avec leur environnement, (ii) les *systèmes fermés*, figure (11.2-b), qui peuvent échanger du travail et de la chaleur, c'est-à-dire de l'énergie, avec leur environnement extérieur, mais qui n'échangent pas de matière avec cet environnement, (iii) les *systèmes ouverts*, figure (11.3-a), qui échangent énergie et matière avec leur environnement. Nous indexerons par i les variations associées à la dynamique interne du système et par e les variations résultant d'une interaction avec l'environnement. Cette distinction permet de décliner les deux principes de la thermodynamique sous trois formes adaptées à chaque type de système. Il est alors nécessaire de discriminer les termes infinitésimaux d'échange de grandeurs extensives, notées $d_e X_i$, des termes infinitésimaux de variation interne de la même extensité $d_i X$.

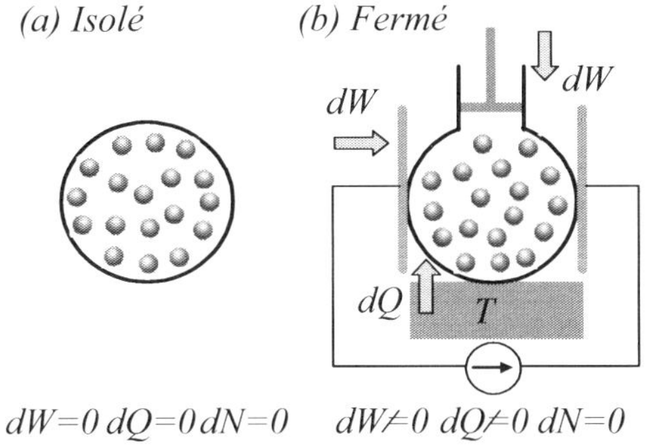

Fig. 11.2 : *Systèmes thermodynamiques isolé et fermé.*

Pour les systèmes isolés l'énergie U est constante et l'entropie ne peut être échangée mais, si le système n'a pas atteint l'équilibre, une production interne spontanée d'entropie, $d_i S$, peut être observée.

$$1^{er}\ principe \quad : \quad dU = d_i U + d_e U \rightarrow d_i U = 0\ ,\ d_e U = 0 \tag{11.6}$$

$$2^{ème}\ principe \quad : \quad dS = d_i S + d_e S \rightarrow d_i S \geq 0\ ,\ d_e S = 0 \tag{11.7}$$

Pour les systèmes fermés, il ne peut y avoir de production interne d'énergie,

$d_iU = 0$, mais par contre, des échanges d'énergie avec l'extérieur, d_eU, sont observables et quantifiables en termes de travail dW et de chaleur dQ. L'entropie, quant-à-elle, peut être à la fois produite à l'intérieur du système, d_iS, et échangée avec l'extérieur, d_eS, cet échange étant uniquement associé aux transferts de chaleur dQ.

$$
\begin{aligned}
1^{er}\,\textit{principe} \quad &: \quad dU = d_iU + d_eU \to d_iU = 0 \ , \ d_eU = dQ + dW \\
2^{\grave{e}me}\,\textit{principe} \quad &: \quad dS = d_iS + d_eS \to d_iS \geq 0 \ , \ d_eS = \frac{dQ}{T}
\end{aligned}
$$

Enfin, pour les systèmes ouverts, chaleur, travail et matière peuvent être échangés avec l'extérieur et les bilans interne et externe d'énergie et d'entropie présentent une forme incluant l'apport des différentes quantités associées à l'échange de matière. Une distinction entre chaleur et travail peut être clairement établie, mais il est aussi nécessaire de distinguer la nature convective ou diffusive de l'échange de matière et de prendre en compte le fait qu'une partie de l'énergie incohérente échangée l'est à travers l'échange d'espèces chimiques dans le cas diffusif et qu'un travail de transvasement est nécessaire à l'échange dans le cas convectif. Les systèmes ouverts où les échanges de masse sont de nature diffusive, et où la réactivité chimique peut être à l'œuvre, sont les systèmes dits chimiquement ouverts, ils sont différents des systèmes ouverts où les échanges de masse sont de nature convective. Pour les systèmes chimiquement ouverts, la matière n'est pas forcée par une pression pour être incorporée au système, le système est en contact avec un réservoir et les molécules peuvent diffuser du réservoir vers le système ; si un flux net de diffusion s'établit de l'environnement vers le système, nous considérerons qu'il existe une variable intensive, le *potentiel chimique* μ ($dU = TdS - PdV + \mu dN + \sum_i Y_i dX_i$), qui présente une valeur plus faible à l'intérieur du système qu'au sein du réservoir.

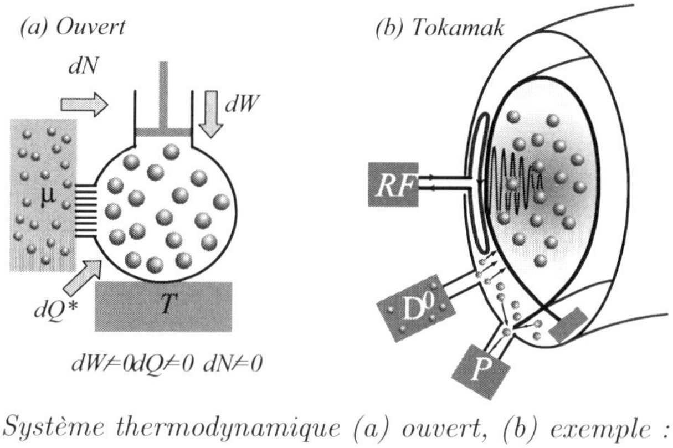

Fig. 11.3 : *Système thermodynamique (a) ouvert, (b) exemple : le tokamak.*

Ce flux diffusif, spontané, des hauts potentiels chimiques vers les bas potentiels chimiques est de nature particulière car il participe à la fois à la modification du contenu énergétique et au changement d'organisation du système, ce changement d'organisation étant mesuré par une variation d'entropie d_eS ; c'est ce flux diffusif qu'il est nécessaire de contrôler pour établir les conditions d'une combustion thermonucléaire dans un tokamak. Pour prendre en compte cet aspect nous introduisons la chaleur dQ^* mesurant toute les formes d'énergies incohérentes échangées avec l'environnement pour formuler les principes suivant :

$$1^{er}\,principe \quad : \quad dU = d_iU + d_eU \rightarrow d_iU = 0 \ , \ d_eU = dQ^* + dW$$
$$2^{\grave{e}me}\,principe \quad : \quad dS = d_iS + d_eS \rightarrow d_iS \geq 0 \ , \ d_eS = \frac{dQ^*}{T} - \frac{\mu}{T}dN$$

Les tokamaks, figure (11.3-b), sont des systèmes ouverts où des flux de matière et de travail entrants sont forcés pour entretenir un flux de chaleur sortant ; sur la figure (11.3-b) les antennes (RF) injectent du travail dégradé en chaleur par le recouvrement des résonances ondes-particules (5.57), les injecteurs de neutre (D^0) injectent un flux de matière et de travail dégradé par les collisions, le divertor et son système de refroidissement évacuent un flux de chaleur... et les systèmes de pompage (P) évacuent un flux de matière neutre froide.

Considérons sur la figure (11.4) un ensemble de systèmes partitionnés en deux parties homogènes, chaque partie étant en interaction et en équilibre avec un réservoir fixant une variable extensive, température T, pression P ou Z ... Par exemple, si nous considérons deux réservoirs de chaleur présentant deux températures différentes, un flux de chaleur s'établira spontanément de la source chaude vers la source froide et l'énergie interne quittant la partie 1 suivant ce flux se retrouvera intégralement dans la partie 2 conformément au premier principe, $dU_1 + dU_2 = 0$; cette conclusion restera valide pour tout autre type de contraintes relatives aux variables intensives et tout autre type de flux de variables extensives, entropie exceptée. Ainsi, la variation d'une variable extensive X dans une partie est compensée intégralement par la variation au sein de l'autre partie et la variation totale d'entropie du système sera égale à la somme des variations de chaque partie : $d_iX = d_eX_1 + d_eX_2 = 0$ et $d_iS = d_eS_1 + d_eS_2 = Z_1dX_1 + Z_2dX_2$. Deux situations doivent être considérées : (i) si les deux variables intensives, Z_2 et Z_1, décrivant les contraintes appliquées aux deux parties sont égales, $Z_2 = Z_1$, nous sommes en présence d'une situation d'équilibre thermodynamique global et l'entropie est maximum ; (ii) par contre si ces deux variables sont différentes, $Z_2 \neq Z_1$, un flux de la variable extensive conjuguée, X, s'établit entre les deux parties et nous sommes en présence d'une situation de non-équilibre.

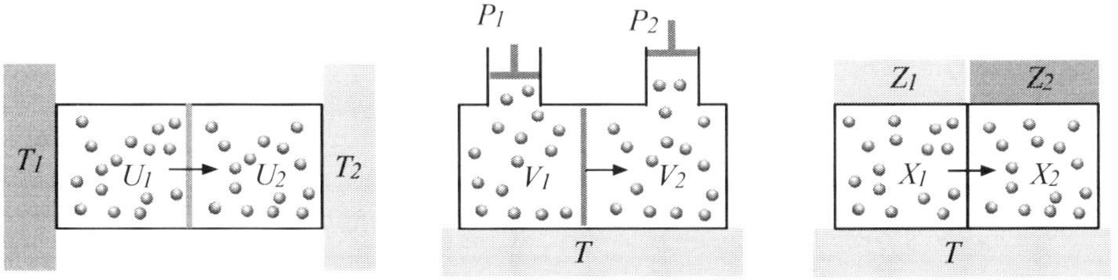

Fig. 11.4 : *Systèmes hors équilibre.*

Cette état de non-équilibre possède une entropie plus petite que la situation d'équilibre vers laquelle il tend à travers ce flux et une production interne d'entropie d_iS assure la croissance de l'entropie vers son maximum.

$$Equilibre \quad : \quad Z_2 = Z_1 \rightarrow d_iS = 0$$
$$Non\text{-}\acute{e}quilibre \quad : \quad Z_2 \neq Z_1 \rightarrow d_iS = dX_1\left(Z_1 - Z_2\right) = dX_2\left(Z_2 - Z_1\right)$$

Dans ce type de situations de non-équilibre, typique des tokamaks, il est d'usage d'introduire l'affinité ΔZ définie comme la différence entre les contraintes intensives auxquelles est soumis le système, et le courant I défini comme le taux de variation temporel de l'extensité X conjuguée à Z.

$$\textit{Affinité thermodynamique} \quad : \quad \Delta Z \equiv Z_2 - Z_1 \tag{11.8}$$

$$\textit{Flux thermodynamique} \quad : \quad I \equiv \frac{dX_2}{dt} = -\frac{dX_1}{dt} \rightarrow J \equiv \frac{dX}{Adt} \tag{11.9}$$

La production d'entropie, définie comme le taux de production d'entropie par unité de temps, est donc donnée comme le produit de l'affinité par le courant.

$$\textit{Production d'entropie :} \quad \frac{d_iS}{dt}\left[\frac{\text{J}}{\text{K.s}}\right] = I\left[\frac{\text{X}}{\text{s}}\right] \cdot \Delta Z \left[\frac{\text{J}}{\text{X.K}}\right] \tag{11.10}$$

Le passage des systèmes discrets aux systèmes continus s'effectue alors de façon similaire : (i) au passage de la mécanique des systèmes de point à la mécanique des milieux continus et (ii) au passage de l'électrodynamique des systèmes discrets de charges et courants filiformes à l'électrodynamique des milieux continus. Afin de construire une modélisation continue de la thermodynamique du non équilibre il est nécessaire de distinguer au sein d'un système trois échelles de longueur : (i) l'échelle microscopique (l'atome, l'ion...), (ii) l'échelle macroscopique (le système et ses inhomogénéités) et (iii) l'échelle *mésoscopique* (la gouttelette fluide des hydrodynamiciens) intermédiaire entre les deux échelles macroscopique et microscopique, et supposée : (i) grande au regard de l'échelle microscopique pour permette le lissage des fluctuations microscopiques, et (ii) petite au regard de l'échelle macroscopique pour donner un sens à l'usage de bilans infinitésimaux locaux. Un tel ordering de longueurs étant relevant pour un plasma de tokamak, il est alors possible de considérer le taux de production volumique d'entropie $\sigma_s \left[\text{J/K.s.m}^3\right]$ au sein d'un plasma en introduisant les gradients de variables extensives $\boldsymbol{\nabla} Z_j$, appelées forces thermodynamiques, et les flux de variables extensives, $\mathbf{J}_{x_j}$.

Nous allons démontrer que l'extension aux milieux continus du taux de production d'entropie, identifié dans le contexte d'un système composé de deux parties en interactions mutuelles et en équilibre interne (11.10), conduit à la forme bilinéaire en les flux et forces :

$$\textit{Production d'entropie :} \quad \sigma_s\left[\frac{\text{J}}{\text{K.s.m}^3}\right] = \sum_j \mathbf{J}_{x_j}\left[\frac{\text{X}}{\text{s.m}^2}\right] \cdot \boldsymbol{\nabla} Z_j \left[\frac{\text{J}}{\text{X.K.m}}\right]$$

Un système continu hors équilibre est modélisé par un ensemble (continu) de sous-systèmes (infinitésimaux) localement à l'équilibre interne et en interaction. Les densités par unité de volume $\mathrm{x}(\mathbf{r}, t)$, ou unité de masse (spécifique) $x(\mathbf{r}, t)$, de la variable extensive X sont définies suivant :

$$\textit{Densités extensives locales volumiques} \quad : \quad X \equiv \iiint_V \mathrm{x}(\mathbf{r}, t)\, dV$$

$$\textit{Densités extensives locales spécifiques} \quad : \quad X \equiv \iiint_V \rho(\mathbf{r}, t)\, x(\mathbf{r}, t)\, dV$$

où $\rho(\mathbf{r}, t)$ est la densité volumique de masse. Les relations entre variables intensives entropiques et variables intensives énergétiques sont valides localement :

$Y(\mathbf{r},t) = -T(\mathbf{r},t)\,Z(\mathbf{r},t)$ et les représentations entropique et énergétique des propriétés d'un système doivent être considérées dans le cadre des densités d'extensités : $S(X_j)$, $U(X_j) \to s(x_j)$, $u(x_j)$; ainsi : $Z_j = \partial S/\partial X_j = \partial s/\partial x_j$, $Y_j = \partial U/\partial X_j = \partial u/\partial x_j$.

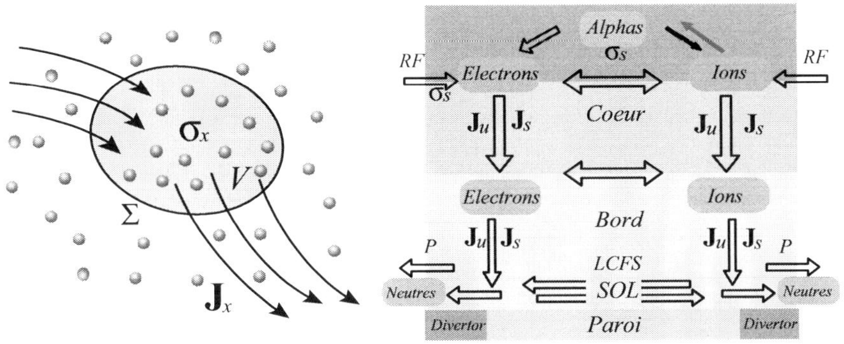

Fig. 11.5 : *Flux thermodynamiques au sein d'un continuum et d'un tokamak.*

La distinction que nous avions introduite entre les termes de variations internes à un système et les termes de variations associées à un échange avec l'environnement présente un caractère local et nous pouvons introduire le taux de production σ_x par unité de volume et unité de temps de la variable extensive X.

$$Echange: \ \frac{d_e X}{dt} \equiv -\iint_{\Sigma} \mathbf{J}_x \cdot d\mathbf{\Sigma},\ Production: \ \frac{d_i X}{dt} \equiv \iiint_V \sigma_x dV$$

En particulier, le premier principe implique $\sigma_u = 0$: $d_e U/dt = -\iint_{\Sigma} \mathbf{J}_u \cdot d\mathbf{\Sigma}$ et $d_i U/dt = 0$; et le second principe $\sigma_s \geq 0$: $d_e S/dt = -\iint_{\Sigma} \mathbf{J}_s \cdot d\mathbf{\Sigma}$, $d_i S/dt = \iiint_V \sigma_s dV \geq 0$. L'évolution d'une densité x d'extensité X suit donc une loi de conservation avec ou sans terme source σ_x suivant sa nature.

$$\frac{dX}{dt} = \frac{\partial}{\partial t}\iiint_V \rho x dV = -\iint_{\Sigma} \mathbf{J}_x \cdot d\mathbf{\Sigma} + \iiint_V \sigma_x dV \to \frac{\partial \rho x}{\partial t} + \mathbf{\nabla} \cdot \mathbf{J}_x = \sigma_x$$

La forme de cette loi de conservation (ou de production, ou de destruction), ou équation de continuité, peut être simplifiée si nous considérerons un milieu fluide incompressible et si nous supposons que les flux sont de nature diffusive et non convective, $\mathbf{v} = \mathbf{0}$, c'est le cas de la figure (11.5) qui les illustre quelques flux et productions d'entropie dans un plasma de tokamak..

$$\begin{array}{lcl} \frac{\partial \rho x}{\partial t} + \mathbf{\nabla} \cdot \mathbf{J}_x = \sigma_x & & \rho\frac{dx}{dt} + \mathbf{\nabla} \cdot (\mathbf{J}_x - \rho x \mathbf{v}) = \sigma_x \\ \frac{\partial x}{\partial t} + \mathbf{v} \cdot \mathbf{\nabla} x = \frac{dx}{dt} & \to & \downarrow \\ \frac{\partial \rho}{\partial t} + \mathbf{\nabla} \cdot \rho \mathbf{v} = 0 & & \rho\frac{\partial x}{\partial t} + \mathbf{\nabla} \cdot \mathbf{J}_x = \sigma_x \end{array}$$

L'expression différentielle des représentations entropique et énergétique peut être étendue aux densités spécifiques : $dS = \sum_j Z_j dX_j \to ds = \sum_j Z_j dx_j \to \partial s/\partial t = \sum_j Z_j \partial x_j/\partial t$ et $dU = \sum_j Y_j dX_j \to du = \sum_j Y_j dx_j \to \partial u/\partial t = \sum_j Y_j \partial x_j/\partial t$. Les identités d'Euler $U(X_i...) = \sum_i Y_i X_i$, $S(X_i...) = \sum_i Z_i X_i$ demeurent valides lorsque nous considérons les flux d'entropie et d'énergie et elles permettent de séparer les différentes contributions associées aux variables extensives : $\mathbf{J}_s = \sum_j Z_j \mathbf{J}_{x_j} = \mathbf{J}_u/T - \mu \mathbf{J}_n/T - \phi \mathbf{J}_e/T + ...$ et $\mathbf{J}_u = \sum_j Y_j \mathbf{J}_{x_j}$ $= T\mathbf{J}_s + \mu \mathbf{J}_n + \phi \mathbf{J}_e + ...$ où ϕ est le potentiel électrostatique et $\mathbf{J}_e$ le flux de charge. Partant de cette décomposition des flux d'énergie et d'entropie comme somme des flux d'extensités nous pouvons décomposer le taux de production d'entropie par unité de temps et unité de volume comme la somme de produits de flux que multiplie leurs intensités conjuguées.

$$\rho \frac{\partial x_i}{\partial t} + \nabla \cdot \mathbf{J}_{x_i} = \sigma_{x_i} \ , \ \rho \frac{\partial s}{\partial t} + \nabla \cdot \mathbf{J}_s = \sigma_s$$

$$\rightarrow \quad \sigma_s = \nabla \cdot \left(\sum_{i=u,n,e...} Z_i \mathbf{J}_{x_i} \right) - \sum_i Z_i \nabla \cdot \mathbf{J}_{x_i}$$

Notons que dans le cadre de la représentation entropique tous les σ_{x_i} sont nuls. La figure (11.5) illustre, en contexte général et pour le système ouvert et inhomogène qu'est un tokamak, l'analyse de la dynamique interne du plasma en termes de flux et sources. Un résultat similaire peut être obtenu en partant de la représentation énergétique. Notons que dans le cadre de cette représentation tous les σ_{x_i} sont nuls excepté σ_s.

$$\rho \frac{\partial x_i}{\partial t} + \nabla \cdot \mathbf{J}_{x_i} = \sigma_{x_i} \ , \ \rho \frac{\partial u}{\partial t} + \nabla \cdot \mathbf{J}_u = 0$$

$$\rightarrow \quad -T\sigma_s = \nabla \cdot \left(\sum_{i=s,n,e...} Y_i \mathbf{J}_{x_i} \right) - \sum_i Y_i \nabla \cdot \mathbf{J}_{x_i}$$

Compte tenu de la relation $\nabla \cdot a\mathbf{b} = a\nabla \cdot \mathbf{b} + \mathbf{b} \cdot \nabla a$ l'expression finale du taux de production d'entropie, ou plus simplement, de la production d'entropie, se présente comme une forme bilinéaire entre flux et forces thermodynamiques conjugués.

$$\textit{Représentation entropique} \ : \ \sigma_s = \sum_{i=u,n,e...} \mathbf{J}_{x_i} \cdot \nabla Z_i \geq 0 \qquad (11.11)$$

$$\textit{Représentation énergétique} \ : \ \sigma_s = -\sum_{i=s,n,e...} \mathbf{J}_{x_i} \cdot \frac{\nabla Y_i}{T} \geq 0 \qquad (11.12)$$

Le passage de la thermodynamique rationnelle vers la thermodynamique phénoménologique, qui considère principalement la distinction entre travail et chaleur et non les principes de représentations, peut être entrepris suivant deux conventions : (*i*) suivant en cela Callen et la plupart des auteurs, nous définirons le flux de chaleur $\mathbf{J}_h$ comme T fois le flux d'entropie $\mathbf{J}_s$, ce choix est conforme à l'application des deux premiers principes aux systèmes fermés ($d_eU = dQ + dW$, $d_eS = dQ/T$) ; (*ii*) d'autres auteurs, suivant en cela de Groot, définissent le flux de chaleur $\mathbf{J}_c$ comme le flux de toutes les énergies de nature incohérente, par opposition au travail et à sa cohérence, ainsi le flux de matière qui transporte, sous forme incohérente ou décorrélée, une fraction de l'énergie désordonnée échangée, entre dans cette deuxième définition du flux de chaleur, ce choix est conforme à l'application des deux premiers principes aux systèmes ouverts ($d_eU = dQ^* + dW$, $d_eS = dQ^*/T - \mu dN/T$) : *Callen* : $\mathbf{J}_h \equiv T\mathbf{J}_s = \mathbf{J}_u - \mu \mathbf{J}_n - \sum_{i \neq u,n} Y_i \mathbf{J}_{x_i}$, *de*

Groot : $\mathbf{J}_c \equiv T\mathbf{J}_s + \mu\mathbf{J}_n = \mathbf{J}_u - \sum_{i\neq u,n} Y_i \mathbf{J}_{x_i}$. L'usage de l'une ou de l'autre de ces conventions n'introduit pas d'ambiguïté car la production d'entropie σ_s est définie à partir des couples intensité/extensité et non à partir du flux de chaleur, ainsi la relation $\sigma_s = \mathbf{J}_u \cdot \boldsymbol{\nabla} 1/T - \mathbf{J}_n \cdot \boldsymbol{\nabla}(\mu/T) + \sum_{i\neq u,n} \mathbf{J}_{x_i} \cdot \boldsymbol{\nabla} Z_i$ conduit aux expressions :

$$\textit{Callen} \quad : \quad \sigma_s = \mathbf{J}_h \cdot \boldsymbol{\nabla}\frac{1}{T} - \mathbf{J}_n \cdot \frac{\boldsymbol{\nabla}\mu}{T} - \sum_i \mathbf{J}_{x_i} \cdot \frac{\boldsymbol{\nabla} Y_i}{T} \tag{11.13}$$

$$\textit{de Groot} \quad : \quad \sigma_s = \mathbf{J}_c \cdot \boldsymbol{\nabla}\frac{1}{T} - \mathbf{J}_n \cdot \boldsymbol{\nabla}\left(\frac{\mu}{T}\right) - \sum_i \mathbf{J}_{x_i} \cdot \frac{\boldsymbol{\nabla} Y_i}{T} \tag{11.14}$$

Ainsi, la différence d'expression du taux de production d'entropie, résultant de la différence de définition du flux de chaleur, se réduit à l'intégration de la température dans le terme de force relative au potentiel chimique.

11.1.3 Opérateur de Vlasov-Landau et réduction fluide

Considérons une population de particules chargées, électrons ou ions, décrite : (i) soit par la fonction de distribution dans l'espace des vitesses et positions $F(\mathbf{r}, \mathbf{v}, t)$, (ii) soit par la fonction de distribution dans l'espace des phases $F(\mathbf{J}, \boldsymbol{\theta}, t)$. En l'absence de collision cette fonction de distribution obéit à une équation de Fokker-Planck dont nous devons évaluer les coefficients de friction dynamique :

$$\textit{Positions, vitesses} \quad : \quad \frac{\langle \delta\mathbf{r}(\delta t)\rangle}{\delta t} = \mathbf{v} \ , \ \frac{\langle \delta\mathbf{v}(\delta t)\rangle}{\delta t} = \frac{q}{m}\mathbf{v}\times\mathbf{B} \tag{11.15}$$

$$\textit{Angles, actions} \quad : \quad \frac{\langle \delta\boldsymbol{\theta}(\delta t)\rangle}{\delta t} = \frac{\partial H}{\partial \mathbf{J}}, \ \frac{\langle \delta\mathbf{J}(\delta t)\rangle}{\delta t} = -\frac{\partial H}{\partial \boldsymbol{\theta}} \tag{11.16}$$

ainsi que les coefficients de diffusion dynamique : $\langle \delta\mathbf{r}\delta\mathbf{r}\rangle/\delta t = \langle \delta\mathbf{v}\delta\mathbf{v}\rangle/\delta t = \langle \delta\boldsymbol{\theta}\delta\boldsymbol{\theta}\rangle/\delta t = \langle \delta\mathbf{J}\delta\mathbf{J}\rangle/\delta t = \mathbf{0}$.

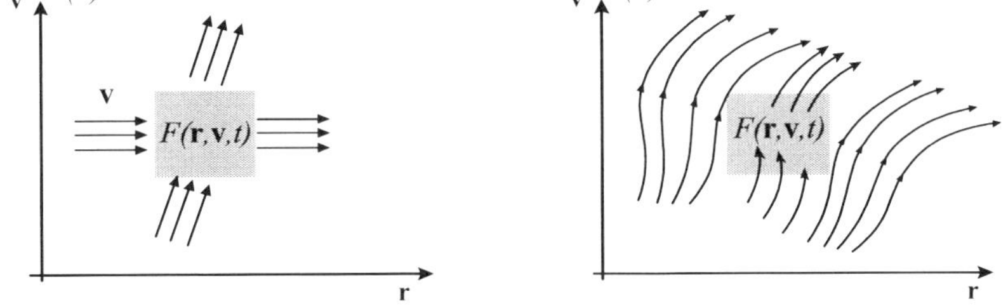

Fig. 11.6 : *(a) Equation de Vlasov, (b) Equation de Vlasov-Landau.*

Les principes qui nous ont permi d'établir la forme générique de l'équation de Fokker-Planck conduisent donc à considérer l'équation de Vlasov, que nous avons déjà utilisée pour calculer le tenseur diélectrique d'un plasma chaud, équation qui décrit l'évolution temporelle dans l'espace des positions et vitesses (angles et actions) de la fonction de distribution des particules chargées en l'absence de collision :

$$\textit{Equation de Vlasov} \quad : \quad \frac{\partial F}{\partial t} + \mathcal{V}(\mathbf{r}, \mathbf{v}) \cdot F = 0 \tag{11.17}$$

$$\textit{Equation de Vlasov} \quad : \quad \frac{\partial F}{\partial t} + \mathcal{V}(\boldsymbol{\theta}, \mathbf{J}) \cdot F = 0 \tag{11.18}$$

où nous avons introduit la définition de l'opérateur de Vlasov $\mathcal{V}$:

$$\mathcal{V}(\mathbf{r}, \mathbf{v}) \equiv \mathbf{v} \cdot \frac{\partial}{\partial \mathbf{r}} + \frac{q}{m}\mathbf{v} \times \mathbf{B} \cdot \frac{\partial}{\partial \mathbf{v}} \tag{11.19}$$

$$\mathcal{V}(\boldsymbol{\theta}, \mathbf{J}) \equiv \frac{\partial H}{\partial \mathbf{J}} \cdot \frac{\partial}{\partial \boldsymbol{\theta}} - \frac{\partial H}{\partial \boldsymbol{\theta}} \cdot \frac{\partial}{\partial \mathbf{J}} \tag{11.20}$$

La forme hamiltonienne permet de prendre en compte la géométrie toroïdale à travers l'identification des actions, (5.34), associées à l'adiabaticité du mouvement d'une particule confinée au sein d'une topologie magnétique de type tokamak. L'étude de ces effets toroïdaux constitue précisément l'objectif de la théorie néo-classique que nous aborderons dans le paragraphe suivant.

En l'absence de collision, les flux dans l'espace des positions et vitesses sont relativement simples et les phénomènes de transport dans le sous-espace des positions sont essentiellement de nature ballistique, associées à l'inertie, et non dissipatifs (Figure (11.6-a)). La prise en compte des collisions révèle l'existence d'un transport dissipatif dans l'espace des positions, associé à un taux de production d'entropie σ_s, et à un déconfinement (Figure (11.6-b)). L'équation décrivant ce régime collisionnel est l'équation de Vlasov-Landau.

$$\textit{Equation cinétique de Vlasov-Landau} \quad : \quad \boxed{\frac{\partial F}{\partial t} + \mathcal{V} \cdot F = C \cdot F} \tag{11.21}$$

Malgré sa complexité apparente nous allons voir qu'un certain nombre de méthodes perturbatives et variationelles permettent d'exprimer des solutions décrivant le transport couplé de matière et de chaleur dans les tokamaks.

$$\frac{\partial F}{\partial t} + \left[\frac{\langle \delta \mathbf{r} \rangle}{\delta t} \cdot \frac{\partial}{\partial \mathbf{r}} + \frac{\langle \delta \mathbf{v} \rangle}{\delta t} \cdot \frac{\partial}{\partial \mathbf{v}}\right] F = -\frac{\partial}{\partial \mathbf{v}} \cdot \left[\frac{\langle \delta \mathbf{v} \rangle_L}{\delta t} - \frac{\partial}{\partial \mathbf{v}} \cdot \frac{\langle \delta \mathbf{v} \delta \mathbf{v} \rangle_L}{2\delta t}\right] F$$

$$\frac{\partial F}{\partial t} + \left[\mathbf{v} \cdot \frac{\partial}{\partial \mathbf{r}} + \frac{q}{m}\mathbf{v} \times \mathbf{B} \cdot \frac{\partial}{\partial \mathbf{v}}\right] F = -\sum_s \frac{\partial}{\partial \mathbf{p}} \cdot \int d\mathbf{v}_s \mathbf{U} \cdot \left(F \frac{\partial f_s}{\partial \mathbf{p}_s} - f_s \frac{\partial F}{\partial \mathbf{p}}\right)$$

Les quatre principaux moments de la fonction de distribution F, dont l'étude des évolutions constitue la description fluide d'un plasma thermonucléaire, sont : la densité n (11.22), la vitesse hydrodynamique $\mathbf{V}$ (11.25), la pression p (11.24) et la température T (11.23).

$$\textit{Densité} \quad : \quad n(\mathbf{r}, t) \left[\mathrm{m}^{-3}\right] \equiv \int F(\mathbf{r}, \mathbf{v}, t) d\mathbf{v} \tag{11.22}$$

$$\textit{Pression} \quad : \quad p(\mathbf{r}, t) \left[\mathrm{Pa}\right] \equiv \frac{1}{3} \int m \left[\mathbf{v} - \mathbf{V}\right]^2 F(\mathbf{r}, \mathbf{v}, t) d\mathbf{v} \tag{11.23}$$

$$\textit{Température} \quad : \quad k_B T(\mathbf{r}, t) \left[\mathrm{J}\right] \equiv \frac{m}{3} \frac{\int \left[\mathbf{v} - \mathbf{V}\right]^2 F(\mathbf{r}, \mathbf{v}, t)}{\int F(\mathbf{r}, \mathbf{v}, t) d\mathbf{v}} d\mathbf{v} \tag{11.24}$$

$$\textit{Vitesse} \quad : \quad \mathbf{V}(\mathbf{r},t)\left[\mathrm{m}\cdot\mathrm{s}^{-1}\right] \equiv \frac{\int \mathbf{v}F(\mathbf{r},\mathbf{v},t)d\mathbf{v}}{\int F(\mathbf{r},\mathbf{v},t)d\mathbf{v}} \tag{11.25}$$

On notera que ces définitions conduisent à l'équation des gaz parfaits $p = nk_BT$ bien que la distribution $F(\mathbf{r},\mathbf{v},t)$ ne soit pas *à priori* à l'équilibre. Les transports de la masse (charge), de l'énergie et de l'impulsion sont décrits par les vecteurs flux de particules $n\mathbf{V}$ (11.26), flux d'énergie $\mathbf{Q}$ (11.27), ainsi que par le tenseur de flux d'impulsion $\mathbf{\Pi}$ (11.28).

$$\textit{Flux de particules} \quad : \quad n(\mathbf{r},t)\,\mathbf{V}(\mathbf{r},t)\left[\frac{1}{\mathrm{m}^2\cdot\mathrm{s}}\right] \equiv \int \mathbf{v}F(\mathbf{r},\mathbf{v},t)d\mathbf{v} \tag{11.26}$$

$$\textit{Flux d'impulsion} \quad : \quad \mathbf{\Pi}(\mathbf{r},t)\left[\frac{\mathrm{N}}{\mathrm{m}^2}\right] \equiv \int m\mathbf{v}\mathbf{v}F(\mathbf{r},\mathbf{v},t)d\mathbf{v} \tag{11.27}$$

$$\textit{Flux d'énergie} \quad : \quad \mathbf{Q}(\mathbf{r},t)\left[\frac{\mathrm{W}}{\mathrm{m}^2}\right] \equiv \int \frac{m}{2}\mathbf{v}^2\mathbf{v}F(\mathbf{r},\mathbf{v},t)d\mathbf{v} \tag{11.28}$$

Avant d'entreprendre : (*i*) la construction de la hiérarchie des 5 équations de l'hydrodynamique reliant les moments (densités et flux) de l'équation de Vlasov-Landau, puis (*ii*) la coupure de cette hiérarchie obtenue en exprimant les flux, $\mathbf{\Pi}(n,T,\mathbf{V})$ et $\mathbf{Q}(n,T,\mathbf{V})$ en fonction des 5 fonctions $n(\mathbf{r},t)$, $T(\mathbf{r},t)$, $\mathbf{V}(\mathbf{r},t)$, considérons une forme plus élaborée des flux, forme aussi beaucoup plus commune dans les domaines de l'hydrodynamique et de la thermique des fluides. Décomposons le tenseur $\mathbf{\Pi}$ et définissons le tenseur de viscosité $\boldsymbol{\pi}$ suivant le tableau :

Flux total d'impulsion	$\mathbf{\Pi} \equiv nm\mathbf{V}\mathbf{V} + p\mathbf{I} + \boldsymbol{\pi}$
Flux convectif d'impulsion	$nm\mathbf{V}\mathbf{V}$
Tenseur de pression	$p\mathbf{I}$
Flux visqueux d'impulsion	$\boldsymbol{\pi}$

puis décomposons le flux d'énergie $\mathbf{Q}$ pour faire apparaître le flux conductif de chaleur $\mathbf{q}$.

Flux total dénergie	$\mathbf{Q} \equiv \frac{1}{2}mnV^2\mathbf{V} + \mathbf{q} + \frac{5}{2}p\mathbf{V} + \boldsymbol{\pi}\cdot\mathbf{V}$
Flux convectif d'énergie cinétique	$mn\frac{V^2}{2}\mathbf{V}$
Flux convectif d'enthalpie	$\frac{5}{2}p\mathbf{V}$
Dissipation visqueuse	$\boldsymbol{\pi}\cdot\mathbf{V}$
Flux conductif de chaleur	$\mathbf{q}$

Cet ensemble de définitions, permettant d'accorder les équations de l'évolution des moments et les équations classiques de la thermique et de l'hydrodynamique, conduit à définir les flux dissipatifs comme suit :

$$\textit{Flux visqueux d'impulsion} \quad : \quad \boldsymbol{\pi}(\mathbf{r},t) = \int m\left[\mathbf{v}-\mathbf{V}\right]\left[\mathbf{v}-\mathbf{V}\right]F(\mathbf{r},\mathbf{v},t)d\mathbf{v} - p\mathbf{I}$$

$$\textit{Flux conductif de chaleur} \quad : \quad \mathbf{q}(\mathbf{r},t) = \int \frac{m}{2}\left[\mathbf{v}-\mathbf{V}\right]^2\left[\mathbf{v}-\mathbf{V}\right]F(\mathbf{r},\mathbf{v},t)d\mathbf{v}$$

Ces définitions étant posées, compte tenu des propriétés de l'opérateur de Landau présentées au paragraphe précédent, il est aisé de calculer les premiers moments de l'équation de Vlasov-Landau (11.21), $\partial F/\partial t + \mathcal{V} \cdot F = C \cdot F$, et d'établir un certain nombre de relations entre ces moments en intégrant par parties autant de fois que nécessaire la relation :

$$\frac{\partial}{\partial t}\left(\int \mathbf{vv}...Fd\mathbf{v}\right) + \int \mathbf{vv}...\mathcal{V} \cdot Fd\mathbf{v} = \int \mathbf{vv}...C \cdot Fd\mathbf{v} \quad (11.29)$$

pour ramener ces intégrales aux moments définis précédemment, ou aux termes de friction (10.9) et de thermalisation (10.14) étudiés dans le paragraphe précédant. Ainsi la relation de conservation du nombre de particules est dérivée directement en considérant les moments d'ordre zéro et un ; et de façon similaire les moments d'ordre un, deux et trois permettent d'établir les équations de conservation de l'impulsion et de l'énergie.

$$\textit{Particules} \quad : \quad \frac{\partial}{\partial t}n + \boldsymbol{\nabla} \cdot n\mathbf{V} = 0 \quad (11.30)$$

$$\textit{Impulsion} \quad : \quad m\frac{\partial}{\partial t}(n\mathbf{V}) + \boldsymbol{\nabla} \cdot \mathbf{\Pi} = nq\mathbf{V} \times \mathbf{B} + \mathbf{R} \quad (11.31)$$

$$\textit{Energie} \quad : \quad \frac{\partial}{\partial t}\left(\frac{3}{2}nk_BT + n\frac{m}{2}\mathbf{V}^2\right) + \boldsymbol{\nabla} \cdot \mathbf{Q} = \mathbf{R} \cdot \mathbf{V} + W \quad (11.32)$$

Nous avons introduit la densité volumique de force de friction entre une population et les autres populations, $\mathbf{R}$ (10.9), et la densité volumique de puissance échangée avec les autre populations à travers le processus de thermalisation, W (10.14). Nous avons ainsi obtenu 5 équations pour 14 inconnues : n, T, $\boldsymbol{\pi}$ et $\mathbf{q}$. Ce système d'équations hydrodynamiques n'est donc pas fermé et nous devons formuler des hypothèses supplémentaires pour obtenir des équations macroscopiques de conservation offrant autant d'équations que d'inconnues. Nous allons résoudre l'équation de Vlasov-Landau stationnaire, $\mathcal{V} \cdot F = C \cdot F$, sous une hypothèse de faible écart à l'équilibre pour relier les flux $\boldsymbol{\pi}$ et $\mathbf{q}$ aux 5 fonctions n, T, $\mathbf{V}$. Ces trois quantités ainsi définies permettent une écriture des bilans d'impulsion et d'énergie, complétant le bilan de matière, où les termes usuels de la thermohydraulique des fluides peuvent être identifiés.

$$\textit{Particules} \quad : \quad \frac{\partial n}{\partial t} + \boldsymbol{\nabla} \cdot n\mathbf{V} = 0$$

$$\textit{Impulsion} \quad : \quad mn\frac{\partial \mathbf{V}}{\partial t} + mn(\mathbf{V} \cdot \boldsymbol{\nabla})\mathbf{V} = -\boldsymbol{\nabla}p + qn\mathbf{V} \times \mathbf{B} - \boldsymbol{\nabla} \cdot \boldsymbol{\pi} + \mathbf{R}$$

$$\textit{Energie} \quad : \quad \frac{3}{2}n\frac{\partial k_BT}{\partial t} + \frac{3}{2}n\mathbf{V} \cdot \boldsymbol{\nabla}k_BT = -p\boldsymbol{\nabla} \cdot \mathbf{V} - \boldsymbol{\nabla} \cdot \mathbf{q} - \boldsymbol{\pi} \cdot \boldsymbol{\nabla}\mathbf{V} + W$$

Nous avons utilisé les identités : $\boldsymbol{\nabla} \cdot n\mathbf{VV} = \mathbf{V}\boldsymbol{\nabla} \cdot n\mathbf{V} + n\mathbf{V}\boldsymbol{\nabla} \cdot \mathbf{V}$ et $\boldsymbol{\nabla} \cdot \mathbf{V} \cdot \boldsymbol{\pi} = \boldsymbol{\pi} : \boldsymbol{\nabla}\mathbf{V} + \mathbf{V} \cdot \boldsymbol{\nabla} \cdot \boldsymbol{\pi}$. Les termes $\boldsymbol{\nabla} \cdot \boldsymbol{\pi}$ et $\mathbf{R}$ sont de nature dissipative et traduisent respectivement la viscosité interne à la population considérée et la friction externe sur les autres populations. Les termes $p\boldsymbol{\nabla} \cdot \mathbf{V}$, $\boldsymbol{\pi} : \boldsymbol{\nabla}\mathbf{V}$ et W décrivent le travail de compression, la dissipation visqueuse et l'échange d'énergie avec les autres populations.

Le système de 5 équations pour 5 inconnues que nous venons d'établir est complet pour la description d'un fluide composé d'une espèce unique si les quantités $\boldsymbol{\pi}(\mathbf{r}, t)$ et $\mathbf{q}(\mathbf{r}, t)$ sont exprimées en fonctions des 5 inconnues : $n(\mathbf{r}, t)$,

$T(\mathbf{r},t)$ et $\mathbf{V}(\mathbf{r},t)$, mais, pour un mélange de deux espèces différentes, les flux de particules, $n_1\mathbf{V}_1$ et $n_2\mathbf{V}_2$ associés aux deux espèces, constituent deux variables indépendantes. La vitesse hydrodynamique de la phase fluide est une moyenne $\mathbf{V} = (m_1\mathbf{V}_1 + m_2\mathbf{V}_2)/(m_1 + m_2)$, ainsi une partie du flux des espèces 1 et 2 est portée par cet écoulement moyen, c'est la composante convective du flux, et une autre partie présente une nature diffusive de flux $\mathbf{\Gamma}_1 \equiv \int [\mathbf{v}_1 - \mathbf{V}(\mathbf{r},t)]$ $F_1(\mathbf{r},\mathbf{v}_1,t)d\mathbf{v}_1$et $\mathbf{\Gamma}_2$, cette partie dissipative, source de production d'entropie, résulte des collisions. De façon similaire aux flux d'impulsion et énergie, le flux de particules dans un mélange se décompose en une partie convective inertielle et une partie diffusive collisionnelle.

Flux total de particules	$n_1\mathbf{V}_1 \equiv n_1\mathbf{V} + \mathbf{\Gamma}_1$
Flux convectif de particules	$n_1\mathbf{V}$
Flux diffusif de particules	$\mathbf{\Gamma}_1$

Il est donc nécessaire, pour un plasma thermonucléaire constitué d'électrons et d'ions, de considérer non seulement les relations entre $\boldsymbol{\pi}(\mathbf{r},t)$ et $\mathbf{q}(\mathbf{r},t)$ et $n(\mathbf{r},t)$, $T(\mathbf{r},t)$ et $\mathbf{V}(\mathbf{r},t)$, mais aussi entre $\mathbf{\Gamma}(\mathbf{r},t)$ d'une part et $n(\mathbf{r},t)$, $T(\mathbf{r},t)$ et $\mathbf{V}(\mathbf{r},t)$ d'autre part. Pour un mélange fluide ne présentant pas un écoulement hydrodynamique, l'ensemble des équations précédentes se réduit alors au problème du confinement des particules et de la chaleur :

$$\textit{Particules} \quad : \quad \frac{\partial n}{\partial t} + \boldsymbol{\nabla}\cdot\mathbf{\Gamma} = 0 \tag{11.33}$$

$$\textit{Energie} \quad : \quad \frac{3}{2}n\frac{\partial k_B T}{\partial t} + \boldsymbol{\nabla}\cdot\mathbf{q} = W \tag{11.34}$$

et nécessite donc la donnée des expressions de $\mathbf{\Gamma}(\mathbf{r},t)$ et $\mathbf{q}(\mathbf{r},t)$ en fonction de $n(\mathbf{r},t)$ et $T(\mathbf{r},t)$. Dans la suite nous allons considérer des plasmas dont la vitesse hydrodynamique d'écoulement est nulle, $\mathbf{V} = \mathbf{0}$, et résoudre l'équation de Vlasov-Landau pour évaluer $F(\mathbf{v},\mathbf{r})$, puis calculer les flux de particules et de chaleur, $\mathbf{\Gamma}$ et $\mathbf{q}$, qui décrivent les processus de déconfinement de la matière et de la chaleur, nous ne considérerons pas le problème de la viscosité associé au cas $\mathbf{V} \neq \mathbf{0}$.

Pour une distribution d'équilibre local présentant des gradients de densité et température, il est aisé de vérifier sur la base des définitions précédentes que les flux de particules (11.26) et de chaleur (11.28), $\mathbf{\Gamma}$ et $\mathbf{q}$, sont nuls :

$$F_M(\mathbf{v},\mathbf{r}) = n(\mathbf{r})\left(\frac{m}{2\pi k_B T(\mathbf{r})}\right)^{\frac{3}{2}} \exp -\left(\frac{mv^2}{2k_B T(\mathbf{r})}\right) \rightarrow \mathbf{\Gamma} = \mathbf{q} = \mathbf{0}$$

aussi, il est nécessaire de considérer des fonctions de distribution présentant un écart à l'équilibre thermodynamique global mais aussi à l'équilibre thermodynamique local du type :

$$F(\mathbf{v},\mathbf{r}) = n(\mathbf{r})\left(\frac{m}{2\pi k_B T(\mathbf{r})}\right)^{\frac{3}{2}} \exp -\left(\frac{mv^2}{2k_B T(\mathbf{r})}\right)[1 + \phi(\mathbf{v},\mathbf{r})] \rightarrow \mathbf{\Gamma} \neq \mathbf{0},\, \mathbf{q} \neq \mathbf{0}$$

Il est important de rappeler que le flux collisionnel de particules dans un champ magnétique ne peut provenir que des collisions entre particules d'espèces différentes. En effet, lors de la collision entre une particule 1 et une particule 2, la variation de la position instantannée des particules est nulle $\delta \mathbf{r} = \mathbf{0}$ et il en résulte un couplage entre les variations de vitesses cyclotroniques $\delta \mathbf{v}_c$ et les variations de positions des centres guides $\delta \mathbf{R}_\perp$. Si la collision a lieu entre particules semblables la conservation de l'impulsion $m_1 \delta \mathbf{v}_{c1} + m_2 \delta \mathbf{v}_{c2} = \mathbf{0}$ implique que la somme de des deux déplacements de centre guide est nulle : $\delta \mathbf{R}_{1\perp} + \delta \mathbf{R}_{2\perp} = \mathbf{0}$ (figure (11.7)).

$$\delta \mathbf{R}_{1\perp} = \frac{\delta \mathbf{V}_{c1} \times \mathbf{b}}{\omega_{c1}}, \ \delta \mathbf{R}_{2\perp} = \frac{\delta \mathbf{V}_{c2} \times \mathbf{b}}{\omega_{c2}} \ \underset{m_1 \delta \mathbf{V}_{c1} + m_2 \delta \mathbf{V}_{c2} = \mathbf{0}}{\overset{m_1 = m_2}{\longrightarrow}} \ \delta \mathbf{R}_{1\perp} + \delta \mathbf{R}_{2\perp} = \mathbf{0}$$

Aussi, pour étudier le flux électronique $\mathbf{\Gamma}_e$, nous devons considérer les collisions sur les ions et pour étudier les flux ioniques $\mathbf{\Gamma}_i$, les collisions sur les électrons. Les flux de chaleur $\mathbf{q}_{ei}$ ne sont, par contre, pas contraints par ces restrictions.

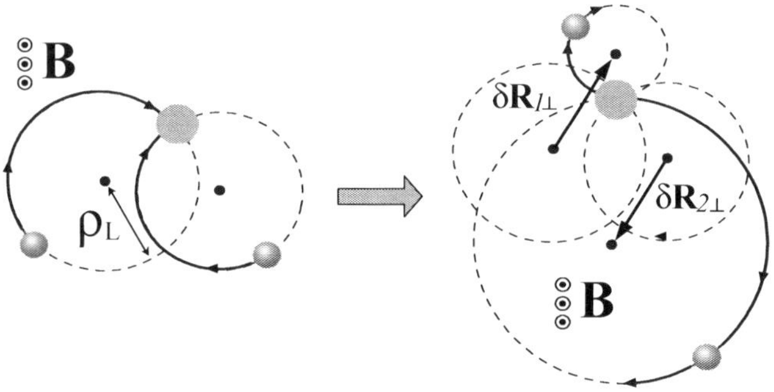

Fig. 11.7 : *Collisions entre particules de masses et charges semblables dans un champ magnétique.*

Dans le domaine de la physique des plasmas thermonucléaires on dénomme théorie de Braginsky la théorie construite autour de l'équation de Vlasov complétée par l'opérateur de Landau pour prendre en compte la dynamique collisionnelle responsable du transport dans l'espace réel : l'équation de Vlasov-Landau (11.21), (11.35) ; en régime stationnaire elle se réduit à une équation différentielle linéaire dans l'espace des positions et vitesses : $\mathcal{V}(\mathbf{r}, \mathbf{v}) \cdot F(\mathbf{r}, \mathbf{v}) = C(\mathbf{r}, \mathbf{v}) \cdot F(\mathbf{r}, \mathbf{v})$, l'opérateur de Landau dépend de la position $\mathbf{r}$ uniquement par sa dépendance en la densité et la température de la population cible mais n'opère pas de façon différentielle dans l'espace réel.

Equation cinétique de Vlasov-Landau stationnaire : $\mathcal{V} \cdot F = C \cdot F$ (11.35)

L'interprétation de cette équation cinétique dans l'espace des vitesses et positions s'établit comme suit : les collisions décrites par $C \cdot F$ génèrent des flux permettant de réaliser un état stationnaire de non équilibre en présence de gradients spatiaux au sein de l'opérateur $\mathcal{V} \cdot F$; les modifications apportées par C sur F compensent l'écart à l'équilibre associé aux gradients spatiaux, la fonction F ne sera pas une distribution de Boltzmann maximisant l'entropie mais minimisant la production d'entropie.

11.1.4 Principes variationnels

Tout au long des développements précédents nous avons uniquement fait usage des propriétés des représentations énergétique et entropique d'un système et des procédures de passage du discret au continu ; l'expression donnant la production d'entropie comme une forme bilinéaire entre forces et flux ne constitue ni un résultat nouveau, ni une hypothèse nouvelle, mais une simple extension aux milieux continus des principes de la thermodynamique. Ce faisant, nous avons augmenté le nombre de variables car, en plus des densités x_i et intensités Z_i, nous avons introduit les flux $\mathbf{J}_{x_i}$ ($\mathbf{\Gamma}$ et $\mathbf{q}$) ; aussi dans le contexte d'une construction rationnelle nous devons établir l'expression de ces flux en fonction des variables intensives Z_i et des forces thermodynamiques ∇Z_i. D'un point de vue formel nous devons établir un nombre de relations égal au nombre de flux. Une hypothèse, simple et réaliste, de linéarité entre flux et force,

$$\mathbf{J}_{x_i}\left(\nabla Z_1, \nabla Z_2, ..., Z_1, Z_2, ...\right) = \sum_j L_{ij}\left(Z_1, Z_2 ...\right) \nabla Z_j + \sum_{jk} L_{ijk} \nabla Z_j \nabla Z_k + ...$$

nous conduit à définir un ensemble de coefficients cinétiques L_{ij} tels que :

$$\textit{Coefficients cinétiques linéaires} \ : \ \mathbf{J}_{x_i} \equiv \sum_j L_{ij} \nabla Z_j \tag{11.36}$$

Sous l'hypothèse de linéarité de la relation flux/forces, la production d'entropie devient une forme quadratique des forces. Le second principe implique un taux de production d'entropie nul ou positif, la matrice des coefficients cinétiques L_{ij} vérifie donc les propriétés classiques associées aux formes quadratiques définies positives ; en particulier, pour un système simple décrit par deux flux et deux forces (masse et chaleur dans un tokamak) : $2\sqrt{L_{11}L_{22}} > L_{12} + L_{21}$.

$$2^{\grave{e}me} \textit{principe} \ : \sigma_s \geq 0 \rightarrow L_{ii} > 0, \ \textit{Onsager} \ : \ L_{ij}\left(\mathbf{B}\right) = L_{ji}\left(-\mathbf{B}\right)$$

Nous avons complété l'énoncé des propriétés des coefficients cinétiques par les *relations d'Onsager* conséquences du principe de micro-réversibilité. L'approximation linéaire des flux, c'est-à-dire l'approximation quadratique du taux de production d'entropie, conduit au théorème du minimum de production d'entropie en régime stationnaire : *pour un système contraint, en régime linéaire, la production interne d'entropie σ_s atteint sa valeur minimum à l'état stationnaire de non-équilibre*. La démonstration de ce théorème s'établit comme suit. Soit deux gradients de variables intensives, Z_1 et Z_2, décrivant une situation de non équilibre et soit les deux flux conjugés $J_1 = L_{11}\nabla Z_1 + L_{12}\nabla Z_2$ et $J_2 = L_{22}\nabla Z_2 + L_{21}\nabla Z_1$; le taux de production d'entropie est donné par : $\sigma_s = J_1\nabla Z_1 + J_2\nabla Z_2 = L_{11}\nabla Z_1\nabla Z_1 + 2L_{12}\nabla Z_1\nabla Z_2 + L_{22}\nabla Z_2\nabla Z_2$. Considérons un système extérieur imposant le gradient ∇Z_1 permettant ainsi l'injection et l'extraction du flux J_1, le deuxième flux est quant-à-lui nul car l'absence de couplage externe suivant la variable Z_2 ne permet pas l'entretien (injection/extraction) d'un flux J_2, le gradient ∇Z_2 est donc libre et prend la valeur :

$$J_2 = L_{22}\nabla Z_2 + L_{21}\nabla Z_1 = 0 \rightarrow \nabla Z_2 = -\frac{L_{21}}{L_{22}}\nabla Z_1 \tag{11.37}$$

Parmi toutes les valeurs possibles de ∇Z_2 cette valeur (11.37) est celle qui rend le taux de production d'entropie minimal, en effet :

$$\frac{\partial \sigma_s}{\partial \nabla Z_2} = 0 \rightarrow 2L_{12}\nabla Z_1 + 2L_{22}\nabla Z_2 = 0 \rightarrow \frac{\partial^2 \sigma_s}{\partial \nabla Z_2^2} < 0 \tag{11.38}$$

Ce résultat est une conséquence algébriquement triviale de la nature quadratique symétrique de σ_s et il se généralise aisément pour un nombre arbitraire de variables ; ainsi, *une décharge tokamak considérée comme un système en flux au voisinage de l'équilibre construira des gradients libres assurant un minimum de production d'entropie pour un ensemble de flux contraints par la combustion et le contrôle.*

Une approche variationnelle du non équilibre n'est pas restreinte à la thermodynamique macroscopique mais peut aussi être considérée dans le contexte de la théorie cinétique. Dans ce cadre la densité volumique d'entropie de Boltzmann est définie comme $S \equiv -k_B \int d\mathbf{v} F(\mathbf{r},\mathbf{v}) \log[F(\mathbf{r},\mathbf{v})]$. Le taux de production d'entropie est donc égal à :

$$\textit{Production d'entropie} \; : \frac{dS}{dt} = -k_B \int d\mathbf{v} \log F(\mathbf{r},\mathbf{v}) \frac{\partial}{\partial t} F(\mathbf{r},\mathbf{v}) \qquad (11.39)$$

Considérons l'équation de Vlasov-Landau : $\mathcal{V}(\mathbf{r},\mathbf{v}) \cdot F(\mathbf{r},\mathbf{v}) = C(\mathbf{r},\mathbf{v}) \cdot F(\mathbf{r},\mathbf{v})$, recherchons une solution sous la forme d'un développement perturbatif au voisinage de l'équilibre : $F = F_M(1+\phi)$ où $\phi < 1$. Appliquée au cas du voisinage de l'équilibre $F = F_M(1+\phi)$ la relation (11.39) :

$$\frac{dS}{dt}\left[\frac{\mathrm{W}}{\mathrm{K.m^3}}\right] = \underbrace{-k_B \int d\mathbf{v} \log F_M C \cdot F_M \phi}_{W} - \underbrace{k_B \int d\mathbf{v} \phi C \cdot F_M \phi}_{G} \qquad (11.40)$$

conduit à identifier : (i) la densité volumique de chauffage $W\left[\mathrm{W/m^3}\right]$ déjà étudiée (10.14) et associée au terme δS_e et (ii) le terme irréversible σ_s dérivant de δS_i. Définissons la fonctionnelle bilinéaire $G(\phi_1,\phi_2) = \int d\mathbf{v} \phi_1 C \cdot F_M \phi_2$, il est aisé d'établir la propriété $G(\phi_1,\phi_2) = G(\phi_2,\phi_1)$ à partir de la représentation de Boltzmann de l'opérateur (auto-adjoint) C, ainsi le bilan de production d'entropie issu de la description cinétique est donné par :

$$\frac{dS}{dt} \equiv \frac{W}{T} - k_B G(\phi,\phi) \to \sigma_s = -k_B G(\phi,\phi) \qquad (11.41)$$

Compte tenu des relations (11.11) et (11.12) nous sommes donc conduits à identifier :

$$k_B G(\phi,\phi) = -\mathbf{J}_h \cdot \boldsymbol{\nabla}\frac{1}{T} + \mathbf{J}_n \cdot \frac{\boldsymbol{\nabla}\mu}{T} + \sum_i \mathbf{J}_{x_i} \cdot \frac{\boldsymbol{\nabla} Y_i}{T} \qquad (11.42)$$

Cette identification est recevable car l'équation cinétique $\mathcal{V} \cdot F = C \cdot F$, sous l'approximation $F = F_M(1+\phi)$, se réduit à $C \cdot F_M \phi = \mathcal{V} \cdot F_M$; ainsi $G(\phi,\phi) = \int d\mathbf{v} \phi \mathcal{V} \cdot F_M$ et $\mathcal{V} \cdot F_M$ s'exprime comme une forme linéaire des gradients : $\boldsymbol{\nabla} 1/T$, $\boldsymbol{\nabla}\mu/T$,$\boldsymbol{\nabla} Y_i\ /T$.

Pour établir le lien entre le théorème de minimum de production d'entropie (11.39) et l'équation cinétique stationnaire $\mathcal{V} \cdot F = C \cdot F$ définissons les deux fonctionelles :

$$P(\phi) \equiv \int d\mathbf{v} \phi \mathcal{V} \cdot [F_M] \;\; , G(\phi_1,\phi_2) \equiv \int d\mathbf{v} \phi_1 C \cdot [F_M \phi_1] \qquad (11.43)$$

Sur la base de ces définitions et propriétés, considérons la variation de la fonctionnelle $2P - G$: $\delta\left[2P(\phi) - G(\phi,\phi)\right] = 2P(\delta\phi)$ - $2G(\delta\phi,\phi)$. Ainsi, lorsque la fonctionnelle $2P - G$ est optimum :

$$\forall\delta\phi\ ,\ \int d\mathbf{v}\delta\phi\mathcal{V}\cdot F_M = \int d\mathbf{v}\delta\phi C\cdot F_M\phi \to C\cdot F_M\phi = \mathcal{V}\cdot F_M \tag{11.44}$$

la fonction $F_M(1+\phi)$ est solution de l'équation de Vlasov-Landau et : $C\cdot F_M\phi$ $= \mathcal{V}\cdot F_M \to P(\phi) = G(\phi,\phi) = 2P(\phi)$ - $G(\phi,\phi) = -\sigma_s/k_B$; le principe du minimum de production d'entropie est donc retrouvé dans le cadre de l'analyse cinétique, offrant ainsi une méthode variationnelle pour résoudre l'équation cinétique $C\cdot\phi = \mathcal{V}\cdot F_M$. La variation de la fonctionnelle P^2/G fournit la solution de l'équation cinétique lorsque $\delta\left(P^2/G\right) = 0$.

$$\textit{Principe variationnel :}\ \delta\left[\frac{P(\phi)\,P(\phi)}{G(\phi,\phi)}\right] = 0 \to C\cdot F_M\phi = \mathcal{V}\cdot F_M$$

Cet optimum de P^2/G pour les solutions de l'équation de Vlasov-Landau est indépendante de l'amplitude de ϕ, nous pouvons donc rechercher la solution sous la forme d'un développement $\phi(\mathbf{v}) = \sum_{i,j}\phi_i(\mathbf{v})\,\lambda_{ij}\boldsymbol{\nabla}Z_j(\mathbf{r})$ réduisant ainsi la recherche d'une solution d'une équation différentielle à la résolution d'une équation algébrique sur les λ_{ij} ; bien entendu la solution ainsi obtenue est approchée car la fonction ϕ est représentée sur un nombre fini de fonctions $\phi_i(\mathbf{v})$ et non sur une base complète.

11.1.5 Modèle de Lorentz-Landau

L'analyse de l'équation cinétique révèle que le terme déterminant principalement les processus de diffusion de matière et de chaleur est celui lié au transfert d'impulsion entre le mouvement cyclotronique et le mouvement le long des lignes de champ qui induit un déplacement du centre guide ; nous utiliserons donc uniquement la partie de l'opérateur de Landau décrivant ce processus d'isotropisation des vitesses :

$$\textit{Modèle de Lorentz :}\ C = \frac{\nu}{2}\frac{\partial}{\partial\mathbf{v}}\cdot\left[\mathbf{I}v^2 - \mathbf{v}\mathbf{v}\right]\cdot\frac{\partial}{\partial\mathbf{v}} \tag{11.45}$$

Ainsi cette restriction nous ramène au modèle de Lorentz étudié précédemment (4.104). Cet opérateur de Lorentz-Landau peut être exprimé :

• sur une base sphérique (v,α,φ) dans l'espace des vitesses (figure (11.8)) : $v_z = v\cos\alpha$, $v_x = v\sin\alpha\cos\varphi$, $v_y = v\sin\alpha\sin\varphi$; φ est l'angle cyclotronique et α *le pitch angle*, c'est cette expression (4.103) que nous utiliserons dans le cadre de la théorie de Braginsky,

• sur des coordonnées adiabatiques et cyclotroniques : $\mu = mv^2\sin\alpha^2/2B$, $\mathcal{H} = mv^2/2$ et φ, où l'énergie cinétique $\mathcal{H}$ et le moment magnétique μ sont explicités afin de faciliter la prise en compte de leurs invariances, ces coordonnées sont utilisées dans le cadre de la théorie néo-classique. Les règles de dérivation des changements de variables permettent d'obtenir les expressions de l'opérateur de Lorentz-Landau sur ces deux systèmes de repérage de la vitesse.

$$\textit{Sphériques}\quad :\quad C(v,\alpha,\varphi) = \frac{\nu(v)}{2}\left[\frac{1}{\sin\alpha}\frac{\partial}{\partial\alpha}\sin\alpha\frac{\partial}{\partial\alpha} + \frac{1}{\sin^2\alpha}\frac{\partial^2}{\partial\varphi^2}\right]$$

$$\textit{Adiabatiques} \quad : \quad C(\mathcal{H},\mu,\varphi) = \frac{\nu(\mathcal{H})}{2}\left[\frac{2m}{B}v_{\parallel}\frac{\partial}{\partial\mu}\mu v_{\parallel}\frac{\partial}{\partial\mu} + \frac{4\mathcal{H}}{\mu B}\frac{\partial^2}{\partial\varphi^2}\right]$$

notons que $v_{\parallel}^2(\mathcal{H},\mu) = 2(\mathcal{H}-\mu B)/m$ ne constitue pas une variable indépendante dans le cadre du repérage adiabatique/cyclotronique $(\mathcal{H},\mu,\varphi)$ de la vitesse. L'inversion de l'opérateur $C(v,\alpha,\varphi)$ permettra de construire la théorie de Braginsky du transport en champ homogène et l'inversion de l'opérateur $C(\mathcal{H},\mu,\varphi)$ est adapté à l'identification et l'étude des effets néo-classiques. Malgré son apparente complexité, le terme de Vlasov décrivant la force de Laplace, $\mathbf{v}\times\mathbf{B}\cdot\partial/\partial\mathbf{v}$, se réduit à une simple dérivation par rapport à l'angle de rotation cyclotronique φ.

$$\textit{Vlasov:} \ \mathcal{V}(v,\alpha,\varphi) = \mathbf{v}\cdot\boldsymbol{\nabla} + \frac{q}{m}\mathbf{v}\times\mathbf{B}\cdot\frac{\partial}{\partial\mathbf{v}} = \mathbf{v}\cdot\boldsymbol{\nabla} + \omega_c\frac{\partial}{\partial\varphi} \tag{11.46}$$

où la fréquence cyclotronique est définie de façon usuelle : $\omega_c \equiv qB/m$. Nous allons mettre en œuvre une méthode perturbative pour résoudre l'équation cinétique de Vlasov-Landau-Lorentz ainsi mise en forme. La fonction de distribution dans l'espace des vitesses et positions solution de $\mathcal{V}\cdot F = C\cdot F$ est recherchée sous la forme :

$$F = F_M(v,\mathbf{r})[1+\phi] = n(\mathbf{r})\left(\frac{m}{2\pi k_B T(\mathbf{r})}\right)^{\frac{3}{2}}\exp\left(-\frac{mv^2}{2k_B T(\mathbf{r})}\right)[1+\phi(\mathbf{v},\mathbf{r})]$$

où $\phi \ll 1$ est la partie responsable des flux de masse et chaleur.

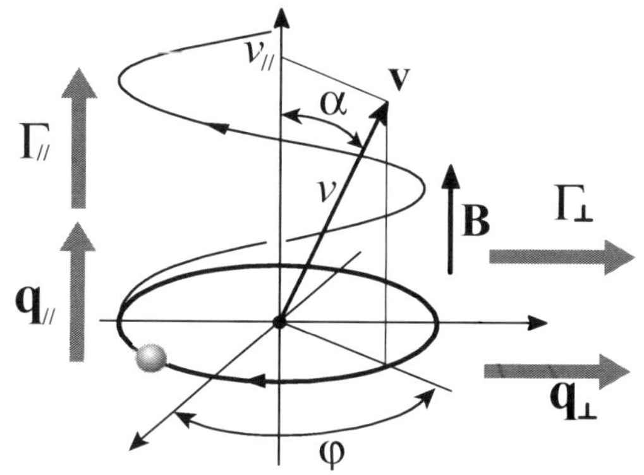

Fig. 11.8 : *Coordonnés sphériques dans le sous-espace des vitesses, flux parallèles et perpendiculaires.*

Nous supposerons : (i) que l'essentiel des gradients spatiaux sont décrits par F_M, et nous vérifierons à posteriori, $\boldsymbol{\nabla}\phi \ll \boldsymbol{\nabla}\log F_M$, (ii) que la dynamique de ϕ est dominée par les collisions, $\mathbf{v}\cdot\boldsymbol{\nabla}\phi F_M \ll C\cdot\phi F_M$, ainsi comme $C\cdot F_M = 0$:

$$\mathcal{V}\cdot(F_M+\phi F_M) = C\cdot(F_M+\phi F_M) \rightarrow C\cdot\phi - \omega_c\frac{\partial\phi}{\partial\varphi} = \mathbf{v}\cdot\frac{\boldsymbol{\nabla}F_M}{F_M} \tag{11.47}$$

Cet ensemble d'hypothèses est équivalent à un développement de l'équation cinétique $\mathcal{V}\cdot(F_M+\phi F_M) = C\cdot(F_M+\phi F_M)$ suivant un petit paramètre ε, ce petit paramètre étant défini comme le libre parcours v/ν que divise la longueur caractéristique de gradient $F_M/\nabla F_M$, ainsi l'ordering $\mathbf{v}\cdot\boldsymbol{\nabla} \sim \varepsilon C$, $F_M \sim 1$,

$\mathbf{v} \cdot \boldsymbol{\nabla} \sim \varepsilon\omega_c$ et $\phi \sim \varepsilon$ permet de réduire l'équation cinétique. La forme finale de l'équation de Vlasov-Landau-Lorentz linéarisée s'établit donc comme suit :

$$\frac{\nu(v)}{2}\left(\frac{1}{\sin\alpha}\frac{\partial}{\partial\alpha}\sin\alpha\frac{\partial}{\partial\alpha}+\frac{1}{\sin^2\alpha}\frac{\partial^2}{\partial\varphi^2}\right)\phi-\omega_c\frac{\partial}{\partial\varphi}\phi=\mathbf{v}\cdot\frac{\boldsymbol{\nabla}F_M}{F_M}$$

Comme nous l'avons déjà remarqué, l'opérateur de Landau-Lorentz présente une forme similaire à l'opérateur *carré du moment cinétique*, (4.105), en mécanique quantique.

Les fonctions propres de l'opérateur moment cinétique en mécanique quantique sont les harmoniques sphériques $Y_l^m(\alpha,\varphi)$, qui, en l'absence de dépendance en l'angle φ, se réduisent aux polynômes de Legendre $P_l(\cos\theta)$. La dépendance des harmoniques sphériques Y_l^m en l'angle cyclotronique φ étant simplement de la forme $\exp jm\varphi$ la dérivation par rapport à cet angle donne la relation : $\partial Y_l^m(\alpha,\varphi)/\partial\varphi = jmY_l^m(\alpha,\varphi)$, et l'action de l'opérateur de Lorentz la relation :

$$\left[\frac{1}{\sin\alpha}\frac{\partial}{\partial\alpha}\sin\alpha\frac{\partial}{\partial\alpha}+\frac{1}{\sin^2\alpha}\frac{\partial^2}{\partial\varphi^2}\right]Y_l^m(\alpha,\varphi)=-l(l+1)Y_l^m(\alpha,\varphi) \qquad (11.48)$$

La famille des harmoniques sphériques $Y_l^m(\alpha,\varphi)$ telles que $l = 0, 1, 2, 3, 4, 5...$ et $m = -l, -l+1, ...l-1, l$, constitue une base orthogonale, normée et complète pour l'ensemble des fonctions sur la sphère. L'usage est de rechercher la solution ϕ sous la forme d'un développement sur cette base : $\phi = \sum a_{lm}(v,\mathbf{r})\,Y_l^m(\alpha,\varphi)$ et de considérer simplement la restriction de ce développement aux premiers termes sous une hypothèse de faible anisotropie : $\phi \approx a_1^0Y_1^0 + a_1^1Y_1^1 + a_1^{-1}Y_1^{-1}$, c'est-à-dire d'exprimer ϕ comme un produit scalaire : $\phi = a_xv_x + a_yv_y + a_zv_z$ $= \mathbf{a}(v,\mathbf{r})\cdot\mathbf{v}$ où la base sphérique et la base cartésienne peuvent être mises en correspondance :

Cartésiennes	Sphériques	Harmoniques sphériques
v_x	$v\sin\alpha\cos\varphi$	$-v\sqrt{\frac{2\pi}{3}}\left[Y_1^1(\alpha,\varphi)-Y_1^{-1}(\alpha,\varphi)\right]$
v_y	$v\sin\alpha\sin\varphi$	$jv\sqrt{\frac{2\pi}{3}}\left[Y_1^1(\alpha,\varphi)+Y_1^{-1}(\alpha,\varphi)\right]$
v_z	$v\cos\alpha$	$v\sqrt{\frac{4\pi}{3}}Y_1^0(\alpha,\varphi)$

Nous cherchons donc une solution de l'équation de Vlasov-Landau sous la forme :

$$F(\mathbf{v},\mathbf{r}) = F_M[1+\phi] = \underbrace{n(\mathbf{r})\left(\frac{m}{2\pi k_BT(\mathbf{r})}\right)^{\frac{3}{2}}\exp\left(-\frac{mv^2}{2k_BT(\mathbf{r})}\right)}_{F_M}[1+\mathbf{a}(v,\mathbf{r})\cdot\mathbf{v}]$$

Les différentes propriétés des harmoniques sphériques $Y_l^m(\alpha,\varphi)$ exposées précédemment permettent effectivement de réduire l'équation cinétique à une équation algébrique linéaire d'inconnue $\mathbf{a}$; mais, notons que le développement ayant été restreint aux trois premières harmoniques sphériques $\phi = a_1^0Y_1^0 + a_1^1Y_1^1 + a_1^{-1}Y_1^{-1} \rightarrow \phi = \mathbf{a}\cdot\mathbf{v}$, il n'est pas indispensable de recourir à l'algèbre des harmoniques sphériques et le résultat final peut être simplement établi suivant la réduction :

$$\left[\frac{\nu}{2}\frac{\partial}{\partial\mathbf{v}}\cdot\left(\mathbf{I}v^2-\mathbf{vv}\right)-\omega_c\mathbf{v}\times\mathbf{b}\right]\cdot\frac{\partial}{\partial\mathbf{v}}\left(\mathbf{a}\cdot\mathbf{v}\right) = \mathbf{v}\cdot\frac{\boldsymbol{\nabla}F_M}{F_M} \quad (11.49)$$

$$\frac{\nu}{2}\frac{\partial}{\partial\mathbf{v}}\cdot\left[v^2\mathbf{a}-\mathbf{v}\left(\mathbf{v}\cdot\mathbf{a}\right)\right]-\omega_c\mathbf{v}\times\mathbf{b}\cdot\mathbf{a}\cdot = \mathbf{v}\cdot\frac{\boldsymbol{\nabla}F_M}{F_M} \quad (11.50)$$

$$-\nu\mathbf{v}\cdot\mathbf{a}-\omega_c\mathbf{v}\times\mathbf{b}\cdot\mathbf{a}\cdot = \mathbf{v}\cdot\frac{\boldsymbol{\nabla}F_M}{F_M} \quad (11.51)$$

L'équation algébrique (11.51) sur $\mathbf{a}$ peut ensuite peut être résolue en considérant l'équation algébrique, linéaire, d'inconnue $\mathbf{x}$ suivante : $\mathbf{x}+\alpha\mathbf{x}\times\mathbf{b}=\mathbf{c}$ dont la solution est : $\mathbf{x}=\left[\mathbf{I}+\alpha\mathbf{b}\times+\alpha^2\mathbf{bb}\cdot\right]\mathbf{c}/\left(1+\alpha^2\right)$; ce résultat appliqué au cas particulier de l'équation (11.51), sous l'hypothèse $\omega_c\gg\nu$, conduit à la relation :

$$\nu\left(\mathbf{a}+\frac{\omega_c}{\nu}\mathbf{b}\times\mathbf{a}\right)=-\frac{\boldsymbol{\nabla}F_M}{F_M}\rightarrow\omega_c^2\mathbf{a}=-\left[\nu\mathbf{I}-\omega_c\mathbf{b}\times+\frac{\omega_c^2}{\nu}\mathbf{bb}\cdot\right]\frac{\boldsymbol{\nabla}F_M}{F_M} \quad (11.52)$$

où nous reconnaissons les termes de Hall, Spitzer et Braginski ; le terme source $\boldsymbol{\nabla}F_M/F_M$ est ensuite exprimé en fonction des gradients de pression et de température.

$$\frac{\boldsymbol{\nabla}F_M}{F_M}=\frac{\boldsymbol{\nabla}n}{n}+\left(\frac{v^2}{v_T^2}-\frac{3}{2}\right)\frac{\boldsymbol{\nabla}T}{T} \quad (11.53)$$

La solution finale de l'équation cinétique, sous une hypothèse de champ fort $\omega_c\gg\nu$, est donc donnée par la relation :

$$\phi\left(\mathbf{v},\mathbf{r}\right)=-\nu\left[\frac{\mathbf{v}\cdot\mathbf{b}}{\nu^2}\mathbf{b}+\frac{\mathbf{b}\times\left(\mathbf{v}\times\mathbf{b}\right)}{\omega_c^2}+\frac{\mathbf{v}\times\mathbf{b}}{\nu\omega_c}\right]\cdot\left[\frac{\boldsymbol{\nabla}n}{n}+\left(\frac{v^2}{v_T^2}-\frac{3}{2}\right)\frac{\boldsymbol{\nabla}T}{T}\right]$$

Notons que l'ordering de départ $\phi\sim\varepsilon$ est vérifiée et que ce développement peut aussi être obtenu à partir du principe variationnel entropique $\delta[P(\phi)P(\phi)\ /\ G(\phi,\phi)]=0$. Le calcul des moment permettant l'évaluation des flux nécessite les expressions des différents moments de F_M.

$$\int_0^{+\infty}t^{2n+1}\exp\left(-\beta t^2\right)dt = \frac{n!}{2\beta^{n+1}} \quad (11.54)$$

$$\int_0^{+\infty}t^{2n}\exp\left(-\beta t^2\right)dt = \sqrt{\pi}\frac{1...\left(2n-3\right)\left(2n-1\right)}{2^{n+1}\beta^{n+\frac{1}{2}}} \quad (11.55)$$

Le calcul du flux de particules pour la population électronique $\boldsymbol{\Gamma}\left(\mathbf{r}\right)=\int\mathbf{v}\ F_M\phi\left(\mathbf{v},\mathbf{r}\right)d\mathbf{v}=\boldsymbol{\Gamma}_{\|}+\boldsymbol{\Gamma}_{\perp}+\boldsymbol{\Gamma}_{\times}$ nous conduit à identifier trois termes, les flux parallèle $\boldsymbol{\Gamma}_{\|}$ et perpendiculaire $\boldsymbol{\Gamma}_{\perp}$ au champ magnétique et le flux de Hall $\boldsymbol{\Gamma}_{\mathsf{H}}$.

$$\boldsymbol{\Gamma}_{\|} = -\frac{32}{3\pi m_e\nu_{e\rightarrow i}}\left(k_BT_e\boldsymbol{\nabla}_{\|}n_e+\frac{5}{2}n_e\boldsymbol{\nabla}_{\|}k_BT_e\right) \quad (11.56)$$

$$\boldsymbol{\Gamma}_{\perp} = -\frac{\nu_{e\rightarrow i}}{m_e\omega_c^2}\left(k_BT_e\boldsymbol{\nabla}_{\perp}n_e-\frac{1}{2}n_e\boldsymbol{\nabla}_{\perp}k_BT_e\right) \quad (11.57)$$

$$\boldsymbol{\Gamma}_{\mathsf{H}} = \mathbf{b}\times\frac{\boldsymbol{\nabla}_{\perp}n_ek_BT_e}{m_e\omega_c} \quad (11.58)$$

L'expression du flux le long des lignes de champs confirme que toute inhomogénéité de densité, ou de température, est dissipée sur une échelle de temps de l'ordre de quelques temps de collision. Le fait qu'un gradient de température soit la source d'un flux de matière peut paraître surprenant car la température est conjuguée thermodynamiquement à l'entropie, mais la thermodynamique des processus irréversibles nous enseigne que les gradients d'intensités engendrent des flux d'extensités sans restriction sur la nature conjuguée ou non des variables.

Une étude plus poussée permettrait de mettre en évidence des relations de réciprocité entre le flux de chaleur résultant du gradient de pression et le flux de matière créé par le gradient de température, les relations d'Onsager, mais nous n'aborderons pas ici ces développements. Cette solution de l'équation de Vlasov-Landau confirme l'analyse présentée au chapitre quatre et les coefficients de diffusion perpendiculairement aux lignes de champ sont donc exprimés par les relations :

$$D_{\perp e} = \frac{k_B T_e \nu_{e\rightarrow i}}{m_e \omega_{ce}^2} \approx D_{\perp i} = \frac{k_B T_i \nu_{i\rightarrow e}}{m_i \omega_{ci}^2} \approx 10^{-3} \left[\frac{\mathrm{m}^2}{\mathrm{s}}\right] \times \frac{n\left[10^{20}\mathrm{m}^{-3}\right]}{B^2\,[\mathrm{T}]\,\sqrt{T\,[\mathrm{keV}]}}$$

Le rapport des fréquences de collisions variant comme le rapport des masses les expressions des coefficients de diffusion électronique et ionique sont donc du même ordre de grandeur ($\rho_{La}^2 \nu_{a\rightarrow b} \approx \rho_{Lb}^2 \nu_{b\rightarrow a}$) et le flux de matière est ambipolaire, les deux espèces diffusent au même taux. Nous retrouvons la dépendance classique en ω_c^{-2} identifiée lors de l'étude des modèles de marches aléatoires du chapitre quatre.

Le flux de chaleur pour la population électronique peut être calculé en évaluant le moment d'ordre trois de la fonction de distribution, $\mathbf{q}(\mathbf{r}) = \int F_M \phi(\mathbf{v}, \mathbf{r}) \left(mv^2 - 5k_B T\right) \mathbf{v} d\mathbf{v}/2$; il se compose de trois termes : $\mathbf{q} = \mathbf{q}_{\parallel} + \mathbf{q}_{\perp} + \mathbf{q}_{\mathsf{H}}$, un flux le long des lignes de champ $\mathbf{q}_{\parallel}$, un flux perpendiculairement aux lignes de champ $\mathbf{q}_{\perp}$ et un flux de Hall $\mathbf{q}_{\mathsf{H}}$.

$$\mathbf{q}_{\parallel} = -n_e \frac{128}{3\pi} \frac{k_B T_e}{m_e \nu_{e\rightarrow i}} \nabla_{\parallel} k_B T_e + \frac{3}{2} k_B T_e \mathbf{\Gamma}_{\parallel} \tag{11.59}$$

$$\mathbf{q}_{\perp} = -n_e \frac{13}{4} \frac{\nu_{e\rightarrow i} k_B T_e}{m_e \omega_c^2} \nabla_{\perp} k_B T_e - \frac{3\nu_{e\rightarrow i}}{2\omega_c} k_B T_e \mathbf{b} \times \mathbf{\Gamma}_{\mathsf{H}} \tag{11.60}$$

$$\mathbf{q}_{\mathsf{H}} = n_e \frac{5}{2} \frac{k_B T_e}{m_e \omega_c} \mathbf{b} \times \nabla_{\perp} k_B T_e \tag{11.61}$$

Perpendiculairement et parallèlement aux lignes de champ, deux contributions doivent être distinguées : (i) un flux de nature convective proportionnel aux flux de matière $\mathbf{\Gamma}$ et (ii) un flux de nature diffusive proportionnel au gradient de température, c'est cette dernière contribution qui définit les coefficients de diffusion thermique.

$$\textit{Braginsky} : \chi_{\perp e} = 4.7 \frac{k_B T_e \nu_{e\rightarrow e}}{m_e \omega_{ce}^2} < \chi_{\perp i} = 2.8 \frac{k_B T_i \nu_{i\rightarrow i}}{m_i \omega_{ci}^2} \tag{11.62}$$

Le coefficient de diffusion thermique électronique est beaucoup plus petit que le coefficient de diffusion thermique ionique, ainsi le transport de chaleur pour un modèle collisionnel classique est essentiellement de nature ionique au sein d'un plasma thermonucléaire magnétisé, les valeurs numériques données par :

$$\chi_{\perp e}\left[\frac{\mathrm{m}^2}{\mathrm{s}}\right] \approx \frac{5.\ 10^{-3}\times n\left[10^{20}\mathrm{m}^{-3}\right]}{B^2\left[\mathrm{T}\right]\sqrt{T}\left[\mathrm{keV}\right]} < \chi_{\perp i}\left[\frac{\mathrm{m}^2}{\mathrm{s}}\right] \approx \frac{10^{-1}\times n\left[10^{20}\mathrm{m}^{-3}\right]}{B^2\left[\mathrm{T}\right]\sqrt{T}\left[\mathrm{keV}\right]}$$

Comme dans le cas des diffusions, elles sont bien en dessous des valeurs mesurées dans les plasmas de tokamak : $\chi_{\perp \text{exp}} \sim D_{\perp \text{exp}} \sim 1\left[\mathrm{m}^2/\mathrm{s}\right]$. Les données expérimentales issues des études de transport dans les tokamaks ne valident pas le modèle de Braginsky que nous venons d'analyser et les coefficients de diffusion que nous venons de calculer.

L'origine de ce désaccord est à rechercher dans la nature du mouvement du centre guide, en effet les modèles de marches aléatoires associés à la théorie du transport nous enseignent que l'ordre de grandeur des coefficients de diffusion est donné par le carré d'une excursion caractéristique de la particule que divise le temps de décorrélation, ce dernier est égal à l'inverse de la fréquence de collisions dans le cadre des modèles collisionnels et la longueur caractéristique des pas est prise égale au libre parcours moyen le long des lignes de champ et au rayon de Larmor perpendiculairement aux lignes de champ dans le cas d'un champ magnétique homogène infini ; or, en présence de courbure, les dérives engendrent des orbites circulantes et piégées où de nouvelles longueurs caractéristiques apparaissent et peuvent être considérées comme l'ordre de grandeur du pas de la marche aléatoire. Non seulement le pas n'est pas égal au rayon de Larmor, mais le temps de décorrélation est plus court que le temps collisionnel, il est de nature turbulente. Nous devons donc reprendre l'analyse de l'équation cinétique en prenant en compte la topologie des orbites du centre guide pour construire la théorie dite néo-classique du transport.

11.2 Effets Néo-classiques

11.2.1 Equation cinétique de dérive

Recadrée dans le contexte plus général de la théorie cinétique des fluides classiques, la *théorie de Braginsky* constitue l'application de la méthode dite du *développement de Chapmann-Enskog de l'équation cinétique* au cas d'une interaction coulombienne au sein d'un plasma magnétisé. Le domaine de validité de ce type de solution perturbative est restreint aux situations où le libre parcours moyen est beaucoup plus petit que la longueur caractéristique des gradients de température et densité. Pour le cas particulier d'un plasma magnétisé faiblement collisionnel, le libre parcourt moyen doit être assimilé au rayon de Larmor, et l'hypothèse de faible collisionnalité suppose que la fréquence de collisions ν est plus petite ou égale à la fréquence cyclotron ω_c.

Les inhomogénéités d'une configuration de type tokamak conduisent à l'apparition de trois échelles de temps/fréquence supplémentaires associées aux mouvements des particules chargées :

• la fréquence de dépiégeage des particules piégées : $\nu_d = \nu R_0/2r$,

• la pulsation de transit poloïdal des particules circulantes : $\omega_\theta = v_\parallel/qR_0 \sim v_T/qR_0$, qui est égale à la pulsation de transit toroïdal à un facteur q près, et

• la pulsation de rebond des particules piégées : $\omega_b = \sqrt{r/2R_0}v_c/qR_0 \sim \sqrt{r/2R_0}v_T/qR_0 \sim \sqrt{r/2R_0}\omega_\theta$.

Il est donc nécessaire de considérer différents régimes de transport correspondant aux différents ordering entre (i) ces trois échelles de temps et (ii) la fréquence de collisions ν ; en effet, la conjonction d'un mouvement périodique et d'un bruit conduit à identifier deux régimes illustrés sur la figure (11.9) :

• le régime où la fréquence caractéristique du bruit est beaucoup plus grande que l'inverse de la période du mouvement $\nu > \omega$,

• le régime où la fréquence caractéristique du bruit est beaucoup plus petite que l'inverse de la période du mouvement $\nu < \omega$.

Dans le premier cas l'aspect périodique du mouvement est masqué par le bruit et la théorie peut être développée en oubliant cette périodicité, dans le deuxième cas le mouvement est constitué d'oscillations perturbées avec un récurrence moyenne de l'ordre de l'inverse de la fréquence du bruit et la nature périodique du mouvement est essentielle pour comprendre le comportement dynamique du système bruité.

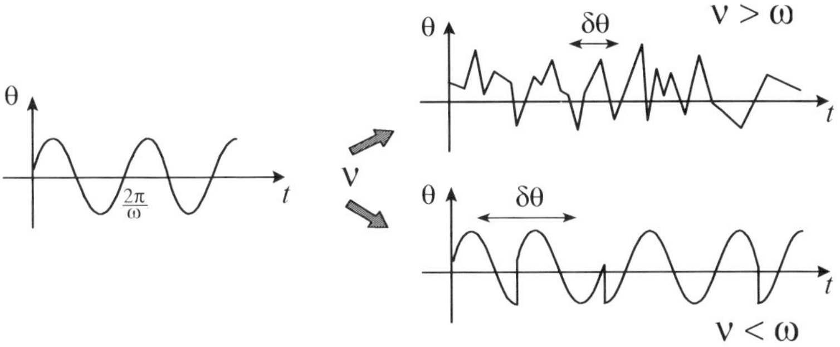

Fig. 11.9 : Régimes de collisionnalité d'un oscillateur : $\nu > \omega$ et $\nu < \omega$.

L'orbite d'une particule chargée dans une configuration magnétique de type tokamak constitue un mouvement multiplement périodique composé d'oscillations et de rotations ; ainsi il est d'usage de considérer quatre régimes dissipatifs associés aux collisions coulombiennes de fréquence ν :

Régime	Pulsations caractéristiques	Conditions
Braginsky	Cyclotron : $\omega_c = \frac{eB}{m}$	$\omega_c \gg \nu$
Pfirsch-Schlüter	Poloïdale : $\omega_\theta = \frac{v_\parallel}{qR_0}$	$\omega_c \gg \nu \gg \omega_\theta$
Plateau	Poloïdale : ω_θ , Rebond : ω_b	$\omega_\theta \gg \nu$, $\frac{R_0}{2r}\nu \gg \omega_b$
Galeev-Sagdeev	Rebond : $\omega_b = \frac{v_c}{qR_0}\sqrt{\frac{r}{2R_0}}$	$\omega_b \gg \frac{R_0}{2r}\nu$

Lorsqu'une particule interagit avec un champ magnétique statique homogène, son mouvement est la combinaison d'une rotation cyclotronique autour des lignes de champ et d'une translation le long des lignes de champ : $\mathbf{v} = \mathbf{v}_c(t) + v_\parallel \mathbf{B}/B$. L'étude des orbites dans une configuration tokamak a révélé l'existence d'un mouvement lent de dérive de vitesse $\mathbf{v}_D$ se superposant au mouvement précédent : $\mathbf{v} = \mathbf{v}_c(t) + v_\parallel \mathbf{B}/B + \mathbf{v}_D = \mathbf{v}_c + v_\parallel(\mathbf{e}_\varphi + r\mathbf{e}_\theta/qR) + v_D \cos\theta \mathbf{e}_\theta + v_D \sin\theta \mathbf{e}_r$. Les variations spatiales du champ magnétique engendrent des variations de la vitesse parallèle $v_\parallel$ et de la vitesse cyclotronique v_c le long de l'orbite, aussi α l'angle cyclotronique et v la norme de la vitesse ne constituent pas un choix pertinent de variables pour élaborer une description cinétique.

Par contre, pour une particule donnée, le moment magnétique $\mu = mv^2 \sin\alpha^2 /2B$ et l'énergie cinétique $\mathcal{H} = mv^2/2$ restent invariants entre deux collisions et constituent donc un couple de variables pertinentes. Les propriétés physiques d'un plasma de tokamak étant invariantes par rotation autour de l'axe toroïdal (si nous négligeons les effets du ripple) nous considérerons donc la fonction de distribution $f(\mathcal{H}, \mu, r, \theta)$ où r et θ repèrent la position de la particule dans un plan de section poloïdale. Le nombre de particules dN contenues dans un petit élément de volume toroïdal $2\pi Rrd\theta dr$ et un petit élément de volume sphérique de l'espace des vitesses $2\pi v^2 \sin\alpha d\alpha dv$ est donc donné par :

$$\frac{dN}{2\pi Rrd\theta dr} \equiv F(\mathbf{v}, \mathbf{r}) 2\pi v^2 \sin\alpha d\alpha dv = f(\mathcal{H}, \mu, r, \theta) \frac{2\pi B(r, \theta)}{m^2 \left|v_{\|}\right|} d\mathcal{H} d\mu \quad (11.63)$$

L'amplitude du champ magnétique variant avec l'angle poloïdal θ et le petit rayon r suivant $B(r, \theta) = B_0 R_0 / R(r, \theta)$ où $R(r, \theta) = R_0 + r\cos\theta$, les vitesses parallèle $v_{\|}$ et cyclotronique v_c sont donc des variables dépendantes fonction de la position (r, θ) et de $\mathcal{H}$ et μ dans le cadre de cette description : $v_{\|}^2(\mathcal{H}, \mu, r, \theta) = 2[\mathcal{H} - \mu B(r, \theta)]/m$ et $v_c^2(\mu, r, \theta) = 2\mu B(r, \theta)/m$.

Le rapport de la vitesse de dérive sur la vitesse le long des lignes de champs étant de l'ordre du rayon de Larmor que divise le grand rayon, la vitesse de dérive v_D est plus petite que $v_{\|}$ sauf pour les particules dites profondément piégées $v_{\|} \ll v_c$; ainsi nous considérerons que le mouvement poloïdal du centre guide est dominé par le mouvement le long des lignes de champ : $v_D \cos\theta \ll v_{\|}$, l'équation de Vlasov des variables de position du centre guide est donc donnée par : $\mathcal{V} \equiv v_{\|}\partial qR/\partial\theta + v_D \sin\theta\partial/\partial r$. Cette expression peut être simplifiée si nous considérons l'invariance du moment canonique (5.9) $mRv_{\|} + eRA_{\varphi}$ où A_{φ} est la composante toroïdale du potentiel vecteur.

Cette quantité étant invariante elle vérifie l'équation de Vlasov : $d(mRv_{\|} + eRA_{\varphi})/dt = 0 \rightarrow mv_{\|}\partial\left(Rv_{\|}\right)/qR\partial\theta + v_D \sin\theta\partial\left(eRA_{\varphi}\right)/\partial r = 0$. Le champ magnétique dérive du potentiel vecteur : $B_\theta \cos\theta = \partial RA_{\varphi}/R\partial R$, $B_\theta \sin\theta = \partial A_{\varphi}/\partial z$, ainsi, compte tenu du changement de variables : $R = R_0 + r\cos\theta$, $z = r\sin\theta \rightarrow RB_\theta = \partial RA_{\varphi}/\partial r$, la composante radiale de la vitesse de dérive s'exprime comme la dérivée par rapport à l'angle poloïdal du produit $R(r, \theta)$ $v_{\|}(\mathcal{H}, \mu, r, \theta)$: $v_D \sin\theta = -v_{\|}\partial/\partial\theta \left. Rv_{\|}\right|_{\mathcal{H},\mu,r} / rR\omega_c$. Nous somme donc en mesure d'établir l'équation cinétique, dite *de dérive*, pour la fonction de distribution $f(\mathcal{H}, \mu, r, \theta)$.

$$\textit{Equation cinétique de dérive} \quad : \boxed{C \cdot f(\mathcal{H}, \mu, r, \theta) = \mathcal{V} \cdot f(\mathcal{H}, \mu, r, \theta)} \quad (11.64)$$

où les opérateurs $\mathcal{V}$ et C doivent être explicités sur les variables $\mathcal{H}, \mu, r$ et θ.

$$\textit{Opérateur de Vlasov de dérive} \quad : \quad \mathcal{V} \equiv \frac{v_{\|}}{R}\left[\frac{1}{q}\frac{\partial}{\partial\theta} - \frac{1}{\omega_c r}\left(\frac{\partial Rv_{\|}}{\partial\theta}\right)\frac{\partial}{\partial r}\right]$$

$$\textit{Opérateur de Landau-Lorentz} \quad : \quad C \equiv \nu\frac{v_{\|}}{R}\frac{mr}{qB_\theta}\left[\frac{\partial}{\partial\mu}\left(\mu v_{\|}\right)\frac{\partial}{\partial\mu}\right]$$

Dans les plasmas de tokamak initiés et entretenus par un flux magnétique poloïdal variable engendrant un champ électrique toroïdal $E_{\varphi} = -\partial A_{\varphi}/\partial t$, le courant toroïdal J_{φ} générant le champ poloïdal B_θ peut être calculé sur la base de la solution $g(\mathcal{H}, \mu, r, \theta)$ de l'équation cinétique $C \cdot f = \mathcal{V} \cdot f$ où l'opérateur de Vlasov est défini par : $\mathcal{V} \equiv v_{\|}\partial/qR\partial\theta$ - $\left(v_{\|}\partial Rv_{\|}/Rr\omega_c\partial\theta\right)\partial/\partial r$ - $\left(e\partial A_{\varphi}/\partial t\right)\partial/\partial v_{\|}$. L'équation cinétique de dérive $C \cdot f = \mathcal{V} \cdot f$ présente un ordering entre les différents termes qui la composent et il est judicieux de développer la solution suivant les différents petits paramètres qui peuvent ainsi être identifiés.

La méthode de solution standard de l'équation cinétique de dérive $C\cdot f = \mathcal{V}\cdot f$ met ainsi en jeu un développement perturbatif $f(\mathcal{H},\mu,r,\theta) = n(r)\left(m/2\pi k_B T(r)\right)^{\frac{3}{2}}$ $\exp\left(-\mathcal{H}/k_B T(r)\right) + g(\mathcal{H},\mu,r,\theta)$, où plusicurs petits paramètres peuvent être identifiés successivement et permettent :

• un développement en le rapport du rayon de Larmor que divise les longueurs de gradient macroscopique : $g \sim \rho_L/a$.

• puis un développement en le rapport de la fréquence de collisions que divise la pulsations de transit poloïdal ou la pulsation de rebond : $g \sim \nu v/qR_0$.

• et enfin un développement en le rapport du petit rayon du plasma que divise le grand rayon : $g \sim a/R$.

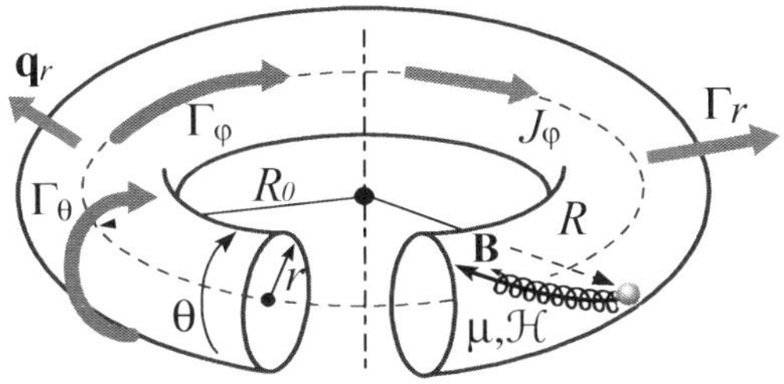

Fig. 11.10 : *Flux poloïdaux, toroïdaux et radiaux de particules et de chaleur.*

La fonction de distribution stationnaire néo-classique $g(\mathcal{H},\mu,r,\theta)$ ainsi obtenue permet de calculer les différents moments afin d'établir l'expression des flux perpendiculaires et parallèles aux surfaces magnétiques illustrés sur la figure (11.10) :

$$\begin{pmatrix} \Gamma_r(r) \\ q_r(r) \\ J_\varphi(r) \end{pmatrix} \equiv \int \begin{pmatrix} v_D \sin\theta \\ \mathcal{H} v_D \sin\theta \\ e v_\parallel \end{pmatrix} g(\mathcal{H},\mu,r,\theta)\,\frac{B_0}{m^2 R_0}\frac{R}{|v_\parallel|}\,d\theta d\mathcal{H} d\mu$$

Une telle suite de développements en les paramètres ρ_L/a, $\nu v/qR_0$ et a/R ne met pas en lumière l'origine physique des résultats finaux obtenus ; aussi dans ce chapitre nous établirons les expressions des flux néo-classiques à partir de la théorie des fonctions de corrélations qui permet de saisir la nature des différents régimes et l'origine des différents couplages. Néanmoins, indiquons un certain nombre de résultats issus de l'analyse de la solution perturbative g de l'équation cinétique de dérive $C\cdot f = \mathcal{V}\cdot f$. Le calcul des moments de la fonction de distribution $g(\mathcal{H},\mu,r,\theta)$ révèle l'existence de flux couplés dans les configurations de type tokamak. Les expressions des flux de particules, chaleur et charges présentent deux phénomènes nouveaux, en apparence de natures non dissipatives, liés à la topologie toroïdale : le *pinch de Ware* et le *courant de bootstrap*. Un gradient de densité dn/dr, ou de température dT/dr, dans la direction radiale engendre un courant toroïdal J_φ et un champ électrique toroïdale $\partial A_\varphi/\partial t$ un flux radial de particules Γ_r :

$$\begin{pmatrix} \Gamma_r \\ q_r \\ J_\varphi \end{pmatrix} = \begin{pmatrix} \text{Loi de Fick} & \text{Effet Soret} & \text{Pinch de Ware} \\ \text{Effet Dufour} & \text{Loi de Fourier} & \text{Pinch de Ware} \\ \text{Effet Bootstrap} & \text{Effet Bootstrap} & \text{Loi d'Ohm} \end{pmatrix} \cdot \begin{pmatrix} \frac{dn}{dr} \\ \frac{dT}{dr} \\ \frac{dA_\varphi}{dt} \end{pmatrix}$$

Afin d'illustrer la problématique néo-classique à travers l'analyse de l'impact de la géométrie sur les fonctions de réponses d'un plasma de tokamak, considérons le cas de la polarisation radiale néo-classique, c'est-à-dire la réponse, par un flux radial non dissipatif, à une variation temporelle de champ électrique radial dE_r/dt.

11.2.2 Polarisation néo-classique

Soit un champ électrique radial $E_r(t)$ polarisant radialement un plasma de tokamak conformément à la figure (11.11), la vitesse de dérive de polarisation associée à $E_r(t)$ est donnée par l'expression de la dérive de polarisation (6.13) :

$$\textit{Dérive classique} \ : \mathbf{v}_P = \frac{1}{B\omega_c}\frac{d\mathbf{E}}{dt} \rightarrow \left\langle \frac{dr}{dt} \right\rangle_c = \frac{m}{eB_\varphi^2}\frac{dE_r}{dt}$$

Nous allons démontrer que ce résultat, établi sous une hypothèse d'homogénéité du champ magnétique, doit être corrigé d'un facteur néo-classique $q^2 (R_0/r)^{\frac{3}{2}}$ dans un tokamak.

Considérons le mouvement d'un ion piégé, figure (11.11), sa vitesse poloïdale est composée par la superposition : (i) de la vitesse le long des lignes de champ $v_\varphi B_\theta/B_\varphi$, (ii) de la vitesse de dérive perpendiculairement aux lignes de champ $v_D \cos\theta$ et (iii) de la vitesse de champs croisés E_r/B_φ.

$$\textit{Vitesse poloïdale} \ : r\frac{d\theta}{dt} = v_\varphi \frac{B_\theta}{B_\varphi} + v_D \cos\theta - \frac{E_r}{B_\varphi} \tag{11.65}$$

La valeur moyenne $\langle\rangle$ sur une période du mouvement de rebond $2\pi/\omega_b$ est égale à zéro alors que pour les ions circulant $\langle r d\theta/dt \rangle_{\omega_\varphi} \neq 0$.

$$\left\langle r\frac{d\theta}{dt} \right\rangle_{\omega_b} = 0 \rightarrow \langle v_\varphi \rangle = \frac{E_r}{B_\theta} - \left\langle \frac{B_\varphi}{B_\theta} v_D \cos\theta \right\rangle \tag{11.66}$$

Le terme $\langle B_\varphi v_D \cos\theta / B_\theta \rangle$ n'est autre que la précession classique (6.41).

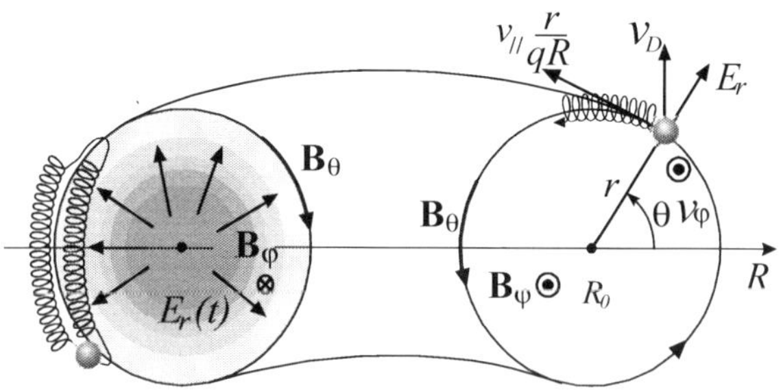

Fig. 11.11 : *Orbite en présence d'un champ magnétique toroïdal, d'un champ magnétique poloïdal et d'un champ électrique radial.*

La vitesse de précession toroïdale $\langle v_\varphi \rangle$ peut être exprimée en fonction de la vitesse radiale $\langle dr/dt \rangle$ en utilisant l'invariance du moment angulaire (5.9) : $mRv_\varphi + eRA_\varphi = C^{te}$; le champ poloïdal dérivant du potentiel (flux) poloïdal $\partial RA_\varphi/\partial r = -RB_\theta \rightarrow eB_\theta dr/dt = mdv_\varphi/dt$, ainsi la valeur moyenne de la vitesse radiale engendrée par le champ électrique radial est égale à :

$$\left\langle \frac{dr}{dt} \right\rangle = \frac{m}{eB_\theta}\frac{d\langle v_\varphi \rangle}{dt} \rightarrow \left\langle \frac{dr}{dt} \right\rangle = \frac{m}{eB_\theta^2}\frac{dE_r}{dt} \tag{11.67}$$

Nous obtenons ainsi une forme similaire à la vitesse de dérive de polarisation classique $\mathbf{v}_P$ mais où le champ magnétique est réduit à sa composante poloïdale ; le rapport des composantes poloïdale et toroïdale étant égal au facteur de sécurité q que multiplie le rapport d'aspect de la configuration, nous pouvons donc exprimer la dérive néo-classique des particules piégées en fonction de la dérive classique.

$$\textit{Dérive néo-classique} \ : \ \left\langle \frac{dr}{dt} \right\rangle_{nc} = \frac{m}{eB_\theta^2}\frac{dE_r}{dt} = q^2\left(\frac{R}{r}\right)^2 \left\langle \frac{dr}{dt} \right\rangle_c$$

La fraction de particules piégées étant donnée par le facteur $\sqrt{2r/R}$ la constante diélectrique basse fréquence néo-classique ε_{nc} est donc plusieurs dizaines de fois plus grande que la constante diélectrique classique ε_c.

$$\textit{Polarisation néo-classique} \ : \ \left. \frac{\varepsilon_{nc}(r,\theta,\omega)}{\varepsilon_c(r,\theta,\omega)} \right|_{\omega\to 0} = \sqrt{2}q^2\left(\frac{R_0}{r}\right)^{\frac{3}{2}} \tag{11.68}$$

Ce type de réponse néo-classique est de nature inertielle, les phénomènes de transports dissipatifs sont aussi fortement modifiés par la géométrie toroïdale, pour analyser ces modifications nous allons établir la relation générale de Green-Kubo entre la diffusion et la fonction d'autocorrélation des vitesses.

11.2.3 Relation de Green-Kubo

Considérons une particule chargée dont la position du centre guide est repérée par le vecteur $\mathbf{R}$ et la vitesse de dérive par le vecteur $\mathbf{V} = d\mathbf{R}/dt$; durant un temps t le déplacement $\delta\mathbf{R}(t)$ est défini par la relation : $\delta\mathbf{R}(t) = \int_0^t \mathbf{V}(t')dt'$. Ainsi, $\delta\mathbf{R}(t)d\delta\mathbf{R}(t)/dt = \int_0^t \mathbf{V}(t)\mathbf{V}(t')dt'$, la dérivée temporelle du tenseur *carré du déplacement* $\delta\mathbf{R}(t)\delta\mathbf{R}(t)$ sur une durée t est donc donnée par :

$$\frac{d}{dt}\left[\delta\mathbf{R}(t)\delta\mathbf{R}(t)\right] = 2\int_0^t \mathbf{V}(t)\mathbf{V}(t')dt' = 2\int_0^t \mathbf{V}(t)\mathbf{V}(t-\tau)d\tau \tag{11.69}$$

où nous avons introduit $\tau \equiv t - t'$.

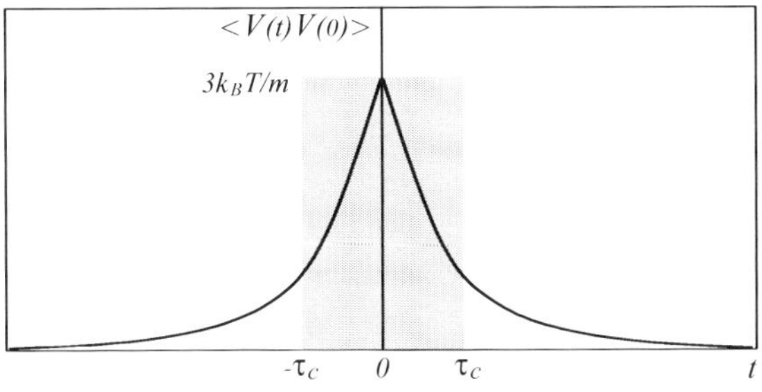

Fig. 11.12 : *Fonction d'autocorrélation des vitesses.*

Notons qu'un argument similaire permet d'établir la relation entre incrément de vitesse $\delta\mathbf{V}(t)$ et champ électrique le long des lignes de champ magnétique pour une particule de charge e et de masse m.

$$\frac{d}{dt}\left[\delta\mathbf{V}(t)\delta\mathbf{V}(t)\right] = 2\frac{e^2}{m^2}\int_0^t \mathbf{E}(t)\mathbf{E}(t')dt' = 2\frac{e^2}{m^2}\int_0^t \mathbf{E}(t)\mathbf{E}(t-\tau)d\tau$$

En présence de collisions, ou de turbulence, la vitesse $\mathbf{V}(t)$ est une fonction aléatoire et le déplacement du centre guide $\mathbf{R}(t)$ un processus stochastique ; ce processus stochastique est stationnaire et nous supposerons que les deux premiers moments de la fonction aléatoire $\mathbf{V}(t)$ vérifient : $\langle \mathbf{V}(\tau) \rangle = 0$ et $\langle \mathbf{V}(t+\tau)\mathbf{V}(t) \rangle = \langle \mathbf{V}(\tau)\mathbf{V}(0) \rangle$. La valeur moyenne du carré du déplacement évolue donc suivant la relation :

$$\frac{d \langle \delta\mathbf{R}(t)\delta\mathbf{R}(t) \rangle}{dt} = 2\int_0^t \langle \mathbf{V}(\tau)\mathbf{V}(0) \rangle \, d\tau \tag{11.70}$$

Pour un intervalle de temps δt plus grand que le temps caractéristique de corrélation τ_c tel que $\langle \mathbf{V}(\tau_c)\mathbf{V}(0) \rangle \sim \langle \mathbf{V}(0)\mathbf{V}(0) \rangle$ (ce temps, illustré sur la figure (11.12), est de l'ordre de l'inverse de la fréquence de collision dans le cas collisionnel) nous pouvons prendre la limite $t \to +\infty$ et obtenir ainsi le résultat classique reliant le coefficient de diffusion et la fonction d'autocorrélation des vitesses, cette relation constitue la *relation de Green-Kubo.*

$$\begin{aligned} &\textit{Green-Kubo cinématique} \quad : \quad \frac{\langle \delta\mathbf{R}(\delta t)\delta\mathbf{R}(\delta t) \rangle}{2\delta t} = \int_0^{+\infty} \langle \mathbf{V}(\tau)\mathbf{V}(0) \rangle \, d\tau \\ &\textit{Green-Kubo dynamique} \quad : \quad \frac{\langle \delta\mathbf{V}(\delta t)\delta\mathbf{V}(\delta t) \rangle}{2\delta t} = \frac{e^2}{m^2}\int_0^{+\infty} \langle \mathbf{E}(\tau)\mathbf{E}(0) \rangle \, d\tau \end{aligned}$$

La deuxième relation, relative au coefficient de diffusion de la vitesse, n'est autre que la théorie quasi-linéaire de l'interaction champ-particule (5.59) le long des lignes du champ magnétique statique. La trace du tenseur de diffusion $\langle \delta\mathbf{R}(\delta t)\delta\mathbf{R}(\delta t) \rangle / 2\delta t$ définit le coefficient de diffusion D, et la relation de Green-Kubo (11.71) constitue un cas particulier des relations dites *fluctuations-dissipation.*

$$D = \frac{1}{3}\int_0^{+\infty} \langle \mathbf{V}(\tau) \cdot \mathbf{V}(0) \rangle \, d\tau \tag{11.71}$$

Dans l'étude qui vient d'être faite nous avons considéré uniquement l'effet des collisions, ou de la turbulence, sur le déplacement du centre guide d'une particule, dans ce cas le terme de friction $\langle \delta\mathbf{R}(\delta t) \rangle / \delta t$ est nul. Lorsqu'un champ électrique quasi-statique $\mathbf{E}$ est appliqué à un système de particules, un terme de dérive apparaît et le coefficient $\langle \delta\mathbf{R}(\delta t) \rangle / \delta t$ est non nul. Ce terme de dérive est proportionnel à la force appliquée lorsque l'amplitude de cette dernière est telle que la densité d'énergie associée est petite devant la densité d'énergie thermique, le coefficient de proportionnalité entre champ et vitesse définit la mobilité de la particule (4.114) dans le champ $\mathbf{E}$.

Nous allons démontrer que le coefficient de mobilité peut aussi être exprimé par la fonction d'autocorrélation des vitesses et que cette relation n'est autre que la relation d'Einstein. Dans le cadre de l'étude de la dynamique des électrons et alphas nous avions défini la fonction de Green K, ou propagateur, de l'opérateur de collision $\mathbf{C}(\mathbf{v})$ suivant la relation :

$$\frac{\partial}{\partial t} K(\mathbf{V}_0 \to \mathbf{V}, t) - \mathbf{C} \cdot K(\mathbf{V}_0 \to \mathbf{V}, t) = \delta(\mathbf{V} - \mathbf{V}_0)\,\delta(t)$$

Une solution formelle peut être obtenue à partir de l'exponentielle de l'opérateur $\mathbf{C}$ ($\exp \mathbf{C}t \equiv 1 + \mathbf{C}t + \mathbf{C}t \cdot \mathbf{C}t/2! + \mathbf{C}t \cdot \mathbf{C}t \cdot \mathbf{C}t/3! + ...$) : $K(\mathbf{V}_0 \to \mathbf{V}, t)$

$= H(t)\exp[\mathbf{C}t]\cdot\delta(\mathbf{V}-\mathbf{V}_0)$, où $H(t)$ est la fonction de Heaviside. Considérons, de façon formelle, l'inverse $\mathbf{C}^{-1}$de l'opérateur de collision. Bien entendu cet inverse nécessiterait une discussion plus approfondie car l'existence d'états stationnaires, tels que les distributions de Maxwell, implique l'existence de valeurs propres nulles qui rendent l'opération d'inversion singulière, nous n'approfondirons pas ce point et définirons la fonction de Green stationnaire G :

$$G(\mathbf{V}_0 \to \mathbf{V}) \equiv \int_0^{+\infty} K(\mathbf{V}_0 \to \mathbf{V}, t)dt = -\mathbf{C}^{-1}\cdot\delta(\mathbf{V}-\mathbf{V}_0)$$

où nous avons supposé que $\exp[\mathbf{C}t]\cdot\delta(\mathbf{V}-\mathbf{V}_0)\to 0$ lorsque $t\to+\infty$; notons que G est solution de $\mathbf{C}\cdot G = -\delta(\mathbf{V}-\mathbf{V}_0)$. La fonction de Green K permet de définir la fonction de corrélation des vitesses à l'équilibre :

$$\langle\mathbf{V}(\tau)\mathbf{V}(0)\rangle \equiv \left\langle \int \mathbf{V}\mathbf{V}(0)\, K(\mathbf{V}(0)\to\mathbf{V},\tau)d\mathbf{V}\right\rangle \tag{11.72}$$

$$= \int \mathbf{V}\mathbf{V}_0 K(\mathbf{V}_0\to\mathbf{V},\tau)F_0(\mathbf{V}_0)\, d\mathbf{V}_0 d\mathbf{V} \tag{11.73}$$

où $F_0(\mathbf{V}_0)$ est une distribution d'équilibre Maxwellienne. En présence d'un champ électrique faible $\mathbf{E}$ l'écart à l'équilibre est supposé faible et nous recherchons une solution stationnaire sous la forme d'un développement de Chapmann-Enskog : $f(\mathbf{V},\mathbf{E}) = O\left[E^0\right] + O\left[E^1\right] + O\left[E^2\right] + ... = F_0(v) + f_1(\mathbf{V}) + f_2(\mathbf{V}) + ...$ L'analyse de l'équation cinétique en régime stationnaire, traduisant la compétition entre la relaxation collisionnelle et l'excitation électrique, est ensuite restreinte au premier terme de ce développement.

$$\mathbf{C}\cdot f = \frac{e}{m}\mathbf{E}\cdot\frac{\partial f}{\partial\mathbf{V}} \to \mathbf{C}\cdot f_1 = \frac{e}{m}\mathbf{E}\cdot\frac{\partial F_0}{\partial\mathbf{V}} \tag{11.74}$$

Ainsi le terme f_1 décrivant le phénomène de mobilité linéaire dans un champ électrique $\mathbf{E}$ s'exprime en fonction de G et F_0 suivant :

$$f_1(\mathbf{V}) = \frac{e}{m}\mathbf{E}\cdot\mathbf{C}^{-1}\frac{\partial F_0(\mathbf{V})}{\partial\mathbf{V}} = -\frac{e}{m}\mathbf{E}\cdot\int G(\mathbf{V}_0\to\mathbf{V})\frac{\partial F_0(\mathbf{V}_0)}{\partial\mathbf{V}_0}d\mathbf{V}_0$$

La vitesse moyenne $\langle\delta\mathbf{R}(\delta t)/\delta t\rangle$ de la population F_0 perturbée par le champ $\mathbf{E}$ est donc égale à :

$$\left\langle\frac{\delta\mathbf{R}}{\delta t}\right\rangle \equiv -\frac{e}{m}\mathbf{E}\cdot\int\mathbf{V}\; G(\mathbf{V}_0\to\mathbf{V})\frac{\partial F_0(\mathbf{V}_0)}{\partial\mathbf{V}_0}d\mathbf{V}d\mathbf{V}_0$$

$$= \frac{e}{k_BT}\mathbf{E}\cdot\int\mathbf{V}\int_0^{+\infty} dt\; K(\mathbf{V}_0\to\mathbf{V},t)\mathbf{V}_0 F(\mathbf{V}_0)\, d\mathbf{V}d\mathbf{V}_0$$

où nous avons utilisé la relation : $\partial F_0(\mathbf{V}_0)/\partial\mathbf{V}_0 = -m\mathbf{V}_0F(\mathbf{V}_0)/k_BT$. Il est alors aisé d'établir la relation d'Einstein entre mobilité et diffusion et la relation de Green-Kubo entre mobilité et fonction d'autocorrélation des vitesses (11.73).

$$\textit{Relation d'Einstein :}\quad \left\langle\frac{\delta\mathbf{R}}{\delta t}\right\rangle = \frac{e\mathbf{E}}{k_BT}\cdot\frac{\langle\delta\mathbf{R}\delta\mathbf{R}\rangle}{2\delta t} \tag{11.75}$$

La relation d'Einstein sous une forme similaire à celle établie dans le chapitre consacré à l'analyse hamiltonienne de l'interaction champ-particule peut être construite comme suit :

$$\exp -\frac{e\phi(\mathbf{R})}{k_B T}\left\langle\frac{\delta\mathbf{R}}{\delta t}\right\rangle = \frac{\partial}{\partial\mathbf{R}}\left[\exp -\frac{e\phi(\mathbf{R})}{k_B T}\right]\cdot\frac{\langle\delta\mathbf{R}\delta\mathbf{R}\rangle}{2\delta t} \tag{11.76}$$

et interprétée en terme de moyenne sur tout l'espace des phases. Les relations de Green-Kubo (11.71) et d'Einstein (11.76) sont tout à fait générales et, dans le cas particulier du transport radial dans un tokamak, nous considérerons la fonction d'autocorrélation de la vitesse radiale qui résulte de la dérive magnétique $dr/dt = v_D \sin\theta$. L'angle poloïdal $\theta(t)$ est une variable aléatoire, au même titre que la vitesse de dérive v_D, mais c'est essentiellement la décorrélation de la rotation poloïdale (particules circulantes) ou de l'oscillation poloïdale (particules piégées) qui génère une marche aléatoire radiale.

Le problème du confinement des particules dans un tokamak se réduit donc à l'évaluation du coefficient de diffusion $D_\perp$, c'est-à-dire à l'analyse de la fonction de corrélation de la position poloïdale $\langle\sin\theta(t)\sin\theta(0)\rangle$ sur une surface de dérive.

$$D_\perp = \int_0^{+\infty}\langle v_D^2 \sin\theta(t)\sin\theta(0)\rangle\, dt \approx \left(\frac{2k_B T/m}{R_0\omega_{c0}}\right)^2\int_0^{+\infty}\langle\sin\theta(t)\sin\theta(0)\rangle\, dt$$

La relation d'Einstein (11.76) permet de réduire le problème de la conductivité radiale à l'étude ce cette même fonction d'autocorrélation de l'angle poloïdal.

$$\mu_\perp = \frac{e}{k_B T}D_\perp \approx \frac{4k_B T/m}{R_0^2 B_0\omega_{c0}}\int_0^{+\infty}\langle\sin\theta(t)\sin\theta(0)\rangle\, dt \tag{11.77}$$

Notons que la conductivité électronique perpendiculaire néo-classique $\eta_\perp$ s'exprime alors suivant la relation :

$$\eta_\perp \approx \frac{4P_e}{R_0^2 B_0^2}\int_0^{+\infty}\langle\sin\theta(t)\sin\theta(0)\rangle\, dt = \frac{\beta}{\mu_0 R_0^2}\int_0^{+\infty}\langle\sin\theta(t)\sin\theta(0)\rangle\, dt \tag{11.78}$$

Afin d'étudier les différents régimes de transport néo-classique dans un tokamak il est nécessaire d'analyser les couplages entre le mouvement périodique $\theta(t)$ et les collisions, c'est-à-dire d'identifier clairement les différents régimes de décorrélation de la variable $\sin\theta(t)$.

• Si la fréquence de collisions est plus grande que la fréquence cyclotron, $\nu \gg \omega_c = v_T/\rho_L$, alors il n'y a pas de différence entre le transport dans un champ homogène et le transport dans une configuration toroïdale car les particules n'ont pas le temps d'explorer la topologie magnétique entre deux collisions, c'est la décorrélation de l'angle cyclotronique $\alpha(t)$, et non de l'angle poloïdal $\theta(t)$, qui détermine la diffusion.

• Lorsque la fréquence de collisions est comprise entre la fréquence cyclotron et la fréquence de transit poloïdal, $v_T/\rho_L \gg \nu \gg v_T/qR_0$, alors les effets associés à la topologie magnétique toroïdale sont perceptibles et ce régime est appelé régime de Pfirsch-Schlüter.

• A l'opposé, si la fréquence de collisions est plus petite que la fréquence de transit poloïdal pondéré par le facteur $(r/R_0)^{\frac{3}{2}}$, $(r/R_0)^{\frac{3}{2}}\, v_T/qR_0 \gg \nu$, nous établirons que le transport radial est dominé par les particules piégées et l'on dénomme ce régime *le régime banane* ou de Galeev-Sagdeev.

• Entre les deux régimes précédents, de forte et faible collisionnalité, nous considérerons le régime dit *plateau*, $v_T/qR_0 \gg \nu \gg (r/R_0)^{\frac{3}{2}} v_T/qR_0$.

11.2.4 Régimes Pfirsch-Schlüter et plateau

Commençons l'analyse du transport par le régime de forte collisionnalité, dans ce régime, $v_T/\rho_L \gg \nu \gg v_T/qR_0$, les particules circulantes, majoritaires, ont le temps d'effectuer de nombreuses rotations cyclotroniques entre deux collisions, mais, ne peuvent pas effectuer un transit poloïdal complet sans collisions. La dynamique non perturbée suivant l'angle poloïdal θ est une rotation, la dynamique non perturbée suivant les lignes de champ est une translation $s_\parallel = v_\parallel t$; ces deux mouvements sont interrompus par des collisions de fréquence ν.

Sur une échelle de temps longue cette dynamique est donc décrite par un processus de diffusion le long des lignes de champ de coefficient $D_\parallel$ donné par la relation (4.113). La probabilité de parcours d'une distance $s_\parallel$ le long d'une ligne de champ durant un temps t est une gaussienne $P\left(s_\parallel, t\right)$ du type (4.71), solution (fonction de Green) de l'équation de diffusion unidimentionelle suivante $s_\parallel\ \partial P/\partial t = D_\parallel \partial^2 P/\partial s_\parallel^2$, $P\left(s_\parallel, t=0\right) = \delta\left(s_\parallel\right)$. Nous devons analyser la combinaison de deux dynamiques couplées :

$$\textit{Rotation poloïdale} \quad : \quad \frac{d\theta}{dt} = \frac{v_\parallel}{qR_0} \rightarrow \theta(t) - \theta_0 \approx \frac{s_\parallel(t)}{qR_0}$$

$$\textit{Diffusion longitudinale} \quad : \quad D_\parallel = \frac{k_B T}{m\nu} \quad \rightarrow P\left(s_\parallel, t\right) = \frac{\exp -\frac{s_\parallel^2}{4D_\parallel t}}{\sqrt{4\pi D_\parallel t}}$$

La fonction d'autocorrélation de la vitesse radiale du centre guide peut s'exprimer en fonction de l'abscisse curviligne $s_\parallel$ le long d'une ligne de champ ; cette abscisse curviligne étant une variable aléatoire distribuée suivant $P\left(s_\parallel, t\right)$. L'évolution inertielle, en l'absence de collision, présente une autocorrélation périodique :

$$\left.\frac{dr}{dt}\right|_t \left.\frac{dr}{dt}\right|_0 = v_D^2 \sin\theta \sin\theta_0 \rightarrow \left\langle \left.\frac{dr}{dt}\right|_t \left.\frac{dr}{dt}\right|_0 \right\rangle_{\theta_0} = \frac{v_D^2}{2} \cos\left(\frac{s_\parallel}{qR_0}\right)$$

où nous avons uniquement considéré la moyenne sur les conditions initiales poloïdales θ_0. Les particules circulantes constituent la population majoritaire, leur vitesse de dérive v_D est dominée par la dérive de courbure ; ainsi la valeur moyenne de la vitesse de dérive pour cette population s'exprime comme : $\langle v_D \rangle \approx \left\langle v_\parallel^2 \right\rangle / R_0\omega_c = k_B T/mR_0\omega_c$. L'expression complète de la fonction d'autocorrélation des vitesses radiales est donc obtenue en effectuant une pondération finale sur la loi de distribution des abscisses curvilignes $P\left(s_\parallel, t\right)$.

$$\left\langle \left.\frac{dr}{dt}\right|_t \left.\frac{dr}{dt}\right|_0 \right\rangle_{\theta_0, s_\parallel} = \frac{\left\langle v_D^2 \right\rangle}{2} \int_0^{+\infty} ds_\parallel \frac{\exp -\frac{s_\parallel^2}{4D_\parallel t}}{\sqrt{4\pi D_\parallel t}} \cos\frac{s_\parallel}{qR_0} = \frac{\left\langle v_D^2 \right\rangle}{4} \exp -\frac{D_\parallel t}{q^2 R_0^2}$$

L'application de la relation de Green-Kubo (11.71) permet d'évaluer le coefficient de diffusion dans ce régime de forte collisionnalité.

$$D_\perp = \frac{\langle v_D^2 \rangle}{4} \int_0^{+\infty} \exp\left(-\frac{D_\parallel t}{q^2 R_0^2}\right) dt \approx q^2 \frac{k_B T}{m} \frac{\nu}{\omega_c^2} \tag{11.79}$$

La topologie magnétique induit une augmentation du transport, au dessus du niveau de Braginsky, d'un facteur égal au carré du facteur de sécurité q^2. L'origine de cette augmentation du transport est à rechercher dans le couplage entre le mouvement le long des lignes de champ et le mouvement radial à travers la décorrélation poloïdale.

$$\textit{Régime Pfirsch-Schlüter} : \quad \boxed{D_\perp \approx q^2 \rho_L^2 \nu}$$

Une évaluation pour les valeurs typiques des plasmas de tokamak conduit à l'ordre de grandeur : $\chi_{\perp i}\left[\mathrm{m}^2/\mathrm{s}\right] \approx n\left[10^{20}\mathrm{m}^{-3}\right] / B^2\left[\mathrm{T}\right] \sqrt{T\left[\mathrm{keV}\right]}$ bien en déca des valeurs expérimentales $\chi_{\perp i}\left[\mathrm{m}^2/\mathrm{s}\right] \approx 1$. Ce désaccord était attendu car les plasmas actuels dans les tokamaks, de par leurs températures élevées, ne sont pas en régime de *Pfirsch-Schlüter.*

Le régime de collisionnalité intermédiaire, $v_T/qR_0 \gg \nu \gg (r/R_0)^{\frac{3}{2}} v_T/qR_0$, peut être analysé suivant la même méthode. La dynamique de l'angle poloïdal θ est une rotation et la dynamique suivant les lignes de champ est une translation $s_\parallel = v_\parallel t$, ces deux mouvements couplés sont interrompus par des collisions de fréquence ν.

Les particules circulantes, majoritaires, ont le temps d'effectuer un transit poloïdal (2π) ou une fraction significative de transit entre deux collisions ; sur les échelles de temps longues cette dynamique est donc un processus de Poisson décrivant une marche aléatoire alors que dans le cas précédant nous avons considéré, à travers la distribution gaussienne de la variable $s_\parallel$, une situation où le pas était beaucoup plus petit qu'un arc d'orbite du centre guide.

$$\textit{Rotation} \quad : \quad \frac{d\theta}{dt} = \frac{v_\parallel}{qR_0} \rightarrow \theta(t) - \theta_0 \approx \frac{v_\parallel t}{qR_0} \tag{11.80}$$

$$\textit{Collisions} \quad : \quad \frac{dP}{dt} = -\nu P \rightarrow P(t) = \exp(-\nu t) \tag{11.81}$$

La fonction d'autocorrélation de la vitesse radiale du centre guide peut s'exprimer en fonction du temps comme :

$$\left\langle \left.\frac{dr}{dt}\right|_t \left.\frac{dr}{dt}\right|_0 \right\rangle_{\theta_0} = v_D^2 P(t) \langle \sin\theta \sin\theta_0 \rangle_{\theta_0} = \frac{v_D^2}{2} \exp(-\nu t) \cos\left(\frac{v_\parallel}{qR_0} t\right)$$

où le facteur un demi provient de la valeur moyenne sur θ_0. La formule de Green-Kubo pour une particule de vitesse $v_\parallel$ permet d'établir la valeur du coefficient de diffusion radial $D_\perp(v_\parallel)$:

$$D_\perp(v_\parallel) = \frac{v_D^2}{2} \int_0^{+\infty} \exp(-\nu t) \cos\left(\frac{v_\parallel}{qR_0} t\right) dt = \frac{v_D^2}{2} \frac{\nu}{\nu^2 + \left(\frac{v_\parallel}{qR_0}\right)^2} \tag{11.82}$$

La valeur de la vitesse de dérive est donnée par : $v_D = \left(v_\parallel^2 + v_c^2/2\right)/R_0\omega_c$. La moyenne sur une distribution Maxwellienne des vitesses parallèles conduit à l'expression du coefficient de diffusion du régime dit *plateau* $D_\perp(T)$.

$$D_\perp = \frac{\nu}{2}\left(\frac{m}{2\pi k_B T}\right)^{\frac{3}{2}} \int \left(\frac{v_\parallel^2 + \frac{v_c^2}{2}}{R_0 \omega_c}\right)^2 \frac{\exp -m\frac{v_\parallel^2 + v_c^2}{2k_B T}}{\nu^2 + \left(\frac{v_\parallel}{qR_0}\right)^2} d\mathbf{v} \underset{\nu < \frac{v_\parallel}{qR_0}}{\rightarrow} \frac{q}{R_0 \omega_c^2}\left(\frac{k_B T}{m}\right)^{\frac{3}{2}}$$

On notera que le coefficient de diffusion est indépendant de la fréquence de collision dans ce régime intermédiaire.

$$\text{Régime plateau :} \quad D_\perp \approx q\rho_L^2 \frac{v_T}{R_0}$$

Considérons maintenant le régime de faible collisionnalité, $\nu \ll (r/R_0)^{\frac{3}{2}} v_T/qR_0$; dans ce régime les particules circulantes ont le temps d'effectuer une rotation poloïdale complète entre deux collisions et les particules piégées une oscillation poloïdale significative entre deux collisions.

11.2.5 Régime de Galeev-Sagdeev

Bien que les particules circulantes soient majoritaires, ce sont les particules piégées qui dominent le transport radial dans ce régime car leurs excursions radiales sur les orbites bananes sont supérieures à celles des particules circulantes. La figure (11.13) illustre le principe du transport résultant de la marche aléatoire des orbites bananes, en particulier les collisions induisant un renversement de la vitesse toroïdale génèrent un transport radial dont le pas est de l'ordre de grandeur de deux largeurs $\delta_b = 2q\rho_L\sqrt{2R_0/r}$.

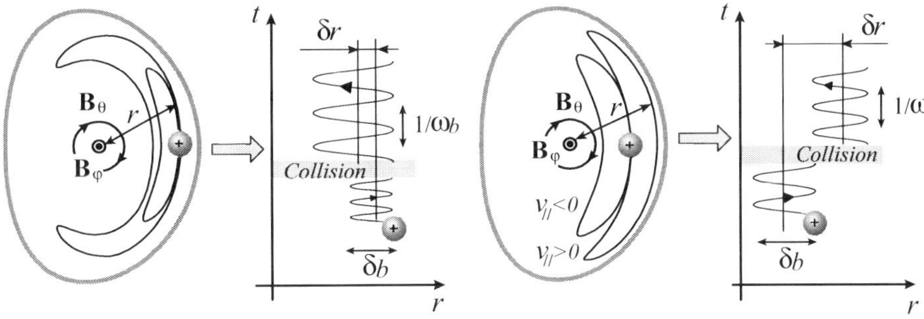

Fig. 11.13 : *Marche aléatoire des centres des orbites bananes.*

Considérons une particule piégée caractérisée par la période d'oscillation poloïdale $2\pi/\omega_b$, la fréquence de (dé)piégeage ν_d et la fraction de particules piégées f_p qui mesure la probabilité qu'une particule soit piégée sur une surface magnétique de petit rayon r.

$$\textit{Oscillation poloïdale} \quad : \quad : \omega_b = \sqrt{\frac{\mu B_0 r}{mq^2 R_0^3}} \rightarrow \theta(t) \approx \theta_M \sin(\omega_b t + \phi)$$

$$\textit{Fraction piégée} \quad : \quad : \left.\frac{v_\parallel}{v_c}\right|_{\theta=0} < \sqrt{\frac{2r}{R_0}} \rightarrow f_p(r) = \sqrt{\frac{2r}{R_0}}$$

$$\textit{Dépiégeage collisionnel} \quad : \quad \nu_d = \nu\frac{R_0}{2r} \rightarrow P(t) = \exp(-\nu_d t)$$

La moyenne sur la phase initiale du produit des vitesses radiales :

$$\left\langle \left.\frac{dr}{dt}\right|_t \left.\frac{dr}{dt}\right|_0 \right\rangle_{\theta_0} = v_D^2 \left\langle \sin\left[\theta_M \sin\left(\omega_b t + \phi\right)\right] \sin\left[\theta_M \sin\left(\phi\right)\right]\right\rangle_\phi \tag{11.83}$$

peut être développée en utilisant l'identité de Jacobi : $\sin(u + b\sin\alpha) = \sum_n J_n(b)$ $\sin(u + n\alpha)$, ainsi $\sin\theta(t)\sin\theta(0) = \sum_n \sum_m J_n(\theta_M) J_m(\theta_M)\ \sin(n\omega_b t + n\phi)$ $\sin(m\phi)$. Compte tenu de la décroissance des fonctions de Bessel $J_n(\theta_M)$ aux grands ordres, cette somme peut être restreinte au premier terme non nul : $\langle \sin\theta(t)\sin\theta(0)\rangle \approx J_1^2(\theta_M)\cos\omega_b t$.

La fonction d'autocorrélation est obtenue en pondérant cette expression par : (i) la probabilité qu'une particule soit piégée, $f_p(r)$, et (ii) la probabilité qu'elle soit encore piégée au bout d'un temps t, $P(t)$.

$$\begin{aligned} \left\langle \left.\frac{dr}{dt}\right|_t \left.\frac{dr}{dt}\right|_0 \right\rangle_{\theta_0} &= f_p(r)\left\langle J_1^2(\theta_M)\right\rangle \frac{\left\langle v_D^2\right\rangle}{2} P(t)\cos(\omega_b t) \\ &\approx f_p \left\langle v_D^2\right\rangle \exp(-\nu_d t)\cos(\omega_b t) \end{aligned}$$

où nous avons considéré que $\left\langle J_1^2(\theta_M)\right\rangle$ est de l'ordre de l'unité. La formule de Green-Kubo permet de conclure et d'évaluer le coefficient de diffusion $D_\perp$.

$$D_\perp = f_p \left\langle v_D^2\right\rangle \int_0^{+\infty} \exp(-\nu_d t)\cos(\omega_b t)\, dt = f_p \frac{\left\langle v_D^2\right\rangle \nu_d}{\nu_d^2 + \omega_b^2} \approx q^2 \nu \frac{k_B T}{m\omega_c^2}\left(\frac{R_0}{r}\right)^{\frac{3}{2}}$$

La fréquence de bounce étant plus grande que la fréquence de collisions, l'expression finale fait apparaître un facteur multiplicatif, par rapport au coefficient de Braginsky, égal à $q^2 (R_0/r)^{\frac{3}{2}}$.

$$\textit{Régime de Galeev-Sagdeev :}\quad \boxed{D_\perp \approx q^2 \rho_L^2 \nu \left(\frac{R_0}{r}\right)^{\frac{3}{2}}}$$

La résolution de l'équation cinétique de dérive (11.64) pour les ions et pour les électrons confirme et précise ces résultats : $\chi_{\perp e} = 4q^2 (R_0/r)^{\frac{3}{2}}\, k_B T_e \nu_{e\to e}/m_e\omega_{ce}^2$ $\ll \chi_{\perp i} = q^2 (R_0/r)^{\frac{3}{2}}\, k_B T_i \nu_{i\to i}/m_i\omega_{ci}^2$; en régime néo-classique, comme en régime classique, la conductibilité thermique est dominée par la composante ionique, l'ordre de grandeur en régime de Galeev-Sagdeev est $\chi_{i\perp}\left[\mathrm{m}^2/\mathrm{s}\right] \approx 0.1$, c'est-à-dire beaucoup plus faible que ce qui est observé dans les tokamaks de la génération actuelle $\chi_\perp\left[\mathrm{m}^2/\mathrm{s}\right] \approx 1$.

La diffusion thermique ionique en régime banane doit être considérée comme une borne inférieure pour les études de confinement.

La figure (11.14), où l'ordonnée est en $m^2 \cdot s^{-1}$, illustre la continuité du coefficient de diffusion thermique $\chi_\perp$ entre ces trois régimes de collisionnalité en fonction du paramètre $\nu q R_0/v_T$. Le tableau ci-dessous résume l'ensemble des résultats obtenus dans le cadre de l'analyse du transport collisionnel dans les configurations de type tokamak.

Régime	Conditions	Coefficient de Diffusion
Braginsky	$\frac{v_T}{\rho_L} \gg \nu$	$\rho_L^2 \nu$
Pfirsch-Schlüter	$\nu \gg \frac{v_T}{qR_0}$	$q^2 \rho_L^2 \nu$
Plateau	$\frac{v_T}{qR_0} \gg \nu \gg \left(\frac{r}{R_0}\right)_0^{\frac{3}{2}} \frac{v_T}{qR_0}$	$q\rho_L^2 \left(\frac{v_T}{R_0}\right)$
Galeev-Sagdeev	$\frac{v_T}{qR_0} \left(\frac{r}{R_0}\right)^{\frac{3}{2}} \gg \nu$	$q^2 \left(\frac{R_0}{r}\right)^{\frac{3}{2}} \rho_L^2 \nu$

L'interférence entre les collisions et les deux classes topologiques d'orbites dans une configuration de type tokamak ne se traduit pas uniquement par la modification des coefficient dissipatifs de Braginsky $D_\perp$ et $\chi_\perp$.

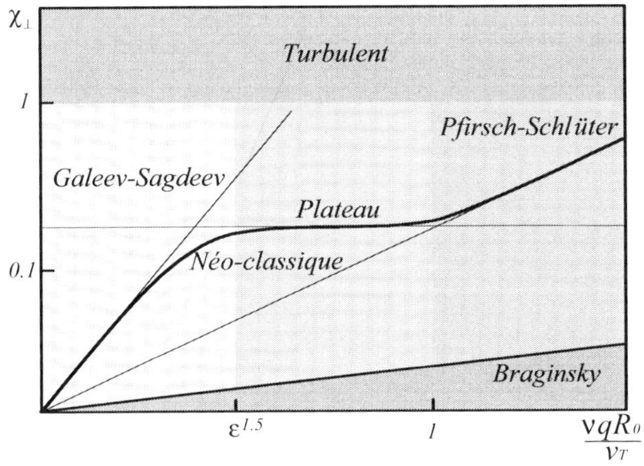

Fig. 11.14 : *Transport de chaleur collisionnel dans un tokamak.*

Un deuxième ensemble d'effets néo-classiques, en apparence non dissipatifs car ne présentant aucune dépendance en la fréquence de collision ν, doit être considéré, ce sont les phénomènes tels que la *polarisation néo-classique* (11.68), le courant de *bootstrap*, le *pinch de Ware* et les couplages autres que les flux dissipatifs de masse et chaleur ; l'ensemble des réponses stationnaires d'une population peut s'organiser suivant la matrice 3×4 de couplage (11.84) reliant les flux radiaux Γ_r, poloïdaux Γ_θ et toroïdaux Γ_φ illustrés sur la figure (11.10) aux gradients radiaux et variations temporelles.

$$\begin{pmatrix} \Gamma_r \\ \Gamma_\varphi \\ \Gamma_\theta \end{pmatrix} = \begin{pmatrix} \text{Fick} & \text{Soret} & \text{Ware} & \text{Ohm} \\ \text{Bootstrap} & \text{Bootstrap} & \text{Ohm} & \text{Dérive} \\ \text{Diamag.} & \text{Diamag.} & \text{Ware} & \text{Dérive} \end{pmatrix} \cdot \begin{pmatrix} \frac{dn}{dr} \\ \frac{dT}{dr} \\ \frac{dA_\varphi}{dt} \\ \frac{d\phi}{dr} \end{pmatrix} \quad (11.84)$$

Dans un tokamak deux champs électriques doivent être considérés : (i) le champ toroïdal dA_φ/dt de nature inductive et (ii) le champ radial $d\phi/dr$ d'origine capacitive, $d\phi/dr$ résulte d'une séparation spatiale de charges et dA_φ/dt d'une variation temporelle de flux. Les origines physiques du courant de bootstrap et du flux de Ware sont illustrées, par analogies, sur les figures (11.15-a-b-c-d). La figure (11.15-a) rappelle le principe de non compensation des courants cyclotroniques qui est la source du courant diamagnétique ; par analogie illustrée sur la figure (11.15-c), la non compensation des courants de dérives associés aux orbites piégées doit conduire à un courant toroïdal. En fait l'enchaînement des processus est plus subtil que cette simple image de diamagnétisme des orbites bananes et le courant toroïdal est porté par les particules circulantes comme nous allons le voir dans le paragraphe suivant. La figure (11.15-b) illustre la dérive de champs croisés dans un champ magnétique homogène en présence d'un champ électrique, qu'il soit de nature inductive ou capacitive.

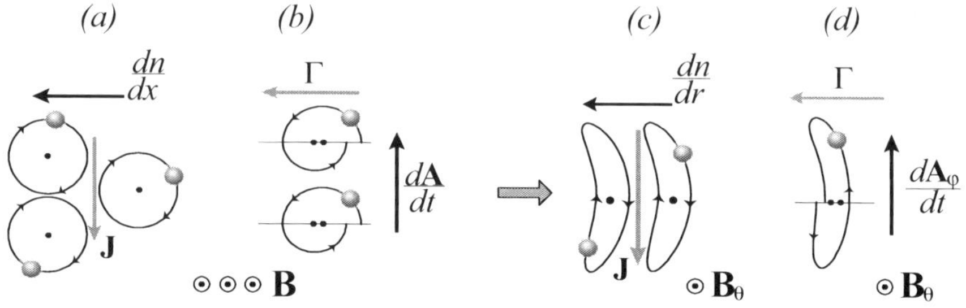

Fig. 11.15 : *Origines physiques (c) du courant de bootstrap et (d) du pinch de Ware.*

Sur une demi-orbite cyclotronique haute la particule reçoit de l'énergie et sur une demi-orbite basse elle donne de l'énergie au champ électrique, le résultat est un mouvement lent du centre guide pour ajuster l'asymétrie haut/bas du rayon de Larmor. Par analogie, figure (11.15-d), nous pouvons envisager qu'un champ électrique toroïdal, de nature inductive, induise un lent mouvement du centre des orbites bananes, c'est effectivement le cas et nous analyserons dans la suite l'ensemble des couplages conduisant à ce pinch de Ware.

11.2.6 Courant de bootstrap, pinch de Ware

Le courant de bootstrap est un phénomène lié à la collisionnalité finie d'un plasma de tokamak, mais son expression finale est indépendante de la fréquence de collisions, nous avons déjà rencontré une telle situation lors de l'étude de la diffusion en régime plateau.

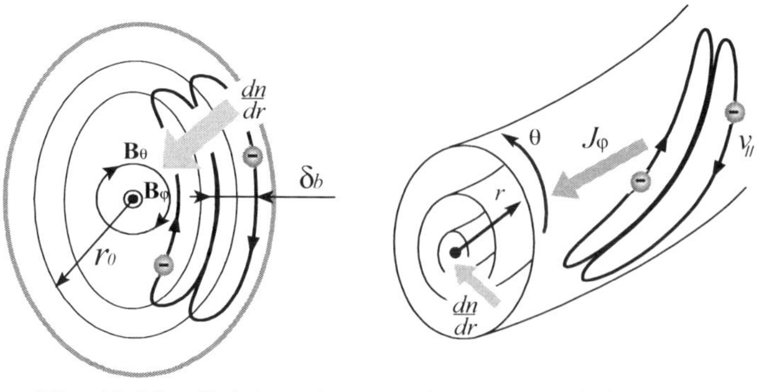

Fig. 11.16 : *Origine physique du courant de bootstrap.*

Cet effet néo-classique peut être analysé ainsi : l'ensemble des orbites de type banane est caractérisé par : (i) la fraction de particule piégées sur une surface magnétique r, $f_p(r)$, (ii) la fréquence de dépiégeage, $\nu_d(r)$, (iii) la pulsation de rebond, $\omega_b(r)$ et (iv) la largeur de banane, $\delta_b(r)$.

$$\begin{aligned}
&\textit{Particules piégées} &:& \quad \left.\frac{v_{\|}}{v_c}\right|_{\theta=0} < \sqrt{\frac{2r_0}{R_0}} \rightarrow f_p = \sqrt{\frac{2r_0}{R_0}}\ ,\ \nu_d = \nu\frac{R_0}{2r_0} \\
&\textit{Oscillation toroïdale} &:& \quad \omega_b = \sqrt{\frac{\mu B_0 r_0}{mq^2 R_0^3}} \rightarrow v_{\|} \approx v_{\|0}\cos(\omega_b t + \phi) \\
&\textit{Oscillation radiale} &:& \quad \delta_b = 2q\frac{R_0}{r_0}\frac{v_{\|0}}{\omega_{c0}} \rightarrow r \approx r_0 + \frac{\delta_b(r_0)}{2}\cos(\omega_b t + \phi)
\end{aligned}$$

Ainsi une particule piégée de vitesse $v_{\|0}$ en $r_0+\delta_b(r_0)/2$ présente une oscillation radiale illustrée sur la figure (11.16) et porte un courant $J_p\left(r, r_0, v_{\|0}, t\right)$ dont l'expression est donnée par :

$$J_p\left(r, r_0, v_{\|0}, t\right)\left[\frac{\mathrm{A}}{\mathrm{m}^2}\right] = ev_{\|0}\cos(\omega_b t + \phi)\frac{\delta\left[r - r_0 - \frac{\delta_b}{2}\cos(\omega_b t + \phi)\right]}{4\pi^2 r R_0}$$

La valeur moyenne de ce courant sur une période de rebond $\left\langle J_p\left(r, r_0, v_{\|0}\right)\right\rangle_{\omega_b}$ présente une valeur non nulle obtenue en effectuant un développement de Taylor sous l'hypothèse $\delta_b < r_0$.

$$\left\langle J_p\left(r, r_0, v_{\|0}\right)\right\rangle_{\omega_b} = -e\frac{v_{\|0}\delta_b}{16\pi^2 r R_0}\frac{d}{dr}\delta(r - r_0) \tag{11.85}$$

Le courant total $\left\langle J_p\left(r, v_{\|0}\right)\right\rangle$ est obtenu en considérant la distribution de particules piégées en fonction du rayon $f_p(r_0)\, n(r_0)$ puis en sommant le courant pour une particule $\left\langle J_p\left(r, r_0, v_{\|0}\right)\right\rangle_{\omega_b}$ (11.85) sur cette distribution $f_p(r_0)\, n(r_0)$.

$$\left\langle J_p\left(r, v_{\|0}\right)\right\rangle = -e\frac{v_{\|0}\delta_b}{4}\int f_p(r_0)\, n(r_0)\frac{d}{dr}\delta(r - r_0)\, dr_0 = -e\frac{v_{\|0}\delta_b}{4}\frac{df_p n}{dr}$$

La sommation doit être étendue à tout l'espace des phases, c'est-à-dire aussi à l'espace des vitesses $v_{\|0}$ que nous supposerons peuplé suivant une distribution de Maxwell de température T.

$$\left\langle J_p(r)\right\rangle \approx -\frac{m\left\langle v_{\|0}^2\right\rangle_T}{\sqrt{2}B_\theta}\sqrt{\frac{r}{R_0}}\frac{dn}{dr} \approx -\frac{k_B T}{B_\theta}\left(\frac{r}{R_0}\right)^{\frac{3}{2}}\frac{dn}{dr} \tag{11.86}$$

Pour établir l'expression de l'ordre de grandeur de $\left\langle J_p(r)\right\rangle$ nous avons pris en compte l'ordering de définition de la population piégée $v_{\|0} \leq v_{c0}\sqrt{2r/R_0} \rightarrow m\left\langle v_{\|0}^2\right\rangle \sim k_B T\,(2r/R_0)$. Le courant ainsi obtenu ne constitue pas un courant toroïdal car les particules piégées n'effectuent pas un transit toroïdal complet sur une période de rebond ; l'impulsion toroïdale ainsi contenue au sein de la population piégée est dissipée par les collisions et le dépiégeage vers les particules circulantes. Considérons les électrons et le bilan global d'échange d'impulsion ; l'échange d'impulsion entre électrons circulant et ions se réduit à une friction $\nu mn\left(V_{\|e} - V_{\|i}\right)$ et l'impulsion ainsi perdue par les électrons circulants provient du dépiégeage des électrons piégés portant l'impulsion $m\left\langle J_p\right\rangle/e$:

$$\nu_d\frac{m}{e}\left\langle J_p\right\rangle = \nu mn\left(V_{\|e} - V_{\|i}\right) \rightarrow \nu_d\left\langle J_p\right\rangle = \nu J_\varphi$$

où nous avons traduit l'égalité entre le taux de création de l'impulsion associée aux dépiégeage des électrons piégés et le taux de destruction de l'impulsion résultant des collisions électrons circulants/ions, cette égalité assurant le maintien d'un régime stationnaire. La fréquence de collisions électrons/ions se simplifie donc et la formule finale du courant de bootstrap porté par les particules circulantes est donnée par :

$$J_{\varphi} = \frac{\nu_d}{\nu}\langle J_p \rangle = -\frac{k_B T}{\sqrt{2}B_\theta}\sqrt{\frac{r}{R_0}}\frac{dn}{dr} \tag{11.87}$$

Un calcul plus précis, basé sur la résolution de l'équation cinétique de dérive (11.64), incluant les ions et le gradient de température, confirme et précise ce résultat.

Courant de Bootstrap : $$J_{\varphi} = -\frac{nk_B T}{B_\theta}\sqrt{\frac{r}{R_0}}\left[4.7\frac{d\ln n}{dr} + 0.57\frac{d\ln T}{dr}\right]$$

Le pinch de Ware est un effet néo-classique associé à la dynamique des particules piégées en présence d'un champ électrique toroïdal d'origine inductive. Une première approche, qui occulte l'enchaînement des couplages qui conduisent au résultat final, mais présente le mérite de la brièveté, est la suivante. En l'absence de perturbations telles que le *ripple*, associé au nombre fini de bobines, le moment angulaire toroïdal (5.9) est un invariant du mouvement, c'est-à-dire une combinaison de la vitesse et de la position indépendante du temps $\delta(mRv_\varphi + eRA_\varphi) = 0$; le champ poloïdal dérive du potentiel (flux) poloïdal $\partial RA_\varphi/\partial r = -RB_\theta$ ainsi $eB_\theta\delta r = m\delta v_\varphi$, figure (11.17). Or la variation de vitesse toroïdale par unité de temps est donnée par la force électrique $\langle \delta v_\varphi/\delta t\rangle = -E_\varphi$ ainsi $\langle \delta r/\delta t\rangle = -E_\varphi/B_\theta$. Les particules piégées présentent donc une dérive radiale interne si un champ électrique toroïdal E_φ est appliqué au plasma.

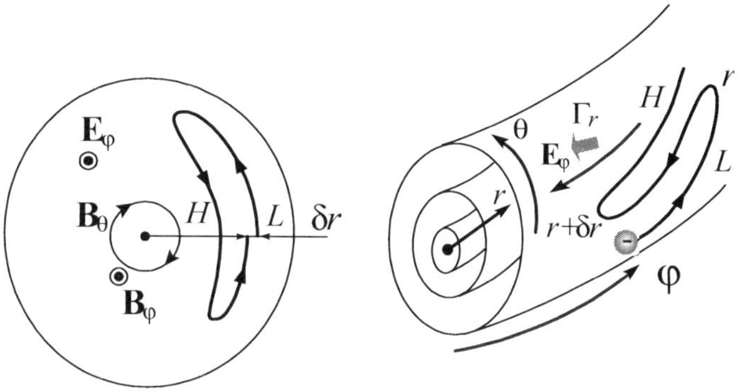

Fig. 11.17 : *Le pinch de Ware.*

Cette conclusion est confirmée par une analyse des équations du centre guide (6.26, 6.28) que nous avons construites pour classifier les orbites. En présence d'un champ électrique E_φ la vitesse moyenne le long des lignes de champ est donnée par $\langle dv_\parallel/dt\rangle = eE_\varphi/m$ et la position radiale du centre guide r est donnée par le rapport des relations (6.26) et (6.28) :

$$\frac{dr^2}{dv_\parallel} = -2q\frac{R_0}{\omega_{c0}} = -2\frac{mr}{eB_\theta} \underset{dv_\parallel/dt = eE_\varphi/m}{\longrightarrow} \left\langle\frac{dr}{dt}\right\rangle = -\frac{E_\varphi}{B_\theta}$$

Ainsi, un flux radial dirigé du bord vers le cœur est induit par un champ électrique toroïdal, ce flux Γ_r est égal au produit de la vitesse radiale moyenne que multiplie la densité de particules piégées .

$$\text{Pinch de Ware: } \boxed{\Gamma_r = -n\sqrt{\frac{2r}{R_0}}\frac{E_\varphi}{B_\theta}}$$

Ces démonstrations ne sont pas totalement convainquantes et une image cohérente et complémentaire peut être construite comme suit. Considérons l'enchaînement de processus suivants ; en présence d'un champ électrique E_φ les électrons circulants développent une vitesse moyenne $\langle v_\parallel \rangle = \mu_\parallel E_\varphi = eE_\varphi / m\nu_{ei}$ et la fonction de distribution $F_c(\mathbf{v})$ de ces électrons circulants sur une surface magnétique r donnée est donc du type :

$$\begin{aligned} F_c(\mathbf{v}) &= \left(\frac{m}{2\pi T(r)}\right)^{\frac{3}{2}} \exp\frac{mv_c^2}{2k_BT(r)} \exp\frac{m\left(v_\parallel - \langle v_\parallel \rangle\right)^2}{2k_BT(r)} \\ &\approx \left(\frac{m}{2\pi T(r)}\right)^{\frac{3}{2}} \exp\frac{mv^2}{2k_BT(r)}\left(1 - \frac{m\langle v_\parallel \rangle}{k_BT(r)}v_\parallel\right) \end{aligned}$$

Les électrons piégés recevant sur une demi-période de rebond de l'énergie du champ ($v_\parallel E_\varphi > 0$) et perdant cette énergie sur la demi-période suivante ($v_\parallel E_\varphi < 0$) présentent donc une distribution maxwellienne *isotrope* (figure 11.18)) dans le cône de piégeage. Sur les branches des orbites piégées situées côté bas champ, L sur la figure (11.18), les électrons piégés présentent une vitesse parallèle de même sens que la vitesse $\langle v_\parallel \rangle$ et le piégeage collisionnel est plus important que dans le cas $\langle v_\parallel \rangle = 0$. Sur les branches des orbites piégées situées côté fort champ, H sur la figure (11.18), les électrons piégés présentent une vitesse parallèle de sens opposé au sens de la vitesse $\langle v_\parallel \rangle$ et le dépiégeage collisionnel est plus important que dans le cas $\langle v_\parallel \rangle = 0$. Ainsi un flux net d'électrons du côté L vers le côté H résulte de la vitesse $\langle v_\parallel \rangle \neq 0$ et ce flux est porté par les électrons piégés mais s'exprime à travers les électrons circulants.

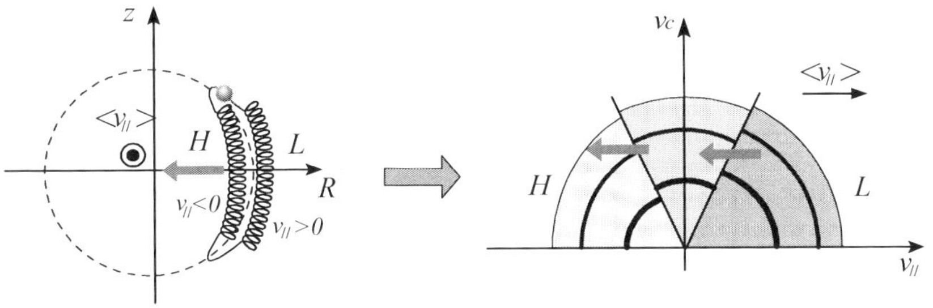

Fig. 11.18 : *Origine physique du pinch de Ware.*

La quantification du modèle ainsi construit conduirait à une expression de ce flux égale au flux de Ware car la fréquence de collisions ($\langle v_\parallel \rangle = eE_\varphi / m\nu_{ei}$) et la fréquence de (dé)piégeage se simplifient dans l'expression finale et le phénomène apparaît ainsi non dissipatif alors que la présence des collisions est nécessaire à sa dynamique interne. La tableau ci-dessous résume les expressions de quelques flux et courants classiques et néo-classiques en apparence non dissipatifs identifiés lors des études précédentes :

Flux	Ordre de grandeur
Flux diamagnétique classique	$\Gamma_\theta \sim \frac{k_B}{eB_\varphi}\frac{dnT}{dr}$
Courant de Bootstrap	$J_\varphi \sim \frac{k_B T}{B_\theta}\sqrt{\frac{2r}{R_0}}\frac{dn}{dr}$
Courant de Polarisation néo-classique	$J_r \sim \frac{nm}{B_\theta^2}\sqrt{\frac{2r}{R_0}}\frac{dE_r}{dt}$
Flux radial de Ware	$\Gamma_r \sim \frac{n}{B_\theta}\sqrt{\frac{2r}{R_0}}\frac{dA_\varphi}{dt}$

mais n'épuise en rien la problématique des effets néo-classiques dont nous avons réduit l'analyse aux principaux flux des espèces majoritaires ; en particulier le problème des flux néo-classiques d'impuretés nécessite une étude approfondie au regard de son impact sur le confinement de l'énergie de la dilution du combustible.

11.3 Turbulences Electrique et Magnétique

Les résultats que nous venons d'établir, relatifs aux coefficients dissipatifs $D_\perp$ et $\chi_\perp$, ne sont pas corroborés par les expériences, les différentes formules de diffusivité obtenues dans le cadre du paragraphe précédent constituent des bornes inférieures qui ne peuvent être atteintes que lorsque l'activité turbulente est ramenée à un niveau très faible. En effet, le temps de confinement de l'énergie prédit par la théorie néo-classique est donné par la relation :

$$\textit{Confinement néo-classique}: \ \nu_{ii}\tau_E \approx 0.26 \times q^{-2}\rho_L^{\ 2} a^{\frac{7}{2}} R_0^{-\frac{3}{2}} \tag{11.88}$$

où le facteur 0.26 provient de la résolution de l'équation cinétique de dérive (11.64). Considérons les conditions de décharge suivantes : $B = 5$ T, $a = 1$ m, $T_i = 20$ keV, $q = 3$, $R_0 = 5$ m, la formule (11.88) conduit à une valeur du temps de confinement telle que $n\tau_E > 10^{14}$ cm^{-3}s qui satisfait donc le critère de Lawson (2.17). Dans les décharges actuellement entretenues dans les tokamaks, qui ne satisfont pas le critère de Lawson, même en régime de confinement amélioré, le bruit à l'origine du déconfinement des particules et de la chaleur n'est donc pas d'origine *collisionnelle* mais *turbulente*.

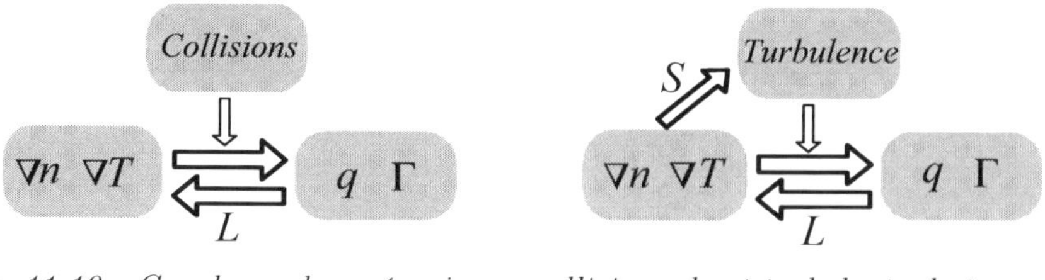

Fig. 11.19 : Couplages des mécanismes collisionnels et turbulents de transport.

Les microinstabilités, lorsqu'elles se développent à un niveau au-delà du régime linéaire, entretiennent un spectre de fluctuations électriques et magnétiques basses fréquences résultant des couplages complexes, dynamiques et géométriques, entres les différents modes assurant la dissipation de l'énergie libre associée aux gradients de densités, températures, champ et courant.

La théorie du transport turbulent est beaucoup moins développée que la théorie du transport collisionnel, car comme nous l'avons illustré sur la figure (11.19), les problèmes du transport turbulent et du niveau de turbulence qui l'entretient sont couplés de façon rétro-active à travers (*i*) le lissage (L) des gradients par le transport et (*ii*) l'entretien de la turbulence (S) par ces gradients ; dans le cas des collisions les gradients ne sont pas impliqués comme sources des collisions et le problème est découplé.

L'équation cinétique de la théorie du transport turbulent est construite autour de l'opérateur de Vlasov où les champs électriques et magnétiques sont de natures turbulentes, elle peut être résolue numériquement de manière autoconsistante en prenant en compte l'évolution de ces champs. Dans le cadre de cette présentation du transport turbulent nous considérerons une approche découplée construite sur la base de la description statistique des fluctuations turbulentes des champs électriques et magnétiques ; la fonction d'autocorrélation dans le temps et dans l'espace de ces champs contient l'information physique permettant de comprendre la génération de flux diffusifs de masse et chaleur. Des développements plus ambitieux permettent d'aborder la problématique autoconsistante du transport où les gradients sont les sources de la turbulence qui engendre le transport ; transport lissant ainsi les gradients jusqu'à un niveau stationnaire ou jusqu'à l'accrochage d'un cycle limite d'oscillations du transport à basse fréquence décrivant une relaxation périodique entre état confiné et bouffées de flux déconfinant.

Dans le cadre de cette introduction à la théorie du transport nous n'aborderons pas ici cette vaste problématique de l'auto-consistance et nous considérerons les spectres des fluctuations électriques et magnétiques comme des données de bases issues de l'expérience qui nous permettront de calculer les caractéristiques du transport turbulent aussi appelé transport *anormal*.

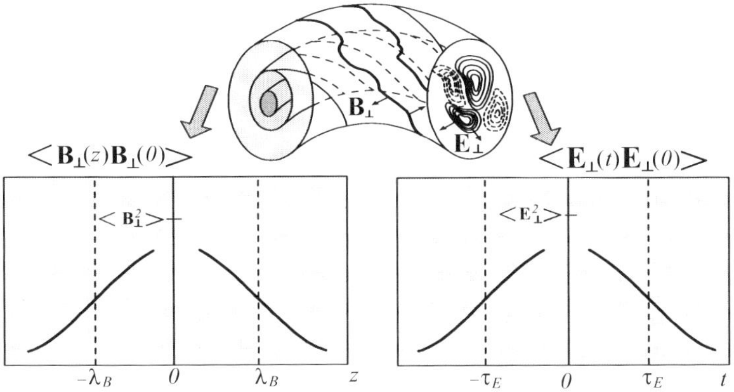

Fig. 11.20 : *Fluctuations électrique et magnétique dans un tokamak.*

Considérons la figure (11.20), une décharge tokamak est toujours le siège de fluctuations de natures électrique $\mathbf{E}_\perp(\mathbf{r},t)$ et magnétique $\mathbf{B}_\perp(\mathbf{r},t)$. Cette activité turbulente peut être décrite par les spectres d'autocorrélation $\langle \mathbf{E}_\perp(\mathbf{R}_\perp,t)\mathbf{E}^*_\perp(\mathbf{0},0)\rangle$ et $\langle \mathbf{B}_\perp(z,t)\mathbf{B}^*_\perp(0,0)\rangle$ dans le temps t et dans l'espace $(\mathbf{R}_\perp,z)$ où z est l'abscisse curviligne le long d'une ligne de champ magnétique et $\mathbf{R}_\perp$ un repérage local perpendiculaire au champ magnétique statique.

Les fluctuations de champs électriques perpendiculaires au champ magnétique $\mathbf{E}_\perp(\mathbf{R}_\perp,t)$ induisent un flux de particules et de chaleur bien que leurs moyennes dans le temps t et sur l'espace $\mathbf{R}_\perp$ soit nulles $\langle \mathbf{E}_\perp(\mathbf{R}_\perp, t)\rangle = \mathbf{0}$, l'origine de ce flux est simplement la dérive de champ croisés. Les propriétés statistiques d'un champ aléatoire sont données par la hiérarchie des moments de corrélations, qui dans le cas d'un processus Gaussien se ramène à la donnée de la fonction d'autocorrélation dans le temps et sur l'espace $\mathbf{C}_E(\mathbf{R}_\perp, t)$. La transformée de Fourier spatiale de la fonction d'autocorrélation $\mathbf{D}_E(\mathbf{k}_\perp, t)$ constitue la densité spectrale d'énergie (théorème de Wiener-Kinchine) et la transformée de Fourier dans le temps et sur l'espace $\mathbf{S}_E(\mathbf{k}_\perp, \omega)$ est appelée *facteur de structure dynamique*, $\mathbf{S}_E(\mathbf{k}_\perp)$ est le facteur de structure statique.

$$\begin{aligned}
\textit{Autocorrélation} \quad &: \quad \mathbf{C}_E(\mathbf{R}_\perp, t) \equiv \langle \mathbf{E}_\perp(\mathbf{R}_\perp, t)\mathbf{E}_\perp^*(\mathbf{0}, 0)\rangle \\
\textit{Densité spectrale} \quad &: \quad \mathbf{D}_E(\mathbf{k}_\perp, t) \equiv \int \mathbf{C}_E(\mathbf{R}_\perp, t)\exp\left(-j\mathbf{k}_\perp \cdot \mathbf{R}_\perp\right) d\mathbf{R}_\perp \\
\textit{Facteur de structure} \quad &: \quad \mathbf{S}_E(\mathbf{k}_\perp, \omega) \equiv \int \mathbf{D}_E(\mathbf{k}_\perp, t)\exp\left(j\omega t\right) dt
\end{aligned}$$

On notera que pour les processus homogènes dans le temps et dans l'espace, la définition : $\langle \mathbf{E}_\perp(\mathbf{k}_\perp, t)\mathbf{E}_\perp^*(\mathbf{k}'_\perp, t')\rangle = \int \langle \mathbf{E}_\perp(\mathbf{R}_\perp, t)\mathbf{E}_\perp^*(\mathbf{R}'_\perp, t')\rangle \exp\left(-j\mathbf{k}_\perp \cdot \mathbf{R}_\perp\right)$ $\exp\left(j\mathbf{k}'_\perp \cdot \mathbf{R}'_\perp\right) d\mathbf{R}_\perp d\mathbf{R}'_\perp$ conduit à la relation : $\langle \mathbf{E}_\perp(\mathbf{k}_\perp, t)\mathbf{E}_\perp^*(\mathbf{k}'_\perp, 0)\rangle = 4\pi^2$ $\delta\left(\mathbf{k}_\perp - \mathbf{k}'_\perp\right) \int \mathbf{C}_E(\mathbf{R}_\perp, t) \exp\left(-j\mathbf{k}_\perp \cdot \mathbf{R}_\perp\right) d\mathbf{R}_\perp = 4\pi^2\ \delta(\mathbf{k}_\perp - \mathbf{k}'_\perp)\ \mathbf{D}_E(\mathbf{k}_\perp, t)$.

Des fluctuations de champs magnétiques perpendiculaires au champ principal confinant sont aussi présentes dans les plasmas de tokamak, leur moyenne est nulle $\langle \mathbf{B}_\perp(\mathbf{r}, t)\rangle = \mathbf{0}$ et le mécanisme de transport est simplement une conséquence de l'écoulement du flux de particules le long des lignes de champs, en effet si ces dernières présentent un caractère stochastique les orbites des particules sont alors des marches aléatoires. Dans le cas des fluctuations magnétiques ce n'est pas la décorrélation perpendiculairement aux lignes de champs qui est importante comme dans le cas des fluctuations électriques, mais la décorrélation le long des lignes de champ, aussi nous considérerons les fonctions d' autocorrélations suivantes :

$$\begin{aligned}
\textit{Autocorrélation} \quad &: \quad \mathbf{C}_B(z, t) \equiv \langle \mathbf{B}_\perp(z, t)\mathbf{B}_\perp^*(0, 0)\rangle \\
\textit{Densité spectrale} \quad &: \quad \mathbf{D}_B(k_\parallel, t) \equiv \int \mathbf{C}_B(z, t)\exp\left(-jk_\parallel z\right) dz \\
\textit{Facteur de structure} \quad &: \quad \mathbf{S}_B(k_\parallel, \omega) \equiv \int \mathbf{D}_B(k_\parallel, t)\exp\left(j\omega t\right) dzdt
\end{aligned}$$

On notera que pour les processus homogènes dans le temps et dans l'espace la définition : $\left\langle \mathbf{B}_\perp(k_\parallel, t)\mathbf{B}_\perp^*(k'_\parallel, t')\right\rangle = \int dzdz' \langle \mathbf{B}_\perp(z, t)\mathbf{B}_\perp^*(z', t')\rangle \exp -jk_\parallel z$ $\exp jk'_\parallel z'$ conduit à la relation : $\left\langle \mathbf{B}_\perp(k_\parallel, t)\mathbf{B}_\perp^*(k'_\parallel, 0)\right\rangle = 2\pi\delta\left(k_\parallel - k'_\parallel\right) \int \mathbf{C}_B(z, t)$ $\exp\left(-jk_\parallel z\right) dz = 2\pi\delta\left(k_\parallel - k'_\parallel\right) \mathbf{D}_B(k_\parallel, t)$.

Bien que les fluctuations magnétiques soient beaucoup plus difficiles à mesurer que les fluctuations électriques, l'ordre de grandeur expérimental typique pour la longueur de corrélation est $\lambda_B \sim \pi q R$. Selon l'ordering entre le rayon de Larmor et les longueurs de corrélations, où entre la fréquence de collisions et les temps de corrélations, nous distinguerons différents régimes de transport que nous allons étudier successivement. Dans le cadre des modèles que nous allons développer les deux principales caractéristiques des champs turbulents seront le temps de corrélation des fluctuations électriques $\tau_E^2 \approx \int t^2 \ C_E(\mathbf{R}_\perp = \mathbf{0}, t)dt \ / \int C_E(\mathbf{R}_\perp = \mathbf{0}, t)dt$ et la longueur de corrélation des fluctuations magnétiques $\lambda_B^2 \approx \int z^2 \ C_B(z, t = 0)dz \ / \int C_B(z, t = 0)dz$ illustrés sur la figure (11.20).

11.3.1 Régime de centre guide

Soit un champ de fluctuations électriques $\mathbf{E}_\perp(\mathbf{R}_\perp, t) = \int d\mathbf{k}_\perp \mathbf{E}_\perp(\mathbf{k}_\perp, t) \exp j\mathbf{k}_\perp \cdot \mathbf{R}_\perp \ / \ 4\pi^2$, les lignes isopotentielles associées à ce champ, à un instant t donné, sont représentées sur la figure (11.21). Si le rayon de Larmor des particules chargées est plus petit que la taille caractéristique de ces cellules de potentiel aléatoire nous pouvons négliger l'impact de la structure spatiale du champ sur le transport et considérer que les particules répondent à ce champ à travers un mouvement de dérive du centre guide.

$$\textit{Dérive du centre guide} \ : \mathbf{E}_\perp\left(\mathbf{R}_\perp, t\right) \rightarrow \frac{d\mathbf{R}_\perp}{dt} = \frac{\mathbf{E}_\perp \times \mathbf{B}_0}{B_0^2}$$

La vitesse du centre guide $d\mathbf{R}_\perp/dt$ est une variable aléatoire décrivant une marche aléatoire dont le coefficient de diffusion est fonction des propriétés statistiques du champ aléatoire $\mathbf{E}_\perp\left(\mathbf{R}_\perp, t\right)$.

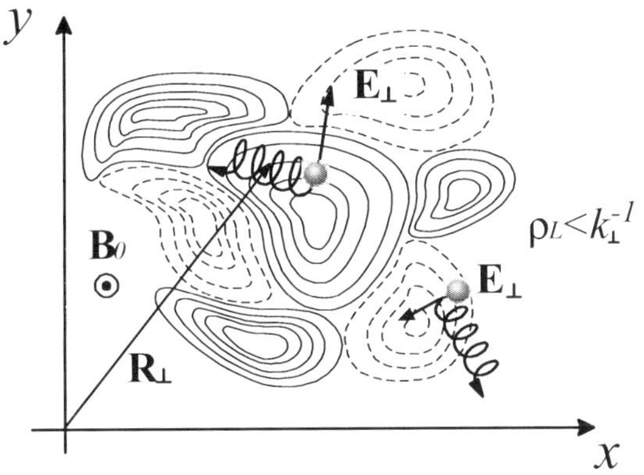

Fig. 11.21 : *Dérives de champs croisés dans un champ électrique aléatoire.*

Pour évaluer ce coefficient de diffusion étudions une trajectoire de condition initiale $\mathbf{R}_\perp(t = 0) = \mathbf{0}$ et formons le tenseur $\mathbf{R}_\perp(t)\mathbf{R}_\perp(t)$ dont l'évolution de la trace est donnée par la relation :

$$\frac{d}{dt}\left[\mathbf{R}_\perp(t) \cdot \mathbf{R}_\perp(t)\right] = 2\frac{\mathbf{E}_\perp(t) \times \mathbf{B}_0}{B_0^2} \cdot \int_0^t \frac{\mathbf{E}_\perp(t') \times \mathbf{B}_0}{B_0^2} dt' \qquad (11.89)$$

Introduisons la variable de temps $\tau = t - t'$ et effectuons une moyenne $\langle\rangle$ sur l'ensemble des réalisations du champ aléatoire $\mathbf{E}_\perp\left(\mathbf{R}_\perp, t\right)$.

$$\frac{d}{dt}\left\langle \mathbf{R}_\perp(t) \cdot \mathbf{R}_\perp(t) \right\rangle = \frac{2}{B_0^2}\int_0^t \left\langle \mathbf{E}_\perp(t) \cdot \mathbf{E}_\perp(t - \tau) \right\rangle d\tau \qquad (11.90)$$

Sous l'hypothèse d'une turbulence statistiquement stationnaire, c'est-à-dire dont les différents moments de corrélations sont invariants par translation dans le temps, la fonction $\langle \mathbf{E}_\perp(t) \cdot \mathbf{E}_\perp(t') \rangle$ ne peut dépendre que $\tau = t - t'$. La borne d'intégration temporelle supérieure t peut être étendue à $t \to +\infty$ car nous évaluons un coefficient macroscopique de diffusion et il existe un intervalle de temps mésoscopique δt, suffisamment grand à l'échelle microscopique pour lisser les fluctuations et suffisamment petit à l'échelle macroscopique pour permettre une interprétation différentielle, ainsi pour cet intervalle de temps mésoscopique δt :

$$\langle \mathbf{R}_\perp(\delta t) \cdot \mathbf{R}_\perp(\delta t) \rangle = \frac{2}{B_0^2} \delta t \int_0^{+\infty} \langle \mathbf{E}_\perp(\tau) \cdot \mathbf{E}_\perp(0) \rangle \, d\tau \tag{11.91}$$

Le coefficient de diffusion $D_\perp$ des particules dans le champ aléatoire est donc égal à :

$$D_\perp \equiv \frac{\langle \mathbf{R}_\perp \cdot \mathbf{R}_\perp \rangle}{4\delta t} = \frac{\int_0^{+\infty} D_E(\tau) \, d\tau}{2B_0^2} \approx \frac{\langle E_\perp^2 \rangle}{B_0^2} \tau_E \tag{11.92}$$

ce coefficient est aussi appelé quasi-linéaire car la classe d'hypothèses qui a permi son évaluation est semblable aux hypothèses de dérivation de la théorie quasi-linéaire de l'interaction ondes-particules ; notons que cette relation n'est autre que la relation de Green-Kubo de la diffusion perpendiculairement aux lignes de champ.

Un ordre de grandeur numérique peut être établi comme suit, prenons un temps de corrélation typique de turbulence ionique $\tau_E \sim \pi q R / \sqrt{k_B T_e / m_i}$, ainsi qu'une amplitude caractéristique d'une telle turbulence $E_\perp / B_0 = k_\perp \rho_i \sqrt{k_B T_i / m_i} \; e\phi / k_B T_e$ où $e \langle |\phi| \rangle \sim 10^{-2} k_B T_e$, les longueurs d'ondes admises et observées sont de l'ordre de $k_\perp \rho_i \sim 1 - 10^{-1}$, ainsi nous obtenons une estimation $D \sim 1 \left[\mathrm{m}^2/\mathrm{s} \right]$ conforme aux données expérimentales mais qu'il convient de relativiser au regard de l'ensemble des approximations et hypothèses qui sous tendent sa dérivation.

11.3.2 Régime gyro-cinétique

La longueur de corrélations de la turbulence ionique étant de l'ordre de grandeur du rayon de Larmor ionique il est nécessaire de prendre en compte l'inversion de l'ordering entre les échelles caractéristiques de la dynamique des particules et les échelles caractéristiques de la dynamique du champ.

La figure (11.22) représente la situation que nous allons analyser où la taille caractéristique des cellules de potentiel aléatoire est de l'ordre de grandeur du rayon de Larmor des particules. Sous cette hypothèse nous pouvons continuer à utiliser la théorie adiabatique des dérives qui s'appuie sur un ordering de temps et non de longueurs, il est alors nécessaire de prendre en compte les corrections gyro-cinétiques que nous avons étudiées dans le contexte de la présentation des outils hamiltoniens. La relation (5.14) permet d'exprimer la vitesse aléatoire de dérive en fonction du champ électrique aléatoire.

$$\textit{Correction gyro-cinétique} \ : \ \left. \frac{d\mathbf{R}_\perp}{dt} \right|_{\mathbf{k}_\perp} = J_0\left(k_\perp \rho_L\right) \frac{\mathbf{E}_\perp(\mathbf{k}_\perp, t) \times \mathbf{B}_0}{B_0^2}$$

L'évaluation du tenseur $\mathbf{R}_\perp^*(t)\mathbf{R}_\perp(t)$ sous l'hypothèse RPA est similaire au cas précédent.

$$\frac{d\left\langle \mathbf{R}_\perp^* \mathbf{R}_\perp \right\rangle}{dt} = \frac{2}{B_0^2} \int d\mathbf{k}_\perp d\mathbf{k}'_\perp \int_0^{+\infty} d\tau \, J_0\left(k_\perp \rho_L\right) J_0\left(k'_\perp \rho_L\right) \langle \mathbf{E}_\perp(\mathbf{k}_\perp, \tau) \mathbf{E}_\perp^*(\mathbf{k}'_\perp, 0) \rangle$$

La prise en compte de la stationnarité du processus aléatoire se traduit par la relation $\langle \mathbf{E}_\perp(\mathbf{k}_\perp, \tau)\mathbf{E}^*_\perp(\mathbf{k}'_\perp, 0)\rangle = 4\pi^2\delta(\mathbf{k}_\perp - \mathbf{k}'_\perp)\,\mathbf{D}_E(\mathbf{k}_\perp, \tau)$ qui permet d'exprimer le tenseur de diffusion en régime gyro-cinétique.

$$D_\perp \equiv \frac{\langle \mathbf{R}_\perp \cdot \mathbf{R}_\perp \rangle}{4\delta t} = \frac{8\pi^2}{B_0^2}\int J_0^2(k_\perp \rho_L)\, D_E(\mathbf{k}_\perp, \tau) d\tau d\mathbf{k}_\perp \approx \frac{\langle E_\perp^2 J_0^2(k_\perp \rho_L)\rangle}{B_0^2}\tau_E$$

Cette correction ne conclu pas le problème de la diffusion dans un champ aléatoire donné car elle repose aussi sur les hypothèse quasi-linéaires, ce qui se traduit par le scaling de la diffusion, très favorable en B_0^{-2}, similaire aux cas collisionnels néo-classiques et qui n'est malheureusement pas validé expérimentalement.

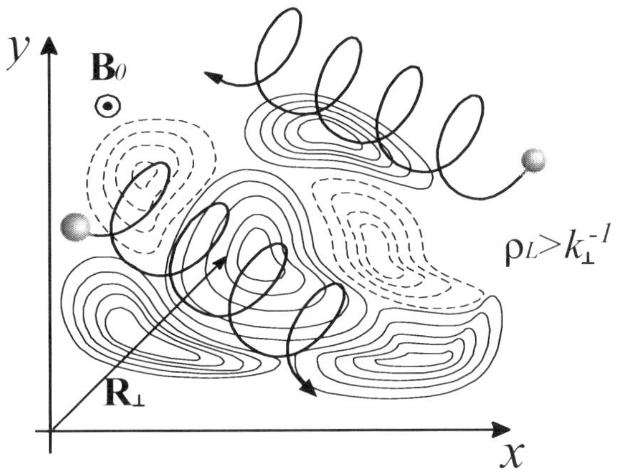

Fig. 11.22 : *Corrections de rayons de Larmor finis des dérives de champs croisés dans un champ aléatoire.*

La longueur de corrélations du champ, c'est-à-dire la taille des cellules de potentiel, et le rayon de Larmor des particules doivent être complétées par une troisième longueur caractéristique : l'excursion de la particule durant un temps de corrélation du champ $\sqrt{D_\perp \tau_E}$.

11.3.3 Régime non-linéaire de Böhm

Si nous prenons comme temps de corrélation non pas τ_E mais $1/D_\perp \langle k_\perp^2 \rangle$ dans la formule (11.92) le coefficient de diffusion ne décroît plus avec le carré du champ magnétique mais simplement comme son inverse $\tau_E \sim 1/D_\perp \langle k_\perp^2 \rangle \rightarrow D_\perp \sim B_0^{-1}$. Cette loi d'échelle étant plus conforme à de nombreuses observations expérimentales il est pertinent d'explorer l'impact de la décorrélation par diffusion, c'est-à-dire le régime non-linéaire de la diffusion aussi appelé le *régime de Böhm*. Débutons l'analyse sur la base de l'identité :

$$\frac{d}{dt}\langle \mathbf{R}_\perp(t) \cdot \mathbf{R}_\perp(t)\rangle = \frac{2}{B_0^2}\int_0^t \langle \mathbf{E}_\perp(\mathbf{R}_\perp(\tau)) \cdot \mathbf{E}_\perp(\mathbf{0})\rangle\, d\tau \tag{11.93}$$

qui traduit simplement l'existence du phénomène de dérive pour la turbulence basse fréquence, indépendamment de toute hypothèse sur les propriétés des corrélations spatiales du champ aléatoire $\mathbf{E}_\perp(\mathbf{R}_\perp, \tau)$; on notera que le point d'évaluation du champ $\mathbf{R}_\perp$ est constitué par la position de la particule $\mathbf{R}_\perp(\tau)$, champ et position étant deux variables aléatoires.

Dérivons la relation générale (11.93) par rapport au temps t.

$$\frac{d^2}{dt^2}\left\langle \mathbf{R}_\perp(t)\cdot\mathbf{R}_\perp(t)\right\rangle = \frac{2}{B_0^2}\left\langle \mathbf{E}_\perp(\mathbf{R}_\perp(t))\cdot\mathbf{E}_\perp(\mathbf{0})\right\rangle \tag{11.94}$$

La méthode quasi-linéaire consistait en un traitement linéaire et approximatif du terme $\langle \mathbf{E}_\perp(\mathbf{R}_\perp(t))\cdot\mathbf{E}_\perp(\mathbf{0})\rangle$, dans le contexte de l'analyse non-linéaire nous allons formuler une hypothèse moins radicale et supposer que le champ électrique aléatoire $\mathbf{E}_\perp$ est de nature gaussienne relativement à son extension spatiale, cette hypothèse implique qu'il est entièrement caractérisé par ses deux premiers moments. La fonction caractéristique $\langle \exp(j\mathbf{k}_\perp\cdot\mathbf{R}_\perp)\rangle$ d'un processus gaussien génère les cumulants et est donnée par la relation :

$$\langle \exp(j\mathbf{k}_\perp\cdot\mathbf{R}_\perp)\rangle \underset{\text{gaussien}}{\equiv} \exp j\mathbf{k}_\perp\cdot\langle\mathbf{R}_\perp\rangle\times\exp-\frac{\mathbf{k}_\perp\cdot\langle\mathbf{R}_\perp\mathbf{R}_\perp\rangle\cdot\mathbf{k}_\perp}{2}$$

Nous venons simplement de traduire l'hypothèse d'une statistique gaussienne et nous supposerons $\langle\mathbf{R}_\perp\rangle = 0$ ce qui permet d'exprimer :

$$\begin{aligned}\langle \mathbf{E}_\perp(\mathbf{R}_\perp(t))\mathbf{E}_\perp(\mathbf{0})\rangle &= \int \langle \mathbf{E}_\perp(\mathbf{k}_\perp)\mathbf{E}_\perp^*(\mathbf{k}'_\perp)\exp j\mathbf{k}_\perp\cdot\mathbf{R}_\perp(t)\rangle\frac{d\mathbf{k}_\perp}{4\pi^2}\frac{d\mathbf{k}'_\perp}{4\pi^2}\\ &= \int \mathbf{D}_E(\mathbf{k}_\perp)\exp\left(-\frac{1}{2}\mathbf{k}_\perp\cdot\langle\mathbf{R}_\perp(t)\mathbf{R}_\perp(t)\rangle\cdot\mathbf{k}_\perp\right)\frac{d\mathbf{k}_\perp}{4\pi^2}\end{aligned}$$

C'est à ce niveau que les analyses quasi-linéaire et non-linéaire divergent, en effet le taux de variation de la trace du tenseur $\langle\mathbf{R}_\perp(t)\mathbf{R}_\perp(t)\rangle$ en fonction du temps n'est pas simplement donné par la relation (11.90), mais par l'expression non-linéaire :

$$\frac{d^2}{dt^2}\langle\mathbf{R}_\perp(t)\cdot\mathbf{R}_\perp(t)\rangle = \int\frac{D_E(\mathbf{k}_\perp)}{2\pi^2B_0^2}\exp\left(-\frac{1}{2}k_\perp^2\langle\mathbf{R}_\perp(t)\cdot\mathbf{R}_\perp(t)\rangle\right)d\mathbf{k}_\perp$$

qui prend en compte le déplacement aléatoire de la particule au sein du champ aléatoire et la décorrélation ainsi induite par cette marche aléatoire dans un champ aléatoire.

L'ordre de l'équation différentielle ordinaire non-linéaire du deuxième degré d'inconnue $\langle\mathbf{R}_\perp(t)\cdot\mathbf{R}_\perp(t)\rangle$ peut être abaissé en multipliant les membres de gauche et droite par la dérivée de la fonction inconnue $d\langle\mathbf{R}_\perp(t)\cdot\mathbf{R}_\perp(t)\rangle/dt$.

$$\frac{d}{dt}\left(\frac{d\langle\mathbf{R}_\perp\cdot\mathbf{R}_\perp\rangle}{dt}\right)^2 = \frac{-2}{\pi^2B_0^2}\frac{d}{dt}\left[\int\frac{D_E(\mathbf{k}_\perp)}{k_\perp^2}\exp\left(-\frac{1}{2}k_\perp^2\langle\mathbf{R}_\perp\cdot\mathbf{R}_\perp\rangle\right)d\mathbf{k}_\perp\right]$$

L'équation de degré un ainsi obtenue s'intègre ensuite par quadrature suivant les hypothèses de l'ordering entre échelles microscopique, mésoscopique et macroscopique qui valident le concept de coefficient de diffusion.

$$\begin{aligned}\left(\frac{d\langle\mathbf{R}_\perp\cdot\mathbf{R}_\perp\rangle}{dt}\right)^2 &= \frac{2}{\pi^2B_0^2}\int\frac{D_E(\mathbf{k}_\perp)}{k_\perp^2}\left[1-\exp\left(-\frac{1}{2}k_\perp^2\langle\mathbf{R}_\perp\cdot\mathbf{R}_\perp\rangle\right)\right]d\mathbf{k}_\perp\\ &\underset{t\to+\infty}{\longrightarrow}\frac{2}{\pi^2B_0^2}\int k_\perp^{-2}D_E(\mathbf{k}_\perp)\,d\mathbf{k}_\perp\end{aligned}$$

La formule finale, dite de *Böhm*, présente une dépendance radicalement différente des évaluations quasi-linéaires précédentes, la dépendance en l'inverse de l'amplitude du champ magnétique confinant B_0 est beaucoup moins favorable pour la mise en œuvre des programmes de confinement thermonucléaire, mais elle est malheureusement plus proche de nombres d'observations expérimentales, indiquant ainsi le caractère non-linéaire, et non quasi-linéaire, de l'interaction champs turbulents/particules.

$$D_{\perp} \equiv \frac{\langle \mathbf{R}_{\perp}(\delta t) \cdot \mathbf{R}_{\perp}(\delta t) \rangle}{4\delta t} = \frac{\left(\int k_{\perp}^{-2} D_E(\mathbf{k}_{\perp}) d\mathbf{k}_{\perp} \right)^{\frac{1}{2}}}{2^{\frac{3}{2}} \pi B_0} \approx \frac{k_B T_e}{2^{\frac{3}{2}} \pi e B_0} \tag{11.95}$$

L'ordre de grandeur final $D_{\perp} \sim k_B T_e / 10 \times e B_0$ que nous avons proposé dans la formule (11.95) résulte d'un argument classique sur les plasma idéaux, un plasma idéal est un plasma où l'essentiel du contenu énergétique est sous forme d'énergie cinétique d'agitation thermique des particules, l'énergie associée aux champs fluctuants étant beaucoup plus petite. Si un plasma idéal est en régime turbulent, le maintient de l'idéalité, qui sous-tend l'essentiel des résultats établis dans cet ouvrage (écrantage, équation de Landau, dispersion linéaire...) impose la borne suivante sur le contenu énergétique des fluctuations électriques de potentiel ϕ : $e\phi \leq k_B T_e \rightarrow e^2 \int k_{\perp}^{-2} D_E(\mathbf{k}_{\perp}) d\mathbf{k}_{\perp} \leq (k_B T_e)^2$ où nous avons utilisé $\mathbf{E}_{\perp} = j\mathbf{k}_{\perp}\phi$. La turbulence électrique est responsable du transport anormal de matière et de chaleur dans la génération actuelle de tokamaks, mais la turbulence magnétique est aussi à l'œuvre, en particulier au centre de la décharge, nous allons donc évaluer l'impact des fluctuations magnétiques sur le transport de matière, les analyses proposées ici étant restreintes au cadre des hypothèses de la théorie quasi-linéaire.

11.3.4 Turbulence magnétique

Soit un champ de fluctuations magnétiques $\mathbf{B}_{\perp}(z,t) = \int dk_{\parallel} \mathbf{B}_{\perp}(k_{\parallel},t) \exp jk_{\parallel} z / 2\pi$, la figure (11.23) illustre les lignes de champs aléatoires associées à la superposition de ce champ aléatoire et du champ assurant le confinement $\mathbf{B} = B_0 \mathbf{e}_z$. Si la longueur de corrélation λ_B est plus petite que le libre parcours moyen collisionnel le long des lignes de champ $\lambda_C \sim \sqrt{k_B T/m}/\nu$, alors nous pouvons considérer que les particules s'écoulent en régime inertiel le long des lignes de champs, nous devons donc étudier une translation uniforme de vitesse $v_{\parallel}$ le long d'une ligne de champ aléatoire.

Le centre guide d'une particule suit donc la ligne de champ aléatoire résultant de la superposition du champ confinant statique et homogène $B_0 \mathbf{e}_z$ et du champ stochastique $\mathbf{B}_{\perp}(z,t)$. Lorsque les lignes du champ $B_0 \mathbf{e}_z + \mathbf{B}_{\perp}(z,t)$ s'écartent des surfaces magnétiques du champ non perturbé par les fluctuations cela engendre un flux perpendiculaire à ces surfaces magnétiques ; la vitesse de ce flux est simplement donnée par la fraction de la vitesse parallèle $v_{\parallel}$ divertie suivant la direction perpendiculaire.

$$\textit{Déplacement du centre guide} \ : B_0 \mathbf{e}_z + \mathbf{B}_{\perp}(z,t) \rightarrow \frac{d\mathbf{R}_{\perp}}{dt} = v_{\parallel} \frac{\mathbf{B}_{\perp}}{B_0} \tag{11.96}$$

Cette expression d'une vitesse aléatoire fonction linéaire d'un champ aléatoire peut être ensuite évaluée dans le contexte des approximations de la diffusion quasi-linéaire qui sous-tendent les dérivations des relations de Green-Kubo néo-classiques et turbulentes.

$$\frac{d}{dt}\left[\mathbf{R}_{\perp}(t)\cdot\mathbf{R}_{\perp}(t)\right]=2v_{\|}^{2}\frac{\mathbf{B}_{\perp}\left[z\left(t\right),t\right]}{B_{0}^{2}}\cdot\int_{0}^{t}\mathbf{B}_{\perp}\left[z\left(t'\right),t'\right]dt'$$

Pour une turbulence magnétique stationnaire le moment $\left\langle \mathbf{B}_{\perp}(z)\cdot\mathbf{B}_{\perp}(z')\right\rangle$ n'est fonction que de la variable $\zeta = z - z'$ et l'abscisse curviligne le long des lignes de champ est explorée suivant un mouvement inertiel $z' = v_{\|}t' \rightarrow dz' = v_{\|}dt'$.

$$\frac{d}{dt}\left\langle \mathbf{R}_{\perp}(t)\cdot\mathbf{R}_{\perp}(t)\right\rangle=\frac{2v_{\|}}{B_{0}^{2}}\int_{0}^{t}\left\langle \mathbf{B}_{\perp}(z)\cdot\mathbf{B}_{\perp}(z-\zeta)\right\rangle d\zeta \tag{11.97}$$

La trace du tenseur des déplacements moyen $\langle \mathbf{R}_{\perp}(\delta t)\mathbf{R}_{\perp}(\delta t)\rangle$ durant un petit temps δt s'exprime donc simplement en fonction de $\langle \mathbf{B}_{\perp}(z)\mathbf{B}_{\perp}(z-\zeta)\rangle$ l'auto-corrélation du champ magnétique fluctuant.

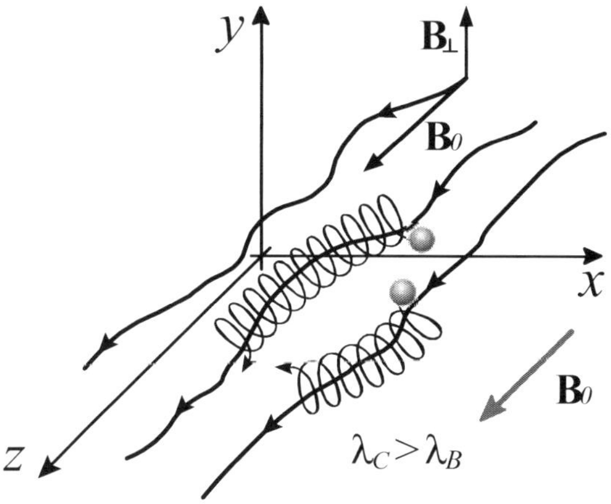

Fig. 11.23 : *Transport inertiel dans un champ magnétique aléatoire.*

Par petit temps δt nous entendons un temps plus long que les temps microscopique et plus court que les échelles macroscopique, c'est-à-dire un temps mésoscopique dont l'existence valide l'équivalence entre marche aléatoire microscopique et diffusion macroscopique.

$$\left\langle \mathbf{R}_{\perp}(\delta t)\cdot\mathbf{R}_{\perp}(\delta t)\right\rangle=\frac{2v_{\|}}{B_{0}^{2}}\delta t\int_{0}^{+\infty}\left\langle \mathbf{B}_{\perp}(z)\cdot\mathbf{B}_{\perp}(0)\right\rangle dz \tag{11.98}$$

La formule du coefficient de diffusion quasi-linéaire des particules en présence de fluctuations magnétiques est donc ainsi établie.

$$D_{\perp}\equiv\frac{\left\langle \mathbf{R}_{\perp}\left(\delta t\right)\cdot\mathbf{R}_{\perp}\left(\delta t\right)\right\rangle}{4\delta t}=\frac{v_{\|}\int_{0}^{+\infty}C_{B}\left(z\right)dz}{2B_{0}^{2}}\approx\sqrt{\frac{k_{B}T_{e}}{m_{e}}}\frac{\left\langle B_{\perp}^{2}\right\rangle}{B_{0}^{2}}\lambda_{B}$$

Une évaluation de l'ordre de grandeur est hasardeuse au regard des incertitudes sur les mesures et sur la validité du modèle quasi-linéaire, néanmoins une estimation raisonnable de la longueur de corrélation est $\lambda_B \sim \pi q R$, et de l'amplitude des fluctuation : $\left\langle B_{\perp}^{2}\right\rangle \sim 10^{-8}B_{0}^{2}$, conduisant ainsi à une valeur de l'ordre de

$D \sim 1\,[\mathrm{m}^2/\mathrm{s}]$ pour les particules rapides. Le coefficient de diffusion qui vient d'être analysé est pertinent pour les particules rapides telles que les électrons runaways qui présentent une faible collisionnalité ; pour les particules thermiques il est nécessaire de considérer l'impact des collisions sur la transport anormal magnétique.

En présence de collisions, si la longueur de corrélation magnétique λ_B est plus grande que le libre parcours moyen le long des lignes de champ $\lambda_C \sim \sqrt{k_B T/m}/\nu$ nous devons modifier l'image précédente du transport et considérer une marche aléatoire collisionnelle sur une marche aléatoire constituée par une ligne de champ stochastique, cette situation est illustrée sur la figure (11.24).

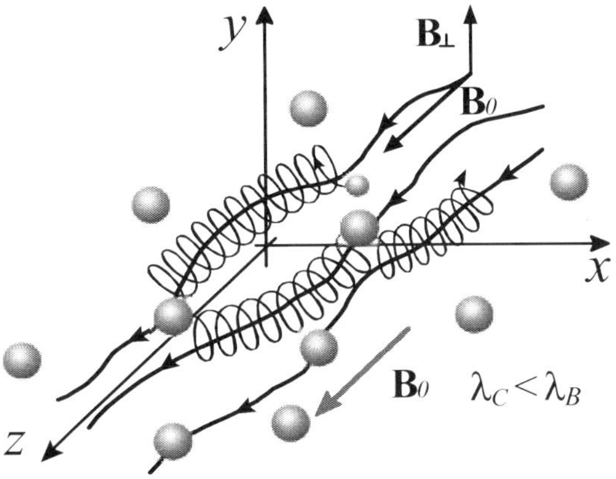

Fig. 11.24 : *Transport collisionnel dans un champ magnétique aléatoire.*

Nous supposerons que le bruit collisionnel est de nature gaussienne, ainsi la fonction génératrice des cumulants $\langle \exp jk_{\|}z \rangle$ est simplement donnée par :

$$\textit{Processus gaussien :} \quad \langle \exp jk_{\|}z \rangle \equiv \exp jk_{\|} \langle z \rangle \times \exp - \frac{k_{\|}^2 \langle z^2 \rangle}{2}$$

La représentation de Fourier du champ permet d'exprimer la relation (11.96) sous une forme permettant l'intégration suivant le temps.

$$\begin{aligned} \frac{d\mathbf{R}_\perp}{dt} &= \frac{dz}{dt}\frac{1}{2\pi}\int \frac{\mathbf{B}_\perp(k_\|)}{B_0} \exp\left(jk_\| z\right) dk_\| \\ &= \frac{-j}{2\pi B_0}\frac{d}{dt}\left[\int \frac{\mathbf{B}_\perp(k_\|)}{k_\|} \exp\left(jk_\| z\right) dk_\|\right] \end{aligned}$$

Le déplacement aléatoire perpendiculaire $\mathbf{R}_\perp(z)$ associé à un déplacement aléatoire parallèle z dans un champ aléatoire $\mathbf{B}_\perp(z)$ est donné par la relation :

$$\mathbf{R}_\perp(z) = \frac{j}{2\pi B_0}\int \frac{\mathbf{B}_\perp(k_\|)}{k_\|}\left[1 - \exp\left(jk_\| z\right)\right] dk_\| \qquad (11.99)$$

La moyenne du carré de ce déplacement fait apparaître la fonction caractéristique $\langle \exp jk_{\|}z \rangle$ qui est évaluée sous l'hypothèse gaussienne.

$$\langle \mathbf{R}_\perp \cdot \mathbf{R}_\perp^* \rangle = \frac{1}{\pi B_0^2}\int \frac{D_B(k_\|)}{k_\|^2}\left[1 - \exp\left(-\frac{1}{2}k_\|^2 \langle z^2 \rangle\right)\right] dk_\|$$

Les grandes longueurs, c'est-à-dire la limite macroscopique, correspondent aux petits $k_\parallel$, nous pouvons donc approcher l'exponentielle par son développement de Taylor qui conduit à $\langle \mathbf{R}_\perp \cdot \mathbf{R}_\perp^* \rangle = \left\langle z^2 \right\rangle \int C_B(k_\parallel) dk_\parallel / 2\pi B_0^2$. Le déplacement quadratique $\left\langle z^2 \right\rangle$ est de nature collisionnelle et est donné par la relation classique $\left\langle z^2 \right\rangle = 2D_\parallel \delta t$ pour une durée δt.

Ainsi, le coefficient de diffusion dans le régime collisionnel de la turbulence magnétique s'exprime suivant la relation :

$$D_\perp \equiv \frac{\langle \mathbf{R}_\perp (\delta t) \cdot \mathbf{R}_\perp^* (\delta t) \rangle}{4\delta t} = D_\parallel \frac{\int D_B(k_\parallel) dk_\parallel}{4\pi B_0^2} \approx \frac{k_B T_e}{m_e \nu} \frac{\langle B_\perp^2 \rangle}{B_0^2}$$

où nous avons utilisé $D_\parallel = k_B T_e / m_e \nu$ pour établir la dernière identité.

Le problème du transport anormal dans les plasmas de tokamak est encore largement ouvert, que ce soit au niveau de l'identification des branches linéaires instables sources de la turbulence ou que ce soit au niveau de la formulation de la relation entre diffusion et spectre de turbulence. L'ensemble des résultats que nous venons d'établir permet de comprendre les grandes classes de modèles de base utilisés pour aborder le problème du transport anormal, ces résultats sont résumés dans le tableau ci-dessous.

Régime	Coefficient de Diffusion	Ordre de grandeur
Quasi-linéaire	$\frac{1}{2B_0^2} \int D_E(k_\perp = 0, \tau) d\tau$	$\frac{\left\langle E_\perp^2 \right\rangle}{B_0^2} \tau_E$
Gyro-cinétique	$\int \frac{J_0^2(k_\perp \rho_L)}{B_0^2} D_E(k_\perp, \tau) d\tau dk_\perp$	$\frac{\left\langle J_0^2 E_\perp^2 \right\rangle}{B_0^2} \tau_E$
Non-linéaire Böhm	$\frac{1}{B_0} \sqrt{\int \frac{D_E(k_\perp)}{2k_\perp} dk_\perp}$	$\rho_L^2 \omega_c$
Quasi-linéaire magnétique	$\frac{v_\parallel}{2B_0^2} \int C_B(z) dz$	$\frac{\left\langle B_\perp^2 \right\rangle}{B_0^2} v_T \lambda_B$
Collisionnel magnétique	$\frac{D_\parallel}{4\pi B_0^2} \int D_B(k_\parallel) dk_\parallel$	$\frac{\left\langle B_\perp^2 \right\rangle}{B_0^2} v_T \lambda_C$

Notons pour conclure que les quantités accessibles à l'expérience sont les facteurs de structures dynamiques $\mathbf{S}_E(\mathbf{k}_\perp, \omega)$ et $\mathbf{S}_B(k_\parallel, \omega)$ à travers la mesure et l'analyse des couplages entre (i) ondes injectées et diagnostiquées depuis la périphérie du plasma et (ii) fluctuations des champs à l'intérieur du plasma.

Chapitre 12

Chauffages et Génération de Courant

A force de se renfermer dans l'application, on perdrait de vue les principes, et, quand on aurait entièrement oublié les principes, on suivrait mal les méthodes qui en dérivent ; on ne pourrait plus en inventer de nouvelles et l'on emploierait sans intelligence et sans art de savants procédés qu'on ne comprendrait plus. De la Démocratie en Amérique, A. de Tocqueville.

Le problème de la prédiction du temps de confinement constitue donc un domaine largement ouvert de par l'absence de classification des différentes formes d'universalités des spectres des turbulences électrique et magnétique dans les tokamaks. Le problème du chauffage par ondes est tout aussi complexe, mais, un certain nombre de résultats théoriques, tels que la *théorie quasi-linéaire* et la *méthode eikonale*, permettent d'offrir une vision cohérente de la propagation et de l'absorption des ondes ; ces modèles présentent un potentiel prédictif validé par de nombreuses expériences.

La figure (12.1) présente l'enchaînement des couplages permettant de déposer sous forme de chaleur, au centre du plasma, de la puissance issue de générateurs extérieurs et amenée au niveau des antennes en périphérie du plasma sous forme de courant et tension ou sous forme d'ondes dans des guides métalliques.

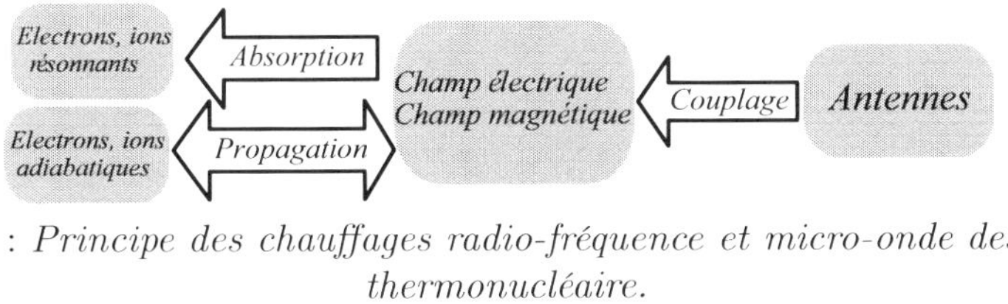

Fig. 12.1 : *Principe des chauffages radio-fréquence et micro-onde des plasmas thermonucléaire.*

Cet ensemble de couplages est illustré sur la figure (12.2) : au niveau de l'antenne une excitation électromagnétique **S** liée à la structure métallique, de type *courant/tension* aux basses fréquences ou de type *ondes évanescentes* aux hautes fréquences, se propage dans la zone de gradients du plasma ; ce phénomène de propagation d'onde, décrit par l'équation d'onde relative au champ électrique $\mathbf{E}(\mathbf{r},t)$, modifie les caractéristiques du champ que sont le vecteur d'onde local et l'amplitude du champ électrique. Caractéristiques qui doivent être calculées pour établir l'expression du taux de conversion de cette puissance réactive en puissance active assurant le maintien d'une fonction de distribution des vitesses $F(\mathbf{v},t)$ à haute température $F(\mathbf{v},t)$ ($\mathbf{S} \to \mathbf{E}(\mathbf{r},t) \to F(\mathbf{v},t)$). Les deux équations centrales permettant de modéliser le chauffage sont : (i) l'équation d'onde pour le champ $\mathbf{E}$ complétée par un terme source $\mathbf{S}$ au niveau de l'antenne, et (ii) l'équation cinétique *Vlasov-Landau-quasi-linéaire* dont le coefficient de diffusion (5.59) associé à l'opérateur quasi-linéaire Q (5.58) est une forme quadratique en $\mathbf{E}$.

$$\textit{Equation cinétique} \quad : \quad \frac{\partial F}{\partial t} + \mathcal{V} \cdot F = C \cdot F + Q\left[E^2\right] \cdot F$$

$$\textit{Equation d'onde} \quad : \quad \boldsymbol{\nabla} \times \boldsymbol{\nabla} \times \mathbf{E} - \frac{\omega^2}{c^2} \int d\mathbf{r}' \varepsilon_\omega \left(\mathbf{r} \leftarrow \mathbf{r}', F\right) \cdot \mathbf{E}\left(\mathbf{r}'\right) = \mathbf{S}$$

En toute rigueur la réponse diélectrique $\varepsilon_\omega(\mathbf{r} \leftarrow \mathbf{r}')$ est une fonctionnelle de la fonction de distribution $F(\mathbf{v},t)$; le système champs/particules ainsi couplé présente donc une structure non-linéaire et non-locale ($\mathbf{F}(\mathbf{v},t) \to \varepsilon_\omega(\mathbf{r} \leftarrow \mathbf{r}')$ $\to \mathbf{E}(\mathbf{r},t) \to \mathbf{F}(\mathbf{v},t)$...) dont la complexité peut être réduite en considérant que le champ électromagnétique possède localement les caractéristiques d'une onde plane, c'est-à-dire un vecteur d'onde $\mathbf{k}$; la réponse diélectrique du plasma devient alors locale.

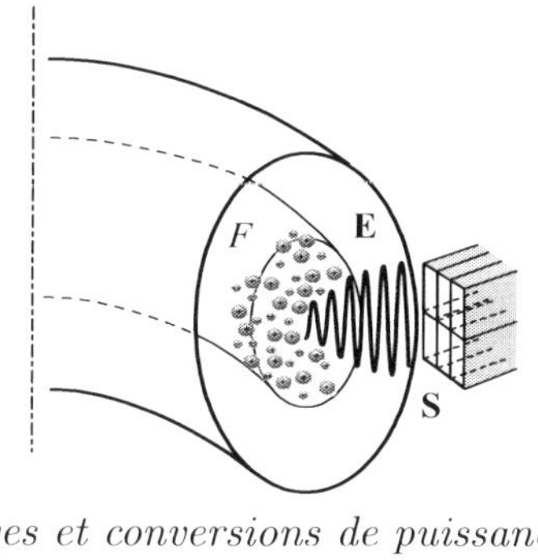

Fig. 12.2 : *Couplages et conversions de puissance dans un tokamak.*

Un ordering fort entre propagation et absorption permet de considérer que la propagation est essentiellement décrite par la partie fluide (8.26) du tenseur diélectrique $\varepsilon(\omega)$ (8.10) et les phénomènes d'absorption et de conversion, associés à la partie cinétique $\varepsilon''(\omega,\mathbf{k})$, peuvent être traités comme des perturbations régulières ou singulières.

Le problème de la propagation se découple ainsi du problème de l'absorption/conversion dans les zones où les résonances ondes/particules sont inopérantes. Pour les zones d'absorption/conversion présentant un fort couplage ondes /particules, une étude spécifique couplée avec l'équation cinétique est ensuite construite pour suivre la thermalisation ultime de l'énergie électromagnétique.

Dans ce deuxième volet de l'analyse du chauffage un grand nombre de simplifications sont aussi possibles ; en particulier, que ce soit pour le chauffage ou la génération de courant, l'équation cinétique est essentiellement restreinte à la description de l'espace des vitesses et le terme de Vlasov $\mathcal{V}$ est inutile. Ainsi nous résoudrons l'équation cinétique : $C \cdot F + Q \cdot F = 0$ dans le contexte de la génération de courant. La prise en compte de la nature des orbites du centre guide à travers l'opérateur de Vlasov $\mathcal{V}$ (11.18), (11.20) doit ensuite être envisagée pour construire une image complète des problèmes du chauffage et de la génération de courant sur la base des variables angles et actions.

12.1 Propagation, Absorption et Conversion

12.1.1 Ordering eikonal

Dans le cadre du paragraphe consacré aux ondes nous avons établi que des ondes planes électromagnétiques, présentant une double périodicité dans le temps et dans l'espace, peuvent se propager dans les plasmas thermonucléaires. La condition de propagation étant donnée par la relation de dispersion $D(\mathbf{N}, \omega) = 0$ entre la périodicité dans le temps (ω) et la périodicité dans l'espace ($\mathbf{k}$).

$$\frac{c^2}{\omega^2}\mathbf{D}\cdot\mathbf{E} \equiv \mathbf{N}\times(\mathbf{N}\times\mathbf{E}) + \begin{pmatrix} \varepsilon_\perp & -j\varepsilon_\times & 0 \\ j\varepsilon_\times & \varepsilon_\perp & 0 \\ 0 & 0 & \varepsilon_\parallel \end{pmatrix}\cdot\mathbf{E} = \mathbf{0} \rightarrow D \equiv \det\left(\frac{c^2}{\omega^2}\mathbf{D}\right) = 0$$

Ainsi la relation de dispersion contraint quatre variables (ω et $\mathbf{N}$) à travers une équation scalaire $D = 0$. La pulsation de l'onde ω est fixée par le générateur, il est donc possible d'exprimer l'une des composantes de l'indice, ou sa norme, en fonction des autres caractéristiques de l'onde et des paramètres du plasma. Parmi les trois formulations de la relation de dispersion :

Indice	Dispersion $D = 0$
$N_\perp\left(N_\parallel, \omega\right)$	$N_\perp^4 - \frac{\left(\varepsilon_\perp + \varepsilon_\parallel\right)\left(\varepsilon_\perp - N_\parallel^2\right) - \varepsilon_\times^2}{\varepsilon_\perp} N_\perp^2 + \varepsilon_\parallel \frac{\left(\varepsilon_\perp - N_\parallel^2\right)^2 - \varepsilon_\times^2}{\varepsilon_\perp} = 0$
$N_\parallel\left(N_\perp, \omega\right)$	$N_\parallel^4 - \frac{2\varepsilon_\parallel\varepsilon_\perp - N_\perp^2\left(\varepsilon_\perp + \varepsilon_\parallel\right)}{\varepsilon_\parallel} N_\parallel^2 + \frac{\varepsilon_\perp N_\perp^2 - \varepsilon_\perp^2 + \varepsilon_\times^2}{\varepsilon_\parallel}\left(N_\perp^2 - \varepsilon_\parallel\right) = 0$
$N\left(\theta, \omega\right)$	$N^4 - \frac{\varepsilon_\perp\varepsilon_\parallel\left(1+\cos^2\theta\right) + \left(\varepsilon_\perp^2 - \varepsilon_\times^2\right)\sin^2\theta}{\varepsilon_\perp\sin^2\theta + \varepsilon_\parallel\cos^2\theta} N^2 + \varepsilon_\parallel \frac{\varepsilon_\perp^2 - \varepsilon_\times^2}{\varepsilon_\perp\sin^2\theta + \varepsilon_\parallel\cos^2\theta} = 0$

c'est la relation $N_\perp\left(N_\parallel, \omega\right)$ c'est-à-dire $N_\perp\left[N_\parallel, \omega, \omega_p(r), \omega_c(r, \theta)\right] = N_\perp(r, \theta)$ qui présente une première approximation pertinente pour l'étude du chauffage dans les tokamaks car la composante $N_\parallel$ varie peu lors de la propagation depuis la périphérie du plasma jusqu'au centre de la décharge, cette faible variation est associée à l'invariance de la composante toroïdale N_φ de l'indice.

$$N_\parallel\mathbf{b} = N_\varphi\mathbf{e}_\varphi + N_\theta\mathbf{e}_\theta = N_\varphi\left(\mathbf{e}_\varphi + \frac{r}{qR}\mathbf{e}_\theta\right) \approx N_\varphi\mathbf{e}_\varphi \tag{12.1}$$

Nous établirons le résultat $dN_\varphi/dt = 0$ (12.11) dans le paragraphe consacré aux équations de Hamilton des rayons. La pulsation ω étant donnée et invariante, l'indice parallèle $N_\parallel$ étant fixé en périphérie du plasma par la géométrie de l'antenne et variant peu lors de la pénétration vers le centre du plasma, c'est donc la variation de l'indice perpendiculaire $N_\perp(r, \theta)$ qu'il est nécessaire d'étudier pour identifier des possibilités de dépôt de puissance au centre du plasma.

Sur la figure (12.3) nous avons rappelé les deux types de singularités que peut présenter $N_\perp(x)$ en fonction d'une variable de position x lors de la propagation dans un plasma inhomogène.

• Lorsque-une onde se propage depuis des zones de propagation vers des zones d'évanescences, l'indice s'annule, c'est une *coupure électromagnétique* (8.20),

(8.21), (8.22), (8.23), et l'onde est réfléchie ; se pose alors le problème de l'accessibilité au-delà du point coupure.

• Lorsque l'indice devient infini c'est le phénomène de résonance et des corrections thermiques et cinétiques doivent être considérées pour régulariser ce comportement singulier.

La prise en compte de ces corrections thermiques et cinétiques introduit deux nouveaux phénomènes : (*i*) *l'absorption*, illustrée sur la figure (12.4), le vecteur d'onde $k_\perp$ et l'indice $N_\perp$ présentent alors une partie imaginaire qui décrit l'absorption irréversible de l'énergie de l'onde par le plasma, (*ii*) *la conversion de mode*, illustrée sur la figure (12.4), qui résulte de l'existence d'une infinité de modes lorsque les termes cinétiques du tenseur diélectrique sont pris en compte, créant ainsi la possibilité de l'occurrence d'un point où, pour une fréquence donnée, les indices de deux modes différents, N_1 et N_1, prennent la même valeur ; alors une fraction significative de l'énergie lancée suivant un mode N_1 se propage suivant l'autre mode N_2 au-delà du point de conversion.

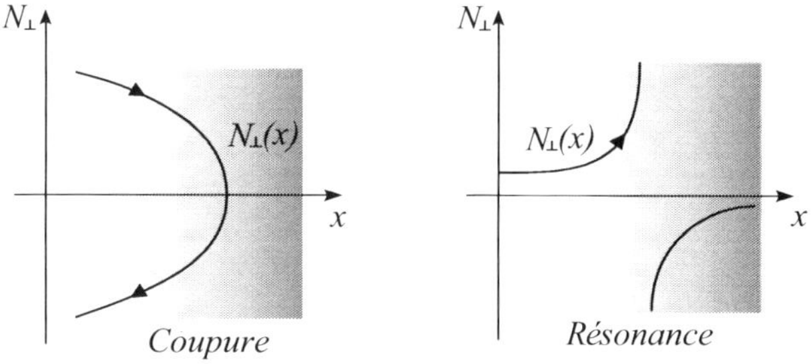

Fig. 12.3 : *Résonance et coupure.*

La description de ces deux nouveaux mécanismes de transformation de l'énergie électromagnétique nécessite la définition d'un coefficient de transmission T mesurant le rapport des amplitudes du champ transmis sur le champ incident. La combinaison des processus (*i*) de conversion de modes, (*ii*) d'absorption résonnante et (*iii*) de coupure électromagnétique doit ensuite être envisagée et est très courante dans le domaine du chauffage des tokamaks.

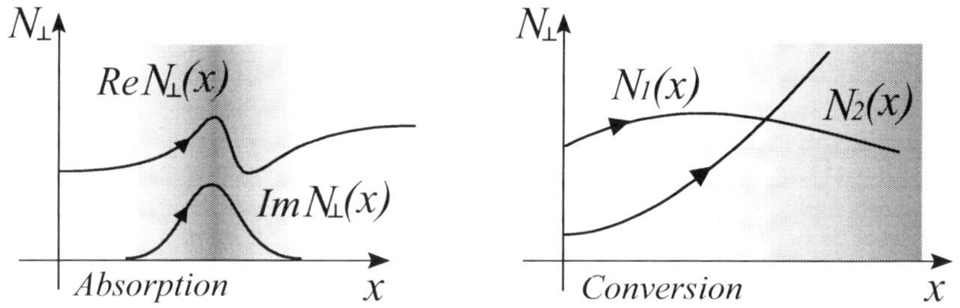

Fig. 12.4 : *Absorption résonnante et conversion de modes.*

Par exemple sur la figure (12.5) nous avons représenté l'évolution de l'indice perpendiculaire en présence de la conjonction d'une coupure et d'une conversion. La conjonction d'une coupure et d'une résonance, non régularisée par la partie thermique du tenseur diélectrique (figure (12.6)), constitue le problème dit de Budden.

Il peut être étudié sur la base de l'analyse de l'équation dite de Budden :

$$\textit{Equation de Budden} : \frac{d^2\phi}{dx^2} + k_0^2\left(1 + \frac{x_0}{x}\right)\phi = 0$$

qui révèle l'existence d'un phénomène de non-réciprocité entre la propagation de la droite vers la gauche et la propagation de la gauche vers la droite.

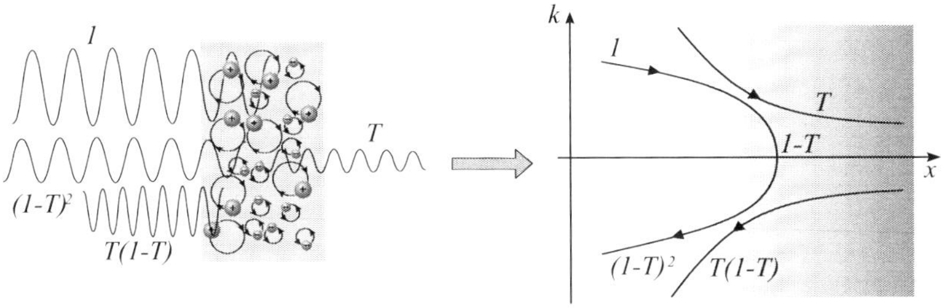

Fig. 12.5 : *Coupure et conversion de modes.*

Les coefficients de réflexion et de transmission sont donnés par des relations de la forme :

$$\textit{Résonance} \rightarrow \textit{coupure} : R_r = 0, T_r = \exp -\frac{\pi}{2}|k_0 x_0|$$

$$\textit{Coupure} \rightarrow \textit{résonance} : R_l = \exp -\pi|k_0 x_0| - 1, T_l = \exp -\frac{\pi}{2}|k_0 x_0|$$

Dans le cadre des paragraphes consacrés à l'absorption et à la résonance nous établirons les formules des coefficients de transmission T pour une résonance isolée et une conversion isolée et nous considérerons que ces facteurs peuvent être combinés multiplicativement le long du trajet de l'onde pour suivre les différentes transformations de la puissance injectée. La présentation des phénomènes de résonance, coupure, absorption et conversion que nous venons de développer suppose un plasma ne présentant qu'une seule direction de non-homogénéité (x), or dans un tokamak les densités ($\omega_{pe}^2(r)$, $\omega_{pi}^2(r)$) sont, en première approximation, fonction du petit rayon r et le champ magnétique est fonction du petit rayon r et de l'angle poloïdal θ ($\omega_{ce}(r,\theta)$, $\omega_{ci}(r,\theta)$).

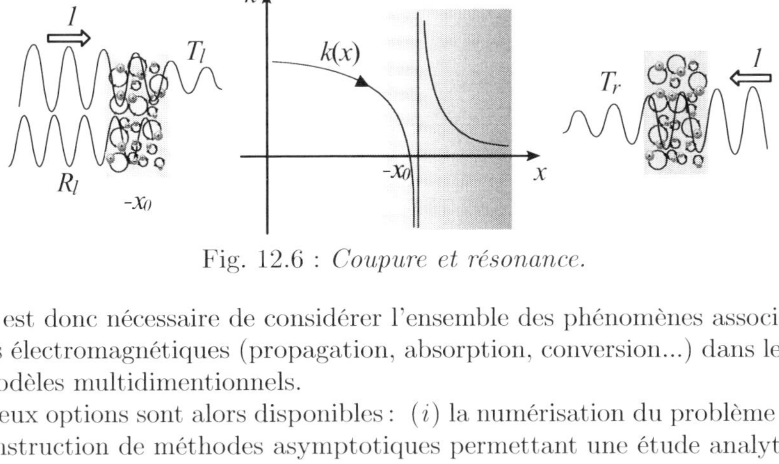

Fig. 12.6 : *Coupure et résonance.*

Il est donc nécessaire de considérer l'ensemble des phénomènes associés aux ondes électromagnétiques (propagation, absorption, conversion...) dans le cadre de modèles multidimentionnels.

Deux options sont alors disponibles : (i) la numérisation du problème et (ii) la construction de méthodes asymptotiques permettant une étude analytique.

La deuxième possibilité peut être mise en œuvre s'il est possible d'identifier un petit paramètre de développement ; nous explorerons cette possibilité dans le prochain paragraphe consacré à l'approximation eikonale dont le cadre d'analyse consiste à modéliser la dynamique de l'onde comme la propagation (i) d'une amplitude, (ii) d'une polarisation et (iii) d'une phase le long d'un rayon optique, le concept de rayon n'étant pas restreint à l'espace réel $(\mathbf{r})$ mais étant étendu à l'espace des phases $(\mathbf{r}, \mathbf{k})$ des photons. Nous démontrerons que la relation de dispersion D constitue un hamiltonien au regard de ces rayons. Avant d'entreprendre ce programme d'analyse asymptotique de l'équation d'onde, il est nécessaire de définir les concepts de vitesse de groupe et de vitesse de phase pour une onde dispersive dont le vecteur d'onde $\mathbf{k}(\omega)$ est fonction de la pulsation.

Soit une onde plane monochromatique homogène dispersive définie par son champ électrique $\mathbf{E}(\mathbf{r}, \omega) \exp j\omega t = \mathbf{E}_0 \exp j\,[\omega t - \mathbf{k}(\omega) \cdot \mathbf{r}\,]$ et son champ magnétique $\mathbf{H}(\mathbf{r}, \omega) \exp j\omega t = \mathbf{H}_0 \exp j\,[\omega t - \mathbf{k}(\omega) \cdot \mathbf{r}]$, les équations de Maxwell-Faraday : $\boldsymbol{\nabla} \times \partial \mathbf{E}^* / \partial \omega = j\mu_0 \mathbf{H}^* + j\omega\mu_0 \partial \mathbf{H}^* / \partial \omega$, et de Maxwell-Ampère : $\boldsymbol{\nabla} \times \partial \mathbf{H}^* / \partial \omega = -j\varepsilon_0 (\partial \omega \boldsymbol{\varepsilon} / \partial \omega) \cdot \mathbf{E}^* - j\omega\varepsilon_0 \boldsymbol{\varepsilon} \cdot \partial \mathbf{E}^* / \partial \omega$ peuvent être dérivées par rapport à la pulsation ω et la relation : $\boldsymbol{\nabla} \cdot (\mathbf{A} \times \mathbf{B}) = \mathbf{B} \cdot \boldsymbol{\nabla} \times \mathbf{A} - \mathbf{A} \cdot \boldsymbol{\nabla} \times \mathbf{B}$ mise à profit pour établir la relation :

$$\boldsymbol{\nabla} \cdot \left(\frac{\partial \mathbf{E}^*}{\partial \omega} \times \frac{\mathbf{H}}{j} + \frac{\mathbf{E}}{j} \times \frac{\partial \mathbf{H}^*}{\partial \omega} \right) = \mu_0 \mathbf{H} \cdot \mathbf{H}^* + \varepsilon_0 \mathbf{E} \cdot \frac{\partial \omega \boldsymbol{\varepsilon}}{\partial \omega} \cdot \mathbf{E}^* = 4U \qquad (12.2)$$

où nous avons introduit la définition de la densité volumique d'énergie (8.55) $U\left[\mathrm{J/m^3}\right] = \partial \mathbf{D} / \partial \omega \cdot \mathbf{E}\mathbf{E}^* / 4\mu_0 \omega$. Le terme de gauche de la relation (12.2) peut aussi être exprimé directement sur la base des expressions des champs $\mathbf{E}(\mathbf{r}, \omega) = \mathbf{E}_0 \exp j\,[\mathbf{k}(\omega) \cdot \mathbf{r}\,]$ et $\mathbf{H}(\mathbf{r}, \omega) = \mathbf{H}_0 \exp j\,[\mathbf{k}(\omega) \cdot \mathbf{r}]$:

$$\frac{\partial \mathbf{E}^*}{\partial \omega} \times \frac{\mathbf{H}}{j} + \frac{\mathbf{E}}{j} \times \frac{\partial \mathbf{H}^*}{\partial \omega} = 4 \left(\frac{\partial \mathbf{k}}{\partial \omega} \cdot \mathbf{r} \right) \mathbf{S} \qquad (12.3)$$

où nous avons introduit la définition du vecteur de Poynting $\mathbf{S}\left[\mathrm{W/m^2}\right] = \mathrm{Re}\left[\mathbf{E}_0 \times \mathbf{H}_0^*\right]/2$. Ainsi pour une onde dispersive le flux de puissance $\mathbf{S}$ et la densité volumique d'énergie U sont non seulement reliés par le théorème de Poynting mais aussi par la relation :

$$\boldsymbol{\nabla} \cdot \left[\left(\frac{\partial \mathbf{k}}{\partial \omega} \cdot \mathbf{r} \right) \mathbf{S} \right] = U \rightarrow \frac{\partial \mathbf{k}}{\partial \omega} \cdot \frac{\mathbf{S}}{U} = 1 \rightarrow \frac{\mathbf{S}}{U} = \frac{\partial \omega}{\partial \mathbf{k}} \qquad (12.4)$$

qui conduit à l'identification d'une vitesse de propagation de l'énergie $\mathbf{v}_g$ définie comme le rapport du flux de puissance $\mathbf{S}\left[\mathrm{W/m^2}\right]$ sur la densité d'énergie $U\left[\mathrm{J/m^3}\right]$; de façon complémentaire, nous pouvons définir la vitesse de phase $\mathbf{v}_\phi$ comme la vitesse d'un observateur telle que la phase mesurée dans son repère propre demeure constante : $\phi(\mathbf{r}, t) = \omega t - \mathbf{k}(\omega) \cdot \mathbf{v}_\phi t = C^{\underline{te}}$.

$$\textit{Vitesses de groupe :} \quad \mathbf{v}_g \equiv \frac{\mathbf{S}}{U} = \frac{\partial \omega}{\partial \mathbf{k}}, \quad \textit{de phase :} \quad \mathbf{v}_\phi \equiv \left. \frac{d\mathbf{r}}{dt} \right|_{\phi = C^{\underline{te}}} = \frac{\omega}{k} \frac{\mathbf{k}}{k}$$

Les deux définitions classiques de la vitesse de groupe, associée à l'amplitude du champ, et de la vitesse de phase, associée à la phase du champ, sont donc retrouvées.

12.1.2 Hamiltonien optique

C'est cette même distinction entre (i) la partie rapide d'un champ propagatif, *la phase*, et (ii) sa partie lente, *l'amplitude*, que nous allons prendre comme point de départ de la construction du modèle asymptotique de l'optique hamiltonienne dans les tokamaks. Considérons un champ électromagnétique se propageant dans un plasma thermonucléaire décrit par un tenseur diélectrique non-local $\boldsymbol{\varepsilon}(\mathbf{r}, \mathbf{r}', t, t')$ (8.4), les champs électrique $\mathbf{E}$ et magnétique $\mathbf{H}$ sont couplés à travers les équations de Maxwell-Faraday et Maxwell-Ampère.

$$\begin{aligned} &\textit{Maxwell-Faraday} \quad : \quad \boldsymbol{\nabla} \times \mathbf{E} = -\mu_0 \frac{\partial \mathbf{H}}{\partial t} \\ &\textit{Maxwell-Ampère} \quad : \quad \boldsymbol{\nabla} \times \mathbf{H} = \varepsilon_0 \frac{\partial}{\partial t} \int d\mathbf{r}' dt' \boldsymbol{\varepsilon}(\mathbf{r}, \mathbf{r}', t, t') \cdot \mathbf{E}(\mathbf{r}', t') \end{aligned}$$

Dans le contexte du chauffage des tokamaks il possible de séparer deux échelles de longueur et de temps associées à la structure et à la dynamique de $\mathbf{E}$ et $\mathbf{H}$. Les amplitudes des champs, $\mathbf{e}(\mathbf{r}, t)$ et $\mathbf{h}(\mathbf{r}, t)$, sont supposés varier sur des échelles de longueur et de temps beaucoup plus grandes que les échelles de variation de la phase $\phi(\mathbf{r}, t)$. Sous les hypothèses : $|\nabla e/e| \ll |\nabla \phi|$, $|\nabla h/h| \ll |\nabla \phi|$, $|\partial e/\partial t| \ll |e\partial\phi/\partial t|$, $|\partial h/\partial t| \ll |h\partial\phi/\partial t|$, nous représenterons donc les champs sous la forme :

$$\begin{aligned} &\textit{Champ électrique eikonal} \quad : \quad \mathbf{E}(\mathbf{r}, t) = \mathbf{e}(\mathbf{r}, t) \exp -j\phi(\mathbf{r}, t) \\ &\textit{Champ magnétique eikonal} \quad : \quad \mathbf{H}(\mathbf{r}, t) = \mathbf{h}(\mathbf{r}, t) \exp -j\phi(\mathbf{r}, t) \end{aligned}$$

et définirons le vecteur d'onde local $\mathbf{k}$ et la pulsation instantanée ω :

$$\textit{Vecteur d'onde local} \quad : \quad \mathbf{k}(\mathbf{r}, t) \equiv \boldsymbol{\nabla}\phi \tag{12.5}$$

$$\textit{Pulsation instantanée} \quad : \quad \omega(\mathbf{r}, t) \equiv -\frac{\partial \phi}{\partial t} \tag{12.6}$$

La recevabilité de l'hypothèse d'un ordering fort entre une amplitude lente et une phase rapide nécessite que les propriétés du plasma présentent aussi un ordering fort au regard de la pulsation ω et du vecteur d'onde $\mathbf{k}$: $|\nabla\varepsilon/\varepsilon| \ll k$, $|\partial\varepsilon/\partial t| \ll |\varepsilon\omega|$,$|\nabla'\varepsilon/\varepsilon| \ll k$, $|\partial\varepsilon/\partial t'| \ll |\varepsilon\omega|$. Sous ces conditions il est légitime de considérer que le tenseur diélectrique $\boldsymbol{\varepsilon}(\mathbf{r}, \mathbf{r}', t, t')$ présente localement la structure du tenseur diélectrique dans un milieu homogène de caractéristiques égales à celles du point médian $(\mathbf{r} + \mathbf{r}')/2$ à l'instant intermédiaire $(t + t')/2$: $\boldsymbol{\varepsilon}(\mathbf{r}, \mathbf{r}', t, t') = \boldsymbol{\varepsilon}(\mathbf{r} - \mathbf{r}', t - t', (\mathbf{r} + \mathbf{r}')/2, (t + t')/2)$. Le tenseur diélectrique eikonal est donc défini par la relation :

$$\boldsymbol{\varepsilon}(\mathbf{r}, \mathbf{r}', t, t') \equiv \int d\mathbf{k} d\omega \boldsymbol{\varepsilon}\left(\mathbf{k}, \omega, \frac{\mathbf{r} + \mathbf{r}'}{2}, \frac{t + t'}{2}\right) \exp j\left[\omega(t - t') - \mathbf{k} \cdot (\mathbf{r} - \mathbf{r}')\right]$$

où la notation $\boldsymbol{\varepsilon}[\mathbf{k}, \omega, (\mathbf{r} + \mathbf{r}')/2, (t + t')/2]$ doit être comprise comme $\boldsymbol{\varepsilon}_f[\mathbf{k}, \omega, \omega_c[(\mathbf{r} + \mathbf{r}')/2], \omega_p[(\mathbf{r} + \mathbf{r}')/2]...]$ (8.26), $\boldsymbol{\varepsilon}_f$ est le tenseur froid (8.14). Compte tenu de la relation classique $\boldsymbol{\nabla} \times (f\mathbf{A}) = f\boldsymbol{\nabla} \times \mathbf{A} + \boldsymbol{\nabla} f \times \mathbf{A}$, il est ensuite aisé de démontrer que sous cet ensemble d'hypothèses, les amplitudes lentes et phases rapides vérifient localement les relations algébriques :

$$\textit{Maxwell-Faraday} \quad : \quad \mathbf{k} \times \mathbf{e}(\mathbf{r}, t) = \mu_0 \omega \mathbf{h}(\mathbf{r}, t) \tag{12.7}$$

$$\textit{Maxwell-Ampère} \quad : \quad \mathbf{k} \times \mathbf{h}(\mathbf{r}, t) = -\varepsilon_0 \omega \boldsymbol{\varepsilon}(\mathbf{k}, \omega, \mathbf{r}, t) \cdot \mathbf{e}(\mathbf{r}, t) \tag{12.8}$$

Restreignons à présent l'analyse au cas d'une décharge stationnaire où les propriétés du plasma ne sont pas fonctions du temps et de l'espace : $\phi(\mathbf{r},t) = \phi(\mathbf{r}) - \omega t$ et réinterprétons les relations précédentes en considérant que les variables d'espace $\mathbf{r}$ et de phase $\mathbf{k}$ sont indépendantes et décrivent l'évolution des caractéristiques d'impulsion-énergie d'un photon semi-classique observée en $\mathbf{r}$ à l'instant t avec l'impulsion $\hbar\mathbf{k}$.

$$\textit{Impulsion}: \ \hbar\mathbf{k}(t), \ \textit{Energie}: \ \hbar\omega, \ \textit{Position}: \ \mathbf{r}(t) \tag{12.9}$$

Les relations (12.7) et (12.8) indiquent que le vecteur d'onde local et la pulsation sont reliés par une relation de dispersion locale $D(\mathbf{k},\mathbf{r},\omega) \sim \det[\mathbf{k}\times\ \mathbf{k}\times + \varepsilon(\mathbf{k},\omega,\mathbf{r})] = 0$. Nous supposerons que cette dernière présente une factorisation en une série de modes propres distincts $\Omega_i(\mathbf{k},\mathbf{r}) = \omega$:

$$\textit{Dispersion locale}\ : D(\mathbf{k},\mathbf{r},\omega) \sim [\omega - \Omega_1(\mathbf{k},\mathbf{r})] \cdot [\omega - \Omega_2(\mathbf{k},\mathbf{r})] \cdot [...] ... = 0$$

et nous considérerons uniquement le mode $\Omega(\mathbf{k},\mathbf{r}) = \omega$ dans la suite de l'analyse. La mise en cohérence entre (i) cette interprétation (12.9) et (ii) le schéma perturbatif précédent nécessite l'identification d'équations d'évolution des variables $\mathbf{k}(t)$, $\mathbf{r}(t)$ compatibles avec les définitions (12.5) et (12.6), $\mathbf{k}(\mathbf{r}) \rightarrow [\mathbf{k}(t), \mathbf{r}(t)]$. Notons que les définitions (12.5) et (12.6) impliquent les relations $\partial\mathbf{k}/\partial t = -\boldsymbol{\nabla}\Omega$ et $\boldsymbol{\nabla}\times\mathbf{k} = \mathbf{0}$, c'est-à-dire :

$$\frac{\partial k_i}{\partial t} = -\frac{\partial\Omega}{\partial k_j}\frac{\partial k_j}{\partial r_i} - \frac{\partial\Omega}{\partial r_i} = -\frac{\partial\Omega}{\partial k_j}\frac{\partial k_i}{\partial r_j} - \frac{\partial\Omega}{\partial r_i} \rightarrow \frac{\partial\mathbf{k}}{\partial t} = -\frac{\partial\Omega}{\partial\mathbf{k}}\cdot\frac{\partial\mathbf{k}}{\partial\mathbf{r}} - \frac{\partial\Omega}{\partial\mathbf{r}}$$

La vitesse de groupe est précisément définie comme $\mathbf{v}_g = \partial\Omega/\partial\mathbf{k}$ et nous avons démontré qu'elle est associée au transport de l'énergie, ainsi l'équation de la variable $\mathbf{r}(t)$ est simplement : $d\mathbf{r}/dt = \mathbf{v}_g = \partial\Omega/\partial\mathbf{k}$ et décrit les chemin semi-classiques de transport de l'énergie électromagnétique (12.4) dans l'espace réel. La relation précédente traduit l'évolution $\mathbf{k}(t)$ du vecteur d'onde canoniquement conjugué à la position $\mathbf{r}(t)$:

$$\frac{d\mathbf{r}}{dt} = \frac{\partial\Omega}{\partial\mathbf{k}}, \ \frac{d\mathbf{k}}{dt} = \frac{d\mathbf{r}}{dt}\cdot\frac{\partial\mathbf{k}}{\partial\mathbf{r}} + \frac{\partial\mathbf{k}}{\partial t} \rightarrow \frac{d\mathbf{k}}{dt} = -\frac{\partial\Omega}{\partial\mathbf{r}}$$

et l'ensemble des deux équations des caractéristiques $[\mathbf{k}(t), \mathbf{r}(t)]$ présente donc une structure hamiltonienne de hamiltonien $\Omega(\mathbf{k},\mathbf{r})$.

$$\textit{Equations de Hamilton}: \ \frac{d\mathbf{r}}{dt} = \frac{\partial\Omega}{\partial\mathbf{k}}, \ \frac{d\mathbf{k}}{dt} = -\frac{\partial\Omega}{\partial\mathbf{r}} \tag{12.10}$$

L'optique géométrique ainsi associée à l'approximation eikonale se déploie dans l'espace des phases des photons $[\mathbf{k}, \mathbf{r}]$ et nécessite la résolution d'un problème aux conditions initiales, bien moins complexe que le problème aux conditions aux limites présenté par l'équation d'ondes. L'usage est de suivre le rayon par la dispersion D non factorisée en modes Ω_i.

$$\textit{Equations des rayons}: \ \boxed{\frac{d\mathbf{r}}{dt} = -\frac{\partial D}{\partial\mathbf{k}}/\frac{\partial D}{\partial\omega}, \ \frac{d\mathbf{k}}{dt} = \frac{\partial D}{\partial\mathbf{r}}/\frac{\partial D}{\partial\omega}}$$

La construction du hamiltonien optique est donc semblable au passage d'une description fonctionnelle explicite du type $y = f(x)$ vers une description paramètrique $y = g(t)$, $x = h(t)$, la variable y ne prenant sens que dans le contexte de la limite asymptotique autorisée par l'ordering eikonal. Si les paramètres du plasma sont indépendants de l'angle toroïdal φ, l'indice toroïdal N_φ est constant.

$$\frac{\partial D}{\partial \varphi} = 0 \rightarrow \frac{dk_\varphi}{dt} = \frac{\partial D}{\partial \varphi} / \frac{\partial D}{\partial \omega} = 0 \rightarrow \frac{dN_\varphi}{dt} = 0 \tag{12.11}$$

Les rayons dans l'espace des phases des photons $[\mathbf{r}, \mathbf{k}]$ constituent une entité de nature purement géométrique et il est nécessaire de compléter la description en termes dynamiques, c'est-à-dire de les habiller avec une phase et une amplitude et d'établir les équations de transport de la phase et de l'amplitude le long du rayon.

12.1.3 Intensité spécifique

La phase le long du rayon s'exprime par les définitions (12.5) et (12.6), c'est-à-dire, pour un problème stationnaire tel que ω ne varie pas, $\phi(\mathbf{r}_B)$ - $\phi(\mathbf{r}_A)$ $= \int_A^B \mathbf{k} \cdot d\mathbf{r} = \int_A^B dt\ \mathbf{k}(t) \cdot d\mathbf{r}/dt$. Pour le suivi de l'amplitude un choix évident serait de considérer le flux de puissance, le vecteur de Poynting $\mathbf{S}(\mathbf{r}, t)$ qui est tangent en tout point au rayon dans l'espace réel.

$$\textit{Flux de puissance} \ : \mathbf{S}\left[\frac{\mathrm{W}}{\mathrm{m}^2}\right] \equiv U \mathbf{v}_g = \frac{d\mathcal{U}}{dxdydz}\mathbf{v}_g = \frac{\mathbf{e} \cdot \frac{\partial \mathbf{D}}{\partial \omega^2} \cdot \mathbf{e}^*}{2\mu_0}\mathbf{v}_g$$

$\mathcal{U}$ mesure le contenu énergétique du paquet d'ondes considéré. Mais la loi d'évolution $d\mathbf{S}/ds$ suivant l'abscisse curviligne du rayon $ds = \sqrt{\mathbf{dr} \cdot \mathbf{dr}}$ ne permet pas de dégager un invariant durant la propagation en l'absence d'absorption et de conversion.

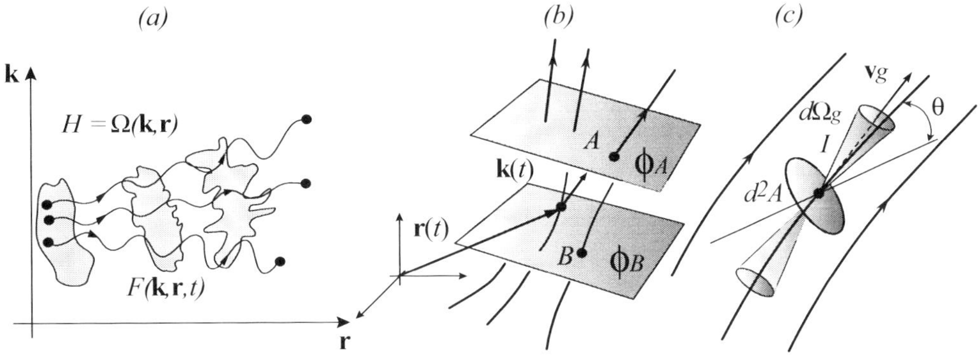

Fig. 12.7 : *Quantités associées aux rayons : (a) distribution de photons F, (b) plans équiphases et (c) intensité spécifique.*

Par contre, la prise en compte de la divergence des rayons à travers le suivi de l'angle solide élémentaire $d\Omega_g$ d'un ensemble de rayons voisins dans l'espace réel, conduit à la définition classique de l'*intensité spécifique* I .

$$\textit{Intensité spécifique} \ : \ I\left[\frac{\mathrm{W}}{\mathrm{m}^2 \cdot \mathrm{St} \cdot \mathrm{Hz}}\right] \equiv \frac{d\mathcal{U}}{dxdydzd\Omega_g d\omega} v_g = \frac{d\mathcal{U}}{d\Omega_g d\omega d^2 A \cos\theta dt}$$

L'évolution de I le long de l'abscisse curviligne des rayons constitue l'*équation du transfert radiatif* et permet de dégager un invariant durant la propagation en l'absence d'absorption et conversion. I est accessible à l'expérience à travers des mesures de puissances ramenées à l'ouverture optique $\delta\Omega$ du détecteur et à sa bande passante $\delta\omega$. La deuxième expression du membre de droite de la définition de l'intensité spécifique I se réfère à la figure (12.7-c) où nous avons représenté une surface infinitésimale d^2A dont la normale fait un angle θ avec le rayon, c'est-à-dire la vitesse de groupe $\mathbf{v}_g$, ainsi : $d^3\mathbf{r} = dxdydz = d^2A\cos\theta v_g dt$. Pour établir l'*équation du transfert radiatif* considérons la fonction de distribution F des photons d'énergie $\hbar\omega$ dans l'espace des phases [$\mathbf{r}$, $\mathbf{k}$] illustrée sur la figure (12.7-a). Le nombre de photons associé à une quantité d'énergie électromagnétique incohérente infinitésimale $d\mathcal{U}$ [J] est égal à $d\mathcal{U}/\hbar\omega$, la densité de photons dans l'espace des phases [$\mathbf{r}$, $\mathbf{k}$] est donc donnée par :

$$\textit{Fonction de distribution} \ : F = \frac{d\mathcal{U}/\hbar\omega}{d^3\mathbf{r}d^3\mathbf{k}} = \frac{d\mathcal{U}/\hbar\omega}{k^2 d\Omega_\phi \left.\frac{\partial k}{\partial\omega}\right|_{\theta'} d\omega d^2A\cos\theta v_g dt}$$

où θ' est l'angle entre la vitesse de phase et le champ magnétique statique confinant $\mathbf{B}$ et $d\Omega_\phi$ l'angle solide élémentaire dans le sous-espace des $\mathbf{k}$ illustré sur la figure (12.8). Le théorème de Liouville (5.23) permet d'établir directement la conservation de cette densité car le nombre de photons est conservé en l'absence d'absorption et conversion et l'élément de volume dans l'espace des phases $d^3\mathbf{r}d^3\mathbf{k}$ est aussi conservé suivant les rayons.

$$\textit{Théorème de Liouville :} \quad \left|\frac{\partial\left[\mathbf{r}\left(\mathbf{r}_0,t\right),\mathbf{k}\left(\mathbf{k}_0,t\right)\right]}{\partial\left[\mathbf{r}_0,\mathbf{k}_0\right]}\right| = 1 \rightarrow \left.\frac{d\mathcal{U}}{d^3\mathbf{r}d^3\mathbf{k}}\right|_0 = \left.\frac{d\mathcal{U}}{d^3\mathbf{r}d^3\mathbf{k}}\right|_t$$

Mais l'intensité spécifique I est définie comme un flux de puissance dans l'élément d'angle solide $d\Omega_g$ appartenant au sous-espace des positions $\mathbf{r}$ et la fonction de distribution F par une densité ramenée à l'angle solide élémentaire $d\Omega_\phi$ appartenant au sous-espace des vecteurs d'ondes $\mathbf{k}$.

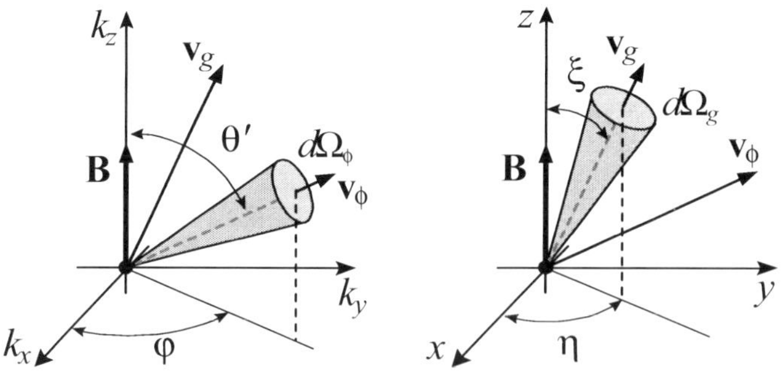

Fig. 12.8 : *Angles solides autour de la vitesse de phase et de la vitesse de groupe.*

La figure (12.8) illustre la différence entre ces deux définitions, utilisant les notations de cette figure, l'élément de volume dans l'espace des phases des photons s'exprime par les relations :

$$k^2 d\Omega_\phi \left.\frac{\partial k}{\partial\omega}\right|_{\theta'} v_g = \frac{\omega^2}{c^2}N^2\left|\frac{d\Omega_\phi}{d\Omega_g}\left.\frac{\partial\omega N}{\partial\omega}\right|_{\theta'}\frac{v_g}{c}\right| d\Omega_g \equiv \frac{\omega^2}{c^2}N_r^2 d\Omega_g$$

Le calcul de l'expression de l'*indice de rayon* N_r ainsi identifié et défini, qui n'est autre que la courbure gaussienne de la surface de dispersion, ou surface des indices, $\mathbf{k}(\omega)$ représentée sur la figure (12.9), est particulièrement lourd mais ne présente aucune difficulté ; le point de départ pour exprimer les variables angulaires de phase en fonction des variables angulaires de groupe est la relation :

$$\tan(\theta' - \xi) = -\frac{1}{k}\left.\frac{\partial k}{\partial \theta'}\right|_{\omega} = -\left.\frac{\partial \ln N}{\partial \theta'}\right|_{\omega} \tag{12.12}$$

qui s'obtient directement par la lecture de la figure (12.9). Le résultat final est donné par la relation :

$$\frac{N_r^2}{N^2} \equiv \frac{d\Omega_\phi}{d\Omega_g}\frac{\left\|\frac{\partial\omega}{\partial\omega\mathbf{N}}\right\|}{\left|\frac{\partial\omega}{\partial\omega N}\right|_{\theta'}} \rightarrow \frac{N_r^2}{N^2} = \left|\sin\theta'\sqrt{1+\left.\frac{\partial \ln N}{\partial\theta'}\right|_{\omega}^{2}}\right|\left|\frac{\partial}{\partial\theta'}\frac{\cos\theta' + \sin\theta' \left.\frac{\partial \ln N}{\partial\theta'}\right|_{\omega}}{\sqrt{1+\left.\frac{\partial \ln N}{\partial\theta'}\right|_{\omega}^{2}}}\right|^{-1}$$

L'intensité spécifique dans l'espace réel peut donc être exprimée en fonction de la densité de photons dans l'espace des phases et l'équation du transfert radiatif le long des rayons établi pour un plasma non dissipatif.

$$\textit{Transfert radiatif transparent} : \frac{d\mathcal{U}}{d^3\mathbf{r}d^3\mathbf{k}} = \frac{c^2}{\omega^2}\frac{I(\mathbf{r})}{N_r^2(\mathbf{r},\mathbf{k})} \rightarrow \boxed{\frac{d}{ds}\left(\frac{I}{N_r^2}\right) = 0} \tag{12.13}$$

Partant de ce résultat pour un plasma transparent, nous devons maintenant considérer l'effet de l'absorption et de la conversion sur l'intensité spécifique à l'issue de la traversée d'une zone non adiabatique présentant une résonance ou une conversion.

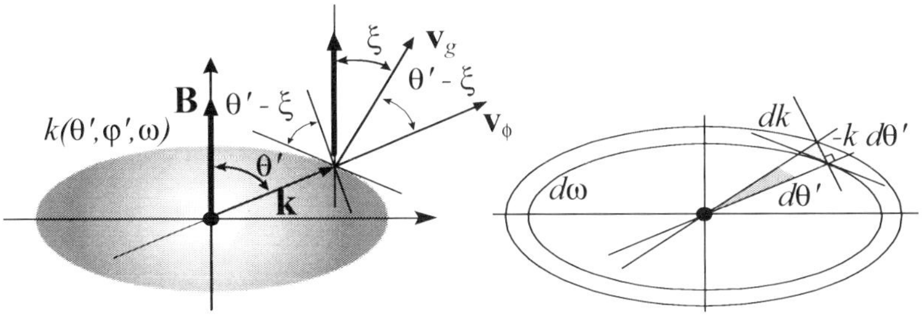

Fig. 12.9 : *Surface des indices* $k(\theta', \omega)$*, vitesse de phase, vitesse de groupe.*

Considérons en premier lieu le phénomène d'absorption résonnante, c'est-à-dire l'existence de zones au sein du plasma thermonucléaire, où la partie dissipative du tenseur diélectrique $\varepsilon''(\mathbf{k}, \omega, \omega_c(\mathbf{r}), \omega_p(\mathbf{r}))$ devient significative.

12.1.4 Absorption résonnante

Le tenseur diélectrique $\boldsymbol{\varepsilon}$ permet d'exprimer le vecteur polarisation $\mathbf{P}$ en fonction du champ électrique $\mathbf{E}$: $\mathbf{P} = \varepsilon_0(\boldsymbol{\varepsilon} - 1)\cdot\mathbf{E}$, ainsi le courant de polarisation $\mathbf{J}$ est égal à $j\omega\varepsilon_0\boldsymbol{\varepsilon}\cdot\mathbf{E}$ et la puissance active w échangée entre le champ et le plasma $w = \langle\mathbf{E}\cdot\mathbf{J}\rangle = \mathrm{Re}(j\omega\varepsilon_0\mathbf{E}^*\cdot\boldsymbol{\varepsilon}\cdot\mathbf{E})/2 = \omega\varepsilon_0\,\mathrm{Re}(j\mathbf{E}^*\cdot(\boldsymbol{\varepsilon}' - j\boldsymbol{\varepsilon}'')\cdot\mathbf{E})/2 = -\omega\varepsilon_0\mathbf{E}\cdot\boldsymbol{\varepsilon}''\cdot\mathbf{E}^*/2$ (8.56); ce résultat classique, *la partie hermitique du tenseur diélectrique décrit la réponse réactive (réfraction) du plasma et la partie antihermitique la* *partie active (dissipation)*, a déjà été présenté dans plusieurs des chapitres précédents. Sous l'hypothèse de l'ordering eikonal, recevable pour la modélisation du chauffage dans les tokamaks, nous devons donc considérer la forme inhomogène : $\varepsilon\left(\mathbf{k},\omega,\omega_c\left(\mathbf{r}\right),\omega_p\left(\mathbf{r}\right)\right) = \varepsilon'\left(\mathbf{k},\omega,\omega_c\left(\mathbf{r}\right),\omega_p\left(\mathbf{r}\right)\right)$ - $j\varepsilon''\left(\mathbf{k},\omega,\omega_c\left(\mathbf{r}\right),\omega_p\left(\mathbf{r}\right)\right)$ et décrire comment l'énergie est continûment transférée du champ vers le plasma le long du rayon optique. L'intensité spécifique diminue à la traversée d'une zone où ε'' est significatif. La prise en compte de la partie antihermitique du tenseur diélectrique conduit à une relation de dispersion complexe donc à des racines complexes, nous noterons $-j\boldsymbol{\chi}$ la partie imaginaire du vecteur d'onde pour ω fixée : $\varepsilon = \varepsilon' - j\varepsilon'' \rightarrow D\left(\mathbf{k} - j\boldsymbol{\chi},\omega\right) = 0$ ainsi $\exp -j\mathbf{k}\cdot\mathbf{r} \rightarrow \exp -j\int \mathbf{k}\cdot d\mathbf{r} \times \exp -\int \boldsymbol{\chi}\cdot d\mathbf{r}$ et nous obtenons une onde d'amplitude amortie. La figure (12.10) illustre l'allure typique du comportement de la partie réelle $\mathbf{k}$ et de la partie imaginaire $\boldsymbol{\chi}$ en fonction de la position x au voisinage d'une zone résonnante $x \sim x_0$.

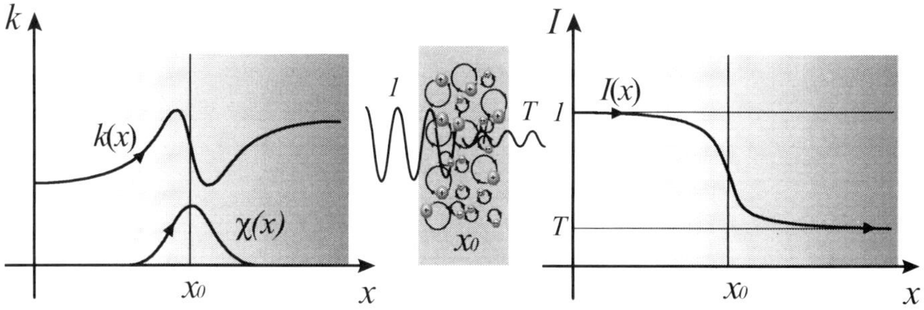

Fig. 12.10 : *Absorption résonante.*

L'ordering eikonal suppose que la dissipation est faible au regard de la réfraction, c'est-à-dire : $k \gg \chi$, sous cette hypothèse nous pouvons développer la relation de dispersion .

$$D\left(\mathbf{k} - j\boldsymbol{\chi},\mathbf{r},\omega\right) = \operatorname{Re} D\left(\mathbf{k},\mathbf{r},\omega\right) + j\operatorname{Im} D\left(\mathbf{k},\mathbf{r},\omega\right) - j\boldsymbol{\chi}\cdot\frac{\partial \operatorname{Re} D\left(\mathbf{k},\mathbf{r},\omega\right)}{\partial\mathbf{k}} + ... = 0$$

Or $\operatorname{Re} D\left(\mathbf{k},\mathbf{r},\omega\right) = 0$, nous pouvons donc définir le coefficient d'absorption α le long du rayon :

$$Absorption: \ 2\boldsymbol{\chi}\cdot\frac{\mathbf{v_g}}{v_g} = -2\boldsymbol{\chi}\cdot\frac{\frac{\partial D}{\partial\mathbf{k}}}{\frac{\partial D}{\partial\omega}}\left|\frac{\frac{\partial D}{\partial\omega}}{\frac{\partial D}{\partial\mathbf{k}}}\right| = \boxed{\alpha \equiv 2\sigma\frac{\operatorname{Im} D\left(\mathbf{k},\mathbf{r},\omega\right)}{\left|\partial \operatorname{Re} D\left(\mathbf{k},\mathbf{r},\omega\right)/\partial\mathbf{k}\right|}}$$

où nous avons introduit la signature $\sigma = -\ \partial D/\partial\omega/\left|\partial D/\partial\omega\right| = \pm 1$, le facteur 2 anticipe le fait que la densité d'énergie U est une forme quadratique du champ. Le long du rayon $d\mathbf{r} = \sigma ds\ \partial D/\partial\mathbf{k}/\left|\partial D/\partial\mathbf{k}\right|$, l'amplitude du champ évolue donc suivant le facteur $\exp -\int \boldsymbol{\chi}\cdot d\mathbf{r} = \exp -\int ds \operatorname{Im} D\left(\mathbf{k},\mathbf{r},\omega\right) / \left|\partial \operatorname{Re} D\left(\mathbf{k},\mathbf{r},\omega\right)/\partial\mathbf{k}\right|$ et son carré suit donc une décroissance $\exp -\int \alpha ds$. Le coefficient de transmission de l'intensité spécifique I est donné par la relation :

$$Transmission: \ \boxed{T\left(\mathbf{r}\rightarrow\mathbf{r}'\right) = \exp -2\sigma\int_{\mathbf{r}'}^{\mathbf{r}}\frac{\operatorname{Im} D\left(\mathbf{k},\mathbf{r},\omega\right)}{\left|\partial \operatorname{Re} D\left(\mathbf{k},\mathbf{r},\omega\right)/\partial\mathbf{k}\right|}ds}$$

qui défini la transmission T de la couche résonnante. Le champ électrique présente la structure eikonale : $\mathbf{E}\left(\mathbf{r},t\right) = \mathbf{e}\left(\mathbf{r}\right)\exp j\omega t \exp -j\int^{\mathbf{r}}\mathbf{k}\cdot d\mathbf{r} \times \exp -\int^{\mathbf{r}}\alpha$

$ds/2$ où (i) la polarisation est déterminée par la dispersion locale, (ii) la phase réactive ϕ est donnée par la phase eikonale restreinte à la partie réelle $\mathbf{k}$ du vecteur d'onde et (iii) l'évolution de l'intensité spécifique est gouvernée par la partie imaginaire du vecteur d'onde $\boldsymbol{\chi}$, évolution corrigée de l'indice de rayon N_r^2, sur la figure (12.10) nous avons négligé la correction d'indice de rayon.

$$\textit{Polarisation électrique} \quad : \quad \mathbf{D}(\mathbf{k}, \mathbf{r}) \cdot \mathbf{e}(\mathbf{r}) = \mathbf{0}$$

$$\textit{Chemin optique} \quad : \quad \phi(B) - \phi(A) = \int_A^B \mathbf{k} \cdot d\mathbf{r}$$

$$\textit{Intensité spécifique} \quad : \quad \frac{I(B)}{I(A)} = \frac{N_r^2(B)}{N_r^2(A)} \exp - \int_A^B \alpha ds$$

Un deuxième mécanisme de transformation de l'énergie des ondes doit être considéré dans les tokamaks, la conversion de mode, mais il n'est pas associé à une production d'entropie. Contrairement à l'absorption résonnante, la conversion d'un mode du type $\exp j(k_1 x - \omega t)$ n'est pas un processus dissipatif car l'énergie ne disparaît pas sur un grand nombre de degrés de liberté, créant ainsi de l'entropie, mais elle est convertie, pour fraction, en une autre forme d'oscillation électromagnétique du type $\exp j(k_2 x - \omega t)$.

12.1.5 Conversion de modes

Considérons un plasma homogène excité à la pulsation ω, retenons la contribution cinétique à la partie hermitique du tenseur diélectrique, la relation de dispersion fait alors apparaître par factorisation un ensemble de branches de propagation ou modes propres (8.28) ; restreignons l'analyse au cas de deux modes $k_1(\omega)$ et $k_2(\omega)$, la relation de dispersion $D(k, \omega, \omega_c, \omega_p) = 0$ peut être factorisée suivant : $[k - k_1(\omega, \omega_c, \omega_p)] \cdot [k - k_2(\omega, \omega_c, \omega_p)] = 0$.

En présence d'inhomogénéités, figure (12.11), la relation de dispersion eikonale $D(k, \omega, \omega_c(x), \omega_p(x)) = D(k, \omega, x) = 0$ est modifiée mais présente une forme voisine du cas homogène, sous une hypothèse eikonale il est toujours possible d'établir la forme canonique suivante de la dispersion : $[k(x) - k_1(\omega, x)] . [k(x) - k_2(\omega, x)] = \eta^2(x)$ où η^2 est un paramètre réel décrivant les inhomogénéités, cette forme canonique constituera le point de départ de l'étude.

Nous allons résoudre le problème de la conversion entre deux modes de dispersion $[k(x) - k_1(\omega, x)] \cdot [k(x) - k_2(\omega, x)] = \eta^2(x)$ en considérant, comme dans le cas de l'absorption et comme dans le cas de la diffusion Rutherford-Landau, un modèle s'attachant à comparer un état entrant dans la zone de conversion et un état sortant de la zone de conversion, le rapport de ces deux états asymptotiques définissant le coefficient de conversion T onde/onde équivalent à la section efficace dans le cadre du problème particule/particule.

Le problème de la conversion de mode sous sa forme canonique $[k(x) - k_1(\omega, x)]\ [k(x) - k_2(\omega, x)] = \eta^2(x)$ consiste à comprendre comment les interférences entre deux modes couplés $\psi_1(x)$ et $\psi_2(x)$ conduisent à un transfert d'énergie de ψ_1 vers ψ_2 si le mode est lancé suivant ψ_1 ; la dynamique de ces deux modes étant contrainte par le système :

$$\frac{d\psi_1}{dx} - jk_1(x)\psi_1 = j\eta(x)\psi_2 \qquad (12.14)$$

$$\frac{d\psi_2}{dx} - jk_2(x)\psi_2 = j\eta(x)\psi_1 \qquad (12.15)$$

Ce système des deux équations présente la dispersion $[k(x) - k_1(\omega, x)]\cdot[k(x) - k_2(\omega, x)] = \eta^2(x)$ pour des modes eikonaux $\exp j \int^x k_{1,2}(u)\, du$ et il possède une propriété de conservation d'une forme quadratique : $d(\psi_1^*\psi_1)/dx + d(\psi_2^*\psi_2)/dx = 0$, ainsi si les équations de Maxwell sont normalisées au contenu énergétique des champs, (12.14) et (12.15) constituent un système d'équations offrant les mêmes propriétés cinématiques et dynamiques que l'équation d'onde initiale.

Soit deux solutions eikonales : $\psi_1 = \varphi_1(x) \exp j \int_{-\infty}^{x} k_1(u)\, du$ et $\psi_2 = \varphi_2(x) \exp j \int_{-\infty}^{x} k_2(u)\, du$, il est aisé de vérifier que l'amplitude du deuxième mode vérifie l'équation :

$$\frac{d\varphi_2}{dx} = j\eta(x)\varphi_1(x) \exp j \int^x [k_1(u) - k_2(u)]\, du \tag{12.16}$$

L'essentiel du transfert d'énergie se situe au niveau du point x_0 de dégénérescence des deux modes : $k_2(x_0) = k_1(x_0)$, point autour duquel nous effectuons un développement de Taylor.

$$k_1(x) - k_2(x) = [k_1'(x_0) - k_2'(x_0)](x - x_0) + \ldots,\ \eta(x) = \eta(x_0) + \ldots$$

Cet ensemble d'approximations est ensuite substitué dans la relation précédente pour évaluer l'amplitude du deuxième mode à la sortie de la zone de conversion.

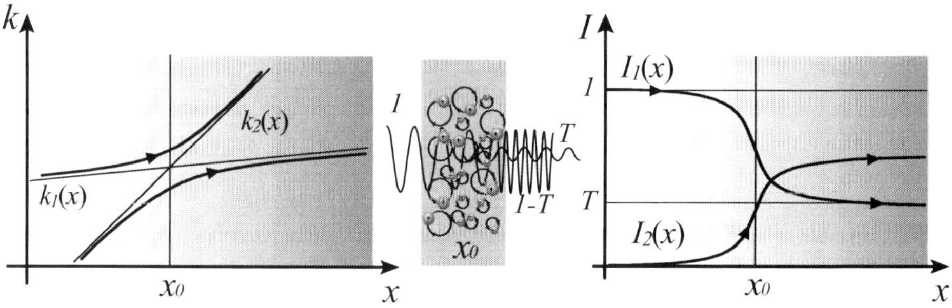

Fig. 12.11 : *Conversion de modes.*

L'intégrale gaussienne ainsi obtenue permet d'exprimer l'amplitude asymptotique $\varphi_2(x = +\infty)$.

$$\varphi_2(+\infty) = \underbrace{\varphi_2(-\infty)}_{0} + j\eta(x_0)\varphi_1(x_0) \int_{-\infty}^{+\infty} \exp\left[j\frac{k_1'(x_0) - k_2'(x_0)}{2}(u - x_0)^2\right] du$$

Partant d'un niveau $|\varphi_2(x = -\infty)|^2 = 0$, bien avant la zone de conversion, le mode 2 possède, bien après la zone de conversion, un contenu énergétique $|\varphi_2(x = +\infty)|^2 \sim 2\pi\eta(x_0)^2 |\varphi_1(x_0)|^2\ |\varphi_1(x_0)|^2\ /\ |k_2' - k_1'|_{k_1 = k_2}$, ce transfert d'énergie étant localisé en $x = x_0$.

$$|\varphi_2(x = +\infty)|^2 = \frac{2\pi\eta(x_0)^2 |\varphi_1(x_0)|^2}{|k_2' - k_1'|_{k_1 = k_2}} \to \frac{d|\varphi_2|^2}{dx} = \frac{2\pi\eta^2}{|k_2' - k_1'|} |\varphi_1(x)|^2 \delta(x - x_0)$$

La conservation de l'énergie est ensuite mise à profit pour établir la loi de décroissance du mode 1.

$$-\frac{d|\varphi_2|^2}{dx} = \frac{d|\varphi_1|^2}{dx} = -\frac{2\pi\eta^2}{|k_2' - k_1'|_{k_1 = k_2}} |\varphi_1(x)|^2 \delta(x - x_0)$$

L'intégration de cette équation différentielle par rapport à x conduit à la formule classique de la conversion de mode.

$$\textit{Transmission}\ :\ \frac{\left|\varphi_1\left(x=+\infty\right)\right|^2}{\left|\varphi_1\left(x=-\infty\right)\right|^2}\equiv \boxed{T=\exp-\left|\frac{2\pi\eta\left(x\right)^2}{k_1'\left(x\right)-k_2'\left(x\right)}\right|_{k_1(x)=k_2(x)}}$$

La figure (12.11) illustre ce processus de conversion, l'approximation $d\left|\varphi_2\right|^2/dx\sim\delta\left(x-x_0\right)$ qui a été utilisée ici consiste à assimiler les courbes (figure (12.11)) de l'intensité spécifique I en fonction de x à des fonctions du type $a+bH\left(x-x_0\right)$ où H est une distribution de Heaviside ($H\left(u<0\right)=0$, $H\left(u>0\right)=+1$).

12.2 Résonances Ioniques et Electroniques

Les trois principaux procédés de chauffage et de génération de courant par ondes électromagnétiques mis en œuvre dans les tokamaks utilisent respectivement :

• le couplage au plasma d'une onde dans la bande radio-fréquence 30 - 150 MHz excitée suivant le mode *magnétosonique rapide*,

• le couplage d'une onde au voisinage de quelques GHz suivant la branche dite *hybride basse*,

• le couplage d'une onde dans la bande micro-onde 100 - 150 GHz excitée suivant les polarisations *ordinaire* ou *extraordinaire*.

Nous utiliserons les acronymes standards, ICRH pour *Ion Cyclotron Resonance Heating*, LHCD pour *Lower Hybrid Current Drive* et ECRH pour *Electron Cyclotron Resonance Heating*, pour désigner ces trois bandes de fréquences bien que la bande ICRH puisse aussi donner lieu à un chauffage électronique direct et la bande LHCD à un couplage sur les ions rapides.

	Fréquence	Population cible
ICRH	$30-150$ [MHz]	*Ions, Electrons*
LHCD	$1-5$ [GHz]	*Electrons rapides, Ions rapides*
ECRH	$100-250$ [GHz]	*Electrons*

(12.17)

Les paramètres de ces différentes ondes doivent être ajustés pour permettre :

• un processus de propagation radiale ($v_{g\|}<v_{g\perp}$ et $N_\perp$ réel) à partir de la structure de couplage périphérique vers le centre du plasma,

• un processus d'absorption sur les électrons, et/ou les ions, éventuellement précédé par une conversion de mode, mais qui met en jeux une résonance landau/cyclotron ($\omega-k_\|v_\|=n\omega_c$) permettant un transfert efficace d'impulsion et d'énergie du champ vers le plasma. Le tableau (12.17) résume (i) la nomenclature, (ii) les bandes de fréquences et (iii) les populations cibles.

Sous une hypothèse de stationnarité ($\partial/\partial t=0$) et d'axisymétrie du plasma ($\partial/\partial\varphi=0$) :

• la pulsation de l'onde ω reste constante, fixée par le générateur,

• la composante du vecteur d'onde k_φ suivant l'angle toroïdal reste aussi constante ($\partial D/\partial\varphi=0\rightarrow dk_\varphi/ds=0$, (12.11)), sa valeur est fixée par la géométrie de la structure de couplage.

Ainsi nous étudierons la dispersion et l'absorption des ondes pour ω et $N_\|$ donnés ; on notera que l'indice $N_\|$ est en fait différent de l'indice N_φ compte tenu de la transformée rotationnelle non nulle associée à la configuration de type tokamak. Pour un indice $N_{\|}$ fixé par la structure toroïdale de l'antenne, une pulsation ω fixée par la fréquence du générateur, et pour des conditions de densité et champ magnétique données $\omega_p(r)$ et $\omega_c(R)$, en un point (r, R) l'indice perpendiculaire $N_{\perp}$ est solution de la relation de dispersion :

$$N_{\perp}^{2} = \frac{\left[\left(\varepsilon_{\perp}+\varepsilon_{\|}\right)\left(\varepsilon_{\perp}-N_{\|}^{2}\right)-\varepsilon_{\times}^{2}\right]}{2\varepsilon_{\perp}} \pm \frac{\sqrt{\left[\left(\varepsilon_{\perp}+\varepsilon_{\|}\right)\left(\varepsilon_{\perp}-N_{\|}^{2}\right)-\varepsilon_{\times}^{2}\right]^{2}-4\varepsilon_{\perp}\varepsilon_{\|}\left[\left(\varepsilon_{\perp}-N_{\|}^{2}\right)^{2}-\varepsilon_{\times}^{2}\right]}}{2\varepsilon_{\perp}}$$

Les éléments du tenseur diélectrique $\varepsilon_{\perp}$, $\varepsilon_{\|}$ et $\varepsilon_{\times}$ peuvent être simplifiés pour les trois bandes de fréquences identifiées précédemment. Au voisinage de la pulsation cyclotronique ionique $\omega \sim \omega_{ci}$, la branche magnétosonique rapide présente une richesse de comportements associée aux coupures et résonances que nous étudierons en détails.

$$ICRH: \quad \omega \sim \omega_{ci} \rightarrow N_{\perp}^{2} \approx \frac{c^{2}}{V_{A}^{2}} \frac{\left(\frac{\omega_{ci}}{\omega-\omega_{ci}}+N_{\|}^{2}\frac{V_{A}^{2}}{c^{2}}\right)\left(\frac{\omega_{ci}}{\omega+\omega_{ci}}-N_{\|}^{2}\frac{V_{A}^{2}}{c^{2}}\right)}{\frac{\omega_{ci}^{2}}{\omega^{2}-\omega_{ci}^{2}}+N_{\|}^{2}\frac{V_{A}^{2}}{c^{2}}}$$

Au voisinage de la pulsation hybride basse $\omega \sim \omega_{lh}$, l'onde quasi-électrostatique hybride basse présente une résonance, la simplicité de la dispersion n'est qu'apparente et résulte des simplifications du modèle fluide. Nous étudierons les conditions d'accessibilité et les possibilités de conversions qu'offrent la prise en compte des effets thermiques qui régularisent la résonance LH $\omega = \omega_{lh}$.

$$LH: \quad \omega \sim \omega_{lh} \rightarrow N_{\perp}^{2} \approx N_{\|}^{2}\frac{\omega_{ce}}{\omega_{ci}}\frac{\omega_{lh}^{2}}{\omega^{2}-\omega_{lh}^{2}}$$

Enfin, au voisinage de la pulsation cyclotronique électronique $\omega \sim \omega_{ce}$, les dispersions des modes ordinaire et extraordinaire présentent une simplicité résultant de l'absence de couplage avec les ions, néanmoins les coupures droite, gauche et plasma doivent être analysées pour identifier les conditions optimales d'un dépôt de puissance au centre du plasma.

$$ECRH\ X: \ \omega \sim \omega_{ce} \sim \omega_{uh} \rightarrow \ N_{\perp}^{2} \approx \frac{\omega^{2}-\omega_{R}^{2}}{\omega^{2}}\frac{\omega^{2}-\omega_{L}^{2}}{\omega^{2}-\omega_{uh}^{2}}$$

Nous allons successivement établir les conditions de propagation des ondes pour ces trois bandes de fréquences, ICRH, ECRH et LHCD, et identifier les mécanismes d'absorption au sein du plasma, les inhomogénéités du plasma seront supposées restreintes au modèle minimal : $\omega_p^2/\omega_{p0}^2 \approx 1-r^2/a^2$, $\omega_c/\omega_{c0} \approx R_0/R$; ω_{p0} et ω_{c0} désignant respectivement la pulsation plasma et la pulsation cyclotronique au centre du plasma, sur l'axe magnétique, pour une population donnée.

12.2.1 Résonances ioniques

Considérons en premier lieu le problème des régimes de chauffage dans la bande cyclotronique ionique. L'ordering des fréquences et indices des deux branches fluides, lente S et rapide F, s'établit comme suit : $\omega \sim \omega_{ci} \ll \omega_{pi} \ll \omega_{pe} \sim \omega_{ce}$ et $\mathrm{Im}\, N_{\perp S} \approx \omega_{pe}/\omega_{ci}$, $\mathrm{Re}\, N_{\perp F} \approx \omega_{pi}/\omega_{ci} \approx c/V_A$, $N_{\|} < N_{\perp}$, l'ordre de grandeur des composantes de l'indice considéré ici est associé à la zone de propagation adiabatique loin des coupures et résonances. Ainsi les éléments du tenseur diélectrique peuvent être simplifiés en conséquence pour un plasma composé d'une espèce ionique unique.

$$\varepsilon_{\|} \approx -\frac{\omega_{pe}^2}{\omega^2},\ \varepsilon_{\perp} \approx -\frac{c^2}{V_A^2}\frac{\omega_{ci}^2}{\omega^2-\omega_{ci}^2},\ \varepsilon_{\times} \approx \frac{c^2}{V_A^2}\frac{\omega\omega_{ci}}{\omega^2-\omega_{ci}^2}$$

La permittivité du plasma est beaucoup plus élevée le long des lignes de champ que transversalement, $\left|\varepsilon_{\|}\right| \gg |\varepsilon_{\perp}| \sim |\varepsilon_{\times}|$, cet ordering fort a pour origine la grande mobilité et la faible inertie des électrons le long des lignes de champ magnétique, aussi ils peuvent écranter tout champ appliqué présentant une fréquence inférieure à la fréquence plasma ω_{pe} ; nous supposerons donc que le long des lignes de champ magnétique tout champ électrique basse fréquence est écranté : $E_{\|} = E_z = 0$.

Le champ magnétique, à travers l'inhibition du mouvement électronique qui est contraint à une rotation cyclotronique, empêche l'écrantage perpendiculairement aux lignes de champ et les composantes perpendiculaires $E_x \neq 0$ et $E_y \neq 0$ sont solutions du système homogène réduit :

$$\begin{pmatrix} \varepsilon_{\perp} - N_{\|}^2 & -j\varepsilon_{\times} \\ j\varepsilon_{\times} & \varepsilon_{\perp} - N_{\perp}^2 - N_{\|}^2 \end{pmatrix} \cdot \begin{pmatrix} E_x \\ E_y \end{pmatrix} = \begin{pmatrix} 0 \\ 0 \end{pmatrix} \tag{12.18}$$

La relation de dispersion réduite ainsi obtenue décrit l'onde magnétosonique rapide F.

Onde magnétosonique rapide : $$N_{\perp}^2 = \frac{\left[N_{\|}^2 - (\varepsilon_{\perp} - \varepsilon_{\times})\right]\left[N_{\|}^2 - (\varepsilon_{\perp} + \varepsilon_{\times})\right]}{\varepsilon_{\perp} - N_{\|}^2}$$

Cette relation définit l'onde magnétosonique rapide qui constitue la branche rapide de la relation de dispersion fluide classique, elle présente deux racines, une lente (S) et une rapide (F) au regard de la vitesse de phase. L'approximation $E_z = 0$ a pour conséquence la disparition de la deuxième racine de la relation de dispersion, cette racine décrit le mode dit lent (S) qui est évanescent et donc sans intérêt dans le contexte du chauffage du plasma.

$$\textit{Onde lente} :\ N_{\perp}^2 = \frac{\varepsilon_{\|}}{\varepsilon_{\perp}}\left(\varepsilon_{\perp} - N_{\|}^2\right) \rightarrow N_{\perp} \approx \pm j\frac{\omega_{pe}}{\omega_{ci}} \tag{12.19}$$

Une première propriété notable du mode magnétosonique consiste en une tendance à la focalisation lors de la propagation radiale ; en effet, si nous négligeons les inhomogénéités poloïdales, la composante N_θ de l'indice reste constante et la relation de dispersion $N_r^2 + N_\theta^2 \sim \varepsilon_{\perp} - N_{\|}^2 - \varepsilon_{\times}^2/\left(\varepsilon_{\perp} - N_{\|}^2\right)$ indique que l'indice radial augmente avec la densité $dN_r^2/d\omega_p^2 > 0$. La réfraction rabat donc les rayons vers le centre du plasma. La figure (12.12) représente l'évolution typique du carré de l'indice perpendiculaire $N_{\perp}^2$ en fonction du grand rayon R. Les deux modes, lent S et rapide F, sont évanescents à basse densité, l'antenne adossée à la paroi côté bas champ $(R_0 + a)$, excite principalement le mode rapide F, la sélection s'effectuant à l'aide d'un écran de Faraday court-circuitant la composante du champ électrique parallèle aux lignes du champ magnétique. Cette sélection de mode est renforcée par la présence de la coupure basse densité du mode rapide, $N_{\parallel}^2 = \varepsilon_{\perp} + \varepsilon_{\times}$, qui autorise la propagation du mode rapide vers la zone haute densité alors que le mode lent reste évanescent jusqu'à la coupure haute densité, $N_{\parallel}^2 = \varepsilon_{\perp} - \varepsilon_{\times}$, les deux modes étant évanescents dans la zone très basse densité au voisinage de l'antenne $R \sim R_0 + a$.

$$\textit{Coupure basse densité CB} \quad : \quad N_{\parallel}^2 = \varepsilon_{\perp} + \varepsilon_{\times} = \frac{c^2}{V_A^2}\frac{\omega_{ci}}{\omega + \omega_{ci}}$$

$$\textit{Coupure haute densité CH} \quad : \quad N_{\parallel}^2 = \varepsilon_{\perp} - \varepsilon_{\times} = -\frac{c^2}{V_A^2}\frac{\omega_{ci}}{\omega - \omega_{ci}}$$

$$\textit{Résonance cyclotronique RC} \quad : \quad \omega = \omega_{ci} \ , \ \textit{Résonance hybride RH} : \ N_{\parallel}^2 = \varepsilon_{\perp}$$

La propagation de l'onde magnétosonique rapide est possible entre ces deux coupures et la résonance cyclotronique ionique $\omega = \omega_{ci}$ est toujours située entre ces deux coupures. Malheureusement, l'indice du mode rapide ne présente pas de singularité et aucun phénomène d'absorption cyclotronique n'est ainsi prédit.

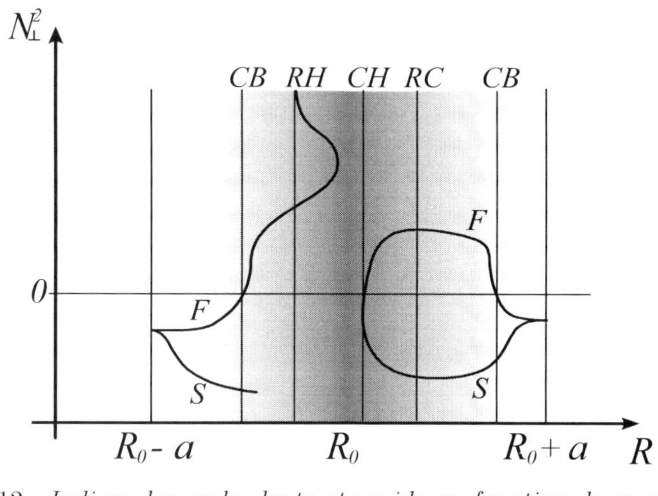

Fig. 12.12 : *Indices des ondes lente et rapide en fonction du grand rayon.*

L'origine de l'absence de couplage résonnant avec les ions pour un plasma présentant une espèce ionique unique est à rechercher dans la dynamique de la polarisation du champ électrique. L'onde magnétosonique rapide est un mode extraordinaire dont la polarisation elliptique peut être décomposée comme la somme d'une polarisation gauche $E_x + jE_y$ plus une polarisation droite $E_x - jE_y$ et la pondération de ces deux composantes est déterminée par la relation de dispersion :

$$\begin{pmatrix} \varepsilon_{\perp} - N_{\parallel}^2 & -j\varepsilon_{\times} \\ j\varepsilon_{\times} & \varepsilon_{\perp} - N_{\perp}^2 - N_{\parallel}^2 \end{pmatrix} \cdot \begin{pmatrix} E_x \\ E_y \end{pmatrix} = \begin{pmatrix} 0 \\ 0 \end{pmatrix} \tag{12.20}$$

A l'approche de la résonance cyclotronique ionique la polarisation de l'onde rapide devient droite.

$$\frac{E_x + jE_y}{E_x - jE_y} \approx \frac{N_{\parallel}^2 - \frac{\omega_{ci}}{\omega + \omega_{ci}}}{N_{\parallel}^2 - \frac{\omega_{ci}}{\omega - \omega_{ci}}} \underset{\omega \to \omega_{ci}}{\longrightarrow} 0 \tag{12.21}$$

alors que la rotation cyclotronique des ions est gauche, ainsi aucun couplage résonnant n'est possible, la dispersion ne présente pas de singularité pour $\omega = \omega_{ci}$ et la puissance reste de nature réactive. La puissance cyclotronique transférée vers les ions obtenue dans le paragraphe consacré à l'absorption cyclotron (8.53) est donc identiquement nulle.

$$w_{ci}\left[\frac{\mathrm{W}}{\mathrm{m}^3}\right] = -\frac{\omega_{pi}^2}{\omega_{ci}}\frac{R_0}{r_0\left|\sin\theta_0\right|}\frac{\varepsilon_0\left|E_x + jE_y\right|^2}{2} = 0 \qquad (12.22)$$

Cette conclusion pessimiste doit être révisée si les effets de température finie sont pris en compte, alors les dénominateurs résonnants $1/\left(\omega - \omega_{ci}\right)$ doivent être remplacés par la fonction Z (8.30) : $1/\left(\omega - \omega_{ci}\right) \rightarrow Z\left(\omega - \omega_{ci}/k_{\|}v_T\right)/k_{\|}v_T$, l'effet d'écrantage est atténué et une faible composante de polarisation gauche apparaît, mais est insuffisante pour permettre un chauffage efficace des ions à la fréquence fondamentale ω_{ci}.

Néanmoins, deux procédés peuvent être envisagés pour contourner cet obstacle et établir les conditions pour un couplage résonnant important entre l'onde magnétosonique rapide et les ions.

• Le premier met en œuvre une résonance harmonique $\omega = 2\omega_{ci}\left(R = R_0\right)$; en effet, la polarisation de l'onde est fixée principalement par la réponse adiabatique des ions et électrons, c'est-à-dire prédite par le modèle du tenseur diélectrique froid (8.26), aussi la prise en compte des effets de rayon de Larmor finie ($k_\perp v_c/\omega_c \neq 0$), loin des coupures et résonances froides, modifient peu la polarisation et la formule précédente exprimant le rapport des composantes gauche et droite offre une approximation recevable, appliquée au cas $\omega = 2\omega_{ci}$ nous obtenons :

$$\left|\frac{E_x + jE_y}{E_x - jE_y}\right| \approx \left|\frac{\omega - \omega_{ci}}{\omega + \omega_{ci}}\right| \rightarrow \left|\frac{2\omega_{ci} - \omega_{ci}}{2\omega_{ci} + \omega_{ci}}\right| = \frac{1}{3} \qquad (12.23)$$

Une fraction significative du champ électrique peut donc se coupler au ions au niveau de l'harmonique deux $\omega = 2\omega_{ci}$.

• Le second nécessite la présence de deux espèces ioniques de fréquences cyclotroniques différentes, ω_{c1} et ω_{c2}, les mécanismes de couplages résonnants entre une onde magnétosonique et les ions au sein d'un plasma multi-espèces seront analysés dans la suite.

Considérons en premier lieu l'origine physique du couplage résonnant à l'harmonique deux dans un plasma composé d'une espèce ionique unique. Ce couplage est du à la longueur d'onde finie de l'onde et au rayon de Larmor fini des ions. La figure (12.13) présente l'évolution temporelle de l'une des deux composantes du mouvement cyclotronique d'un ion ; si la fréquence de l'onde est ajustée à une valeur double de la fréquence cyclotron, $\omega = 2\omega_{ci}$, le long de sa trajectoire, un ion interagit avec un champ électrique présentant un sens constant si une périodicité spatiale prend le relais de la périodicité temporelle du champ.

Cette image, offrant la possibilité d'un couplage résonnant fort à l'harmonique deux, est confirmée par l'analyse du tenseur diélectrique calculé pour une distribution Maxwellienne des vitesses. L'expression générale de la composante ionique du tenseur diélectrique chaud, restreinte aux résonances cyclotrons fondamentale et harmonique d'ordre deux :

$$\varepsilon_i' = \left(1 - \frac{\omega_{pi}^2}{\omega^2}\right)\mathbf{I} - \frac{\omega_{pi}^2}{\omega^2}\sum_{n=0,1,2}\int d\mathbf{v}2\frac{n\omega_{ci} + k_\parallel v_\parallel}{n\omega_{ci} + k_\parallel v_\parallel - \omega}\mathbf{V}_n^*\mathbf{V}_n\frac{\exp-\left(\frac{v^2}{v_{T_i}^2}\right)}{v_{T_i}^2\left(\pi v_{T_i}^2\right)^{\frac{3}{2}}}$$

où le vecteur de couplage dipolaire est donné par $\mathbf{V}_n = n\omega_{ci}J_n\left(k_\perp v_c/\omega_{ci}\right)$ $(\mathbf{b}\times\mathbf{k})\times\mathbf{b}/k_\perp^2 + jv_cJ_n'\left(k_\perp v_c/\omega_{ci}\right)\mathbf{b}\times\mathbf{k}/k_\perp + v_\parallel J_n\left(k_\perp v_c/\omega_{ci}\right)\mathbf{b}$, peut être simplifié en ne gardant que la première correction non nulle en le rapport du rayon de Larmor thermique que divise la longueur d'onde perpendiculaire, $k_\perp v_{T_i}/\omega_{ci}$, au voisinage de l'harmonique deux, $\omega \sim 2\omega_{ci}$.

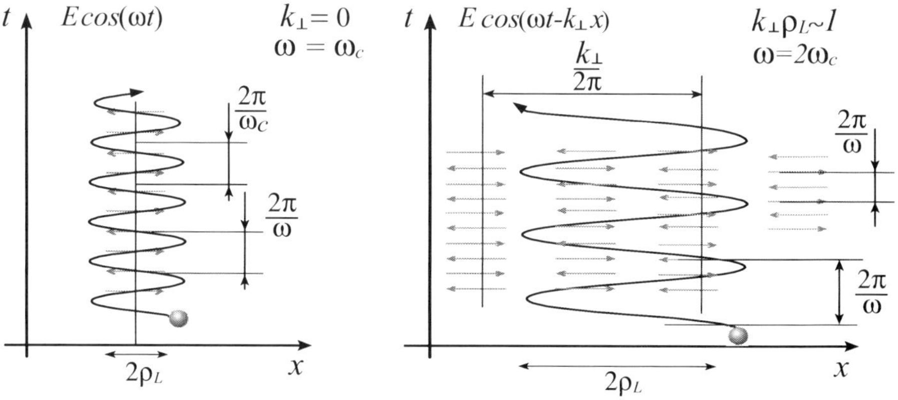

Fig. 12.13 : *Résonances cyclotroniques fondamentale et harmonique.*

Le résultat final fait apparaître des termes correctifs du type $k_\perp^2 v_{T_i}^2\ Z((\omega$ - $2\omega_{ci})\ /\ k_\parallel v_{T_i})\ /\ \omega_{ci}^2$ dans les expressions des éléments $\varepsilon_\perp$ et $\varepsilon_\times$ du tenseur diélectrique. La relation de dispersion prenant en compte cette correction thermique au voisinage de l'harmonique deux révèle l'existence d'une partie imaginaire du vecteur d'onde $\chi_\perp$, partie imaginaire décrivant l'absorption harmonique. Une analyse de la partie réelle révèlerait la présence de modes de Bernstein ioniques, mais nous ne considérerons pas ces branches supplémentaires ici.

$$D = \det\begin{pmatrix} \varepsilon_\perp - k_\parallel^2\frac{c^2}{\omega^2} & -j\varepsilon_\times \\ j\varepsilon_\times & \varepsilon_\perp - k_\perp^2\frac{c^2}{\omega^2} - k_\parallel^2\frac{c^2}{\omega^2} \end{pmatrix} = 0 \rightarrow k_\perp + j\chi_\perp$$

La propriété de la fonction Z (8.30) pour les petits arguments : $x < 1 \rightarrow$ $Z(x) \approx -2x + j\sqrt{\pi}\exp\left(-x^2\right) + \ldots$, les approximations : $\omega_{ci}^2/\left(\omega^2 - \omega_{ci}^2\right) \sim$ $1/3$ et $\omega\omega_{ci}/\left(\omega^2 - \omega_{ci}^2\right) \sim 2/3$ ainsi que le développement limité de la relation de dispersion sous l'hypothèse $k_\perp \gg j\chi_\perp$: $\chi_\perp = \operatorname{Im} D(k_\perp, x, \omega)\ /$ $|\partial \operatorname{Re} D(k_\perp, x, \omega)\ /\ \partial k_\perp|$ permettent d'exprimer la partie imaginaire du vecteur d'onde $\chi_\perp$.

$$\chi_\perp = -\sqrt{\pi}\frac{\omega_{ci}}{c}\frac{\omega_{pi}}{2k_\parallel V_A}\frac{v_{T_i}}{V_A}\exp-\left(\frac{\omega - 2\omega_{ci}}{k_\parallel v_{T_i}}\right)^2 \tag{12.24}$$

Dans le cadre d'un modèle de variation linéaire de la fréquence cyclotronique en fonction de la position, $2\omega_{ci}(x) = \omega(1 - x/R)$, nous substituons $\omega_{ci}(x)$ dans la formule (12.24) pour évaluer la transmission de la puissance de l'onde

$T = \exp 2 \int_{-\infty}^{+\infty} \chi_\perp dx$. Le résultat final indique une absorption significative :

$$\text{Onde magnétosonique harmonique : } \quad T_{FW2} = \exp - \frac{\pi}{2} \frac{v_{T_i}^2}{V_A^2} \frac{R}{\lambda_{pi}}$$

où $\lambda_{pi} = c/\omega_{pi}$ définit la longueur de London ionique ou épaisseur de peau inertielle ionique. Ce mécanisme de dépot de puissance au sein du plasma présente une grande sensibilité ($n^{1.5}TB^{-2}$) aux variations des paramètres du plasma et de ce fait ne permet pas d'envisager des scenarii de chauffages robustes.

L'utilisation des propriétés basses fréquences spécifiques des plasmas composés de deux espèces ioniques constitue la deuxième approche pour contourner la difficulté associée à l'écrantage du mode gauche au voisinage de la résonance cyclotron fondamentale.

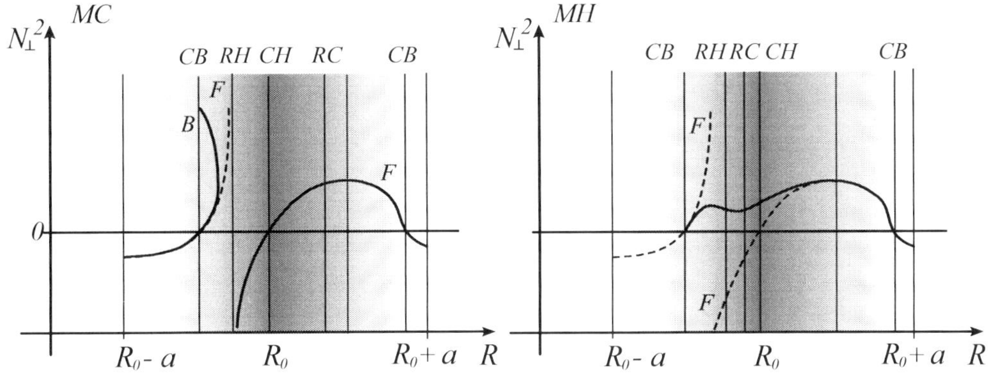

Fig. 12.14 : *Indices pour les schémas de chauffage ion-ion.*

Les composantes du tenseur diélectrique froid pour un mélange des deux types d'ion 1 et 2 sont données par :

$$\varepsilon_\perp \approx -\frac{\omega_{p1}^2}{\omega^2 - \omega_{c1}^2} - \frac{\omega_{p2}^2}{\omega^2 - \omega_{c2}^2}, \; \varepsilon_\times \approx \frac{\omega_{pe}^2}{\omega\omega_{ce}} + \frac{\omega_{c1}\omega_{p1}^2}{\omega\left(\omega^2 - \omega_{c1}^2\right)} + \frac{\omega_{c2}\omega_{p2}^2}{\omega\left(\omega^2 - \omega_{c2}^2\right)}$$

Si nous extrapolons, sans justification, au cas d'un plasma thermonucléaire possédant deux espèces ioniques, la formule (12.21) exprimant la polarisation, nous obtenons un facteur encourageant quant à la proportion de composante gauche :

$$\left|\frac{E_x + jE_y}{E_x - jE_y}\right| \approx \left|\frac{\omega - \omega_{ci}}{\omega + \omega_{ci}}\right| \rightarrow \left|\frac{\omega_{cD} - \omega_{cT}}{\omega_{cD} + \omega_{cT}}\right| = \frac{1}{5} \qquad (12.25)$$

Bien entendu les choses sont plus complexes que cela, et dans un plasma possédant deux espèces ioniques deux cas doivent être distingués :

- le cas où l'une des espèces est minoritaire et l'autre majoritaire, l'ordre de grandeur du rapport des densités est typiquement : $n_1/n_2 < 10\%$,
- le cas où la pondération des densités est plus équilibrée : $n_1/n_2 > 10\%$.

Dans ces deux cas l'onde rapide présente deux coupures : *(i)* basse densité (CB) au voisinage de l'antenne et *(ii)* haute densité (CH) au voisinage des résonances hybride et cyclotrons.

$$\textit{Coupure basse densité CB} \quad : \quad N_{\parallel}^2 = \varepsilon_{\perp} + \varepsilon_{\times} = \frac{c^2}{V_A^2} \frac{\omega_{ci}}{\omega + \omega_{ci}} \tag{12.26}$$

$$\textit{Coupure haute densité CH} \quad : \quad N_{\parallel}^2 = \varepsilon_{\perp} - \varepsilon_{\times} = -\frac{c^2}{V_A^2} \frac{\omega_{ci}}{\omega - \omega_{ci}} \tag{12.27}$$

Dans le premier cas, figure (12.14), la résonance hybride ion-ion (RH), ou *résonance de Buchsbaum*, (4.36) :

$$\textit{Résonance hybride RH} \quad : \quad \omega_{ih} = \sqrt{\omega_{c1}\omega_{c2}} \sqrt{\frac{n_1\omega_{c2} + n_2\omega_{c1}}{n_1\omega_{c1} + n_2\omega_{c2}}}$$

$$\textit{Résonance cyclotronique RC} \quad : \quad \omega = \omega_{c1}$$

est proche de la résonance cyclotronique (RC) de l'espèce minoritaire ($\omega_{c1} < \omega_{c2}$) et la polarisation de l'onde est fixée par l'espèce majoritaire, ainsi non seulement la composante de polarisation gauche du champ électrique n'est pas nulle au niveau de la résonance minoritaire ω_{c1} mais aussi, la proximité de la résonance hybride ω_{ih} permet le stockage d'une puissance réactive significative. On dénomme ce régime, le plus efficace des différents procédés de chauffage ionique, *minority heating MH.*

Dans le deuxième cas, figure (12.14), la résonance hybride ω_{ih} et la résonance minoritaire ω_{c1} sont éloignés, l'absorption minoritaire est faible et la présence de la coupure haute densité perturbe l'accessibilité vers la résonance hybride, mais la possibilité d'une conversion de mode conduisant à l'excitation d'un mode de Bernstein est néanmoins présente et peut être mise à profit par une attaque depuis le côté haut champ.

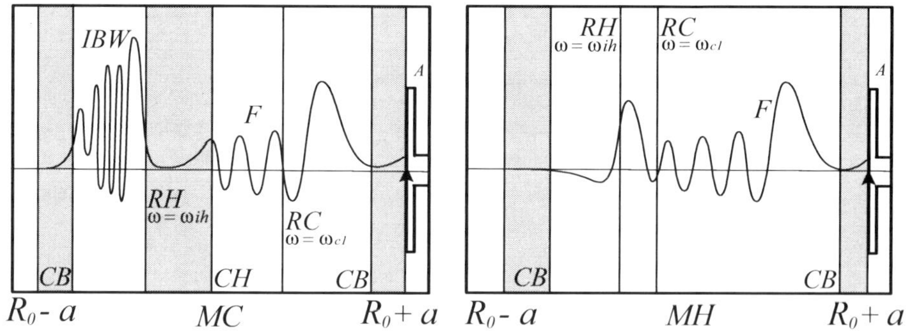

Fig. 12.15 : *Champ électrique en régimes MC et MH.*

En général les antennes sont adossées à la paroi sur le côté bas champ et le rebond de l'onde magnétosonique entre les deux coupures haute et basse densités, conjugué à l'effet tunnel associé à l'évanescence, permet d'obtenir une conversion significative comme l'ont démontrées des expériences dans ce régime dénommé *mode conversion MC.*

Ces deux régimes doivent être considérés comme des modèles asymptotiques, conversion de mode, coupure haute densité, résonances hybride et cyclotrons étant présentes quelques soient les conditions du plasma et de l'onde et la pondération relative de l'impact des différents processus sur le bilan de puissance doit être évaluée au cas par cas en fonction des conditions de champ, densités et températures.

Dans le cas du régime asymptotique de la conversion de mode nous sommes en présence d'un couple résonance/coupure caractéristique du problème générique de Budden identifié au paragraphe précédent. La conversion vers un mode de Bernstein ionique (IBW) est en générale suivie par une absorption efficace sur les électrons, la figure (12.15) présente l'allure typique de l'amplitude du champ électrique en fonction du grand rayon pour les régimes asymptotiques MC et MH, A désigne l'antenne. Dans le régime de chauffage minoritaire l'absorption génère des ions suprathermiques dont le ralentissement initial s'effectue sur les électrons ; ainsi quel que soit le régime, le chauffage ICRH constitue aussi un chauffage électronique.

La longueur d'onde dans cette bande de fréquence étant suffisamment grande pour résoudre numériquement les équations de Maxwell au sein de la cavité anisotrope et dissipative que constitue le tokamak, les modèles numériques ont confirmé la classification des régimes asymptotiques identifiés précédemment et l'allure de l'amplitude du champ électrique présentée sur la figure (12.15) ; on notera le stockage de puissance réactive au niveau de la résonance hybride en régime MH et la conversion de mode en régime MC. La brève présentation que nous venons d'exposer des mécanismes de couplage ICRH, de leur avantages et de leur inconvénients, n'épuise en rien la richesse de la physique de l'interaction entre l'onde magnétosonique rapide et un plasma thermonucléaire ; parmi les trois bandes de fréquences, ICRH, LHCD et ECRH, la bande ICRH est probablement celle offrant la plus grande diversité de régimes et de scenarii de chauffage.

12.2.2 Résonances électroniques

Considérons, à présent, les possibilités d'utiliser des ondes dans la bande ECRH pour le chauffage des plasmas de tokamak. L'ordering des fréquences et indices s'établit comme suit : $\omega_{ci} \ll \omega_{pi} \ll \omega \sim \omega_{ce} \sim \omega_{pe}$, $N_\perp \sim 1$, $N_\| \sim 0$, l'ordre de grandeur de l'indice considéré ici est pris dans la zone de propagation adiabatique loin des coupures et résonances. Ainsi, les éléments du tenseur diélectrique peuvent être simplifiés en conséquence.

$$\varepsilon_\| \approx 1 - \frac{\omega_{pe}^2}{\omega^2}, \qquad \varepsilon_\perp \approx 1 - \frac{\omega_{pe}^2}{\omega^2 - \omega_{ce}^2}, \qquad \varepsilon_\times \approx -\frac{\omega_{ce}}{\omega}\frac{\omega_{pe}^2}{\omega^2 - \omega_{ce}^2}$$

La relation de dispersion révèle l'existence de deux modes en régime de propagation perpendiculaire ($N_\| = 0$), le mode ordinaire O et le mode extraordinaire X.

$$O : \ N_\perp^2 = 1 - \frac{\omega_{pe}^2}{\omega^2} \ , \ X \ : \ N_\perp^2 = \frac{\left(\omega^2 - \omega_R^2\right)\left(\omega^2 - \omega_L^2\right)}{\omega^2\left(\omega^2 - \omega_{uh}^2\right)} \tag{12.28}$$

La figure (12.16) présente les résonances et coupures pour la bande ECRH dans les tokamaks, le mode ordinaire présente une coupure unique, $\omega = \omega_{pe}$, et peut donc se propager jusqu'à la zone centrale du plasma ; le mode extraordinaire présente deux coupures, droite $\omega = \omega_R$ et gauche $\omega = \omega_L$, et une résonance, la résonance hybride haute $\omega = \omega_{lh}$: $\omega_L < \omega_{pe} \leq \omega_{ce} < \omega_{uh} < \omega_R$.

La coupure droite empêche la propagation du mode X vers la couche cyclotronique $\omega = \omega_{ce}$ à partir du côté extérieur bas champ $(R_0 - a \rightarrow R_0)$; par contre cette couche $\omega = \omega_{ce}$ est accessible à partir du côté haut champ $(R_0 \leftarrow R_0 + a)$. Une telle excitation implique le positionnement de la structure de couplage au voisinage de l'axe toroïdal, mais dans le contexte d'un réacteur une telle implantation n'est pas envisageable.

Nous étudierons donc : (i) l'absorption du mode O au voisinage de la résonance cyclotronique fondamentale, $\omega = \omega_{ce}\,(R = R_0)$, et (ii) l'absorption du mode X à l'harmonique 2, $\omega = 2\omega_{ce}\,(R = R_0)$, absorption qui ne présente pas de problème d'accessibilité à partir du côté bas champ $(R_0 \leftarrow R_0 + a)$.

La bande ECRH offre de nombreux avantages en terme de propagation et de localisation du dépôt d'énergie compte tenu de sa faible longueur d'onde et de la faible réfraction du plasma loin des coupures et résonances. Bien que des générateurs offrant des puissances nominales de l'ordre du MW soient disponibles jusqu'à des fréquences de l'ordre de 140 GHz, il n'existe pas, actuellement, de source de puissance opérationnelle et fiable au voisinage de 280 – 300 GHz.

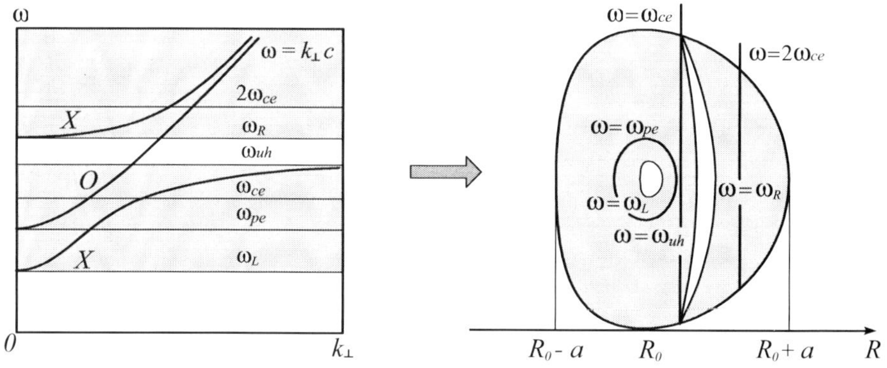

Fig. 12.16 : *Résonances et coupures dans la bande de fréquences ECRH.*

Le régime de chauffage utilisant l'interaction résonnante $\omega = \omega_{ce}$ avec le mode O est donc envisageable sur un tokamak tel que ITER, mais le régime harmonique $\omega = 2\omega_{ce}$ en mode X nécessite le développement de sources millimétriques de puissance, or c'est précisément ce deuxième régime qui s'avère le plus efficace comme nous allons le démontrer. Avant d'entreprendre le calcul de l'absorption du mode O fondamental et du mode X harmonique en propagation perpendiculaire, nous allons étudier : (i) les effets associés à une propagation non strictement perpendiculaire au champ, puis analyser (ii) les modifications apportées par des effets relativistes et enfin (iii) calculer la relation de dispersion en prenant en compte les effets de rayons de Larmor finis.

La prise en compte d'un angle non nul entre le vecteur d'onde et la direction perpendiculaire aux lignes de champ magnétique est nécessaire car le plasma d'une configuration tokamak présente une topologie magnétique où les lignes de champ sont des hélices s'appuyant sur des tores emboîtés et une propagation strictement perpendiculaire constitue une approximation. La relation de dispersion haute fréquence incluant les deux composantes de l'indice $N_\perp$ et $N_\parallel$:

$$\begin{vmatrix} \varepsilon_\perp & -j\varepsilon_\times & 0 \\ j\varepsilon_\times & \varepsilon_\perp - N_\perp^2 & 0 \\ 0 & 0 & \varepsilon_\parallel - N_\perp^2 \end{vmatrix} \rightarrow \begin{vmatrix} \varepsilon_\perp - N_\parallel^2 & -j\varepsilon_\times & N_\perp N_\parallel \\ j\varepsilon_\times & \varepsilon_\perp - N_\parallel^2 - N_\perp^2 & 0 \\ N_\perp N_\parallel & 0 & \varepsilon_\parallel - N_\perp^2 \end{vmatrix}$$

ne modifie pas la coupure du mode O et la résonance du mode X ; par contre les deux coupures droite et gauche du mode X sont affectées par l'angle de propagation et la fréquence plasma apparaît divisé par un facteur $\sqrt{1-N_{\|}^2}$.

$$\omega_{RL} = \sqrt{\omega_{pe}^2 + \frac{\omega_{ce}^2}{4}} \pm \frac{\omega_{ce}}{2} \rightarrow \omega_{RL} = \sqrt{\frac{\omega_{pe}^2}{1-N_{\|}^2} + \frac{\omega_{ce}^2}{4}} \pm \frac{\omega_{ce}}{2}$$

L'indice parallèle modifie donc la réfraction mais aussi l'absorption car la résonance cyclotron strictement perpendiculaire $\omega = n\omega_c$ doit être complétée par le facteur de déplacement Doppler $k_{\|}v_{\|}$; qui plus est, la prise en compte de cet effet supplémentaire est modifié par les effets relativistes associés à la forme covariante de la résonance : $\left[\gamma v_{\|}, \gamma\right] \cdot \left[k_{\|}, \omega\right] = k_{\|}p_{\|} - \omega = n\omega_c/\gamma$ où γ est le facteur relativiste $\left[1-\left(v_{\|}^2+v_c^2\right)/c^2\right]^{-\frac{1}{2}} = \sqrt{1+\left(p_{\|}^2+p_c^2\right)/c^2}$.

$$\omega = n\omega_c \rightarrow \omega = \underbrace{k_{\|}v_{\|}}_{\text{effet Doppler}} + n\omega_c \underbrace{\sqrt{1-\frac{v_{\|}^2+v_c^2}{c^2}}}_{\text{effet relativiste}} \tag{12.29}$$

Au sein d'un plasma thermonucléaire les vitesses électroniques thermiques sont de l'ordre d'une dizaine de KeV et l'énergie cinétique peut atteindre une centaine de KeV pour les électrons rapides.

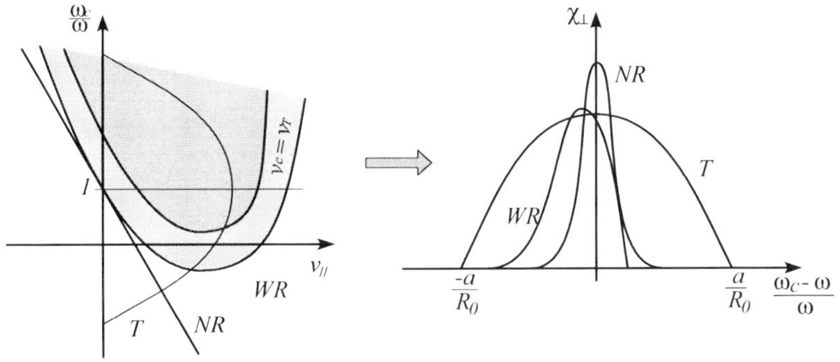

Fig. 12.17 : *Asymétrie des profils d'absorption due aux effets relativistes.*

Les effets relativistes doivent être considérés comme des corrections relativistes et un développement de Taylor du facteur γ est amplement suffisant. Par exemple, pour la résonance fondamentale :

$$\omega_c = \omega \left(1 - \underbrace{N_{\|}\frac{v_{\|}}{c}}_{\text{effet Doppler}} + \underbrace{\frac{\omega_c}{\omega}\frac{v_{\|}^2}{2c^2} + \frac{\omega_c}{\omega}\frac{v_c^2}{2c^2}}_{\text{effet relativiste}} + \ldots\right) \tag{12.30}$$

Il pourrait sembler en première analyse qu'une faible correction modifie peu la nature des résonances et de l'absorption, il n'en est rien ; en effet, sur la figure (12.17) nous avons tracé les courbes de résonance non relativiste (NR) et faiblement relativiste (WR) dans le plan $\left(v_{\|}, \omega_c/\omega\right)$. Dans le cas classique le lieu des points résonnants (NR) est une droite, ainsi si le profil de température T est symétrique, le profil d'absorption est aussi symétrique ; par contre, dans le cas faiblement relativiste, les courbes de résonance (WR) sont de nature parabolique et le couplage résonnant disparaît au-delà d'une certaine valeur de ω_c/ω pour une vitesse cyclotronique v_c donnée (figure (12.17)), ainsi l'absorption devient strictement nulle au-delà d'une certaine distance $((\omega_c - \omega)/\omega \sim r/R_0)$ et le profil de dépôt d'énergie n'est plus symétrique.

Ces effets (i) d'indice parallèle fini et (ii) de correction relativiste étants élucidés, nous allons calculer l'absorption dans le cas d'une propagation strictement perpendiculaire au champ magnétique et considérer en premier lieu le mode O.

L'expression générale de la relation de dispersion pour un plasma chaud à l'équilibre thermodynamique s'établit sur la base de la nullité du déterminant :

$$\left| \mathbf{N} \times \mathbf{N} \times + \left(1 - \frac{\omega_{pe}^2}{\omega^2}\right) \mathbf{I} - \frac{\omega_{pe}^2}{\omega^2} \sum_n \int d\mathbf{v} \frac{\mathbf{V}_n^* \mathbf{V}_n}{n\omega_{ce} - \omega} 2n\omega_{ce} \frac{\exp - \left(\frac{v^2}{v_{T_e}^2}\right)}{v_{T_e}^2 \left(\pi v_{T_e}^2\right)^{\frac{3}{2}}} \right|$$

où nous reconnaissons les expressions du tenseur diélectrique chaud et du vecteur de couplage dipolaire : $\mathbf{V}_n = n\omega_{ce} c\, J_n\left(N_\perp \omega v_c / c\omega_{ce}\right) (\mathbf{b} \times \mathbf{N}) \times \mathbf{b}/\omega N_\perp^2 + j v_c\, J_n'\left(N_\perp \omega v_c / c\omega_{ce}\right) \mathbf{b} \times \mathbf{N}/N_\perp + v_\| J_n\left(N_\perp \omega v_c / c\omega_{ce}\right) \mathbf{b}$. La relation de dispersion du mode ordinaire se propageant dans un plasma chaud est donc une équation transcendante :

$$N_\perp^2 = 1 + \frac{\omega_{pe}^2}{\omega^2} \sum_{n=-\infty}^{n=+\infty} \frac{\omega}{n\omega_{ce} - \omega} \Lambda_n \left(N_\perp^2 \frac{\omega^2}{2\omega_{ce}^2} \frac{v_{T_e}^2}{c^2}\right) \tag{12.31}$$

où nous avons introduit les fonctions Λ_n définies lors de l'étude des modes de Bernstein.

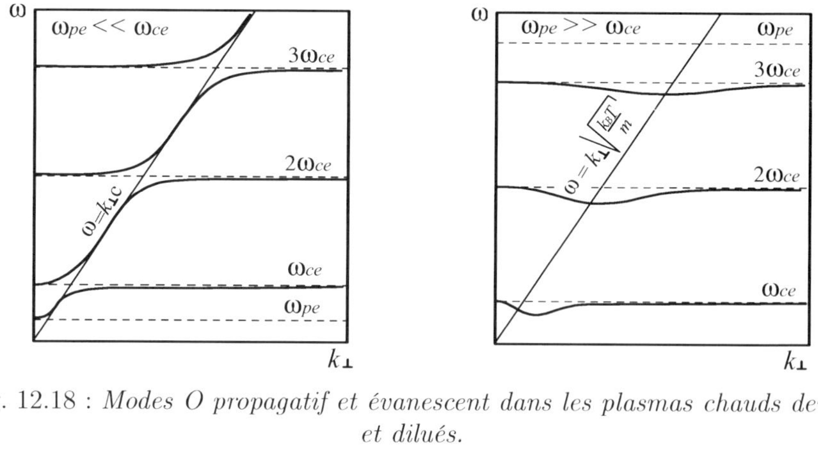

Fig. 12.18 : *Modes O propagatif et évanescent dans les plasmas chauds denses et dilués.*

Sur la figure (12.18) nous avons tracé les différentes branches de cette relation de dispersion (12.31) dans les deux cas asymptotiques $\omega_{ce} \gg \omega_{pe}$ et $\omega_{ce} \ll \omega_{pe}$. Dans le premier cas le mode O froid est fortement couplé aux modes de Bernstein aux voisinages des harmoniques de la fréquence cyclotron, dans le deuxième cas le mode O est évanescent. Les plasmas de tokamak relèvent du régime intermédiaire $\omega_{ce} \sim \omega_{pe}$ où sont aussi présents les couplages aux modes de Bernstein qui en géométrie inhomogène se traduisent par l'apparition de processus de conversions de modes.

En régime intermédiaire $\omega_{ce} \sim \omega_{pe}$, au voisinage de la résonance fondamentale $\omega = \omega_{ce}$, il est légitime de ne conserver que les premiers termes de la série (12.31) constituant la relation de dispersion et d'effectuer ensuite un développement dit en petits rayons de Larmor : $\Lambda_0\left(k_\perp^2 v_{T_e}^2/2\omega_{ce}^2\right) \approx 1$ et $\Lambda_1\left(k_\perp^2 v_{T_e}^2/2\omega_{ce}^2\right) \approx k_\perp^2 v_{Te}^2/4\omega_{ce}^2$. Nous obtenons la première correction thermique pour la relation de dispersion du mode O.

$$N_\perp^2 = 1 - \frac{\omega_{pe}^2}{\omega^2}\Lambda_0 + \frac{2\omega_{pe}^2}{\omega_{ce}^2 - \omega^2}\Lambda_1 + ... \rightarrow N_\perp^2 = 1 - \frac{\omega_{pe}^2}{\omega^2} - N_\perp^2 \frac{\omega_{pe}^2}{\omega_{ce}^2}\frac{\omega}{\omega - \omega_{ce}}\frac{v_{Te}^2}{4c^2}$$

Utilisons ce résultat pour évaluer la transmission d'une onde ordinaire à travers la résonance cyclotronique fondamentale sous l'hypothèse d'une variation linéaire du champ magnétique suivant la position, $\omega_{ce}(x) = \omega(1 - x/R)$. Le dénominateur résonnant doit être compris comme : $1/(x \pm j\eta) \rightarrow \mathcal{P}(1/x) \mp j\pi\delta(x)$ pour satisfaire la contrainte de causalité, la partie imaginaire du vecteur d'onde $k_\perp - j\chi_\perp$ peut être évaluée à partir du développement : $\chi_\perp = \sigma \operatorname{Im} D(k_\perp, x)/|\partial \operatorname{Re} D(k_\perp, x)/\partial k_\perp|$.

$$\chi_\perp = \frac{\omega_{pe}^2}{2k_\perp c^2}\operatorname{Im}\frac{k_\perp^2 v_{Te}^2/4\omega^2}{\frac{x}{R} + j\eta} = -k_\perp \frac{\omega_{pe}^2}{\omega_{ce}^2}\frac{v_{Te}^2}{4c^2}\frac{\pi}{2}\delta\left(\frac{x}{R}\right) \qquad (12.32)$$

La transmission T_{O1} de la puissance de l'onde ordinaire à travers la couche cyclotronique électronique fondamentale $\omega = \omega_{ce}$ est donnée par le facteur $T = \exp 2\int_{-\infty}^{+\infty} \chi_\perp dx$.

$$\textit{Mode O fondamental :} \quad T_{O1} = \exp -\frac{\pi}{4}\frac{v_{Te}^2}{c^2}\frac{\omega_{ce}R}{c}F\left(\frac{\omega_{pe}^2}{\omega_{ce}^2}\right)$$

La forme fonctionnelle du facteur F présente un maximum F^* pour une valeur de son argument compatible avec l'ordering typique de la densité et du champ dans un tokamak : $F' = 0 \rightarrow \omega_{pe}^2/\omega_{ce}^2\big|_{O1}^* = 0.66$ et la valeur maximum du facteur F est 0.38.

$$F\left(\frac{\omega_{pe}^2}{\omega_{ce}^2}\right) = \frac{\omega_{pe}^2}{\omega_{ce}^2}\sqrt{1 - \frac{\omega_{pe}^2}{\omega_{ce}^2}} \underset{F'=0}{\rightarrow} F^* = 0.38$$

Le facteur v_{Te}^2/c^2 est de l'ordre de 10 keV/511 keV et le facteur $\omega_{ce}R/c$ de l'ordre de $2\pi \times 10^{11}/10^8$; le facteur de transmission est donc petit et l'onde efficacement absorbée en un passage dans un plasma thermonucléaire chaud.

Le même type de modèle peut être construit pour étudier l'absorption de l'onde extraordinaire X à la deuxième harmonique $\omega = 2\omega_{ce}$, la relation de dispersion doit être développée au voisinage de la pulsation $\omega = 2\omega_{ce}$ et le développement des fonctions $\Lambda_0\left(k_\perp^2 v_{T_e}^2/2\omega_{ce}^2\right)$, $\Lambda_1\left(k_\perp^2 v_{T_e}^2/2\omega_{ce}^2\right)$ et $\Lambda_2\left(k_\perp^2 v_{T_e}^2/2\omega_{ce}^2\right)$pour les petits rayons de Larmor, $k_\perp^2 v_{T_e}^2/2\omega_{ce}^2 \ll 1$, conduit, tous calculs fait, à une expression de la transmission T_{X2} similaire :

$$\textit{Mode X harmonique :} \quad T_{X2} = \exp -\frac{\pi}{4}\frac{v_{Te}^2}{c^2}\frac{\omega_{ce}R}{c}G\left(\frac{\omega_{pe}^2}{\omega_{ce}^2}\right)$$

La fonction G présente, comme la fonction F, un optimum pour un argument : $G' = 0 \rightarrow \omega_{pe}^2/\omega_{ce}^2\big|_{X2}^* = 1.75$ et sa valeur maximum $G^* = 4.64$ est plus de dix fois supérieure à $F^* = 0.38$, aussi ce mode de dépôt de puissance présente un avantage significatif par rapport à l'utilisation du mode O fondamental : $T_{X2}/T_{O1} > 10$.

$$G\left(\frac{\omega_{pe}^2}{\omega_{ce}^2}\right) = \frac{\omega_{pe}^2}{4\omega_{ce}^2}\sqrt{2 - \frac{\omega_{pe}^2}{\omega_{ce}^2}}\left(\frac{6 - \frac{\omega_{pe}^2}{\omega_{ce}^2}}{3 - \frac{\omega_{pe}^2}{\omega_{ce}^2}}\right)^{\frac{5}{2}} \underset{G'=0}{\rightarrow} G^* = 4.64$$

Mais l'utilisation de ce mode de chauffage et de contrôle de la population électronique dans ITER passe par le développement de sources de puissance micro-onde dans la bande de fréquence autour de 250 GHz pour une puissance nominale de l'ordre du MW par source, les performances actuelles des gyrotrons se rapprochent des contraintes de ce cahier des charges sans le satisfaire totalement.

12.2.3 Résonance hybride

Considérons à présent la possibilité d'utiliser des ondes dans la bande de fréquences LH pour la génération de courant. L'ordering des fréquences et indices s'établit comme suit : $\omega_{ci} \ll \omega_{pi} \sim \omega_{lh} \sim \omega \ll \omega_{ce} \sim \omega_{pe}$, $N_\perp \approx \sqrt{m_i/m_e}$, $N_\parallel \approx 2$, l'ordre de grandeur de l'indice considéré ici est pris dans la zone de propagation adiabatique loin des coupures et résonances.

L'utilisation d'ondes électromagnétiques dans la bande de fréquences associée à la résonance hybride basse pour chauffer et contrôler les plasmas thermonucléaires confinés dans les pièges de type tokamak a été envisagée initialement afin de déposer de l'énergie sur la population ionique. Puis, la possibilité d'entretenir une queue de fonction de distribution des vitesses électroniques anisotrope, dans le cadre d'un mécanisme de génération de courant, a été testée avec succès et c'est imposé comme le procédé de génération de courant non inductif le plus efficace à ce jour.

Les études sur le couplage avec la population ionique ont ensuite permit d'identifier une absorption sur les particules alpha, qui dans un premier temps est apparu constituer un obstacle ; puis la découverte du mécanisme d'*extraction d'énergie libre des particules alpha* a offert une alternative permettant d'envisager avec confiance l'injection d'ondes hybrides dans les réacteurs tokamak.

La pulsation hybride basse (4.33) est la pulsation de l'un des deux modes propres électrostatiques froids perpendiculairement aux lignes de champs, l'expression de cette pulsation se simplifie compte tenue de l'ordering de fréquences typiques des tokamaks et l'ordre de grandeur de la fréquence hybride basse dans un tokamak est donné par la fréquence plasma ionique, c'est-à-dire quelques gigahertz.

$$\textit{Fréquence hybride basse} \ : \ \omega_{lh}^2 \equiv \frac{\omega_{ce}\omega_{ci}\left(\omega_{ci}^2 + \omega_{pi}^2\right)}{\omega_{ci}^2 + \omega_{pi}^2 + \omega_{ce}\omega_{ci}} \underset{\omega_{ci} \ll \omega_{pi}}{\rightarrow} \frac{\omega_{pi}^2}{1 + \frac{\omega_{pe}^2}{\omega_{ce}^2}}$$

Les différents éléments du tenseur diélectrique peuvent être simplifiés au regard des ordres de grandeurs et ordering précédents pour obtenir :

$$\varepsilon_\parallel \approx 1 - \frac{\omega_{pe}^2}{\omega^2} \sim \frac{m_i}{m_e},\ \varepsilon_\perp \approx 1 + \frac{\omega_{pe}^2}{\omega_{ce}^2} - \frac{\omega_{pi}^2}{\omega^2} \sim 1,\ \varepsilon_\times \approx \frac{\omega_{pe}^2}{\omega\omega_{ce}} \sim \sqrt{\frac{m_i}{m_e}}$$

L'onde hybride basse étant injectée pour développer une résonance Landau le long des lignes de champ avec la population électronique, la prise en compte d'une propagation le long des lignes de champ, avec une vitesse de phase de l'ordre d'une fraction de la vitesse de la lumière, est nécessaire et nous devons réévaluer les résultats précédents qui sont restreint à une résonance strictement perpendiculaire. La relation de dispersion pour les modes électrostatiques présentant un indice de propagation parallèle $N_{\parallel}$ non nul est donnée par $\mathbf{N}\cdot\boldsymbol{\varepsilon}\cdot\mathbf{N} = \mathbf{0}$.

$$\begin{pmatrix} N_\perp \\ 0 \\ N_\parallel \end{pmatrix} \cdot \begin{pmatrix} \varepsilon_\perp - & -j\varepsilon_\times & 0 \\ j\varepsilon_\times & \varepsilon_\perp & 0 \\ 0 & 0 & \varepsilon_\parallel \end{pmatrix} \cdot \begin{pmatrix} N_\perp \\ 0 \\ N_\parallel \end{pmatrix} = 0 \qquad (12.33)$$

Cette relation défini l'onde hybride basse qui constitue la branche lente de la relation de dispersion fluide classique qui présente deux racines, une lente et une rapide au regard de la vitesse de phase, ici, comme pour le cas de l'onde cyclotronique ionique, une approximation supplémentaire conduit à l'élimination de la deuxième racine, la branche rapide pour l'onde hybride et la branche lente pour l'onde cyclotronique.

$$\textit{Onde hybride basse}: \quad \frac{N_\perp^2}{N_\parallel^2} = -\frac{\varepsilon_\parallel}{\varepsilon_\perp} = \frac{m_i}{m_e}\frac{\omega_{lh}^2}{\omega^2 - \omega_{lh}^2}$$

On notera la présence d'une résonance $\omega = \omega_{lh}$. Cette relation de dispersion indique que la propagation d'un mode électrostatique n'est possible, pour des conditions de densités et de champ données, que dans un ensemble de directions fixes définissant le *cône de résonance* d'angle $\theta(\omega)$ par rapport au champ magnétique statique.

$$\textit{Cône de résonance} \;:\; \theta(\omega) \equiv \arctan\sqrt{-\frac{\varepsilon_\parallel}{\varepsilon_\perp}} = \sqrt{\frac{m_i}{m_e}\frac{\omega_{lh}^2}{\omega^2 - \omega_{lh}^2}}$$

Sous l'hypothèse d'une réponse fluide froide de nature électrostatique, nous avons identifié une branche de propagation présentant une résonance pour la fréquence hybride basse $\omega = \omega_{lh}$, cette conclusion permet d'envisager d'exciter ce mode en périphérie du plasma, initiant ainsi une propagation vers le centre de la décharge où la résonance hybride basse $\omega = \omega_{lh}$ pourrait être ainsi atteinte. Ce mécanisme doit être étudié en détail, en particulier nous devons évaluer l'impact des effets thermiques qui régularisent la résonance et conduisent à un processus de conversion de mode, et les effets électromagnétiques décrivant le couplage vers la branche rapide qui donne lieu au problème de l'accessibilité.

Considérons dans un premier temps les corrections thermiques à la relation de dispersion fluide, c'est-à-dire la prise en compte des fonctions de distribution des vitesses électronique et ionique. De façon similaire aux études des branches ICRH et ECRH nous devons considérer le tenseur diélectrique cinétique chaud restreint à l'ordre le plus bas.

$$\boldsymbol{\varepsilon} = \left(1 - \frac{\omega_p^2}{\omega^2}\right)\mathbf{I} - \frac{\omega_p^2}{\omega^2}\int d\mathbf{v}\frac{\mathbf{V}_0^*\mathbf{V}_0}{k_\parallel v_\parallel - \omega}2k_\parallel v_\parallel \frac{\exp-\left(\frac{v^2}{v_T^2}\right)}{v_T^2\left(\pi v_T^2\right)^{\frac{3}{2}}} \qquad (12.34)$$

Le vecteur de couplage dipolaire est donné par : $\mathbf{V}_0 = jv_c J_0'(k_\perp v_c/\omega_c)\,\mathbf{b}\times\mathbf{k}/k_\perp + v_\parallel J_0(k_\perp v_c/\omega_c)\,\mathbf{b}$.

Le calcul de la relation de dispersion chaude $\mathbf{k}\cdot\boldsymbol{\varepsilon}\cdot\mathbf{k}=\mathbf{0}$ est long et ne sera pas présenté ici, le résultat final, sous l'hypothèse d'un développement en petits rayons de Larmor des fonction de Bessel J_0 et J_0', conduit à la relation de dispersion :

$$\frac{\omega^2}{\omega_{lh}^2}=1+\frac{m_i}{m_e}\frac{N_\parallel^2}{N_\perp^2}\rightarrow\frac{\omega^2}{\omega_{lh}^2}=1+\frac{m_i}{m_e}\frac{N_\parallel^2}{N_\perp^2}+N_\perp^2\frac{3k_BT}{m_ic^2}\left(1+\frac{\omega^4}{4\omega_{ce}^2\omega_{ci}^2}\right)$$

Les effets thermiques, à l'ordre le plus bas, modifient le degré de la relation de dispersion qui est donc une équation bicarrée en $N_\perp^2$ et décrit ainsi deux modes, la petite racine (S) se rattache à la branche fluide froide précédente et la grande racine (C) constitue une nouvelle branche chaude électrostatique appelée *mode thermique*, les deux racines coalescent lorsque le déterminant de l'équation (12.35) s'annule ; c'est-à-dire au voisinage de la résonance hybride.

$$N_\perp^4\frac{3k_BT}{m_ic^2}\left(\omega_{lh}^2+\frac{\omega_{lh}^2\omega^4}{4\omega_{ce}^2\omega_{ci}^2}\right)+N_\perp^2\left(\omega_{lh}^2-\omega^2\right)+\frac{m_i}{m_e}N_\parallel^2\omega_{lh}^2=0 \qquad (12.35)$$

Nous retrouvons ici l'un des deux comportements décrits dans le cadre de l'étude de la régularisation d'une résonance (8.27) et représenté sur la figure (8.7) dans le cas général et sur la figure (12.19) dans le cas de la résonance hybride. La vitesse de groupe du mode thermique (C) est de sens opposé à celle du mode froid (S) ainsi l'énergie de l'onde, à l'approche de la résonance hybride dans la partie haute densité du plasma, se propage vers les basses densités, cette conclusion pessimiste n'est pas définitive.

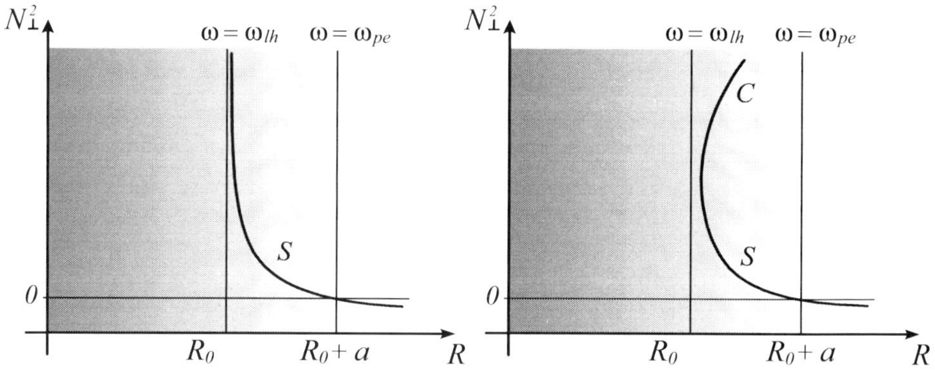

Fig. 12.19 : *Régularisation thermique de la résonance hybride.*

En effet, si nous poursuivons l'étude des corrections thermiques il est clair que la valeur élevée de l'indice perpendiculaire au voisinage de la résonance implique de prendre en considération des termes de rayons de Larmor significatifs, c'est-à-dire de considérer la possibilité d'une conversion sur des modes de Bernstein (B) ioniques dont la dispersion est donnée par la relation :

$$\varepsilon\left(k_\perp,\omega\right)=1-\frac{\omega_{pe}^2}{\omega^2}-2\frac{\omega_{ci}^2}{k_\perp^2\lambda_{Di}^2}\sum_{n=1}^{n=+\infty}\frac{n^2}{n^2\omega_{ci}^2-\omega^2}\Lambda_n\left(\frac{\omega_{pi}^2}{\omega_{ci}^2}k_\perp^2\lambda_{Di}^2\right) \qquad (12.36)$$

Les valeurs du nombre repérant l'harmonique cyclotronique sont de l'ordre de plusieurs dizaines et si nous introduisons n la partie entière de ω_{lh}/ω_{ci}, la relation de dispersion en fonction de la position radiale présente une conversion vers deux branches associées aux deux modes de Bernstein les plus proches en fréquence, ce mécanisme de conversion et bifurcation est illustré sur la figure (12.20).

Nous venons d'analyser les différentes modifications de la relation de dispersion, $m_e N_\perp^2 = m_i N_\parallel^2 \omega_{lh}^2 / \left(\omega^2 - \omega_{lh}^2\right)$, du mode électrostatique hybride dus aux effets cinétiques de température finie ; mais tout au long de cette analyse nous somme resté dans le cadre de l'approximation électrostatique.

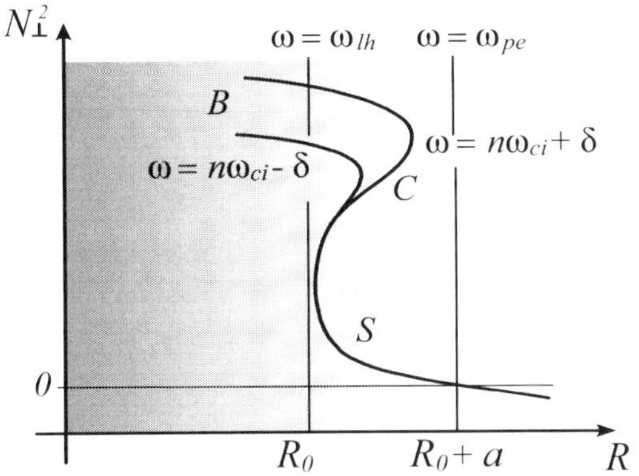

Fig. 12.20 : *Conversion de modes entre le mode lent de la branche froide et les modes de Bernstein au voisinage de la résonance hybride basse.*

Cette dernière hypothèse a pour conséquence d'abaisser le degré de la dispersion froide et de découpler le mode lent (S) et le mode rapide (F) ; il est donc nécessaire, afin de compléter l'analyse précédente, d'étudier l'impact des corrections électromagnétiques sur la dispersion du mode électrostatique.

Considérons la relation de dispersion pour un plasma modélisé par un fluide froid : $\varepsilon_\perp N_\perp^4$ - $[(\varepsilon_\perp + \varepsilon_\parallel)\left(\varepsilon_\perp - N_\parallel^2\right)$ - $\varepsilon_\times^2]$ $N_\perp^2$ + $\varepsilon_\parallel$ $[\left(\varepsilon_\perp - N_\parallel^2\right)^2$ - $\varepsilon_\times^2] = 0$. Pour un rapport de masse m_e/m_i fixé les éléments du tenseur diélectrique, $\varepsilon_\perp$, $\varepsilon_\parallel$ et $\varepsilon_\times$, dépendent de deux paramètres : la densité et le champ magnétique et ils présentent une dépendance algébrique en les quatre rapports : $[\omega/\omega_{pe}$, ω/ω_{ce}, ω/ω_{pi}, $\omega/\omega_{ci}]$; il est donc pertinent d'exprimer ces quatre rapports en fonction des trois paramètres de contrôle de la dispersion $[x, y, z]$:

$$x \equiv \frac{\omega_{pe}^2}{\omega^2} \sim 10^4 \left(1 - \frac{r^2}{a^2}\right) \gg y \equiv \frac{\omega}{\sqrt{\omega_{ce}\omega_{ci}}} \sim \frac{R}{R_0} \lesssim 1 \gg z \equiv \frac{m_e}{m_i} \sim 10^{-3}$$

Ainsi les trois coefficients de la relation de dispersion s'expriment :

$$\begin{aligned} \varepsilon_\perp &\approx 1 - zx\left(1 - y^2\right) \\ \varepsilon_\parallel \left[\left(\varepsilon_\perp - N_\parallel^2\right)^2 - \varepsilon_\times^2\right] &\approx x^3 y^2 z \\ \left(\varepsilon_\perp + \varepsilon_\parallel\right)\left(\varepsilon_\perp - N_\parallel^2\right) - \varepsilon_\times^2 &\approx -x\left[1 - N_\parallel^2 - zx\left(1 - 2y^2\right)\right] \end{aligned}$$

$N_\parallel$ est de l'ordre de deux et les trois coefficients précédents sont donc positifs. Le paramètre z est fixé et ne dépend pas de la position, le paramètre y varie comme le grand rayon R et sera supposé constant en première approximation, enfin le paramètre x varie quadratiquement avec le petit rayon et présente la plus grande plage de variations, c'est donc ce dernier paramètre qui contrôle la nature du couplage entre le mode lent (S) et le mode rapide (F). Pour x petit les racines de l'équation de dispersion froide sont doubles et réelles, l'accessibilité de la résonance hybride depuis le côté bas champ, suivant la branche lente, nécessite que les deux racines restent réelles jusqu'à la résonance lorsque x varie.

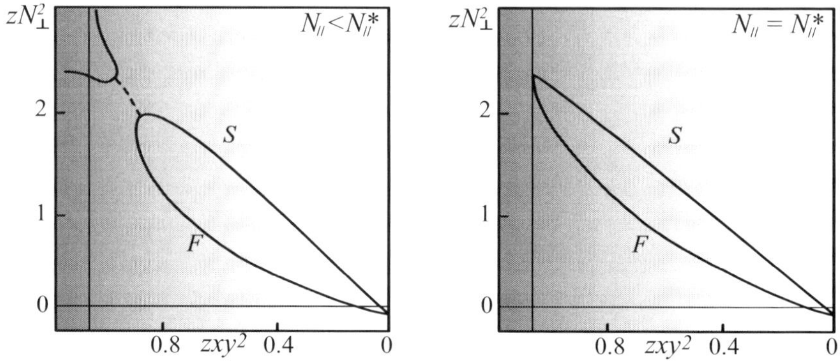

Fig. 12.21 : *Non accessibilité de la résonance hybride par couplage S/F.*

Si les racines deviennent complexes, alors il existe une valeur du paramètre x telle que le discriminant de l'équation bicarrée s'annule :

$$z^2x^2 - 2zx\left[N_\parallel^2\left(2y^2-1\right)+1\right]+\left(1-N_\parallel^2\right)^2 \approx 0$$

Cette équation d'inconnue x admet des solutions réelles si et seulement si son discriminant est positif : $[N_\parallel^2\left(2y^2-1\right)+1]^2$ - $\left(1-N_\parallel^2\right)^2 \leq 0$.

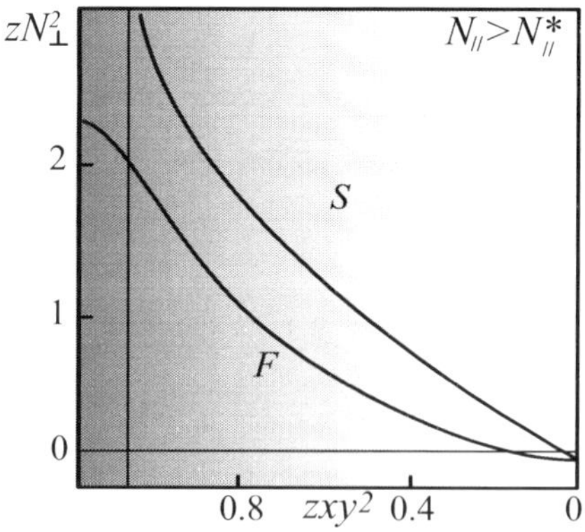

Fig. 12.22 : *Propagation sous indice critique.*

La factorisation de cette différence de deux carrés conduit directement à la condition :

$$\textit{Indice critique :}\quad N_\parallel^2 \geq N_\parallel^{*2} \equiv \left(1-\frac{\omega^2}{\omega_{ce}\omega_{ci}}\right)^{-1}$$

dite condition d'accessibilité de *Stix-Golant* ; $N_\parallel^*$ est un indice critique en dessous duquel il existe entre la zone basses densités et la résonance hybride un point où les modes lent et rapide coalescent, conformement à la figure (12.21), empêchant ainsi la propagation de la branche lente vers la résonance hybride. Les diagrammes (12.21) et (12.22) illustrent la transition entre l'inaccessibilité et l'accessibilité lorsque l'indice parallèle augmente, toutes choses égales par ailleurs.

La nature de la propagation de l'onde hybride ayant été analysée il est nécessaire d'explorer les mécanismes d'absorption. Le premier mécanisme est l'absorption Landau sur les électrons rapides. Le spectre d'indice $N_{\|}$ étant fixé autour de 2 les électrons possédant une énergie de l'ordre de quelques dizaines à une centaine de keV le long des lignes de champ présenteront une résonance Landau. Si l'onde est décrite par son potentiel $\phi \cos\left(k_{\perp} x + k_{\|} z - \omega t\right)$nous avons déjà évalué la puissance volumique absorbée, $w_{LH \rightarrow e}$ (8.48) pour un transfert à travers une résonance Landau.

$$\textit{Absorption électronique :} \quad w_{LH \rightarrow e} \left[\frac{\mathrm{W}}{\mathrm{m}^3}\right] = -\frac{\pi}{2} \frac{e^2 \omega}{m_e} \phi^2 n_e \left.\frac{\partial f_e}{\partial v_{\|}}\right|_{v_{\|} = \frac{\omega}{k_{\|}}}$$

De nombreuses expériences ont démontrés la validité de cette analyse et l'efficacité de l'absorption suprathermique unidirectionnelle sur les électrons dans les expériences de générations non-inductives de courant.

Comme nous l'avons expliqué au début de ce paragraphe, l'onde hybride a été initialement envisagée dans un contexte de chauffage ionique, sans succès expérimentaux significatifs, puis des études plus détaillées ont démontré un fort couplage aux ions suprathermiques tels que les particules alpha à quelques MeV. Ce couplage ne résulte pas d'une résonance cyclotron du mouvement perpendiculairement aux lignes de champ, ni d'une résonance Landau du mouvement le long des lignes de champ ; il peut être considéré comme une forme asymptotique du couplage cyclotron pour des rayons de Larmor très grands devant la longueur d'onde et peut être analysé comme un effet Landau transitoire, récurent et perpendiculaire.

Le diagramme (12.23) illustre ce nouvel effet, considérons un potentiel électrostatique de la forme $\phi \cos\left(\omega t - k_{\perp} x\right)$ c'est-à-dire un champ électrique présentant une double périodicité spatiale et temporelle ; soit un ion énergétique dont le rayon de Larmor est plus grand que la longueur d'onde perpendiculaire du potentiel, $k_{\perp} \rho_L > 1$, et la fréquence cyclotron beaucoup plus petite que la fréquence du potentiel, $\omega_{ci} \ll \omega$. Le diagramme (12.23) illustre une telle configuration d'interaction champ/particule. Compte tenu des hypothèses, $\omega_{ci} \ll \omega$ et $k_{\perp} \rho_L > 1$, l'oscillation cyclotronique de vitesse d'un ion présente pour une série d'instants t_n une vitesse instantanée égale à la vitesse de phase perpendiculaire de l'onde $\omega / k_{\perp}$; ces instants sont solutions de l'équation $\omega / k_{\perp} = v_c \cos \omega_{ci} t_n$ où $\omega / k_{\perp} v_c < 1$ garantit l'existence des solutions t_n. Ainsi pour les temps t_n les conditions d'une résonance Landau entre l'onde et la particule sont réunies et, de façon transitoire, apparaît un transfert résonnant d'impulsion-énergie entre l'onde et la particule ; le signe de ce transfert dépendant de la direction relative du champ et de la vitesse à l'instant t_n, le bilan sur une échelle de temps longue peut être modélisé comme une marche aléatoire dans l'espace des vitesses cyclotroniques.

Reprenons la formule du coefficient de diffusion associé aux résonances Landau (8.48) et adaptons le aux conditions précédentes des résonances Landau transitoires des particules alpha que nous venons d'identifier.

$$\frac{\langle \delta v^2 \rangle}{\delta t} = \pi \frac{e^2}{m^2} E^2 \delta (kv - \omega) \rightarrow \begin{array}{l} E \rightarrow k_\perp \phi \cos\theta \\ kv - \omega \rightarrow k_\perp v_c \cos\theta - \omega \\ \langle \delta v^2 \rangle \rightarrow \langle \delta v_c^2 \rangle \end{array}$$

Considérant la composante de la vitesse cyclotronique suivant la direction du champ électrique $v_c \cos\theta$, où θ est l'angle cyclotronique, nous pouvons établir l'expression du coefficient de diffusion de cette composante :

$$\frac{\langle \delta v_c^2 \rangle}{2\delta t} = \frac{\pi}{2} \frac{e^2}{m_\alpha^2} k_\perp^2 \phi^2 \cos^2\theta \delta (\omega - k_\perp v_c \cos\theta)$$

Le caractère transitoire et récurent de la résonance se traduit par le fait que l'argument de la distribution de Dirac indiquant le caractère résonnant de l'interaction est en fait une fonction périodique de période égale à la période du mouvement cyclotronique. Une telle distribution singulière et périodique peut être développée suivant un développement de Fourier dont les différentes composantes sont pondérées par les polynômes de Tchebichev $T_n (\omega / k_\perp v_{c0})$.

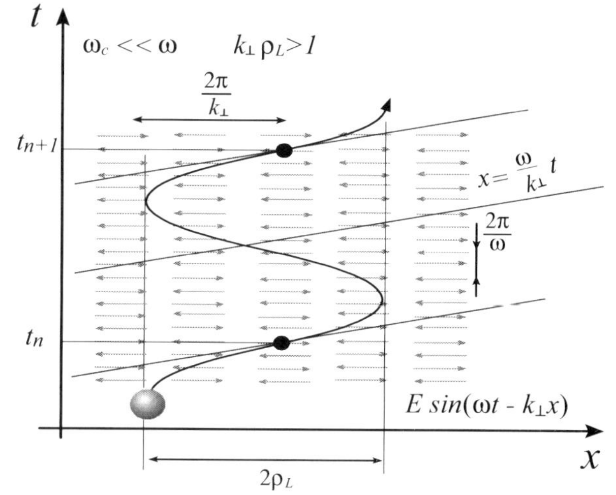

Fig. 12.23 : *Interaction Landau transitoire du mouvement cyclotronique.*

L'équation quasi-linéaire, décrivant l'évolution de la fonction de distribution des vitesses cyclotroniques résultant de l'interaction ondes/particules, est restreinte aux échelles de temps plus longues que les oscillations et rotations rapides, aussi il est nécessaire de considérer la moyenne suivant l'angle cyclotronique θ pour évaluer le coefficient de diffusion. La valeur moyenne sur une période cyclotronique du facteur $\delta (\omega - k_\perp v_c \cos\theta) \cos^2\theta$ est donnée par : $\langle \delta (\omega - k_\perp v_c \cos\theta) \cos^2\theta \rangle_\theta = H (v_c - \omega/k_\perp) (\omega/k_\perp v_c)^2 / \pi \sqrt{k_\perp^2 v_c^2 - \omega^2}$ où H est la fonction de Heaviside.

$$\left\langle \frac{\langle \delta v_c^2 \rangle}{2\delta t} \right\rangle \Bigg|_\theta = \frac{Z_\alpha^2 e^2}{2 m_\alpha^2} \left(\frac{\omega}{k_\perp v_c} \right)^2 \frac{H\left(v_c - \frac{\omega}{k_\perp}\right)}{\sqrt{k_\perp^2 v_c^2 - \omega^2}} k_\perp^2 \phi^2 \tag{12.37}$$

L'évolution quasi-linéaire de la fonction de distribution des vitesses est donc décrite par :

$$\frac{\partial f_\alpha}{\partial t} = \frac{Z_\alpha^2 e^2 \omega^2 \phi^2}{2 m_\alpha^2} \frac{1}{v_c} \frac{\partial}{\partial v_c} \frac{H\left(v_c - \frac{\omega}{k_\perp}\right)}{v_c \sqrt{k_\perp^2 v_c^2 - \omega^2}} \frac{\partial f_\alpha}{\partial v_c} \tag{12.38}$$

et le taux de variation temporelle de l'énergie cinétique des particules alpha $\sim \int v_c v_c^2 f_\alpha (v_c) dv_c$, qui n'est autre que le coefficient d'absorption de l'onde hybride basse sur les particules alpha énergétiques, est ensuite évalué à travers une simple intégration par partie, le résultat final est :

$$\text{Absorption ionique :} \quad w_{LH \to \alpha} \left[\frac{\mathrm{W}}{\mathrm{m}^3} \right] = -n_\alpha \pi \frac{Z_\alpha^2 e^2 \omega^2 \phi^2}{m_\alpha} \int_{\frac{\omega}{k_\perp}}^{+\infty} dv_c \frac{\frac{\partial f_\alpha}{\partial v_c}}{\sqrt{k_\perp^2 v_c^2 - \omega^2}}$$

Dans un réacteur en régime de combustion thermonucléaire stationnaire entretenu par génération de courant par absorption Landau de l'onde hybride il est important d'assurer la condition $w_{LH \to e} \gg w_{LH \to \alpha}$, cette condition peut être satisfaite par un choix judicieux des vecteurs d'ondes et de la fréquence.

12.3 Génération Non-Inductive de Courant

Le problème de la génération du courant toroïdal dans un réacteur tokamak constitue, avec les problèmes de l'injection et de l'extraction de puissance et particules en régime stationnaire, l'un des nombreux problèmes largement ouverts de la physique et de la technologie des tokamaks.

Alors que le problème du confinement, malgré son aspect critique, peut être résolu sur la base d'un simple argument d'échelle : *pour tout système de combustion, les pertes sont proportionnelles à la surface et les gains au volume, ainsi un dimensionnement conséquent permet d'atteindre un régime d'allumage*, les problèmes du contrôle stationnaire, et en particulier celui de la génération stationnaire de courant, nécessitent (i) l'identification de mécanismes de transferts différentiels d'impulsion toroïdale entre ions et électrons (pour générer un courant il n'est pas nécessaire de transférer une impulsion car c'est le mouvement différentiel entre électrons et ions qui porte le flux de charge) présentant une efficacité compatible avec la puissance du réacteur et (ii) la construction de systèmes d'extraction de puissance robustes.

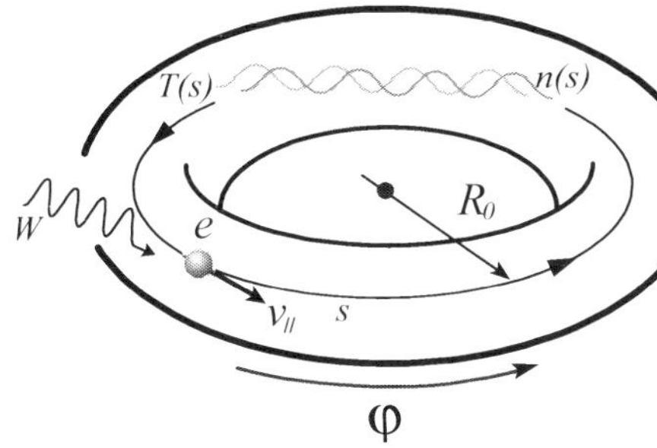

Fig. 12.24 : *Génération de courant dans les tokamak.*

Pour un réacteur offrant une puissance thermique de 3 GW, c'est-à-dire une puissance électrique de l'ordre du GW, une faible fraction de cette puissance peut être utilisée pour le contrôle de la combustion, si, par exemple, de l'ordre de 80 MW électriques sont utilisés pour générer les 20 MA toroïdaux nécessaires au confinement, alors l'efficacité du procédé de génération de courant doit être de l'ordre de 0.25 A/W. Nous verrons dans la suite de ce paragraphe que c'est l'ordre de grandeur théorique des performances de génération de courant par effet Landau, mais les inefficacités intrinsèques à la mise en œuvre pratique de ce procédé impliquent un effort d'analyse amont et d'innovation aval pour remplir pleinement le cahier des charges d'un réacteur stationnaire.

Considérons sur la figure (12.24) une particule de charge e et de vitesse $v_{\|}$ circulant sur une orbite de grand rayon R_0 ; le courant I porté par cette orbite est égal à la charge par unité de temps en un point donné, c'est à dire, $ev_{\|}/2\pi R_0$.

$$\textit{Courant toroïdal}: \ I \equiv \sum \frac{e\left\langle v_{\|}\right\rangle}{2\pi R_0} \tag{12.39}$$

La production et l'entretien d'un courant de 10 MA porté par des électrons de vitesses égales à la moitié de celle de la lumière mobilisent donc un total de $12IR_0/ec \sim 10\times 10^7 \ / \ 10^{-19}\times 10^8 \sim 10^{19}$ électrons, ce qui correspond à 1% des électrons contenus dans un volume de 10 m^3. L'ordre de grandeur du courant confinant est donc compatible avec les différents paramètres du plasma thermonucléaire, mais la possibilité d'élever la vitesse d'une faible fraction de la population électronique se révèle être un problème complexe en géométrie toroïdale et en régime stationnaire.

12.3.1 Effets capacitif, inductif et thermoélectrique

Considérons les différentes possibilités d'entraîner un courant au sein d'un plasma : *(i)* un champ électrique de nature capacitive, c'est-à-dire résultant d'une séparation de charges, (ii) un champ électrique de nature inductive, c'est-à-dire résultant d'une variation de flux, (iii) un gradient de pression et (iv) un transfert irréversible d'impulsion à travers une interaction ondes/particules de puissance W. Ces quatre couplages permettent de générer une courant $J_{\|}(s,t)$ où s est l'abscisse curviligne toroïdale :

$$J_{\|}(s,t) = -\underbrace{en_e\mu_{\|}\frac{\partial\phi}{\partial s}}_{\text{capacitif}} + \underbrace{en_e\mu_{\|}\frac{\partial A_{\|}}{\partial t}}_{\text{inductif}} + \underbrace{\mu_{\|}k_B\frac{\partial n_eT_e}{\partial s}}_{\text{thermoélectrique}} + \underbrace{en_e\delta v_{\|}(W)}_{\text{non-inductif}}$$

mais la topologie torique implique que les champs ainsi considérés soient périodiques dans le temps et/ou l'espace : (i) $\phi\sim\cos Ns/R_0$, (ii) $A_{\|}\sim\cos\omega t$, (iii) $n_eT_e\sim\cos Ns/R_0$ et (iv) $E(W)\sim\cos(n\varphi-\omega t)$, or le courant stationnaire $\left\langle J_{\|}\right\rangle$ est la moyenne dans le temps et l'espace de $J_{\|}(s,t)$.

$$\textit{Courant stationnaire}\ :\ \left\langle J_{\|}\right\rangle = \frac{\oint_{2\pi R_0} ds \oint_{\frac{2\pi}{\omega}} J_{\|}(s,t)\,dt}{\oint_{2\pi R_0} ds \oint_{\frac{2\pi}{\omega}} dt} \tag{12.40}$$

Les champs capacitif, inductif et de pression étant nécessairement périodiques, il vérifient :

$$\oint_{2\pi R_0}\frac{\partial\phi}{\partial s}ds = 0\ ,\ \oint_{\frac{2\pi}{\omega}}\frac{\partial A_{\|}}{\partial t}dt = 0\ ,\ \oint_{2\pi R_0}\frac{\partial n_eT_e}{\partial s}ds = 0$$

et $\left\langle J_{\|}\right\rangle$ est donc nul pour les champs capacitifs et inductifs. Le cas du gradient de pression doit être analysé en détail car la mobilité $\mu_{\|}$ dépend de la densité et de la température et des effets d'interférences constructives sont envisageables : $J_{\|} = e\mu_{\|}(n_e,T_e)\,k_B\partial n_eT_e/\partial s \rightarrow \oint_{2\pi R_0} J_{\|}ds \neq 0$, ce processus de génération de courant associé aux gradients de densité et de température est semblable à l'effet thermoélectrique dans les semiconducteurs et sera dénommé thermoélectrique.

$$\langle J_{\|} \rangle = \frac{6\sqrt{2}\pi^{\frac{3}{2}}\varepsilon_0^2 k_B^{\frac{5}{2}}}{m_e^{\frac{1}{2}} Ze^3\Lambda} \frac{T_e^{\frac{3}{2}}}{n_e} \frac{\partial n_e T_e}{\partial s} \to \oint_{2\pi R_0} \frac{T_e^{\frac{3}{2}}}{n_e} \frac{\partial n_e T_e}{\partial s} = \oint_{2\pi R_0} T_e^{\frac{5}{2}} \frac{\partial \ln n_e}{\partial s}$$

Considérons deux modulations, δ et ε, de densité et de température de période $2\pi/N$ suivant l'angle toroïdal φ représentées sur la figure (12.24).

$$n_e = n_0 \left[1 + \delta \cos\left(\frac{Ns}{R_0}\right)\right] \text{ , } T_e = T_0 \left[1 + \varepsilon \cos\left(\frac{Ns}{R_0} + \phi\right)\right] \qquad (12.41)$$

La valeur moyenne suivant un tour toroïdal du terme thermoélectrique est donc non nulle : $\oint T_e^{2.5} \, \partial \ln n_e / \partial s ds = \oint ds \; 5T_0^{2.5}/4R_0 \; N\delta\varepsilon \sin\phi$ et présente un maximum lorsque $\phi = \pi/2$, c'est-à-dire si la modulation de densité et la modulation de température sont en quadrature. Sous ces conditions optimales le courant stationnaire d'origine thermoélectrique a pour expression :

$$\textit{Génération thermoélectrique} \; : \; \boxed{I = \frac{\langle J_{\|} \rangle}{2\pi R_0 n_0} = \frac{15\pi^{\frac{1}{2}}\varepsilon_0^2 m_e^2 v_T^5}{16Ze^3\Lambda R_0^2 n_0} N\delta\varepsilon}$$

La vitesse moyenne associée à ce courant : $v_{\|} = \langle J_{\|} \rangle / en_0 \sim \left(n_0\lambda_D^3\right) \left(\lambda_D/R_0\right) \left(N\delta\varepsilon/\Lambda\right) v_T \sim v_T$ n'est pas négligeable, mais la possibilité pratique d'entretenir des modulations de densité et températures du type (12.41) en quadrature constitue un problème ouvert.

12.3.2 Efficacité de Fisch

La génération thermoélectrique n'a jusqu'à présent pas démontré son efficacité, par contre le procédé de génération de courant basé sur l'absorption asymétrique d'ondes électromagnétiques a permi d'entretenir le régime stationnaire dans de nombreux tokamaks jusqu'à des niveaux de courant de l'ordre de plusieurs Méga-Ampères.

L'analyse de l'efficacité de ce procédé de génération de courant peut être menée sans faire référence aux détails des caractéristiques de l'onde utilisée pour entretenir la queue de fonction de distribution source du courant. En effet la théorie quasi-linéaire, (8.39), (5.58), (8.41), (8.42), qui décrit la déformation de la fonction de distribution des vitesses résultant de l'absorption d'une onde, a été construite sous l'*hypothèse des phases aléatoires (RPA)*, c'est-à-dire dans le cadre d'un champ traité comme un ensemble de photons incohérents.

Cette image a été confirmée par l'analyse des chemins des diffusion ((5.41) et figure (8.12)). Nous calculerons donc successivement : (i) le courant transitoire résultant de l'absorption d'*un photon* générant *un électron et un trou* dans l'espace des vitesses, (ii) puis, le courant stationnaire associé à un flux continu de photons de mêmes caractéristiques ; enfin (iii) nous évaluerons le rapport de ce courant sur la puissance de ce flux de photons. L'efficacité ainsi obtenue, dénommée efficacité de Fisch, peut ensuite être sommée sur le spectre de photons associé au spectre d'ondes excitées par l'antenne.

Effectuons pour commencer un changement d'unités du système international SI vers le système d'unités naturelles du problème : [kilogramme, mètre, seconde, ampère] → [$m = e = c = \tau_e = 4\pi\varepsilon_0^2\, m_e^2 c^3 \,/\, e^4 n_e \Lambda$], nous restaurerons les unités SI pour exprimer les résultats finaux. La relation de résonance entre une onde et une particule, ω - $k_\parallel v_\parallel = n\omega_c$, pour l'interaction Landau $n = 0$ et les couplages cyclotron fondamentaux $n = \pm 1$ et harmoniques, $n = \pm 2$, ± 3... , peut être généralisée sans problème au cas relativiste : $\gamma\omega - k_\parallel p_\parallel = n\omega_c$ où γ est le facteur d'énergie relativiste : $\gamma = 1 + p_\parallel^2 + p_c^2$.

Lorsqu'un photon, associé à une onde (ω, $k_\parallel$), est absorbé : (i) une énergie $\delta\gamma = \hbar\omega$ est transférée irréversiblement de l'onde vers le plasma, (ii) une impulsion $\delta p_\parallel = \hbar k_\parallel$ le long des lignes du champ magnétique est transférée irréversiblement de l'onde vers le plasma. Ces transferts sont essentiellement réduits à la population vérifiant la relation de résonance $\gamma\omega - k_\parallel p_\parallel = n\omega_c$ et comme $\gamma\delta\gamma = p_\parallel \delta p_\parallel + p_c \delta p_c$, le transfert d'impulsion cyclotronique de l'onde vers les particules est donc donné par : $\delta p_c = n\hbar\omega_c / p_c$. Dans la suite nous noterons $\delta\mathbf{p}_0 = \left[\delta p_{0\parallel}, \delta p_{0c}\right]$ cette caractéristique du couple électron-trou qui, conformément à la figure (12.25) est représenté par un terme $\delta\left(\mathbf{p} - \mathbf{p}_0 - \delta\mathbf{p}_0\right)$ - $\delta\left(\mathbf{p} - \mathbf{p}_0\right)$ dans l'espace des impulsions, où $\delta\left(\right)$ sont des distributions de Dirac.

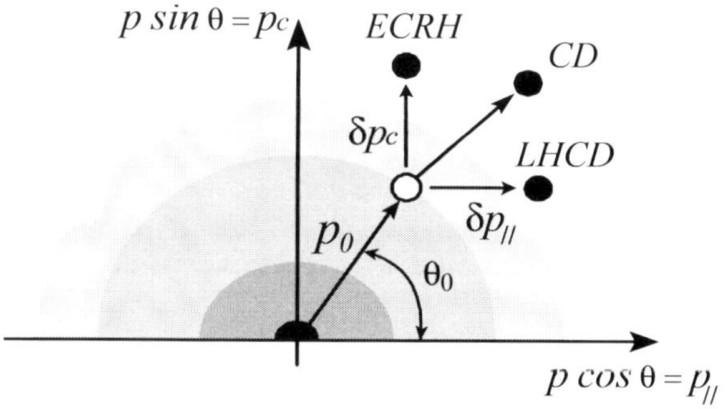

Fig. 12.25 : *Différents modes d'excitation électron/trou dans un plasma thermonucléaire.*

L'impulsion-énergie d'un photon étant très petite au regard de l'ordering de l'espace des impulsions-énergies du plasma, il est légitime de considérer la limite différentielle de la différence $\delta\left(\mathbf{p} - \mathbf{p}_0 - \delta\mathbf{p}_0\right)$ - $\delta\left(\mathbf{p} - \mathbf{p}_0\right)$. Le terme source de l'équation cinétique est donc donné par :

$$\textit{Electron/trou :}\quad \delta\mathbf{p}_0 \cdot \frac{\partial}{\partial \mathbf{p}_0}\delta\left(\mathbf{p} - \mathbf{p}_0\right) = \hbar\left[\frac{n\omega_c}{p_{0c}}\frac{\partial}{\partial p_{0c}} + k_\parallel \frac{\partial}{\partial p_{0\parallel}}\right]\delta\left(\mathbf{p} - \mathbf{p}_0\right)$$

Non seulement cette limite est légitime, mais elle permet aussi de démontrer la cohérence et la convergence entre l'approche quasi-linéaire et la représentation de l'onde en photons, car opérateur $\mathrm{L}_n\left(\mathbf{p}\right)$(5.50) ($m = 1$ dans ce contexte) :

$$\mathrm{L}_n\left(\mathbf{p}\right) \equiv \frac{n\omega_c}{p_c}\frac{\partial}{\partial p_c} + k_\parallel \frac{\partial}{\partial p_\parallel} \tag{12.42}$$

$$\mathrm{L}_n\left(\mathbf{p}\right) \equiv \frac{\gamma\omega}{p}\frac{\partial}{\partial p} + \frac{\gamma\omega\sin^2\theta - n\omega_c}{p^2\cos\theta}\frac{\partial}{\partial\cos\theta} \tag{12.43}$$

apparaît ainsi naturellement pour l'écriture du terme source associé à la création électron-trou en fonction de l'énergie absorbée en régime transitoire : $\delta\mathcal{U}\left(\mathbf{p}_0\right) = \hbar\omega$, ou de la puissance absorbée $\delta\mathcal{W}\left(\mathbf{p}_0, t\right) = \hbar\omega\delta\left(t\right)$.

Cette excitation électron/trou relaxe vers la distribution d'équilibre initiale et cette relaxation est décrite par l'équation cinétique :

$$\textit{Relaxation :}\quad \underbrace{\frac{\partial f}{\partial t}}_{\text{évolution}} - \underbrace{C_r \cdot f}_{\text{collisions}} = \underbrace{\delta(t)\frac{\delta\mathcal{U}(\mathbf{p}_0)}{\omega}\mathrm{L}_n(\mathbf{p}_0)\cdot\delta(\mathbf{p}-\mathbf{p}_0)}_{\text{excitation électron/trou}} \quad (12.44)$$

Une intégration par partie de l'opérateur quasi-linéaire et une comparaison avec la partie non hermitique ε'' du tenseur diélectrique, qui décrit la puissance absorbée $\delta\mathcal{W}$, révélerait l'identité entre le terme source de cette équation cinétique et l'opérateur quasi-linéaire.

Nous avons calculé la fonction de Green des électrons relativistes (10.30) $g_r(\mathbf{p}_0 \to \mathbf{p}, t) = H(t)\exp C_r(\mathbf{p})\, t\cdot\delta(\mathbf{p}-\mathbf{p}_0)$ où H est la fonction de Heaviside et l'exponentielle de l'opérateur linéaire $C_r(\mathbf{p})\, t$ est définie par la formule classique : $\exp C_r t \equiv 1 + C_r t + C_r t \cdot C_r t/2! + C_r t \cdot C_r t \cdot C_r t/3! + \ldots$, les produits de l'opérateur C_r devant être entendus comme de simples itérations de leur action sur la fonction $\delta(\mathbf{p}-\mathbf{p}_0)$.

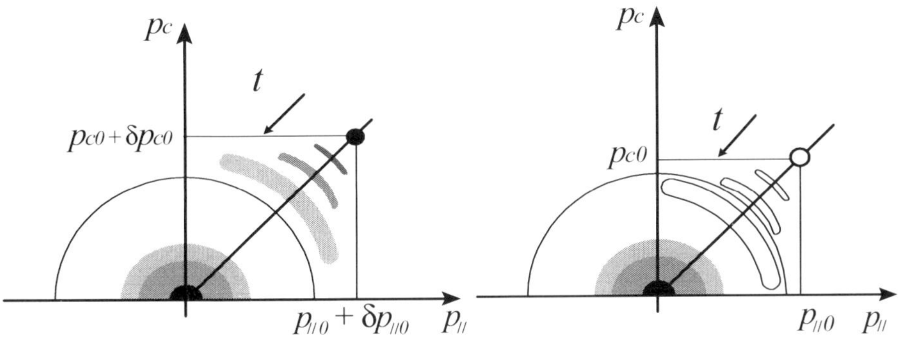

Fig. 12.26 : *Dynamique des électrons et trous suprathermiques : ralentissement et diffusion angulaire.*

Cette fonction de Green, illustrée sur la figure (12.26), décrit la relaxation des électrons rapides, la relaxation des trous est aussi décrite par la même fonction au signe près. La solution de l'équation de la génération de courant par un photon (12.44) est donc donnée par l'inversion de l'opérateur d'évolution, c'est-à-dire par :

$$\textit{Relaxation électron/trou :}\quad f(\mathbf{p} \leftarrow \mathbf{p}_0, t) = \frac{\delta\mathcal{U}(\mathbf{p}_0)}{\omega}\mathrm{L}_n(\mathbf{p}_0)\cdot g_r(\mathbf{p}_0 \to \mathbf{p}, t) \quad (12.45)$$

La fonction de distribution $f(\mathbf{p} \leftarrow \mathbf{p}_0, t)$ porte un courant transitoire dont l'amplitude $\mathcal{I}(\mathbf{p}_0, t)$ est égale au premier moment le long des lignes de champ.

$$\textit{Courant pour un photon :}\quad \mathcal{I}(\mathbf{p}_0, t) = \frac{e\delta\mathcal{U}(\mathbf{p}_0)}{2\pi\omega R_0}\mathrm{L}_n(\mathbf{p}_0)\cdot\int v_{\parallel} g_r(\mathbf{p}_0 \to \mathbf{p}, t)\, d\mathbf{p}$$

Le courant impulsionnel $\mathcal{I}(\mathbf{p}_0, t)$ ainsi exprimé peut être ramené à la puissance $\mathcal{W}(\mathbf{p}_0, t)$ et, en régime stationnaire, le rapport de ces deux quantités intégrées sur le temps définit l'efficacité :

$$\textit{Efficacité :}\quad \frac{I(\mathbf{p}_0)}{W(\mathbf{p}_0)} \equiv \frac{\int_0^{+\infty} \mathcal{I}(\mathbf{p}_0, t)\, dt}{\int_0^{+\infty} \mathcal{W}(\mathbf{p}_0, t)\, dt} \tag{12.46}$$

La formule générale de l'efficacité fait donc intervenir l'opérateur $\mathrm{L}_n(\mathbf{p}_0)$décrivant la génération d'une paire électron/trou par un photon et l'opérateur $C_r(\mathbf{p})$ décrivant la relaxation de cette paire électron/trou.

$$\frac{I(\mathbf{p}_0)}{W(\mathbf{p}_0)} = \frac{1}{2\pi\omega R_0} \mathrm{L}_n(\mathbf{p}_0) \cdot \int_0^{+\infty} dt \int v_{\|} \exp C_r(\mathbf{p})\, t \cdot \delta(\mathbf{p} - \mathbf{p}_0)\, d\mathbf{p}$$

Le courant stationnaire le long des lignes de champ pour un régime stationnaire est ainsi exprimé en fonction de la puissance absorbée. Nous effectuons un changement d'unités du système d'unités naturelles du problème $e = m = c = \tau_e = 4\pi\varepsilon_0^2 m_e^2 c^3 / e^4 n_e \Lambda = 1$ vers le système international [mètre, kilogramme, seconde, ampère] pour exprimer la formule classique de l'efficacité de Fisch :

$$\boxed{\frac{I}{W}\left[\frac{\mathrm{A}}{\mathrm{W}}\right] = -\frac{2\varepsilon_0^2 m_e c^2}{e^3 n_e \Lambda \omega R_0} \mathrm{L}_n(\mathbf{p}_0) \cdot \int d\mathbf{p} v_{\|}(\mathbf{p})\, C_r^{-1}(\mathbf{p}) \cdot \delta(\mathbf{p} - \mathbf{p}_0)}$$

L'ordre de grandeur de l'efficacité ainsi obtenue sera en dessous de l'ampère par watt car la valeur du facteur numérique $2\varepsilon_0^2 m_e c^2 / e^3 n_e \Lambda R_0$ est de l'ordre de $0.3\,[\mathrm{A/W}] \times \left[10^{20}/n_e\left[\mathrm{m}^{-3}\right] R_0\,[\mathrm{m}]\right]$. L'expression de l'inverse de l'opérateur de collision relativiste C_r a été dérivée dans le cadre de l'étude des fonctions de Green cinétiques des particules rapides.

$$\begin{aligned} C_r^{-1} \cdot \delta(\mathbf{p} - \mathbf{p}_0) &= -H(p_0 - p) \sum_l \frac{(2l+1)}{4\pi\gamma^2} \left[\frac{p(\gamma_0 + 1)}{p_0(\gamma + 1)}\right]^{\frac{(Z+1)l(l+1)}{2}} \\ &\quad \times P_l(\cos\theta)\, P_l(\cos\theta_0) \end{aligned}$$

Cette expression peut être appliquée au calcul de l'efficacité dans le cas relativiste et dans le cas non relativiste. Restreignons l'analyse à ce dernier cas : $\int p\gamma^{-1} \cos\theta C_r^{-1}(\mathbf{p}) \cdot \delta(\mathbf{p} - \mathbf{p}_0)\, d\mathbf{p} \underset{v \ll c}{\rightarrow} -p_0^4/(Z+5)\cos\theta_0$, cette réponse impulsionnelle est ensuite différentiée sur la base de l'opérateur de création électron/trou (12.42) : $\mathrm{L}_n = \omega\partial/p_0\partial p_0 - n\omega_c\partial/p_0^2\partial\cos\theta_0$ où $n = 0$ pour une résonance Landau, et $n = 1$ pour une résonance cyclotron fondamentale. Les deux résultats finaux, $n = 0$ et $n = 1$, confirment les ordres de grandeur obtenus dans le contexte du modèle conduisant à la relation (8.58).

$$\textit{Landau} \quad : \quad \boxed{\left.\frac{I}{W}\right|_{\|}\left[\frac{\mathrm{A}}{\mathrm{W}}\right] = \frac{2\varepsilon_0^2 m_e c^2}{e^3 n_e \Lambda R_0} \frac{4N_{\|}^{-2}}{(Z+5)}} \tag{12.47}$$

$$\textit{Cyclotron} \quad : \quad \boxed{\left.\frac{I}{W}\right|_{\perp}\left[\frac{\mathrm{A}}{\mathrm{W}}\right] = \frac{2\varepsilon_0^2 m_e c^2}{e^3 n_e \Lambda R_0} \frac{3N_{\|}^{-2}}{(Z+5)}} \tag{12.48}$$

Nous avons introduit $N_{\|}$ l'indice de l'onde absorbée. L'ensemble de l'analyse présentée ici suppose que la relaxation de l'excitation électron-trou reste locale, c'est-à-dire que le temps caractéristique de recombinaison est plus petit que le temps caractéristique de diffusion spatiale de l'électron et du trou séparément.

12.3.3 Réponse non-locale

Si l'ordering entre la dynamique en vitesses du couple électron-trou et sa dynamique en positions n'est pas fort, il est nécessaire de prendre en compte l'aspect spatial de l'évolution du couple électron-trou. Nous allons présenter la théorie de ce phénomène de délocalisation du courant et démontrer que la relation entre courant et puissance n'est plus algébrique et locale : $I(r) = I/W|_r W(r)$, mais s'exprime comme une convulsion non-locale : $I(r) = \int \eta(r, r_0) W(r_0) dr_0$. Le courant en un point est une fonction de la puissance absorbée dans le voisinage de ce point.

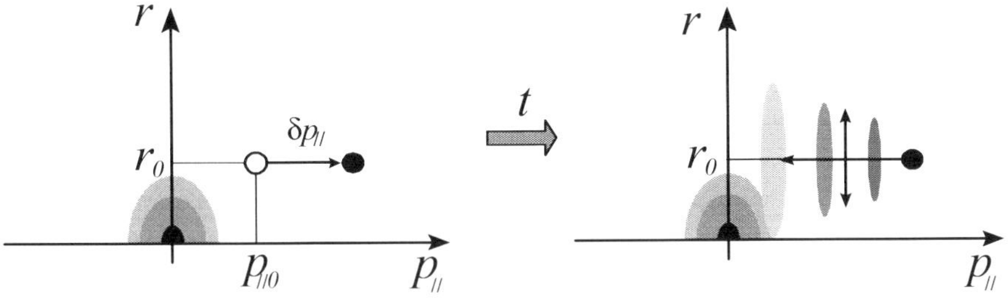

Fig. 12.27 : *Dynamique électron/trou dans l'espace des phases position-impulsion.*

Effectuons le changement d'unités du système international SI vers le système d'unités naturelles du problème $e = m = c = \tau_e = 4\pi\varepsilon_0^2 m_e^2 c^3 \,/\, e^4 n_e \Lambda = 1$ et construisons l'équation cinétique décrivant la relaxation de la population électronique en fonction du rayon r et de l'impulsion représentée en coordonnées sphériques.

$$\underbrace{-\frac{1}{p^2}\frac{\partial G}{\partial p} - \frac{Z+1}{2p^3}\frac{1}{\sin\theta}\frac{\partial}{\partial\theta}\sin\theta\frac{\partial G}{\partial\theta}}_{\text{collisions}} - \underbrace{\frac{D(p)}{r}\frac{\partial}{\partial r}r\frac{\partial G}{\partial r}}_{\text{transport radial}}$$
$$= \underbrace{\frac{\delta(p-p_0)}{p^2}\frac{\delta(r-r_0)}{r}\delta(\cos\theta - \cos\theta_0)}_{\text{excitation}}$$

Le terme de collisions est simplement l'opérateur de Landau non relativiste pour les électrons, le transport radial est modélisé par une diffusion de coefficient $D(p)$ dépendant de l'impulsion p et le terme source doit spécifier la position initiale de l'électron considéré en plus de son impulsion. La figure (12.27) illustre cette double dynamique : (i) une relaxation dans l'espace des vitesses et (ii) une diffusion dans l'espace réel.

La méthode spectrale que nous avons utilisé pour établir les expressions des fonctions de Green des alphas et des électrons peut être mise en œuvre pour analyser l'équation cinétique précédente. Les fonctions propres de l'opérateur de diffusion en géométrie cylindrique étant les fonctions de Bessel ordinaires d'indice entier, la partie radiale est diagonalisable, puis la dynamique dans le sous-espace des impulsions est développée suivant une série de polynômes de Legendre, le résultat final est une double somme décrivant (i) le ralentissement, (ii) la diffusion angulaire dans l'espace des vitesses et (iii) une marche aléatoire dans l'espace des positions.

$$
\begin{aligned}
G(\mathbf{p}, r \leftarrow \mathbf{p}_0, r_0) &= \theta(p_0 - p) \sum_l \sum_{J_0(k)=0} (2l+1) \exp\left(-k^2 \int_p^{p_0} u^2 D(u)\, du\right) \\
&\times \left[\frac{p}{p_0}\right]^{\frac{(Z+1)l(l+1)}{2}} \frac{J_0(kr)}{J_1(k)} \frac{J_0(kr_0)}{J_1(k)} P_l(\cos\theta) P_l(\cos\theta_0)
\end{aligned}
$$

où k sont les solutions de $J_0(ka) = 0$. L'efficacité η présente toujours la dimension d'un courant (généré en r) sur une puissance (déposée en r_0), mais offre la structure d'un noyau intégral nonlocal.

$$
\eta(r, r_0) \equiv \frac{I(r)}{W(r_0)} = \frac{1}{2\pi R_0} \mathrm{L}_n(\mathbf{p}) \cdot \int p \cos\theta G(\mathbf{p}, r, \mathbf{p}_0, r_0)\, d\mathbf{p} \tag{12.49}
$$

Le développement de ces formules peut être simplifié à travers : (i) la définition de la largeur Γ du canal de courant pour un dépôt de puissance restreint à une surface magnétique et (ii) la définition de l'efficacité globale $\langle I/W \rangle$.

$$
\Gamma^2 \equiv \frac{\int_0^a r^3 \eta(r, r_0)\, dr}{\int_0^a r\eta(r, r_0)\, dr}, \quad \left\langle \frac{I}{W} \right\rangle \equiv \frac{\int_0^a r\eta(r, r_0)\, dr}{\int_0^a r dr} \tag{12.50}
$$

Si le petit rayon de la décharge est noté a nous représenterons le coefficient de diffusion D par un temps de confinement τ_d tel que $D = a^2/\tau_d$.

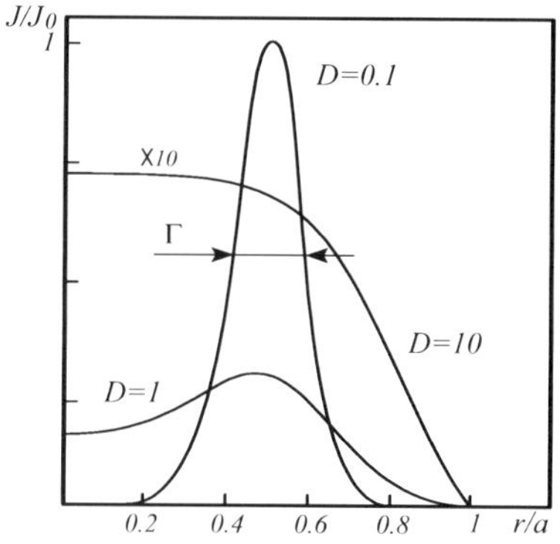

Fig. 12.28 : *Profils de courant non-inductif pour différentes valeurs du coefficient de diffusion normalisé.*

Sous l'hypothèse $\tau_d \gg \tau_e$ la largeur du canal de courant présente une forme asymptotique donnée par la relation :

$$
\textit{Largeur du courant :} \quad \frac{\Gamma}{a} = \sqrt{\frac{7N_\parallel^{-3}}{2(Z+8)} \frac{\tau_e}{\tau_d}} \tag{12.51}
$$

Sur la figure (12.28) nous avons tracé trois profils de courants associés à un dépôt de puissance modélisé par une distribution de Dirac centrée en $r = a/2$ pour un indice d'onde en régime Landau $N_\parallel = 2$ et un nombre d'ionisations $Z = 1$; le coefficient de diffusion normalisé est égal à $D\tau_e/a^2$. La figure (12.28) montre clairement que si $\tau_d \ll \tau_e$ la largeur du canal de courant est égal à a ;

le paramètre pertinent est alors l'efficacité globale $\langle I/W \rangle$ définie par la relation (12.50). La limite asymptotique $\tau_d \ll \tau_e$ de cette quantité est donnée par :

$$\textit{Efficacité globale :} \quad \left\langle \frac{I}{W} \right\rangle = \left. \frac{I}{W} \right|_{\parallel} \frac{(Z+5)\, N_{\parallel}^{3}}{2k^{3} J_{1}(k)} \frac{\tau_d}{\tau_e} \tag{12.52}$$

où $I/W|_{\parallel}$ est l'efficacité de Fisch (12.47). Un certain nombre de raffinements du problème de l'efficacité de génération de courant peuvent être considérés, tels que l'impact de la population piégée qui ne peut porter un courant toroïdal, mais le problème central demeure l'identification d'un mécanisme plus efficace que les schémas actuels.

Chapitre 13

Injection et Extraction des Particules

Le résultat le plus immédiat de cette spécialisation non compensée est qu'aujourd'hui, alors que le nombre d'hommes de science est plus grand que jamais, il y a beaucoup moins d'hommes cultivés que vers 1750 par exemple. Mais si le spécialiste méconnaît la physiologie interne de la science qu'il cultive, il ignore encore plus radicalement les conditions historiques de sa pérennité... La Rebelión de las Masas, J. Ortega y Gasset.

Considérons un réacteur thermonucléaire présentant un volume de l'ordre d'un millier de mètres cubes et développant une puissance de l'ordre du gigawatt. Un cinquième de cette puissance est produite sous la forme d'une population de particules alpha énergétiques (3.5 MeV), les quatre cinquièmes restants consistant en un flux de neutrons rapides (14 MeV).

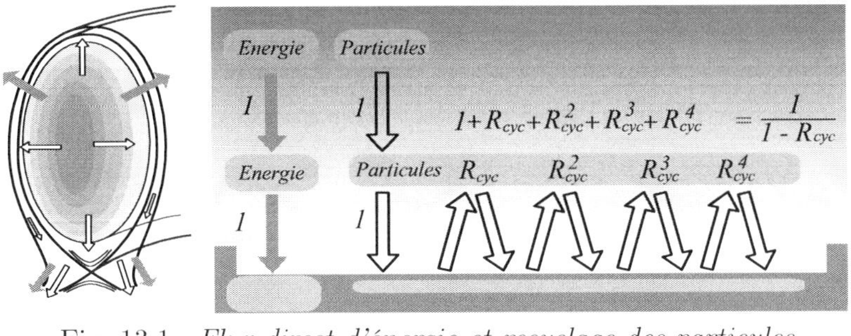

Fig. 13.1 : *Flux direct d'énergie et recyclage des particules.*

La densité volumique de puissance disponible pour entretenir la combustion thermonucléaire au sein du plasma est donc de l'ordre de plusieurs centaines de kilowatts par mètre cube. Cette puissance, ainsi que les particules alpha résultant de la combustion, doit être évacuée en régime continu. Une puissance de un gigawatt correspond à une réactivité de 4×10^{20} réactions par secondes, en régime continu il faut donc pomper 4×10^{20} particules alpha par seconde pour maintenir la fraction de particules alpha dans le mélange à un niveau inférieur à 10% compatible avec la combustion malgré la dilution des réactifs par les cendres. Compte tenu de ce niveau de dilution, c'est donc un total de 4×10^{21}

particules indifférenciées (D,T,α), par seconde, qu'il est nécessaire de pomper en continu car le système de pompage n'est pas sélectif entre deutérium, tritium et hélium.

Le nombre total de particules dans la décharge étant de l'ordre de $N \sim 10^3 \left[\mathrm{m}^3\right] \times 10^{20} \left[\mathrm{m}^{-3}\right]$ le temps de renouvellement du plasma se situe donc dans la gamme des centaines de secondes bien au-dessus du temps de confinement des particules τ qui est de l'ordre du petit rayon que divise le coefficient de diffusion perpendiculaire $\tau \sim a^2/D_\perp$, c'est-à-dire de l'ordre de la seconde.

Le nombre total de particules sortant du plasma par unité de temps vaut donc $ND_\perp/a^2 \sim 4 \times 10^{22}$; ainsi le système de pompage doit évacuer en continu de l'ordre de 10% du flux de matière sortant du plasma et les 90% restant sont impliqués dans le processus de recyclage : les ions et électrons sortent du plasma, sont neutralisés et sont à nouveau ionisés pour participer à la dynamique du plasma.

L'image ainsi dégagée du flux de matière nous conduit à distinguer un temps de confinement effectif τ^* des particules qui est égal au temps de confinement dans la décharge $\tau \sim a^2/D_\perp$ corrigé des effets de recyclage mesurés par le coefficient de recyclage R_{cyc}.

$$\textit{Temps de confinement effectif}: \ \tau^* = \frac{\tau}{1 - R_{cyc}} \tag{13.1}$$

L'origine du facteur $1/(1 - R_{cyc})$ est illustrée sur la figure (13.1) : une fois sorti du plasma, le flux d'énergie est extrait ; mais le flux de matière présente des conditions différentes et une large fraction est recyclée, la probabilité de recyclage est égale à R_{cyc} et la somme de ces événements de recyclage est donnée par le facteur $1/(1 - R_{cyc})$(figure (13.1)).

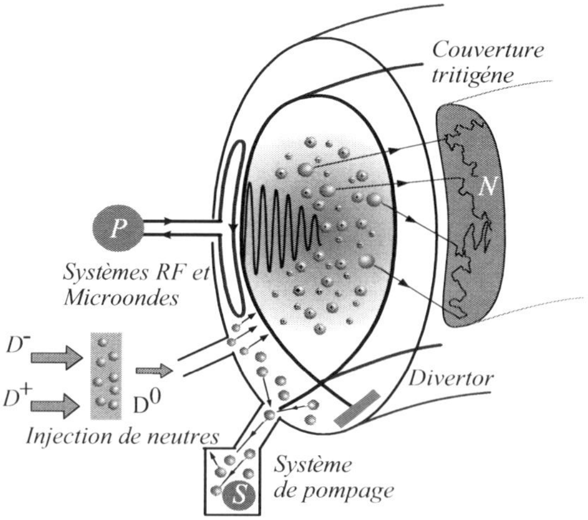

Fig. 13.2 : *Injection et extraction dans un tokamak.*

L'extraction d'un flux de matière et d'un flux de puissance pour assurer la stationnarité, et réunir les conditions de la combustion, nécessite donc l'étude et la réalisation d'un système de pompage du gaz neutre et d'un système de conversion et d'extraction de la puissance neutronique ; la figure (13.2) illustre la nécessité de ces différents systèmes de contrôles : (i) l'extraction de puissance est assurée par le divertor, (ii) l'extraction de neutres par le système de pompage et afin d'assurer la stationnarité du contrôle il est nécessaire de considérer la possibilité (*iii*) d'injecter de la puissance sous forme d'ondes électromagnétiques et (*iv*) de la matière et de la puissance sous la forme des faisceaux de neutres rapides.

De façon similaire nous pouvons analyser les nécessités inhérentes à la génération de courant poloïdal ; en effet l'efficacité des processus de transfert d'impulsion conduit un coût de quelques watts pour une fraction d'ampère, aussi sera-t-il nécessaire d'injecter en continu une puissance de l'ordre de quelques dizaines de Mégawatts pour entretenir le champ poloïdal.

13.1 Injection et Diffusion des Neutres

13.1.1 Echange de charge et ionisation

Les collisions élastiques entre espèces chargées sont à l'origine des processus dissipatifs décrits dans les paragraphes précédents, la prise en considération d'une deuxième classe de collisions est nécessaire pour construire une image complète de la dissipation dans un plasma de tokamak : les interactions inélastiques entre espèces chargées et espèces neutres non encore ionisées. Ces processus contrôlent la structure et la dynamique du plasma de la SOL. Parmi la grande variété des processus atomiques inélastiques, observés principalement dans la région périphérique du plasma, trois sont particulièrement importants :

Processus	Réaction
Ionisation par impact électronique	$e + H \rightarrow 2e + H^+$
Echange de charge résonnant	$H + H^+ \rightarrow H^+ + H$
Ionisation par impact protonique	$H^+ + H \rightarrow H^+ + H^+ + e$

Les sections efficaces des réactions d'échange de charge (cx), d'ionisation par impact électronique (ei) et d'ionisation par impact protonique (pi) sont représentées sur la figure (13.3) en fonction de l'énergie de la particule incidente mesurée en eV sur l'axe des abscisses, on notera que l'ordre de grandeur du maximum de ces sections efficaces est de l'ordre de grandeur de l'Angstrœm au carré.

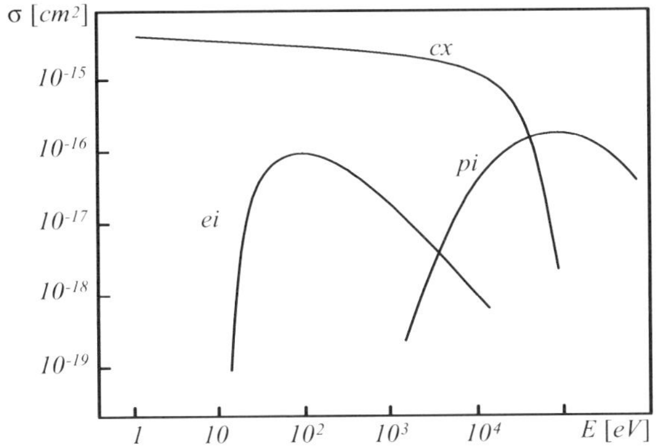

Fig. 13.3 : *Sections efficaces d'ionisations et d'échange de charge.*

Différents modèles peuvent être construits pour modéliser l'ionisation par impact électronique et offrir une relation analytique entre section efficace et énergie : $\sigma_{ei}(E)$, la formule classique de Thomson est la plus simple mais tombe en défaut dans la partie haute énergie de la courbe expérimentale ; la formule de Gryzinski résulte de l'étude d'un modèle plus complet que le modèle de Thomson et permet d'accorder expérience et théorie, en particulier la décroissance à haute énergie.

$$\textit{Ionisation} \quad : \quad \sigma_{ei}(E) = 3.52 \times 10^{-16}\,[\mathrm{cm}^2] \times \left(\frac{E/E_I - 1}{E/E_I + 1}\right)^{\frac{3}{2}} \times \left[\frac{E_I}{E} + \frac{2E/E_I - 1}{3E^2/E_I^2}\log\left(2.7 + \sqrt{E/E_I - 1}\right)\right] \tag{13.2}$$

Différents modèles classiques ou quantiques décrivant le processus d'échange de charge peuvent être construits et étudiés pour établir la valeur de la section efficace de cette réaction $\sigma_{cx}(E)$; mais il est souvent plus opérationnel de développer une formule d'interpolation de la section efficace expérimentale sur la base d'arguments physiques. Une telle formule pour l'hydrogène :

$$\textit{Echange de charge} : \ \sigma_{cx}(E) = 0.69 \times 10^{-14}\ [\mathrm{cm}^2] \times \frac{(1 - 0.155\log_{10} E)^2}{1 + 0.1112 \times 10^{-14} E^{3.3}}$$

est utilisable pour des énergies E entre 1eV et 10^5eV. Comme dans le cas des réactions nucléaires, les sections efficaces sont des paramètres primaires qui permettent de construire les taux de réactions. Par exemple, pour l'échange de charge résonnant au sein de la population de deutérium le nombre de réactions par unité de temps et unité de volume est défini à partir de la moyenne $\langle \sigma_{cx} v_i \rangle$.

$$n_{D^+} n_{D^0} \langle \sigma_{cx} v_i \rangle = \frac{[\text{Nombre de réactions } \mathrm{D}^0 + \mathrm{D}^+ \rightarrow \mathrm{D}^+ + \mathrm{D}^0\ ]}{[\text{par unité de volume et unité de temps}]}$$

L'ensemble des taux de réaction $\langle \sigma v \rangle$ associés aux réactions en périphérie du plasma est bien tabulé, pour les trois principales réactions déterminant le bilan de matière les données sont résumées sur la figure (13.4) en fonction de la température.

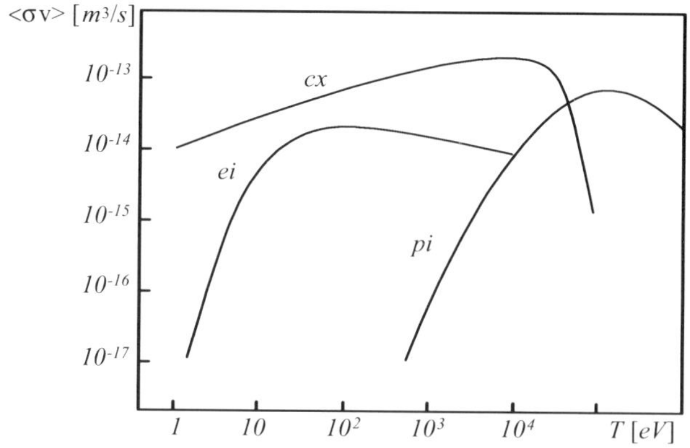

Fig. 13.4 : $\langle \sigma v \rangle$ *des réactions d'ionisation et d'échange de charge.*

L'échange de charge résonnant et l'ionisation sont utilisés pour injecter des neutres rapides au coeur des plasmas de tokamak, ce procédé est nommé *injection de neutres*. En effet, l'injection directe d'ions n'est pas envisageable car une configuration tokamak étant calculée pour que rien ne sorte, les principes de réciprocité de la mécanique impliquent que rien ne peut entrer.

Cette conclusion n'est recevable que pour les particules chargées, aussi s'il est possible de générer des faisceaux d'atomes neutres d'énergies comprises entre la centaine de KeV et quelques MeV ils pénètreront au sein du plasma et seront ionisés créant ainsi une population d'ions rapides permettant, soit de chauffer le plasma, soit de générer un courant toroïdal source du champ poloïdal.

La possibilité de produire des faisceaux de deutérium atomique neutre d'énergie de l'ordre de 100 KeV est envisageable au regard des caractéristiques de la réaction d'échange de charge. Imaginons un dispositif constitué d'une source plasma d'où sont extraits puis accélérés des ions deutérium rapides D^+, ces ions traversent ensuite une cible gazeuse de deutérium et la réaction d'échange de charge permet de convertir de l'ordre de 50% de cette population d'ions rapides en population de neutres rapides D^0.

L'inefficacité du procédé provient de l'existence de la réaction concurrente d'ionisation par impact de deutérium. Ce principe de production de faisceaux neutres rapides a d'abord été mis en œuvre dans le cadre des recherches sur les configurations miroirs, puis pour le chauffage et la génération de courant dans les tokamaks. Malheureusement, si la taille du tokamak augmente, l'accès à la zone centrale du plasma nécessite un faisceau de neutres plus énergétiques et le processus de neutralisation par échange de charge devient particulièrement inefficace comme le montre la figure (13.5). Il est alors nécessaire d'avoir recours aux processus d'attachement et de détachement d'un électron sur un atome de deutérium, l'attachement permet de produire des ions négatifs D^- aptes à être accélérés dans une structure électrostatique, et le détachement permet, après accélération, de produire un faisceau neutre D^0 avec une efficacité supérieure à 50% pour des énergies de l'ordre du MeV, figure (13.5).

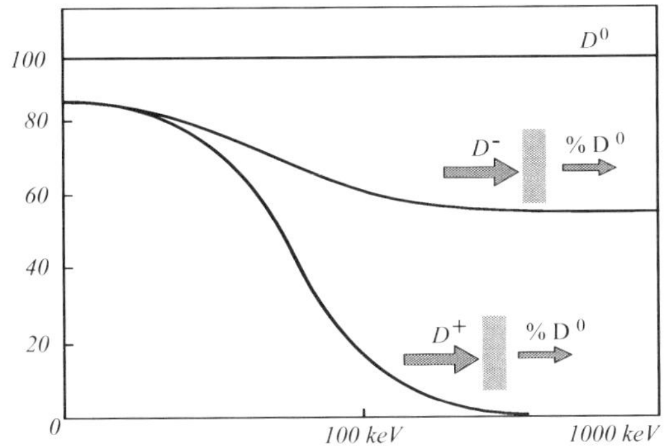

Fig. 13.5 : *Efficacité de la neutralisation $D^+ \rightarrow D^0$ et du détachement $D^- \rightarrow D^0$ en fonction de l'énergie du faisceau.*

C'est ce principe d'accélération d'ion négatifs, puis de détachement, qui a été retenu pour le réacteur ITER compte tenu de sa taille qui nécessite des énergies d'injection de neutres de l'ordre du MeV pour une ionisation et un dépôt d'énergie efficace dans la zone centrale du plasma.

Les deux principaux processus permettant de produire des ions négatifs sont : (i) l'attachement électronique sur une surface métallique présentant un faible potentiel d'extraction W, un moyen d'abaisser le travail d'extraction, utilisé aussi dans le contexte des diodes thermoïoniques, est de recouvrir la surface métallique d'une couche monoatomique d'un métal alcalin ou alcalino-terreux tel que le césium ; (*ii*) l'attachement dissociatif d'un électron sur une molécule d'hydrogène, produisant ainsi un atome neutre et un ion négatif. L'utilisation d'un filtre magnétique entre deux chambres : (*i*) l'une où un plasma d'une température de l'ordre de la dizaine eV produit un niveau vibrationnel particulièrement sensible à l'attachement dissociatif et (*ii*) l'autre confinant un plasma d'ions négatifs présentant une température de l'ordre de 1 eV, permet de réunir les conditions optimales du deuxième processus. La production d'ions négatifs et leur extraction constituent deux problèmes majeurs pour concevoir un système d'injection de neutres efficace pour les grands tokamaks.

13.1.2 Injection de neutres

Les neutres rapides ainsi produits par échange de charge sur des ions positifs ou détachement sur des ions négatifs, sont injectés dans le plasma où l'ionisation les transforme en ions rapides confinés. Une telle population d'ions rapides, dont les énergies se situent entre une centaine de KeV et quelques MeV, peut être utilisée pour chauffer le plasma à travers le transfert d'énergie par collisions coulombiennes, ou générer un courant toroïdal par transfert d'impulsion vers les électrons et ions thermiques. Nous allons étudier plus en détails ces deux mécanismes de chauffage et de génération de courant.

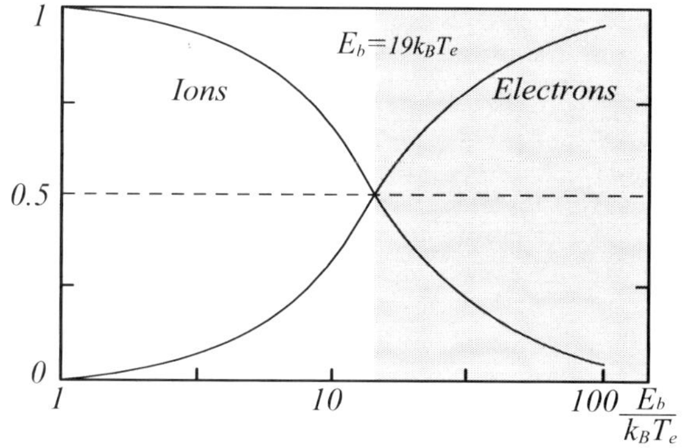

Fig. 13.6 : *Dépôts de puissances électronique et ionique.*

Nous avons établi l'équation cinétique décrivant le couplage d'un ion rapide avec un plasma thermonucléaire dans les chapitres précédents et introduit dans ce contexte la vitesse critique V_c et le temps de ralentissement τ_S. Sur la base de ces deux définitions (4.94) $V_c^3 \equiv 3Z_i\sqrt{\pi}v_{Te}v_{Ti}^2\ /4$ et (4.95) $\tau_S \equiv 3\pi^{\frac{3}{2}}\varepsilon_0^2 m_b m_i v_{Te} v_{Ti}^2/\Lambda n_e Z_b^2 e^4$ l'équation du ralentissement ionique prend la forme simple :

$$\frac{d\mathbf{v}}{dt} = \left.\frac{d\mathbf{v}}{dt}\right|_i + \left.\frac{d\mathbf{v}}{dt}\right|_e = -\underbrace{\frac{V_c^3}{v^3}\frac{\mathbf{v}}{\tau_S}}_{\text{ions}} - \underbrace{\frac{\mathbf{v}}{\tau_S}}_{\text{électrons}} \tag{13.3}$$

Le premier terme décrit le ralentissement ion rapide/ions thermiques et le deuxième le ralentissement ion rapide/électrons thermiques, l'indice b se réfère au faisceau rapide et les indices i et e aux ions et électrons thermiques. Ainsi le dépôt de puissance des ions rapides peut être séparé en un dépôt sur la population ionique $W_{b\to i}$ plus un dépôt sur la population électronique $W_{b\to e}$.

$$\textit{Chauffage ionique} \quad : \quad W_{b\to i}\,[\mathrm{W}] \equiv -m_b \left.\frac{d\mathbf{v}}{dt}\right|_i \cdot \mathbf{v} = \frac{m_b V_c^3}{\tau_S v} \tag{13.4}$$

$$\textit{Chauffage électronique} \quad : \quad W_{b\to e}\,[\mathrm{W}] \equiv -m_b \left.\frac{d\mathbf{v}}{dt}\right|_e \cdot \mathbf{v} = \frac{m_b v^2}{\tau_S} \tag{13.5}$$

La figure (13.6) présente l'évolution des dépôts de puissance normalisés $W_{b\to i}$ / $(W_{b\to i} + W_{b\to i})$ et $W_{b\to e}$ / $(W_{b\to i} + W_{b\to i})$, pour un plasma et un faisceau de deutérium, en fonction de l'énergie normalisée du faisceau $E_b/k_B T_e$. Cette séparation entre transferts ionique et électronique permet d'évaluer la fraction intégrée totale de chauffage ionique $\chi_{b\to i}$ et la fraction intégrée totale de chauffage électronique $\chi_{b\to e}$, la somme des deux fractions étant égale à un.

$$\textit{Ions} \quad : \quad \chi_{b\to i} \equiv \frac{\int W_{b\to i} dt}{m_b v_b^2/2} = \frac{2V_c^3}{\tau_S v_b^2}\int_0^{v_b} \frac{dv}{v\left|\frac{dv}{dt}\right|} = F\left(\frac{v_b^2}{V_c^2}\right)$$

$$\textit{Electrons} \quad : \quad \chi_{b\to e} \equiv \frac{\int W_{b\to e} dt}{m_b v_b^2/2} = \frac{2}{v_b^2 \tau_S}\int_0^{v_b} \frac{v^2 dv}{\left|\frac{dv}{dt}\right|} = 1 - F\left(\frac{v_b^2}{V_c^2}\right)$$

où v_b est la vitesse initiale du faisceaux et $F(x)$ la fonction :

$$F(x) \equiv \frac{1}{x}\left[\frac{1}{3}\ln\frac{1-\sqrt{x}+x}{\left(1+\sqrt{x}\right)^2} + \frac{2}{\sqrt{3}}\left(\arctan\frac{2\sqrt{x}-1}{\sqrt{3}} + \frac{\pi}{6}\right)\right] \tag{13.6}$$

obtenue par changement de variable d'intégration et quadrature, compte tenu de la relation $|dv/dt| = \left(V_c^3 + v^3\right)/v^2\tau_S$.

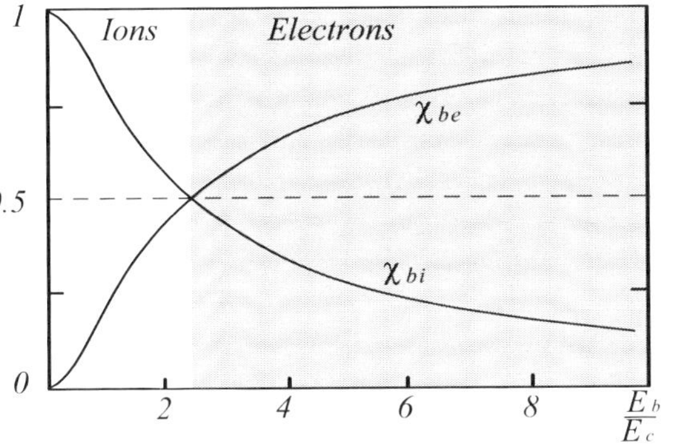

Fig. 13.7 : *Fractions intégrées d'énergie déposée sur les populations ionique et électronique.*

La figure (13.7) représente ces deux fractions intégrées en fonction de l'énergie initiale du faisceau ramenée à l'énergie cinétique critique $E_c = m_b V_c^2/2$. Le même modèle de ralentissement, électronique à haute vitesse, et ionique à basse vitesse, peut être utilisé pour évaluer le potentiel des ions rapides pour générer un courant toroïdal. Considérons, dans ce contexte, non pas un ion rapide mais une injection stationnaire de particules rapides de vitesse initiale v_b. La distribution des vitesses du faisceau injecté à haute vitesse est modélisée par un terme source $\sim \delta(v - v_b)$, et la distribution résultant de l'interaction avec le plasma s'établit suivant une fonction de distribution $f_b(v)$ solution de l'équation cinétique de Landau réduite au terme de friction $\langle \delta v \rangle / \delta t$.

$$\frac{\partial v^2}{v^2 \partial v}\left(\frac{\langle \delta v \rangle}{\delta t} f_b\right) = \frac{1}{v^2}\frac{\partial}{\partial v}\frac{V_c^3 + v^3}{\tau_b} f_b = \mathcal{W}\left[\frac{\mathrm{W}}{\mathrm{m}^3}\right]\frac{2\delta(v - v_b)}{m_b v_b^2 4\pi v^2} \tag{13.7}$$

Le terme source des particules est exprimé en fonction de la puissance $\mathcal{W}$ injectée sous forme cinétique que divise l'énergie cinétique initiale d'un ion rapide $m_b v_b^2/2$, ce rapport étant égal aux nombre d'ions injectés par unité de temps. La solution de l'équation cinétique (13.7) est obtenue par quadrature directe du terme source.

$$f_b(v) = \mathcal{W}\frac{\tau_S}{2\pi m_b v_b^2}\frac{H(v_b - v)}{V_c^3 + v^3} \tag{13.8}$$

où $H(t)$ est une distribution de Heaviside ($H(x<0) = 0$, $H(x>0) = +1$) primitive de la distribution de Dirac δ ($dH/dx = \delta(x)$). Le deuxième moment de la fonction de distribution des vitesses des ions rapides est noté $\langle nv \rangle_b$, sa valeur croit linéairement avec la puissance injectée $\mathcal{W}$.

$$\langle nv \rangle_b \equiv \int_0^{+\infty} f_b(v)\, v 4\pi v^2 dv = \mathcal{W}\frac{2\tau_S}{m_b v_b^2}\int_0^{v_b}\frac{v^3 dv}{V_c^3 + v^3} \tag{13.9}$$

$$= \mathcal{W}\frac{2\tau_S v_c}{m_b v_b^2} G\left(\frac{v_b}{V_c}\right) \underset{v_b \gg V_c}{\rightarrow} \mathcal{W}\frac{2\tau_S}{m_b v_b} \tag{13.10}$$

où la fonction $G(x)$ est donnée par :

$$G(x) \equiv x + \frac{1}{6}\ln\frac{1 - x + x^2}{(1+x)^2} - \frac{1}{\sqrt{3}}\left(\arctan\frac{2x-1}{\sqrt{3}} + \frac{\pi}{6}\right) \tag{13.11}$$

Si la vitesse d'injection est dirigée parallèlement au champ magnétique principal le faisceau d'ions rapides porte un courant toroïdal significatif de densité $e\left\langle nv_\parallel \right\rangle_b$; ce moment de la fonction de distribution peut être approché par l'expression précédente. Lorsque $v \gg V_c$ l'interaction est essentiellement électronique et elle ralentit les ions rapides sans modifier la direction de leurs vitesses, alors que le ralentissement ionique, $v < V_c$ est associé à une diffusion angulaire. Ainsi sous l'hypothèse $v_b \gg V_c$ nous pouvons écrire :

$$\left\langle nv_\parallel \right\rangle_b \equiv \int_{-\infty}^{+\infty} f_b(v_\parallel)\, v_\parallel dv_\parallel \approx \int_{v_c}^{v_b} f_b(v)\, v 4\pi v^2 dv \underset{v_b \gg V_c}{\rightarrow} \mathcal{W}\frac{2\tau_S}{m_b v_b}$$

Dans la suite de l'analyse nous utiliserons cette valeur approchée du courant de faisceau $e\left\langle nv_\parallel \right\rangle_b = 2e\tau_S \mathcal{W}/m_b v_b$. La distribution des vitesses suprathermiques $f_b(v_\parallel)$ constitue une source d'impulsion pour les électrons et les ions thermiques et le transfert d'impulsion vers ces populations peut être décrit par un terme de friction. Nous négligerons le transfert d'impulsion entre le faisceau et les ions car l'essentiel de la distribution se situe à haute vitesse ; sous cette hypothèse les deux termes de friction assurant la stationnarité du processus et la dissipation de l'impulsion-énergie injectée, sont donnés par :

$$\textit{Electrons /ions thermiques} \quad : \quad \frac{R_{e\to i}}{n_e m_e} = \frac{Z_i^2 e^4 n_i \Lambda}{3\varepsilon_0^2 \sqrt{m_e}\,(2\pi k_B T)^{\frac{3}{2}}}\left[\left\langle v_{\parallel e}\right\rangle - \left\langle v_{\parallel i}\right\rangle\right]$$

$$\textit{Ions rapides/électrons} \quad : \quad \frac{R_{b\to e}}{n_b m_b} = \frac{\sqrt{m_e} Z_b^2 e^4 n_e \Lambda}{3\varepsilon_0^2 m_b\,(2\pi k T)^{\frac{3}{2}}}\left[\left\langle v_\parallel \right\rangle_b - \left\langle v_{\parallel e}\right\rangle\right]$$

En régime stationnaire les électrons thermiques reçoivent l'essentiel de l'impulsion-énergie du faisceau et acquièrent une vitesse moyenne non nulle $\langle v_{\parallel e} \rangle$ telle que la friction électrons thermiques/ions thermiques compense la friction faisceau/électrons thermiques : $R_{b \to e} = R_{e \to i} \to Z_b^2 \langle n v_\parallel \rangle_b + Z_i^2 n_i \langle v_{\parallel i} \rangle = (Z_i^2 n_i + Z_b^2 n_b) \langle v_{\parallel e} \rangle \approx Z_i^2 n_i \langle v_{\parallel e} \rangle$.

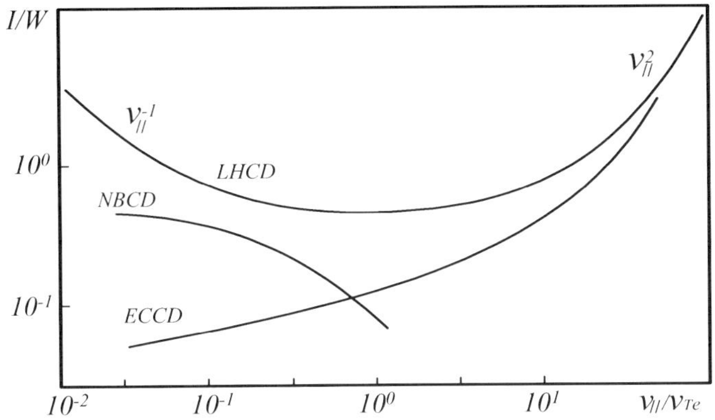

Fig. 13.8 : *Efficacités en ampère par watt des différents procédés de génération de courant.*

Cette dernière relation permet d'éliminer les vitesses ionique et électronique dans l'expression du courant J.

$$\frac{J}{e} \equiv Z_i n_i \langle v_{\parallel i} \rangle + Z_b \langle n v_\parallel \rangle_b - Z_i n_i \langle v_{\parallel e} \rangle = \left(1 - \frac{Z_b}{Z_i}\right) Z_b \langle n v_\parallel \rangle_b \qquad (13.12)$$

L'effet d'entraînement par friction sur les populations thermiques d'ions et d'électrons est dramatique car $Z_b \sim Z_i$ et le courant d'ions rapides est pratiquement totalement neutralisé par un courant de retour d'origine thermique. Ce modèle simple rend bien compte de la relative inefficacité de la génération de courant par injection d'ions rapides (de neutres rapides). La figure (13.8) présente une comparaison des différents procédés de génération de courant en terme d'efficacité mesurée en ampère par watt, l'abscisse repère la vitesse des électrons résonnants ou des ions rapides. L'efficacité de la génération non inductive de courant par injection de neutre est donc la plus faible au regard des autres procédés et est donnée par :

$$\frac{I}{W}\left[\frac{\mathrm{A}}{\mathrm{W}}\right] \leq \left(1 - \frac{Z_b}{Z_i}\right) \frac{Z_b e}{\pi R_0} \frac{\tau_S}{m_b v_b} \qquad (13.13)$$

Une étude plus fine de la cinétique de l'entraînement des ions et électrons thermiques relève cette valeur, mais l'ordre de grandeur reste néanmoins faible au regard des autres procédés et au regard de la puissance fusion disponible.

Entre la moitié et le tiers des particules neutres entrant dans le plasma sont sous forme atomique et des densités de l'ordre de 10^8 $[\mathrm{cm}^{-3}]$ à 10^{12} $[\mathrm{cm}^{-3}]$ au bord du plasma sont communes, cette population périphérique est à basse énergie, elle n'en contrôle pas moins les conditions de bord et une étude de la diffusion des neutres basses énergies dans le plasma s'impose pour construire un modèle du plasma au niveau de la SOL.

13.1.3 Diffusion des neutres

L'échange de charge présente une section efficace de réaction élevée au regard des autres processus. La succession des processus d'échanges permet aux neutres de pénétrer en profondeur le plasma et si le libre parcours moyen d'échange de charge entre neutres et ions d'une même espèce $\langle v_n \rangle / n_i \langle \sigma_{cx} v_i \rangle$ est plus petit que les longueurs de gradient du plasma et du gaz neutre cette pénétration peut être modélisée comme une marche aléatoire illustrée sur la figure (13.9), c'est-à-dire une diffusion de coefficient : $D_n \approx \langle v_i^2 \rangle / \langle \sigma_{cx} v_i \rangle n_i$. Au bout de quelques réactions la vitesse des neutres est égale à la vitesse des ions mais cette pénétration des neutres au sein du plasma est ralentie par la réaction d'ionisation qui détruit les neutres.

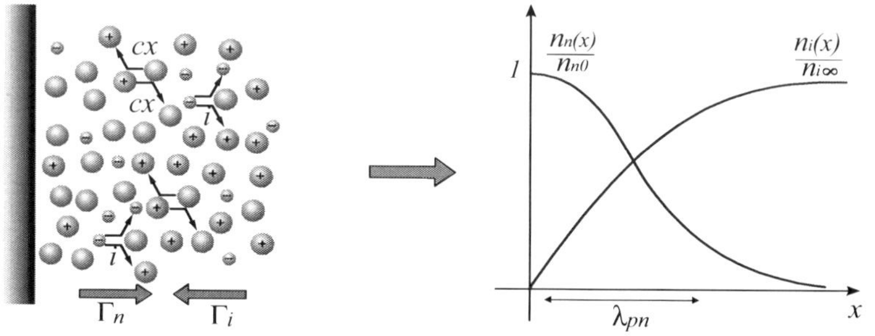

Fig. 13.9 : *Compétition échange de charge/ionisation et pénétration des neutres.*

La dynamique des ions est aussi décrite en terme de diffusion. Ainsi le bilan de matière traduisant le couplage entre une population d'ions de densité n_i et une population de neutres de densité n_n est décrite par le système :

$$\textit{Neutres} \quad : \quad \frac{d}{dx} D_n \frac{dn_n}{dx} - n_i n_n \langle \sigma_i v_e \rangle = 0 \tag{13.14}$$

$$\textit{Ions} \quad : \quad D_i \frac{d^2 n_i}{dx^2} + n_i n_n \langle \sigma_i v_e \rangle = 0 \tag{13.15}$$

La localisation de la paroi est donnée par l'abscisse $x = 0$, supposons qu'il s'établisse un recyclage parfait, $n_i(x=0) = 0$, $n_n(x=0) = n_{n0}$, limitant un plasma s'étendant vers les $x > 0$, $n_i(x=+\infty) = n_{i\infty}$, où l'ionisation finit par l'emporter : $n_n(x=+\infty) = 0$.

$$\textit{Recyclage parfait}: \; \Gamma_i(x=0) + \Gamma_n(x=0) = 0 \rightarrow D_n \frac{dn_n}{dx} + D_i \frac{dn_i}{dx} = 0$$

Nous obtenons une relation algébrique entre la densité de neutres et la densité d'ions : $D_i \left(n_{i\infty}^2 - n_i^2 \right) = 2 D_{n\infty} n_{i\infty} n_n$, nous pouvons ainsi éliminer la densité de neutres dans l'équation du bilan ionique

$$\frac{d^2 n_i}{dx^2} + \frac{\langle \sigma_i v_e \rangle \langle \sigma_{cx} v_i \rangle}{2 \langle v_i^2 \rangle} n_i \left(n_{i\infty}^2 - n_i^2 \right) = 0 \rightarrow \frac{dn_i}{dx} + \sqrt{\frac{\langle \sigma_i v_e \rangle \langle \sigma_{cx} v_i \rangle}{4 \langle v_i^2 \rangle}} \left(n_{i\infty}^2 - n_i^2 \right) = 0$$

Nous avons ainsi identifié et défini la longueur de pénétration des neutres au sein du plasma λ_{pn} :

$$\textit{Longueur de pénétration des neutres}: \; \lambda_{pn} \equiv \sqrt{\frac{4 \langle v_i^2 \rangle}{n_{i\infty}^2 \langle \sigma_i v_e \rangle \langle \sigma_{cx} v_i \rangle}} \sim \sqrt{\lambda_i \lambda_{cx}}$$

Ainsi la longueur de pénétration des neutres $\lambda_{pn} = \sqrt{\lambda_i \lambda_{cx}}$ est supérieure au libre parcours d'ionisation λ_i car $\lambda_i < \lambda_{cx}$ (figure (13.4)). Les profils de densité des neutres et des ions étant obtenus par quadrature : $n_i = n_{i\infty} \tanh(x/\lambda_{pn})$ et $n_n = n_{n0} \sec^2(x/\lambda_{pn})$. Ces profils sont représentés sur la figure (13.9) et le caractère exponentiel des fonctions tanh et sec conduit à considérer la longueur $\lambda_{pn} \sim \sqrt{\lambda_i \lambda_{cx}}$ comme une coupure permettant de donner un sens à la notion d'interface *plasma-gaz*.

13.2 Extraction des Particules

13.2.1 Scrape-off layer

Nous avons déjà utilisé l'acronyme SOL et présenté le concept de *scrape-off layer* : en périphérie du plasma un point X magnétique est créé par un système de bobines adéquat pour permettre à un certain nombre de surfaces magnétiques de s'ouvrir et autoriser ainsi un ensemble de lignes de champ à intercepter des cibles matérielles au sein d'un dispositif appelé divertor, la figure (13.10) représente cet ensemble de lignes de champ ouvertes entre la LCFS (last closed flux surface) et la paroi. Le plasma passe dans la SOL à travers le phénomène de diffusion perpendiculaire aux lignes de champ et, dans la SOL, il s'écoule le long des lignes de champ vers les plaques du divertor, figures (13.10) et (13.11).

Nous établirons dans la suite l'expression de l'épaisseur du plasma de la SOL (13.42) dont l'ordre de grandeur est typiquement centimètrique ; ainsi, pour un réacteur présentant une puissance thermique de l'ordre de trois gigawatts, plus d'un demi-gigawatt doit être évacué le long d'un ensemble de lignes de champ de longueur $2\pi q_a R_0 \sim 50 - 100$ m confinant un plasma présentant une température de l'ordre de 100 eV et d'épaisseur centimétrique. Par exemple, dans le cas d'ITER, si nous considérons une surface du plasma de l'ordre de 700 m^2 et une puissance de l'ordre de 140 MW, négligeant le rayonnement nous obtenons un flux de l'ordre de 0.2 MW/m^2 au niveau de la LCFS, mais ce flux perpendiculaire aux lignes de champ de la SOL est ensuite évacué le long des lignes de champ de la SOL et le flux de puissance ainsi constitué ramené à l'épaisseur de la SOL peut atteindre une valeur de l'ordre de plusieurs centaines de mégawatts par mètre carré. Pour réduire la contrainte thermique à un niveau acceptable au regard des contraintes de tenue des matériaux ($\lesssim 10$ MW/m^2) : (i) les plaques du divertor sont orientées pour que l'impact des lignes de champ sous un faible angle augmente la surface de captation du flux induisant ainsi un étalement du dépôt thermique, et (ii) l'augmentation de densité est favorisée permetant ainsi d'élever le niveau des processus inélastiques tels que le rayonnement et l'ionisation, réduisant ainsi le dépôt thermique. Les flux de puissance et de particules peuvent être transférés au composants matériels : (i) à haute température et basse densité (régime de faible recyclage) ou (ii) à basse température et haute densité (régime de fort recyclage). Le système de pompage des neutres opère au niveau du divertor figure (13.10). Le divertor doit remplir trois fonctions essentielles pour le bon fonctionnement d'un réacteur :

- l'extraction de la puissance thermonucléaire déposée au sein du plasma permettant l'entretien du cycle thermique de conversion chaleur/travail,
- l'extraction des alphas froids, c'est-à-dire des cendres issues de la combustion thermonucléaire,

• la rétention des impuretés et le contrôle de la densité.

Des évenements transitoires, les ELM (edge localized modes), perturbent le fonctionnement stationnaire du divertor, résultant en de grandes variations des conditions opérationnelles pour ces trois fonctions. Bien que la distance entre le divertor et le point X soit de l'ordre du mètre, les particules doivent suivre les lignes de champ dans la SOL sur une centaine de mètres avant d'atteindre les plaques du divertor ; cet ordering fort permet de découpler, dans une certaine mesure, le contrôle du plasma et le contrôle du bord.

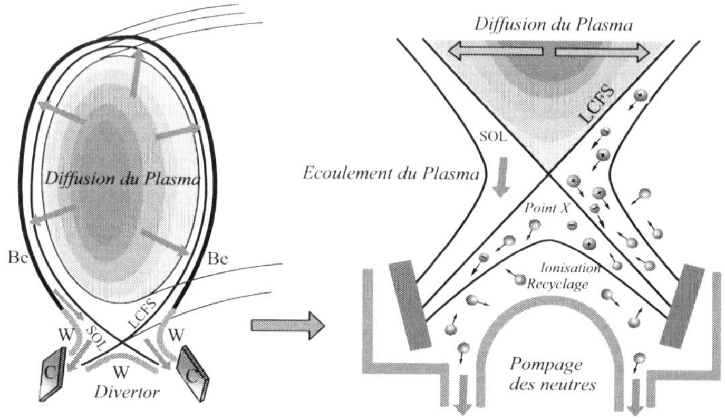

Fig. 13.10 : *Extraction de puissance et de particules : SOL et divertor.*

Les plasmas de SOL et de divertor présentent une remarquable variété de comportements, la richesse de la phénomenologie des ces différents régimes peut être appréhendée à travers une classification simplifiée en trois régimes principaux : (*i*) le régime limité par gaine où la pression et la température sont constantes le long des lignes de champ de la SOL entre le point de stagnation de l'écoulement S et la gaine G (figure (13.11)) au niveau des plaques du divertor, la température est supérieure au seuil d'ionisation et l'ionisation, le rayonnement et le recyclage sont faibles ; (*ii*) le régime de recyclage où la pression est constante mais où la densité augmente au niveau du divertor alors que la température diminue significativement dans cette région, la température est plus faible que dans le régime précédent et le recyclage est significatif ; (*iii*) le régime détaché où la température et la densité diminuent au niveau des plaques du divertor, le recyclage et le rayonnement sont importants et la zone d'ionisation se détache de la cible solide, ce dernier régime basse température est le plus prometteur pour l'extraction de puissance compte tenu des niveaux de performances thermiques des matériaux. La prédominance des processus de rayonnement, de recombinaison, d'ionisation et de recyclage au niveau du divertor au regard d'un simple bilan entre des flux entrants de matière et de chaleur et des flux évacués est à l'origine de la complexité du comportement du plasma de SOL et du gaz ionisé du divertor en régime détaché. Le tableau ci-dessous présente quelques ordres de grandeurs pour ces trois régimes dans un grand tokamak.

Régimes	Limité par gaine	Recyclage	Détaché
Pression neutre [Torr]	10^{-6}-10^{-7}	10^{-4}-10^{-2}	$> 10^{-2}$
Température [eV]	100-200	30-200	< 30
Densité de bord [cm^{-3}]	10^{11}-10^{12}	10^{12}	10^{13}-10^{14}
% Puissance rayonnée	10^{-10}	10^{-7}	10^{-1}-$9. \times 10^{-1}$

La physique du plasma d'extraction est un sujet suffisamment vaste pour mériter une monographie dédiée, dans ce chapitre nous allons identifier les différents phénomènes à l'œuvre et les ordering de longueurs caractéristiques, mais nous ne proposerons pas une image finale et définitive de l'extraction de particules et de puissance intégrant tous les mécanismes ainsi identifiés. La modélisation numérique est nécessaire à ce niveau de complexité pour offrir des prédictions crédibles et construire une image cohérente.

L'approche suivie consiste en une réduction dimensionnelle, partant de la structure de la SOL et de la zone d'extraction, nous allons construire une série de modèles de dimensions réduites : 3D (figure (13.11)) → 2D (figure (13.12)) → 1D (figure (13.13)).

Commençons par le problème de l'écoulement le long des lignes de champ de la SOL. Quelle est la longueur caractéristique d'une ligne de champ ouverte entre le point de stagnation de l'écoulement S et les plaques du divertor G? La réponse à cette question passe par l'analyse de la géométrie des lignes de champ représentées sur la figure (13.11).

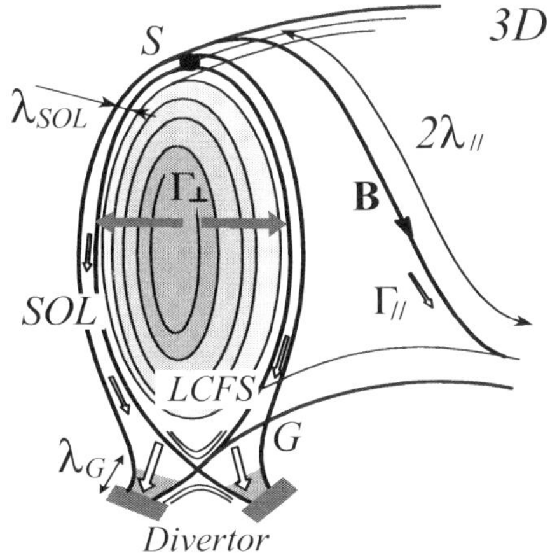

Fig. 13.11 : *Longueur de connexion des lignes de champ ouvertes et longueurs caractéristiques de la SOL.*

L'abscisse curviligne le long d'une ligne de champ en fonction des coordonnées toroïdales est donnée par : $\sqrt{R^2 d\varphi^2 + r^2 d\theta^2} \approx R q d\theta$, la longueur de connexion peut ainsi être définie par la somme : $2\lambda_{\parallel} \equiv \oint R q d\theta$, c'est-à-dire l'ordre de grandeur :

$$\textit{Longueur de connexion magnétique} \ : \ \boxed{\lambda_{\parallel} = \pi q_a R_0} \qquad (13.16)$$

Notons que cette longueur est plus courte que le libre parcours moyen collisionnel λ_c pour les conditions de température et de densité du régime limité par gaine : $\lambda_c\,[\mathrm{m}] \approx 10^{16} \times T^2\,[\mathrm{eV}]\; n_i^{-1}\,[\mathrm{m}^{-3}] > \lambda_{\parallel}$, mais l'ordering peut s'inverser pour un plasma froid et dense. Le plasma en provenance du centre s'écoule donc le long des lignes de champ ouvertes et ce flux $\Gamma_{\parallel}$ sortant au niveau des plaques du divertor est compensé par un flux diffusif $\Gamma_{\perp}$ entrant dans la SOL ; ainsi un régime stationnaire d'extraction $\partial\Gamma_{\perp}/\partial x + \partial\Gamma_{\parallel}/\partial z = 0$ peut être établi.

$$\textit{Flux perpendiculaire} \quad : \quad \Gamma_{\perp}(x, z) \equiv -D_{\perp}\frac{\partial n}{\partial x} \qquad (13.17)$$

$$\textit{Flux parallèle} \quad : \quad \Gamma_{\parallel}(x,z) \equiv nv_{\parallel} \tag{13.18}$$

Nous avons donc opéré une réduction dimensionnelle 3D → 2D en déroulant l'ensemble des lignes de champ de la SOL, cette réduction est illustrée par la figure (13.12). Considérons, à présent, le long d'une ligne de champ magnétique appartenant à la SOL, un modèle de plasma quasi-neutre.

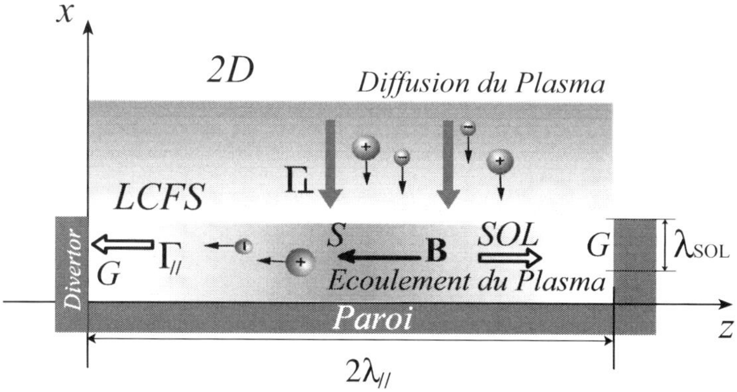

Fig. 13.12 : *Modèle 2D du plasma de SOL.*

Négligeons l'inertie électronique et la pression ionique, et introduisons un terme source de particules $\Gamma_{\perp}/2\lambda_{\parallel}$ décrivant l'apport de plasma par diffusion depuis le centre vers le bord (figure (13.12)). La génération de plasma par ionisation sera décrite par un terme $\langle \sigma_i v_e \rangle Nn$ où n est la densité de plasma et N la densité de neutres. Nous venons ainsi d'opérer la réduction finale 2D → 1D illustrée sur la figure (13.13). Cette réduction suppose une densité de neutres N constante en périphérie du plasma. La SOL et le divertor ayant comme fonctions l'extraction de matière et de puissance, les modélisations de leurs dynamiques, même dimentionellement réduites, nécessitent l'analyse des processus de transport de la masse (charge), de l'énergie et de l'impulsion qui sont décrits par les vecteurs flux de particules $\mathbf{\Gamma}$ (11.26), flux d'énergie $\mathbf{Q}$ (11.27), ainsi que par le tenseur de flux d'impulsion $\mathbf{\Pi}$ (11.28).

Flux de particules	$\mathbf{\Gamma} \equiv n\mathbf{V}$	
Flux d'impulsion	$\mathbf{\Pi} \equiv nm\mathbf{V}\mathbf{V} + p\mathbf{I} + \boldsymbol{\pi}$	(13.19)
Flux dénergie	$\mathbf{Q} \equiv \frac{1}{2}mnV^2\mathbf{V} + \frac{5}{2}p\mathbf{V} + \mathbf{q} + \boldsymbol{\pi}\cdot\mathbf{V}$	

Le modèle unidimensionnel décrivant le comportement du plasma le long des lignes de champ de la SOL, où nous noterons z l'abscisse curviligne le long de ces lignes, est entièrement déterminé par les conservations de l'impulsion et de la masse et l'étude du potentiel électrostatique ϕ (ambipolaire) associé à la différence de comportements des électrons et des ions au sein de l'écoulement de vitesse v. Les hypothèses (i) de quasi-neutralité $n_i = n_e = n$ et (ii) d'adiabaticité : $n_e = n_0 \exp(e\phi/k_B T_e)$ permettent d'exprimer le potentiel électrostatique ϕ en fonction de la densité n. La vitesse du plasma quasi-neutre v est égale à la vitesse des ions v_i et le bilan de masse du plasma se réfère aux variables ioniques ; les électrons assurent la quasi-neutralité et la pression électronique $n_e k_B T_e$ est égale à la force de Coulomb ionique sous les hypothèses d'adiabaticité et de quasi-neutralité.

$$\textit{Adiabaticité :}\ \phi = \frac{k_B T_e}{e} \ln \frac{n}{n_0} \rightarrow \underbrace{e n_i \frac{d\phi}{dz}}_{\text{Coulomb ionique}} = \underbrace{k_B T_e \frac{dn_e}{dz}}_{\text{pression électronique}}$$

Introduisons le flux de masse Γ et le flux d'impulsion Π du fluide quasi-neutre ainsi modélisé.

Flux de masse	$\Gamma = nv$
Flux d'impulsion	$\Pi = nk_B T_e$

Nous supposerons que le plasma au voisinage du point de stagnation S est au repos, $v(z=0)=0$, le tenseur des quantités de mouvement Π (13.19) est alors dominé par le terme de pression électronique $nk_B T_e$; nous considérerons l'impact du terme convectif ionique mnv^2 dans le paragraphe suivant. La fréquence de transfert d'impulsion est déterminée par la moyenne de la section efficace de collisions élastiques σ_c avec les neutres. La fréquence d'ionisation s'exprime comme la moyenne de la section efficace d'ionisation σ_i que multiplie la densité d'électrons $n_e = n$ et la densité de neutres N.

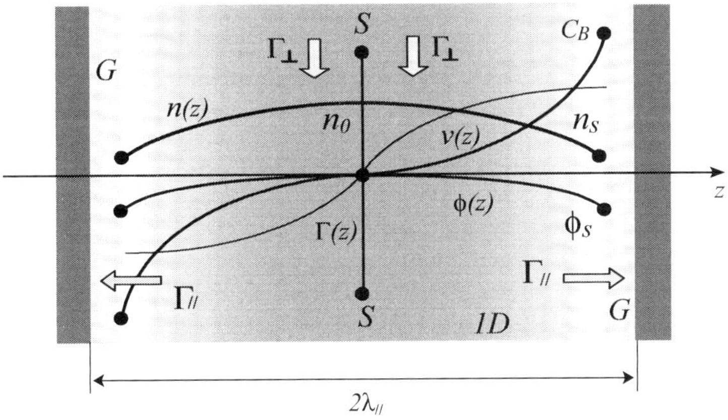

Fig. 13.13 : *Modèle 1D du plasma de SOL.*

Nous obtenons ainsi les bilans de masse et impulsion :

$$\textit{Masse} \quad : \quad \frac{d\Gamma}{dz} = \underbrace{\langle \sigma_i v_e \rangle N n}_{\text{ionisation}} + \underbrace{\frac{\Gamma_{\perp 0}}{2\lambda_\parallel}}_{\text{source plasma}} \tag{13.20}$$

$$\textit{Impulsion} \quad : \quad \frac{d\Pi}{dz} = - \underbrace{m \langle \sigma_c v_e \rangle N \Gamma}_{\text{friction}} \tag{13.21}$$

Afin d'alléger l'écriture, introduisons les fréquences d'ionisation $\nu_I \equiv \langle \sigma_i v_e \rangle N$ et friction $\nu_C \equiv \langle \sigma_c v_e \rangle N$. Les bilans précédents prennent alors les formes couplées : $dn/dz = -\nu_C \Gamma / C_B^2$, $d\Gamma/dz = \nu_I n + \Gamma_{\perp 0}/2\lambda_\parallel$ qui peuvent être découplées par dérivation par rapport à la position.

$$\textit{Densité} \quad : \quad \frac{d^2 n}{d^2 z} = -\frac{\nu_C \nu_I}{C_B^2} n - \frac{\nu_C}{C_B^2} \frac{\Gamma_\perp}{2\lambda_\parallel} \tag{13.22}$$

$$\textit{Flux} \quad : \quad \frac{d^2\Gamma}{dz^2} = -\frac{\nu_C \nu_I}{C_B^2}\Gamma \tag{13.23}$$

Les conditions aux limites sur le flux sont : $\Gamma(z=0) = 0$ et $\Gamma\left(z = \lambda_{\|}\right) \approx \Gamma_{\perp 0}$. La solution $\Gamma(z)$ de l'équation (13.23) est donnée par un simple profil sinusoïdal et l'équation de conservation de la masse permet ensuite d'exprimer $n(z)$.

$$\Gamma = \Gamma_{\perp 0} \frac{\sin \frac{\sqrt{\nu_C \nu_I} z}{C_B}}{\sin \frac{\sqrt{\nu_C \nu_I} \lambda_{\|}}{C_B}} \rightarrow n = \frac{\Gamma_{\perp 0}}{C_B \sqrt{\frac{\nu_I}{\nu_C}}} \frac{\cos \frac{\sqrt{\nu_C \nu_I} z}{C_B}}{\sin \frac{\sqrt{\nu_C \nu_I} \lambda_{\|}}{C_B}} - \frac{\Gamma_{\perp 0}}{2\nu_I \lambda_{\|}}$$

La vitesse d'écoulement $v(z) = \Gamma(z)/n(z)$ s'annule au point de stagnation et est monotone croissante du point de stagnation S, $z = 0$, à la plaque du divertor, $z = \lambda_{\|}$. La condition $n\left(z = \lambda_{\|}\right) = 0$ permet d'exprimer la température T_e nécessaire à l'entretien du plasma, c'est la condition de Schottky :

$$\textit{Schottky}: \ \cot\left(\frac{\lambda_{\|}\sqrt{\nu_C \nu_I}}{C_B}\right) = \frac{C_B}{2\lambda_{\|}\sqrt{\nu_I \nu_C}} \rightarrow T_e$$

qui doit être considérée comme une équation d'inconnue T_e car C_B, ν_I et ν_C sont des fonctions de T_e. Mais si la condition $n\left(z = \lambda_{\|}\right) = 0$ est satisfaite alors $v\left(z = \lambda_{\|}\right) = \infty$ car le flux $\Gamma\left(z = \lambda_{\|}\right)$ est fini. Cette conclusion doit être révisée en prenant en compte le terme de convection d'impulsion mnv^2 dans l'expression de Π car si ce terme est négligeable au niveau du point de stagnation $z = 0$, il est dominant au niveau des plaques du divertor $z = \lambda_{\|}$. Considérons donc un modèle prenant en compte l'inertie ionique qui devient dominante au niveau du divertor. Les flux d'impulsion et de masse ont pour expressions :

Flux de masse	$\Gamma = nv$
Flux d'impulsion	$\Pi = mnv^2 + nk_B T_e$

et les équations de conservations prenant en compte l'ionisation et la friction :

$$\textit{Masse} \quad : \quad \frac{d\Gamma}{dz} = \underbrace{\langle \sigma_i v_e \rangle N n}_{\text{ionisation}} \tag{13.24}$$

$$\textit{Impulsion} \quad : \quad \frac{d\Pi}{dz} = -\underbrace{m \langle \sigma_c v_e \rangle N \Gamma}_{\text{friction}} \tag{13.25}$$

où nous avons négligé le terme source $\Gamma_{\perp 0}$ pour concentrer l'analyse au niveau du divertor loin du point de stagnation S. Définissons les fréquences d'ionisation $\nu_I \equiv \langle \sigma_i v_e \rangle N$, de friction $\nu_C \equiv \langle \sigma_c v_e \rangle N + 2 \langle \sigma_i v_e \rangle N$, ainsi que le paramètre de contrôle $K \equiv \sqrt{\nu_I / \nu_C}$; notons que la forme inhabituelle de la fréquence de collision prend en compte le fait qu'une paire électron/ion est créée au repos par le processus d'ionisation et que nous devons donc comptabiliser ce processus comme une perte d'impulsion au regard de l'environnement en écoulement à la vitesse v. Les deux bilans (13.24) et (13.25) conduisent aux équations de distributions de la vitesse $v(z)$ et de la densité $n(z)$ en fonction de l'abscisse curviligne z le long d'une ligne de champ de la SOL.

$$\textit{Densité} \quad : \quad \frac{dn}{dz} = -\nu_C \frac{nv}{C_B^2 - v^2} \tag{13.26}$$

$$\textit{Vitesse} \quad : \quad \frac{dv}{dz} = \nu_I + \nu_C \frac{v^2}{C_B^2 - v^2} \tag{13.27}$$

La normalisation des variables de vitesse $V \equiv v\sqrt{\nu_C/\nu_I}/C_B$ et de position $Z \equiv z\sqrt{\nu_C\nu_I}/C_B$ permet une écriture faisant apparaître l'unique paramètre de contrôle du problème K.

$$\text{Densité} \quad : \quad \frac{dn}{dV} = -n\frac{V}{1+(1-K^2)V^2} \tag{13.28}$$

$$\text{Position} \quad : \quad \frac{dZ}{dV} = \frac{1-K^2V^2}{1+(1-K^2)V^2} \tag{13.29}$$

Partant de la condition aux limites $Z(V=0)=0$, l'intégration de la relation entre vitesse V et position Z conduit à une quadrature analytique : $Z(V) = (1-K^2)^{-\frac{3}{2}} \arctan V\sqrt{1-K^2}$ - $(1-K^2)^{-1} VK^2$. Le rapport $n(V)/n(V=0)$ peut aussi être exprimé en fonction de V ; définissons, conformément à la figure (13.13), la densité du *seuil de gaine* n_s comme la densité où la vitesse est égale à la vitesse de Böhm, $V = 1/K$.

$$\text{Densité de seuil :} \quad \frac{n_s}{n_0} \equiv \frac{n(V=1/K)}{n(V=0)} \quad \rightarrow \quad \boxed{\frac{n_s}{n_0} \approx \frac{1}{2}} \tag{13.30}$$

L'ordre de grandeur ainsi identifié est universel et correspond à un paramètre K de l'ordre de l'unité. De façon similaire le potentiel du *seuil de gaine* est défini suivant la relation : $\phi_s \equiv \phi(V=0) - \phi(V=1/K) = k_BT_e \ln(n_0/n_s)/e$.

$$\text{Potentiel de seuil : } \phi_s \equiv \frac{k_BT_e}{e}\ln\frac{n_0}{n_s} \quad \rightarrow \quad \boxed{\phi_s \approx -\frac{k_BT_e}{e}\log 2}$$

Le choix de la vitesse de Böhm comme limite de la zone quasi-neutre du plasma s'explique par la condition de Böhm que nous allons établir maintenant ; en effet, au-delà de cette vitesse les conditions de quasi-neutralité ne sont plus recevables et nous devons considérer une structure non neutre, la gaine, G sur la figure (13.13), où les ions sont accélérés et les électrons décélérés pour assurer l'égalité des flux ionique et électronique sortants sur la paroi, la zone précédant la gaine où le potentiel ambipolaire devient significatif et commence à préparer l'égalisation des flux ioniques et électroniques est appelée pré-gaine.

13.2.2 Gaines et Divertor

Nous établirons, dans le cadre du prochain paragraphe, que le flux unidirectionnel de particules dans un milieu à l'équilibre thermodynamique est égal à $n\,\bar{v}\,/4$ (13.45) où $\bar{v}$ est défini par la relation (4.1). Au sein du plasma de SOL le flux électronique sortant au niveau du seuil de gaine $\Gamma_e|_{\phi_s}$ doit être pris égal à cette valeur. Le cas du flux d'ions est différent car ils sont accélérés par le potentiel ambipolaire $\phi = k_BT_e\ln(n/n_0)/e$ depuis le point de stagnation S jusqu'au seuil de gaine et la vitesse fluide v_i résulte donc de la conversion de l'énergie potentielle $e\phi$ en énergie cinétique.

$$\text{Flux électronique} \quad : \quad \Gamma_e|_{\phi_s} = n_s\sqrt{\frac{k_BT_e}{2\pi m_e}} \tag{13.31}$$

$$\text{Flux ionique} \quad : \quad \Gamma_i|_{\phi_s} = n_s\sqrt{-\frac{2e\phi_s}{m_i}} \tag{13.32}$$

Le flux ionique est bien plus faible que le flux électronique $\Gamma_i|_{\phi_s} < \Gamma_e|_{\phi_s}$, aussi un mécanisme de régulation des flux de charges, accélérant les ions et déccélérant les électrons est nécessaire pour assurer l'égalité des flux ionique et électronique au niveau de la paroi terminant la ligne de champ : $\Gamma_i|_{\phi_f} = \Gamma_e|_{\phi_f}$ où nous avons introduit le *potentiel flottant* ϕ_f qui est le potentiel de la plaque du divertor par rapport au point de stagnation conformément à la figure (13.14).

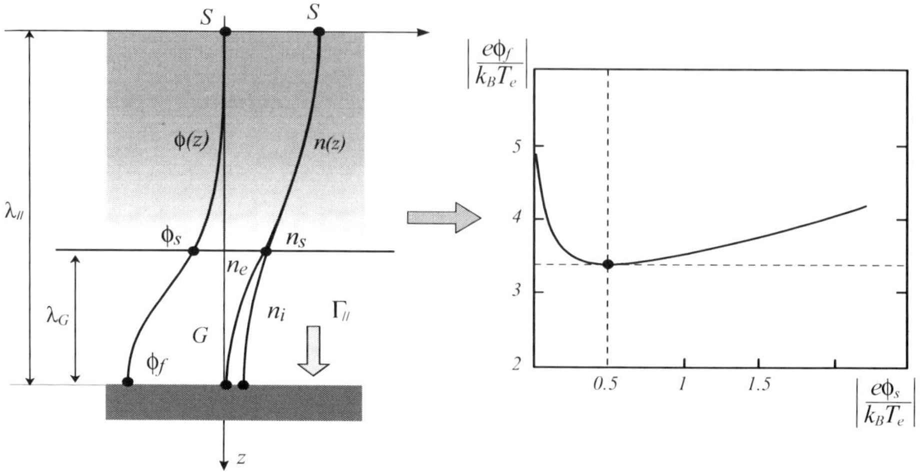

Fig. 13.14 : *Gaine et pré-gaine du plasma de SOL.*

Le moyen le plus simple de ralentir les électrons dans la gaine, et d'y accélérer les ions, est constitué par une chute de potentiel $\phi_s - \phi_f > 0$, en effet l'équilibre adiabatique des électrons permet alors de diminuer la densité électronique et les flux au niveau de la paroi sont alors donnés par :

$$\textit{Flux électronique} \quad : \quad \Gamma_e|_{\phi_f} = \exp\left[\frac{e\left(\phi_f - \phi_s\right)}{k_B T_e}\right] \Gamma_e|_{\phi_s}$$

$$\textit{Flux ionique} \quad : \quad \Gamma_i|_{\phi_f} = \Gamma_i|_{\phi_s}$$

Le potentiel flottant est solution de l'équation : $\Gamma_i|_{\phi_f} = \Gamma_e|_{\phi_f}$. Cette relation est peu restrictive car les différentes valeurs de la fonction $\phi_f(\phi_s)$:

$$\phi_f(\phi_s) = \phi_s + \frac{k_B T_e}{2e} \log \frac{-e\phi_s}{k_B T_e} + \frac{k_B T_e}{2e}\left(\log \frac{m_e}{m_i} + \log 4\pi\right) \tag{13.33}$$

représentée sur la figure (13.14) assurent toutes $\Gamma_i|_{\phi_f} = \Gamma_e|_{\phi_f}$. Si le système ne présente pas de contrainte supplémentaire, le minimum de potentiel $d\phi_f/d\phi_s = 0$ sera observé.

$$\frac{d\phi_f}{d\phi_s} = 0 \to \phi_s = -\frac{k_B T_e}{2e} \to \phi_f = -\frac{k_B T_e}{2e}\left(1 - \log 2\pi + \log \frac{m_i}{m_e}\right)$$

$$\frac{d\phi_f}{d\phi_s} = 0 \to \phi_s = -\frac{k_B T_e}{2e} \to \Gamma_i|_{\phi_s} = n_s \sqrt{\frac{k_B T_e}{m_i}} = n_s C_B$$

La réalisation de ce minimum implique que le flux ionique entrant dans la gaine possède une vitesse dirigée égale à la vitesse de Böhm $v_i = C_B$ et c'est précisément cette condition que nous avons considérée dans l'étude précédente comme définissant le seuil de gaine. La transition entre un plasma quasi-neutre ($n_e = n_i$) et une structure de gaine non neutre ($n_e < n_i$) assurant $\Gamma_i|_{\phi_f} = \Gamma_e|_{\phi_f}$ est donc contrainte par la condition de Böhm :

$$\textit{Critère de Böhm} \; : \; \boxed{v_i|_{\phi_s} = C_B = \sqrt{\frac{k_B T_e}{m_i}}} \tag{13.34}$$

La zone où la densité diminue fortement au sein du plasma en amont de la gaine est appelée pré-gaine et les deux analyses que nous venons de présenter conduisent donc aux conditions suivantes au niveau des plaques du divertor.

Courant ionique de gaine	$e\,\Gamma_i|_{\phi_f} = e\,\Gamma_i|_{\phi_s} = -e\,\Gamma_e|_{\phi_f} = en_s C_B$
Potentiel de seuil	$\phi_s = -\frac{k_B T_e}{e}\log 2$
Potentiel flottant	$\phi_f = -\frac{k_B T_e}{e}\log\sqrt{\frac{m_i}{2\pi m_e}}$

Une dernière inconnue subsiste dans ce problème du raccordement du plasma de pré-gaine à la gaine : quelle est l'épaisseur d de la gaine ? Pour répondre à cette question nous allons considérer que la gaine est le siège d'un écoulement unipolaire de charges. En effet la condition de gaine $n_i \gg n_e$ autorise à négliger la population électronique et à modéliser l'écoulement dans la gaine comme un écoulement purement ionique de densité de courant $J = e\Gamma_i$ entre une anode et une cathode distantes de d et polarisées sous une différence de potentiel $U = \phi_f - \phi_s$. Ces types d'écoulements, dits limités par charges d'espace, ont été étudiés et deux régimes asymptotiques ont été identifiés : (i) le régime inertiel de Child-Langmuir et (ii) le régime collisionnel de Mott-Gurney.

$$\textit{Child-Langmuir} \; : \; U \sim J^{0.66} \times d^{1.33} \tag{13.35}$$

$$\textit{Mott-Gurney} \; : \; U \sim J^{0.5} \times d^{1.5} \tag{13.36}$$

Considérons le régime inertiel de Child-Langmuir et établissons la loi de Child-Langmuir, $U \sim J^{0.66} d^{1.33}$, qui correspond aux conditions du plasma d'extraction des tokamaks. Soit un écoulement ionique stationnaire suivant l'axe des z entre les plans $z = 0$ et $z = d$. Les ions de charge e et de masse m sont décrits par la densité $n(z)$ et la vitesse $v(z)$, le flux de particules s'écoulant ainsi entre l'anode et la cathode est constant et égal à $\Gamma_{\|}$; le potentiel électrostatique entre l'anode et la cathode est décrit par la fonction $\phi(z)$, ce modèle est représenté sur la figure (13.15). Ces trois inconnues : (i) densité, (ii) potentiel et (iii) vitesse, nécessitent la prise en compte de trois relations : (i) la conservation de la charge, (ii) la conservation de l'énergie et (iii) la relation de Poisson.

$$\textit{Conservation de la masse/charge} \; : \; J = e\Gamma_{\|} = en(z)v(z)$$

$$\textit{Conservation de l'énergie} \; : \; \frac{m}{2}v(z)^2 + e\phi(z) = 0$$

$$\textit{Equation de Poisson} \; : \; \frac{d^2\phi}{dz^2} = -\frac{en(z)}{\varepsilon_0} = -\frac{e\Gamma_{\|}}{\varepsilon_0 v(z)}$$

Eliminant la vitesse de la dernière équation nous obtenons la relation :

$$\textit{Equation de Poisson non-linéaire} \; : \; \frac{d^2\phi}{dz^2} = -\frac{\Gamma_{\|}}{\varepsilon_0}\sqrt{\frac{me}{2}}\left[-\phi(z)\right]^{-\frac{1}{2}}$$

qui peut aisément être intégrée en multipliant les membres de gauche et de droite par $d\phi/dz$ pour abaisser d'un degré l'ordre de l'équation, $d\left[d\phi/dz\right]^2/dz \sim d\sqrt{\phi}/dz$, et finalement ramener l'équation de Poisson non-linéaire à une quadrature prenant en compte la chute de potentiel entre les électrodes égale à U ($\phi(z=0)=0$, $\phi(z=d)=-U<0$).

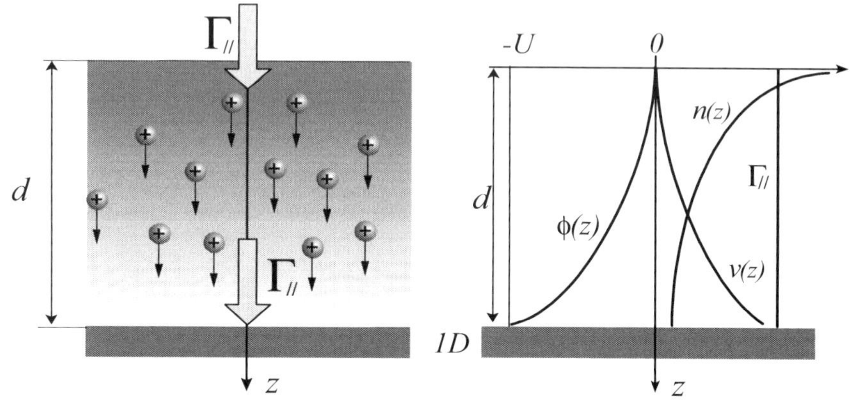

Fig. 13.15 : *Ecoulement ionique de Child-Langmuir.*

Le résultat final est la formule classique du courant de Child ou Child-Langmuir $\Gamma_C(U,d)$.

$$\textit{Courant de Child} \; : \; \Gamma_{\parallel} = \Gamma_C(U,d) \equiv \frac{4}{9}\varepsilon_0\sqrt{\frac{2}{me}}\frac{U^{\frac{3}{2}}}{d^2} \tag{13.37}$$

Les ordres de grandeurs des courants électronique et ionique limités par charge d'espace sont respectivement :

$$e\Gamma_{\parallel e}\left[\frac{\mathrm{A}}{\mathrm{cm}^2}\right] = 2.3\times10^{-6}\frac{\left[\frac{U}{\mathrm{V}}\right]^{\frac{3}{2}}}{\left[\frac{d}{\mathrm{cm}}\right]^2}\;,\; e\Gamma_{\parallel i}\left[\frac{\mathrm{A}}{\mathrm{m}^2}\right] = 5.4\times10^{-8}\sqrt{\frac{Z}{A}}\frac{\left[\frac{U}{\mathrm{V}}\right]^{\frac{3}{2}}}{\left[\frac{d}{\mathrm{m}}\right]^2}$$

L'image qui se dégage des études précédentes est donc la suivante : au niveau de la pré-gaine les ions sont accélérés et leurs vitesses à l'entrée de la gaine sont égales à la vitesse de Böhm C_B, le flux ionique entrant dans la gaine est égal au flux sortant sur la paroi matériel, ce flux est limité par la charge d'espace ionique car la densité électronique est exponentiellement faible dans la gaine, ainsi le flux de Böhm doit être égal au flux de Child associé à la chute de potentiel dans la gaine.

$$\textit{Flux de Child} \quad : \quad \Gamma_{\parallel} = \Gamma_C \approx \frac{4}{9}\varepsilon_0\sqrt{\frac{2}{em_i}}\frac{\left|\phi_f\right|^{\frac{3}{2}}}{\lambda_G^2} \tag{13.38}$$

$$\textit{Flux de Böhm} \quad : \quad \Gamma_{\parallel} = \Gamma_B \approx n_s C_B = n_s\sqrt{\frac{k_B T_e}{m_i}} \tag{13.39}$$

L'égalité entre ces deux flux permet d'évaluer l'épaisseur de la gaine rendant compatible le flux de Böhm et le flux de Child.

$$\textit{Epaisseur de gaine :} \; \Gamma_C = \Gamma_B \rightarrow \frac{\lambda_G}{\lambda_D} \approx \left(\frac{e\left|\phi_f\right|}{kT_e}\right)^{\frac{3}{4}} \approx \left(\log\sqrt{\frac{m_i}{m_e}}\right)^{\frac{3}{4}}$$

L'épaisseur de gaine est donc de quelques longueurs de Debye λ_D.

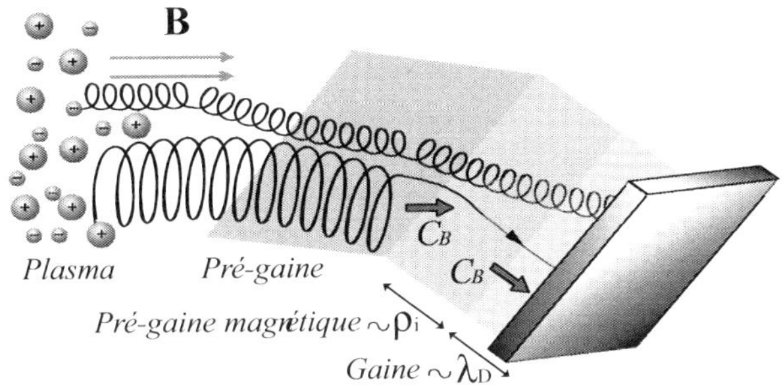

Fig. 13.16 : *Gaine magnétisée.*

Les résultats que nous venons d'établir ne sont valables que sous l'hypothèse d'un trè s faible angle d'incidence de la ligne de champ sur la plaque du divertor, lorsque cet angle d'incidence est significatif il est nécessaire de prendre en considération, entre la pré-gaine et la gaine, une pré-gaine magnétique de l'ordre de grandeur d'un rayon de Larmor ionique (figure (13.16)) et de modéliser la réponse magnétisée des électrons en accommodant l'équilibre adiabatique et la force de Laplace. Nous n'entrerons pas dans le vaste sujet des gaines magnétisées et considérerons pour conclure le problème de l'épaisseur de la SOL. Soit $n(x)$ la densité de plasma dans la SOL perpendiculairement aux lignes de champ magnétique pour le modèle 2D de la gaine représentée sur la figure (13.12) ; la conservation de la masse s'exprime suivant la relation :

$$\textit{Régime stationnaire de la SOL:} \quad \frac{\partial \Gamma_\perp}{\partial x} + \frac{\partial \Gamma_\parallel}{\partial z} = 0 \tag{13.40}$$

Le flux perpendiculaire $\Gamma_\perp$ est de nature diffusif et le flux parallèle $\Gamma_\parallel$ est égal au flux de Böhm, le rapport différentiel $\partial\Gamma_\parallel/\partial z$ peut être approché par $\Gamma_\parallel/\lambda_\parallel$, ainsi :

$$D_\perp \frac{\partial^2 n}{\partial x^2} = \frac{nC_B}{\lambda_\parallel} \rightarrow n = n_{LCFS} \exp - \frac{x}{\lambda_{SOL}} \tag{13.41}$$

L'ordre de grandeur de l'épaisseur de la SOL est donc donné par la relation :

$$\textit{Epaisseur de la SOL:} \ \lambda_{SOL} = \sqrt{\frac{D_\perp \lambda_\parallel}{C_B}} \tag{13.42}$$

Les différentes longueurs issues de ces analyses de la SOL et du plasma de divertor récapitulées dans le tableau suivant.

Connexion des lignes de champ	$\lambda_\parallel \approx \pi q_a R_0$
Pénétration des neutres thermiques	$\lambda_{pn} \approx \sqrt{\lambda_i \lambda_{cx}}$
Epaisseur de gaine	$\lambda_G \approx \lambda_D \left(\log \sqrt{\frac{m_i}{m_e}}\right)^{\frac{3}{4}}$
Epaisseur de la SOL	$\lambda_{SOL} = \sqrt{\frac{D_\perp \pi q_a R_0}{C_B}}$
Libre parcours collisionnel	$\lambda_c\,[\mathrm{m}] \approx 10^{16} \times T^2\,[\mathrm{eV}]\, n_i^{-1}\,[\mathrm{m}^3]$

L'ordering de ces différentes longueurs est $\lambda_g < \lambda_{SOL} < \lambda_c < \lambda_\parallel$, mais l'image dégagée par cette ordering de la SOL n'est pas complète car nous n'avons pas abordé le problème de la thermique et du transport de chaleur dans la SOL. Nous n'aborderons pas ce problème central et crucial et restreindrons l'analyse présentée ici au flux de particules pour nous intéresser maintenant au problème du pompage des neutres.

Le volume compris entre le plasma et la paroi d'un tokamak est empli de particules neutres. Nous avons établi dans les paragraphes précédents que les atomes d'hydrogène neutres pénètrent à l'intérieur du plasma sur une faible longueur λ_{pn}, de l'ordre de $\lambda_{pn} \sim \sqrt{\lambda_i \lambda_{cx}}$, appelée longueur de pénétration des neutres, où λ_i est la longueur caractéristique d'ionisation et λ_{cx} la longueur caractéristique d'échange de charge.

Le système de pompage doit évacuer en continu de l'ordre de 10% du flux de matière sortant du plasma, les 90% restant sont impliqués dans le processus de recyclage.

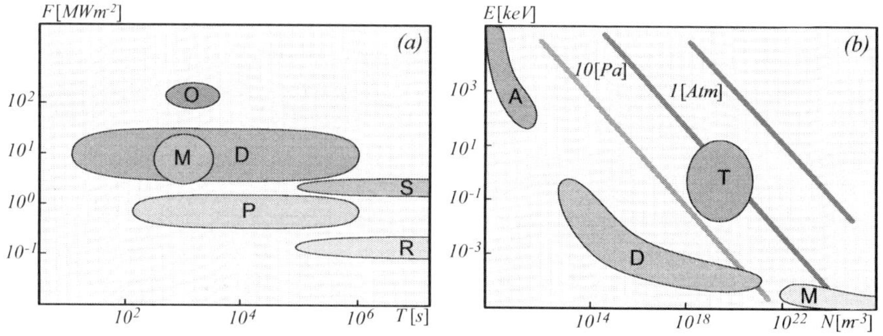

Fig. 13.17 : *Performances de différents systèmes : (a) flux de puissance, (b) stockage de l'énergie thermique ou cinétique.*

Les performances des différents systèmes technologiques au regard des problèmes : (a) d'extraction de puissance et (b) de stockage de l'énergie sont illustrées sur la figure (13.17), cette figure met en évidence le positionnement singulier des tokamaks. La figure (13.17-a) est un diagramme présentant les flux de puissance subis au sein de quelques systèmes de hautes technologies en fonction de la durée de la contrainte énergétique ; la durée est portée en abscisse et le flux de puissance, en W/m^2, en ordonné. Les six systèmes et situations considérés sont : (O) les contraintes thermiques lors de la rentrée atmosphérique d'un véhicule spatial, (M) les conditions sur une tuyère de moteur de fusée, (D) les flux caractéristiques au sein d'un divertor et (P) sur une première paroi de tokamak, (S) représente les conditions de flux de puissance dans un surgénérateur et (R) dans un réacteur à fission classique. La différence essentielle des conditions de flux de puissance entre les tokamaks (D et P) et les systèmes de propulsion spatiaux (O et M) se situe au niveau de la durée de fonctionnement, un divertor est soumis à des contraintes dont l'ordre de grandeur est similaire aux tuyères de moteurs de fusées, mais la durée de fonctionnement est plusieurs centaines de fois plus longue pour un divertor. La figure (13.17-b) représente les performances de stockage d'énergie, thermique ou cinétique, au sein d'un milieu matériel ; la densité de particules du milieu est portée en abscisse et l'énergie par particule en ordonnée. Les faisceaux de particules constituent des milieux à hautes énergies, mais de très faible densité, il correspondent à la zone (A) des accélérateurs de particules ; à l'opposé, (M) les turbines et moteurs de fusées produisent des gaz très chauds et relativement denses, entre ces deux technologies asymptotiques,

(D) les décharges électriques, radiofréquences et micro-ondes, haute et basse pressions, offrent des milieux présentant une énergie significative pour une densité modeste, enfin (T) les tokamaks offrent des performances originales qui les distinguent des systèmes précédants et constituent actuellement une frontière dans le domaine des technologies de l'énergie.

13.2.3 Régime de Knudsen

La prise d'entrée du système de pompage évacuant en régime continu de l'ordre de plus de $10^{20} - 10^{21}$ particules par seconde est en général située au niveau du divertor, les pressions de pompage, fonctions du régime de fonctionnement du divertor, sont inférieures au millitorr et les libres parcours moyens des neutres sont supérieurs au centimètre. Lorsque le libre parcours moyen λ_n d'une population de neutres est supérieur à la dimension caractéristique L du récipient, ou de la conduite, la dynamique du gaz est contrainte par l'interaction particule-paroi qui est dominante par rapport à l'interaction particule-particule. Définissons K_n le rapport du libre parcours moyen λ_n sur la dimension caractéristique du système de stockage ou de transfert L, ce nombre est appelé nombre de Knudsen.

$$\textit{Nombre de Knudsen}: \; K_n \equiv \frac{\lambda_n}{L} = \frac{[\text{Libre parcours moyen des neutres}]}{[\text{Dimension de la chambre ou du conduit}]}$$

Ce nombre sans dimension permet de distinguer trois régimes de dynamique des neutres : (i) les écoulements continus lorsque $K_n < 10^{-1}$, (ii) le régime de transition pour $10^{-1} < K_n < 10$ et (iii) le régime moléculaire à grand nombre de Knudsen $K_n > 10$.

Dans le régime moléculaire, caractéristique de la dynamique des neutres dans un tokamak, l'interaction particule-paroi est dominante mais ne doit pas être considérée comme une simple réflexion spéculaire de l'atome (ou de la molécule) sur la paroi, où l'angle d'incidence égale l'angle de réflexion.

Le processus d'interaction neutre-paroi doit être modélisé comme une *adsorption* sur la paroi, suivi par une *désorption* du neutre par la paroi ; entre ces deux phases la particule neutre reste adsorbée au niveau des premières couches atomiques de la paroi.

Si l'énergie de liaison associée à cet état d'adsorption, E_a, est inférieure à une fraction d'eV le processus relève de la théorie des liaisons faibles et correspond au régime de la *physisorption*, si E_a est supérieure à une fraction d'eV son ordre de grandeur est caractéristique des énergies mises en jeu dans les réactions chimiques et le processus correspond au régime de la *chimisorption*. Le temps de résidence de la particule neutre, τ, c'est-à-dire la durée de vie de l'état adsorbé neutre-paroi, est une fonction croissante de l'énergie de liaison E_a. En effet le processus de désorption nécessite une excitation à un niveau énergétique de l'ordre de E_a, les modèles théoriques prédisent des valeurs allant de $\tau \sim 10^{-10}$s pour la *physisorption* basse énergie à $\tau \sim 10^6$s pour la *chimisorption* par liaison forte. Considérons une population de particules neutres de densité n présentant une distribution de vitesses $f_0(v)$ normalisée à l'unité ; afin de modéliser les systèmes d'extraction de matière nous devons évaluer le flux de particules du gaz neutre vers une paroi w, soit réelle soit fictive. Notons ce flux $\Gamma_{w\leftarrow}$ et notons $\Gamma_{w\rightarrow}$ le flux de la paroi vers le gaz .

Evaluons, en premier lieu le flux incident, $\Gamma_{w\leftarrow}$, en régime moléculaire sur une paroi w. Le nombre de particules par unité de volume dont la vitesse v fait un angle θ avec la normale à la paroi, $dN_{w\leftarrow}(v,\theta)$, est donné par le produit de la densité n par la fonction de distribution des vitesses $f_0(v)$ pondérée par le rapport de l'angle solide infinitésimal $2\pi\sin\theta d\theta$ autour de θ ramené à l'angle solide total 4π, figure (13.18).

$$dN_{w\leftarrow}(v,\theta) \equiv n\frac{2\pi\sin\theta}{4\pi}f_0(v)\,d\theta dv \tag{13.43}$$

Le nombre de particules traversant un élément de surface infinitésimal dS durant un temps dt sous un angle θ est obtenu en multipliant $dN_{w\leftarrow}$ par le volume accessible dV depuis l'élément de surface dS durant un temps dt : $dV = v\cos\theta dSdt$ conformément à la figure (13.18). Le flux de particules, $d\Gamma_{w\leftarrow}(v,\theta)$ est égal à ce nombre de particules traversant un élément de surface infinitésimal dS sur la paroi durant un temps dt divisé par $dSdt$.

$$d\Gamma_{w\leftarrow}(v,\theta) \equiv \frac{1}{2}nv\cos\theta\sin\theta f_0(v)\,d\theta dv \tag{13.44}$$

Le nombre total de particules traversant une surface dS par unité de temps dt est égal à la somme des flux infinitésimaux lorsque l'angle θ varie de 0 à $\pi/2$ et le module de la vitesse v varie de 0 a $+\infty$, $\Gamma_{w\leftarrow} \equiv \int_0^{\frac{\pi}{2}}\int_0^{+\infty} d\Gamma_{w\leftarrow}$.

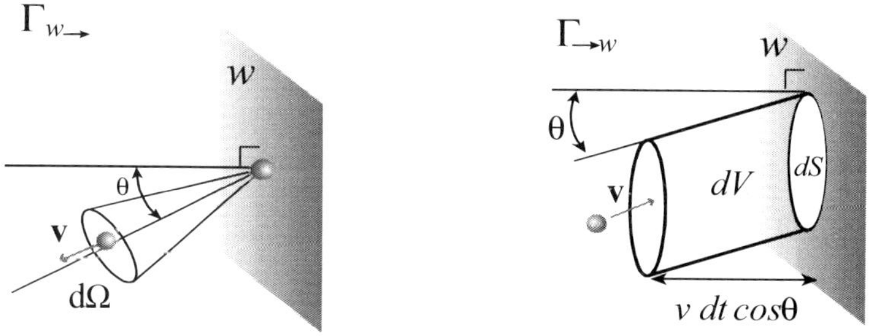

Fig. 13.18 : *Flux moléculaire en régime de Knudsen.*

L'intégrale sur le module de la vitesse n'est autre que la définition de la vitesse moyenne $\bar{v}$, le résultat final est donc :

$$\textit{Flux de particules :}\quad \Gamma_{w\leftarrow}\left[\frac{1}{\mathrm{s}\cdot\mathrm{m}^2}\right] = n\sqrt{\frac{k_BT}{2\pi m}} = \frac{n\,\bar{v}}{4} \tag{13.45}$$

Le calcul du flux de chaleur suit la même démarche d'évaluation du flux de particules pour une vitesse donnée v, puis de sommation sur les différentes incidences θ par rapport à la direction normale ainsi que sur la vitesse v. Mais dans ce cas une pondération supplémentaire par le facteur $mv^2/2$ est nécessaire.

$$\textit{Flux de chaleur :}\quad q_{w\leftarrow}\left[\frac{\mathrm{J}}{\mathrm{s}\cdot\mathrm{m}^2}\right] = 2nk_BT\sqrt{\frac{k_BT}{2\pi m}} = 2k_BT\times\Gamma_{w\leftarrow}$$

Considérons à présent le processus réciproque, le flux de la paroi vers le gaz $\Gamma_{w\rightarrow}$. A l'issue du processus d'adsorption la particule est (ré)émise par la paroi suivant une loi de probabilité proportionnelle au cosinus de l'angle θ entre la direction d'émission et la normale à la paroi ; ainsi le flux d'émission élémentaire $d\Gamma_{w\rightarrow}$, suivant la direction θ, dans l'angle solide $d\Omega$, est donné par la loi dite de Knudsen.

$$\textit{Loi de Knudsen :}\quad d\Gamma_{w\rightarrow}\left[\frac{1}{\mathrm{s}\cdot\mathrm{m}^2}\right] \equiv n\,\bar{v}\cos\theta\frac{d\Omega}{4\pi} \tag{13.46}$$

où n est la densité de neutres et $\bar{v}$ la vitesse thermique associée à la température de la paroi. On notera la réciprocité à l'équilibre : $\Gamma_{w\rightarrow} = \int_0^{\frac{\pi}{2}} d\Gamma_{w\rightarrow} = \Gamma_{w\leftarrow}$. Cette loi de réflexion diffuse peut être établie dans le cadre d'un modèle dit d'effusion où le processus d'adsorption est assimilé au flux d'une population isotrope à travers un orifice de dimension plus petite que le libre parcours moyen.

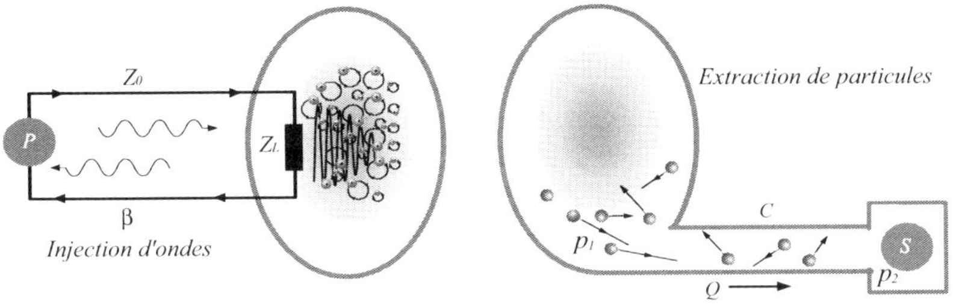

Fig. 13.19 : *Systèmes d'injection/extraction dans un tokamak.*

Les trois principaux flux en régime moléculaire sont résumés dans le tableau suivant.

Flux de particules incident	$\Gamma_{w\leftarrow} \left[\frac{1}{\mathrm{m}^2.\mathrm{s}}\right] = n\sqrt{\frac{k_B T}{2\pi m}}$
Flux de chaleur incident	$q_{w\leftarrow} \left[\frac{\mathrm{W}}{\mathrm{m}^2}\right] = 2k_B T \times \Gamma_{w\leftarrow}$
Flux de Knudsen de désorption	$d\Gamma_{w\rightarrow}(\theta) \left[\frac{1}{\mathrm{m}^2.\mathrm{s}}\right] = \cos\theta \frac{d\Omega}{\pi} \times \Gamma_{w\leftarrow}$

La conception d'un système d'extraction de neutres nécessite l'évaluation des caractéristiques des structures de transport et des dispositifs de pompage ; la nature de ces structures d'extraction, au même titre que les structures d'injection telles que les lignes de transmission radio-électrique des systèmes de chauffage représentées sur la figure (13.19), conditionne les paramètres du plasma ; il est donc important de développer une modélisation physique de ces systèmes d'injection/extraction pour évaluer les limites et contraintes globales du confinement et du chauffage thermonucléaires.

13.2.4 Extraction des neutres

Le concept de conductance d'une canalisation permet la caractérisation des performances des différents conduits permettant d'évacuer les neutres. Nous introduirons la définition générale de la conductance pour une canalisation de géométrie quelconque après avoir calculé le flux dans un tuyau rectiligne, de section circulaire de rayon a, connecté en ses deux embouts à des réservoirs de pressions respectives $p_1$et p_2. La génératrice de ce cylindre étant orientée suivant l'axe des z, la densité $n(z)$ et la pression $p(z)$ présentent un gradient assurant le passage continu de la pression p_1 à la pression p_2. Sous une hypothèse isotherme, pour une distribution de densité donnée $n(z)$, calculons le flux de particules Γ suivant l'axe des z. Evaluons dans un premier temps le flux de particules à travers une surface dS, dans le plan de section droite du cylindre, flux provenant d'une surface dS' sur la paroi du cylindre représentée sur la figure (13.20). La distance entre dS et dS' vaut r et les angles entre les normales à ces surfaces et la direction de dS vers dS' sont respectivement notés θ et θ' tels que $\pi \geq \theta \geq 0$ et $\frac{\pi}{2} \geq \theta' \geq 0$.

Soit $d\Omega$ l'angle solide sous lequel dS' est vue depuis dS et $d\Omega'$ l'angle solide sous lequel dS est vue depuis dS'. Conformément à la loi de Knudsen, le nombre dN de particules envoyées depuis la surface dS' vers la surface dS est donné par :

$$dN_{dS' \to dS} = n\, \bar{v} \cos\theta' \frac{d\Omega'}{4\pi} dS' \tag{13.47}$$

La définition des angles solides $d\Omega$ et $d\Omega'$ et la configuration géométrique du problème permettent d'établir les relations : $r^2 d\Omega \equiv dS' \sin\theta = dS' \cos\theta'$ et $r^2 d\Omega' \equiv dS \sin\theta' = dS\,|\cos\theta|$. Ainsi nous pouvons éliminer les variables associées à la paroi et exprimer :

$$dN_{dS' \to dS} = n\, \bar{v}\, |\cos\theta| \frac{d\Omega}{4\pi} dS \tag{13.48}$$

A travers l'élément de surface dS deux flux intégrés se croisent, un flux dans le sens positif Γ_{dS+} et un flux dans le sens négatif Γ_{dS-}.

$$\Gamma_{dS+} = -\frac{\bar{v}}{4\pi} \int_0^{2\pi} d\varphi \int_0^{\frac{\pi}{2}} d\theta n\,(z) \sin\theta \cos\theta \tag{13.49}$$

$$\Gamma_{dS-} = \frac{\bar{v}}{4\pi} \int_0^{2\pi} d\varphi \int_{\frac{\pi}{2}}^{\pi} d\theta n\,(z) \sin\theta \cos\theta \tag{13.50}$$

Les variables z, θ, et φ ne sont pas indépendantes ; en effet $q = r \sin\theta$ et $z = r\cos\theta \to z = q\cot\theta$ où q et φ sont reliés par : $a^2 = q^2 + u^2 + 2qu\cos\varphi \to q\,(\varphi, u) = \sqrt{a^2 - u^2 \sin^2\varphi}$ - $u\cos\varphi$, où u mesure la distance entre l'élément de surface dS et l'axe du cylindre, figure (13.20).

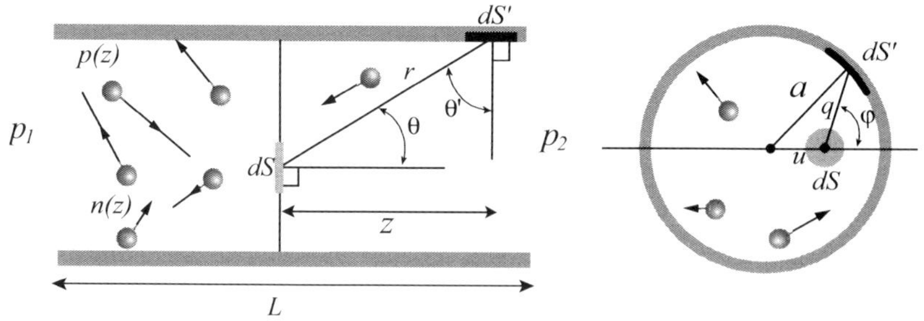

Fig. 13.20 : *Ecoulement de Knudsen dans un conduit cylindrique.*

Le flux total $\Gamma = \Gamma_{dS+} + \Gamma_{dS-}$ à travers l'élément de surface dS est égal à la somme de ces deux flux :

$$\Gamma\,(u) = -\frac{\bar{v}}{4\pi} \int_0^{2\pi} d\varphi \int_0^{\pi} d\theta n\,(q\,(\varphi, u) \cot\theta) \sin\theta \cos\theta \tag{13.51}$$

Le profil de densité $n\,(z)$ à l'intérieur du cylindre peut être considéré comme linéaire si nous négligeons les effets de bord au voisinage des entrées et sorties : $n\,(z) = n\,(0) + z dn/dz$.

$$\Gamma = -\frac{\bar{v}\, n\,(0)}{4\pi} \int_0^{2\pi} d\varphi \int_0^{\pi} \sin\theta \cos\theta d\theta - \frac{\bar{v}}{4\pi} \left.\frac{dn}{dz}\right|_0 \int_0^{2\pi} q\,(\varphi)\, d\varphi \int_0^{\pi} \cos^2\theta d\theta$$

Le premier terme de cette somme est nul conformément au principe de symétrie des causes et des effets : une densité homogène au sein d'une canalisation homogène ne peut produire un flux, une cause scalaire (densité) n'engendre pas d'effet vectoriel (flux). Le deuxième terme peut être exprimé comme une intégrale elliptique de deuxième espèce $\mathrm{E}(u/a)$.

$$\Gamma = -\frac{\bar{v}}{8} \left.\frac{dn}{dz}\right|_0 \int_0^{2\pi} \sqrt{a^2 - u^2 \sin^2 \varphi d\varphi} = -\frac{\bar{v}\ a}{2} \left.\frac{dn}{dz}\right|_0 \mathrm{E}\left(\frac{u}{a}\right) \tag{13.52}$$

Le flux total résultant du gradient de densité dn/dz généré par la différence de pression $p_1 - p_2$ est obtenu en sommant les flux élémentaires suivant la variable $w = u/a$; compte tenu de l'expression de l'élément d'aire en géométrie cylindrique $dS\,(w) = 2\pi awdw$ nous exprimons ainsi le débit de particules dN/dt à travers la canalisation :

$$\boxed{\frac{dN}{dt} = -\pi\ \bar{v}\ a^3 \left.\frac{dn}{dz}\right|_0 \int_0^1 \mathrm{E}\,(w)\,wdw = -\frac{2\pi}{3}\ \bar{v}\ a^3 \left.\frac{dn}{dz}\right|_0}$$

Le gradient de densité résultant de la différence de pressions $p_1 - p_2$ est supposé constant le long du conduit, ainsi : $dn/dz = (p_2 - p_1)\,/Lk_BT$. Cette hypothèse considère les effets de bords, aux niveaux de l'entrée et de la sortie du conduit, comme négligeables, nous y reviendrons par la suite. Dans le domaine des technologies du vide, afin de caractériser les propriétés d'un conduit, il est d'usage d'introduire le produit du débit volumique par la pression et d'appeler le flux gazeux ainsi mesuré en $\mathrm{Pa.m^3.s^{-1}}$ c'est-à-dire en W : $Q \equiv k_BTdN/dt$. Ainsi le débit volumique $S \equiv dV/dt$, qui varie le long de la canalisation en régime permanent, est égal au flux que divise la pression $S = Q/P$. Le calcul du débit de particules, dN/dt, à travers une canalisation cylindrique longue permet d'exprimer le flux en fonction de la différence de pressions entre l'entrée et la sortie :

$$Q = \frac{2\pi a^3}{3L}\ \bar{v}\ (p_1 - p_2) = \frac{4a^3}{3L}\sqrt{\frac{2\pi k_BT}{m}}\,(p_2 - p_1) \tag{13.53}$$

Définissons la conductance C_c d'un conduit cylindrique comme le rapport du flux sur la différence de pression :

$$\mathit{Conductance} :\ C_c \equiv \frac{Q}{p_1 - p_2} = \frac{2\pi}{3}\frac{a^3}{L}\ \bar{v} \tag{13.54}$$

et généralisons cette définition pour la modélisation et le calcul d'un système quelconque de transport de gaz en régime moléculaire.

Considérons, sur la figure (13.21), un conduit droit dont la section est une courbe de périmètre D, de surface A et de longueur L. Etablissons le bilan de forces, c'est-à-dire de transfert d'impulsions dans une section de longueur infinitésimale dz de ce conduit. L'écoulement en régime moléculaire présentant une vitesse moyenne V, le taux de destruction de l'impulsion au sein de cette tranche infinitésimale dz résultant du flux sur les parois est égal à $mV \times Ddz \times n\ \bar{v}\ /4$. En régime stationnaire le gradient de pression, $dp/dz = (p_1 - p_2)\,/L$, exerce une force sur cette tranche infinitésimale dz et cette force est une source d'impulsion, le bilan gain-perte d'impulsions s'établit donc comme suit :

$$mVDdzn\frac{\bar{v}}{4} = A\frac{dp}{dz}dz \rightarrow Q = k_BTnVA = \sqrt{\frac{2\pi k_BT}{m}}\frac{A^2}{DL}\,(p_1 - p_2)$$

Nous obtenons ainsi une expression approchée de la conductance C_q d'un conduit de section quelconque.

$$C_q \sim \sqrt{\frac{2\pi k_B T}{m}} \frac{A^2}{DL} = \frac{\pi}{2} \bar{v} \frac{A^2}{DL} \tag{13.55}$$

Les expressions établies pour évaluer C_c dans le cas du cylindre circulaire, et C_q dans le cas du cylindre quelconque, ne sont valables que pour un conduit dont la longueur L est supérieure aux dimensions transverses, les effets de bord associés à la mise en mouvement du gaz aux niveaux des orifices d'entrée et de sortie induisent une différence entre la pression d'équilibre de la chambre amont p_1 (en aval p_2) et la pression au niveau de l'embouchure amont (aval).

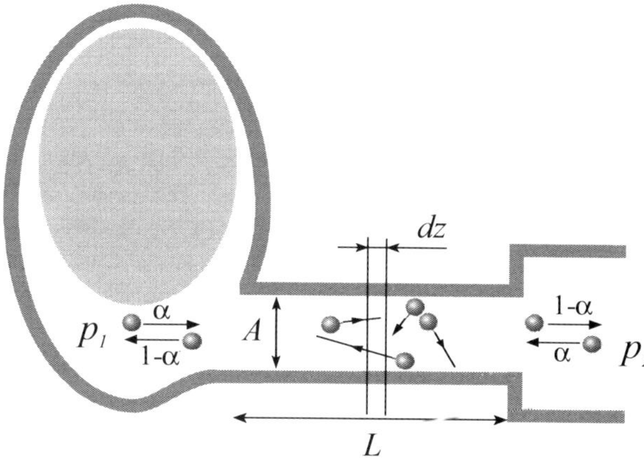

Fig. 13.21 : *Conductance d'une conduite d'extraction de neutres.*

Néanmoins, le concept de conductance est particulièrement utile pour le calcul des systèmes d'extraction de matière, car compte tenu de la constance du flux Q dans le conduit, les associations en série et en parallèle des conductances obéissent aux règles classiques des circuits, parallèle : $C = \sum_i C_i$, série : $C^{-1} = \sum_i C_i^{-1}$.

Une correction des effets de bord peut être obtenue en considérant la conductance C_d d'un diaphragme de surface A séparant deux chambres de pression p_1 et p_2. Le flux d'effusion du premier demi-espace vers le second $n_1 \sqrt{k_B T_1 / 2\pi m} = p_1 \sqrt{k_B T_1 / 2\pi m} / k_B T_1$ est différent du flux d'effusion du second vers le premier et cette différence est proportionnelle au saut de pression. Ainsi le flux Q est égal à $\sqrt{k_B T_1 / 2\pi m} A \left(p_1 - p_2\right)$ et la conductance du diaphragme présente une valeur égale à $C_d = \sqrt{k_B T_1 / 2\pi m} A$. Les effets de bords peuvent être pris en compte en considérant un conduit court comme l'association en série d'un diaphragme de surface A et d'un conduit de surface de section A.

$$C = \frac{C_d C_q}{C_d + C_q} \sim \sqrt{\frac{2\pi k_B T}{m}} \frac{A^2}{DL + 2\pi A} \tag{13.56}$$

On notera que $C \rightarrow C_d$ lorsque $L \rightarrow 0$ et $C \rightarrow C_q$ lorsque $L \rightarrow +\infty$, le problème de la singularité de la formule exprimant C_q lorsque $L \rightarrow 0$ étant ainsi résolu.

Le concept de conductance est particulièrement utile pour le calcul des installations de pompage. Considérons une pompe de débit volumétrique S^* $\left[\mathrm{m}^3.\mathrm{s}^{-1}\right]$

opérant à la pression p^* ; cette pompe est connectée à une chambre où règne une pression p par une canalisation de conductance C. Définissons S le débit volumique de pompage du système pompe plus conduit : $Sp = S^*p^*$, le flux dans la conduite est égal au flux pompé : $C(p - p^*) = S^*p^*$. L'élimination des pressions entre ces deux équations permet d'exprimer le débit du système : $S/S^* = 1/1 + S^*/C$. Le débit de pompage au niveau de la chambre S est donc toujours inférieur au débit nominal de la pompe S^*et il convient donc d'adapter pompes et canalisations afin que $C > S^*$.

La modélisation, en particulier la modélisation numérique des installations complexes, fait usage du concept de conductance mais aussi du concept de probabilité de transmission par un conduit, ou *facteur de Clausing*.

Considérons une particule neutre au niveau de l'entrée d'un conduit, cette particule présente une probabilité α de traverser le conduit et $1 - \alpha$ de revenir au niveau de la section d'entrée.

Soit un conduit droit de conductance C_q et de surface de section A entre deux chambres de caractéristiques indicées par 1 et 2 ; d'une part le flux de particules $dN/dt \sim (\alpha n_1 \bar{v}_1 A - \alpha n_2 \bar{v}_2 A)/4$ et, d'autre part $dN/dt = Q/k_BT = C_q(p_1 - p_2)/k_BT$, ainsi $\alpha \sim C_q/C_d$.

La probabilité de transmission est une caractéristique essentiellement géométrique du conduit qui ne dépend que de sa forme et de ses dimensions. Le concept de probabilité de transmission présente un caractère plus fondamental que celui de conductance. Les lois de combinaisons des probabilités de transmission de différentes sections s'établissent comme suit. Considérons, sur la figure (13.22), un conduit pouvant être décomposé en deux éléments simples, les surfaces d'entrée et de sortie sont respectivement A_1 et A_2 pour le premier élément et A_2 et A_3 pour le deuxième. Les probabilités de transmission pour le premier élément sont notées α de la gauche vers la droite et α' de la droite vers la gauche ($\alpha A_1 = \alpha' A_2$), ainsi que β et β' pour le deuxième élément ($\beta A_2 = \beta' A_3$).

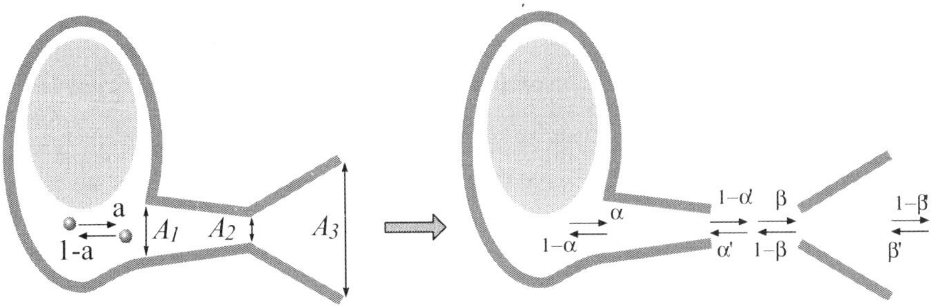

Fig. 13.22 : *Probabilités de transmission d'un neutre par un conduit et une association de conduits.*

Soit N neutres, présentant une distribution de vitesse isotrope, franchissant l'entrée de section A_1, une quantité αN arrive au niveau de la section d'entrée du deuxième élément, une fraction $\alpha\beta N$ arrive au niveau de l'ouverture de sortie et une fraction $\alpha(1 - \beta)N$ est réfléchie vers le premier élément, ainsi une fraction $\alpha\beta(1 - \beta)(1 - \alpha')N$ parvient au niveau de la sortie du deuxième élément et une fraction $\alpha(1 - \beta)(1 - \alpha')N(1 - \beta)$ est réfléchie.... Le nombre total de particules sortant par la section A_3 est donc donné par : $\alpha\beta N + \alpha\beta(1 - \beta)(1 - \alpha')N + \alpha\beta(1 - \beta)(1 - \alpha')N + \alpha\beta(1 - \beta)^2(1 - \alpha')^2 N$.

La probabilité de transmission par le système, a, est égale à la somme géométrique :

$$a = \frac{\alpha\beta}{\beta + \alpha' - \beta\alpha'} = \frac{\alpha\beta A_2}{\beta A_2 + \alpha A_1 - \beta\alpha A_1} \qquad (13.57)$$

Nous venons d'exposer quelques rudiments de la théorie des écoulements en régime moléculaire permettant de modéliser le système de conduit assurant l'extraction de neutres dans un tokamak.

Différents systèmes de pompage peuvent être mis en œuvre pour entretenir la différence de pressions générant l'écoulement ; nous allons exposer brièvement les principes physiques (*i*) du pompage moléculaire et (*ii*) du piégeage moléculaire illustrés sur la figures (13.23), ce deuxième procédé est celui retenu dans le cadre du projet ITER dont le système de pompage sera constitué de pompes cryogéniques.

Considérons une pompe moléculaire, présentant la topologie d'un conduit de surface de section A, de longueur L, et dont l'une des parois de largeur H et de surface utile A' se déplace à la vitesse U suivant l'axe des z tout en préservant les propriétés d'étanchéité du système.

Ces contraintes impliquent en fait une géométrie cylindrique et non droite. Etablissons le bilan des forces, c'est-à-dire le bilan de transfert d'impulsion, dans une section de longueur infinitésimale dz de la pompe représentée sur la figure (13.23).

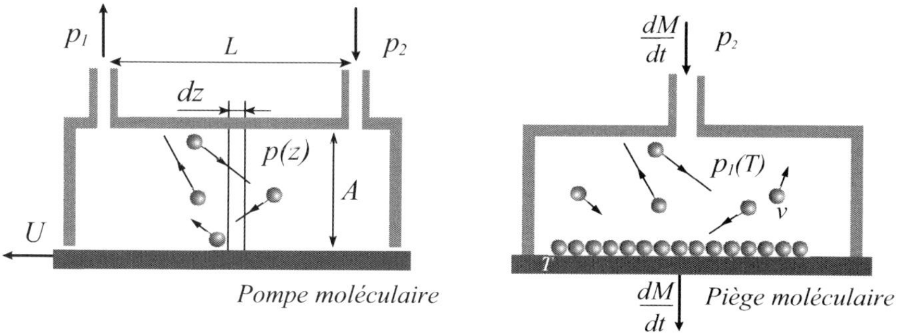

Fig. 13.23 : *Pompes et pièges moléculaires.*

L'écoulement en régime moléculaire présente un taux de production d'impulsion au sein de cette tranche infinitésimale égal à : $mU \times Hdz \times n\ \bar{v}\ /4$. En régime stationnaire le gradient de pression dp/dz exerce une force $Adzdp/dz$ sur cette tranche infinitésimale et cette force est une source d'impulsion, le bilan gain-perte d'impulsions s'établit donc comme suit :

$$mUHn\frac{\bar{v}}{4} = A\frac{dp}{dz} \rightarrow \frac{d\ln p}{dz} = \frac{UH}{A}\sqrt{\frac{m}{2\pi k_B T}} \qquad (13.58)$$

Ainsi, la différence de pression d'une pompe moléculaire mécanique est une fonction exponentielle dont l'argument est proportionnel à la surface de la paroi mobile et inversement proportionnel à la surface de section de sa chambre.

$$\textit{Pompe moléculaire :} \quad \boxed{\frac{p_1}{p_2} = \exp\left(\frac{2}{\pi}\frac{U}{\bar{v}}\frac{A'}{A}\right)} \qquad (13.59)$$

Le pompage cryogénique, bien que basé sur un principe totalement différent, présente aussi une dépendance exponentielle du rapport des pressions amont et aval en fonction des paramètres du système.

Rappelons les principes de base de ce type de système. Un fluide neutre peut se présenter sous deux formes : vapeur (v) ou liquide (l), le passage d'une unité de masse de la phase liquide vers la phase vapeur nécessite un apport de chaleur définissant la *chaleur latente massique* : $\mathcal{L} \equiv T\left(s_v - s_l\right)$, où s est l'entropie spécifique massique.

A basse température les deux phases coexistent sous une pression de vapeur saturante $p_1(T)$ et à une température T, illustrées sur la figure (13.24), si leurs enthalpies libres massiques sont égales : $g_l = g_v \rightarrow u_l dp_1 - s_l dT = u_v dp_1 - s_v dT$, où u est le volume spécifique massique.

La phase gazeuse occupant un volume plus important que la phase liquide nous pouvons donc établir la relation dite de *Clapeyron* : $\mathcal{L} = T\left(u_v - u_l\right) dp_1/dT \approx T\ u_v dp_1/dT$. Sous les hypothèses *(i)* d'un comportement de type gaz parfait pour la phase vapeur $p_1 u_v = k_B T/m \rightarrow \mathcal{L} \approx \left(k_B T^2/mp_1\right) dp_1/dT$ et *(ii)* d'une faible variation de la chaleur latente en fonction de la température nous obtenons la formule de *Rankine* :

$$\textit{Piège moléculaire :}\quad \boxed{\frac{p_1}{p_0} = \exp - \left(\frac{m\mathcal{L}}{k_B T}\right)} \tag{13.60}$$

qui constitue une approximation recevable de la pression de vapeur saturante $p_1(T)$ d'une vapeur en fonction de la température.

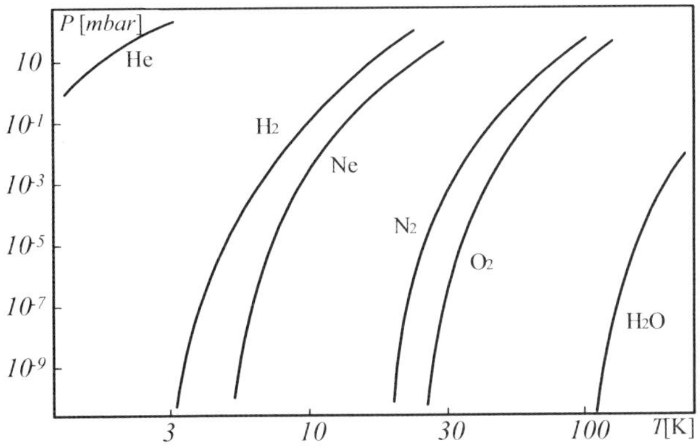

Fig. 13.24 : *Pressions de vapeurs saturantes en fonction de la température.*

Le principe des pièges cryogéniques découle de ce comportement d'un équilibre diphasique ; au voisinage d'une surface à très basse température une vapeur présente une pression égale à la pression de vapeur saturante. Cette dernière étant très basse cela permet d'engendrer un gradient de pression, donc un mécanisme d'extraction de neutres depuis la chambre du tokamak.

Les neutres se condensant au niveau de la surface basse température peuvent être extraits pour séparer le combustible de ses cendres, puis le combustible (90% du gaz) réinjecté par le système d'injection de matière, injecteur de neutres, de glaçons ou simple vanne de gaz.

Chapitre 14

Transports des Champs et des Neutrons

Corruptio optimi quae est pessima...

14.1 Lignes, Guides, Antennes

Les problèmes de l'injection/extraction des particules et de la puissance sont au cœur des problématiques de la physique des tokamaks. Nous venons d'explorer le problème de l'extraction des particules et son achèvement ultime à travers le pompage des neutres ; l'injection d'ondes électromagnétiques constitue aussi une nécessité pour entretenir et contrôler le régime stationnaire d'un réacteur tokamak.

Les trois éléments essentiels d'un système radio-fréquence ou micro-onde sont illustrés sur le diagramme (14.1) : à partir d'un générateur de puissance, d'une puissance de l'ordre du mégawatt, un champ électromagnétique oscillant se propage suivant une structure de transport jusqu'à une antenne qui assure le couplage au plasma thermonucléaire.

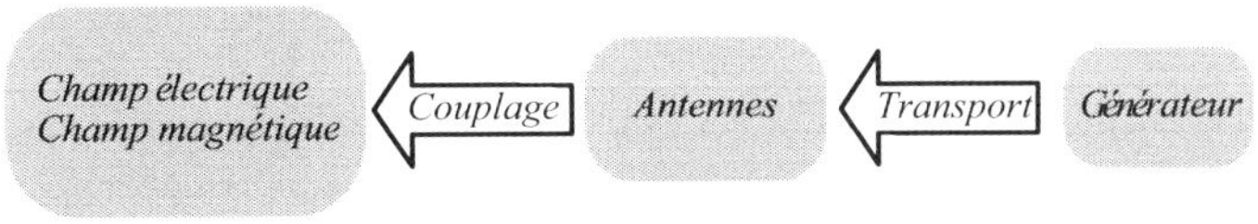

Fig. 14.1 : *Génération, transport et couplage de puissance électromagnétique.*

Les caractéristiques des systèmes de génération et de transport de puissance électromagnétique sont données dans le tableau suivant.

	Fréquence	Générateurs	Transport
ICRH	50 – 100 [MHz]	*Tétrodes*	*Lignes*
LH	1 – 10 [GHz]	*Klystrons*	*Guides*
ECRH	100 [GHz]	*Gyrotrons*	*Guides*

L'ensemble des technologies hautes fréquences est utilisé pour contrôler un plasma de tokamak, en particulier les systèmes de transport que sont les *lignes de transmissions* et les *guides d'ondes*, et les systèmes de couplages par *antennes capacitives ou inductives* ; nous allons analyser les principes physiques mis en œuvre au sein de ces systèmes hautes fréquences afin d'identifier les limitations qui s'imposent au contrôle des plasmas par ondes électromagnétiques.

14.1.1 Antennes capacitives et inductives

Dans le cadre du chapitre consacré aux ondes électromagnétiques dans les plasmas magnétisés nous avons identifié un spectre de modes que nous avons classifié au regard de la direction de propagation et de la polarisation électrique (O, X, R, L...).

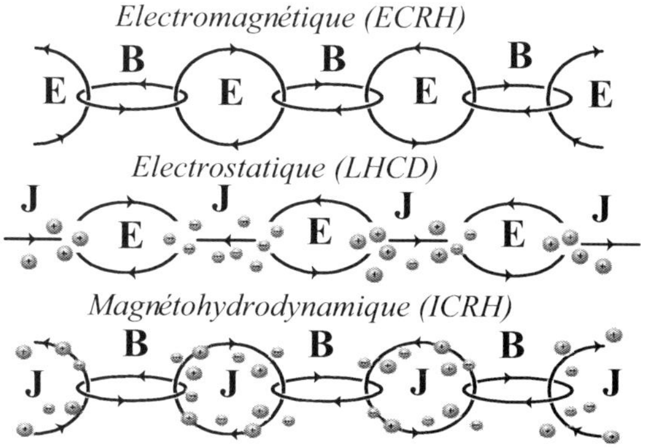

Fig. 14.2 : *Modes : électromagnétique, électrostatique, magnétohydrodynamique.*

Un deuxième type de classification peut être considéré en s'appuyant non pas sur les caractéristiques géométriques de la structure du mode, mais sur l'aspect énergétique de l'onde. En effet l'énergie électromagnétique peut être stockée sous deux formes réactives, (*i*) l'énergie électrique et (*ii*) l'énergie magnétique, relations (8.54) et (8.55), cette dualité offre la possibilité de comparer les contenus énergétiques moyens de nature électrique et de nature magnétique pour une onde.

Pour les ondes électromagnétiques se propageant dans le vide le rapport du contenu magnétique sur le contenu électrique est égal à un, ce résultat est aussi valable pour les ondes hautes fréquences dans les plasmas telles que celles utilisées en régime ECRH. Par contre, à plus basses fréquences, il est possible d'exciter des modes électrostatiques où la puissance réactive est principalement de nature électrique, c'est le cas pour l'onde hybride (LHCD) illustrée sur la figure (14.2), et à l'opposé, dans le bas de la bande de fréquence ICRH, le mode magnétosonique rapide est plutôt de nature magnétohydrodynamique.

Pour concevoir les conditions d'un couplage antenne/plasma optimisé il est nécessaire de développer à la fois une vision géométrique et une vision énergétique du mode considéré. En effet, une antenne sera apte à lancer un mode donné, à une fréquence donnée, si sa structure géométrique présente une périodicité spatiale anticipant la périodicité spatiale du mode, mais aussi, si le champ évanescent dans son voisinage présente une nature électrique ou magnétique anticipant la nature du mode plasma. Par exemple sur la figure (14.3) nous avons représenté les antennes ICRH et LHCD. Dans le premier cas, un ruban métallique, protégé par un écran de Faraday permettant une sélection de polarisation, est parcouru par un courant haute fréquence dont les variations périodiques génèrent un champ magnétique et un champ électrique inductif ; dans le deuxième cas, un ensemble guide d'onde, appelé *grill* est agencé pour permettre de synthétiser une structure électrique périodique dans la direction toroïdale, cette périodicité est contrôlée à travers les déphasages entre chaque guide d'ondes.

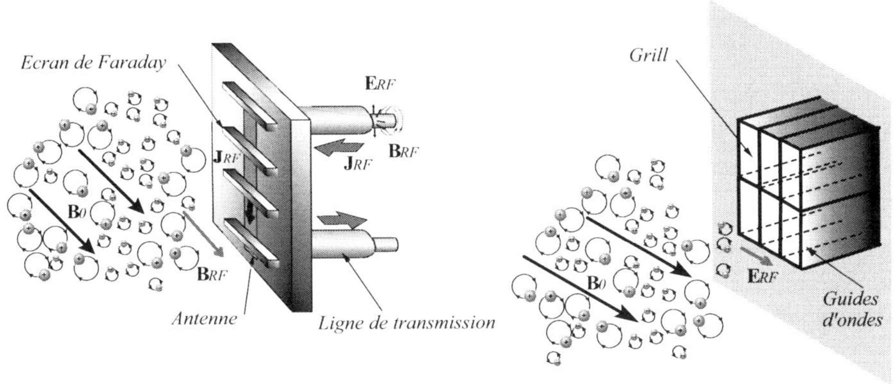

Fig. 14.3 : *Structures des antennes ICRH et LHCD dans les tokamaks.*

Ces deux exemples n'épuisent pas la richesse des structures métalliques ou diélectriques qui peuvent être utilisées pour construire un champ localisé de contenu énergétique réactif donné et présentant une structure spatiale périodique, champ au voisinage de l'antenne permettant de réunir les conditions de propagation depuis l'antenne jusqu'au centre du plasma. Les deux grandes classes d'antennes sont donc : (*i*) les antennes inductives (figure (14.4)) où la structure de couplage est principalement excitée par un courant et présente une inductance apte à stocker de la puissance réactive sous forme de flux magnétique, et (*ii*) les antennes capacitives (figure (14.4)) où la structure métallique est optimisée au regard de la capacité et non de l'inductance, pour permettre de développer une puissance réactive de nature électrique en son voisinage.

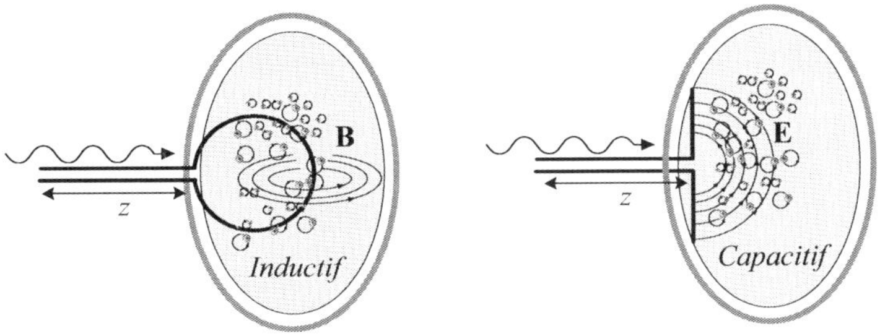

Fig. 14.4 : *Antennes capacitives et inductives.*

Les notions de structures capacitive et inductive pour un objet plongé dans un plasma sont plus complexes qu'il n'y paraît, par exemple une simple capacité dont l'espace inter-électrodes est empli par un plasma présente une impédance inductive car les réponses des électrons libres génèrent un courant qui en quadrature retard par rapport à la tension. La mesure de la qualité d'une antenne, considérée comme une structure de couplage entre une ligne de transmission et un plasma, est donnée par sont impédance réactive, sa réactance qui doit être adaptée, et sa résistance radiative qui déterminent son facteur de couplage au plasma.

La conception d'un système de chauffage thermonucléaire nécessite l'évaluation de ces paramètres car les puissances mises en jeux, de l'ordre de quelques dizaines de mégawatts, doivent impérativement être dissipées dans le plasma et non réfléchies au niveau de l'antenne ou de la ligne de transport. Nous allons étudier les conditions de transmission et développer succinctement la théorie des lignes de transmission et la théorie des guides d'ondes utilisés pour le transport de la puissance entre le générateur et l'antenne sur la paroi du tokamak.

14.1.2 Lignes de transmission ICRH

Dans le contexte de l'étude des oscillations électromagnétiques hautes fréquences, on appelle *ligne de transmission* tout système de deux conducteurs tel que sa longueur soit de l'ordre de grandeur ou plus grande que la longueur d'onde dans le vide de l'oscillation électrique considérée et son épaisseur beaucoup plus petite que cette longueur d'onde.

L'ordering de ce rapport d'aspect permet de considérer que chaque tranche infinitésimale dz suivant la grande longueur peut être modélisée comme un composant passif présentant une capacité par unité de longueur C [F/m] égale à la capacité géométrique des deux éléments de conducteur en regard et une inductance par unité de longueur L [H/m] égale à l'inductance élémentaire du circuit infinitésimal où les courants surfaciques sur les conducteurs sont fermés par les courants de déplacement entre les conducteurs.

La figure (14.5) présente une ligne de transmission biplaques où l'on voit que l'accumulation capacitive périodique de charges génère un champ électrique entre les deux plaques, et en déphasage de $\pi/2$ par rapport aux charges, un courant surfacique J_s écoule périodiquement cette accumulation de charges, générant ainsi un champ magnétique.

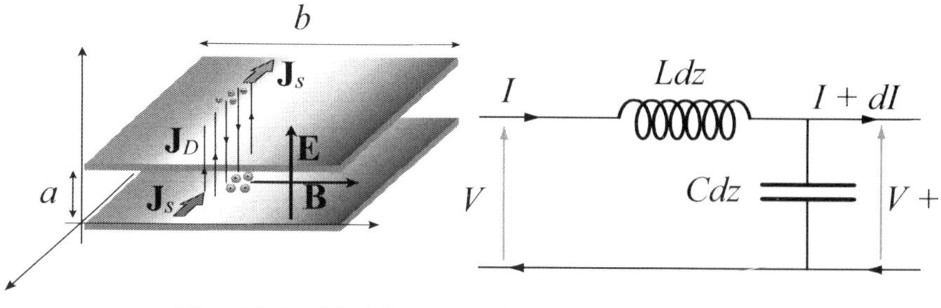

Fig. 14.5 : *Modélisation des lignes de transmission.*

La modélisation canonique d'une section infinitésimale dz d'une ligne de transmission parfaite est représentée sur la figure (14.5) et les bilans de courant $I(z,t)$ [A] et de tension $V(z,t)$ [V] appliqués à ce modèle quadripolaire permettent d'établir la loi de propagation des champs électrique et magnétique dans le contexte d'une description réduite courant/tension.

Le calcul des paramètres primaires que sont la capacité par unité de longueur C et l'inductance par unité de longueur L relèvent de la théorie classique des structures électrodynamiques. Pour les cas des lignes biplaques et coaxiale ces paramètres sont rappelés dans le tableau ci-dessous.

	Biplaque	Coaxiale
$L\,[\mathrm{H/m}]$	$\mu_0 \frac{a}{b}$	$\mu_0 \frac{\ln \frac{b}{a}}{2\pi}$
$C\,[\mathrm{F/m}]$	$\varepsilon_0 \frac{b}{a}$	$\varepsilon_0 \frac{2\pi}{\ln \frac{b}{a}}$

où b et a sont respectivement les largeurs et épaisseurs de la ligne biplaque et les grand et petit rayons de la ligne coaxiale. La transmission de puissance dans la bande de fréquence ICRH s'effectue à l'aide de lignes coaxiales telles que celle représentée sur la figure (14.6). La continuité entre courants de déplacements J_D et courants surfaciques J_S est assurée par les variations temporelles du champ électrique radiale et le champs magnétique oscillant est orthoradiale. Nous allons restreindre cette présentation de la théorie des lignes de transmission au cas harmonique et considérer des ondes de tension et de courant monochromatiques de pulsation ω: $V(z,t) = \mathrm{Re}\left[\widetilde{V}(z)\exp j\omega t\right]$, $I(z,t) = \mathrm{Re}\left[\widetilde{I}(z)\exp j\omega t\right]$.

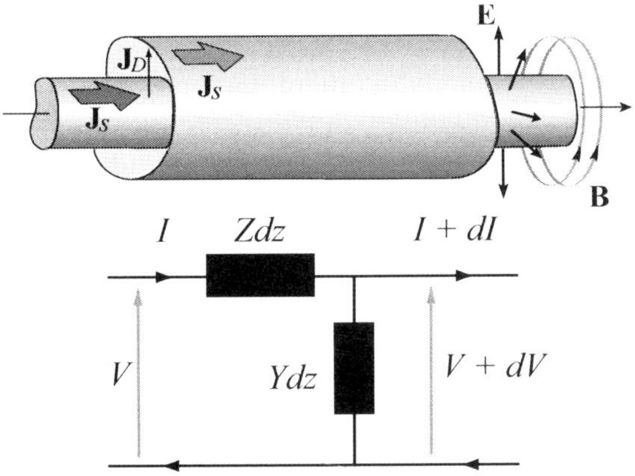

Fig. 14.6 : *Ligne de transmission coaxiale.*

En régime harmonique l'inductance série est caractérisée par son impédance et la capacité parallèle par son admitance :

$$\textit{Impédance lineïque longitudinale} \quad : \quad Z = jL\omega$$
$$\textit{Admitance lineïque transverse} \quad : \quad Y = jC\omega$$

La lecture des bilans de tension et de courant sur les figures (14.5) et (14.6) permet d'établir directement l'équation, dite des télégraphistes, en régime harmonique pour une ligne parfaite.

$$\textit{Tension} \quad : \quad \frac{d\widetilde{V}(z)}{dz} = -Z(\omega)\,\widetilde{I}(z) \tag{14.1}$$

$$\textit{Courant} \quad : \quad \frac{d\widetilde{I}(z)}{dz} = -Y(\omega)\,\widetilde{V}(z) \tag{14.2}$$

L'usage, dans le contexte de la théorie des lignes de transmission, est de caractériser la ligne, non pas par ses paramètres primaires, d'impédance et admitance par unité de longueur, mais par des paramètres secondaires, l'impédance caractéristique Z_0 de la ligne et la constante de propagation β.

$$\textit{Impédance caractéristique} \quad : \quad Z_0(\omega)\,[\Omega] \equiv \sqrt{\frac{Z(\omega)}{Y(\omega)}} \tag{14.3}$$

$$\textit{Constante de propagation} \quad : \quad \beta(\omega)\left[\frac{\text{Rd}}{\text{m}}\right] \equiv \sqrt{|Z(\omega)\,Y(\omega)|} \tag{14.4}$$

Les relations courant/tension (14.1) et (14.2) peuvent être découplées par dérivation par rapport à z : $d^2\widetilde{V}(z)/dz^2 = -\beta^2\widetilde{I}(z)$, $d^2\widetilde{I}(z)/dz^2 = -\beta^2\widetilde{V}(z)$, faisant ainsi apparaître la constante de propagation β. La solution de ce système découplé est donnée par la superposition d'ondes de courant et tension directe (i) et inverse (r) se propageant suivant z et $-z$: $\widetilde{V}(z) = \widetilde{V}_i \exp(-j\beta z) + \widetilde{V}_r \exp(j\beta z)$, $\widetilde{I}(z) = \widetilde{I}_i \exp(-j\beta z) + \widetilde{I}_r \exp(j\beta z)$, mais les amplitudes complexes ne sont pas indépendantes et les équations (14.1) et (14.2) impliquent les relations courant/tension :

$$\frac{\widetilde{V}_i}{\widetilde{I}_i} = \frac{Z}{j\beta} = Z_0\ ,\ \frac{\widetilde{V}_r}{\widetilde{I}_r} = -\frac{Z}{j\beta} = -Z_0 \tag{14.5}$$

entre les amplitudes complexes directe et inverse. La forme générale de la solution du système couplé (14.1) et (14.2) est donnée par :

$$\textit{Tension} \quad : \quad \widetilde{V}(z) = \widetilde{V}_i \exp(-j\beta z) + \widetilde{V}_r \exp(j\beta z) \tag{14.6}$$

$$\textit{Courant} \quad : \quad \widetilde{I}(z) = \frac{\widetilde{V}_i}{Z_0}\exp(-j\beta z) - \frac{\widetilde{V}_r}{Z_0}\exp(j\beta z) \tag{14.7}$$

Cette forme générale permet d'aborder le problème de la réflexion interne sur les lignes et de la réflexion en bout de ligne sur la charge. Considérons d'abord le problème de la réflexion sur un obstacle ou un défaut qui peut être modélisé par un court circuit localisé présentant une impédance Z_R, la figure (14.7) présente un diagramme de ce problème et du problème dual d'une impédance localisée en série. Pour le problème de la rupture d'impédance par court-circuit, considérons les solutions en amont et en aval de l'obstacle localisé en $z = 0$; le tableau ci-dessous présente la forme générale de ces solutions où Z_0 est l'impédance caractéristique de la ligne supposée parfaite en amont et en aval.

z	$\widetilde{V}(z)$	$\widetilde{I}(z)$
$-\infty < z \leq 0$	$\exp -j\beta z + \Gamma \exp j\beta z$	$\frac{\exp -j\beta z}{Z_0} - \Gamma\frac{\exp j\beta z}{Z_0}$
$0 \leq z < +\infty$	$T \exp -j\beta z$	$T\frac{\exp -j\beta z}{Z_0}$

La signification des inconnues Γ et T paramètrisant ces solutions est immédiate, ce sont les coefficients de réflexion et de transmission de l'amplitude complexe de la tension. Ce problème présente deux inconnues, il est donc nécessaire d'identifier deux relations supplémentaires : (i) la continuité de la tension en $z = 0 \rightarrow (1+\Gamma) = T$, et (ii) le bilan de dérivation du courant en $z = 0$ à travers l'impédance $Z_R \rightarrow Z_0(1+\Gamma) = Z_R[(1-\Gamma) - T]$. L'élimination du coefficient de transmission T entre ces deux relations conduit à : $Z_0(1+\Gamma) = Z_R[(1-\Gamma) - (1+\Gamma)]$; ainsi, les coefficients de transmission et de réflexion sur un court circuit Z_R sont donnés par les formules classiques :

$$\textit{Coefficient de réflexion} \quad : \quad \Gamma = -\frac{Z_0}{Z_0 + 2Z_R} \tag{14.8}$$

$$\textit{Coefficient de transmission} \quad : \quad T = \frac{2Z_R}{Z_0 + 2Z_R} \tag{14.9}$$

semblables aux formules de l'optique où l'indice doit être substitué à l'impédance.

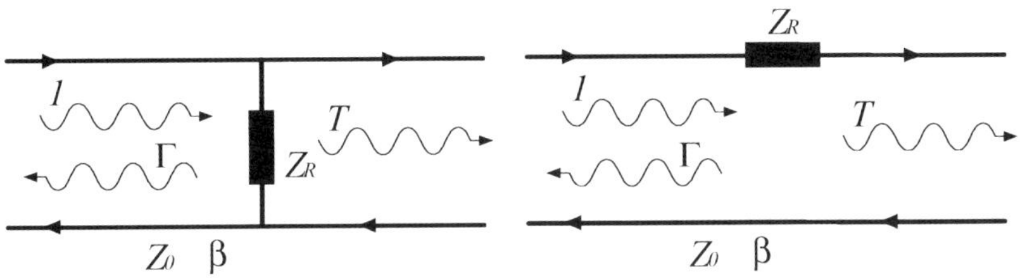

Fig. 14.7 : *Réflexions sur une ligne de transmission.*

La même analyse et le même raisonnement peuvent être appliqués au deuxième cas illustré sur la figure (14.7), c'est alors la continuité du courant en $z = 0$ qui conduit à la première relation $(1 - \Gamma) = T$ et la discontinuité de la tension à la deuxième $Z_R\,(1 - \Gamma) = Z_0\,[(1 + \Gamma) - T]$ et les résultats finaux s'expriment :

$$\textit{Coefficient de rRéflexion} \quad : \quad \Gamma = -\frac{Z_R}{2Z_0 + Z_R} \tag{14.10}$$

$$\textit{Coefficient de transmission} \quad : \quad T = \frac{2Z_0}{2Z_0 + Z_R} \tag{14.11}$$

Les deux problèmes centraux du transport de puissance suivant une ligne de transmission sont : (i) le problème de la réflexion sur des obstacles et imperfections internes, (ii) le problème de l'adaptation d'impédance sur la charge, c'est-à-dire de la réflexion sur la charge finale. Nous allons analyser ce dernier problème crucial pour le chauffage des plasmas thermonucléaires, nous omettrons le signe $\tilde{}$ pour caractériser les amplitudes complexes et nous considérerons une ligne parfaite d'impédance caractéristique Z_0 et de paramètre de propagation β.

La ligne présente une longueur z et est terminée par une charge Z_L, l'impédance vue à l'entrée de la ligne est définie par $Z\,(0) \equiv V\,(0)\,/I\,(0)$ et au point terminal z par $Z\,(z) \equiv V\,(z)\,/I\,(z) = Z_L$.

La stratégie d'étude de ce problème consiste à introduire le concept d'impédance ramenée, c'est-à-dire de poser la question suivante : quelle est l'impédance $Z\,(0)$ vue à l'entrée d'une ligne de longueur z et terminée sur une charge Z_L ? La réponse à cette question est l'impédance ramenée que nous allons calculer. Les relations (14.5) permettent de réduire le nombre d'inconnues associées aux ondes de tension et de courant solutions de l'équation des télégraphistes (14.1) et (14.2) : $V_i\,(0) + V_r\,(0) = V\,(0)$ et $V_i\,(0) - V_r\,(0) = Z_0 I\,(0) \rightarrow 2V_i\,(0) = V\,(0) + Z_0 I\,(0)$ et $2V_r\,(0) = V\,(0) - Z_0 I\,(0)$, ainsi la solution en z en fonction des amplitudes de courant $I\,(0)$ et tension $V\,(0)$ à l'entrée de la ligne est donnée par :

$$V(z) = V(0)\cos(\beta z) - jZ_0 I(0)\sin(\beta z)$$
$$I(z) = I(0)\cos(\beta z) - \frac{j}{Z_0} V(0)\sin(\beta z)$$

Le rapport de ces deux quantités définit l'impédance vue à l'entrée de la ligne qui est donc ramenée depuis la charge Z_L le long de la ligne (i) de longueur z, (ii) d'impédance caractéristique Z_0 et (iii) de constante de propagation β.

$$\textit{Impédance ramenée}: \quad Z(0) = Z_0 \frac{Z_L + jZ_0 \tan(\beta z)}{Z_0 + jZ_L \tan(\beta z)}$$

Cette formule classique illustre la possibilité de ramener une impédance capacitive depuis une charge inductive ou une impédance inductive depuis une charge capacitive et indique une stratégie de synthèse d'impédance à l'aide de composants passifs.

14.1.3 Guides d'ondes LH et ECRH

Dans la bande de fréquence ICRH les lignes de transmission sont utilisées pour acheminer la puissance électromagnétique depuis les générateurs vers l'antenne, mais à hautes fréquences (LH et ECRH), lorsque l'épaisseur de la ligne est de l'ordre de grandeur de la longueur d'onde, le spectre des modes associés à cette structure ne se réduit plus aux modes TEM (transverse électromagnétique) qui peuvent être simplement décrits en termes de courant I et tension V.

Il est alors nécessaire de prendre en compte des modes plus complexes qui ne peuvent pas être ramenés à une description courant/tension. La recherche des solutions des équations de Maxwell est impérative et constitue le développement de la *théorie des guides d'ondes*.

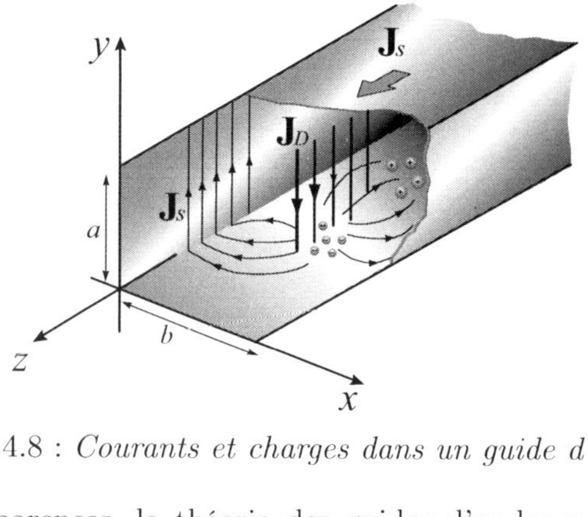

Fig. 14.8 : *Courants et charges dans un guide d'ondes.*

Malgré les apparences, la théorie des guides d'ondes peut être construite dans la continuité de la théorie des lignes de transmission, la figure (14.8) repré sente un guide d'ondes rectangulaire, les oscillations de charges surfaciques entretenues par les courants oscillants surfaciques $\mathbf{J}_S$ fermés par les courants de déplacement $\mathbf{J}_D$ sont similaires aux transferts de charges dans une ligne, mais à la différence des lignes il n'est pas possible d'identifier une structure capacitive, indépendante de la fréquence, assurant l'accumulation de charges et une structure inductive, indépendante de la fréquence, permettant l'accumulation de flux magnétique, les deux structures étant couplées pour entretenir l'oscillation.

Ainsi un recours aux équations de Maxwell s'impose pour établir la nature des modes électromagnétiques dans un guide d'ondes. Dans cette perspective, définissons (i) l'impédance du vide η_0 et (ii) la constante de propagation dans le vide k_0 associée à une oscillation de pulsation ω.

$$\begin{aligned} \textit{Impédance du vide} \quad &: \quad \eta_0\,[\Omega] \equiv \sqrt{\frac{\mu_0}{\varepsilon_0}} = 376.73\ \Omega \\ \textit{Constante de propagation} \quad &: \quad k_0\,(\omega)\left[\frac{\text{Rd}}{\text{m}}\right] \equiv \omega\sqrt{\mu_0\varepsilon_0} = \frac{2\pi\nu\,[\text{Hz}]}{3. \times 10^8} \end{aligned}$$

Soit une structure de guide d'ondes cylindrique, rectiligne, constituée par un tube métallique dont la section est une courbe fermée $\mathcal{C}$ délimitant une surface $\mathcal{S}$; le plan de section perpendiculaire à la direction z du cylindre sera repéré par les coordonnées cartésiennes x et y, la direction du tube correspondant à la coordonnée z, figure (14.8). Recherchons des champs électrique $\mathbf{E}$ et magnétique $\mathbf{H}$ solutions des équations de Maxwell présentant une dépendance temporelle de nature harmonique : $\mathbf{E}(x, y, z) \exp j\omega t$ et $\mathbf{H}(x, y, z) \exp j\omega t$.

Les équations de Maxwell-Faraday, $\boldsymbol{\nabla} \times \mathbf{E} = -j\omega\mu_0\mathbf{H}$, et Maxwell-Ampère, $\boldsymbol{\nabla} \times \mathbf{H} = j\omega\varepsilon_0\mathbf{E}$, doivent être satisfaites ainsi que les conditions aux limites appropriées sur les parois métalliques intérieures. Les équations de Maxwell-Ampère et Maxwell-Faraday en régime harmonique couplant champs électrique et magnétique conduisent par élimination à deux équations de Helmholtz découplées : $\Delta\mathbf{E} + k_0^2\mathbf{E} = \mathbf{0}$ et $\Delta\mathbf{H} + k_0^2\mathbf{H} = \mathbf{0}$.

Considérons des solutions se propageant dans la directions des z et présentant un vecteur d'onde β au regard de cette propagation : $\mathbf{E}(x, y, z) = [\ E_x(x, y)\,\mathbf{u}_x + E_y(x, y)\,\mathbf{u}_y + E_z(x, y)\,\mathbf{u}_z\ ] \exp -j\beta z$ et $\mathbf{H}(x, y, z) = [\ H_x(x, y)\,\mathbf{u}_x + H_y(x, y)\,\mathbf{u}_y + H_z(x, y)\,\mathbf{u}_z\ ] \exp -j\beta z$. Sous cette hypothèse supplémentaire les équations de Maxwell se réduisent à deux équations de Helmholtz dans le plan $[x, y]$:

$$\frac{\partial^2\mathbf{E}}{\partial x^2} + \frac{\partial^2\mathbf{E}}{\partial y^2} + k_c^2\mathbf{E} = \mathbf{0} \tag{14.12}$$

$$\frac{\partial^2\mathbf{H}}{\partial x^2} + \frac{\partial^2\mathbf{H}}{\partial y^2} + k_c^2\mathbf{H} = \mathbf{0} \tag{14.13}$$

où nous avons défini la constante de propagation k_c :

$$k_c^2\,(\mathcal{C}, \mathcal{S}) = k_0^2 - \beta^2 = \omega^2\mu_0\varepsilon_0 - \beta^2 \tag{14.14}$$

Cette constante est notée $k_c^2\,(\mathcal{C}, \mathcal{S})$ car pour une géométrie $(\mathcal{C}, \mathcal{S})$ donnée et des conditions aux limites sur $\mathcal{C}$ données, les équations (14.12) et (14.13) n'admettent de solutions dans $\mathcal{S}$ que pour certaines valeurs (propres) k_c ; l'analyse des ondes se propageant suivant z à l'intérieur du guide conduit donc à l'étude d'un problème spectral de recherche de valeurs propres. Le problème spectral ainsi identifié semble de nature vectorielle mais une projection des équations de Maxwell-Ampère et Maxwell-Faraday :

$$\begin{aligned}
\frac{\partial E_z}{\partial y} + j\beta E_y &= -j\omega\mu_0 H_x \ , \ \frac{\partial H_z}{\partial y} + j\beta H_y = j\omega\varepsilon_0 E_x \\
-j\beta E_x - \frac{\partial E_z}{\partial x} &= -j\omega\mu_0 H_y \ , \ -j\beta H_x - \frac{\partial H_z}{\partial x} = j\omega\varepsilon_0 E_y \\
\frac{\partial E_y}{\partial x} - \frac{\partial E_x}{\partial y} &= -j\omega\mu_0 H_z \ , \ \frac{\partial H_y}{\partial x} - \frac{\partial H_x}{\partial y} = j\omega\varepsilon_0 E_z
\end{aligned}$$

permet d'exprimer les deux composantes des champs électrique et magnétique suivant x et y uniquement en fonction des composantes longitudinales $E_z(x,y)$ et $H_z(x,y)$; ces deux composantes $E_z(x,y)$ et $H_z(x,y)$ peuvent donc être adoptées comme des potentiels générant par dérivation l'intégralité du champ.

$$\begin{aligned}
E_x &= -\frac{j}{k_c^2}\left(\beta\frac{\partial E_z}{\partial x} + k_0\eta_0\frac{\partial H_z}{\partial y}\right), \ H_x = \frac{j}{k_c^2}\left(\frac{k_0}{\eta_0}\frac{\partial E_z}{\partial y} - \beta\frac{\partial H_z}{\partial x}\right) \\
E_y &= \frac{j}{k_c^2}\left(-\beta\frac{\partial E_z}{\partial y} + k_0\eta_0\frac{\partial H_z}{\partial x}\right), \ H_y = -\frac{j}{k_c^2}\left(\frac{k_0}{\eta_0}\frac{\partial E_z}{\partial x} + \beta\frac{\partial H_z}{\partial y}\right)
\end{aligned}$$

Nous pouvons donc restreindre le problème spectral au calcul des composantes longitudinales E_z et H_z vérifiant un couple d'équations de Helmholtz scalaires.

$$\textit{Mode TM} \ : \ \frac{\partial^2 E_z}{\partial x^2} + \frac{\partial^2 E_z}{\partial y^2} + k_c^2 E_z = 0 \tag{14.15}$$

$$\textit{Mode TE} \ : \ \frac{\partial^2 H_z}{\partial x^2} + \frac{\partial^2 H_z}{\partial y^2} + k_c^2 H_z = 0 \tag{14.16}$$

Cette réduction du problème autorise une classification suivant trois types de modes : (i) les modes transverses magnétiques (TM) tels que $H_z = 0$ et $E_z \neq 0$, (ii) les modes transverses électriques (TE) tels que $E_z = 0$ et $H_z \neq 0$ et (iii) les modes transverses électromagnétiques (TEM) tels que $E_z = 0$ et $H_z = 0$; cette dernière classe étant restreinte aux guides de sections non simplement connexes telles que les lignes de transmission.

Toute solution des équations (14.12) et (14.13) s'exprime comme superposition de ces trois modes, les structures typiques des modes TE et TM pour un guide biplaque sont illustrées sur la figure (14.9).

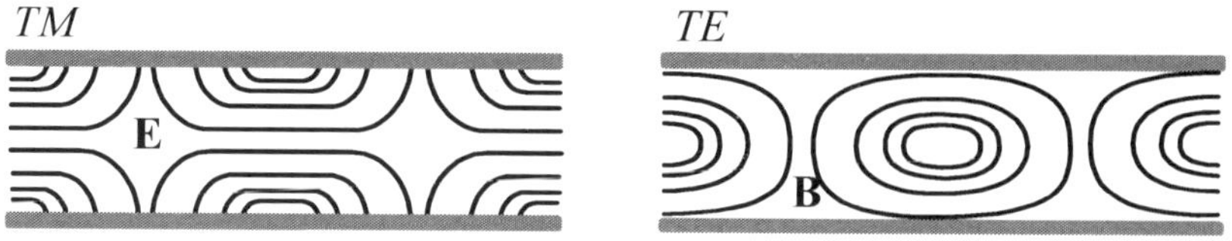

Fig. 14.9 : *Structures des modes TE et TM.*

Pour les modes TE les conditions aux limites sur la courbe $\mathcal{C}$ sont simplement l'expression de la condition assurant la nullité de la composante tangentielle du champ électrique par rapport à la paroi métallique dont la normale est définie par le vecteur unitaire (n_x, n_y).

$$[E_x n_y - E_y n_x]_{\mathcal{C}} = 0 \rightarrow \left[\frac{\partial H_z}{\partial y} n_y + \frac{\partial H_z}{\partial x} n_x\right]_{\mathcal{C}} = 0$$

Ainsi, la recherche et l'analyse des modes TE dans un guide rectiligne de section transverse $\mathcal{C}$ se ramène à un problème spectral de Helmholtz-Neumann.

$$\text{Helmholtz dans } \mathcal{S} \quad : \quad \left.\frac{\partial^2 H_z}{\partial x^2} + \frac{\partial^2 H_z}{\partial y^2} + k_c^2 H_z\right|_{\mathcal{S}} = 0 \tag{14.17}$$

$$\text{Neumann sur } \mathcal{C} \quad : \quad \left.\frac{\partial H_z}{\partial y} n_y + \frac{\partial H_z}{\partial x} n_x\right|_{\mathcal{C}} = 0 \tag{14.18}$$

Pour les modes TM les conditions aux limites sur la courbe $\mathcal{C}$ sont simplement l'expression de la condition assurant la nullité de la composante tangentielle du champ électrique par rapport à la paroi métallique $E_z = 0$; c'est-à-dire poser un problème de Helmholtz-Dirichlet.

$$\text{Helmholtz dans } \mathcal{S} \quad : \quad \left.\frac{\partial^2 E_z}{\partial x^2} + \frac{\partial^2 E_z}{\partial y^2} + k_c^2 E_z\right|_{\mathcal{S}} = 0 \tag{14.19}$$

$$\text{Dirichlet sur } \mathcal{C} \quad : \quad E_z|_{\mathcal{C}} = 0 \tag{14.20}$$

Les problèmes de Helmholtz-Dirichlet, (14.19), (14.20), et Helmholtz-Neumann, (14.17), (14.18), admettent des solutions analytiques pour les courbes $\mathcal{C}$ simples telles que le rectangle et le cercle ; dans le contexte des systèmes micro-onde pour le chauffage et le contrôle des tokamaks, les guides rectangulaires sont largement répandus. Pour un guide rectangulaire de petit côté a et de grand côté b, figure (14.8), les vecteurs propres et valeurs propres sont rappelés dans le tableau ci-dessous.

Mode	Valeur propre $k_c\,(a, b)$	Vecteur propre H_z et E_z
TE_{mn}	$k_{mn}^2 = \left(\frac{m\pi}{a}\right)^2 + \left(\frac{n\pi}{b}\right)^2$	$H_{mn} \cos\left(\frac{m\pi x}{a}\right) \cos\left(\frac{n\pi y}{b}\right)$
TM_{mn}	$k_{mn}^2 = \left(\frac{m\pi}{a}\right)^2 + \left(\frac{n\pi}{b}\right)^2$	$E_{mn} \sin\left(\frac{m\pi x}{a}\right) \sin\left(\frac{n\pi y}{b}\right)$

Compte tenu de la relation (14.14), les différentes valeurs propres k_{mn} sont associées à différentes branches de propagation $\omega_{mn}\,(\beta)$; nous avons représenté le diagramme de Brillouin pour la dispersion des modes TE dans un guide rectangulaire sur la figure (14.10).

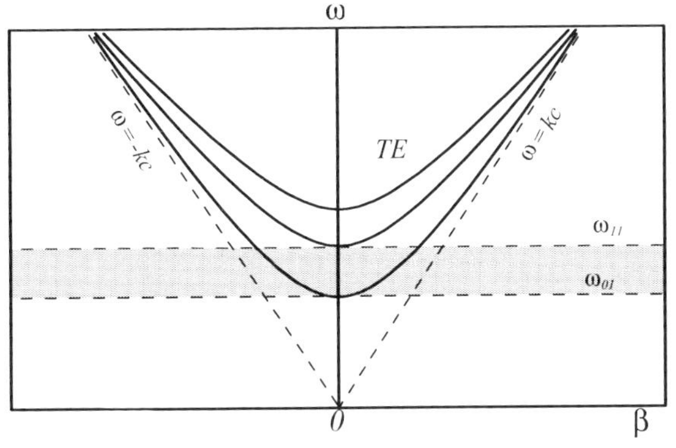

Fig. 14.10 : *Dispersion des modes TE.*

On notera l'existence de coupures comme dans les plasmas, mais qui sont ici de nature géométrique et non dynamique : les coupures dans les guides d'ondes sont simplement liées à l'impossibilité de localiser une oscillation électromagnétique de grande longueur d'onde dans un volume plus petit que le cube de cette longueur d'onde ; on retrouve ici les limitations de la diffraction ou du principe d'incertitude associés aux ondes, quelques soient leurs natures.

Le deuxième élément notable sur la figure (14.10) est l'existence d'une *bande monomode*, entre ω_{01} et ω_{11}, telle que pour une pulsation donnée ω seul un mode TE puisse se propager, cette propriété d'unicité est mise à profit dans les systèmes de transmission de puissance pour assurer la continuité de la structure du mode lors de la propagation.

La physique des guides d'ondes est un outil essentiel pour concevoir et comprendre les systèmes de chauffage et de contrôle dans les tokamaks ; en particulier, pour l'antenne LHCD représentée sur la figure (14.3), la possibilité de déphaser les différents guides d'ondes à travers le contrôle des paramètres géométriques a et b offre un moyen efficace de construire une antenne spectralement sélective au regard du vecteur d'onde toroïdal, c'est-à-dire de l'indice $N_{\parallel}$ qui assure l'efficacité du couplage aux électrons rapides.

14.2 Thermalisation et Diffusion des Neutrons

14.2.1 Régénération et multiplication

Considérons, pour conclure cette introduction à la physique des tokamaks, le problème de la neutronique des tokamaks. Les 4/5 de l'énergie produite par une combustion thermonucléaire DT quittent le plasma sous la forme de neutrons rapides d'énergie 14 MeV ; mais dans cette monographie l'essentiel des présentations des outils théoriques spécifiques permettant de comprendre la dynamique des tokamaks a porté sur les problèmes du confinement et du chauffage du plasma thermonucléaire.

La neutronique des tokamaks a été depuis longtemps abordée et a bénéficié des méthodes développées dans le cadre des programmes de recherches sur les réacteurs à fission, en particulier à neutrons rapides ; aussi la modélisation des différentes options de développement d'une couverture tritigène et l'identification des problèmes associés à cette structure constituent aujourd'hui un programme de recherches actif et innovant.

Rappelons les éléments de base permettant de construire une image cohérente des processus impliqués dans la couverture nucléaire d'un réacteur tokamak.

Compte tenu de sa courte demi-vie (12.3 années), le tritium n'est pas disponible sur terre à l'état naturel, il est donc nécessaire de le régénérer dans une enceinte extérieure entourant le tokamak : la *couverture tritigène*.

Le lithium présente deux réactions neutroniques permettant la régénération du tritium.

Avec l'isotope léger (7.4 %), ^{6}Li, la réaction $\mathrm{n} +^6 \mathrm{Li} \rightarrow \alpha + \mathrm{T}+\ 4,80$ MeV est exothermique et présente une section efficace importante avec les neutrons thermiques. La figure (14.11) présente la section efficace de la réaction de régénération et démontre clairement l'intérêt d'opérer avec des neutrons thermiques, le ralentissement permettant l'extraction de puissance sous forme de chaleur transmise à un fluide caloporteur.

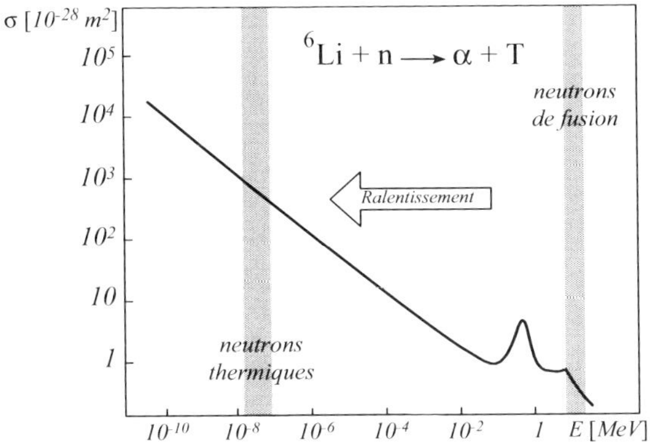

Fig. 14.11 : *Section efficace de régénération sur une cible* ^{6}Li.

Avec l'isotope lourd (92.6 %), ^{7}Li, la réaction n+^{7}Li $\rightarrow \alpha$+T+n$-$ 2,47 MeV est endothermique et présente une section efficace très faible pour les neutrons rapides et insignifiante pour les neutrons thermiques. Notons que cette réaction régénère le tritium mais ne consomme pas de neutron en terme de bilan global. La figure (14.12) présente les valeurs de la section efficace pour cette deuxième réaction de régénération, on notera les différences d'échelles entre les figures (14.11) et (14.12).

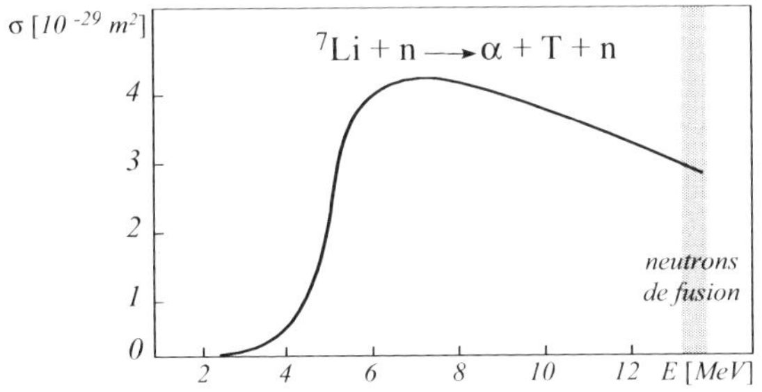

Fig. 14.12 : *Section efficace de régénération sur une cible* ^{7}Li.

L'utilisation de cette réaction pour pallier au déficit de neutrons, du à l'absorption par les éléments de structures autres que la partie active de la couverture tritigène, ne constitue pas un choix optimal et plusieurs éléments peuvent remplir la fonction de multiplicateur de neutrons ; par exemple le Béryllium qui dans cette gamme d'énergies neutroniques offre une réaction n +^{9} Be $\rightarrow 2\alpha + 2$n $-$ 1.57 MeV. La figure (14.13) présente la section efficace de cette réaction doublant le nombre de neutrons.

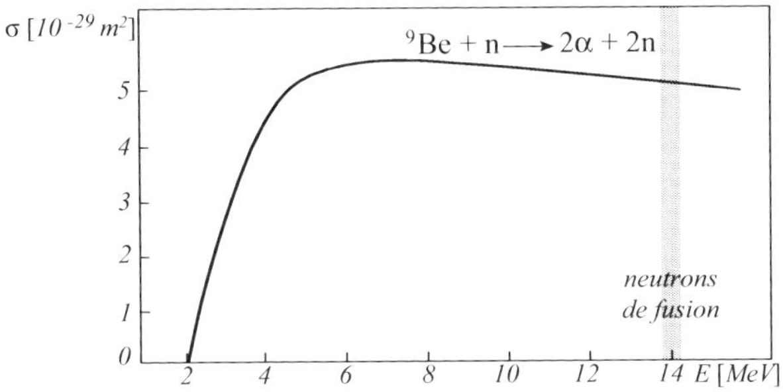

Fig. 14.13 : *Section efficace de multiplication neutronique sur* ^{9}Be.

La conception d'une couverture tritigène efficace implique la mise en place d'un système modérateur assurant le ralentissement des neutrons de 14 MeV, l'énergie finale se situant dans la gamme des énergies thermiques entre 1/15 et 1/40 d'eV ; une telle énergie est à la fois propice à la régénération, compte tenu de la réaction avec l'isotope léger du Lithium, et à l'extraction de puissance thermique, compte tenu des températures de fonctionnement caractéristiques des systèmes échangeurs de chaleur.

Le paramètre critique est donc la longueur de ralentissement qui détermine l'épaisseur de la zone active de la couverture tritigène. La section efficace de diffusion élastique représentée sur la figure (14.14) étant beaucoup plus petite que la section efficace de capture par ^{6}Li, c'est cette première interaction qui fixe principalement les contraintes neutroniques de dimensionnement, la capture régénérative par le lithium étant remarquablement efficace dans la gamme des énergies thermiques.

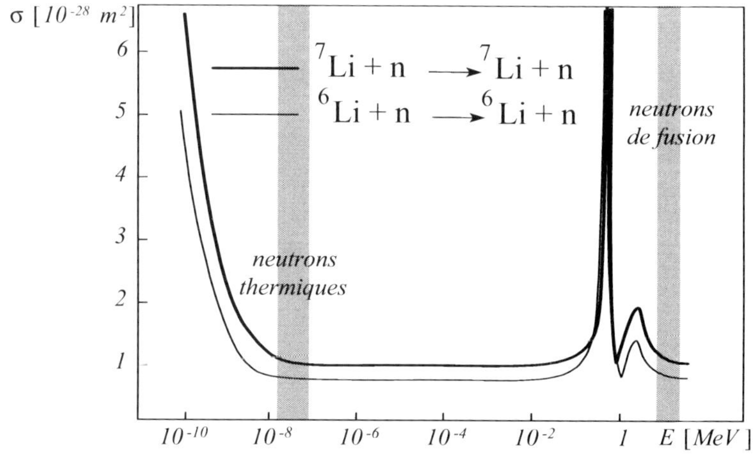

Fig. 14.14 : *Section efficace de diffusion élastique neutron/lithium.*

Le choix final de la structure et de la composition de la couverture tritigène d'un réacteur tokamak nécessite toutes les ressources de la neutronique et dépasse largement le cadre de cette introduction à la physique des tokamaks ; nous allons simplement développer la théorie du ralentissement et de la diffusion des neutrons permettant de comprendre comment un flux de neutrons rapides peut être transformé en un gaz de neutrons thermiques dont la réactivité est beaucoup plus importante si nous nous référons aux diagrammes de section efficace (14.11).

14.2.2 Ralentissement

Considérons la collision élastique d'un neutron n, de masse m, de vitesse $\mathbf{V}_n$ et d'énergie $E = mV_n^2/2$, sur un noyau A au repos de nombre de masse A, c'est-à-dire approximativement de masse Am.

$$\text{n}\ (E) + \text{A}\ (repos) \rightarrow \text{n}\ (E_1, \theta) + \text{A}\ (E - E_1) \tag{14.21}$$

A l'issue de cette collision le neutron présente une vitesse $\mathbf{V}'_n$, faisant un angle θ avec la direction de sa vitesse initiale, et le ralentisseur A, supposé initialement au repos, présente une vitesse $\mathbf{V}'_A$. L'énergie du neutron après cette première collision élastique est égale à $E_1 < E$. Ce processus est représenté sur la figure (14.15).

Les conservations de l'énergie et de l'impulsion de ce système de deux particules offrent quatre relations scalaires entre les inconnues ($\mathbf{V}'_n$, $\mathbf{V}'_A$) et les paramètres ($\mathbf{V}_n$, m, A), il est donc nécessaire de considérer deux relations supplémentaires pour exprimer ces inconnues. Les deux angles sphériques repérant la direction de la vitesse $\mathbf{V}'_n$ constituent deux variables aléatoires dont la distribution de probabilité est donnée par la section efficace de diffusion élastique $d\sigma_n/d\Omega$:

$$\textit{Section efficace différentielle} \quad : \frac{d\sigma_n}{d\Omega} \equiv \frac{\left[\frac{\text{Nombre de neutrons d'énergie } E \text{ diffusés dans } d\Omega}{\text{par unité d'angle solide } d\Omega \text{ et unité de temps } dt}\right]}{\left[\frac{\text{Nombre de neutrons d'énergie } E \text{incidents}}{\text{par unité de surface } dS \text{ et unité de temps } dt}\right]}$$

Le premier moment de la section efficace différentielle définit la section efficace totale : $\sigma_{nA}(E) \equiv \int (d\sigma_n/d\Omega)\, d\Omega$.

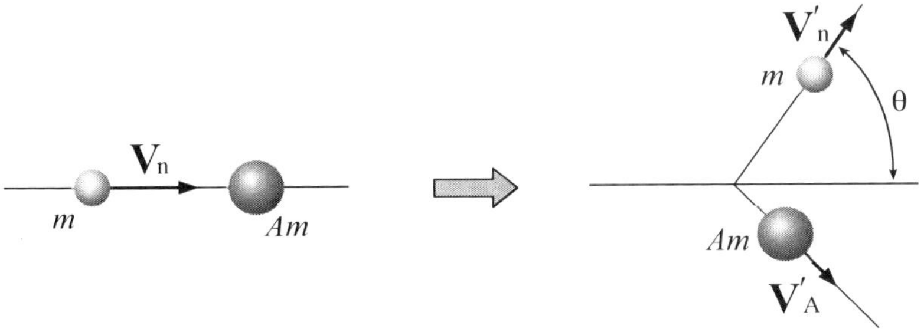

Fig. 14.15 : *Diffusion élastique d'un neutron sur un noyau de nombre de masse A dans le repère du laboratoire.*

La fréquence de collision et le libre parcours moyen sont définis en terme de bilans temporel ou spatial de diffusion pour une énergie E donnée.

$$\textit{Fréquence de collision} \quad : \quad \frac{dn_n}{dt} = -v_n n_A n_n \sigma_{nA} \equiv -\nu_n n_A$$
$$\textit{Libre parcours moyen} \quad : \quad \frac{dn_n}{dx} = -n_A n_n \sigma_{nA} \equiv -\frac{n_A}{\lambda_n}$$

Notons que le terme *diffusion* présente une ambiguïté inhérente à la langue française car il désigne : (i) la dispersion angulaire pour le problème de l'interaction de deux particules et (ii) la dispersion spatiale pour une population de particules, c'est ici le premier sens (*scattering* en anglais) qui est bien évidemment retenu, et à la fin de ce paragraphe, dans le cadre de l'analyse du transport neutronique, le deuxième (*diffusion* en anglais).

$$\textit{Fréquence de collision} \quad : \quad \nu_n(E) \equiv n_A v_n(E)\,\sigma_{nA}(E) \tag{14.22}$$
$$\textit{Libre parcours moyen} \quad : \quad \lambda_n(E) \equiv \frac{1}{n_A \sigma_{nA}(E)} \tag{14.23}$$

L'hypothèse d'isotropie autour de la direction de la vitesse incidente $\mathbf{V}_n$ du neutron est recevable dans le contexte de la physique nucléaire basse énergie et permet de réduire le nombre d'inconnues d'une unité et de considérer simplement $d\sigma_n(\theta)/d\theta$; mais il est en fait plus judicieux de considérer la collision dans le repère du centre de masse pour poursuivre l'analyse et de formuler une hypothèse d'isotropie de l'angle de diffusion dans ce repère, φ, hypothèse confirmée par l'expérience dans ce domaine d'énergie.

Considérons donc le repère du centre de masses (CM), sa vitesse $\mathbf{V}_C$ est égale à $\mathbf{V}_C = \mathbf{V}_n/(1+A)$, la collision dans ce repère est représentée sur la figure (14.16).

Les règles de transformation des vitesses entre deux repères en translations uniformes l'un au regard de l'autre permettent d'exprimer la vitesse du neutron avant la collision dans le repère du centre de masse, $\mathbf{v}_n$, et la vitesse du noyau ralentisseur dans le repère du centre de masse avant la collision, $\mathbf{v}_A$.

$$\textit{Neutron CM} \quad : \quad \mathbf{v}_n \equiv \mathbf{V}_n - \mathbf{V}_C = \mathbf{V}_n \frac{A}{1+A} \tag{14.24}$$

$$\textit{Noyau CM} \quad : \quad \mathbf{v}_A \equiv -\mathbf{V}_C = -\mathbf{V}_n \frac{1}{1+A} \tag{14.25}$$

Les principes de conservation de l'énergie et de l'impulsion offrent deux relations entre inconnues et paramètres :

$$\textit{Consevation de l'énergie} \quad : \quad \left(\frac{AV_n}{1+A}\right)^2 + A\left(\frac{V_n}{1+A}\right)^2 = v_n'^2 + Av_A'^2$$

$$\textit{Consevation de l'impulsion} \quad : \quad \mathbf{v}_n + A\mathbf{v}_A = \mathbf{v}_n' + A\mathbf{v}_A' = \mathbf{0}$$

permettant d'exprimer les normes des vitesses du neutron et du noyau après la collision, v_n' et v_A' : $v_n' = AV_n/(1+A)$ et $v_A' = V_n/(1+A)$.

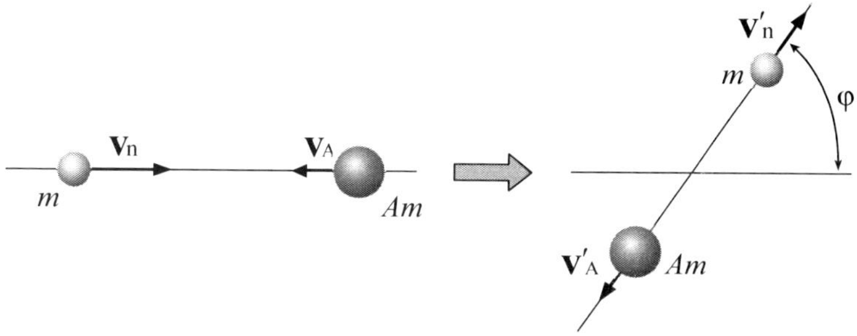

Fig. 14.16 : *Diffusion élastique d'un neutron sur un noyau de nombre de masse A dans le repère du centre de masse.*

La description du processus de ralentissement nécessite l'expression de l'énergie du neutron après la collision dans le repère du laboratoire E'. Cette quantité n'est autre que $mV_n'^2/2 = E'$ et l'expression de $V_n'^2$ s'établit aisément sur la base des résultats précédents : $\mathbf{V}_n' \equiv \mathbf{v}_n' + \mathbf{V}_C \rightarrow V_n'^2 = v_n'^2 + V_C^2 + 2v_n' V_C \cos\varphi$. Nous obtenons donc le résultat classique :

$$\frac{E'}{E} \equiv \frac{V_n'^2}{V_n^2} = \frac{A^2 + 2A\cos\varphi + 1}{(1+A)^2} \tag{14.26}$$

Nous n'avons pas encore formulé l'hypothèse d'isotropie de la diffusion dans le repère du centre de masse, cette hypothèse se traduit simplement en considérant que l'angle φ est uniformément distribué sur le demi-cercle $[0, \pi]$, les autres directions étant accessibles par variation de l'autre angle sphérique autour de la vitesse initiale du neutron. Pour formuler cette hypothèse d'isotropie introduisons $\varepsilon_1(\varphi)$ l'énergie d'un neutron à l'issue d'une collision d'angle φ et d'énergie initiale E_0 : $\varepsilon_1(\varphi)/E_0 = (1+\alpha)/2 + (1-\alpha)\cos\varphi/2$, où nous avons défini le facteur de ralentissement :

$$\textit{Facteur de ralentissement :} \quad \alpha(A) \equiv \left(\frac{A-1}{A+1}\right)^2$$

Sous l'hypothèse d'isotropie, à l'issue d'une collision, la (densité de) probabilité P qu'un neutron d'énergie initiale E_0 présente une énergie E_1 dans un intervalle dE_1 est définie par la loi $P(E_0 \to E_1) = \int_0^\pi \delta[E_1 - \varepsilon_1(\varphi)]\, d\Omega(\varphi)/4\pi$ où δ est la distribution de Dirac, il est donc nécessaire d'évaluer l'intégrale :

$$P(E_0 \to E_1) = \frac{1}{4\pi}\int_0^\pi \delta\left[E_1 - \frac{E_0}{2}(1+\alpha) - \frac{E_0}{2}(1-\alpha)\cos\varphi\right] 2\pi \sin\varphi d\varphi$$

La densité probabilité de ralentissement $P(E_0 \to E_1)$ pour une collision est donc uniforme entre E_0 $(\varphi = 0)$ et αE_0 $(\varphi = \pi)$, figure (14.17), et égale à :

$$P(E_0 \to E_1) = \frac{H(E_0 - E_1)\, H(E_1 - \alpha E_0)}{E_0(1-\alpha)} \tag{14.27}$$

où H désigne la fonction de Heaviside $(H' = \delta)$ permettant de formuler le fait que l'énergie finale E_1 est nécessairement comprise entre l'énergie initiale E_0 et l'énergie minimale αE_0 correspondant à l'angle $\varphi = \pi$.

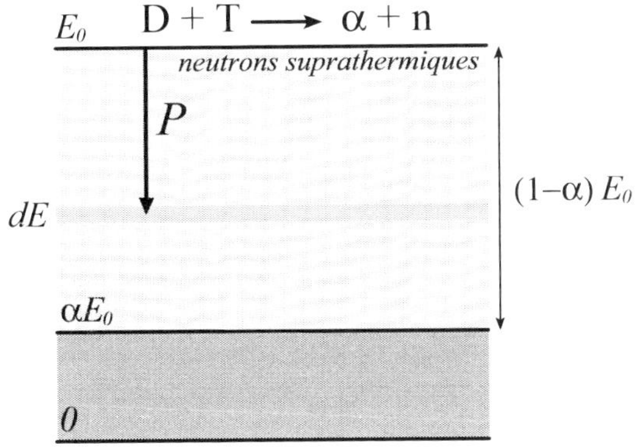

Fig. 14.17 : *Distribution d'énergie à l'issue d'une collision.*

La description de l'effet cumulatif de plusieurs collisions doit ensuite être envisagée pour construire un modèle complet du processus de thermalisation ; il est d'usage d'introduire la variable dite de *léthargie* $\ln E_0/E_1$ et de définir sa valeur moyenne ξ pour une collision.

$$\xi \equiv \left\langle \ln\frac{E_0}{E_1}\right\rangle = \int \ln\frac{E_0}{E_1} P(E_0 \to E_1)\, dE_1 = \int_{\alpha E_0}^{E_0} \frac{\ln\frac{E_0}{E_1}}{E_0(1-\alpha)} dE_1 \tag{14.28}$$

Ainsi venons nous de définir le paramètre central de la théorie élémentaire du ralentissement neutronique, le *paramètre de ralentissement* ξ.

$$\textit{Paramètre de ralentissement :} \quad \xi(A) = 1 + \frac{\alpha}{1-\alpha}\ln\alpha = 1 + \frac{(A-1)^2}{2A}\ln\frac{A-1}{A+1}$$

Considérons à présent une suite de N collisions, d'énergie initiale E_0 et d'énergie finale E_N, figure (14.18) ; la valeur moyenne ξ ne dépendant que du nombre de masse A et non de l'énergie, nous pouvons considérer que l'effet cumulatif de N collisions est en moyenne égal à la somme des moyennes de chaque collision.

$$\left\langle \ln \frac{E_0}{E_N} \right\rangle = \left\langle \ln \frac{E_0}{E_1} \right\rangle + \left\langle \ln \frac{E_1}{E_2} \right\rangle ... + \left\langle \ln \frac{E_{N-1}}{E_N} \right\rangle = N\xi \tag{14.29}$$

Un ralentisseur est nécessairement léger pour permettre une modération rapide et efficace, par exemple l'eau lourde fut un des premiers milieux modérateurs ou le carbone ; dans le contexte de la couverture nucléaire des tokamaks ce seront des noyaux de petits nombres de masses qui seront utilisés comme dans le contexte des réacteur à fission. Les paramètres de ralentissement ξ des ralentisseurs classiques sont donnés dans le tableau (14.30).

Elément	ξ	$\langle \cos\theta \rangle$
^{2}D	0.7261	0.333
^{9}Be	0.2078	0.074
^{12}C	0.1589	0.056
^{16}0	0.1209	0.042

(14.30)

Pour de tels noyaux, au-delà de l'hydrogène, il est légitime de considérer que la perte d'énergie pour une collision élastique, $\delta E \equiv E_0 - E_1$, est faible au regard de l'énergie : $\delta E < E_0$.

$$\ln \frac{E_0}{E_1} = \ln \frac{E_0}{E_0 - \delta E} \approx \frac{\delta E}{E_0} \rightarrow \left\langle \frac{\delta E}{E} \right\rangle = -\xi (A) \tag{14.31}$$

Sous cette hypothèse nous pouvons alors construire le taux de variation temporelle de l'énergie $\langle \delta E (\delta t) \rangle / \delta t$.

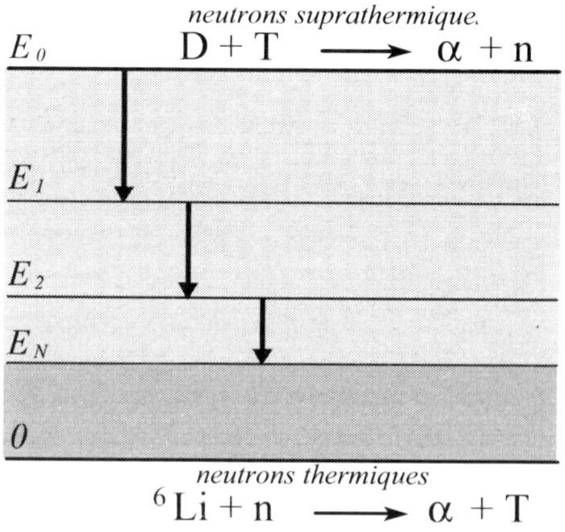

Fig. 14.18 : *Distribution d'énergie à l'issue de N collisions.*

Puis le considérer comme le premier coefficient d'une équation de Fokker-Planck $\partial f / \partial t + \partial \left(\langle \delta E \rangle / \delta t \right) f(E) / \partial E = \delta(t) \delta(E - E_0)$ décrivant la relaxation de la fonction de distribution des énergies $f(E, t)$ où le terme source $\delta(E - E_0)$ est fixé à une valeur $E_0 = 14$ MeV.

$$\textit{Ralentissement :} \quad \boxed{\frac{\langle \delta E \rangle}{\delta t} = -E\xi(A) \nu_n(E)} \tag{14.32}$$

La loi de ralentissement au sein d'un modérateur homogène est ainsi établie, la longueur de ralentissement $L(E_i \rightarrow E_f)$ nécessaire pour abaisser l'énergie d'un neutron rapide d'énergie initiale E_i vers une énergie thermique E_f est donnée par :

$$\frac{dE}{dl} = -\frac{\xi E}{\lambda_n(E)} \rightarrow L(E_i \rightarrow E_f) = \int_{E_f}^{E_i} \frac{\lambda_n(E)}{\xi(A)E} dE \approx \frac{\lambda_n}{\xi} \ln \frac{E_i}{E_f} \tag{14.33}$$

Mais il serait inexact de croire que cette longueur détermine l'épaisseur de la couche modératrice (figure (14.19)) ; en effet durant le processus de ralentissement le neutron considéré s'est déplacé aléatoirement du fait des collisions.

14.2.3 Diffusion

Pour achever la théorie du ralentissement il est donc nécessaire d'évaluer le coefficient de diffusion spatiale $\langle \delta r^2(\delta t) \rangle / 2\delta t$ permettant de construire un modèle de diffusion décrivant la fonction de distribution dans l'espace des énergies et l'espace des positions : $G(E_0, \mathbf{r}_0 \rightarrow E, \mathbf{r}, t)$ illustrée sur la figure (14.19). L'équation de ralentissement-diffusion présente une structure du type Fokker-Planck :

$$\textit{Ralentissement-diffusion} \quad : \quad \frac{\partial G}{\partial t} + \frac{\partial}{\partial E}\frac{\langle \delta E \rangle}{\delta t} G - \frac{\langle \delta r^2 \rangle}{2\delta t} \Delta G = \delta(t)\,\delta(E - E_0)\,\delta(\mathbf{r} - \mathbf{r}_0)$$

Le calcul du coefficient de diffusion des neutrons, $\langle \delta r^2(\delta t) \rangle / 2\delta t$, au sein d'un milieu modérateur est similaire au calcul des coefficients de diffusion des électrons et ions dans un plasma thermonucléaire.

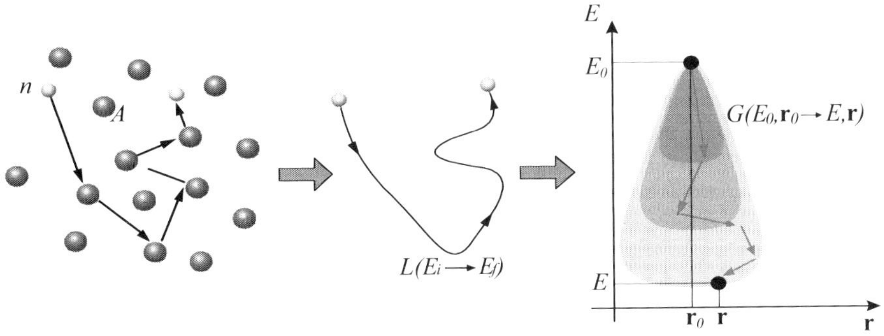

Fig. 14.19 : *Ralentissement et diffusion des neutrons.*

Nous devons évaluer le déplacement mésoscopique $\delta\mathbf{r}$ résultant de N collisions durant un temps $\delta t = N/v_n$: $\delta\mathbf{r} = \sum_N \mathbf{r}_i \rightarrow \delta\mathbf{r}\cdot\delta\mathbf{r} = \sum_{i,j} \mathbf{r}_i \cdot \mathbf{r}_j$.

Si la diffusion angulaire était isotrope dans le repère du laboratoire, c'est-à-dire si $\langle \cos\theta \rangle$ était égal à zéro, alors les termes $\mathbf{r}_i \cdot \mathbf{r}_j$ pour i différent de j serait nuls ; mais l'hypothèse d'isotropie est recevable dans le repère du centre de masse, $\langle \cos\varphi \rangle = 0$, et nous devons donc analyser les effets d'anisotropie d'origine cinématique, qui dans le contexte de modèles plus élaborés doivent être complétés par des effet d'anisotropie dynamique, c'est-à-dire $\langle \cos\varphi \rangle \neq 0$.

La relation entre les vitesses du neutron dans les deux repères, $\mathbf{V}'_n \equiv \mathbf{v}'_n + \mathbf{V}_C$, permet d'exprimer la relation entre les angles de diffusion dans les deux repères, $V'_n \cos\theta = v'_n \cos\varphi + V_c$, ainsi nous obtenons :

$$\cos\theta = \frac{1 + A\cos\varphi}{\sqrt{A^2 + 2A\cos\varphi + 1}} \tag{14.34}$$

Cette relation doit ensuite être prise en moyenne sur l'angle φ supposé distribué uniformément entre 0 et π ; les valeurs de $\langle \cos\theta \rangle$ pour les éléments légers, les modérateurs classiques, sont données dans le tableau (14.30).

$$\langle \cos\theta \rangle = \frac{1}{4\pi} \int_0^{\pi} \frac{1 + A\cos\varphi}{\sqrt{A^2 + 2A\cos\varphi + 1}} 2\pi \sin\varphi d\varphi = \frac{2}{3A}$$

Considérons sur la figure (14.20) une série de N collisions successives, la suite des déplacements entre deux collisions est notée $\mathbf{r}_1/\mathbf{r}_2/\mathbf{r}_3.../\mathbf{r}_{i-1}/\mathbf{r}_i.../\mathbf{r}_{N-1}/\mathbf{r}_N$; le déplacement $\mathbf{r}_{i-1}$ fait un angle ϕ_{i-1} avec une direction de référence donnée $\mathbf{u}$. Soit $[\mathbf{r}_{i-1}/r_{i-1}, \mathbf{j}_{i-1}, \mathbf{k}_{i-1}]$ une base orthonormée directe, le vecteur de référence $\mathbf{u}$ s'exprime par la relation $\mathbf{u} = \sin\phi_{i-1}\mathbf{j}_{i-1} + \cos\phi_{i-1}(\mathbf{r}_{i-1}/r_{i-1})$ sur cette base.

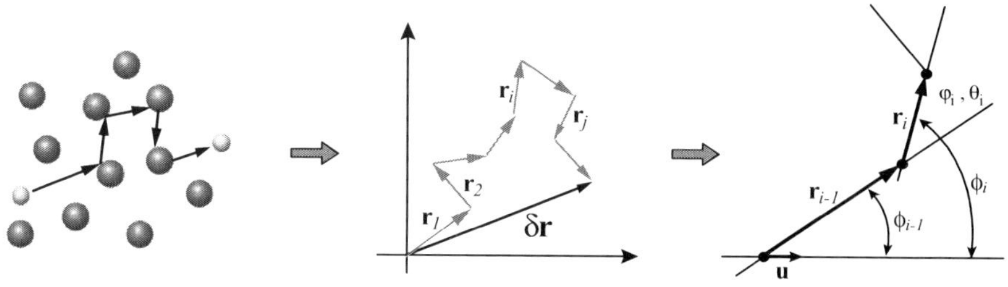

Fig. 14.20 : *Succession et combinaison des angles de diffusions aléatoires.*

La relation entre le vecteur déplacement suivant $\mathbf{r}_i$ et les deux angles sphériques décrivant la collision θ_i et φ_i est donnée par : $\mathbf{r}_i/r_i = \sin\theta_i \cos\varphi_i \mathbf{j}_{i-1} + \sin\theta_i \sin\varphi_i \mathbf{k}_{i-1} + \cos\theta_i \mathbf{r}_{i-1}/r_{i-1}$. L'angle entre $\mathbf{r}_i$ et la direction de référence $\mathbf{u}$ est donc égal à :

$$\cos\phi_i \equiv \frac{\mathbf{u}\cdot\mathbf{r}_i}{r_i} = \cos\phi_{i-1}\cos\theta_i + \sin\phi_{i-1}\sin\theta_i\cos\varphi_i \tag{14.35}$$

L'angle sphérique φ_i étant uniformément probable $\langle \cos\varphi_i \rangle = 0$ il est possible d'établir une récurrence simple entre ϕ_i et ϕ_{i-1} en fonction de $\langle \cos\theta_i \rangle = \langle \cos\theta \rangle$ $\rightarrow \langle \cos\phi_i \rangle = \langle \cos\phi_{i-1} \rangle \langle \cos\theta \rangle$. La norme du déplacement mésoscopique $\delta\mathbf{r}$ fait intervenir l'angle $\phi_{ij} \equiv \mathbf{r}_j \cdot \mathbf{r}_i / r_i r_j$.

$$\delta\mathbf{r} = \sum_i \mathbf{r}_i \rightarrow \delta\mathbf{r}\cdot\delta\mathbf{r} = \sum_{i,j} \mathbf{r}_i \cdot \mathbf{r}_j \rightarrow \frac{\langle \delta\mathbf{r}\cdot\delta\mathbf{r} \rangle}{2} = 2\lambda_n^2 \left[N + \sum_{i=1}^{N-1} \sum_{j=i+1}^{N} \langle \cos\phi_{ij} \rangle \right]$$

La relation $\langle \cos\phi_i \rangle = \langle \cos\phi_{i-1} \rangle \langle \cos\theta \rangle$ est établie pour une direction de référence quelconque, aussi nous pouvons prendre la direction $\mathbf{r}_i$ comme référence pour les $\mathbf{r}_j$ où $j < i$, nous obtenons : $\langle \cos\phi_{ij} \rangle = \langle \cos\phi_{ij-1} \rangle \langle \cos\theta \rangle \rightarrow \langle \cos\phi_{ij} \rangle = \langle \cos\theta \rangle^{|j-i|}$. La somme des termes de corrélations angulaires, résultant de l'hypothèse d'isotropie dans le repère du centre de masse qui implique une anisotropie dans le repère du laboratoire et une corrélation angulaire finie, peut donc être calculée :

$$\sum_{j=i+1}^{N} \langle \cos\phi_{ij} \rangle = \langle \cos\theta \rangle + \langle \cos\theta \rangle^2 + ... \langle \cos\theta \rangle^N \rightarrow \frac{\langle \cos\theta \rangle}{1 - \langle \cos\theta \rangle}$$

permettant ainsi d'établir le résultat classique relatif aux corrections de petite masse A associées à la diffusion vers l'avant dans le repère du laboratoire.

$$\textit{Diffusion :} \quad \frac{\langle \delta r^2 \rangle}{2\delta t} = \frac{\lambda_n^2}{1 - \langle \cos\theta \rangle} \nu_n = \frac{3A}{3A-2} \frac{v_n}{n_A \sigma_{nA}} \tag{14.36}$$

Les deux relations (14.32) et (14.36) permettent d'établir l'équation cinétique décrivant le ralentissement et la diffusion des neutrons au sein d'un milieu modérateur.

Cette équation peut être résolue analytiquement en régime stationnaire dans le cadre de la méthode de l'*âge de Fermi* et prédit pour les neutrons issus des réactions de fusion DT une épaisseur totale de la couche modératrice et de la couche régénératrice de l'ordre de 1. mètre compatible avec les autres contraintes d'un réacteur tokamak.

Les options technologiques de la couverture (*blanket*) tritigène et calorigène sont encore ouvertes et plusieurs schémas peuvent être envisagés. La couverture doit remplir trois fonctions principales :

• régénérer le tritium avec une efficacité permettant l'entretien de la réaction,

• convertir l'énergie cinétique des neutrons d'énergies 14. MeV en chaleur basse température et transférer cette chaleur à un fluide caloporteur chargé de l'extraire,

• contribuer à la protection contre les rayonnements des systèmes non nucléaires, en particulier du circuit des bobines supraconductrices.

Les éléments de neutronique physique que nous venons de présenter indiquent la compatibilité et la faisabilité des ces trois fonctions. L'extraction quasi-continue de tritium doit être envisagée compte tenu de la consommation d'un réacteur ($\sim$ 100 kg/an).

Pour la régénération du tritium, le lithium peut être utilisé (*i*) sous forme liquide compte tenu de sa faible température de fusion, (*ii*) sous forme de céramiques (Li2O, Li2TiO3, Li4SiO4)s ou (*iii*) sous forme de sels fondus (FliNaBe, FLiBe). Au-delà de la problématique nucléaire, la problématique thermique de la couverture peut être résolue à travers plusieurs options : l'eau pressurisée (15/16 MPa, 250° C/320° C) constitue un fluide caloporteur classique bénéficiant d'un important retour d'expériences, l'hélium (8/9 MPa, 250° C/500° C) offre des avantages dynamiques mais des inconvénients statiques et les métaux liquides (300° C/700° C) retenus dans le passé pour les surgénérateurs bénéficient d'importants développements technologiques issus de ce programme.

Bibliographie

La littérature relative à la physique des tokamaks est abondante et variée, les lectures proposées dans cette bibliographie se répartissent en quatre catégories complémentaires : des articles fondateurs, des articles de revues, les traités généralistes et les monographies de références ; nous les avons regroupés par chapitre.

• Chapitre 1 : Stabilité et réactivité nucléaire

Les leçons de *physique nucléaire* données par L. Landau à Moscou et par E. Fermi à Chicago dans les années cinquante constituent de solides introductions à cette discipline : L.D. Landau, *Lectures on Nuclear Theory*, Plenum Press (1959) et E. Fermi, *Nuclear Physics*, University of Chicago Press (1949). Les bases de données nucléaires pour la fusion sont nombreuses, citons : G.H. Miley, H. Towner, and N. Ivich, *Fusion cross-sections and reactivities, University of Illinois Nuclear Engineering Report COO-2218-17*, Urbana (1974). Deux ouvrages sur la fusion thermonucléaire sont particulièrement bien documentés sur la partie proprement nucléaire : D.J. Rose et M. Clark, *Plasmas and Controlled Fusion*, MIT Press (1961) et W. M. Stacey, *Fusion Plasma Physics*, Wiley-VCH Press (2005).

• Chapitre 2 : Fusion et combustion

Le critère de Lawson fut énoncé pour la première fois dans : J.D. Lawson, *Proceedings of the Physical Society* B70 (1957). La discussion générale des conditions de combustion et de son optimisation est développée dans les ouvrages classiques : K. Miyamoto, *Plasma Physics for Nuclear Fusion*, MIT Press (1989) et J. Freidberg, *Plasmas Physics and Fusion Energy*, Cambridge University Press (2007). L'aspect économique de la fusion thermonucléaire est présenté dans les articles : R.W. Conn, et al., *Nuclear Fusion* 30, 1919 (1990) et R.A. Krakowski, and J.G. Delene, *J. Fusion Energy*, 7, 49 (1988).

• Chapitre 3 : Confinement thermonucléaire

L'ouvrage de référence : B. Kadomtsev, *Tokamak Plasma, a Complex Physical System*, IOP (1992) est d'un accès difficile mais constitue une somme résumant l'essentiel des principes des tokamaks. L'article de revue : L.A. Artsimovitsh, *Nuclear Fusion*, 215 (1972), offre une introduction remarquablement claire aux problèmes du confinement dans les configurations toroïdales. Une présentation de l'ensemble des résultats relatifs aux expériences et à la théorie des tokamaks pourra être trouvée dans l'ouvrage : J. Wesson, *Tokamaks*,

Oxford University Press (1997) et on complétera cette lecture par : R.D. Hazeltine et J.D. Meiss, *Plasma Confinement*, Addison-Wesley (1992) qui offre une vision plus structurée. Pour des éléments de théorie plus avancée on consultera avec profit : R.B. White, *The Theory of Toroïdally Confined Plasma*, Imperial College Press (2001). Les articles de références sur les lois d'échelles relatives au temps de confinement de l'énergie sont : R.J. Goldston, *Plasma Physics and Controlled Fusion* 26, 1A, 87 (1984), B. Kadomtsev, *Fiziki Plasmy* 1, 531 (1975) et J.W. Connor and J.B. Taylor, *Nuclear Fusion* 17, 1047 (1977).

• Chapitre 4 : Cohérence et dissipation

La résonance hybride ion-ion fut identifiée dans : S.J. Buchsbaum, *Physics of Fluids* 3, 418 (1960) et les articles fondateurs de la théorie des collisions sont : M.N. Rosenbluth, W.M. MacDonald, and D.L. Judd, *Physical Review* 107, 1 (1957), L.D Landau, *Journal of Experimental and Theorical Physics*, 7, 203 (1937) et L. Spitzer and R. Härm, *Physical Review* 89, 977 (1953). S.I. Braginskii, *Reviews of Plasma Physics* (ed. M.A. Leontovitch), Vol 1, Consultants Bureau, New York (1965) constitue une revue exhaustive particulièrement complète sur les problèmes de transport collisionnel. Les traités généralistes de physique des plasmas tels que : T.J. Boyd et J.J. Sanderson, *The Physics of Plasmas*, Cambridge University Press (2003), S. Chandrasekhar, *Plasma Physics*, The University of Chicago Press (1965), F. Chen, *Introduction to Plasma Physics*, Plenum Press (1977), P.C. Clemmow et J.P. Dougherty, *Electrodynamics of Particles and Plasmas*, Addison-Wesley (1969), V.E. Golant A.P. Zhilinsky et I.E. Sakharov, *Fundamentals of Plasma Physics*, John Wiley & Sons (1980) et J.M. Rax, *Physique des Plasmas*, Dunod (2005) pourront être consultés sur les problèmes des échelles caractéristiques. La prédiction et l'étude de la population runaway peuvent être abordées à travers les deux articles fondateurs : H. Dreicer, *Physical Review* 117, 329 (1960) et A.V. Gurevich, *Zhurnal Experimentalnoi I Theoriticheskoi Fiziki* 39, 1296 (1960).

• Chapitre 5 : Adiabaticité et chaos

La mécanique hamiltonienne constitue le formalisme de référence pour aborder les problèmes d'interactions champs-particules dans les tokamaks, on peut distinguer deux types d'ouvrages à l'usage des physiciens : (*i*) les traités classiques de mécanique rationnelle : H.C. Corben et P. Stehle, *Classical Mechanics*, Dover Publications (1994), H. Goldstein, *Classical Mechanics*, Addison-Wesley Plublishing Company (1974), A. Sommerfeld, *Mechanics*, Academic Press (1957) et (*ii*) les ouvrages modernes abordant la problématique de l'adiabaticité et du chaos tels que : A.J. Lichtenberg et M.A. Lieberman, *Regular and Stochastic Motion*, Springer-Verlag (1983), M. Tabor, *Chaos and Integrability in Nonlinear Dynamics*, John Wiley & Sons (1989) et G.M. Zaslavsky, *Physics of Chaos in Hamiltonian Systems*, Imperial College Press (1998).

• Chapitre 6 : Confinement orbital

Les théories des dérives et des invariants adiabatiques sont présentées et développées dans les monographies classiques : T.G. Northrop, *The Adiabatic Motion of Charged Particles*, John Wiley & Sons (1963), B. Lehnert, *Dynamics of Charged Particles*, North-Holland (1964), S. Chandrasekhar, *Plasma Physics*, The University of Chicago Press (1965) ; on trouvera une excellente discussion des orbites adiabatiques dans le contexte du confinement magnétique dans : K. Miyamoto, *Plasma Physics for Nuclear Fusion*, MIT Press (1989).

- Chapitre 7 : Equilibres magnétohydrodynamiques

La magnétohydrodynamique pourra être abordée à travers les monographies classiques : V.C. Ferraro et C. Plumpton, *Magneto-Fluid Mechanics*, Clarendon Press (1962), T.G. Cowling, *Magnétohydrodynamique*, Dunod (1960), L.E. Kalikhman, *Elements of Magnetogasdynamics*, Saunders Company (1967) et A.G. Kulikovskiy et G. S. Lyubimov, *Magnetohydodynamics*, Addison-Wesley (1965). Le problème spécifique de la magnétohydrodynamique des tokamaks est traité en détail dans les quatre ouvrages de références : G. Bateman, *MHD Instabilities*, MIT Press (1978), J.P. Freidberg, *Ideal Magnetohydrodynamics*, Plenum Press (1987), D. Biskamp, *Nonlinear Magnetohydrodynamics*, Cambridge University Press (1993) et R.B. White, *The Theory of Toroïdally Confined Plasma*, Imperial College Press (2001). Les trois articles fondateurs présentant la première formulation de l'équation de Grad- Shafranov sont : V.D. Shafranov, *Zhurnal Experimentalnoi i Teoriticheskoi Fiziki,* 33, 710 (1957), R. Lust et A. Shulter , *Zietschrift für Naturforschüng* 12A, 850 (1957) et H. Grad and H.Rubin, *Proceedings of the 2nd United National International Conference on the Peaceful Uses of Atomic Energy Geneva* 1958 Vol. 31, 190 Columbia University Press (1959).

- Chapitre 8 : Ondes, dispersion et absorption

La référence historique relative à l'effet Landau est : L.D. Landau, *Journal of Physics* (USSR) 10, 25 (1946). La théorie générale des ondes dans les plasmas magnétisés est développée dans plusieurs monographies : W.P. Allis S.J. Buchsbaum et A. Bers, *Waves in Anisotropic Plasmas*, MIT Press (1963), L. Chen, *Waves and Instabilities in Plasmas*, World Scientific (1987), D.B. Melrose, *Instabilities in Space and Laboratory Plasmas*, Cambridge University Press (1989), D. Quemada, *Ondes dans les Plasmas*, Hermann, Collection Méthodes (1968) et T.H. Stix, *Waves in Plasmas*, American Institute of Physics (1992).

- Chapitre 9 : Instabilités, dérives, échange et torsion

Quatre ouvrages abordent en détail le problème des instabilités dans les tokamaks : R.D. Hazeltine et J.D. Meiss, *Plasma Confinement*, Addison-Wesley (1992), B. Kadomtsev, *Tokamak Plasma, a Complex Physical System*, IOP (1992), J. Wesson, *Tokamaks*, Oxford University Press (1997), R.B. White, *The Theory of Toroïdally Confined Plasma*, Imperial College Press (2001) et deux monographies sont dédiées aux problèmes plus spécifiques des instabilités magnétohydrodynamiques : G. Bateman, *MHD Instabilities*, MIT Press (1978) et J.P. Freidberg, *Ideal Magnetohydrodynamics*, Plenum Press (1987). Les modes de torsion ont été identifiés et étudiés dans : V.D. Shafranov, *Zhurnal Tekniches-koi Fiziki* 40, 241 (1970) et les déclinaisons variés du problème de l'interchange dans : C. Mercier, *Nuclear Fusion* 1, 47 (1960) et B.R. Suydam, *Proceedings of Second United Nations International Conference on the Peaceful Uses of Atomic Energy*, Geneva 1958, Vol. 31, p. 157, Columbia University Press (1959).

- Chapitre 10 : Collisions et relaxations

Une introduction aux méthodes de développement de Chapman-Enskog pour résoudre l'équation cinétique est présentée dans : M. Bayet, *Physique Electronique des Gaz et des Solides*, Masson (1958). Les articles fondateurs de la théorie des collisions : M.N. Rosenbluth, W.M. MacDonald, and D.L. Judd, *Physical Review* 107, 1 (1957), L.D Landau, *Journal of Experimental and Theorical Physics*, 7, 203 (1937) et L. Spitzer and R. Härm, *Physical Review* 89, 977 (1953), peuvent aussi être consultés avec profit.

• Chapitre 11 : Transports néo-classique et turbulent

Les problématiques du confinement et du transport sont exposés dans les ouvrages : R.D. Hazeltine et J.D. Meiss, *Plasma Confinement*, Addison-Wesley (1992) et B. Kadomtsev, *Tokamak Plasma, a Complex Physical System*, IOP (1992). L'article de revue : B. Kadomtsev and O.P. Pogutse, *Reviews of Plasma Physics* (ed. M.A. Leontovitch) Vol. 5, Chap. 2. Consultants Bureau, New York (1970) constitue une solide introduction au problème du transport turbulent. Les articles fondateurs de la théorie du transport néo-classique sont : D. Pfirsch, and A. Schülter, *Max-Planck-Institut Report MPI/PA/7/62* (1962), A.A. Galeev and R.Z. Sagdeev, *Zhurnal Experimentalnoi I Theoriticheskoi Fiziki* 53, 348 (1967), B. Kadomtsev and O.P. Pogutse, *Nuclear Fusion* 11, 67 (1971), A.A. Galeev, *Zhurnal Experimentalnoi I Theoriticheskoi Fiziki* 59, 1378 (1970). Une revue exhaustive de ces effets est présentée dans l'article de revue : A.A.Galeev and R.Z. Sagdeev, *Review of Plasma Physics* (ed. M.A. Leontovitch), Vol 7, Consultants Bureau, New York (1979). L'identification du pinch de Ware et du courant de bootstrap sont à porter aux crédits de : A.A. Ware, *Physical Review Letters* 25, 15 (1970) et R.J. Bickerton, J.W. Connor and J.B. Taylor, *Nature*, 229, 110 (1971).

• Chapitre 12 : Chauffages et génération de courant

Au-delà des monographies classiques dédiées aux ondes dans les plasmas magnétisés : D. Quemada, *Ondes dans les Plasmas*, Hermann, Collection Méthodes (1968) et T.H. Stix, *Waves in Plasmas*, American Institute of Physics (1992), on consultera quelques articles fondateurs : I.B. Bernstein, *Physical Review*, 109, 10 (1958) pour l'identification des modes du même nom et A.A. Vedenov, E.P. Velikhov and R.Z. Sagdaev, *Nuclear Fusion* 1, 82 (1961) sur l'ouverture de la vaste problématique non linéaire. Plus spécifiquement, le problème du chauffage ionique a été abordé et traité dans : T.H. Stix, *Nuclear Fusion* 15, 737 (1975) et les premiers succès expérimentaux rapportés dans : Equipe TFR, *Proceedings of the 8th International Conference on the Physics of Plasmas and Controlled Nuclear Fusion* Brussels 1980, Vol 2, p. 75, IAEA, Vienna (1981). La condition d'accessibilité de la résonance hybride a été formulée dans : V.E. Golant, *Zhurnal Experimentalnoi Fiziki* 41, 2492 (1971). Les premières études expérimentales sur la résonance cyclotronique électronique furent rapportées par : V.V. Alikaev, G.A.Bobrovskii, V.I. Poznyak, K.A. Razumova, V.V. Sannikov, Y. A. Sokolov et A.A. Shmarin, *Fizika Plasmy* 2, 390 (1976) et l'impact des effets relativistes prédit par : Yu N. Dnestrovskii, D.P. Kostomarov et N.V. Skydlov, *Zhurnal Teknicheskoi Fiziki* 33, 922 (1963). L'article de revue de référence sur la génération de courant non-inductive est : N.J. Fisch, *Reviews of Modern Physics*, 59, 175 (1987).

• Chapitre 13 : Injection et extraction des particules

Les deux ouvrages de référence sur les gaz faiblement ionisés sont : Y.P. Raizer, *Gas Discharge Physics*, Springer-Verlag (1997) et B.M. Smirnov, *Physics of Ionized Gases*, John Wiley & Sons (2001). Deux monographies sont dédiées spécifiquement aux problématiques du plasma de bord, du divertor, de l'interaction plasma-paroi et de l'extraction de matière et de puissance dans les tokamaks : P.C. Stangeby, *The Plasma Boundary of Magnetic Fusion Devices*, Institue of Physics Publishing (2000) et D. Naujoks, *Plasma-Material Interaction in Controlled Fusion*, Springer (2006). Les principaux résultats de la physique des gaz raréfiés sont exposés clairement dans : T.I. Gombosi, *Gaskinetic Theory*, Cambridge University Press (1994) et la physique et la technologie des systèmes de pompage peuvent être abordées sur la base de : A. Chanbers, R.K. Fitch et B.S. Halliday, *Basic Vacuum Technology*, Institute of Physics Publishing (1998) et C.V. Heer, *Statistical Mechanics Kinetic Theory and Stochastic Processes*, Academic Press (1972).

• Chapitre 14 : Transports des champs et des neutrons

Les théories des lignes de transmissions et des guides d'ondes sont exposées dans les classiques de l'électrodynamique : J.D. Jackson, *Classical Electrodynamics*, John Wiley & Sons (1975), W.K.H. Panofsky et M. Phillips, *Classical Electricity and Magnetism*, Addison-Wesley (1977) et J.A. Stratton, *Théorie de l'Electromagnétisme*, Dunod (1961). Peu d'ouvrages abordent la neutronique des tokamaks, on trouvera des développements sur l'aspect spécifiquement nucléaire de la physique des systèmes thermonucléaires dans : D.J. Rose et M. Clark, *Plasmas and Controlled Fusion*, MIT Press (1961), K. Miyamoto, *Plasma Physics for Nuclear Fusion*, MIT Press (1989), W. M. Stacey, *Fusion Plasma Physics*, Wiley-VCH Press (2005) et J. Freidberg, *Plasmas Physics and Fusion Energy*, Cambridge University Press (2007).

Index

Dans la même collection

BIOLOGIE
Bioinformatique. Génomique et post-génomique - F. Dardel et F. Képès - 250 pages - ISBN 2-7302-0927-1

CHIMIE
Chimie moléculaire des éléments de transition - F. Mathey et A. Sevin - 300 pages - ISBN 2-7302-0714-7

Les orbitales moléculaires dans les complexes - avec Exercices et Corrigés - Y. Jean
350 pages - ISBN 2-7302-1024-5

Chimie moléculaire, sol-gel et nanomatériaux - R. Corriu et Nguyen T.-A.
208 pages - ISBN 978-2-7302-1413-1

Introduction à la chimie quantique - P. Hiberty et Nguyen T.-A. - 320 pages - ISBN 978-2-7302-1485-8

INFORMATIQUE
Introduction à la théorie des langages de programmation - G. Dowek, J.-J. Lévy
112 pages - ISBN 978-2-7302-1333-2

Les principes des langages de programmation - G. Dowek - 176 pages - ISBN 978-2-7302-1526-8

Les démonstrations et les algorithmes : introduction à la logique et la calculabilité - G. Dowek - 200 pages - ISBN 978-2-7302-1569-5

ÉCONOMIE
Introduction à la microéconomie - N. Curien
110 pages - ISBN 2-7302-0722-8 - ISBN 978-2-7302-0722-5

Introduction à l'analyse macroéconomique - P.-A. Muet - 208 pages - ISBN 2-7302-1140-3

Économie de l'entreprise - J.-P. Ponssard, D. Sevy, H. Tanguy (2e édition)
316 pages - ISBN 978-2-7302-1244-1

Corporate Social Responsibility? From Compliance to Opportunity - P. Crifo, J.-P. Ponssard - 298 pages - ISBN 978-2-7302-1568-8

Économie du climat. Pistes pour l'après-Kyoto - J.-P. Ponssard et O. Godard - 314 pages
ISBN 978-2-7302-1576-3

MATHÉMATIQUES
Groupes et représentations - D. Renard - 223 pages - ISBN 978-2-7302-1571-8

Milieux continus en transformations finies. Hyperélasticité, Rupture, Élastoplasticité - C. Stolz - 278 pages - ISBN 978-2-7302-1562-6

Éléments d'analyse et d'algèbre (et de théorie des nombres) - P. Colmez -488 pages-ISBN 978-2-7302-1563-3

Cours d'analyse - J.-M. Bony - 272 pages - ISBN 2-7302-0775-1

Calcul différentiel et intégral - F. Laudenbach - 220 pages - ISBN 2-7302-0724-4

Méthodes mathématiques pour les sciences physiques - J.-M. Bony - 217 pages - ISBN 2-7302-0723-6

Les théorèmes de Noether - Y. Kosmann-Schwarzbach, avec la collaboration de L. Meersseman
180 pages - ISBN 2-7302-1138-1 (2e édition)

Groupes et symétries. Groupes finis, groupes et algèbres de Lie, représentations - Y. Kosmann-Schwarzbach
222 pages - ISBN 978-2-7302-1257-1 (2e édition)

Algèbre corporelle - A. Chambert-Loir - 200 pages - ISBN 2-7302-1217-5

Calcul variationnel - J.-P. Bourguignon - 348 pages - ISBN 978-2-7302-1415-5

Aspects des systèmes dynamiques - XUPS1994-1996 - N. Berline et C. Sabbah (Comité éditorial)
238 pages - ISBN 978-2-7302-1560-2

Aspects de la théorie du contrôle - XUPS1999 - N. Berline et C. Sabbah (Comité éditorial)
208 pages - ISBN 978-2-7302-1530-5

Groupes finis - XUPS 2000 - N. Berline et C. Sabbah (Comité éditorial)
104 pages - ISBN 2-7302-0751-5

Pavages - XUPS 2001 - N. Berline et C. Sabbah (Comité éditorial) - 112 pages - ISBN 2-7302-0855-0

La fonction zêta - XUPS 2002 - N. Berline et C. Sabbah (Comité éditorial)
206 pages - ISBN 2-7302-1011-3

Distributions - XUPS 2003 - Dans le sillage de Laurent Schwartz - N. Berline et C. Sabbah
(Comité éditorial) - 106 pages - ISBN 2-7302-1095-4

Graphes- XUPS 2004 - N. Berline et C. Sabbah (Comité éditorial) - 84 pages - ISBN 2-7302-1182-9

Théorie algorithmique des nombres et équations diophantiennes - XUPS2005 - N. Berline, A. Plagne
et C. Sabbah (Comité éditorial) - 200 pages - ISBN 2-7302-1293-0

Théorie des jeux. Introduction à la théorie des jeux répétés - XUPS 2006 - N. Berline, A. Plagne
et C. Sabbah (Comité éditorial) - 152 pages - ISBN 978-2-7302-1366-0

Sur la dynamique des groupes de matrices et applications arithmétiques - XUPS2007 -
N. Berline, A. Plagne et C. Sabbah (Comité éditorial) - 160 pages - ISBN 978-2-7302-1418-6

Géométrie tropicale - XUPS2008 - P. Harinck, A. Plagne et C. Sabbah (Comité éditorial)
128 pages - ISBN 978-2-7302-1529-9

Les représentations linéaires et le grand théorème de Fermat - XUPS2009 - P. Harinck, A. Plagne et
C. Sabbah (Comité éditorial) - 140 pages - ISBN 978-2-7302-1566-4

Facettes mathématiques de la mécanique des fluides - XUPS2010 - P. Harinck, A. Plagne et
C. Sabbah (Comité éditorial) - 118 pages - ISBN 978-2-7302-1578-7

Séminaires, équations aux dérivées partielles - Années 1971 à 1992
Séminaires, équations aux dérivées partielles - Années 1993 à 2001
Séminaires, équations aux dérivées partielles - Année 2000-2001 - 400 pages - ISBN 2-7302-0834-8
Séminaires, équations aux dérivées partielles - Année 2001-2002 - 364 pages - ISBN 2-7302-0930-1
Séminaires, équations aux dérivées partielles - Année 2002-2003 - 390 pages - ISBN 2-7302-1041-5

Séminaires, équations aux dérivées partielles - Année 2003-2004 - 404 pages - ISBN 2-7302-1183-7
Séminaires, équations aux dérivées partielles - Année 2004-2005 - 404 pages - ISBN 2-7302-1221-3
Séminaires, équations aux dérivées partielles - Année 2005-2006 - 366 pages - ISBN 2-7302-1335-X
Séminaires, équations aux dérivées partielles - Année 2006-2007 - 444 pages - ISBN 978-2-7302-1414-8
Séminaires, équations aux dérivées partielles - Année 2008-2009 - 308 pages - ISBN 978-2-7302-1567-1

MATHÉMATIQUES APPLIQUÉES

Une exploration des signaux en ondelettes - S. Mallat - 654 pages - ISBN 2-7302-0733-3

Promenade aléatoire - M. Benaïm et N. El Karoui - 316 pages - ISBN 2-7302-1168-3

Analyse numérique et optimisation - G. Allaire - 480 pages - ISBN 2-7302-1255-8

Systèmes hyperboliques de lois de conservation. Application à la dynamique des gaz - F. Dubois, B. Després
208 pages - ISBN 2-7302-1253-1

Commande et optimisation de systèmes dynamiques - F. Bonnans et P. Rouchon
286 pages - ISBN 2-7302-1251-5

Les outils stochastiques des marchés financiers. Une visite guidée de Einstein à Black-Scholes - N. El Karoui et E. Gobet - 238 pages - ISBN 978-2-7302-1579-4

MÉCANIQUE

Dynamique de l'atmosphère et de l'océan - P. Bougeault et R. Sadourny - 312 pages - ISBN 2-7302-0825-9

Introduction aux écoulements compressibles et aux fluides hétérogènes - A. Sellier
175 pages - ISBN 2-7302-0764-5

Mécanique des milieux continus - J. Salençon
Tome 1 - *Concepts généraux* - 376 pages - ISBN 978-2-7302-1245-8 (avec CD-Rom)
Tome 2 - *Thermoélasticité* - 344 pages - ISBN 978-2-7302-1419-3 (avec CD-Rom)
Tome 3 - *Milieux curvilignes* - 154 pages - ISBN 2-7302-0962-X

de l'Élasto-plasticité au Calcul à la rupture - J. Salençon
(accompagné d'un CD-Rom réalisé par J. Salençon) - 266 pages - ISBN 978-2-7302-0915-1

Viscoélasticité pour le calcul des structures - J. Salençon - 160 pages - ISBN 978-2-7302-1557-2

Fluides et Solides - E. de Langre - 130 pages - ISBN 978-2-7302-0833-8

Ondes acoustiques - A. Chaigne - 224 pages - ISBN 2-7302-0840-2

Stabilité des matériaux et des structures - C. Stolz - 206 pages - ISBN 2-7302-1076-8

Instabilités, Chaos et Turbulence - P. Manneville - 360 pages - ISBN 2-7302-0913-1

Vibrations des structures couplées avec le vent - P. Hémon - 144 pages - ISBN 2-7302-1332-5

Analyse des solides déformables par la méthode des éléments finis - M. Bonnet et A. Frangi
316 pages - 2-7302-1349-X

Dynamique et vibrations - E. de Langre et A. Chaigne - 152 pages - ISBN 978-2-7302-1521-3

Modélisation et calcul des milieux continus - P. Le Tallec - 560 pages - ISBN 978-2-7302-1494-0

Poutres et arcs élastiques. P. Ballard et A. Millard - 312 pages - ISBN 978-2-7302-1561-9

Hydrodynamique de l'environnement. O. Thual - 328 pages - ISBN 978-2-7302-1564-0

Microhydrodynamique et fluides complexes. D. Barthès-Biesel - 292 pages - ISBN 978-2-7302-1572-5

Physique

Semi-conducteurs : les bases de la théorie k.p - G. Fishman - 742 pages - ISBN 978-2-7302-1497-1

Énergie nucléaire - J.-L. Basdevant, J. Rich et M. Spiro - 340 pages - ISBN 2-7302-0901-8
Mécanique quantique - J.-L. Basdevant et J. Dalibard
(accompagné d'un CD-Rom de M. Joffre) 520 pages - ISBN 978-2-7302-0914-4

Problèmes quantiques - J.-L. Basdevant et J. Dalibard - 214 pages - ISBN 2-7302-1117-9

Principes de la cosmologie - J. Rich, adaptation française J.-L. Basdevant - 400 pages - ISBN 2-7302-0925-5

Introduction à la relativité - A. Rougé - 188 pages - ISBN 978-2-7302-0940-3

Relativité restreinte. La contribution d'Henri Poincaré - A. Rougé - 288 pages - ISBN 978-2-7302-1525-1

Introduction à la physique subatomique - A. Rougé - 448 pages - ISBN 2-7302-1231-0

Physique statistique et illustrations en physique du solide. - C. Hermann - 292 pages - ISBN 978-2-7302-1022-

Bases physiques de la plasticité des solides - J.-C. Tolédano - 264 pages - ISBN 978-2-7302-1378-3

Physique des électrons dans les solides. Structure de bandes, Supraconductivité et Magnétisme. H. Alloul -
Tome 1 - 360 pages - ISBN 978-2-7302-1411-7

Physique des électrons dans les solides. Recueil d'exercices et de problèmes. H. Alloul
Tome 2 - 272 pages - ISBN 978-2-7302-1412-4

Achevé d'imprimer en février 2011. Dépôt légal : 1er trimestre 2011
ISBN 978 - 2 - 7302 - 1580 - 0 • *Imprimé en France*